普通高等院校“十一五”国家规划教材

# 精编有机化学教程

（第二版）

郝爱友　孙昌俊　曲荣君
徐胜广　刘希光　张文志　主　编

山东大学出版社

**图书在版编目(CIP)数据**

精编有机化学教程/郝爱友等主编.—2版.—济南:山东大学出版社,2009.8
(2019.8重印)
ISBN 978-7-5607-2449-2

Ⅰ.精...
Ⅱ.郝...
Ⅲ.有机化学—高等学校—教材
Ⅳ.062

中国版本图书馆CIP数据核字(2003)第045708号

山东大学出版社出版发行
(山东省济南市山大南路20号　邮政编码:250100)
新　华　书　店　经　销
泰安金彩印务有限公司
787毫米×1092毫米　1/16　36.75印张　845千字
2009年8月第2版　2019年8月第7次印刷
定价:50.00元

# 再版前言

“万物皆动，动之以理”，有机化学也是有规律的，即：有机化合物的性质是由其内在结构决定的。有机化合物的结构可分为两层含义：空间结构和电性结构，因此，有机反应可理解为是受空间结构影响的一种电性组合。该教程将注重从理论、规律性方面讲述有机化学，并特别利用一章的篇幅对有机化学的规律作了浅析。在国内相关教材中，该章节的内容为首次涉及。

本教程在内容编排上采用了“结构、命名——性质——制备及重要化合物介绍”的模式。从内容上，教程采用脂肪族与芳香族混合编排，根据有机化合物结构决定性质的规律，从结构和化学反应的角度，按官能团分类讲解有机化学的基本知识。本教程中对有机反应理论、波谱分析原理等内容作了适当加强，使之更体现近代有机化学的内容特征。

本教程内容可划分成三部分。第一部分主要包括共价键的性质，各类有机化合物的结构、物理性质、制备、反应和用途，立体化学及测定结构的物理方法；第二部分为有机反应的历程；第三部分为天然化合物。此外，各章节还收录了大量的典型习题，并给出了相应的答案。考虑到教学上的连续性，本教程重点参阅了原孙昌俊、李致冉等老师编写的《有机化学》，在此深表感谢。

本教程在编写过程中特别注重两个加强：一是强化内容的深度和广度；二是突出内容的精炼。以期学生在较短的时间内更多、更好地掌握有机化学知识。结合实际教学实践，本教程第二版对第一版内容作了全面修正，其中有机化学规律浅析一章作了重点修正。本教程在编修过程中得到了山东大学、鲁东大学、枣庄学院的支持，在此深表感谢。

本教程可供化学、化工、环境、生物、微生物、医学等相关专业的学生及进修人员的学习之用，也可供相关专业人员考研复习之用。

致谢：此书获得了“山东大学出版社基金委员会”的资助。

由于作者水平所限，书中不足之处在所难免，敬请读者批评指正。

编者

2009 年 8 月

# 目　　录

# 第一章　有机化学及有机化合物的结构特征

## §1.1　有机化学的发展及有机化合物的特点

有机化学的研究对象是有机化合物。人们吃的、穿的、用的等等，大多是有机化合物。随着社会的发展，有机化学几乎已渗透到了人类生活的各个领域。

早在18世纪初期，科学家已能从生物体中分离提取酒石酸、甘油等。由于这类化合物与从矿物中提取的食盐等在水溶性、燃烧性等方面具有明显的差异，加之宗教思想的影响，以为这些化合物是基于"生命力"作用下生成的，并将其称为有机化合物。到1828年，韦勒在实验室里加热无机物氰酸铵得到有机物尿素，才开始动摇"生命力"学说。

有机化学发展到今天，证实了有机化合物与无机化合物之间并没有绝对的界限，可以由无机化合物合成有机化合物，也可以由有机化合物分解成为无机化合物，二者是互相变化、互相联系的。基于研究上的连续性，有机化合物、有机化学以及碳化合物化学、碳氢化合物化学等概念仍旧保留、延续下来。

研究证明，组成有机化合物的元素并不多，主要含有碳元素，其中绝大多数还含氢元素，有些还含有氧、氮、卤素、硫及磷等元素。由于有机化合物中的主要元素碳在元素周期表中第二周期第四主族，恰在电负性极强的卤素和电负性极弱的碱金属之间，这个特殊位置决定了有机化合物的某些特性：

(1) 有机化合物种类多

这首先在于构成有机化合物的主体碳原子相互结合的能力很强，结合的方式很多，碳原子可以以共价键相互连接成链状，也可以连接成环状，还可以用一对、二对或三对电子相结合，分别形成碳碳单键（C—C）、碳碳双键（ C═C ）、碳碳叁键（C≡C）。

其次是同分异构现象非常普遍，往往同一个分子式可以代表许多性质完全不同的化合物，例如，众所周知的 $C_2H_6O$ 就代表了乙醇和甲醚这两种不同的化合物，它们具有相同的分子式，而结构和性质明显不同。

凡是分子式相同、只是分子中各种原子的排列次序不同的化合物称为同分异构体。

(2) 大多数有机化合物易于燃烧

煤和各种石油加工产品都是有机化合物，燃烧后产生二氧化碳和水，同时放出热量；与此相反，大多数无机化合物却不易燃烧。当然，不能将这一特征绝对化，如四氯化碳是有机物，却不易燃烧，而能作灭火剂；白磷是无机物，它在空气中却能自燃。

(3) 大多数有机化合物的熔点较低

一般有机物的熔点在 40℃～300℃之间，很少超过 400℃。而无机物却高得多，像氯化钠这种常见的无机物，熔点高达 808℃。这是由于有机物属于分子晶体。

(4) 一般有机化合物难溶于水，易溶于有机溶剂

不过，极性较大的有机物如乙醇、乙酸等易溶于水，甚至可以任意比例与水互溶。

(5) 反应速度慢且副反应多

无机反应多为离子反应，瞬间即可完成，且产物较简单。而有机反应一般为分子反应，而且只有那些具有一定能量的分子才能发生反应，反应速度较慢。而且，有机物分子发生反应时，往往有几个反应部位，伴有若干副反应，产物比较复杂，造成主要产物的产率降低，很少能达到百分之百。

## §1.2 有机化合物的结构

### 1.2.1 有机化合物的结构及表示方法

有机物的化学结构有三层含义：构造(constitution)、构型(configuration)和构象(conformation)。构造是指分子中原子间相互连结的次序和方式，亦即分子中何种原子与何种原子直接相连，以及以何种方式键合(单键、双键和叁键)在一起；构型是指分子中原子在空间的连接方式，而构象则是一种特殊的、或者说是一种不能固定形状的构型。

表示有机化合物构造的化学式叫做构造式。最常用的是 Kekulé 式、键线式和 Lewis 式，如表 1-1 所示。

**表 1-1 几种有机化合物的构造式**

| 构造式 / 化合物 | Kekulé 式 | | 键线式 | Lewis 式 |
|---|---|---|---|---|
| | 展开式 | 缩写式 | | |
| 丙烷 | 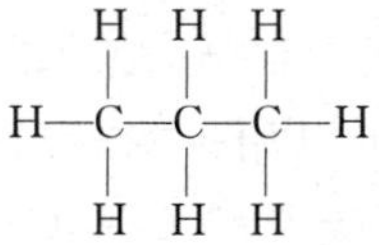 | $CH_3CH_2CH_3$ |  | 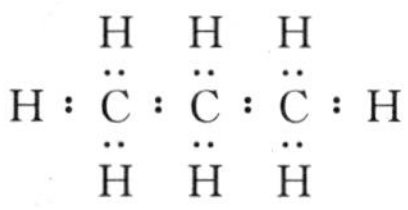 |
| 丙烯 | 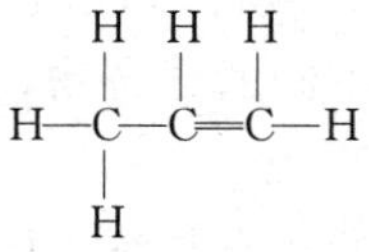 | $CH_3CH{=}CH_2$ |  | 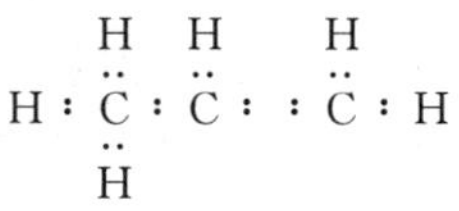 |

续表

| 构造式 / 化合物 | Kekulé 式 | | 键线式 | Lewis 式 |
|---|---|---|---|---|
| | 展开式 | 缩写式 | | |
| 丙炔 | 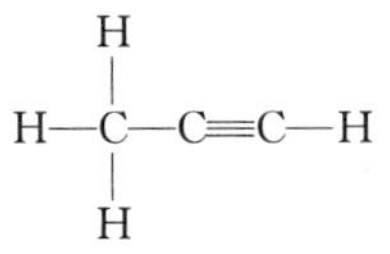 | $CH_3C\equiv CH$ |  | 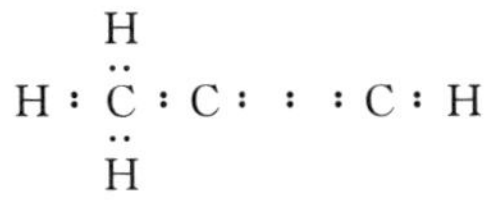 |
| 乙醇 | 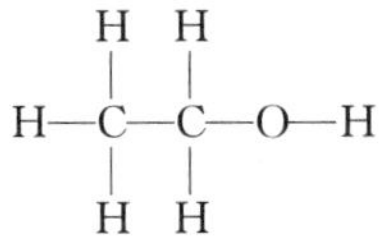 | $CH_3CH_2OH$ |  | 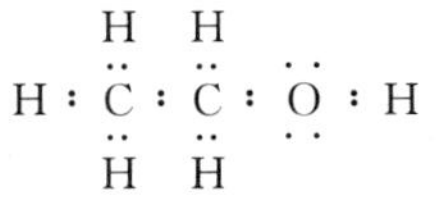 |

Kekulé 式的写法最为常见，不再累叙。键线式的含义是：拐角处表示有一个碳原子（写出杂原子者除外），线端也表示有一个碳原子（写出杂原子者除外），除键线表示的化合价以外，碳原子均被认为连接氢原子以实现碳的四价。

Lewis 式又称电子式，将某一化合物的 Kekulé 式中的短线改写成共用电子对，再标出有的原子（如 N，O，S，X 等）的未共用电子对，即得 Lewis 式。

### 1.2.2　有机化合物的结构和化学键

化学键是指分子中直接相连的原子之间的作用力。有机物分子中常见的化学键有共价键、配价键和离子键。

共价键是指分子中直接相连的原子之间通过共用电子对而形成的化学键。例如甲烷（$CH_4$）、乙烯（$CH_2{=}CH_2$）和乙炔（$HC\equiv CH$）分子中的键都是共价键。共价键是有机物分子的主要成键类型。

配价键是一种特殊的共价键，是指共用电子对来自一个成键原子的共价键。例如四甲基铵正离子$(CH_3)_4N^+$中，四个碳氮键中有一个是配价键，其共用电子对出自氮原子。

离子键是指最外层电子数达到稳定电子层结构的两个正负离子相互作用而成的化学键。例如乙酸钠（$CH_3COO^-\ Na^+$）分子中乙酸根与钠之间的化学键就是离子键。

共价键是有机化合物分子中最普遍的一种典型键，在有机化学中要着重加以研究。

*1.2.2.1　原子及原子轨道*

原子是构造分子的基础单位。化学反应是原子外层电子运动状态发生改变的结果。核外电子，作为微观世界的一个基本粒子，有自己特殊的运动规律。它和光量子一样，也具有粒子性和波动性，1925 年薛定谔用波动方程描述了电子的运动行为。通过对薛定谔波动方程求解，可以得到一个包含三维空间坐标 $x,y,z$ 的函数解 $\psi$，$\psi$ 称为波函数，是描述核外电子运动的状态函数，因此，也叫做原子轨道。

波函数 $\psi$ 既然是空间坐标 $x,y,z$ 的函数式，那么在给定条件下就可画出一定三维空间的图形。这样，给一组参数（量子数）求解波函数，就可以得到一个合理解，而且形象化为一定的图形。如：

当 $n=1, l=0, m=0$ 时得到的是球状的、圆心对称的图形，称 1s 轨道。

当 $n=2, l=0, m=0$ 时，也是圆心对称的球状图形，称 2s 轨道，形状与 1s 轨道相似。

当 $n=2, l=1, m=\pm1, 0$ 时，这样得到三个哑铃形状的图形，称为 2p 轨道(图 1-1)。

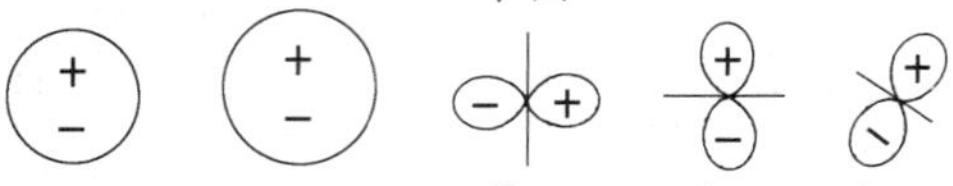


图 1-1　s 轨道及 p 轨道

在有机化学中常见的是 s 轨道和 p 轨道。图中的正、负号是解波函数的结果，是代数符号，表示函数在不同位相，不代表电荷。原子轨道的正、负符号在决定两个原子轨道之间是成键还是反键时起着关键的作用。大家知道 s 是球形，p 轨道是哑铃形(或称双球形)。哑铃形两球中间有一个平面表示节面，在节面上 $\psi=0$。节面上电子云密度也等于零。

波函数 $\psi$ 和原子轨道是同一个概念，也有人称 $\psi$ 为轨道函数。原子轨道也可以用电子的几率密度 $\psi^2$，即电子云的概念来说明。电子围绕原子核高速运动，就像围绕在核外的带负电的云，称为电子云。电子云体现了电子在核外某处出现的几率的大小，电子出现几率大的地方电子云密度也大。用 $\psi^2$ 作出的图形和用 $\psi$ 作出的图形是相近的，所不同的是单位体积内电子出现的几率 $\psi^2$ 是正值，作出的图形，$\psi^2$ 的形状比 $\psi$ 的形状要“瘦”一些。

一个原子的核外电子在各个轨道中的排布即为该原子的电子构型。电子排布遵守“三原理”——鲍里不相容原理、能量最低原理、洪特规则。有机化合物中最重要的四种元素碳、氢、氮、氧的电子构型(基态)如下：

| | 1s | 2s | 2p | | |
|---|---|---|---|---|---|
| 碳 | ↑↓ | ↑↓ | ↑ | ↑ | |
| 氢 | ↑ | | | | |
| 氮 | ↑↓ | ↑↓ | ↑ | ↑ | ↑ |
| 氧 | ↑↓ | ↑↓ | ↑↓ | ↑ | ↑ |

1.2.2.2　共价键理论

根据成键原子间共用电子对的数目，共价键有单键、双键和叁键之分，如乙烷($CH_3CH_3$)分子中的六个 C—H 键和一个碳碳单键，乙烯($CH_2=CH_2$)分子中含有四个 C—H单键和一个碳碳双键，乙炔($HC\equiv CH$)分子中含有两个C—H单键和一个碳碳叁键。

按照共用电子对成键方式的不同，共价键还可分为 $\sigma$ 键和 $\pi$ 键。共价单键就是 $\sigma$ 键，共价双键含一个 $\sigma$ 键和一个 $\pi$ 键，共价叁键则由一个 $\sigma$ 键和两个 $\pi$ 键所组成。以上问题可用量子化学处理化学键的两种近似方法——价键法和分子轨道法来解释。

(1) 价键理论对共价键形成的阐明

价键理论认为共价键的形成是原子轨道重叠，或者说电子云交盖的结果，也就是两个自旋相反的单电子配对成键，在两个原子核间电子云密度较大，降低了两个核之间的正电排斥，增加了两个核对负电区域的吸引，整个体系能量降低，形成稳定的共价键。成键的电子只定域于成键的两个原子之间。

价键理论认为共价键有饱和性和方向性。

① 共价键的饱和性

一个原子有几个单电子，便可和几个自旋相反的电子配对成键。例如：H 原子的电子和另一 H 原子的自旋相反的电子配对后，形成 $H_2$，$H_2$ 则不能再与第三个原子配对了，所以不可能有 $H_3$ 生成。也就是说，未成对电子成对了，就饱和了。

② 共价键的方向性

原子轨道在空间是有一定取向的，除 s 轨道成球形对称之外，其他 p，d，f 轨道都有着一定的空间伸展方向。因此，除了 s 轨道与 s 轨道成键没有方向限制外，为了形成稳定的共价键，原子轨道的重叠只有沿着一定的方向进行，才可能达到最大限度的重叠，使生成的分子的能量变得最低，形成稳定的分子。

先看甲烷的结构和成键的情况。在甲烷分子中，碳原子位于正四面体的中心，四个氢原子分别位于其四个角顶上，键角∠HCH 为 109°28′。碳原子的电子构型为：$1S^2 2S^2 2P_x^1 2P_y^1$，如果以此状态与四个氢原子成键，则与甲烷的上述结构不相符合。价键法认为，通过激发将一个电子由 2s 跃迁到 $2p_z$ 轨道，然后使一个 2s 轨道和三个 2p 轨道“杂化”，得到四个等同的、轨道对称轴彼此之间夹角为 109°28′的 $sp^3$ 杂化轨道；四个 $sp^3$ 杂化轨道各与氢原子的 1s 轨道重叠，形成四个碳氢 σ 键。这就阐明了甲烷的分子结构（图 1-2）。在其他烷烃分子中，除碳氢 σ 键外，还有碳碳 σ 键（图 1-3）。

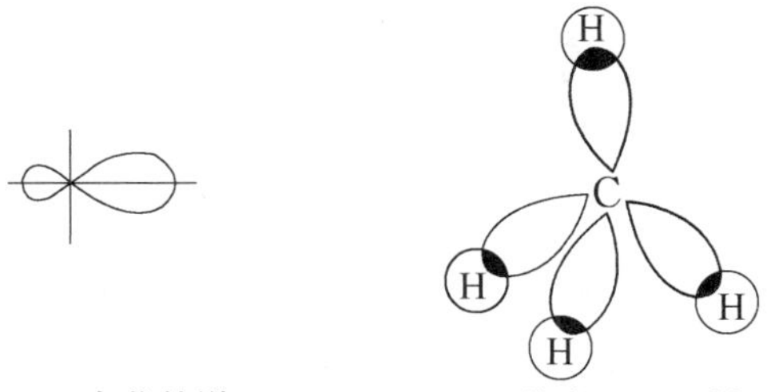


(a) $sp^3$ 杂化轨道　　(b) 甲烷中C—Hσ键

图 1-2　甲烷分子的成键情况

(a) C—Hσ 键　　(b) C—Cσ 键

图 1-3　烷烃分子中的 σ 键

由此可见，两个成键原子的原子轨道围绕键轴实现最大重叠而成的共价键，即为 σ 键。σ 键比较牢固，可有限度地自由旋转，两原子间只能形成一个 σ 键。

再看乙烯的结构和成键情况。在乙烯分子中，两个碳原子和四个氢原子均在一个平面内，键角∠HCH 及∠HCC 都是 120°。据此，价键法认为，通过电子的激发和跃迁，碳原子的电子构型可变成 $1S^2 2S^1 2P_x^1 2P_y^1 2P_z^1$，然后一个 2s 轨道和两个 2p 轨道（$2p_x$ 和 $2p_y$）杂化成三个等同的、轨道对称轴彼此之间夹角为 120°的 $sp^2$ 杂化轨道；两个碳原子以 $sp^2$ 杂化轨道互相重叠形成一个碳碳 σ 键，并以 $sp^2$ 杂化轨道分别与氢原子的 1s 轨道重叠形成四个碳氢 σ 键；两个碳原子各剩下的一个垂直六原子所在平面的 $2p_z$ 轨道彼此肩并肩重叠，形成一个碳碳 π 键（图 1-4）。

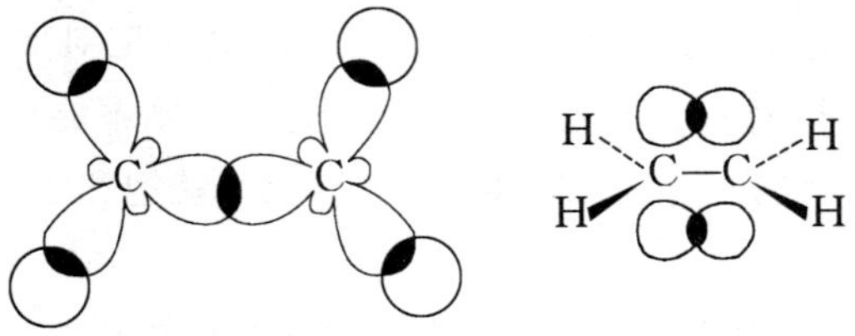


(a) 五个σ键　(b) 一个π键

图 1-4　乙烯分子的成键情况

再来看乙炔的结构和成键情况。在乙炔分子中，两个碳原子和两个氢原子在一条直线上，键角∠HCC 为 180°。价键法认为，通过电子的激发和跃迁，碳原子的电子构型变成 $1S^2 2S^1 2P_x^1 2P_y^1 2P_z^1$，尔后一个 2s 轨道和一个 $2p_x$ 轨道杂化成两个等同的、轨道对称轴夹角为 180°的 sp 杂化轨道；两个碳原子以 sp 杂化轨道互相重叠形成一个碳碳 σ 键，并以 sp 杂化轨道分别与氢原子的 1s 轨道重叠形成两个碳氢 σ 键；两个碳原子各剩下的两个相互垂直，又都垂直于分子所在直线的 $2p_y$ 和 $2p_z$ 轨道，彼此肩并肩重叠，形成两个碳碳 π 键（图 1-5）。

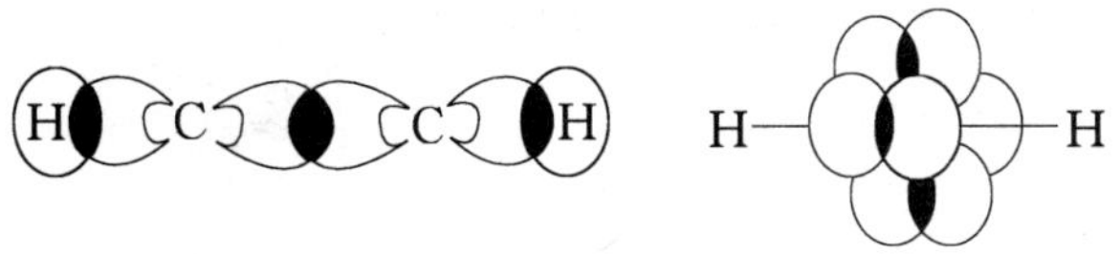


(a) 三个σ键　(b) 两个π键

图 1-5　乙炔分子的成键情况

（2）分子轨道法对共价键形成的阐明

分子轨道法的要点是：分子轨道（分子中电子运动状态的波函数）由原子轨道（原子运动状态的波函数）线性组合（波函数的相加及相减）而成，组合的原则是能量相近、最大重叠和对称性匹配；原子轨道和组合成的分子轨道数目相等（分子轨道含成键、反键或非键轨道）；电子在分子轨道中的填充遵守能量最低原理 Pauling 原理和 Hund 规则；每个分子轨道有一定的能量，某分子轨道中如容纳两个电子，在计算时，应视为该分子轨道能量的两倍。

分子轨道法解释有机物分子的 σ 键的形成相当复杂。下面以乙烯分子的 π 键的形成为例，用分子轨道法来说明。分子轨道法认为，乙烯分子形成五个 σ 键后在两个碳原子上各留下一个 $2p_z$ 轨道，可线性组合成两个 π 分子轨道，一个是成键轨道（π），另一个是反键轨道（π＊），在基态下，两个电子都在成键轨道上（图 1-6）。

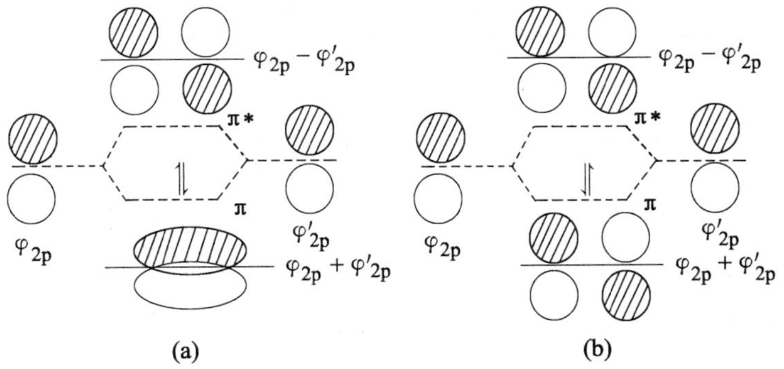


图 1-6　乙烯 π 分子轨道形成示意(两种图示法)

价键法和分子轨道法都说明了 π 键的形成。两个碳原子的 2p 轨道肩并肩相互重叠而成的共价键,叫做 π 键。π 键的特点是,不如 σ 键牢固,不能自由旋转,不能单独存在,只能与 σ 键共存。

(3) 共价键的属性

共价键的属性通常指键长、键角、键能和键的极性等。

所谓键长是指成键两原子核之间的距离,它与成键原子的半径有关(表 1-2)。

**表 1-2　一些共价键的键长**

| 共价键 | 键长(pm) | 共价键 | 键长(pm) |
|---|---|---|---|
| C—C | 154 | C—N | 147 |
| C═C | 133 | C═N | 127 |
| C≡C | 121 | C—F | 141 |
| C—H | 109 | C—Cl | 177 |
| C—O | 143 | C—Br | 191 |
| C═O | 121 | C—I | 212 (易极化) |

所谓键能(E)是指某一种共价键形成时所放出的能量,或断裂时所吸收的能量的平均值。而键离解能(D)是指某一根共价键断裂时所消耗的能量或形成时所放出的能量。二者的含义有所不同:气态的双原子分子的键能等于键离解能,而多原子分子的键能与键离解能则有差别。例如,甲烷四个碳氢键的离解能为:$D(CH_3-H)=435\ kJ\cdot mol^{-1}$,$D(\cdot CH_2-H)=444\ kJ\cdot mol^{-1}$,$D(\cdot CH-H)=444\ kJ\cdot mol^{-1}$,$D(\cdot C-H)=339\ kJ\cdot mol^{-1}$,而碳氢键的键能为$(435+444+444+339)/4=415.5\ (kJ\cdot mol^{-1})$。表 1-3 和表 1-4 分别列出一些共价键的键能和键离解能。

表 1-3 一些共价键的键能

| 共价键 | 键 能 (kJ・mol⁻¹) | 共价键 | 键能(kJ・mol⁻¹) | 共价键 | 键 能 (kJ・mol⁻¹) |
|---|---|---|---|---|---|
| C—C | 361.0 | C═O | 736.4(醛),748.9(酮) | C—Cl | 334.7 |
| C═C | 612.5 | C—N | 284.5 | C—Br | 284.5 |
| C≡C | 833.9 | C═N | 606.7 | C—I | 217.6 |
| C—H | 413(甲烷 415.5) | C≡N | 891.2 | N—H | 390.8 |
| C—O | 355.6 | C—F | 460.2 | O—H | 462.3 |

表 1-4 一些化合物的键离解能

| 键 | D(kJ・mol⁻¹) | 键 | D(kJ・mol⁻¹) |
|---|---|---|---|
| H—H | 435 | $CH_3CH_2$—I | 226 |
| H—F | 444 | n-$C_3H_7$—H | 410 |
| H—Cl | 431 | i-$C_3H_7$—H | 397 |
| H—Br | 368 | t-$C_4H_9$—H | 381 |
| H—I | 297 | $CH_2$═CH—H | 435 |
| F—F | 159 | $CH_2$═CH$CH_2$—H | 368 |
| Cl—Cl | 243 | $CH_3$—$CH_3$ | 368 |
| Br—Br | 192 | $C_2H_5$—$CH_3$ | 356 |
| I—I | 151 | n-$C_3H_7$—$CH_3$ | 356 |
| $CH_3$—H | 435 | i-$C_3H_7$—$CH_3$ | 351 |
| $CH_3$—F | 452 | t-$C_4H_9$—$CH_3$ | 335 |
| $CH_3$—Cl | 351 | $CH_2$═CH—$CH_3$ | 385 |
| $CH_3$—Br | 293 | $CH_2$═CH$CH_2$—$CH_3$ | 301 |
| $CH_3$—I | 234 | n-$C_3H_7$—Cl | 343 |
| $CH_3CH_2$—H | 410 | i-$C_3H_7$—Cl | 339 |
| $CH_3CH_2$—F | 444 | t-$C_4H_9$—Cl | 331 |
| $CH_3CH_2$—Cl | 343 | $CH_2$═CH—Cl | 351 |
| $CH_3CH_2$—Br | 289 | $CH_2$═CH$CH_2$—Cl | 251 |

键角是指在含三个原子以上的分子中键与键之间的夹角。键角的大小不但与中心原子的电子构型及杂化状态有关,而且还与所连的两个原子或基团的 Van der Waals 半径有关。Van der Waals 半径是原子核中心至原子外沿间的距离,是一个原子没有成键时的半径。表 1-5 和表 1-6 分别列出了一些常见化合物的键角及一些原子或基团的 Van der Waals 半径。

表 1-5　一些化合物的键角

| 化合物 | 键角 | 键角值(°) | 化合物 | 键角 | 键角值(°) |
|---|---|---|---|---|---|
| $CH_4$ | ∠HCH | 109.5 | $(CH_3)_3N$ | ∠CNC | 108 |
| $CHCl_3$ | ∠ClCCl | 110.4 | $CH_2═CH_2$ | ∠HCH | 116.7 |
| $CH_3CH_2CH_3$ | ∠CCC | 112 | $CH_2═CH_2$ | ∠HCC | 121.6 |
| △ | ∠CCC | 105 | CH≡CH | ∠HCC | 180 |
| △ | ∠HCH | 114 | $H_2C═O$ | ∠HCH | 118 |
| □ | ∠CCC | 111 | $H_2C═O$ | ∠HCO | 121 |
| $H_2O$ | ∠HOH | 105 | $(CH_3)_2C═O$ | ∠CCC | 120.8 |
| $CH_3OCH_3$ | ∠COC | 111 | $(CH_3)_2C═O$ | ∠CCO | 119.6 |
| $NH_3$ | ∠HNH | 107 | | | |

表 1-6　一些原子和基团的 Van der Waals 半径

| 原子或基团 | 半径(pm) | 原子或基团 | 半径(pm) |
|---|---|---|---|
| H | 120 | S | 185 |
| $CH_3$ | 200 | F | 135 |
| | | Cl | 180 |
| N | 150 | Br | 195 |
| O | 140 | I | 215 |

共价键的极性是由成键原子间电负性的差别而引起的。两个相同原子形成的共价键，由于电负性值相等，共用电子对不偏向于任一方，正、负电荷中心重合，故称为非极性共价键。而两个不同原子形成的共价键，由于电负性值不相等，共用电子对偏向电负性大的原子，正、负电荷中心不重合，称为极性共价键。如氯甲烷分子中的 C—Cl 键，由于氯的电负性大于碳，共用电子对偏向氯原子一边，碳原子上带部分正电荷，氯原子上带部分负电荷，使 C—Cl 键产生了偶极。这种极性是共价键的内在性质，故称为永久极性。共价键的极性常用偶极矩($\mu$)表示，单位德拜(Deby，简写为 D)，符号"┼→"表示箭头指向负的一端。表 1-7 和表 1-8 分别列出了一些元素的电负性值和一些共价键的偶极矩值。

表 1-7　一些元素的电负性值

| 元素 | 电负性值 | 元素 | 电负性值 | 元素 | 电负性值 |
|---|---|---|---|---|---|
| H | 2.1 | N | 3.0 | F | 4.0 |
| C($sp^3$) | 2.48 | P | 2.1 | Cl | 3.0 |
| C($sp^2$) | 2.75 | O | 3.5 | Br | 2.8 |
| C(sp) | 3.29 | S | 2.5 | I | 2.5 |

表 1-8 一些共价键的偶极矩

| 键 | 偶极矩(D) | 键 | 偶极矩(D) | 键 | 偶极矩(D) |
|---|---|---|---|---|---|
| H—C | 0.30 | H—Cl | 1.03 | C—O | 0.86 |
| H—N | 1.31 | H—Br | 0.78 | C—Cl | 1.56 |
| H—O | 1.53 | H—I | 0.38 | C—Br | 1.48 |
| H—S | 0.68 | C—N | 0.40 | C—I | 1.29 |

有机分子的偶极矩是各个键偶极矩的矢量和，故偶极矩为零的分子是非极性分子。除了永久极性以外，共价键还有暂时极性。在外界电场的影响下，共价键(含极性和非极性)的电子云密度发生重新分配，从而改变了键的极性，这就是共价键的暂时极性。当外界电场的影响去除后，键的电子云密度的分布又回归到原来的状态，键的暂时极性也随之消失。共价键对外界电场的敏感性，称之为共价键的极化性。各种共价键的极化性是不同的，键内电子云的流动性越大，键的极化性也越大，反之亦然。共价键的极性和极化性的大小并不一致。例如各种碳卤键的极性大小次序为：C—Cl＞C—Br＞C—I，而其极化性大小次序恰恰相反：C—I＞C—Br＞C—Cl。共价键的极性和极化性是决定有机分子化学性质的重要因素之一。

### 1.2.3 有机物的结构与其理化性质的关系

二者的相互关系可以概括成一句话：有机物的结构决定其理化性质。结构决定性质的规律是有机化学的普遍规律，掌握这一规律，也是学习和掌握有机化学知识的窍门。

先说影响物理性质的内在因素。有机物的沸点、熔点、密度和溶解性等受分子间作用力的影响，分子间的作用力包括偶极——偶极作用力、色散力(或 Van der Waals 力)和氢键等，这些都与分子的结构有关。有机物的折光率、比旋光度和波谱性质等，也都与分子的结构有关。

再看影响化学性质的内在因素。这些因素如共价键的类型、极性和极化性，官能团的种类和位置，分子内的各种张力(如角张力等)，分子内非键原子或基团的相互作用，电子效应(如诱导效应和共轭效应)及空间效应等，都与分子的结构有关。

上述有关内容，将在下面的有关章节中详细讨论。

## §1.3 有机化合物的分类

划分有机化合物类别的方法有两种：按碳架分类和按官能团分类。

### 1.3.1 按碳架分类

有机物的碳架又称碳胳，是指分子中由碳原子所组成的骨架。按照碳架的不同，有机化合物可分为两种类型。

(1) 开链化合物 又称脂肪族化合物或无环化合物。例如：$CH_3CH_2CH_3$（丙烷）、$CH_3CH{=}CH_2$（丙烯）以及 $CH_3C{\equiv}CH$（丙炔）等。

(2) 碳环化合物 由碳原子相互连接而形成的环状化合物。还可把它分为三类：

脂环族化合物：常指不含苯环的碳环化合物，如环己烷等，其性质与脂肪族化合物有相似之处。

芳香族化合物：常指含有苯环的化合物；环戊二烯负离子等也属该类化合物。

芳杂环化合物：常指由碳原子和杂原子（氧、硫和氮原子）相互连接而成的环状化合物，如吡啶等。

### 1.3.2 按官能团分类

所谓官能团是指有机物分子中最活泼的、决定化合物特性的原子或基团。为了便于认识各类有机化合物的共性，可按照官能团的不同将其进行分类（表 1-9）。

表 1-9 常见有机化合物的类别及官能团

| 化合物的类别 | 官 能 团 | 实 例 |
|---|---|---|
| 烷烃 | 无 | $CH_4$ |
| 烯烃 | $>C{=}C<$ 双键 | $CH_2{=}CH_2$ |
| 炔烃 | $-C{\equiv}C-$ 叁键 | $CH{\equiv}CH$ |
| 芳烃 |  苯环（或芳环） | 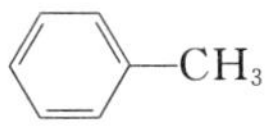，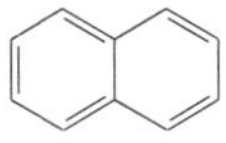 |
| 卤代烃 | —F，—Cl，—Br，—I 卤原子 | $CHCl_3$，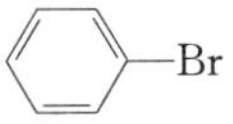 |
| 醇或酚 | —OH 羟基 | $CH_3CH_2OH$，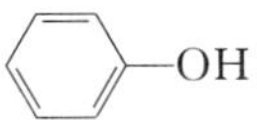 |
| 醚 | (C)—O—(C) 醚键 | $CH_3CH_2OCH_2CH_3$，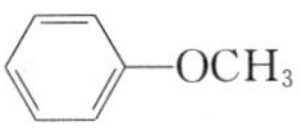 |
| 醛或酮 | $>C{=}O$ 羰基 | $CH_3COCH_3$，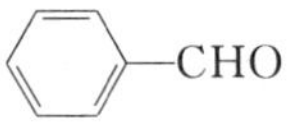 |
| 羧酸 | $-\overset{O}{\overset{\parallel}{C}}-OH$ 羧基 | $CH_3COOH$，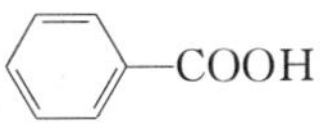 |
| 腈 | —CN 氰基 | $CH_3CN$，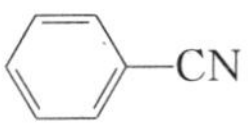 |

续表

| 化合物的类别 | 官 能 团 | 实　　例 |
| --- | --- | --- |
| 硝基化合物 | $—NO_2$　　硝基 | $CH_3NO_2$， 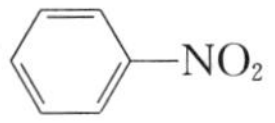 |
| 胺 | $—NH_2$(—NHR，$—NR_2$) 氨基 | $CH_3NH_2$， 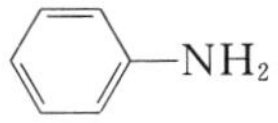 |
| 硫醇或硫酚 | —SH　巯基 | $CH_3CH_2SH$， 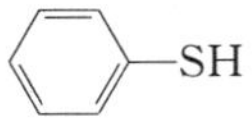 |
| 硫醚 | (C)—S—(C) 硫醚键 | $CH_3SCH_3$， 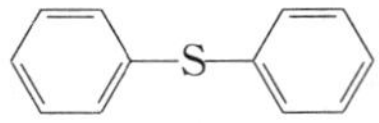 |

本书所采用的分类法，是上述两种分类方法的结合。

# §1.4　有机化学反应机理

在某种意义上，有机化学反应可视为旧键断裂和新键形成的过程，或者说是价键的一种重新组合。

### 1.4.1　共价键断裂的方式

共价键的断裂有两种方式：均裂和异裂。

所谓均裂是指成键的一对电子分别为两个成键原子或基团所占有的断键方式：

$$A:B \longrightarrow A\cdot + B\cdot$$

均裂产生的具有未成对电子的原子或基团，称为自由基或游离基，如 $H_3C\cdot$ 为甲基自由基。

所谓异裂是指成键的一对电子完全为一个成键原子或基团所占有的断键方式：

$$A:B \longrightarrow A^+ + B^-:$$

异裂产生正离子和负离子。如叔丁基氯异裂生成叔丁基碳正离子$(CH_3)_3C^+$和氯负离子 $Cl^-$；又如乙醛 α-碳与氢之间的 C-H 键，可在稀的 NaOH 溶液的存在下发生键的异裂，生成碳负离子$^-CH_2CHO$ 或 $H\overset{\overset{O}{\|}}{C}CH_2^-$ ，而生成的正离子 $H^+$ 与氢氧根负离子结合成水H—OH。

自由基、碳正离子和碳负离子等是有机化学反应的活性中间体。

### 1.4.2　有机化学反应机理的三种类型

有机反应机理又称有机反应机制或有机反应历程，是指由反应物转变为生成物所经历的微观有机反应过程。它可分为三大类型：自由基反应、离子反应和周环反应(又称协同反应)。

自由基反应是指通过共价键的均裂生成的自由基活性中间体而进行的反应。离子反应是指通过共价键异裂生成的正离子或负离子活性中间体而进行的反应，离子型反应又有亲核、亲电反应之分。周环反应是指旧键断裂与新键形成同时发生而受分子轨道对称性控制的反应。

1.4.2.1 关于有机反应机理的基本理论

(1) 碰撞理论

首先介绍活化能的概念。每个反应从反应物到生成物的过程中都要越过一个能垒，这个能垒叫做活化能，用 $E_{活化}$ 表示。各个反应的活化能是不同的。从图 1-7 可以看出，A＋B ⟶ C＋D是吸热反应，$\Delta H$ 为正值，$E_{活化} > E'_{活化}$；而 C＋D ⟶ A＋B 是放热反应，$\Delta H$ 是负值，$E'_{活化} < E_{活化}$。

碰撞理论认为，能量超过活化能（$E_{活化}$）的活化分子之间的有效碰撞方可发生反应，反应速率与上述碰撞的速率有关。可用下式表示：

$$V = PZe^{-E/RT}$$

其中：$V$ 表示反应速率；$P$ 表示碰撞频率；$Z$ 表示取向因子；$E$ 表示活化能；$T$ 表示绝对温度。

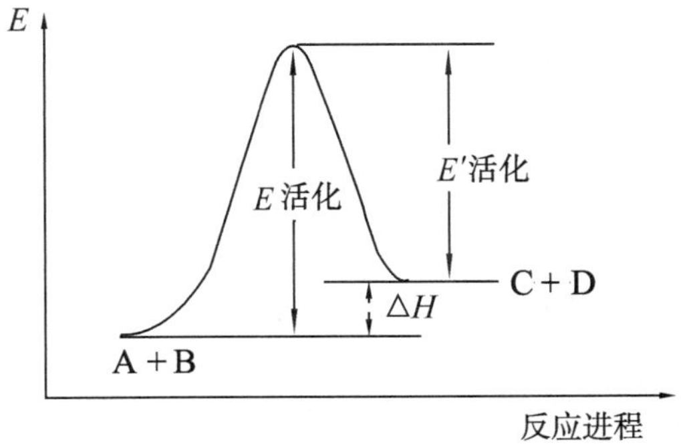


图 1-7 A＋B ⇌ C＋D 反应进程和能量变化关系

(2) 过渡态理论

过渡态理论的基本假定是：反应物先变成过渡态，然后再以一定的速度变成生成物，反应物与过渡态之间处于平衡状态：

$$\underset{}{A—B+C} \rightleftharpoons \underset{过渡态}{[A\cdots B\cdots C]} \longrightarrow A+B—C$$

过渡态是反应进程中能量最高的一点，而不是一种客观存在的实体（其寿命接近于零）。

① 过渡态

对于一步反应，其反应进程中只有一个过渡态。在放热反应中，过渡态的能量及结构与反应物相近；而在吸热反应中，过渡态的能量及结构与生成物相近。图 1-8 和图 1-9 分别表示放热反应和吸热反应的过渡态。

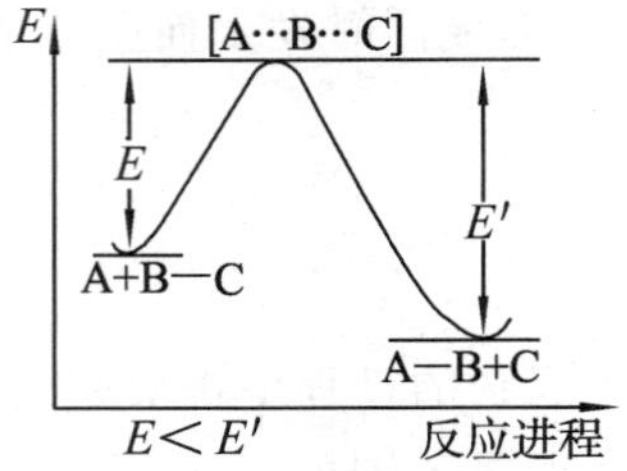


图 1-8　放热反应的过渡态

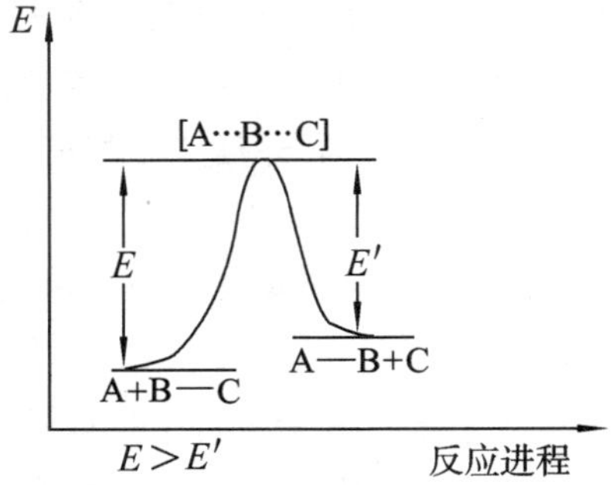


图 1-9　吸热反应的过渡态

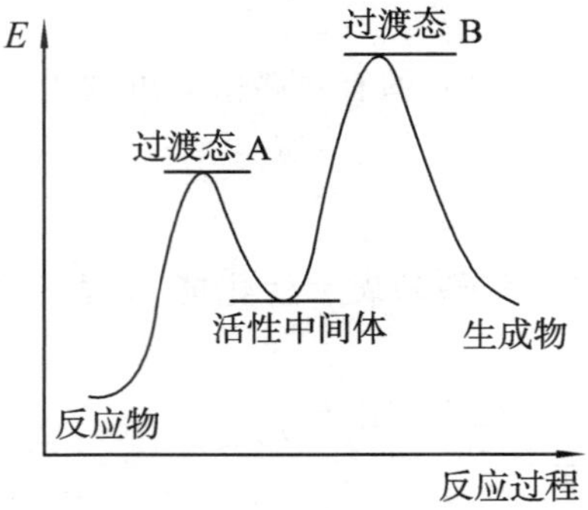


图 1-10　两步反应能量关系

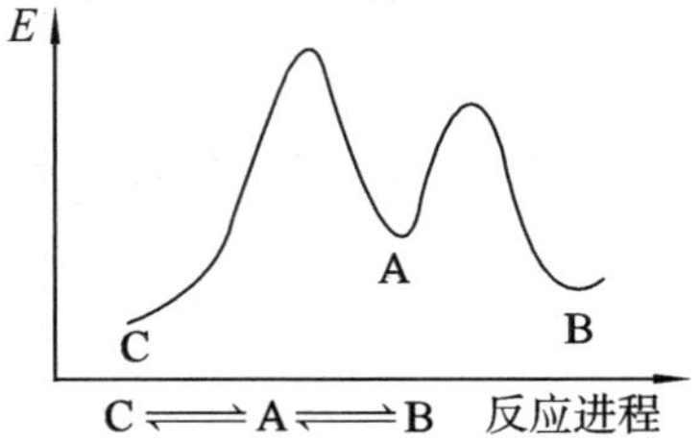


图 1-11　反应的速度控制和平衡控制

② 反应的活性中间体

对于两步反应，其反应进程中有两个过渡态和一个活性中间体（在两过渡态之间的谷底）；对于两步以上的多步反应，过渡态的数目等于反应的步数，而活性中间体的数目比过渡态少一个。活性中间体有非常短暂的寿命，有的已被现代实验手段检测出来。图 1-10 列出了两步反应的能量关系。

③ 反应的速度控制和平衡控制

图 1-11 列出了速度控制与平衡控制之间的关系。A ⟶B 和 A ⟶C 是两个互相竞争的反应，A ⟶B 的活化能比 A ⟶C 小，反应速度比 A ⟶C 快，在逆反应 B ⟶A 不显著的情况下，B 为主要产物，即为速度控制或动力学控制。C 的位能比 B 低，当逆反应也能以一定速度进行时，由于 B ⟶A 的速度比 C ⟶A 快，于是 B ⟶A ⟶C，最后达到平衡时 C 为主要产物，即为平衡控制或热力学控制。显然，反应温度低、时间短有利于速度控制，而反应温度高、时间长则有利于平衡控制。

## §1.5　有机化学的学习目的与要求

有机化学是化学学科的重要分支，其基础知识、基本理论和实验技能已渗透到无机化学、分析化学、物理化学和高分子化学等学科，以及配位化学、有机金属化学、生物化学、分子生物学等边沿学科，因此，掌握有机化学的基础理论和合成技巧，不仅能使你在化学领域内的科研、开发和生产上获得成功，而且还能使你在世界性热点学科如生命科学和环境工程等的发展中找到用武之地。

通过本课程的学习，应能使学生做到：

(1) 掌握重要类型有机化合物的命名、物理性质、化学性质及制备方法；

(2) 掌握典型有机化合物结构与性能的关系以及典型反应的机理；

(3) 掌握各种异构现象，理解构象和反应中的立体化学；

(4) 理解波谱的基本原理，初步掌握识谱能力；

(5) 对个别化合物及几类重要的天然产物和高分子化合物的基本知识有一定认识；

(6) 初步掌握综合运用有机化学知识分析和解决基本有机化学问题的能力。

本课程最显著的特点是内容繁多，加强记忆是学习有机化学的一个重要方面。记忆的基础在理解，记忆的窍门在规律，记忆的手段在总结。把握住有机化学的规律，可取得事半功倍的效果。大家在学习中应仔细体会“有机反应是受结构制约的电性组合”这一特征。学习方法因人而异，只要学生刻苦努力，方法得当，在本门课程的学习中定会取得好成绩。

## 习　题

1-1　扼要阐明如下基本概念：

1. 有机化合物　2. 有机化学　3. 化学键　4. 共价键　5. 原子轨道　6. 分子轨道　7. $sp^3$ 杂化　8. $sp^2$ 杂化　9. sp 杂化　10. $\sigma$ 键　11. $\pi$ 键　12. 键长　13. 键能　14. 键离解能　15. 键角　16. 极性键　17. 极化性　18. 实验式　19. 分子式　20. 构造式　21. 官能团　22. 碳胳　23. 共价键的均裂和异裂　24. 自由基　25. 反应机理　26. 活化能　27. 过渡态　28. 反应的活性中间体

1-2　用 $\mapsto$ 表示下列共价键偶极矩的方向：

1. H—F　2. C—Cl　3. C—O　4. C—N

# 第二章　烷烃和环烷烃

## §2.1　结构和命名

只含有碳(Carbon)和氢(Hydrogen)两种元素的化合物，叫碳氢化合物(Hydrocarbons)，简称为烃。烃是有机化合物的母体，烃分子中的氢原子被其他原子或基团取代后，可生成一系列的衍生物。烷烃(Alkanes)分子中的碳原子以单键(C—C)相互连接，其余的价键都为氢原子所饱和，称为饱和烃(Saturated Hydrocarbons)。

饱和烃分为链状和环状两种结构，链状饱和烃通常被称为烷烃，环状饱和烃通常被称为环烷烃(Cycloalkanes)。

### 2.1.1　烷烃的结构和命名

烷烃是通式为 $C_nH_{2n+2}$ 的碳氢化合物的总称，$n$ 为碳原子数。简单的烷烃，如甲烷、乙烷、丙烷、丁烷……分子式依次为 $CH_4$，$C_2H_6$，$C_3H_8$，$C_4H_{10}$，…这一系列具有同一通式，组成上相差只是 $CH_2$ 的整数倍的一系列化合物称为同系列。同系列中的各个化合物互为同系物。$CH_2$ 称为同系列的系差。

2.1.1.1　烷烃的结构

(1) 烷烃的同分异构

烷烃同系列从丁烷开始有同分异构现象。丁烷有两种异构体，分别称为正丁烷和异丁烷。戊烷则有三种异构体，分别称为正戊烷、异戊烷和新戊烷。

正戊烷：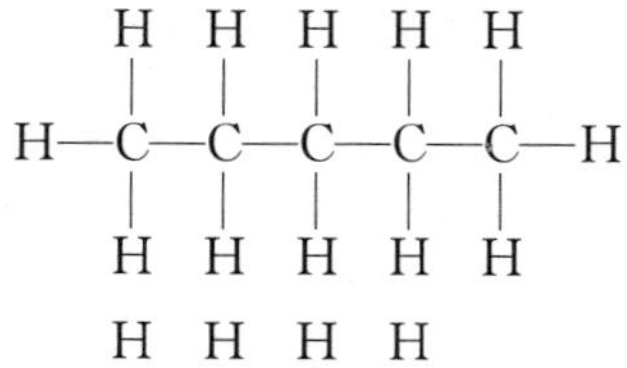（构造简式：$CH_3—CH_2—CH_2—CH_2—CH_3$）

异戊烷：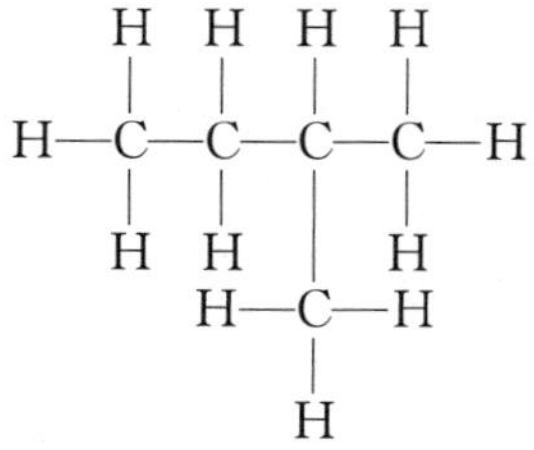（构造简式：$CH_3—CH_2—CH—CH_3$
　　　　　　　　　　　　　　　　　|
　　　　　　　　　　　　　　　　$CH_3$）

新戊烷：

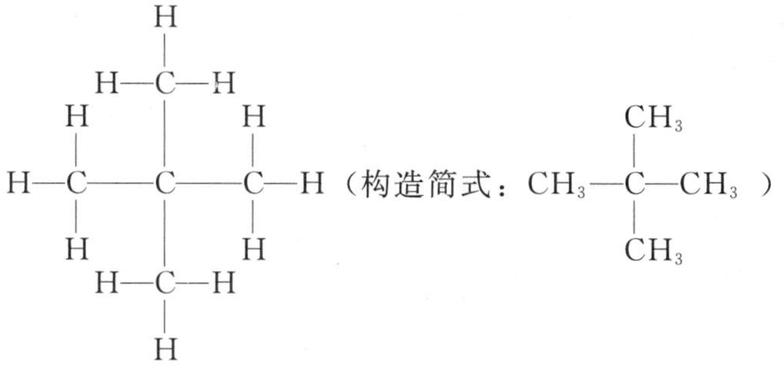


分子式相同,但原子在分子中排列的顺序不同或成键的顺序不同,称为构造异构。能反映出化合物成键顺序的表示式叫构造式。分子式相同但构造式不同的化合物称为同分异构体。同分异构体的数目随分子中所含碳原子数目的增加而增多。例如分子式为$C_6H_{14}$的己烷有 5 种同分异构体,而分子式为$C_9H_{20}$的壬烷就有 35 种同分异构体。

(2) 烷烃的结构

实验结果表明,在甲烷分子中碳原子是以四个完全相同的键,分别与四个氢原子结合的。每一个 C—H 键的键长都是 109pm,每个 C—H 键与 C—H 键之间的键角都是 109°28′。而且甲烷的一元取代物(如 $CH_3Cl$)只有一种,可见 C—H 键是等同的。显然,甲烷分子中的碳原子是以 $sp^3$ 杂化方式成键的。对于含有多个碳原子的直链烷烃,由于 $sp^3$ 杂化轨道保持 109°28′的键角,在碳链中 C—C—C 的键角也必然保持近 109°28′,其主体形象不是线型的。如正丁烷的碳链实际上是:

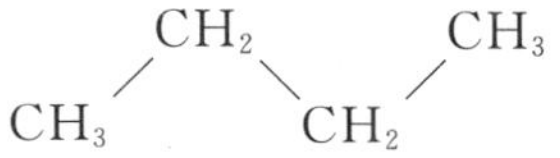

但为了书写简便,仍写成线型的,$CH_3CH_2CH_2CH_3$。

表示分子立体形象的模型主要有两种:一种是比例模型,也叫 Stuart 模型,它是根据分子中各原子的大小和化学键键长,按比例放大制成;另一种是球棒模型,也叫Kekulé模型,它用球表示原子,用棒代表原子间的共价键,便于初学者观察。

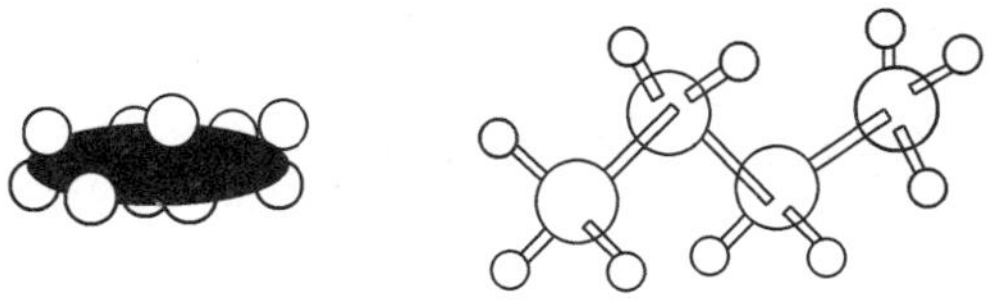

(a) (b)

图 2-1 正丁烷的比例模型(a)和球棒模型(b)

2.1.1.2 烷烃的命名

(1) 碳原子类型和烷基的概念

① 碳原子类型

烷烃中碳原子根据其相连碳原子数目可分为四种类型:只与一个碳相连的碳原子称为伯碳原子,也称一级碳原子,以 1°表示;与两个碳相连的碳原子称为仲碳原子,也称二级碳原子,以 2°表示;与三个碳相连的碳原子称为叔碳原子,也称三级碳原子,以 3°表示;

与四个碳相连的碳原子称为季碳原子，也称四级碳原子，以 4°表示。伯、仲、叔碳原子的氢原子，相应地称伯氢、仲氢和叔氢。

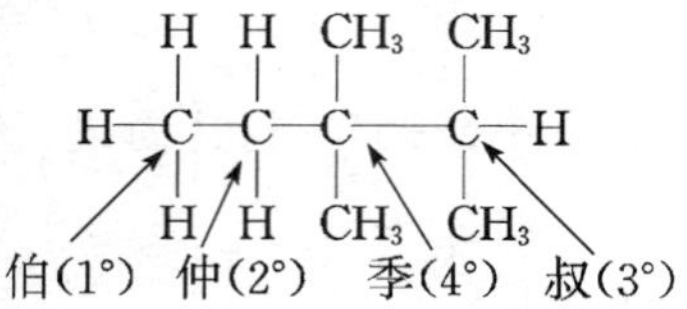


② 烷基

烷烃分子中去掉一个氢原子所余基团，称为烷基，以 R 表示。常以“正”、“仲”、“叔”、“异”、“新”某基表示不同类型的烷基，即：

“正”代表伯碳烷基(直链)；

“仲”代表仲碳烷基；

“叔”代表叔碳烷基；

“异”代表链末端第二个碳原子连有二个甲基，即具有 $CH_3—CH(CH_3)—$ 式叉链结构；

“新”代表含季碳原子的五个或六个碳原子的结构，如 $CH_3—C(CH_3)_2—CH_2—$ 新戊基。

常见烷基有(括号第二个是英文缩写)：

$—CH_3$ 甲基(methyl, Me)

$—CH_2CH_3$ 乙基(ethyl, Et)

$—CH_2CH_2CH_3$ 正丙基(n-propyl, n-Pr)

$CH_3\underset{|}{C}HCH_3$ 异丙基(iso-propyl, i-Pr)

$—CH_2CH_2CH_2CH_3$ 正丁基(n-butyl, n-Bu)

$CH_3\underset{|}{C}HCH_2CH_3$ 仲丁基 (sec-butyl, s-Bu)

$CH_3—CH(CH_3)—CH_2—$ 异丁基 (iso-butyl, i-Bu)

$CH_3—C(CH_3)_2—$ ($CH_3—\overset{CH_3}{\underset{|}{C}}—CH_3$) 叔丁基(tert-butyl, t-Bu)

$—CH_2—C(CH_3)_2—CH_3$ 新戊基(neo-pentyl, neo-Pent)

(2) 烷烃命名

有机化合物常用命名法有以下三种：

① 系统命名法

系统命名法是一种普遍通用的命名方法。它是采用 1892 年日内瓦国际化学会议拟定，1957 年经国际纯粹化学和应用化学联合会（International Union of Pure and Applied Chemistry，缩写为 IUPAC）正式提出的命名原则，称为 IUPAC 命名法。中国化学会（Chinese Chemistry Society，缩写为 CCS）结合我国的文字特点，经多次讨论，于 1980 年又制定“有机化学命名原则”（下称 CCS 命名）。

系统命名法的要点和步骤如下：

a. 选择分子中最长的碳链为主链，把支链烷基看作是主链上的取代基，根据主链所含碳原子数目称作“某烷”。直链烷烃称为某烷，不要“正”字。

b. 从离支链最近的一端，用阿拉伯数字将主链碳原子编号。

c. 若主链编号有不只一种可能的方向和系列时，则采取最低系列原则，顺次逐项比较各系列的不同位次，最先遇到的位次最小者定为最低系列。例如：

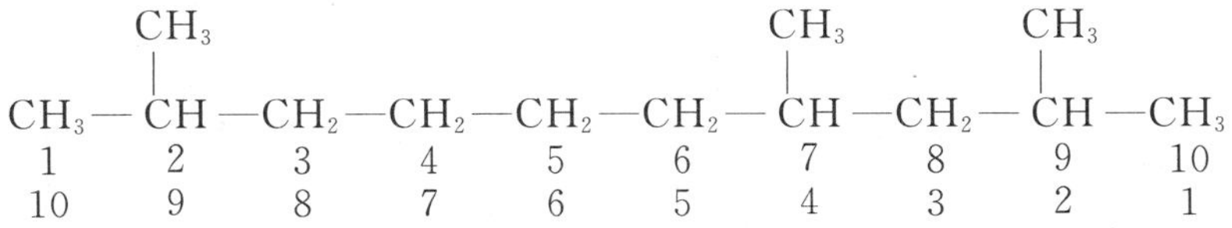

不正确编号 2,7,9
正确编号 2,4,9

正确命名：2,4,9-三甲基癸烷

d. 将取代基的位次和名称（中间加半字线“-”）作为词头置于母体名称之前。

e. 如果含有几个相同取代基，则在取代基前用汉字数码二、三、四等表明相同取代基的数目，其所在位次逐个表明，各数字间用逗号隔开。例如 c 中的 2,4,9-三甲基癸烷。

f. 当取代基不同时，应将各种取代基的位次、数目和名称分别列出，中间加半字线“—”，放在母体名称前面。取代基按“次序规则”排列，较优基团后列。下面是按“次序规则”排列的几种常见烷基，排在前面的较“优”，其判断依据是中心原子的相对质量的大小：叔丁基、仲丁基、异丙基、新戊基、异丁基、异戊基、戊基、丁基、丙基、乙基、甲基。

g. 当主链选择有多种可能时，应选择含取代基最多的碳链为主链。例如：

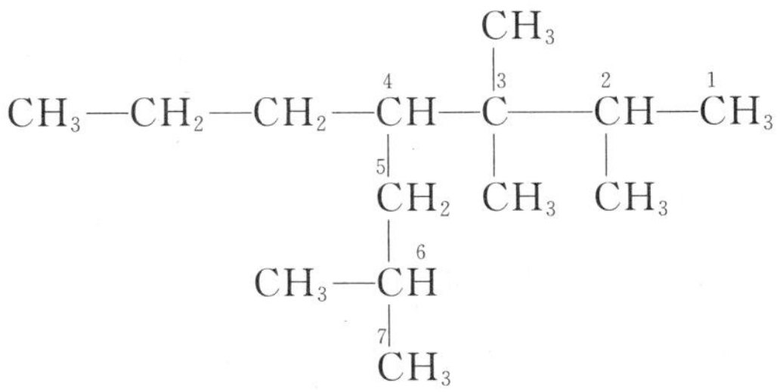

正确：2,3,3,6—四甲基-4-丙基庚烷；不正确：2,3,3-三甲基-4-异丁基庚烷。

h. 当主链的编号有几种可能时，应使名称中最先列出的取代基位次最小。例如：

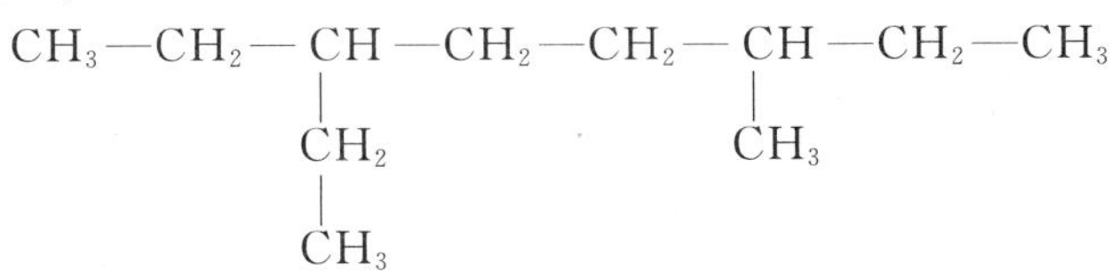

正确：3-甲基-6-乙基辛烷；不正确：6-甲基-3-乙基辛烷。

j. 对于复杂的取代基，若支链上还连有取代基时，可用带撇的数字标明取代基在支链中的位次或把带有取代基的支链全名放在括号中。其编号从与主链相连的一端开始：

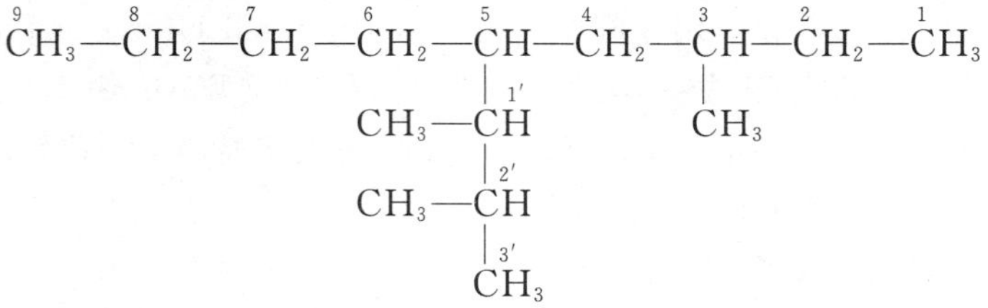

可命名为3-甲基-5-1′,2′-二甲基丙基壬烷，或3-甲基-5-(1′,2′-二甲基丙基)壬烷。

② 习惯命名法

简单的烷烃一般以习惯命名法命名。碳原子数从1—10用天干(甲、乙、丙、丁、戊、己、庚、辛、壬、癸)加“烷”字表示。碳原子数大于10，以十一、十二……数字加“烷”字表示。以“正”、“异”、“新”等前缀区别不同构造的异构体，例如：

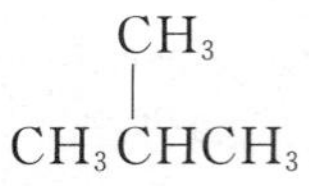

异丁烷

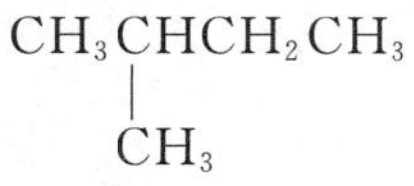

异戊烷

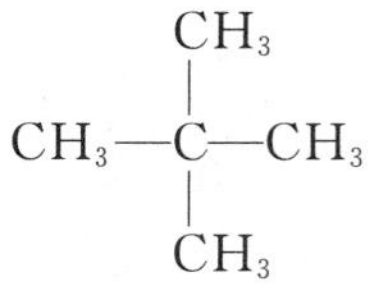

新戊烷

$CH_3(CH_2)_9CH_3$

正十一烷

③ 衍生命名法

以甲烷为母体，选择连结烷基最多的碳原子作为母体甲烷的碳原子，不同的烷基则按由小到大的次序写在“甲烷”前面。例如：

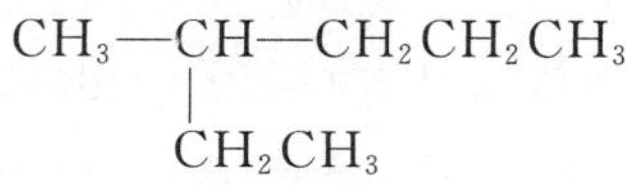

甲基乙基丙基甲烷

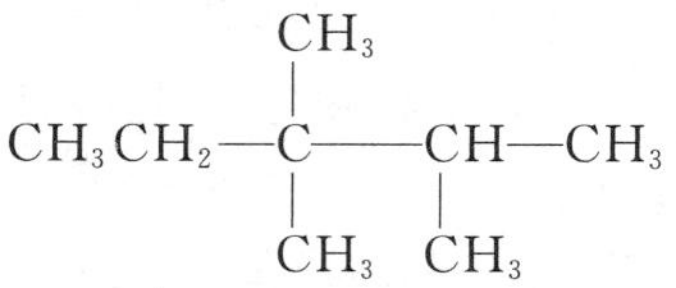

二甲基乙基异丙基甲烷

衍生命名法不适用于结构复杂的烷烃。

### 2.1.2 环烷烃的结构和命名

#### 2.1.2.1 环烷烃的结构与分类

环烷烃可以按组成环的碳原子数目而分类。例如：

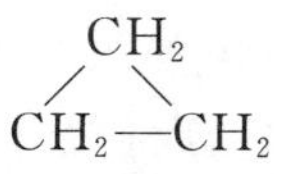

环丙烷

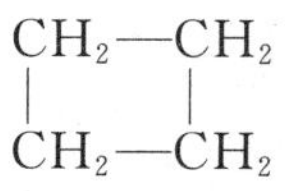

环丁烷

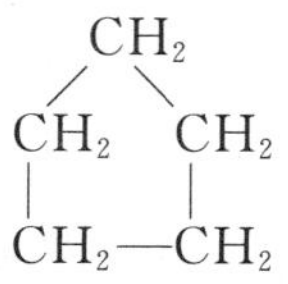

环戊烷

环烷烃也可以按照分子中所含碳环的数目的不同，分为单环、二环或多环烷烃，如：

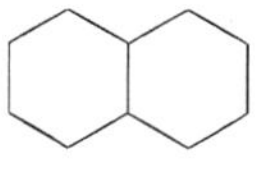

二环[4.4.0]癸烷

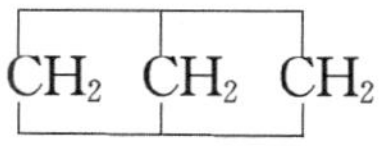

二环[3.3.1]壬烷

环烷烃的同分异构现象比开链烷烃复杂。成环碳原子数目的不同、取代基的不同及取代基在环上的位置的不同都可产生不同的异构体。

单环烷烃通式与烯烃相同，为 $C_nH_{2n}$。

2.1.2.2　环烷烃的命名

(1) 单环烃的命名

单环烷烃按成环碳原子数目命名为某烃，再加上词头“环”字，称“环某烷”。把环上的支链作为取代基。如有多个取代基时，将成环碳原子编号，且使取代基的位次最小，编号时从小基团开始，按照次序规则“较优”基团后列出。单环烷烃去掉一个氢原子所剩部分，称为环烷基。例如：

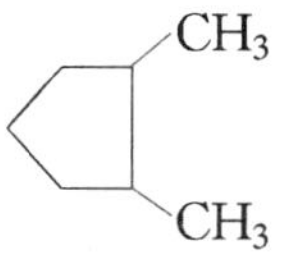

1,2-二甲基环戊烷

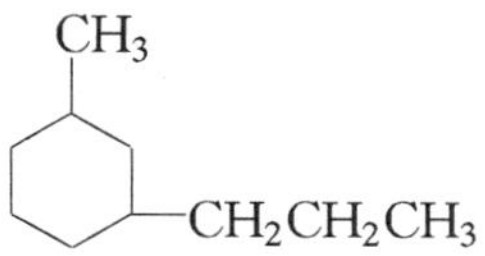

1-甲基-3-丙基环己烷

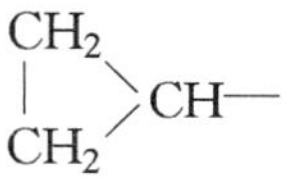

环丙基

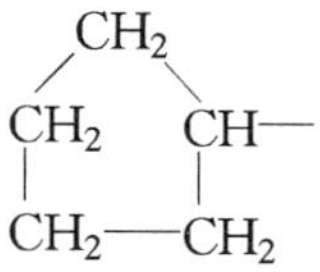

环戊基

当取代环烷烃的取代基复杂时，可将环部分作取代基，按链烷烃命名，如：

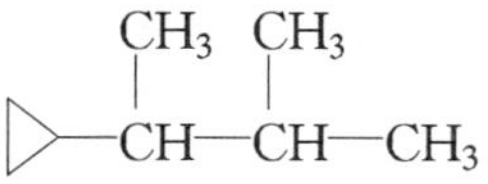

2-甲基-3-环丙基丁烷

(2) 螺环烃命名

两个碳环共用一个碳原子时，称为螺环化合物。两个碳环共有的碳原子称为螺碳原子。螺环烃的命名原则是：从较小环的、与螺碳原子相邻的碳原子开始编号，经过小环到达螺碳原子，再编大环。根据构成螺环的碳原子总数，称螺“某”烷，在“螺”与“某烷”之间，用方括号内的阿拉伯数字，依次表示小环和大环中除螺碳原子以外的碳原子数。数字间用角下圆点隔开。例如：

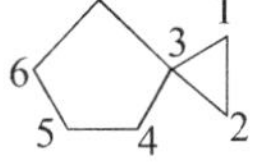

螺[2.4]庚烷

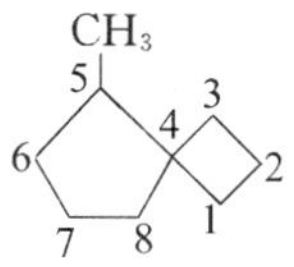

5-甲基螺[3.4]辛烷

(3) 桥环烃命名

如果两个碳环共用两个或共用两个以上的碳原子时，称为桥环化合物。命名时，以二环(或双环)作词头，按成环碳原子总数称为“某”烷，并指定两环连接处的两个碳原子为桥头碳原子。在“二环”与“某烷”之间，用方括号中以阿拉伯数字由大到小分别标明除两个桥头碳原子以外的桥碳原子数。二环桥环烃有三个桥，方括号中应有三个数字，分别用角下圆点分开。环上的编号从一个桥头碳原子开始，沿最长的桥编到另一个桥头碳原子，再

沿次长的桥编回到开始的桥头碳原子,最短的桥上的碳原子最后编号:

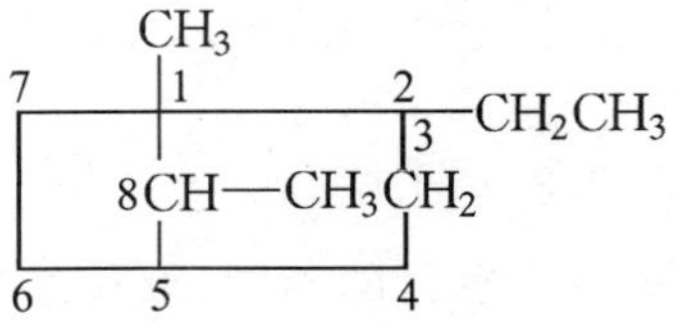

1,8-二甲基-2-乙基二环[3.2.1]辛烷

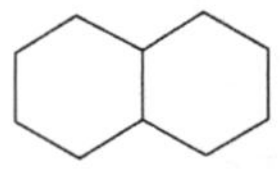

二环[4.4.0]癸烷

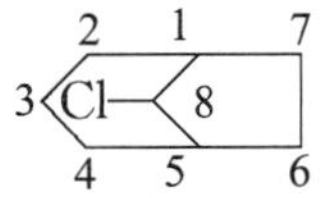

8-氯二环[3.2.1]辛烷

## §2.2 烷烃及环烷烃的构象

除甲烷以外的其他烷烃,由于碳碳单键的自由旋转,分子中的原子或基团在空间的相对位置会不断发生变化,产生不同的空间排列方式。这种由于围绕 σ 键旋转而产生的分子中原子或基团在空间的不同排列方式称为构象。

### 2.2.1 烷烃的构象和命名

2.2.1.1 烷烃的构象表示方法

以乙烷为例,构象可用伞形式、透视式、Newman 式三种方法表示。如图 2-2 所示。

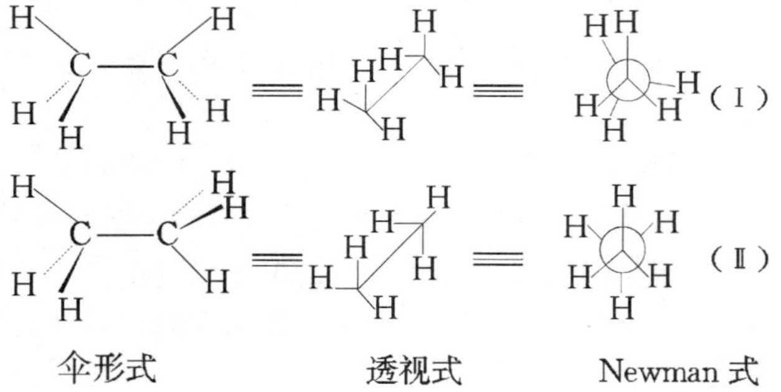

图 2-2 构象的三种立体表达式

伞形式:也称立体式。虚线表示位于纸平面下方,远离观察者;楔形线表示位于纸平面上方,近指观察者;其余实线表示位于纸平面内。

透视式:也称锯架式、马鞍式。前方碳原子上的三个氢原子处于同一平面,后方的另一碳原子上的三个氢原子处于另一平面,斜向上方的碳碳键表示前后关系。

Newman 式:这是在 C—Cσ 键的延长线上观察的,前后两碳原子在投影中是重叠的。圆心表示前方碳原子。由圆心向外伸展的线表示前方碳原子的三个键;用圆圈表示后面的碳,由圆圈向外伸展的线表示后一个碳原子上的键。同一碳原子上的三个键,在投影中互成 120°角。

沿 C—Cσ 键旋转时,可以产生无数个构象,Ⅰ和Ⅱ只是两个极限构象。Ⅰ为重叠式,

Ⅱ是交叉式。

2.2.1.2 烷烃构象的命名

构象式的命名方法是：以 Newman 式中两个选定的基团所形成的扭转角为标准（所谓扭转角是指由于碳碳单键旋转而产生的相邻碳上非键合基团之间的夹角，朝顺时针方向旋转为正，反之为负），扭转角在 0°±30°的构象叫顺叠（syn-periplanar），以 sp 表示，惯称全重叠；在 60°±30°的叫顺错（syn-clinal），以 sc 表示，惯称邻位交叉；在 120°±30°的叫反错（anti-clinal），以 ac 表示，惯称部分重叠；在 180°±30°的叫反叠（anti-periplanar），以 ap 表示，惯称对位交叉。

对于乙烷，Ⅰ为重叠式（顺叠），Ⅱ为交叉式（反叠式）。

以丁烷为例，构象名称与扭转角关系如图 2-3 所示。

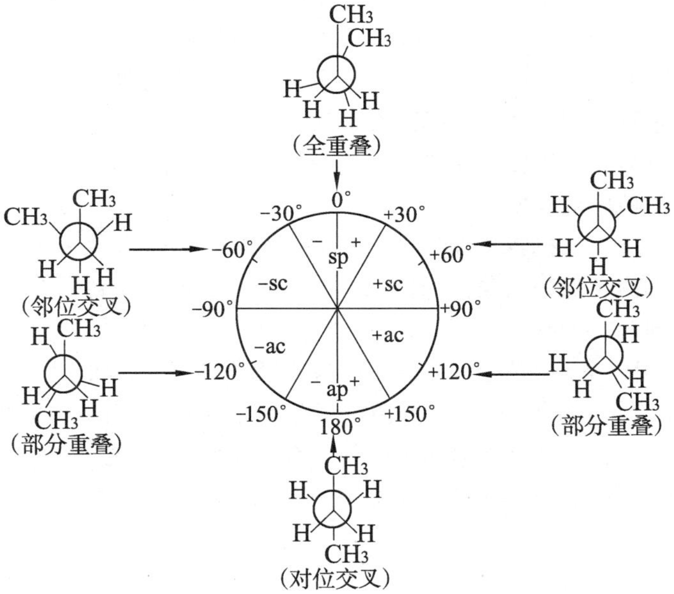


图 2-3 扭转角与构象名称的关系

2.2.1.3 烷烃构象的内能与稳定性

在乙烷重叠式构象中，两个碳原子上的 C—Hσ 键两两相对，C—H 键的 σ 电子对之间距离最近，相互之间排斥力（扭转张力）最大，内能最高。而在交叉式构象中，两个碳原子上的 C—Hσ 键两两交错，C—H 键上的 σ 电子对之间相距最远，相互之间的排斥力（扭转张力）最小，内能最低，构象最稳定。重叠式乙烷的内能比交叉式乙烷的内能大约高 12.6 kJ · $mol^{-1}$，这一能量差称为旋转能垒。

从乙烷分子的重叠式构象开始，固定前方碳原子，将另一碳原子绕碳碳单键旋转 360°，可得内能—扭转角曲线图（图 2-4）。

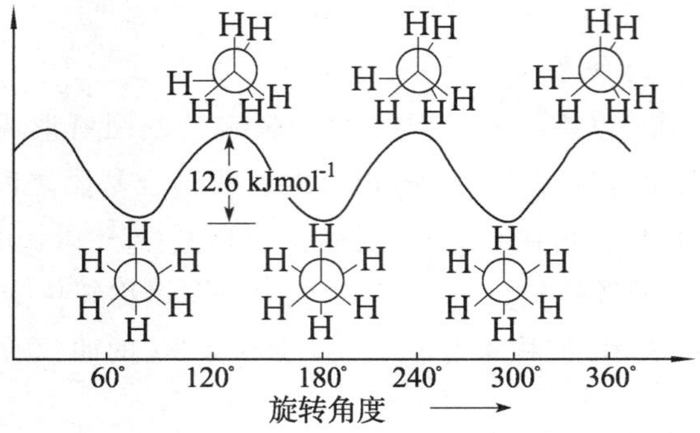


图 2-4 乙烷分子的构象内能—扭转角曲线

由于旋转能垒 12.6 kJ・$mol^{-1}$很小，室温时，分子所具有的动能足够使 σ 键自由旋转。因此，乙烷分子在室温时由于 C—Cσ 键的自由旋转而处于交叉式、重叠式和介于这二者之间无数构象的动态平衡体系中。能量最低的交叉式构象在平衡混合体系中的几率应比能量最高的重叠式构象多(经计算，交叉式：重叠式＝150：1)。

丙烷的构象内能——扭转角曲线与乙烷相似，只是能垒略高，约 14.2kJ・$mol^{-1}$。有重叠式和交叉式两种极限构象。

丁烷的构象内能——扭转角曲线复杂一些，分绕$C_1$—$C_2$和绕 $C_2$—$C_3$ 两种情形。绕$C_1$—$C_2$σ键旋转，有两种极限构象：重叠式和交叉式，其内能一扭转角曲线与乙烷相似。

绕 $C_2$—$C_3$σ 键旋转 360°，其能量关系如图 2-5 所示。其对位交叉式内能最低，既无扭转张力，也无 Van der Waals 张力，是最稳定构象；邻位交叉式内能略高于对位交叉式，无扭转张力，但存在 Van der Waals 张力，两个甲基挤在一起，提高了构象的能量；全重叠式内能最高，既有扭转张力，又存在因两个甲基完全重叠在一起而造成的 Van der Waals 斥力，是最不稳定的构象；部分重叠式内能略低于全重叠式，存在扭转张力，但不存在 Van der Waals 斥力。

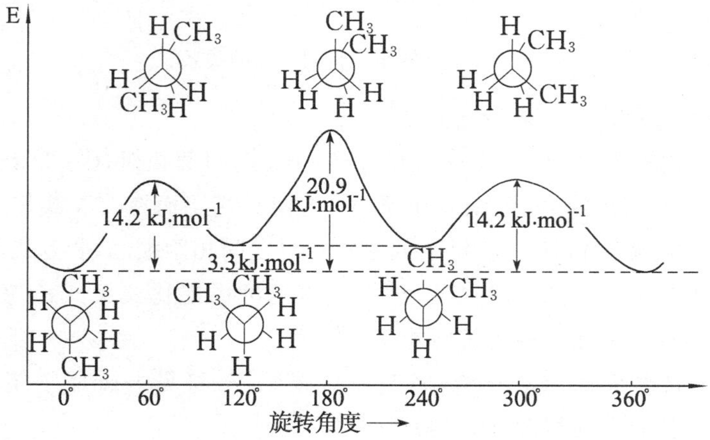


图 2-5 丁烷分子的构象内能—扭转角曲线

### 2.2.2　环烷烃的构象和命名

2.2.2.1　环的结构与稳定性

实验显示，环烷烃的稳定性与环的大小有关：环己烷＞环戊烷＞环丁烷＞环丙烷。其中环丙烷化学性质最为活泼，环的稳定性最低。

环的结构特点和稳定性，可分别用热化学、环张力、现代结构理论等进行分析。

(1) 热化学分析

表 2-1 是部分环烷烃的热化学数据。

生成热 $\Delta H_f$ 是标准状况下，由单质(碳和氢)生成 1 mol 化合物所放出(负值)或吸收(正值)的能量。它是衡量化合物稳定性的判据。$\Delta H_f$ 负值越大，说明生成时放热越多，化合物越稳定；$\Delta H_f$ 正值越大，说明生成时吸收热量多，化合物内能高，不稳定。

燃烧热是标准状况下，1 mol 化合物完全燃烧生成二氧化碳和水所放出的热量。它的大小反映出分子能量的高低，也可以作为衡量化合物稳定性的判据。分子内能高，燃烧热数值大。从环丙烷到环戊烷，随着环的增大，每个亚甲基($CH_2$)单元的燃烧热依次降低，环越小则每个亚甲基单元的燃烧热越大。环丙烷亚甲基单元的燃烧热最大，分子内能高，最不稳定；环丁烷次之。

表 2-1　某些环烷烃的生成热、燃烧热($kJ \cdot mol^{-1}$)

| 环烷烃 | 成环碳数 | 生成热 $\Delta H_f$ | | 燃烧热 $\Delta H_c$ | |
|---|---|---|---|---|---|
| | | 总生成热 | $CH_2$ 平均生成热 | 总燃烧热 | $CH_2$ 平均燃烧热 |
| 环丙烷 | 3 | 53.1 | 17.7 | 2091 | 697 |
| 环丁烷 | 4 | 28.4 | 7.1 | 2744 | 686 |
| 环戊烷 | 5 | −76.9 | −15.4 | 3320 | 664 |
| 环己烷 | 6 | −123.3 | −20.5 | 3951 | 659 |
| 环庚烷 | 7 | −117.9 | −16.8 | 4637 | 662 |
| 环辛烷 | 8 | −124.2 | −15.5 | 5310 | 664 |
| 链烷烃 | | | −20.5 | | 659 |

从可比的“$CH_2$ 平均生成热”可以看出，环丙烷和环丁烷为正值，说明小环内能高，不稳定。

(2) 张力学说

为解释小环的不稳定性，1885 年 Baeyer 提出了张力学说。Baeyer 假定成环碳原子都处于同一平面，排成正多边形。在不同的环中碳碳键之间的夹角小于或大于正四面体所要求的角度——109°28′时，由于受几何形状的限制，引起分子内的张力。这种张力称为角张力，这样的环称为张力环。

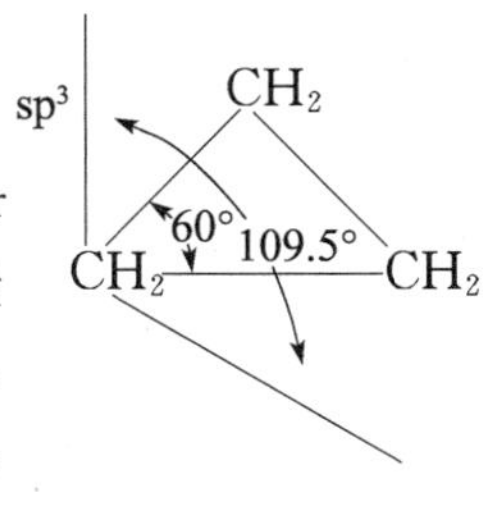

图 2-6　环丙烷中键角的偏差

如图 2-6 所示，环丙烷是平面结构，碳碳键之间夹角为 60°。但环丙烷中的成环碳原子都是 $sp^3$ 杂化碳原子，其键角应接近于正四面体中心角，即 109°28′。这样环丙烷成环时为适应环的三角形几何形状，势必要把 109°28′角压缩到 60°角，引起分子内能增高，即分子存在张力。

键角变形的程度愈大，张力愈大，环的稳定性愈小。经计算，不同的环烷烃与正常的键角差为：环丙烷 49.5°，环丁烷 19.5°，环戊烷 1.5°，环己烷 −10.5°，根据 Baeyer 张力学说，环烷烃的相对稳定性应为环戊烷＞环己烷＞环丁烷＞环丙烷。

不过，不同环烷烃的稳定性次序实际为：环己烷＞环戊烷＞环丁烷＞环丙烷。因此，Baeyer 张力学说是不完善的。首先，环上的碳原子并不是都在同一平面内。现代物理学方法测定说明：除环丙烷外，其他环烷烃均为非平面结构。环丁烷是蝴蝶式结构；环戊烷存在信封式和扭曲式结构；环己烷存在椅式、半椅式、船式、扭船式结构。

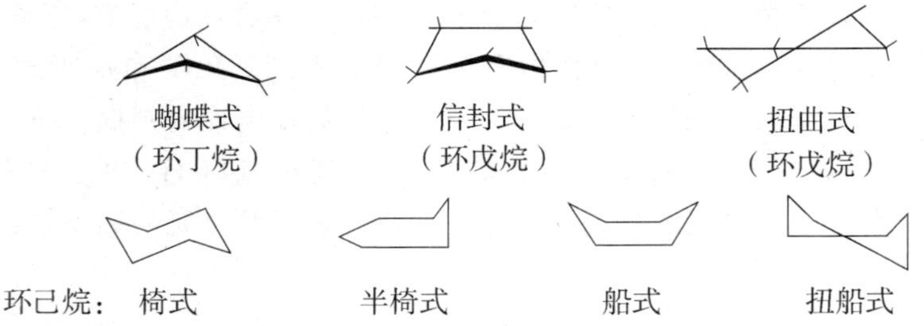


其次，键角变化产生的张力仅是张力中的一种，还有其他张力，如 Van der Waals 张力、键张力、扭转张力等。

(3) 现代结构理论

杂化轨道理论认为，环丙烷分子不稳定，主要是由于形成两个 C—C 键的碳原子的杂化轨道夹角(105°)与键轴夹角(60°)不一致。

在开链烷烃如丙烷中(图 2-7)，碳碳 σ 键是由碳原子的 $sp^3$ 杂化轨道，以两个成键碳原子核的联线为对称轴，相互交盖而成的。其交盖程度最大，键也最强最稳定。而在环丙烷中的碳碳 σ 键则不同，由于几何形状的限制不可能以成键两碳原子核的联线为对称轴交盖，而是偏离一定的角度，斜着交盖的键，称为弯曲键。因为形如香蕉，也俗称香蕉键。这是关于张力的现代理解，是造成环丙烷不稳定的根本原因。

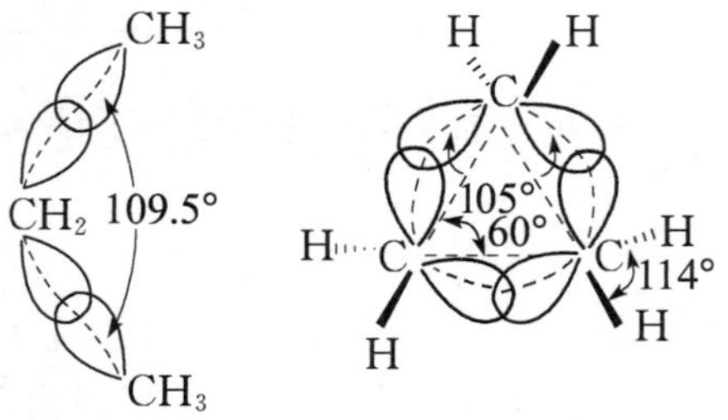


图 2-7 丙烷及环丙烷中碳碳键原子轨道交盖及成键情况

2.2.2.2 环己烷及其衍生物的构象

环烷烃类分子中，环己烷的构象最有特点，也最重要。

环己烷诸种构象中，最重要的是椅式(chair form)和船式(boat form)构象。用球棒模型连接成环己烷的碳环，保持键角 109°28′，通过 $\sigma$ 键的旋转和键角的扭动，可以得到椅式和船式两种不同排列方式。如图 2-8 所示。

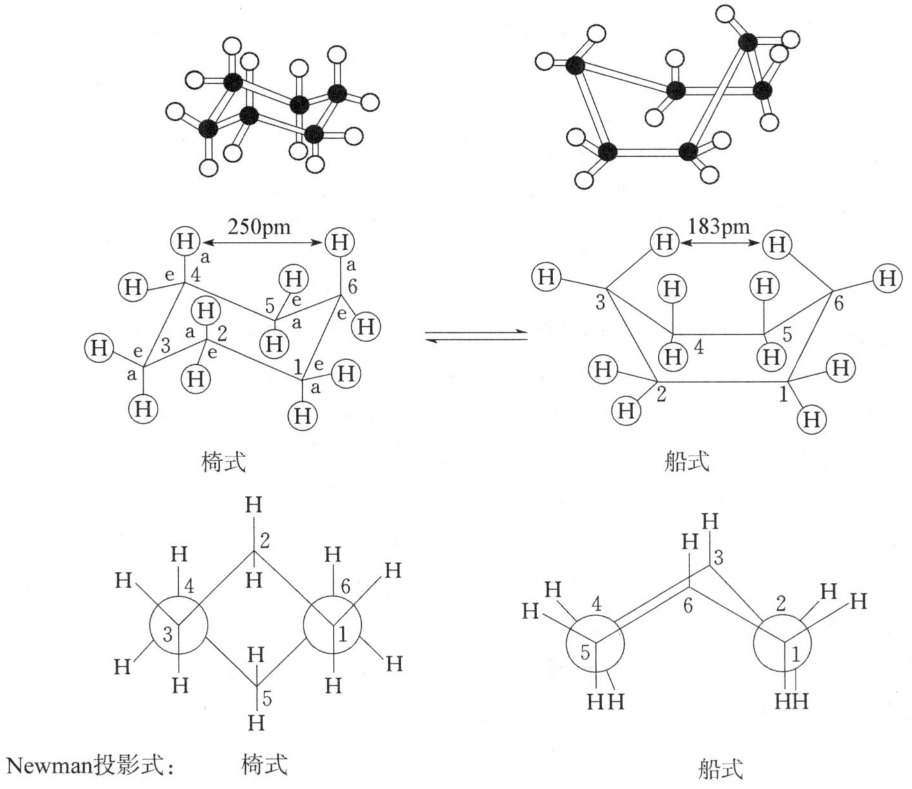


图 2-8 环己烷椅式和船式构象及相应的 Newman 投影式

在环己烷的椅式构象中(图 2-8)，有两种碳氢键：以 e 表示的六根 C—H 键称为平伏键(equatorial bond)，简称 e 键。它们与由 1,2,4,5 位四个碳原子组成的平面近于平行。以 a 表示的六个 C—H 键称为直立键(axial bond)，简称 a 键。它们与由 1,2,4,5 位四个碳原子组成的平面接近垂直。从相应的 Newman 投影式可以看出：环己烷椅式构象中所有的相邻两碳原子的键都处于交叉式位置，无扭转张力；分子中相距最近的两直立键上的氢原子距离为 250pm。各碳原子均以典型的 $sp^3$ 杂化轨道成键，保持键角 109°28′，不存在角张力。因此，环己烷的椅式构象是稳定构象。

在环己烷的船式构象中，与椅式构象不同的是：$C_1$ 与 $C_2$ 之间及 $C_4$ 与 $C_5$ 之间(船底)的碳氢键处于重叠式位置(重叠式构象)，存在扭转张力；另外，船头($C_3$)和船尾($C_6$)的两个碳氢键是向内伸展的，两个氢原子距离仅 183pm，产生一定的非键张力。因此，船式构象不稳定。船式构象比椅式构象内能高出 29.7 kJ·mol$^{-1}$。

由稳定的椅式构象变为不稳定的船式构象，中间经过半椅式、扭船式等构象。其各种构象的能量关系如图 2-9 所示。

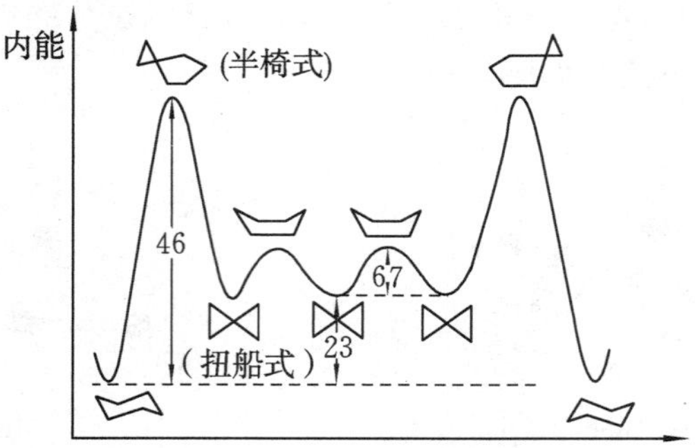


图 2-9 环己烷各种构象的能量关系图(kJ·$mol^{-1}$)

环己烷诸种构象中,半椅式构象能量最高,这是因为处于同一平面的五个碳原子所构成的∠CCC 为 120°,偏离正常键角,存在角张力;另外,有 10 个氢处于重叠式构象,引起较大的 Van der Waals 张力和扭转张力。环己烷衍生物的构象随取代基的种类,基团体积、取代基数目及顺反异构体的不同而不同。

对于环己烷的一元取代衍生物,取代基可在 a 键,也可在 e 键,有两种可能的构象。

当 R 处于 a 键时(图 2-10),R 与相邻碳所连的碳架处于邻位交叉式,R 与 $C_3$ 与 $C_5$ 上的 a 键氢之间因空间拥挤(R 基团体积越大,拥挤越厉害)引起 Van der Waals 张力。此种相互作用称为"1,3-二竖键作用"。而 R 处于 e 键时(图 2-11),R 与相邻碳所连的碳架处于对位交叉式,不存在"1,3-二竖键作用"。因此,R 处在 e 键的构象是稳定构象。R 基团体积越大,R 处在 e 键的构象其相对含量越高。

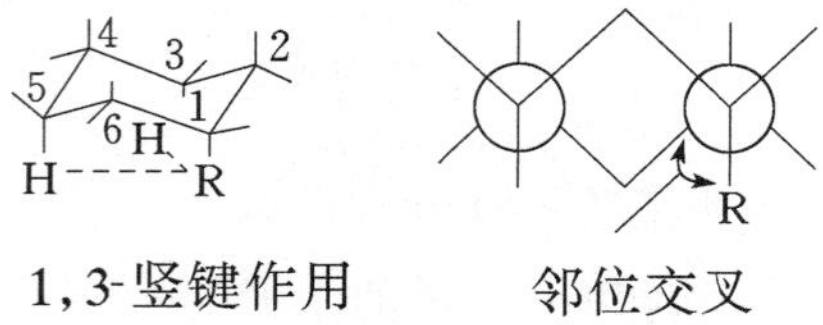


图 2-10 R 处于 a 键的单取代环己烷

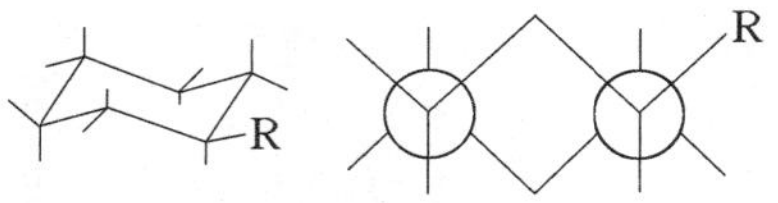


图 2-11 R 处于 e 键的单取代环己烷

二烷基取代环己烷存在 1,2-、1,3-、1,4-位异构体和顺反异构体。若将环己烷近似地看作平面,两取代基处于环的同侧(同处于环平面的上面或同处于环平面的下面)为顺式,两取代基处于环的异侧(分别处于环平面的上、下面)时则为反式,如图 2-12 所示。

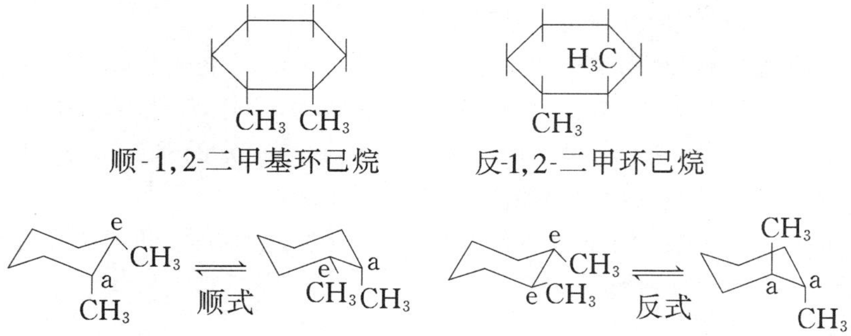


图 2-12 1,2-二甲基环己烷的椅式构象

顺-1,2-二甲基环己烷的椅式构象只有一种,其中一个甲基处于e键而另一个甲基处于a键。反-1,2-二甲基环己烷的椅式构象有两种,当两个甲基都处于e键时为稳定构象。顺-1,2-二甲基环己烷与反-1,2-二甲基环己烷相比较,两个甲基都处于e键的反-1,2-二甲基环己烷的构象更稳定。

顺-1,3-二甲基环己烷的稳定构象是两个甲基都处于e键。反-1,3-二甲基环己烷的椅式构象只一种,一个甲基处于a键,另一个甲基处于e键。

1,4-二甲基环己烷,顺式的只能一个甲基在a键另一个甲基在e键,而反式的二个甲基同处于e键为稳定构象。

对于不同烷基的二取代环己烷,一般体积大的基团在e键为优势构象。例如:反-1-甲基-2-叔丁基环己烷的优势构象是两个取代基都处于e键;而顺-1-甲基-2-叔丁基环己烷的优势构象是叔丁基处于e键,甲基处于a键(图2-13、图2-14)。

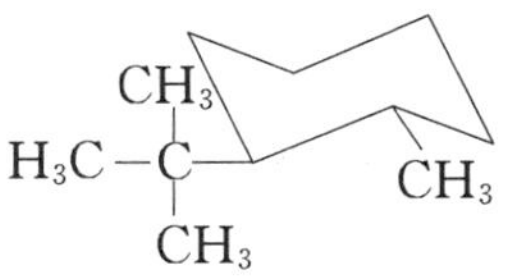


图2-13　反-1-甲基-2-叔丁基环己烷

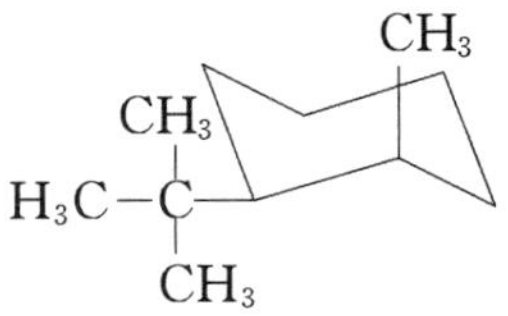


图2-14　顺-1-甲基-2-叔丁基环己烷

# §2.3　烷烃及环烷烃的性质

## 2.3.1　物理性质

有机化合物的物理性质一般是指它们的状态、相对密度、熔点、沸点、溶解度及波谱性质等。下面对烷烃的物理性质予以介绍。

(1) 烷烃的沸点

直链烷烃四个碳以下的同系物是气体,五个碳到十六个碳是液体,十七个碳以上是固体。直链烷烃的沸点随分子量的增加而升高。对于低级烷烃,每增加一个$CH_2$,其分子量相对增加较大,因而沸点升高得较大。而较高级的烷烃增加一个$CH_2$,其分子量相对增加较小,故其沸点升高得也较小。如甲烷分子与乙烷沸点差为72.9℃,而十四烷与十五烷沸点差仅有17℃(见表2-2)。

**表2-2　正烷烃的物理常数**

| 名称 | 分子式 | 熔点(℃) | 沸点(℃) | 密度($d_4^{20℃}$) |
|---|---|---|---|---|
| 甲烷 | $CH_4$ | −183 | −161.5 | —— |
| 乙烷 | $C_2H_6$ | −172 | −88.6 | —— |
| 丙烷 | $C_3H_8$ | −188 | −42.1 | —— |

**续表**

| 名称 | 分子式 | 熔点(℃) | 沸点(℃) | 密度($d_4^{20℃}$) |
|---|---|---|---|---|
| 丁烷 | $C_4H_{10}$ | −135 | −0.5 | —— |
| 戊烷 | $C_5H_{12}$ | −130 | 36.1 | 0.626 |
| 己烷 | $C_6H_{14}$ | −95 | 68.7 | 0.659 |
| 庚烷 | $C_7H_{16}$ | −91 | 98.4 | 0.684 |
| 辛烷 | $C_8H_{18}$ | −57 | 125.7 | 0.703 |
| 壬烷 | $C_9H_{20}$ | −54 | 150.8 | 0.718 |
| 癸烷 | $C_{10}H_{22}$ | −30 | 174.1 | 0.730 |
| 十一烷 | $C_{11}H_{24}$ | −26 | 195.9 | 0.740 |
| 十二烷 | $C_{12}H_{26}$ | −10 | 216.3 | 0.749 |
| 十三烷 | $C_{13}H_{28}$ | −6 | 230 | 0.757 |
| 十四烷 | $C_{14}H_{30}$ | 5.5 | 251 | 0.764 |
| 十五烷 | $C_{15}H_{32}$ | 10 | 268 | 0.769 |
| 二十烷 | $C_{20}H_{42}$ | 37 | 342.7 | 0.786 |

同碳数烷烃中，支链烷烃比直链烷烃的沸点低，而且支链越多，沸点也就越低。

烷烃属非极性分子非极性分子的沸点与分子间的 Van der Waals 力有关，烷烃含有支链或支链增多时，其空间阻碍增大，分子间难以靠得紧密，相距较远，Van der Waals 力相应减弱，沸点降低。

(2) 烷烃的熔点

烷烃的熔点的变化基本上与沸点相似。直链烷烃的熔点随碳数的增加而升高。不同的是，晶体中分子间的作用力不仅取决于分子的大小，而且与晶体中晶格排列的对称性有关。一般偶数碳链具有较高的对称性，其晶格排列比较紧密，熔点相对高些。因此，含偶数碳原子的烷烃的熔点通常比含奇数碳原子烷烃的熔点升高较多，构成两条相应的熔点曲线，偶数碳居上(图 2-15)。

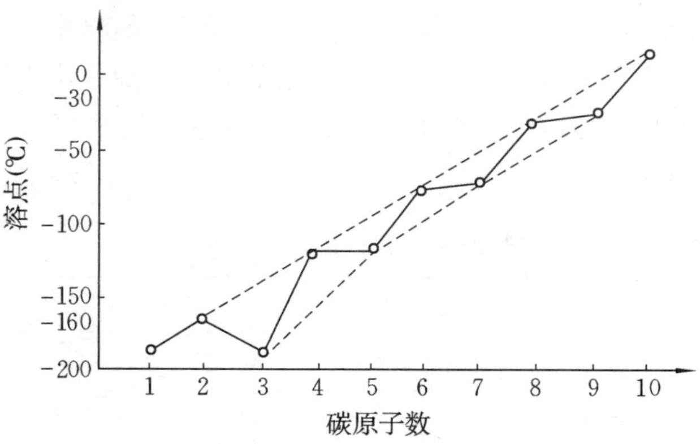


图 2-15　正烷烃的熔点

(3) 烷烃的密度

烷烃的密度小于 1，且随分子量的增大而增大，但其增加量很小，最后趋于常数值 0.78（见表 2-2）。

(4) 烷烃的溶解度

所有的烷烃均由共价键构成，σ 键极性极小，烷烃分子属非极性分子，易溶于四氯化碳等非极性溶剂，但不溶于水等极性溶剂。

### 2.3.2　烷烃的化学性质

烷烃是饱和烃，碳碳键和碳氢键都是 σ 键，键比较牢固，而且 C—Hσ 键极性非常小，需较高的能量才能使其断裂。一般在常温下，烷烃与强酸、强碱、强氧化剂、强还原剂等不发生化学反应。但稳定性是相对的，在一定条件下烷烃也显示一定的反应性能。

2.3.2.1　烷烃的卤代反应

烷烃分子中的氢原子被其他原子或基团所取代的反应叫做取代反应。在高温或光照条件下，烷烃与氯、溴、硝酸、硫酸等可以发生取代反应，生成相应的卤代烷、硝基化合物、烷基磺酸等产物。其中，卤代反应较为重要。

(1) 反应特点

烷烃分子中的氢原子被卤素原子取代的反应叫卤化反应。卤化反应在加热或光照等条件下进行。例如甲烷在漫射光、热或引发剂（如过氧化二苯甲酰）条件下，氢原子可被氯逐个取代，生成一氯甲烷、二氯甲烷、三氯甲烷、四氯化碳混合物：

$$CH_4 + Cl_2 \xrightarrow{\text{漫射光}} \underset{\text{一氯甲烷}}{CH_3Cl} + HCl$$

$$CH_3Cl + Cl_2 \xrightarrow{\text{漫射光}} \underset{\text{二氯甲烷}}{CH_2Cl_2} + HCl$$

$$CH_2Cl_2 + Cl_2 \xrightarrow{\text{漫射光}} \underset{\text{三氯甲烷}}{CHCl_3} + HCl$$

$$CHCl_3 + Cl_2 \xrightarrow{\text{漫射光}} \underset{\text{四氯甲烷}}{CCl_4} + HCl$$

工业上，以热氯化方法完成此反应，控制反应温度 400℃～450℃，选择甲烷与氯之比 10∶1，这时主要产物为一氯甲烷；选择甲烷与氯之比为 0.263∶1 时，主要产物是四氯化碳。

(2) 卤化反应机理

反应机理是指化学反应所经历的微观途径或过程，也叫反应历程。有机化合物的反应大多比较复杂，由反应物到产物常常不只是简单的一步反应，也不只有一种途径，因此，只有了解反应历程，才能达到控制和利用反应的目的。反应机理一般是根据大量的实验事实作出的理论推导。

根据烷烃的氯化反应只有在光照、高温或自由基引发剂（如过氧化二苯甲酰）条件下方可发生，而氧的存在会抑制反应，以及氯化反应在黑暗中室温无引发剂条件下不能发生，但经光照后再置于黑暗中仍可继续反应等事实，人们提出了烷烃卤化自由基取代反应机理。

烷烃氯化反应分为三个阶段。首先是在光照或高温或引发剂条件下，氯分子吸收能量分解为两个活泼的氯原子(氯自由基)：

$$Cl:Cl \xrightarrow[\text{或引发剂}]{h\nu\text{ 或}\triangle} 2Cl\cdot$$

这是连锁反应的第一阶段，称为链的引发(Initiation)。

高能量的氯原子从甲烷分子中夺取一个氢原子，生成 HCl 和带有未成对电子的 $\cdot CH_3$。凡具有这样未成对电子的原子或基团，统称为自由基或游离基(Free radical)，$\cdot CH_3$ 就是甲基自由基。

$$Cl\cdot + CH_4 \longrightarrow HCl + \cdot CH_3$$

甲基自由基比氯自由基更为活泼，它与氯分子作用，生成氯甲烷和一个氯自由基：

$$\cdot CH_3 + Cl_2 \longrightarrow CH_3Cl + Cl\cdot$$

这个新生的氯自由基又可重复上述反应，即与另一分子甲烷反应，又产生新的甲基自由基……如此重复下去，由一个高能量氯自由基就可以产生千万个氯甲烷分子。此阶段称为链的增长(Propagation)。在这个阶段，氯原子也可以与生成的氯甲烷作用而逐渐生成二氯甲烷、三氯甲烷和四氯甲烷。

$$Cl\cdot + CH_3Cl \longrightarrow HCl + \cdot CH_2Cl$$

$$\cdot CH_2Cl + Cl_2 \longrightarrow CH_2Cl_2 + Cl\cdot$$

$$Cl\cdot + CH_2Cl_2 \longrightarrow HCl + \cdot CHCl_2$$

$$\cdot CHCl_2 + Cl_2 \longrightarrow CHCl_3 + Cl\cdot$$

$$Cl\cdot + CHCl_3 \longrightarrow \cdot CCl_3 + HCl$$

$$\cdot CCl_3 + Cl_2 \longrightarrow CCl_4 + Cl\cdot$$

自由基之间彼此也可以发生反应，如：

$$2Cl\cdot \longrightarrow Cl_2$$

$$2CH_3\cdot \longrightarrow CH_3—CH_3$$

$$\cdot CH_3 + Cl\cdot \longrightarrow CH_3Cl$$

这样就消耗了自由基，当自由基之间的反应逐渐增加而占了优势，反应就将逐渐停止。这个阶段称为链的终止(Termination)。

(3) 不同卤素卤化反应活性

不同卤素与甲烷发生卤化反应时活性不同。氟化反应过于激烈，生成大量热，难以控制反应；溴化反应与氯化反应相似，但反应比较缓慢；碘化反应较难进行。不同卤素对烷烃进行卤化反应的相对活性为：$F_2 > Cl_2 > Br_2 > I_2$。

不同卤素与甲烷的卤化反应相对活性可从卤化反应热效应加以解释。对于反应

$$X_2 + CH_4 \longrightarrow CH_3X + HX$$

反应的总热效应 $\Delta H$ 是断裂 X—X 键、$CH_3$—H 键和形成 $CH_3$—X 键、H—X 键离解能之和。其计算结果如表 2-3 所示。

**表 2-3 涉及甲烷卤化反应的各键的离解能和反应热($kJ \cdot mol^{-1}$)**

| | X—X | + $CH_3$—H ⟶ | $CH_3$—X | + HX | 反应热 $\Delta H$ |
|---|---|---|---|---|---|
| X═F | 159 | 435 | −452 | −560 | −418 |
| X═Cl | 243 | 435 | −351 | −431 | −104 |
| X═Br | 192 | 435 | −293 | −368 | −34 |
| X═I | 151 | 435 | −134 | −297 | 55 |

反应放热程度：氟化>氯化>溴化>碘化。氟化放热剧烈而难以控制。氯化和溴化放热适中，易于控制。碘化反应为吸热反应，且反应生成的碘化氢是还原剂，可使碘甲烷还原为烷烃，故反应难以进行。

(4) 不同类型氢的反应活性与不同类型烷基自由基的稳定性

除甲烷、乙烷和新戊烷等特别结构烷烃外，其他烷烃分子中均含有不同类型的氢原子，它们的卤化反应可发生在不同位置。例如：

1-氯丙烷(45%) 2-氯丙烷(55%)

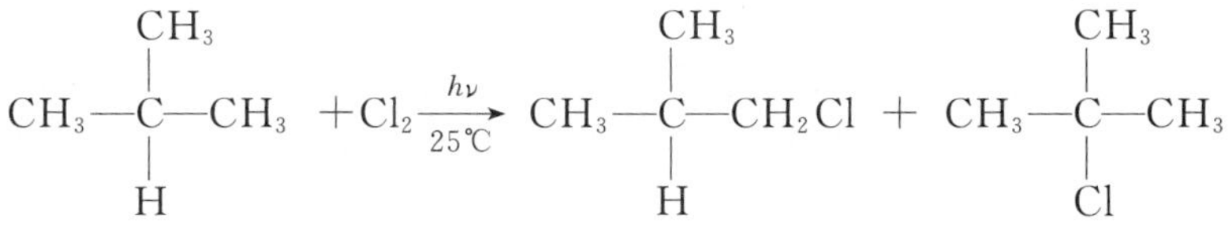

异丁基氯(64%) 叔丁基氯(36%)

丙烷有 6 个伯氢，2 个仲氢，而仲氢被取代的比例反而大于伯氢，说明在同样条件下，仲氢的反应活性比伯氢高。二者的活性比为：

$$\frac{2°\text{氢活性}}{1°\text{氢活性}}=\frac{55/2}{45/6}\approx 3.7$$

异丁烷氯化产物的比例说明，叔氢的反应活性更高。其反应活性比为：

$$\frac{3°\text{氢活性}}{1°\text{氢活性}}=\frac{36/1}{64/9}\approx 5.06$$

由此，叔氢、仲氢、伯氢的反应活性比为 5.06 ∶ 3.7 ∶ 1，即不同类型氢被取代的活性次序是：叔氢>仲氢>伯氢。反应中生成的自由基越稳定则需要的能量越低，反应越容易进行。而自由基的稳定性可以由共价键均裂时所吸收的能量来判断，键的离解能越小，键均裂时体系吸收的能量越少，生成的自由基越稳定，反应也容易进行。

C—H 键的离解能数据为：

| | | |
|---|---|---|
| 伯氢 | $RCH_2$—H | 406 $kJ \cdot mol^{-1}$ |
| 仲氢 | $R_2CH$—H | 394 $kJ \cdot mol^{-1}$ |
| 叔氢 | $R_3C$—H | 377 $kJ \cdot mol^{-1}$ |

因此，自由基的稳定性次序为：$R_3C\cdot > R_2CH\cdot > RCH_2\cdot$ 。

2.3.2.2 烷烃的氧化反应

(1) 燃烧 烷烃在空气中燃烧，生成二氧化碳和水，并放出大量热。

(2) 氧化 烷烃在催化剂存在下，在空气中进行部分氧化反应，可生成含氧化合物：

$$CH_3CH_2CH_3 \xrightarrow[250℃,17MPa]{\text{空气金属氧化物}} CH_3OH + CH_3COOH + CH_3-\overset{\overset{\displaystyle O}{\|}}{C}-CH_3$$

2.3.2.3 烷烃的异构化

直链或支链少的烷烃在适当条件下，可以异构化为支链多的烷烃。例如：

$$\underset{20\%}{CH_3-CH_2-CH_2-CH_3} \underset{27℃}{\overset{AlBr_3,HBr}{\rightleftharpoons}} \underset{80\%}{CH_3-\underset{\underset{\displaystyle CH_3}{|}}{CH}-CH_3}$$

2.3.2.4 烷烃的裂化

烷烃在没有氧气存在下进行的热分解反应叫裂化反应。裂化反应是复杂的过程，其产物为许多化合物的混合物。例如：

$$CH_3CH_2CH_2CH_3 \xrightarrow{500℃} \begin{cases} CH_4 + C_3H_6 \\ CH_3CH_3 + C_2H_4 \\ C_4H_8 + H_2 \end{cases}$$

烷烃的裂化主要是由长链烷烃分解为短碳链的烷烃、烯烃和氢，但同时也有异构化、环化、芳构化(转变为芳香烃)等反应。裂化反应是石油加工中的一个重要反应，通过把高沸点的馏分裂化为小分子量的低沸点馏分的方法，以提高汽油和柴油的产量和质量。并可从石油裂化气中得到大量的低分子量的烯烃等化工原料。

### 2.3.3 环烷烃的化学性质

环烷烃属于烃类，具备烷烃的化学性质，如卤代、氧化、异构化、裂解等反应：

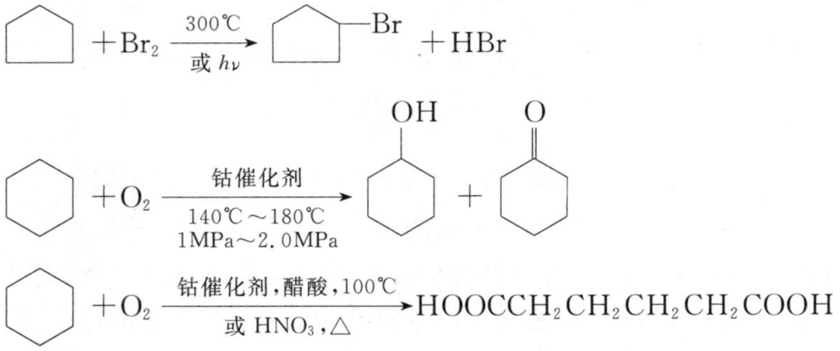


由于小环类环烷烃分子有张力，稳定性差，因此，这类环可发生具备自身特点的反应——加成反应。

(1) 加氢

在催化剂存在下，环丙烷、环丁烷及环戊烷与氢气反应，生成开链烷烃。例如：

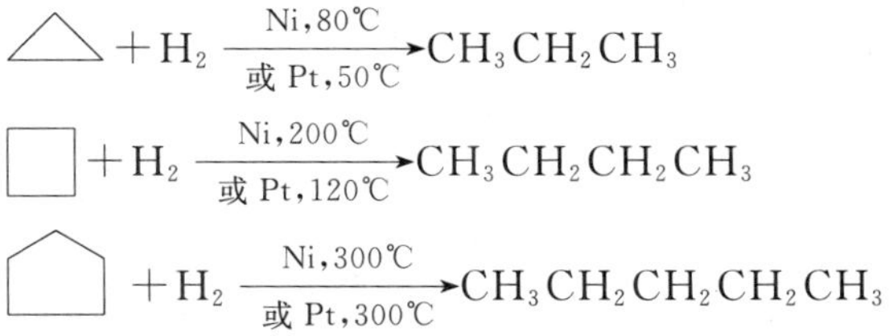

从反应条件(反应温度)可以看出,环丙烷最不稳定,最易开环,环丁烷次之,环戊烷稳定。环己烷在300℃铂催化条件下,仍不发生加氢反应。

(2) 加卤素

环丙烷及其衍生物在室温下与氯、溴发生加成反应,生成1,3-二卤代烷烃:

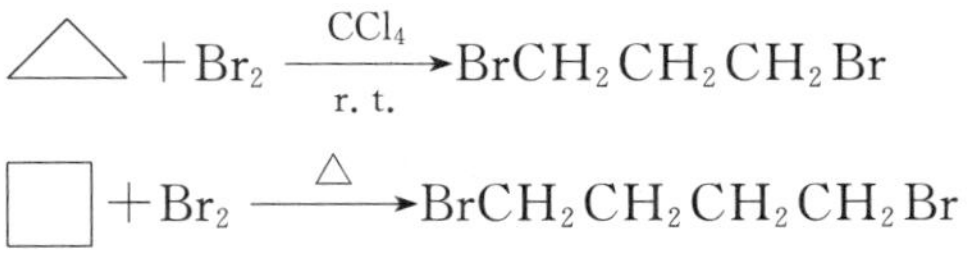

环戊烷、环己烷等难于与溴进行加成开环反应,但温度高时可发生自由基取代反应。

(3) 加卤化氢

环丙烷及其烷基衍生物也容易与卤化氢进行加成反应。

$$\triangle + HBr \longrightarrow CH_3CH_2CH_2{-}Br$$

当烷基取代的环丙烷与卤化氢进行开环加成时,环的开裂主要发生在含氢原子最少和含氢原子最多的两个成环碳原子之间。卤化氢中的氢加到含氢较多的成环碳原子上,而卤素原子加到含氢较少的成环碳原子上。例如:

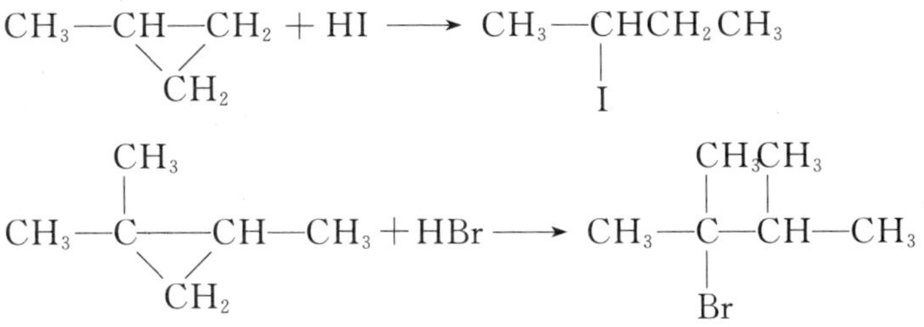

显然,环烷烃既像烷烃又像烯烃。环戊烷和环己烷比较稳定,像烷烃,主要发生氧化和取代反应;而小环的环丙烷和环丁烷则不稳定,环容易破裂,与烯烃相似,容易进行开环加成反应。

# §2.4　烷烃及环烷烃的来源和制备

## 2.4.1　存在及来源

烷烃的主要来源是石油和天然气。石油是含链烷烃、环烷烃和芳烃为主的烃类混合物。经常压精馏和减压精馏可得到各种不同馏分。如天然气($C_1 \sim C_4$)、石油醚($C_5 \sim C_7$)、汽油($C_7 \sim C_9$)、煤油($C_{10} \sim C_{16}$)、柴油($C_{15} \sim C_{20}$)、润滑油($C_{18} \sim C_{22}$)、沥青($C_{20}$以上)。天然气是含低级烷烃的混合物，通常含 75％甲烷，15％乙烷，5％丙烷，其余则为较高级的烷烃。

环烷烃主要来源于石油。石油中所含的环烷烃主要是五元、六元环烷烃的衍生物。例如：环己烷、甲基环己烷、乙基环己烷、甲基环戊烷、1，2-二甲基环戊烷等。此外，石油中还含有溶于碱溶液的酸性物质，称为环烷酸。它们是环戊烷和环己烷的衍生物。

### 2.4.2　制备方法

#### 2.4.2.1　烷烃的制备

烷烃及环烷烃的制备方法较多。现实中主要靠石油的裂解、异构化重整等方法获得。

(1) 不饱和烃加氢

$$\mathrm{CH_3{-}CH{=}CH_2 + H_2 \xrightarrow{Ni} CH_3{-}CH_2{-}CH_3}$$

$$\mathrm{CH_3{-}C{\equiv}CH + 2H_2 \xrightarrow{Pt} CH_3CH_2CH_3}$$

(2) 卤代烷偶联

这是 Wurtz 合成法，碳链可增长一倍。

$$\mathrm{2CH_3CH_2CH_2Br + 2Na \longrightarrow CH_3(CH_2)_4CH_3 + 2NaBr}$$

(3) 卤代烷还原

卤代烷可被 Zn/HCl，Na/乙醇，HI，$LiAlH_4$，$NaBH_4$ 等还原成烷烃。如：

$$\mathrm{CH_3CH_2\underset{\underset{\displaystyle Br}{|}}{C}HCH_3 \xrightarrow{Zn/HCl} CH_3CH_2CH_2CH_3}$$

(4) 格氏试剂水解

$$\mathrm{CH_3CH_2CH_2Br + Mg \xrightarrow{无水乙醚} CH_3CH_2CH_2MgBr \xrightarrow[H^+]{H_2O} CH_3CH_2CH_3}$$

(5) 二烷基铜锂与卤代烷偶联

$$\mathrm{2C_4H_9Br \xrightarrow[无水乙醚]{Li} 2C_4H_9Li \xrightarrow{CuI} (C_4H_9)_2CuLi \xrightarrow{C_5H_{11}Cl} C_9H_{20}}$$

#### 2.4.2.2　环烷烃的制备方法

环烷烃与烷烃的制备原理相似，主要有以下几种：

(1) 芳香族化合物催化氢化

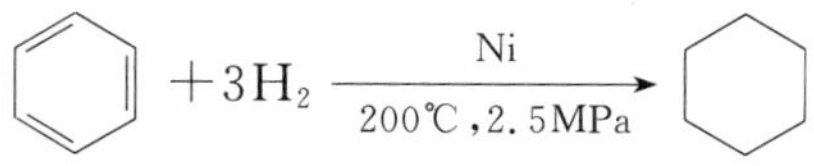


(2) 二卤代烷脱卤素

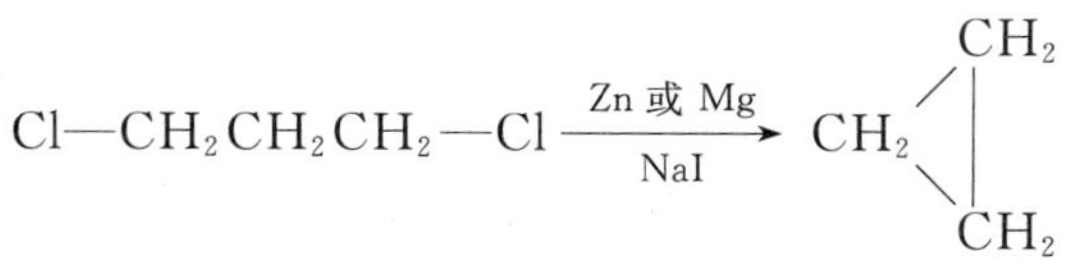


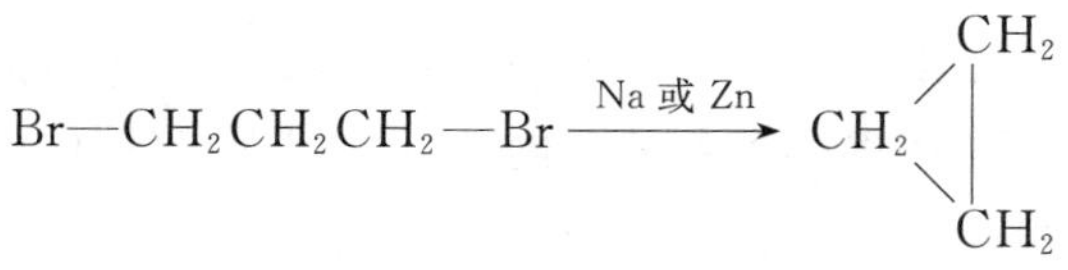

（3）双烯合成

通过 Diels-Alder 反应可制备脂环烃及其衍生物，该法是环状化合物特有的制备方法。例如：

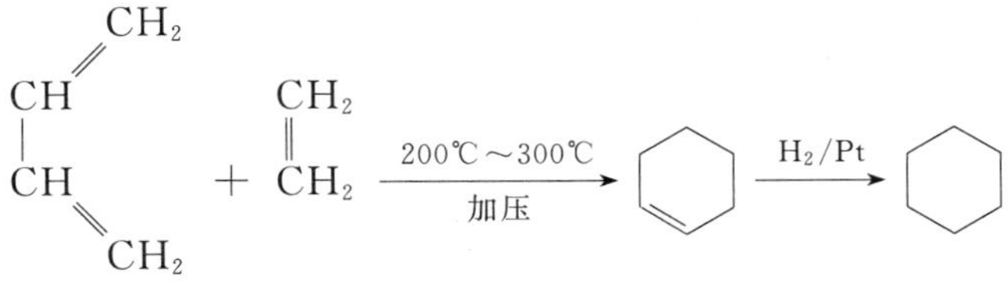


# 习　　题

2-1　用系统命名法命名下列化合物：

1. $(CH_3)_3C—CH_2CH(CH_3)_2$

2. 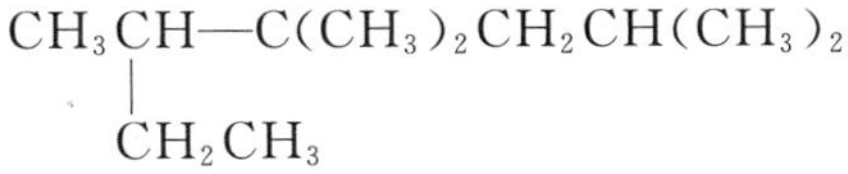

3. 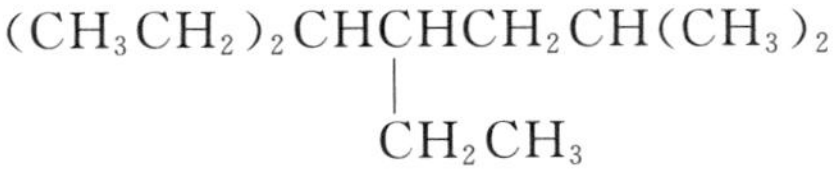

4. 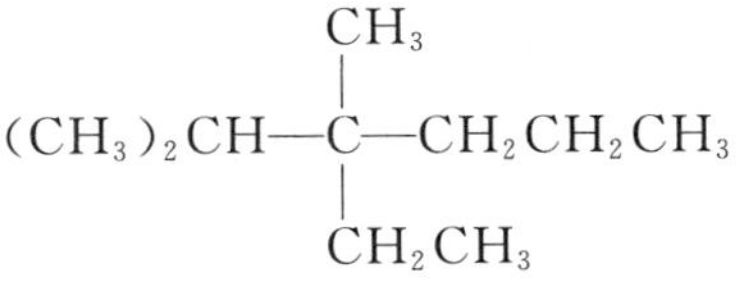

2-2　命名下列各基团：

1. $CH_3CH_2CH_2CH_2—$

2. 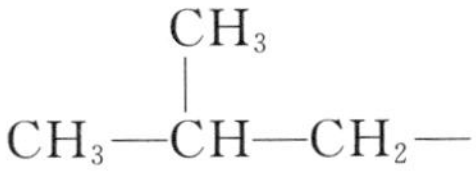

3. 

4. 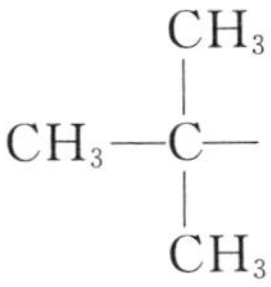

5. 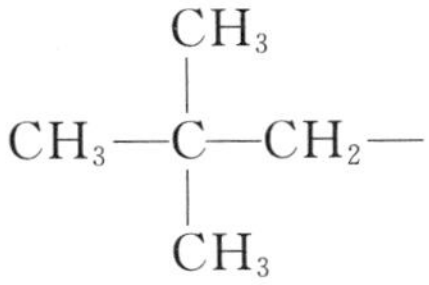

6. 

2-3　画出下列化合物的最稳定构象式。

1. 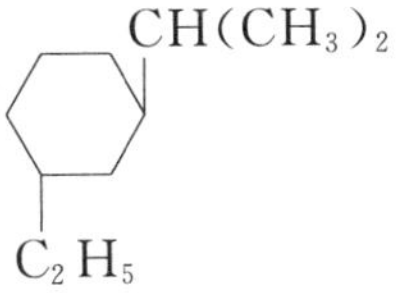

2. 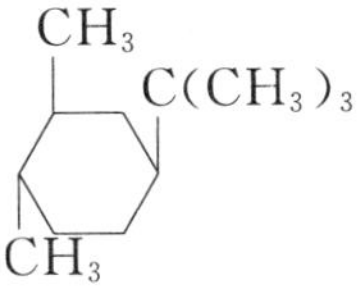

3. 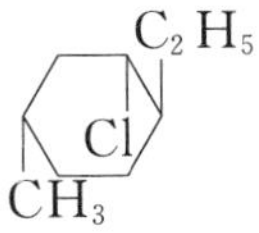

2-4　异丁烷在光照下与溴反应，生成叔丁基溴，试推导反应机理。

2-5　完成下列反应式，写出反应条件或产物。

1. 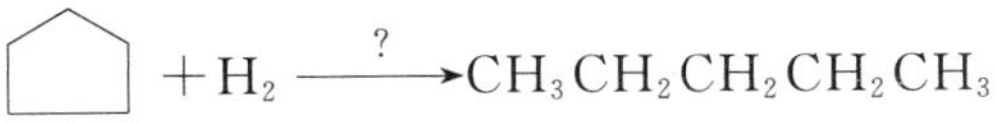

2. 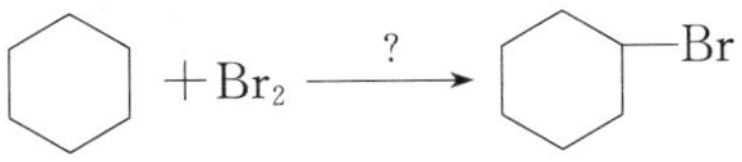

3. $\triangle + Br_2 \xrightarrow[r.\ t.]{CCl_4}$ (　　)

4. 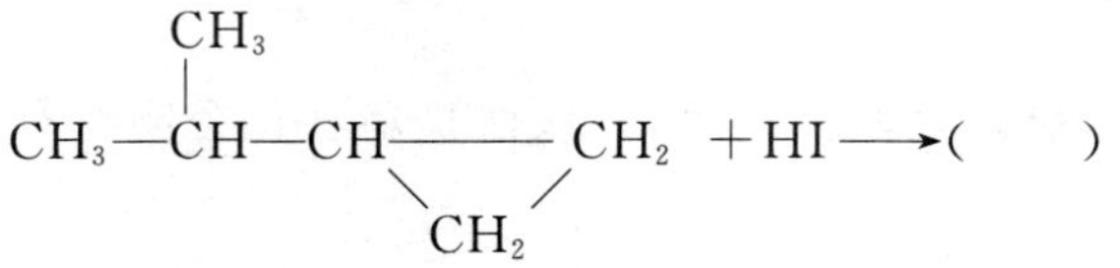


5. 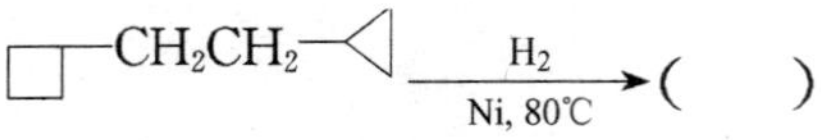


2-6　已知烷烃的分子式为 $C_5H_{12}$，根据氯化反应的产物不同，推测各烷烃的结构，并写出其构造式。

1. 一氯代产物只有一种；
2. 一氯代产物可以有三种；
3. 一氯代产物可以有四种；
4. 二元氯代产物只可能有两种。

2-7　伯、仲、叔氢被自由基溴化的相对活性为 1∶82∶1600，试推测下面的两个化合物在溴化时的主要产物。

1. $CH_3CH_2CH_2CH_3$　　2. $(CH_3)_2CHCH_3$

# 第三章 对映异构

## §3.1 立体化学与立体异构现象

立体化学(Stereochemistry)是从三维空间来研究化合物的结构和性质的科学。有机分子是立体的,有机立体化学能够客观地反映有机分子的真实形象及不同形象对化学性质的影响。

有机化合物的结构(Structure)分为构造(Constitution)、构型(Configuration)和构象(Conformation)三个层次。构造是指有一定分子式的化合物,其分子中原子间的相互连接方式和次序。构型是指具有一定构造的分子,其原子在空间的特定排布方式。构象则是指对于构型确定的分子,由于单键自由旋转而引起的分子中各原子在空间的不同排布,是一种特殊的构型。构型和构象都是指分子中非键合原子间的空间关系。

如前所述,具有相同分子式,但具有不同构造式的化合物为同分异构体。有机化合物的异构体可分为两大类,一是构造异构体,二是立体异构体。

构造异构体是指分子式相同、但构造不同,即分子中原子间的连接方式和次序不同的异构体。主要包括碳架异构体、位置异构体、官能团异构体等。例如:

$CH_2{=}CHCH_2CH_3$ 与 $CH_3CH{=}CHCH_3$　　位置异构体

$CH_2{=}CH{-}CH{=}CH_2$ 与 $CH_3CH_2C{\equiv}CH$　　官能团异构体

立体异构体是指分子式相同,构造也相同,但由于分子中原子或基团在空间的排布位置不同而产生的异构体。立体异构体包括构型异构体和构象异构体。构型异构体又包括顺反异构体和对映异构体(Enantiomers)、非对映异构体等。例如:

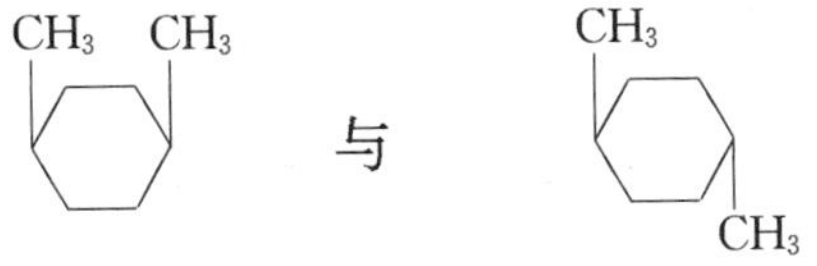

顺反异构体

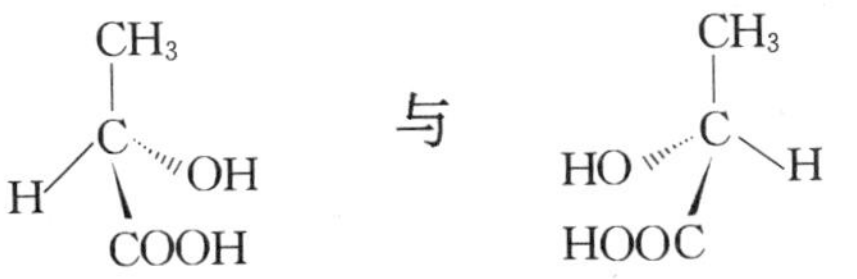

对映异构体

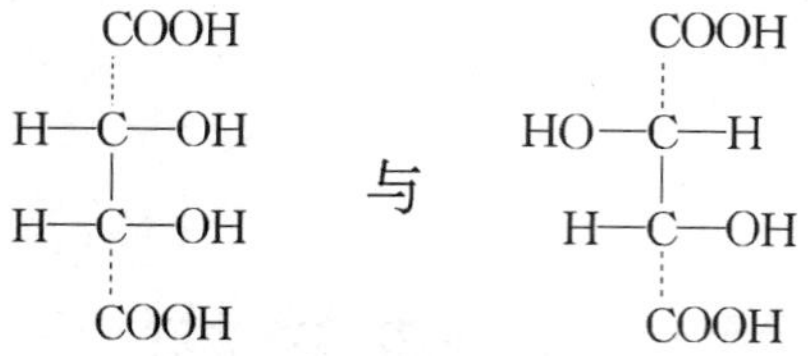

非对映体

构象异构体

对映异构体也称为镜像异构体，相互之间就像人和镜像，可以互为对映，却不能重合。这也像人的左右手，可以相对重叠，却不等同，因此对映异构体也称为手性异构体。

对于构型异构体，构型的改变涉及共价键（$\sigma$ 键或 $\pi$ 键）的断裂和生成，所需能量较高，因此构型异构体通常可分离。构象的改变只是由于单键的旋转引起的，不涉及共价键的断裂和生成，分子的热运动就可引起构象的变化，所需能量低，除特殊条件外，构象异构体不能分离。因此，在讨论异构体时，通常所说的立体异构体是指构型异构体。对映异构体和非对映异构体往往具有光学活性，即旋光性，故通常也称为光学异构体。

## §3.2 光学异构体的检测及判断方法

光学异构体或旋光异构体通常用旋光仪来检测，用分子的对称性来判断。

### 3.2.1 偏振光、旋光仪、旋光度及比旋光度

3.2.1.1 偏振光

光是一种电磁波，其振动方向与传播方向垂直，即普通光在垂直于其传播方向的无数相互交错的平面内振动。具有单一波长的单色光（如钠光，$\lambda$=589.6 nm），仍在无数相互交错的平面内振动。如果把这种光通过一个 Nicol 棱镜（起偏器），由于它只允许振动方向与其晶轴平行的光线通过，其他光被阻挡，所以，通过 Nicol 棱镜的光就变成只在一个平面内振动的光。这种只在一个平面内振动的光叫做平面偏振光，或叫做偏振光，简称偏光（图 3-1）。

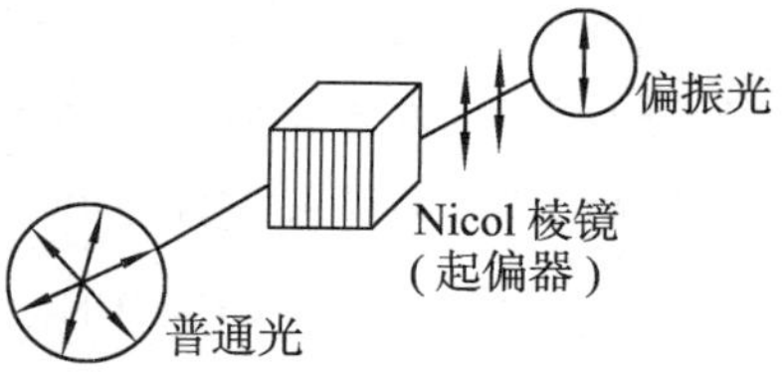


图 3-1 获得偏振光的过程示意图

3.2.1.2 旋光仪

旋光仪（图 3-2）是一种测量旋光性化合物旋光性能的仪器。它主要由单色光源、两个 Nicol 棱镜、旋光管、回转刻度盘和目镜组成。单色光（常用钠灯的黄光 $\lambda$=589.6 nm 或汞灯的绿色光 $\lambda$=546.1 nm）经起偏器（固定的 Nicol 棱镜）产生平面偏振光。旋光管是盛样品液管。检偏镜是一个可以旋转的 Nicol 棱镜，用来测定偏振面的改变情况，回转刻度盘可以直接读出偏振面改变的角度。

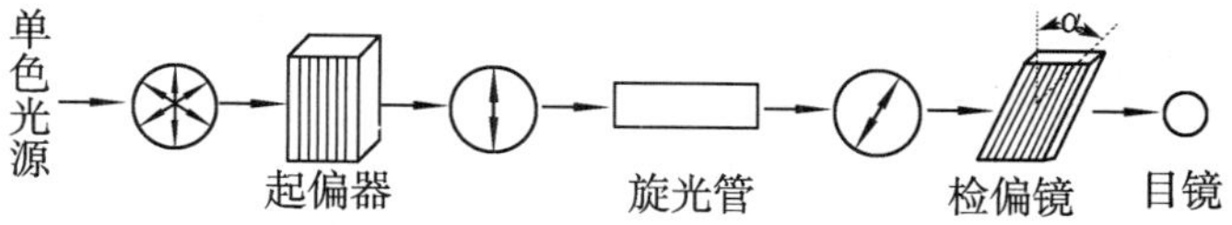


图 3-2 旋光仪结构示意图

3.2.1.3 旋光度和比旋光度

当旋光管中无旋光性物质时，应使起偏镜与检偏镜的晶轴平行，此时偏光可通过检偏镜直达目镜，这时刻度盘的位置就是仪器的零点。当在旋光管内放入旋光性物质时，它使偏光的振动平面扭转一个角度而不能通过检偏镜，旋转检偏镜使偏光通过直达目镜，此时刻度盘上的读数与零点之差就是该物质的旋光度(degree of rotatory)。

旋光度是旋光性物质使偏振光的偏振平面旋转的方向和程度，用 $\alpha$ 表示。旋转方向向右的叫右旋，记作"＋"或 $d$(dextro-rotatory)，旋转方向向左的叫左旋，记作"－"或 $l$(levo-rotatory)，旋转角度用"°"表示。

需指出的是，物质的旋光度，一般是用比旋光(specific rotation)$[\alpha]$来表示。它和旋光仪中读出的旋光度有如下关系：

$$[\alpha]_D^t = \frac{\alpha}{c \cdot l}$$

式中：$\alpha$ 为旋光度测定值；$c$ 为样品浓度(g/mL)或密度(g/cm$^3$)；$l$ 为旋光管长度(分米，dm)；$t$ 为测量时的温度(℃)；$D$ 为钠光($\lambda$=589.6 nm)。

因为比旋光受温度、溶剂、浓度及偏光波长的影响，所以在描述一个旋光性化合物的比旋光时，它们都要在式中注明。$[\alpha]$是旋光性物质的属性，在一定条件下某一旋光性物质的$[\alpha]$是一个常数。其定义是浓度为每毫升溶液中含一克溶质的样品液，在一分米长的旋光管中所测得的旋光度。例如，一胆甾醇的氯仿溶液，其浓度为 100 mL 溶剂中含溶质 6.15 克。将该溶液盛于 5 cm 长的旋光管中，于 20℃时用钠光测得其旋光度为－1.2°，则它的比旋光度可表示为：

$$[\alpha]_D^{20} = \frac{\alpha}{c \cdot l} = \frac{-1.2}{\frac{6.15}{100} \times \frac{5}{10}}$$

$$= -39.0°(CHCl_3, c=0.0615\ g \cdot mL^{-1})$$

如果把该溶液放在长 20 cm 的旋光管中测定，其旋光度应为：

$$-39.0° = \frac{\alpha}{\frac{6.15}{100} \times \frac{20}{10}} \cdot \alpha = -4.8°$$

显然，在相同条件下(如温度、波长等)，$\alpha$ 与 $l$ 成正比，$\alpha$ 与 $c$ 也成正比，即旋光管越长，$\alpha$ 值越大，溶液浓度越稀，$\alpha$ 值越小。

### 3.2.2 分子的旋光性和结构的关系

3.2.2.1 手性碳和手性分子

1873 年德国的 J. A. Wislicenus 研究乳酸 $CH_3CH(OH)COOH$ 时发现，从肌肉中提取的乳酸$[\alpha]$＝＋3.82°，而从糖发酵得到的乳酸$[\alpha]$＝－3.82°。它们的熔点均为 53℃，比

旋光度数值相同但方向相反。他首次指出,这两种分子中,原子的连接次序相同,旋光性质不同,是由于原子在空间的排布(即构型)不同所造成的。

1874 年,物理化学家 J. H. Van't Hoff 和 J. A. le Bel 同时提出了碳的正四面体理论,从而提出不对称碳原子(asymmetric carbon atom)概念,定义为:连有四个不相同的原子(团)的碳原子,称为不对称碳原子。

到 1964 年,人们已认识到不对称碳原子与手性现象有关,开始把不对称碳原子称为手性碳原子(chiral carbon atom,通常用 $C^*$ 表示),并将互为不能重叠的实物和镜像关系的两种异构体称为对映异构体(Enantiomers),简称对映体。例如:

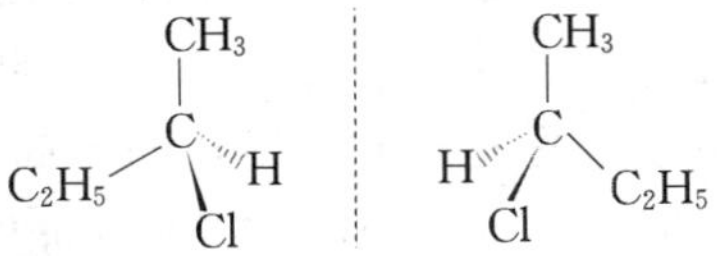


镜 面

对于一对对映体,由于其构成原子在空间的排列顺序和空间距离完全相同,因此,它们除旋光性不同外,其他的物理性质(熔点、沸点、密度、折射率等)、化学性质(手性条件下除外)等均相同。

等量对映体的混合物称为外消旋体(racemate 或 racemic modification),由于两个对映体的旋光方向相反,数值相等而互相抵消,所以外消旋体无旋光性。常在化合物名称之前加(±)或 *dl*-表示外消旋体。例如(±)-乳酸或 *dl*-乳酸。外消旋体的物理性质与左、右旋体不同,左旋或右旋乳酸的熔点均为 53℃,而(±)-乳酸熔点为 16.8℃。

3.2.2.2 分子的对称因素

研究表明,分子所以具有旋光性或手性,是由于它们没有某种对称因素,也就是说分子是不对称的。对称因素主要有以下几种:

(1) 平面对称因素($\sigma$)

如果某分子能被一个平面分成互为实物和镜像的两部分,此平面就是该分子的对称面(plane of symmetry),该分子就具有平面对称因素。具有平面对称因素的分子无手性。例如单烯烃 C═C 所连的原子共平面,这个平面就是分子的对称面[图 3-3(a)]。同一个碳上连有两个相同原子或基团的 $Cabx_2$ 型化合物,也有一个对称面[图 3-3(b)],无手性。

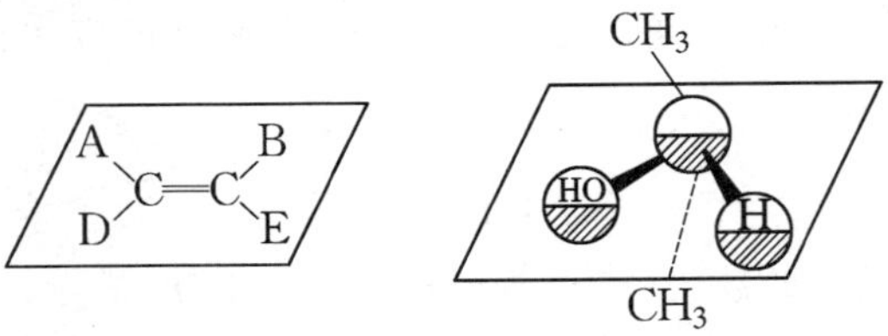


(a) 单烯的对称面　　(b) 异丙醇的对称面

图 3-3 平面对称分子

(2) 中心对称因素(i)

如果分子中有一个 P 点,从任何一个原子或基团向 P 点引连线并延长,在等距离处都遇到相同的原子或基团,则 P 点称为该分子的对称中心(center of symmetry),即分子具有中心对称因素，具有中心对称因素的分子无手性，如图 3-4 所示。

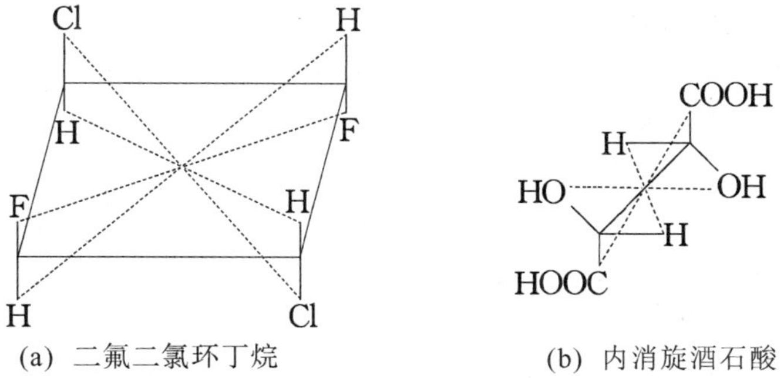


图 3-4　中心对称分子

(3) 旋转轴对称因素($C_n$)

如果分子中有一条直线，以此直线为轴旋转 360°/$n$($n$=2,3,4,…)后，得到的图形与原分子完全重合，此直线就是该分子的 $n$ 重对称轴($C_n$)，即该分子具有 $C_n$ 旋转轴对称因素。如图 3-5 所示。苯为平面环，除具有对称面和对称中心外，还有一个六重对称轴 $C_6$ 和六个二重对称轴 $C_2$。旋光性酒石酸有一个二重对称轴，反-1,2-二甲基环丙烷也有一个二重对称轴。

如果一个分子只含有这种 $C_n$ 旋转轴，如反-1,2-二甲基环丙烷等，由于和它的镜像不能重叠，属于手性分子，有旋光性。

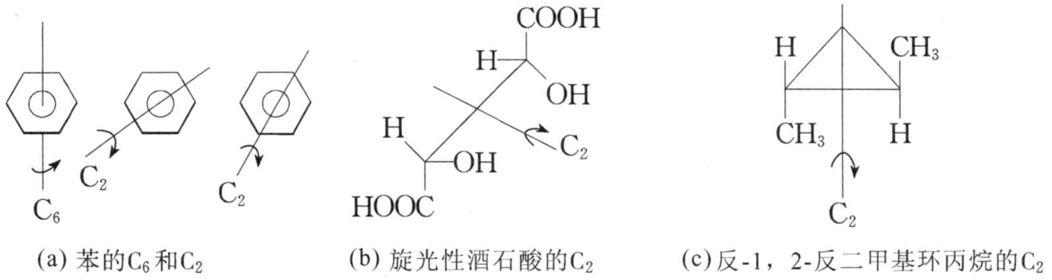


图 3-5　有旋转轴对称因素的几种分子

(4) 更叠旋转轴对称因素($S_n$)

如果一个分子能围绕一根轴旋转 360°/$n$($n$=1,2,…)，用一个垂直于该轴的镜面将分子反射，得到的镜像若能与原来的分子完全重叠，则该轴称为该分子的 $n$ 重更叠(旋转)对称轴(alternating axis of symmetry)，记作 $S_n$。图 3-6 所示化合物具有 $S_4$ 对称因素，同时还具有 $C_2$ 对称因素和平面对称因素($\sigma$)。

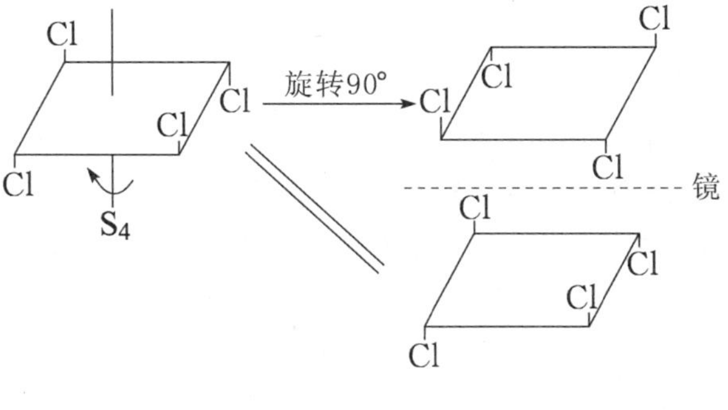


图 3-6　具有 $S_4$ 对称因素的分子

显然，具有 $n$ 重更叠对称轴的分子与其镜像能重叠，这样的分子是对称的，为非手性分子，无旋光性。应当指出的是，对称面($\sigma$)与一重更叠对称轴($S_1$)相当，对称中心(i)与二重更叠对称轴($S_2$)相当。除了几个人工合成的具有 $S_4$ 的化合物外，在自然界中尚未发现只具有高重更叠对称轴的化合物。

3.2.2.3 分子的对称因素与旋光性的关系

研究表明，凡具有对称面($\sigma$，相当于 $S_1$)、对称中心(i，相当于 $S_2$)或更叠对称轴($S_n$)的分子都能与它们的镜像重叠，都是对称分子或称非手性分子(achiral molecule)，无光学活性。

既无对称面($\sigma$，相当于 $S_1$)、也无对称中心(i，相当于 $S_2$)或更叠对称轴($S_n$)的分子不能与它们的镜像重叠，是非对称分子(dissymmetric molecule)或称手性分子(chiral molecule)，有光学活性。

旋转轴对称因素($C_n$)与分子的手性问题没有直接的关系。

由于 $S_n$ 很少见，判断分子是否具有手性的方法常简化为：只要一个分子无对称面和对称中心，该分子就是手性分子。手性分子包括不具任何对称因素的不对称分子(asymmetric molecule)如 $C_{abcd}$ 型分子，和仅具有 $C_n$ 轴的非对称分子。

3.2.2.4 分子的旋光性与构象的关系

一个分子，如乙烷分子，往往有无数个构象，这些构象中有些可能有手性，有些可能没有。如何通过分子的对称性来判断其手性问题呢？

研究表明：只要一个分子中存在非手性构象，则该分子肯定是非手性的。

顺-1,2-二甲基环己烷分子的椅式结构中不存在任何对称因素，分子有手性，有一对对映体。这对对映体可通过下式所示的构象翻转，迅速实现相互转化。

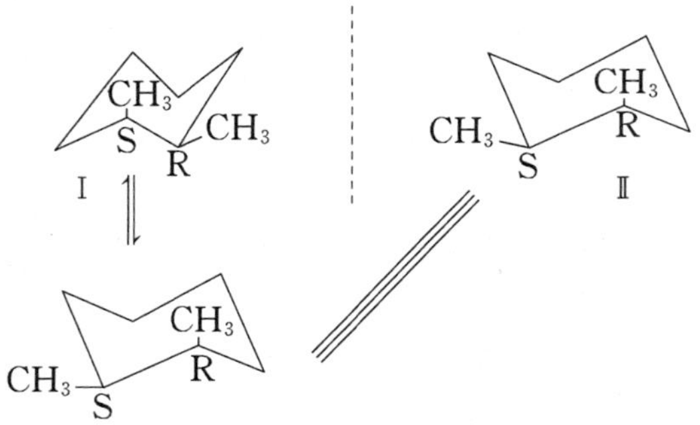


在这两个对映异构体中，各个原子在空间的排列顺序及距离是完全相同的，其内能相同，出现的几率也相同，对旋光性的贡献互为抵消。因此，该分子没有光学活性。若将环看成是平面的，则分子有一对称面，可直接断定该分子无光学活性(内消旋体)。

反-1,2-二甲基环己烷，其构象翻转后不能变成它的对映体：

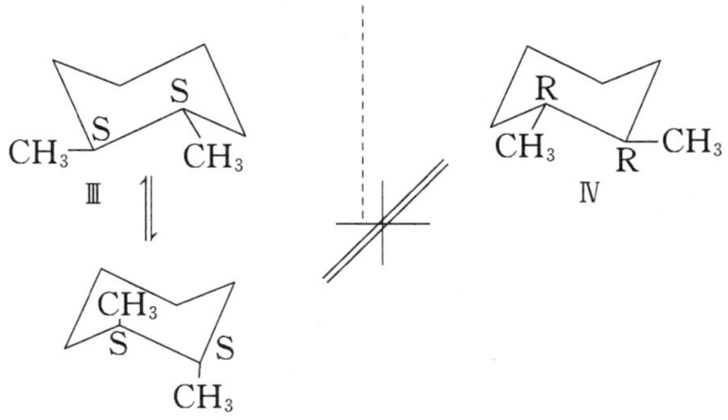


因此，互为实物和镜像关系的Ⅲ和Ⅳ不是构象对映体，而是两种不同的化合物。这也与将其看成平面结构，分子中既无对称面，也无对称中心，分子是手性的结果相一致。

通过分子的对称性来判断其手性时，可利用其对称性最好的构象，如环状分子可利用其平面构象、链状分子可利用其全叠式构象的对称性来分析判定。

## §3.3　常见的含碳手性化合物及命名方法

### 3.3.1　含一个手性碳的化合物及手性分子的 Fischer 投影式

含一个手性碳 $C^*$ 的分子，由于与其相连的四个原子或基团在空间的排列方式不同而有不同的立体异构体。例如 2-氯丁烷和乳酸有下列立体结构：

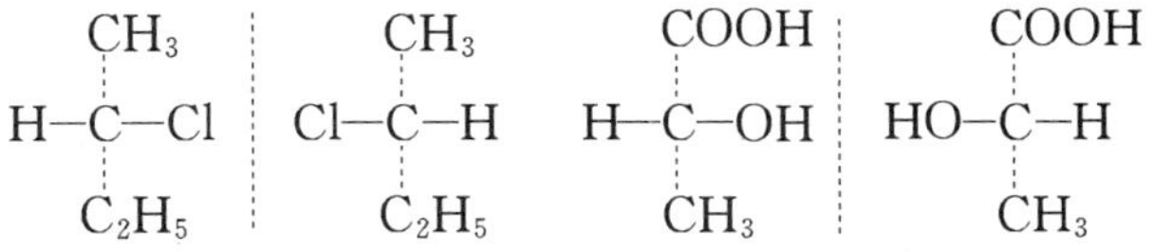


2-氯丁烷　　　　乳酸

上面立体异构体的表示方法，虽然原子或基团的空间关系清楚，但写法较复杂，故更经常地用 Fischer 投影式来表示。

Fischer 投影式（简称 Fischer 式）是在纸平面上表示碳原子四面体结构的一种方法。具体规定是，将碳链竖直，编号小的碳原子朝上，$C^*$ 放在纸平面上，与 $C^*$ 所连的竖直方向上的两个基团指向纸平面下方，水平方向上的两个基团指向纸平面的上方，然后向纸平面投影，得到"＋"的图形，其交点表示 $C^*$，横线和竖线表示四价键，写出相应的四个基团，即得 Fischer 式。故上式可表示为：

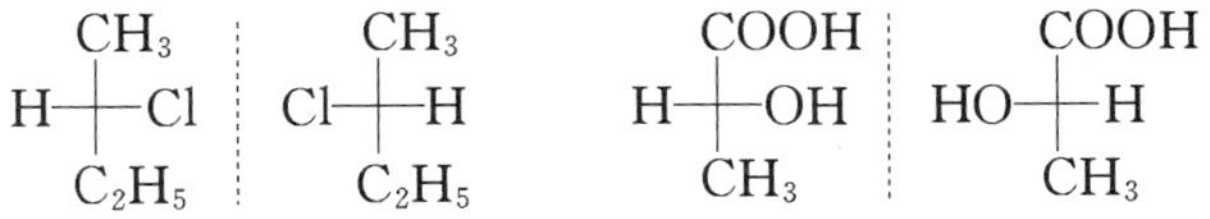


由于 Fischer 式不能离开纸平面翻转，否则就改变了 $C^*$ 上原子或基团的空间指向

（横上竖下）。构型改变，成为其对映体表示式。例如：

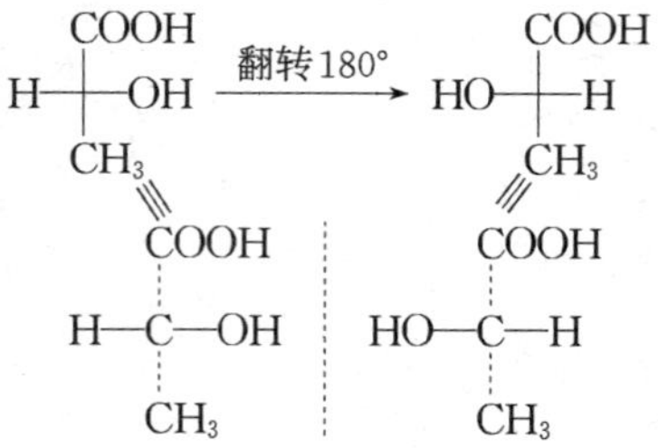

一对对映体

在用 Fischer 式表示手性分子时，要注意以下几点：

（1）Fischer 式可在纸平面上旋转 $n\times180^\circ$（$n=1,2,3,\cdots$），$C^*$ 上的原子或基团的空间指向不变，构型保持。但不能旋转 $90^\circ$ 或其奇数倍，否则其构型改变，成为其对映体表达式。例如：

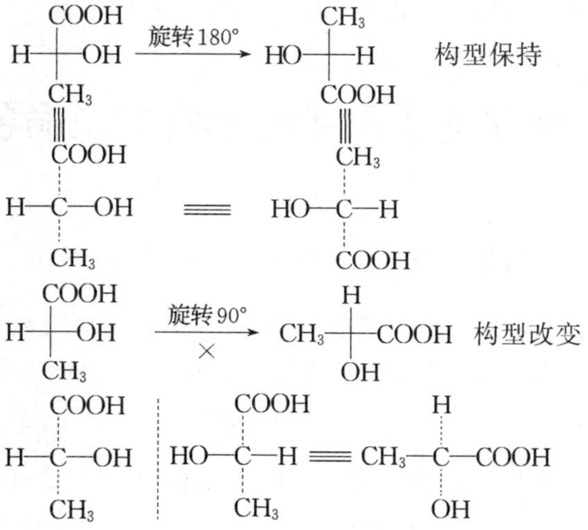


一对对映体

（2）任意调换某一个 $C^*$ 上的两个基团奇数次，该 $C^*$ 的构型改变，成为其对映体表达式，而调换偶数次，该 $C^*$ 的构型不变，为原化合物。例如：

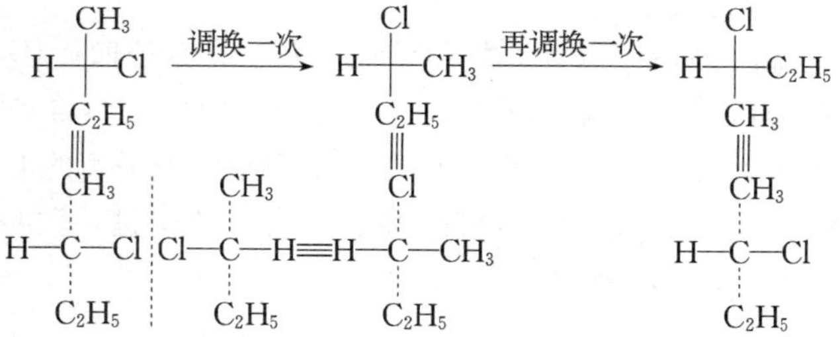


（3）固定 $C^*$ 上的一个原子或基团，其余三个依次改变位置，其构型不变，例如：

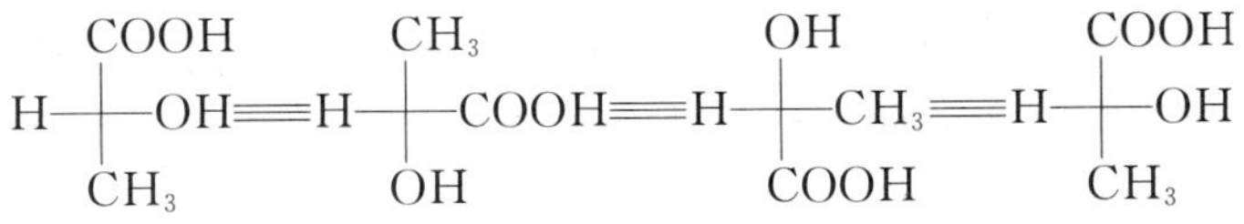

固定氢

### 3.3.2　手性分子的命名

具有不同构型的一对对映体，单靠测定旋光度的大小和方向是难以确定。因此，需要选用一个公认的标准来命名。

3.3.2.1　D/L 标记法

1906 年，Rosanoff 选定右旋甘油醛为标准，并规定，在甘油醛的 Fischer 式中，$C^*$ 上的—OH 在右侧，其构型为 D-型，称为 D-(＋)-甘油醛，它的对映体左旋甘油醛 $C^*$ 上的—OH在左侧，其构型为 L-型，称为 L-(－)-甘油醛。其他含手性碳的化合物的构型，可以通过与甘油醛相联系的方法来确定。由于光学活性化合物在发生化学反应时，只要手性碳上的化学键不断裂，分子的空间构型就不会发生变化，所以，通过不涉及手性碳上化学键断裂的化学反应，可以把许多光学活性异构体的构型与甘油醛联系起来，这种构型称为相对构型。例如：

D-(－)-甘油醛　　L-(－)-甘油醛

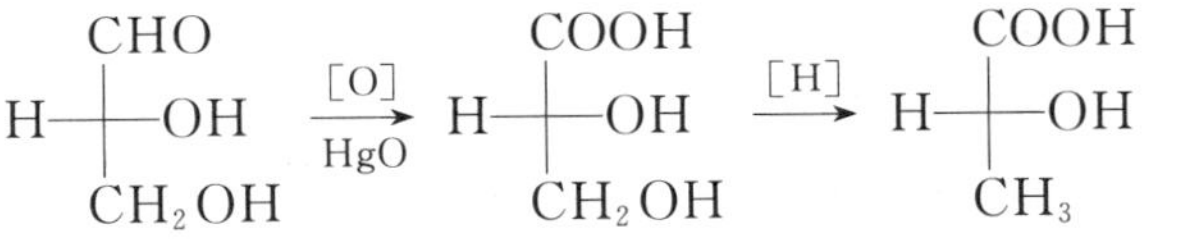

D-(＋)-甘油醛　　D-(－)-甘油酸　D-(－)-乳酸

上例中把(－)-甘油酸和(－)-乳酸与 D-(＋)-甘油醛相关联，表明二者均为 D-型。同时还表明，构型 D，L 与化合物的旋光方向(＋)或(－)之间没有对应关系，即 D-型化合物可能是右旋的，也可能是左旋的。

D/L 标记法有一定的局限性。有些化合物不易与甘油醛关联，如 CHFClBr，因而难以用 D/L 标记。对于结构比较复杂的分子，相关联时容易引起混乱，甚至采用不同的关联方法产生矛盾的结果。目前，D/L 标记主要在糖、氨基酸类化合物中使用。

3.3.2.2　R/S 标记法

此法最早由 Cahn，Ingold 和 Prolog 三人提出，后来 IUPAC 建议采用 R/S 标记化合物的构型。

(1) 次序规则

次序规则是按原子量或原子序数的大小来确定基团的优先次序的规则，其要点是：

① 各基团中，与中心原子直接相连的原子(α 原子)，原子序数大的为优先基团，同位素中则质量大的优先，这样就得到如下次序：I＞Br＞Cl＞S＞P＞O＞N＞C＞D＞H。

② 若与中心原子直接相连的原子(α)相同，再比较与 α 原子相连的 β 原子，因 β 原子

往往不止一个，先比较原子序数最大的 $\beta_1$ 原子，若相同，再比较原子序数次大的和小的 $\beta_2$，$\beta_3$ 原子。只要其中有一个 β 原子的原子序数较大或其数目较多，则该基团为优先基团。例如：

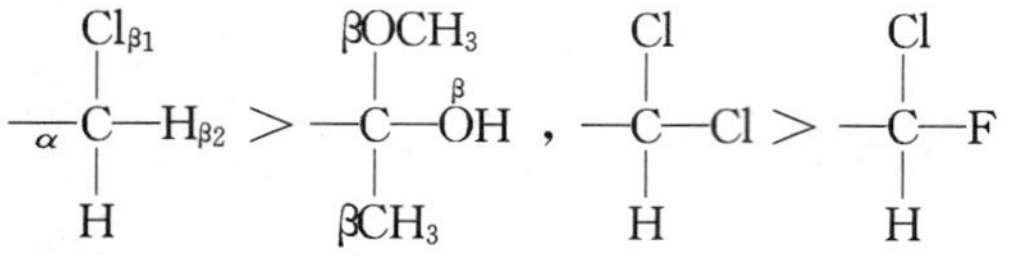

(1) (2) (3) (4)

β原子：Cl，H，H　　O，O，C　　Cl，Cl，H　　Cl，F，H

由于原子序数 Cl＞O，尽管(2)中连有 O，O，C 三个 β 原子，仍是(1)＞(2)。在(3)和(4)中，由于原子序数 Cl＞F，所以(3)＞(4)。

如果 β 原子也都相同，则比较 γ 原子的优先次序，依次类推直至得出结果。例如：

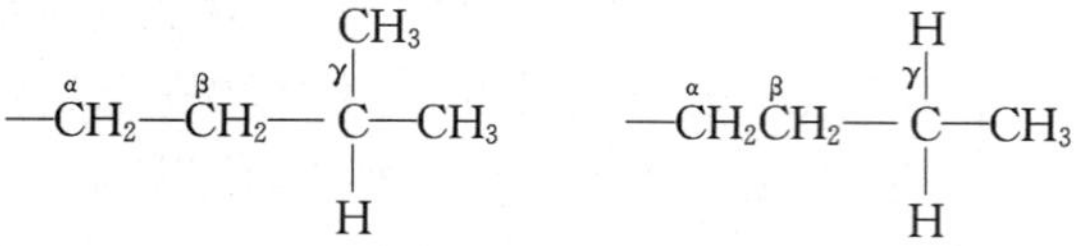

异戊基和正丁基的 β 原子相同，均为 C，H，H，但 γ 原子分别为 C，C，H 和 C，H，H，所以异戊基＞正丁基。一般到 γ 层次足可定出优先次序。

③ 含有重键的基，可认为两原子重复相连。例如：

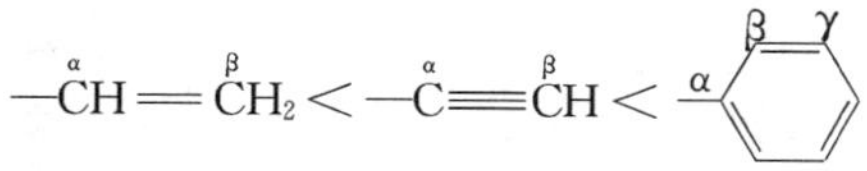

α原子：C，C，H　　C，C，C　　C，C，C

β原子：C，H，H　　C，C，H　　C，C，H

γ原子：　　　　　　　　　　　C，C，H

④ 构造相同而构型不同的基团，规定 R＞S，Z＞E(Z，E 规定见烯烃章节)。

(2) 用 R/S 标记 $C^*$ 构型的方法

将化合物 $C_{abcd}$ 中 $C^*$ 上所连的四个基团按次序规则定出先后次序，如 a＞b＞c＞d。把最小基团(d)放在最远处，在其前面来观察其余三个基团由大到小的顺序，若 a→b→c 为顺时针排列，则该 $C^*$ 的构型为 R(源于拉丁文 Rectus，意“右”)；若 a→b→c 为逆时针排列，则该 $C^*$ 构型为 S(源于拉丁文 Sinister，意“左”)。示意如下：

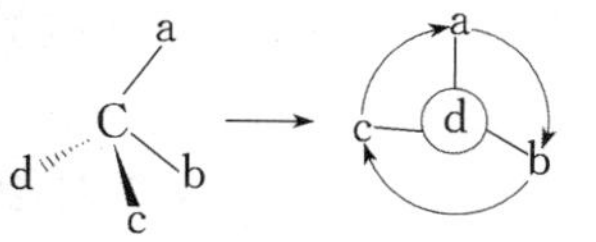

R 型

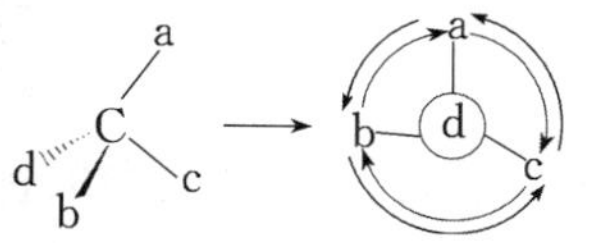

S 型

若在判断时感觉困难，可想象开汽车手握方向盘的感觉，此时，最不优势的基团是在方向盘杆上。

利用 Fischer 式可以直接确定 R/S 构型，使用起来更方便，但要注意：

① 当次序最低基团在 Fischer 式竖直方向（相当于在纸平面下方，远离观察者）时，可直接按其余三个基团的优先次序（大→中→小）确定 R/S，与规定相符，即顺时针为 R，逆时针为 S。

② 当次序最低基团在左右方向（相当于在纸平面上方，离观察者近）时，若其余三个基团仍按优先次序判断 R/S，则与规定不符，必须“顺时针为 S，逆时针为 R”，即反方向判断。例如：

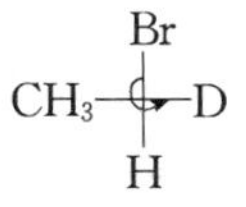
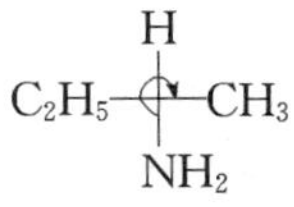

(S)-1-氘代-1-溴乙烷　(R)-2-氨基丁烷

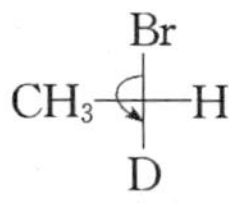
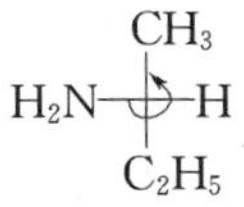

R（注意倒转方向）　R（注意倒转方向）

（3）R/S 构型与系统命名法

对于需要标出构型的化合物，系统命名法规定，用带括号的 R/S 标明其构型，置于化合物名称之前，含多个 C* 的化合物，则按其编号由小到大逐个标明。例如：

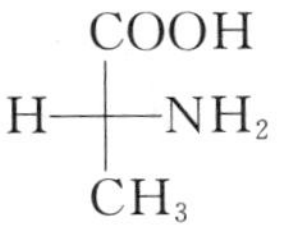
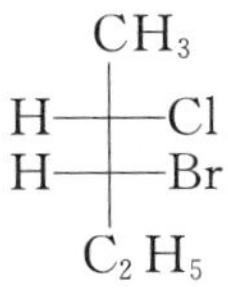

(R)-2-氨基丙酸　(2S,3R)-2-氯-3-溴戊烷

需要指出的是，R/S 和 D/L 标记法一样，是一种人为的构型标记法，与化合物的旋光方向之间没有联系。这两种标记法之间也不存在对应关系。

### 3.3.3　含两个手性碳的化合物

3.3.3.1　含两个不同构造 C* 的化合物

分子中含一个 C* 的化合物有两个对映异构体，即一对对映体。如果分子中有两个不同构造的 C*，则应为 4 个立体异构体，例如 2,3-二氯戊烷：

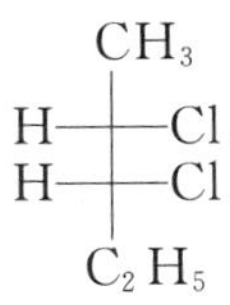
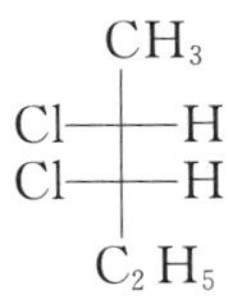
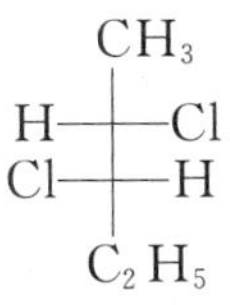
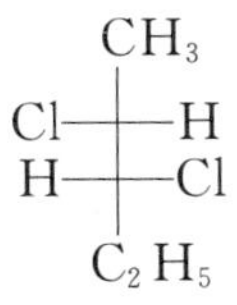

Ⅰ(2S,3R)　Ⅱ(2R,3S)　Ⅲ(2S,3S)　Ⅳ(2R,3R)

Ⅰ和Ⅱ，Ⅲ和Ⅳ分别是一对对映体。但Ⅰ和Ⅲ，Ⅰ和Ⅳ，Ⅱ和Ⅲ，Ⅱ和Ⅳ都不是对映体。像上面这样不互为对映体的旋光异构体称为非对映异构体（diastereoisomers），简称非对映体（diastereo-mer），它们没有实物和镜像的关系。非对映体的化学性质基本相同

（在非手性条件下），但物理性质差别较大。

在非对映体中，如果只有一个 C* 的构型不同其余 C* 的构型均相同的异构体，称为差向异构体（epi-mer），例如：

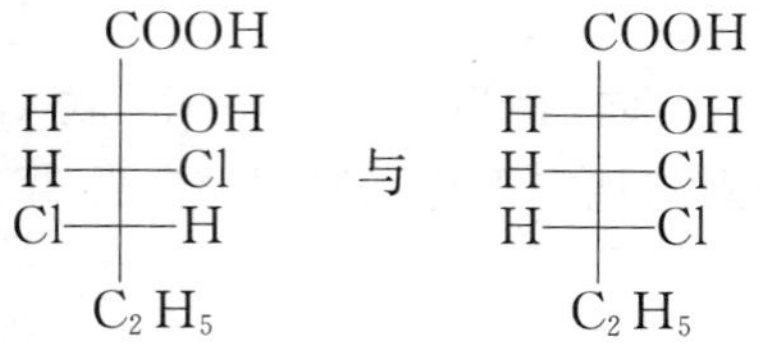

（2S，3S，4S）-2-羟基-3，4-二氯己酸　　（2S，3S，4R）-2-羟基-3，4-二氯己酸

3.3.3.2　含两个相同构造 C* 化合物的对映异构

酒石酸（2，3-二羟基丁二酸）是分子内含两个相同构造 C* 的化合物，每个 C* 上都连着 OH，COOH，CH(OH)COOH 和 H 四个不同基团。

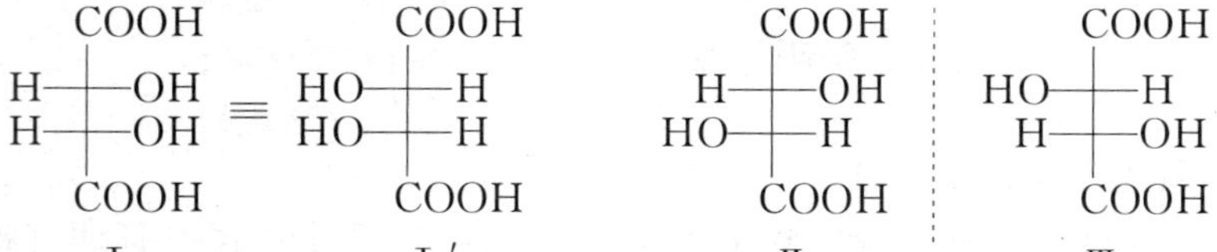

Ⅰ　Ⅰ′　Ⅱ　Ⅲ

内消旋体（meso，2R，3S）　右旋体（2R，3R）　左旋体（2S，3S）

Ⅰ和Ⅰ′实际上是同一种异构体，将Ⅰ′在纸平面上旋转 180°，则与Ⅰ完全重叠。Ⅰ中有两个构型相反的 C*，如果在它们之间放一面镜子，则这两个 C* 在分子内形成实物和镜像的关系，故整个分子没有旋光性。这种因分子内 C* 构型不同，旋光性彼此抵消，分子无旋光性的立体异构体称为内消旋体（meso），用 m 表示。虽然内消旋体有 C*，但分子内有平面对称因素，是非手性分子。内消旋体无对映体，但有非对映体，例如Ⅰ和Ⅱ，Ⅰ和Ⅲ互为非对映体，Ⅱ和Ⅲ是一对对映体。等量的Ⅱ和Ⅲ的混合物，形成外消旋体。与外消旋体不同，内消旋体是一种纯物质。

### 3.3.4　含多个手性碳的化合物

如前所述，含两个构造不同的 C* 的分子，有四个旋光异构体。如果用 A，B 代表两个构造不同的 C*，用 R，S 代表构型，那么含两个不同构造 C* 的化合物 AB，其四种旋光异构体表示如下：

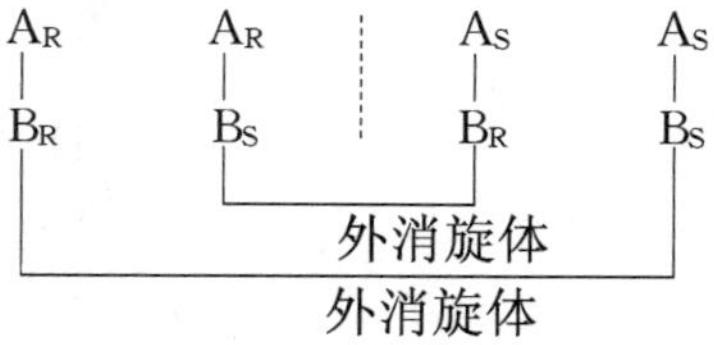


如果分子中有三个不同的 C*，则可推出有八种旋光异构体，依次类推，可以得出，分子中每增加一个不同的 C*，旋光异构体的数目增加一倍。若分子中含有 $n$ 个不同构造的 C*，就应有 $2^n$ 个旋光异构体，或 $2^{n-1}$ 对对映体。

如果分子中含有相同的 C* 或成环等因素限制时，则立体异构体的数目减少。例如，含有四个不同的 C* 的葡萄糖分子，有 $2^4=16$ 种立体异构体，其有一对 C* 相同或成一个环则有 $2^{4-1}=8$ 对对映体。

由于含多个 C* 化合物的立体异构情况较复杂，这里简单介绍一下“假手性碳原子”的概念。2，3，4-三羟基戊二酸有下列四种立体异构体：

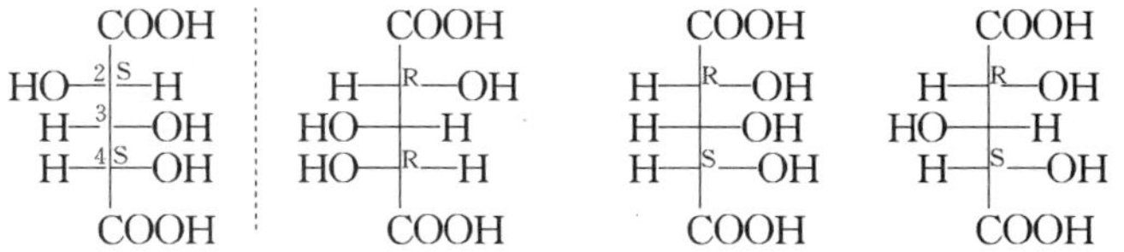

Ⅰ　Ⅱ　Ⅲ　Ⅳ

(2S，4S)　(2R，4R)　(2R，3r，4S)　(2R，3s，4S)

Ⅰ和Ⅱ是一对对映体。其分子中的 $C_3$ 和两个构造相同，构型也相同的 C*（即 $C_2$ 和 $C_4$）相连，所以 $C_3$ 不是手性碳原子。而在Ⅲ和Ⅳ中，虽然 $C_2$ 和 $C_4$ 的构造相同，但构型不同，所以 $C_3$ 为手性碳原子。但Ⅲ和Ⅳ都是非手性分子，因为通过 $C_3$ 有一对称面。像 $C_3$ 这样，连有两个构造相同而构型不同的基团的手性碳原子，称为假手性碳原子。Ⅲ和Ⅳ均为内消旋体。

对于假手性碳原子构型的标记，与普通手性碳原子构型的标记有所不同，一般用小写字母 r 或 s 来表示。按照次序规则 R＞S，Ⅲ中的 $C_3$ 为 3r，而Ⅳ中的 $C_3$ 为 3s。

### 3.3.5　含手性碳的环状化合物

环烷烃类化合物上的取代基可处在环的同侧或两侧，即存在顺反异构。某些环状化合物有顺反异构，也有对映异构现象。例如，1，2-环丙烷二甲酸相当于具有两个相同构造 C* 的化合物，有三个立体异构体。

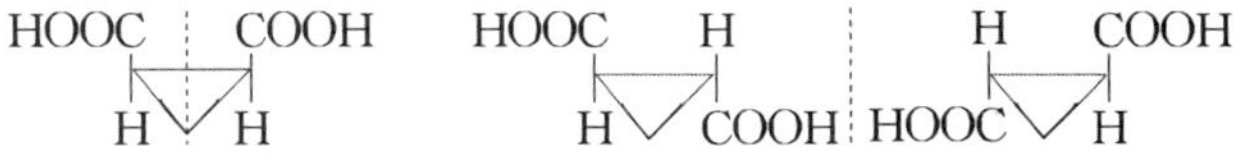

顺-1，2-环丙烷二甲酸　　反-1，2-环丙烷二甲酸

顺式分子中有一个对称面，为内消旋体，无旋光性。反式分子中既无对称面，也无对称中心，仅有一个 $C_2$ 轴，有一对对映体，二者可形成外消旋体，顺式和反式异构体互为非对映体。

### 3.3.6　不含手性碳的化合物

互为镜像而又不能重叠的对映体中不一定只含手性碳原子，也可含手性硅、手性氮，甚至也可以含手性轴、手性面等。

(1) 丙二烯型化合物

在丙二烯分子中，中间碳原子是 sp 杂化，而两端的碳原子是 $sp^2$ 杂化。所以，两端碳原子与分别相连的两个氢原子处在两个互相垂直的平面内(图 3-7)。

如果丙二烯两端碳原子分别连有两个不同的原子或基团，如 1，3-二氯丙二烯，则分

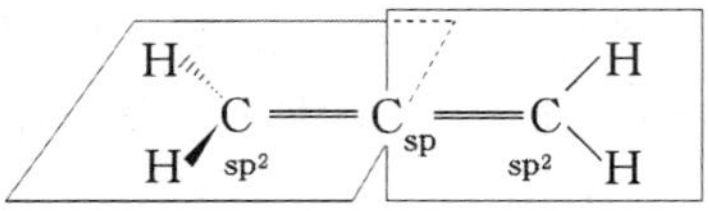


图 3-7 丙二烯的结构

子存在一个手性轴，有一对对映体：

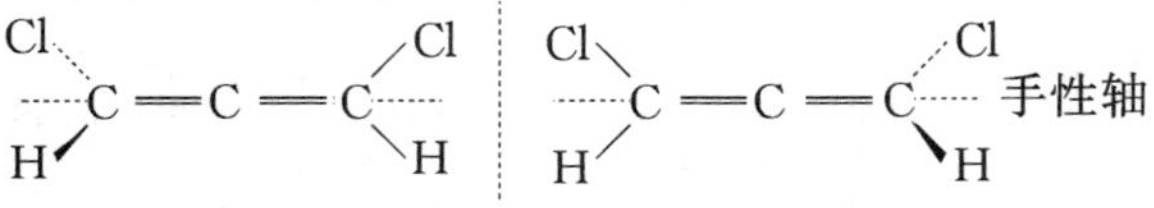


显然，若丙二烯两端碳原子中有一个连有两个相同的原子或基团，则分子中存在一个对称面，无对映异构体。

(2) 螺环化合物

与丙二烯型化合物相似，螺环化合物由于螺原子所在的两个环处于两个不同的平面内，也可能存在对映异构，如2,6-二甲基螺[3.3]庚烷是手性分子，有一对对映体：

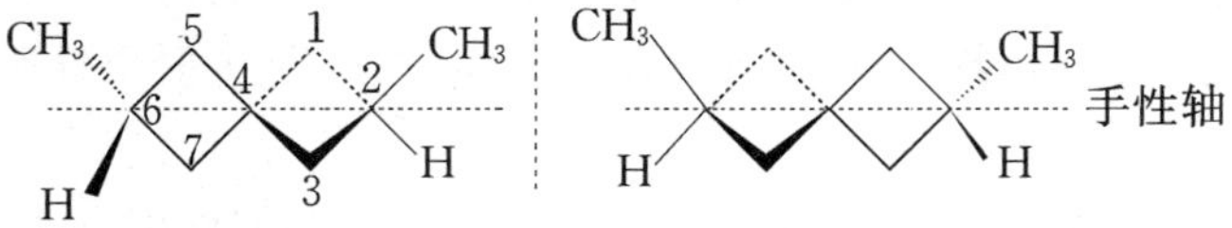


(3) 联苯型化合物

6,6′-二硝基联苯-2,2′二羧酸具有一对对映体：

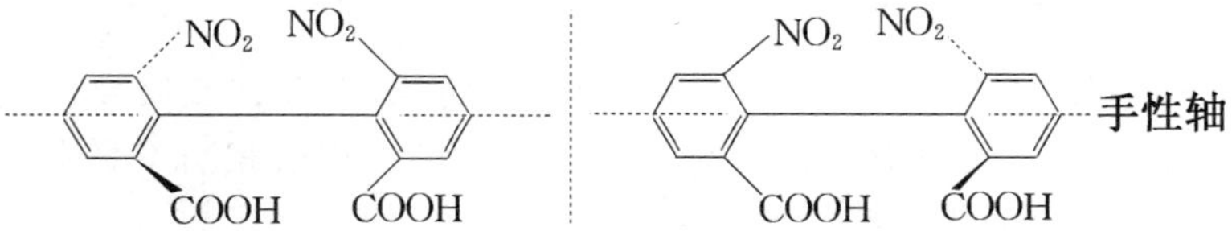


这一类手性分子是由于苯环的2,2′,6,6′-上有体积较大的基团，使两苯环间的单键的自由旋转受到阻碍而产生的。若同一苯环的2,6-位上有两个相同取代基，则分子中有对称面而无手性。如：

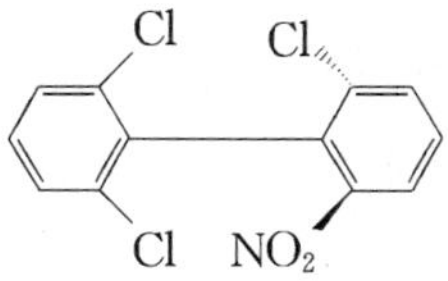


显然，准确判定手性分子的关键是分子中的对称中心及对称面问题($S_n$ 轴很少见)。

## 习 题

3-1 判断下列各组化合物的关系：对映体、非对映体或同种化合物。

1. 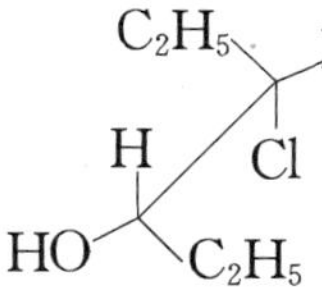 和 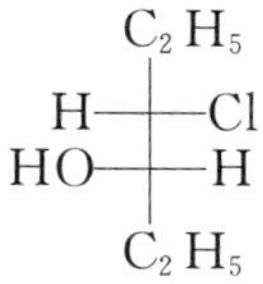

2. 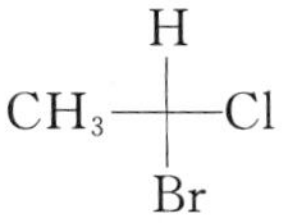 和 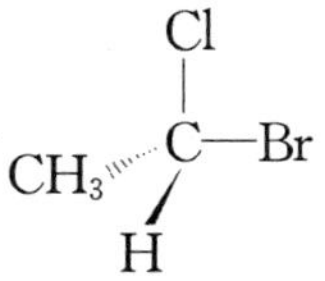

3. 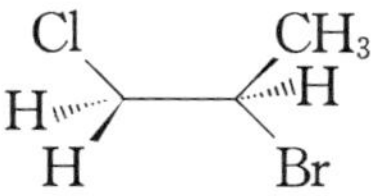 和 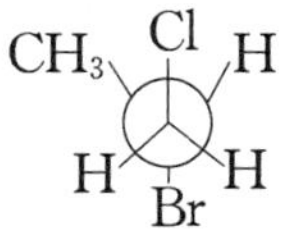

4. 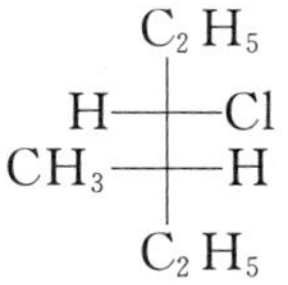 和 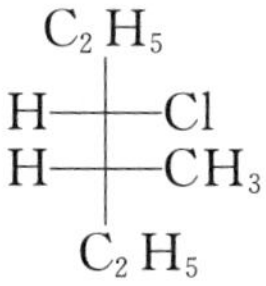

5. 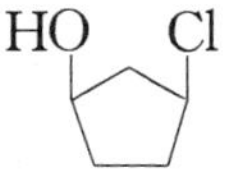 和 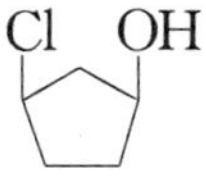

3-2　下列化合物是否具有手性，为什么？若是手性分子，写出其对映体。

1. 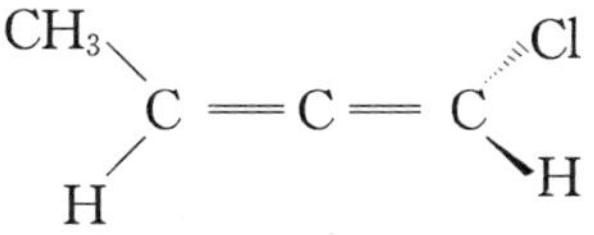

2. 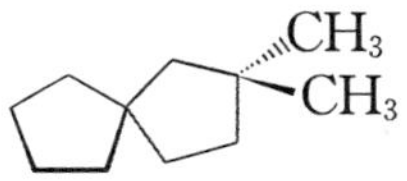

3. 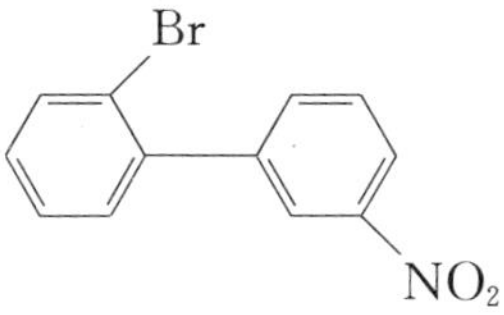

4. 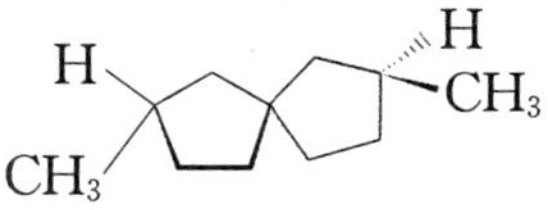

5. 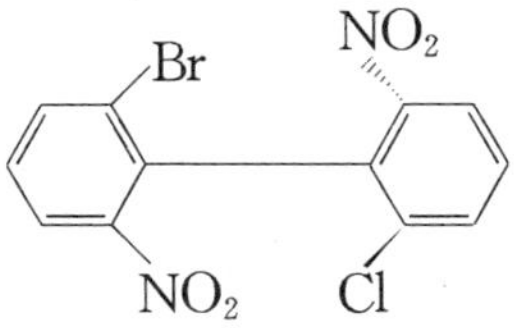

3-3　判断下列说法是否正确。

1. 具有 $C^*$ 的分子必定有旋光性。
2. 旋光性分子必定有 $C^*$。
3. 无对称面的分子一定是手性分子。
4. 有旋光性的分子必定是手性分子，必定有对映异构体。
5. 手性分子必定可观察到旋光性。
6. 有 $n$ 重旋转对称轴的分子一定是手性分子。
7. 一对对映体，其物理、化学性质都相同。

3-4　举例说明下列概念：

1. 手性碳原子　2. 手性分子　3. 对称因素（平面、中心）　4. 对映体
5. 非对映体　6. 内消旋体　7. 外消旋体　8. 差向异构体
9. 比旋光度　10. 假手性碳原子。

3-5　分子式为 $C_6H_{12}O$ 的含有 C═C 的醇，有光学活性，催化加氢后失去光学活性，试推测可能的结构。

# 第四章 烯 烃

## § 4.1 烯烃的结构、异构和命名

烯烃(Alkenes) 是指含双键的化合物，根据分子中所含双键的数目，可分为单烯烃、二烯烃、多烯烃等。分子中只含有一个碳碳双键的烯烃为单烯烃，链状单烯的通式为 $C_nH_{2n}$，与环烷烃的通式相同。

### 4.1.1 烯烃的结构

烯烃同系物中最简单的是乙烯，其键长、键角数据如下：

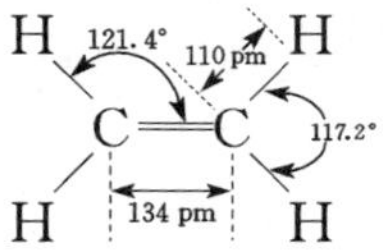


因此乙烯分子中的碳原子是以 $sp^2$ 杂化方式成键的。乙烯中的碳碳双键，由一个 σ 键和一个 π 键组成，这可由双键的键能并不等于两个碳碳单键的键能之和得到证实：

| | C—C（乙烷） | C═C（乙烯） |
|---|---|---|
| 键能 | 347 kJ · $mol^{-1}$ | 612 kJ · $mol^{-1}$ |
| 键长 | 154 pm | 134 pm |

至于 C═C 的键长比 C-C 的键长短，与碳原子轨道的杂化方式有关。由于 $sp^2$ 杂化轨道中 s 成分增加，所以 $sp^2$ 杂化轨道比 $sp^3$ 杂化轨道短，形成的碳碳键键长随之变短。另外，双键的形成，使成键作用加强，也是双键键长变短的原因之一。

### 4.1.2 烯烃的同分异构

烯烃的异构现象比烷烃复杂得多。烯烃的同分异构中，不仅存在碳架异构现象，而且还存在烯烃官能团(C ═C)在分子中的位次不同而产生的官能团位置异构，它们均属构造异构。例如丁烯有以下几个异构体：

$CH_3—CH_2—CH═CH_2$ $\quad$ $CH_3—CH═CH—CH_3$ $\quad$ $CH_3—C(CH_3)═CH_2$

对于 2-丁烯，还存在顺、反异构体，它们有明显不同的性质。顺反异构属构型异构：

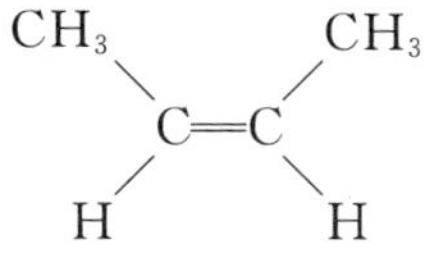
顺-2-丁烯

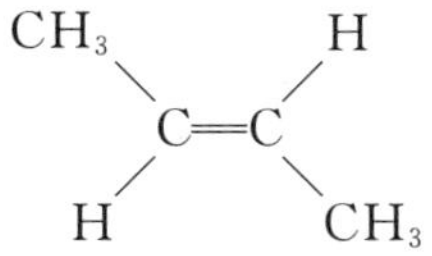
反-2-丁烯

若双键上任一碳原子连有两个相同的原子或基团时，则不存在顺反异构。例如：

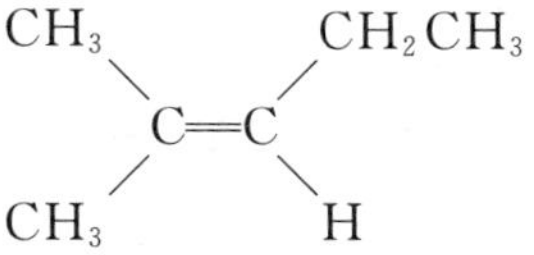
，
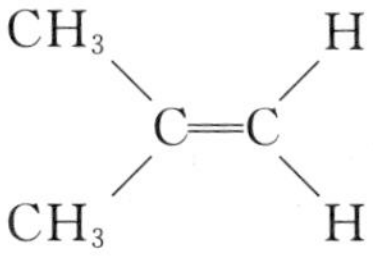

### 4.1.3　烯烃的命名

4.1.3.1　系统命名法

(1) 命名原则

烯烃的系统命名法是以碳碳双键作官能团来命名的，基本原则如下：

① 选择含碳碳双键在内的最长碳链为主链，按主链中碳原子的数目称为“某”烯；

② 从靠近双键的一端开始，将主链碳原子依次编号；

③ 双键的位次以双键碳原子中编号较小的阿拉伯数字，加半字线“-”，置于母体名称之前。例如：

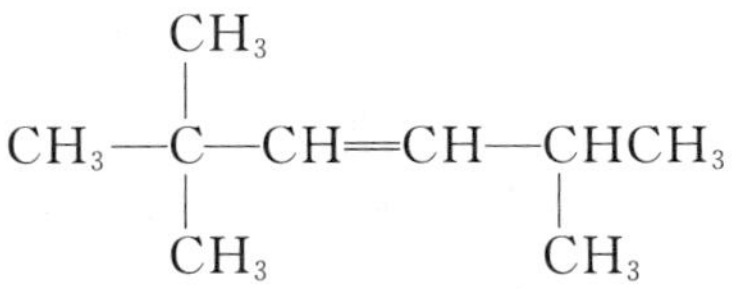
2,2,5-三甲基-3-己烯

④ 烯烃主链碳原子超过十个时，用汉字数字表示母体碳原子数，并在“烯”字之前加一“碳”字，以免与二烯烃或多烯烃混淆。例如：

$CH_3CH_2CH{=}CH(CH_2)_6CH_3$　　3-十一碳烯

(2) 顺反异构体的命名

烯烃的顺反异构体有两种命名方法。如果双键碳原子都连有同一种基团（例如 A）可采用顺/反（cis-/trans-）标记法，以双键连线及其延长线为基准，相同基团在同侧的叫顺式，在异侧的叫反式。

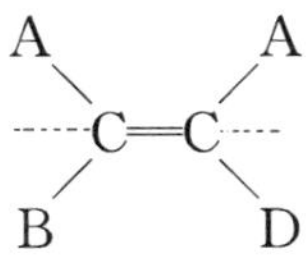
顺式(cis-)

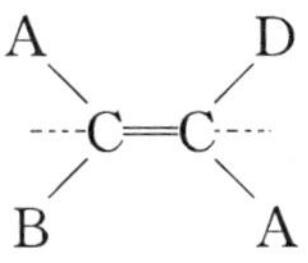
反式(trans-)

对于三取代或四取代的乙烯，又都是不同的取代基时，系统命名原则规定，以双键连线及其延长线为基准，按“次序规则”，如果两个双键碳原子上所连的两个较优基团在同侧，称为 Z 型，在异侧的则称为 E 型（Z,E 来自德文 Zusammen，意为“一起”；Entgegen 意为“相对”）。命名时将 Z,E 写在括号内，放在化合物的名称之前。例如：

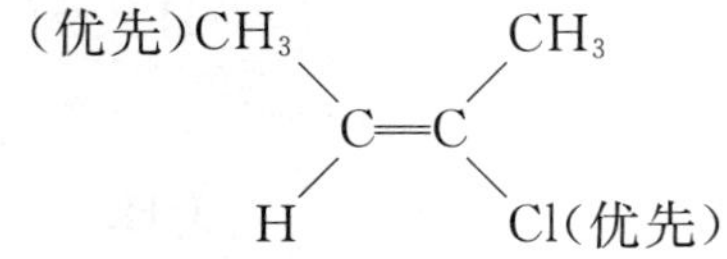

(E)-2-氯-2-丁烯

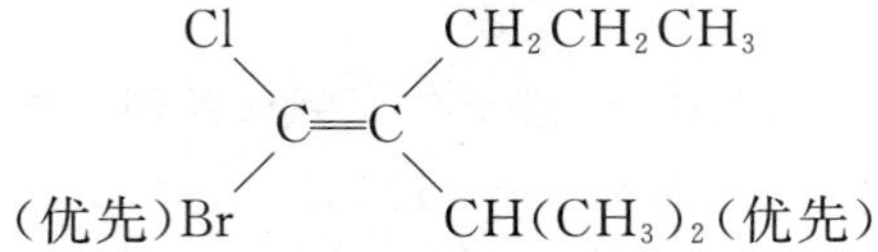

(Z)-2-异丙基-1-氯-1-溴-1-戊烯

须注意的是，顺/反和 Z/E 两种命名法各成体系，它们之间无对应关系。

(3) 烯基的命名

烯烃分子中去掉一个氢原子后的基团称为烯基。烯基的编号是从含剩余价的碳原子开始。常见的烯基如下：

$CH_2{=}CH—$　　乙烯基(Vinyl)

$\overset{3}{C}H_3\overset{2}{C}H{=}\overset{1}{C}H—$　　丙烯基(Popenyl)

$\overset{3}{C}H_2{=}\overset{2}{C}H\overset{1}{C}H_2—$　　烯丙基(Allyl)

带两个剩余价的基称为亚“某”基，例如：

$H_2C{=}$　　亚甲基(Methylene)

$CH_3CH{=}$　　亚乙基(Ethylidene)

4.1.3.2　*普通命名法及衍生命名法*

简单的烯烃可以像烷烃那样，用普通命名法命名，称为“某”烯，例如：

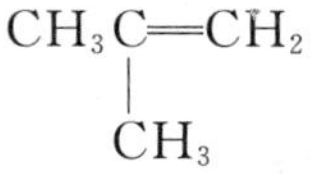

异丁烯

衍生命名法是以烯为母体，把其他烯烃看作是乙烯的烷基衍生物，例如：

$CH_3CH{=}CH_2$　　甲基乙烯

$CH_3CH{=}CHCH_2CH_3$　　对称甲基乙基乙烯

# §4.2　烯烃的性质

## 4.2.1　烯烃的物理性质

4.2.1.1　*沸点、熔点、密度和溶解度*

在常温常压下，含 2～4 个碳原子的烯烃为气体，含 5～18 个碳的为液体，更高级的烯烃为固体。同烷烃一样，烯烃的沸点随分子量的增加而升高，支链增加则使沸点降低。顺式异构体的沸点通常比反式的高。烯烃的熔点与分子的对称性有关，反式烯烃对称性比顺式大，分子间可以整齐排列，所以反式异构体熔点高。

烯烃的密度小于 1，难溶于水，易溶于有机溶剂如苯、乙醚、氯仿或石油醚中。

4.2.1.2 偶极矩

不同杂化态的碳原子，其电负性大小顺序是：$Csp > Csp^2 > Csp^3$。杂化轨道中 s 成分越多，吸电子能力越强。在 $Csp^3—Csp^2$ 键上，电子云偏向于 $Csp^2$ 杂化碳，加上 $\pi$ 电子云的易流动性，使单烷基取代的乙烯产生较小的偶极矩。

分子的偶极矩是各化学键偶极矩的矢量和，因此，对于顺反异构体，一般反式异构体的偶极矩比顺式的小，例如：

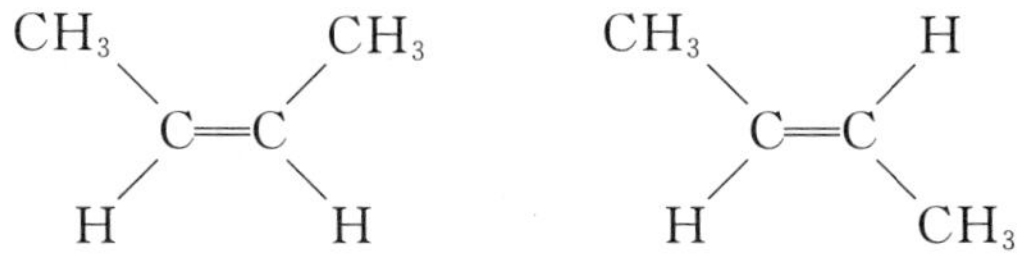

顺-2-丁烯 $\mu=0.33D$ 反-2-丁烯 $\mu=0$

有时可利用偶极矩的大小来区别顺反异构体。

### 4.2.2 烯烃的化学性质

烯烃的化学性质与烷烃大不相同，非常活泼。其化学反应主要表现在官能团碳碳双键上，与双键碳原子直接相连的 α-碳上的氢，由于受到双键的影响，也有较大的活泼性。

4.2.2.1 催化氢化

烯烃和氢气混合，在常温常压下很难发生反应，高温时反应也很慢。但在催化剂（如铂等）存在下则容易发生加成反应，生成饱和烃：

$$R—CH{=}CH—R' + H_2 \xrightarrow{\text{催化剂}} R—CH_2—CH_2—R'$$

常用的催化剂有 Pt，Pd，Ni，Ru，Rh 等。工业上也常用 Fe，Cr，Co，Cu 等作催化剂，但其活性较低，需在高温、高压条件下使用。一种称为 Raney 镍的催化剂，是将镍铝合金与氢氧化钠作用，除去金属铝后形成骨架镍，它的比表面积大，应用广泛。

烯烃的催化加氢是一个吸附、活化、加成过程，是顺式加成（syn-additTion）反应，即氢分子是从双键平面的同一侧加上去的，有较高的立体选择性（图 4-1）。

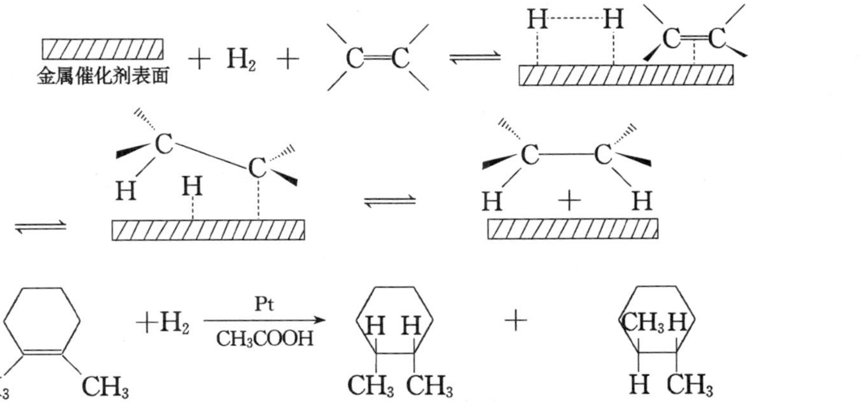


1,2-二甲基环己烯 顺-1,2-二甲基环己烷(86%) 反-1,2-二甲基环己烷(14%)

图 4-1 烯烃催化加氢过程

烯烃的加氢反应是一个放热反应，这是因为反应中形成两个 C-Hσ 键所放出的能量，比断开 H-Hσ 键和烯烃的 π 键所吸收的能量大的缘故。一摩尔烯烃加成一摩尔氢气所放出的热量称为氢化热。烯烃的结构不同，氢化热也不相同。表 4-1 列出了一些常见烯烃的氢化热数据。

**表 4-1 某些烯烃的氢化热** $kJ \cdot mol^{-1}$

| 烯　烃 | 氢化热 | 烯　烃 | 氢化热 |
|---|---|---|---|
| 乙烯 | 137.2 | 顺-2-戊烯 | 119.7 |
| 丙烯 | 125.9 | 反-2-戊烯 | 115.5 |
| 1-丁烯 | 126.7 | 2-甲基-1-丁烯 | 119.2 |
| 顺-2-丁烯 | 119.7 | 3-甲基-1-丁烯 | 126.7 |
| 反-2-丁烯 | 115.5 | 2,3-二甲基-1-丁烯 | 112.5 |
| 2-甲基丙烯 | 118.8 | 3,3-二甲基-1-丁烯 | 117.1 |
| 1-戊烯 | 125.9 | 2,3-二甲基-2-丁烯 | 126.7 |

利用氢化热的大小，可以比较烯烃的稳定性。氢化热数值越小，说明烯烃分子的内能越低，越稳定。例如，反-2-丁烯比顺-2-丁烯氢化热小，即反-2-丁烯内能低，比顺-2-丁烯稳定。其原因是顺式烯烃双键上的两个烷基在同一侧，存在较大的 Van der Waals 斥力和角张力，所以内能高，不如反式烯烃稳定，如图 4-2 所示。

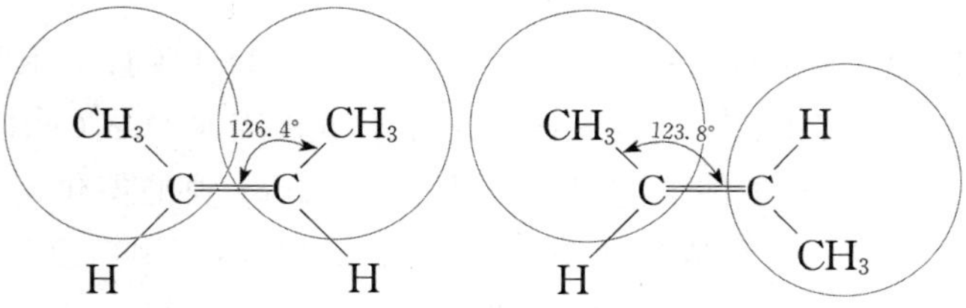


图 4-2 顺-2-丁烯和反-2-丁烯的结构

由氢化热数据还可发现，碳碳双键上取代基越多，氢化热数值越小，烯烃越稳定。所以烯烃的稳定性次序为：

$R_2C{=}CR_2 > R_2C{=}CHR > R_2C{=}CH_2, RCH{=}CHR > RCH{=}CH_2 > CH_2{=}CH_2$

需要注意的是：不同结构的烯烃催化加氢的速率次序正好与上述稳定性次序相反，取代基较少的烯烃容易发生加氢反应，即加氢速率由大到小的次序为：

$$CH_2{=}CH_2 > RCH{=}CH_2 > R_2C{=}CH_2 > R_2C{=}CHR > R_2C{=}CR_2$$

这是因为催化加氢过程是烯烃分子吸附于催化剂表面而实现的，双键碳原子上取代基越多，空间效应越大，阻碍了烯烃分子的吸附。利用这种差异，有时可实现选择性氢化。

4.2.2.2 亲电加成

烯烃中的 π 键是弱键，电子云分布在碳碳双键碳原子所在平面的上下，受原子核的束缚力较小，电子易流动，相对电子密度大，容易受到缺电子试剂的进攻而发生亲电加成(electrophilic addition)反应。

（1）与卤素加成

烯烃易与氯或溴发生亲电加成反应，生成邻二卤代烷：

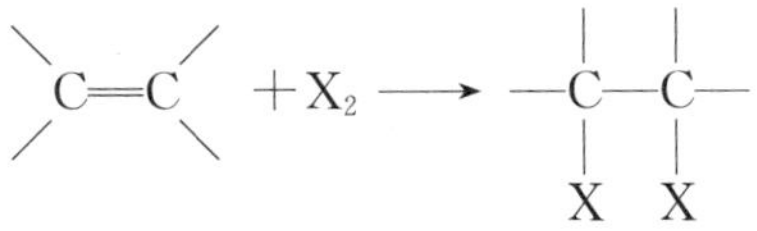

该反应通常在室温下即可顺利进行，不需光照或催化剂。例如，将乙烯通入溴的四氯化碳溶液或溴水中，则溴的颜色很快褪去，生成无色的 1,2-二溴乙烷：

$$CH_2=CH_2+Br_2\xrightarrow{CCl_4}\underset{Br}{CH_2}-\underset{Br}{CH_2}$$

这是检验烯烃的一种简便方法。

烯烃与氯的反应也很容易。工业上制备 1,2－二氯乙烷时，常采用既加催化剂又加溶剂稀释的方法，以防反应过于剧烈，例如：

$$CH_2=CH_2+Cl_2\xrightarrow[FeCl_3,40^\circ C,0.2\ MPa]{ClCH_2CH_2Cl}\underset{Cl}{CH_2}-\underset{Cl}{CH_2}$$

烯烃与卤素的反应是一种放热反应。不同的卤素其反应活性不同：$F_2>Cl_2>Br_2>I_2$。氟与烯烃反应非常剧烈，放出大量热量，且反应产物大多是分解、取代等产物。碘与烯烃反应太慢，除个别例子外，无实际意义。所以，烯烃与卤素的加成反应，通常是指与氯或溴的反应。

烯烃与卤素的反应有如下特征：

① 一般情况下，如果双键碳上的取代基是给电子基，则使双键上电子云密度增大，有利于亲电试剂的进攻，给电子基越多，越利于亲电加成。反之，若取代基是吸电子基，则使双键上电子云密度降低，不利于亲电加成（见表 4-2）。

**表 4-2　溴与不同烯烃亲电加成的相对速率（$CH_2Cl_2$ 中，$-78^\circ C$）**

| 烯 烃 | 相对速率 | 烯 烃 | 相对速率 |
|---|---|---|---|
| $(CH_3)_2C=C(CH_3)_2$ | 14.0 | $CH_2=CH_2$ | 1.0 |
| $(CH_3)_2C=CHCH_3$ | 10.4 | $CH_3CH=CHCOOH$ | 0.26 |
| $(CH_3)_2C=CH_2$ | 5.53 | $CH_2=CHBr$ | 0.04 |
| $CH_3CH=CH_2$ | 2.03 | $CH_2=CHCOOH$ | 0.03 |

② 大量实验事实证明，烯烃与溴或氯的加成反应立体选择性（stereoselectivity）高，主要是反式加成，例如：

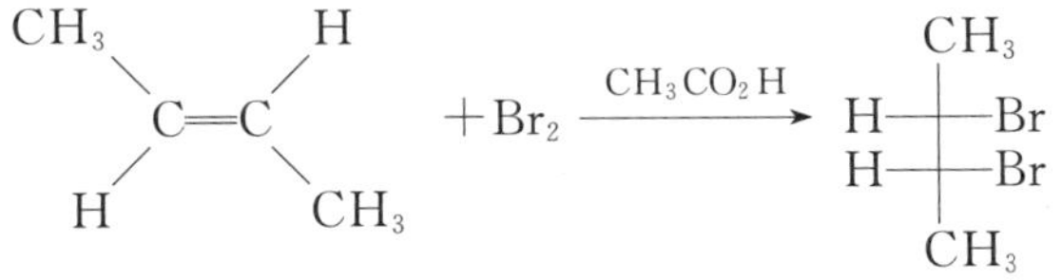

2-丁烯与溴的反应，99％是反式加成产物。

③ 关于烯烃与卤素加成的反应机理。

1937 年，Roberts 等提出了环状溴鎓离子（cyclic bromonium ion）机理。例如 $Br_2$ 与 2-丁烯加成时（图 4-3），先形成 π 络合物，π 络合物经异裂、分解成环状溴鎓离子（常称 σ 络合物）。溴鎓离子的正电荷主要集中在溴原子上，溴原子和碳原子都有 8 个外层电子，比缺电子的碳正离子稳定。$Br^-$ 从环状溴鎓离子的溴原子的背面分别向两个碳原子进攻，生成反式加成产物。

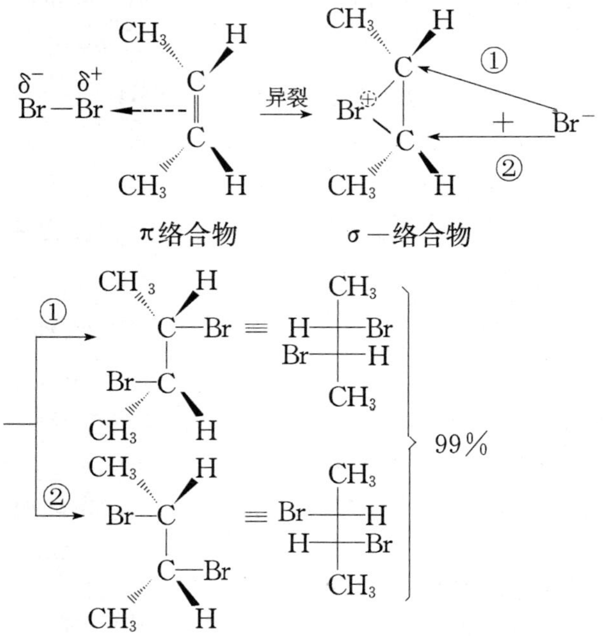


图 4-3 $Br_2$ 与 2-丁烯的加成机理

环己烯为半椅式构象，与 $Br_2$ 反应时也按溴鎓离子机理进行，产物中两个溴原子都处在直立键位置，经环的翻转变为平伏键：

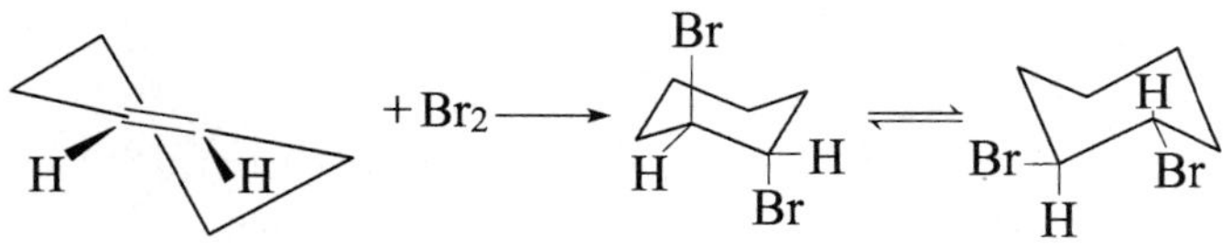


该机理很好地解释了加成反应中立体化学问题。

进一步研究表明：卤鎓离子的生成是有条件的，I，Br，Cl 均可形成环状卤鎓离子，而 F 由于电负性强，不易给出电子去形成环状氟鎓离子，而仍生成碳正离子。

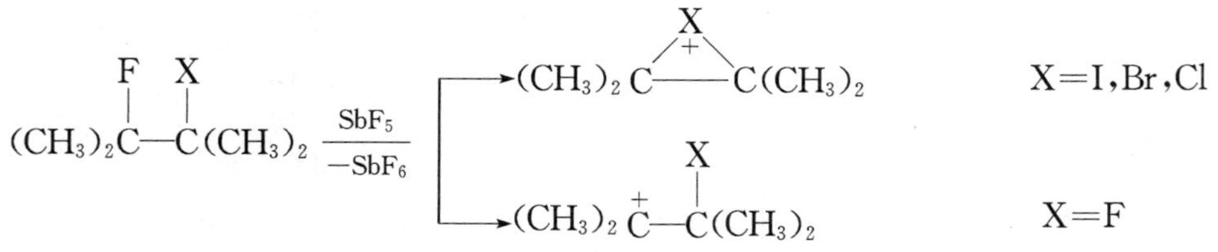

卤素与烯烃的亲电加成，到底是按照卤鎓离子机理还是按照碳正离子机理，与卤素类型和烯烃的结构都有关系。目前更趋向于将两种机理统一起来，二者处于竞争之中。当卤鎓离子稳定时，卤鎓离子机理占优势，而当碳正离子稳定时（如叔碳正离子、烯丙基碳正离子等），按碳正离子机理进行的比例上升，甚至是主要的。在卤素与烯烃的加成中，溴鎓离子最稳定，虽然氯和碘由于价电子能级匹配性较差，卤鎓离子稳定性下降，但和脂肪族烯烃反应时仍主要按卤鎓离子机理进行，而氟则按碳正离子机理进行。

须注意的是，此处的碳正离子往往以与负离子配对——σ 络合物的形式存在：

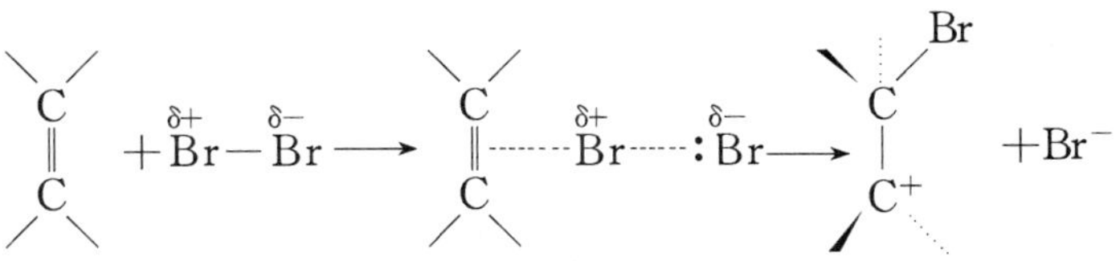

显然，$Br^-$ 从反面进攻碳正离子受到的阻碍较小，反式加成仍是主要的加成方式。

这一机理也可以解释乙烯在 NaCl 水溶液中与溴反应生成多种产物的事实：

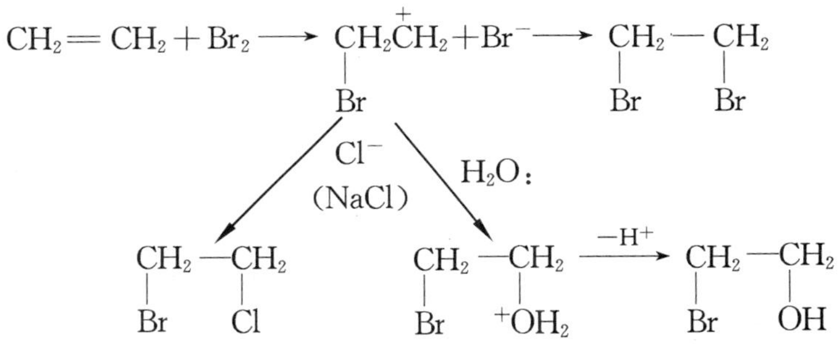

在该反应中，体系中的 $Cl^-$、$Br^-$、$OH^-$ 等负离子与碳正离子或溴环鎓离子的反应是竞争的。

(2) 与卤化氢等质子酸的加成、不对称加成规则

烯烃可与卤化氢进行加成反应，生成相应的一卤代烷。如乙烯和氯化氢在三氯化铝存在下，于 130℃～250℃进行气相加成反应，制得氯乙烷：

$$CH_2=CH_2+HCl \xrightarrow[130℃\sim250℃]{AlCl_3} CH_3CH_2Cl$$

卤化氢的反应活泼性次序是：HI＞HBr＞HCl。浓的氢溴酸和氢碘酸也可与烯烃反应，但浓盐酸反应时常加入三氯化铝等催化剂。

① 反应机理

卤化氢与烯烃加成的机理，首先是氢质子加到双键上，形成碳正离子，然后碳正离子与卤负离子结合，生成卤代烷：

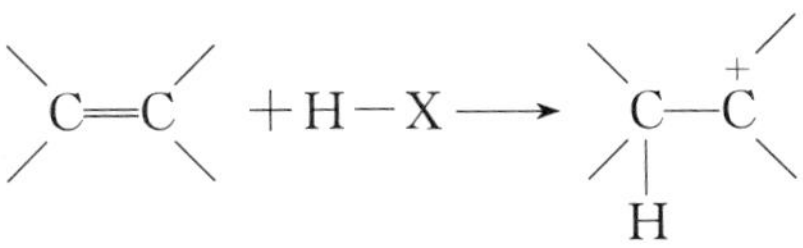

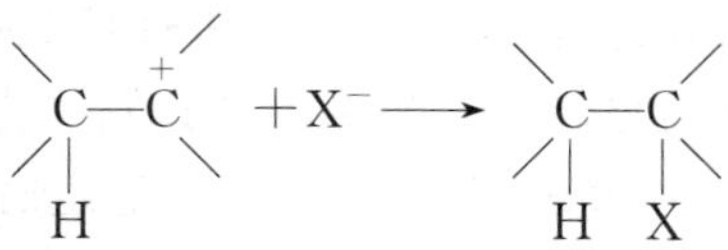

质子带正电荷，而双键 π 电子流动性强，可以将两个 π 电子转移给质子生成碳正离子，这是决定整个反应速度的步骤。第二步反应是正负离子的结合，是快的一步反应。用这一机理可以解释环己烯在醋酸中与 HBr 反应生成两种不同产物的事实：

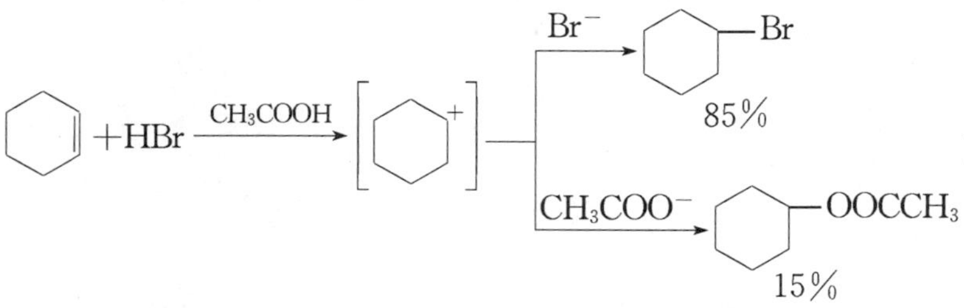

② 不对称加成规则

对称的烯烃，如乙烯，2-丁烯等和 HX 反应时，都只得一种产物。但 HX 与不对称烯烃加成时，则可能生成两种不同的产物，例如：

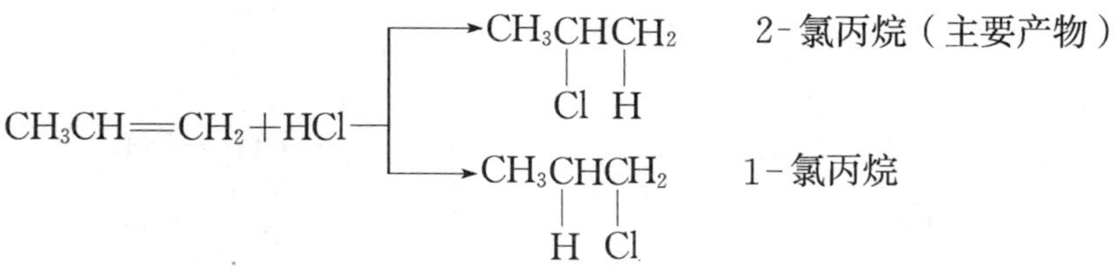

实验证明，2-氯丙烷是主要产物。根据大量实验结果，1870 年俄国化学家 Markovnikov总结出一条经验规律：不对称烯烃与卤化氢加成时，氢原子主要加到含氢较多的双键碳原子上。这是有机化学发展史上发现的第一个区域选择性反应，这个规则称为不对称加成规则，也称“马氏规则”。凡加成结果符合这一规则的叫“马氏加成”。

对于不对称加成规则的理论解释一般有两种，一是从烷基等的诱导效应来解释，二是从碳正离子的稳定性来解释。

a. 诱导效应解释法

以丙烯与 HCl 的加成反应为例。在丙烯分子中，甲基碳是 $sp^3$ 杂化，而与其相连的双键碳原子为 $sp^2$ 杂化，由于电负性 $sp^2 > sp^3$，使得甲基碳原子与双键碳原子之间的 σ 键电子云偏向于双键碳原子，甲基表现出给电子性：

$$Csp^3 \longrightarrow Csp^2, \qquad \underset{sp^3}{CH_3} \longrightarrow \underset{sp^2}{CH} = CH_2$$

甲基的给电子诱导效应，使得双键上 π 电子云向远离甲基的方向偏移，π 电子云变形，双键发生极化，使双键碳原子分别带有部分正、负电荷：$CH_3 \longrightarrow \overset{\delta+}{C}H = \overset{\delta-}{C}H_2$，当与 HCl 等极性试剂反应时，质子加到带有部分负电荷的双键碳原子上，而氯负离子则加到另一个碳原子上：

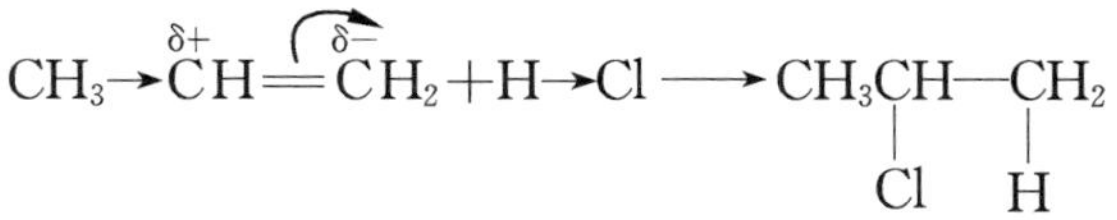

显然，甲基或烷基越多，给电子能力越强，导致含氢较多的双键碳原子所连的烷基少，显负电性，所以和卤化氢加成时，氢加到含氢较多的双键碳原子上。

b. 碳正离子的稳定性解释法

碳正离子越稳定，形成时所需活化能越低，越容易生成，反应速率也相应较大。丙烯和 HCl 加成时，第一步可生成两种碳正离子：

$$CH_3CH{=}CH_2 + HCl \longrightarrow CH_3\overset{+}{C}HCH_3 \quad (\text{Ⅰ})$$

$$CH_3CH{=}CH_2 + HCl \longrightarrow CH_3CH_2\overset{+}{C}H_2 \quad (\text{Ⅱ})$$

Ⅰ比Ⅱ稳定，更容易生成，它们的能量关系如图 4-4 所示。

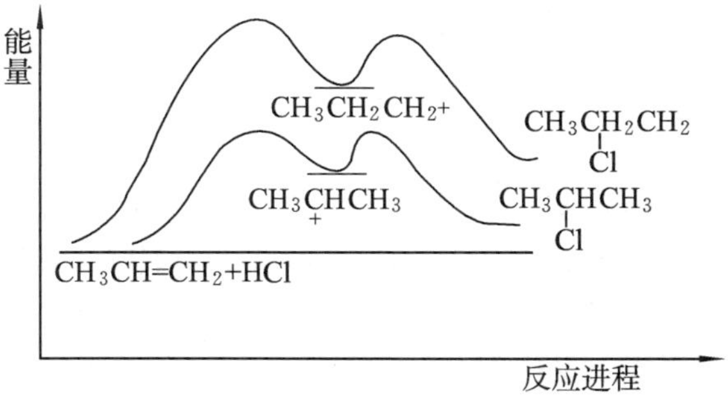


图 4-4　丙烯与 HCl 加成的反应进程——能量曲线

烷基碳正离子的稳定性次序是：三级（叔）＞二级（仲）＞一级（伯）。例如：

$$(CH_3)_3C^+ > (CH_3)_2\overset{+}{C}H > CH_3\overset{+}{C}H_2 > \overset{+}{C}H_3$$

这个稳定性次序可从烷基的给电子诱导效应来解释。烷基碳正离子是平面型结构。其中心碳原子为 $sp^2$ 杂化。由于烷基的给电子性，使碳正离子中心的正电荷得以分散和部分被中和，烷基越多，正电荷被分散的程度越大，碳正离子越稳定。在丙烯与 HCl 的加成反应中，生成的两种碳正离子的稳定性 $CH_3\overset{+}{C}HCH_3 > CH_3CH_2\overset{+}{C}H_2$，故前者生成的速率快，得到的相应加成产物多，符合马氏加成规则。

一般情况下，通常将 a、b 两种方法结合在一起来解释“马氏加成规则”。

c. 反马氏加成现象

当双键碳原子上连有强吸电子基团（如—COOH，—CN，—$CF_3$ 等）的烯烃与卤化氢加成时，氢主要加到含氢较少的双键碳原子上，例如：

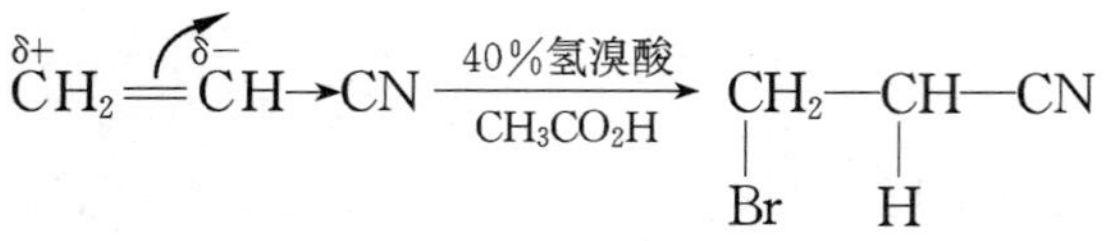

—CN 是较强的吸电子基团，吸电子诱导效应使得 π 电子云偏向于含氢较少的双键碳原子，使其带部分负电荷。比较可能生成的两种碳正离子：$CH_3—\overset{+}{C}H—CN$ 和 $\overset{+}{C}H_2—CH_2—CN$ 的稳定性，显然后者比前者稳定。$CH_3—\overset{+}{C}H—CN$ 虽为二级碳正离子，但带正电荷的碳原子与吸电子的—CN 直接相连，不利于正电荷的分散。而 $^{+}CH_2—CH_2—CN$ 虽为一级碳正离子，但—CN 离带正电荷的碳较远，反而较前者稳定，所以得到表面上看来反常的产物。

不对称加成规则可以更确切地概述为：当不对称烯烃与极性试剂加成时，试剂的正电性部分加到带有部分负电荷的双键碳原子上，而试剂的负电性部分加到带有部分正电荷的双键碳原子上。例如：

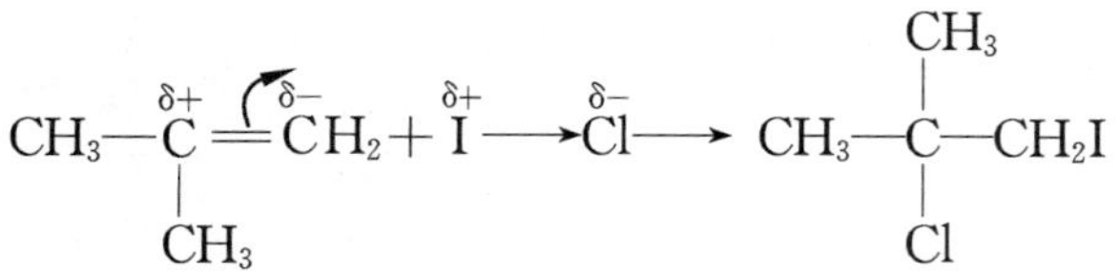

③ 碳正离子重排

某些烯烃和 HX 加成时产物比较复杂。例如，3，3-二甲基-1-丁烯与氯化氢加成时，主要产物不是 2，2-二甲基-3-氯丁烷，而是 2，3-二甲基-2-氯丁烷。3-甲基-1-丁烯与溴化氢加成时，主要产物不是 2-甲基-3-溴丁烷，而是 2-甲基-2-溴丁烷。

上述实验结果用碳正离子重排(rearrangement)可得到圆满解释：

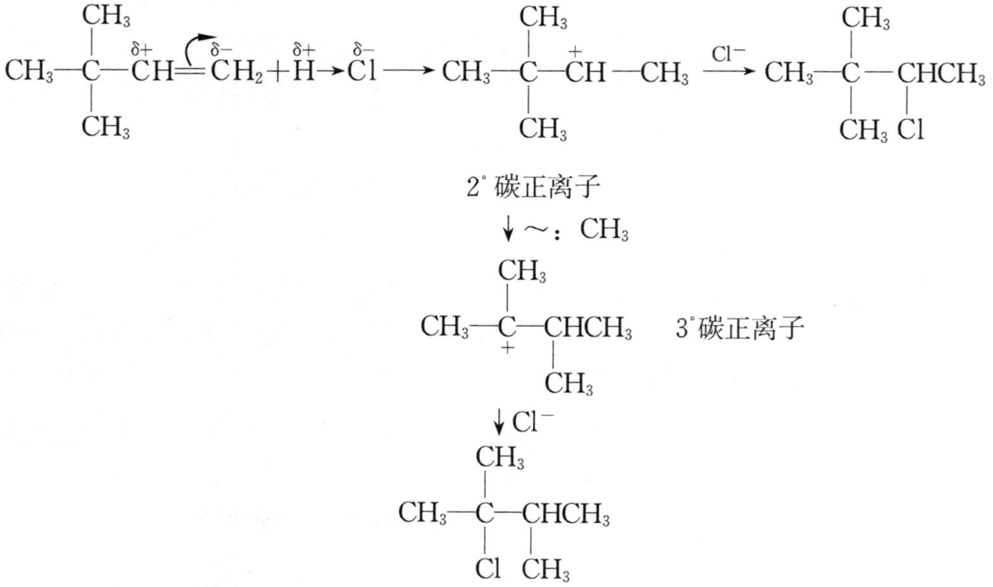

第一步生成的碳正离子，其邻位碳原子上的烷基或氢，由于受到正电荷的吸引，容易

带着一对电子迁移过去，形成一个新的更稳定的碳正离子。分子内的一个基团从一个原子迁移到邻近的原子上，称为1,2-迁移(1,2-Shift)，也称为1,2-重排。碳正离子有重排成更稳定的碳正离子的倾向，这是碳正离子的一个特性，也是有机化学中一种常见的重排形式。

当碳正离子邻位碳原子上的烷基不同时，通常是电子密度更大的基团优先迁移，如乙基优于甲基、苯基优于烷基等。该内容将在后面讨论。

④ 与硫酸、水、次卤酸等质子酸的加成

烯烃与硫酸、水、次卤酸等质子酸的加成反应类似烯烃与氢卤酸的加成反应。

a. 硫酸

烯烃可以与冷的浓硫酸反应生成酸式硫酸酯，后者水解后生成醇。与卤化氢的加成相似，烯烃与硫酸反应时，质子先加到双键碳原子上形成碳正离子，然后再与酸式硫酸根结合生成酸式硫酸酯。加成反应遵守马氏规则：

$$CH_2=CH_2 \xrightarrow{98\%\,H_2SO_4} CH_3CH_2OSO_3H \xrightarrow[\triangle]{H_2O} CH_3CH_2OH$$

b. 水

由于水的反应性较差，烯烃与水的加成一般需要在较高的温度、压力和催化剂存在下才能实行：

$$CH_2=CH_2+H_2O \xrightarrow[280℃\sim300℃,7\sim8MPa]{H_3PO_4} CH_3CH_2OH$$

这是工业上制备醇的方法之一，称为烯烃的直接水合法。常用的催化剂为磷酸或硫酸。

c. 次卤酸

烯烃与次卤酸加成，生成β一卤代醇。例如：

$$CH_2=CH_2+HOCl \longrightarrow Cl—CH_2—CH_2—OH$$

β一氯乙醇

次氯酸、次溴酸都是弱酸，与强酸同烯烃的反应不同，它们不是氢质子先去进攻烯烃的π键，而是由于分子中氧的电负性较大，使次卤酸分子极化成 $\overset{\delta-}{HO}—\overset{\delta+}{X}$，再例：

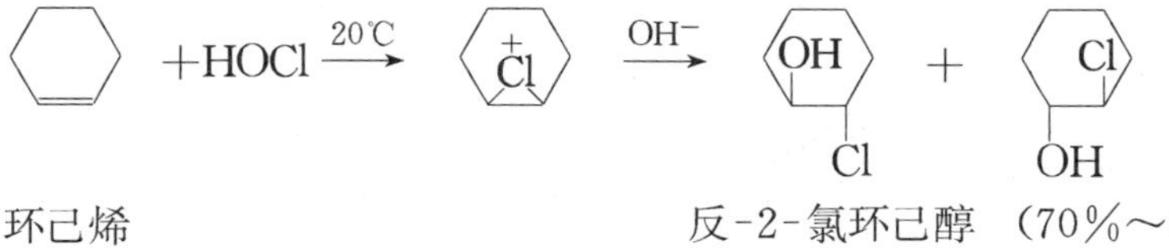


环己烯 反-2-氯环己醇 (70%～73%)

反应时首先生成卤鎓离子和 $HO^-$，继而 $OH^-$ 从卤鎓离子的卤原子的背面进攻碳原子，生成卤素连在含氢多得碳上的β-卤代醇。次卤酸可由次卤酸盐与酸作用得到，也可由氯和溴直接与水反应生成。

(3) 硼氢化一氧化反应

烯烃的双键与硼氢化物发生的加成反应，称为硼氢化反应(hydroboration)。常用的硼氢化物是乙硼烷(剧毒)，它是"$BH_3$"的二聚物，可由三氟化硼和硼氢化钠反应制得：

$$4BF_3 + 3NaBH_4 \xrightarrow{\text{乙醚}} 2B_2H_6 + 3NaBF_4$$

在硼氢化反应中，首先是乙硼烷中的一个 H—B 键对烯烃的双键加成，当烯烃过量时，第二个和第三个 H—B 键可进行类似的反应，最后生成三烷基硼，例如：

$$CH_2{=}CH_2 + \frac{1}{2}(B_2H_6) \longrightarrow \underset{\text{乙基硼}}{CH_3CH_2BH_2} \xrightarrow{CH_2{=}CH_2} \underset{\text{二乙基硼}}{(CH_3CH_2)_2BH} \xrightarrow{CH_2{=}CH_2} \underset{\text{三乙基硼}}{(CH_3CH_2)_3B}$$

不对称烯烃的加成，硼原子加到含氢较多的双键碳原子上，而氢则加在含氢较少的碳原子上，形式上是“反马氏加成”。这是由于硼的电负性(2.0)稍小于氢的电负性(2.1)以及空间位阻等作用所引起的。例：

$$3CH_3CH_2CH_2CH{=}CH_2 + \frac{1}{2}B_2H_6 \longrightarrow (CH_3CH_2CH_2\underset{\underset{H}{|}}{C}HCH_2)_3B$$

反应中生成的三烷基硼一般不用分离，直接在碱性溶液中用过氧化氢氧化并水解，即生成醇，例如：

$$(CH_3CH_2CH_2)_3B \xrightarrow[H_2O_2,\ H_2O]{NaOH} 3CH_3CH_2CH_2OH + H_3BO_3$$

烯烃经硼氢化以及 $H_2O_2$ 氧化并水解成醇的反应称为硼氢化一氧化反应。这是由烯烃制备醇的一种重要方法。与烯烃通过酸式硫酸酯的间接水合法不同，硼氢化一氧化得到“反马氏加成”的醇。只要双键在分子的链端(α-烯烃)，都可得到伯醇。

烷基硼被过氧化氢氧化并水解成醇的机理如下：

$$H_2O_2 \xrightarrow{OH^-} H{-}O{-}O^- + H_2O$$

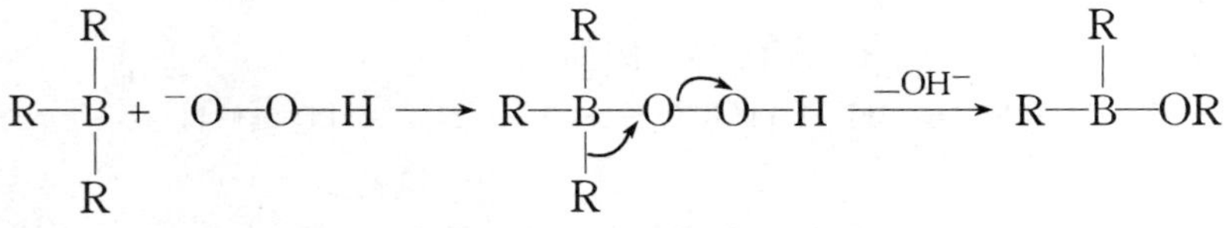

$$\xrightarrow{\text{二次重复上述过程}} B(OR)_3 \xrightarrow[OH^-]{3H_2O} 3ROH + H_3BO_3$$

硼氢化一氧化除了可生成“反马氏加成”的醇外，另一个显著的特点是具有高度的立体选择性。例如：

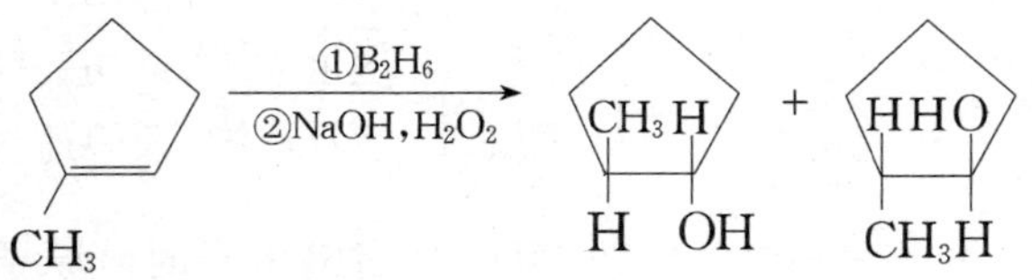

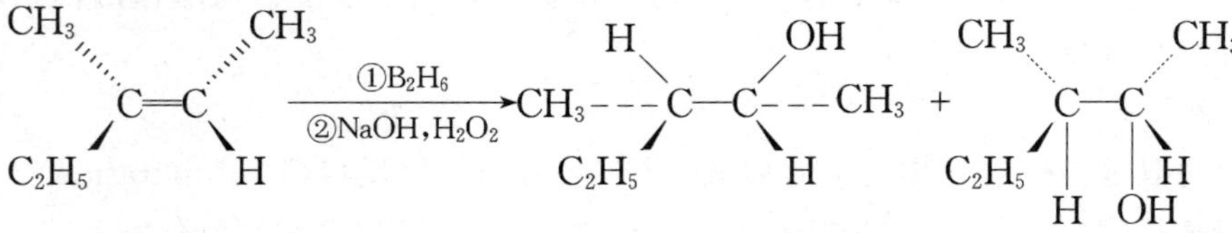

这是顺式加成，相当于氢和羟基从双键平面的同侧加到双键碳原子上，而且没有重排现象发生，分子的碳架结构没有发生变化。实验证实：H—B 键与双键的加成是通过一个四元环状过渡态协同进行的，尔后经 $H_2O_2$ 氧化及水解，生成顺式加成产物：

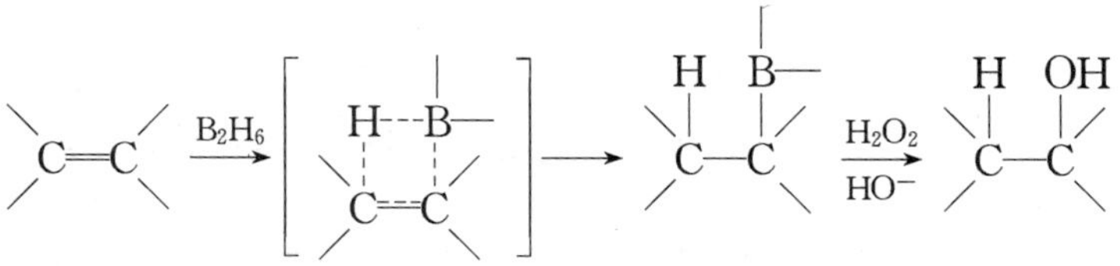

（4）与溴化氢的自由基型加成反应

不对称烯烃与卤化氢的加成反应，一般遵守马氏不对称加成规则。但 1933 年 Kharasch 发现在过氧化物存在下，溴化氢和不对称烯烃的加成是反马氏规则的。

$$CH_3CH{=}CH_2 \xrightarrow{HBr} \begin{cases} \xrightarrow{\text{无过氧化物}} CH_3\underset{\underset{Br}{|}}{C}HCH_3 \ \text{2-溴丙烷} & \text{（马氏加成）} \\ \xrightarrow{\text{过氧化物}} CH_3CH_2CH_2Br \ \text{1-溴丙烷} & \text{（反马氏加成）} \end{cases}$$

这种"反常"现象是由于过氧化物的存在引起的，称为"过氧化物效应"（peroxide effect）。过氧化物在受热时分解产生自由基，并引发自由基型反应。溴化氢与不对称烯烃的"反马氏加成"，正是按自由基型反应进行的。以丙烯为例说明如下：

$$CH_3CH{=}CH_2 \xrightarrow[HBr]{\text{过氧化物}} CH_3CH_2CH_2Br$$

$$\text{链引发：} R{-}O{-}O{-}R \xrightarrow{\triangle} 2RO\cdot$$

$$RO\cdot + HBr \longrightarrow ROH + Br\cdot$$

链增长：

$$Br\cdot + CH_3CH{=}CH_2 \begin{cases} \longrightarrow CH_3\dot{C}HCH_2Br \quad (\text{I}) \quad \Delta H^{\circ} = -37.6\ \text{kJ}\cdot\text{mol}^{-1} \\ \longrightarrow CH_3\underset{\underset{Br}{|}}{C}H\dot{C}H_2 \quad (\text{II}) \quad \Delta H^{\circ} = -29.3\ \text{kJ}\cdot\text{mol}^{-1} \end{cases}$$

$$CH_3\dot{C}HCH_2Br + HBr \longrightarrow CH_3CH_2CH_2Br + Br\cdot$$

……

溴自由基进攻丙烯双键的不同碳原子时，可能产生两种自由基Ⅰ和Ⅱ，Ⅰ是仲碳自由基，而Ⅱ是伯碳自由基，显然Ⅰ比Ⅱ稳定，更容易进行反应。所以上述反应主要是通过仲碳自由基中间体进行的。烯烃与溴化氢的亲电加成是先加氢生成稳定的碳正离子，而在自由基型反应中是先加溴生成稳定的自由基，反应机理不同，导致反应的区域选择性不同，产物也不同。

过氧化物效应一般只限于溴化氢，氯化氢和碘化氢都不能进行上述自由基型加成反应。这是因为烯烃与溴化氢的自由基型反应中，链增长步骤是放热的，可以迅速生成产物。而氯化氢和碘化氢链增长阶段都有一步是吸热的：

$$CH_3CH{=\!=}CH_2 + I\cdot \longrightarrow CH_3\dot{C}HCH_2I \quad \Delta H^{\circ} = +20.9\ kJ\cdot mol^{-1}$$

$$CH_3\dot{C}HCH_2Cl + HCl \longrightarrow CH_3CH_2CH_2Cl + Cl\cdot \quad \Delta H^{\circ} = +33.5\ kJ\cdot mol^{-1}$$

这不利于链的增长,因此反应仍按亲电机理进行。

4.2.2.3 氧化反应

烯烃容易发生氧化反应,所用试剂不同以及反应条件不同,氧化产物也不相同。

(1) 用高锰酸钾氧化

① 在酸性条件或者浓的高锰酸钾溶液作用下,烯烃可被氧化到酮或者酸:

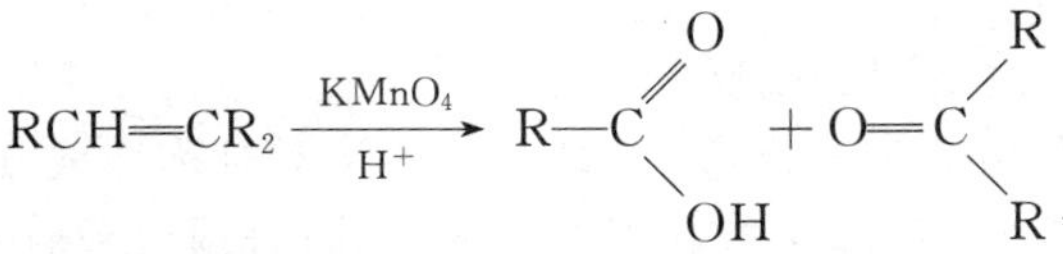

基本原则是:有$CH_2{=\!=}$(端基烯)时生成 $CO_2$ 和 $H_2O$,有 $RCH{=\!=}$时生成羧酸,而有$R_2C{=\!=}$时则生成酮。根据氧化后所得产物可以推测原来烯烃的双键位置及烯烃分子结构。

重铬酸钾等强氧化剂,一般也是将双键完全氧化断裂,生成酮、酸等。

② 烯烃与冷、稀的高锰酸钾碱性溶液作用时,烯烃的双键打开,生成邻二醇,同时高锰酸钾紫色褪去,生成褐色二氧化锰:

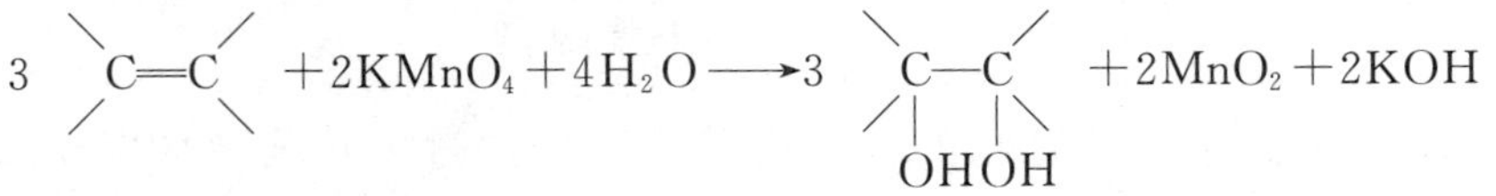

一般认为,该反应首先形成一个环状的锰酸酯,尔后水解生成邻二醇:

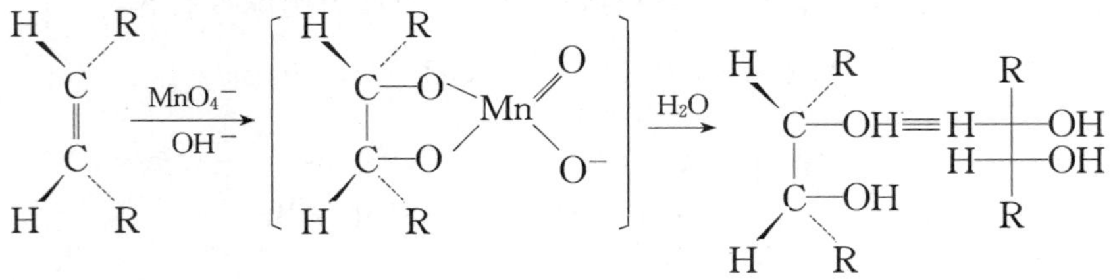

(2) 用四氧化锇($OsO_4$)氧化

烯烃与四氧化锇作用,首先生成环状的酸酯,后者经过氧化处理,生成邻二醇,同时四氧化锇再生,例如:

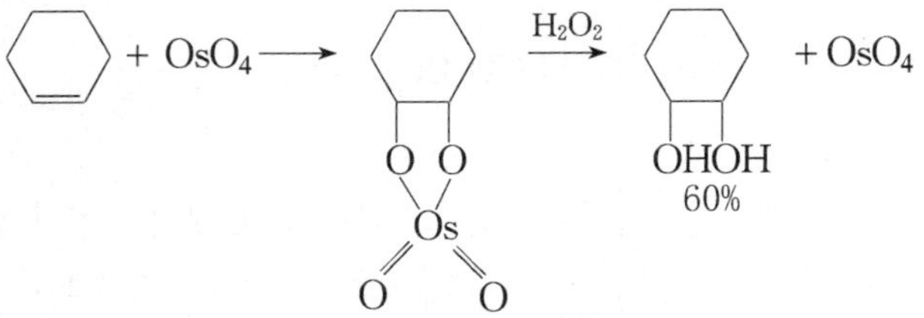

该反应与用稀、冷的碱性高锰酸钾一样,都是经过环状的酯并生成"顺加"的邻二醇。但 $OsO_4$ 氧化反应条件温和,产品收率较高。$OsO_4$ 有剧毒,易升华,使用时应特别小心。

(3) 用臭氧氧化

烯烃很容易与臭氧反应生成分子臭氧化物(molozonide),并进而迅速转化成臭氧化物(ozonide),称为臭氧化反应:

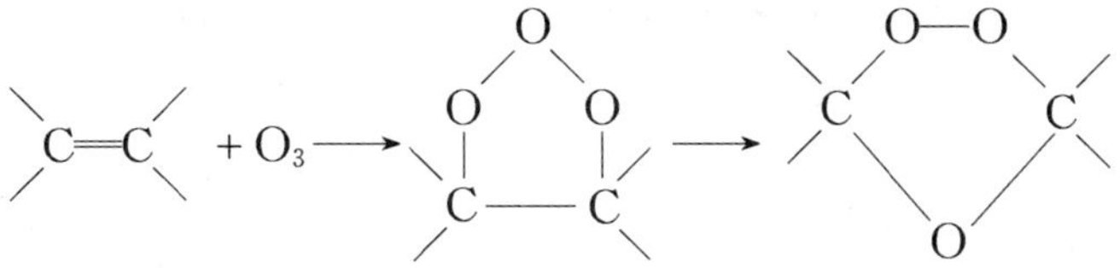

分子臭氧化物 臭氧化物

臭氧氧化时，将烯烃溶于惰性溶剂(如 $CH_2Cl_2$、乙酸乙酯等)中，在低温下通入 $O_3$，很快即完成反应。由于臭氧化物具有爆炸性，通常须用其他试剂进一步分解而生成醛、酮等不同产物：

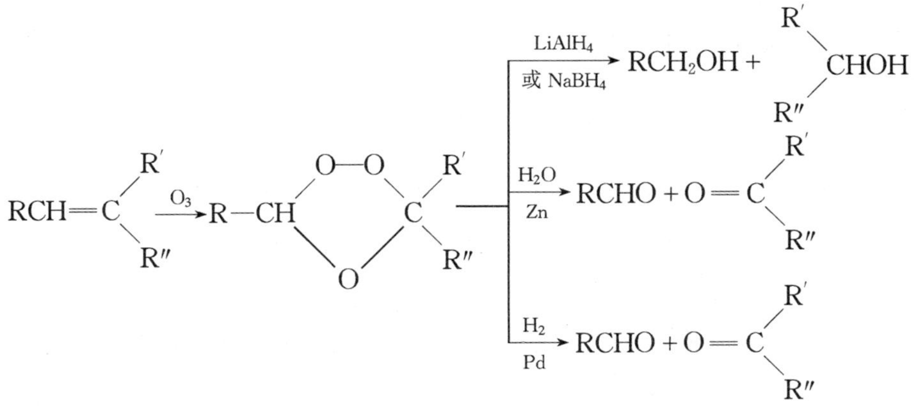

臭氧化物水解时常加入锌粉、$NaHSO_3$ 等还原剂，以防止反应中生成的 $H_2O_2$ 将醛继续氧化成酸。此法称为还原水解。用还原剂 $LiAlH_4$，$NaBH_4$ 处理反应物时，臭氧化物被还原成醇，而在钯存在下氢解时生成醛、酮。

(4) 用有机过酸氧化

有机过酸是含有过羧基( $-\overset{O}{\overset{\|}{C}}-O-O-H$ )的化合物。常用的过酸有过苯甲酸、过乙酸、过三氯乙酸、过三氟乙酸等。烯烃与过酸可发生亲电加成反应，生成环氧化合物，通常称之为环氧化反应：

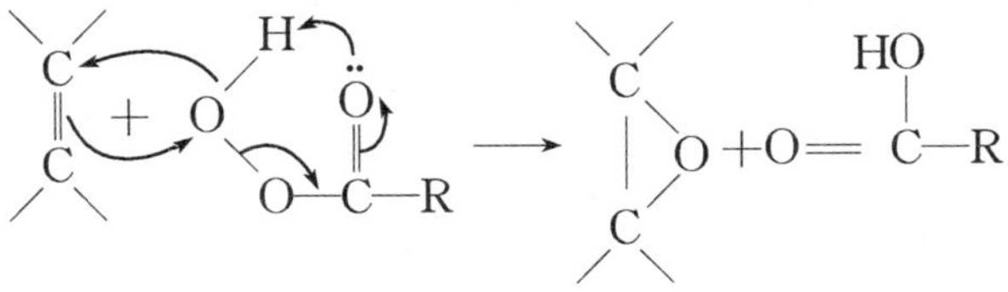

环氧化物水解，可生成反式邻二醇。例如：

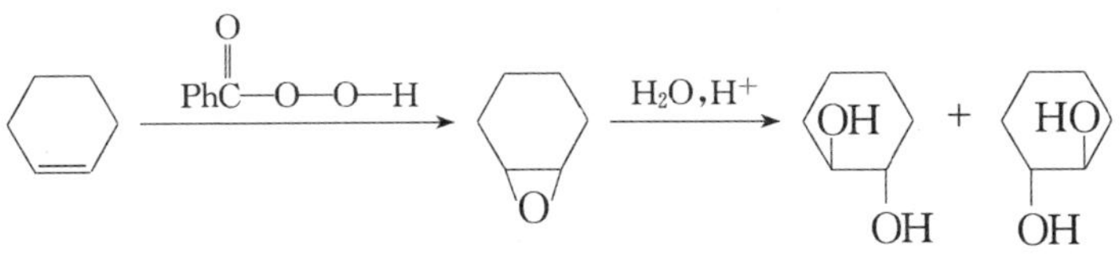

这个结果在立体化学上与烯烃的 $KMnO_4$(稀、冷、碱性)和 $OsO_4$ 氧化反应正好相反，后者得到的是顺式邻二醇。

(5) 用氧气氧化

在 Ag 催化下，低分子量烯烃可被氧气氧化成环氧化合物：

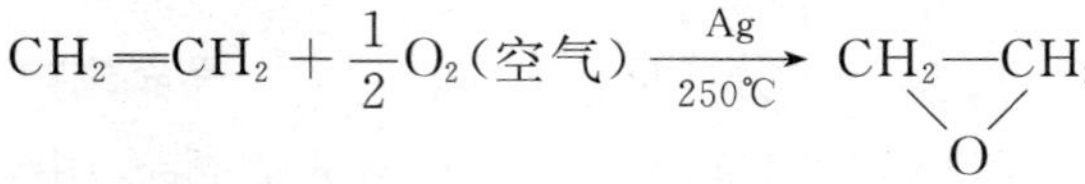

这是工业上生产环氧乙烷的方法之一。

另外，乙烯和丙烯在 $PdCl_2—CuCl_2$ 催化剂存在下可被氧气分别氧化成乙醛和丙酮：

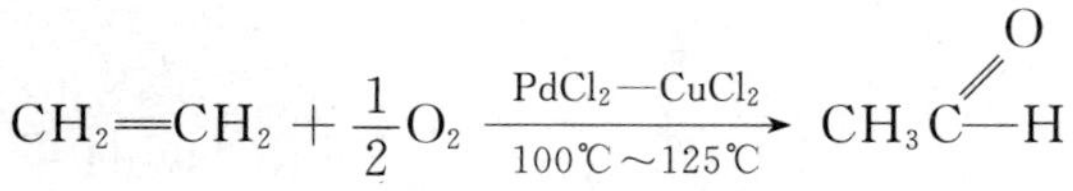

乙醛

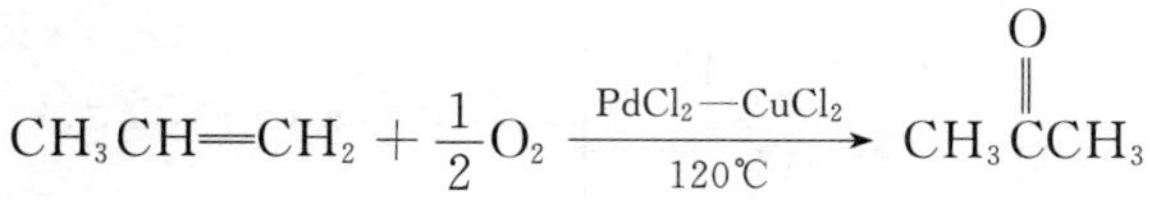

丙酮

4.2.2.4　聚合反应

烯烃也可发生自身的加成反应。如，异丁烯在 60% 的硫酸中反应，可得两种二聚体：

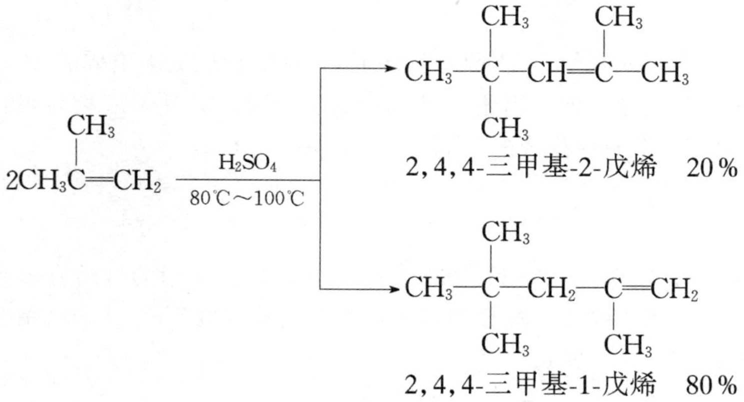


反应机理如下：

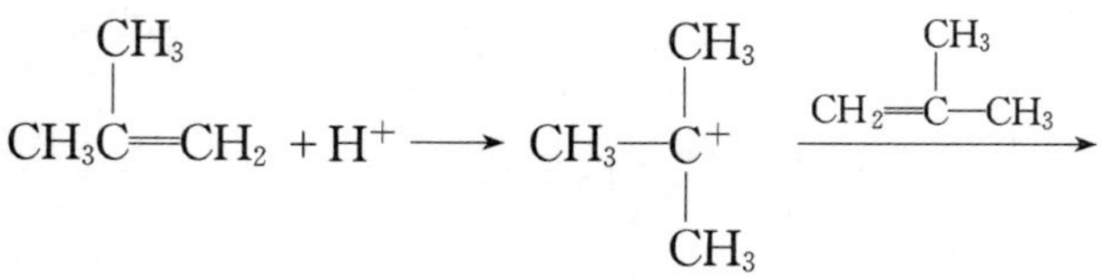

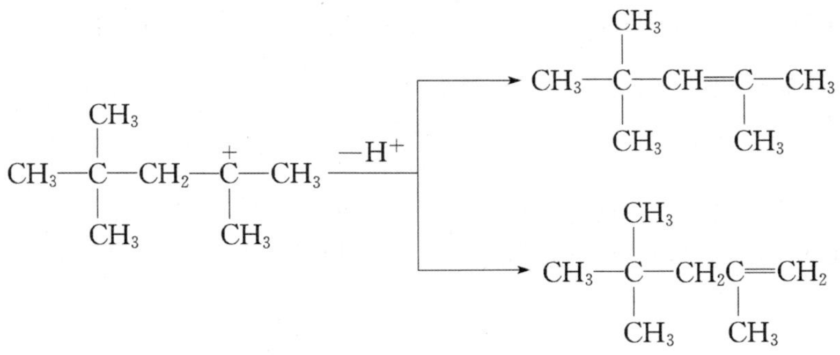

乙烯、丙烯、异丁烯等在一定条件下可以进一步聚合成高分子化合物。这些高分子化合物广泛用于合成材料工业，一般统称为聚烯烃。

4.2.2.5 烯烃 α-氢的反应

与碳碳双键碳原子直接相连的 α-碳原子上的氢称为 α-氢或烯丙型氢，它由于受到双键的影响而特别活泼，易发生取代和氧化反应。

(1) 卤化反应

烯烃和卤素($Cl_2$,$Br_2$)在通常条件下发生亲电加成反应，生成 1,2-二卤代烷烃。但在高温或光照下则主要发生自由基取代反应，生成 α-卤代烯烃。例如：

$$CH_3CH{=}CH_2 + Cl_2 \xrightarrow[500℃]{气相} ClCH_2CH{=}CH_2 \qquad 3-氯-1-丙烯$$

其反应机理为：

链引发：$Cl_2 \xrightarrow{\triangle} 2Cl\cdot$

链增长：$CH_2{=}CHCH_3 + Cl\cdot \longrightarrow CH_2{=}CH\dot{C}H_2 + HCl$

$$CH_2{=}CH\dot{C}H_2 + Cl_2 \longrightarrow CH_2{=}CHCH_2Cl + Cl\cdot$$

…………

在高温下丙烯主要发生自由基取代反应，这与按取代生成的自由基[$CH_2{=}CHCH_2\cdot$]是共轭体系(随后将会介绍)，比按加成所生成的烷基自由基[$ClCH_2CH\cdot CH_3$]稳定有关。

用 N-溴代丁二酰亚胺(N-Bromosuccinimide，缩写为 NBS)为溴化剂，在光照或过氧化物存在下，可在较低温度与烯烃反应，得到 α-溴代烯烃。例如：

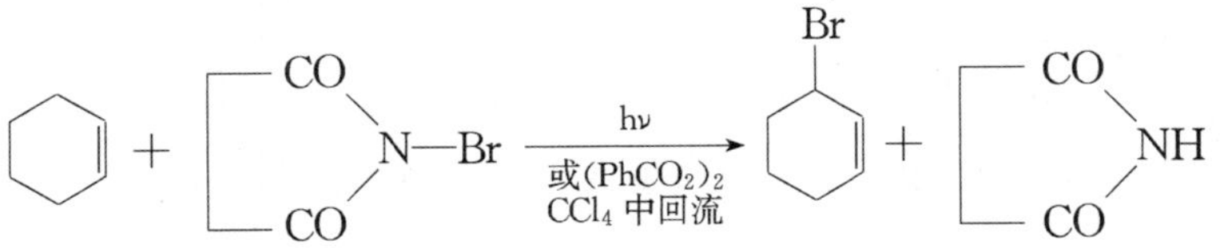


此反应是在微量 HBr 存在下完成的。NBS 先与 HBr 发生反应生成 $Br_2$。生成的 $Br_2$ 再与烯烃发生自由基取代反应，生成 α-溴代烯烃和 HBr。HBr 再与 NBS 作用产生 $Br_2$。这样 NBS 不断消耗，并为反应提供恒量的低浓度的 $Br_2$，直至反应结束。

(2) 氧化反应

烯烃 α－氢容易被氧化，例如以氧化亚铜为催化剂，丙烯可被空气氧化成为丙烯醛：

$$CH_3CH{=}CH_2 + O_2 \xrightarrow[350℃,0.25MPa]{Cu_2O} CH_2{=}CH{-}CHO + H_2O$$

如果用含铈的磷钼酸铋为催化剂，在氨和空气的混合物中丙烯被氧化成丙烯腈：

$$CH_2{=}CHCH_3 + NH_3 + \frac{3}{2}O_2 \xrightarrow[470℃]{含铈磷钼酸铋} CH_2{=}CHCN + 3H_2O$$

此反应称为氨氧化反应。这是目前工业上生成丙烯腈的主要方法之一。丙烯腈是合成纤维、橡胶和塑料的重要原料。除丙烯外，双键碳原子上有甲基的其他化合物，也可发生氨氧化反应。

# §4.3 烯烃的制备及重要的烯烃

## 4.3.1 烯烃的制备

自然界中存在烯烃及其衍生物。许多动植物体内有含碳碳双键的分子。

4.3.1.1 *石油裂解*

大量的烯烃主要来自石油的裂解，这是工业上生产乙烯、丙烯、丁烯等低级烯烃的最重要的方法。从石油炼制过程中的炼厂气中也可分离得到部分烯烃。

4.3.1.2 *醇的脱水*

醇在催化剂（如 $H_2SO_4$，$H_3PO_4$，$Al_2O_3$ 等）存在下加热，分子内失去一分子水形成烯烃，例如：

$$CH_3CH_2OH \xrightarrow[或\ Al_2O_3,360℃]{H_2SO_4,170℃} CH_2{=}CH_2 + H_2O$$

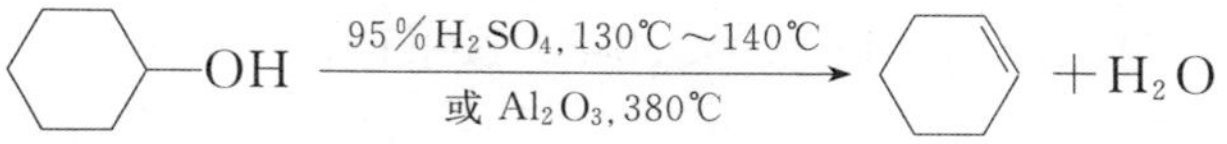


不同结构的醇脱水成烯的难易程度不同，生成烯的结构也有差异。

4.3.1.3 *由卤代烷制备*

(1) 卤化烷脱卤化氢

卤代烷在碱性试剂如 NaOH，KOH，RONa，$NaNH_2$ 等作用下失去一分子 HX，生成烯烃，例如：

$$CH_3CH_2CH_2CH_2CH_2Br \xrightarrow[\triangle]{t\text{-}BuONa,t\text{-}BuOH} CH_3CH_2CH_2CH{=}CH_2$$

叔卤代烷和仲卤代烷脱卤化氢时可生成两种或几种烯烃的混合物。例如：

$$(CH_3)_2C(Br)CH_2CH_3 + EtOK \xrightarrow[\triangle]{EtOH} (CH_3)_2C{=}CHCH_3 + CH_2{=}C(CH_3)CH_2CH_3$$

产物生成的多少与相应产物的稳定性有关。

(2) 邻二卤代烷脱卤素

邻二卤代烷在金属锌或镁存在下，同时脱去两个卤原子生成烯烃，例如：

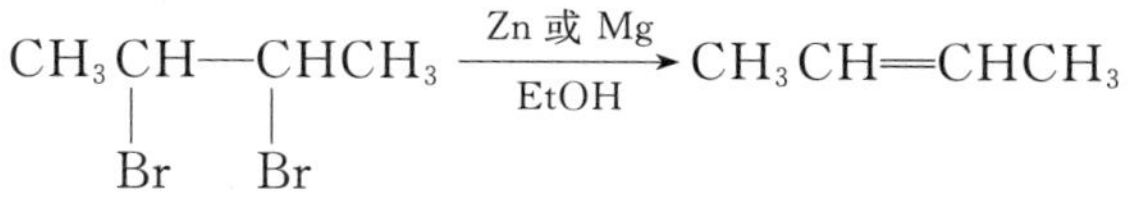

邻二卤代烷通常是由烯烃加卤素来制备的，单纯用此法制备烯烃在合成上并无太大意义，但它可作为一种保护双键的方法。当需要在分子的其他部分进行反应而不影响碳碳双键时，可将烯烃转变成邻二卤代烷，随后用锌或镁处理再生出双键，这在有机合成上是很有意义的。

4.3.1.4 炔烃的还原

炔烃中的碳碳三键经选择性催化加氢或化学还原，得到相应的烯烃：

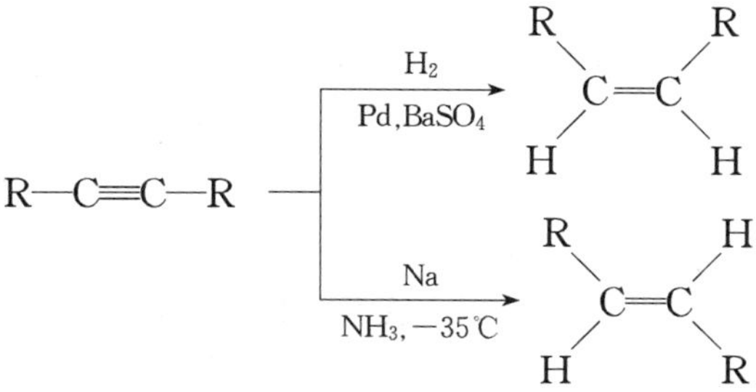

（顺式）

（反式）

### 4.3.2 重要的烯烃化合物

4.3.2.1 乙烯(ethene)

乙烯的最主要来源是石油裂解，实验室中常用乙醇脱水来制备乙烯。

乙烯为无色、稍有甜香味的气体，与空气混合形成爆炸性混合物，其爆炸极限为3%～29%(体积)。

乙烯是最重要的烯烃，是最基本的基础有机化工原料之一。它可派生出一系列重要有机化工产品。据估计，国际上以乙烯为起始原料的产品产值，约占全部石油化工产品产值的一半。

4.3.2.2 丙烯(propene)

丙烯主要来源于石油裂解气和石油炼厂气的分离。丙烯为无色气体。

丙烯也是一种重要的基本有机化工原料，可用来生产异丙醇、甘油、丙烯腈、丙酮、环氧氯丙烷、异丙苯等。在 $Al(C_2H_5)_3—TiCl_4$ 催化下，由丙烯聚合生成的聚丙烯，是一种具有良好的机械性能、耐热耐腐蚀的塑料，广泛用于国防、工农业和日常生活中。丙烯与乙烯共聚可以生产乙丙橡胶。

4.3.2.3 异丁烯(isobutene)

异丁烯主要来源于石油裂解，为无色气体。与空气形成爆炸性混合物，其爆炸极限为1.7%～9.0%(体积)。

异丁烯是重要的基本有机合成原料，可水合生成叔丁醇，其二聚体经催化加氢生成2,2,4—三甲基戊烷，俗称异辛烷，常作为测定汽油辛烷值的标准物应用于石油工业。聚异丁烯是橡胶代用品，异丁烯与异戊烯共聚可生产丁基橡胶。

# 习　题

4-1　用系统命名法命名下列化合物或写出结构式。

1. 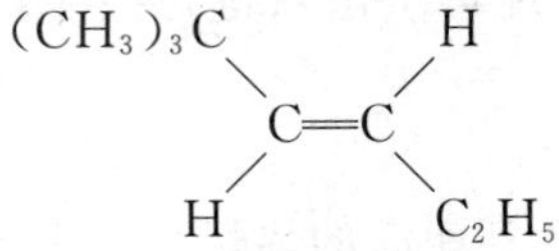

2. $(C_2H_5)_2C{=}C(CH_3)CH(CH_3)_2$

3. $CH_3(CH_2)_{10}CH{=}CH_2$

4. $CH_3CH_2CH_2C(=CH_2)CH(CH_3)_2$

5. 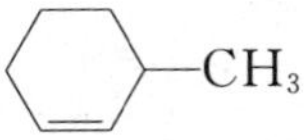

6. 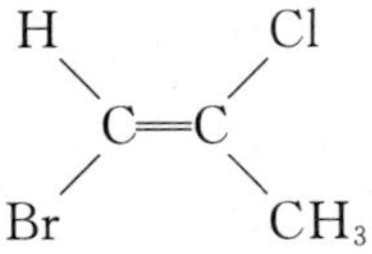

7. (Z)-3-甲基-3-己烯

8. (E)-2,4-二甲基-3-庚烯

9. 1-甲基-3-乙基环戊烯

10. (Z)-2,4-二甲基-1-氯-2-戊烯

4-2　完成下列反应式，在括号内写出主要产物或反应条件。

1. $CH_3CH_2OH \xrightarrow{(\ )} CH_2{=}CH_2 \xrightarrow{CH_3CO_3H} (\qquad)$

2. $CH_3CH_2CH_2OH \xrightarrow[\triangle]{Al_2O_3} (\qquad) \xrightarrow[CCl_4]{Br_2} (\qquad)$

3. $CH_3CH{=}CH_2 \xrightarrow{HBr} (\qquad)$

4. $(CH_3)_2CClCH_3 \xrightarrow{(\ )} (CH_3)_2C{=}CH_2 \xrightarrow{HOCl} (\qquad)$

5. $CH_2{=}CH_2 \xrightarrow{(\ )} HOCH_2CH_2OH$

6. $(CH_3)_2C{=}CH_2 \xrightarrow{H_2SO_4} (\qquad) \xrightarrow[\triangle]{H_2O} (\qquad)$

7. $(CH_3)_2CBrCH_2Br \xrightarrow{(\ )} (CH_3)_2C{=}CH_2$

8. $CH_3CH_2C(CH_3){=}CH_2 \xrightarrow{(\ )} CH_3CH_2CH(CH_3)CH_2Br$

9. $CH_3CH(OH)CH_3 \xrightarrow[\triangle]{Al_2O_3} (\qquad) \xrightarrow{(\ )} CH_3CH_2CH_2OH$

10. $(CH_3)_2C{=}CH_2 \xrightarrow[\triangle]{KMnO_4,\ H^+} (\qquad)$

11. 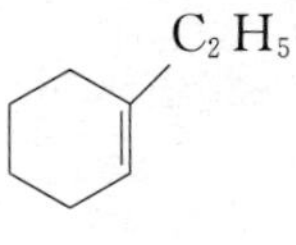 $\xrightarrow[②Zn,\ H_2O]{①O_3} (\qquad)$

12. 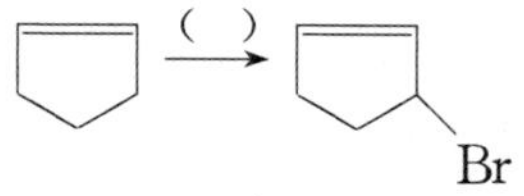

13. $CH_2=CHCH_3 \xrightarrow{(\quad)} CH_2=CHCN$

14. 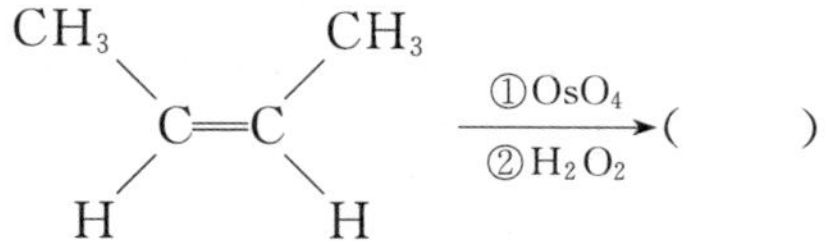

15. 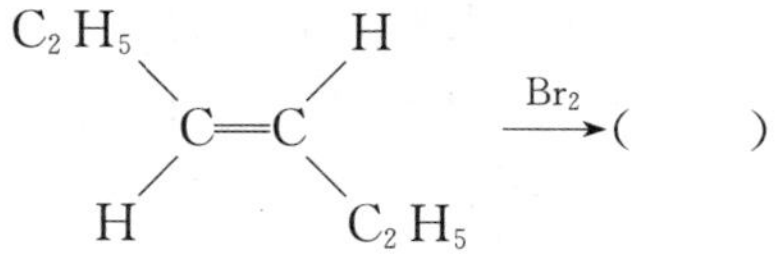

16. 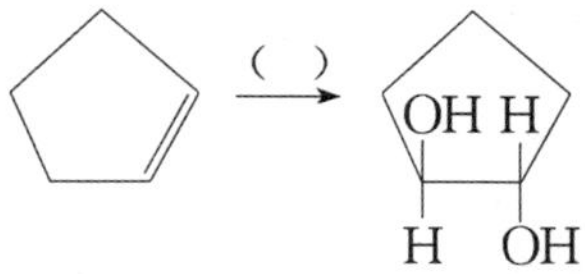

17. 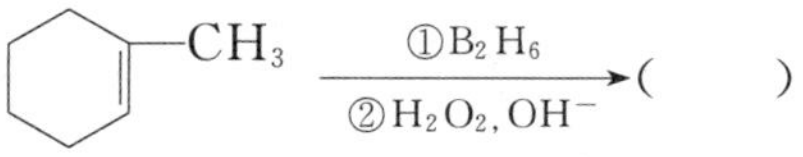

18. 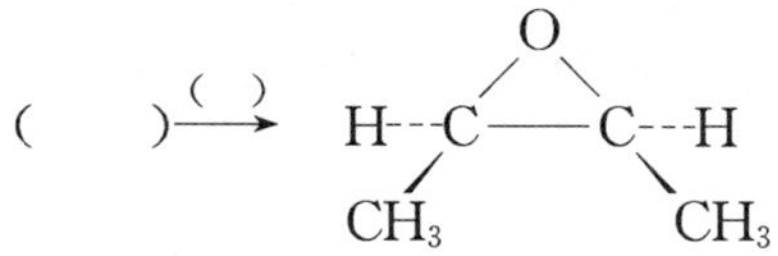

19. 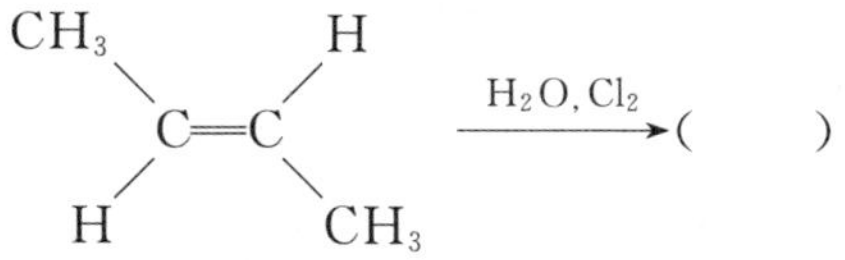

4-3　用化学方法鉴别下列各组化合物。

1. 1-戊烯、2-戊烯、戊烷
2. 丙烯、丙烷、环丙烷

4-4　在 NaCl 水溶液中 $Br_2$ 与乙烯加成，不仅生成 1,2-二溴乙烷，而且生成 1-氯-2-溴乙烷，写出反应机理，并简要说明之。

4-5　下列反应中可生成 A,B 两种产物，用反应式表示其过程并简要说明之。

$$(CH_3)_3CCH=CH_2 \xrightarrow{H^+, H_2O} \underset{\text{(A)}}{(CH_3)_2\underset{\displaystyle OH}{\underset{|}{C}}CH(CH_3)_2} + \underset{\text{(B)}}{(CH_3)_3C\underset{\displaystyle OH}{\underset{|}{C}}HCH_3}$$

4-6　写出下列反应的反应机理。

1. 顺-3-己烯＋$Br_2$ ⟶ 3,4-二溴己烷
2. 反-3-己烯＋HOBr ⟶4-氯-3-己醇
3. 1-丁烯＋$Cl_2 \xrightarrow{h\nu} CH_2=CH\underset{\displaystyle Cl}{\underset{|}{C}}HCH_3$

4. $CH_2{=}CHCH(CH_3)_2 + HCl \longrightarrow CH_3CH_2\overset{\overset{Cl}{|}}{C}(CH_3)_2$

4-7 卤代烃 A，分子式为 $C_5H_{11}Cl$，与 KOH 的乙醇溶液作用生成分子式为 $C_5H_{10}$ 的化合物 B，B 用酸性 $KMnO_4$ 溶液氧化生成一个酮 C 和一个羧酸 D。B 与 HCl 作用得到的产物是 A 的异构体 E，写出 A，B，C，D，E 的结构式及各步反应式。

4-8 化合物 A，分子式为 $C_7H_{14}$，经热的 $KMnO_4$ 氧化或臭氧氧化后还原水解，均得产物 B 和 C，写出 A 的结构式。

4-9 单烯烃经热的 $KMnO_4$ 氧化后的产物如下，试推测原来烯烃的结构。

1. $2CO_2 + 2H_2O$
2. $C_2H_5COOH + CO_2 + H_2O$
3. $(CH_3)_2C{=}O + CH_3CH_2COOH$
4. $C_2H_5\overset{\overset{O}{\|}}{C}CH_2CH_2CH_2COOH$
5. $CH_3\overset{\overset{O}{\|}}{C}(CH_2)_4\overset{\overset{O}{\|}}{C}CH_3$

4-10 化合物 $A(C_7H_{12})$ 与 $KMnO_4$ 溶液回流得环己酮和一种气体。A 在酸的作用下能转变成其稳定的异构体 B。B 经臭氧化得到 $CH_3\overset{\overset{O}{\|}}{C}(CH_2)_4\overset{\overset{O}{/\!/}}{C}{-}H$。B 与 $Br_2/CCl_4$ 反应得到 C，C 在 NaOH/乙醇中共热得到 $D(C_7H_{10})$。D 经 $O_3$ 氧化并进而水解得到 $CH_3\overset{\overset{O}{\|}}{C}CHO$ 和 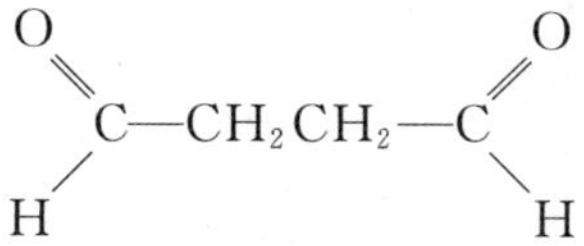，写出 A，B，C，D 的结构式，并写出有关反应式。

4-11 由指定原料合成下列化合物，其他原料或试剂任选。

1. 由正丙醇合成杀根瘤线虫的农药二溴氯丙烷 $CH_2BrCHBrCH_2Cl$
2. 由异丙醇合成正丙醇
3. 由 2-溴丙烷合成 3-氯丙烯
4. 由 2-氯丙烷合成 1-溴丙烷
5. 由氯代环己烷合成反式-1，2-环己二醇
6. 由 1-戊醇合成 2-戊醇
7. 由 1-丁烯合成 1-丁醇
8. 由异丁烯合成 2-甲基-3-溴-1，2-环氧丙烷
9. 由丙烯合成 3-氯-1，2-环氧丙烷
10. 由环己醇合成 1，2，3-三溴环己烷
11. 由 2-丁烯合成外消旋和内消旋 2，3-二溴丁烷
12. 由 2-丁烯合成内消旋 2，3-丁二醇
13. 由 2-丁烯合成内消旋和外消旋 2，3-二氘代丁烷。

# 第五章 炔 烃

## § 5.1 炔烃的结构、异构和命名

所谓炔烃(Alkynes)是指含碳碳叁键( —C≡C— )的不饱和烃。单炔烃的通式为 $C_nH_{2n-2}$,其不饱和度为 2。

### 5.1.1 炔烃的结构

在乙炔分子中,两个碳原子和两个氢原子在一条直线上,C≡C 和 C—H 键的键长分别为 120 和 106 pm。而乙烯分子的C═C和 C—H 键的键长则分别为 134 pm 和 110 pm。

在丙炔 $CH_3C≡CH$ 分子中,三个碳原子和叁键碳原子上所连的氢原子在一条直线上,C≡C,C—C 和≡C—H 键的键长分别为 121,146 和 106 pm。而丙烯分子的C═C,C—C 和═C—H 键的键长则分别为 134,150 和 110 pm。

根据上述键常数数据,可以认为:C≡C 键的两个碳原子各以一个 sp 杂化轨道互相重叠,形成一个 σ 键,每个碳原子上各剩下的一个 $2p_y$ 和一个 $2p_x$ 轨道,通过侧面重叠形成两个 π 键,π 电子云是以 C—C 键为轴对称分布的;对于乙炔分子,两个叁键碳原子各以一个 sp 杂化轨道与氢原子的 1s 轨道形成两个 σ 键;对于丙炔分子,两个叁键碳原子各以一个 sp 杂化轨道分别与氢原子的 1s 轨道和碳原子的 $sp^3$ 杂化轨道,形成一个碳氢 σ 键和一个碳碳 σ 键。

至于乙炔与乙烯、丙炔与丙烯分子中,相应键的键长的差别,可能与碳原子杂化轨道中 s 成分的大小有关:s 成分大的碳原子所形成的键较短;而 s 成分小的碳原子所形成的键较长。

### 5.1.2 炔烃的异构和命名

由于在碳链分支交汇的碳原子上不会有叁键,因而炔烃的异构比较简单,它只有碳胳异构和位置异构,而没有顺反异构。

5.1.2.1 炔烃的系统命名法

基本原则是:选择含碳碳叁键的最长碳键为主链,根据主链碳原子的数目称"某炔",从靠近叁键的一端开始,对主链碳原子依次编号,将叁键碳原子较小号码列于"某炔"之前,以表示叁键的位置,即得母体名称,再将取代基位置号、数目和名称列于母体名称之前,即得全名。例如:

$CH_3CH_2C \equiv CH$　　1-丁炔

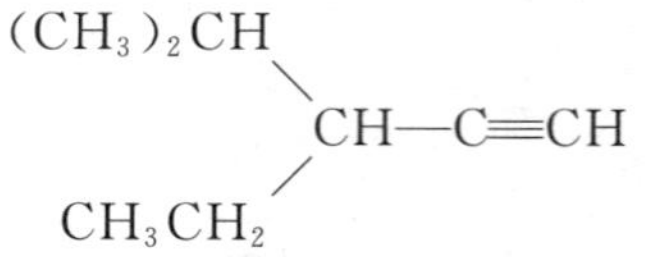
4-甲基-3-乙基-1-戊炔

炔烃分子中去掉一个氢原子而成的基团叫做炔基，比较简单的炔基有：

$HC \equiv C—$　　乙炔基　　$CH_3C \equiv C—$　　1-丙炔基

当分子中同时含叁键和双键，可根据主链碳原子数称“某烯炔”。对主链碳原子编号时，应使不饱和键的号码较小，当编号有多种选择时，应使双键碳原子的编号较小，将取代基的位置号、数目和名称放在最前面，将表示双键和叁键位置的号码分别置于某“烯”和“炔”字之前，便得全称。例如：

$CH_3CH_2CH=CH—C \equiv CH$　　3-己烯-1-炔

$CH_3CH_2C \equiv C—CH=CH_2$　　1-己烯-3-炔

5.1.2.2　*炔烃的习惯命名法*

炔烃的习惯命名法，是把乙炔作为母体，待命名的较简单的炔烃作为乙炔的衍生物。例如：

$CH_3CH_2C \equiv CH$　　乙基乙炔

$(CH_3)_2CH—C \equiv C—CH(CH_3)_2$　　二异丙基乙炔

# §5.2　炔烃的性质

## 5.2.1　物理性质

在室温及常压下，乙炔、丙炔和1-丁炔为气体，中级炔烃为液体，含18个碳原子以上的高级炔烃为固体。炔烃的沸点比含相同数目碳原子的烯烃高10℃～20℃；在互为位置异构的炔烃中，端炔的沸点较低；在互为碳胳异构的炔烃中，有支链的沸点较低。在炔烃同系列中，熔点和沸点均随分子量的增加而升高。

炔烃的密度及在水中的溶解度略大于含相同数目碳原子的烯烃。炔烃易溶于烷烃、四氯化碳和乙醚等有机熔剂。

由于不同杂化状态碳原子电负性大小的次序为：$C_{sp} > C_{sp^2} > C_{sp^3}$，因此端炔的偶极矩大于同碳数的端烯，对称二取代乙炔（两取代基相同）的偶极矩为零。例如：

$\overset{sp^3}{CH_3}CH_2—\overset{sp}{C} \equiv CH$　　$\overset{sp^3}{CH_2}CH_2—\overset{sp^2}{CH}=CH_2$　　$CH_3C \equiv CCH_3$

$\mu = 0.80D$　　$\mu = 0.30D$　　$\mu = 0$

### 5.2.2 化学性质

#### 5.2.2.1 端炔的酸性及其有关反应

(1) 端炔的酸性

连在叁键碳原子上的氢原子，与连在双键碳原子或连在饱和碳原子上的氢原子相比，较为活泼，且呈现一定的酸性：

$$HC\equiv C-H > H_2C=CH-H > H_3C-CH_2-H$$

$$pKa \sim 25 \qquad \sim 36.5 \qquad \sim 42$$

上述性质的差异决定于它们的结构的不同：一方面，不同杂化状态的碳原子电负性大小次序为：$C_{sp(3.29)} > C_{sp^2(2.75)} > C_{sp^3(2.48)}$，因此，三类碳氢键极化程度按 C(sp)—H、C($sp^2$)—H 和 C($sp^3$)—H 的次序依次降低，离解出质子的由易到难的次序为 C(sp)—H>C($sp^2$)—H>C($sp^3$)—H；另一方面，上述三类碳氢键异裂而成的碳负离子（相应酸的共轭碱）的稳定性的次序为：

$$HC\equiv C^- > H_2C=CH^- > H_3C-CH_2^-$$

而其碱性强弱的次序正好相反：

$$HC\equiv C^- < H_2C=CH^- < H_3C-CH_2^-$$

这是由于共轭碱越稳定，碱性就越弱，其共轭酸的酸性就越强。

(2) 金属炔化物的生成

端炔与在液氨中的氨基钠或熔融的金属钠反应，叁键碳原子上的氢被钠置换，生成炔化钠：

$$RC\equiv CH + NaNH_2 \xrightarrow{\text{液氨}} RC\equiv CNa + NH_3$$

$$pKa=25 \qquad\qquad pKa=34$$

$$HC\equiv CH \xrightarrow[110℃]{Na} HC\equiv CNa \xrightarrow[190℃]{Na} NaC\equiv CNa$$

烷基锂或格氏试剂也可置换叁键碳原子上的氢，生成相应的金属炔化物：

$$RC\equiv CH + n\text{-}C_4H_9Li \longrightarrow RC\equiv CLi + n\text{-}C_4H_{10}$$

$$RC\equiv CH + C_2H_5MgBr \longrightarrow RC\equiv CMgBr + C_2H_6$$

端炔与硝酸银或氯化亚铜的氨溶液反应，生成白色的炔化银沉淀或砖红色的炔化亚铜沉淀：

$$HC\equiv CH + 2Ag(NH_3)_2NO_3 \longrightarrow AgC\equiv CAg\downarrow(\text{白色}) + 2NH_4NO_3 + 2NH_3$$

$$HC\equiv CH + 2Cu(NH_3)_2Cl \longrightarrow CuC\equiv CCu\downarrow(\text{砖红色}) + 2NH_4Cl + 2NH_3$$

$$RC\equiv CH \xrightarrow{Ag(NH_3)_2NO_3} RC\equiv CAg\downarrow(\text{白色})$$

$$RC\equiv CH \xrightarrow{Cu(NH_3)_2Cl} RC\equiv CCu\downarrow(\text{砖红色})$$

上述反应快速、灵敏，现象明显，可用于端炔的定性检验。炔银和炔化亚铜在干燥时极不稳定，受热或遇撞击容易发生爆炸。因此，在实验后往往加入稀硝酸使之分解：

$$AgC\equiv CAg + 2HNO_3 \longrightarrow HC\equiv CH + 2AgNO_3$$

(3) 炔化钠的反应

炔化钠极易水解，重新生成炔烃：

$$RC\equiv CNa + H_2O \longrightarrow RC\equiv CH + NaOH$$

$$pKa=15.7 \quad pKa=25$$

这可以看作强酸与弱酸盐的反应。

炔化钠是一种亲核试剂，它不仅与卤代烷（一般为伯卤代烷）进行亲核取代反应，而且还可以与醛酮发生亲核加成：

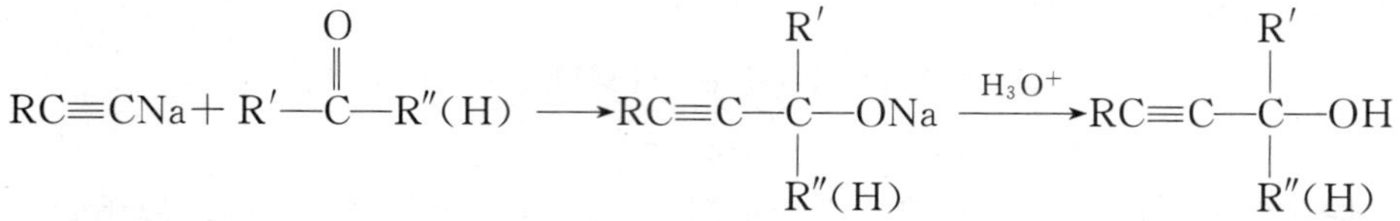

在碱的催化下加压，或在亚铜盐的催化下，端炔可经由炔基碳负离子中间体，与醛酮进行亲核加成生成炔醇：

$$HC\equiv CH + HCHO \xrightarrow[\text{压力}]{KOH} HC\equiv CCH_2OH \xrightarrow[KOH,\text{压力}]{HCHO} HOCH_2C\equiv CCH_2OH$$

炔丙醇　　　　丁炔二醇

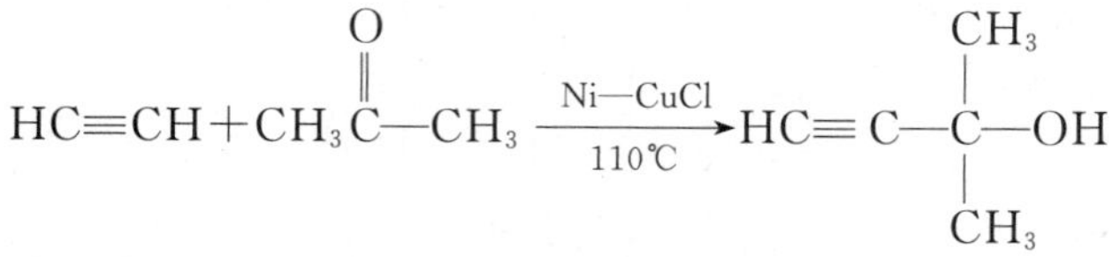

炔醇是双官能团化合物，是有机合成的原料。

5.2.2.2 炔烃的加氢

(1) 催化加氢

根据氢化热数据：

$$CH\equiv CH + H_2 \longrightarrow CH_2=CH_2 \qquad -175\ kJ\cdot mol^{-1}$$

$$CH_2=CH_2 + H_2 \longrightarrow CH_3CH_3 \qquad -137\ kJ\cdot mol^{-1}$$

可以得出，炔烃比烯烃更容易催化加氢。二者反应活性的差异，可能是由于炔烃的直线型分子比烯烃的平面型分子更容易吸附于催化剂表面，更容易发生催化氢化反应的缘故。但是，这种差异并不大，因此，炔烃在 Pt 等的催化下加氢，往往不能停留在烯的阶段，而生成烷烃：

$$RC\equiv CH \xrightarrow{H_2,Pt} RCH_2CH_3$$

为使炔烃加氢停留在烯烃的阶段，常使用特殊的催化剂如 Lindlar 催化剂（简称 Lindlar Pd）。Lindlar Pd 是将金属钯的细粉沉淀碳酸钙上，再用醋酸铅溶液处理制得的。其催化加氢反应如下：

$$RC\equiv CH + H_2 \xrightarrow{\text{Lindlar Pd}} RCH=CH_2$$

由于是在金属表面的吸附反应，如果叁键在碳链的中间，则进行顺式加氢，得到顺式烯烃：

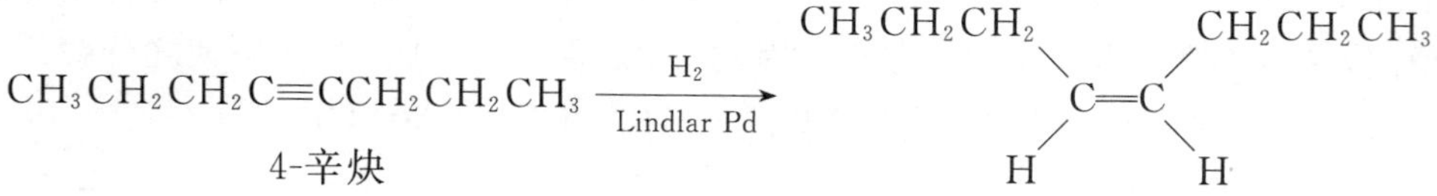

4-辛炔　　　　(Z)-4-辛烯 >90%

(2) 金属钠/液氨还原

非端炔在液氨中被金属钠或锂还原，主要得到反式烯烃：

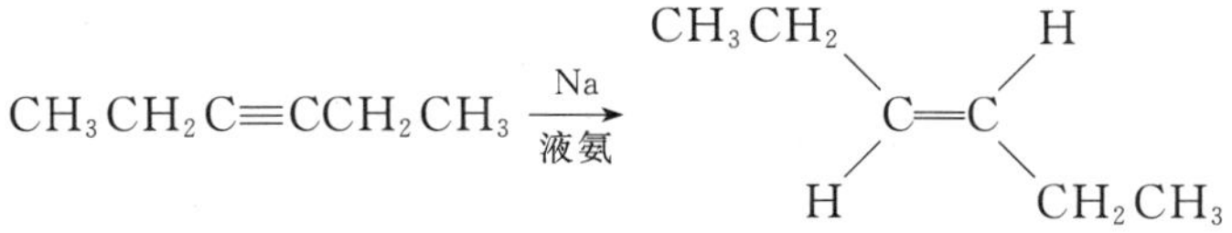

(E)-3-己烯

其反应机理可能如下：

$$R—C\equiv C—R + Na \longrightarrow Na^+ + [R—\ddot{C}{=}\dot{C}—R]^-$$

负离子自由基

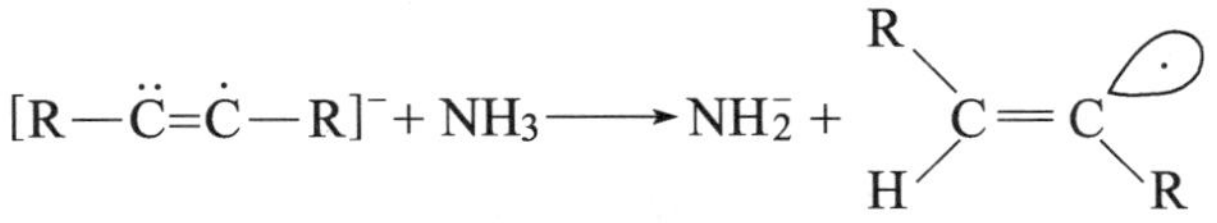

乙稀型自由基

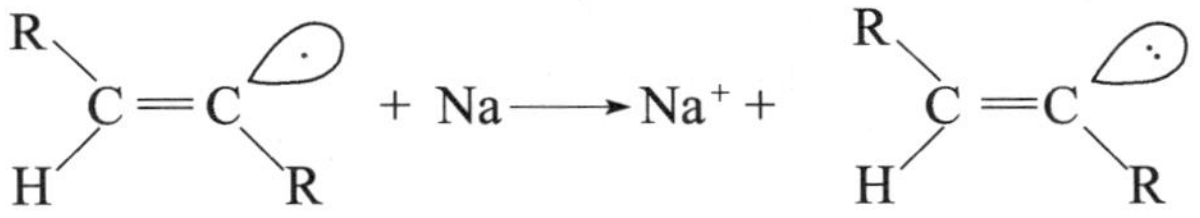

乙烯型负离子

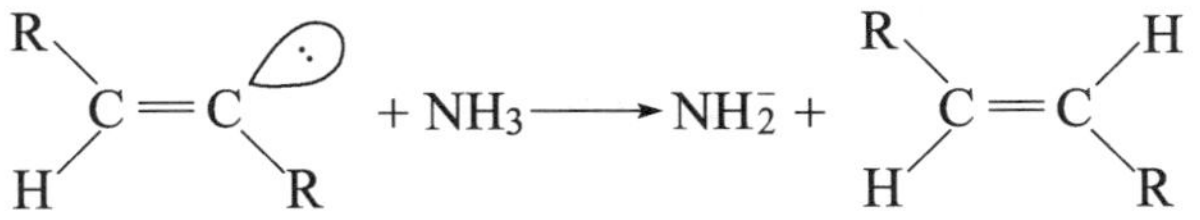

(E)-烯烃

5.2.2.3 炔烃的亲电加成

与烯烃相似，炔烃也能与卤素、卤化氢等起亲电加成反应，但炔烃比烯烃困难。其原因也与它们的结构差别有关：①叁键的键长(约 120 pm)比双键(约 134 pm)短，炔烃的 π 键更牢固，不容易断裂；②sp 杂化的叁键碳原子的电负性比 $sp^2$ 杂化的双键碳原子的要大，前者对 π 电子云束缚力就大，炔烃的 π 键也就不易极化和断裂；③炔烃($RC\equiv CH$)亲电加成的活性中间体 $R\overset{+}{C}{=}CH_2$ 不如烯烃($RCH=CH_2$)亲电加成的活性中间体 $R\overset{+}{C}HCH_3$稳定，不稳定者难形成，故炔烃的亲电加成比烯烃难进行。

(1) 加卤素

炔烃可与一摩尔的卤素(氯或溴)反应，得到以反式加成主要产物的二卤代烯烃：

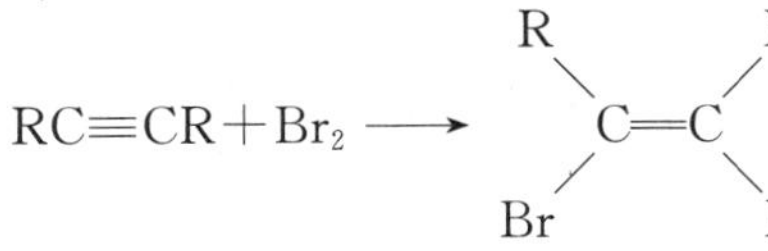

(主要产物)

(E)-二溴代烯烃

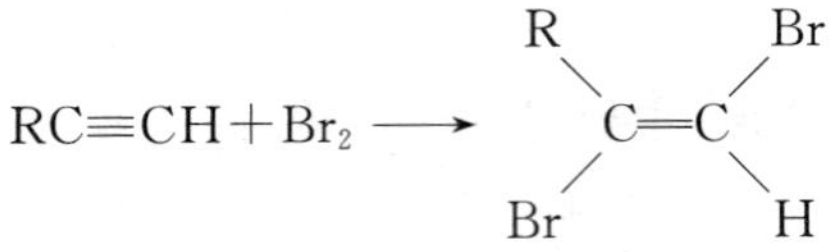

（主要产物）

(E)-二溴代烯烃

如用两摩尔卤素，则生成四卤代烷：

$$RC\equiv CR+2Cl_2 \longrightarrow RCCl_2CCl_2R$$

$$RC\equiv CH+2Br_2 \longrightarrow RCBr_2CHBr_2$$

对于双键和叁键相隔一个以上碳原子的烯炔，当与一摩尔卤素加成时，反应优先发生在双键上：

$$CH\equiv C-CH_2CH=CH_2 + Br_2 \longrightarrow CH\equiv C-CH_2CHBrCH_2Br$$

1-戊烯-4-炔　　　　4,5-二溴-1-戊炔，90%

(2) 加卤化氢

炔烃与卤化氢的加成比烯烃困难，一般要用汞盐等作催化剂。如端炔与一摩尔氯化氢加成，则生成乙烯式氯代烯烃(反应可停留在此阶段)，后者可再与一摩尔氯化氢加成，得到偕二氯代烷，反应符合 Markovnikov 规则：

$$RC\equiv CH+HCl \xrightarrow{HgCl_2} RC(Cl)=CH_2 \xrightarrow[HgCl_2]{HCl} RCCl_2CH_3$$

非端炔与一摩尔氯化氢反应，主要生成反式加成产物：

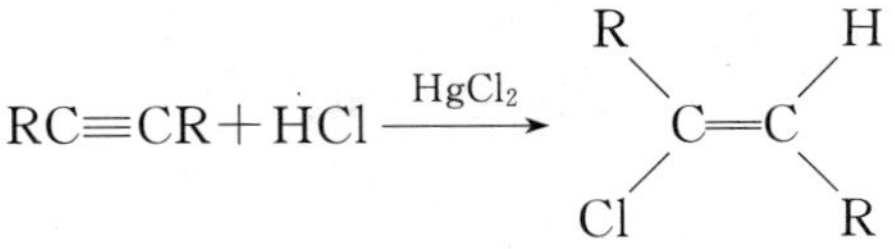

(Z)-氯代烯烃

相同炔烃与不同卤化氢加成速度的大小次序为 HI>HBr>HCl，不同炔烃与相同卤化氢加成速度大小的次序为 $RC\equiv CR'>RC\equiv CH>HC\equiv CH$。

炔烃与卤化氢加成的机理可能如下：

$$R-C\equiv CH+H-X \longrightarrow R\overset{+}{C}=CH_2$$

乙烯型碳正离子

$$R\overset{+}{C}=CH_2+Cl^- \longrightarrow RC(Cl)=CH_2$$

不同炔烃亲电加成活性次序和加成符合“马氏规则”的解释，均可从反应活性中间体的如下稳定性次序找到答案：

$$R\overset{+}{C}=CHR>R\overset{+}{C}=CH_2>\overset{+}{C}H=CH_2$$

另外，当有过氧化物存在时，炔烃与溴化氢的加成与烯烃相似，主要生成形式上的反马氏产物：

$$n\text{-BuC}\equiv\text{CH}+\text{HBr}\xrightarrow{\text{过氧化物}}n\text{-BuCH}=\text{CHBr}$$

1-己炔　　　　1-溴-1-己烯，74%

(3) 水合反应

在稀硫酸溶液中和汞盐的催化下，乙炔与水加成生成乙醛：

$$\text{HC}\equiv\text{CH}+\text{H—OH}\xrightarrow{\text{HgSO}_4,\text{稀 H}_2\text{SO}_4}[\text{CH}_2=\text{CH—O—H}]\overset{\text{互变}}{\rightleftharpoons}\text{CH}_3\text{CH}=\text{O}$$

这是 Kucherov 反应，是乙醛的工业生产方法之一。其反应机理可能如下：

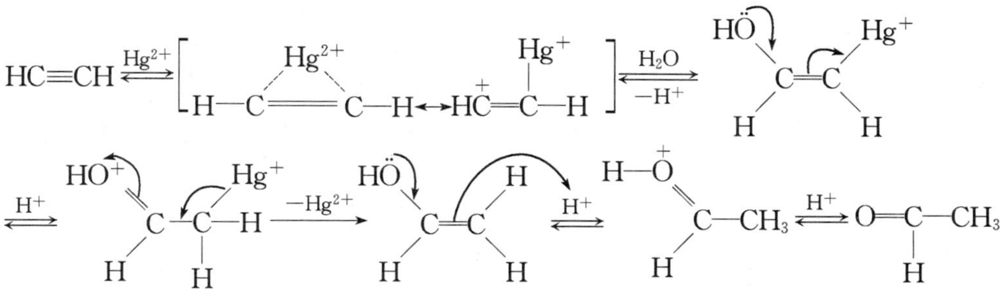

在同样条件下，其他的炔烃则生成酮：

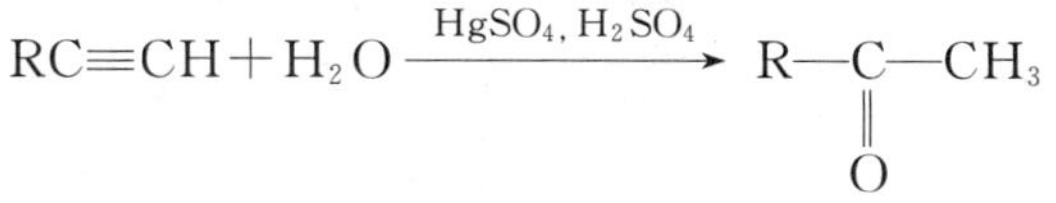

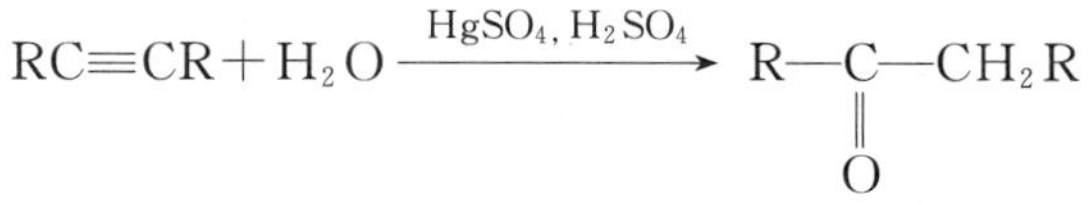

5.2.2.4　硼氢化反应

非端炔与乙硼烷顺式加成，生成相应的硼烷，后者用乙酸分解生成顺式烯烃，而经氧化则生成酮：

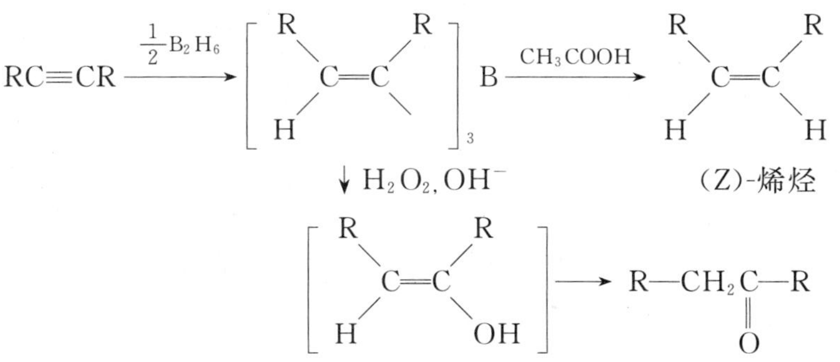

而端炔经硼氢化-氧化反应则得到相应的醛：

$$\text{RC}\equiv\text{CH}\xrightarrow{\frac{1}{2}\text{B}_2\text{H}_6}(\text{RCH}=\text{CH})_3\text{B}\xrightarrow{\text{H}_2\text{O}_2,\text{OH}^-}\text{RCH}_2\text{CHO}$$

5.2.2.5　炔烃的聚合反应

炔烃的聚合反应可看作是它的自身加成。炔烃虽不能像烯烃那样聚合成高聚物，但在一定条件下，可发生二聚、三聚和四聚反应：

$$HC\equiv CH + HC\equiv CH \xrightarrow{CuCl, NH_4Cl} CH_2{=}CH{-}C\equiv CH$$

乙烯基乙炔

$$CH_2 = CH{-}C\equiv CH + HC\equiv CH \xrightarrow{CuCl, NH_4Cl} CH_2{=}CH{-}C\equiv C{-}CH{=}CH_2$$

二乙烯基乙炔

在氯化亚铜和空气(或氧气)的作用下,端炔可发生偶联反应生成二炔烃:

$$2RC\equiv CH \xrightarrow[CuCl]{O_2} RC\equiv C{-}C\equiv CR$$

5.2.2.6 炔烃的氧化反应

炔烃的氧化产物主要是酸。

(1) 炔烃在碱性介质中用高锰酸钾氧化后再酸化,碳碳叁键断裂生成羧酸或二氧化碳:

$$HC\equiv CH \xrightarrow[(2)H_3O^+]{(1)KMnO_4, OH^-} 2CO_2$$

$$RC\equiv CH \xrightarrow[(2)H_3O^+]{(1)KMnO_4, OH^-} RCOOH + CO_2$$

以上反应不仅可用于炔烃的定性检验,而且可用于炔烃叁键位置的确定。

(2) 炔烃经臭氧化及水解,叁键断裂而生成小分子的羧酸:

$$RC\equiv CH \xrightarrow[(2)H_2O]{(1)O_3} RCOOH + HCOOH$$

$$RC\equiv CR' \xrightarrow[(2)H_2O]{(1)O_3} RCOOH + R'COOH$$

5.2.2.7 亲核加成

炔键上的电子密度相对较小,在碱的催化下,炔烃可与醇加成得到乙烯基醚:

$$HC\equiv CH + CH_3OH \xrightarrow[160℃\sim165℃, 2\sim2.2MPa]{20\%KOH 水溶液} CH_2 = CHOCH_3$$

甲基乙烯基醚

$$R'C\equiv CH + ROH \xrightarrow{OH^- 或 RONa} R'{-}\underset{\substack{|\\OR}}{C}{=}CH_2$$

其反就要机理可能如下:

$$R'{-}C\equiv CH + RO^- \longrightarrow R'{-}\underset{\substack{|\\OR}}{C}{=}\bar{C}H + R'{-}\bar{C}{=}CHOR$$

$$R'\underset{\substack{|\\OR}}{C}{=}\bar{C}H + H{-}OR \longrightarrow R'{-}\underset{\substack{|\\OR}}{C}{=}CH_2 + RO^-$$

炔烃还能与乙酸和氢氰酸反应,生成相应的加成产物:

$$HC\equiv CH + HO{-}\overset{\substack{O\\\|}}{C}{-}CH_3 \xrightarrow[150℃\sim180℃, 0.5\ MPa\sim1.5\ MPa]{碱} CH_2{=}CHO{-}\overset{\substack{O\\\|}}{C}{-}CH_3$$

$$HC\equiv CH + HCN \xrightarrow{CuCN} CH_2=CH-CN$$

乙酸乙烯酯和丙烯腈都是合成高聚物的重要单体。

炔烃可进行亲核加成，烯烃在相同条件下则不能。其原因可能是：① 炔键上电子密度小；② 炔烃（$RC\equiv CH$）亲核加成的活性中间体 $\underset{\displaystyle Nu}{RC}=\bar{C}H$ 比烯烃（$RCH=CH_2$）亲核加成的活性中间体 $\begin{matrix}R\\ \quad\diagdown\\ \quad CH-\bar{C}H_2\\ \quad\diagup\\ Nu\end{matrix}$ 稳定得多。

## §5.3　炔烃的制备及重要的炔烃

### 5.3.1　制备

5.3.1.1　二卤代烷脱卤化氢

邻二卤代烷或偕二卤代烷在一定条件下，先脱去一分子卤化氢生成乙烯式卤代烃，后者在剧烈条件（强碱、高温）下再脱去一分子卤化氢生成炔烃：

$$CH_2X-CH_2X \xrightarrow[-HX]{KOH/醇} CH_2=CHX \xrightarrow[或\ NaNH_2]{KOH/醇,高温} CH\equiv CH$$

$$CH_3CHX_2 \xrightarrow[-HX]{KOH/醇} CH_2=CHX \xrightarrow[或\ NaNH_2]{KOH/醇,高温} CH\equiv CH$$

5.3.1.2　端炔的烷基化

含有$-C\equiv CH$ 结构的端炔又称 1-炔，它的烷基化通常经由三种途径：炔基钠、炔基锂和炔基格氏（Grignard）试剂与卤代烷反应：

$$HC\equiv CH \xrightarrow[液氨]{NaNH_2} CH\equiv CNa \xrightarrow{RBr} CH\equiv C-R \xrightarrow[液氨]{NaNH_2} RC\equiv CNa \xrightarrow{R'Br} RC\equiv CR'$$

$$RC\equiv CH \xrightarrow{n-BuLi} RC\equiv CLi \xrightarrow{R'Br} RC\equiv CR'$$

$$RC\equiv CH \xrightarrow{EtMgBr} RC\equiv CMgBr \xrightarrow{R'Br} RC\equiv CR'$$

所用的卤代烷称为烷基化试剂。为了减少副反应的发生，通常使用伯卤代烷（一般为溴代烷）。

### 5.3.2　重要的炔烃——乙炔

乙炔（acetylene）是基本有机合成的重要原料之一。它的工业生产方法有电石水解法和石油、天然气裂解法。

电石（学名碳化钙）水解可生成乙炔：

$$CaC_2 + 2H_2O \longrightarrow HC\equiv CH + Ca(OH)_2$$

而电石则是由生石灰和焦炭在电弧炉中作用而生成的：

$$CaO + 3C \xrightarrow{2000℃\sim3000℃} CaC_2 + CO$$

甲烷或天然气(主要成分是甲烷)在很短的时间(0.01～0.1秒)内,迅速通过加热到约1500℃高温的管道并骤然冷却,可控制裂化程度,主要生成乙炔。

纯的乙炔为无色无嗅气体,电石乙炔的臭味主要来自磷化氢和硫化氢等杂质。乙炔的水溶性大于乙烯和乙烷,在室温及常压下,约以1∶1的体积溶解于水,其水溶度随温度的降低、压力的升高而增加。乙炔容易溶于有机溶剂,在25℃时及常压下以20∶1的体积溶于丙酮,而在室温及1.2 MPa下,1升丙酮可溶解300升乙炔。将乙炔在10～12 MPa压力下压入装有丙酮和多孔性物质(如活性灰、木屑等)的钢瓶中,以便贮存和运输。乙炔与空气混合物的爆炸极限为2.6%～77%(体积),乙炔对震动也很敏感,在贮运及使用时要注意安全。

除了用作化工原料以外,乙炔还可用作电石灯和氧炔焰的燃料。前者可用以照明,而氧炔焰的温度可高达3000℃,常用来焊接或切割金属(俗称气焊)。

# 习 题

5-1 请把答案填在每小题后括号内。

1. 丙烯基乙炔的系统名称是( )。
2. 甲基异丙基乙炔的系统名称是( )。
3. 烯丙基乙炔的系统名称是( )。
4. $(CH_3)_2CHC\equiv CC(CH_3)_3$ 的系统名称是( )。
5. $(CH_3)_3CC\equiv CCH_2CH_3$ 的系统名称是( )。
6. $CH\equiv C—CH═CH_2$ 的系统名称是( )。
7. $\begin{array}{l}(CH_3)_2CHCH_2\underset{\displaystyle |\atop \displaystyle CH═CHCH_3}{CH}C\equiv CH\end{array}$ 的系统名称是( )。
8. $CH_2═CH—\overset{\displaystyle Br}{\underset{\displaystyle H}{C}}—C\equiv CH$ 的系统名称是( )。
9. $CH\equiv CCH_2CH_2CH═CH_2$ 的系统名称是( )。
10. $(CH_3)_2C═CHC\equiv CCH_3$ 的系统名称是( )。
11. 3-己炔⟶(Z)-3-己烯的试剂和反应条件是( )。
12. 2-戊炔⟶(E)-2-戊烯的试剂和反应条件是( )。
13. $CH_2═CHCH_2C\equiv CH + Br_2 \longrightarrow$ ( )
14. $CH\equiv C—CH═CH_2 + H_2O \xrightarrow[H_2SO_4]{HgSO_4}$ ( )

15. 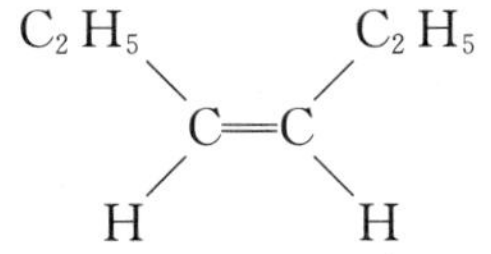 $\xrightarrow{Br_2}$ $\xrightarrow[-HBr(1\ mol)]{KOH/醇}$ (  )

16. $CH_3CH_2C\equiv CH \xrightarrow{热的\ KMnO_4\ 溶液}$ (  )+(  )

17. $CH_3C\equiv CCH_3 \xrightarrow{热的\ KMnO_4\ 溶液}$ (  )

18. $CH_3C\equiv CCH_3 + H_2$(过量)$\xrightarrow{Pt}$ (  )

19. $CH_3CH_2C\equiv CH + H_2$(过量)$\xrightarrow{Pt}$ (  )

20. $CH_3CH_2C\equiv CH + Br_2$(过量)$\xrightarrow{CCl_4}$ (  )

21. $CH_3C\equiv CCH_3 + Br_2$(过量)$\xrightarrow{CCl_4}$ (  )

22. $CH_3C\equiv CCH_3 \xrightarrow{Ag(NH_3)_2^+ NO_3^-}$ (  )

23. $CH_3CH_2C\equiv CH \xrightarrow{Ag(NH_3)_2^+ NO_3^-}$ (  )

24. $CH_3CH_2C\equiv CH \xrightarrow[(2)H_2O_2,OH^-]{(1)B_2H_6}$ (  )

25. $CH_3C\equiv CCH_3 \xrightarrow[(2)H_2O_2,OH-]{(1)B_2H_6}$ (  )

26. $CH_3C\equiv CCH_3 \xrightarrow[(2)CH_3COOD]{(1)B_2H_6}$ (  )

27. $CH_3CH_2C\equiv CH \xrightarrow[(2)CH_3COOD]{(1)B_2H_6}$ (  )

28. $CH_3CH_2C\equiv CH + H_2O \xrightarrow[H_2SO_4]{HgSO_4}$ (  )

29. $CH_3C\equiv CCH_3 + H_2O \xrightarrow[H_2SO_4]{HgSO_4}$ (  )

30. $CH_3C\equiv CCH_3 + H_2 \xrightarrow{Lindlar\ Pd}$ (  )

31. $CH_3CH_2C\equiv CH + H_2 \xrightarrow{Lindlar\ Pd}$ (  )

32. $CH_3C\equiv CCH_3 \xrightarrow{Na/液\ NH_3}$ (  )

5-2 用化学方法区别下列各组化合物：

1. 1-丁炔和 2-丁炔
2. 1-丁炔，1-己烯和己烷
3. 乙烷，乙烯和乙炔
4. 1-戊炔，2-戊炔和戊烷

5-3 回答下列问题：

1. 炔烃不但能与一摩尔卤素加成，而且能加两摩尔卤素，但比烯烃加卤素更困难，为什么？
2. 就与亲电试剂($Br_2$,$Cl_2$ 及 HCl 等)加成而言，烯烃比炔烃更容易。但当炔烃与上述试剂加成时，反应却易停留在生成卤代烯烃的阶段，进一步加成则需要更加苛刻的条件。这是否相互矛盾，为什么？
3. 乙炔中的 C—H 键比乙烯、乙烷中的 C—H 键键长缩短、键能增大，但乙炔的酸性却显著增强，试说明原因。

5-4 由指定原料合成：

1. 乙炔⟶(Z)-9-二十三碳烯
2. 乙炔 ⟶$CH_3CH_2CH_2CH_2OH$
3. 乙炔⟶丁烷
4. 乙炔⟶ $CH_3\overset{O}{\overset{\|}{C}}-CH=CH_2$
5. 乙炔⟶$CH_2=CHOCH_2CH_2CH_3$
6. 乙炔⟶ $CH_3\overset{O}{\overset{\|}{C}}CH_2CH_3$
7. 丙炔 ⟶$CH_3CH_2CHO$
8. 丙炔⟶(E)-2-己烯
9. 丙炔⟶ $CH_2=\overset{CH_3}{\overset{|}{C}}-CH=CH_2$
10. 乙炔 ⟶(2R,3S)-二溴丁烷
11. 1-己炔 ⟶1,4-壬二烯
12. 1-戊烯⟶1-戊炔
13. $CH_3CH_2OH$ ⟶3-己炔
14. $CH_3CH_2CH_2CH_2OH \longrightarrow CH_3CH_2CH_2CH_2\overset{O}{\overset{\|}{C}}CH_3$
15. $CH_3CH_2CH_2CH_2OH$ ⟶癸烷
16. $CH_3CH_2CH_2Br \longrightarrow CH_3CH_2CH_2C\equiv CCH_3$
17. $CH_2Br-CH_2Br \longrightarrow CHBr_2CH_3$
18. $CH_3CH_2CHCl_2 \longrightarrow CH_3CCl_2CH_3$
19. $CH_3CH_2CH_2CH_2OH \longrightarrow CH_3CH_2\underset{Br}{\underset{|}{C}}ClCH_3$

5-5 推测结构：

1. 化合物 A($C_8H_{12}$)具有光学活性，A 在铂催化下加氢生成 B($C_8H_{18}$)，失去光学活性。A 在 Lindlar 催化剂作用下加氢生成 C($C_8H_{14}$)，仍具有光学活性；而 A 被金属钠/液氨还原生成 C 的异构体 D，且失去光学活性。推断 A,B,C,D 的结构。
2. 化合物 A($C_5H_8$)与 $NaNH_2$ 作用后再与 $CH_3CH_2CH_2Br$ 反应生成 B($C_8H_{14}$)。B 经 $KMnO_4$ 氧化生成两种互为异构体的化合物 C 和 D($C_4H_8O_2$)。A 在 $HgSO_4$/$H_2SO_4$ 的催化下加水生成酮 E($C_5H_{10}O$)。试推断 A,B,C,D,E 的结构。
3. 两种互为构造异构体的化合物 A 和 B 都能使 $Br_2/CCl_4$ 溶液褪色。A 与硝酸银的氨溶液反应生成白色沉淀，用 $KMnO_4$ 溶液氧化生成 $CH_3CH_2COOH$ 和 $CO_2$。B 不与 $Ag(NO_3)_2NO_3$ 反应，用 $KMnO_4$ 溶液氧化只生成一种羧酸。试推断 A,B 结构。

# 第六章　二烯烃、共轭体系和共轭效应

## §6.1　二烯烃的分类和命名

### 6.1.1　二烯烃的分类

二烯烃(Dienes)是指分子中含有两个碳碳双键的烃类化合物。根据分子中两个双键的相对位置,可以分为下列三种类型:

(1) 累积二烯烃(Cumulated dienes):分子中两个双键与同一个碳原子相连接,含有 $>C=C=C<$ 结构的二烯烃。

(2) 共轭二烯烃(Conjugated dienes):分子中的两个双键被一个单键隔开,含有 $>C=C-C=C<$ 结构的二烯烃。

具有这种排列方式的双键称为共轭双键(Conjugated double bond)。

(3) 孤立二烯烃(Isolated dienes):分子中两个双键被两个或两个以上的单键隔开的烯烃。

在这三类二烯烃中,累积二烯烃为数不多,某些取代的累积二烯烃具有独特的立体化学性质,如手性轴等。孤立二烯烃由于孤立双键相互影响小,因此各自起反应,就像它在分子中是单一的双键一样,其性质与单烯烃相同。

共轭二烯烃由于两个双键是共轭的,表现出独特的性质。同时它们具有重要的理论意义和实际用途。

### 6.1.2　二烯烃的命名

二烯烃的命名与烯烃相似。选择含两个双键的最长碳链为主链,从靠近双键的一端开始编号,标明双键和取代基的位置,母体称为二烯,例如:

$$CH_2=C=CHCH_3 \qquad\qquad CH_2=\underset{\displaystyle CH_3}{\underset{|}{C}}-CH=CH_2$$

1,2-丁二烯　　　　2-甲基-1,3-丁二烯

二烯烃也有顺反异构体,命名时应分别标明其构型,例如 2,4-己二烯有三个异构体,

它们的命名如下：

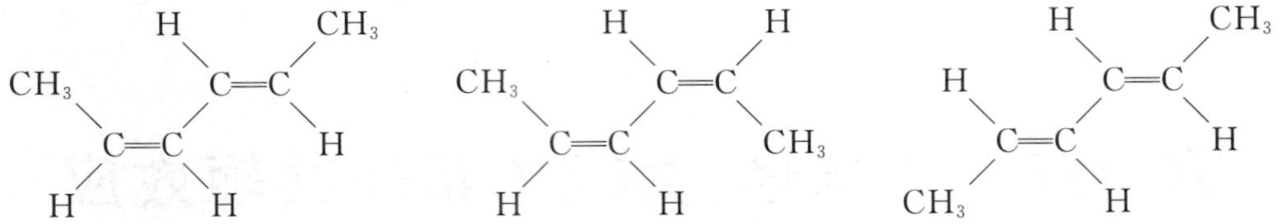

(2Z,4E)-2,4-己二烯　　(2Z,4Z)-2,4-己二烯　　(2E,4E)-2,4-己二烯

值得注意的是，1,3-丁二烯有两种典型的构象式，两个双键在 $C_2$—$C_3$ σ 键同侧的称为 S(Single bond)-cis，在异侧的称为 S-trans。

S-cis-1,3-丁二烯　　S-trans-1,3-丁二烯

显然，S-cis 能量较高，稳定性差。在某些化学反应中它们表现出明显的差异。

## §6.2 共轭二烯烃的结构特征和共轭体系

### 6.2.1 1,3-丁二烯的键长平均化

用电子衍射法测定 $CH_2$═CH—CH═$CH_2$ 的键长，所得结果如下：

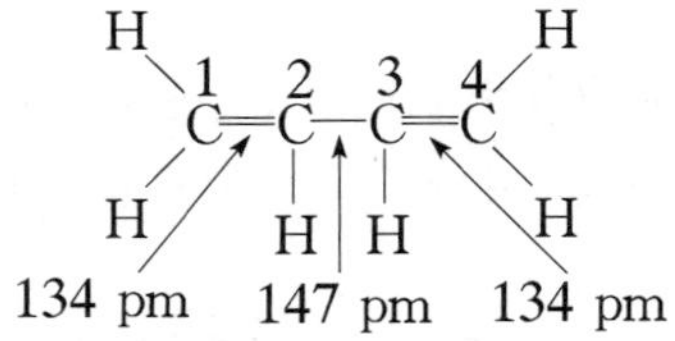


显然它的 C—C 单键键长(147 pm)比 C—C 单键(154 pm)短，而它的 C═C 双键(134 pm)却比普通的 C═C 双键(133 pm)长，C—C 单键具有了部分双键的性质。键长趋于平均化，这是共轭体系的特征之一。

1,3-丁二烯分子中 C—C 单键键长变短，与碳原子的杂化状态有关。普通烷烃中构成 C—C 单键的碳原子为 $sp^3$ 杂化，1,3-丁二烯分子中的碳是 $sp^2$ 杂化，s 成分所占比例越大，意味着杂化轨道中电子云越靠近原子核，所形成的化学键键长越短。轨道的杂化状态对键长的影响见表 6-1。

**表 6-1 轨道杂化状态对 C—C 单键键长的影响**

| 化合物 | 轨道杂化状态 | 键长(pm) |
|---|---|---|
| $CH_3$—$CH_3$ | $sp^3$—$sp^3$ | 154 |
| $CH_2$═CH—$CH_3$ | $sp^2$—$sp^3$ | 150 |
| $CH_2$═CH—CH═$CH_2$ | $sp^2$—$sp^2$ | 147 |
| HC≡C—$CH_3$ | sp—$sp^3$ | 146 |

续表

| 化合物 | 轨道杂化状态 | 键长(pm) |
| --- | --- | --- |
| HC≡C—CH═CH₂ | sp—sp² | 143 |
| HC≡C—C≡CH | sp—sp | 137 |

如何解释1,3-丁二烯分子中的 C═C 双键键长变长的原因呢？1,3-丁二烯分子的结构是通过一个σ键连接起来的两个 C═C 双键，每个碳原子都是 $sp^2$ 杂化，生成的九个σ键其键轴都在同一平面内，每个碳原子上还有一个价电子处于未杂化的 p 轨道中，四个 p 轨道的对称轴都垂直于分子平面，且相互平行。这样，在两个双键之间虽然隔着一个单键，由于距离较近，两个π键电子云可以在空间肩并肩地发生重叠，使所有的 p 电子云连起来形成一个大π键。由于 C-2 与 C-3 之间 p 轨道的交叠，使 C-2 与 C-3 之间的结合更紧密，键长变短，具有了部分双键的性质。由于 C-2 和 C-3 之间的结合，使得 C-1 与 C-2，C-3 与 C-4 之间的电子云密度降低，结合减弱，使得键长略有增长。总体结果就是键长的平均化，如图 6-1 所示。

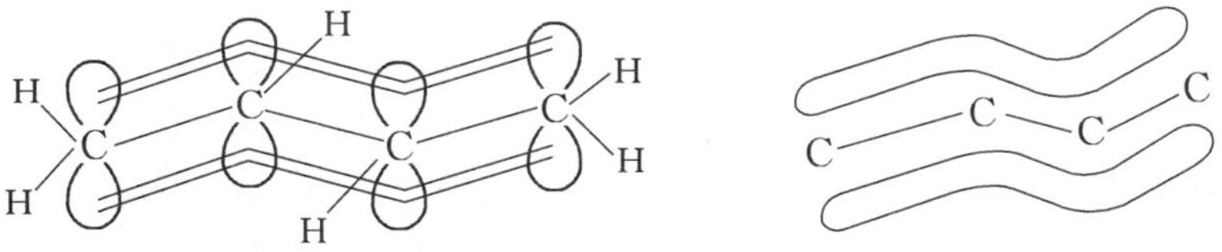


图 6-1　1,3-丁二烯中的 p 电子云和大π键

### 6.2.2　1,3-丁二烯的π分子轨道

按照 E. Hückel 提出的分子轨道近似量子化学方法，分子轨道可由原子轨道线性组合得到，且组成的分子轨道的数目与原子轨道的数目相等。1,3-丁二烯有四个碳的 p 轨道，通过线性组合得到四个π分子轨道，其中有两个分子轨道 $\pi_1$ 和 $\pi_2$ 比原来原子轨道能量低，是成键轨道；另外两个分子轨道 $\pi_3^*$ 和 $\pi_4^*$ 比原来原子轨道能量高，是反键轨道(图 6-2)。

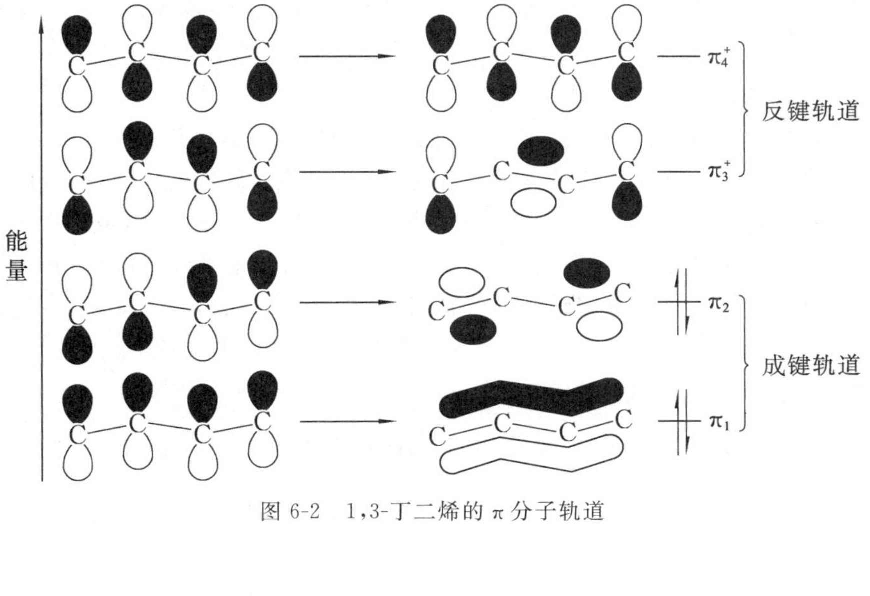


图 6-2　1,3-丁二烯的π分子轨道

在基态时，1，3-丁二烯的四个 π 电子都填充在能量较低的 $\pi_1$ 和 $\pi_2$ 成键轨道中，而能量较高的 $\pi_3{}^*$ 和 $\pi_4{}^*$ 是空着的。只有在激发态下 π 电子才跃迁而进入反键轨道。与价键理论不同，分子轨道理论认为成键 π 电子的运动范围不再局限于孤立双键的两个碳原子之间，而是扩展到整个分子的四个碳原子之间，形成整体的 π 分子轨道。从图 6-2 中看到，$\pi_1$ 分子轨道显示，π 电子云分布在 C-2 与 C-3 之间，从而部分地增大了 C-2 和 C-3 之间的电子云密度，使之具有部分双键的性质。

1，3-丁二烯分子中 π 电子的运动不再局限于两个碳原子之间，而是扩展到四个碳原子之间，这种现象称为电子的离域（Delocalization）或共轭（Conjugation），这种键叫离域键或共轭大 π 键。

共轭二烯分子中的这种电子离域，不仅使键长发生平均化，而且使化合物的能量降低，稳定性增加。这从双烯烃氢化热就可以看出。例如：

$$CH_2{=}CH{-}CH{=}CHCH_3 + 2H_2 \longrightarrow CH_3CH_2CH_2CH_2CH_3$$

氢化热 226 kJ · mol⁻¹

$$CH_2{=}CHCH_2CH{=}CH_2 + 2H_2 \longrightarrow CH_3CH_2CH_2CH_2CH_3$$

氢化热 254 kJ · mol⁻¹

共轭二烯烃 1，3-戊二烯和孤立二烯烃 1，4-戊二烯的氢化反应都是加上两分子的氢，且生成的产物也相同，但放出的能量（氢化热）却不同，这只能归因于反应物的内能不同。1，3-戊二烯由于双键共轭比 1，4-戊二烯能量降低了 28 kJ · $mol^{-1}$。这个能量差称为离域能或共轭能。离域能越大，化合物越稳定。

### 6.2.3 共振论简介

描述共轭体系的 π 电子离域，除可用上述分子轨道的方法外，目前还常用共振论。共振论（resonance theory）是 20 世纪 30 年代由美国化学家 Pauling 提出的，是从经典的结构式出发来处理复杂分子的定性理论，是价键法的一种直觉的扩充。尽管共振论是以经典的结构式为基础，引入了一些任意的规定，有些共振结构（resonance structure）式是虚构的、想象的，未必真实存在，但是它简洁，是定性地描述复杂的离域体系有机分子的简便方法。

#### 6.2.3.1 共振论的基本要点

一些不能用单一的经典价键式表示其确切结构的化合物，可以用两个或两个以上的经典结构式来表示。这些结构式的原子核的排列完全相同，只是核外电子排列方式不同，且每个结构式都符合经典的价键理论。这些结构式称为共振结构式，或极限式，或正则式。通过电子对的重新排布，可以由一个极限式转变为另一个极限式，即共振。

分子的真实结构是这些极限结构的叠加，即共振杂化体（resonance hybride），可用双箭头符号↔置于这些共振结构式之间，把它们联系起来，并外加方括号来表示。

例如 1，3-丁二烯可表示为：

$$[CH_2{=}CH{-}CH{=}CH_2 \leftrightarrow \overset{+}{C}H_2{-}CH{=}CH{-}\overset{-}{C}H_2 \leftrightarrow$$

$$\overset{-}{C}H_2{-}CH{=}CH{-}\overset{+}{C}H_2 \leftrightarrow CH_2{=}CH{-}\overset{+}{C}H{-}\overset{-}{C}H_2 \leftrightarrow$$

$$CH_2{=}CH{-}\overset{-}{C}H{-}\overset{+}{C}H_2 \leftrightarrow \overset{+}{C}H_2{-}\overset{-}{C}H{-}CH{=}CH_2 \leftrightarrow$$

$$\overset{-}{C}H_2{-}\overset{+}{C}H{-}CH{=}CH_2]$$

共振杂化体不是各种极限式所表示的分子的混合物，每个极限式只是共振式的极端情况。某一化合物可以写出的极限结构式越多，则共振杂化体能量就越低，化合物就越稳定。任何一个单独的极限结构所含的能量必定高于共振杂化体，即高于真实化合物的能量。这种实际化合物与最低能量的极限结构之间的能量差，也就是化合物分子由于电子离域而获得的额外的稳定能称为共振能，如 1,3-丁二烯的共振能为 28 $kJ \cdot mol^{-1}$。共振能实际上也就是离域能，有时也叫共振能。共振结构之间在能量上越接近，则共振能越大。

如前所述，每种极限结构对共振杂化体都有贡献，但贡献大小不同，其中能量越低者贡献越大，相对能量高的贡献较小。共振结构式中形成共价键最多的，对共振杂化体贡献最大。有电荷分离时，正负电荷分离较小，负电荷在电负性较大的原子上的共振式，对共振杂化体贡献大。1,3-丁二烯共振结构中，极限结构式 $CH_2{=}CH{-}CH{=}CH_2$ 中共价键最多，所以它对真正结构的贡献最大。因此，通常用它来表示 1,3-丁二烯还是恰当的。

为了方便，通常用几个能量最低的极限共振结构式表示相应分子的真实结构，如苯：

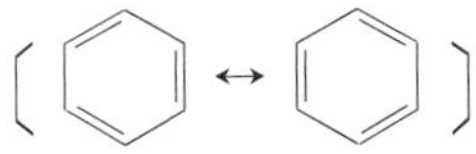

6.2.3.2　书写极限结构式的规定

(1) 所有的极限结构式必须是正确的经典结构式，必须符合书写经典结构式的规则。包括双箭头↔符号、方括号等不能遗漏。

(2) 同一化合物分子的所有极限结构式，只有电子可以重新排布，而原子核的位置是固定不变的。例如：

$$[\ CH_2{=}CH{-}\overset{\oplus}{C}H_2 \leftrightarrow \overset{\oplus}{C}H_2{-}CH{=}CH_2\ ]$$

而如下的变化，是不同化合物之间的动态平衡，不是共振：

$$CH_2{=}\overset{\overset{\displaystyle H}{|}}{C}{-}\ddot{\underset{..}{O}}{-}H \rightleftharpoons CH_3\overset{\overset{\displaystyle H}{|}}{C}{=}O$$

(3) 同一化合物分子的极限结构式必须保持相同数目的成对电子（或相同数目的未成对电子）。例如：

$$\underset{\text{I}}{CH_2{=}CH{-}\dot{C}H_2} \leftrightarrow \underset{\text{II}}{\dot{C}H_2CH{=}CH_2} \not\leftrightarrow \underset{\text{III}}{\dot{C}H_2\dot{C}H{-}\dot{C}H_2}$$

Ⅰ和Ⅱ是共振结构式，而Ⅲ不存在。但电荷分离的共振是允许的。必须牢记重要的极限结构式应该是极少有电荷分离的式子。

6.2.3.3　共振论的应用及其局限性

共振论对具有离域特征的有机化合物的描述，在某些方面简明，不需要分子轨道理论的复杂计算，就能解释一些有机化学事实，尤其在解释化合物的酸碱性，有机反应的定位效应方面非常成功。就 1,3-丁二烯的单键和双键的平均化趋势来说，就是由于其共振杂化体中有：

$$\left[\ CH_2=CH-CH=CH_2 \leftrightarrow \overset{+}{C}H_2-CH=CH-\overset{-}{C}H_2 \leftrightarrow \overset{-}{C}H_2-CH=CH\overset{+}{C}H_2\ \right]$$

所以 C-2 和 C-3 之间也有部分双键的性质。

作为一种学说，共振论不可避免地也存在局限性。因它只是一种定性的表示方法，而且是在经典结构式的基础上，引入了一些任意规定，从而在应用范围上有一定的局限性。如，根据共振论概念，如下的情况和苯的相似，也该是稳定的：

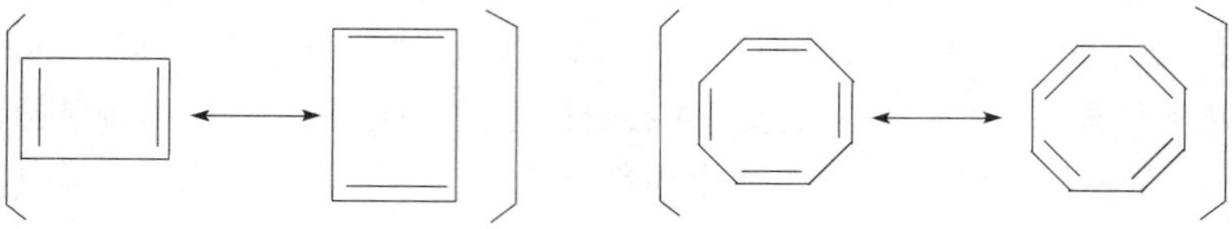

实际上环丁二烯和环辛四烯都是非常活泼、极不稳定的化合物，它们都是反芳香性的（以后将讨论）。

### 6.2.4 共轭体系

#### 6.2.4.1 共轭体系的分类

分子中存在类似造成 1,3-丁二烯电子离域的多个 p 轨道之间的相互作用的体系，称为共轭体系。按其结构特点，可分为下列三种类型：

（1）π-π 共轭

构成共轭体系的原子共平面，各提供一个垂直于该平面的 p 轨道，以侧面交盖形成离域键。它可看成多个 π 键的 p 轨道进一步作用形成，故称为 π-π 共轭。离域的 π 电子数与参与共轭体系的原子数相同。如 1,3-丁二烯和丁烯醛：

$$CH_2=CH-CH=CH_2 \qquad\qquad CH_2=CH-CH=O$$

（2）p-π 共轭

π 键 p 轨道与相邻原子上的 p 轨道侧面交盖，形成具有离域键的共轭体系，为 p-π 共轭体系，如氯乙烯分子（图 6-3）。氯原子外层孤对电子占据的 p 轨道与 C—C 之间的 π 键 p 轨道发生一定程度的侧面交盖，加强了氯原子与碳原子之间的结合，形成一个“四电子三中心”的 p-π 共轭体系，这也是氯乙烯型化合物化学性质稳定的内在因素。

构成 p-π 共轭体系的原子数与离域的电子数也可相同，即等电子 p-π 共轭，如烯丙基自由基（图 6-4）。自由基碳原子的 p 轨道与相邻 π 键的 p 轨道可侧面交盖，形成“三电子三中心”的 p-π 共轭体系，使经历烯丙基自由基的 α-卤代反应活化能较低，容易发生。

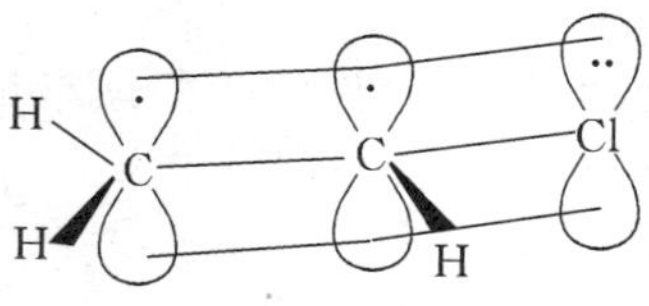


图 6-3 氯乙烯分子的 p-π 共轭

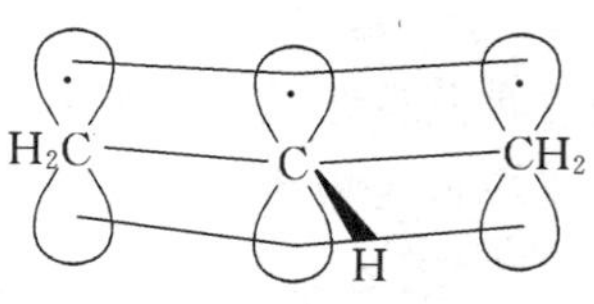


图 6-4 烯丙基自由基的 p-π 共轭

p-π 共轭体系，也可是缺电子的，如烯丙基碳正离子（图 6-5）。由碳正离子的空 p 轨道与相邻的 π 轨道侧面交盖，造成离域，形成缺电子的“二电子三中心”p-π 共轭体系，使经历烯丙基型碳正离子的反应容易进行。

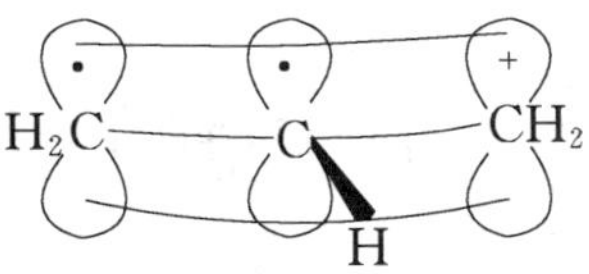


图 6-5　烯丙基碳正离子的 p-π 共轭

（3）碳氢 σ 键超共轭

由于氢原子极小，对碳氢键的电子云屏蔽力小，因此，碳氢 σ 键的轨道与相邻的 π 键或原子的 p 轨道间可能存在侧面交盖，而产生电子离域，称为超共轭（Hyperconjugation）。超共轭虽然在理论解释上还存在分歧，但其存在是公认的，是为大量实验事实和近代物理方法测定所证实了的。用它可以解释一些实验事实。

丙烯分子中，甲基上碳氢键 σ 轨道与 π 键的 p 轨道，可以存在一定程度的侧面交盖，如图 6-6 所示。

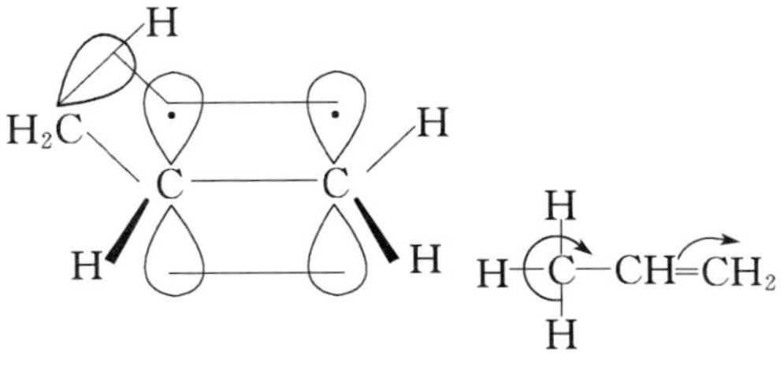


图 6-6　丙烯分子中的超共轭

由于碳碳单键的旋转，甲基上三根碳氢 σ 键轨道都有机会与 π 轨道重叠。可参加这种 σ-π 超共轭的 C—H 键越多，分子越稳定。因此可用超共轭的观点解释烯烃的稳定性次序：

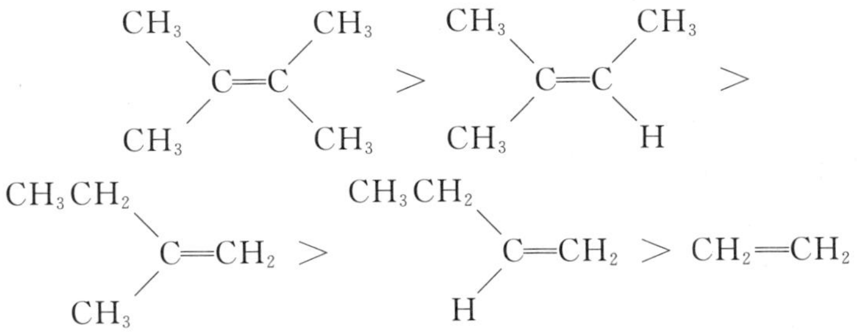

在讨论丙烯类分子的不对称亲电加成时，只讲了甲基的给电子诱导效应的影响。其实马氏加成规则是超共轭效应和给电子诱导效应共同作用的结果。

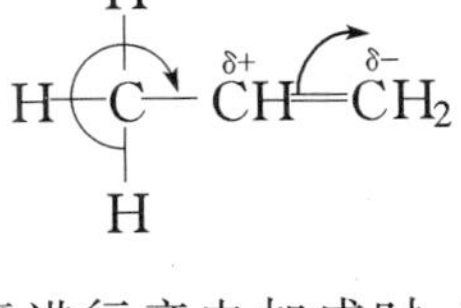

当 2-戊烯与极性试剂如氯化氢进行亲电加成时，若只考虑烷基的给电子诱导效应，主要产物应是 3-氯戊烷，而实验结果 2-氯戊烷是主要产物，可见甲基的影响大于乙基，超共轭效应起主要作用。

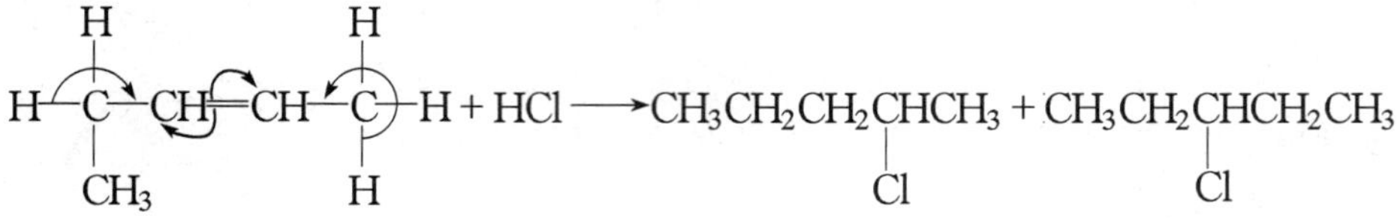

2-氯戊烷(主要产物)　　3-氯戊烷

另外,前面提到的活性中间体碳正离子和烷基自由基的稳定性问题,也可以用超共轭效应来解释。在碳正离子中,带正电荷的碳原子,是 $sp^2$ 杂化状态,剩余一个空的 p 轨道,因此与 σ-π 共轭相似,存在着碳氢 σ 键轨道与空的 p 轨道之间的超共轭效应,从而使正电荷分散,使碳正离子稳定。参与 σ-p 超共轭的 C—H 键越多,体系的稳定性越大,因而碳正离子的稳定性次序为:

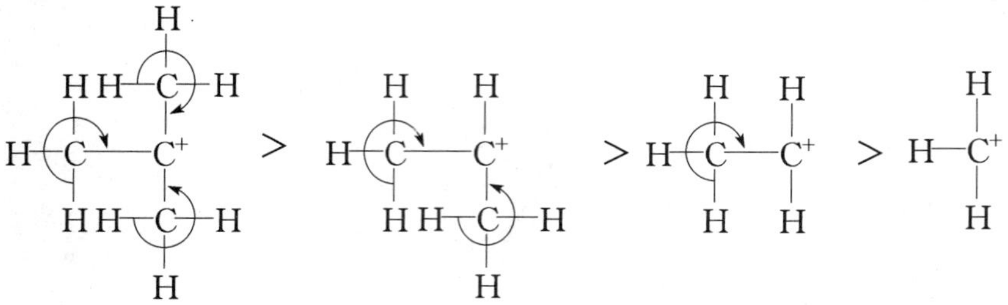

烷基自由基的中心碳原子也是 $sp^2$ 杂化,未成对电子处于 p 轨道中,这个 p 轨道,也同样可与 C—Hσ 键发生部分重叠而存在超共轭效应,这样就分散了自由基的独电子性,从而有如下的稳定性次序:

$$(CH_3)_3\dot{C} > CH_3\dot{C}HCH_3 > CH_3\dot{C}H_2 > \dot{C}H_3$$

6.2.4.2　共轭效应的特点

共轭体系的形成,不仅使分子具有更大的稳定性,且因多个 p 轨道间的相互作用而导致独特的化学行为。这种现象即为共轭效应(Conjugation effects),通常用 C 表示,给电子的共轭效应记作＋C,吸电子共轭效应记作－C。其主要特点是:

(1) 分子中各原子间的相互影响通过共轭体系传递,其作用是远程的。无论共轭体系有多大,这种影响可通过大 π 键传到另一端。

(2) 共轭体系中,各原子的电子云密度呈正负相间分布。

(3) 因负电荷由电子云密度高处流向低处,故在共轭体系中,键的极化方向是:从具有孤对电子的原子向外流动;从双键向原子或单键转移。例如 1-氯-1,3-丁二烯的共轭体系,由于氯原子上有孤对电子,具有给电子的＋C 效应,导致其分子中 π 电子的极化情况为:

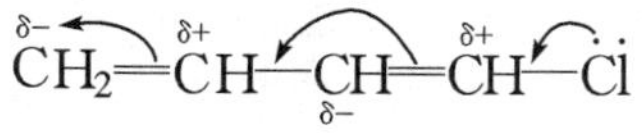

# §6.3　共轭二烯烃的化学反应

共轭二烯烃由于两个双键的相互影响，内能较低，比较稳定，其反应所涉及的过渡态或中间体也具有共轭特征，所以反应的活化能较低，化学性质活泼，并具有不同于一般烯烃的性质。

### 6.3.1　共轭加成

1，3-丁二烯与一分子溴化氢反应，可生成两种加成产物：3-溴-1-丁烯和 1-溴-2-丁烯。

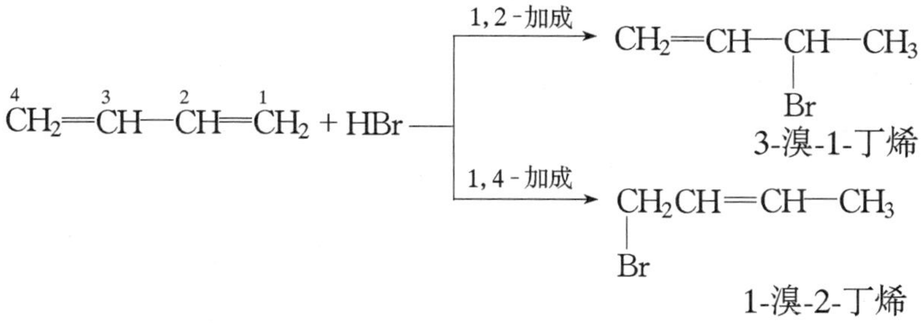


前者称为 1，2-加成产物，后者称为 1，4-加成产物。显然这是由于加成方式的不同引起的。

1，3-丁二烯与溴化氢的加成，按亲电加成机理进行。反应的第一步为：

$$CH_2{=}CH{-}CH{=}CH_2 + HBr \xrightarrow{-Br^-} CH_2{=}CH{-}CH_2{-}\overset{+}{C}H_2$$

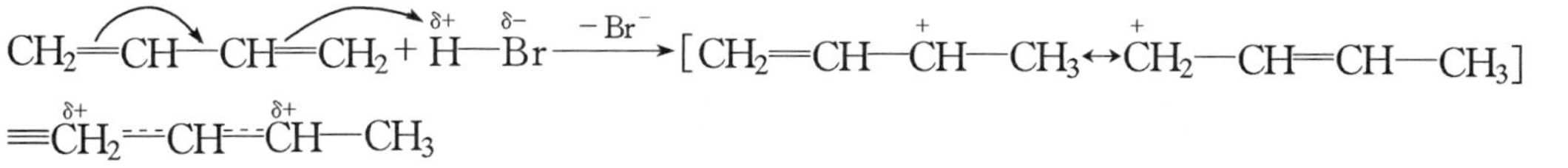

生成的烯丙型碳正离子，是一种缺电子的 p-π 共轭体系，正电荷主要分散在 $C_2$ 和 $C_4$ 上。该中间体比另一种可能的中间体要稳定得多。

反应的第二步是溴负离子与烯丙型碳正离子的结合：

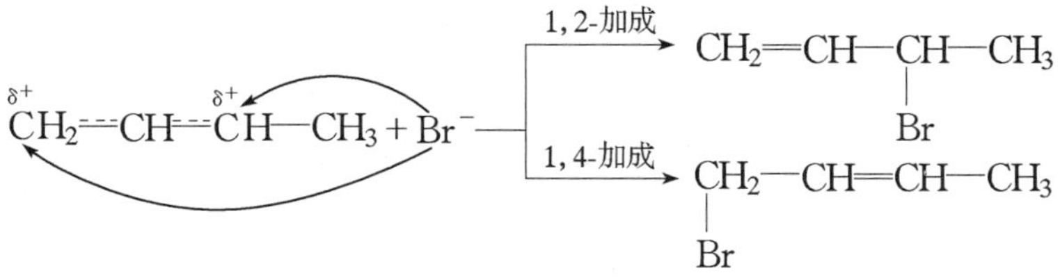


溴负离子既可加到 $C_2$ 上，发生 1，2-加成，也可加到 $C_4$ 上，发生 1，4-加成。1，4-加成也叫共轭加成。共轭加成是共轭体系在外界条件影响下电子发生离域的结果。反应究竟以 1，2-加成为主，还是以 1，4-加成为主，取决于多种因素。

反应温度对加成方式有明显影响，低温有利于 1，2-加成，温度升高有利于 1，4-加成：

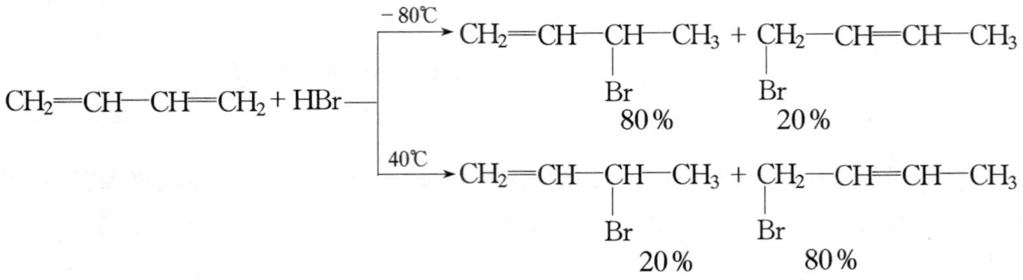

生成的 1,2-加成产物随着温度的升高,也可以重排为 1,4-加成产物而达到平衡:

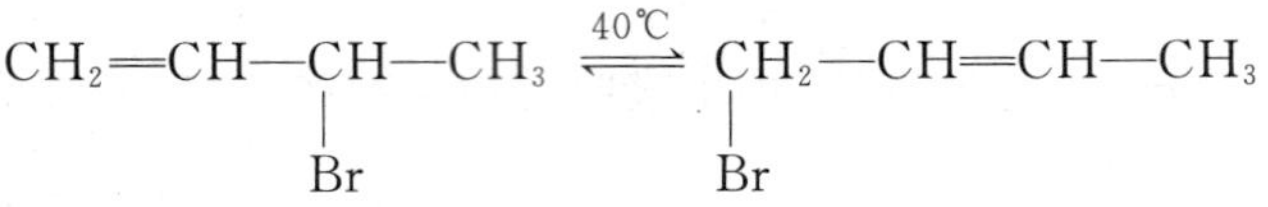

整个反应的进程如图 6-7 所示。

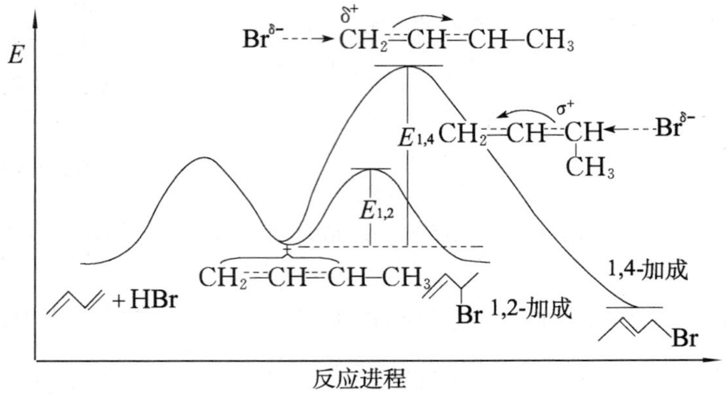


图 6-7　1,3-丁二烯与 HBr 加成势能图

反应的第一步,无论是 1,2-加成,还是 1,4-加成,都生成相同的活性中间体,第二步是一个竞争反应。当反应温度较低或反应时间较短时,生成产物的比例主要由反应速率决定。而反应速率受活化能高低的控制。活化能低的产物优先生成,称为动力学控制或速率控制。当活性中间体烯丙型碳正离子与溴负离子进行 1,2-加成时,反应过渡态的正电荷在仲碳原子上,比 1,4-加成过渡态正电荷在伯碳原子上内能低,所需活化能小,即 $E_{1,2} < E_{1,4}$,主要生成 1,2-加成产物。

然而当温度升高或反应时间较长时,对于第二步竞争性反应,决定产物的主要因素不再是活化能,而是产物的稳定性。将在低温下生成的混合物加热,或将任何一个 1,4-、1,2-加成物长期加热(40℃),都产生一个同样的混合物,其中含有 20%的 1,2-加成物和 80%的 1,4-加成物,说明这个混合物是两个化合物之间平衡的结果。1,4-加成物占优势,说明它是其中较稳定的一个。根据反应的微观可逆性,较长的反应时间有利于反应达到这种平衡,所以产物的稳定性成为控制反应的主要因素,称为热力学控制或平衡控制。

在苯基取代的共轭双烯进行加成时,苯环的共轭稳定作用控制了反应的加成方式。

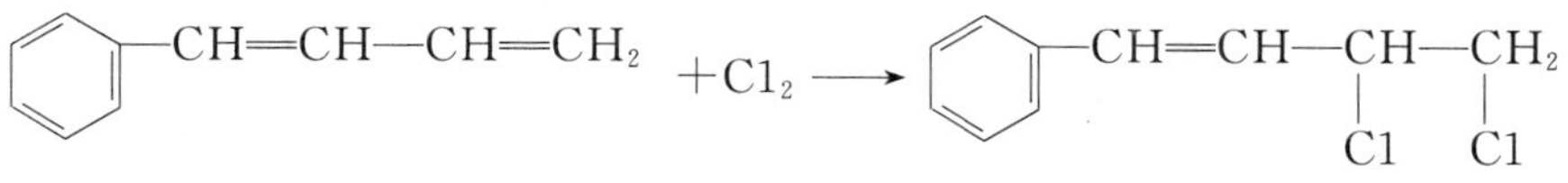


1-苯基-1,3-丁二烯　　　　1-苯基-3,4-二氯-1-丁烯

此反应中,生成产物1-苯基-3,4-二氯-1-丁烯不仅内能低(大共轭体系,稳定),其形成活化能也低,反应不再有动力学或热力学竞争性问题。

### 6.3.2 Diels-Alder 反应(双烯合成反应)

1928年,德国化学家 Otto Diels 和 Kurt Alder 发现共轭双烯与具有重键的化合物很容易按1,4-加成方式形成六元环状化合物,例如1,3-丁二烯和顺-丁烯二酸酐在100℃共热,生成白色的固体加成产物。反应几乎是定量进行的:

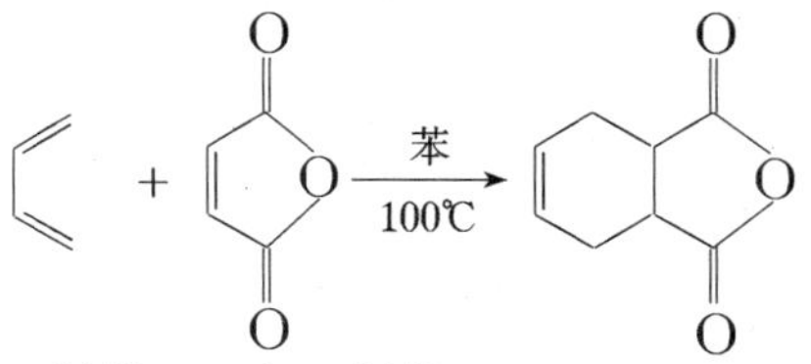


双烯体　亲双烯体　　100%

这类反应称为 Diles-Alder 反应或双烯合成反应,简称 D-A 反应。一般把进行 D-A 反应的共轭双烯叫做双烯体(Diene),而把与共轭双烯进行 D-A 反应的不饱和化合物称为亲双烯体(Dienophile)。对双烯体来说,为了有利于形成反应所需的六元环过渡态,应取S-cis构象。

当亲双烯体上连有诸如—CHO,—COOR,—C≡N,$—NO_2$,$—CH═CH_2$ 等吸电子基团时,反应通常在室温或稍加热条件下进行,产率在90%以上。如果亲双烯体为简单的烯烃,反应条件则苛刻得多,且产率很低,例如:

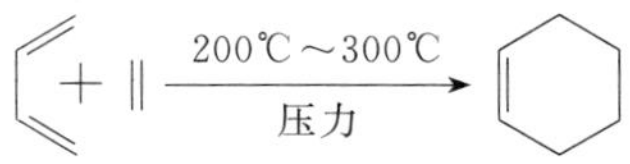


(20%)

D-A 反应还有如下反应特征:

(1) D-A 反应具有高度的立体化学专一性——同面顺式加成,例如:

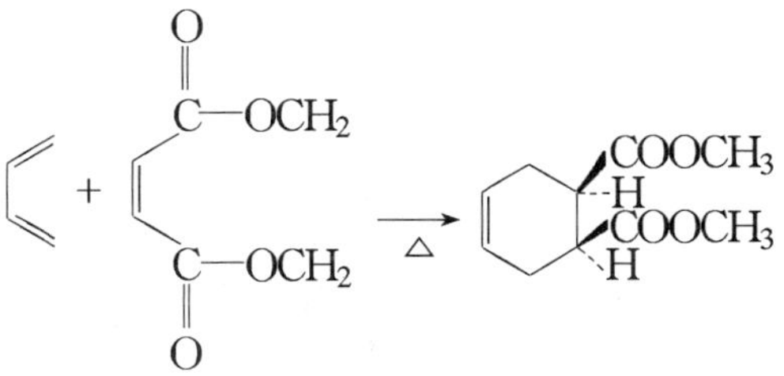

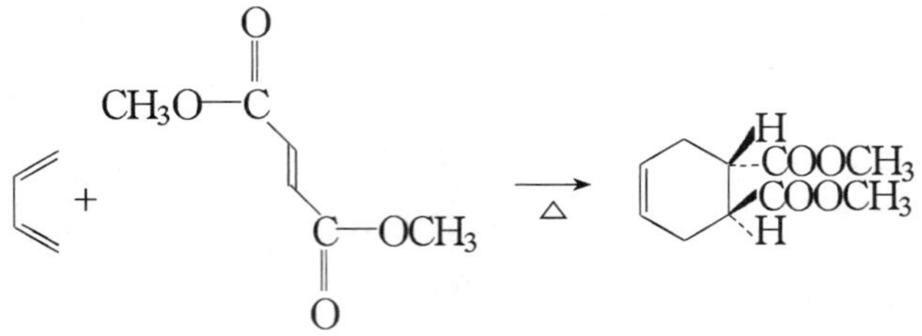

(2) D-A 反应是可逆反应。一般关环反应略微放热。产物在低压和高温下，又分解成双烯体和亲双烯体，如：

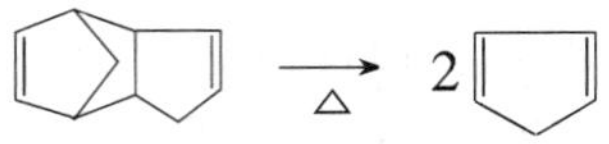

(3) D-A 反应一般只要在加热或光照的条件下就可进行，一般也不需要催化剂。这与烯烃生成活性中间体的分步加成机理不同，该反应是一步进行的协同反应(Concerted reaction)，没有活性中间体生成。

双烯合成反应在合成上具有重要意义。

### 6.3.3 聚合反应和合成橡胶

共轭二烯烃的另一个特征是它比一般的烯烃容易聚合。在聚合时，与加成反应类似，有两种加成聚合方式，1，4-加成聚合和 1，2-加成聚合。在特殊催化剂作用下可形成碳环化合物，如：

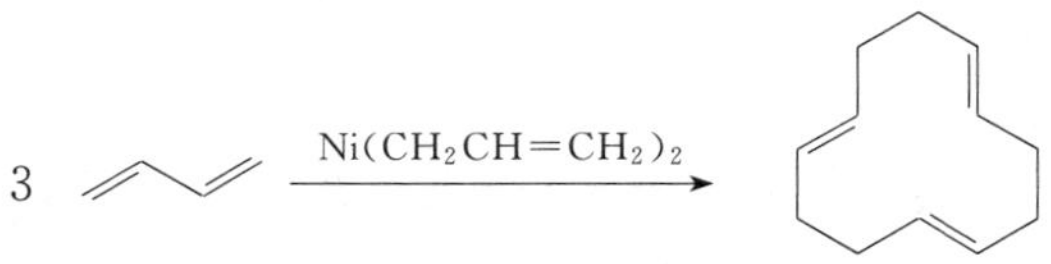


(1E，5E，9E)-1，5，9-环十二碳三烯

在大多数条件下，共轭二烯烃易按 1，4-加成方式形成链状大分子聚合物。共轭二烯烃的聚合反应是制备合成橡胶的基本反应。

顺-1，4-聚异戊二烯(合成天然橡胶)

## §6.4 共轭二烯烃的制备

共轭二烯烃内能低，在一般反应条件下较易形成。

### 6.4.1　烷烃、烯烃脱氢

工业上 1,3-丁二烯是由石油裂化气的 $C_4$ 馏分——丁烷和丁烯，通过脱氢制备的：

$$CH_3CH_2CH_2CH_3 \xrightarrow[520℃\sim600℃]{Al_2O_3\text{-}Cr_2O_3} CH_3CH_2CH{=}CH_2 + CH_3CH{=}CHCH_3 + H_2$$

丁烯再由氧化脱氢法或催化脱氢法制得 1,3-丁二烯。

氧化脱氢通常用浸渍在硅胶微球上的磷-钼-铋作催化剂，在 480℃～500℃，用空气氧化脱氢。催化脱氢通常以磷酸钙镍为催化剂，并加入 2%氧化铬，在 600℃～700℃进行脱氢。

### 6.4.2　乙炔法

该法一般是先在碱性条件下，用乙炔（活性碳负离子）与醛、酮、环氧化合物等加成，尔后再氢化、脱水即可，例如：

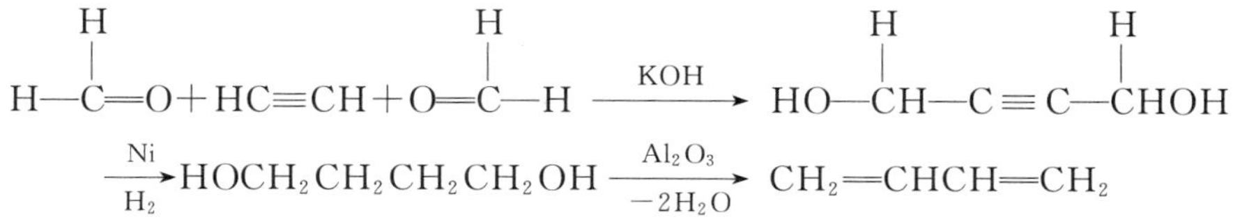

### 6.4.3　卤代烃脱卤化氢

由于共轭二烯较稳定，多卤代烷在消除反应时，若结构允许，主要按生成共轭二烯的方向进行，例如：

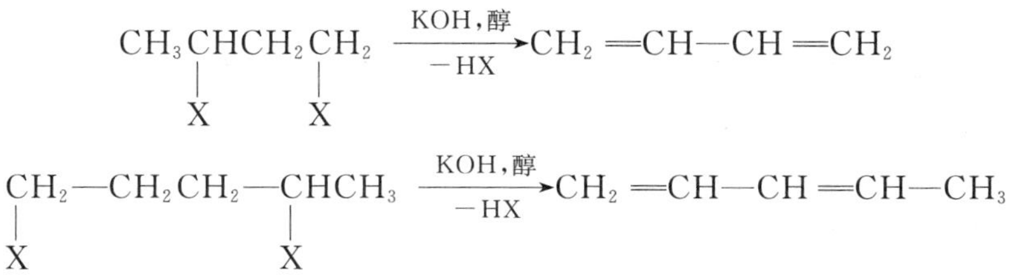

某些二醇脱水，也可生成共轭二烯。例如：

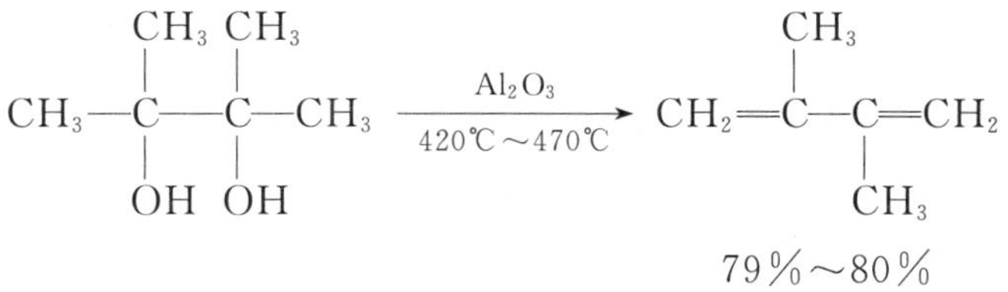

79%～80%

## 习　　题

6-1　下列化合物中是共轭化合物的是（　　），有顺反异构体的是（　　）。试写出它们的顺反异构体并用 Z,E 标记法命名。

1. $CH_2{=}CHCH{=}CHC(CH_3){=}CH_2$　　2. $CH_3CH{=}CH(CH_2)_2CH{=}CH_2$

3. $CH_3CH{=}CHC(CH_3){=}CHCH_3$　　4. $(CH_3)_2C{=}CHC{\equiv}CCH_3$

5. $CH_3CH{=}CHCH_2C{\equiv}CH$

6-2　试写出下列各对化合物的结构，指出哪个较稳定，并说明原因。

1. 1,3-环己二烯和 1,4-环己二烯

2. 5-乙基-2,5-辛二烯和 5-乙基-2,4-辛二烯

6-3　指出下列各对结构式是否互为共振结构：

1. $CH_2{=}C{=}CH_2$，　$CH_3C{\equiv}CH$；　2. $CH_3\overset{\overset{\displaystyle O}{\|}}{C}{-}CH_3$，　$CH_3\overset{\overset{\displaystyle OH}{|}}{C}{=}CH_2$；

3. $CH_2{=}CHCH{=}CH\overset{+}{C}H_2$，　$\overset{+}{C}H_2CH{=}CH{-}CH{=}CH_2$；

4. 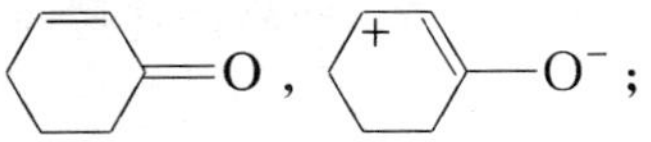

5. $CH_2{=}CH{-}CH{=}CH_2$，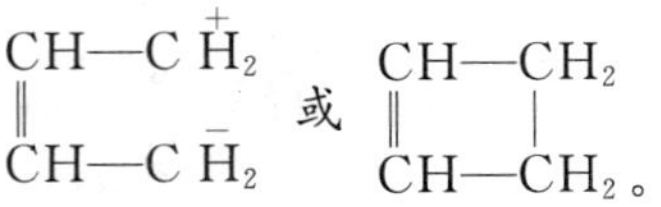

6-4　完成下列转化：

1. $HC{\equiv}CCH_2CH_2CH_3 \longrightarrow H_2C{=}CHCH{=}CHCH_3$；

2. $HC{\equiv}CH \longrightarrow$ 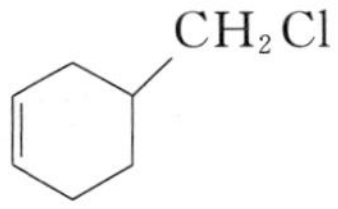

6-5　完成下列反应：

1. $CH_2{=}C(CH_3)CH{=}CH_2 + HBr \longrightarrow$(　　)

2. 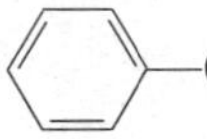$-CH{=}CHCH{=}CH_2 + HBr \longrightarrow$(　　)

3. $(CH_3)_2CHCHClCH_2CH{=}CH_2 \xrightarrow[\text{醇}]{KOH}$(　　)

4. $CH_3CH_2CH{=}CHCH_3 \xrightarrow[CCl_4]{NBS}$(　　)

5. $\underset{\displaystyle CH_3}{CH_2{=}\underset{|}{C}}{-}\underset{\underset{\displaystyle CH_3}{|}}{C}{=}CH_2 + CH_2{=}CHCOOH \xrightarrow[\triangle]{}$(　　)

6. $CH_2{=}CHCH{=}CH_2 + HC{\equiv}CH \xrightarrow[\triangle]{}$(　　)

7.  $+ \begin{matrix}C(CN)_2\\ \|\\ C(CN)_2\end{matrix} \xrightarrow[\triangle]{}$(　　)

6-6　下列化合物与 HBr 进行亲电加成反应哪个更容易？按反应活性大小排列成序：

1. $CH_3CH{=}CHCH_3$　　2. $CH_2{=}CHCH{=}CH_2$

3. $CH_3CH{=}CHCH{=}CH_2$　　4. $CH_2{=}\overset{\overset{\displaystyle CH_3}{|}}{C}{-}\overset{\overset{\displaystyle CH_3}{|}}{C}{=}CH_2$

6-7　写出下列反应的机理：

1. 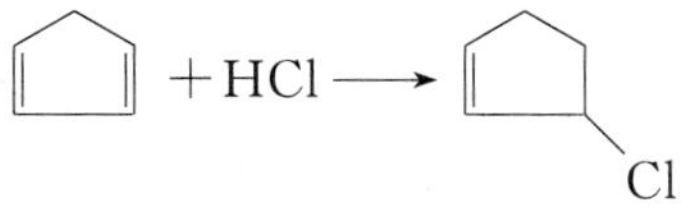（主要产物）

2. $CH_2{=}CHCH{=}CH_2 + BrCCl_3 \xrightarrow{h\nu} \underset{\displaystyle Br}{CH_2}CH{=}CH\underset{\displaystyle CCl_3}{CH_2}$

6-8　写出1,4-二苯基-1,3-丁二烯加1分子溴的所有可能产物的结构式，说明动力学控制产物和热力学控制（平衡控制）产物。

6-9　写出下列亲双烯体与1,3-丁二烯进行D-A反应的活性次序：

1. $CH_2{=}CHCH_3$；　　2. $CH_2{=}CHCN$；　　3. $CH_2{=}CHCH_2Cl$

6-10　选用适当原料，通过D-A反应合成下列化合物：

1. 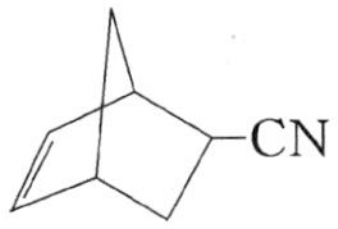

2. 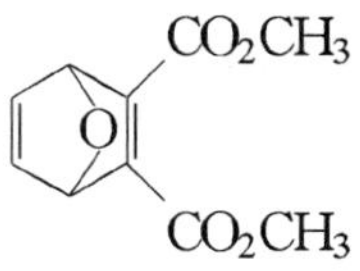

3. 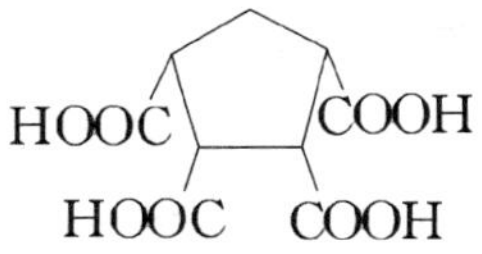

4. 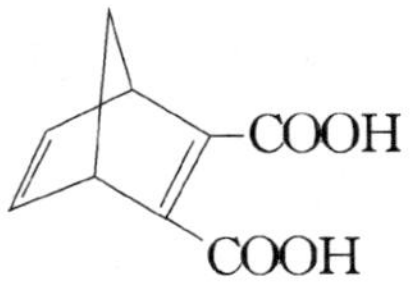

# 第七章　芳　烃

过去，人们从某些植物中提取、分离出的一些香气物质中，大多数都含有苯环，因此，就把含有苯环的有机化合物称为芳香族化合物。化学发展到现在，我们已知道大多数含苯环的化合物其实并没有香味，甚至是其臭无比。目前，芳香族化合物通常是泛指一类特别稳定的化合物。该类化合物包括含有苯环的化合物和非苯芳香族化合物。

芳烃，又称芳香烃(Arenes or Aromatic hydrocarbons)，是指含有苯环的碳氢化合物。根据分子所含苯环的数目，芳烃可分为单环芳烃(即苯及苯的衍生物，Monocyclic aromatic hydrocarbons)和多环芳烃。

## §7.1　单环芳烃的结构和命名

### 7.1.1　苯的结构

1825 年 M. Farady 分离出苯，并测定其组成仅含 C，H 两种元素。1833 年 E. Mitscherlich 用蒸汽密度法确定了苯的分子式为 $C_6H_6$。后来人们又发现了苯的一些性质：6 个碳和 6 个氢原子是等同的；虽然不饱和度为 4，但苯分子却有一定的“饱和”性，即难于被氧化，也难于起加成反应；苯的一元取代物只有一种，取代基相同时的二、三、四取代物各有三种，五、六取代物只有一种。1865 年 Kekulé 首先提出了苯的环己三烯式经典结构。但该结构还无法从本质上解释苯的“饱和性”等问题。

现代物理方法测知，苯分子为正六边形，其键长、键角为：C—C 键 139.7 pm，C—H 键 108.4 pm，∠HCC 及∠CCC 皆为 120°。

那么如何认识苯分子的真实结构呢？

(1) 价键法的认识：环状封闭的大 π 键

价键法认为，苯分子中的 6 个碳原子都是 $sp^2$ 杂化，除了彼此重叠形成 6 个 C—Cσ 键外，每个碳原子还以 $sp^2$ 杂化轨道与氢原子 1 s 轨道相重叠，形成 6 个 C—Hσ 键。每个碳原子的垂直于苯分子所在平面的 $2p_z$ 轨道相互肩并肩重叠，形成环状封闭的大 π 键如图 7-1 所示。

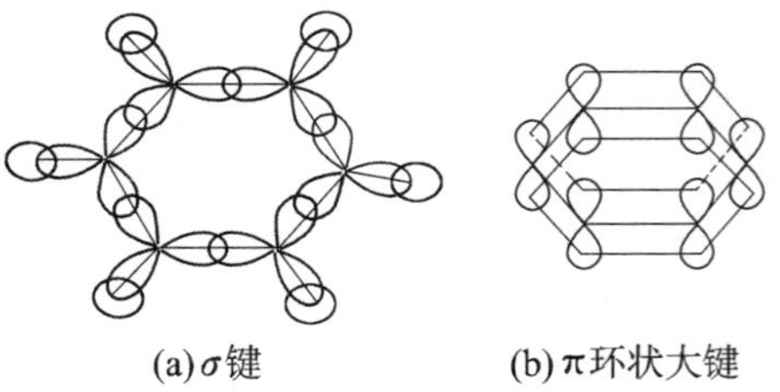


图 7-1　苯分子的成键情况

(2) 分子轨道法的认识：苯的 π 分子轨道

分子轨道法认为，苯分子形成 σ 键后，6 个碳原子上的 6 个 2p 原子轨道可线性组合，形成 6 个 π 分子轨道。其中有 3 个成键轨道($\pi_1$，$\pi_2$ 及 $\pi_3$)和 3 个反键轨道($\pi_4^*$，$\pi_5^*$ 及 $\pi_6^*$)，在基态下，6 个 π 电子分别填充在 3 个成键轨道上，如图 7-2 所示。

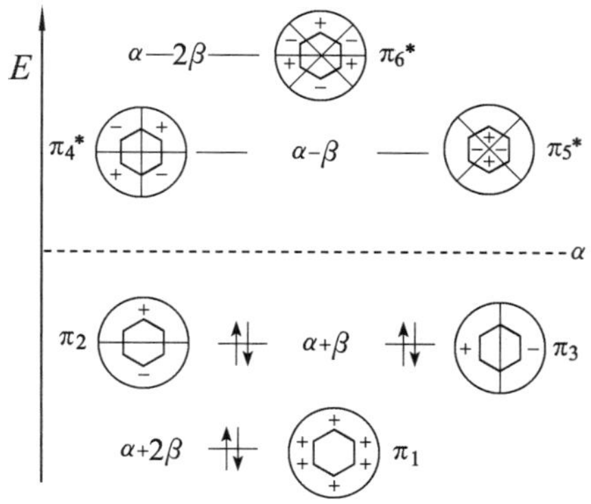


图 7-2 苯的 π 分子轨道：位相和能级

(3) 共振论的认识：苯的共振式和共振能

共振论认为，苯的共振式可书写如下：

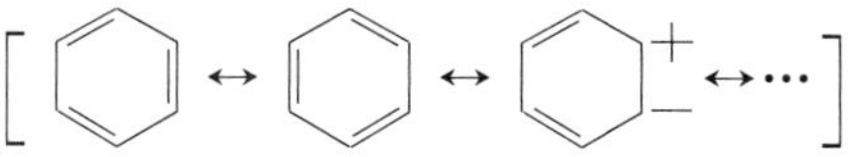


苯的真实结构是这些极限结构的共振杂化体，(Ⅰ)和(Ⅱ)两种共振式的贡献最大。也就是说，苯的真实结构充分体现了苯环上 C—C 键长和 π 电子云密度的平均化，C—C 键已不再是一般的单键或双键，苯环上的 6 个碳原子是等同的，6 个氢原子也是等同的。这就弥补了苯的 Kekulé 结构的缺陷。

实验显示，苯的氢化热为 208.5 kJ·mol$^{-1}$，臆想中的环己三烯的氢化热为 358.5 kJ·mol$^{-1}$。那么苯的共振能为 385.5－208.5＝150 kJ·mol$^{-1}$。可见，共振作用使苯的真实结构(共振杂化体)比苯的经典结构(Kekulé)稳定得多。

为了方便，目前仍采用 Kekulé 式表示苯的结构。另一种是用正六边形内加圆圈来表示苯环：

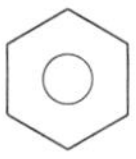

## 7.1.2 苯衍生物的异构和命名

### 7.1.2.1 苯衍生物的异构

苯的一元取代物只有一种，苯的二元取代物有三种，当取代基相同时，苯的三元取代物有三种，苯的四元取代物也有三种，苯的五元及六元取代物也都只有一种。

如取代基不同，苯的三、四、五及六元取代物的异构体会更多。

苯的同系物的通式为 $C_nH_{2n-6}$($n\geqslant 6$)。当烷基苯的侧链烷基含碳原子数较多时，也会导致更多的同分异构体。例如分子式为 $C_9H_{12}$ 的苯的同系物就有八种同分异构体。

7.1.2.2 苯衍生物的命名

(1) 单取代物

通常将取代基和苯结合在一起命名：

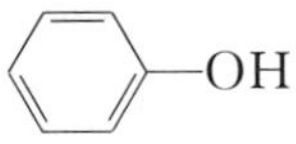

苯酚

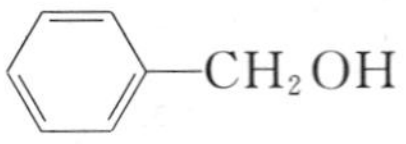

苯甲醇

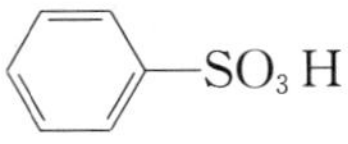

苯磺酸

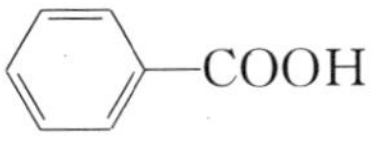

苯甲酸

(2) 二元取代物

习惯上用邻(o-)、间(m-)和对(p-)表示两取代基的位次关系，系统命名法则从母体官能团的位次开始，对苯环上的碳原子依次编号，使取代基得到较小的位置号。例如：

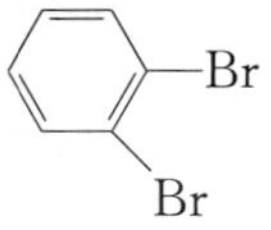

邻二溴苯
(或 1,2-二溴苯)

对硝基甲苯
(或 4-硝基甲苯)

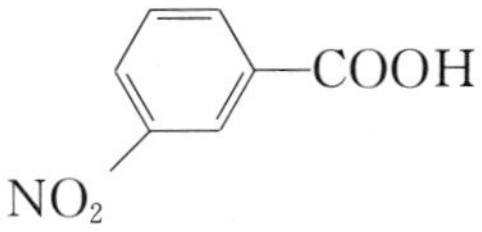

间硝基苯甲酸
(或 3-硝基苯甲酸)

(3) 三元及多元取代物

习惯上以“连”、“均”、“偏”等词头来表示三取代基之间的位次关系。例如：

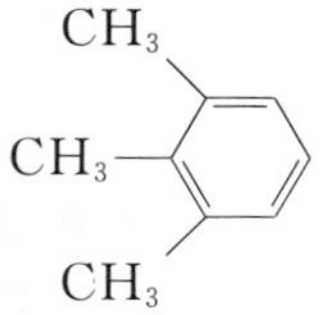

连三甲苯

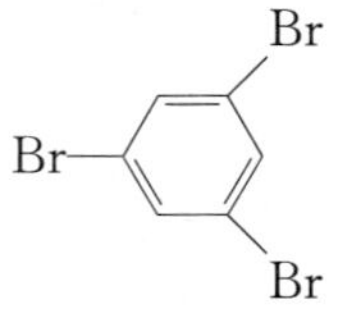

均三溴苯

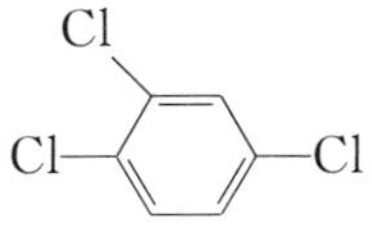

偏三氯苯

一般多取代苯则按系统法命名，编号时使母体官能团的位置号最小，其他取代基的位置号尽可能小；取代基的列出则按照次序规则优先基团后置的原则。例如：

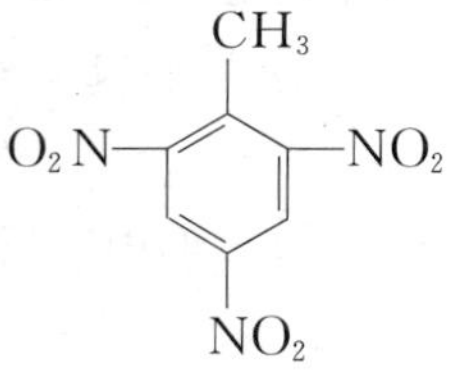

2,4,6-三硝基甲苯

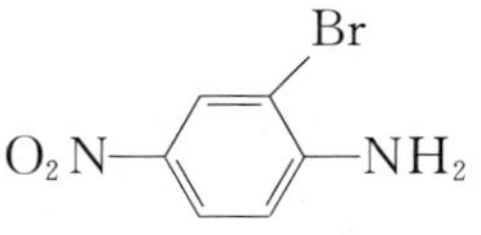

4-硝基-2-溴苯胺

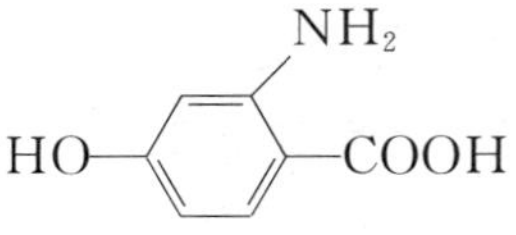

2-氨基-4-羟基苯甲酸

(4) 侧链较复杂的取代物

常将苯环作为取代基，例如：

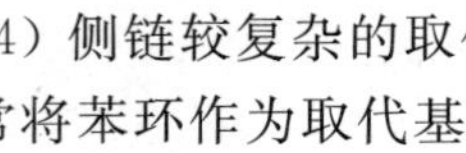

苯乙烯

苯乙炔



苯甲醚



苯胺

芳烃分子中去掉一个氢原子所剩下的基团称为芳基，例如：

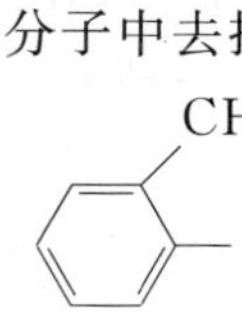

邻甲苯基

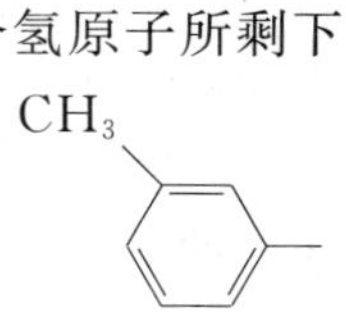

间甲苯基

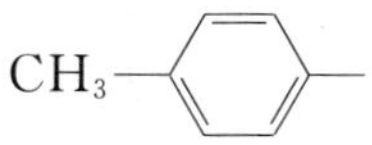

对甲苯基

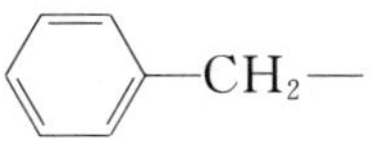

苯甲基(或苄基)

在分子结构简式中，芳基常用 Ar- 表示；苯基 $C_6H_5$— 常用 Ph-或 Φ 来表示。

# § 7.2 单环芳烃的性质

## 7.2.1 单环芳烃的物理性质

苯及其同系物一般为无色透明液体，相对密度小于 1。对于苯的同系物，分子每增加一个 $CH_2$ 单位，沸点平均升高 30℃左右，含碳原子数相同的各种异构体的沸点相差并不大。它们不溶于水，而溶于有机溶剂。由于苯分子具有高度的对称性，因此它的熔点较高。表 7-1 列出了一些单环芳烃的物理常数。

表 7-1 一些单环芳烃的物理常数

| 化合物 | 熔点(℃) | 沸点(℃) | 相对密度($d_4^{20}$) | 折光率($n_D^{20}$) |
|---|---|---|---|---|
| 苯 | 5.5 | 80.1 | 0.8765 | 1.5011 |
| 甲苯 | −95 | 110.6 | 0.8669 | 1.4961 |
| 乙苯 | −95 | 136.2 | 0.8670 | 1.4959 |
| 邻二甲苯 | −25.2 | 144.4 | 0.8802 | 1.5055 |
| 间二甲苯 | −49.7 | 139.1 | 0.8642 | 1.4972 |
| 对二甲苯 | 13.3 | 138.3 | 0.8611 | 1.4958 |
| 丙苯 | −99.5 | 159.2 | 0.8620 | 1.4920 |
| 异丙苯 | −96 | 152.4 | 0.8618 | 1.4915 |
| 均三甲苯 | −44.7 | 164.7 | 0.8652 | 1.4994 |

苯环具有特殊的稳定性。当苯环上连有烷基时，其稳定性增加；而且所连的烷基越多，其稳定性也就越大。衡量化合物稳定性的标志是该化合物的生成热，化合物的生成热越小，其稳定性越大。表 7-2 中列出了一些单环芳烃的生成热。各位置异构体之间（如邻、间、对）生成热或稳定性的差别，与分子中非键基团之间的拥挤程度有关。

表 7-2 一些单环芳烃的生成热(25℃，气相)

| 化合物 | 生成热($kJ \cdot mol^{-1}$) | 化合物 | 生成热($kJ \cdot mol^{-1}$) |
|---|---|---|---|
| 苯 | 82.9 | 间二乙苯 | −21.8 |
| 甲苯 | 50.0 | 对二乙基 | −22.2 |
| 乙苯 | 29.8 | 连三甲苯 | −9.6 |
| 邻二甲苯 | 20.0 | 偏三甲苯 | −13.9 |
| 间二甲苯 | 17.7 | 均三甲苯 | −16.1 |
| 对二甲苯 | 17.9 | 连三乙苯 | −70.1 |
| 丙苯 | 7.8 | 偏三乙苯 | −71.1 |

### 7.2.2 单环芳烃的化学性质

虽然单环芳烃是比较稳定的，但一定条件时也可以发生一系列反应，较重要的有：加成反应、氧化反应、芳环上的取代反应和芳烃侧链上的反应等。

7.2.2.1 加成反应

(1) 催化加氢和 Birch 还原

在高温、高压和镍催化剂存在的条件下，苯及其同系物可加氢生成相应的环烷烃：

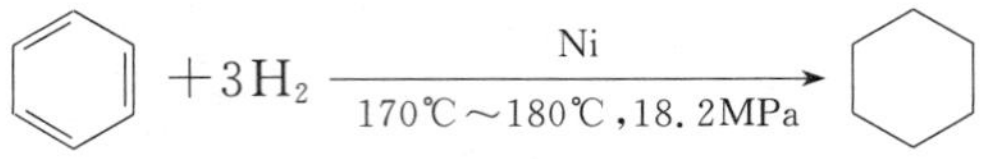


在液氨中用钠和乙醇可将苯还原成 1,4-环己二烯，这就是 Birch 还原反应：

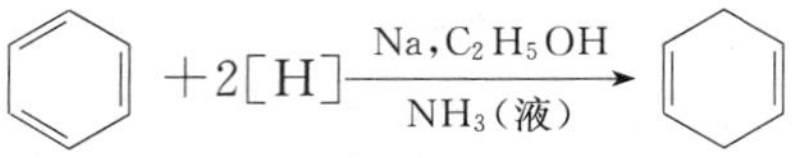


该反应的机理是：

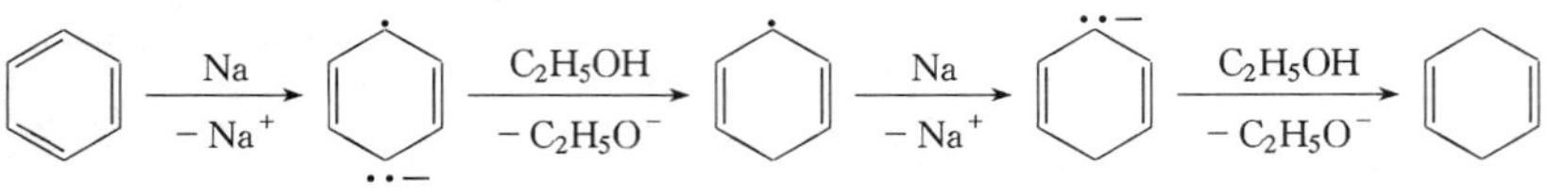


(1) (2) (3)

其中，(1)是苯负离子自由基，由苯接受 1 个电子而成；(2)是 1,4-环己二烯自由基，由(1)接受 1 个 $H^+$ 而成；(3)是 1,4-环己二烯负离子，由(2)接受 1 个电子而成，它接受 1 个 $H^+$ 则变成 1,4-环己二烯。可见，Birch 还原相当于苯环加上了两个氢原子。

烷基苯也可以发生 Birch 还原：

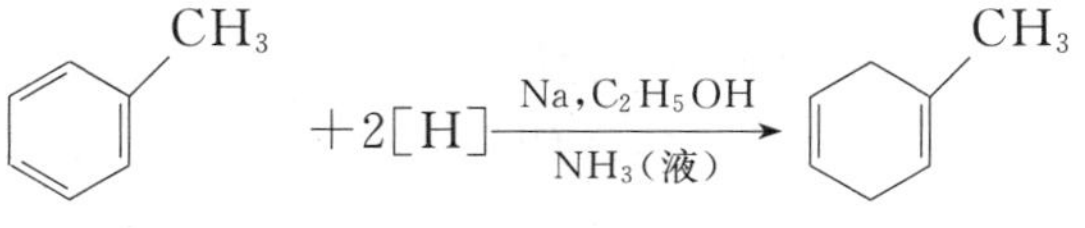


甲苯　　1-甲基-1,4-环己二烯(83%)

反应产物的结构与烷基的+I 效应有关。若苯环上连有吸电子基团，Birch 还原则发生在 1,4-位。例如：

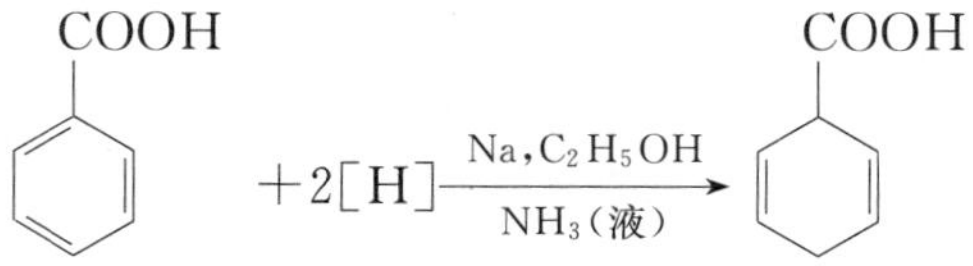


(2) 加氯

在紫外光照射下，苯与氯气加成生成 1,2,3,4,5,6-六氯环己烷(俗称六六六)：

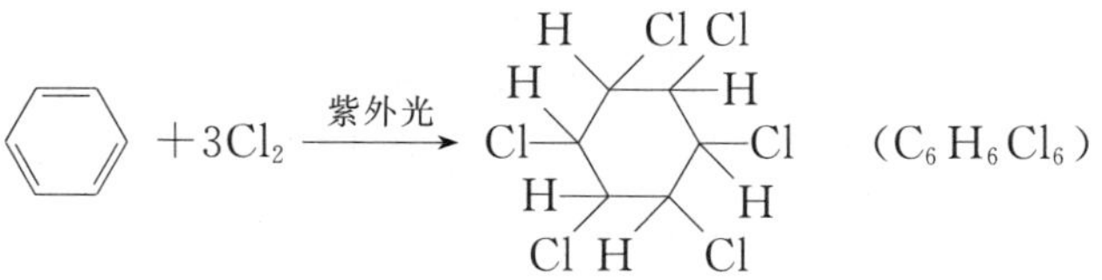


六六六曾作为杀虫剂使用，因残毒较高，我国已于 1983 年将其淘汰。

7.2.2.2 氧化反应

在通常条件下，苯不与 $KMnO_4$ 或 $K_2Cr_2O_7$ 等起氧化反应。然而在高温和 $V_2O_5$ 的催化作用下，苯可被空气氧化开环生成重要的化工原料顺丁烯二酸酐：

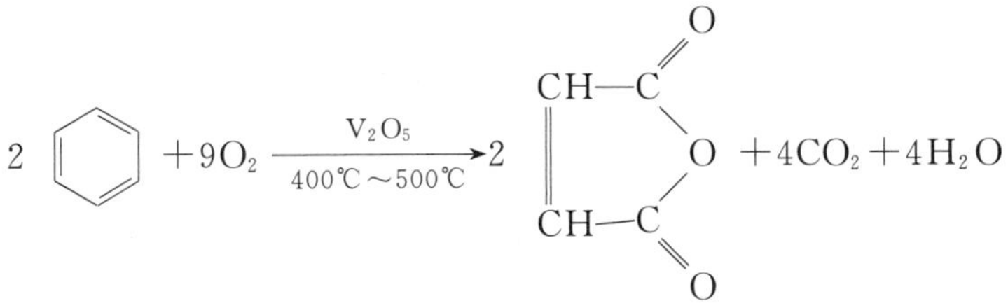

7.2.2.3 苯环上的亲电取代反应

(1) 卤化反应

单环芳烃的卤化通常是指氯化和溴化。在铁或相应的三卤化铁的催化下，苯与氯或溴反应生成氯苯或溴苯：

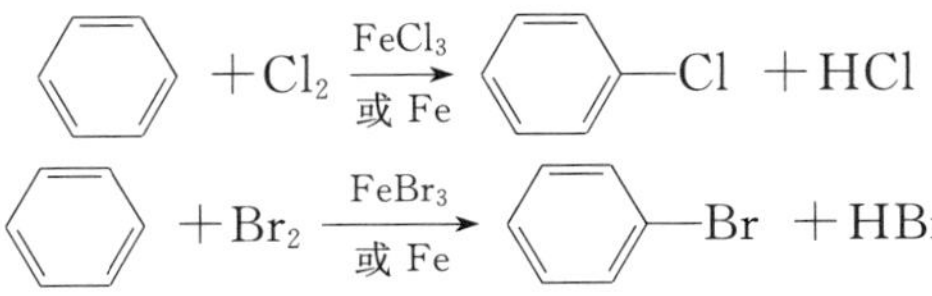

以铁作催化剂时，铁先与氯或溴生成三氯化铁，进而起催化作用。其他 Lewis 酸如三氯化铝等，也可作卤化反应的催化剂。

对于相同的芳烃，不同卤素发生卤化反应的活性大小次序为：$F_2 > Cl_2 > Br_2 > I_2$。氟化反应过于猛烈并生成非芳氟化物及焦油状物；碘化反应过于缓慢且生成强还原剂碘化氢，后者则把产物还原为芳烃。因此，氟苯和碘苯的制备不能用直接卤化法。

苯的溴化反应的机理如下：

$$Br_2+FeBr_3 \rightleftharpoons \overset{\delta+}{Br}-\overset{\delta-}{Br}\cdots FeBr_3 \rightleftharpoons Br^+FeBr_4^-$$

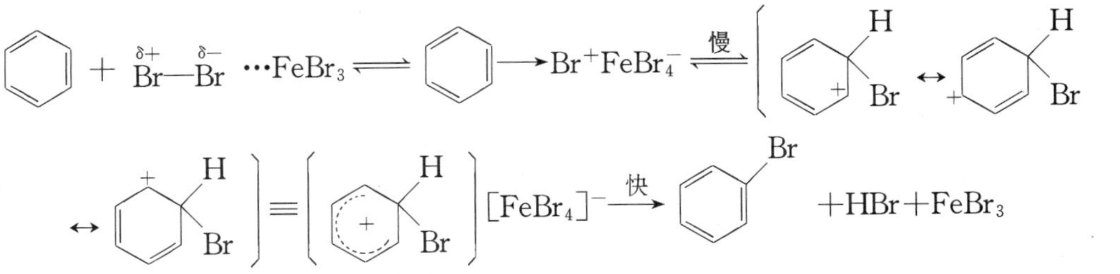

σ-络合物

上述反应机理一般称为加成—消去机理或芳烃阳离子机理。反应的活性中间体是 σ 络合物(又称芳烃阳离子)，是含有五个碳原子和四个 π 电子的共轭体系。目前，光谱和 X-射线衍射法都证明了 π 络合物的存在，有的 σ 络合物(如六甲苯与 $Br^+$ 形成的 σ 络合物)也已由核磁共振谱法测出。

须注意的是，由于烷基的供电子作用，烷基苯比苯更容易氯化或溴化。

(2) 硝化反应

在浓硫酸存在下，苯与硝酸反应生成硝基苯：

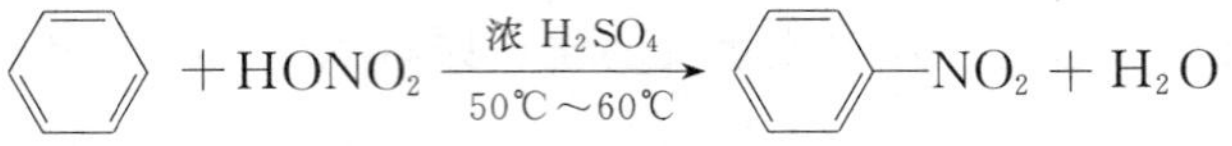


浓硫酸和浓硝酸的混合物俗称“混酸”，是一种比较常用的硝化试剂。苯的硝化反应的机理如下：

$$HONO_2 + 2H_2SO_4 \rightleftharpoons \overset{+}{N}O_2 + H_3O^+ + 2HSO_4^-$$

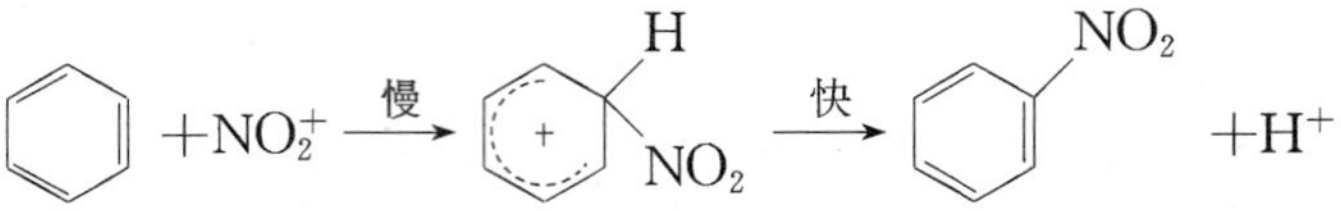


可见，亲电进攻试剂是硝基正离子($NO_2^+$，又称硝鎓离子)；反应分两步，反应的活性中间体是 σ 络合物或芳烃阳离子。苯的硝化反应的能量变化如图 7-3 所示。

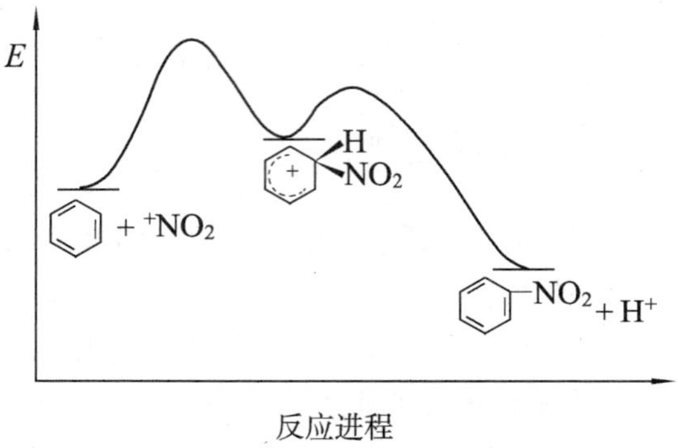


图 7-3　苯的硝化反应的能量变化

如果硝化试剂过量，反应温度较高或反应时间过长，生成的硝基苯还能继续硝化生成间二硝基苯。然而制备多硝基苯则需要用发烟硝酸、发烟硫酸，以及更加苛刻的反应条件。

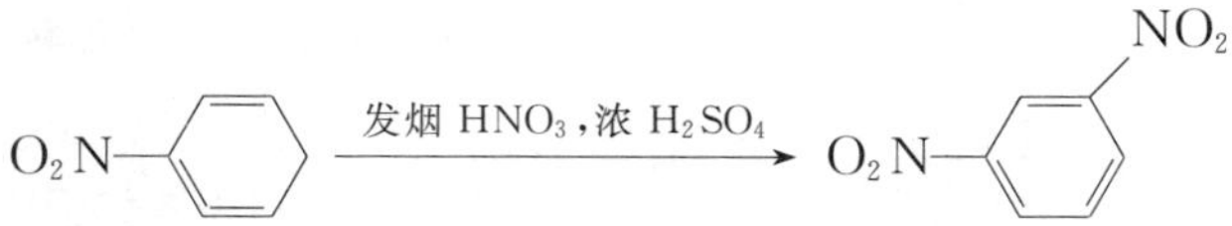


间二硝基苯(88%)

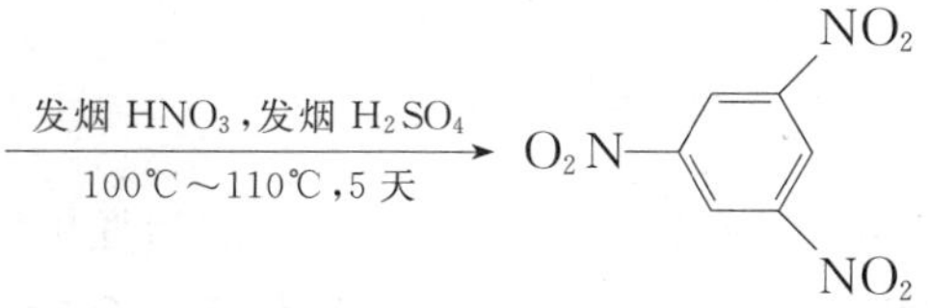


1,3,5-三硝基苯(45%)

同样，由于烷基的供电子作用，烷基苯的硝化比苯容易。例如：

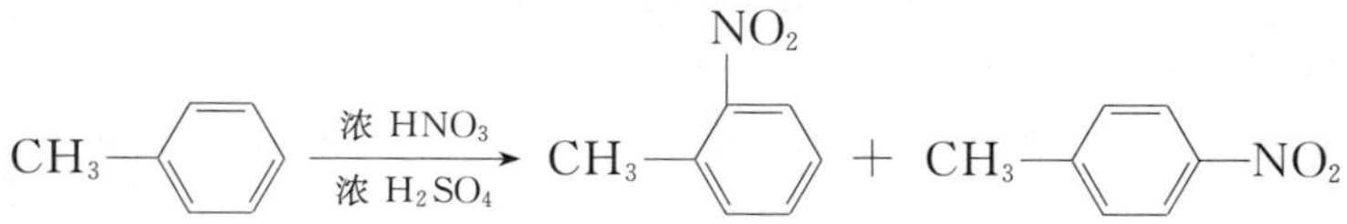


若继续二硝化及三硝化，可由甲苯制得炸药 TNT：2,4,6-三硝基甲苯。

(3) 磺化反应

苯与浓硫酸或发烟硫酸作用可生成苯磺酸。用过量的发烟硫酸作磺化试剂并加热到更高的温度，苯还能发生二元及三元磺化：

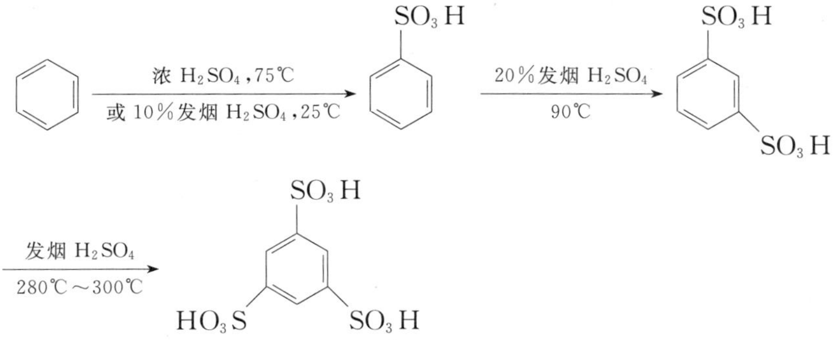


1,3,5-苯三磺酸

苯的磺化反应的机理可能如下：

$$2H_2SO_4 \rightleftharpoons SO_3 + H_3O^+ + HSO_4^-$$

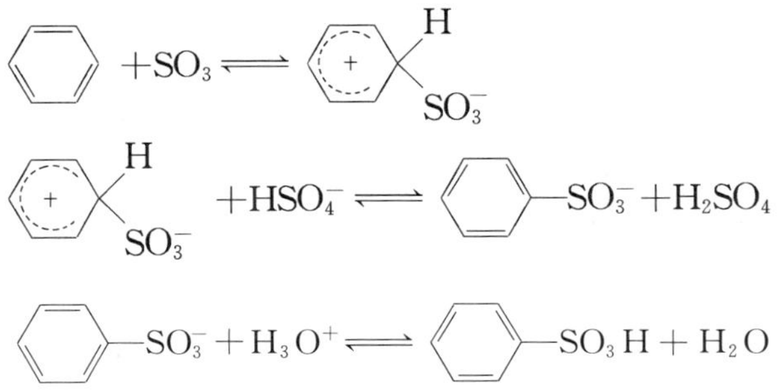


总反应式为：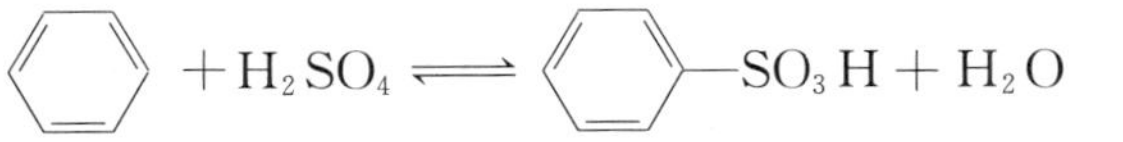


由此可见，亲电进攻的试剂是 $SO_3$（也有人提出，在<96%的硫酸中进攻试剂是 $H_3SO_4^+$，在>96%的硫酸中进攻试剂是 $H_2S_2O_7$，在发烟硫酸中进攻试剂是 $H_3S_2O_7^+$）。

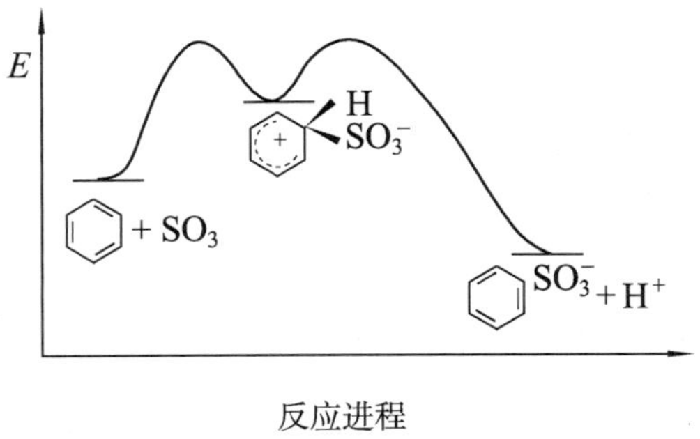


图 7-4　苯的磺化反应的能量变化

图 7-4 是苯的磺化反应的能量变化示意图。与硝化反应相比，磺化反应中的 σ 络合物向产物或向反应物转化的活化能基本相当，是典型的可逆反应。如将过热水蒸气通入磺化反应的混合物中，或将芳基磺酸与稀硫酸共热，磺酸基则被脱去：

$$ArSO_3H + H_2O \xrightarrow[\triangle]{H_2SO_4} ArH + H_2SO_4$$

上述反应在有机合成上非常有用。

(4) Friedel-Crafts 反应(F-C 反应)

F-C 反应包括烷基化和酰基化两类反应。

① 烷基化反应

在无水三氯化铝等的催化下，苯与卤代烷等反应生成烷基苯：

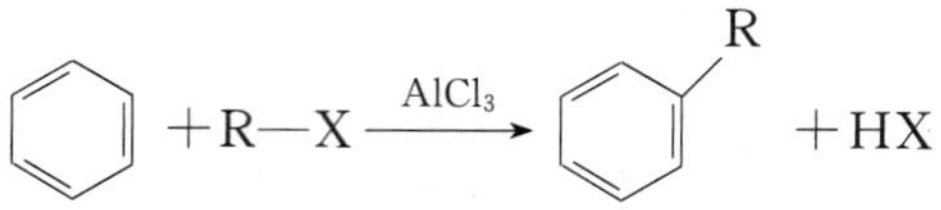

催化剂除 $AlCl_3$ 外，还有 $FeCl_3$，$SnCl_4$，$ZnCl_2$，HF，$H_2SO_4$ 和 $H_3PO_4$ 等。烷基化试剂除卤代烷(一般用 R—Cl 和 R—Br)外，还有烯烃和醇等。如：

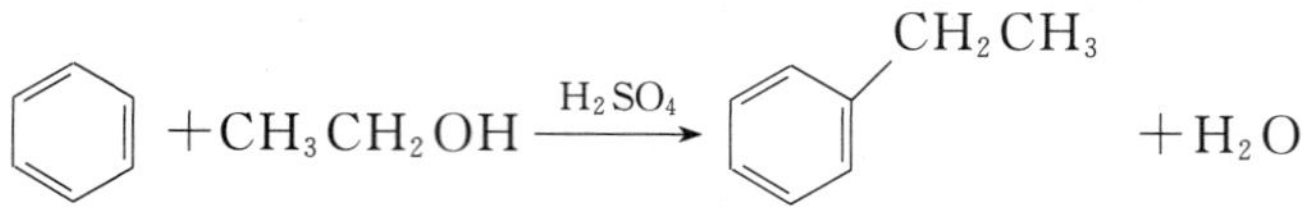

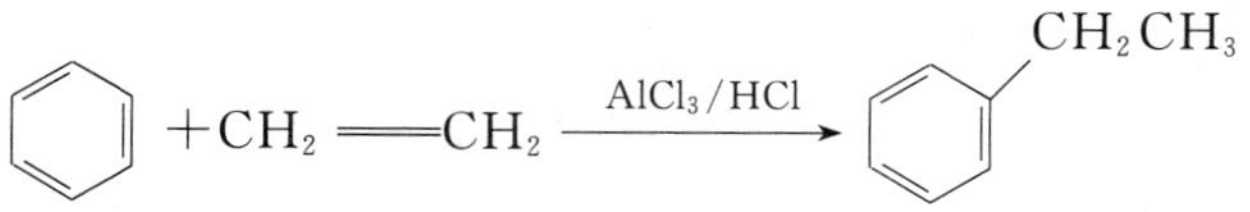

苯的烷基化反应的机理如下：

$$RX + AlCl_3 \rightleftharpoons RX\cdots AlCl_3 \rightleftharpoons R^+ + [AlCl_3X]^-$$

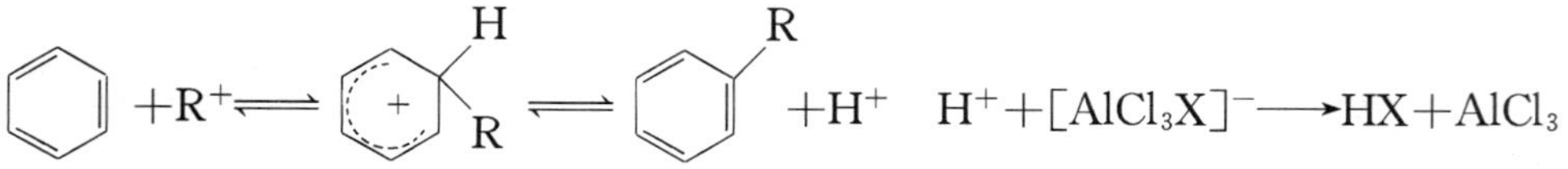

可见，烷基化反应也是可逆的，在高温及催化剂长时间作用下，两摩尔烷基苯可发生歧化反应，一摩尔发生去烷基化，另一摩尔发生二烷基化：

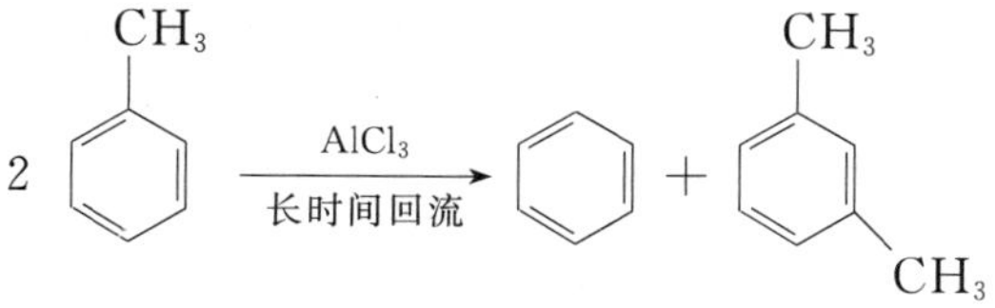

须注意的是，亲电进攻试剂是易发生重排反应的烷基碳正离子 $R^+$，这样，反应有时会发生由碳正离子重排(形成更稳定的碳正离子)而引起的异构化：

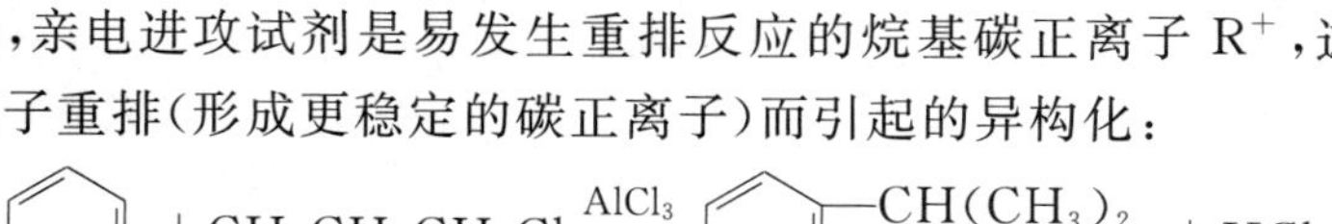

虽然使用较弱的 Lewis 酸催化剂 $FeCl_3$ 可在一定程度上避免上述分子重排反应的发生，但是直链烷基苯的制备一般不用此种方法。

② 酰基化反应

在 $AlCl_3$ 等的催化下，苯与酰氯或酸酐反应可生成苯基酮：

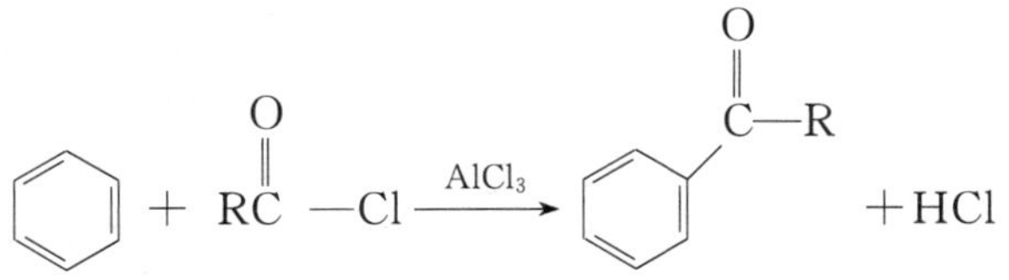

催化剂除 $AlCl_3$ 外，HF，$H_2SO_4$，PPA(多聚磷酸)也常用，尤其用于分子内酰基化的。酰基化试剂除酰氯外，还有酸酐及用于分了内酰基化的羧酸等，如：

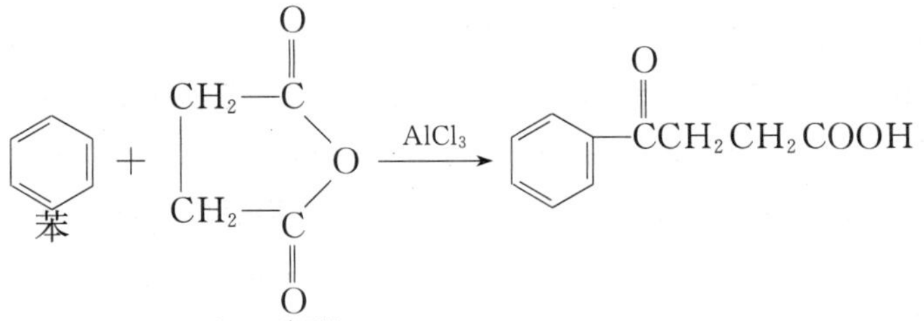

苯　　丁二酸酐　　4-苯基-4-氧代丁酸

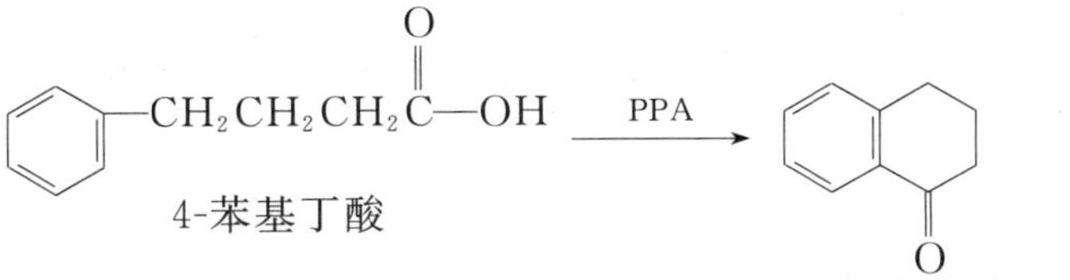

4-苯基丁酸　　1-四氢化萘酮

苯的酰基化反应的机理如下：

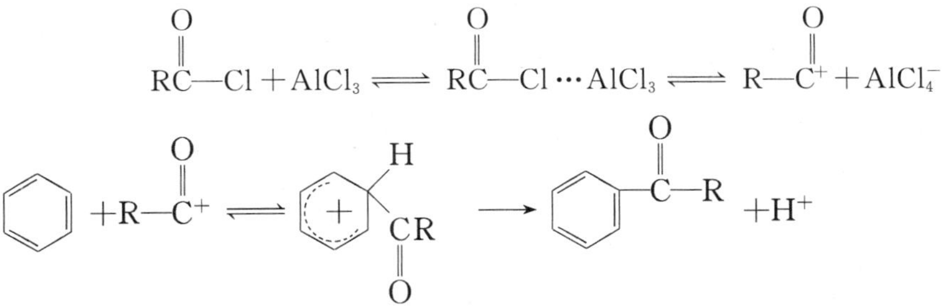

$$H^+ + AlCl_4^- \longrightarrow HCl + AlCl_3$$

显然，该类反应不会发生分子重排反应。

此外，由于酰基对苯环的致钝作用，因此无多酰基化反应发生。酰基化反应的另一特点是催化剂 $AlCl_3$ 用量较多(均在 1 摩尔以上)，这是由于反应产物与催化剂形成配合物的缘故。应当注意，当苯环上有硝基、酰基、磺酸基和氰基等致钝基团时，很难发生 F—C 反应。

(5) 氯甲基化

在无水氯化锌催化下，苯与甲醛及氯化氢反应生成氯化苄，苯环上引入一个氯甲基：

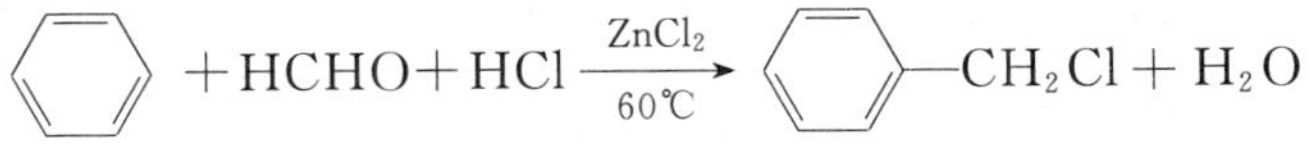

苯　　甲醛　　氯化苄(79%)

苯的氯甲基化反应的机理可能如下：

$$H_2C{=}O + ZnCl_2 \longrightarrow H_2C{=}O\cdots ZnCl_2 \longrightarrow [H_2C{=}\overset{+}{O}{-}\bar{Z}nCl_2 \leftrightarrow H_2\overset{+}{C}O\bar{Z}nCl_2]$$

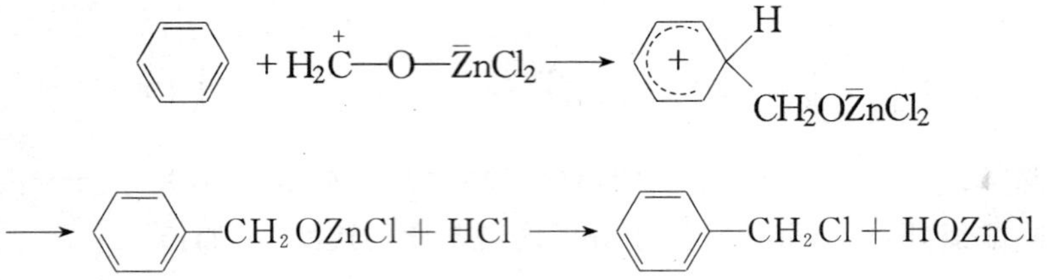

$$HOZnCl + HCl \longrightarrow ZnCl_2 + H_2O$$

氯甲基化反应的催化剂通常是氯化锌，也可用 F—C 反应的其他的 Lewis 酸催化剂；氯甲基化反应的试剂有$(CH_2O)_3/HCl$，$ClCH_2OCH_3$ 及 HCHO/HCl 等。氯甲基化反应的底物有苯、烷基苯、烷氧基苯，卤苯及稠环芳烃等。当苯环上连有强的吸电子基团时，反应的产率极低，甚至不反应，而芳胺和酚类则由于太活泼而发生聚合反应。

7.2.2.4 烷基苯侧链的反应

(1) 侧链卤化

烷基苯侧链的自由基型卤化主要是指 α-位的氯化和溴化。如，在光照下将氯气通入甲苯中，则发生侧链氯化：

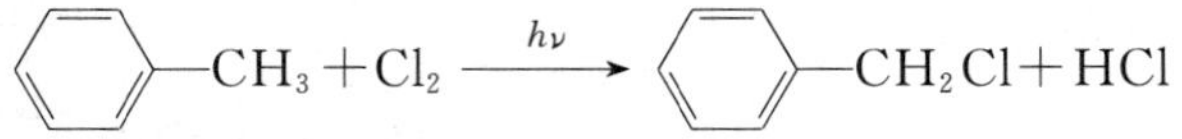

甲苯光氯化的反应机理如下：

$$Cl_2 \xrightarrow{h\nu} 2Cl\cdot$$

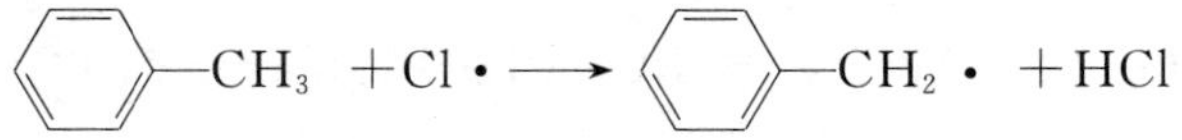

苄基自由基

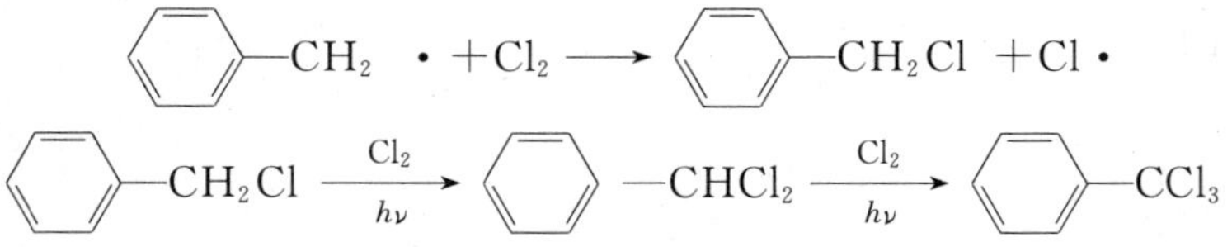

苄氯　　苯基二氯甲烷　　苯基三氯甲烷

控制氯气的用量可以使反应停留在生成苄氯的阶段。再如：

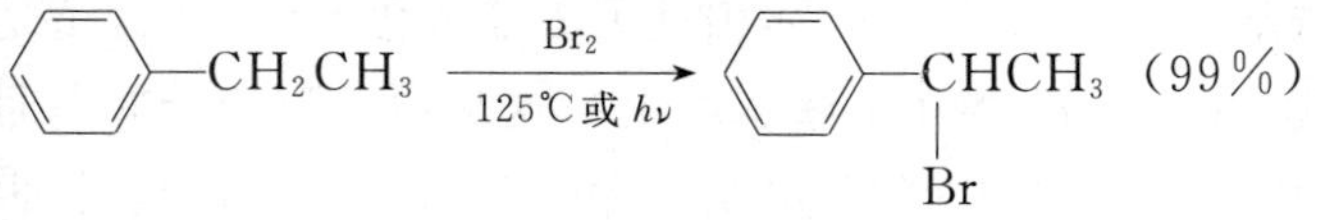

自由基溴化反应还可用 N-溴代丁二酰亚胺(NBS)作试剂。

(2) 侧链氧化

侧链氧化多发生在 α-位上，根据氧化剂的不同，产物为羧酸、醛或酮及过氧化物等。

在 $KMnO_4$，$HNO_3$ 空气中的氧(催化剂为乙酸钴等)等氧化剂的作用下，有 α-H 的烷基苯不管侧链多长，侧链烷基总是被氧化成羧基：

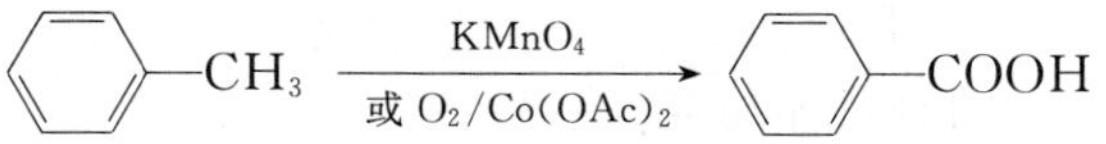

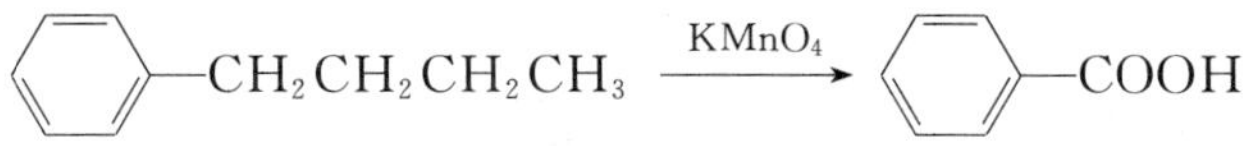

如侧链烷基无 α-H，则不易被氧化。但在强氧化剂存在下，苯环会被氧化破裂。氧化成醛、酮等的反应将在以后章节介绍。

# §7.3　苯环上亲电取代反应的定位规律

## 7.3.1　取代基的定位效应

一取代苯发生亲电取代反应时，新导入的基团可以进入原有取代基的邻位(o-)、间位(m-)和对位(p-)，生成三种不同的取代产物。但实际情况并非如此，原取代基对新导入的基团的位置有决定性(见表 7-3)。

一般情况下，将邻位和对位异构体的总的比例(o+p)>60%的原有的取代基叫做邻对位定位基，而把间位异构体的比例大于 40%的原有的取代基叫做间位定位基。从表 7-3可以看出，常见的取代基可分为三类：第一类是使苯环活化的邻对位定位基，—OH，—$NHCOCH_3$，—$OCH_3$，—$CH_3$ 和—$C(CH_3)_3$ 等；第二类是使苯环钝化的邻对位定位基，如—F，—Cl，—Br，—I 和—$CH_2Cl$ 等；第三类是使苯环强烈钝化的间位定位基，如—$NO_2$，—C≡N，—COOH，—$SO_3H$，—CHO，—$COOC_2H_5$ 和—$CF_3$ 等。

表 7-3　一些一取代苯的硝化反应的相对速率及产物组成

| 取代基 | 相对速率 | 硝化产物 | | | (o+p)/m |
|---|---|---|---|---|---|
| | | o- | m- | p- | |
| OH | 很快 | 55 | 痕量 | 45 | 100/0 |
| $NHCOCH_3$ | 快 | 19 | 1 | 80 | 99/1 |
| $OCH_3$ | $\sim 2\times10^5$ | 44 | 1 | 55 | 99/1 |
| $CH_3$ | 25 | 63 | 3 | 34 | 97/3 |
| $C(CH_3)_3$ | 16 | 12 | 8 | 80 | 92/8 |
| F | 0.03 | 12 | 痕量 | 88 | 100/0 |
| Cl | 0.03 | 30 | 1 | 69 | 99/1 |
| Br | 0.03 | 37 | 1 | 62 | 99/1 |
| I | 0.18 | 38 | 2 | 60 | 98/2 |
| H | 1.0 | | | | |
| $NO_2$ | $6\times10^{-8}$ | 6 | 93 | 1 | 7/93 |
| $^+N(CH_3)_3$ | $1.2\times10^{-8}$ | 0 | 89 | 11 | 11/89 |
| CN | 慢 | 17 | 81 | 2 | 19/81 |

续表

| 取代基 | 相对速率 | 硝化产物 | | | (o+p)/m |
|---|---|---|---|---|---|
| | | o- | m- | p- | |
| COOH | 慢 | 19 | 80 | 1 | 20/80 |
| CHO | 慢 | 19 | 72 | 9 | 28/72 |
| $COOC_2H_5$ | 0.0037 | 28 | 68 | 4 | 32/68 |
| $CF_3$ | 慢 | 0 | 100 | 0 | 0/100 |

据此，可按照对苯环的活化及钝化能力，将常见的取代基排列如下：

$-NH_2, -NHR, -NR_2, -OH > -NHCOCH_3, -OR > -C_6H_5, -R > H > F, Cl, Br, I$

强烈活化　　中等活化　　弱活化　　弱钝化

←—— o,p— 定位基 ——→

$-NO_2, -\overset{+}{N}(CH_3)_3, -CN, -COOH, -CO_2R, -SO_3H, -CF_3$

强钝化

←——→

m—定位基

### 7.3.2 定位效应的理论解释

一般可依据亲电试剂($E^+$)进攻取代苯的所形成的反应活性中间体——σ络合物的稳定性来解释定位规律问题。较稳定的活性中间体较易形成，且速率大，所占的份额多。

7.3.2.1 甲基

亲电试剂 $E^+$ 进攻甲苯生成的σ络合物的主要共振结构式是：

进攻邻位：

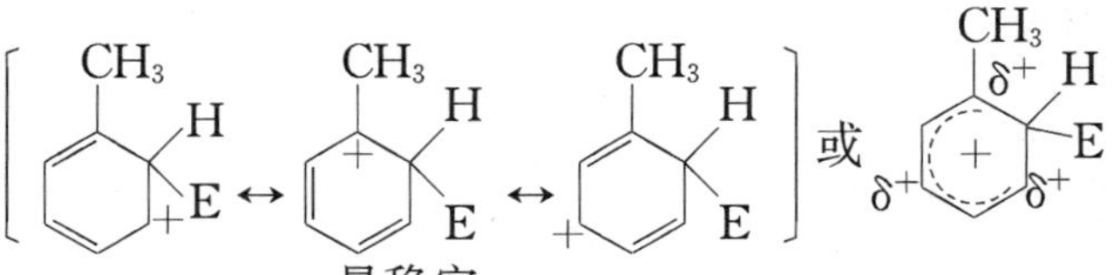


最稳定

(Ⅰ)

进攻对位：

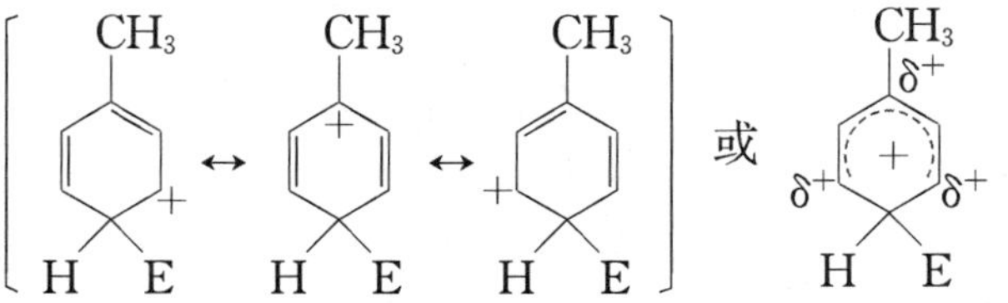


最稳定

(Ⅱ)

进攻间位：

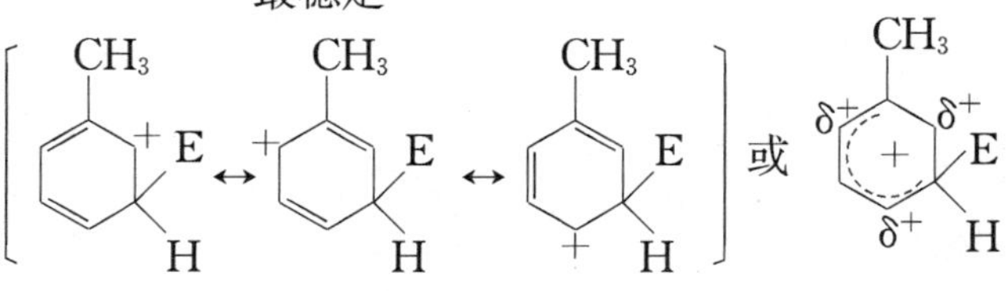


(Ⅲ)

由于 $CH_3$—具有＋I 效应，对于进攻邻、对位形成的 σ 络合物的正电荷有较大的中和作用即分散作用，因此比较稳定，甲基是邻对位定位基，同时是苯环亲电取代的致活基。

7.3.2.2　甲氧基

亲电试剂 $E^+$ 进攻苯甲醚形成的 σ 络合物的主要共振结构式是：

进攻邻位：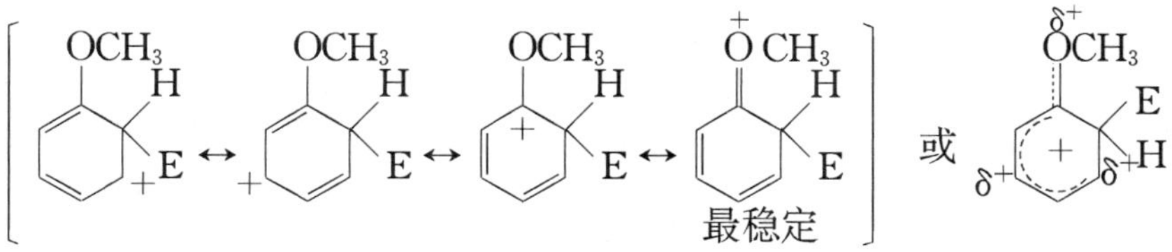（Ⅳ）

进攻对位：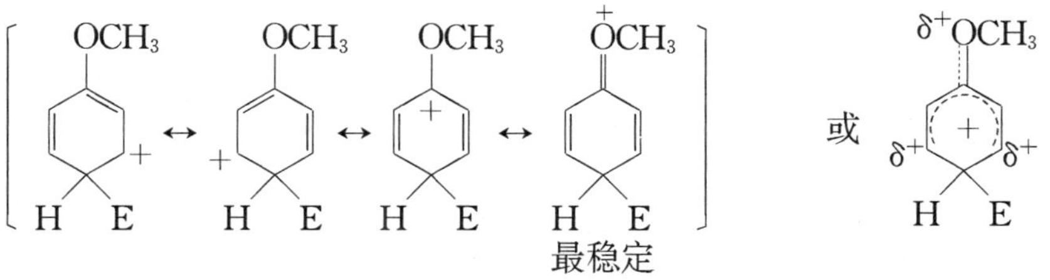（Ⅴ）

进攻间位：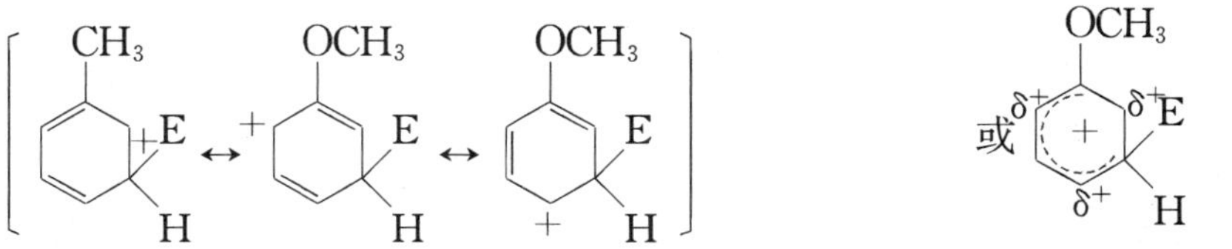（Ⅵ）

由于Ⅵ中 $CH_3O$—的＋C 效应受阻，对电荷分散作用小，因此Ⅳ和Ⅴ比Ⅵ稳定得多，甲氧基是致活的邻对位定位基。

7.3.2.3　卤素

亲电试剂 $E^+$ 进攻氯苯形成的 σ 络合物的主要共振结构式是：

进攻邻位：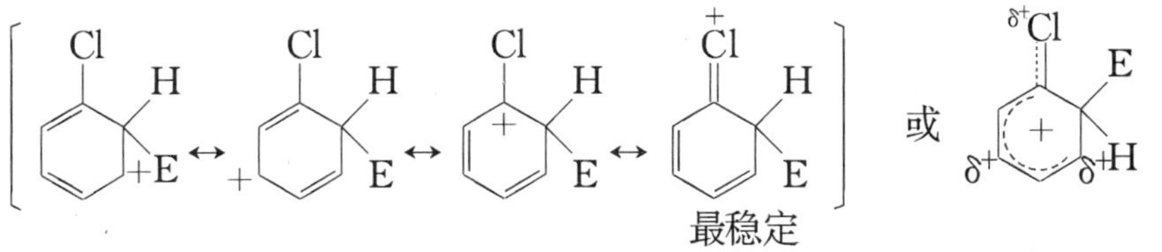（Ⅶ）

进攻对位：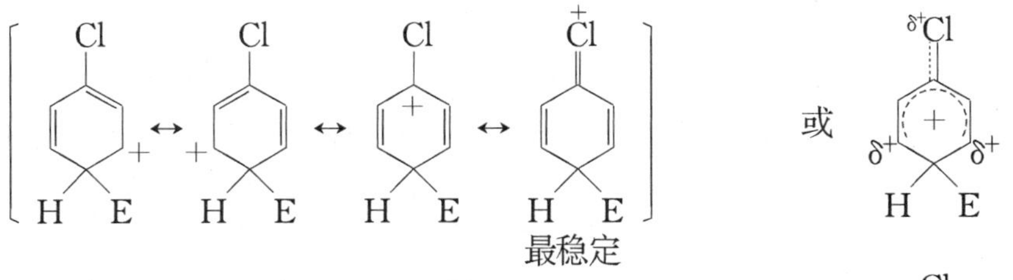（Ⅷ）

进攻间位：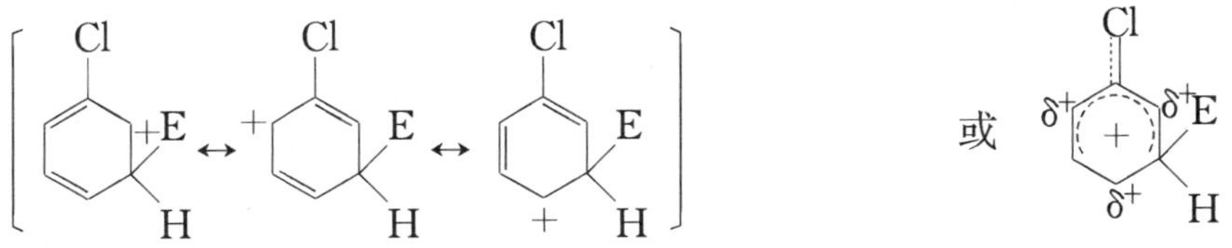（Ⅸ）

由于 $\ddot{Cl}$—具有＋C 效应，对于进攻邻、对位形成的 σ 络合物的正电荷有较大的中和作用即分散作用（与进攻间位相比），因此Ⅶ和Ⅷ比Ⅸ要稳定些，Cl—是邻对位定位基。不过，氯原子电负性大，总的结果是导致苯环的电子密度减少，是使苯环致钝的邻对位定位基。

7.3.2.4 硝基

亲电试剂 $E^+$ 进攻硝基苯所形成的 σ 络合物的主要共振结构式是：

进攻邻位：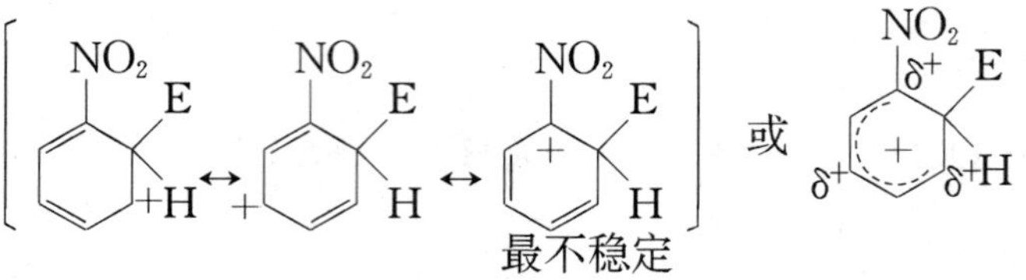 （Ⅹ）

进攻对位：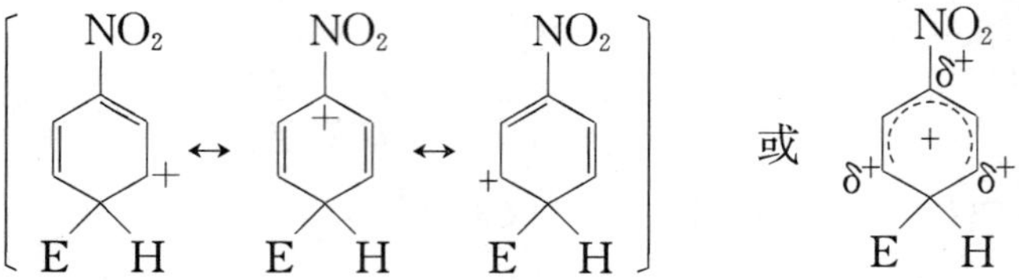 （Ⅺ）

进攻间位：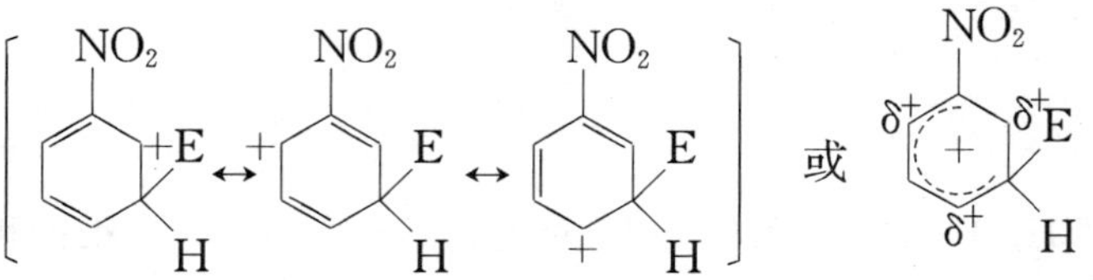 （Ⅻ）

由于 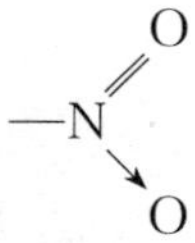 具有—C 和—I 效应，而使缺电子程度增大即正电荷更加集中，因此硝基是苯环亲电取代的致钝基。

## 7.3.3 二取代苯的定位效应

苯环上有两个取代基时，第三个基团进入苯环的位置，主要由原有两个取代基的定位效应来决定。

（1）当两个取代基的定位效应一致时，亲电试剂进入两取代基共同定位的位置。

（2）当两个取代基的定位效应不一致时，可分为两种情况：若两个取代基相同，则亲电试剂导入的位置，由定位效应较强的取代基决定；若两个取代基不同，则亲电试剂导入的位置，依照致活苯环的邻对位定位基＞卤原子＞间位定位基的次序决定。例如：

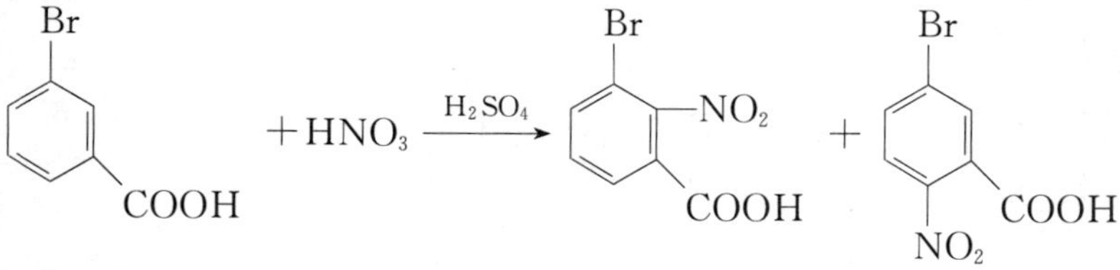

产物比例（%）　13　87

若两取代基的定位效应的强弱相差不大，则三取代产物较复杂。下面列出了几种二取代苯一硝化时，硝基进入苯环有关位置的比例：

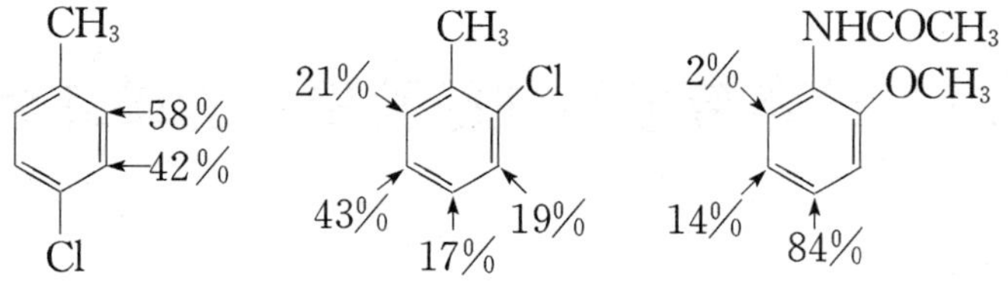


### 7.3.4 影响定位效应的其他因素

7.3.4.1 空间效应

苯环上已有取代基的空间效应对新进入基的定位也有影响。苯环上原有的邻对位定位基，一般使进攻基团主要进入对位，定位基的体积越大，对位产物的比例越高。如下述亲电取代反应的邻位产物比例：

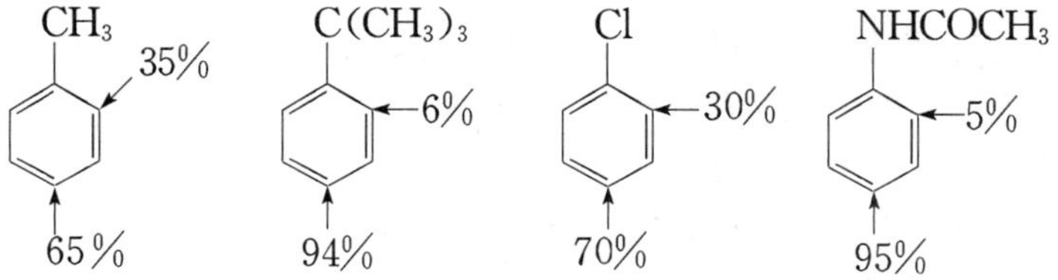


（溴化） （溴化） （硝化） （硝化）

7.3.4.2 反应温度

反应温度对新导入基团的定位也有影响。如：

—磺化（浓 $H_2SO_4$）：

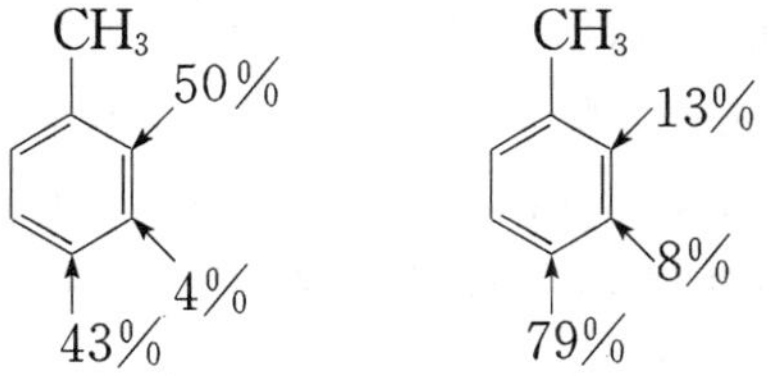


反应温度 （0℃） （100℃）

实际上，定位因素下的反应是基于反应中间体的活化能大小得出的，是速度控制反应。在较高温度下，主要产物由平衡控制（即与产物的热力学稳定性有关）。

7.3.4.3 反应试剂

亲电取代反应所用试剂对新导入基团的定位也有影响。如下列硝化反应在不同的硝化试剂作用下，各种产物的比例：

一硝化：

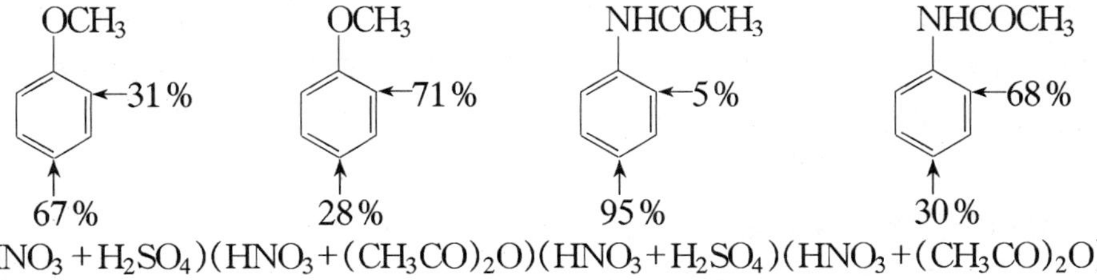


硝化试剂：$(HNO_3+H_2SO_4)$ $(HNO_3+(CH_3CO)_2O)$ $(HNO_3+H_2SO_4)$ $(HNO_3+(CH_3CO)_2O)$

其原因是：当用 $HNO_3+(CH_3CO)_2O$ 作硝化试剂时，质子化的乙酰硝鎓离子与含氧定位基络合，从而增多了进攻邻位的几率。甲苯、氯苯无上述类似反应现象。

## §7.4 单环芳烃的制备及重要的单环芳烃

### 7.4.1 单环芳烃的制备

7.4.1.1 石油馏分的催化重整

芳烃特别稳定，因此，在高温、高压和铂催化剂的存在下，石油的 $C_6\sim C_8$ 馏分可脱氢异构化为相应芳烃，如苯、甲苯和二甲苯等，叫做石油馏分的催化重整或铂重整。

7.4.1.2 煤焦油的分离

煤的干馏（工业上称炼焦）所得黑色粘稠液体煤焦油中，约含有1万多种有机物，已被鉴定的也有500种左右。煤焦油经过精馏，大致可得到如下五种馏分：轻油，沸程低于170℃，主要成分有苯、甲苯和二甲苯等；酚油，沸程170℃～210℃，主要成分有苯酚、甲苯酚、异丙苯和均四甲苯等；萘油，沸程210℃～230℃，主要成分有萘、甲基萘和二甲基萘等；洗油，沸程230℃～300℃，主要成分有联苯、甲基萘、苊和芴等；蒽油，沸程300℃～360℃，主要成分有蒽、菲及其衍生物、苊和苠等。精馏的残渣为沥青。

### 7.4.2 重要的单环芳烃

7.4.2.1 苯(Benzene)

苯是无色透明液体，熔点5.5℃，沸点80.1℃，相对密度 $d_4^{20}$ 为0.8765，折光率 $n_D^{20}$ 为1.5011，有芳香气味，易燃，有毒，不溶于水，可溶于乙醇、乙醚等有机溶剂。苯主要来源于石油馏分的铂重整，煤焦油的分离，甲苯脱甲基以及石油馏分热裂时的副产物。

苯是重要的化工原料和溶剂，主要用于乙苯、异丙苯、环己烷等的合成。

7.4.2.2 甲苯(Toluene)

甲苯是无色透明液体，熔点－95℃，沸点110.6℃，相对密度 $d_4^{20}$ 为0.8669，折光率 $n_D^{20}$ 为1.4961，有类似苯的芳香气味，易燃，有毒，不溶于水，可溶于乙醇、乙醚等有机溶剂。甲苯主要来源于石油馏分的铂重整和煤焦油的分离。甲苯是重要的化工原料和溶剂，主要用于苄氯、苯、二苯甲烷、三苯甲烷和硝基甲苯等的合成。

7.4.2.3 二甲苯(Xylene)

二甲苯通常是指三种异构体的混合物，它主要来源于石油馏分的铂重整，也可由煤焦油的分离获取。前者所得主要成分为间二甲苯，间二甲苯可催化转化为三种二甲苯的混合物。混合二甲苯主要用作溶剂和分离邻、对二甲苯的原料。邻二甲苯可直接用分馏法得到，用作生产邻苯二甲酸酐的原料。对二甲苯可用重结晶法分离。

7.4.2.4 异丙苯(Cumene)

异丙苯是无色透明液体，熔点－96℃，沸点152.4℃，相对密度 $d_4^{20}$ 为0.8618，折光率 $n_D^{20}$ 为1.4915，易燃，有毒，不溶于水，可溶于乙醇、乙醚和苯等有机溶剂。异丙苯主要由苯和丙烯生产，少量也可由煤焦油分离获取。它主要用作合成苯酚和丙酮的原料。

7.4.2.5 苯乙烯(Styrene)

苯乙烯是无色透明液体，熔点－30.6℃，沸点 145.2℃，相对密度 $d_4^{20}$ 为 0.9060，折光率 $n_D^{20}$ 为 1.5468，不溶于水，可溶于乙醇、乙醚等有机溶剂。苯乙烯主要用作合成丁苯橡胶、聚苯乙烯和 ABS 树脂等的重要单体。

苯乙烯主要由乙苯脱氢制得：

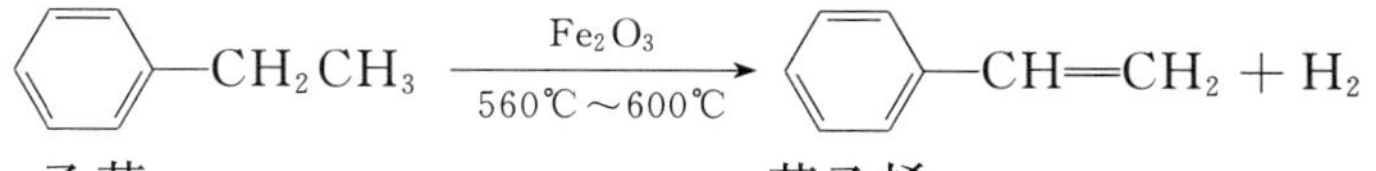


# §7.5 多环芳烃

根据苯环间的相互连接方式，多环芳烃可分为稠环芳烃、联环芳烃和多苯代脂烃。

## 7.5.1 稠环芳烃

苯环与苯环共用两个相邻碳原子的多环芳烃，称为稠环芳烃(Fused or condensed ring aromatic hydrocarbons)。

7.5.1.1 萘(Naphthalene)

(1) 萘的特征及结构

萘的主要来源是从煤焦油的萘油馏分(沸程 210℃～230℃)分离，其含量占煤焦油的 5%。萘是无色片状晶体，熔点 80.55℃，沸点 218℃，易升华，具有特殊气味。

价键法认为：萘分子中的 10 个碳原子都处于 $sp^2$ 杂化状态，并形成了 11 个碳碳 $\sigma$ 键和 8 个碳氢 $\sigma$ 键，每个碳原子上各有一个垂直于分子所在平面的 p 轨道相互重叠，形成双环状的大 $\pi$ 键。显然，萘分子中的 10 个碳原子和 8 个氢原子都在同一平面内。X-射线衍射表明，萘分子中各种碳碳键的键长数据如下(单位 pm)：

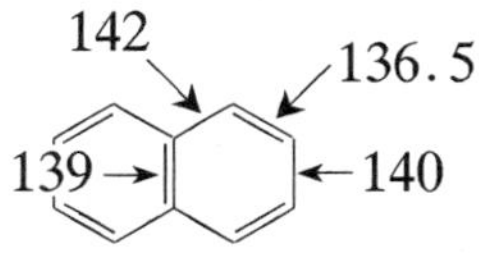


共振论则认为：萘的真实结构是如下三个正则式的共振杂化体：

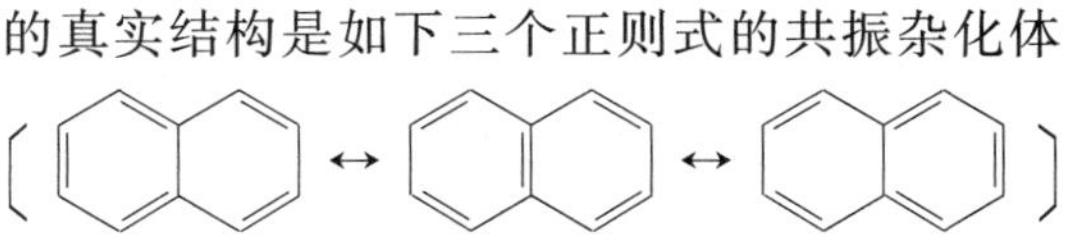

萘的经验共振能为 255 kJ·mol$^{-1}$，比两个苯环的经验共振能 300 kJ·mol$^{-1}$要低，因此萘环不如苯环稳定，萘的芳香性比苯差。

萘的构造式可用 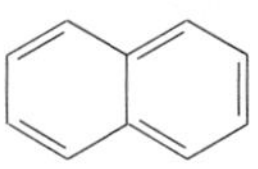 或 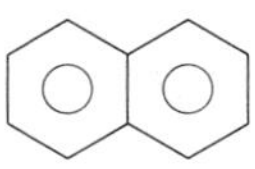 表示。在萘分子中，碳原子的位置不是等同的，例如：

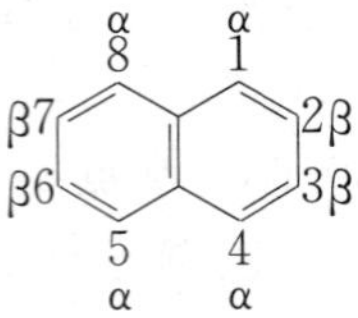


1,4,5,8 位叫做 α-位,2,3,6,7 位叫做 β-位。萘的一元取代物有两种。萘的二元取代物当两取代基相同时有 10 种,不同时有 14 种。

(2) 萘的化学性质

① 亲电取代

由于萘环上 α 位的电子云密度较高,因此萘的亲电取代多发生在 α-位。萘的亲电取代比苯容易进行。

a. 卤化　萘的氯化常以三氯化铁或 $I_2$ 作催化剂,将氯气通入萘的苯溶液中,主要产物为 α-氯萘:

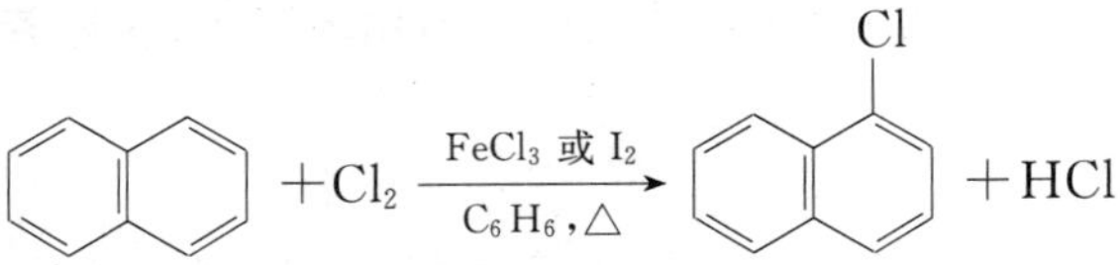


萘　　α-氯萘(>92%)

b. 硝化　用混酸作硝化试剂,萘的硝化在稍热下即可进行,且主要产物为 α-硝基萘:

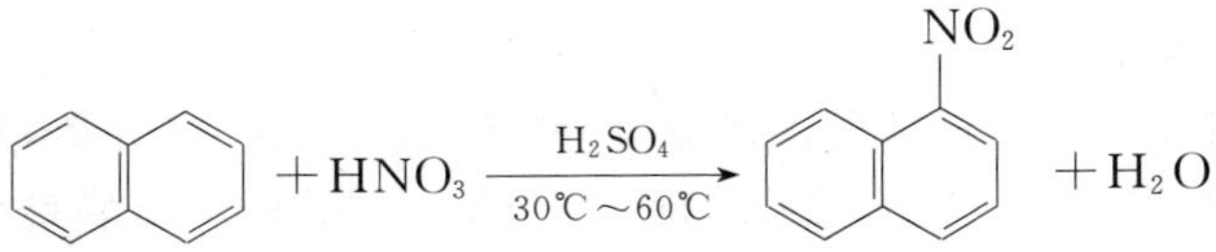


萘　　α-硝基萘(92%～94%)

c. 磺化　用浓硫酸作磺化试剂,萘在较低的温度(60℃)下磺化,主要产物为 α-萘磺酸,在较高的温度(165℃)下磺化,主要产物为 β-萘磺酸:

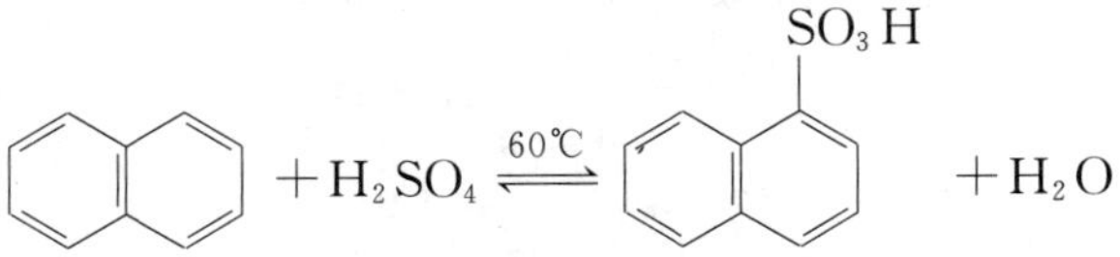


萘　　α-萘磺酸 (96%)

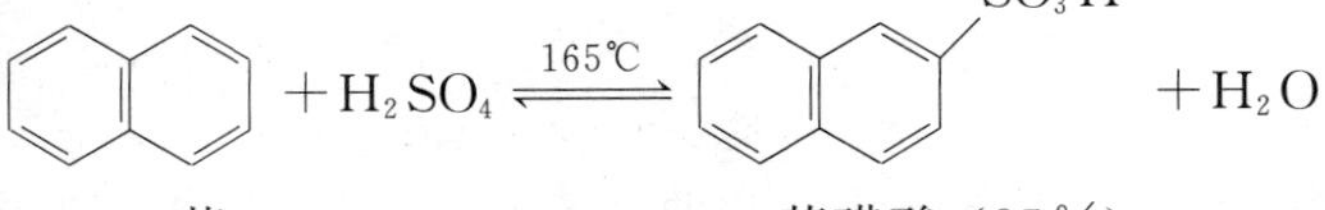


萘　　β-萘磺酸 (85%)

其主要原因是:磺化反应是可逆反应;α 位的电子云密度较高,有利于亲电进攻。不过,α-萘磺酸分子中的磺酸基与 8-位氢之间有较大的 Van der waals 张力,α-萘磺酸不如 β-萘磺酸稳定。因此,低于 80℃,反应为速度控制,磺酸基主要进入 α 位;高于 160℃,反应为平衡控制,主要生成较稳定的 β-萘磺酸。

d. Friedel-Crafts 反应　萘的乙酰化反应一般用三氯化铝作催化剂，乙酰氯作酰基化试剂。在非极性溶剂(如 $CS_2$)中反应，生成 α-和 β-异构体的比例为 75%和 25%；在极性溶剂(如 $C_6H_5NO_2$)中，生成 α-和 β-异构体的比例则为 10%和 90%。其反应式为：

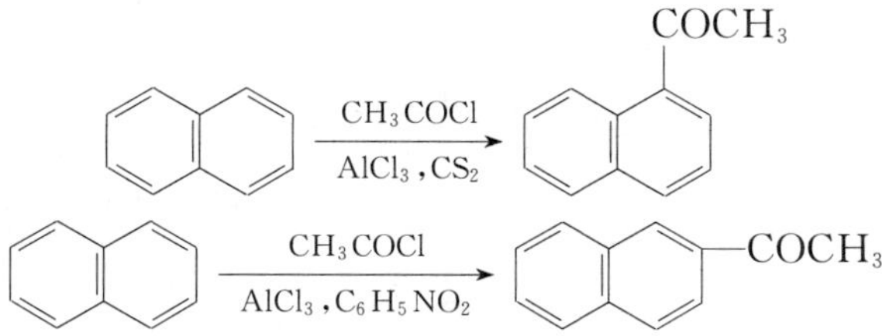


萘的烷基化常伴随着多烷基化或环的破裂等复杂反应。萘的羧甲基化可以进行：

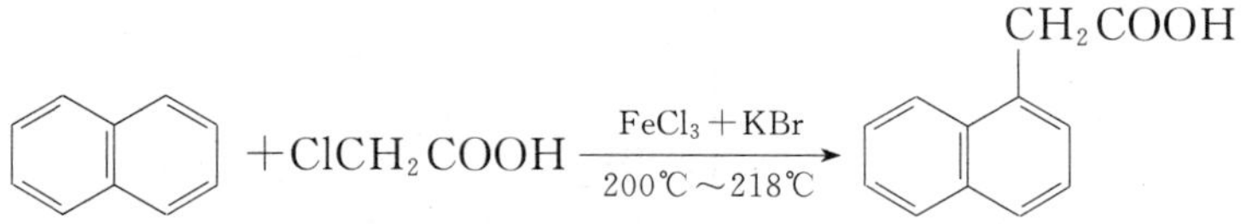


产物 α-萘乙酸用作植物生长调节剂，可促进作物生根、开花、早熟和高产。

e. 萘环上亲电取代反应的定位规律　当萘环上无取代基时，除特殊情况外，新导入基团一般进入 α-位。这不但可以从 β-位的电子云密度低于 α-位来解释，还能够从进攻上述两位置所形成的活性中间体的稳定性来说明。下面列出了两种活性中间体的共振式：

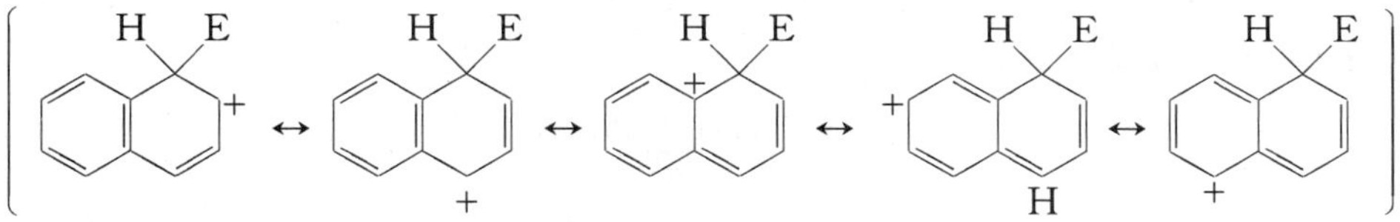

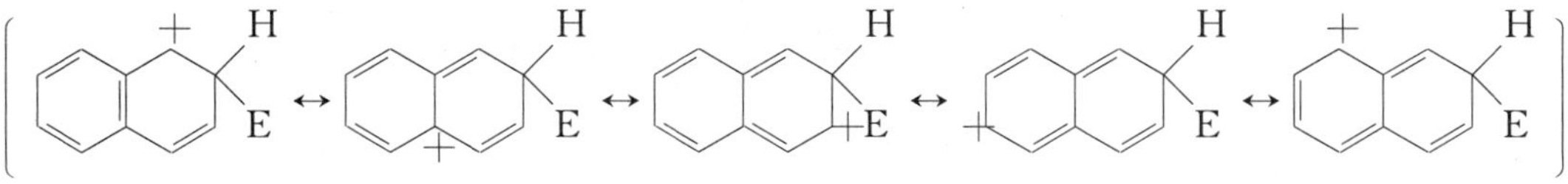

虽然二者正则式的数目相等，但是进攻 α-位的活性中间体的正则式中，有两个含有苯环，而进攻 β 位的活性中间体的正则式中却只有一个含有苯环。因此，α-取代的活性中间体比 β-取代的活性中间体稳定，稳定者较易形成。

当萘环上有一个取代基时，新导入基团进入萘环的位置遵循如下规律：当原有的取代基是第一、二类定位基(邻对位定位基)时，发生同环取代，取代基在 1-位时，新导入基团进入 4-位，而取代基在 2-位时，新导入基团主要进入 1-位；当原有的取代基是第三类定位基(间位定位基)时，发生异环取代，无论取代基在 1-位或 2-位，新导入基团一般进入 5-位或 8-位。

另外，亲电试剂、溶剂和温度等因素对反应的定位也有影响，非极性溶剂、低温条件易得速度控制产物，极性溶剂、高温条件下易得平衡控制产物：

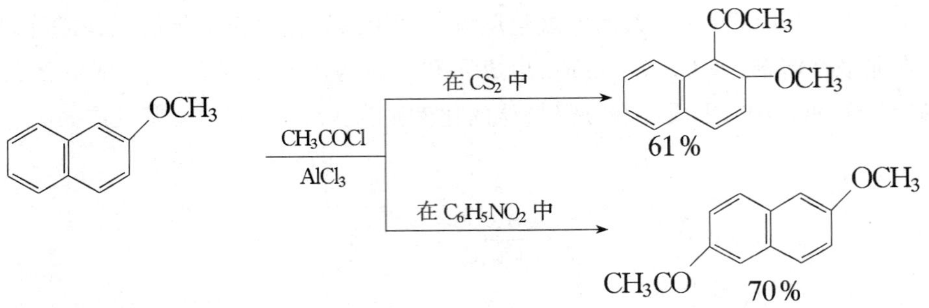


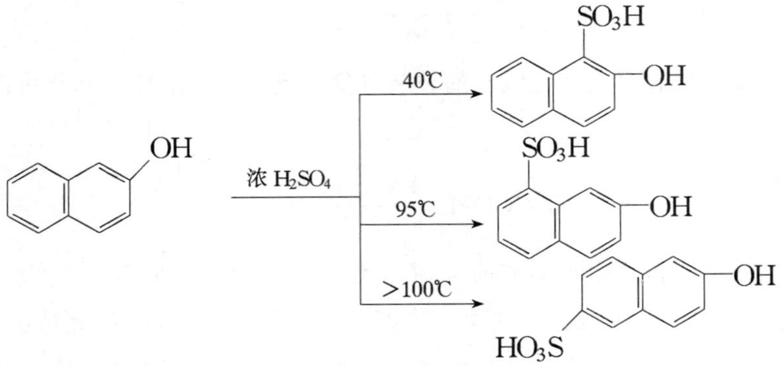


② 催化加氢和还原

由于萘环的碳碳键的键长没有完全平均化，因此它具有一定的双键性质，比苯环更容易加氢和还原，甚至能够保留苯环：

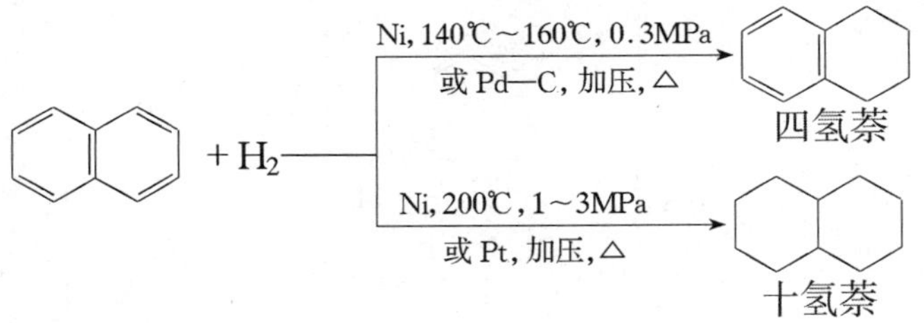


萘在液氨和乙醇的混合液中与金属钠作用，发生 Birch 还原，生成 1,4-二氢萘：

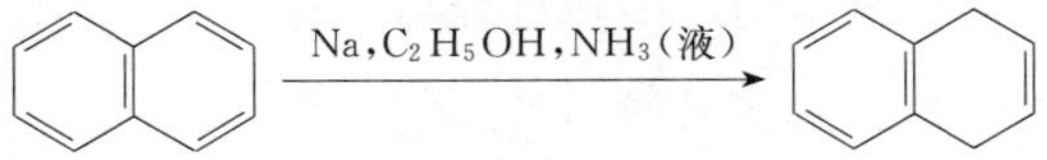


金属钠和沸点为 138℃的戊醇在回流条件下，可将萘还原成四氢萘：

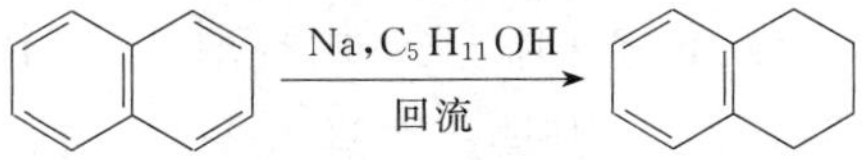


③ 氧化

在乙酸溶液中，用三氧化铬（铬酐）作氧化剂，在室温下可将萘氧化成 1,4-萘醌：

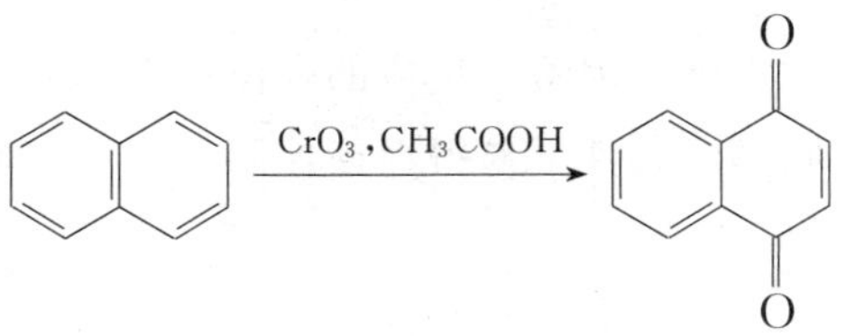

用五氧化二钒作催化剂，用空气作氧化剂，在高温下可将萘氧化开环，生成邻苯二甲酸酐：

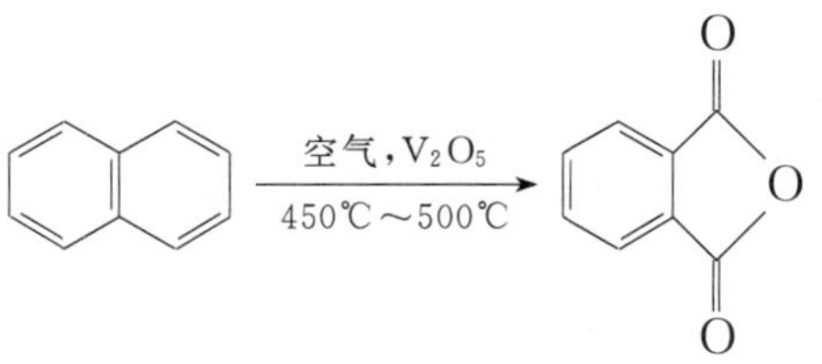


萘 邻苯二甲酸酐

取代的萘起氧化反应时，电子云密度较高的环容易被氧化：

(3) 制备

萘在 1932 年即被 R. D. Saworth 合成出：

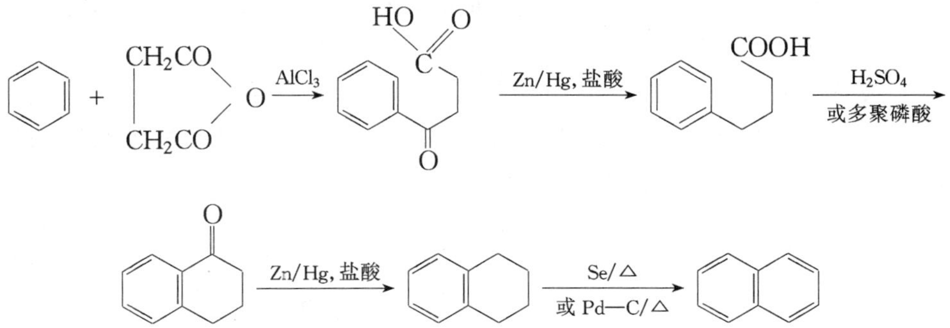


7.5.1.2 蒽(Anthracene)

(1) 蒽的特征及结构

蒽主要来源于煤焦油的蒽油馏分(沸程 300℃～360℃)的分离，它可以用升华法提纯。纯的蒽是一种具有淡蓝色荧光的片状晶体，熔点 216℃，沸点 340℃，不溶于水而溶于热苯。

近代物理方法测知，蒽分子中的 14 个碳原子和 10 个氢都在同一个平面内，环上的电子云密度并没有完全平均化，碳碳键键长也不完全相等。如：

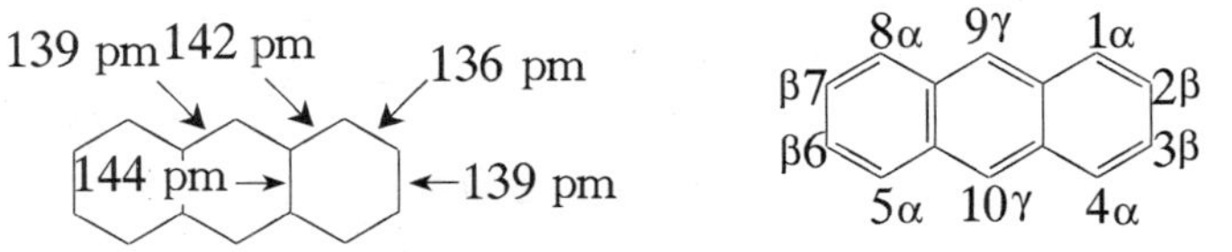


可以认为，蒽环是一个环状封闭的大 π 键。蒽的经验共振能为 352 kJ · $mol^{-1}$，比苯的经验共振能的三倍(450 kJ · $mol^{-1}$)，以及苯和萘的经验共振能之和(405 kJ · $mol^{-1}$)都小，说明蒽虽有芳香性，但不及苯和萘。由于电子云密度按 γ＞α＞β 的次序递降，因此 γ-位比较活泼，容易发生反应。

（2）化学性质

① 亲电取代

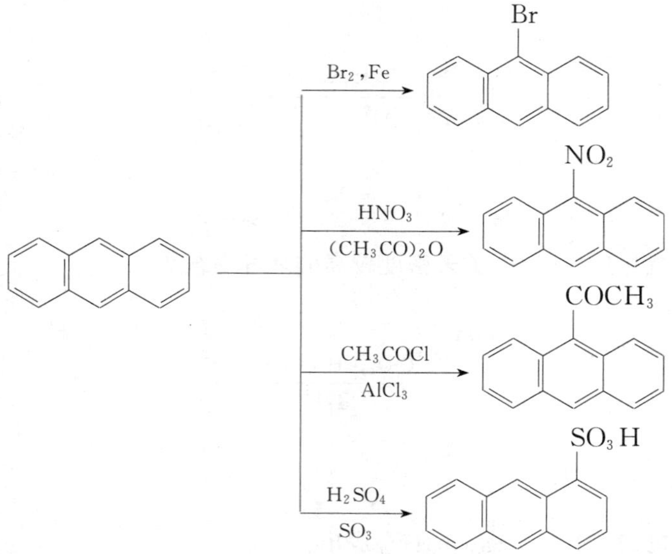


蒽在发生卤化、硝化和 F—C 酰基化反应时，取代基主要进入 $\gamma$ -位；而起磺化反应时，磺酸却主要进入蒽环的 $\alpha$-位。

② 加成反应

蒽环不如苯环和萘环稳定，较易起加成反应。它不但可以催化加氢和还原，而且还能与卤素加成，甚至还能作为双烯体起 Diels-Alder 反应。例如：

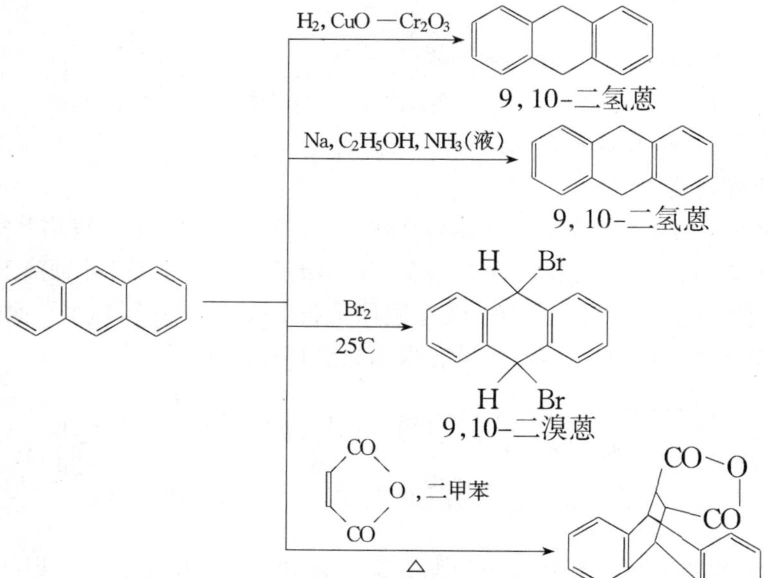


③ 氧化反应

用重铬酸盐或铬酐作氧化剂，可将蒽氧化成蒽醌：

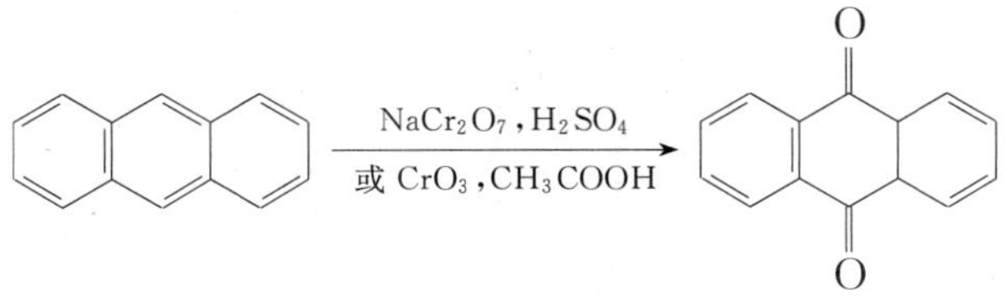


蒽醌是蒽醌类染料的母体。

(3) 制备

较典型的制备方法是：

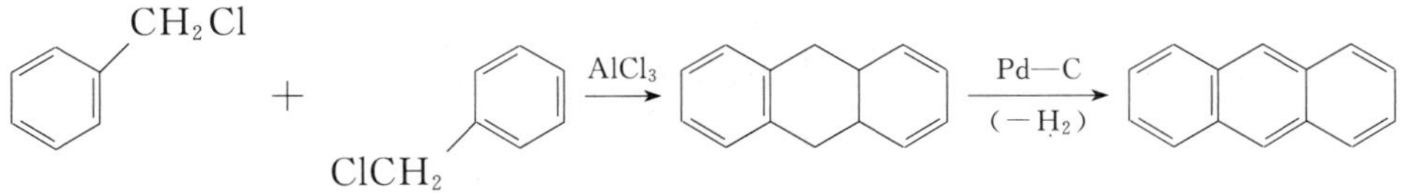


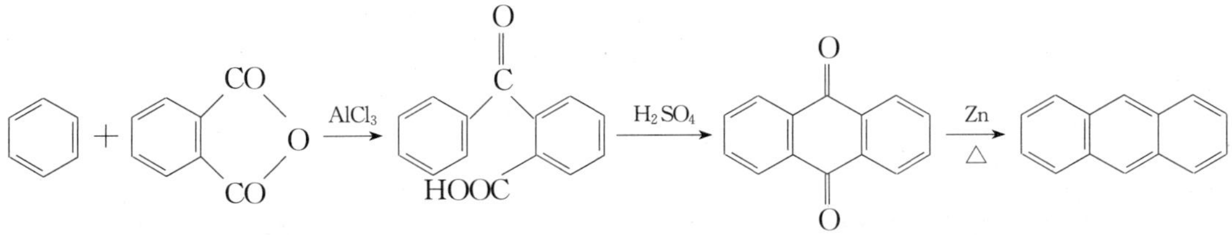


7.5.1.3 菲(Phenanthrene)

菲环可看作三个苯环以角型方式稠合而成的结构。菲分子中的 14 个碳原子和 10 个氢原子都在一个平面内。菲的经验共振能为 382 kJ · $mol^{-1}$，略大于蒽，但小于苯和萘的经验共振能之和，这说明菲具有一定的芳香性和稳定性。菲的构造式及位次编号如下：

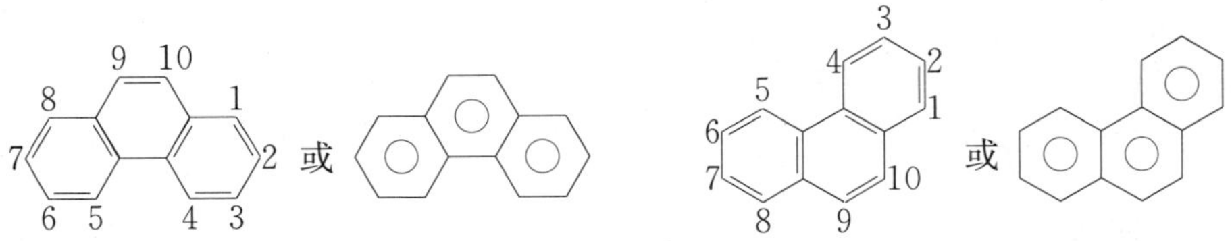


菲的 9，10 位电子云密度较高，是较易起反应的部位。

菲主要来源于煤焦油蒽油馏分(沸程 300℃～360℃)的分离。纯菲为无色片状晶体，熔点 101℃，沸点为 340℃，不溶于水，易溶于苯和乙醚，溶液发蓝色荧光。

菲的化学性质与蒽类似，但不如蒽活泼。菲的溴化反应可生成 9-溴菲：

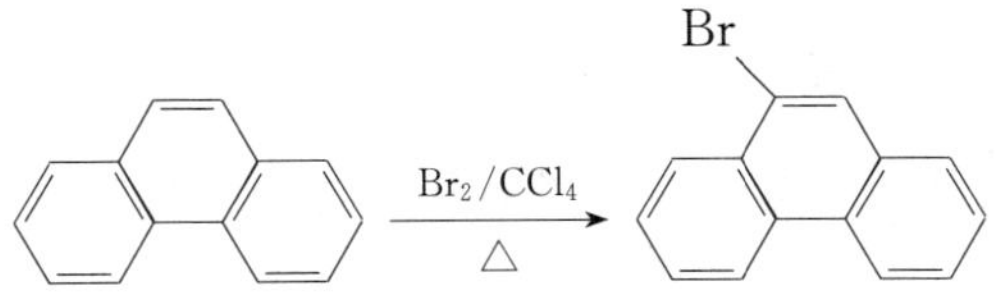


菲的氧化和还原反应也发生在 9，10 位：

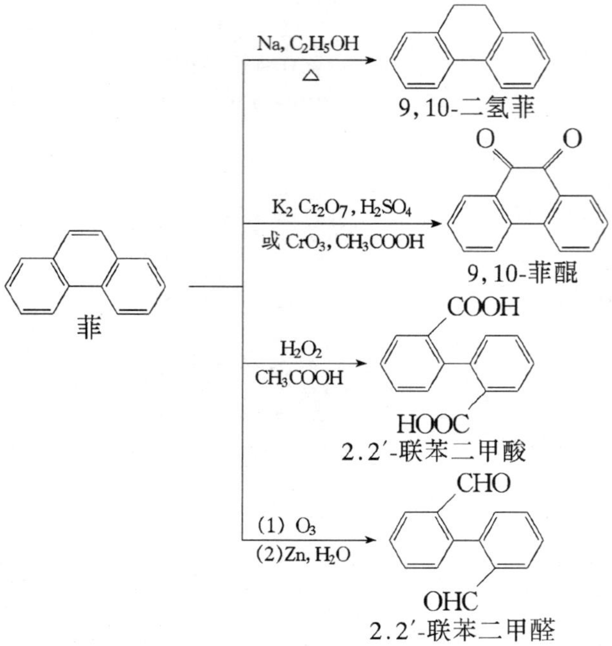


其中氧化产物菲醌是橙红色针状晶体，熔点 206℃，不溶于水，溶于热的乙醇和苯。它是一种农用杀菌剂，还是制造药物的原料。

7.5.1.4 其他稠环芳烃

一些含 4 个以上苯环的稠环芳烃的结构和名称如下：

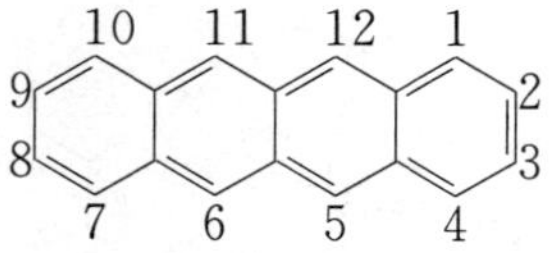

并四苯

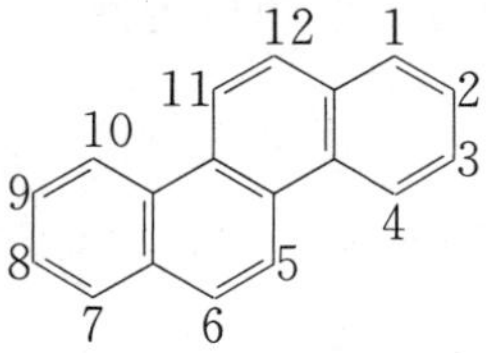

䓛

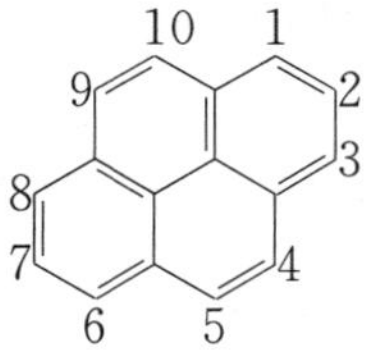

芘

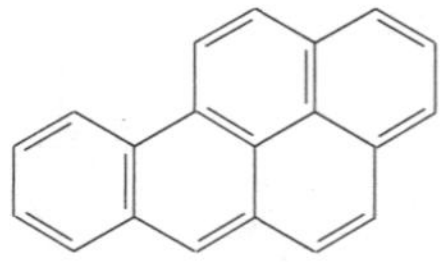

苯并[a]芘

并四苯为橙色晶体，它的 5,6,11,12 位的反应活性与蒽的 9,10 位相似。并五苯为蓝色，并六苯为绿色，并七苯为墨绿色，它们的反应活性很高，在空气中容易被氧化。

䓛的反应与菲相似，5,6-位容易被氧化。苯并[a]芘是在芘环上再并一个苯环，[a]表示所并苯环的位置。它又名 1,2-苯并芘或 3,4-苯并芘，具有较强的致癌作用。

### 7.5.2 联苯芳烃——联苯

所谓联环芳烃，是指芳环与芳环以单键直接相连的化合物。例如：

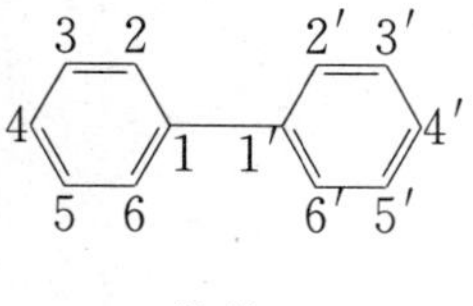

联苯

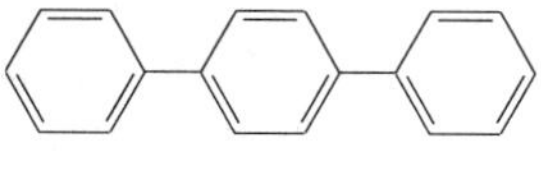

三联苯

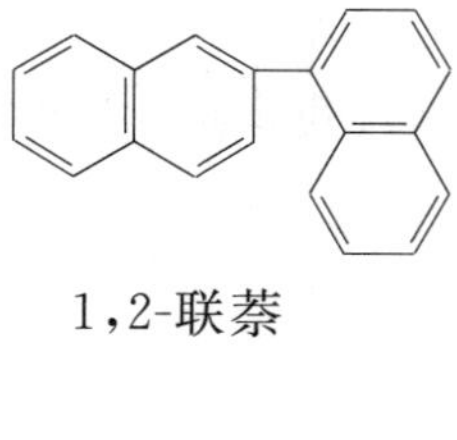

1,2-联萘

7.5.2.1 联苯的结构和物理性质

纯的联苯为无色晶体，熔点为70.5℃，沸点为254℃，不溶于水，易溶于有机溶剂。联苯分子中两个苯环在一个平面内，对称性好，形成稳定的晶格点阵。

7.5.2.2 联苯的化学性质

由于苯基的+C效应大于−I效应，苯基对另一个苯环是致活的邻、对位定位基，如：

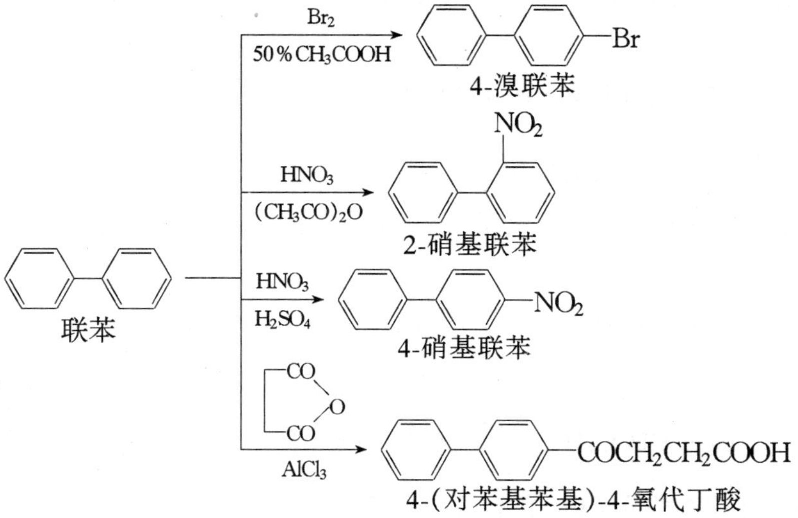


一元取代的联苯的亲电取代反应，新导入基团的定位有两种情况：当原有取代基为致活基时，发生同环取代，定位受原有取代基和另一个苯环的指导；当原有取代基为致钝基时，则发生异环取代，新导入基团进入4位(或4′位)。例如：

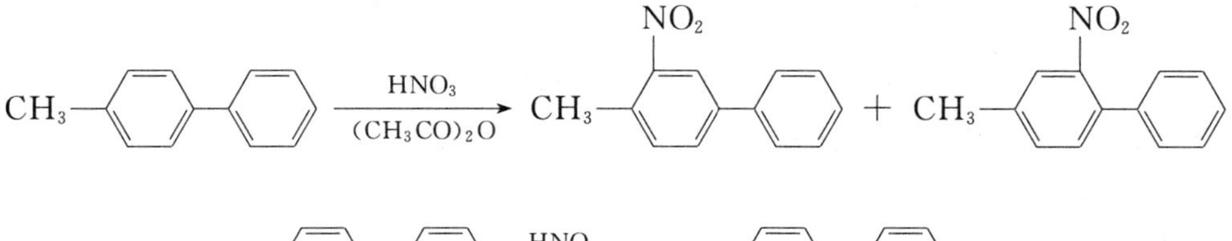


7.5.2.3 联苯及其衍生物的制备方法

在实验室中则由Ullmann反应制备，即将碘苯与铜粉共热生成联苯：

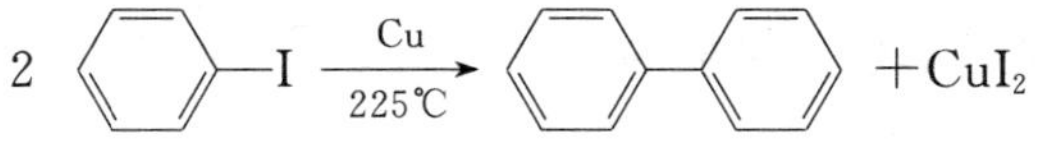


联苯胺经重氮化和除去重氮基(联苯胺可由硝基苯制得，这将在后面介绍)，也可在实验室中制取联苯：

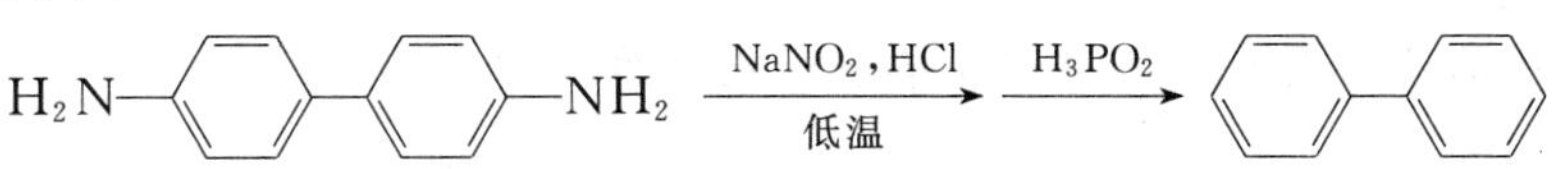


工业上将苯经高温裂化脱氢，可生产联苯。

### 7.5.3 多苯代脂烃

所谓多苯代脂烃，是指多个苯环通过一个或多个碳原子连接而成的化合物。例如：

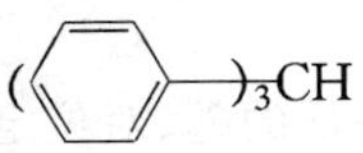

三苯甲烷

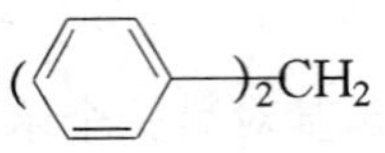

二苯甲烷

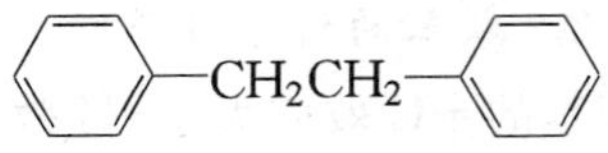

1,2-二苯基乙烷

7.5.3.1 二苯甲烷(Diphenyl mathane)

(1) 性质

二苯甲烷为无色晶体，熔点为 27℃。

在两个苯环的活化下，二苯甲烷分子中的亚甲基具有较高的反应活性，容易起卤化和氧化反应：

$$C_6H_5CH_2C_6H_5 \xrightarrow[h\nu\text{ 或}\triangle]{Cl_2} C_6H_5\underset{\substack{|\\ Cl}}{C}HC_6H_5 \quad \alpha\text{-氯代二苯甲烷}$$

$$C_6H_5CH_2C_6H_5 \xrightarrow{H_2CrO_4} C_6H_5COC_6H_5 \quad \text{二苯甲酮}$$

另外，在二苯甲烷的分子中，苄基($C_6H_5CH_2-$)对另一个苯环是致活的邻、对位定位基，因此，二苯甲烷也能够发生苯环上的亲电取代反应。

(2) 制备

一般可利用 F—C 反应制备二苯甲烷，例：

$$C_6H_6 + C_6H_5CH_2Cl \xrightarrow{AlCl_3} C_6H_5CH_2C_6H_5 + HCl$$

$$2C_6H_6 + CH_2Cl_2 \xrightarrow{AlCl_3} C_6H_5CH_2C_6H_5$$

7.5.3.2 三苯甲烷(Triphenyl methane)及其衍生物

(1) 性质

三苯甲烷为无色晶体，熔点为 93℃。

① 三苯甲烷的弱酸性　三苯甲烷中的甲基氢同时受三个苯环的作用，三苯甲烷分子呈弱酸性：

| 酸性 | $(C_6H_5)_3C—H$ | > $(C_6H_5)_2CH—H$ | > $C_6H_5CH_2—H$ | > $CH_3CH_2—H$ |
|---|---|---|---|---|
| pKa | 31.5 | 34 | 41 | ～50 |

② 三苯甲基负离子的形成　呈弱酸性的三苯甲烷与强碱如氨基钠作用，即可生成三苯甲基钠：

$$(C_6H_5)_3CH \xrightarrow[-33℃]{NaNH_2,\ NH_3(\text{液})} (C_6H_5)_3C^- Na^+$$

三苯甲基钠还可由三苯氯甲烷经钠汞齐还原而成：

$$(C_6H_5)_3CCl \xrightarrow[Et_2O]{Na—Hg} (C_6H_5)_3C^- Na^+$$

三苯甲基钠呈深红色，是三苯甲基碳负离子的颜色。由于三个苯环的共轭效应而分散了碳原子上的负电荷，因此三苯甲基负离子是比较稳定的结构。三苯甲基钠是一个大空间位阻的强碱，在有机合成中用途较大。

③ 三苯甲醇的形成　三苯甲醇是熔点为 162.5℃的晶体，可由三苯甲烷氧化制得：

$$(C_6H_5)_3CH \xrightarrow{CrO_3} (C_6H_5)_3COH$$

格氏反应也可用于制备三苯甲醇：

$$C_6H_5COOC_2H_5 \xrightarrow[Et_2O]{2C_6H_5MgBr} (C_6H_5)_3COMgBr \xrightarrow[H_2O]{NH_4Cl} (C_6H_5)_3COH$$

④ 三苯氯甲烷的形成　三苯氯甲烷为无色晶体，熔点为 113℃。它可由苯与四氯化碳的 F—C 反应制备：

$$3C_6H_6 + CCl_4 \xrightarrow{AlCl_3} (C_6H_5)_3CCl + HCl$$

三苯氯甲烷的活性很高，与水作用生成三苯甲醇，与乙醇作用生成乙基三苯甲基醚：

$$(C_6H_5)_3CCl + H_2O \longrightarrow (C_6H_5)_3COH + HCl$$

$$(C_6H_5)_3CCl + C_2H_5OH \longrightarrow (C_6H_5)_3COC_2H_5 + HCl$$

⑤ 三苯甲基正离子的形成　三苯甲醇溶于浓硫酸，脱水而生成金黄色的三苯甲基硫酸盐，后者用水或醇稀释，生成无色的相应的醇或醚：

$$(C_6H_5)_3COH + H_2SO_4 \longrightarrow (C_6H_5)_3C^+SO_4H^- \xrightarrow{H_2O} (C_6H_5)_3COH \text{（三苯甲醇）}$$

$$(C_6H_5)_3C^+SO_4H^- \xrightarrow{C_2H_5OH} (C_6H_5)_3COC_2H_5 \text{（乙基三苯甲基醚）}$$

另外，三苯氯甲烷在液体二氧化硫中可电离为三苯甲基正离子和氯离子：

$$(C_6H_5)_3CCl \xrightleftharpoons{SO_2, 0℃} (C_6H_5)_3C^+Cl^- \rightleftharpoons (C_6H_5)_3C^+ + Cl^-$$

由于三个苯环的共轭作用，使碳原子上的正电荷得以分散，因此三苯甲基正离子是比较稳定的结构。

⑥ 三苯甲基自由基的形成　在二氧化碳的气流中，三苯氯甲烷与银粉反应，得到熔点为 145℃～147℃的白色晶体六苯基乙烷。其反应为：

$$2(C_6H_5)_3CCl + 2Ag \xrightarrow[C_6H_6]{CO_2} (C_6H_5)_3C—C(C_6H_5)_3$$

六苯基乙烷具有一般烃类所没有的特殊性质，它的苯溶液呈黄色，与空气作用得到二(三苯甲基)过氧。经实验证实，上述现象是由三苯甲基自由基引起的，其反应过程为：

$$(C_6H_5)_3C—C(C_6H_5)_3 \rightleftharpoons 2(C_6H_5)_3C\cdot$$

$$2(C_6H_5)_3C\cdot \xrightarrow{O_2} (C_6H_5)_3COOC(C_6H_5)_3$$

⑦ 三苯甲烷染料　苯环上连有给电子基团(如 $H_2N$—，HO—等)的三苯甲基正离子与亲核性弱的负离子(如 $X^-$)等可生成稳定的盐，这是重要三苯甲烷类染料，如：

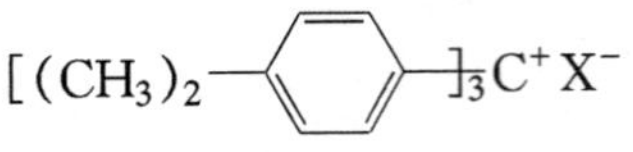

龙胆紫

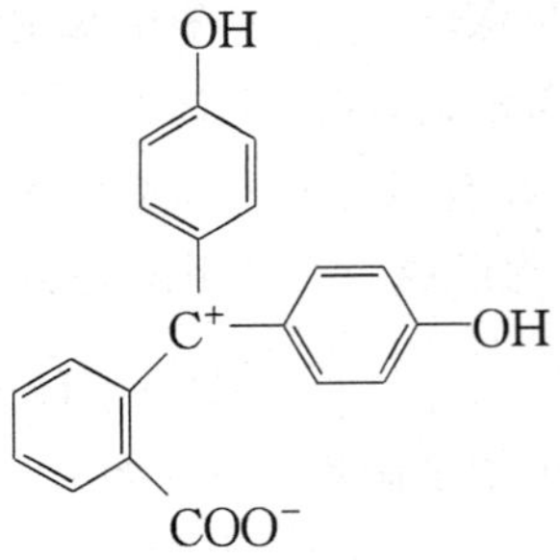

酚酞

(2) 三苯甲烷的制备

它可由苯与氯仿的 F—C 反应制得：

$$3C_6H_6 + CHCl_3 \xrightarrow{AlCl_3} (C_6H_5)_3CH + 3HCl$$

苯甲醛和苯的缩合反应也可制备三苯甲烷：

$$C_6H_5CHO + 2C_6H_6 \xrightarrow{ZnCl_2} (C_6H_5)_3CH + H_2O$$

# 习　题

7-1 请将答案填写在题目的括号内，有关反应式的填空要求写主要产物。

1. 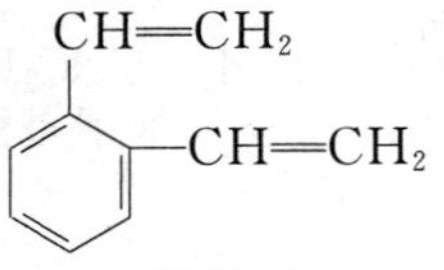 的系统名称为(　　)。

2.  的系统名称为(　　)。

3. 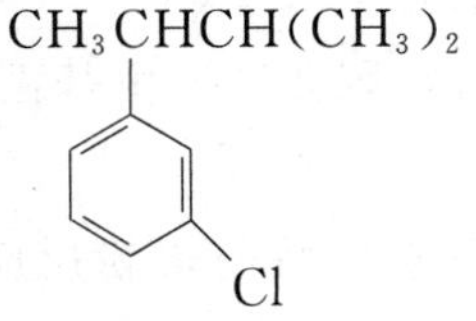 的系统名称为(　　)。

4. 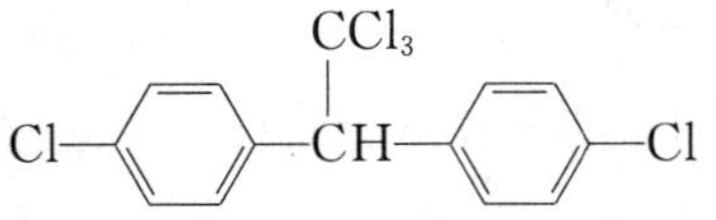 的系统名称为(　　)。

5. 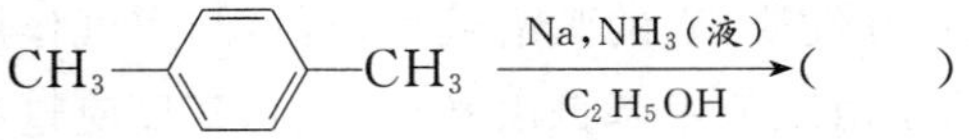

6. 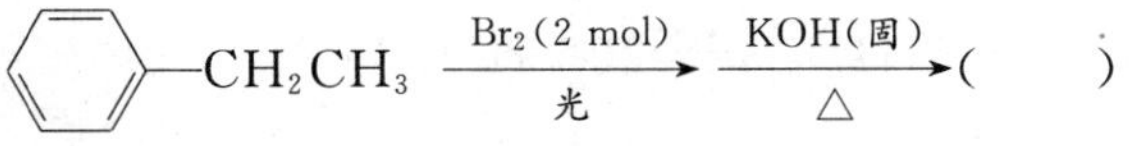

7. 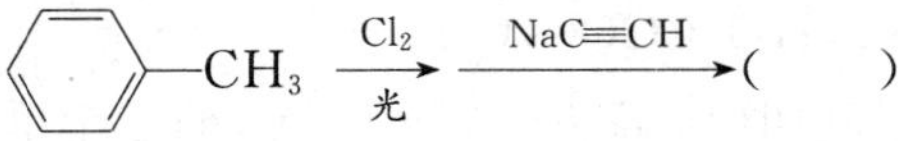

8. 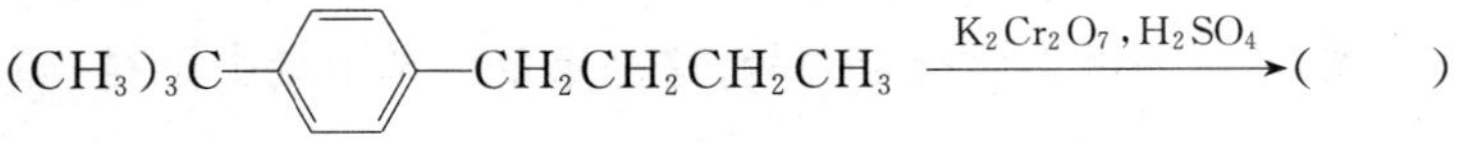

9. 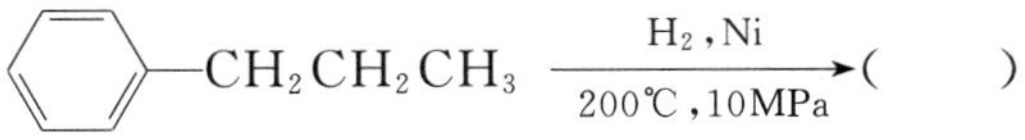

10. 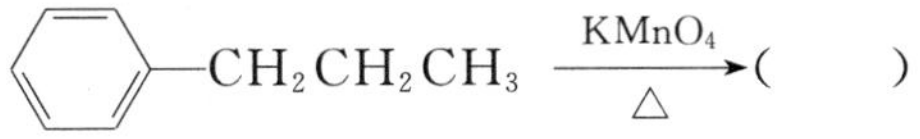

11. 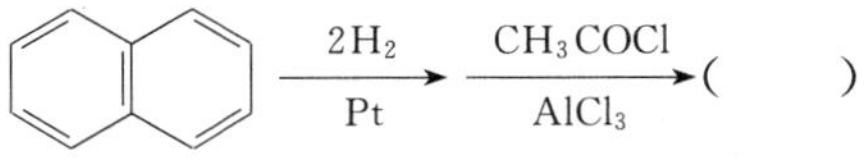

12. 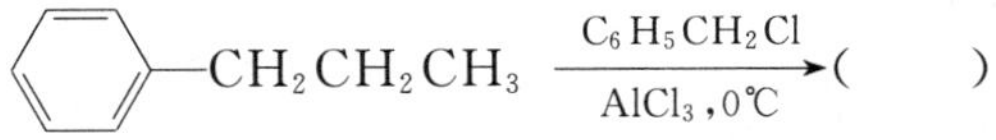

13. 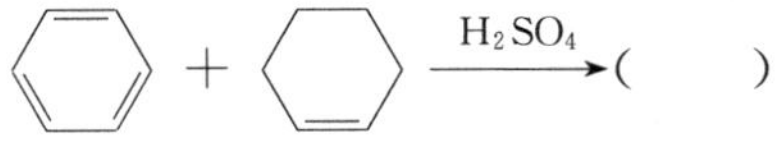

14. 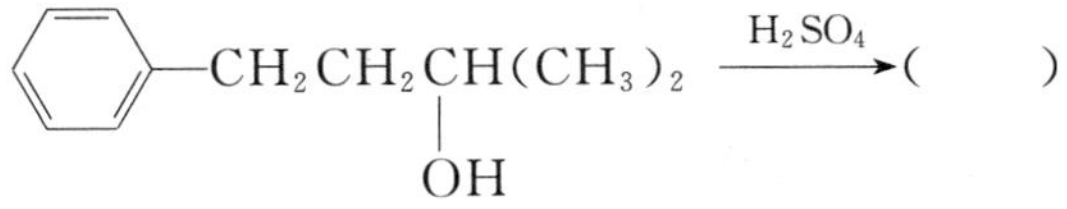

15. 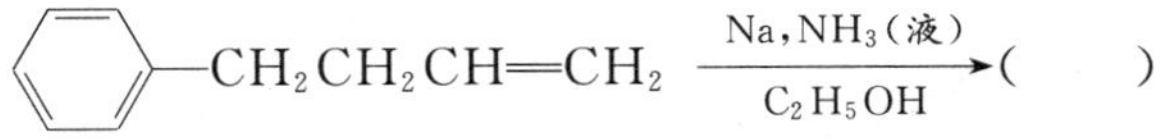

16. 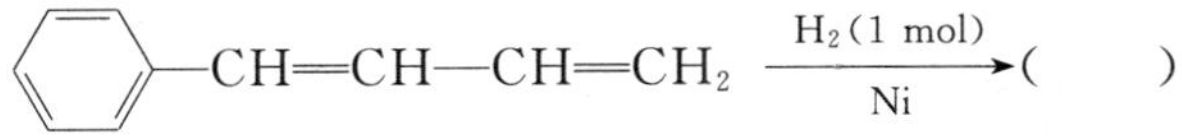

17. 2,4,6-三硝基甲苯的构造式为(　　)。

18. α-甲基苯乙烯的构造式为(　　)。

19. 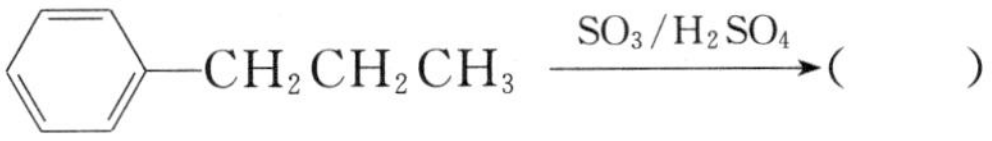

20. 

21. 

22. 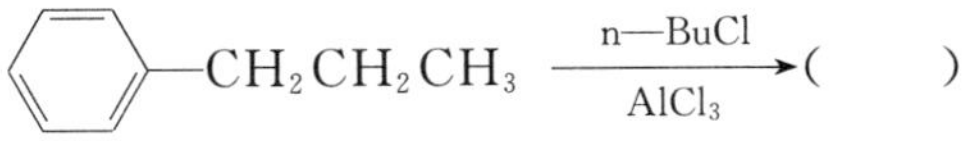

23. 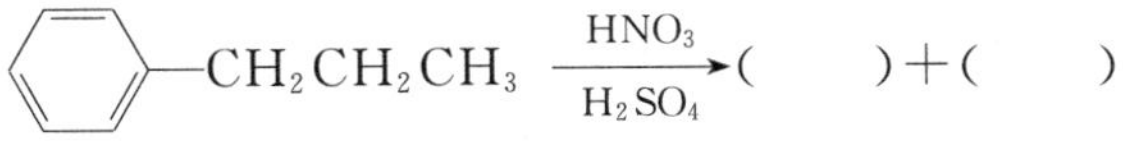

24. 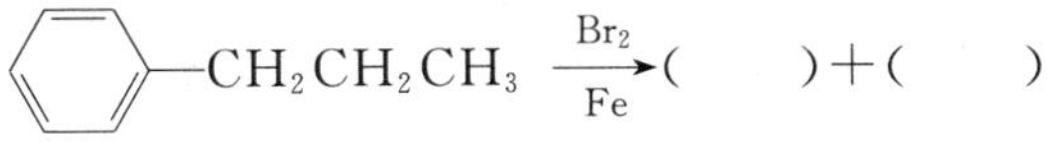

25. 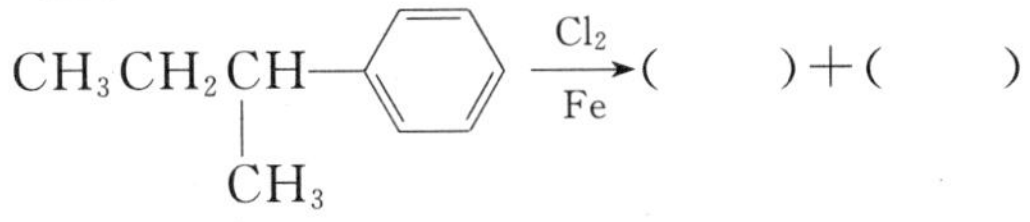

26. 

27. 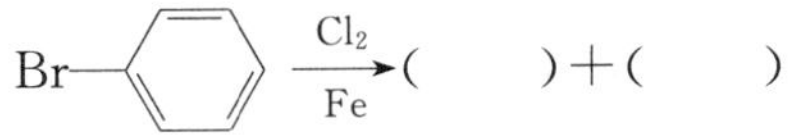

28. 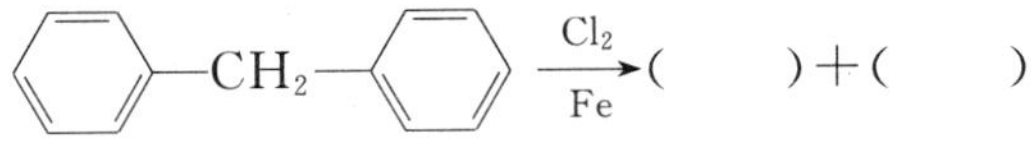

29. 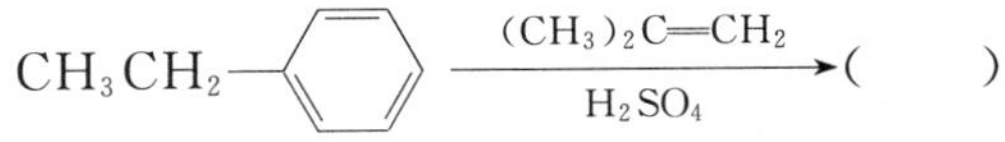

30. 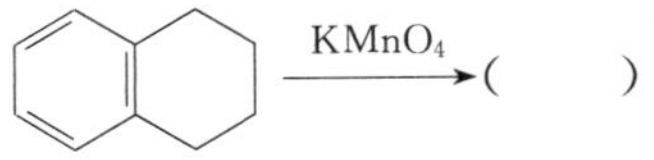

31. 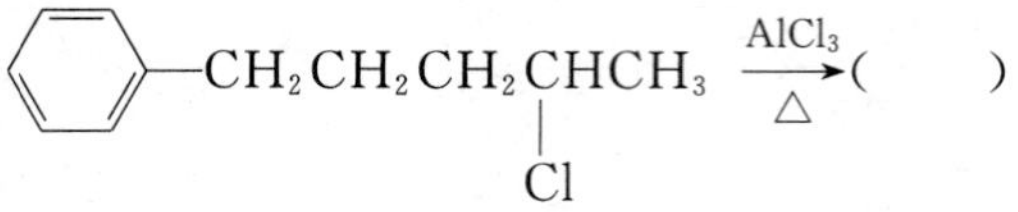

32. 

33. 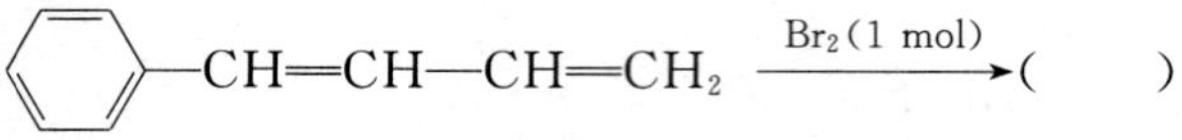

34. 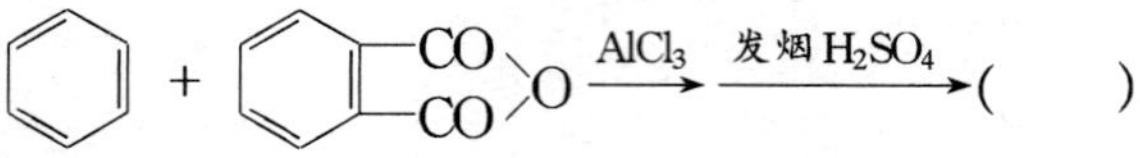

35. 

36. 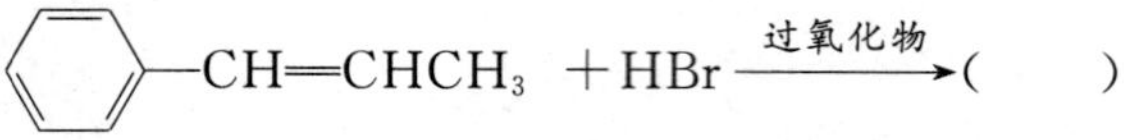

37. 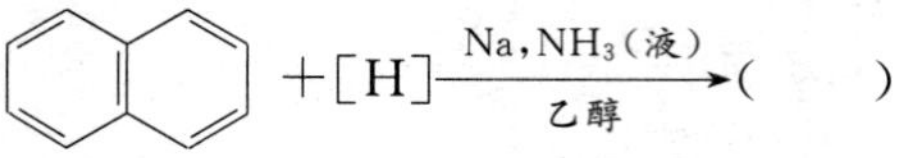

38. 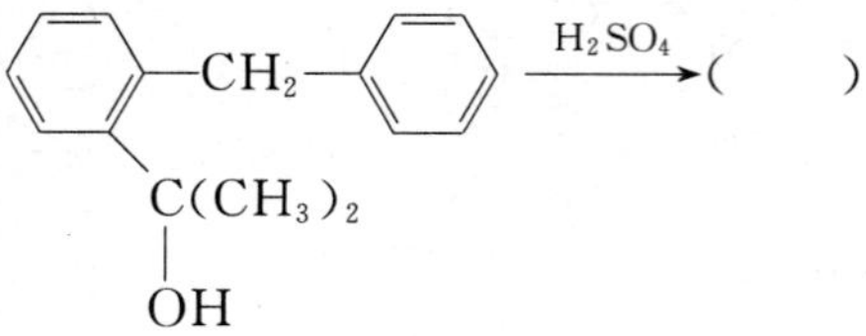

39. 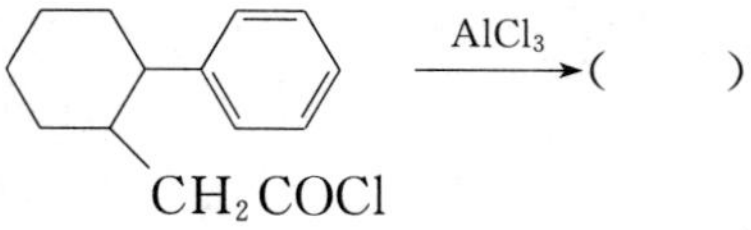

40. 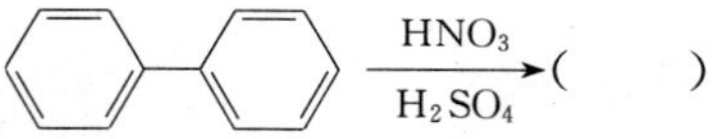

41. 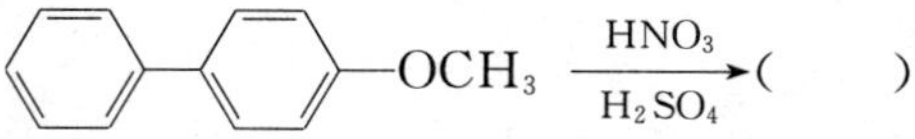

42. 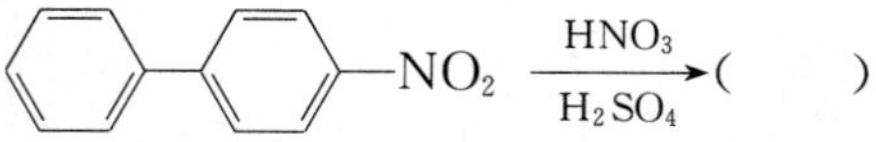

43. 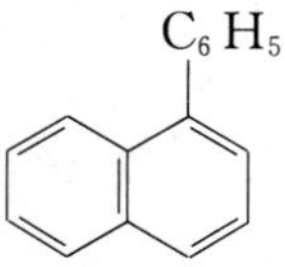 的系统名称为(　　)。

44. 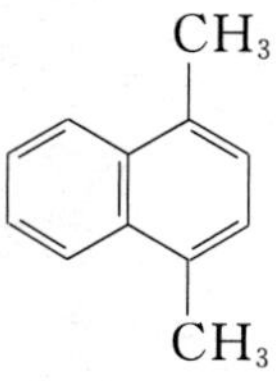 的系统名称为(　　)。

45. 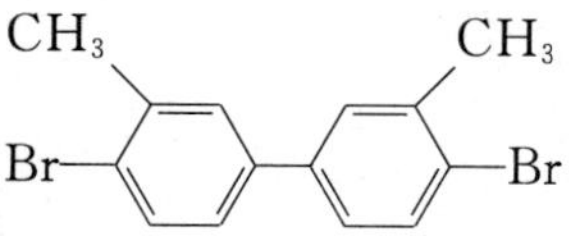 的系统名称为(　　)。

46. 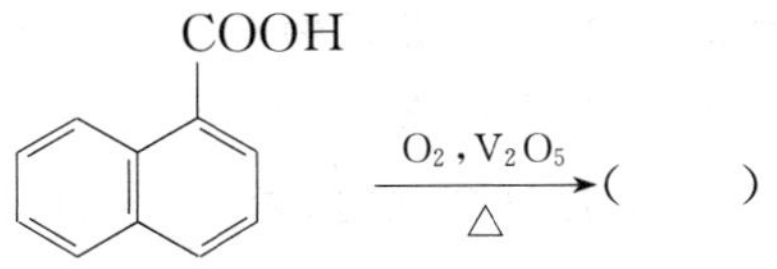

47. 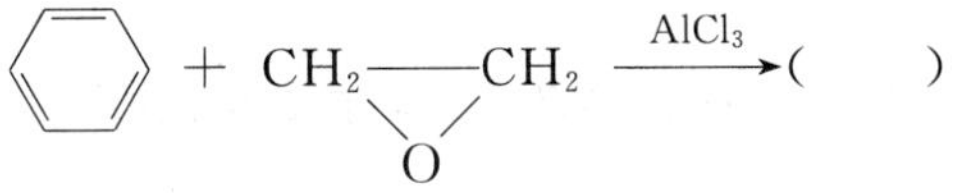

48. 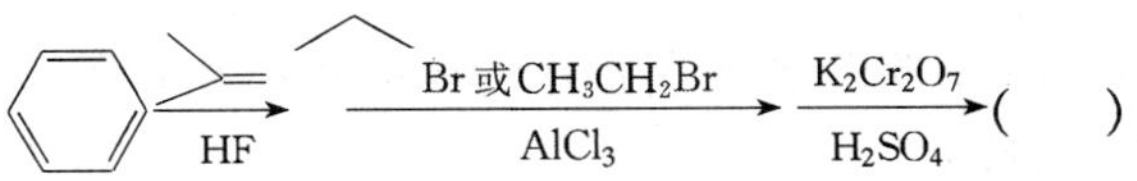

7-2 由指定原料合成下列化合物：指定原料必用，其他原料及试剂任选。

1. 由甲苯合成邻、间和对硝基苯甲酸。
2. 由苯合成间硝基苯乙酮。
3. 由甲苯合成 4-硝基-2,6-二溴甲苯。
4. 由苯合成间硝基二苯甲酮。
5. 由甲苯合成 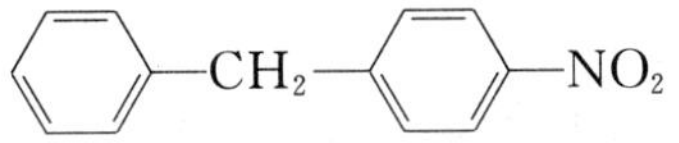 。
6. 由苯合成 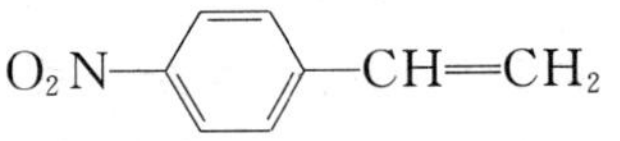 。
7. 由苯合成对硝基氯苯。
8. 由苯合成间硝基氯苯。
9. 由甲苯合成 3-硝基-4-溴苯甲酸。
10. 由邻二甲苯合成 4-叔丁基-1,2-苯二甲酸。
11. 由异丙基苯合成  。
12. 由甲苯合成 4-异丙基-2-硝基甲苯。
13. 由苯合成 $\alpha$-溴代异丙苯。
14. 由甲苯合成 4-硝基-2-溴苯甲酸。
15. 由甲苯合成硝基对苯二甲酸。
16. 由苯合成对氯苯乙酮。
17. 由苯合成间氯苯乙酮。
18. 由萘合成 $\alpha$-萘乙酸（两种方法）。
19. 由苯合成 4-乙基-3-溴苯磺酸。
20. 由甲苯合成 4-硝基-2,6-二溴苯甲酸。

7-3 回答下列问题：

1. (E)-2-丁烯与 $Br_2/CCl_4$ 反应得到 99%的内消旋产物，而(E)-1-苯基丙烯与 $Br_2/CCl_4$ 反应却得到 88%的赤型产物，立体选择性下降。为什么？
2. 苄醇在冷的硫酸作用下，可生成高沸点的树脂状物质。试说明原因。
3. 有人用 1,3-丁二烯和丙烯酸（ $CH_2{=}CH{-}COOH$ ）合成了苯甲酸。试问：他用了什么反应？

4. 在 $FeBr_3$ 存在下溴化，哪种二甲苯能生成三种一元溴代物？哪种二甲苯能生成两种一元溴代物？哪种二甲苯能生成一种一元溴代物？

5. 氨基是邻对位定位基，但苯胺（$C_6H_5NH_2$）用混酸硝化时，有 47%的间位产物生成，试说明原因。

6. 试解释下列现象：甲苯硝化时有 50%的邻位产物，而叔丁苯硝化时只有 15%的邻位产物？

7. 在工业上生产十二烷基苯时，可用少量的无水 $AlCl_3$，在铝块存在下由苯与氯代十二烷反应即可。试说明原因。

8. 联苯的亲电取代反应发生在 4 位。试说明原因。

9. 在起硝化反应时，甲苯、苄溴、苄氯和苄氟主要得到邻和对位硝基物，另外还分别得到 3%，7%，14%和 18%的间位硝基物。试说明原因。

10. 在起硝化反应时，硝基苯、苯基硝基甲烷和 2-苯基-1-硝基乙烷所得间位异构体的量分别为 93%，67%和 13%。试说明原因。

7-4 推测结构：

1. 化合物茚（$C_9H_8$）能迅速使 $Br_2/CCl_4$ 和冷的 $KMnO_4$ 溶液褪色。茚在室温下可吸收 1 摩尔 $H_2$，生成茚满（$C_9H_{10}$）。剧烈氢化则生成分子式为 $C_9H_{16}$ 的化合物。茚在剧烈条件下氧化，可生成邻苯二甲酸。试推断茚和茚满的结构。

2. A，B 和 C 三种芳烃的分子式为 $C_9H_{12}$。用热的 $KMnO_4$ 溶液氧化，则分别生成一元酸、二元酸和三元酸。经硝化反应，它们分别生成三种、两种和一种一元硝基化合物。试推断 A，B 和 C 的结构。

3. 化合物 A（$C_{10}H_{12}$）剧烈氢化得 B（$C_{10}H_{20}$）。A 经臭氧化，再还原水解得 C（$C_8H_8O$）和 D（$C_2H_4O$）。将 C 硝化得两种一元硝化产物，而主要产物为 E（$C_8H_7NO_3$）。试推断 A→E 的结构。

4. 一化合物的分子式为 $C_7H_6BrCl$，氧化时生成间氯苯甲酸。试推测化合物的结构。

5. 某烃（A）的实验式为 CH，分子量为 208，剧烈氧化得苯甲酸，臭氧化分解产物仅得苯乙醛。试推测（A）的结构。

6. 某烃 A 的分子式为 $C_{10}H_{10}$，与氯化亚铜的氨溶液不起反应，在 $HgSO_4$ 存在下与稀 $H_2SO_4$ 作用，生成 B（$C_{10}H_{12}O$），B 能与羟氨发生反应。试推测 A 和 B 的结构。

7. 某芳烃 A 的分子式为 $C_9H_{12}$，用重铬酸钾氧化可得一种二元酸。将 A 用混酸硝化，所得二硝基化合物有两种。试推断 A 的结构。

7-5 写出下列反应的机理：

1. $C_6H_6 \xrightarrow{D_2SO_4,\,D_2O} C_6D_6$

2. 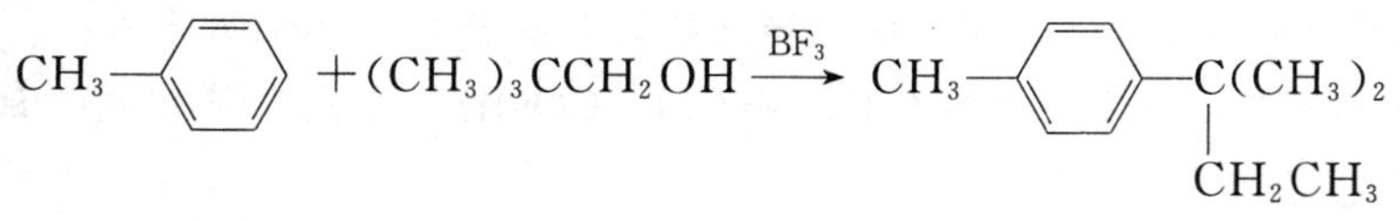

3. 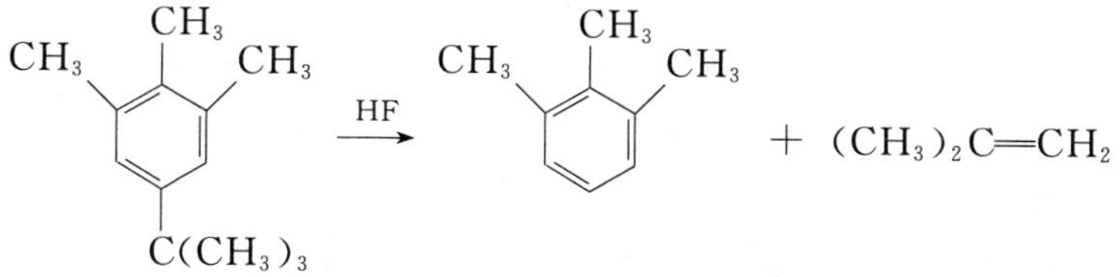


4. 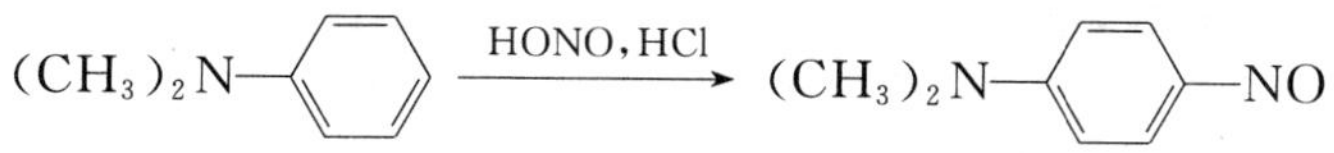


5. 试预测在 $FeCl_3$ 存在下苯和 ICl 作用的产物，并写出这个反应的机理。

6. 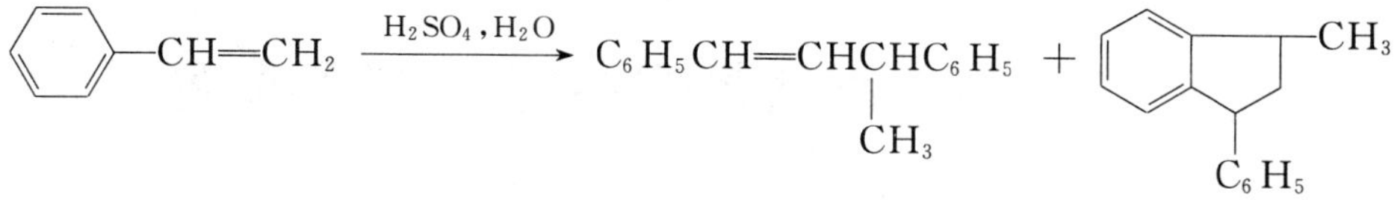


7. 在三氯化铝存在下，将苯和新戊基氯反应制备新戊基苯时，却主要得到了 2-甲基-2-苯基丁烷。试用反应的机理加以说明。

8. 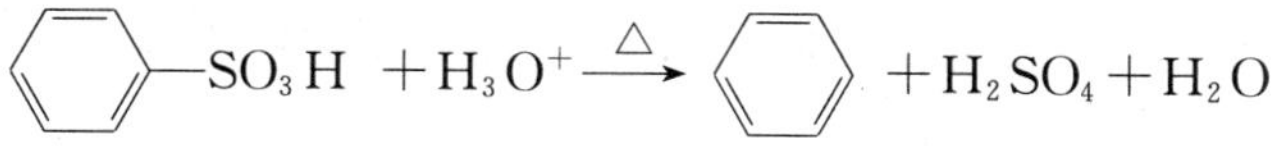


9. 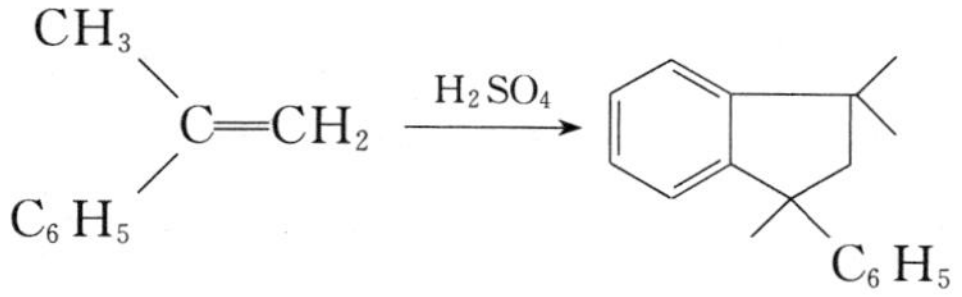

# 第八章　卤　代　烃

## §8.1　卤代烃的结构、分类和命名

### 8.1.1　结构、分类

烃分子中的一个或多个氢原子被卤原子取代所生成的化合物称为卤代烃（Halohydrocarbons）。具体分类如下：

（1）根据卤代烃分子中卤原子的数目，可以分为一卤代烃、二卤代烃和多卤代烃。

一卤代烃常用 RX 表示（X＝F，Cl，Br，I）。按所含卤原子分别叫做氟代烃、氯代烃、溴代烃和碘代烃。按卤原子所连烃基的不同，又可分为饱和卤代烃即卤代烷、不饱和卤代烃和芳香族卤代烃。

（2）在卤代烷中，按卤素所连的碳原子不同的类型（伯、仲、叔碳）分为伯卤代烷（一级卤代烷）、仲卤代烷（二级卤代烷）和叔卤代烷（三级卤代烷）。

| $RCH_2X$ | $R_2CHX$ | $R_3CX$ |
|---|---|---|
| 伯卤代烷 | 仲卤代烷 | 叔卤代烷 |

（3）按分子中卤原子和双键的相对位置不同，卤代烯烃可以分为乙烯式卤代烯烃，烯丙式卤代烯烃和孤立式卤代烯烃三类。

乙烯式卤代烯烃卤原子与双键碳原子直接键合，烯丙式卤代烯烃卤原子与双键相隔一个碳原子，孤立式卤代烯烃中卤原子与双键相隔两个或两个以上的碳原子。如氯代 1-丁烯的异构体如下：

| $Cl—CH═CHCH_2CH_3$ | $CH_2═CHCHClCH_3$ |
|---|---|
| 1-氯-1-丁烯（乙烯式） | 3-氯-1-丁烯（烯丙式） |
| $CH_2═CHCH_2CH_2Cl$ | $CH_2═CClCH_2CH_3$ |
| 4-氯-1-丁烯（孤立式） | 2-氯-1-丁烯（乙烯式） |

（4）卤代芳烃分子中，卤原子可以在苯环上或侧链上，卤原子和其他取代基在苯环上还可以占据不同的相对位置。例如，一卤代乙苯的异构体如下：

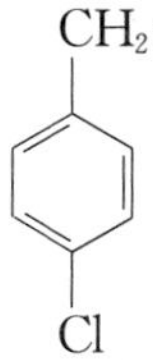

对氯乙苯

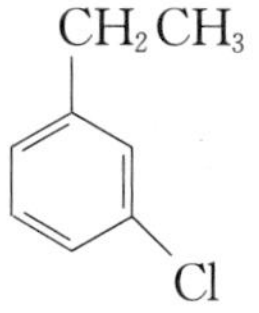

间氯乙苯

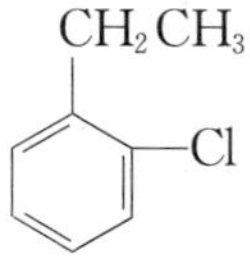

邻氯乙苯

α-氯乙苯

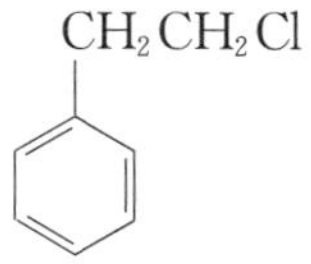

β-氯乙苯

(5) 卤原子在芳环上的卤代烃,性质与乙烯式卤代烯烃相近,卤原子在支链 α 位的卤代烃基性质与烯丙式卤代烯烃相似。卤代芳烃主要是指卤原子在芳环上的一类。

## 8.1.2 命名

### 8.1.2.1 系统命名法

系统命名法的基本原则是:以相应的烃为母体,把卤原子作为取代基、结合烃命名法命名。有多个取代基时,按“次序规则”优先基团后置的原则写在母体名称前。例如:

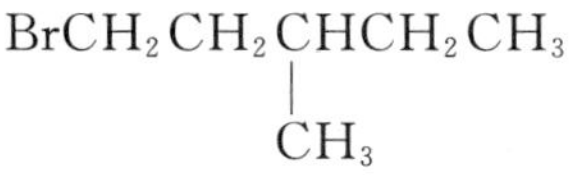

3-甲基-1-溴戊烷

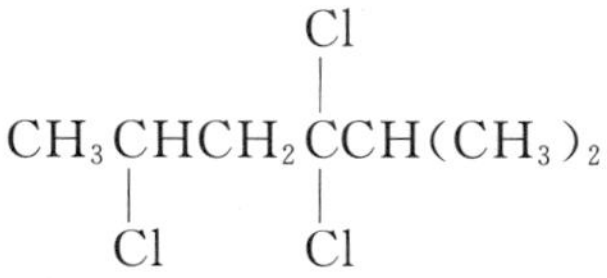

2-甲基-3,3,5-三氯已烷

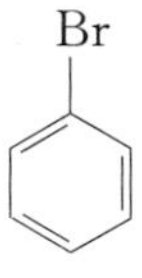

溴苯

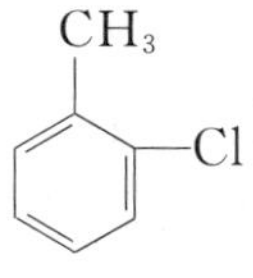

邻氯甲苯

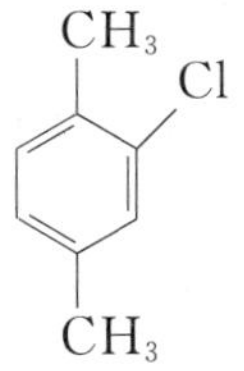

2-氯-1,4-二甲苯

### 8.1.2.2 普通命名法

简单的卤代烃可用普通命名法命名:以卤原子所连的烃基名称,称为某基卤。也可在母体烃名称前加“卤代”,叫做卤代某烃,“代”字常常省略。例如:

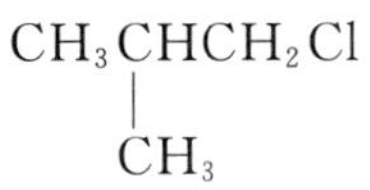

异丁基氯

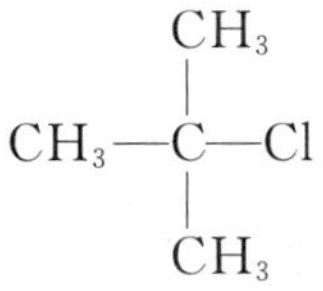

叔丁基氯

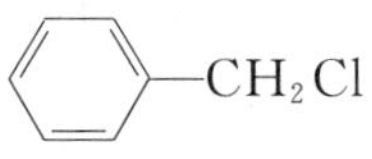

苄基氯

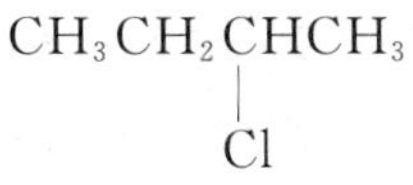

仲氯丁烷

有些多卤代烷有特别的名称,例如三氯甲烷($CHCl_3$)称为氯仿(Chloroform),三溴甲烷($CHBr_3$)和三碘甲烷($CHI_3$)分别称为溴仿和碘仿,$CCl_4$ 称为四氯化碳。

低级的氯氟烃采用商品名,叫做氟里昂(Freon),用代号 $F_{abc}$ 表示,$F$ 表示它是一个氟代烃,$a$ 等于碳原子数目减 1,为零时不写出,$b$ 是氢原子数目加 1,$c$ 是氟原子的数目,氯原子的数目不表示出来,余下的即为氯原子。

# §8.2 卤代烃的性质

## 8.2.1 物理性质

### 8.2.1.1 偶极矩

卤素原子的电负性比碳原子大，C—X 键是极性共价键，共用电子对偏向卤原子，碳原子带部分正电荷，卤原子带部分负电荷。因此，一卤代烃有一定的偶极矩(表 8-1)。

表 8-1 一卤代烃的偶极矩(气态，D)

| X | $CH_3X$ | $CH_3CH_2X$ | $CH_2{=}CHX$ | $CH{\equiv}CX$ | $C_6H_5X$ |
|---|---|---|---|---|---|
| F | 1.85 | 1.94 | 1.43 | 0.73 | 1.60 |
| Cl | 1.87 | 2.05 | 1.45 | 0.44 | 1.69 |
| Br | 1.81 | 2.03 | 1.42 | 0 | 1.70 |
| I | 1.62 | 1.91 | 1.26 | - | 1.70 |

从表 8-1 看出，尽管氟的电负性最大，但多数氟代烃与相应的氯代烃相比偶极矩反而小，这是因为偶极矩不仅决定于分离电荷的大小，也决定于分离电荷之间的距离，C—Cl 键较 C—F 键长。另外，卤原子直接在不饱和碳原子上的不饱和卤代烃，偶极矩较小。这是由于卤原子的未成键电子对所在的 p 轨道与不饱和键的 π 轨道发生 p-π 共轭，一方面使 C—X 键变短，另一方面 p 电子云向 π 轨道转移而使极性变小，因此偶极矩比相应的卤代烷烃小。

### 8.2.1.2 沸点

卤代烃沸点不仅随着碳原子数的增加而升高，同时也随卤原子数的增多而升高。在相同烃基的卤代烃中，沸点依 Cl→Br→I 的次序升高。然而多氟代烃的沸点都异乎寻常地低。如六氟乙烷在－79℃沸腾。一卤代烯烃中，卤代乙烯均为气体。苯和甲苯的一卤代物为液体，表 8-2 中列出了一些常见卤代烃的沸点。

### 8.2.1.3 溶解度和密度

虽然卤代烃分子具有极性，但所有的卤代烃都不溶于水，而易溶于有机溶剂。一卤代烃的相对密度大于含相同碳原子数的烃，且随着碳原子数的增加而降低(见表 8-2)。

表 8-2 一些卤代烃的沸点(℃)和相对密度($d_4^{20}$)

| 卤代烃 | F | | Cl | | Br | | I | |
|---|---|---|---|---|---|---|---|---|
| | b.p. | *d* | b.p. | *d* | b.p. | *d* | b.p. | *d* |
| $CH_3$—X | −78 | $0.84^{-60}$ | −24 | 0.92 | 3.6 | 1.750 | 42 | 2.28 |
| $CH_3CH_2$—X | −38 | | 13 | $0.91^{15}$ | 38 | 1.46 | 72 | 1.95 |
| $CH_3CH_2CH_2$—X | −2.5 | $0.78^{-3}$ | 46.6 | 0.89 | 71 | 1.35 | 102 | 1.74 |

**续表**

| 卤代烃 | F | | Cl | | Br | | I | |
|---|---|---|---|---|---|---|---|---|
| | b. p. | *d* | b. p. | *d* | b. p. | *d* | b. p. | *d* |
| $(CH_3)_2CH—X$ | −9 | | 34 | 0.86 | 59 | 1.31 | 89 | 1.70 |
| $CH_3(CH_2)_3—X$ | 32 | 0.78 | 78 | 0.89 | 101 | 1.27 | 130 | 1.61 |
| $C_2H_5CH(CH_3)—X$ | | | 68 | 0.87 | 91 | 1.26 | 120 | 1.60 |
| $(CH_3)_2CHCH_2—X$ | | | 69 | 0.87 | 91 | 1.26 | 119 | 1.60 |
| $(CH_3)_3C—X$ | 12 | $0.7^{12}$ | 51 | 0.84 | 73 | 1.22 | 100(分解) | 1.570 |
| $CH_3(CH_2)_4—X$ | 62 | 0.79 | 108 | 0.88 | 130 | 1.22 | $155^{98.6}$ | 1.52 |
| $(CH_3)_3CCH_2—X$ | | | 84 | 0.87 | 105 | 1.20 | 127(分解) | $1.53^{13}$ |
| $CH_2═CH—X$ | −51 | | 14 | | 16 | $1.52^{14}$ | 56 | 2.04 |
| $CH_2═CHCH_2—X$ | −3 | | 45 | 0.94 | 70 | 1.40 | 102 | 1.84 |
| $C_6H_5—X$ | 85 | 1.02 | 132 | 1.10 | 155 | 1.52 | 189 | 1.82 |
| $C_6H_5CH_2—X$ | 140 | $1.02^{25}$ | 179 | $1.10^{25}$ | 201 | 1.44 | $93^{1.3}$ | $1.73^{25}$ |
| $CH_2—X_2$ | −52 | | 40 | 1.34 | 99 | | 180(分解) | |
| $CH—X_3$ | −83 | | 61 | 1.49 | 151 | | 升华 | |
| $C—X_4$ | | | 77 | 1.60 | 190 | | 升华 | |
| $CH_3CH—X_2$ | | | 57 | | 110 | | 179 | |
| $X—CH_2CH_2—X$ | | | 84 | 1.26 | 132 | 2.17 | 分解 | |

注：相对密度数值右上角数为测定时温度，未标出者均为 20℃。沸点数值右上角为测定时的压力，单位(kPa)，未标出者均为 1 个大气压，101.325 kPa。

纯净的卤代烷是无色的，但碘代烷容易分解产生游离的碘，久放后逐渐变为棕红色。

### 8.2.2　卤代烃的化学性质

卤代烃的化学性质主要表现在碳卤键上。碳卤键中，卤原子的吸电子诱导效应使键电子偏向卤原子，α-碳上带部分正电荷，易受亲核试剂的进攻。卤代烷的 β-H 同样受吸电子诱导效应的影响，在强碱作用下，有离去可能，从而发生 1,2-消除反应生成不饱和烃。卤代烃还可与金属反应生成金属有机化合物。

卤代烃的反应活性取决于烃基的结构和卤原子的种类两个因素。就烃基结构看，活性次序为：

$$\begin{matrix} CH_2═CHCH_2X \\ ArCH_2X \end{matrix} > \begin{matrix} RCH_2X \\ R_2CHX \\ R_3CX \end{matrix} > \begin{matrix} CH_2═CHX \\ ArX \end{matrix}$$

烃基相同时：RI＞RBr＞RCl＞RF。

8.2.2.1　取代反应

卤代烃分子中，与卤素原子成键的碳原子带部分正电荷，是一个缺电子中心，易受负离子或可提供电子的试剂的进攻，这些试剂称为亲核试剂（Nucleophile，记作 Nu），卤代烃称为底物（Substrate，记作 S）。亲核试剂进攻反应底物中带部分正电荷的碳原子，使 C—X 键异裂，而卤素原子带一对价电子以负离子形式离去，称为离去基团（Leaving group，常记作 L）。这种类型的反应称为亲核取代反应（Nucleophilic Substitution，记作 $S_N$）。下面是卤代烃的一些常见的亲核取代反应：

$$RX \xrightarrow{H_2O} ROH + HX$$
$$RX \xrightarrow{NaOR',\ ROH} ROR' + NaX$$
$$RX \xrightarrow{NaCN} RCN + NaX$$
$$RX \xrightarrow{NH_3} RNH_2 + NH_4X$$
$$RX \xrightarrow{NaSR'} RSR' + NaX$$
$$RX \xrightarrow{NaOH} ROH + NaX$$
$$RX \xrightarrow{R'OH} ROR' + HX$$
$$RX \xrightarrow{NaC\equiv CR'} RC\equiv CR' + NaX$$
$$RX \xrightarrow{NaI,\ CH_3COCH_3} RI + NaX$$

以上反应可用通式表示如下：

$$\underset{\text{亲核试剂}}{Nu\!:^-} + \underset{\text{底物}}{R—X} \longrightarrow \underset{\text{产物}}{Nu—R} + \underset{\text{离去基团}}{X\!:^-}$$

这些反应都是重要的有机合成反应。其中亲核试剂 $RO^-$，$CN^-$，$OH^-$，$RS^-$，$\bar{C}\equiv CR$，$I^-$ 是负离子，而 $H_2O$，$NH_3$ 和 $R'OH$ 是中性分子。水和醇在反应中既作溶剂又是亲核试剂，这类反应又称为溶剂解作用（Solvolysis）。

（1）水解反应（Hydrolysis）

卤代烃与水作用生成醇的反应称为卤代烃的水解。这是一个可逆反应，室温下，反应一般进行得很慢，用于研究反应机理非常重要。要使反应向醇的方向进行，可用 NaOH 的水溶液，反应生成的 HX 被碱中和，使反应顺利进行。

$$RX + NaOH \xrightarrow{H_2O} R—OH + NaX$$

水解反应的快慢与卤代烃的结构有关，叔卤代烷、苄基卤代烷、烯丙基卤代烷等容易水解：

$$(CH_3)_3C—Cl + H_2O \xrightarrow[\triangle]{} (CH_3)_3C—OH + HCl$$

$$PhCH_2Cl + H_2O \xrightarrow[\triangle]{} PhCH_2OH + HCl$$

$$CH_2═CHCH_2Cl + NaOH(\text{稀}) \longrightarrow CH_2═CHCH_2OH + NaCl$$

伯或仲卤代烷水解往往在较高温度，加碱或催化下才能进行。而卤原子在双键上或芳环上的卤代烃一般很难水解。

（2）醇解反应或 Williamson 反应

卤代烃直接与醇的反应一般进行得很慢，而卤代烃与醇钠的反应则较快，是制备醚类化合物的常用方法，称为 Williamson 反应，如：

$$CH_3CH_2CH_2ONa + ICH_2CH_3 \xrightarrow{n-PrOH} CH_3CH_2CH_2OCH_2CH_3 + NaI$$

由于醇钠的碱性强，当卤代烃为仲、叔卤代烷时，主要生成消除产物烯烃。因此 Williamson 反应只适用于伯卤代烷。

(3) 氨解反应

氨和卤代烃反应时，氨可取代卤原子生成铵盐，过量的氨吸收卤化氢生成胺和卤化铵。胺也可作为亲核试剂继续与卤代烃反应，最终可生成季铵盐：

$$RX + NH_3 \longrightarrow RNH_2 \cdot HX \xrightarrow{NH_3} RNH_2 + NH_4X$$

$$RNH_2 + RX \longrightarrow R_2NH \cdot HX \xrightarrow{NH_3} R_2NH + NH_4X$$

$$R_2NH + RX \longrightarrow R_3N \cdot HX \xrightarrow{NH_3} R_3N + NH_4X$$

$$R_3N + RX \longrightarrow R_4\overset{+}{N}X^- \text{（季铵盐）}$$

这个反应也称为氨的烃基化反应。

(4) 氰解反应

卤代烃和氰化钠(钾)在乙醇/$H_2O$ 中加热回流，卤原子被取代而生成腈，在有机合成上常用来合成增加一个碳原子的化合物，例如：

$$BrCH_2CH_2CH_2CH_2Br + 2NaCN \longrightarrow NCCH_2CH_2CH_2CH_2CN + 2NaBr$$

(5) 成酯反应

卤代烷与羧酸盐反应生成酯。例如：

$$CH_3CH_2CH_2CH_2Br + CH_3\overset{\overset{O}{\|}}{C}-OK \xrightarrow[100℃]{DMF} CH_3\overset{\overset{O}{\|}}{C}-OCH_2CH_2CH_2CH_3 + KBr$$

这是制备酯的一种方法。当使用羧酸银盐时，由于生成不溶性的卤化银，反应很容易进行，可用于制备一般方法难以合成的酯。

卤代烃同硝酸银在乙醇溶液中反应生成硝酸酯，同时产生卤化银沉淀：

$$RX + AgNO_3 \xrightarrow{EtOH} RONO_2 + AgX\downarrow$$

不同的卤代烃反应速率不同。如，活性高的烯丙基型卤代烃加入 2% $AgNO_3$ 乙醇溶液立即出现卤化银沉淀，叔卤代烷在室温振摇很快反应，而伯代烷和仲卤代烷需要加热，乙烯型卤代烃加热也不反应。此现象可用于鉴别各种卤代烃。

(6) 卤代芳烃的亲核取代反应

卤代芳烃的卤原子直接与苯环碳原子成键，卤原子的未共用电子对所在的 p 轨道与苯环上的大 π 键形成 p-π 共轭体系，C—X 键增强：

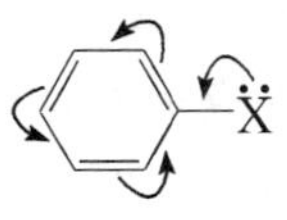

因此,卤代芳烃的 C—X 键不能像卤代烷一样进行取代反应,如,氯苯与氢氧化钠水溶液或硝酸银溶液都不反应。

不过,在比较剧烈的条件下,卤代芳烃也能发生亲核取代反应。例如,氯苯在高温高压下与氢氧化钠水溶液反应,酸化后得到苯酚,这个反应曾用于工业生产苯酚:

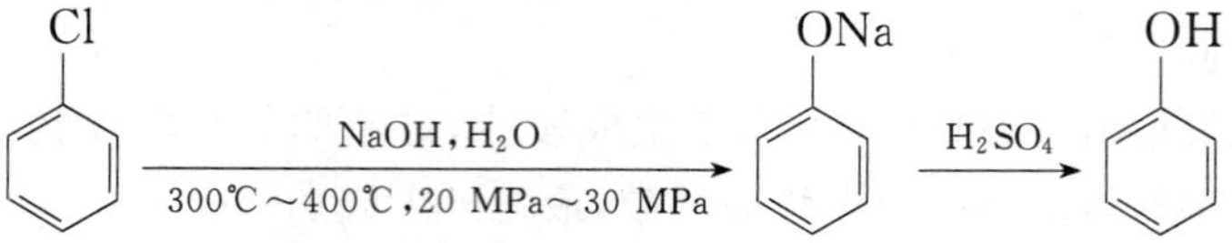


氯苯在液氨中与氨基钾反应,生成苯胺:

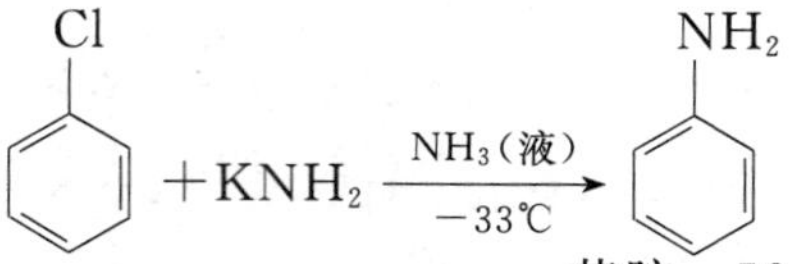


苯胺 52%

当芳环上卤原子的邻、对位上具有强吸电子基团例如硝基时,更容易发生亲核取代反应,且吸电子基的数目越多,反应越容易进行。例如:

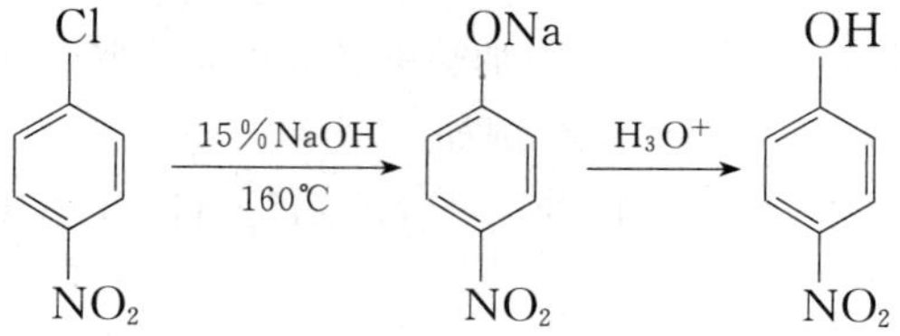


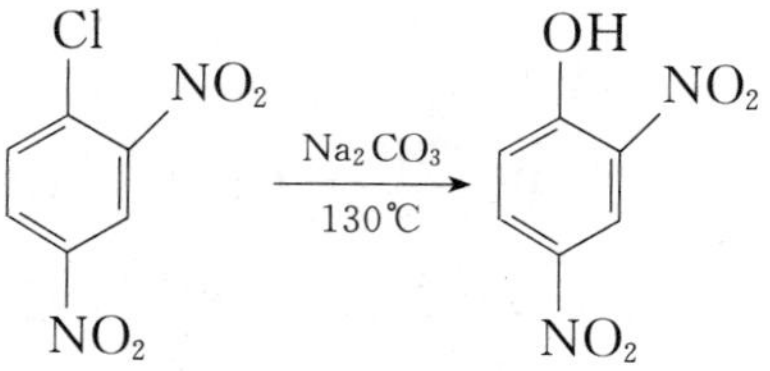


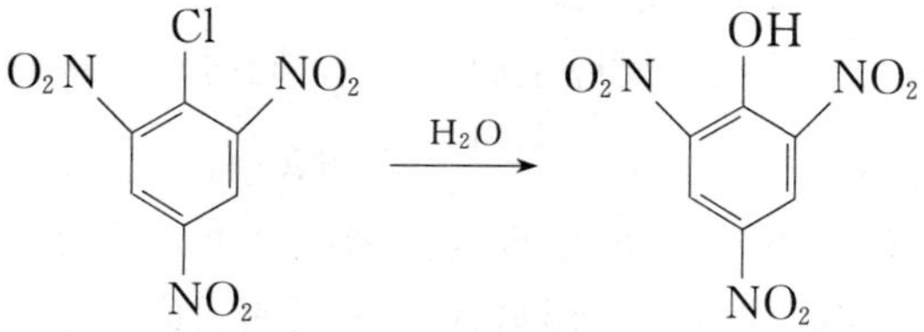


但是在同样条件下,处在硝基间位的卤原子却难以被取代。以上亲核取代反应的机理可解释如下。

① 加成—消除反应机理

研究表明,硝基卤苯的亲核取代反应是一个双分子反应:首先亲核试剂与卤代苯发生亲核加成反应,然后中间体苯负离子脱去负离子,恢复苯环结构,生成取代产物。

从下述不同硝基卤苯的亲核取代反应中间体苯负离子的共振式看,只有硝基处在卤素的邻、对位时,才能更大限度地分散负电荷而稳定苯负离子:

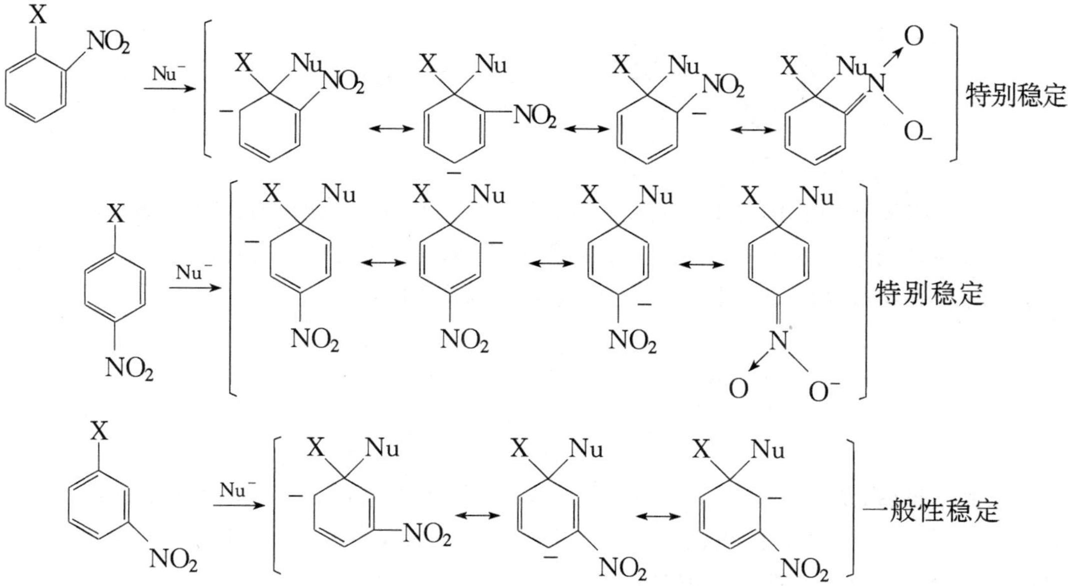

显然，当苯环上有吸电子的硝基时，一方面强吸电子作用使苯环上电子云密度降低，有利于亲核剂的进攻；另一方面，其吸电子作用使中间体负离子的负电荷得到分散，中间体容易形成，反应容易发生。故邻、对位上有硝基或其他吸电子基团时，对亲核取代反应有活化作用。上述加成-消除反应机理通常用 $ArS_N2$ 表示。

② 苯炔机理

强吸电子基使卤代芳烃活化，发生亲核取代反应按 $ArS_N2$ 机理进行。当没有这种活化作用时，在强碱、高温、高压下发生的反应则是先生成苯炔：

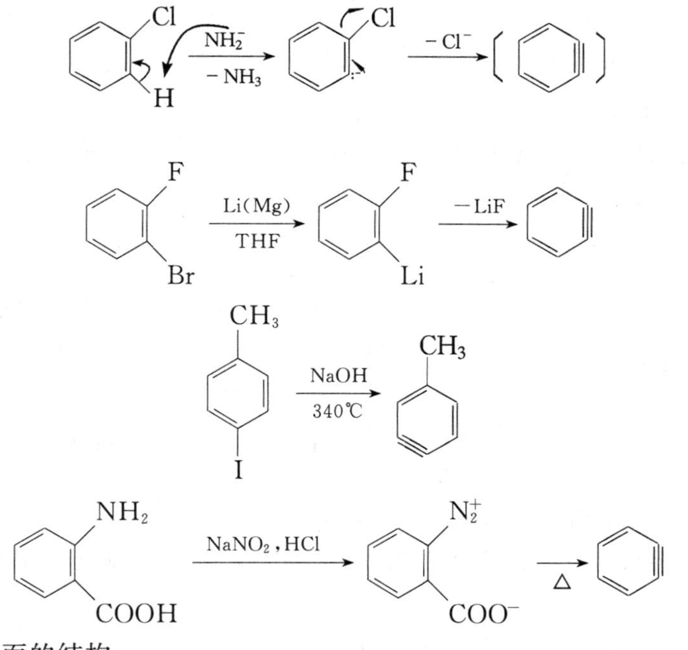

苯炔具有下面的结构：

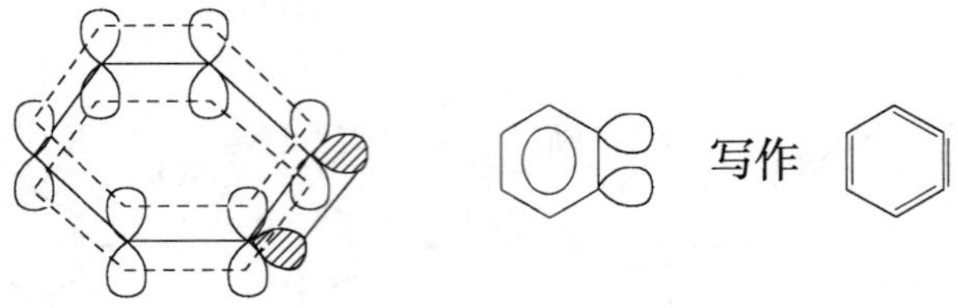

其 6 个碳原子的 p 轨道仍组成大 π 键，两个碳原子的 $sp^2$ 杂化轨道侧面交叠成键，其方向大致在环的平面方向上。由于其交叠程度很小，键能很小，键很弱，是一个非常活泼的中间体。在亲核基团作用下，苯炔可快速生成加成产物：

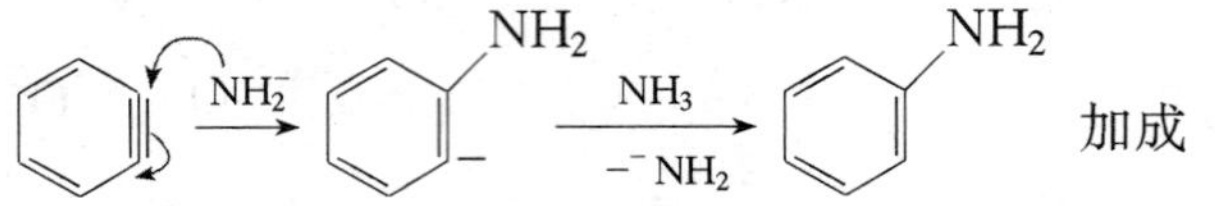

总的结果看，苯炔机理是一种消除—加成机理。须注意的是：当卤代芳烃的邻、间-位上连有 F-等吸电子基团时，在碱性条件下按苯炔机理取代卤素时，反应不仅变得更容易，取代基的位置也有选择性——主要在吸电子基团的间一位：

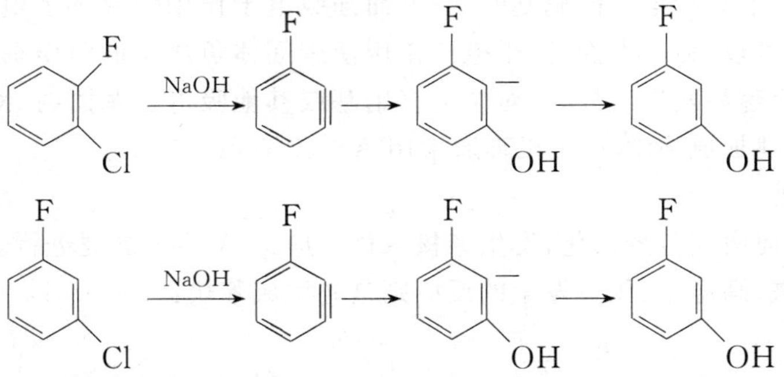

以上结果与 F— 的吸电子作用有关。

8.2.2.2 消除反应

在卤代烷的亲核取代反应中，经常伴随着消除反应。特别是仲、叔卤代烷等遇碱性试剂时，容易脱去卤代氢生成烯烃：

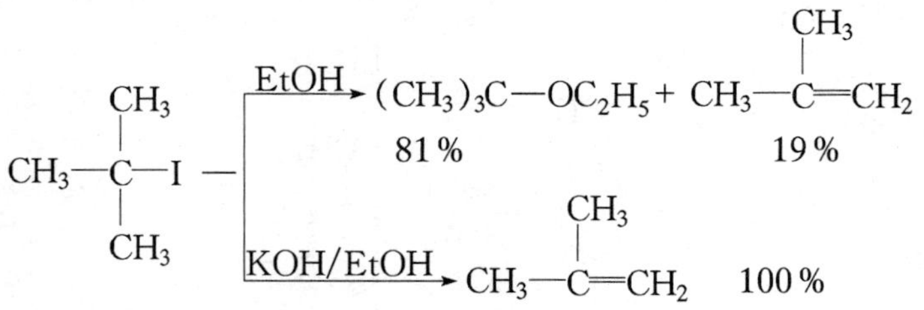

这种失去一个简单分子而形成不饱和键的反应称为消除反应，以 E (Elimination) 表示。卤代烷分子中与卤原子直接相连的碳原子称为 α 碳原子，碳链上其他碳原子依次为 β, γ, δ, …, ω 碳原子。

由一卤代烷生成烯烃的反应中，从 α 碳上失去卤原子，从 β-位上失去氢，因此也称为

α,β-消除或 1,2-消除，简称 β-消除反应。

（1）脱卤化氢(Dehydrohalogenation)

卤代烷与强碱的醇溶液共热，脱去卤化氢而生成不饱和烃。例如：

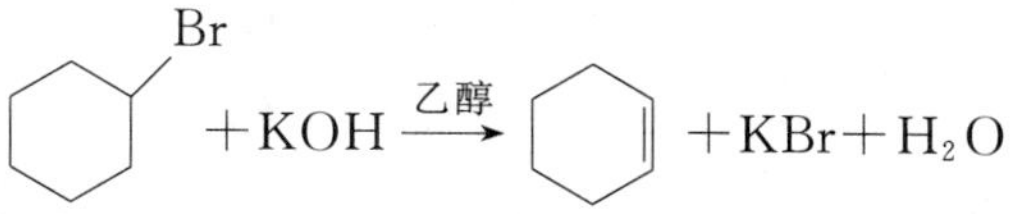

$$PhCHBrCHBrPh \xrightarrow[\text{乙醇}]{KOH} PhCH{=\!=}CBrPh \xrightarrow[\triangle]{KOH/\text{乙醇}} PhC{\equiv}CPh$$

这是制备不饱和烃的一种重要方法，常用的强碱还有甲醇钠、乙醇钠、氨基钠等。

有多种 β-H 时，消除反应同加成反应一样，也存在取向问题，例如：

$$\underset{\text{2-溴丁烷}}{CH_3CH_2CH(Br)CH_3} \xrightarrow[C_2H_5OH]{C_2H_5ONa} \underset{\substack{\text{2-丁烯}\\81\%}}{CH_3CH{=}CHCH_3} + \underset{\substack{\text{1-丁烯}\\19\%}}{CH_3CH_2CH{=}CH_2}$$

$$\underset{\text{2-甲基-2-溴丁烷}}{CH_3CH_2C(CH_3)(Br)CH_3} \xrightarrow[C_2H_5OH,\ 70℃]{C_2H_5OK} \underset{\substack{\text{2-甲基-1-丁烯}\\29\%}}{CH_3CH_2C(CH_3){=}CH_2} + \underset{\substack{\text{2-甲基-2-丁烯}\\71\%}}{CH_3CH{=}C(CH_3)_2}$$

从上面的例子可以看出，不同 β-H 消除后产生的烯烃并不等量，消除反应具有区域选择性。1875 年俄国化学家 Saytzeff 在总结大量的实验事实后指出：在 β-消除反应中，总是含氢较少的那个 β 碳原子上的氢比较容易脱去，主要产物是双键上烃基较多的稳定烯烃。这一规律叫做 Saytzeff 规则。

实际上，Saytzeff 规则是生成稳定产物这一本质特征的形式上的表现。如，下述反应的消除方向即是生成较稳定的共轭体系：

$$CH_2{=}CHCH_2CH(Br)CH(CH_3)CH_3 \xrightarrow{-HBr} \begin{cases} CH_2{=}CHCH{=}CHCH(CH_3)_2 & \text{主要产物} \\ CH_2{=}CHCH_2CH{=}C(CH_3)_2 & \text{很少量} \end{cases}$$

卤代烷脱卤化氢的活性次序是 3°RX＞2°RX ＞1°RX，最容易脱卤化氢的是叔碘代物。叔丁基碘在锌粉存在下与水共热，就脱去一分子碘化氢成烯。

$$CH_3—C(CH_3)_2—I \xrightarrow[\triangle]{Zn,H_2O} CH_3—C(CH_3){=}CH_2$$

消除反应常与取代反应同时进行，而且相互竞争。一般情况下，叔卤代烷和有形成共轭烯烃可能的卤代烃，有利于消除反应；而弱碱性、低浓度试剂和使用极性大的溶剂，则有利于取代反应：

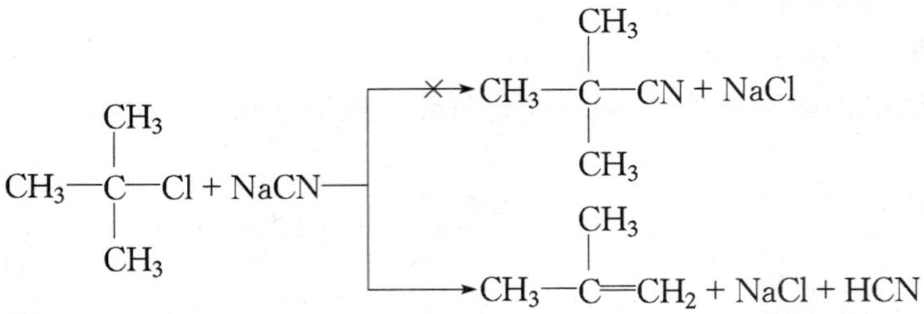

$$RCH_2CH_2X \begin{cases} \xrightarrow{NaOH,H_2O} RCH_2CH_2OH(主) \\ \xrightarrow{NaOH,ROH} RCH{=}CH_2\ (主) \end{cases}$$

(2) 脱卤素(Dehalogenation)

邻二卤代烷与锌粉或 KI 在乙醇中共热能脱卤素而生成烯烃或环烷烃：

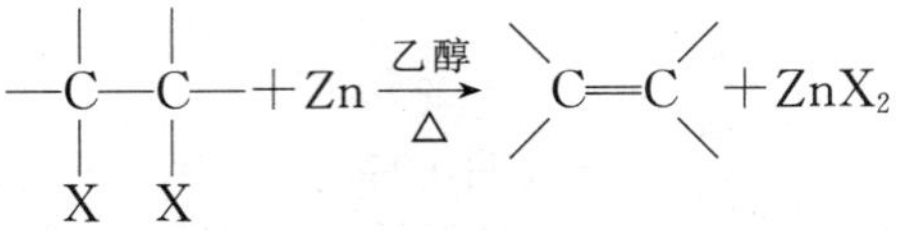

如，1，3-二卤代烷和锌或镁反应脱卤素生成环丙烷衍生物：

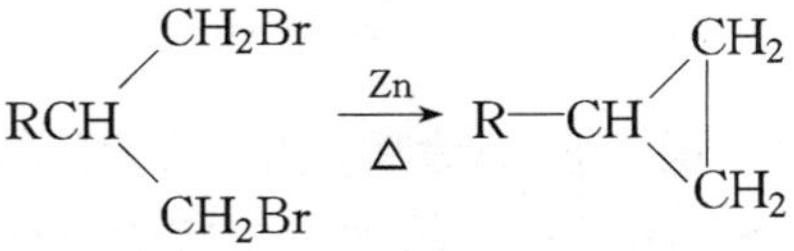

8.2.2.3　还原反应

卤代烃被还原除去卤素而生成烃。在过渡金属如铂催化下氢解生成烷烃。

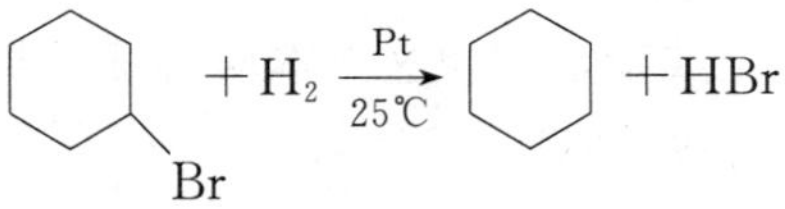

金属氢化物如硼氢化钠和氢化铝锂都可还原卤代烃，且当有不饱和键共存时，它们只还原除去卤素，而不还原双键：

$$CH_3(CH_2)_6CH_2I + NaBH_4 \xrightarrow[1\ h,45℃]{二甘醇二甲醚} CH_3(CH_2)_6CH_3$$

$$CH_2{=}CH{-}CH_2Br \xrightarrow[Et_2O]{LiAlH_4} CH_2{=}CH{-}CH_3 + HBr$$

氢化铝锂还原能力比硼氢化钠强。硼氢化钠可在水或醇溶液中使用，是一种缓和的还原剂；而氢化铝锂则必须在无水无氧条件下使用，否则水与其剧烈反应。

这类反应可用于制备纯粹烷烃。如，用氘化铝锂 $LiAlD_4$ 可制备含氘化合物：

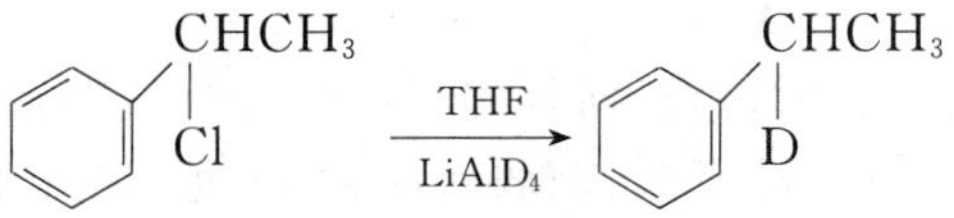

α-氯代乙苯　　α-氘代乙苯

其他还原剂如 Zn＋HCl，Na＋$NH_3$(液)等也可使卤代烃还原：

$$CH_3(CH_2)_{14}CH_2I \xrightarrow{Zn+HCl} CH_3(CH_2)_{14}CH_3 + ZnCl_2$$

8.2.2.4 与金属的反应及有机金属试剂

卤代烃与活泼金属反应生成有机金属化合物(Organometallic Compounds)，分子中含有碳金属键(C—M)。根据 C—M 键的成键方式可将有机金属化合物分为三类。

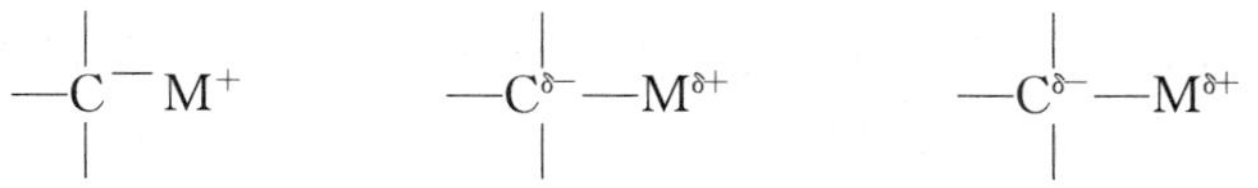

M＝Na，K　　M＝Li，Mg，Zn　　M＝Cd，Hg，Pb

离子键型　　极性共价键型　　弱极性共价键型

有机金属化合物具有许多特殊的性能，在有机合成中有重要用途。

(1) 与金属钠的反应

卤代烷在金属钠作用下，两个烷基可偶联生成较高级的烷烃，收率可达 40%～60%：

$$RX + 2Na + XR \longrightarrow R—R + 2NaX$$

二卤代烷发生分子内偶联生成环烷烃：

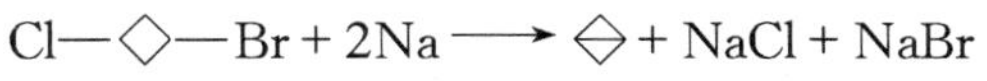

该类反应称为 Wurtz 反应，二个烷基不同时则可能生成三种不同的烷烃的混合物。

芳香族卤代烃在无水溶剂中与钠作用，可生成联芳基化合物(Wurtz-Fittig 反应)，但一般收率都很低：

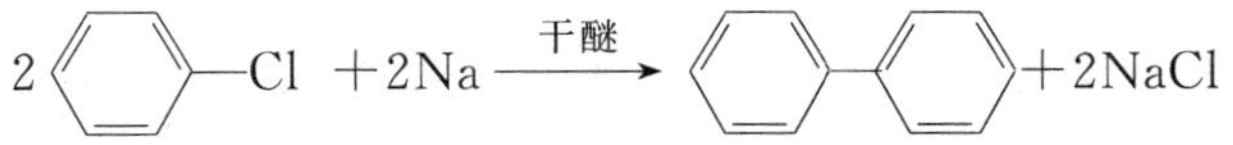

卤代烷与芳香卤代物在钠的作用下反应，生成烷基芳烃，收率较高：

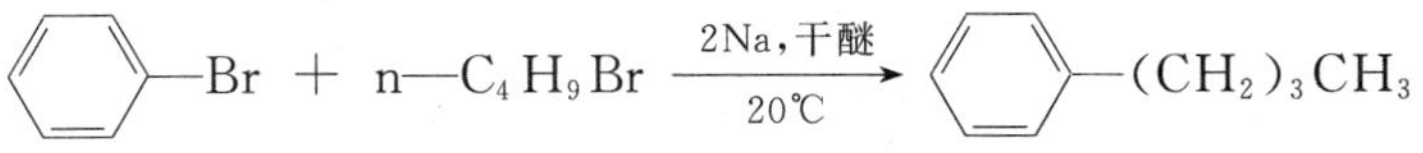

(62%～72%)

这类反应的机理可能是：卤代烃先与金属钠作用，生成非常活泼的烃基钠，烃基钠具有较强的亲核性，一旦生成立即与另一分子卤代烃发生亲核取代反应生成偶联产物。

(2) 与金属镁反应及 Grignard 试剂

卤代烃在无水乙醚中和镁屑反应生成卤化烃基镁：

$$RX + Mg \xrightarrow{无水乙醚} RMgX$$

法国化学家 V. Grignard 在 1900 年首先发现了这类反应，并因此获得 1912 年度诺贝尔化学奖。有机镁卤化物 RMgX 被称为 Grignard(格氏)试剂。

卤代烃与镁反应生成格氏试剂的活性次序为：RI ＞ RBr ＞ RCl ＞ RF。制备格氏试剂很少用氟代烷。芳基格氏试剂一般用碘代和溴代芳烃制备。氯代芳烃和氯乙烯反应难，需用极性大、沸点高的溶剂四氢呋喃(THF，b. p. 64.5℃)才能制成格氏试剂：

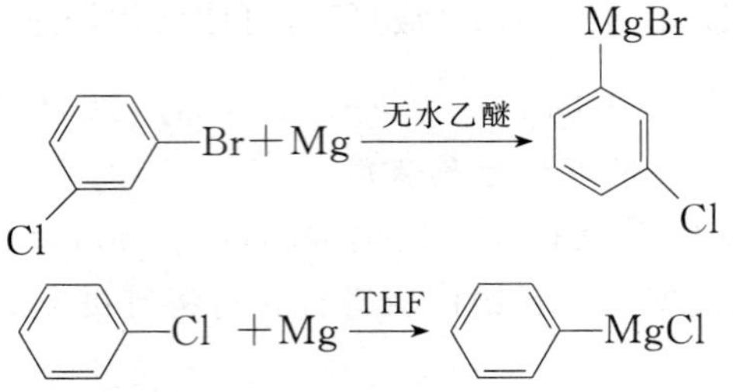

格氏试剂的结构尚未确定，一般写作 RMgX。实际上要复杂得多，一般认为在溶液中是 RMgX，$R_2Mg$ 及 $MgX_2$ 三者的混合物，并且存在下列平衡：

$$2RMgX \rightleftharpoons R_2Mg + MgX_2$$

格氏试剂在溶液中可与醚类溶剂形成配合物，使其更稳定，并使其溶于醚溶剂：

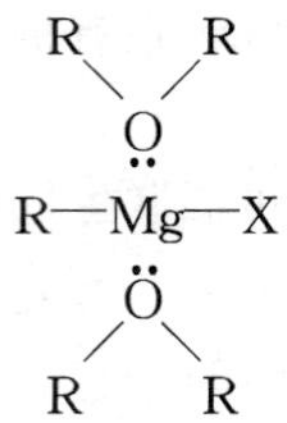

格氏试剂一般不从制备体系中分离出，而是直接用于下一步的反应。Grignard 试剂在有机合成上十分重要，广泛地用于制备烃、醇、醚、酸及其他金属有机化合物。

其典型反应主要有：

① 与含活泼氢化合物的反应

Grignard 试剂与含活泼氢的化合物，如水、醇、羧酸、氨、卤化氢和端基炔等反应，分解成烃：

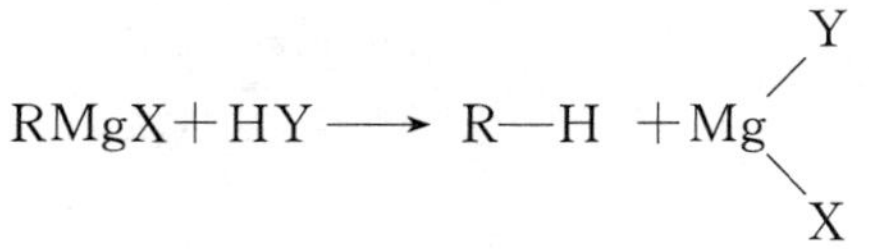

若用重水 $D_2O$ 与 Grignard 试剂作用，可制得氘代烃：

$$R—MgX + D_2O \longrightarrow RD + MgX(OD)$$

所以，在制备 Grignard 试剂时，卤化物中不能含有活泼氢，不能有水存在，所用的仪器、溶剂和试剂都必须绝对干燥。

格氏试剂与端基炔的反应是制备炔基 Grignard 试剂的方法：

$$CH_3C \equiv C—H + CH_3CH_2MgBr \longrightarrow CH_3C \equiv C—MgBr + CH_3CH_3$$

② 与氧气的反应

Grignard 试剂遇氧气，生成氧化产物，水解时生成醇：

$$2RMgX + O_2 \longrightarrow 2ROMgX$$

$$ROMgX + HOH \longrightarrow ROH + MgX(OH)$$

所以，制备 Grignard 试剂，还应在无氧条件下进行。

③ 与二氧化碳的反应

Grignard 试剂与二氧化碳反应生成羧酸盐，用稀酸水解时生成羧酸：

$$RMgX + CO_2 \longrightarrow R-\overset{\overset{\large O}{\|}}{C}-OMgX \xrightarrow{H_3O^+} R\overset{\overset{\large O}{\|}}{C}-OH$$

此法制备的羧酸比原来的卤代烃增加一个碳原子。

④ 与极性羰基化合物的反应

醛、酮和酯等的羰基可与 Grignard 试剂反应，产物都是醇：

$$RMgX + \gt C{=}O \longrightarrow R-\overset{|}{\underset{|}{C}}-OMgX \xrightarrow{H_3O^+} R-\overset{|}{\underset{|}{C}}-OH + MgX(OH)$$

⑤ 与环氧乙烷反应

Grignard 试剂与环氧乙烷发生开环加成反应，经水解得增加两个碳的伯醇：

$$RMgX + \underset{\diagdown\ O\ \diagup}{CH_2{-}CH_2} \longrightarrow RCH_2CH_2OMgX \xrightarrow{H_3O^+} RCH_2CH_2OH$$

⑥ 与活泼卤代烃的反应

活泼卤代烃如烯丙型、苄基型卤代烃，与 Grignard 试剂发生偶联，生成较高级烃：

$$CH_2{=}CHCH_2Cl + CH_2{=}CHCH_2MgX \longrightarrow CH_2{=}CHCH_2CH_2CH{=}CH_2$$

其他卤代烃也可发生类似的反应，但是仲和叔代烷容易发生消除反应。

⑦ 与金属卤化物的反应

Grignard 试剂与活性在镁以下的金属卤化物反应，生成新的金属有机化合物：

$$CdCl_2 + 2C_2H_5MgCl \longrightarrow (C_2H_5)_2Cd + 2MgCl_2$$

$$HgCl_2 + 2C_2H_5MgCl \longrightarrow (C_2H_5)_2Hg + 2MgCl_2$$

$$SnCl_4 + 4CH_3MgCl \longrightarrow (CH_3)_4Sn + 4MgCl_2$$

$$4C_2H_5MgCl + 2PdCl_2 \longrightarrow (C_2H_5)_4Pb + 4MgCl_2 + Pb$$

$$3C_6H_5MgBr + SbCl_3 \longrightarrow (C_6H_5)_3Sb + 3MgBrCl$$

$$C_2H_5MgCl + ZnCl_2 \longrightarrow C_2H_5ZnCl + MgCl_2$$

$$2CH_3MgCl + SiCl_4 \longrightarrow (CH_3)_2SiCl_2 + 2MgCl_2$$

$$3C_6H_5MgBr + PCl_3 \longrightarrow (C_6H_5)_3P + 3MgBrCl$$

二烷基镉、三苯基膦和有机锌都是重要的有机合成试剂，有机汞和有机锡是很好的杀菌剂，有机硅化合物可用于制备绝缘性能优良和耐高温的材料。

(3) 有机锂化物

有机锂化物也是一种重要的金属有机试剂，制备方法和格氏试剂十分类似，卤代烃与金属锂在己烷、苯或乙醚中反应生成有机锂化合物：

$$CH_3CH_2CH_2CH_2Cl + 2Li \xrightarrow[-10℃]{己烷} CH_3CH_2CH_2CH_2Li + LiCl$$

氯代和溴代芳烃都能与金属锂反应生成芳基锂：

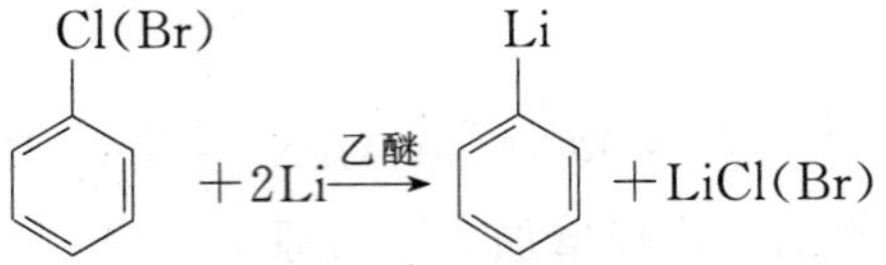

芳基锂还可以由碘代或溴代芳烃与烷基锂的金属转移反应(Transmetallation)制备：

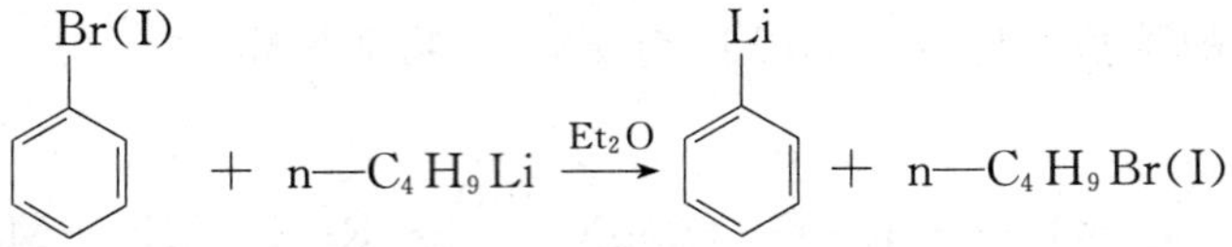

需要指出的是，制备烷基锂，一般都是在低温条件下用氯代烷和溴代烷，而不能用碘代烷。碘代烷与金属锂反应产物不是有机锂，而得到进一步和碘代烷作用生成的偶联产物：

$$2RI + 2Li \longrightarrow [RLi + RI + LiI] \longrightarrow R{-}R + 2LiI$$

有机锂化物和 Grignard 试剂的反应十分相似。所不同的是 C—Li 键极性更大，碳原子带更多的负电荷，亲核性更强，反应活性更高。许多格氏试剂不能进行的反应，有机锂试剂却能顺利进行，例如空间障碍很大的羰基化合物，格氏试剂不发生反应，：

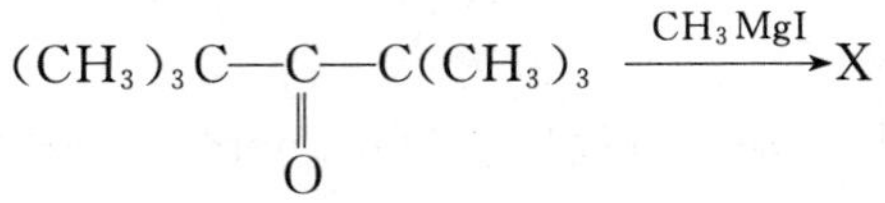

而用叔丁基锂反应仍能进行。有机锂活性高，与二氧化碳的反应产物不是酸而是酮：

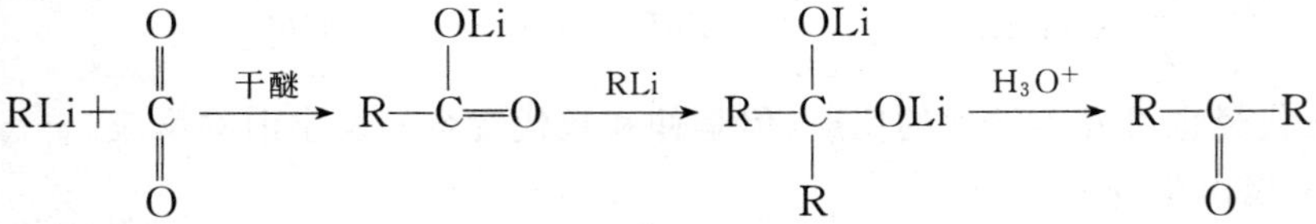

(4) 二烷基铜锂化合物

有机锂在乙醚中与碘化亚铜反应生成一类重要的试剂——二烷基铜锂：

$$2RLi + CuI \xrightarrow[-78℃\sim0℃]{\text{无水乙醚}} \underset{\text{二烷基铜锂}}{R_2CuLi} + LiI$$

二烷基铜锂与卤代烷反应高产率地得到高级烷烃，称为 Corey-House 烷烃合成法：

$$R_2CuLi + R'X \longrightarrow R{-}R' + RCu + LiX$$

二烷基铜锂活性较缓和，可在常温条件下反应，体系中的双键甚至酮、酸、酯等羰基基团在反应时不受影响。另外，乙烯型卤化烃经反应后构型保持不变。例如：

$$(CH_3)_2CuLi + CH_3(CH_2)_3CH_2I \longrightarrow CH_3(CH_2)_4CH_3 + CH_3Cu + LiI$$

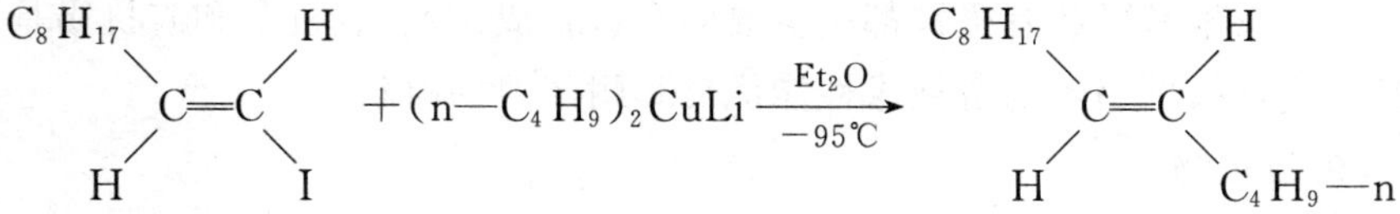

(E)-1-碘-1-癸烯　　二正丁基铜锂　　(E)-5-十四碳烯 (74%)

# §8.3 饱和碳原子上的亲核取代反应机理

饱和碳原子上的亲核取代反应是有机合成中的一个非常重要的反应，也是有机化学反应中研究得最为透彻的反应之一。亲核取代反应主要有两种典型的反应机理——双分子一步协同的 $S_N2$(Substitution，Nueleophilic，Bimolecular)反应机理和单分子分步进行的 $S_N1$(Substitution，Nucleophilic，Unimolecular)反应机理：

$$S_N2: \bar{Nu} + R—L \longrightarrow Nu—R + L^-$$

$$S_N1: R—L \rightleftharpoons R^+ + L^- \xrightarrow{\bar{Nu}} Nu—R + L^-$$

### 8.3.1 $S_N2$ 反应机理

以溴甲烷的水解反应为例。

当溴甲烷在 80%乙醇的水溶液中进行水解时，反应很慢。如果加入氢氧化钠，水解速率随 $OH^-$ 浓度的增加而变大。考查其水解速率与各反应物浓度之间的关系发现，在动力学上这是一个二级反应：

$$CH_3Br + OH^- \longrightarrow CH_3OH + Br^-, \quad 反应速率 = k_2[CH_3Br][OH^-]$$

式中 $k_2$ 表示二级反应的速率常数。

在动力学上表现为二级反应是 $S_N2$ 反应的动力学特征。根据这一特征可以推出：在决定反应速率的步骤中，溴甲烷和氢氧根负离子同时参加，亲核试剂 $OH^-$ 的进攻和离去基团 $Br^-$ 的离去同时进行，是一个协同的双分子的亲核取代反应：

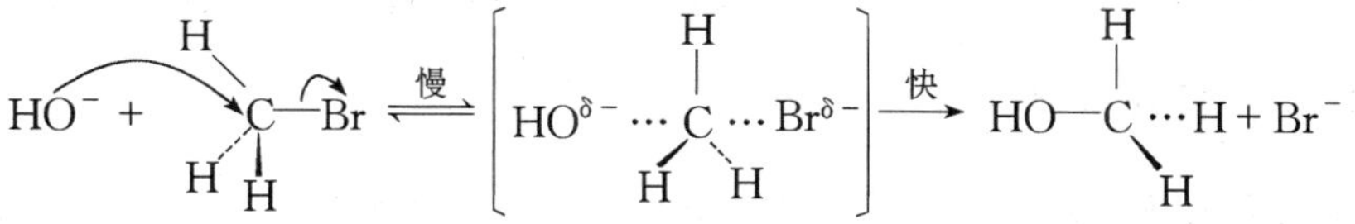


过渡态 TS

反应中，亲核试剂 $OH^-$ 从溴甲烷的离去基团溴的背面进攻碳原子，氧原子与碳原子的距离逐渐缩小，部分成键，碳溴键变长，部分削弱。同时中心碳原子的三个氢原子向溴原子方向偏转，三根碳氢键由伞型结构逐渐变为平面结构，形成过渡态(Transtion State，记作 TS)。这一过程需要的能量即为反应活化能。之后，三个碳氢键继续向溴偏转，溴负离子离去，新的碳氧键完全形成，生成取代产物，放出能量。

过渡态是整个反应进程中的能量最高点，形成过渡态的快慢决定反应速率，此过程中反应底物 $CH_3Br$ 和亲核试剂 $HO^-$ 都参加，因而动力学上表现为二级反应。

从结构观点分析(图 8-1)，卤代烷 $CH_3Br$ 与亲核试剂 $HO^-$ 形成过渡态，中心碳原子由 $sp^3$ 的四面体结构转为 $sp^2$ 的三角形平面结构，三个氢占据三个顶点，碳上的 2p 轨道与平面垂直，两边分别与亲核试剂 $OH^-$ 和离去基团 $Br^-$ 的有孤对电子的轨道部分重叠形成三角双椎的立体结构。

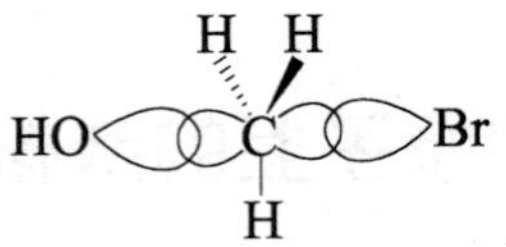

图 8-1　$S_N2$ 反应的过渡态

在 $S_N2$ 反应中，亲核试剂从离去基团的背面进攻，与所形成过渡态的稳定性有关。从背面进攻得到的过渡态中的两个带有负电荷的基团如 $Br^{\delta-}$ 和 $HO^{\delta-}$ 远离，电荷分散，体系内能相对较低。假若从同面进攻则应有如下的过渡态：

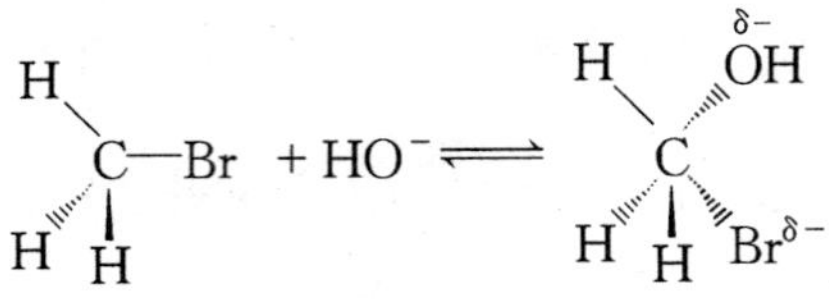

此过渡态中两个带负电荷的基团相邻，有较大的排斥力，内能升高，更不稳定。

亲核试剂从背面进攻的另一个有力证据是其立体化学特征。从上述 $S_N2$ 反应进程看，在 $HO^-$ 与中心碳原子形成碳氧键，断裂碳溴键的过程中，其他三个 C—H 键，可像一把雨伞那样翻转到相反的方向。若将三个氢原子换成不同的基团，中心碳原子变成 $C^*$：

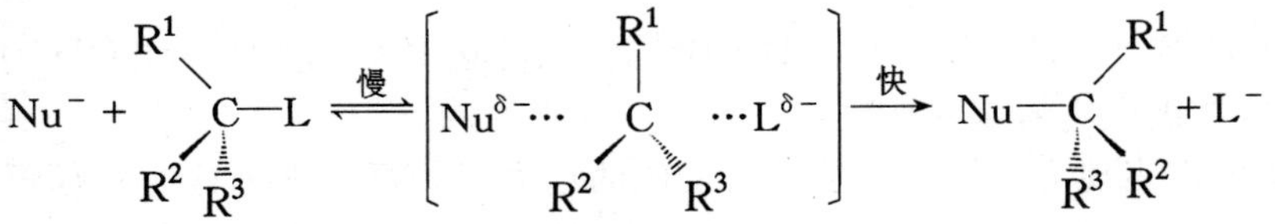

上述过程将使 $C^*$ 构型反转。该现象是 Walden 提出的，称为 Walden 反转（Walden inversion）。构型的完全反转是 $S_N2$ 反应的立体化学特征，也是 $S_N2$ 反应历程的证据之一。

### 8.3.2　$S_N1$ 反应机理

按 $S_N1$ 反应机理进行反应的典型例子是叔丁基氯的水解反应：

$$(CH_3)_3C—Cl\ +H_2O \xrightarrow{\text{丙酮}} (CH_3)_3C—OH\ +HCl$$

与溴甲烷的水解不同，反应速率只决定于叔丁基氯本身的浓度，而与碱的浓度无关，在动力学上表现为一级反应：反应速率$=k[(CH_3)_3CCl]$

反应机理可表示如下：

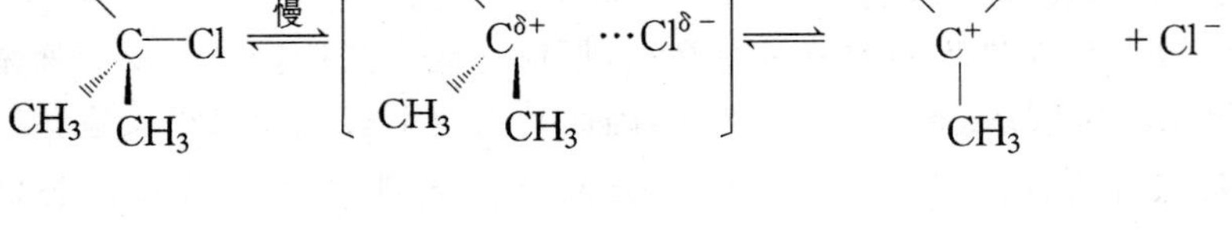

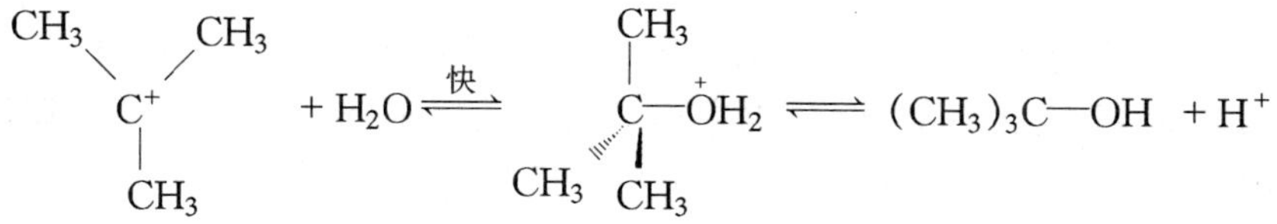

第一步是叔丁基氯的碳氯键发生异裂，氯原子带着键电子对离去，形成碳正离子中间体；第二步是叔丁基碳正离子和亲核试剂 $H_2O$ 结合，尔后失去氢质子生成产物。

$S_N1$ 反应的活性中间体为碳正离子，碳正离子的中心碳原子的杂化状态是 $sp^2$，为平面形结构，亲核试剂可以从平面两侧与其结合，取代产物几乎等量，当用旋光性反应底物(中心碳原子为手性碳原子)进行 $S_N1$ 反应时，两种结合方式分别生成构型保持和构型转化产物，而发生外消旋化：

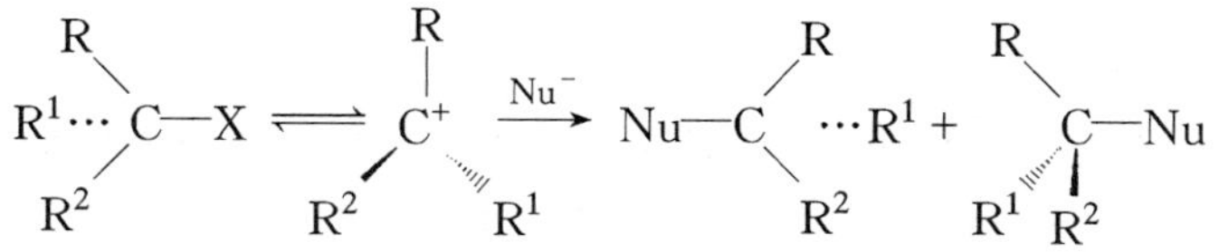

$sp^2$ 平面离子　　构型反转　　构型保持

在理想的 $S_N1$ 反应中，形成自由的碳正离子，应得到完全外消旋化产物。但在多数情况下，在碳正离子形成时，并未完全摆脱负离子的影响，故试剂的背后进攻易于同面进攻，使构型反转的比例往往高于构型保持。反应进程中的能量变化如图 8-2 所示。

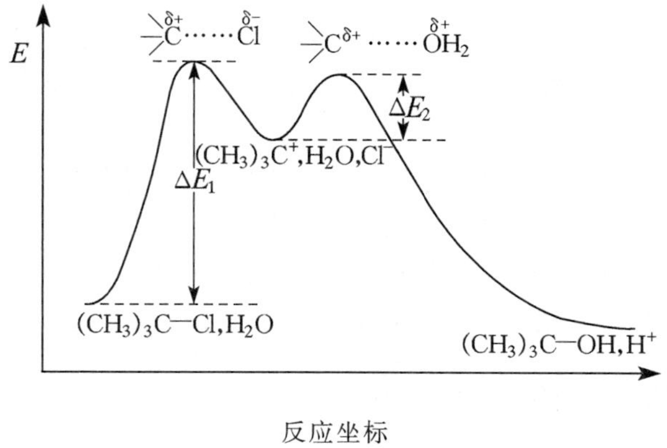


图 8-2　$S_N1$ 反应能量示意图

显然，随着叔丁基氯中 C—Cl 键的逐渐拉长，键的极性增加，氯原子上所带负电荷量和中心碳原子上正电荷量逐渐增加，C—Cl 键的部分断裂使体系能量上升。由于反应在溶剂中进行，随着正负电荷分离程度的增加，溶剂化的程度也增加。带电质点的溶剂化将放出能量，使体系能量降低。因此，C—Cl 键极化一定程度后，体系能量开始下降。能量曲线上的第一个高峰就是第一步反应的过渡态，$\Delta E_1$ 即第一步反应的活化能。由第二过渡态放出能量得到产物。因为 $\Delta E_1 > \Delta E_2$，所以决定反应速率的是第一步，即碳正离子的生成是慢步骤，它一旦生成立即与亲核试剂结合生成产物。因为决定反应速率的一步只涉及叔丁基氯一种分子，即 C—X 的异裂，是单分子的，因而这类反应称为单分子亲核取代反应。

须注意的是：中间体碳正离子的形成，不但导致立体化学上的外消旋化，而且伴随着碳链骨架的重排及消除反应。如，新戊基溴与乙醇钠反应($S_N2$)，只生成乙基新戊基醚；而与乙醇缓慢作用，则生成乙基叔戊基醚和 2-甲基-2-丁烯：

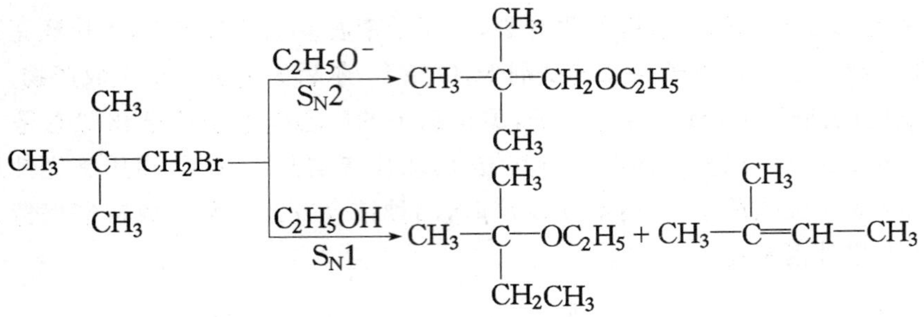

第二个反应显然发生了重排，新戊基溴在溶剂分子作用下，生成新戊基碳正离子，很不稳定，重排成相对稳定的叔戊基碳正离子，再与醇反应成醚，或脱去一个 β-H 成烯。

碳正离子稳定性的差异引起的分子重排现象，在有机反应中比较常见。重排现象的存在从另一个方面支持了 $S_N1$ 反应机理。

### 8.3.3 影响亲核取代反应的因素

$S_N1$ 和 $S_N2$ 是卤代烃亲核取代反应的两种主要反应机理，但对特定的卤代烃究竟是按哪一种机理进行？反应活性的大小如何？这与卤代烃的烃基结构、离去基团卤素负离子的性质、亲核试剂的性质和浓度以及溶剂效应等因素有关，下面逐一进行讨论。

#### 8.3.3.1 烃基结构的影响

卤代烃分子中的烃基结构主要通过电子效应和空间效应影响亲核取代反应的活性。

在 $S_N1$ 反应中，决定反应速率的步骤是 C—X 键断裂形成碳正离子。凡能促进碳正离子的形成及使其稳定的因素都有利于反应按 $S_N1$ 机理进行，且形成的碳正离子越稳定 $S_N1$ 反应速率越大。给电子效应有利于碳正离子的稳定，不同碳正离子的相对稳定性是：

$$Ph\overset{+}{C}HR、CH_2{=}CH\overset{+}{C}HR \approx (CH_3)_3C^+ > (CH_3)_2\overset{+}{C}H > CH_3\overset{+}{C}H_2 > \overset{+}{C}H_3。$$

从空间效应看，叔卤代烃分子中的 α-碳原子上有三个烃基，比较拥挤，当形成碳正离子时，由比较拥挤的四面体型变为平面三角形，三个烃基间的键角变大，相互排斥力变小，减小了分子内部的张力，这对碳正离子的形成是一种空阻效应。显然三个基团越大，空阻效应越强。在 $S_N1$ 反应中，电子效应和空间效应对卤代烃相对活性的影响一致：

$S_N1$ 反应活性：烯丙基卤、苄基卤、叔卤＞仲卤＞伯卤＞甲基卤

在 $S_N2$ 反应中，反应速率决定于过渡态的相对稳定性，有利于 $S_N2$ 过渡态稳定的因素有利于反应按 $S_N2$ 机理进行。卤代烃 α-碳上电子云密度越低越有利于亲核试剂的进攻，但影响不大。在过渡态形成中，由四面体变成更为拥挤的三角双锥结构，所以卤代烃分子中烃基的空间效应对反应活性影响很大。

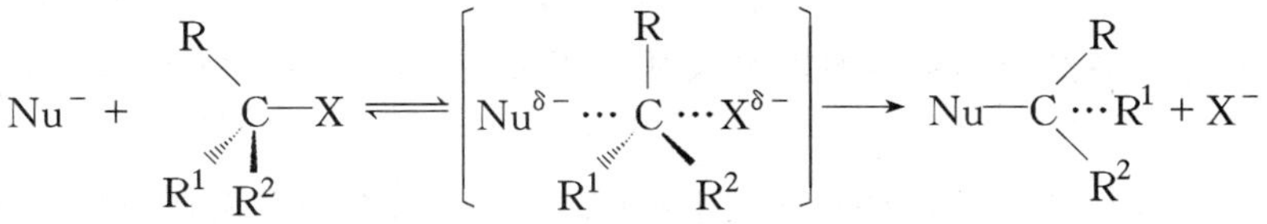


α-碳上的烃基越多,体积越大,过渡态越拥挤、越难形成,$S_N2$ 反应活性越低。另外,在 $S_N2$ 反应中亲核试剂从卤原子背面进攻 α-碳,当 α-碳上烃基越多、越大时,进攻受空间障碍,进攻越困难,反应活性变小。不同烃基的卤代烃的相对反应活性次序为:

$S_N2$:甲基卤>伯卤>仲卤>叔卤

当 β-碳上侧链增加时,$S_N2$ 反应速率也明显下降,具有空间阻碍效应。

苄基卤和烯丙基卤进行 $S_N1$ 和 $S_N2$ 均有利,都具有很高的反应活性,具体按哪一种机理,主要决定于具体的反应条件。

卤代烷烃进行亲核取代反应的相对活性规律是:

$$\text{RX:}\ CH_3X,\ 1^\circ,\ 2^\circ,\ 3^\circ \quad \xrightarrow{S_N1\text{增大}} \quad \xleftarrow[S_N2\text{增大}]{}$$

须注意的是,卤原子在桥环化合物桥头碳上时,虽是叔卤代烃,但这种桥环卤代物非常稳定,卤原子难以被取代。例如 7,7-二甲基-1-氯-二环[2.2.1]庚烷与硝酸银的醇溶液回流 48 小时、或与 30%KOH 的醇溶液回流 24 小时,均未发现有氯原子被取代的反应。如:

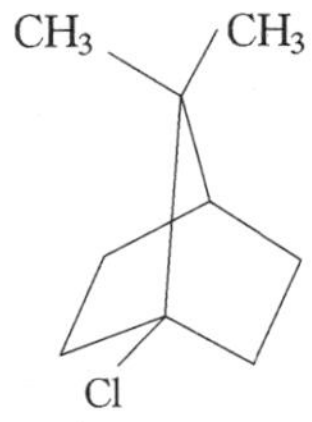

7,7-二甲基-1-氯-二环[2,2,1]庚烷

这类化合物既难发生 $S_N1$ 反应,也难发生 $S_N2$ 反应。若按 $S_N1$ 机理反应,则应首先离解形成碳正离子,但是由于桥环的牵制,难以形成平面结构的碳正离子,因而难以发生 $S_N1$ 反应。若按 $S_N2$ 机理反应,则亲核试剂必须从氯原子背面进攻桥头碳,而卤原子的背面是一个环,空间位阻很大,亲核试剂难以接近,$S_N2$ 反应也难以进行。

8.3.3.2 离去基团的影响

无论在 $S_N1$ 还是 $S_N2$ 机理中,离去基团都是带着一对键电子离去。

一般说来,离去基团的碱性越弱,离去的倾向越大,越易离去。在卤代烃的亲核取代反应中,离去基团是卤负离子。$X^-$ 的碱性次序为:$F^- \gg Cl^- > Br^- > I^-$。作为离去基团离去的倾向是:$I^- > Br^- > Cl^- \gg F^-$。

相同烃基的卤代烃在亲核取代反应中的相对活性是:RI>RBr>RCl>RF。

尽管在 $S_N1$ 和 $S_N2$ 反应中离去基团离去能力的顺序相同,但在不同的反应机理中,

影响的大小却不同。在 $S_N1$ 反应中，决定反应速率的关键步骤是 C—X 键的异裂，形成碳正离子，卤原子带一对电子离去，所以离去基团离去的难易直接影响着反应的进行，是一个重要因素。

而在 $S_N2$ 反应中，离去基团的离去与亲核试剂的进攻是协同进行的，离去基团离去的难易对 $S_N2$ 反应的活性影响较小。另外，改变离去基团可以改变反应机理，如果离去基团特别容易离去，离去倾向大，有利于碳正离子的形成，反应倾向于按 $S_N1$ 机理进行。若离去基团离去倾向小，离去基团需要亲核试剂的协同作用方能离去，反应则按 $S_N2$ 机理进行。

8.3.3.3 亲核试剂的影响

从 $S_N1$ 机理看，反应速率只决定于 RX 的解离，因而亲核试剂的性质和浓度对 $S_N1$ 反应无多大影响。

相反，$S_N2$ 反应的速率与亲核试剂的亲核性(或亲核能力)和浓度密切相关。亲核试剂的亲核性越强，浓度越大，反应越快。而且试剂的亲核性越强，反应按 $S_N2$ 机理进行的趋势越大。例如，(－)-2-溴辛烷在氢氧化钠水溶液中的水解反应是按 $S_N2$ 机理，在乙醇水溶液中水解却是按 $S_N1$ 机理反应：

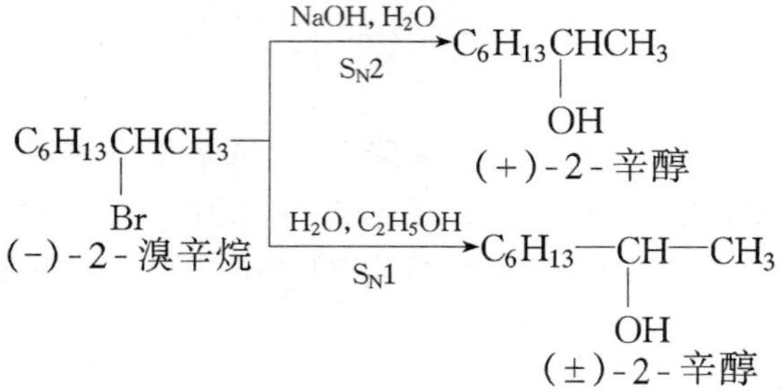


在氢氧化钠水溶液中的亲核试剂是 $HO^-$，它的亲核能力比乙醇水溶液中的 $H_2O$ 强。

一般情况下，试剂的亲核性主要与以下几个因素有关：

(1) 试剂的碱性

亲核性和碱性都与给电子能力有关，只是试剂的碱性指的是所提供的电子对与质子或其他 Lewis 酸结合的能力。在多数情况下，亲核性和碱性是一致的，试剂的碱性越强，其亲核性越强。例如：

a. 不同亲核试剂中亲核原子相同时亲核性与碱性一致：

碱性、亲核性：$RO^- > HO^- > ArO^- > RCOO^-$

b. 同周期元素组成的负离子试剂，亲核性与碱性一致：

碱性、亲核性：$R_3C^- > R_2N^- > RO^- > F^-$

c. 共轭碱的亲核性比共轭酸的亲核性强：

$RO^- > ROH$；$HO^- > H_2O$；$H_2N^- > NH_3$

但是，同族元素亲核性试剂的亲核性与碱性次序相反。如卤负离子：

碱性：$F^- > Cl^- > Br^- > I^-$；亲核性：$I^- > Br^- > Cl^- > F^-$

(2) 试剂的可极化性

试剂的可极化性是指亲核试剂中起进攻作用的原子的外层电子云在外界电场作用下发生变形的难易程度。其可极化性越大，它进攻正性碳原子时，其外层电子云就越易变形而伸向正性碳原子，其亲核性就越强。可极化性与原子半径密切相关，当原子半径较大时，外层电子离核较远，核对它们的束缚较弱，更容易极化。就是说亲核试剂的原子半径越大，可极化性越大，亲核性越强。所以对同族元素来说，从上而下，试剂的亲核性随之增大。例如：$RS^- > RO^-$，$RSH > ROH$。

(3) 溶剂的影响

亲核试剂的亲核性在不同的溶剂中有很大的差异，如在水和醇等质子性溶剂中亲核性的次序如上所述是：$I^- > Br^- > Cl^- > F^-$，但是，若用偶极非质子溶剂二甲亚砜(DMSO)作溶剂，不但亲核性大大增强，且此时亲核性次序与碱性次序一致为：$F^- > Cl^- > Br^- > I^-$。

这是因为质子性溶剂对体积小和电负性大的 $F^-$ 通过氢键强烈溶剂化，溶剂化的负离子大大降低了亲核性，而电负性较小、体积又大的 $I^-$，溶剂化作用对其亲核性影响较小，且 $I^-$ 可极化性大，而成为卤素负离子中最强的亲核试剂。在非质子偶极溶剂中，卤素负离子不再被溶剂分子所包围，而以"裸露"状态存在，离子本身的亲核性显现出来，所以反应活性高，且与碱性强弱一致。

在质子性溶剂中，一些常见的亲核试剂的亲核性强弱次序是：

$$RS^- > ArS^- > CN^- > I^- > NH_3 > RO^- > HO^- > Br^- > ArO^- > Cl^- >$$

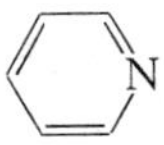

$$> CH_3COO^- > H_2O > F^-$$

碘离子既是一个好的离去基团，又是一个好的亲核试剂。利用这一特性，在以氯代烃或溴代烃为原料的反应中，加入少量碘化钠，$I^-$ 与氯代烃、溴代烃很快发生卤素交换生成碘代烃，再利用 $I^-$ 是好的离去基团的性质，与其他试剂反应，从而提高反应速率。

亲核试剂亲核性的强弱不但影响反应的速率，也影响反应机理的选择，在卤代烃的亲核取代反应中，用强的亲核试剂倾向于 $S_N2$ 机理；用弱的亲核试剂则倾向于 $S_N1$ 机理。如新戊基溴与 $NaOC_2H_5$ 反应是 $S_N2$ 机理，而与 $HOC_2H_5$ 反应则是 $S_N1$ 机理。

8.3.3.4 溶剂效应

溶剂效应对反应的影响因反应物的性质和反应机理的不同而不同。对于卤代烃的亲核取代反应，在 $S_N1$ 反应中，决定反应速率的步骤是卤代烃的异裂生成碳正离子：

$$R—X \longrightarrow [\overset{\delta-}{R}\cdots X^{\delta}] \longrightarrow R^+ + X^-$$

从反应物到过渡态，体系的极性增加。过渡态可被极性强的溶剂通过溶剂化而稳定，从而使活化能降低，反应速度加快。

对于 $S_N2$ 反应，一般的亲核性试剂都是带电荷的负离子，由反应物形成过渡态时，由原来的电荷比较集中的亲核试剂变成电荷比较分散的过渡态：

$$Nu^- + RX \longrightarrow [Nu^{\delta-}\cdots R\cdots X^{\delta-}] \longrightarrow NuR + X^-$$

此时极性溶剂对 $Nu^-$ 的稳定化作用要比对过渡态的大，反而使活化能升高，增加溶剂的极性，使反应速度变慢。

一般情况下，极性大的溶剂有利于 $S_N1$ 反应，极性小的和偶极非质子溶剂（如 DMF，DMSO）有利于 $S_N2$ 反应。改变溶剂，有时可改变反应的机理。在极性较强的溶剂如含水乙醇中，叔卤代烷的取代反应按 $S_N1$ 进行；在极性较弱的溶剂如乙醇中，伯卤代烷的取代反应按 $S_N2$ 机理进行。仲卤代烷同时按两种机理反应，通常以 $S_N2$ 为主。在极性很大的溶剂如甲酸中，伯卤代烷也可按 $S_N1$ 反应；而在极性小的丙酮中，叔卤代烷也可按 $S_N2$ 进行反应。氯化苄在水中水解按 $S_N1$ 机理，而在丙酮中水解则按 $S_N2$ 机理。

### 8.3.4 离子对机理

亲核取代反应的 $S_N1$ 和 $S_N2$ 机理的立体化学表明，$S_N2$ 反应是立体专一反应，给出构型完全反转的产物；$S_N1$ 反应由于形成平面碳正离子而导致产物的外消旋化。

但在实际情况中，一般 $S_N1$ 反应生成的产物并不是完全的外消旋化，总有一些构型反转的产物。如(R)-3,6-二甲基-3-氯庚烷的水解反应：

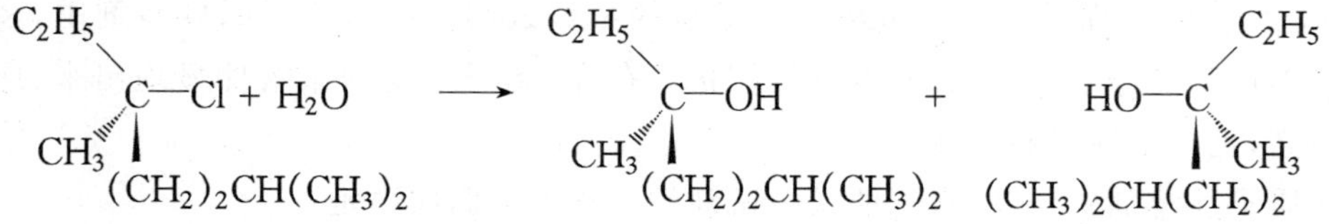

(R)-3,6-二甲基-3-氯庚烷　　40%　　60%

为了解释上述现象，有人提出了亲核取代反应的离子对机理：

$$\mathrm{RX} \underset{K_{-1}}{\overset{K_1}{\rightleftharpoons}} [\mathrm{R^+X}] \underset{K_{-2}}{\overset{K_2}{\rightleftharpoons}} [\mathrm{R^+} \parallel \mathrm{X}] \underset{K_{-3}}{\overset{K_3}{\rightleftharpoons}} [\mathrm{R^+}]+[\mathrm{X}]$$

分子　紧密离子对　溶剂分隔离子对　碳正离子　负离子

反应的第一步是中性分子 R—X 共价键破裂，生成碳正离子和负离子，但两相反电荷的离子仍紧靠在一起，即形成紧密离子对。其周围是溶剂分子，使它与别的离子对隔开。

第二步，少数溶剂分子进入两个相反电荷的离子之间，把紧密离子对分隔开，但仍为一个离子对，称为溶剂分隔离子对。最后溶剂进一步分离包围正离子和负离子，使相反电荷的离子产生较大距离而分隔开来，形成溶剂化的碳正离子和负离子。

亲核试剂可以在其中任何一个阶段进攻发生亲核取代反应。由于各步解离都是可逆的，实际反应体系是底物分子和这些离子对及自由离子的平衡混合物。如果亲核试剂进攻底物分子或紧密离子对，则须从由离去基团背面进攻中心碳原子，发生 Walden 转化，得到构型转化产物；若亲核试剂与溶剂分隔离子对作用，则亲核试剂可从离去基团的背面和同面进攻，但是由于此时离去基团尚未完全离去，同面进攻有一定阻碍作用，因而构型转化产物较构型保持产物多，部分外消旋化；当亲核试剂和碳正离子作用时，以相同几率从碳正离子平面的两面进攻，两种构型产物相等，完全外消旋化。

从离子对机理来看，$S_N1$ 和 $S_N2$ 是两个极端的情况，$S_N1$ 代表完全形成自由碳正离子一端，$S_N2$ 代表另一端，在中间则是一系列的过渡情况，无明显的分界线。离子对机理是一种比较完整的亲核取代反应机理。

# §8.4 饱和碳原子上的消除反应机理

卤代烃的消除反应也有两种典型的机理：单分子消除(E1)和双分子消除(E2)。

### 8.4.1 单分子消除机理(E1)

单分子消除与 $S_N1$ 反应类似，反应是分步进行的。首先是卤代烃的解离形成碳正离子，尔后在碱的作用下失去一个 β-H 生成烯烃。例如，叔丁基溴在碱性溶液中的消除：

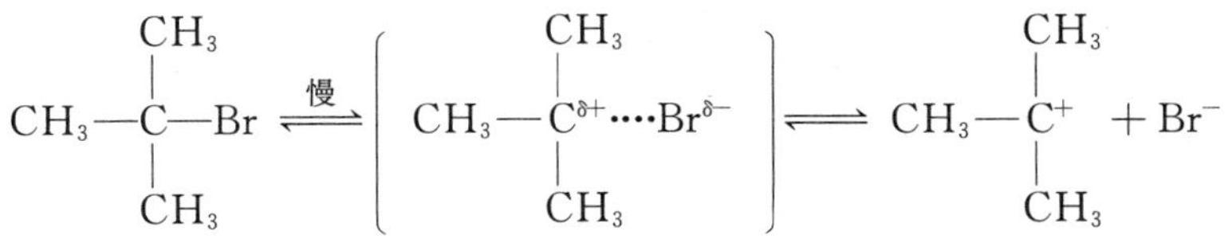

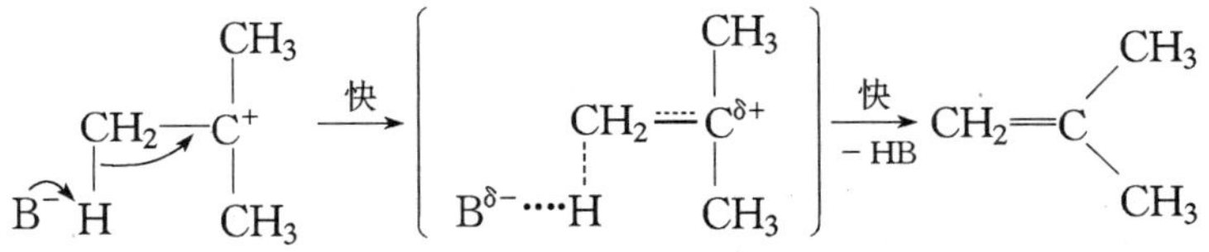

第一步是共价键的异裂，形成碳正离子，需要很高的活化能，是慢步骤，决定反应速率，在动力学上表现为一级反应。碳正离子形成后，将立即失去 β—质子成烯。决定反应速率的第一步只涉及卤代烃分子，称为单分子消除，用 E1 表示(Unimolecular Elimination)。由于 E1 与 $S_N1$ 的第一步相同，因而具有某些类似特征，是一对竞争性反应，且常伴有碳正离子重排。

### 8.4.2 双分子消除机理(E2)

双分子消除是一步协同的反应过程，用通式表示如下：

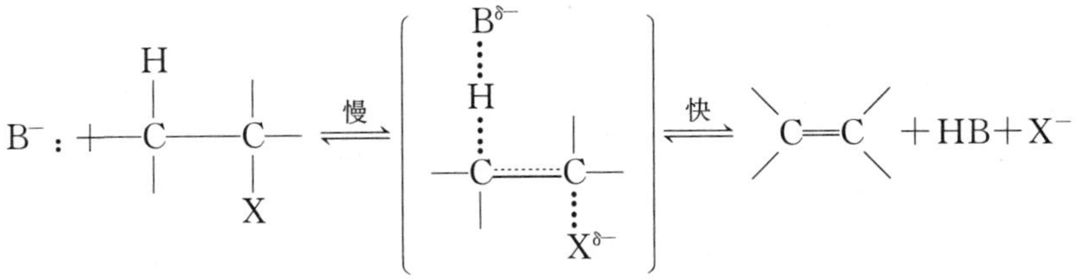

亲核试剂碱进攻 β-H，并部分成键的同时，C—X 键和 $C_\beta$—H 键部分断裂，C—C 之间的 π 键部分形成，形成过渡态。

碱进一步与 β-H 形成共轭酸 HB，同时卤原子带着一对电子离去，C—C 之间形成双键成烯。整个过程是一步协同完成的。卤代烷和试剂都参与形成过渡态，所以称为双分子消除，用 E2 表示(Bimolecular Elimination)。

E2 和 $S_N2$ 类似，在动力学上为二级反应，不发生碳正离子重排。

在 E2 反应的过渡态中，$C_\beta$—H 键已部分断裂，因此如果将氢原子换成氘，必然会产生同位素效应。

### 8.4.3 Elcb 机理

Elcb 机理是通过底物共轭碱(Conjugated base)的单分子消除过程。首先底物发生 $C_\beta$—H 键的异裂,形成碳负离子(底物的共轭碱)中间体;然后离去基团再离去成烯:

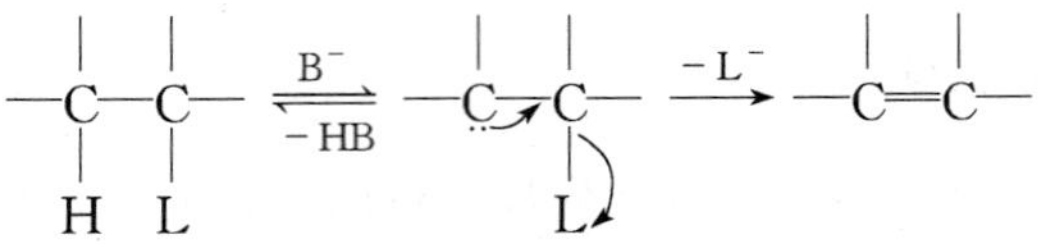

Elcb 反应不是太普遍。只有当底物分子中的离去基团离去困难,难以形成碳正离子,β-碳上有强的吸电子基如—$NO_2$,—CN,—CHO 等,β—H 酸性较强,且试剂的碱性足以夺取 β-氢时,才能按 Elcb 机理反应。例如:

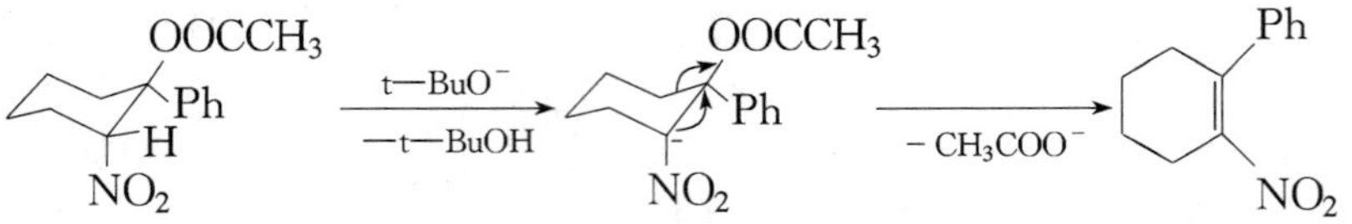

### 8.4.4 影响消除反应机理及活性的因素

同亲核取代反应类似,烃基结构、离去基团的离去活性、试剂及溶剂的性质等,是影响卤代烃消除反应机理的选择及消除反应相对活性的主要因素。

对 E1 反应来说,同 $S_N1$ 反应相同,凡是能使碳正离子容易形成和稳定的因素,都有利于 E1。E1 反应的相对活性次序如下:

$$RI > RBr > RCl;\quad 3°RX > 2°RX > 1°RX$$

E2 反应与 $S_N2$ 反应在许多方面相似,但在烃基结构上,E2 与 $S_N2$ 的反应活性相反:

$$S_N2: 1°RX > 2°RX > 3°RX;\quad E_2: 3°RX > 2°RX > 1°RX$$

在 $S_N2$ 反应中,亲核试剂进攻的是 α-碳原子,空间因素对反应速率有显著的影响,因而叔卤代烃的活性最低。而在 E2 反应中,碱试剂进攻的是 β-H,这种情况下,α-碳上的空间阻碍没有影响。相反,α-碳上取代基越多,β-H 的数目越多,增加了碱试剂进攻的机会,且形成的过渡态已具备部分双键的性质,取代基越多越稳定,反应进行得更快。因此叔卤代烃 E2 反应活性比仲、伯卤代烃活性高。

从卤代烃的结构看,叔卤代烃倾向于 E1 机理,伯卤代烃倾向于 E2 机理,仲卤代烃居中,但也倾向于 E2。高浓度的强碱有利于 E2,而低浓度的弱碱有利于 E1。高极性溶剂有利于 E1,低极性溶剂有利于 E2。Elcb 机理不常见,只有当 β-H 高活性,且在强碱作用下才发生。E2 机理是最主要的消除反应机理。E1 反应只有叔卤代烷在稀碱中发生。

### 8.4.5 消除反应的立体化学

在 E2 机理中,C—X 键和 $C_\beta$—H 键的断裂,与 π 键的形成是协同进行的。随着反应的进行,α 和 β-碳原子逐渐由 $sp^3$ 转变为 $sp^2$,与卤原子和 β-氢成键的 $sp^3$ 轨道慢慢变形为

p 轨道，相互侧面重叠形成 π 键。显然，只有两个消除基团与 α 和 β 碳原子处于共平面关系时，过渡态中两个变形的 $sp^3$ 杂化轨道才能最大程度地交盖，形成 π 键。满足这一共平面要求的两种构象为反式交叉式和顺式重叠式：

顺式共平面(顺式重叠构象)　　顺式消除

反式共平面(反式交叉构象)　　反式消除

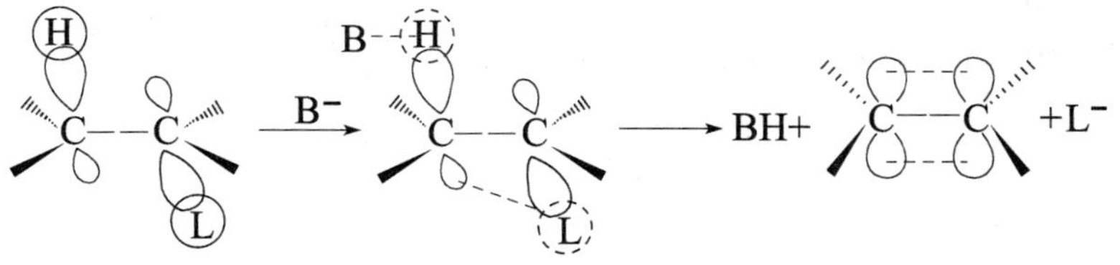

反式共平面　　变形的 $sp^3$ 轨道部分交叠　　π 轨道

由于反式交叉式构象是能量较低的优势构象，且此时进攻试剂 $B^-$ 进攻氢时距离去基团 L 最远，静电排斥力最小，所以一般情况下 E2 反应都为反式消除。

环己烷衍生物进行 1,2-消除时必须是 1,2-a,a 构象才能符合 E2 消除的立体化学要求。例如，氯䓝烷的消除反应：

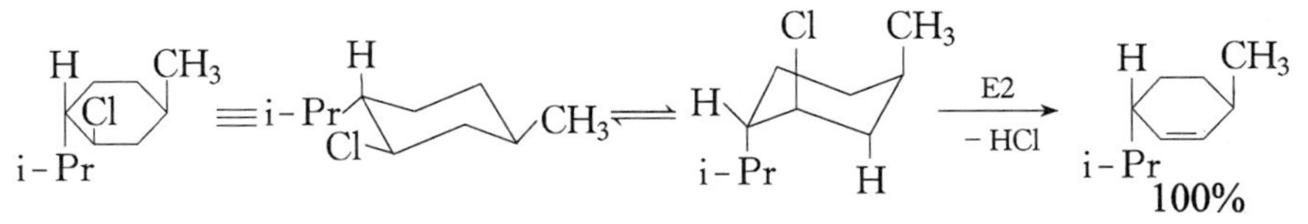


氯䓝烷　　2-䓝烯

在氯䓝烷的优势构象中，Cl 处于 e 键。只有经翻转使 Cl 处在 a 键上时，才能 β-H 处在 a 键上与 Cl 反式共平面发生消除反应。因为只有两个待消除的键共平面时，才可形成平面型的 π 键。

在极少数例子中，由于几何原因，分子达不到反式交叉构象时，才是顺式消除。例如：

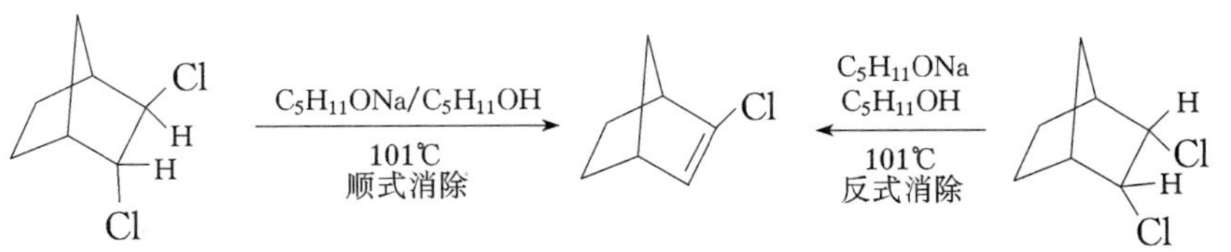


E1 消除与 E2 不同，在立体化学上没有一定的规律。产物的构型由碳正离子的稳定

构象决定(在为平衡控制反应条件下,反式消除产物为优势产物)。

需要指出的是,邻二卤代烷脱卤素的反应也是反式共平面消除。例如:

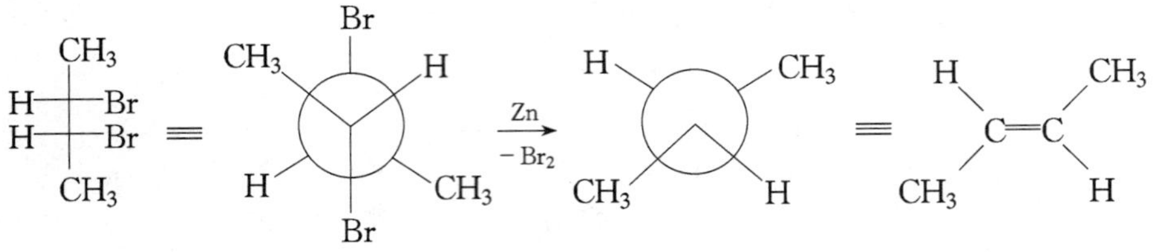

当两个溴原子处于顺式时,脱溴反应将很困难。

### 8.4.6　消除反应的取向

卤代烃的消除反应是一种取向反应,前面曾提到其取向将遵守 Saytzeff 规律。下面从反应机理上讨论消除反应的取向以及其影响因素。

在 E1 反应中,第一步生成碳正离子,不涉及 $C_\beta$—H,决定反应取向的是第二步:

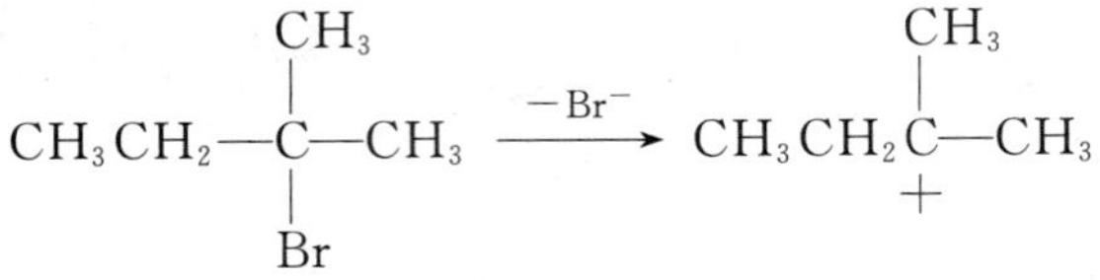

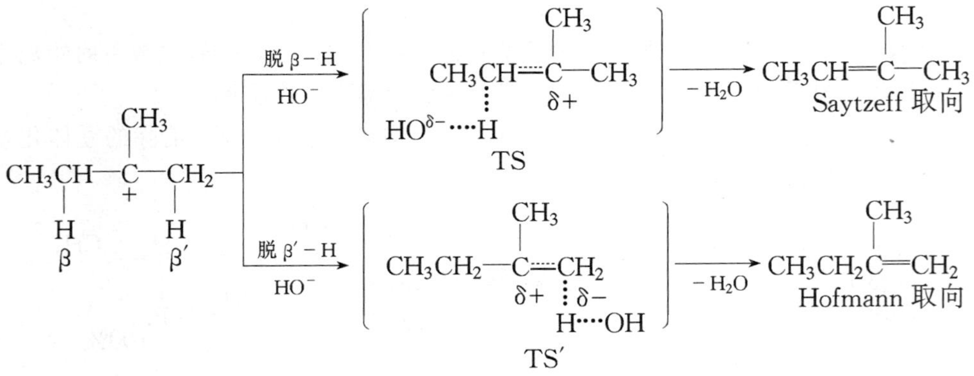

第一步形成的碳正离子有两种 β-H,脱两种氢时分别形成过渡态 TS 和 TS′。在过渡态中已有部分双键的性质,因此有较多烷基的过渡态稳定,即过渡态稳定性 TS>TS′,如图 8-3 所示。反应的过渡态能量越低,活化能越小,越容易发生反应,所得主要产物是双键上连有较多烷基的 Saytzeff 取向烯烃 2-甲基-2-丁烯。E1 反应遵守 Sayzeff 规律。

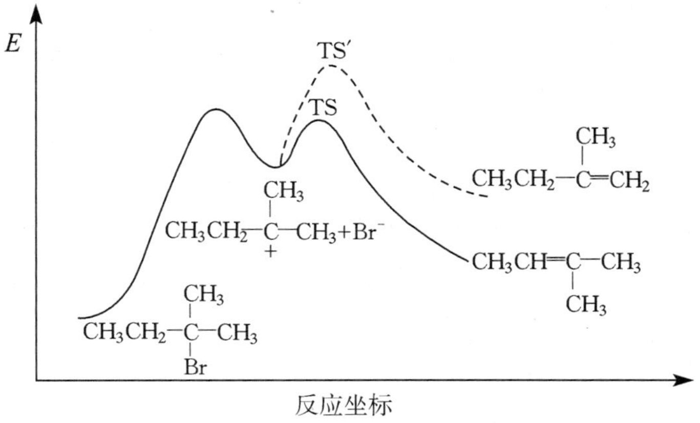


图 8-3　2-甲基-2-溴丁烷 E1 消除两种取向的能量关系

在 E1cb 反应中，首先失去 β-H，生成碳负离子，然后离去成烯。决定反应取向的是第一步，失去那种 β-H 得到的碳负子最稳定，那种取向就占优势。由于碳负离子的稳定性次序为 1°>2°>3°，所以在 E1cb 反应中的伯氢比仲氢和叔氢容易被强碱夺取，形成碳负离子，此时得到的主要产物是双键上取代基较少的 Hofmann 烯烃：

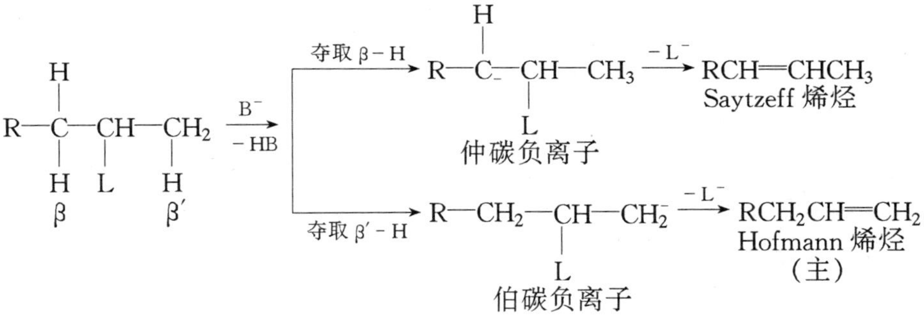


在 E2 反应的过渡态中，π 键已部分形成，因此同 E1 反应一样，消除反应遵守 Saytzeff 规律。但是选择性大小随结构和条件不同而变化。如 2-卤代己烷在甲醇钠作用下的反应：

$$CH_3(CH_2)_2CH_2\underset{X}{\underset{|}{C}}HCH_3 \xrightarrow[CH_3OH]{CH_3ONa} \underset{\text{Saytzeff 烯烃}}{CH_3(CH_2)_2CH=CHCH_3} + \underset{\text{Hofmann 烯烃}}{CH_3(CH_2)_3CH=CH_2}$$

| | Saytzeff 烯烃 | Hofmann 烯烃 |
|---|---|---|
| X=I | 81% | 19% |
| Br | 72% | 28% |
| Cl | 7% | 33% |
| F | 30% | 70% |

从实验数据看出，随着离去基团离去活性的降低，Saytzeff 烯烃的比例逐渐减少，到氟代烷时生成的主要产物为 Hofmann 烯烃。

这种实验结果可用 E2 反应的可变过渡态理论来说明。这一理论认为，在 E2 机理中，C—L 键和 $C_\beta$—H 键的断裂协同进行，是一种理想的情况。但是实际反应中，在过渡态时，C—L 键的断裂程度可以比 $C_\beta$—H 的断裂程度大，则该 E2 反应带有 E1 的特征，发展到极端就变为 E1 机理。这种情况下主要生成 Satyzeff 烯烃。相反，$C_\beta$—H 键在过渡态的断裂程度较 C—L 键大，则具有部分 E1cb 的特征，发展到极端就变为 E1cb 机理，这时按 Hofmann 取向。前面例子中，$F^-$ 离去困难，$C_\beta$—H 键先断裂，是似 E1cb 的 E2 机理，故为 Hofmann 取向。

另外，当使用体积大、碱性强的碱时，也有利于 Hofmann 烯烃的生成。例如：

$$CH_3(CH_2)_2CH_2\underset{\displaystyle Cl}{\underset{|}{C}}HCH_3 \xrightarrow[ROH]{RONa} CH_3(CH_2)_2CH{=}CHCH_3 + CH_3(CH_2)_3CH{=}CH_2$$

| | | |
|---|---|---|
| $RO^- = CH_3O^-$ | 67% | 33% |
| $(CH_3)_3CO^-$ | 9% | 91% |

碱性强有利于夺取氢质子，使 $C_\beta$-H 键先断裂，体积大使其受阻影响，有利于进攻位阻小的 β—H。

另外，当卤代烃的 γ—C 上分支增多时，由于空间位阻，将有利于 Hofmann 取向产物。

### 8.4.7 消除反应与取代反应的竞争

卤代烃既可以与亲核试剂发生亲核取代反应，又可以在碱的作用下发生消除反应。而且亲核试剂和碱都是富电子试剂，亲核试剂具有碱性，而碱又具有亲核性。实际上，亲核试剂和碱经常是同一试剂。因此，几乎在所有的消除反应和亲核取代反应之间都存在竞争。这样就有一个如何在合成中控制反应的问题，使反应主要发生消除或取代。

从对亲核取代反应和消除反应的机理及其影响因素的分析讨论已经看到，控制反应途径的主要因素是卤代烃的结构，其次是反应试剂和反应条件。下面对这些影响二者竞争的因素作综合分析。

#### 8.4.7.1 卤代烃的结构

卤代烃的结构与亲核取代反应和消除反应的关系如下：

$$\xrightarrow{\text{消除反应增加}}$$
$$RX = \quad CH_3X \quad 1° \quad 2° \quad 3°$$
$$\xleftarrow[\text{取代反应增加}]{}$$

伯卤代烷发生取代反应的活性最大，只有在强碱的条件下才发生消除反应。反应按 $S_N2$ 和 E2 机理进行。当 β-碳上连有支链时，由于支链的存在会稳定 E2 反应的过渡态和产物烯烃，这时的消除倾向增大。

另外，某些含活泼氢的伯卤代物，由于消除后生成稳定的共轭体系。

叔卤代烷的空间位阻效应，阻碍了亲核试剂进攻 α-碳，因而难以发生 $S_N2$ 反应。而对 E2 反应，碱进攻的是 β-H，空阻影响小，而在过渡态中部分双键性质的碳上取代基的增加起到稳定化作用，使消除反应加快。尽管叔卤代烃有利于 $S_N1$ 反应，但对消除反应更有利。这样叔卤代烷消除反应活性最大，即使在弱碱条件下，也以消除反应为主，只有在溶剂解反应时，方以取代为主：

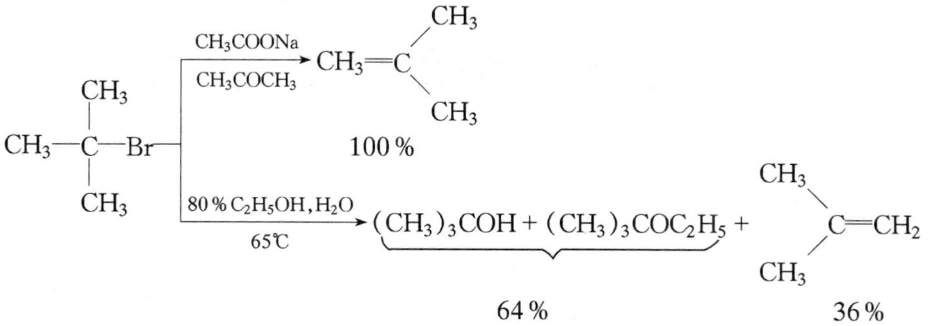


仲卤代烷介于伯卤代烷和叔卤代烷之间。一般条件下以取代反应为主，但消除程度比伯卤代烃大得多。

8.4.7.2 试剂的碱性和亲核性

试剂的影响主要在双分子反应中。在 E2 反应中，消除 β-H 需强碱，因此，试剂的碱性强，浓度大，有利于消除反应。在 $S_N2$ 反应中，试剂进攻的是 α-碳。试剂的亲核性强，对取代反应有利。由于试剂的亲核性和碱性并没有完全平行的关系，在进行亲核取代反应时可选择强亲核性弱碱性的试剂；而在需消除反应时选择强碱性而弱亲核性的试剂。如，溴乙烷用弱碱氨作试剂时发生取代反应，而用强碱氨基钠时则发生消除：

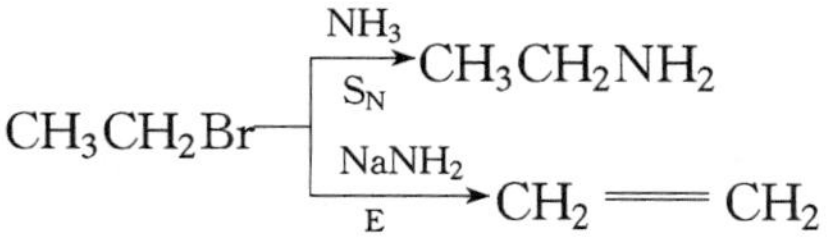


试剂的体积大，因空阻效应不易进攻 α-碳原子发生取代，但进攻 β-H 时却影响不大，从而有利于消除反应的进行。

8.4.7.3 溶剂的极性

溶剂的极性对反应选择性的影响是通过对 $S_N2$ 和 E2 反应过渡态的溶剂化稳定作用实现的。在 $S_N2$ 反应的过渡态中，电荷分散在三个原子上；而在 E2 反应的过渡态中，电荷分散在五个原子上。前者的分散程度小，溶剂化稳定作用强，因而增加溶剂的极性较有利于取代反应。相反减小溶剂的极性有利于消除反应。

对 E1 和 $S_N1$ 来说，减小溶剂的极性同样对消除反应有利。

8.4.7.4 反应温度

升高反应温度，不管是 $S_N2$ 和 E2，还是 $S_N1$ 和 E1，都是对消除反应更有利。这是由于在消除过程中涉及到 $C_\beta$—H 键的拉长，活化能较高，升高温度分子内能增加，对消除反应有利。升高温度虽然也使亲核取代反应加快，但影响程度没有消除反应那么大。所以提高反应温度将增加消除产物。经典的脱卤化氢制备烯类化合物，是将卤代烃与氢氧化钾醇溶液一起共热。

# §8.5 卤代烃的制备及重要的卤代烃

## 8.5.1 卤代烃的制备

卤代烃不存在于自然界中，只能用合成的方法来制备。主要的制备方法有两类：一是直接在烃类分子中引入卤原子，二是将分子中其他官能团取代成为卤原子。

### 8.5.1.1 烃直接引入卤原子

(1) 烷烃和环烷烃的卤化

在光照或加热条件下，烷烃和环烷与卤素（$Cl_2$，$Br_2$）发生卤化反应，产物通常是一元和多元卤代物的混合物。此法主要用于工业生产，调节原料比例可使其中某一化合物成为主要产物。

一些特殊结构的烷烃和环烷烃，可在一定条件下卤化，制得相应的卤代烃，例如：

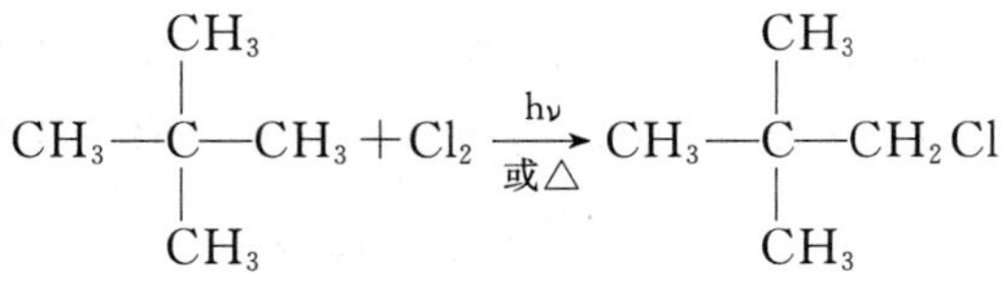

新戊烷　　　　新戊基氯

(2) 烯烃 α—氢的卤化

烯烃 α—氢特别活泼，容易发生自由基型取代反应，生成烯丙基卤化物，例如：

$$CH_3CH{=}CH_2 + Cl_2 \xrightarrow[\text{气相}]{500℃} ClCH_2CH{=}CH_2 + HCl$$

利用 NBS 可以制备烯丙基溴化物。

(3) 芳烃的卤化

无论卤原子连在芳环上还是侧链上的卤代芳烃，均可在一定条件下通过芳烃的直接卤化得到，例如：

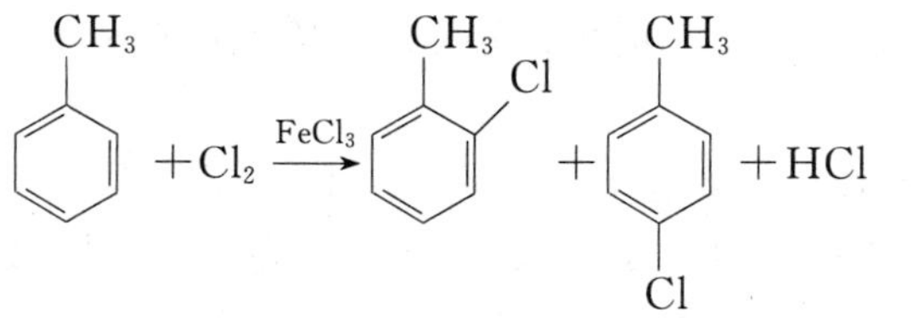

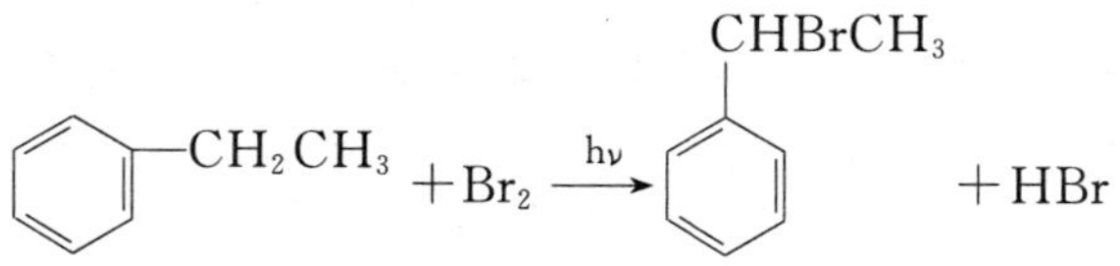

### 8.5.1.2 不饱和烃加卤化氢或卤素

这是制备卤化烃的一种常用方法，例如：

$$RCH{=}CH_2 + HX \longrightarrow RCHXCH_3$$

$$RCH{=}CH_2 + HBr \xrightarrow{过氧化物} RCH_2CH_2Br$$

$$RCH{=}CH_2 + X_2 \longrightarrow RCHXCH_2X$$

$$RC{\equiv}CH + HX \xrightarrow{[Hg^{2+}]} RCX_2CH_3$$

8.5.1.3 由醇制备卤代烃

醇分子中的羟基被卤素原子取代，也是制备卤代烃的重要方法，例如：

$$ROH + HX \rightleftharpoons RX + H_2O$$

$$CH_3CH_2OH + HCl(浓盐酸) \xrightarrow[\triangle]{ZnCl_2} CH_3CH_2Cl + H_2O$$

$$(C_2H_5)_3C{-}OH + HCl(干燥) \longrightarrow (C_2H_5)_3C{-}Cl + H_2O$$

除卤化氢之外，其他常用的卤化试剂有三卤化磷、五氯化磷、氯化亚砜等，例如：

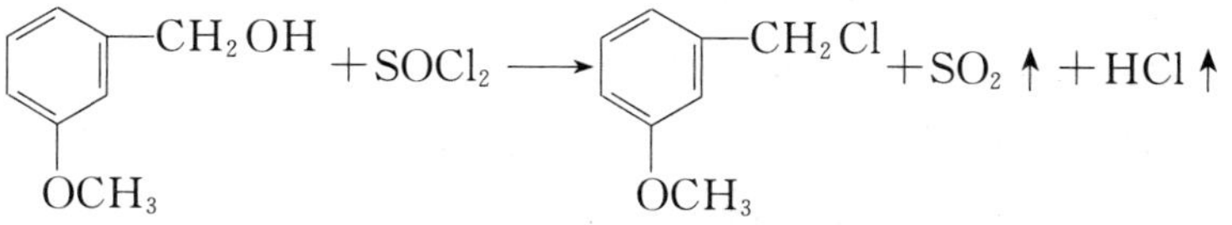


$$(CH_3)_2CHCH_2OH \xrightarrow[-10℃\sim10℃]{P,Br_2} (CH_3)_2CHCH_2Br + H_3PO_3$$

8.5.1.4 卤素互换制备碘代烷

氯代烷或溴代烷在无水丙酮溶液中与碘化钠生成碘代烷：

$$RCH_2X + NaI \xrightarrow{丙酮} RCH_2I + NaX\downarrow \quad (X=Cl,Br)$$

碘化钠可溶于无水丙酮，而 NaCl 和 NaBr 却不溶，所以反应向正方向进行。仲或叔卤代烷因反应太慢而无实用价值，此法只适用于制备伯碘代烷。

8.5.1.5 氯甲基化

这是在芳环上引入氯甲基的较好方法，例如：

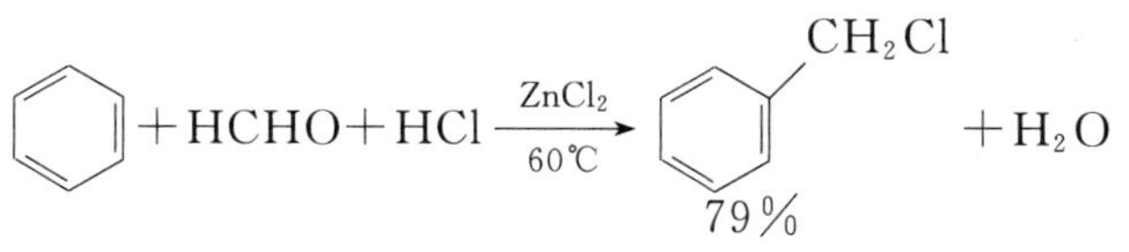


### 8.5.2 重要的卤代烷

8.5.2.1 氯甲烷(Chloromethane)

氯甲烷常温下为无色气体，有乙醚气味，沸点－24.2℃，能溶于有机溶剂，微溶于水。主要用途是作为甲基化试剂、冷冻剂等。在工业上由甲烷氯化或甲醇与氯化氢反应制得：

$$CH_3OH + HCl \xrightarrow{ZnCl_2} CH_3Cl + H_2O$$

8.5.2.2 二氯甲烷(Dichloromethane)

二氯甲烷为无色液体，沸点 40℃，不溶于水，主要作溶剂和提取剂。工业上主要由甲烷制备：

$$CH_4 + 2HCl + O_2 \xrightarrow[300℃\sim500℃]{催化剂} CH_2Cl_2 + 2H_2O$$

8.5.2.3 三氯甲烷(Chloroform)

三氯甲烷俗称氯仿，为无色有甜味的液体，沸点 61.2℃，相对密度 $d_4^{20}$ 为 1.482，不溶于水，是一种不燃性的良好溶剂，能溶解油脂、橡胶、蜡和有机玻璃等。在医药上曾用作局部麻醉剂。广泛用作合成原料。

甲烷氯化或四氯化碳还原都可制得氯仿，乙醇或乙醛与次氯酸盐作用也可制氯仿：

$$CCl_4 + H_2 \xrightarrow{Fe} CHCl_3 + HCl$$

$$CH_3CH_2OH + NaOCl \longrightarrow CHCl_3 + HCOONa$$

氯仿在光照下容易被空气中的氧氧化生成剧毒的光气($COCl_2$)。故一般将氯仿保存在密封的棕色瓶中，并加入 1%的乙醇。

$$2CHCl_3 + O_2 \xrightarrow{日光} 2COCl_2 + 2HCl$$

8.5.2.4 四氯化碳(Carbon tetrachloride)

四氯化碳为无色液体、沸点 76.8℃，有特殊气味，相对密度 $d_4^{20}$ 为 1.595。易挥发，其蒸气比空气重，不燃烧，不导电，是一种灭火剂，其蒸气能掩盖燃烧物，使之与空气隔绝达到灭火的目的。适用于扑灭油类及电源附近的火灾。

工业上四氯化碳用甲烷氯化或其他烷烃氯解制备：

$$CH_3CH_2CH_3 + 10Cl_2 \xrightarrow{600℃\sim900℃} 3CCl_4 + 8HCl$$

8.5.2.5 氯乙烯(Vinyl Chloride)

氯乙烯为无色气体，沸点－13.9℃。在化学性质上，不易发生取代反应，但在引发剂存在下可发生聚合生成聚氯乙烯。氯乙烯主要用于合成聚氯乙烯(Polyvinyl Chloride，记作 PVC)：

$$nCH_2{=}CHCl \xrightarrow{自由基引发剂} {-}\!\!\![CH_2\underset{\underset{Cl}{|}}{CH}]\!\!\!{-}_n$$

PVC 性质优良，是常用塑料制品的原料。

工业上制备氯乙烯的方法主要有：

$$CH{\equiv}CH + HCl \xrightarrow[150℃\sim160℃]{HgCl_2} CH_2{=}CHCl$$

$$CH_2{=}CH_2 + Cl_2 \xrightarrow[40℃]{FeCl_3} \underset{\underset{Cl}{|}}{CH_2}\underset{\underset{Cl}{|}}{CH_2} \xrightarrow[\triangle]{-HCl} CH_2{=}CHCl$$

8.5.2.6 氯苯(Chlorobenzne)

氯苯为无色液体，沸点 112.56℃。氯苯是染料、医药、农药、有机合成的重要原料。氯苯的生产主要有液相催化氯化法和氧氯化法：

$$C_6H_6 + Cl_2 \xrightarrow[75℃\sim80℃]{Fe} C_6H_5Cl + HCl$$

$$C_6H_6 + HCl + \frac{1}{2}O_2 \xrightarrow[150℃\sim350℃]{Cu} C_6H_5Cl + H_2O$$

8.5.2.7　氯化苄(Benzyl Chloride)

氯化苄也叫苄基氯，是刺激性很大的无色液体，沸点 179.4℃，化学性质活泼。在碱的存在下，氯化苄缓慢地被沸水水解，生成苯甲醇。氯化苄的主要用途是作为合成原料，用于制备增塑剂邻苯二甲酸苄丁酯、表面活性剂季铵盐、氰化苄和苄酯类等化合物。

在工业上由甲苯侧链自由基氯化反应制得：

$$C_6H_5CH_3 + Cl_2 \xrightarrow{h\nu} C_6H_5CH_2Cl + HCl$$

8.5.2.8　氟代烃(Fluorohydrocarbons)

氟代烃与其他卤代烃比较，性质独特。除一氟代烷不稳定容易脱 HF 而生成烯烃外，多氟代烃具有极好的耐腐蚀性和优良的电绝缘性，所以越来越引起人们的注意，已成为发展尖端科学不可缺少的原材料。

氟代烃不能用元素氟直接和烃类化合物制备。因氟与烃类化合物剧烈反应，产物复杂，且在一般条件下会引起燃烧和爆炸。制备氟代烃最常用的方法是利用氯化物进行氟代。一般是用无机氟化物将氯代烃、溴代烃或碘代烃取代成氟代烃，常用的无机氟化物有 HF，$SbF_3$，$CoF_3$ 等。

二氟二氯甲烷($F_{12}$)可用四氯化碳与氟化氢在 $SbCl_5$ 催化下制得：

$$CCl_4 + HF \xrightarrow{SbCl_5} \underset{F_{11}}{CCl_3F} + \underset{F_{12}}{CCl_2F_2} + HCl$$

二氟二氯甲烷为无色无臭的气体。易压缩成不燃性液体，当压力降低后立即气化，同时吸收大量的热，因而用作冷冻剂。它无毒、无腐蚀、无臭、不燃，常用于电冰箱的致冷，还用作喷射剂，用来喷射香料、清爽剂、杀虫剂等。但是近年来发现二氟二氯甲烷滞留在大气对流层中，对臭氧层有较大的破坏作用，一旦臭氧层被破坏，日光中的紫外线就要大量地照射到地球上，所以已有国际协定限定了各国禁止使用的期限。

四氟乙烯在工业上也是用 $SbCl_5$ 作催化剂，使氯仿与 HF 作用制得二氟氯甲烷，再经高温分解而制得：

$$CHCl_3 + 2HF \xrightarrow{SbCl_5} CHClF_2 + 2HCl$$

$$2CHClF_2 \xrightarrow{700℃} F_2C{=}CF_2 + 2HCl$$

四氟乙烯为无色气体，不溶于水，能溶于有机溶剂，在过氧化物引发下，加压可聚合成高分子量的聚四氟乙烯。聚四氟乙烯化学性质非常稳定，耐热、耐寒、抗酸、抗碱。它在沸腾的王水中也不溶解，故有塑料王之称，是理想的化工设备材料。

# 习　题

8-1　由正丁醇合成下列化合物：

1. $CH_3CH_2CH_2CH_2Br$
2. $CH_3CH_2CHBrCH_3$
3. $CH_3CH_2CHBrCH_2Br$
4. $CH_3CHBrCH_2CH_2Br$
5. $CH_2BrCH{=}CHCH_2Br$
6. $CH_3CHBrCHBrCH_2Br$

7. 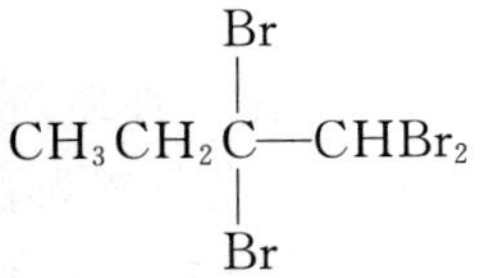

8. $CH_2BrCHBrCHBrCH_2Br$

9. $CH_3CH_2CHClCH_2I$

8-2 完成下列反应式：

1. 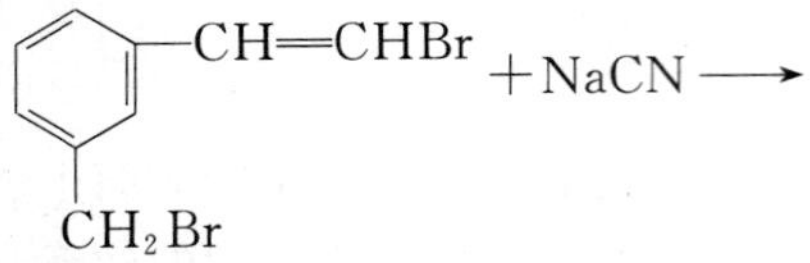

2. 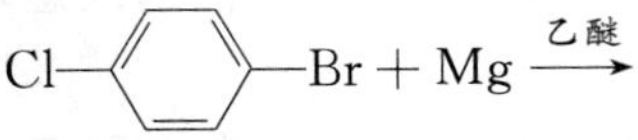

3. $BrCH_2CH_2CH{=}CHBr + NaOH \xrightarrow{H_2O}$

4. 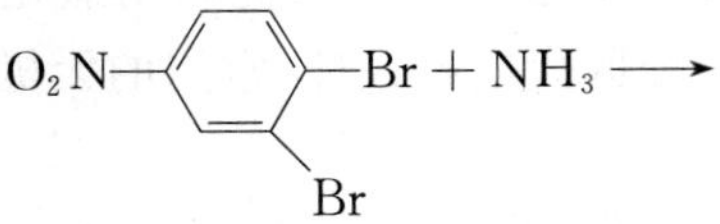

5. 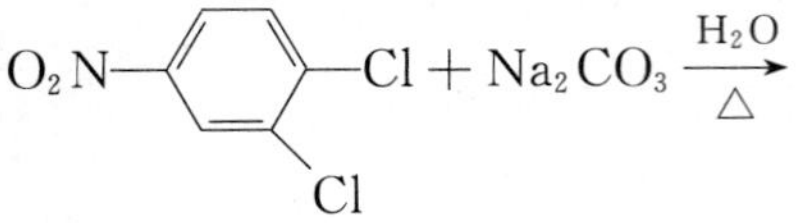

6. 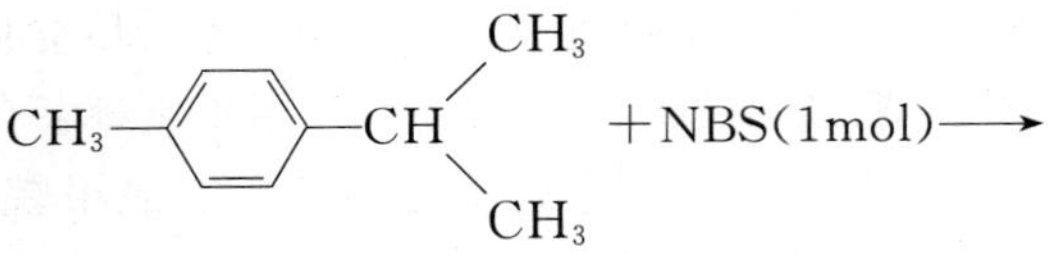

7. 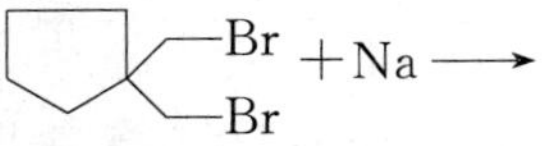

8. 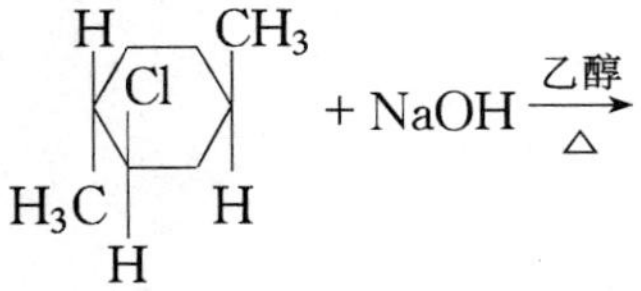

9. 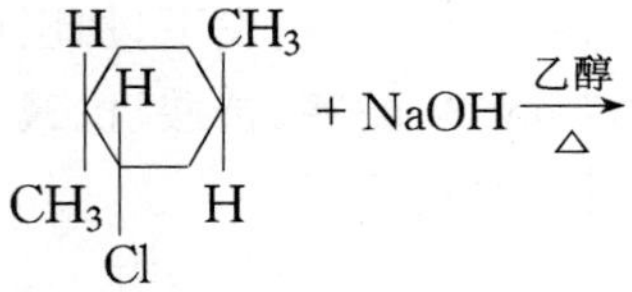

10. 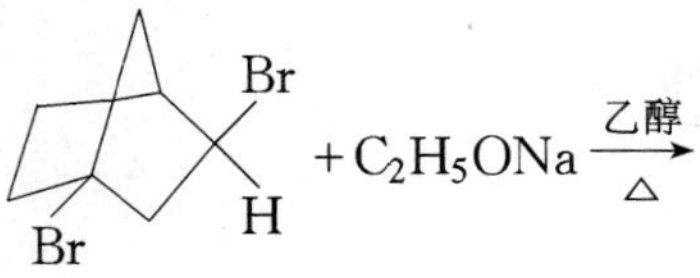

11. 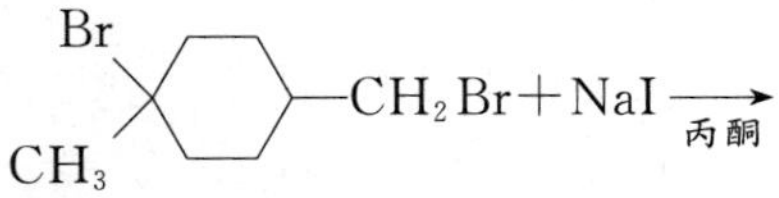

12. $PhCH_2Cl + KSCN \longrightarrow$

13. $(CH_3)_3CCl+NaCN\longrightarrow$

14. 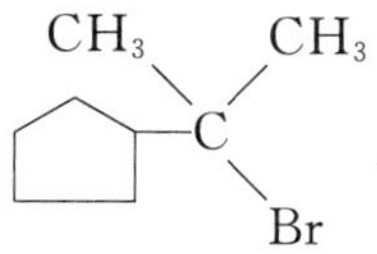 $+C_2H_5ONa\xrightarrow{乙醇}$

15. $(CH_3)_3CCl+CH_3OH\longrightarrow$

16.  $+C_2H_5SNa\longrightarrow$

17. 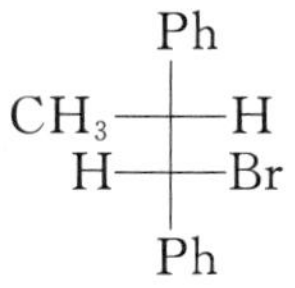 $+NaOH\xrightarrow{乙醇}$

18. 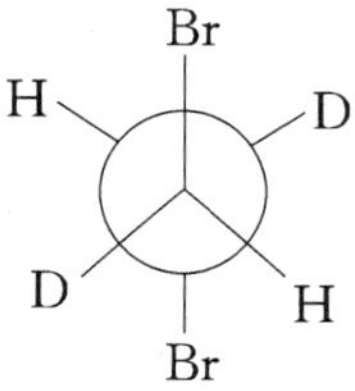 $+NaOH\xrightarrow{乙醇}$

19. 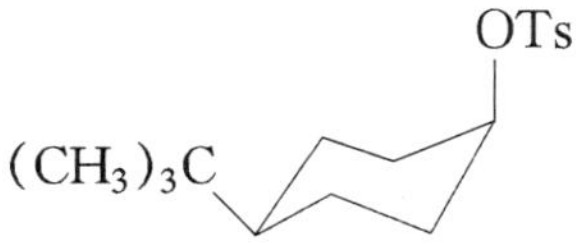 $+NaOC_2H_5\xrightarrow{乙醇}$

20. $PhCH_2MgCl+BrCH_2CH{=}CH_2\longrightarrow$

21. $CH_2{=}CHCl+HI\longrightarrow$(　　)

22. $R{-}O{-}CH{=}CH_2+HI\longrightarrow$(　　)

23. $(CH_3)_2C{=}CCl_2+HI\longrightarrow$(　　)

8-3　在下列反应中，哪些是按 $S_N2$ 机理进行的反应？哪些是按 $S_N1$ 机理进行的反应？

1. 产物的绝对构型完全转化。
2. 有重排产物。
3. 产物的构型部分转化。
4. 碱的浓度增加，反应加快。
5. 叔卤代烷反应速率大于伯卤代烷。
6. 反应机理只有一步。
7. 进攻试剂亲核性愈强，反应速率愈大。
8. 增加溶剂的含水量反应明显加快。

8-4　将下列化合物按与 NaI—丙酮反应的活性大小排列成序。

1. $ClCH_2CH{=}CHCH_3$

2. $ClCH(CH_3)CH{=}CH_2$（ClCHCH=CH₂，CH 上连 $CH_3$）

3. $CH_3CH_2CH_2CH_2Cl$

4. $CH_3CH_2CHCH_3$
   $\quad\quad\quad|$
   $\quad\quad\quad Cl$

5. $(CH_3)_3CCl$

6. 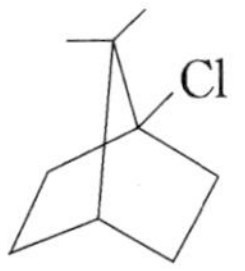

8-5 按与 $AgNO_3$—乙醇溶液反应的活性大小顺序排列下列化合物。

1. $CH_3CH{=}CH{-}Cl$
2. $CH_3CH_2CH_2CH_2Cl$
3. $CH_3CH_2CHCH_3$
   $\quad\quad\quad|$
   $\quad\quad\quad Cl$
4. $PhCH_2Cl$

8-6 写出下列各反应的主要产物，并指出它们是 $S_N1$，$S_N2$，E1 还是 E2。

1. $CH_3CH_2CH_2CH_2Br + CH_3OK \xrightarrow{CH_3OH}$
2. $CH_3Cl + KCN \xrightarrow{CH_3OH}$
3. $(CH_3)_3CCl + CH_3OK \xrightarrow{CH_3OH}$
4. $(CH_3)_3Cl + NaOH \xrightarrow{H_2O}$
5. $ICH_2CH_2I + Mg \longrightarrow$
6. $CH_2{=}CHCH_2I + CH_3COONa \longrightarrow$
7. $(CH_3)_2CICH(CH_3)_2 + NaSH \xrightarrow{H_2O}$
8. $(CH_3)_3CBr + NaC{\equiv}CH \longrightarrow$
9. $CH_3CH{=}CHCl + NaNH_2 \xrightarrow[\triangle]{}$
10. $CH_3CH_2CH_2Cl + KSCN \longrightarrow$
11. $CH_3CH_2CH_2CH_2Br + LiAlH_4 \xrightarrow{Et_2O}$
12. $CH_3I + NaNO_2 \xrightarrow{DMF}$
13. $CH_3CH_2CBr(CH_3)_2 + Ag_2O \xrightarrow{H_2O}$
14. $CH_3CH_2Br + CH{\equiv}CNa \longrightarrow$
15. $CH_3CH_2Br + NH_3$(过量)$\longrightarrow$

8-7 芥子气 $ClCH_2CH_2SCH_2CH_2Cl$ 对于亲核试剂来说是一个极为活泼的烷基化试剂。它之所以对皮肤有糜烂作用就是由于蛋白质的烷基化。当它在 NaOH 水溶液中水解时，水解速率与 $OH^-$ 的浓度无关，但随着 $Cl^-$ 的浓度增大而减慢。试解释之。

8-8 由指定原料合成下列化合物：

1. $(CH_3)_3COH \longrightarrow (CH_3)_3CCOOH$

2. 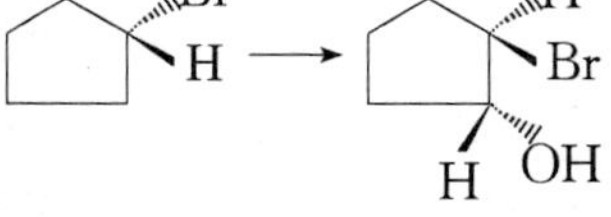

3. 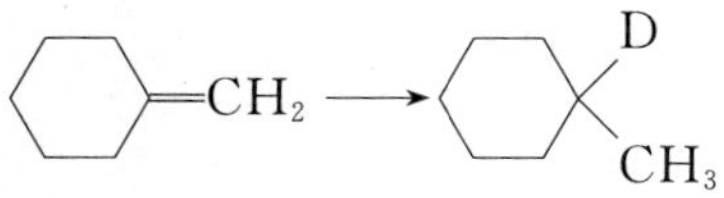

4. $CH_3CH_2CH_2Br \longrightarrow CH_3CH_2CH_2CH_2CH_2CH_3$

5. $CH_3CH_2CH_2Br \longrightarrow CH_3CH_2CH_2C(CH_3)_3$

6.
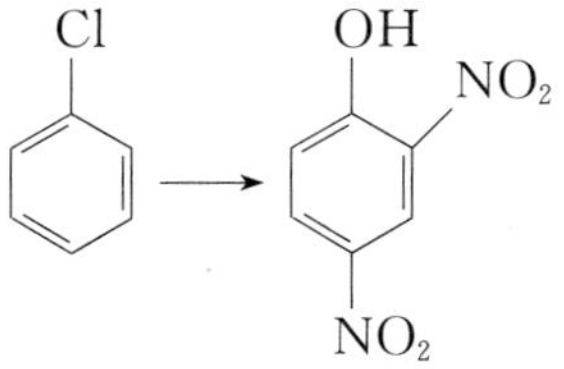

7.
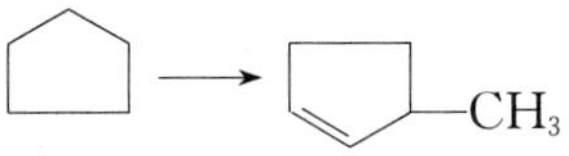

8.
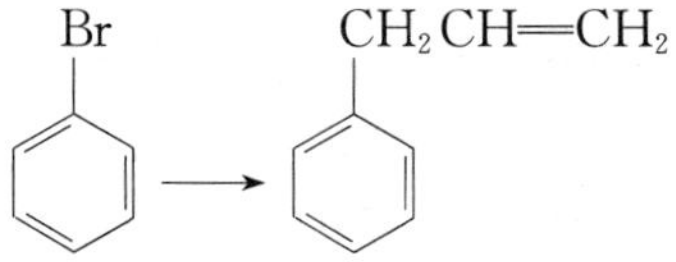

9.
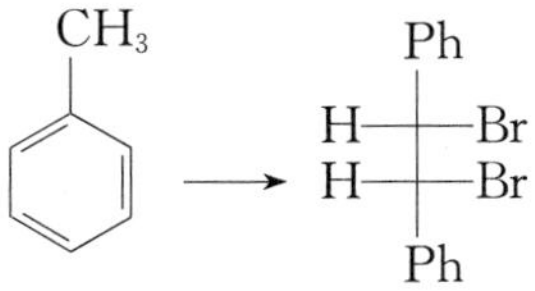

10. $CH_3CH{=}CH_2 \longrightarrow ICH_2CHOHCH_2I$

11.
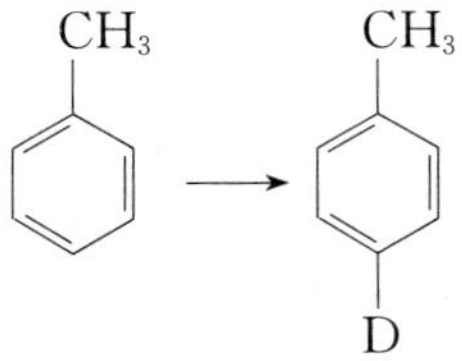

12.
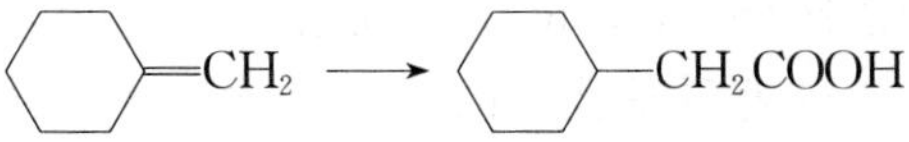

8-9 一旋光性卤化物 A($C_4H_9Cl$)。当用 NaOH 醇溶液处理后得化合物 B($C_4H_8$)。B 与 $Br_2$ 的四氯化碳溶液反应得一种没有光学活性产物 C($C_4H_8Br_2$)。试推测 A,B,C 的结构。

8-10 一化合物 A($C_8H_{10}$),在铁存在下与 1 摩尔溴作用,只生成一种化合物 B,B 在光照下与 1 摩尔溴作用,生成两种产物 C 和 D。试推测 A,B,C,D 的结构。

# 第九章　光谱知识

根据 Einstein－Plank 定律，电磁波能量是量子化的，光子的能量与波的频率成正比：

$$E=h\nu \quad h\text{ 为 Plank 常数 }6.626\times10^{-34}$$

由于分子、原子、电子的运动能量都是量子化的，当频率 $\nu$ 的电磁波被分子中某一种运动所吸收，该运动便发生能级跃迁，从低能态 $E_1$ 跃迁到高能态的 $E_2$，其能差为：

$$\Delta E=E_2-E_1=h\nu$$

通过确定被分子所吸收的电磁波的频率 $\nu$，来测定分子中某种运动由一种状态到另一种状态的能量差别 $\Delta E$ 的实验过程，称为光谱学(Spectroscopy)。将连续改变频率的电磁波对体系扫描，体系内即可发生各种运动状态的变化。将它们通过仪器记录下来，便得到谱图(Spectrum)。研究化合物谱图，揭示谱图与分子结构对应关系，称为光波谱解析。

随着科学技术的发展，紫外、红外、核磁共振、质谱等现代光谱技术(通常称为“四谱”)已被广泛应用于测定有机化合物的结构。表 9-1 简要地表示了各种波谱来源、波长或相应能量、作用。

**表 9-1　常用波谱概况**

| | 紫外光谱 UV | 红外光谱 IR | 核磁共振 NMR | 质谱 MS |
|---|---|---|---|---|
| 光谱来源 | 价电子跃迁 | 化学键振动 | 原子核自旋 | 碎片离子 |
| 吸收电磁波波长及单位 | 200～400 nm | 2.5 ～25 μm (4000～400 $cm^{-1}$) | 0.3～0.5 m (100 MHz～60 MHz) | |
| 相应的能量 | 650～360 kJ·$mol^{-1}$ | 70～5 kJ·$mol^{-1}$ | $10^{-2}$ kJ·$mol^{-1}$ | 70 eV |
| 作用及特点 | 主要用于共轭体系可以定量 | 鉴定官能团 | 氢原子类型、相对数及结构关系 | 分子量、碎片离子组成、结构信息 |

电磁波的基本公式为：$C=\nu\lambda$

其中 $C$ 为光速 $3\times10^{10}$ cm·$sec^{-1}$；$\lambda$ 为波长，单位 cm；$\nu$ 为频率，单位 Hz。

红外光谱中常用波数 $\tilde{\nu}$ 表示，波数是指 1 cm 内波的数目，$\tilde{\nu}=1/\lambda$，单位 $cm^{-1}$。

## §9.1　紫外光谱

### 9.1.1　紫外光谱的产生原理

紫外光谱属于电子光谱，它是由价电子从基态跃迁到激发态而产生的。

紫外光谱区域在100～400 nm波长范围，400～780 nm为可见光谱区域。紫外光谱又可分为远紫外区和近紫外区，远紫外区波长为100～200 nm，这类短波长的光易被空气中的氧和二氧化碳所吸收，因此研究远紫外区的吸收光谱比较困难。波长在200～400 nm为近紫外区，通常所说的紫外光谱是指近紫外区的吸收光谱。

9.1.1.1　电子跃迁的几种类型

有机分子中的价电子有：σ键电子、π键电子、原子外层的非键电子（简称n电子）。可供跃迁的轨道有$\sigma^*$反键轨道和$\pi^*$反键轨道。

（1）$\sigma\to\sigma^*$跃迁

σ轨道是能级最低的成键轨道，$\sigma^*$是能级最高的反键空轨道。$\sigma\to\sigma^*$跃迁需要相当高的光能，吸收波长在远紫外区，对一般化合物的紫外光谱意义不大。

（2）$n\to\sigma^*$跃迁

氮、氧、卤素等原子上的未共用电子激发跃迁到$\sigma^*$轨道，也需要较大的能量，吸收波长一般低于200 nm。

（3）$n\to\pi^*$跃迁

氮、氧、硫、卤素等原子上的未共用电子激发跃迁到$\pi^*$轨道，这种跃迁所吸收波长一般在200 nm以上。例如醛酮中羰基在275～295 nm有吸收峰即是$n\to\pi^*$跃迁的结果。$n\to\pi^*$跃迁引起的吸收带称R吸收带。由于n电子与π电子的轨道区域不同，因而$n\to\pi^*$跃迁几率不大，吸收较弱。这种跃迁也称为禁忌跃迁(Forbidden transition)。

（4）$\pi\to\pi^*$跃迁

孤立双键的π电子跃迁到$\pi^*$轨道，吸收峰也在远紫外区，对紫外光谱意义不大。但共轭双键的π电子跃迁向长波长递增，一般在200 nm以上，进入近紫外光谱区。共轭体系愈大，跃迁所需能量愈低，吸收波长愈长。共轭化合物的$\pi\to\pi^*$吸收带称为K吸收带。

跃迁类型、能级、波长见图9-1和表9-2。

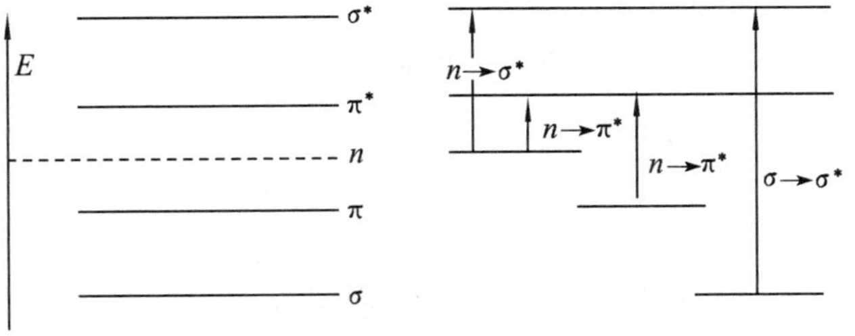


图9-1　跃迁类型和电子能级

**表9-2　跃迁类型和吸收光波长**

| 跃迁类型 | 吸收光波长(nm) |
|---|---|
| $\sigma\to\sigma^*$ | ＜160 |
| $n\to\sigma^*$ | 180～200(含S化合物可达215) |
| $n\to\pi^*$ | 205～290 |
| $\pi\to\pi^*$ | 165～200 |

9.1.1.2 发色团、助色团、红移、紫移

能够吸收紫外光区光波的官能团,称为发色团,如  ,C═O ,C═N ,N═O 等。本身不能吸收紫外光,但与发色团相连后,能使吸收带向长波长方向移动的官能团,称为助色团,如—$NH_2$、—OH 等。紫外吸收波长与溶剂、温度等实验条件有关。当吸收波长朝长波方向移动时,俗称"红移";朝短波方向移动,俗称"紫移"。

在大多数 $\pi\rightarrow\pi^*$ 跃迁中,激发态比基态极性更大,因此在极性溶剂中,$\pi\rightarrow\pi^*$ 跃迁吸收向长波方向位移,即发生"红移"。具有非键电子的分子与溶剂可产生氢键作用,而且在基态的作用比在激发态更强,因此,随着与溶剂氢键能力的增加,$n\rightarrow\pi^*$ 跃迁吸收将向短波位移,即发生"紫移"。

### 9.1.2 紫外光谱图

紫外光谱图通常是以波长为横坐标,以吸光度 $A$、或摩尔吸光系数 $\varepsilon$ 或它的对数 $\log\varepsilon$ 为纵坐标作图而得。$\lambda_{max}$是最大吸收的波长,是与 $\varepsilon_{max}$ 相对应的。由于价电子跃迁往往伴随着分子转动能级和振动能级的变化,所以紫外光谱并不是一条谱线而是无数条谱线。加上溶剂作用,很难看到精细结构,实际上是一个宽的吸收带,如图 9-2 所示。

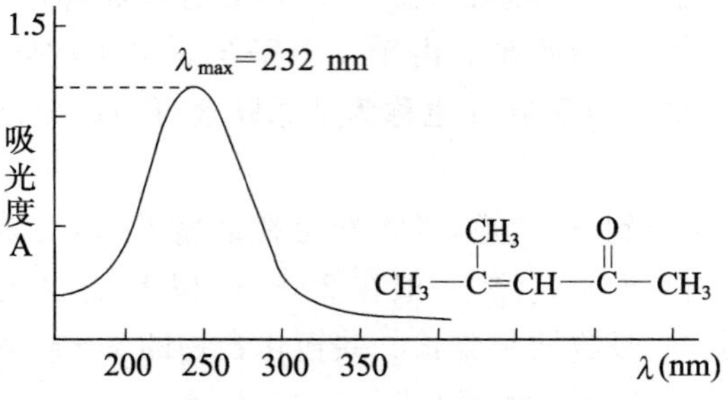


样品浓度$9.2\times10^{-5}$ mol/L,样品池长1.0 cm

图 9-2 4-甲基-3-戊烯-2-酮紫外光谱图

根据 Lambert-Beer 定律,吸光度为:

$$A=\log I_0/I=-\log I/I_0=\varepsilon cl \qquad \left(\varepsilon=\frac{A}{cl}\right)$$

式中:$I_0$ 为入射光强度;$I$ 为透射光强度;$c$ 为溶液浓度,单位 $mol/dm^3$;$l$ 为样品池长度,即液层的厚度,单位厘米(cm);$\varepsilon$ 为摩尔吸光系数,它表示单位量对某光波的吸收能力。

### 9.1.3 紫外光谱的应用

(1) 判断分子结构

根据 Lambert-Beer 定律,样品的 $\lambda_{max}$ 和 $\varepsilon$ 为常数。在一定条件下,可测出样品分子的 $\lambda_{max}$ 和 $\varepsilon$,并可作为鉴别化合物的基本常数。

(2) 定量分析

由于样品的 $\lambda_{max}$ 和 $\varepsilon$ 为常数,测定不同浓度标准溶液的紫外光谱,作出吸光度 $A$ 与浓度关系的工作曲线,再测定待测样品 $A$ 值,由 $A=\varepsilon lc$,可求出该样品浓度。

(3) 纯度检验

紫外光谱灵敏度很高，检测浓度可达 $10^{-5}$ mol/dm$^3$。因此，可用紫外光谱检验在紫外区有吸收的杂质含量，分析样品纯度。例如，乙醇中如含有微量乙醛，可在 270～290 nm 范围检出；环已烷中或工业生产无水乙醇中若含微量苯，可在 230～270 nm（苯在 250 有特征吸收）范围检出。

# §9.2　红外光谱

当用连续改变波长的红外光照射一物质时，该物质的分子吸收一部分光能，并将其转变为分子的振动能和转动能，透过的光经单色器色散后，得到一条谱带。以波长或波数为横坐标，以百分吸收率或透过率为纵坐标，将谱带记录下来，即得该物质的红外光谱图。

## 9.2.1　基本原理

红外光谱属于分子振动光谱。分子是由原子组成的，但分子不是坚硬的刚体。它像由弹簧连结起来的一组球，各种不同强度的化学键相当于不同强度的弹簧，各种不同质量的原子相当于大小不同的球。在分子中存在着两种基本振动：伸缩振动和弯曲振动。而各种振动又包括不同的振动形式，如图 9-3 所示。

$AX_2$（如 $CH_2$）型结构：

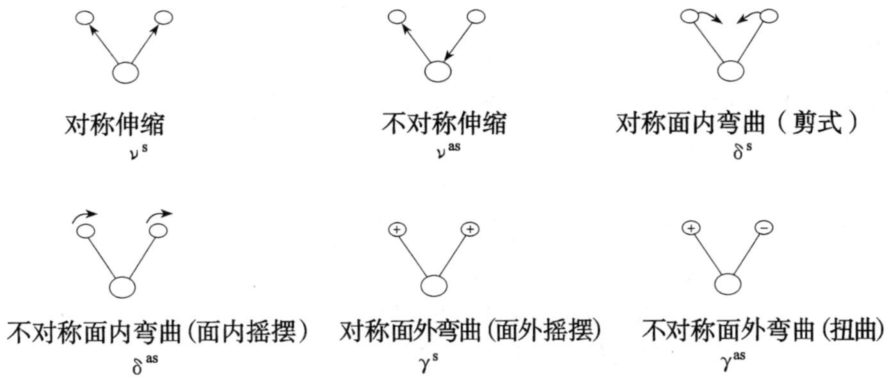


$AX_3$（如 $CH_3$）型结构：

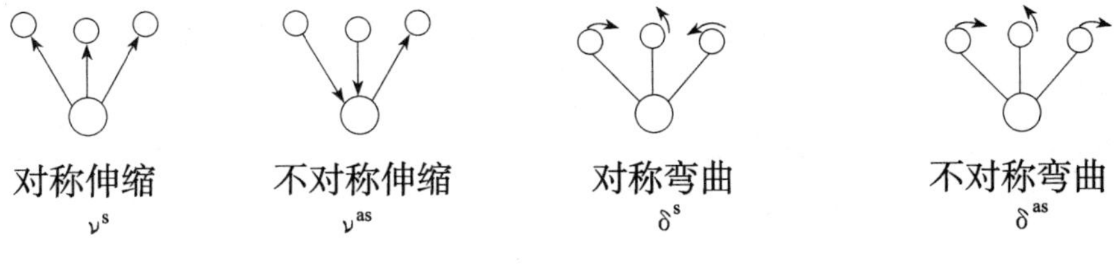


图 9-3　分子的伸缩振动和弯曲振动

如果将价键的振动近似作为简谐振动处理，根据 Hooke 定律，质量为 $m_1$ 和 $m_2$ 的双原子基团的简谐振动频率有如下关系：

$$\tilde{\nu}=\frac{1}{2\pi c}\sqrt{\frac{f}{\mu}}=1307\sqrt{\frac{f}{\mu}}\quad(\mathrm{cm}^{-1})$$

其中，$f$ 为化学键力常数，单位 N/cm，单键取 4～6，双键取 8～12，叁键取 12～18；$\mu$ 为折合质量，$\mu=\dfrac{m_1\times m_2}{m_1+m_2}$，$m$ 为原子量。

例如，碳氢键 C—H 伸缩振动频率若取 $f=5$ N/cm，可计标如下：

$$\tilde{\nu}_{\mathrm{C-H}}=1307\sqrt{\frac{5}{\frac{12\times1}{12+1}}}=3040\ \mathrm{cm}^{-1}$$

公式计算值与实验数据相吻合。

在不同化合物中，某种官能团或骨架的红外光谱吸收带的位置基本上是相同的，而与整个分子的其余部分的关系不太显著。这是由于原子质量基本没变，化学键的力常数变化也不大。正是由于这一点使得红外光谱成为非常有力的分析工具。

### 9.2.2 基团振动频率

波数 4000～1300 $\mathrm{cm}^{-1}$ 区域称为基团或官能团吸收频率区。在此区域内显示的吸收谱带，反映了某些官能团的存在。波数 1300～650 $\mathrm{cm}^{-1}$ 区称“指纹区”。每一种化合物在该区都有其特有的峰形，犹如人的指纹。波数较小的某些单键伸缩振动等吸收峰，落在此区。

有机化合物基团振动频率可根据在红外区域的吸收峰归属，可将同类官能团振动频率归类列表(表 9-3)，也可将整个红外区域划分为不同的区段列：

(1) 4000～2700 $\mathrm{cm}^{-1}$

在 3640～3100 $\mathrm{cm}^{-1}$ 区域，一般是由不同的 OH 及 NH 伸缩振动引起的谱带。$NH_2$ 通常显示相隔 70 $\mathrm{cm}^{-1}$ 的双峰。羟基化合物包括水、醇和酚(但羧酸的二聚物除外，因其羟基吸收处于较低的波数范围)键合的羟基谱带比胺基的宽。

C≡C—H 的 $\nu_{\mathrm{C-H}}$ 在 3300 $\mathrm{cm}^{-1}$ 附近，峰形较尖锐。

在 3100～3000 $\mathrm{cm}^{-1}$ 区域是芳烃，烯烃以及三元环的 $\nu_{\mathrm{C-H}}$ 伸缩振动。

在 3000～2800 $\mathrm{cm}^{-1}$ 区域是脂肪族 CH 伸缩振动。$\delta_{\mathrm{CH_3}}^{\mathrm{as}}$ 在(2960±10) $\mathrm{cm}^{-1}$，$\nu_{\mathrm{CH_3}}^{\mathrm{s}}$ 在(2860±10) $\mathrm{cm}^{-1}$，$\nu_{\mathrm{CH_2}}^{\mathrm{as}}$ 在(2925±10) $\mathrm{cm}^{-1}$，$\nu_{\mathrm{CH_2}}^{\mathrm{s}}$ 在(2850±10) $\mathrm{cm}^{-1}$。

在 2820～2700 $\mathrm{cm}^{-1}$ 是醛基上 C—H 伸缩振动。常常以二重峰出现。

(2) 2300～1900 $\mathrm{cm}^{-1}$

腈、炔烃的 $\nu_{\mathrm{C\equiv N}}$，$\nu_{\mathrm{C\equiv C}}$ 伸缩振动落在此区。另外，$—\bar{N}—\overset{+}{N}\equiv N$ 及累积双键 N=C=O，C=C=C 的伸缩振动也落在此区。

(3) 1850～1650 $\mathrm{cm}^{-1}$

**表 9-3　化合物类别、基团与吸收频率的关系**

| 基团或类别 | 范围($cm^{-1}$)及强度 | 判属 |
|---|---|---|
| 乙炔基　$RC \equiv C-$ | 3300～3250(m～s) | $\nu_{CH}$，R═H（3320～3300 $cm^{-1}$ $CCl_4$ 溶液） |
| 酰卤类　$R-C(=O)-X$ | 2250～2100(w) | $\nu_{C\equiv C}$ 共轭使频率升高 |
| 脂肪的 | 1810～1790(s) | $\nu_{C-O}$ 宽 |
| | 680～620(m～s) | $\delta_{C-O-H}$ 卷曲振动，宽 |
| 醛类　$R-C(=O)-H$ | 2830～2810(m)<br>2740～2720(m) | $\nu_{C-H'}$　$\delta_{C-H}$ 的泛频，双峰 |
| | 1725～1695(vs) | $\nu_{C=O'}$ 在 $CCl_4$ 溶液中稍高 |
| | 1440～1320(s) | $\delta_{H-C-O'}$ 脂肪醛类 |
| 烷基　R— | 2980～2850(m) | $\nu_{C-H}$ 几条吸收带 |
| | 1470～1450(m) | $\delta_{CH_2}$ |
| | 1400～1360(m) | $\delta_{CH_3}$ |
| | 740～720(w) | $CH_2$ 平面摇摆 |
| 酰胺类 | | |
| 伯酰胺—$CONH_2$ | 3540～3520(m)<br>3400～3380(m) | $\nu_{NH'}$ 稀溶液，位移到 3360～3340，固态时为 3200～3180 $cm^{-1}$ |
| | 1680～1660(vs) | $\nu_{C=O}$（酰胺Ⅰ） |
| | 1650～1610(m) | $\delta_{NH2}$，有时为一肩形带(酰胺Ⅱ) |
| | 1420～1400(m～s) | $\nu_{C-N}$(酰胺Ⅲ) |
| 仲酰胺－CONHR | 3440～3420(m) | $\nu_{N-H}$ 稀溶液，纯液体或固体位移到 3280～3260 $cm^{-1}$ |
| | 1680～1640(vs) | $\nu_{C=O}$ 酰胺Ⅰ带 |
| | 1560～1530(vs) | $\nu_{N-H}$ 酰胺Ⅱ带 |
| | 1310～1290(m) | 未能确定 |
| | 710～690(m) | 未能确定 |
| 叔酰胺－$CONR_2$ | 1670～1640(vs) | $\nu_{C=O}$ |
| 胺类 | | |
| 伯胺 | 3460～3280(m) | $\nu_{N-H}$，有些结构为宽带 |
| | 2830～2810(m) | $\nu_{C-H}$ |
| | 1650～1590(s) | $\delta_{NH2}$ |
| 仲胺—NHR | 3350～3300(vw) | $\nu_{N-H}$ |
| | 1190～1130(m) | $\nu_{C-N}$ |
| | 740～700(m) | $\delta_{N-H}$ |
| 酸酐类　$-CO-O-CO-$ | 1850～1780(可变) | $\nu^{as}_{C=O}$ |
| | 1770～1710(m～s) | $\nu^{s}_{C=O}$ |
| | 1220～1180(vs) | $\nu_{C-O-C}$(环状酸酐频率更高) |

**续表**

| 基团或类别 | 范围($cm^{-1}$)及强度 | 判属 |
|---|---|---|
| 芳香化合物 | 3100－3000(m) | $\nu_{CH}$几个峰 |
| | 2000～1660(w) | 泛频和合频带 |
| | 1630～1590(m) | $\nu_{C-C}$强度可变 |
| | 1520～1480(m) | |
| | 900～650(s) | CH 面外变形,1 或 2 条带,与取代有关 |
| | 2980～2850(m) | $\nu_{C-H}$几条带 |
| 叔丁基$(CH_3)_3C$— | 1400～1390(m)<br>1380～1360(s) | $\delta_{CH_3}$ |
| 羰基 C═O | 1870～1650(vs, br.) | $\nu_{C=O}$ |
| 羧酸 R—C(═O)—OH | 3550(m) | $\nu_{OH}$(单体,稀溶液) |
| | 3000～2400(s,vrb.) | $\nu_{OH}$(固体和液态) |
| | 1760(vs) | $\nu_{C=O}$(单体,稀溶液) |
| | 1710～1680(vs) | $\nu_{C=O}$(固态和液态) |
| | 1440～1400(m) | $\nu_{C-O}/\delta_{OH}$ |
| | 960～910(s) | $\delta_{COH}$ |
| 酯类 R—C(═O)—OR′ | 1765～1720(vs) | $\nu_{C=O}$ |
| | 1290～1180(vs) | $\nu^{as}_{C-O-C}$ |
| 醚类—C—O—C— | 1285～1240(s) | $\nu_{C-O-C}$烷基芳基醚类 |
| | 1140～1110(vs) | $\nu_{C-O-C}$二烷基醚类 |
| | 1275～1200(vs)及<br>1050～1020(s) | $\nu_{C-O-C}$烯基醚类 |
| | 1250～1170(s) | $\nu_{C-O-C}$环醚类 |
| 酮类 C═O | 1725～1705(vs) | $\nu_{C=O}$ 饱和酮 |
| | 1705～1665(s)及<br>1650～1580(m) | $\nu_{C=O}$ 及 $\nu_{C=C}$ ,α,β-不饱和酮 |
| | 1700～1650(vs) | $\nu_{C=O}$ ,芳香酮类 |
| | 1750～1730(vs) | $\nu_{C=O}$ ,环戊酮类 |
| | 1725～1705(vs) | $\nu_{C=O}$ ,环己酮类 |
| 内酰胺类<br>$CH_2$—NH<br>│　　│<br>$CH_2$—C═O | 695～655(m～s) | $\delta_{N-C=O}$ |
| 内酯类<br>$CH_2$—O<br>│　　│<br>$CH_2$—C═O | 1850～1830(s) | $\nu_{C=O}$ ′β-内酯类 |
| | 1780～1770(s) | $\nu_{C=O}$ ′ν-内酯类 |
| | 1750～1730(s) | $\nu_{C=O}$ ′δ-内酯类 |
| 甲基—$CH_3$ | 2970～2850(s) | $\nu_{C-H}$(C—$CH_3$) |
| | 2835～2815(s) | $\nu_{C-H}$(O—$CH_3$) |
| | 2820～2780(s) | $\nu_{C-H}$(N—$CH_3$) |
| | 1385～1375(m) | $\delta_{CH_3}$(C—$CH_3$) |
| | 1400～1380(ms)及<br>1375～1365(m) | $\delta_{CH_3}$(一个 C 上有几个 $CH_3$ 时) |

续表

| 基团或类别 | 范围($cm^{-1}$)及强度 | 判属 |
|---|---|---|
| 亚甲基$—CH_2—$ | 2940～2920(m)及<br>2860～2850(m) | $\nu_{C-H}$(烷烃) |
| | 3090～3070(m)及<br>3020～2980(m) | $\nu_{C-H}$(烯烃) |
| 腈类$—C\equiv N$ | 2260～2240(w) | $\nu_{C\equiv N}$，脂肪腈 |
| | 2240～2220(m) | $\nu_{C\equiv N}$，芳香腈 |
| 硝基$—NO_2$ | 1570～1550(vs)及<br>1380～1360(vs) | $\nu_{N=O}$，脂肪硝基化合物 |
| | 1480～1460(vs)及<br>1360～1320(vs) | $\nu_{N=O}$，芳香硝基化合物 |
| | 920～830(m) | $\nu_{C-N}$ |
| 肟类$=NOH$ | 3600～3590(vs) | $\nu_{O-H}$，(稀溶液) |
| | 3260～3240(vs) | $\nu_{O-H}$，(固体) |
| | 1680～1620(w) | $\nu_{C=N}$ |
| 苯基$C_6H_5—$ | 3100～3000(w～m) | $\nu_{C-H}$ |
| | 2000～1700(w) | 较厚样品有4条明显泛频带及合频带。 |
| | 1250～1025(vs) | $\delta_{C-H}$(面内，5条带) |
| | 770～730(vs) | $\delta_{C-H}$(面外) |
| | 710～690(vs) | 环弯曲型 |
| 乙烯基$CH_2=CH—$ | 3095～3080(m)及<br>3010～2980(w) | $\nu_{C-H}$ |
| | 1645～1605(m～s) | $\nu_{C=C}$ |
| | 1000～900(s) | $\nu_{C-H}$ |

羰基化合物的伸缩振动在此区域里显示强吸收。其吸收与取代基的电子效应关系很大，依照共振论的观点，羰基可写成以下结构：

$$[\;C{=}O \leftrightarrow \overset{+}{C}{-}\overset{-}{O}\;]$$

后一共振式有单键特征，键力常数小。如果它的贡献大，则吸收峰在低波数位置。羰基上连有吸电子基团，不利后一共振式，吸收波数较高；如果羰基上连有给电子基团，有利于后一共振式，吸收波数较低。例如：

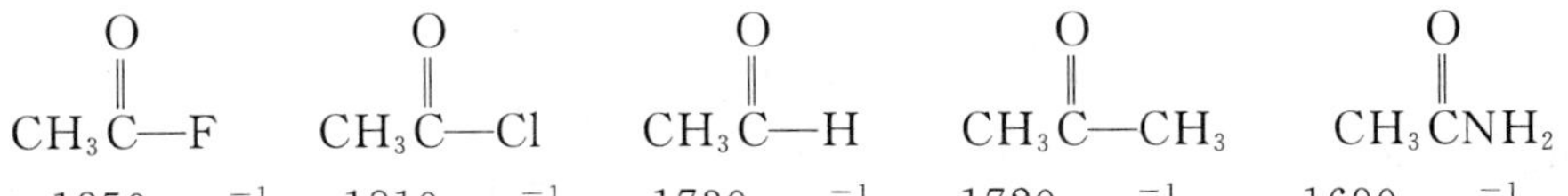

1850 $cm^{-1}$　1810 $cm^{-1}$　1730 $cm^{-1}$　1720 $cm^{-1}$　1690 $cm^{-1}$

与乙醛相比，前两个化合物$\nu_{C=O}$值较高，是因为卤素$-I>+C$，前式贡献大；丙酮比乙醛吸收波数低，是因为甲基给电性比氢强；而乙酰胺吸收波数更低，是因为$—NH_2$的$+C>-I$，使羰基显示单键性质，故频率较低。

在1760 $cm^{-1}$以上有吸收的化合物通常是在羰基碳原子上有电负性强的基团，如酰氯等。饱和酯类约在1740 $cm^{-1}$显示吸收；醛类约在1725 $cm^{-1}$处显示吸收；酮类约在1715 $cm^{-1}$处显示吸收；当有共轭基时，吸收频率降低约20 $cm^{-1}$；羧酸的二聚体在近1700 $cm^{-1}$处显示吸收；酰胺在1660 $cm^{-1}$左右显示吸收。

(4) 1700～1450 $cm^{-1}$

大多数烯烃的 $\nu_{C=C}$ 在 1680～1600 $cm^{-1}$ 显示吸收，含 C═N 基的化合物在 1690～1630 $cm^{-1}$ 显示吸收。芳环在 1600，1580，1500 及 1450 $cm^{-1}$ 附近有尖锐的特征吸收峰。单环芳烃的 $\nu_{C=C}$ 出现在 1520～1480 及 1610～1590 $cm^{-1}$，这两个峰可用来鉴别芳环的存在。胺的弯曲振动 $\delta_{NH}$ 在 1650～1550 $cm^{-1}$ 显示吸收。

(5) 1600～1300 $cm^{-1}$

脂肪族的 $NO_2$ 在 1590～1535 $cm^{-1}$ 显示吸收。亚甲基 $CH_2$ 的剪式振动 $\delta_{CH2}$ 在 (1465±20) $cm^{-1}$ 显示吸收；甲基 $CH_3$ 的非对称剪式振动 $\delta^{as}_{CH_3}$ 在 1450±20 $cm^{-1}$ 显示吸收，对称剪式振动 $\delta^{s}_{CH_3}$ 在(1375±5) $cm^{-1}$ 显示吸收。

(6) 1300 $cm^{-1}$ 以下

C—O 键的伸缩振动在 1300～1050 $cm^{-1}$ 显示强吸收。饱和醚在 1125 $cm^{-1}$ 附近；醇类则在 1200～1000 $cm^{-1}$；酚在 1200 $cm^{-1}$ 附近显示吸收。$(CH_2)_n \geqslant 4)$时，亚甲基的非平面摇摆 $\rho_{CH_2}$ 在 740～720 $cm^{-1}$ 显示吸收；C—Cl 基伸缩振动在 830～570 $cm^{-1}$，C—Br 基在 680～515 $cm^{-1}$，C—I 基在610～485 $cm^{-1}$ 显示吸收。另外芳环上氢面外弯曲振动在 900～650 $cm^{-1}$ 显示吸收；烯烃的碳氢面外弯曲振动在 1000～600 $cm^{-1}$ 显示吸收。R—C≡CH 式炔烃的 $\delta_{\equiv C-H}$ 在 680～610 $cm^{-1}$ 处显示强吸收。

## §9.3 核磁共振谱

### 9.3.1 基本原理

一个氢原子核，是一个带正电的自转的物体，顺着它的自转轴产生一个微小的磁场，它本身就好像一个小磁铁一样。氢核的自转量子数($I$)为 $\frac{1}{2}$，把它置于一个外加磁场中，它有两种取向，一种是与外磁场方向相同的，用 $\alpha$ 表示，为低能级；另一种是与外加磁场方向相反的，用 $\beta$ 表示，为高能级。两个能级差为 $\Delta E$。

$\Delta E$ 与外加磁场强度 $H_0$ 成正比，其关系式如下：

$$\Delta E=\gamma \frac{h}{2\pi}H_0=h\nu \qquad \nu=\frac{\gamma H_0}{2\pi}$$

式中 $\gamma$ 为磁旋比，对于质子其值为 26750；$h$ 为 Plank 常数；$\nu$ 为无线电波的频率。若外界提供一定频率的电磁波，电磁波所提供的能量恰好等于氢核两个能级之差，氢核就吸收电磁波的能量，从低能级跃迁到高能级，这样就发生了核磁共振(Nuclear Magnetic Resonance，简写 NMR)。

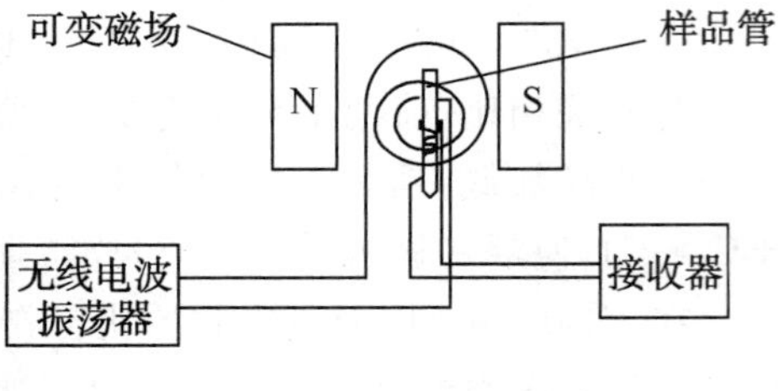

图 9-4 核磁共振仪示意图

图 9-4 是核磁共振仪示意图。样品管放在磁铁两极之间，其周围环绕着无线电波振荡器线圈，其轴同时垂直于磁场方向，因此三者互

相垂直，不互相干扰。

测量核磁共振谱时，可以采取固定磁场改变频率，也可采取固定频率改变磁场。因为后一方式比较方便，因此常用后一方式。样品管放在磁场中间，用固定频率的无线电波照射样品，调节磁场强度达到一定值 $H_0$，使 $\nu$ 值恰好等于照射频率时，样品中某一类型质子便发生能级跃迁，接收器就会将磁场强度的数值折合成频率记录下来。便得如图 9-5 所示核磁共振谱图。

由图 9-5 可以看到：① 在图的不同 δ 值处，各对应着一组峰，此 δ 值是反映分子结构的重要参数，称为化学位移；② 各组峰的峰数目不同，高度不一，它的来源直接与分子结构相关，称为裂分；③ 同组峰中各峰之间有一定峰间距，它反映了与外场无关而只与本身分子结构有关的分子固有性质，称为偶合常数；④ 图谱还有一条高度不同的由左而右依次升高的曲线，它与各 δ 值处所代表的质子数目成正比，称为面积积分线。

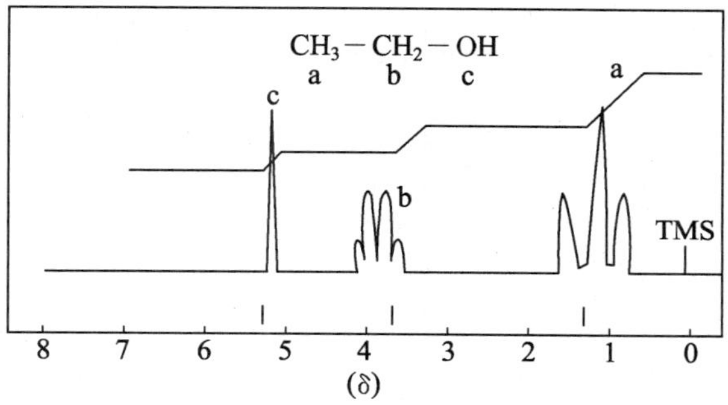


图 9-5　乙醇的核磁共振谱

## 9.3.2　图谱解析

### 9.3.2.1　化学位移 δ

(1) 化学位移的涵义

虽然质子的能量差是一定的，但不同分子中的质子对外界磁场的“感觉”并不一样。质子的外面被价电子包围着，这些电子在外界磁场作用下发生循环流动，又产生一个感应磁场。如果感应磁场与外加磁场是反方向的，则质子所感受到的磁场强度将比外加磁场减弱一些，因而对原子核来讲，周围的电子起了屏蔽作用。核周围电子云密度越大，屏蔽作用就越大，只有增加磁场强度才能发生共振。若感应磁场与外加磁场是同方向的，则质子所感受到的磁场强度将增加一些，因而原子核周围的电子起了去屏蔽作用。

由于氢原子在分子中的化学环境不同，受到的屏蔽效应也不同，所以不同质子就在不同强度的磁场中出现共振，并在核磁共振谱的不同位置显示吸收峰，这种位置上的差异称为化学位移。这种位置的差异一般很小，其绝对值不易精确测定。在实际操作中，通常是将样品与化学性质稳定、信号强的标准物质一起测量。四甲基硅烷 $(CH_3)_4Si$，简称 TMS）是一种常用内标。以四甲基硅烷峰为原点，被测有机分子的各吸收峰与原点间的距离即为化学位移，以 δ 表示，单位 ppm（化学位移也可以 τ 表示，τ＝10-δ）：

$$\delta=\frac{H_{样品}-H_{参考}}{H_{参考}}$$

式中，$H_{样品}$是待测氢核共振峰所对应的磁场强度；$H_{参考}$是参考标准物质氢核共振峰所对应的磁场强度。

由于磁场强度的测量比较困难，而精确测量待测氢核相对于参考氢核的吸收频率却比较方便，故上式可写为：

$$\delta=\frac{\nu_{样品}-\nu_{TMS}}{\nu_0}\times10^6\ \text{ppm}$$

式中，$\nu_{样品}$和$\nu_{TMS}$分别为样品和TMS的共振频率；$\nu_0$为仪器选用的频率。

表9-4是一些常见质子的化学位移。其δ值愈大则出现在低场，反之则出现在高场。

**表9-4 常见基团的H的δ值(ppm)**

| 质子类型 | 化学位移 | 质子类型 | 化学位移 |
|---|---|---|---|
| $RC\underline{H}_3$ | 0.9 | $RO\underline{H}$ | 1～5 |
| $R_2C\underline{H}_2$ | 1.3 | $RCH_2O\underline{H}$ | 3.4～4 |
| $R_3C\underline{H}$ | 1.5 | $ROC\underline{H}_3$ | 3.5～4 |
| $\gt C=C\underline{H}_2$ | 4.5～5.9 | $R-\overset{O}{\overset{\Vert}{C}}-\underline{H}$ | 9～10 |
| $\gt C=C\underline{H}-$ | 4.5～5.9 | $\underline{H}CR_2COOH$ | 2 |
| $-C\equiv C\underline{H}$ | 2～3 | $RCOO\underline{H}$ | 10～12 |
| $R_2C=C\underline{H}R$ | 5.3 | $R-\overset{O}{\overset{\Vert}{C}}-O-C\underline{H}_3$ | 3.7～4 |
| 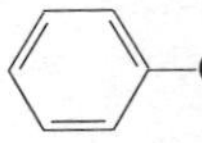$-C\underline{H}_3$ | 2.3 | | |
| 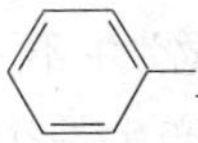$-\underline{H}$ | 7.3 | $R-\overset{O}{\overset{\Vert}{C}}C\underline{H}_3$，$R-\overset{O}{\overset{\Vert}{C}}C\underline{H}_2R$ | 2～3 |
| $RC\underline{H}_2F$ | 4 | $RN\underline{H}_2$，$R_2N\underline{H}$ | 0.4～3.5 |
| $RC\underline{H}_2Cl$ | 3～4 | $ArN\underline{H}_2$，$ArN\underline{H}R$ | 2.9～4.8 |
| $RC\underline{H}_2Br$ | 3.5 | $R\overset{O}{\overset{\Vert}{C}}N\underline{H}_2$ | 5～6.5 |
| $RC\underline{H}_2I$ | 3.2 | | |

(2) 影响化学位移的因素

① 诱导效应

具有−I效应的基团，能使核外电子云密度减小，核磁共振发生在低场。

例如，卤代甲烷化学位移$\delta_{CH_3F}$为4.26，$\delta_{CH_3Cl}$为3.05，$\delta_{CH_3Br}$为2.68。这些化学位移值的差异，是由诱导效应引起的。F的电负性最强，同碳上氢原子周围电子云密度最小，所受屏蔽效应最小，吸收峰在低场。而Cl的电负性次之，Br的电负性最小，因此造成化学位移δ值依次减小，吸收峰依次趋向高场。由于诱导效应随碳链的增长而减弱。因此可

解释 $CH_3Br\delta 2.68 > C\underline{H}_3CH_2Br\delta 1.65 > C\underline{H}_3CH_2CH_2Br\delta 1.04$。

如果同碳连有多个吸电子基团，可以预料，其 δ 值必然会增高，例如 $CH_3Cl$ 的 δ 值为 3.05，$CH_2Cl$ 的 δ 值为 5.33，$CHCl_3$ 的 δ 值为 7.27。

② π 电子云屏蔽作用及各向异性效应

对某些化合物，单从诱导效应不能给以圆满解释。例如对于 $CH_3—CH_3$，$CH_2═CH_2$，$CH≡CH$，碳原子的电负性大小顺序为：$C_{sp} > C_{sp^2} > C_{sp^3}$，故应 $\delta_{CH≡CH} > \delta_{CH_2=CH_2} > \delta_{CH_3-CH_3}$。但实际的排列次序为：$\delta_{CH_2=CH_2} > \delta_{CH_2≡CH_2} > \delta_{CH_3—CH_3}$。由此可见，除了诱导效应外，还有其他影响因素。对于含有 π 键的化合物，影响化学位移的因素除了诱导效应外，另一影响因素——各向异性效应也很重要。

化学位移也受化学键产生的磁场的影响，它是通过空间起作用的。化学键产生的小磁场是各向异性的，即在键周围是不对称的。这种磁场各向异性可以引起质子周围的磁场减弱或增大。减弱外场的各向异性效应将引起质子共振向高场位移（屏蔽效应），增大外场的各向异性效应将引起共振向低场位移（去屏蔽效应）。

a. 芳环上氢

苯环上碳原子按 $sp^2$ 杂化成键，苯环上碳原子和氢原子共处于同一平面，在此平面上下方，由六个 p 轨道交盖成大 π 键。在外加磁场作用下，苯的闭合大 π 键产生感应环电流，同时产生对抗外磁场的感应磁场。其磁力线在苯环中间与外磁场相反，而在苯环外围与外磁场相同。这使苯环氢恰好处于顺磁区，氢核实际感受到的磁场强度要大于外加磁场强度，因此，在较低磁场强度下（δ 值在 7.3 左右）发生核磁共振。此各向异性效应相当于氢核外电子云密度减小，故顺磁区也叫去屏区；与此相反，反磁区也叫屏蔽区：

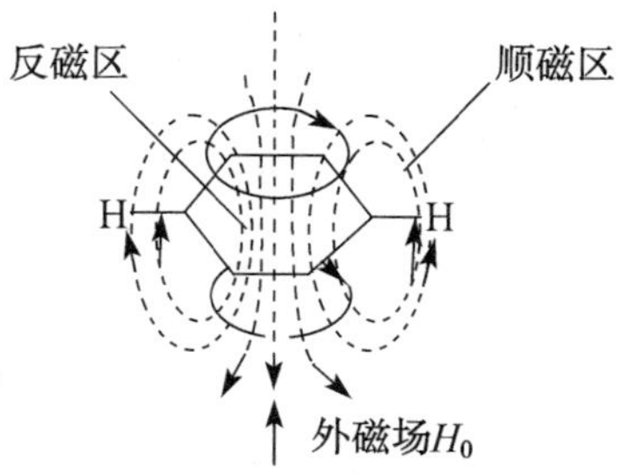


与苯环磁各向异性效应相类似，环状大 π 键共轭体系的环内氢受到强的屏蔽作用，在高场发生共振。

b. 烯烃双键上氢

烯烃的 π 电子云可形成顺磁区和反磁区：

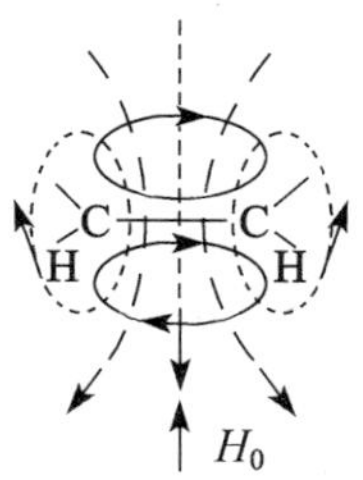

双键上氢处于顺磁区，故氢的 δ 值较大，δ＝4.5～5.9。

c. 醛羰基碳上氢

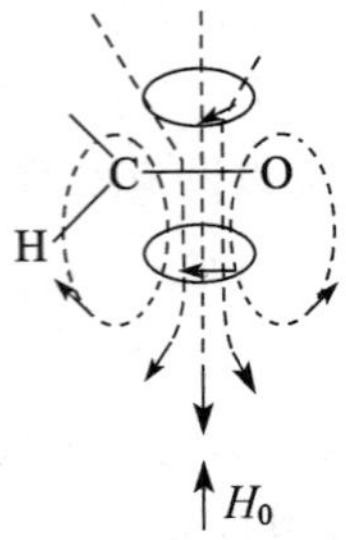


醛羰基上氢 δ 值较大(δ＝9～10)，这是由于电负性较大的氧原子诱导效应和双键磁各向异性效应作用的结果。双键 C═O 磁各向异性效应与碳碳双键相似，氢处于顺磁区。

d. 炔烃叁键上氢

由于碳-碳叁键是直线构型，π 电子云围绕碳-碳 σ 键键轴呈筒形分布，形成筒形环电流，其产生的感应磁场与外加磁场方向相反。叁键碳上的氢正处于轴线上，在反磁区或屏蔽区：

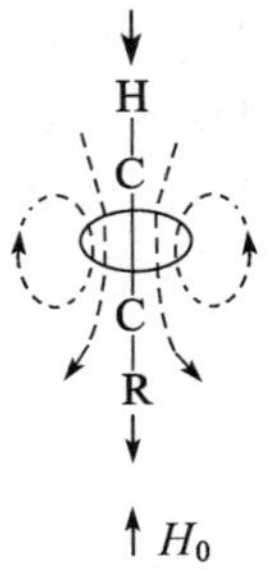


虽然炔氢是与电负性较强的 sp 杂化碳相连，但由于磁各向异性效应的作用，使其 δ 值却比双键碳上的氢的 δ 值小。

③ 氢键

氢键质子屏蔽小，比未成氢键的质子在低场发生共振。氢键质子与无氢键质子间迅速平衡，结果形成一单一峰。由于形成氢键的程度与样品浓度、温度，溶剂种类有很大关系，因此，形成氢键的质子的 δ 值变化范围较宽。但能形成分子内氢键的质子，δ 值较大且恒定。例如：

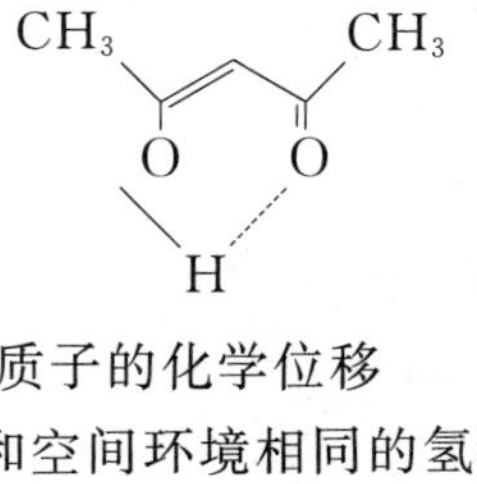


δ＝15.4 ppm

(3) 等性质子和不等性质子的化学位移

同一分子中，化学环境和空间环境相同的氢核的化学位移值相同，这样的氢核称为等性质子。等性质子的判断方法是：设想用一取代基 Z 代替各种氢，如果得到的是相同化合物或者互为对映异构体，这两种氢核就是等性质子，化学位移值相同。因为是核磁共振谱不产生不对称的效应，不能区别对映异构体。

9.3.2.2 自旋—自旋偶合、裂分

在乙醇的核磁共振谱图中（图 9-5）有三组峰。从左而右各组峰中心所对应的 δ 值，分别代表 OH，$CH_2$，$CH_3$ 的化学位移。但各组峰不都是单峰，也不是峰数目相同的三组峰。

实际上 $CH_3$ 是三重峰，峰高度为 1∶2∶1，$CH_2$ 是四重峰，峰高度为 1∶3∶3∶1。这种现象是由于自旋—自旋偶合（Spin-Spin Coupling）引起的。由自旋偶合引起的谱线增多的现象叫自旋—自旋裂分（Spin-Spin Splitting）。

通常，这种偶合作用仅发生在核之间的距离为 3 个键或少于 3 个键的情况。

（1）自旋—自旋裂分的产生

在外加磁场条件下，核的自旋方式有两种，一种与外加磁场 $H_0$ 方向相同，另一种与 $H_0$ 方向相反，它可使邻近的氢核所真正感觉到的磁场强度发生变化——或是加强了，或是减弱了。因而原来的一个峰发生了裂分，其裂分所产生的峰数取决于邻近质子的数目。

对于乙醇 $CH_3CH_2OH$，羟基上氢因分子间交换作用，不与其他氢发生偶合作用，自身也不被其他氢偶合——裂分（超纯乙醇存在相互偶合）；$CH_3$ 被 $CH_2$ 裂分为三重峰，理论上峰高度比为 1∶2∶1；$CH_2$ 被 $CH_3$ 裂分为四重峰，理论上峰高度比为 1∶3∶3∶1。

具体情况可图解如下：

（1）被一个邻近质子裂分 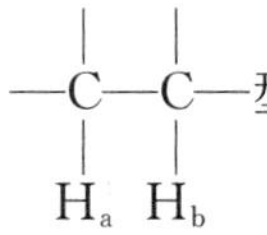 型

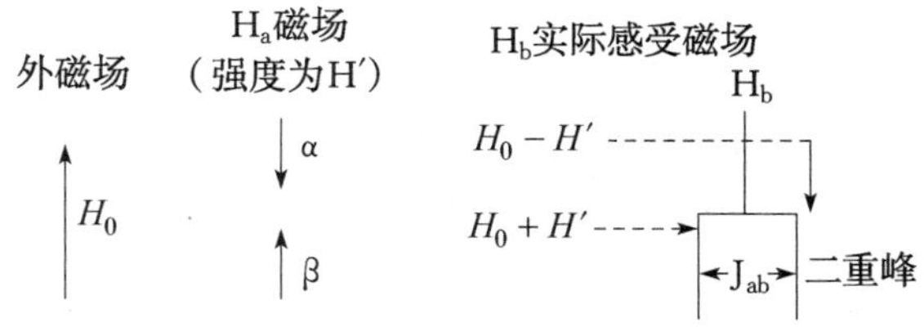


（2）被两个质子裂分 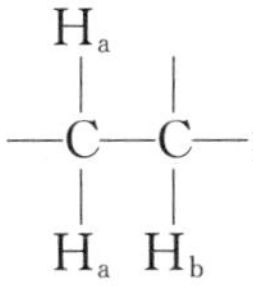 型

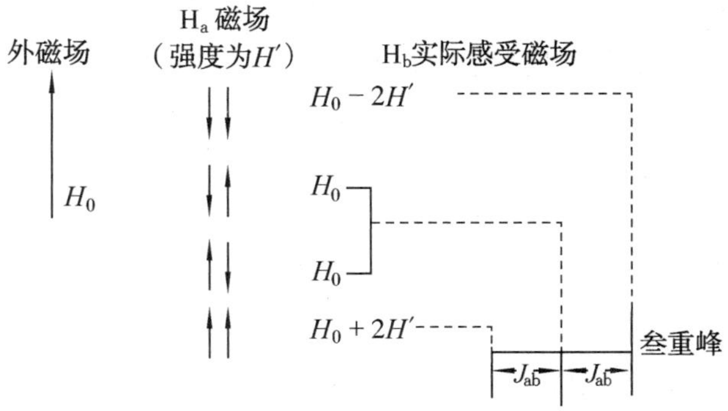

(3) 被邻近三个质子裂分 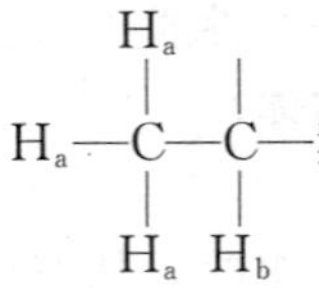 型

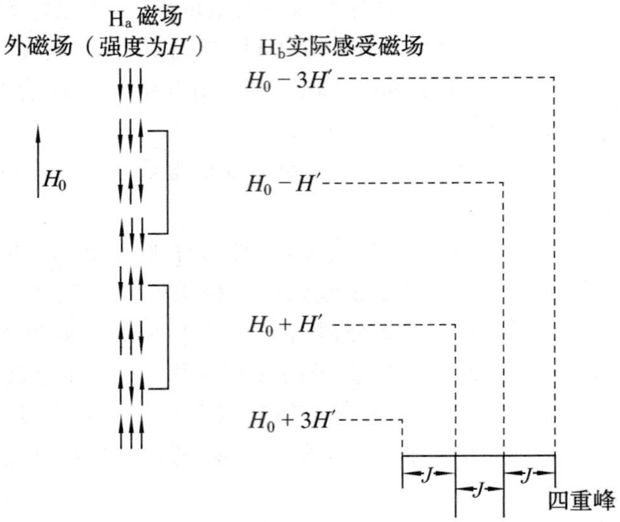


(2) 一级谱图和 $n+1$ 规则

比较简单的谱图称为一级谱图。其特点是各组峰化学位移值相差远远大于峰裂分的偶合常数 $J(\Delta\delta/J\geqslant6)$。

一级谱图有“$n+1$ 规则”：在一组氢的相邻碳原子上有 $n$ 个等性质子与之发生偶合，则该组氢应为 $n+1$ 个峰。其强度比相当于二项式$(a+b)^n$ 展开式的各项系数之比。例如二重峰为 1∶1；三重峰为 1∶2∶1；四重峰为 1∶3∶3∶1；五重峰为 1∶4∶6∶4∶1 等。

9.3.2.3　偶合常数 $J$

当 $H_b$ 受 $H_a$ 影响时，其主峰将裂分，裂分的距离 $J_{ab}$称为偶合常数，单位赫兹(Hz)。

从乙醇的核磁共振谱图中我们可以看出，每一组峰中的峰与峰间距离就是偶合常数。偶合常数 J 与外界磁场强度无关，仅取决于分子的结构。

9.3.2.4　峰面积

在核磁共振谱中，每组峰的面积与产生这组信号的质子数目成正比。如果把各组峰的面积进行比较，就能确定各种类型质子的相对数目。近代核磁共振仪可以将每个吸收峰的面积进行积分，并在图谱上记录下阶梯形积分曲线。每个阶梯的高度与相应质子的数目成正比。

一般情况下，解析核磁共振谱图时可按以下步骤进行：

(1) 分子中存在几种不同的氢，由其化学位移值推断它们的大致归属。化学位移按该组峰的中心位置计算。

(2) 由代表各信号峰面积的积分高度，推测各种氢的数目。

(3) 由 $n+1$ 规则，根据各组峰的裂分情况（峰数，峰高），推断相邻碳原子上等性质子

的数目。需说明的是，峰高度常常呈“外低内高”的“向心”趋势。

## §9.4　核磁共振碳谱$^{13}$CNMR 简介

有机化合物中的碳元素，由相对丰度为 98.89％的$^{12}$C 和相对丰度为 1.11％的$^{13}$C 组成。其中，质量数和原子序数都为偶数的$^{12}$C，自旋量子数为零，没有磁矩，不能发生核磁共振。而质量数为奇数的$^{13}$C，可以得到满意的$^{13}$CNMR 谱图。

$^{13}$CNMR 的特点是：

(1) 它能直接反映有机分子的碳架信息。分子中有几种不同化学环境的碳原子，$^{13}$CNMR就出现几组或几条谱线。

(2) 化学位移值分布范围宽。$^{1}$HNMR 化学位移范围通常在 0～15 ppm，而$^{13}$CNMR 为 0～250 ppm，比氢谱将近宽 20 倍(见表 9-5)，不易发生信号峰的重叠。

通过经验总结，各种分子的不同碳原子的化学位移值大多数可以通过经验公式求算，使得推测分子结构更加有利。

(3) 两个$^{13}$C 原子恰巧结合在一起的机会极少，一般观察不到其偶合，因此，更便于分辨各个碳原子的吸收峰。

**表 9-5　常见$^{13}$C 的化学位移值**

| 碳原子类型 | 化学位移(ppm) |
|---|---|
| 烷烃 $sp^3$ 杂化 | 0～50 |
| 烯烃和苯环 $sp^2$ 杂化 | 100～160 |
| 炔烃 sp 杂化 | 67～92 |
| 羰基(C=O)$sp^2$ 杂化 | 160～220 |
| 碳一氧 (C—O) $sp^3$ 杂化 | 45～75 |
| 碳一氮 (C—N) $sp^3$ 杂化 | 25～50 |

图 9-6　是邻苯二甲酸二乙酯的$^{13}$CNMR 谱图。分子中有六种不同的碳原子，谱图对应六个不同化学位移的峰。

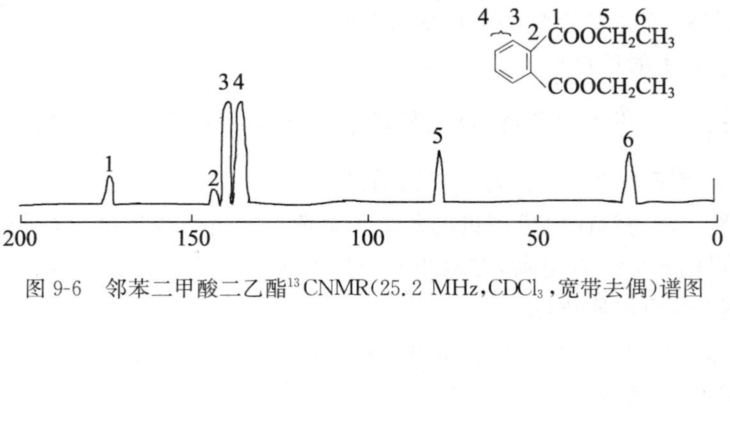


图 9-6　邻苯二甲酸二乙酯$^{13}$CNMR(25.2 MHz，$CDCl_3$，宽带去偶)谱图

# §9.5 质 谱

## 9.5.1 基本原理

图 9-7 是质谱仪示意图。

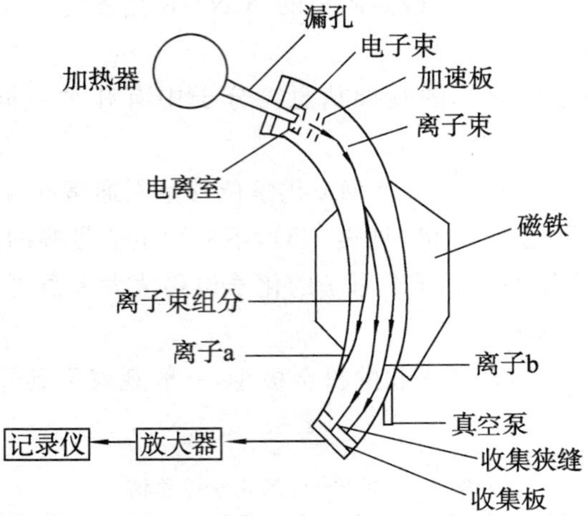


图 9-7 质谱仪结构示意图

质谱的产生可从以下几点描述：

(1) 液体样品于加热容器中在真空条件下蒸发，并进入离子源。

(2) 在离子源中，样品被 70 eV 能量的电子轰击。

此时分子吸收能量，从成键或非键轨道上失去电子而被离子化。

从原始分子除去一个电子所形成的离子称为分子离子或母离子 $A^+$（$M^+$）。分子离子碎裂为更小的离子和中性碎片。

用一小的正电势，将正离子（正负离子都可形成，但一般质谱仪所分析的是正离子）排出电离室，进入加速室。

(3) 使用具有 2000 V 电势的加速板，加速正离子落到分析管中进入磁场。

(4) 倚赖于离子的质核比：

$$\frac{m}{z}=\frac{H^2R^2}{2V} \quad \left(\frac{m}{z}\text{为质荷比},H\text{ 为磁场强度},R\text{ 为曲率半径},V\text{ 为离子速度}\right)$$

磁场使每个离子按照一定的弯曲轨道前进。

(5) 使按照一定的弯曲轨道前进的各离子束依次通过收集狭缝，碰到收集板上，各离子从极板上获得电子以中和电荷，在收集极电路产生一电流，放大并以质荷比的函数记录下来，得到如图 9-8 所示质谱图。

图中最高峰称基峰，定为 100，其他峰的高度为该峰的相对百分比，称为相对强度。横坐标为离子的质荷比 $m/e$ 或 $m/z$。

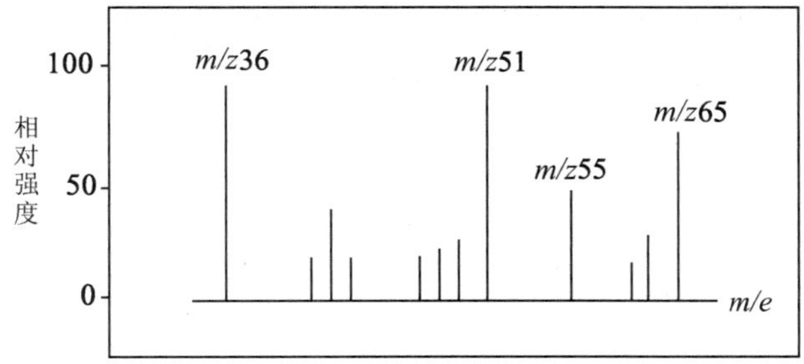


图 9-8　质谱图

### 9.5.2　离子类型及其形成

在质谱中出现的主要离子有分子离子、同位素离子、碎片离子、重排离子、亚稳离子等。

9.5.2.1　分子离子

由分子失去一个电子形成。以 $M^{+\cdot}$ 表示。它代表化合物的分子量。

9.5.2.2　同位素离子

分子离子指由天然丰度最高的同位素组合的离子，而由相同元素的其他同位素组成的离子称为同位素离子，在质谱中称为同位素峰。同样，各碎片都伴随相应的同位素峰。

$M^{+\cdot}$ 的同位素峰对推断分子的元素组成有重要作用。氯的同位素之间比值 $^{35}Cl : ^{37}Cl = 3 : 1$，溴的同位素间比值 $^{79}Br : ^{81}Br = 1 : 1$，它们的存在在质谱图中很容易判别。

9.5.2.3　碎片离子

分子离子可发生不同的键断裂，形成质量更小的离子。键断裂主要有以下几种方式：

(1) 均裂：$[X—Y]^{+\cdot} \longrightarrow X^+ + Y\cdot$

例：$[CH_3—CH_3]^{+\cdot} \longrightarrow \overset{+}{C}H_3 + \cdot CH_3$

(2) 异裂：$[X—Y]^{+\cdot} \longrightarrow X^+ + \dot{Y}:$

例：$[CH_3—CH_2—\overset{+\cdot}{Br}:] \longrightarrow CH_3CH_2^+ + \cdot \ddot{Br}:$

(3) 半异裂 $[X—Y]^{+\cdot} \longrightarrow X^+ + Y\cdot$

例：$[CH_3CH_2—CH_3]^{+\cdot} \longrightarrow CH_3CH_2^+ + \cdot CH_3$

9.5.2.4　重排离子

质谱裂解中，可发生多种类型的重排，其较重要的是 Mclafferty 重排：

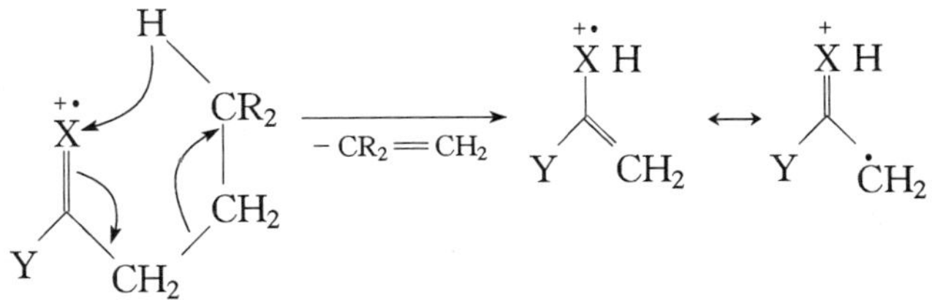

$X = O, NH, CH_2, \cdots; Y = H, R, OR, OH, NR_2, \cdots$

Mclafferty 重排为伴随着 γ—氢的重排，不饱和基团的 β-键发生断裂。这种重排涉及到酮、醛、烯烃、羧酸、酯、酰、腈、肟、腙、亚胺、乙烯醚、炔烃等，例如：

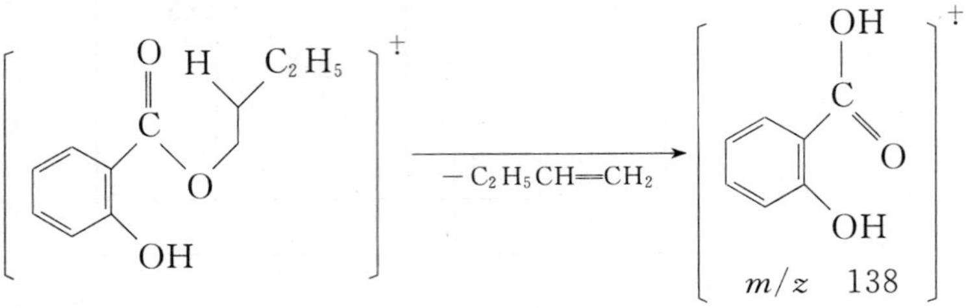

9.5.2.5 亚稳离子

质谱仪中形成的离子在到达收集器前不再发生进一步裂解的是稳定离子。如果在离子源中形成的一种离子被加速后，进入磁场之前在无场区又发生裂解，这样的离子称为亚稳离子。

一个亚稳离子 $m_1$（母离子）在飞行中裂解生成另一种离子 $m_2$（子离子和一个中性碎片），这样，它是以质量 $m_1$ 被加速，分解时动能的一部分被中性碎片夺去，因此 $m_2$ 离子的动能要比在离子源中生成同样 $m_2^+$ 的动能要小，结果在磁场中偏转则比来自离子源的 $m_2^+$ 大，这样生成的离子流以一个低强度的宽峰在表观质量 $m^*$ 处被记录下来。表观质量 $m^*$ 的数值与 $m_1$ 和 $m_2$ 的关系为：

$$m^* = \frac{(m_2)^2}{m_1}$$

相应于 $m^*$ 处的宽峰称为亚稳峰。亚稳峰的 $m/z$ 数值通常不是整数，峰形也不规整。

亚稳峰可以帮助识别分子离子峰，也可帮助了解碎片离子的裂解途径。

### 9.5.3 重要化合物的裂解

化合物的裂解比较复杂，以下是常见化合物的主要裂解方式：

（1）烷烃

a. C—C 键的简单裂解，通常更易发生在支链处：

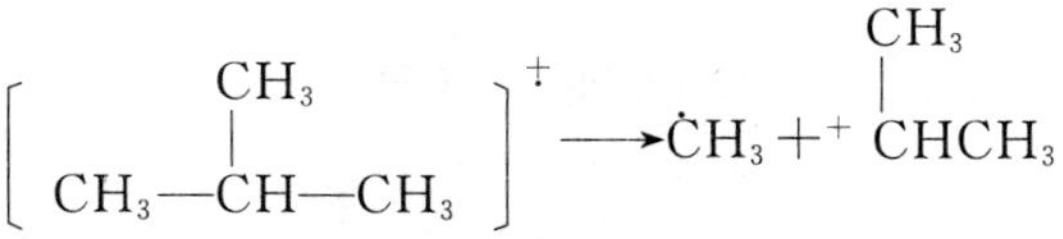

b. 环烷烃倾向失去侧链和/或分裂出部分乙烯烃：

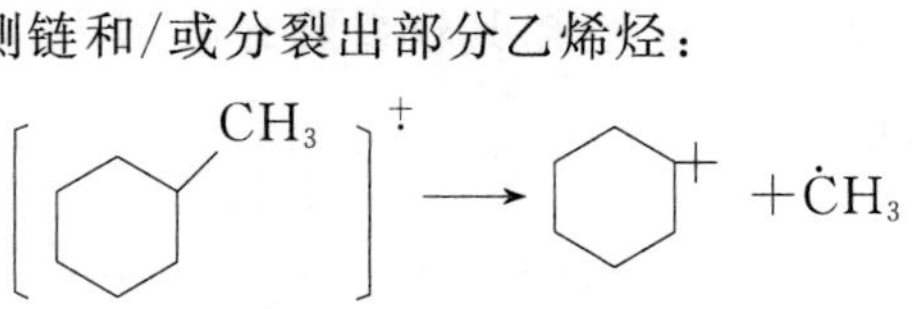

（2）烯烃

a. 简单丙烯型裂解：

$$[CH_2{=}CH{-}CH_2{-}CH_2R]^{+\cdot} \longrightarrow \overset{+}{C}H_2{-}CH{=}CH_2 + \dot{C}H_2R$$

b. Mclafferty 重排(如果存在 γ—H 原子)：

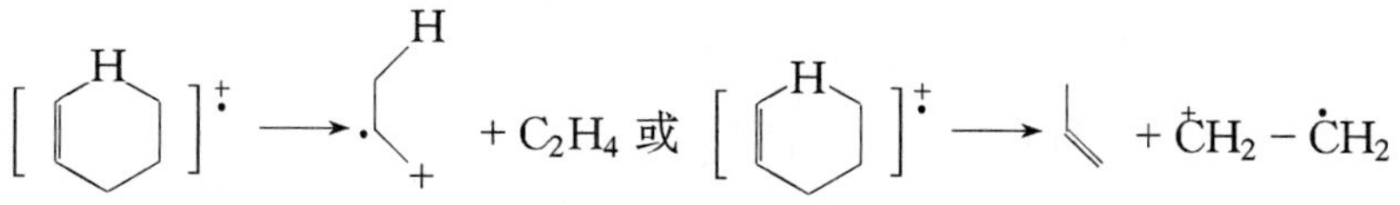

c. 逆 Diels-Alder 反应：

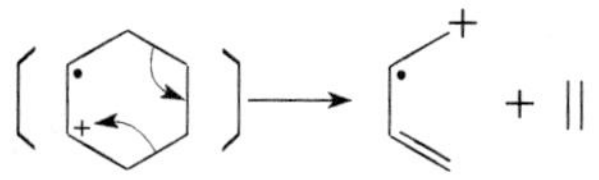

(3) 芳香烃

a. 苯甲基型裂解,生成䓬鎓离子：

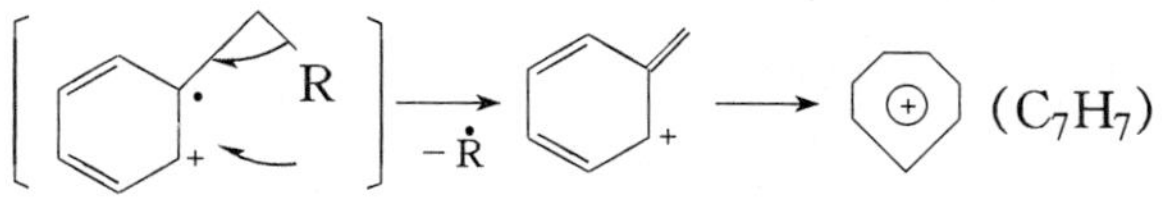

b. 乙烯型裂解：

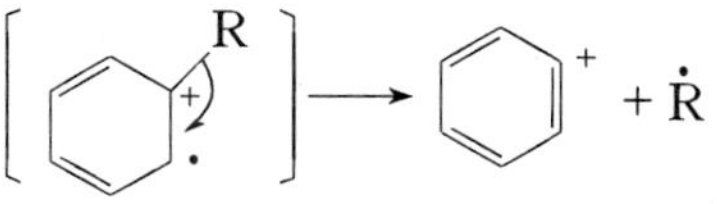

c. Mclafferty 重排：

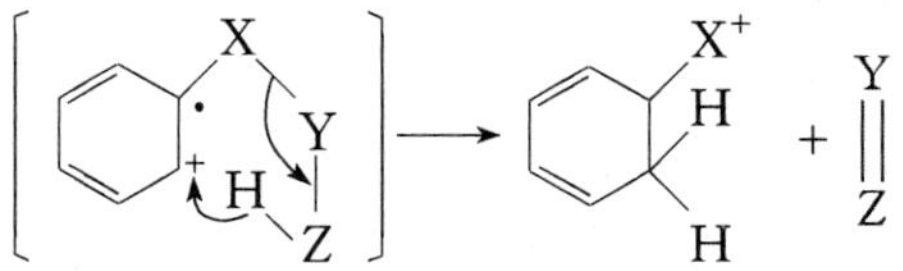

X,Y,Z 为 C,O,N 或 S 的几乎任何组合。

d. 从邻二取代芳香化合物消除一中性碎片：

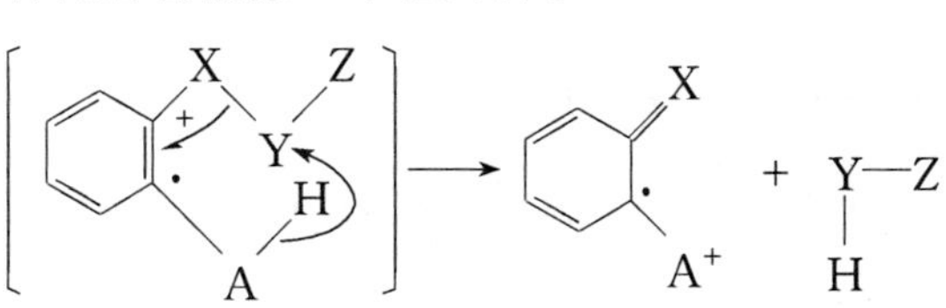

X,Y,Z 为 C,O,N 或 S 的几乎任何组合

e. 逆 Diels-Alder 反应：

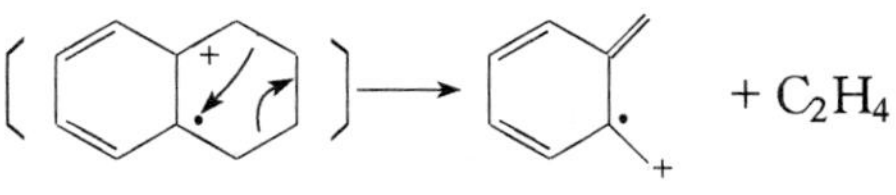

(4) 醇

a. 脱水(在电离之前热致和电子轰击)：

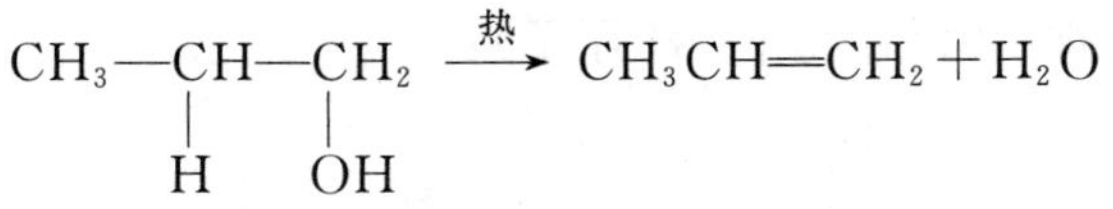

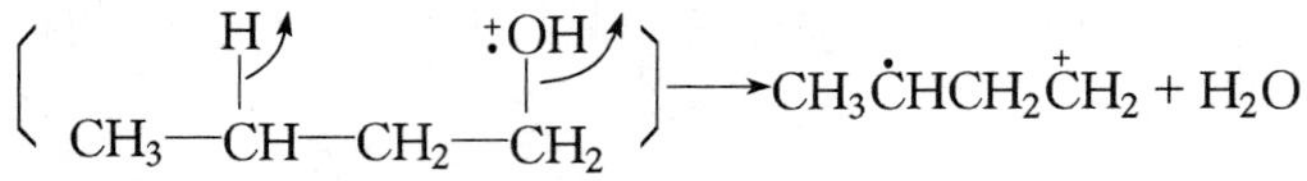

（可以是 1,3 或 1,4 消除）

b. α,β 裂解形成氧𬭩离子：

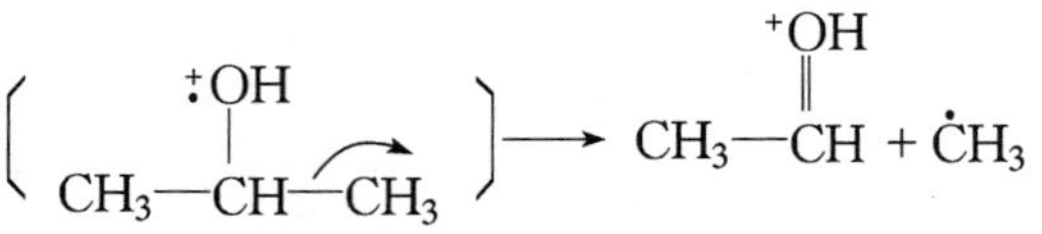

c. 环醇发生 H 转移的复杂裂解：

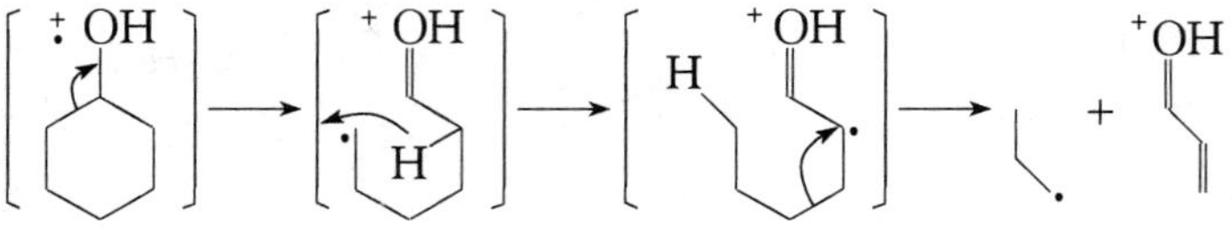

（5）脂肪胺

a. α,β 裂解形成氮𬭩离子：

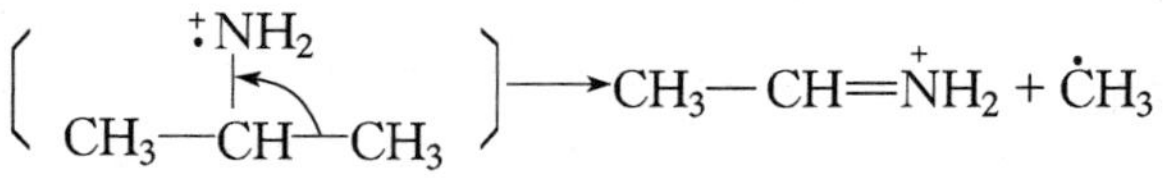

某些氮𬭩离子可进一步裂解：

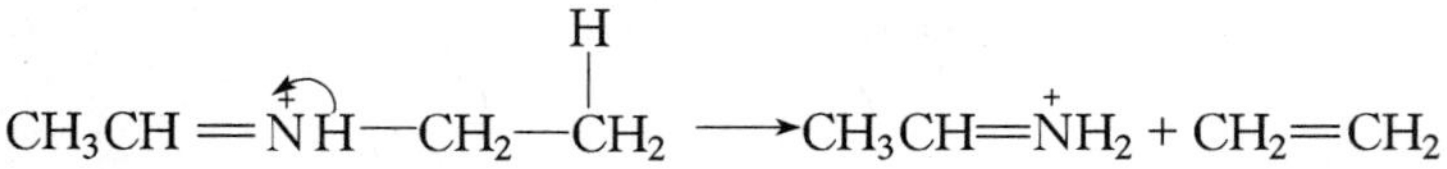

b. 环胺发生类似环醇的复杂裂解。

（6）脂肪醚

a. 烷一氧裂解，电荷一般留在烷基上：

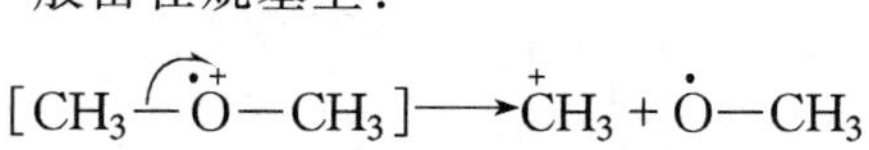

b. α,β 裂解形成氧𬭩离子：

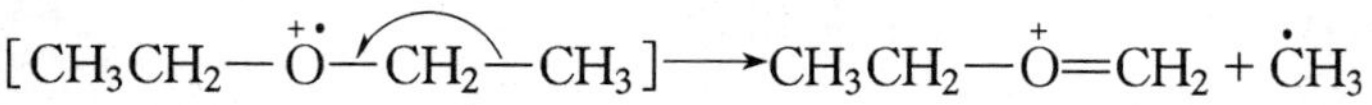

c. 环醚可脱-中性醛：

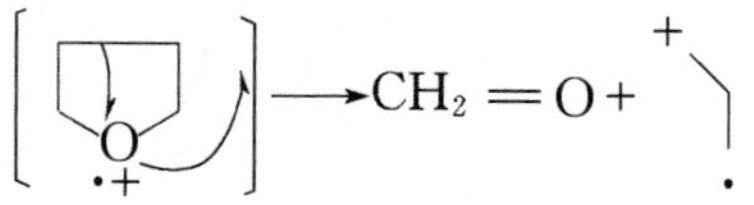

（7）卤代物

a. C—X 的裂解：

$$[CH_3-\overset{\cdot +}{X}]\longrightarrow \dot{C}H_3+X^+;\quad [CH_3-\overset{\cdot +}{X}]\longrightarrow \overset{+}{C}H_3+X\cdot$$

b. HX 的消除，类似于醇脱 $H_2O$：

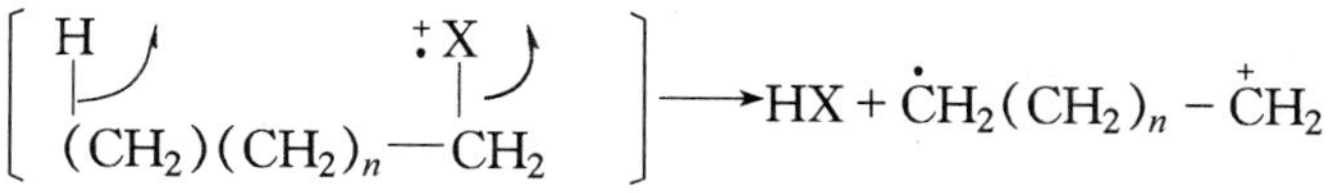

c. 形成卤鎓离子的 α，β 裂解：

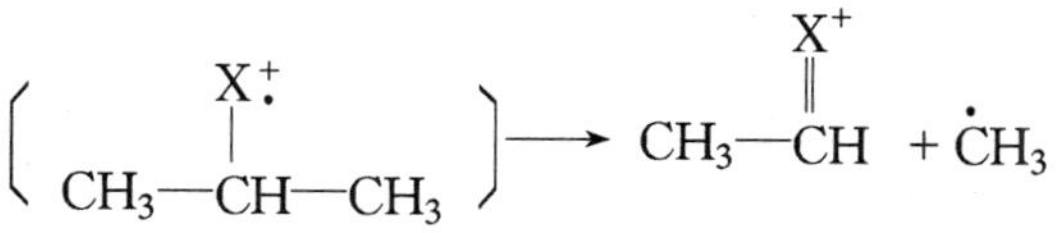

d. 形成环卤鎓离子的远程裂解：

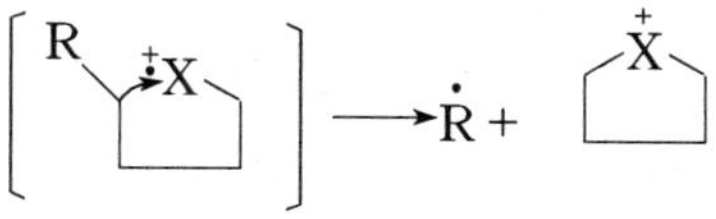

(8) 酯

a. α-裂解形成 $R^+$，$RCO^+$，$^+OR$，$^+OCCR$ 和 $R'^+$ 型离子：

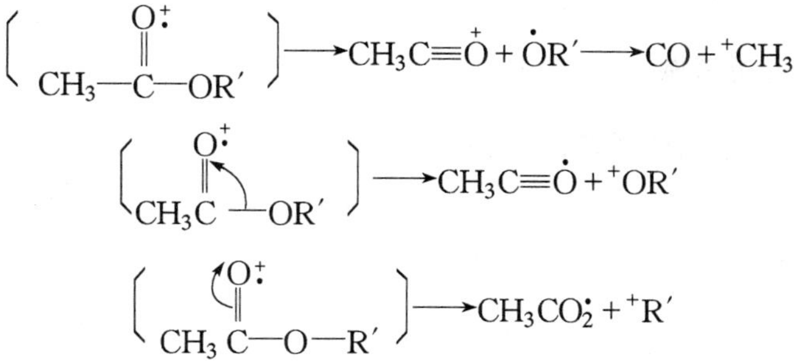

b. Mclafferty 重排：

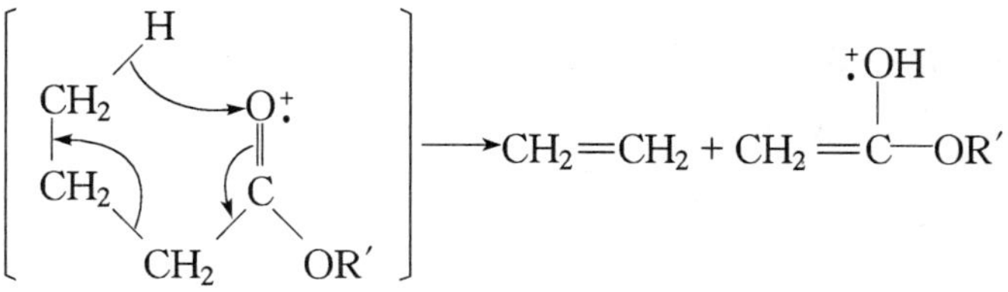

(9) 醛和酮

a. α-裂解形成 $R^+$ 和 $RCO^+$ 型离子：

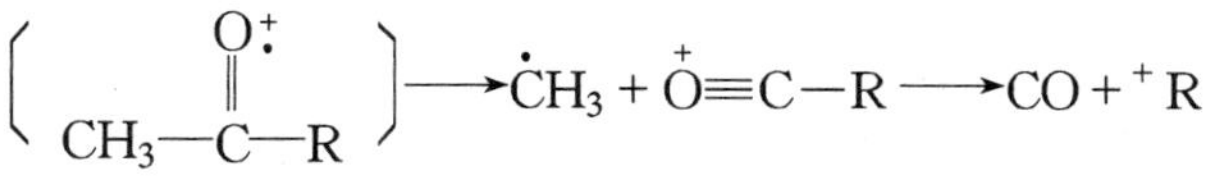

b. Mclafferty 重排：

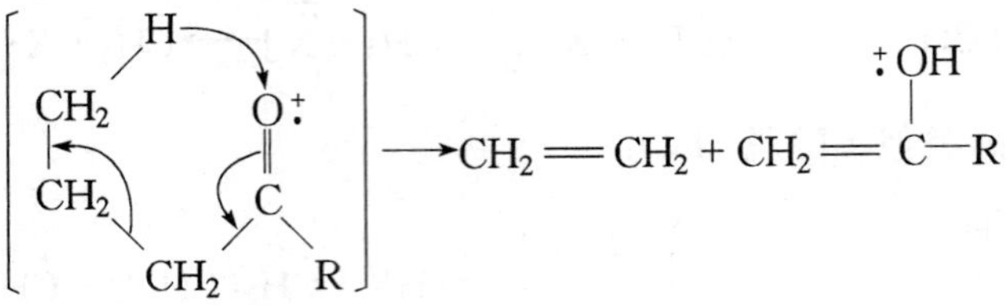

（10）酚

a. 酚裂解脱一氧化碳

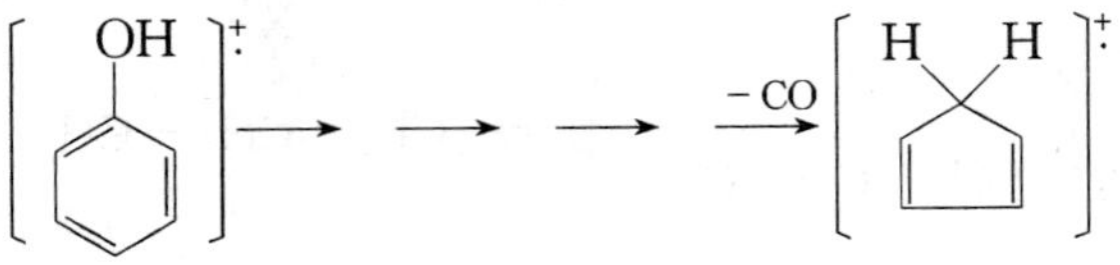

$m/z66$

b. 酚裂解脱 CHO(M-29)，这是由脱一氧化碳产生的碎片离子进一步脱氢产生的：

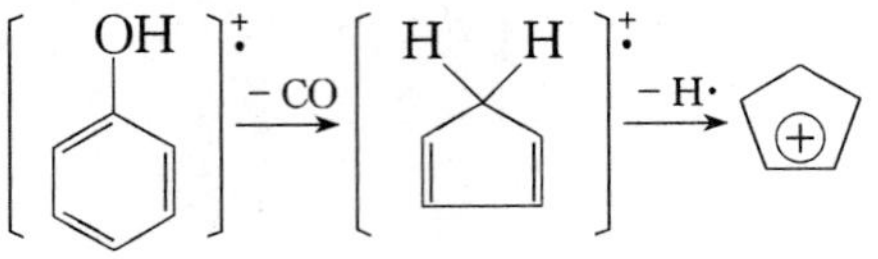

$m/z66$　　$m/z65$

### 9.5.4 谱图解析举例

下图是二异丙基甲胺的质谱图，请解析 $m/z58$，$m/z100$ 和 $m/z115$ 来源。

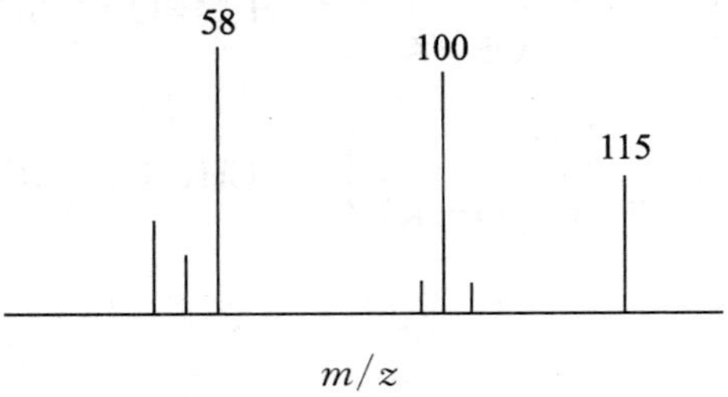


$m/z115$ 是分子离子峰。由分子离子脱甲基生成 $m/z100$ 碎片：

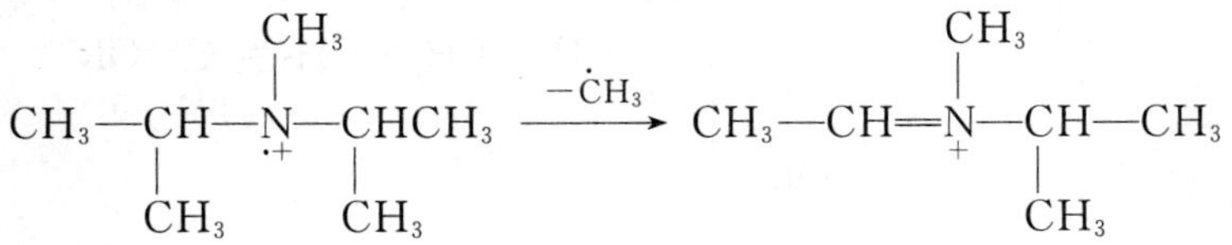

$m/z115(M^{+\cdot})$　　$m/z100$

$m/z100$ 离子可以进一步发生 $H$ 重排，碎裂成 $m/z58$ 离子：

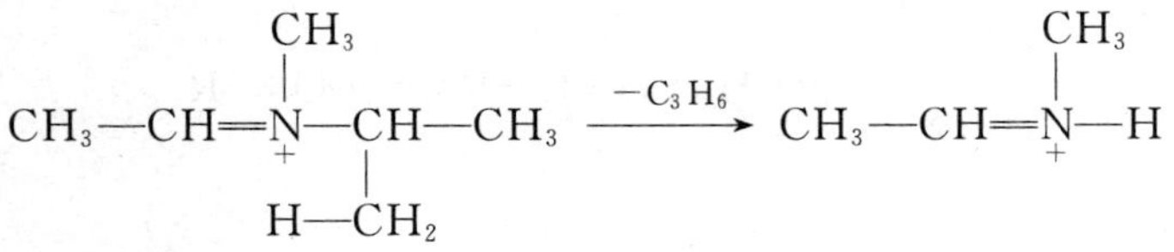

$m/z58$

# 习　题

9-1　一化合物在 235 nm($\lambda_{max}$=235 nm)有最大吸收，在 235 nm 处有 20%的入射光透过 1.0 cm 池中盛有样品浓度为 $2.0\times10^{-4}$ M/L 的溶液。计算在 235 nm 处的摩尔吸光系数 $\varepsilon_{max}$。

9-2　由下列化合物的分子式和 $^1$HNMR 数据，推测它们的结构。

1. $C_4H_8O$，δ1.05(t,3H)；δ2.13(s,3H)；δ2.47(q,2H)。
2. $C_2H_4O$，δ2.2(d,3H)；δ9.7(q,1H)。
3. $C_4H_7Cl_3$，δ1.4(s,3H)；δ4.0(s,4H)。
4. $C_4H_7Br_3$，δ1.4(d,3H)；δ2.6(m,2H)；δ3.6(m,1H)；δ5.4(t,1H)。
5. $C_3H_6Cl_2$，δ2.4(s,6H)。
6. $C_3H_6Cl_2$，δ2.2(五重峰,2H)；δ3.7(t,4H)。

(注：s-单峰，d-二峰，t-三峰，q-四峰，m-多峰，br-宽峰)

9-3　正丙醚 $CH_3CH_2CH_2OCH_2CH_2CH_3$ 的质谱有峰 $m/z$31，和峰 $m/z$73。请解释这两个峰的来源。

9-4　某酯的分子离子峰为 116。其质谱在 $m/z$57(100%)，$m/z$29(57%)和 $m/z$43(27%)有重要离子，请推测下面酯中哪一个与这些数据一致。

A. $(CH_3)_2CHCOOC_2H_5$　B. $CH_3CH_2COOCH_2CH_2CH_3$　C. $CH_3CH_2CH_2COOCH_3$

9-5　由以下四谱(IR，UV，$^1$HNMR，MS)推测化合物 A 的结构。化合物元素分析结果是：C 68.6%，H 8.60%。

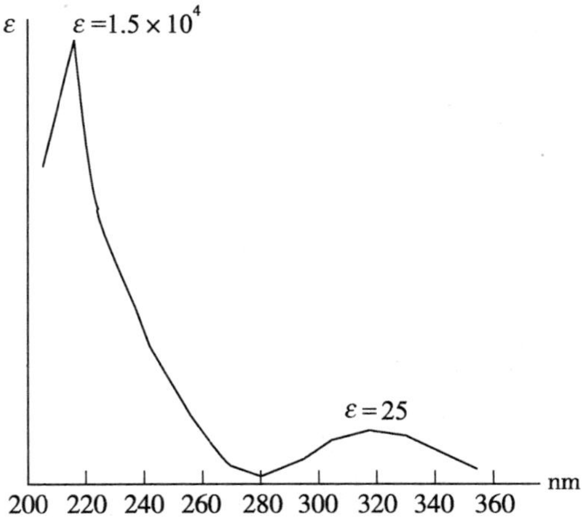


化合物 A 的紫外光谱(溶剂乙醇)

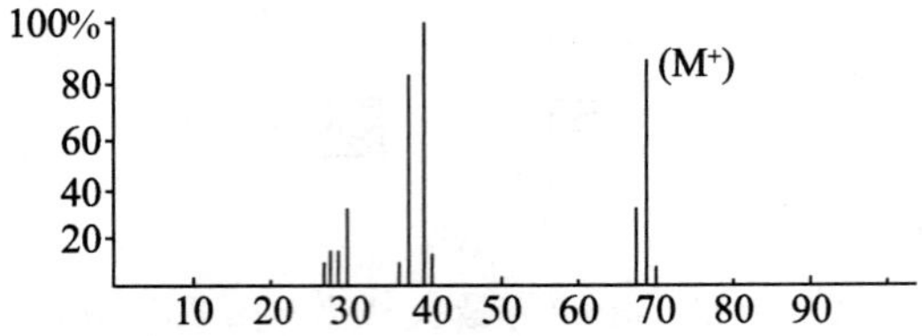


化合物 A 的质谱

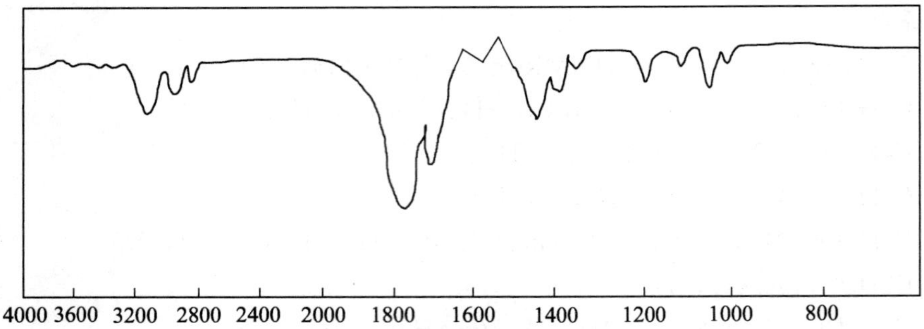


化合物 A 的红外光谱(液膜)

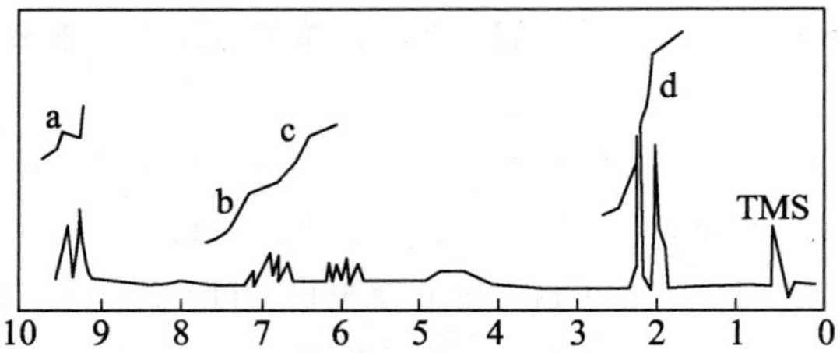


化合物 A 的核磁共振谱

# 第十章　醇、酚、醚

## §10.1　醇、酚、醚的结构、分类和命名

醇(Alcohols)可以看作是烃分子中饱和碳上氢原子被羟基( —OH )取代的化合物，若羟基直接连在芳环上，则称为酚(Phenols)。—OH 是醇和酚的官能团，分别称为醇羟基和酚羟基。醇与酚性质差别较大。醚(Ethers)是两个烃基通过氧原子连接起来的化合物，可以看成是水分子中的两个氢都被烃基取代的衍生物。

醇、酚、醚这三类化合物的官能团均以 C—O 单键为主，此处结合在一起对比讨论。

### 10.1.1　醇、酚、醚的结构、分类

10.1.1.1　醇的结构和分类

(1) 醇的结构

一元醇的通式为 ROH。其中，最简单的醇为甲醇，甲醇的结构如下：

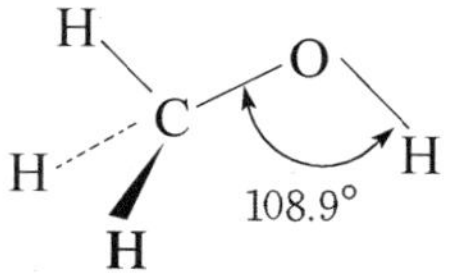


因此，可以认为氧原子按 $sp^3$ 杂化成键，有两对孤对电子占据两个 $sp^3$ 杂化轨道。

由于醇分子中氧的电负性比碳大，所以氧原子上的电子云密度较高，碳原子上电子云密度较低。醇分子具有较强的极性。

(2) 醇的分类

根据分子中所含羟基的数目，醇类可分为一元醇、二元醇、三元醇等，二元或二元以上的醇统称为多元醇。例如：

$CH_3CH_2OH$　乙醇(一元醇)

$$\begin{array}{l} CH_2-OH \\ | \\ CH_2-OH \end{array}$$

乙二醇(二元醇)

$$\begin{array}{l} CH_2-OH \\ | \\ CH-OH \\ | \\ CH_2-OH \end{array}$$

丙三醇(三元醇)

还可以根据与羟基相连的碳原子的不同分为伯醇、仲醇和叔醇。例如：

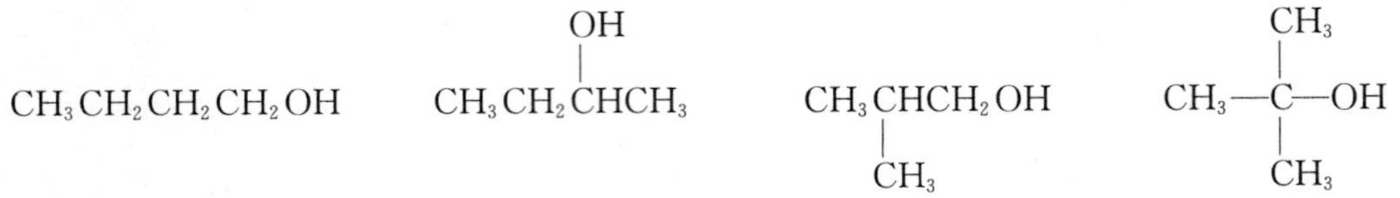

正丁醇(伯醇)　　仲丁醇(仲醇)　　异丁醇(伯醇)　　叔丁醇(叔醇)

也可以根据醇分子中烃基的类型分为饱和醇、不饱和醇、环醇和芳香醇。例如：丙醇(饱和醇)：$CH_3CH_2CH_2OH$；烯丙醇(不饱和醇)：$CH_2=CHCH_2OH$ 等。

羟基连在伯碳原子上的叫伯醇，连在仲碳原子上的叫仲醇，连在叔碳原子上的叫叔醇。也可分别叫做 1°醇、2°醇和 3°醇。

10.1.1.2　酚的结构和分类

(1) 酚的结构

酚的羟基直接与芳环的 $sp^2$ 杂化碳原子相连，具有烯醇式结构。由于酚羟基氧上的孤电子对所在的 $sp^3$ 杂化轨道可与芳环的大 $\pi$ 轨道形成共轭体系，故稳定。

根据共振论的观点，苯酚可用下列几个共振式表示：

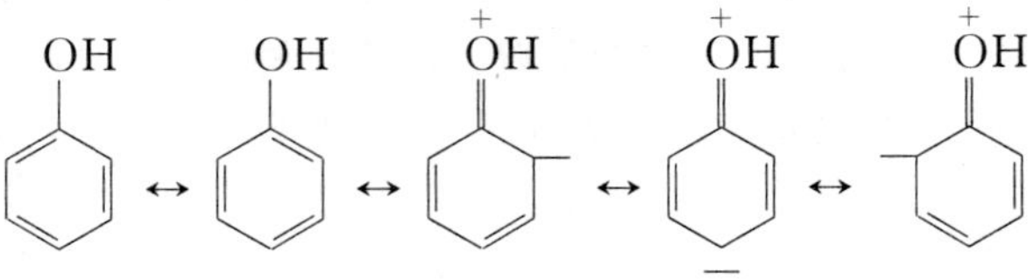

(1)　(2)　(3)　(4)　(5)

上式 (1)(2) 为烯醇式；式(3)(4)(5)为酮式。酮式中没有环状大 $\pi$ 键(轨道)，不稳定。

(2) 酚的分类

按照芳环上所含羟基的数目，酚类化合物可分为一元酚和多元酚。

10.1.1.3　醚的结构和分类

(1) 醚的结构

醚是两个烃基通过氧原子连接起来的化合物，可以看成是水分子中的两个氢都被烃基取代的衍生物。以二甲醚为例，其键角∠COC 是 111.7°，和水分子相近，可以认为氧原子是以 $sp^3$ 杂化成键的：

分子中的 C—O—C 键称为醚键，是醚的官能团。

醚与含相同碳原子数的醇，例如 $CH_3OCH_3$ 与 $CH_3CH_2OH$，$C_2H_5OC_2H_5$ 与 $C_4H_9OH$ 等互为构造异构体，它们是由于分子式相同而官能团不同(一个有醚键，一个有羟基)所产生的异构体，是官能团异构体。

(2) 醚的分类

醚分子中的烃基可以是烷基、烯基、芳基等。结合醚的结构，可分类如下：

单醚——两个烃基相同的醚，如 $C_2H_5OC_2H_5$；

混合醚——两个烃基不相同的醚，如 $C_2H_5OCH_3$；

环醚——氧和碳也可以共同形成环状结构，如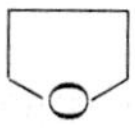等；

冠醚——含多个氧的大环醚，如：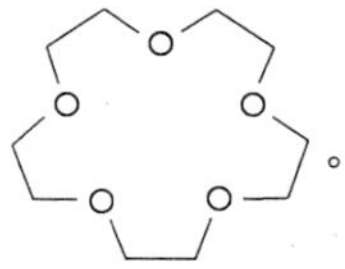。

## 10.1.2　命名

### 10.1.2.1　醇的命名

(1) 醇的系统命名法

其命名原则是：

① 选择连有羟基的碳原子在内的最长碳链为主链，根据主链碳原子数目称为某醇。

② 从靠近羟基的一端开始，依次用阿拉伯数字将主链编号，并将羟基所在碳的编号放在“某醇”前面（羟基位次是“1”时，“1”有时可省去）构成母体名。

③ 将取代基的位置号、数目和名称写在母体名称之前。例如：

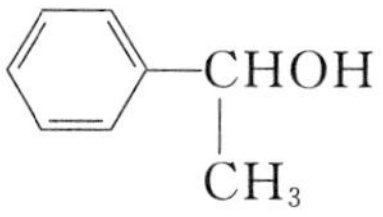

1-苯基乙醇

5-甲基-4-己烯-2-醇

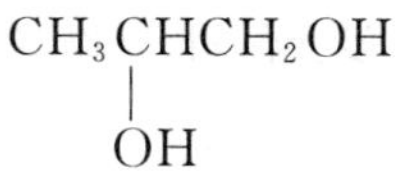

1,2-丙二醇

对构型明确的化合物，应标明它们的构型。例如：

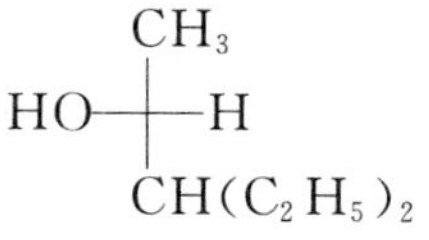

(R)-3-乙基-2-戊醇

(2) 醇的普通命名法

较简单的醇，常用与羟基相连的烃基的名称加上“醇”字来命名，“基”字可省去。例如：

$(CH_3)_2CHOH$　异丙醇

$CH_2{=}CHCH_2OH$　烯丙醇

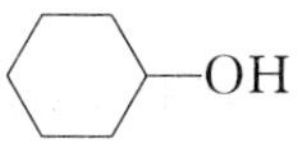

环己醇

普通命名法中碳链的编号用希腊字母 α，β，γ，δ，…，ω 表示，与官能团直接相连的碳为 α 碳，依次类推。下列化合物可分别命名为：

$\overset{\beta}{Cl-CH_2}-\overset{\alpha}{CH_2}-OH$　β-氯乙醇

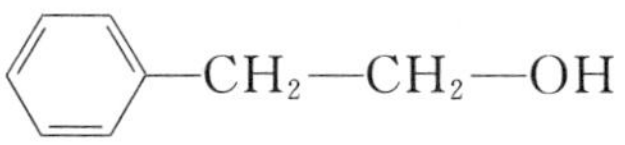

β-苯乙醇

(3) 甲醇衍生物命名法

分子较对称的醇可以作为甲醇的衍生物来命名，如三苯甲醇等。

除了上述三种基本命名方法之外，有些醇还有俗名或商品名。例如，乙醇称为酒精，丙三醇称为甘油，环己六醇称为肌醇等。

10.1.2.2 酚的命名

一元酚的系统命名原则是，芳环的名称加上“酚”字，如有取代基，再冠以取代基的位次、数目和名称。例如：

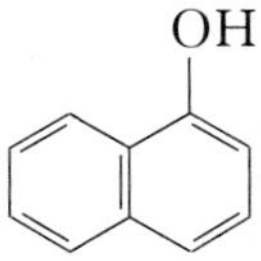


α-萘酚

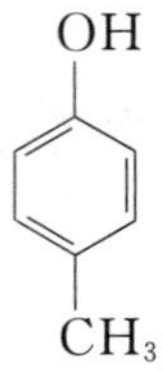


对甲苯酚

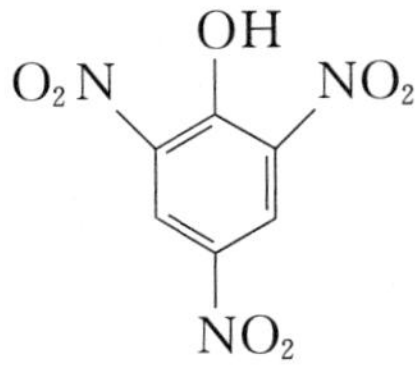


2,4,6-三硝基苯酚

当芳环上有其他优先命名的基团时，酚羟基可作为取代基来命名。例如：

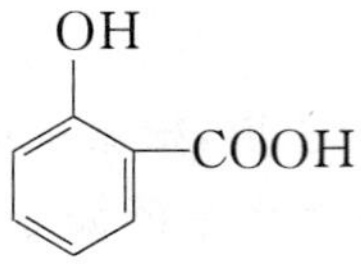


邻羟基苯甲酸

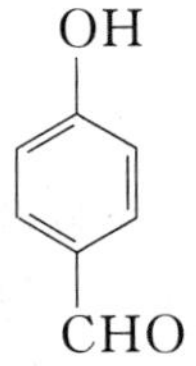


对羟基苯甲醛

多元酚化合物，按羟基的数目命名为二酚、三酚等，例如：

对苯二酚

10.1.2.3 醚的命名

(1) 醚的系统命名法

此命名法中，可把复杂的烃基作母体，把简单的基团当做含氧取代基。例如：

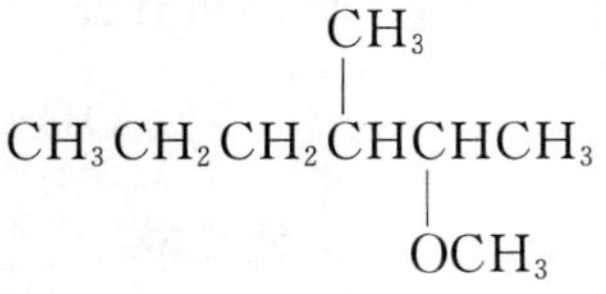


3-甲基-2-甲氧基己烷

$HOCH_2CH_2OC_2H_5$

2-乙氧基乙醇

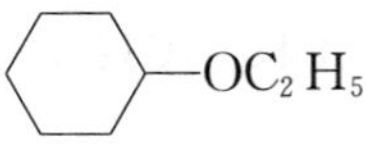


乙氧基环己烷

(2) 普通命名法

结构简单的醚，常用普通命名法来命名。命名的基本原则是：先给出与氧原子相连的烃基的名称，再加上醚字。对于脂肪族单醚，常将“二”字省去。例如：

$CH_3OCH_3$　　$CH_3CH_2OCH_2CH_3$

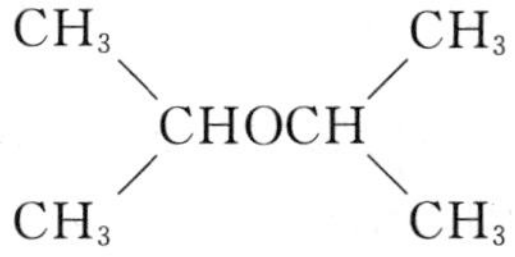

（二）甲醚　（二）乙醚　（二）异丙醚

$CH_3OC(CH_3)_3$

甲基叔丁基醚

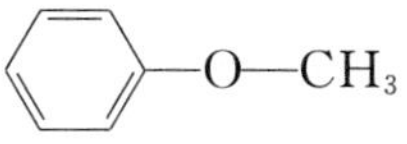

苯甲醚（俗名茴香醚）

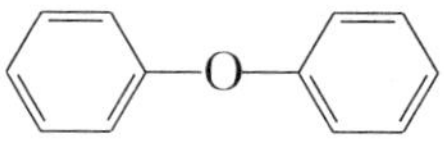

二苯醚

环状的醚命名方法较多，有时叫环氧某烷，有时称氧杂某环等。例如：

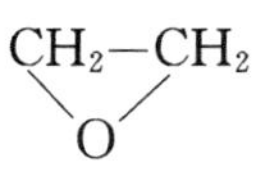

环氧乙烷（氧化乙烯）

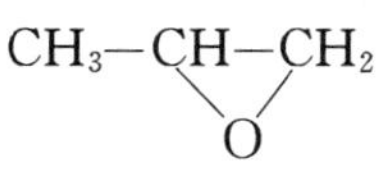

1,2-环氧丙烷

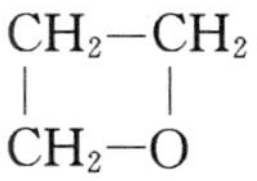

氧杂丁环（1,3-环氧丙烷）

1,4-环氧丁烷（四氢呋喃）

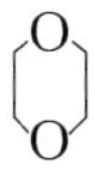

1,4-二氧六环（二噁烷）

四氢呋喃常用 THF 表示，是英文名称的缩写（tetrahydrofuran）。

冠醚一般命名为 X—冠—Y。X 代表环上的碳氧原子总数，Y 代表氧原子数。例如：

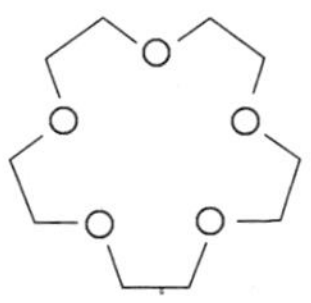

15-冠-5

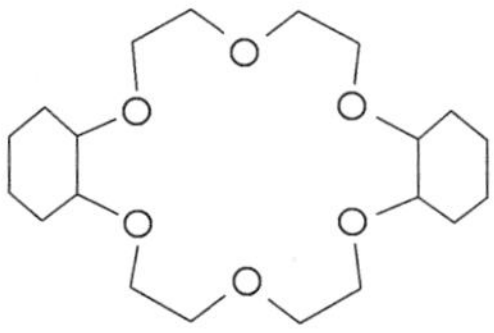

二环己烷并-18-冠-6

# §10.2　醇、酚、醚的性质

## 10.2.1　醇、酚、醚的物理性质

### 10.2.1.1　醇的物理性质

低级一元饱和醇为无色中性流动液体，具有特殊的气味和辛辣味道。含 12 个以上碳原子的醇为无嗅无味的蜡状固体，简单多元醇为具有甜味的粘稠液体（表 10-1）。

表 10-1　某些醇的物理常数

| 名称 | 构造式 | 熔点（℃） | 沸点（℃） | 密度（$kg \cdot m^{-3}$，20℃） | 溶解度（g/100 mL $H_2O$） |
|---|---|---|---|---|---|
| 甲醇 | $CH_3OH$ | −79 | 64.5 | 793 | ∞ |
| 乙醇 | $CH_3CH_2OH$ | −115 | 78.3 | 789 | ∞ |
| 正丙醇 | $CH_3CH_2CH_2OH$ | −126 | 97 | 804 | ∞ |
| 异丙醇 | $(CH_3)_2CHOH$ | −89.5 | 82.4 | 785 | ∞ |
| 正丁醇 | $CH_3(CH_2)_3OH$ | −89.5 | 117.7 | 810 | 7.9 |
| 异丁醇 | $(CH_3)_2CHCH_2OH$ | −108 | 108 | 802 | 11.1 |
| 仲丁醇 | $CH_3CH_2CH(OH)CH_3$ | −115 | 99.5 | 806 | 12.5 |

续表

| 名称 | 构造式 | 熔点(℃) | 沸点(℃) | 密度 (kg·$m^{-3}$,20℃) | 溶解度 (g/100 mL $H_2O$) |
|---|---|---|---|---|---|
| 叔丁醇 | $(CH_3)_3COH$ | 25.5 | 82 | 788 | ∞ |
| 正戊醇 | $CH_3(CH_2)_4OH$ | −79 | 138 | 814 | 2.3 |
| 正己醇 | $CH_3(CH_2)_5OH$ | −52 | 158 | 819 | 0.6 |
| 环己醇 | —OH | 24 | 161.5 | 962 | 3.8 |
| 烯丙醇 | $CH_2$ ═CH$CH_2$OH | −129 | 97 | 855 | ∞ |
| 苯甲醇 | 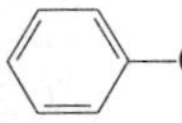—$CH_2OH$ | −15 | 205 | 1042 | 4 |
| 乙二醇 | $HOCH_2CH_2OH$ | −11.5 | 198 | 1108 | ∞ |
| 丙三醇 | $HOCH_2CH(OH)CH_2OH$ | 20 | 290 分解 | 1261 | ∞ |

(1) 醇的沸点、密度、溶解度

① 沸点

醇(尤其是低级醇)的沸点比与其分子量相近的烃、卤代烃、醚、醛和酮都高。这是因为醇在液体状态下和水一样,分子间通过氢键而缔合,醇分子都不是一个个单分子,而是由许多分子通过氢键缔合在一起的复分子:

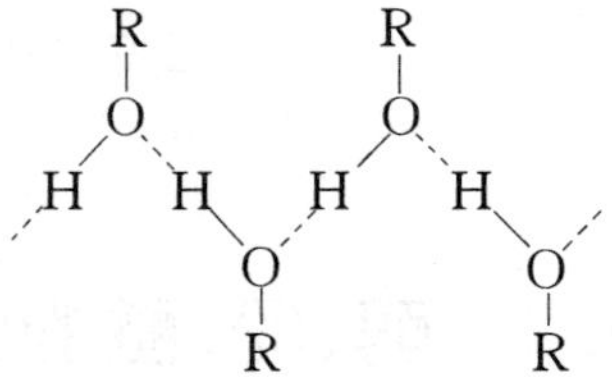

由于醇分子间相互缔合,液态醇气化时不仅要克服分子间的 Van der waals 力,还必须克服氢键作用。氢键的键能约为 20.9 kJ·$mol^{-1}$,这就是醇沸点较高的原因。醇的沸点随分子量的增大而升高,少于 10 个碳原子的直链饱和一元醇,每增加一个碳原子,沸点大约升高 15℃~20℃。此外,在相同碳原子数的饱和一元醇中,沸点随支链的增多而降低,相同碳架的醇中,伯醇沸点最高,仲醇次之,叔醇最低。

多元醇由于分子中羟基比例增加,沸点更高,如乙二醇沸点 198℃。

② 密度

脂肪族一元醇的密度小于水,而大于相应的烷烃。芳香醇以及多元醇,密度大于水。

③ 溶解度

低级的醇能溶于水,随着分子量的增大溶解度逐渐降低。高级的醇几乎不溶于水。低级醇能溶于水的主要原因是醇羟基可与水分子形成氢键。当醇的碳链增长时,羟基在整个分子中的影响减弱,而难溶于水。

醇类也能溶于冷的浓硫酸、浓盐酸,这是由于醇羟基上的氧原子能和酸中的质子结合生成锌(音 yang)盐的缘故:

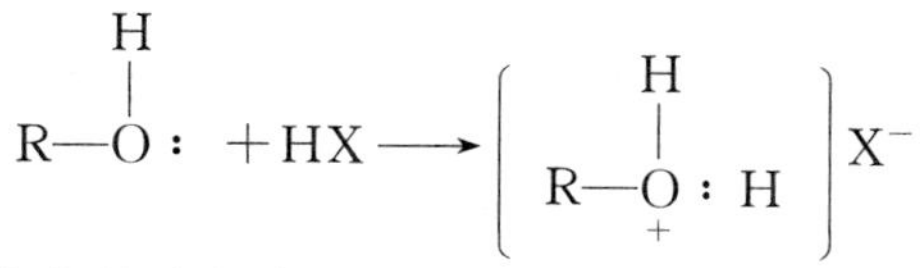


所以，醇在强酸水溶液中的溶解度比在纯水中大。含氧有机化合物(醇、醚、醛、酮、酸等)一般都能生成锌盐而溶于浓硫酸。

(2) 醇的光谱性质

在醇的 IR 谱中，游离羟基的 O—H 伸缩振动吸收峰大约出现在 3500～3650 $cm^{-1}$，分子间缔合羟基的吸收峰约位于 3200～3400 $cm^{-1}$，而分子内缔合羟基约位于 3000～3500 $cm^{-1}$之间。由于形成氢键，分子的 O—H 键减弱，使红外吸收向低波数方向位移；同时由于缔合体并不是单一的，有不同的形状和大小，所以形成一个较宽的吸收带。除了羟基的 O—H 伸缩振动吸收峰外，在 1000～1200 $cm^{-1}$处还有一个醇的 C—O 伸缩振动吸收峰，这也是分子中含有羟基的特征吸收峰，有时可根据该吸收峰来确定醇的类型：

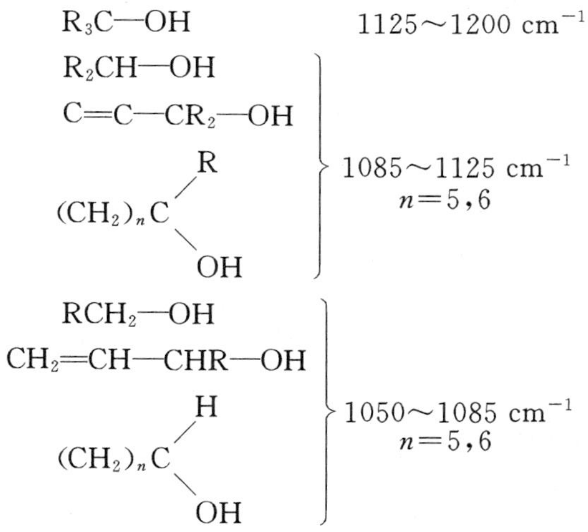


醇羟基质子( O—H )的核磁共振吸收由于氢键的形成而移向低场。化学位移与氢键的数量有关，后者又取决于温度、浓度和溶剂的性质。因此，信号可出现在$\delta=1\sim5$ ppm较宽的范围内，有时也可出现在烷基质子峰中，一般可以通过计算质子数把它找出来。羟基质子在核磁共振谱中通常只有一个单峰，观察不到羟基质子与附近质子的偶合作用。

10.2.1.2 酚的物理性质

(1) 酚的沸点、密度、溶解度

酚类化合物多数为结晶形固体，具有刺激性气味。酚虽含有羟基，但芳基在分子中所占比例较大，故仅微溶或不溶于水，而能溶于酒精、乙醚、苯等有机溶剂。多元酚在水中溶解度增大。由于分子间能形成氢键，酚的沸点较高。酚类化合物一般没有颜色，在空气中放置，因被氧化而带颜色。某些酚的物理常数如表 10-2 所示。

表 10-2 某些酚的物理常数

| 名 称 | 熔点(℃) | 沸点(℃) | 溶解度(g/100 g $H_2O$,25℃) |
|---|---|---|---|
| 苯酚 | 43 | 182 | 9.3 |
| 邻甲苯酚 | 30.5 | 191 | 2.5 |
| 间甲苯酚 | 12 | 202 | 2.6 |
| 对甲苯酚 | 35 | 202 | 2.3 |
| 邻氯苯酚 | 9 | 173 | 2.8 |
| 间氯苯酚 | 33 | 214 | 2.6 |
| 对氯苯酚 | 43 | 217 | 2.6 |
| 邻硝基苯酚 | 44.5 | 214.5 | 0.2 |
| 间硝基苯酚 | 96 | 194/9333 Pa | 1.4 |
| 对硝基苯酚 | 114 | 295 | 1.7 |
| 邻苯二酚 | 105 | 245 | 45 |
| 间苯二酚 | 110 | 281 | 123 |
| 对苯二酚 | 170 | 285 | 8 |
| α-萘酚 | 94 | 279 | 难 |
| β-萘酚 | 123 | 286 | 0.1 |

(2) 酚的光谱性质

酚的红外光谱具有芳环和羟基的特征：

O —H 的伸缩振动在 3600 $cm^{-1}$,C—O 在 1200～1250 $cm^{-1}$；

酚羟基质子的化学位移为 $\delta$=4～12 ppm；

酚的质谱图中有强的 M 峰,有时 M-1 峰的丰度比 M 的大。

#### 10.2.1.3 醚的物理性质

(1) 醚的沸点、密度、溶解度

大多数的醚为无色液体。由于醚与醚分子间不能形成氢键,所以沸点远低于同分异构体醇。例如甲醚的沸点为−24.5℃,而乙醇的沸点为 78.3℃。乙醚的沸点 34.5℃,而正丁醇的沸点为 117.7℃(表 10-3)。

表 10-3 某些醚的物理常数

| 名 称 | 熔点(℃) | 沸点(℃) |
|---|---|---|
| 甲醚 | −140 | −24.5 |
| 乙醚 | −116 | 34.5 |
| 正丙醚 | −122 | 91 |
| 异丙醚 | −60 | 69 |
| 正丁醚 | −95 | 142 |
| 苯甲醚 | −37 | 154 |
| 苯乙醚 | −33 | 172 |
| 二苯醚 | 27 | 259 |
| 环氧乙烷 | −111 | 13.5 |
| 四氢呋喃 | −65 | 67 |
| 1,4-二氧六环 | 12 | 101 |

除了几个简单的环醚如 THF、1,4-二氧六环等之外,醚类化合物都难溶于水或微溶

于水。醚能溶于有机溶剂，也能溶解很多有机物，常用作溶剂、萃取剂等。

(2) 醚的光谱性质

醚的红外光谱主要具有 C—O 键的特征，C—O 伸缩振动一般在 1110～1140 $cm^{-1}$。

### 10.2.2 化学性质

10.2.2.1 醇的化学性质

醇的化学性质主要由羟基决定，同时也受到烃基的影响。由于氧的电负性大于碳和氢，醇分子中的 C—O 键和 O—H 键均为极性共价键，因此，醇的反应主要涉及 C—O 和 O—H 两键。此外，由于羟基的影响，和羟基连在同一个碳原子上的氢也具有一定的活泼性。

(1) 醇配合物的形成

低级醇能和某些无机盐形成配合物，例如 $MgCl_2 \cdot 6CH_3OH$，$MgCl_2 \cdot 6C_2H_5OH$，$CaCl_2 \cdot 4CH_3OH$，$CaCl_2 \cdot 4C_2H_5OH$。就像无机盐含结晶水一样，这些配合物中的醇叫作"结晶醇"。因此，通常不能用氯化钙、氯化镁等来干燥醇类化合物。

醇也能和硝酸铈铵生成配合物。当橙色的硝酸铈铵溶液和醇相遇时，很快生成酒红色的配合物。在有机分析可利用这个反应来鉴定少于 10 个碳原子的醇。

$$\underset{\text{橙色}}{(NH_4)_2[Ce(NO_3)_6]} + 2ROH \longrightarrow \underset{\text{酒红色}}{Ce(NO_3)_4 \cdot 2ROH} + 2NH_4NO_3$$

(2) 醇与活泼金属的反应

醇可以接受强酸的质子而显示碱性，也可以与活泼金属作用而显示酸性。例如乙醇与金属钠反应生成乙醇钠并放出氢气：

$$2CH_3CH_2OH + 2Na \longrightarrow 2CH_3CH_2ONa + H_2\uparrow$$

醇是一个比水更弱的酸，其羟基中的氢原子的活性比水中氢低得多，所以醇与金属钠的作用比较缓和，放出的热量也不足以使生成的氢气燃烧。故现在工厂和实验室中常利用乙醇来破坏反应中多余的金属钠。

醇与金属钠的反应随着分子量的增大而变慢。不同的醇与金属钠的反应速率是：甲醇＞伯醇＞仲醇＞叔醇，醇的相对酸性强度与此次序一致。

醇钠的碱性比氢氧化钠强。在工业上，可利用苯、乙醇和水形成三元恒沸物(恒沸点 64.9℃，其中苯、乙醇、水的重量比为 74.1∶18.5∶7.4)除水，由乙醇和固体氢氧化钠的平衡反应来制取乙醇钠。

醇与金属的反应速率，与金属的活泼性有关。例如乙醇与金属镁反应，常加入少量碘做催化剂。乙醇镁在实验室中常用于制备无水乙醇：

$$2C_2H_5OH + Mg \xrightarrow{I_2} (C_2H_5O)_2Mg + H_2\uparrow$$

$$(C_2H_5O)_2Mg + 2H_2O \longrightarrow 2C_2H_5OH + Mg(OH)_2$$

其他活泼金属如钾、铝汞齐等也能和醇作用生成重要有机合成试剂醇钾、醇铝等：

$$6(CH_3)_2CHOH + 2Al \xrightarrow{HgCl_2\text{ 或 }AlCl_3} 2\left[(CH_3)_2CHO\right]_3Al + 3H_2\uparrow$$

$$2(CH_3)_3COH + 2K \longrightarrow 2(CH_3)_3COK + H_2\uparrow$$

(3) 醇羟基的取代反应

① 醇与氢卤酸的反应

醇与氢卤酸反应生成卤代烃和水，这是由醇制备相应卤代烃的一种方法：

$$R—OH + HX \rightleftharpoons R—X + H_2O$$

反应是可逆的，碱性条件有利于逆反应，即卤代烃的水解。

醇与氢卤酸的反应速率既与氢卤酸的类型有关，也与醇的结构有关。氢卤酸的活性次序为：HI＞HBr＞HCl；醇的活性次序为：烯丙型醇＞叔醇＞仲醇＞伯醇。

浓的氢碘酸与伯醇在加热条件下可顺利进行反应，浓的氢溴酸除加热外还需加入浓硫酸，而浓盐酸则需加入无水氯化锌。只有烯丙型醇和叔醇，在室温下与浓盐酸一起振荡后就可生成卤代烃。例如：

$$CH_3CH_2CH_2OH \xrightarrow[\triangle]{HCl, ZnCl_2} CH_3CH_2CH_2Cl + H_2O$$

$$CH_3{=}CHCH_2OH \xrightarrow[r.t.]{浓\ HCl} CH_3{=}CHCH_2Cl + H_2O$$

醇与氢卤酸的反应，首先是醇被质子化。由于质子化的烯丙型醇、叔醇和仲醇容易失水生成较稳定的相应烃基正离子，所以一般情况下主要按 $S_N1$ 机理进行反应。伯醇则开始存在 $S_N2$ 与 $S_N1$ 的竞争。甲醇由于空阻最小，只能按 $S_N2$ 机理进行。

烃基结构对亲核取代反应的影响，呈现如下规律：

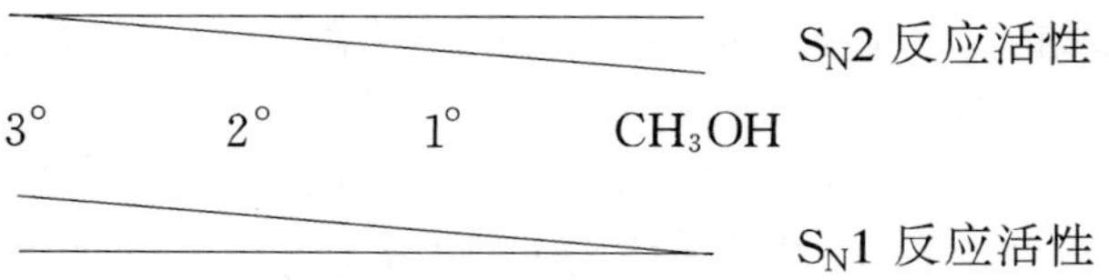


不同结构的醇与氢卤酸的反应到底按哪种机理进行，可通过反应动力学，立体化学以及是否有重排产物的生成等来进行研究。

例如，异丁醇与氢溴酸主要按 $S_N2$ 机理作用，生成 80％的异丁基溴和 20％的叔丁基溴：

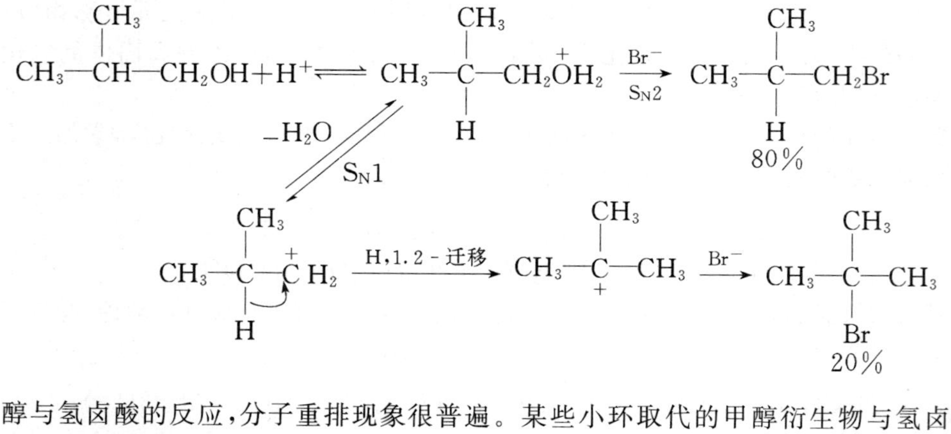


醇与氢卤酸的反应，分子重排现象很普遍。某些小环取代的甲醇衍生物与氢卤酸作用，可发生扩环反应。例如：

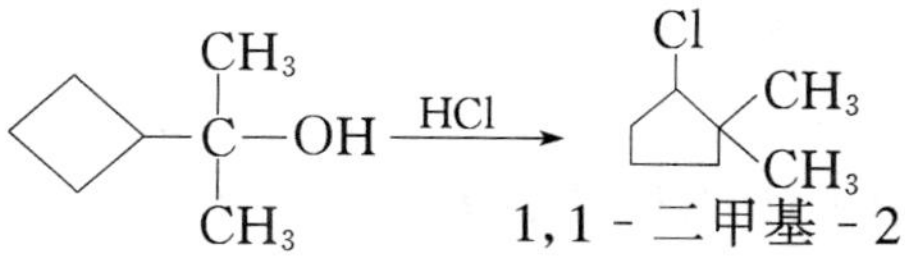

1,1-二甲基-2-氯环戊烷

反应机理如下($S_N1$)：

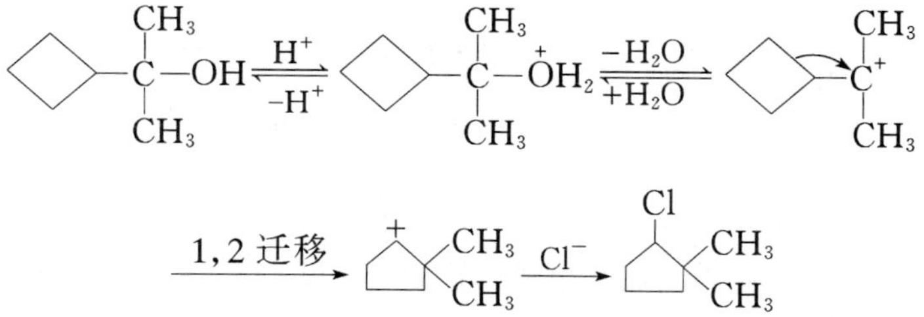

在此反应中，四元环的一个 C—C 键发生 1,2-迁移由叔碳正离子生成环戊基仲碳正离子。发生这种重排的原因是五元环比四元环稳定得多，由四元环扩大成五元环所放出的能量，足以克服由叔碳正离子变成仲碳正离子的不利因素，使反应容易发生。

在有机分析中，利用与盐酸反应的速度不同，可以区别不同类型的醇。所用试剂为浓盐酸和无水氯化锌配成的溶液，叫做 Lucas 试剂。烯丙型醇和叔醇与 Lucas 试剂混合时立即就有氯代烃生成，溶液变混浊，仲醇则要放置片刻才变混浊，伯醇在室温下难发生反应，加热后才会变混浊，此反应一般只适用于含 6 个碳原子以下的低级醇。例如：

$$CH_3-\underset{CH_3}{\overset{CH_3}{\underset{|}{\overset{|}{C}}}}-OH + HCl(ZnCl_2) \xrightarrow[1\ min]{20℃} CH_3-\underset{CH_3}{\overset{CH_3}{\underset{|}{\overset{|}{C}}}}-Cl$$

$$CH_3\underset{OH}{\underset{|}{C}}HCH_2CH_3 + HCl(ZnCl_2) \xrightarrow[10\ min]{20℃} CH_3\underset{Cl}{\underset{|}{C}}HCH_2CH_3$$

$$CH_3(CH_2)_2CH_2OH + HCl(ZnCl_2) \xrightarrow{\triangle} CH_3(CH_2)_2CH_2Cl + H_2O$$

Lucas 试剂中 $ZnCl_2$ 是 Lewis 酸，羟基氧上的未成键电子对可和 Zn 的空轨道形成配位键$\left(R-\underset{H}{\underset{|}{O}}:ZnCl_2\right)$，使 C—O 键变弱，羟基容易被取代。

② 醇与卤化磷的反应

醇与三溴化磷或三碘化磷作用，是由醇制备相应卤代烃的一种方法。由于红磷与溴或碘能迅速作用生成三溴化磷和三碘化磷，所以在实际反应中往往用红磷和溴或碘来代替三溴化磷或三碘化磷。例如：

$$2P + 3Br_2(I_2) \longrightarrow 3PBr_3(或\ PI_3)$$

$$6CH_3CH_2CH_2CH_2OH + 2P + 3Br_2 \longrightarrow 6CH_3CH_2CH_2CH_2Br + 2H_3PO_3$$

$$6CH_3CH_2OH + 2P + 3I_2 \longrightarrow 6CH_3CH_2I + 2H_3PO_3$$

和醇与氢卤酸的反应相比，由于避免了强酸性介质，有利于按 $S_N2$ 机理进行反应，重排产物很少。例如，带β-支链的伯醇与三溴化磷作用，没有重排产物生成：

$$CH_3CH_2CH(CH_3)CH_2OH \xrightarrow{PBr_3} CH_3CH_2CH(CH_3)CH_2Br$$

醇与三卤化磷的反应机理大致是：

$$RO—H + X—PX_2 \longrightarrow R—O—PX_2 + HX \rightleftharpoons$$

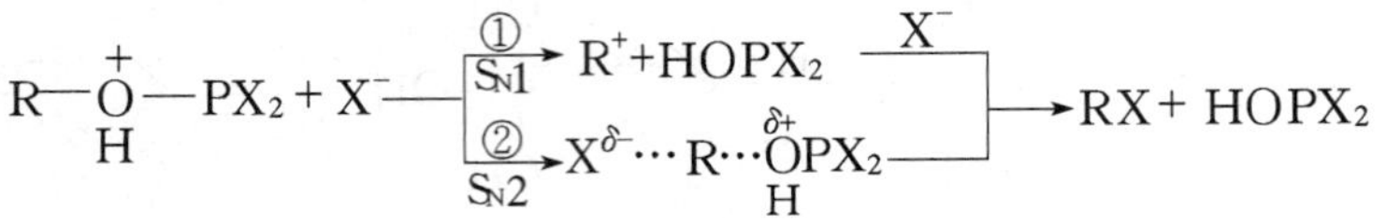

醇首先与三卤化磷生成二卤代亚磷酸酯和卤化氢，前者立即质子化，尔后卤负离子按①②两种途径取代亚磷酰氧基生成卤代烷。三级醇经途径①即按 $S_N1$ 机理反应，而一级和二级醇经途径②即按 $S_N2$ 机理反应。反应中生成的 $HOPX_2$ 可继续按上式反应，最终生成卤代烃和亚磷酸。

由于 $Cl^-$ 的亲核性弱，不容易与卤代亚磷酸酯作用，而后者又会继续与醇反应生成亚磷酸酯：

$$ROH \xrightarrow{PCl_3} ROPCl_2 \xrightarrow{ROH} (RO)_2PCl \xrightarrow{ROH} (RO)_3P$$

所以三氯化磷与醇反应，氯代烃收率较低。尤其是和伯醇反应，产物基本上是亚磷酸酯而不是氯代物。五氯化磷也可与醇反应生成氯代烃，但仍有酯生成。

$$ROH + PCl_5 \longrightarrow RCl + POCl_3 + HCl$$

$$3ROH + POCl_3 \longrightarrow (RO)_3PO + 3HCl$$

③ 醇与氯化亚砜的反应

氯化亚砜 Cl—S(=O)—Cl (Thionyl chloride)也叫亚硫酰氯，常用于氯化物的制备：

$$ROH + SOCl_2 \xrightarrow[\triangle]{醚或吡啶} RCl + SO_2\uparrow + HCl\uparrow$$

副产物 $SO_2$ 和 HCl 都是气体，容易和氯代物分离。此法的另一显著特点是，当用乙醚做溶剂时，主要得到构型保持的产物。目前普遍认为的机理如下：

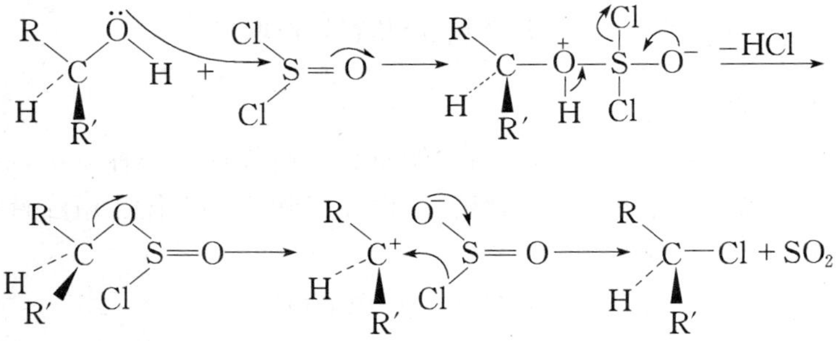

反应首先是生成氯代亚硫酸酯，在低温下可分离出该中间产物，然后分解为紧密离子对。负离子部分($ClSO_2^-$)发生分解，生成 $SO_2$ 和 $Cl^-$，$Cl^-$ 一旦生成，立即向烷基碳正离

子正面进攻，即“内返”，形成构型保持的卤代烃。这种发生在分子内的亲核取代反应称为 $S_N$i 反应(Internal Nucleophilic Substitution)。$S_N$i 反应要求在紧密离子对阶段发生，与溶剂的性质关系很大。乙醚的极性较小，有利于 $S_N$i 反应。

当用具有一定碱性的吡啶做溶剂时，$Cl^-$ 的结合不再是“内返”，而是从背后进攻($S_N2$)，生成构型翻转的氯代物。中间产物氯代亚硫酸酯以及生成的氯化氢和吡啶反应生成下列化合物：

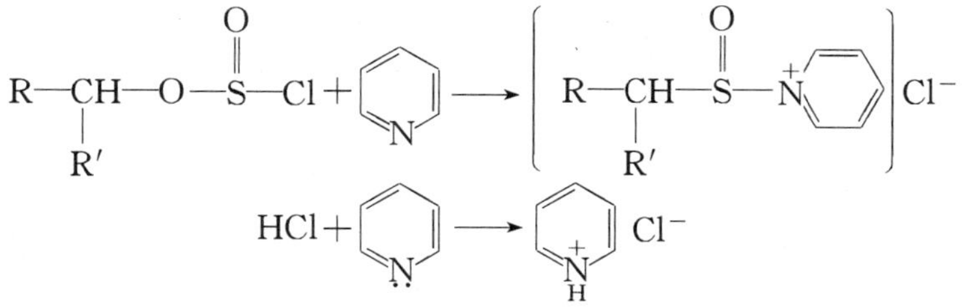

生成的二种产物都有 $Cl^-$，$Cl^-$ 再从碳氧键的背面进攻，使碳原子的构型发生转化：

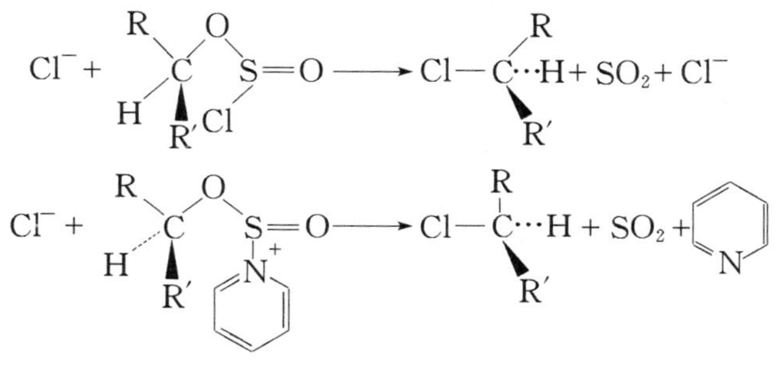

(4) 醇成酯的反应

① 羧酸酯的生成

醇与羧酸在酸性催化剂存在下反应，生成羧酸酯和水：

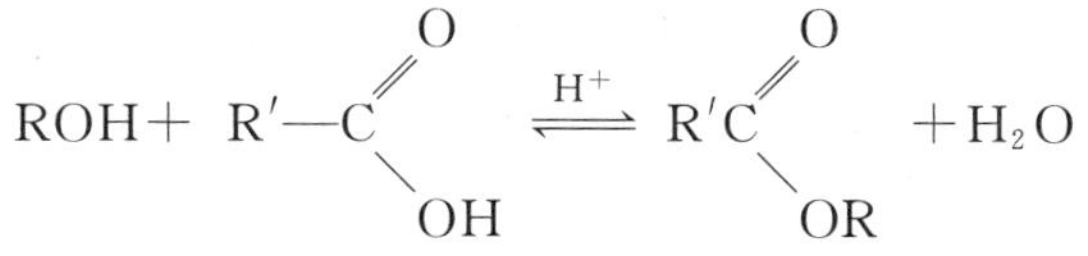

另外，酰卤、酸酐等也能与醇反应生成酯。

② 无机酸酯的生成

醇能够和多种无机酸，例如氢卤酸、硫酸、硝酸等作用。其中醇与氢卤酸的作用即为卤代。

a. 与硫酸成酯

醇与硫酸很容易发生反应。硫酸为二元酸，可与醇反应生成酸性酯或中性酯。

在温度不高时，伯醇与浓硫酸分子间进行脱水反应，生成硫酸氢酯和水。若进一步将硫酸氢甲酯或硫酸氢乙酯进行减压蒸馏，则分别生成重要的烷基化试剂硫酸二甲酯和硫酸二乙酯：

$$RCH_2OH + H—OSO_3H \xrightarrow{<100℃} RCH_2OSO_3H + H_2O$$

$$2CH_3OSO_3H \xrightarrow{\text{减压蒸馏}} CH_3OSO_2OCH_3 + H_2SO_4$$

$$2C_2H_5OSO_3H \xrightarrow{\text{减压蒸馏}} C_2H_5OSO_2OC_2H_5 + H_2SO_4$$

温度较高时，则伯醇与浓硫酸反应生成醚或烯。例如：

$$CH_3CH_2OH + H_2SO_4 \xrightarrow{<100℃} \underset{\text{硫酸氢乙酯}}{CH_3CH_2OSO_3H}$$

$$CH_3CH_2OH + H_2SO_4 \xrightarrow{140℃} \underset{\text{乙醚}}{CH_3CH_2OCH_2CH_3}$$

$$CH_3CH_2OH + H_2SO_4 \xrightarrow{>160℃} \underset{\text{乙烯}}{CH_2{=}CH_2}$$

醇的结构对产物有明显的影响。伯醇容易生成硫酸氢酯，而叔醇与硫酸反应的产物主要是烯烃。

b. 与硝酸成酯

和硫酸一样，硝酸很容易和伯醇作用生成酯，和叔醇作用生成烯。硝酸为一元酸，因此只形成一种酯。例如：

$$CH_3CH_2OH + HONO_2 \longrightarrow CH_3CH_2ONO_2 + H_2O$$

$$\begin{array}{l} CH_2OH \\ | \\ CHOH \\ | \\ CH_2OH \end{array} + 3HNO_3 \xrightarrow[10℃]{H_2SO_4} \begin{array}{l} CH_2ONO_2 \\ | \\ CHONO_2 \\ | \\ CH_2ONO_2 \end{array} + 3H_2O$$

多元醇的硝酸酯是强烈的炸药。三硝酸甘油酯俗称硝化甘油，微溶于水，可与乙醇、苯有机溶剂混溶。硝化甘油也有扩张冠状动态脉的作用，能用于血管舒张，治疗心绞痛和胆绞痛。

c. 磷酸酯的生成

磷酸酯可由浓磷酸与醇直接反应来制备，但由醇与相应的酰氯作用的方法更好，例如：

$$3C_4H_9OH + POCl_3 \longrightarrow (C_4H_9O)_3PO + 3HCl$$

$$3C_8H_{17}OH + POCl_3 \longrightarrow (C_8H_{17}O)_3PO + 3HCl$$

磷酸酯可作为试剂、萃取剂、增塑剂等。另外，核酸等均具有磷酸酯的结构。有些有机磷农药，其实就是磷酸酯。

(5) 醇的脱水反应

醇的脱水反应有两种，一是分子内脱水生成烯烃，另一种是分子间脱水生成醚。例如：

$$\begin{array}{ll} CH_2 & \!\!\!—CH_2 \\ | & \;\;| \\ H & \;\;OH \end{array} \xrightarrow[>160℃]{\text{浓 } H_2SO_4} CH_2{=}CH_2 + H_2O$$

$$C_2H_5O{—}H + HO{—}C_2H_5 \xrightarrow[140℃,\,-H_2O]{\text{浓 } H_2SO_4} C_2H_5{—}O{—}C_2H_5$$

乙醇与硫酸反应，在不同温度下产物不同，这可用亲核取代反应和消除反应来说明。

乙醇与浓硫酸首先生成鉾盐，加热至近 100℃时生成硫酸氢乙酯：

$$C_2H_5\ddot{O}H + H_2SO_4 \rightleftharpoons C_2H_5-\overset{+}{O}(H)-H + {}^{-}OSO_3H$$

$$C_2H_5OH + H_2SO_4 \xrightarrow{<100℃} C_2H_5OSO_3H + H_2O$$

加热至 130℃～140℃时，一分子乙醇对另一分子质子化的乙醇（或硫酸氢乙酯）发生 $S_N2$ 反应，生成醚。

$$CH_3CH_2\ddot{O}H + CH_3CH_2-\overset{+}{O}H_2 \xrightleftharpoons{-H_2O} CH_3CH_2\underset{H}{\overset{+}{O}}CH_2CH_3 \xrightarrow{-H^+} CH_3CH_2OCH_2CH_3$$

二乙基𬭩盐离子　　　　乙醚

醇羟基不是一个好的离去基团，通过和质子结合成𬭩盐，使 α-碳原子的正电性增强，水又是一个好的离去基，易于发生亲核取代反应。

当加热到 160℃以上时，则发生分子内脱水生成烯。醇的结构与脱水方式和难易程度有很大关系。三类醇的脱水反应速率是 3°＞2°＞1°，但 3°醇脱水容易发生在分子内，主要产物是烯，发生消除反应生成烯烃的倾向是 3°＞2°＞1°。另外，温度较低时有利于分子间脱水生成醚，而当温度较高时有利于分子内脱水生成烯。

仲醇、叔醇脱水成烯的反应和仲卤代物、叔卤代物脱卤代氢一样，也有一个方向问题。通常是符合 Saytzeff 规则的，生成双键碳原子上取代基较多的烯烃：

$$CH_3CH_2\underset{OH}{\underset{|}{C}}HCH_3 \xrightarrow{1:1H_2SO_4} CH_3CH{=}CHCH_3 + CH_3CH_2CH{=}CH_2$$

2-丁醇　　　2-丁烯（主要产物）　　　1-丁烯（少量）

仲醇、叔醇在硫酸存在下脱水，会发生分子重排的事实，说明反应是按 E1 机理进行的，即先重排成更稳定的碳正离子，再按 Saytzeff 规则生成烯。例如：

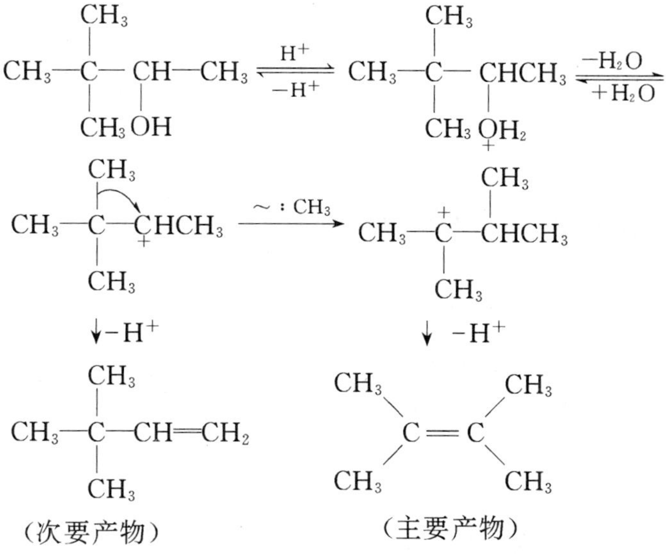

醇的脱水也可用 $Al_2O_3$ 等 Lewis 酸做催化剂。用 $Al_2O_3$ 时，也是温度较低有利于成醚，温度较高有利于成烯，并很少有重排现象发生：

$$CH_3CH_2OH \xrightarrow[260℃]{Al_2O_3} C_2H_5OC_2H_5 + H_2O \quad (\text{乙醚})$$

$$CH_3CH_2OH \xrightarrow[360℃]{Al_2O_3} CH_2{=}CH_2 + H_2O \quad (\text{乙烯})$$

$$CH_3CH_2CH_2CH_2OH \xrightarrow[\triangle]{Al_2O_3} CH_3CH_2CH{=}CH_2 + H_2O$$

（6）醇的氧化和脱氢

① 醇的氧化

不同类型的醇对氧化剂的作用是不同的，虽然氧化机理尚不十分清楚，但已肯定与 α-氢有关。α-氢原子受到羟基的影响容易被氧化。在氧化剂存在下，伯醇首先被氧化成醛，醛继续被氧化成羧酸，仲醇被氧化成同碳原子数的酮：

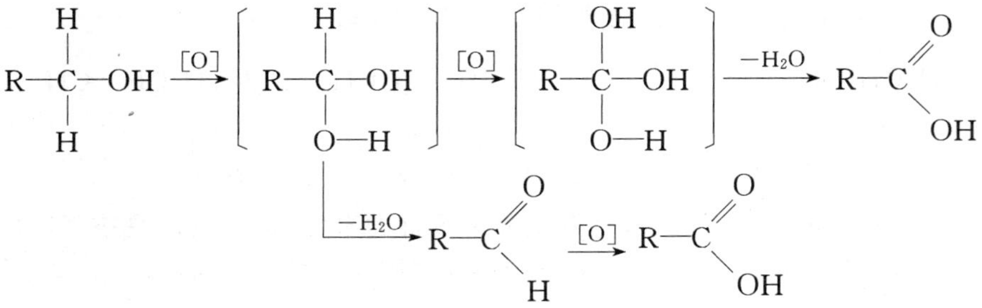

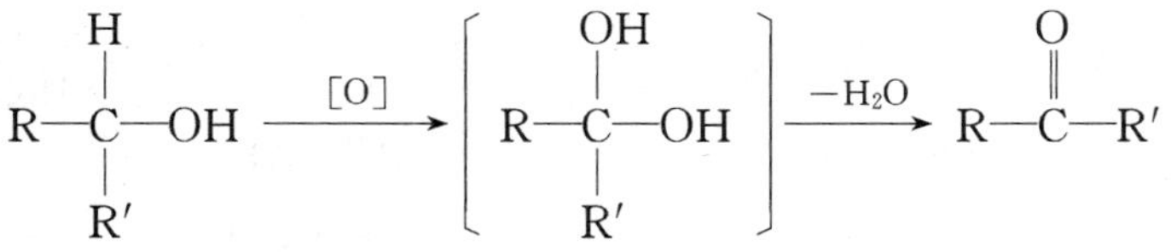

叔醇由于没有 α-H，很难被氧化，但在强烈的氧化条件下，碳架发生断裂，生成小分子的产物酮和酸，这可能与叔醇易脱水成烯有关。例如：

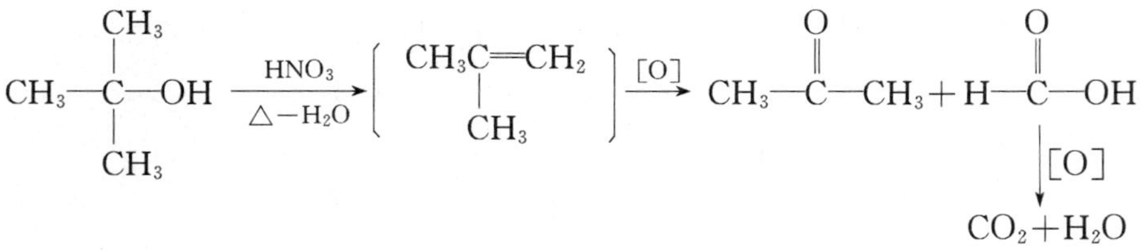

氧化醇时可用的氧化剂很多，常用的有高锰酸钾、硝酸、重铬酸钾(钠)/硫酸、$CrO_3$/硫酸或醋酸、氧化铬吡啶配合物等。氧化剂氧化能力越强，选择性越低。在强氧化剂存在下伯醇容易氧化成羧酸而难得到醛。

要想由伯醇制备醛，一般有两种方法。对于低级醛，由于其沸点比相应的醇低得多，可采用把生成的醛及时从体系中蒸出的办法，避免进一步氧化。

对于高级醇，则需选用选择性高的氧化剂，如 Sarrett 试剂——三氧化铬—吡啶配合物。该试剂能将伯醇氧化成醛，且分子中的重键不受影响。反应一般在二氯甲烷中于25℃左右进行：

$$CrO_3 + 2C_5H_5N \longrightarrow CrO_3 \cdot 2C_5H_5N \text{（Sarrett 试剂）}$$

$$CH_3(CH_2)_5CH_2OH \xrightarrow[25℃]{\text{Sarrett 试剂}} CH_3(CH_2)_5CHO$$

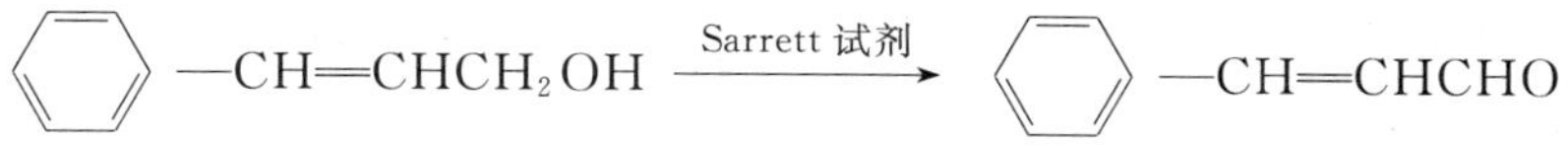


Jones 试剂（$CrO_3$/稀 $H_2SO_4$）能将不饱和仲醇氧化成酮，双键不受影响：

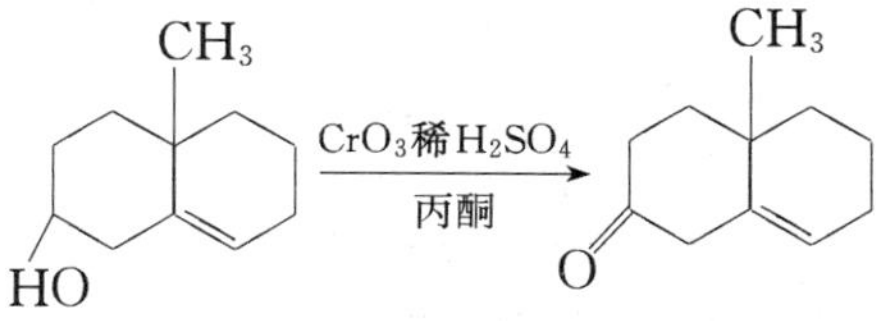


另外，新制备的二氧化锰也是选择性高的氧化剂，它可将烯丙型醇氧化成相应的醛或酮，而一般的醇不被氧化。例如：

$$2KMnO_4 + 3MnSO_4 + 4NaOH = 5MnO_2\downarrow + K_2SO_4 + 2Na_2SO_4$$

$$CH_2{=}CHCH_2OH \xrightarrow[25℃]{MnO_2} CH_2{=}CHCHO$$

在有机分析中，可利用 $CrO_3$ 或 $K_2Cr_2O_7$ 的稀硫酸溶液与醇反应时，由橙色（$Cr^{6+}$）变为蓝绿色（$Cr^{3+}$）来鉴定伯醇和仲醇。

② 醇的脱氢

工业上常将醇的蒸气在高温下通过活性金属或金属氧化物催化剂发生脱氢反应，来制备相应的醛或酮。例如：

$$CH_3CH_2OH \underset{250℃\sim350℃}{\overset{Cu}{\rightleftharpoons}} CH_3CHO + H_2$$

$$\underset{\displaystyle OH}{CH_3\underset{|}{C}HCH_3} \overset{ZnO,380℃}{\rightleftharpoons} \underset{\displaystyle O}{CH_3\underset{\|}{C}CH_3} + H_2$$

这种脱氢反应有时也叫催化脱氢。脱氢反应是吸热的可逆反应。

（7）醇的邻基参与

S. Winstein 和 H. J. Lucas 在研究 3-溴-2-丁醇与浓的氢溴酸的反应时发现，无论用外消旋的，还是用具有光学活性的（2R，3S）3-溴-2-丁醇，都得到内消旋的 2，3-二溴丁烷；而无论用外消旋的，还是用具有光学活性的（2R，3R）3-溴-2-丁醇为原料，都得到外消旋的 2，3-二溴丁烷。Winstein 和 Lucas 在对相关立体化学研究的基础上，提出了邻基参与（neighboring group participation）的概念，对以上问题作了较圆满的解释。

现以（2R，3R）-3-溴-2-丁醇的反应为例，来说明邻基参与的机理：

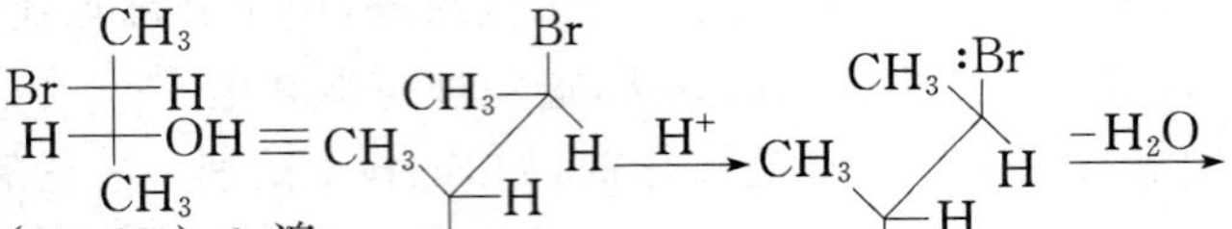

(2R,3R)-3-溴-2-丁醇

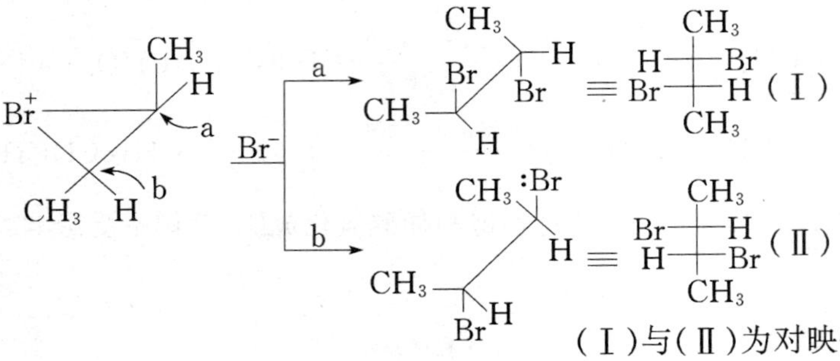

(Ⅰ)与(Ⅱ)为对映体

反应中羟基首先质子化，使得与—OH 相连的碳原子正电性增加。溴原子外层电子云密度较大，且恰好处在适宜于发生亲核取代反应的位置上，可从质子化羟基的背面进攻与羟基相连的碳，促使质子化羟基以水的形式离去，并生成桥状的溴鎓离子（Bridged bromoniumion）。这相当于发生了一次分子内的亲核取代反应。试剂中的 $Br^-$ 只能从环状溴鎓离子的背面进攻才能发生反应。进攻时可有 a，b 两条途径。若按途径 a 进行，则生成Ⅰ，两个手性碳的原子构型都发生了反转；若按途径 b 进行（即进攻原羟基所在的碳），则生成Ⅱ，得到两个手征性碳原子的构型保持不变（实际上是经历了两次构型反转）的产物。这两种途径的机会是相等的，故Ⅰ与Ⅱ形成外消旋体。显然，在反应过程中，与离去基团邻近的溴参与了反应。

邻基参与除了立体化学上的"异常"之外，还往往表现出异常大的反应速率。例如，芥子气（2，2′-二氯二乙硫醚）的水解：

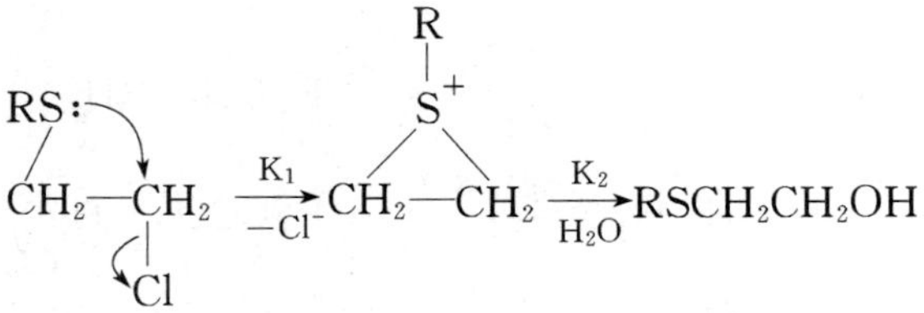

虽然芥子气是伯卤代烷，但水解速度比一般的伯卤代烷要快得多，而且从动力学上讲是一级的，反应速率与加的碱无关。

由以上实例可以看出，发生邻基参与的原子或基团，应当具有能够额外成键的电子，这些电子可以是硫、氮、氧、溴等原子的孤电子对，也可以是双键或芳环的 π 电子，甚至 δ 电子也有一定的邻基参与能力。所以，邻基参与是很普遍的现象。它经常可以从特殊类型的立体化学，异常大的反应速率，或者二者的结合而显示出来。

(8) 邻二醇的化学性质

① 邻二醇的氧化

邻二醇与偏高碘酸或四醋酸铅作用时，连有羟基的碳-碳键发生氧化断裂，生成二个含羰基的化合物。例如：

$$\underset{\large OH}{CH_3\underset{|}{C}H}—\underset{\large OH}{\underset{|}{C}H_2}\xrightarrow{HIO_4}CH_3CHO+HCHO+H_2O+HIO_3$$

$$\begin{array}{l}COOC_2H_5\\|\\CHOH\\|\\CHOH\\|\\COOC_2H_5\end{array}+Pb(OAc)_4\xrightarrow{苯}2\begin{array}{l}COOC_2H_5\\|\\CHO\end{array}+Pb(OAc)_2+2CH_3CO_2H$$

高碘酸氧化经历高碘酸二酯五元环状中间体，分解后生成二个羰基化合物和碘酸：

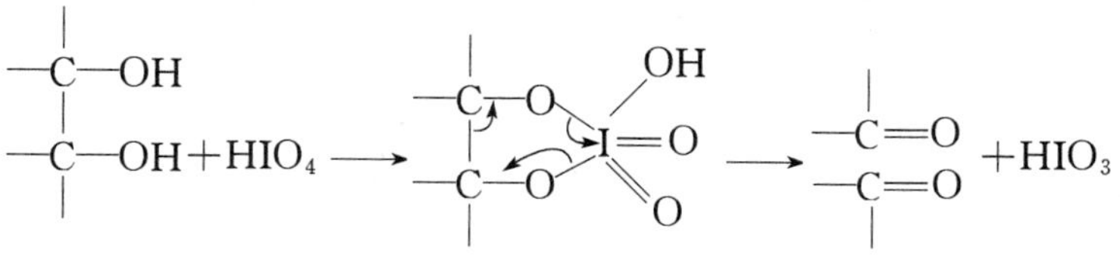

该反应常用水作溶剂。根据加入硝酸银溶液后是否生成碘酸银白色沉淀，判定反应是否发生。

四醋酸铅氧化也是经过一个环状中间体进行的：

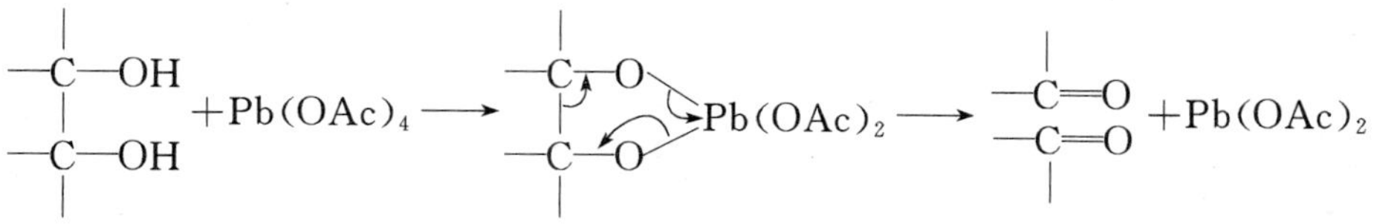

由于四醋酸铅遇水易发生分解，所以此反应常在有机溶剂，如冰乙酸、苯中进行。

② 邻二叔醇的酸性重排——呐呐醇重排(Pinacol Rearrangement)

邻二醇(一般也叫呐呐醇)，在酸性条件下发生碳骼重排生成酮或醛的反应叫呐呐醇重排：

$$(CH_3)_2\overset{OH}{\overset{|}{C}}—\overset{OH}{\overset{|}{C}}(CH_3)_2\xrightarrow[-H_2O]{H_2SO_4}(CH_3)_3C—\overset{O}{\overset{\|}{C}}—CH_3$$

呐呐醇　　　　　　　　　　呐呐酮

此反应首先是邻二醇羟基接受一个质子，形成质子化的邻二醇，尔后失去一分子水，同时发生基团的迁移。反应机理如下：

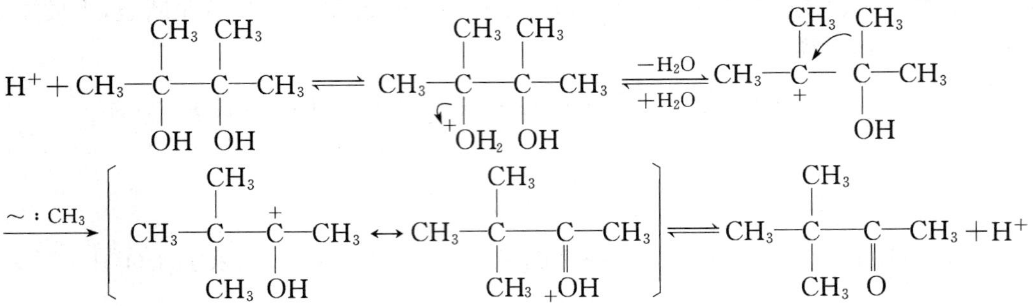

实验证实，碳正离子的形成和基团的迁移是一个协同过程，且迁移基团是从离去基团($H_2O$)的背后进攻，二者处于反式位置。例如，顺-1，2-二甲基-1，2-环己二醇和它的反式异构体在稀硫酸作用下，前者得到2，2-二甲基环己酮，后者则发生缩环反应生成甲基-1-甲基环戊基酮：

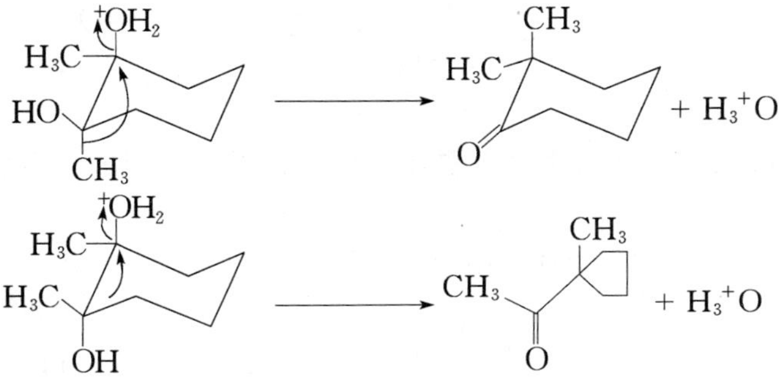

结构不对称的邻二醇，重排后生成什么样的产物，主要由两个因素决定：一是哪一个羟基易接受质子离去，二是哪一个基团发生迁移。

a. 羟基接受质子的难易

与给电子基团相连的碳原子上的羟基，由于氧原子上电子云密度较大，易与质子结合形成质子化的醇，因而易离去。一般说来，给电子能力次序为苯基>烷基>H。例如：

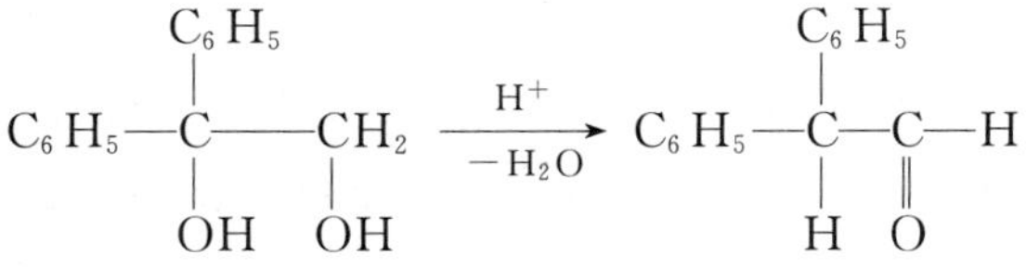

（主要产物）

b. 基团的迁移倾向

基团迁移倾向的大小主要由其亲核性决定，亲核性强的易迁移，其次序为：$C_6H_5—>(CH_3)_3C—>C_2H_5—>CH_3—>H—$。

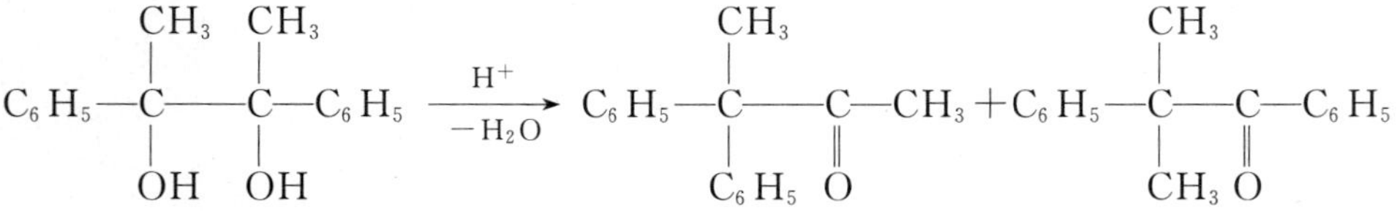

（主要产物）　　　　（次要产物）

若两个基团均为取代芳基时，迁移次序为：

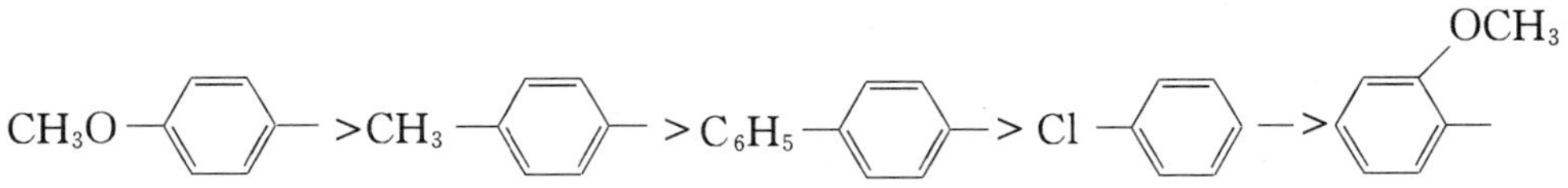

邻位上有取代基时难迁移，可能与空间位阻有关。

除了邻二醇可以发生呐呐醇重排反应外，α，β-氨基醇、α，β-卤代醇以及 1，2－环氧化合物，在适当的条件下也能发生类似的重排反应。

碳正离子重排和呐呐醇重排都属亲核重排反应，相关的迁移基团的倾向性基本一致。（在碳正离子重排中 $H^-$ 容易重排的原因与碳正离子的稳定性顺序 3°＞ 2°＞1°有关）。

10.2.2.2　酚的化学性质

酚和醇分子中都有羟基，在性质上有相似之处。但由于酚的羟基直接与芳环相连，酚和醇的性质有很大不同。酚的氢氧键容易断裂，而碳氧键的断裂很难。同时由于氧原子上的孤电子对向芳环转移，使芳环上容易发生亲电取代反应。

（1）酚羟基的反应

① 酸性

苯酚有酸性。苯酚与氢氧化钠水溶液作用，生成可溶于水的酚钠：

$$Ph\text{-}OH + NaOH \longrightarrow Ph\text{-}ONa + H_2O$$

苯酚的酸性（pKa＝10.0）比碳酸（pKa＝6.38）弱，故不能溶于碳酸氢钠等弱碱中。当往酚钠的水溶液中通入二氧化碳时，苯酚就会游离出来。利用该性质可以分离、纯化某些酚类化合物。

酚的酸性与芳环的影响有关。当芳环上有强的吸电子基（如—$NO_2$ 等）时，酚的酸性增强，尤其是在酚羟基的邻或对位时，这种现象更明显。例如，邻和对硝基苯酚的酸性比苯酚强（表 10-4），2，4，6-三硝基苯酚（俗名苦味酸）的酸性（pKa＝0.25）非常强。这可以用硝基的诱导效应和共轭效应来解释。

**表 10-4　一些酚的 pKa 值（25℃）**

| 取代基 | pKa | | | 取代基 | pKa | | |
|---|---|---|---|---|---|---|---|
| | o- | m- | p- | | o- | m- | p- |
| —H | 10.0 | 10.0 | 10.0 | —Br | 8.4 | 8.9 | 9.3 |
| $-OCH_3$ | 10.0 | 9.7 | 10.2 | —I | 8.5 | 8.9 | 9.2 |
| $-CH_3$ | 10.3 | 10.1 | 10.3 | $-CONH_2$ | | 9.2 | 8.0 |
| —F | 8.8 | 9.3 | 9.8 | —CN | | | 8.2 |
| —Cl | 8.5 | 9.0 | 9.4 | $-NO_2$ | 7.2 | 8.4 | 7.2 |

② 与三氯化铁的显色反应

酚羟基与芳环直接相连，具有类似于烯醇的结构，所以酚能和三氯化铁溶液发生显色反应，但不同的酚显示不同的颜色。苯酚与三氯化铁显蓝紫色，邻苯二酚显深绿色，而对甲酚显蓝色等。

酚与三氯化铁的反应比较复杂。一般认为苯酚与三氯化铁形成配合物而显色：

$$6C_6H_5OH + FeCl_3 \longrightarrow H_3[Fe(OC_6H_5)_6] + 3HCl$$

利用这个反应可以检验酚羟基的存在，因为一般的醇不能和三氯化铁发生显色反应。

③ 酯的生成和 Fries 重排

和醇相比，酚类化合物与羧酸成酯要困难得多。这是因为酚羟基中氧原子的孤电子对所在的 $sp^3$ 杂化轨道与苯环大 π 轨道发生共轭，电子云密度降低，亲核性减弱的缘故。酚酯一般在酸或碱存在下用酸酐或酰氯与酚作用来制备的。例如：

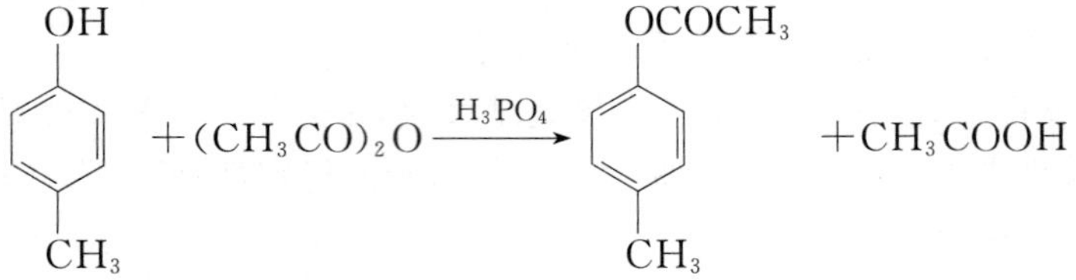


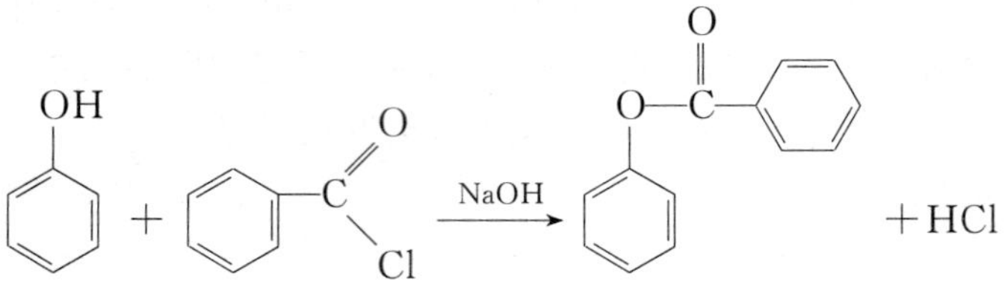


羧酸的酚酯在 Lewis 酸（通常用无水 $AlCl_3$）催化剂存在下加热，再用稀酸处理，得到酚酮，酰基转移到酚羟基的邻、对位，称为 Fries 重排。例如：

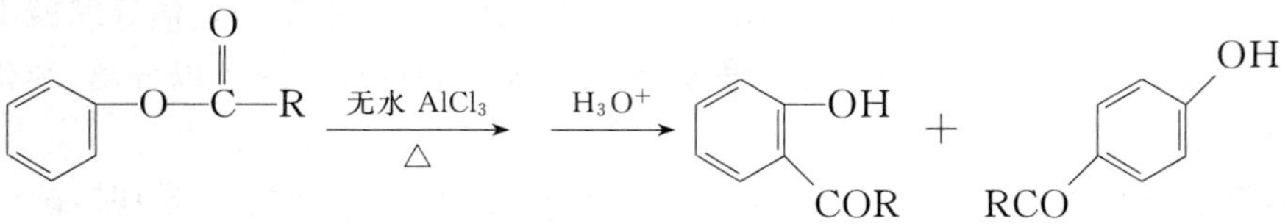


式中 R 既可为脂肪烃基，也可为芳香烃基，但芳环上有强吸电子基团（如硝基）的酚酯不发生重排。此反应可在溶剂中进行，也可直接加热进行，是制备酚酮的一种方法。反应温度对重排产物中邻、对位异构体的比例有很大影响，通常低温有利于生成对位异构体，高温有利于生成邻位异构体。例如：

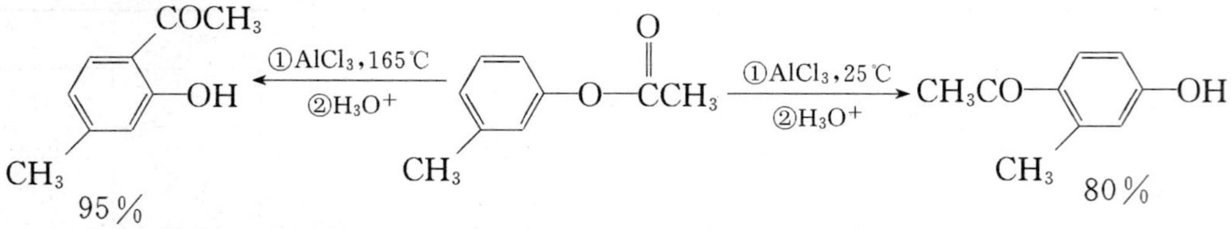


Fries 重排的机理可能是经历酰基正离子中间体的亲电取代：

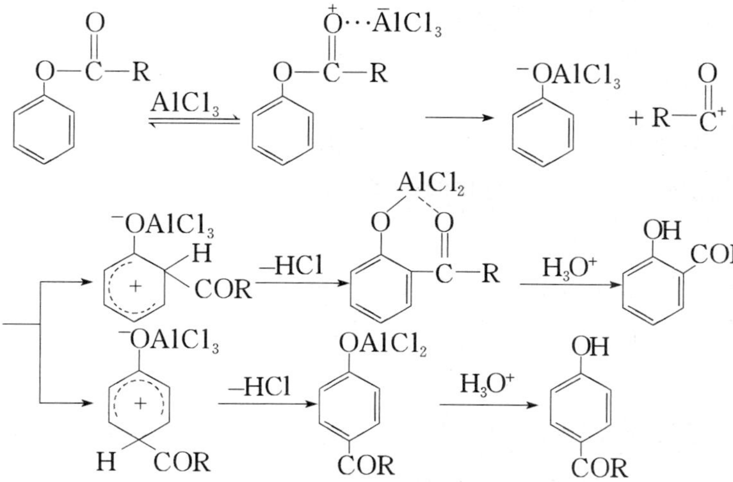

三氯化铝先与酚酯形成黄绿色配合物，使酰氧键减弱，促进酰基正离子的生成，然后再发生环上的亲电取代。按照这种观点，两种不同的酚酯与三氯化铝一起加热，应得到交叉重排产物，事实正是如此。例如：

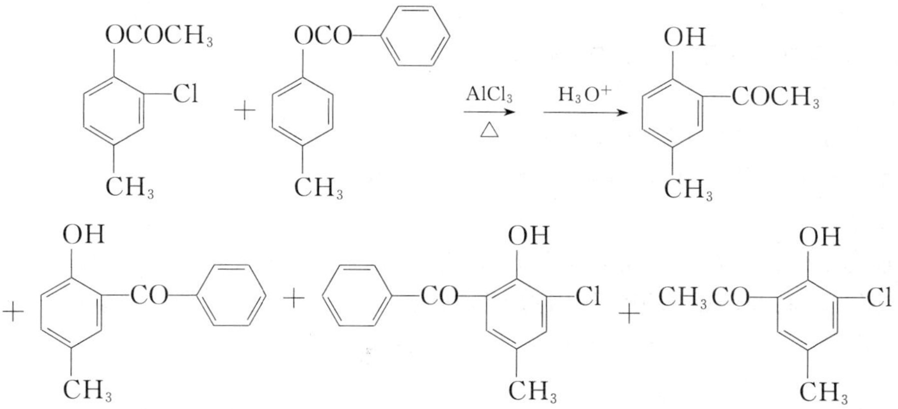

在邻位重排的中间体中，羰基可与 Al 形成环状配合物而较稳定。高温时重排受平衡控制，主要发生在邻位上，低温时重排受动力学控制，主要发生在位阻小的对位上。这也是与对羟基芳酮在三氯化铝存在下加热会异构化为邻羟基芳酮的事实相符的。

④ 醚的生成及 Claisen 重排

目前芳基醚化合物主要是利用 Williamson 合成法来制备的。与醇相似，通过芳氧负离子与伯卤代烃（叔卤代物易发生消除反应，收率低）或硫酸二甲酯等作用，得到相应的醚：

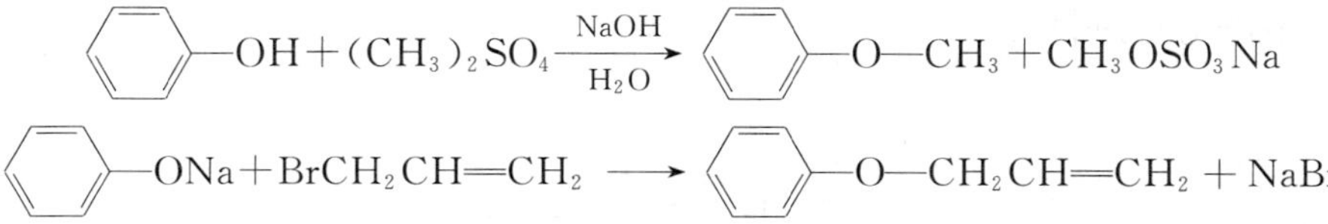

芳醚的化学性质一般很稳定，但芳基烯丙基醚在高温下可发生 Claisen 重排，生成邻烯丙基苯酚：

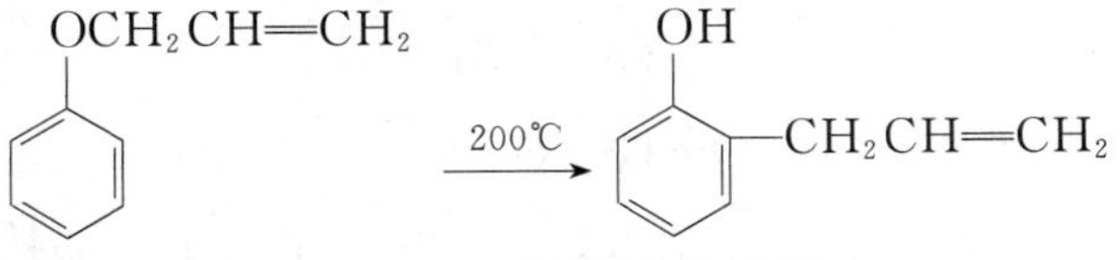

苯基烯丙基醚　　　　邻烯丙基苯酚

根据用同位素标记，Claisen 重排的机理可能是：

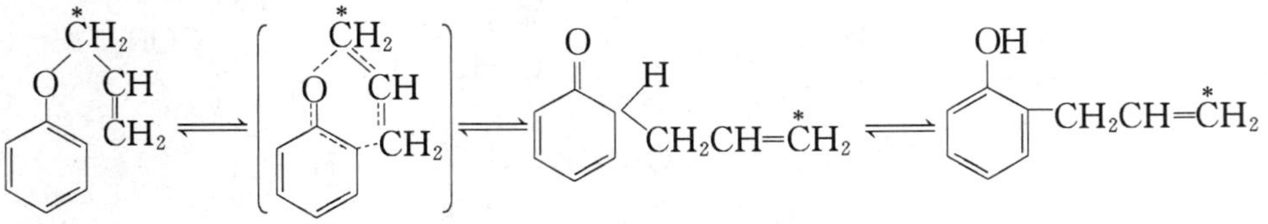

若芳基烯丙基醚的两个邻位已有取代基，则重排发生在对位(经过两次重排过程)。

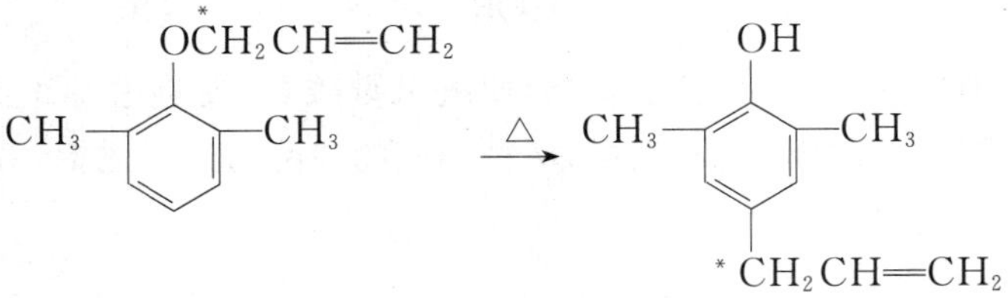

Claisen 重排可用于有机合成，是在芳环上直接引入烯丙基的重要方法，也是间接引入烷基的方法。

(2) 酚芳环上的取代反应

羟基是很强的邻、对位定位基，故酚的苯环很容易发生亲电取代反应。

① 卤代反应

酚很容易卤化。在无催化剂存在下，融熔的苯酚和等摩尔的氯反应能很快生成对氯苯酚和邻氯苯酚；与两摩尔的氯作用则主要生成 2,4-二氯苯酚和 2,6-二氯苯酚：

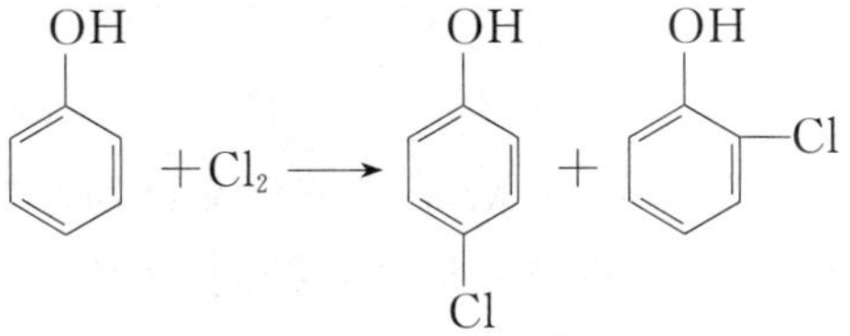

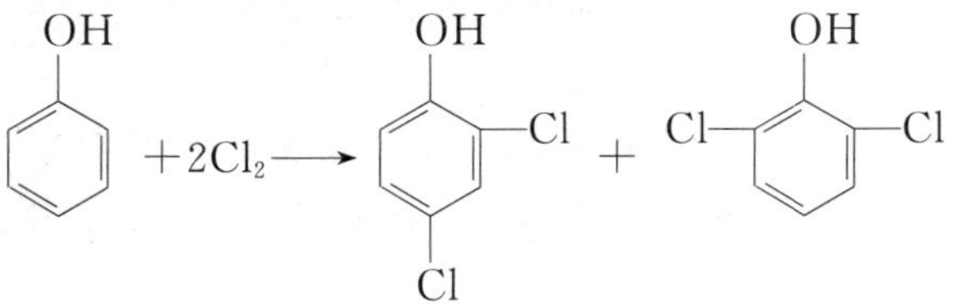

在水溶液中，特别是在弱碱性条件下，苯酚与氯反应，很容易生成 2,4,6-三氯苯酚：

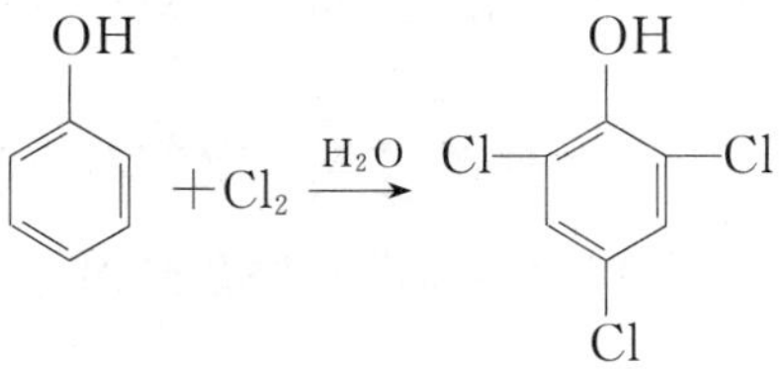

在铁粉或三氯化铁存在下，苯酚和氯可生成杀菌剂五氯苯酚：

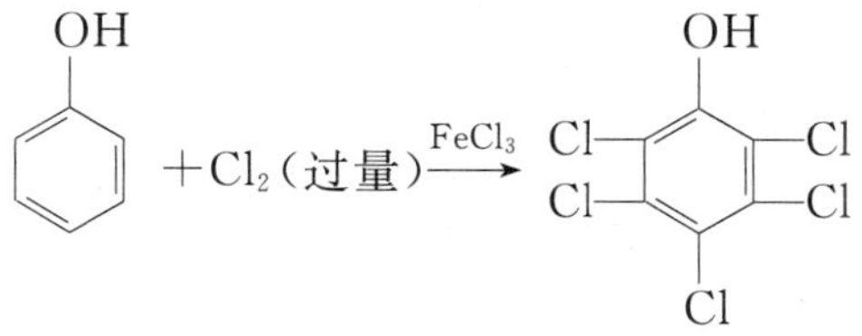

苯酚的溴化也很容易。当苯酚与溴水作用时，立即生成 2,4,6-三溴苯酚白色沉淀，且可定量反应：

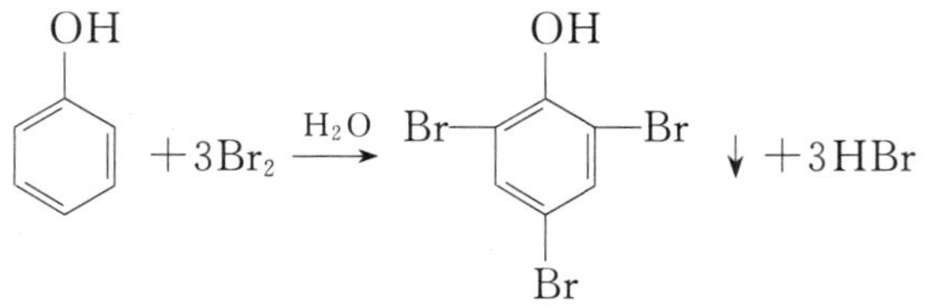

若溴水过量则迅速发生四元取代，生成黄色的 2,4,4,6-四溴环己二烯酮沉淀，后者经亚硫酸氢钠溶液洗涤，又生成白色的三溴苯酚：

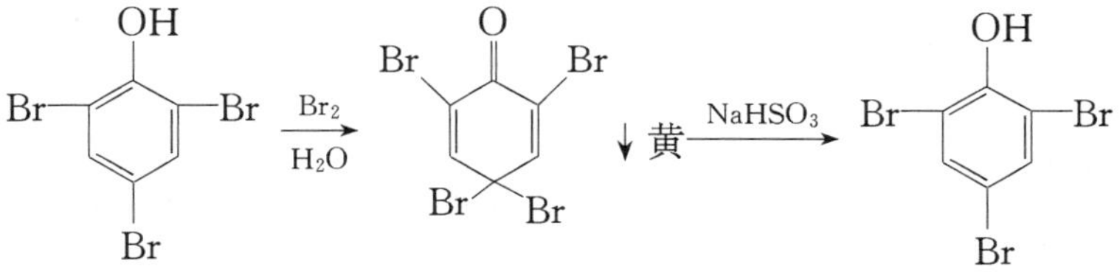

若增大反应介质的酸性，则不利于生成苯氧负离子，溴代可停留二溴苯酚阶段，例如：

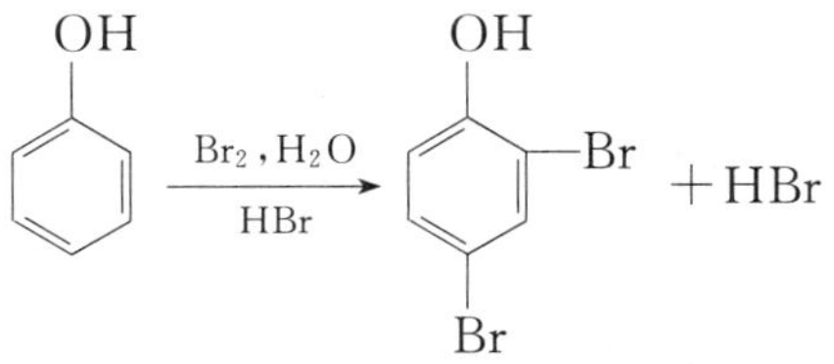

此外，在低温下，苯酚与溴在非极性溶剂 $CS_2$ 或 $CCl_4$ 中反应时，主要得到对溴苯酚：

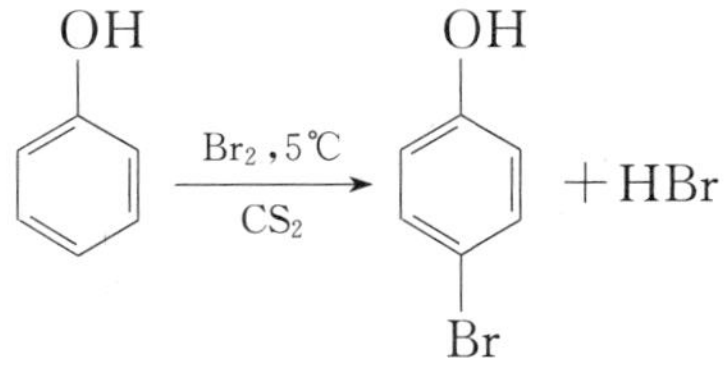

② 磺化反应

苯酚的磺化产物取决于反应温度。在 15℃～20℃反应，主要得到动力学控制产物邻羟基苯磺酸。当在 100℃反应或将邻羟基苯磺酸加热时，则主要得到平衡控制的产物对羟基苯磺酸。继续磺化则生成 4-羟基-1,3-苯二磺酸：

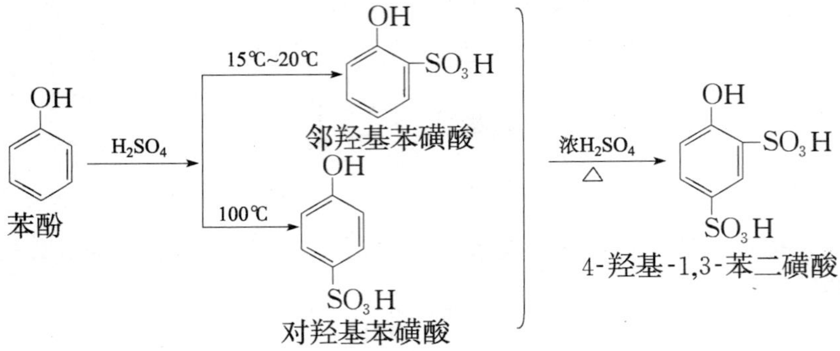


磺化反应是可逆的，故磺酸基可做为芳环上的位置保护基——封闭基。

③ 硝化反应

在室温下用稀硝酸即可使苯酚硝化，生成邻硝基苯酚和对硝基苯酚的混合物：

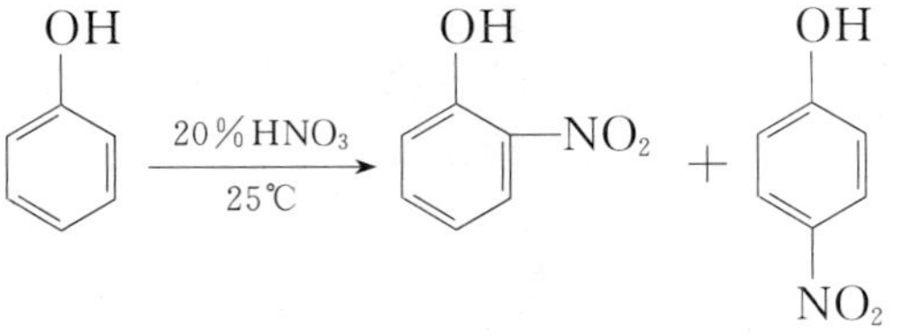


(30%～40%)　(15%)

这两种异构体用水蒸汽蒸馏的方法很容易分离提纯。邻硝基苯酚通过分子内氢键形成螯环分子，可随水蒸汽被蒸馏出来，而对硝基苯酚因形成分子间氢键不易被蒸馏出来。

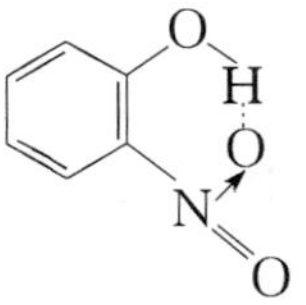

邻硝基苯酚的螯环分子

因为在强烈的硝化条件下苯酚易被氧化，故不宜用直接硝化法制备多硝基酚。多硝基苯酚的制备可采用先磺化后硝化的方法。例如：

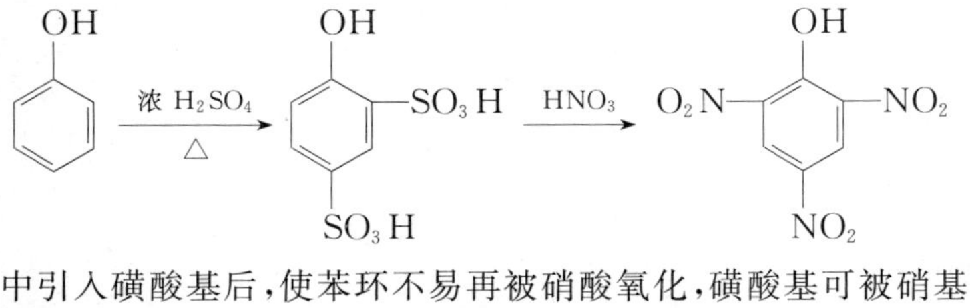


苯酚分子中引入磺酸基后，使苯环不易再被硝酸氧化，磺酸基可被硝基取代。取代时硝酰正离子进攻磺酸基所在的芳环碳原子，同时放出三氧化硫。机理大致如下：

$$2H_2SO_4 + HNO_3 \rightleftharpoons \overset{+}{N}O_2 + H_3O^+ + 2HSO_4^-$$

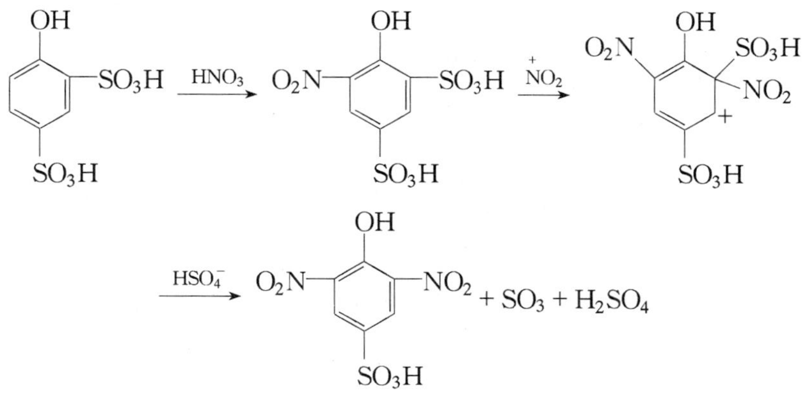

重复后两步反应，即得到 2,4,6-三硝基苯酚（苦味酸）。

④ 烷基化和酰基化反应

苯酚的烷基化和酰基化可比照着活化苯环的 F-C 反应处理。不过，由于苯酚能与三氯化铝作用生成铝盐，因此，一般不用三氯化铝作催化剂。例如：

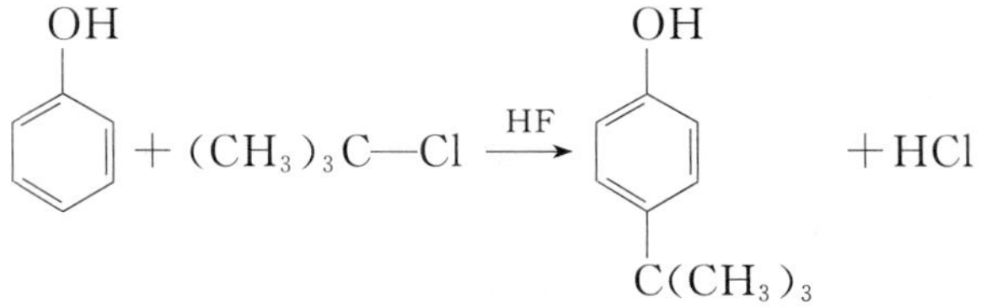

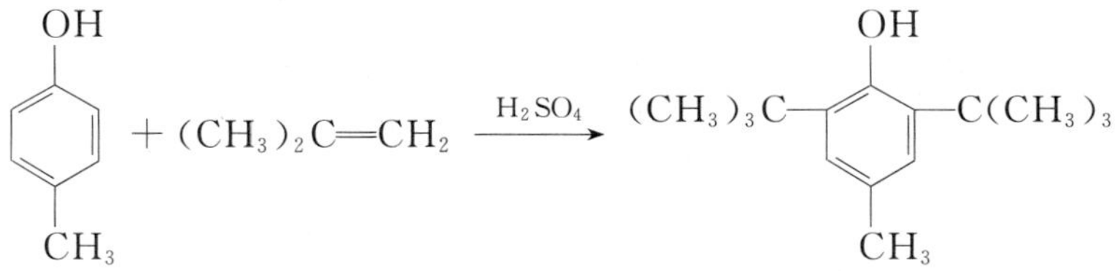

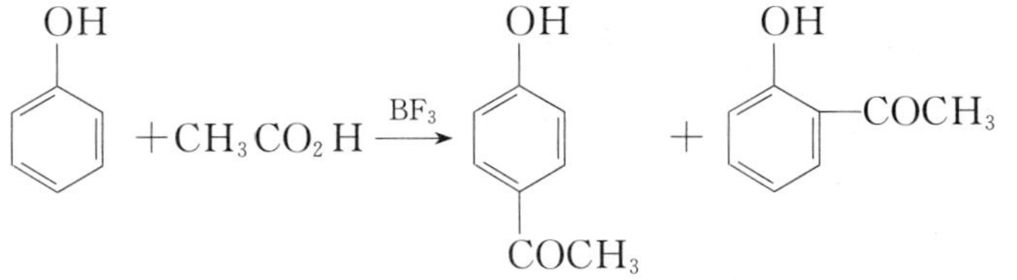

（95%）　　（少量）

须注意的是，苯酚在浓 $H_2SO_4$ 或无水氯化锌存在下与邻苯二甲酸酐不发生上述酰基化反应，而是生成酚酞：

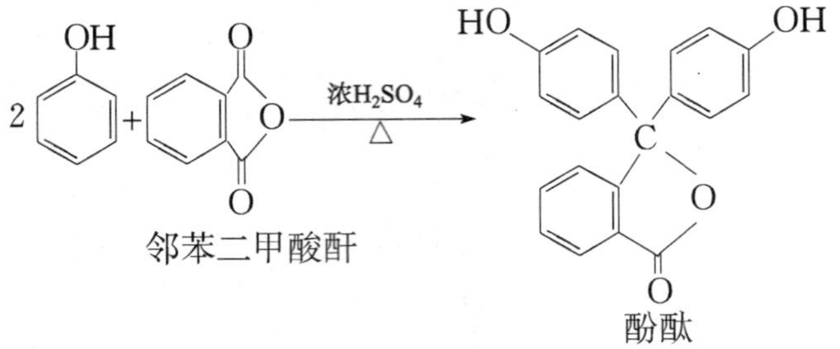


酚酞为无色固体，是常用的指示剂。溶液 pH 小于 8.5 时为无色，pH 大于 9 时变为粉红色：

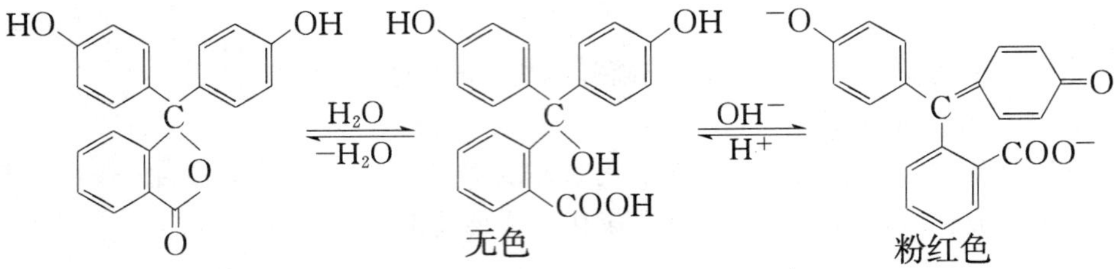


⑤ Reimer-Tiemann 反应

苯酚与氯仿和氢氧化钠水溶液一起加热，在苯环上引入醛基，称为 Reimer-Tiemann 反应。能够发生此反应的化合物还有萘酚、多元酚、酚酮以及某些芳香杂环化合物：

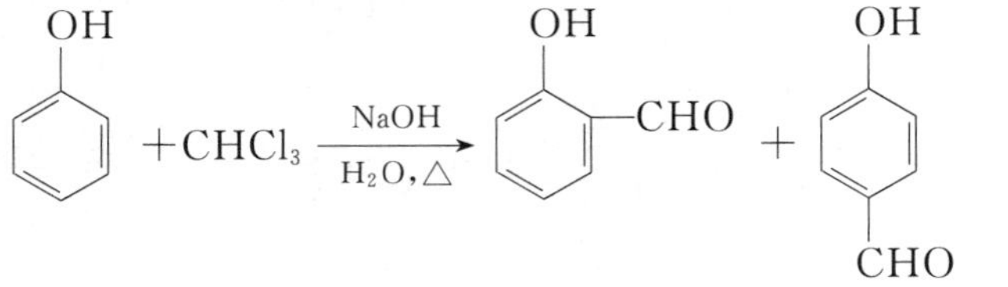


该反应的机理一般认为是经由二氯卡宾(Dichlorocarbene)的亲电取代：

$$CHCl_3 + OH^- \xrightarrow[-H_2O]{} :\overset{-}{C}Cl_3 \xrightarrow[-Cl^-]{} :CCl_2$$

(二氯卡宾)

二氯卡宾的碳原子周围只有六个电子，是亲电的活性中间体，可立即和苯氧负离子发生反应：

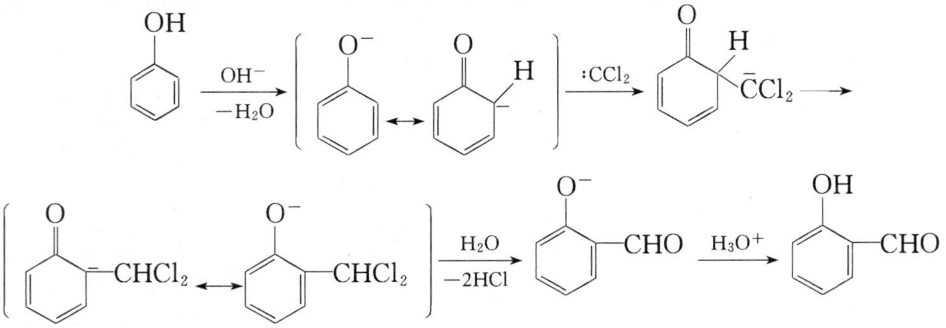

在该反应体系中，如果用醇溶液代替水溶液，或在反应中加入某些相转移催化剂，可减少副反应，提高产率。例如：

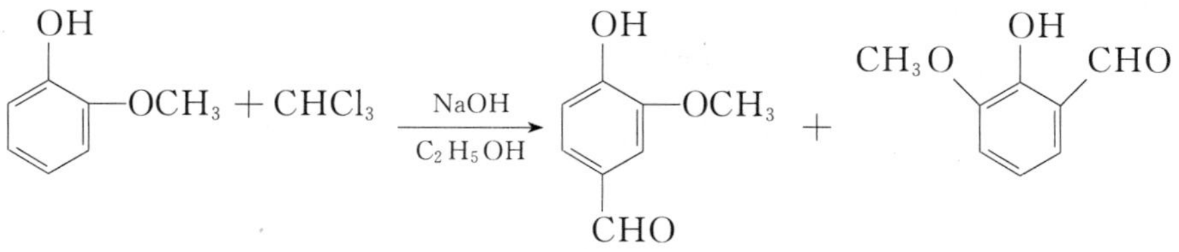

⑥ Kolbe-Schimitt 反应

酚盐在一定的温度和压力下与二氧化碳反应，在苯环上引入羧基生成酚酸，称为 Kolbe－Schmitt 反应。例如：

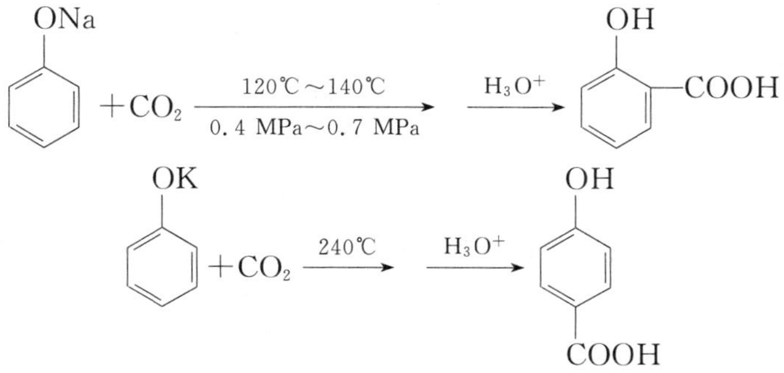

此反应的机理可能与苯氧负离子中高活性的苯环对 $CO_2$ 的亲电进攻有关：

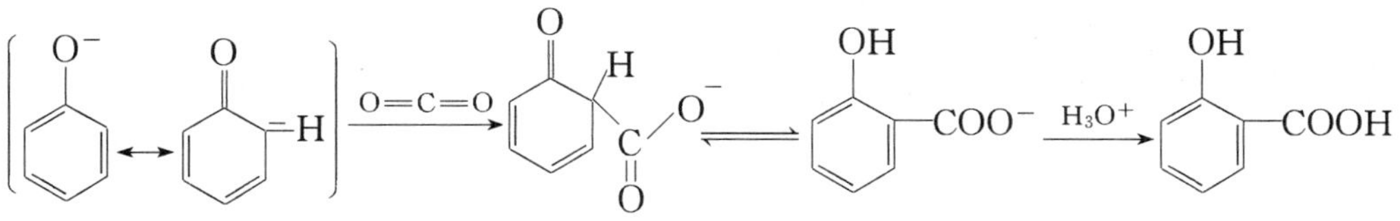

(3) 酚的氧化与还原

① 酚的氧化反应

酚类化合物很容易被氧化，暴露于空气中或光照下，会变成有颜色的物质，而且化合物中的杂质会加快氧化反应的速度。一般情况下，酚被氧化成醌。例如：

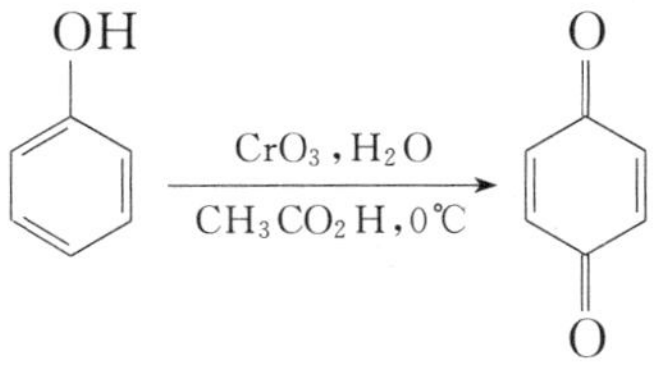

（对苯醌）

邻和对位的二元酚更容易被氧化：

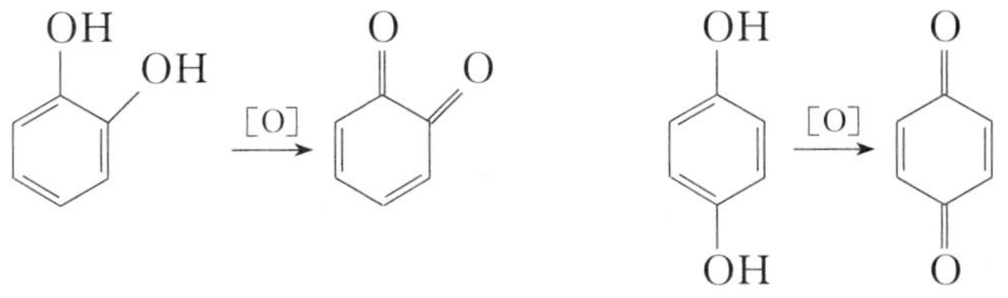

（邻苯醌）　　　　（对苯醌）

间苯二酚较难被氧化，因为不可能有间苯醌生成。

酚的氧化过程是复杂的，同时包含着自由基的生成，例如，苯酚可生成苯氧自由基：

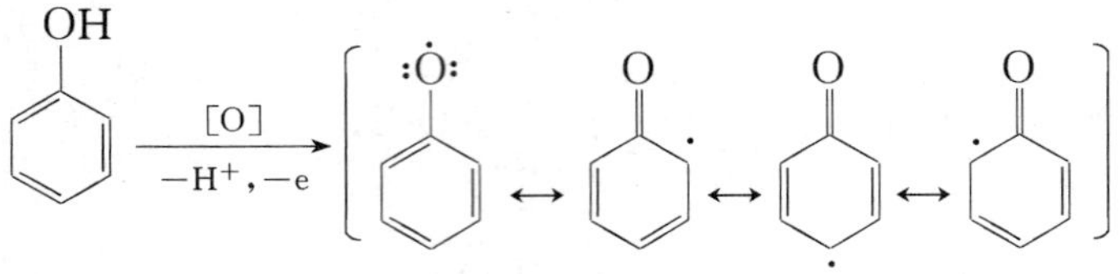

苯氧自由基很活泼，可继续被氧化成醌，也可能发生其他自由基型反应，例如偶联反应。苯酚在铁氰化钾等氧化剂存在下，可以生成4,4′-二羟基联苯：

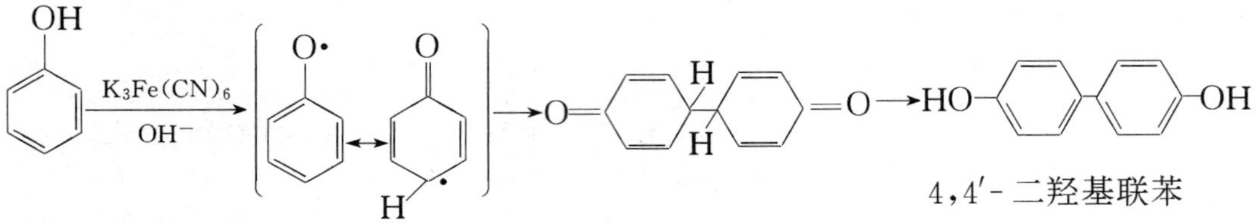

4,4′-二羟基联苯

② 酚的还原反应

在高温和催化剂存在下，酚类可以加氢生成脂环醇。环己醇在工业上就是通过苯酚加氢来制备的：

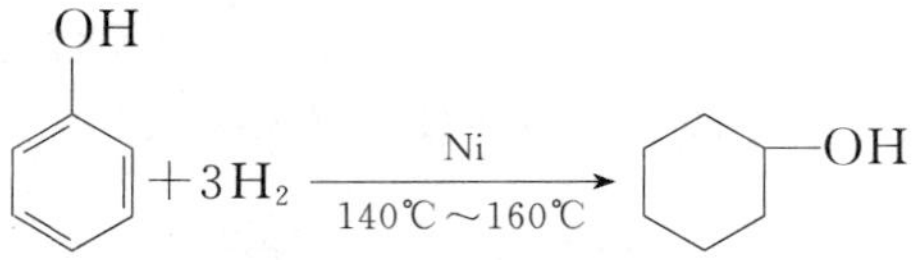

另外，苯酚与锌共热蒸馏，可得到苯：

(4) 酚与醛、酮的缩合反应

在酸或碱的催化下，苯酚可以和很多羰基化合物缩合。如，在催化剂存在下，苯酚与甲醛反应，在酚羟基的邻、对位上引入羟甲基，生成羟甲基酚：

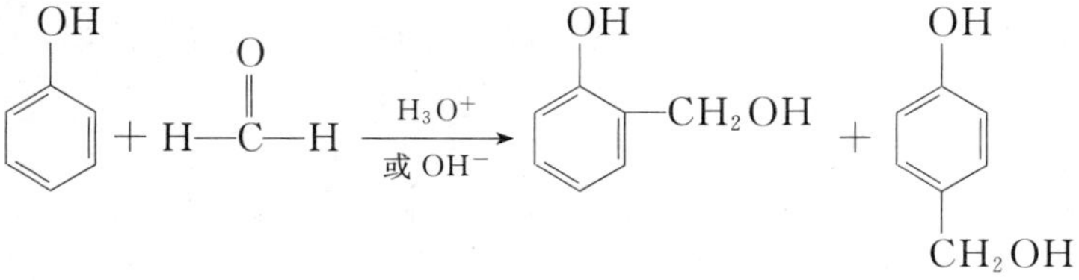

机理过程大致如下：

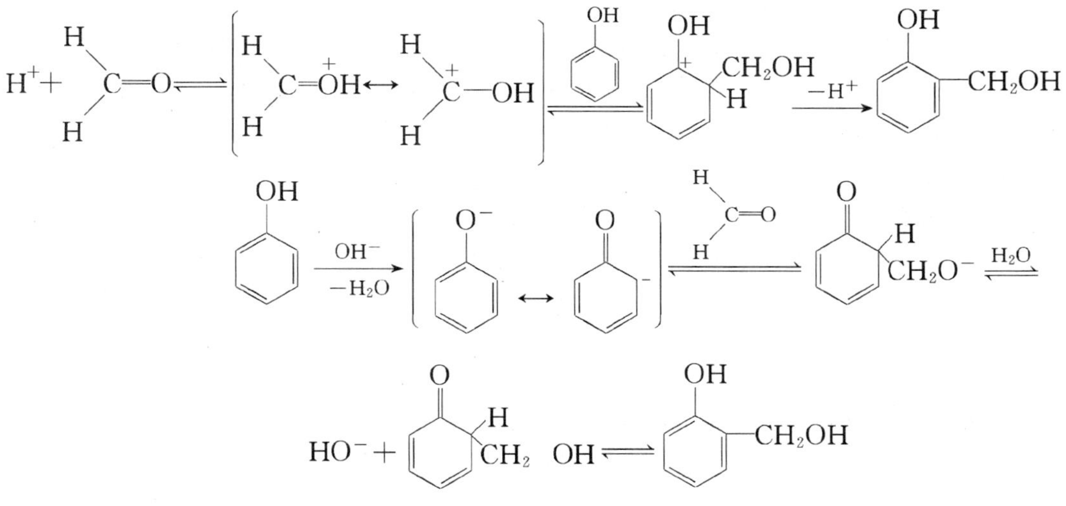

生成的产物既是酚，又属于苄醇，具有很高的反应活性，可以继续发生反应，缩聚成高分子化合物——酚醛树脂。当酚与醛的配比以及催化剂的类型不同时，缩合产物也不同。接近等摩尔的苯酚和甲醛在酸催化下，缩聚成低分子量的线型树脂，可溶于有机溶剂，加热、加压或加入固化剂，可生成网状或体型树脂，主要用作粘合剂、干性油掺合剂、模塑粉等。苯酚与过量甲醛在碱性条件下反应，则生成线型直至体型结构的树脂。

苯酚也可以与丙酮发生缩合生成2,2-二(4,4′-二羟基苯基)丙烷(俗名双酚A)：

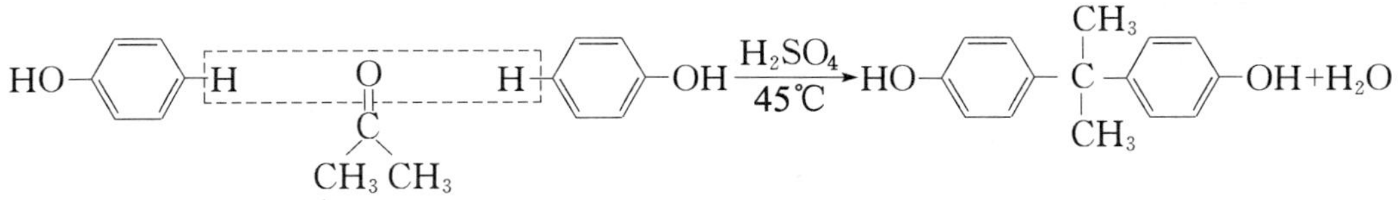

双酚A为白色固体，熔点154℃，是重要的化工原料。目前应用最广的是双酚A与环氧氯丙烷在氢氧化钠存在下，制备环氧树脂：

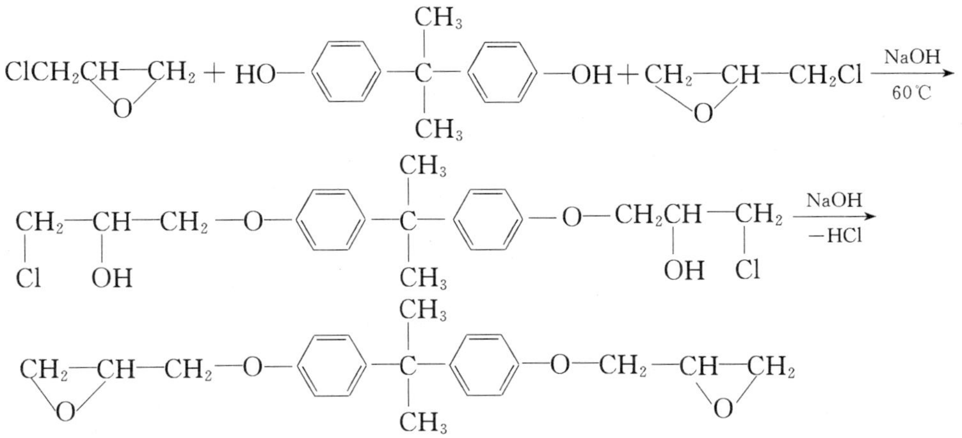

生成物可继续与双酚A作用，得到分子量较高的末端具有环氧基的线型聚合物——环氧树脂。环氧树脂具有极强的粘结性，俗称“万能胶”。

10.2.2.3 醚的化学性质

除了三、四元环醚之外，醚是相当稳定的一类化合物，尤其是对碱性物质。乙醚与金属钠不起反应，所以实验室中常用金属钠来除去乙醚中的微量水，以制备无水乙醚。

但醚在和酸性物质或氧化剂相遇时，可以发生一些重要的反应。

(1) 链状醚的化学性质

① 𬭩盐和配合物的形成

醚键(C—O—C)氧原子上有孤对电子，也能和无机强酸如浓硫酸生成𬭩盐：

$$R-\ddot{O}-R + H_2SO_4 \longrightarrow R_2\overset{+}{\underset{H}{O}} \cdot HSO_4^-$$

这种𬭩盐可溶于冷的浓硫酸中。当𬭩盐的浓硫酸溶液用水稀释时，𬭩盐被破坏，析出原来的醚。有时可利用这一性质将醚与烷烃或卤代烷相区分。

醚类可与三氟化硼、三氯化铝等多种 Lewis 酸形成配合物：

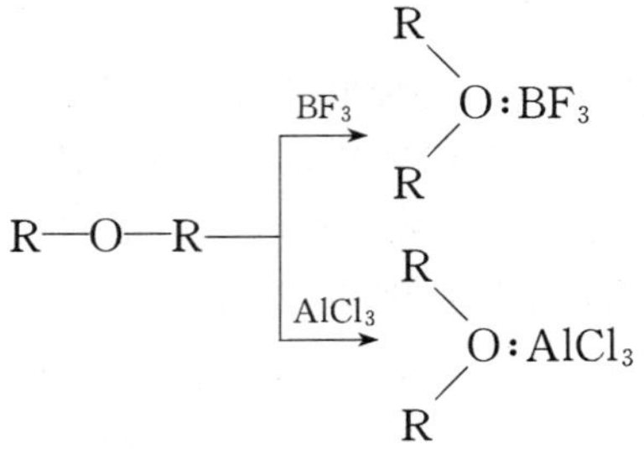

这些配合物在有机化学上有重要的用途。例如，三氟化硼乙醚配合物是常用的催化剂。虽然起催化作用的是三氟化硼，但它是气体，不易保存和使用，与乙醚形成配合物，使用很方便。

② 醚键的断裂

醚与浓的氢碘酸或氢溴酸一起加热，则醚键可发生断裂：首先生成一个卤代烷和一个醇，醇进一步与过量的 HX 反应，生成卤代烷。芳基烷基醚则生成酚和卤代烷。例如：

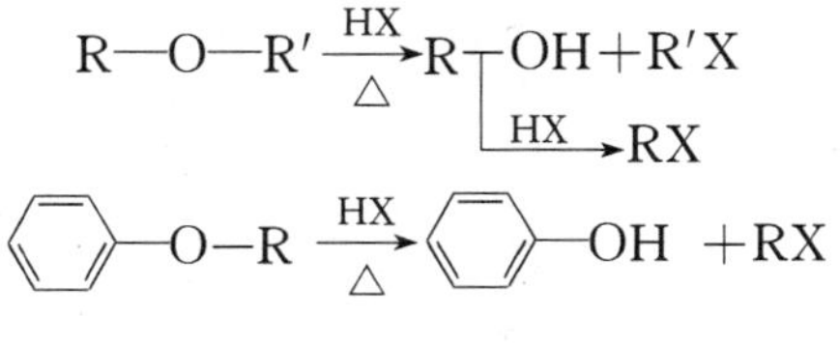

醚接受质子形成𬭩盐后，使碳氧键活化，根据醚的结构按 $S_N1$ 或 $S_N2$ 发生反应：

$$R-O-R' + HX \rightleftharpoons R-\overset{+}{\underset{H}{O}}-R' + X^- \xrightarrow[\text{或 } S_N2]{S_N1} R'X + ROH$$

伯醇、仲醇生成的醚，容易按 $S_N2$ 反应机理进行，生成较小烷基的卤代烷和较大体积的醇。例如：

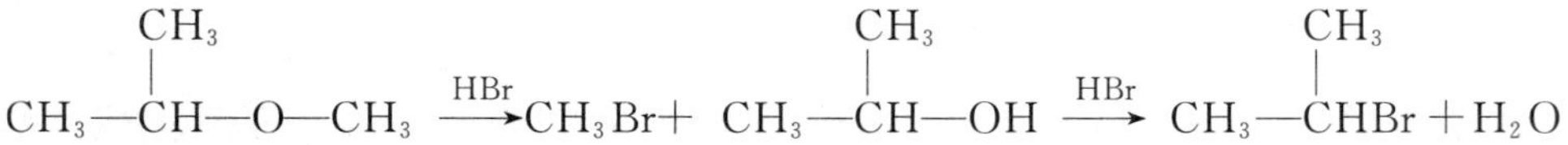

叔醇生成的醚，很容易按 $S_N1$ 反应机理进行，生成叔卤代烷和醇：

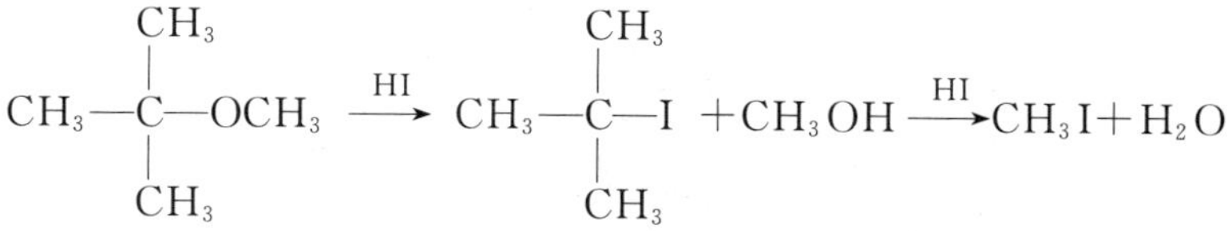

由于叔烷基碳正离子较稳定，容易生成，所以，叔丁基醚的碳-氧键断裂非常容易，即使用稀硫酸也能使它断裂，故常利用它的这种性质来保护醇羟基。例如：

$$HOCH_2CH_2Br \xrightarrow[H_2SO_4]{过量(CH_3)_2C=CH_2} (CH_3)_3C—OCH_2CH_2Br$$

$$\xrightarrow[无水乙醚]{Mg} (CH_3)_3COCH_2CH_2MgBr \xrightarrow[(2)H_3O^+]{(1)CO_2} (CH_3)_3C—OCH_2CH_2COOH$$

$$\xrightarrow[\triangle]{H_2SO_4} HOCH_2CH_2COOH$$

③ 过氧化物的生成

醚类会生成过氧化物。例如乙醚和空气长期接触，就会有过氧化物生成。虽然过氧化物的结构尚未完全确定，但它的生成应当与 α-H 的活性有关，过氧键接在 α-碳原子上：

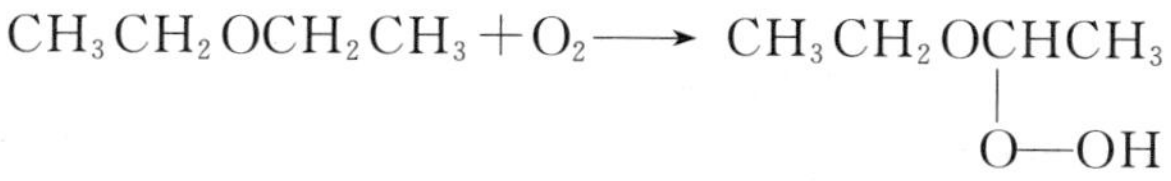

过氧化物不稳定，—O—O— 键能约为 146 kJ · $mol^{-1}$，受热时很容易分解为自由基，引发更复杂的反应，并放出大量能量，甚至引起爆炸。所以，在使用乙醚前，应检查有无过氧化物存在，蒸馏乙醚时注意不要蒸干和温度过高。醚中是否有过氧化物，可用淀粉—碘化钾试纸来检验，试纸变蓝说明有过氧化物存在。也可以用硫酸亚铁和硫氰化钾的混合液来检验，溶液显红色说明有过氧化物。除去过氧化物的方法是用硫酸亚铁溶液洗涤，过氧化物被还原剂硫酸亚铁破坏。

（2）环醚的化学性质

① 1,2-环氧化合物的反应

a. 环氧乙烷的开环反应

环氧乙烷为三元环醚，分子具有较大的张力，环易开裂，性质非常活泼。它能和许多含活泼氢的化合物，例如水、氢卤酸、醇、酚、氨等作用，开环时碳氧键断裂，生成一系列含β-羟基的化合物：

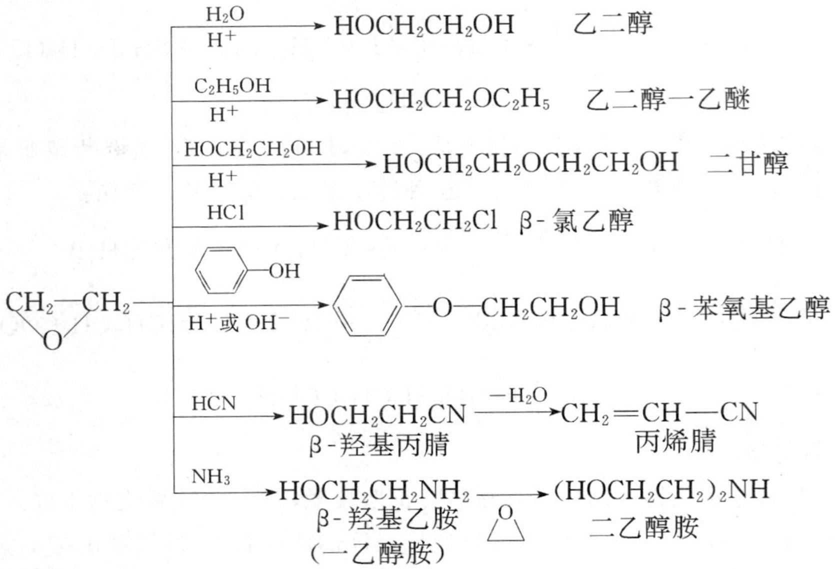


这些生成物都是重要的化工产品。例如，乙二醇可用作抗冻剂，又是合成纤维涤沦等的原料；乙二醇单乙醚是重要的溶纤剂；而乙醇胺类化合物则是许多乳化剂的重要成分。

环氧乙烷也能和格氏试剂发生反应，进一步水解后生成比格氏试剂中的烃基增加两个碳的伯醇：

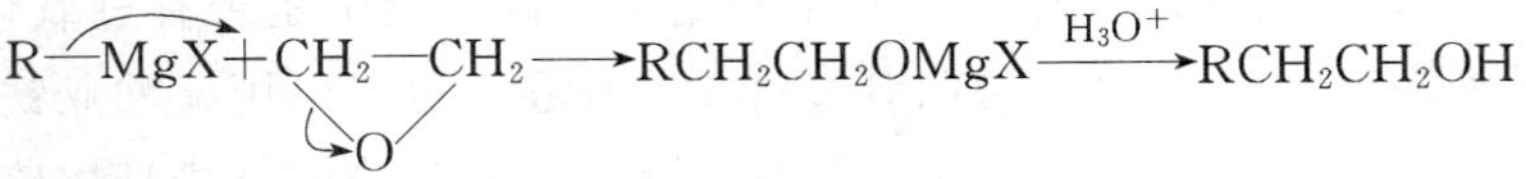

b. 不对称环氧乙烷衍生物的开环反应

对于不对称取代的环氧乙烷，例如1,2-环氧丙烷，环氧环上两个碳原子是不等同的，所以开环的方向有两种，生成的产物也不相同。开环的方向与体系的酸碱性有关。例如：

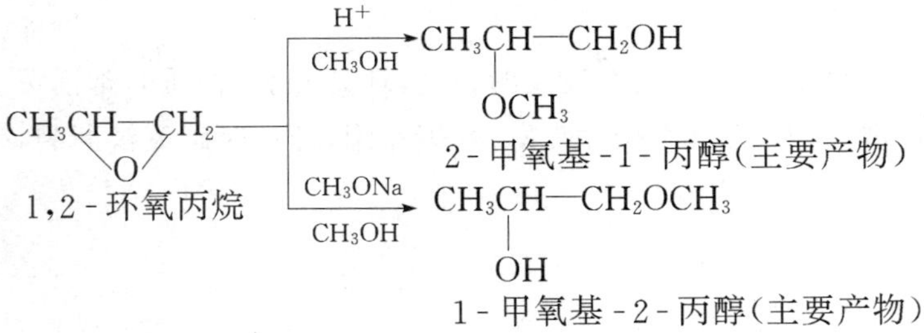


在酸性条件下开环反应主要发生在取代基较多的一端，而在碱性条件下开环反应主要发生在取代基较少的一端。

在酸性条件下，环氧化合物首先质子化，对碳氧键的断裂起催化作用，而离去基团变为醇羟基，也利于碳氧键的断裂。但在酸性条件下亲核试剂的亲核性也有所降低。这类反应可以按 $S_N1$ 进行，也可以按具有 $S_N1$ 特性的 $S_N2$ 进行。1,2-环氧丙烷的反应是按后者进行的。若正电荷向取代基较多的碳原子上分散，则形成的 $S_N2$ 过渡态能量较低。所以，在酸性条件下开裂发生在取代基较多的一端。例如：

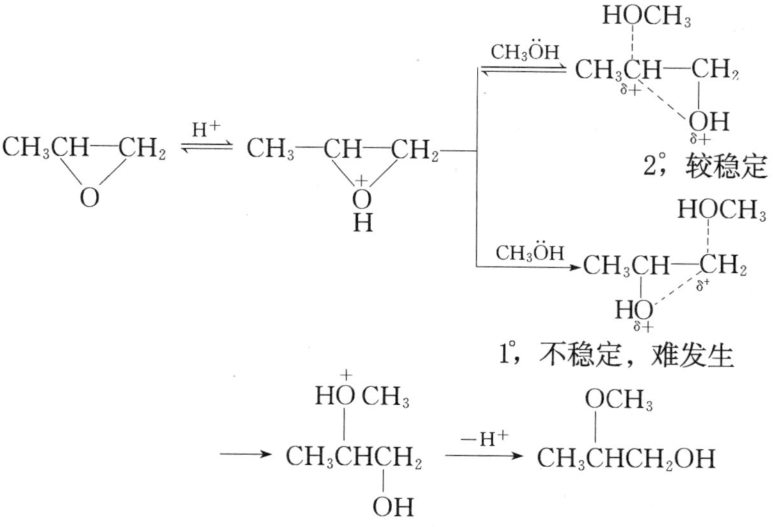

在碱性条件下，环氧环受强亲核试剂的进攻，而离去基团也是一个强碱，反应按 $S_N2$ 机理进行，此时，亲核试剂进攻空间位阻较小的碳原子，所以环的开裂发生在取代基较少的一端：

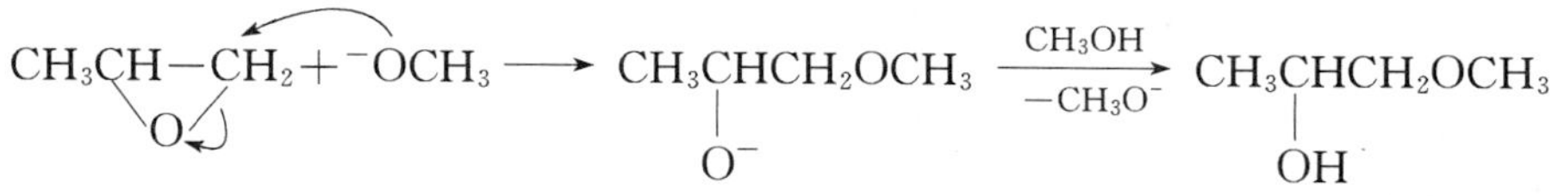

# §10.3　醇、酚、醚的制备及重要的化合物

## 10.3.1　醇、酚、醚的制备

### 10.3.1.1　醇的制备

(1) 一元醇的制备

① 发酵法制醇

乙醇是酒的主要成分，我国在两千多年以前就知道用发酵法制酒。发酵法的原料主要是含淀粉的谷物和薯类等。淀粉在酶的作用下发酵，可以得到正丁醇、丙酮和乙醇等。

② 由烯烃制备醇

a. 烯烃的水合

较简单的醇，例如乙醇、异丙醇、叔丁醇等一般可由烯烃的水合来合成。烯烃的水合反应又分一步法(直接水合法)和两步法(通过硫酸氢酯水解的间接水合法)。例如：

$$CH_2{=}CH_2 + H_2O \xrightarrow[300℃, 10\ MPa]{H_3PO_4} CH_3CH_2OH$$

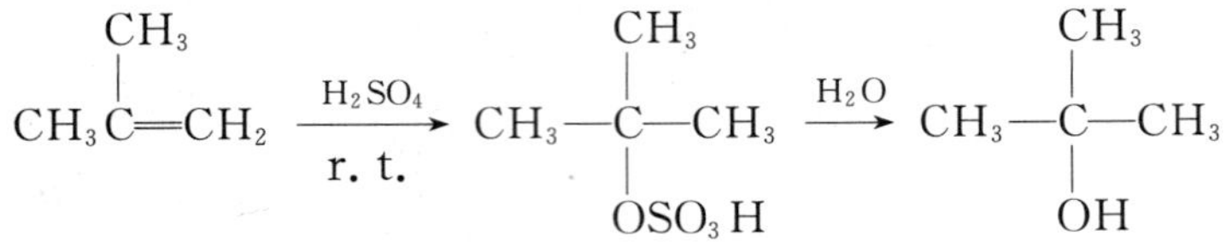

除乙烯水合生成伯醇外，根据烯烃的加成规则，其他烯烃水合都是得到仲醇或叔醇，反应条件也比乙烯水合缓和一些。

b. 羰基合成

所谓羰基合成反应(Oxo process)一般是指烯烃(常用1-烯烃)、一氧化碳和氢，在高温、高压和催化剂作用下生成比原来烯烃多一个碳原子的醛或醇的反应：

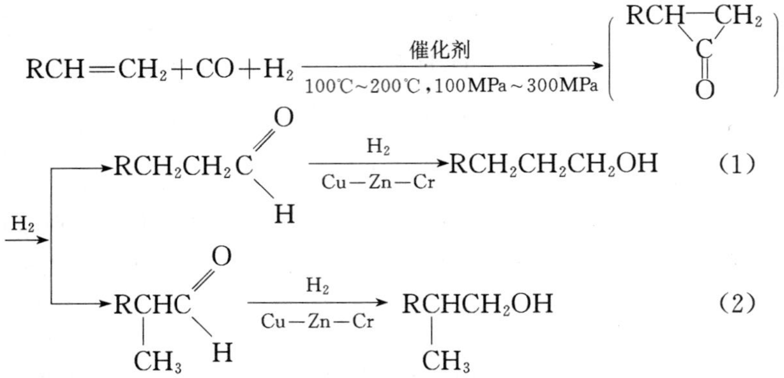

两种产物中以(1)为主。最常用的催化剂为$[Co(CO)_4]_2$和$[Fe(CO)_4]_2$。

一氧化碳也可以和氢作用生成甲醇，这是工业上生产甲醇的方法：

$$CO + H_2 \xrightarrow[\triangle, P]{ZnO-Cr_2O_3} CH_3OH$$

c. 羟汞化—脱汞反应

烯烃与醋酸汞的水溶液(常用四氢呋喃稀释)作用，迅速生成羟基汞化合物，后者再用硼氢化钠还原脱汞，得到符合马氏加成的醇。例如：

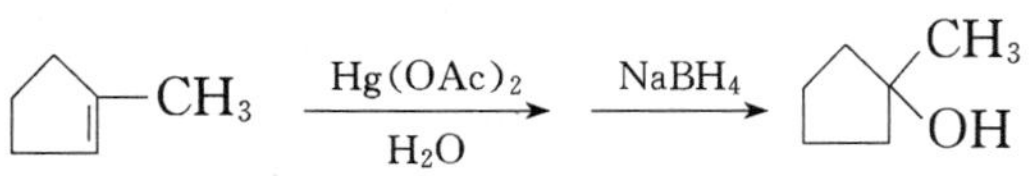

此反应条件温和，反应快，产率高(通常可超过90%)，是重要的实验室合成方法。

d. 硼氢化-氧化反应

烯烃的水合和羟汞化-脱汞反应，除乙醇之外，生成的醇都是仲醇和叔醇。烯烃的硼氢化一氧化反应获得的醇，相当于水与烯烃的反马氏加成产物。例如：

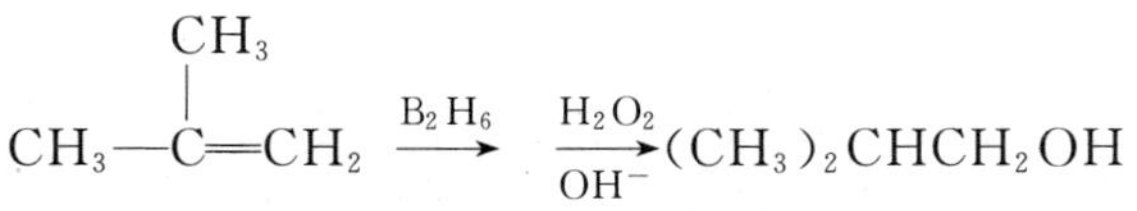

硼氢化-氧化反应不经过碳正离子中间体，没有重排产物生成，而且在立体化学上是顺式加成。

③ 由Grignard试剂制备醇

醛、酮的 Grignard 反应是实验室中常用的制备醇的方法。不同的醛、酮生成不同类型的醇：

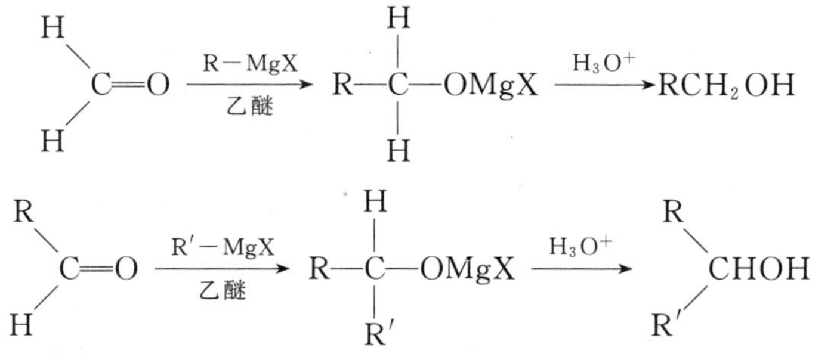

环氧乙烷与 Grignard 试剂反应，生成比 Grignard 试剂增加两个碳原子的伯醇：

④ 醛、酮或羧酸及其酯的还原法制醇

醛、羧酸及其酯还原后生成伯醇，而酮还原后生成仲醇。例如：

$$CH_3(CH_2)_5CHO \xrightarrow[\text{醋酸水溶液}]{Fe} CH_3(CH_2)_5CH_2OH$$

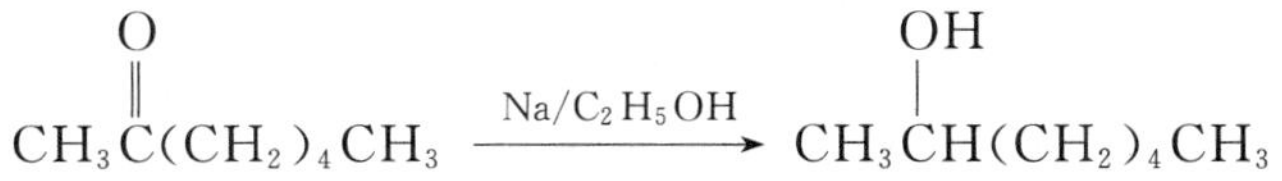

$$CH_2{=}CHCH_2COOH \xrightarrow{LiAlH_4} \xrightarrow{H_3O^+} CH_2{=}CHCH_2CH_2OH$$

⑤ 卤代烃的水解法制醇

卤代烃水解可以生成醇。但此法具有很大的局限性，因为反应过程中可以发生消除反应生成烯烃副产物，特别是叔卤代烃。

(2) 邻二元醇的制备

1,2-二醇(邻二醇)具有一些特殊的性质，其制备方法以前内容已有涉及，如烯烃的氧化法、1,2-环氧化合物的水解法等：

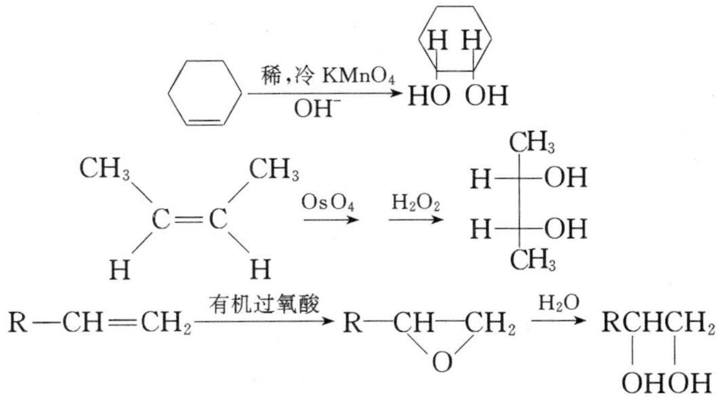

利用酮的还原二聚，也是制备邻二醇的好方法：

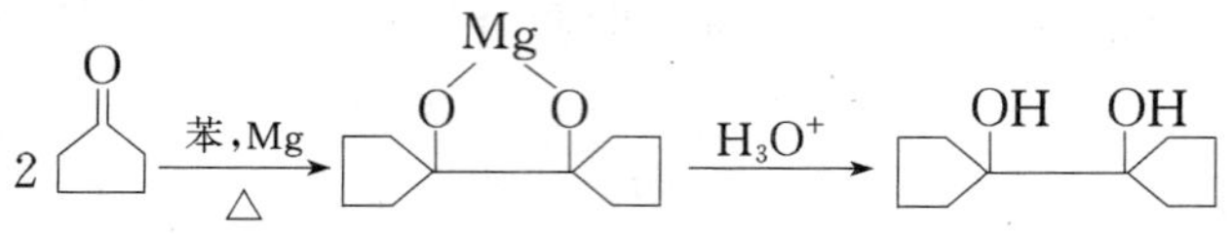

常用的还原剂是镁、镁汞齐或铝汞齐，反应通常是在非质子溶剂如苯中进行的，生成的产物是邻二叔醇。

10.3.1.2 酚的制备

(1) 芳香磺酸盐碱融熔法

芳香磺酸盐(钠或钾盐)与氢氧化钠(或钾)一起融熔，发生亲核取代反应：

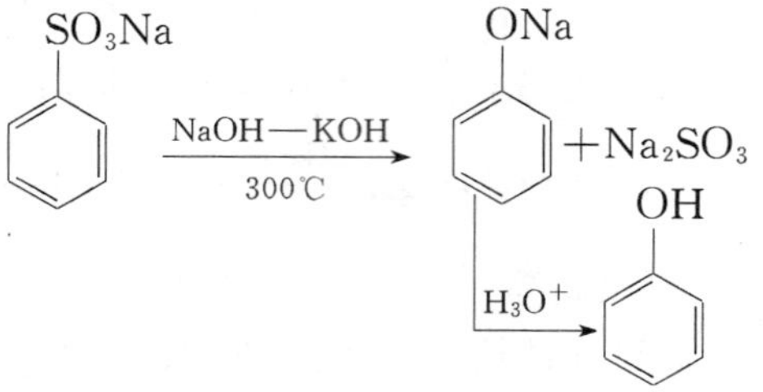

这是早期工业上制备苯酚的一种方法。该法工艺成熟，但设备腐蚀严重，成本较高。

(2) 卤代芳烃的水解法

卤苯中的卤原子直接与苯环相连，由于形成 p-π 共轭体系，使得碳-卤键更加牢固，因此这类卤原子不活泼，但在高温、高压和催化剂存在下仍可发生水解生成酚：

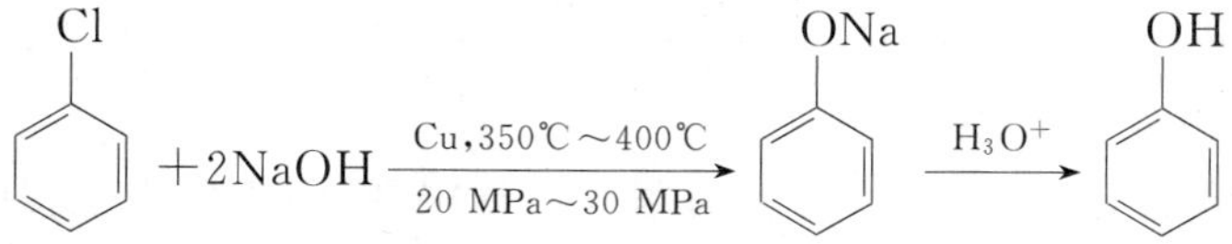

在相似条件下，邻氯苯酚水解生成邻苯二酚：

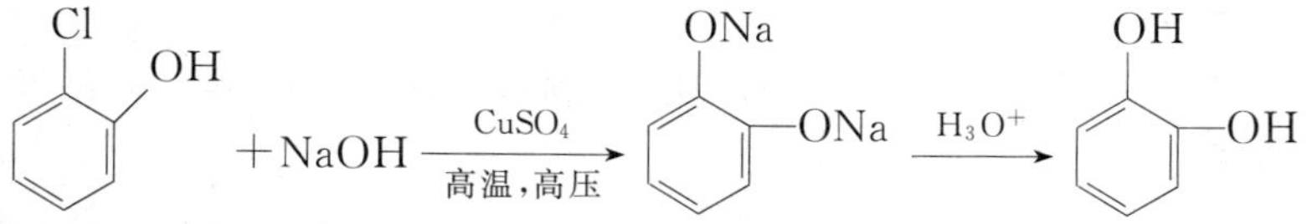

当卤素的邻、对位上有强吸电子基团时，水解反应较易进行。例如：

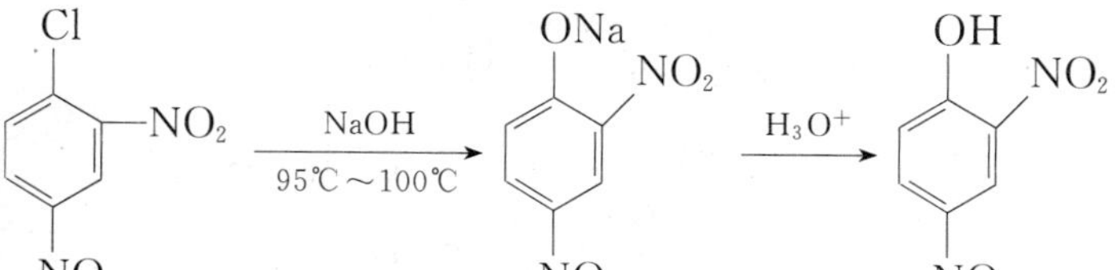

(3) 重氮盐法

利用重氮盐水解法制酚，通常适用于小量生产或实验室中制备。某些酚类化合物，例如间硝基苯酚、间羟基苯磺酸等可用这个方法合成：

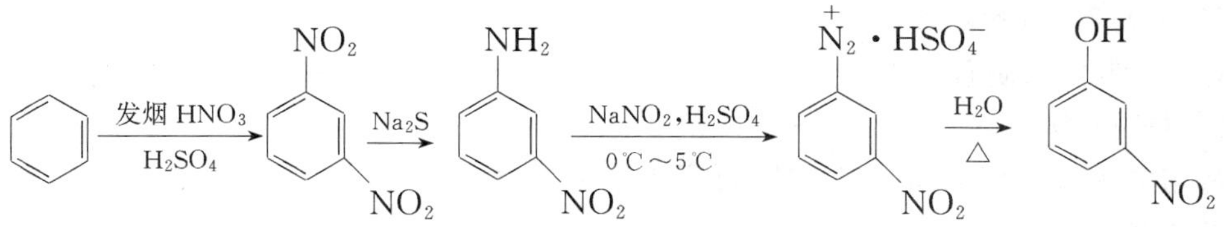

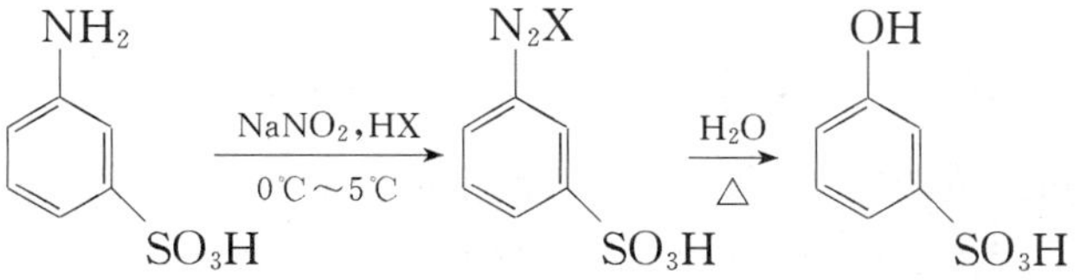

(4) 异丙苯法

这是目前世界上合成苯酚的主要方法。异丙苯可由苯和丙烯经烷基化反应得到，再在空气存在下氧化成氢过氧化异丙苯，后者在酸性条件下水解，可同时得到苯酚和丙酮：

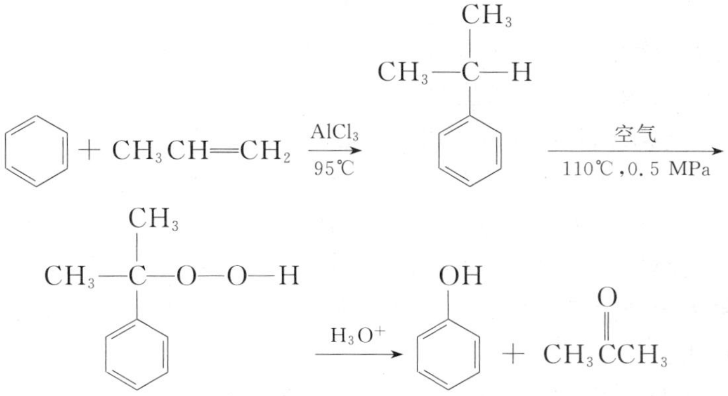

氢过氧化异丙苯分解成苯酚和丙酮反应机理大致如下：

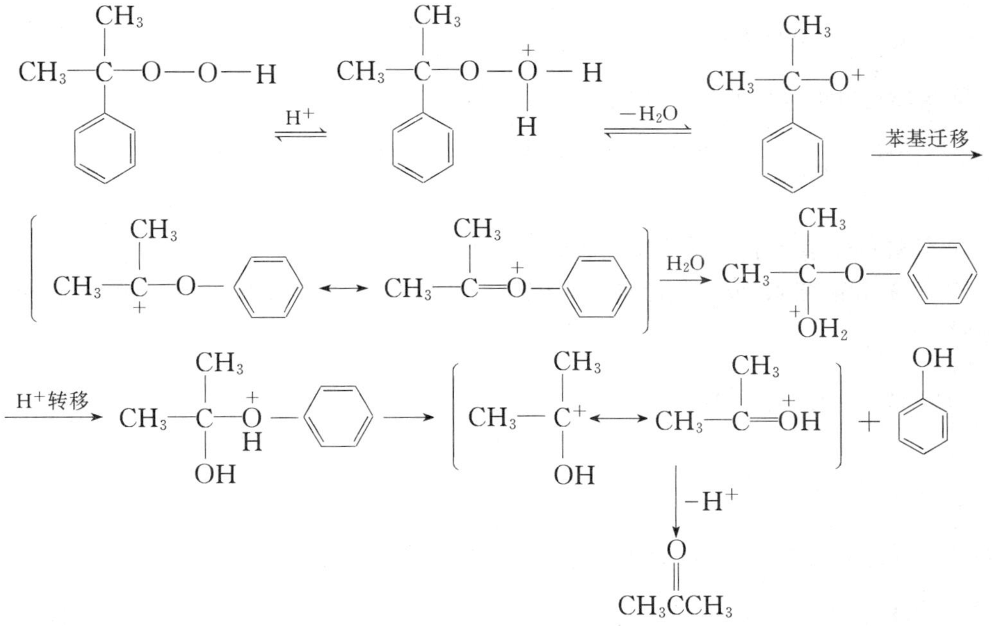

10.3.1.3　醚的制备

(1) 一般醚的制备

① 醇脱水法

醇与浓硫酸或氧化铝一起加热，可脱去水生成醚。这是在工业及实验室中制备低级单醚的方法：

$$2CH_3CH_2OH \xrightarrow[140℃]{浓\ H_2SO_4} C_2H_5OC_2H_5 + H_2O$$

先将部分乙醇和浓硫酸在100℃以下混合，生成硫酸氢乙酯，加热至约140℃，再将其余的乙醇慢慢加入反应体系中，生成的乙醚不断地被蒸馏出来。

某些环醚也可以用二元醇经过相似的方法来制备：

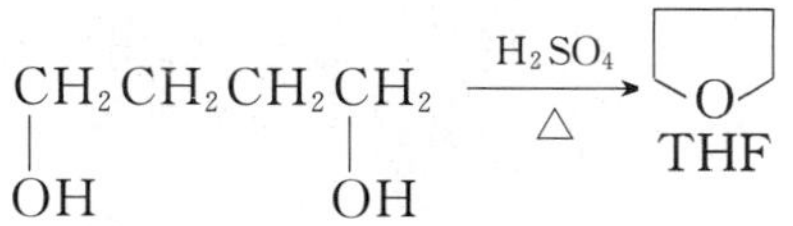

常用的催化剂有硫酸、磷酸、对甲苯磺酸、氧化铝，也可以用氯化锌、三氟化硼等。

② Willamson 合成法 ($S_N2$ 反应)

这是通过醇钠或酚钠和卤代烃作用制备醚的一种方便方法：

$$R—ONa + X—R' \longrightarrow R—O—R' + NaX$$

利用此反应既可合成单醚，也适用于合成混合醚。

利用此法合成醚时，一般选用伯卤代烷。因为醇钠是一种强碱，在此条件下仲卤代烷和叔卤代烷容易发生消除反应生成烯。若想制备叔丁基醚，如叔丁基甲基醚，可用叔丁醇钠与碘甲烷作用：

$$(CH_3)_3C—ONa + CH_3I \longrightarrow (CH_3)_3C—O—CH_3 + NaI$$

制备芳基甲基醚时，常用酚钠与硫酸二甲酯作用：

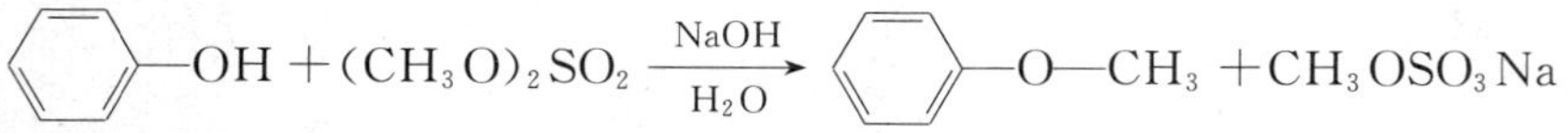

某些环醚也可以用此法来合成。例如：

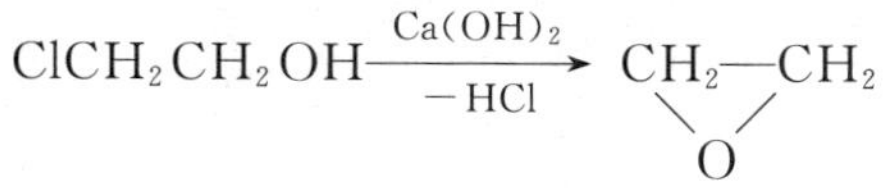

③ 烯烃的烷氧汞化－脱汞反应法($S_N1$)

烯烃、醇和醋酸汞(或三氟醋酸汞)一起反应，生成烷氧汞化物，后者经硼氢化钠还原生成醚：

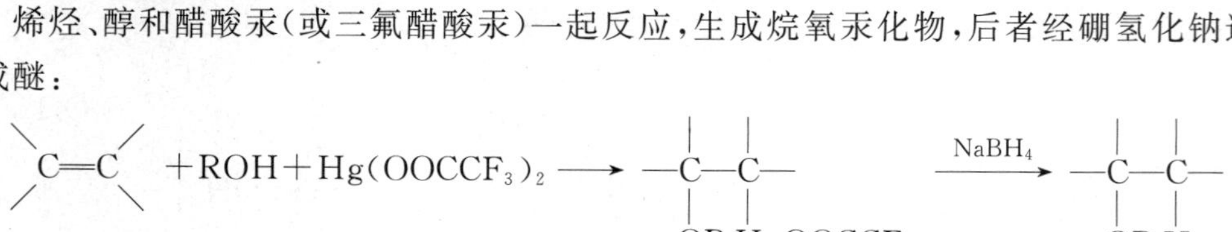

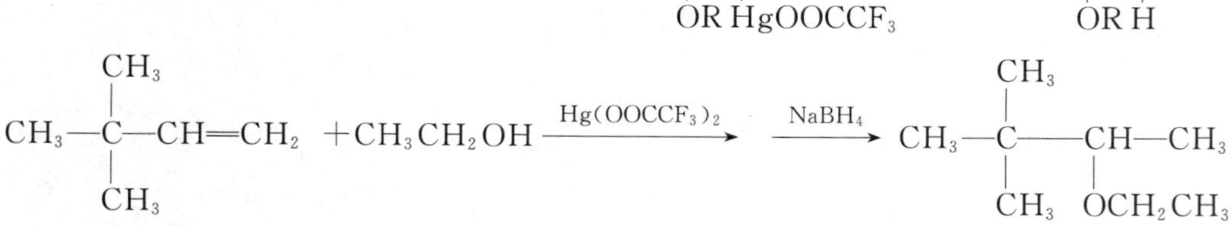

此反应与烯烃的羟汞化脱汞制备醇相似，只是以醇代替水，在碳碳双键上引入烷氧基，加成产物是符合 Markovnikov 规则的。此法有不发生消除的优势。

④ 乙烯基醚的合成

乙烯基醚 $CH_2{=}CH{-}OR$，通常是用乙炔和醇在醇钠或氢氧化钠催化下制备的。例如：

$$CH{\equiv}CH + C_2H_5OH \xrightarrow[160℃\sim180℃]{NaOH} CH_2{=}CH{-}O{-}C_2H_5$$

(2) 环氧化合物——环氧乙烷——的制备

制备环氧化合物的方法除了已提到的 Willamson 合成法外，还有以下几个重要类型：

① 乙烯的催化氧化法

这是工业上制备环氧乙烷的主要方法。将乙烯与空气混合，在高温、高压下通过银催化剂，可得到环氧乙烷：

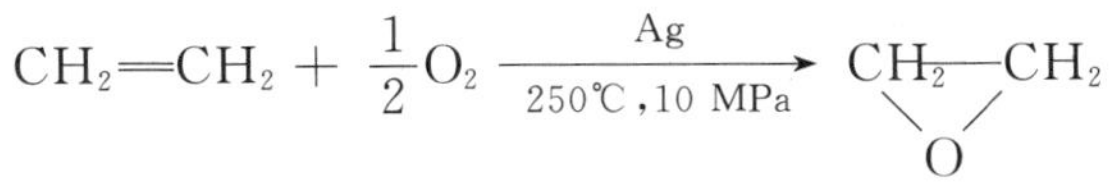

一般烯键可用有机过氧酸氧化法：

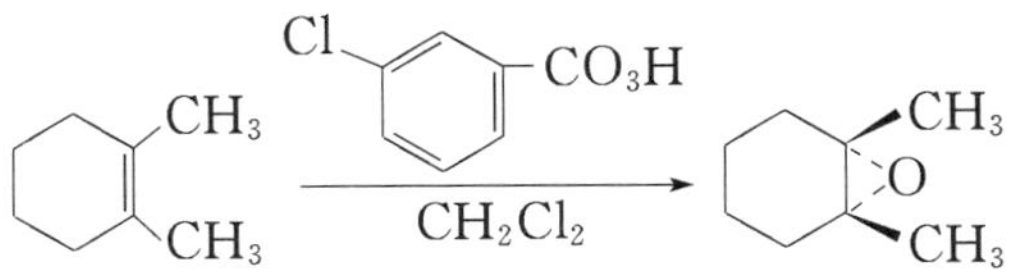

② β-卤代醇在碱性条件下的分子内亲核取代反应法

该法也可以得到 1,2-环氧化合物，例如：

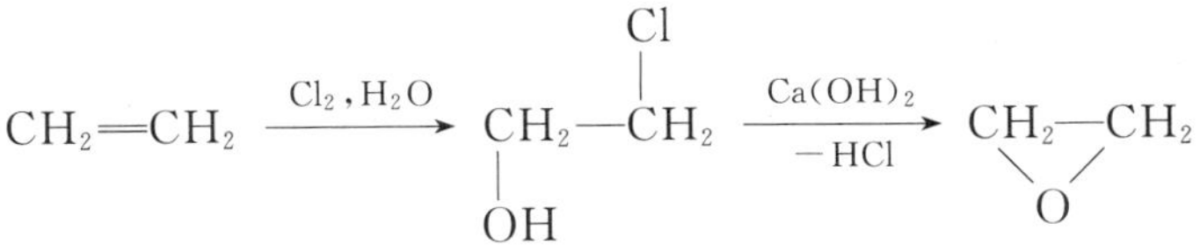

## 10.3.2　重要的化合物

### 10.3.2.1　重要的醇

(1) 甲醇(Methanol)

甲醇最初是由木材干馏得到的，因而又名木精(或木醇)。工业上是由一氧化碳和氢气合成的。

甲醇有毒，饮用一定量的甲醇可以造成失明，甚至使人中毒致死。甲醇为可燃性的无色透明液体，主要用作溶剂、燃料和有机合成原料。

(2) 乙醇(Ethanol)

俗名酒精，是酒的主要成分。目前工业上是由粮食发酵和乙烯水合制备的。

乙醇可以和水形成恒沸物。恒沸物的组成为 95.57％的乙醇和 4.43％的水，恒沸点为 78.15℃。因此，用蒸馏的方法只能得到含量最高(95％)的普通乙醇。

工业上制备无水乙醇，是在普通乙醇中加入适量的苯，再进行蒸馏。先蒸出的是苯：

乙醇∶水为74.1∶18.5∶7.4的三元恒沸物(b.p.64.9℃),随后为苯∶乙醇等于67.6∶32.4的二元恒沸物(b.p.68.3℃),最后得到沸点为78.5℃的无水乙醇,纯度可达99.5%。用离子交换树脂法或生石灰与乙醇回流,也可制备无水乙醇。用金属镁处理无水乙醇,将其中的少量水转变成氢氧化镁,然后蒸馏,可得到纯度99.95%的绝对乙醇。

乙醇对人体的作用是先兴奋后麻醉,大量饮用对人体有毒。工业酒精或试剂酒精中常含有少量甲醇,故不能饮用。乙醇是用途广泛的化工原料。

(3) 乙二醇(Glycol)

俗名甘醇,是具有甜味的粘稠液体。沸点198℃,因含有两个可缔合的羟基,沸点远高于分子量相近的一元醇。能与水、乙醇、丙酮等混溶。

工业上乙二醇主要由乙烯来制备:

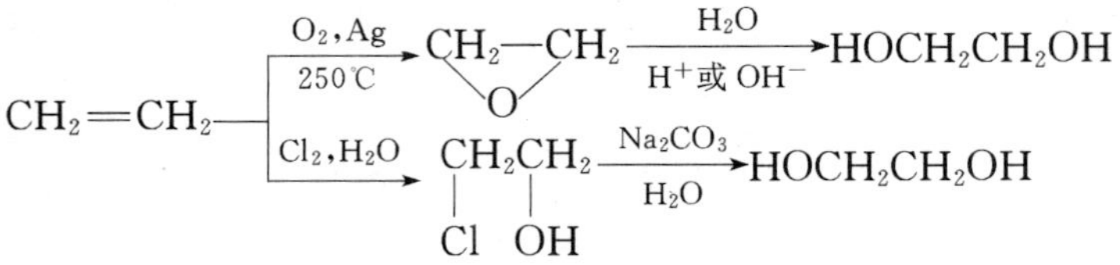

乙二醇是重要的化工原料,广泛用于有机合成、塑料工业、合成纤维、日用化工等领域。此外,还可用作高沸点溶剂和机动车冷却系统的抗冻剂。

(4) 丙三醇(Glycerine)

俗名甘油,是无色、无臭、有甜味的粘稠液体,沸点290℃(分解)。易吸潮,能与水、乙醇混溶,不溶于苯、氯仿等有机溶剂。

油脂水解可得到甘油,是肥皂工业的副产品。工业上甘油是以丙烯为原料合成的:

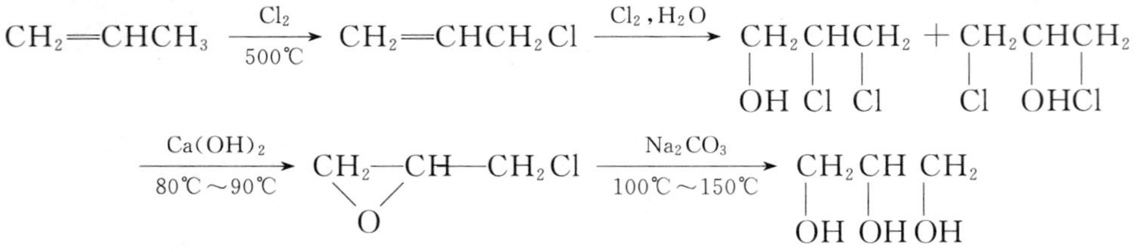

甘油用途很广,可作为抗冻剂、吸潮剂、增塑剂等,在油漆工业上,可制醇酸树指。在化妆品、皮革、烟草、食品以及纺织品工业等领域也有广泛的用途。

(5) 苯甲醇(Benzyl alcohol)

也叫苄醇。为无色液体,沸点206℃,微溶于水,有轻微的令人愉快的香气。以酯的形式存在于许多植物精油中。工业上主要以氯化苄水解制备:

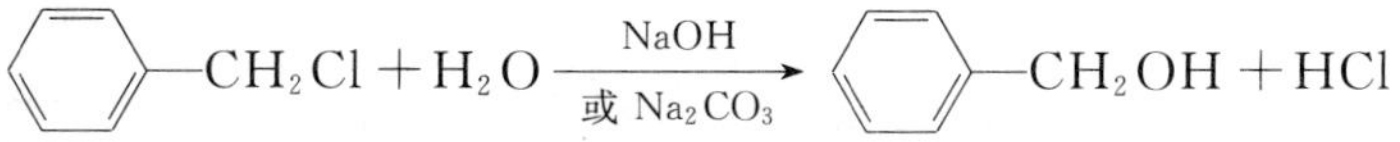

苄醇是重要的有机化工原料。它的许多酯可用作香料。

(6) 环己六醇(Cyclohexanehexol,inositol)

又名肌醇。白色结晶,熔点225℃,能溶于水,不溶于无水乙醇、乙醚中,有甜味。

肌醇存在于动物心脏、肌肉和未成熟的豌豆中,是某些动物和微生物生长所必需的物质。肌醇的六磷酸酯广泛存在于植物界,称为植物精。植物精通常以钙镁盐的形式存在,俗称植酸钙镁。植酸钙镁在碱性条件下水解,然后经处理,可得结晶状肌醇。

肌醇是一种高级营养品，也是一种药物，主要用于治疗肝炎、肝硬化、脂肪肝以及心血管疾病。还可作为食品强化添加剂和生化试剂等。

10.3.2.2　重要的酚

(1) 苯酚(Phenol)

俗名石炭酸。纯品为无色棱形结晶，熔点 43℃，沸点 182℃，因容易氧化而带红色乃至深褐色。室温时稍溶于水，在 65℃以上可与水混溶，也易溶于乙醇、乙醚、苯等有机溶剂中。

工业上主要由氯苯水解法和异丙苯法来制备。

苯酚具有凝固蛋白质的作用，有很强的腐蚀性和很强的杀菌能力，是最早使用的消毒剂之一。苯酚也是重要的有机合成原料，广泛用于生产树脂、药物、农药、染料等。

(2) 苯二酚(Phenylenediol)

有邻、间和对位三种异构体。对苯二酚又称氢醌，邻苯二酚俗名儿茶酚或焦儿茶酚，间二酚也叫雷琐酚。三者都为结晶形固体，能溶于水、乙醇和乙醚中。

对苯二酚在工业上是以苯胺为原料来制备的：

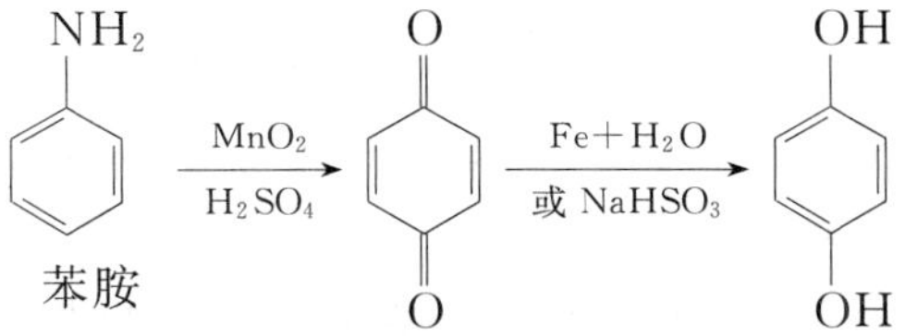


对苯二酚极易被氧化成对苯醌。它能使照相底片上感光后的溴化银还原成金属银，因而可用作照相显影剂。对苯二酚在工业上广泛用做还原剂、阻聚剂、抗氧剂等，也是有机合成的重要原料。

邻苯二酚在工业上主要是用邻氯苯酚或邻二氯苯的高温、高压水解以及邻羟基苯磺酸钠碱溶法来制备的。其许多性质和对苯二酚相似，广泛用于染料、药物及香料的合成。

间苯二酚工业上主要由间苯二磺酸钠碱熔法制备。间苯二酚比苯酚更容易发生亲电取代，是制备染料、酚醛树脂、胶粘剂、药物等的重要原料。

(3) 1,2,3-苯三酚(Pyrogallol)

又称连苯三酚，焦棓酸(没食子酸)，是由棓酸加热而制备的：

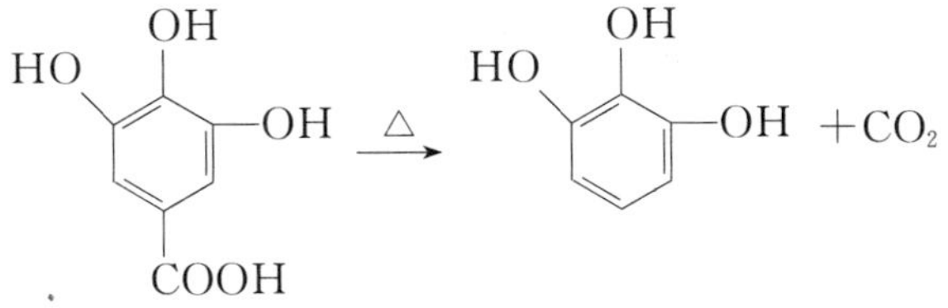


棓酸　　　焦棓酸

该化合物具有极强的还原性。在强碱溶液中很容易被空气中的氧所氧化，在气体分析或去掉气体中的微量氧时常用这种溶液，此外，它也是一种有用的显影剂。

(4) 萘酚(Naphthol)

萘酚主要有 α,β-两种异构体，它们是通过磺酸盐的碱熔法制备的：

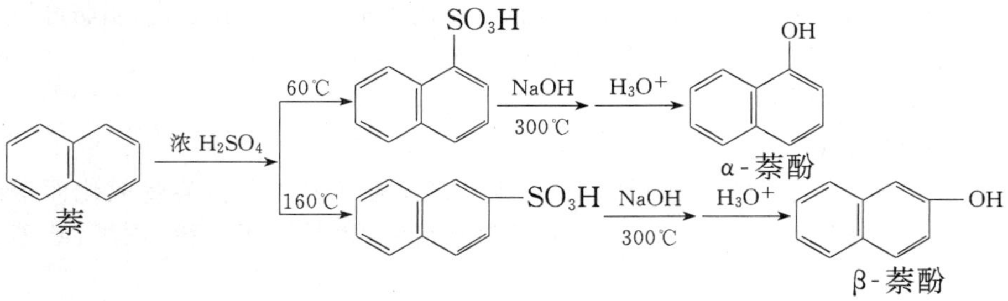


二者都是能升华的结晶，α-萘酚与三氯化铁溶液反应呈紫色，而β-萘酚呈绿色，它们都是合成染料的重要中间体。

10.3.2.3　重要的醚

(1) 乙醚(diethyl ether)

乙醚为无色液体，沸点 34.5℃。室温时水中溶解度约为 8 g/100 mL 水。乙醚极易挥发、着火，与空气可形成爆炸性的混合气体。工业上主要是由乙醇分子间脱水来制备的。乙醚能溶于多种有机溶剂，同时也能溶解许多有机化合物，是常用的有机溶剂之一。乙醚具有麻醉作用，于 1850 年即被用作外科手术的全身麻醉剂。普通乙醚中常含有少量的乙醇和水。制备无水乙醚时，可先用无水氯化钙处理，再用金属钠处理，以除去水和乙醇。

(2) 环氧乙烷(Ethylene oxide)

环氧乙烷是最简单，也是最重要的环醚。它是无色气体，沸点 13.5℃，有毒。具有类似乙醚的气味，与空气可形成具有爆炸性的混合气体。能溶于水、乙醇、乙醚等多种溶剂中。环氧乙烷化学性质活泼，能与许多化合物发生反应，是重要的有机化工原料。它具有一定的杀菌能力，有时也可用作熏蒸剂来消毒来灭菌。

工业上环氧乙烷主要由乙烯的催化氧化法制备。小批量生产时，也可用氯乙醇与碱反应来制备。

(3) 四氢呋喃(THF)

四氢呋喃为无色液体，沸点 67℃。由于分子中氧原子暴露在外，极性比乙醚大，形成氢键的能力增强，能与水混溶，也能溶于许多有机溶剂中。

四氢呋喃主要是通过 1,4-丁二醇分子内脱水来制备。

四氢呋喃为五元环醚，化学性质比较稳定，常用作溶剂。但在加热条件下可与氢溴酸等作用，打开醚键：

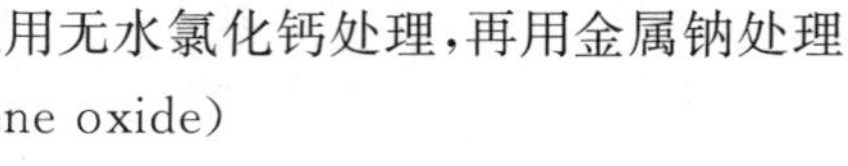


(4) 二氧六环(1,4-Dioxane)

二氧六环是指的 1,4-二氧六环，又名二噁烷(dioxane)，为无色易燃的液体，沸点 101℃。二氧六环能和水及许多有机溶剂混溶，性质稳定，常用作溶剂。

二氧六环可由乙二醇与硫酸或磷酸共热脱水制备。

(5) 冠醚

冠醚是近三十年来新发展起来一类化合物，是分子中具有多个($OCH_2CH_2$)结构单位的环状多醚，因分子的形状像王冠而称为冠醚。

冠醚的合成一般用 Williamson 成醚反应。例如，18-冠-6 就是用二缩三乙二醇(三甘醇)和相应的二氯代物，在氢氧化钾的正丁醇溶液中回流反应制备：

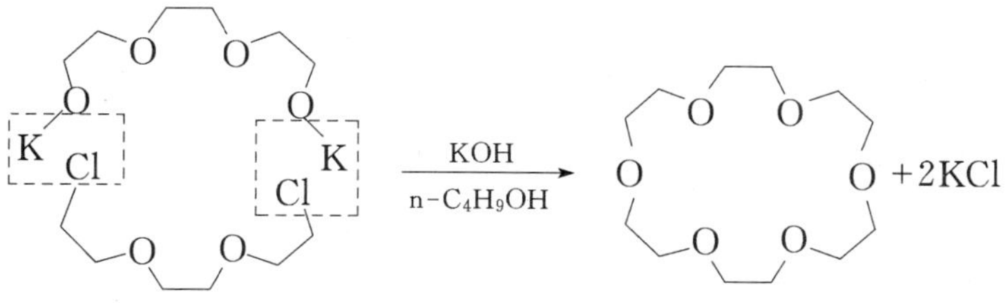


18-冠-6(m.p.39℃～40℃)

冠醚分子中由于有多个醚键而有特殊的络合能力。因为分子中空穴的大小随冠醚结构的差异而不同，所以它的络合作用有较高的选择性。例如 12-冠-4、15-冠-5、18-冠-6 中的空穴直径分别与 $Li^+$，$Na^+$，$K^+$ 的直径相近，故可分别形成稳定的配合物。利用它的这一性质，可以分离某些金属离子，也可以用作相转移催化剂。

冠醚易溶于有机溶剂如苯、氯仿等中，在水中的溶液度较小。当它和金属离子配合后，在水中的溶液度增大，同时又可将与金属离子结合的负离子部分一起带进有机相。因此，一些在有机相中不溶的无机盐，在冠醚的作用下，溶入了有机相中，从而使某些非均相反应变成了均相反应，而冠醚又可从有机相进入水相，继续“搬运”反应物，起到“相转移”作用。例如，用高锰酸钾氧化环己烯，因为高锰酸钾不溶于环己烯，反应难进行，收率低。加入冠醚后，冠醚与 $K^+$ 结合形成配合物，并将 $MnO_4^-$ 带进有机相，反应顺利进行，收率明显提高。

# 习　　题

10-1　完成下列反应，写出反应的主要产物(有时不止一种)的结构。

1. $CH_3CH_2CH_2OH \xrightarrow[140℃]{H_2SO_4}$ (　　　　)

2. 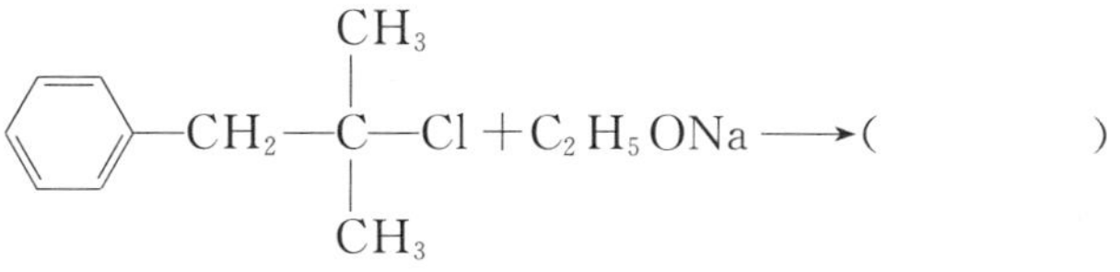


3. 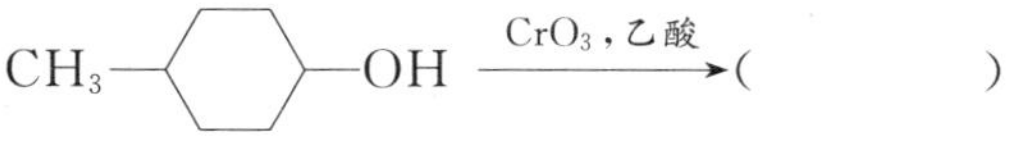


4. $CH_3—C(C_2H_5)=CH_2 \xrightarrow{B_2H_6} \xrightarrow[OH^-]{H_2O_2}$ (　　　　)

5. 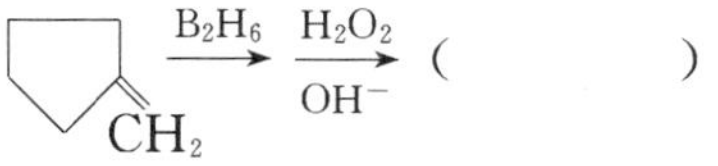


6. (R)—2—丁醇 $\xrightarrow{PBr_3}$ (　　　　)

7. (S)—2—丁醇 $\xrightarrow[\text{吡啶}]{SOCl_2}$ (　　　　)

8. 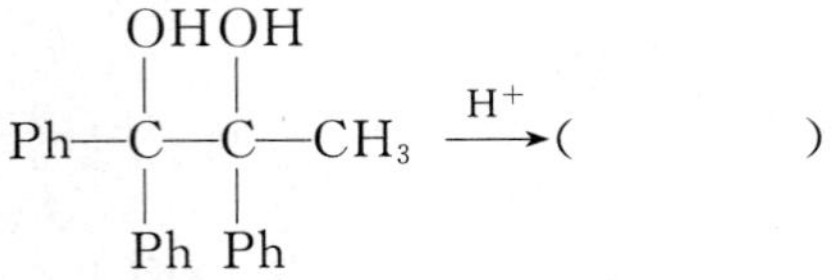

9. 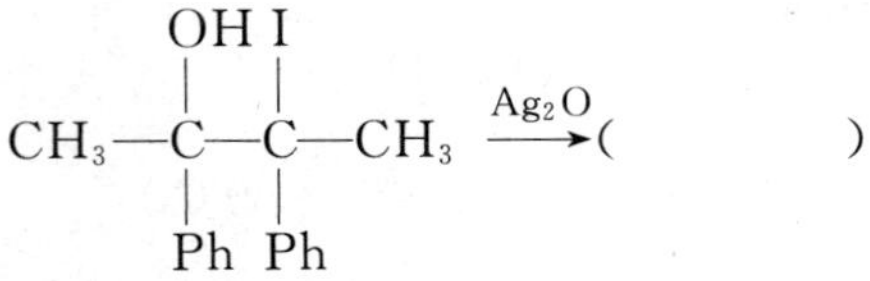

10. $CH_3CH{=}CHCH_2CH_2CH_2OH \xrightarrow[\triangle]{KMnO_4}$ (　　　　)

11. 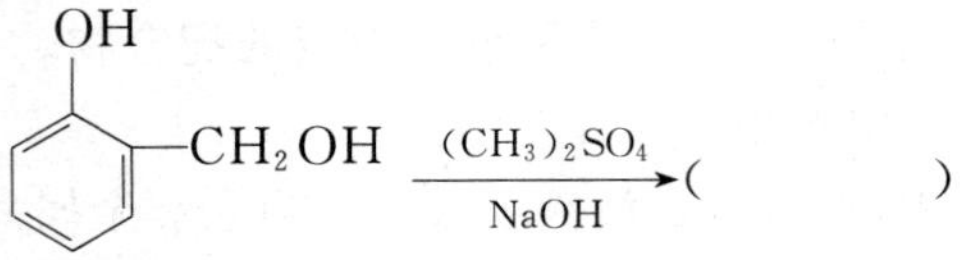

12. 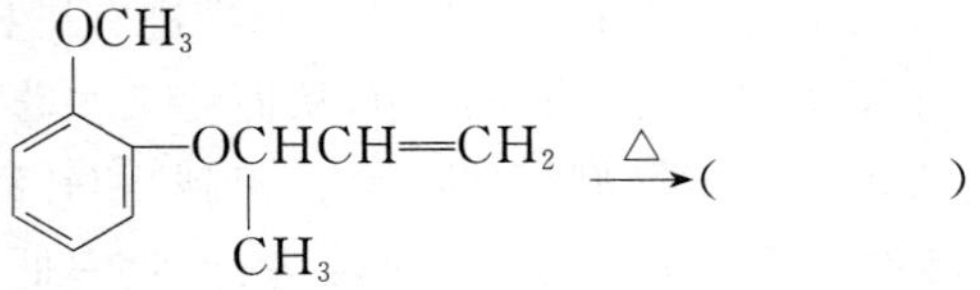

13. 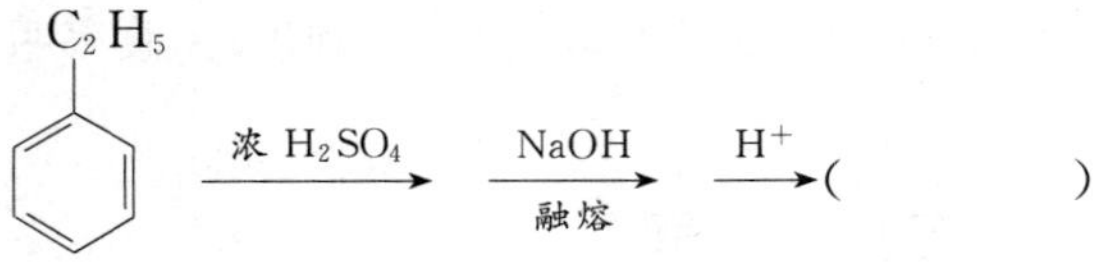

14. 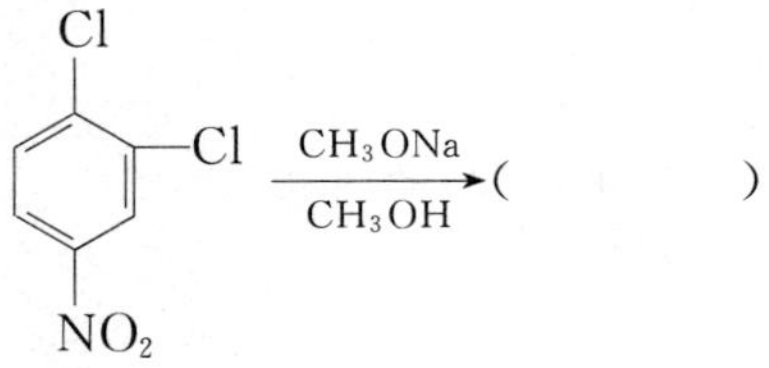

15. 

16. (R)—$CH_3CH(OCH_3)CH_2CH_3 \xrightarrow[\text{等 mol}]{HI}$ (　　　　)

17. 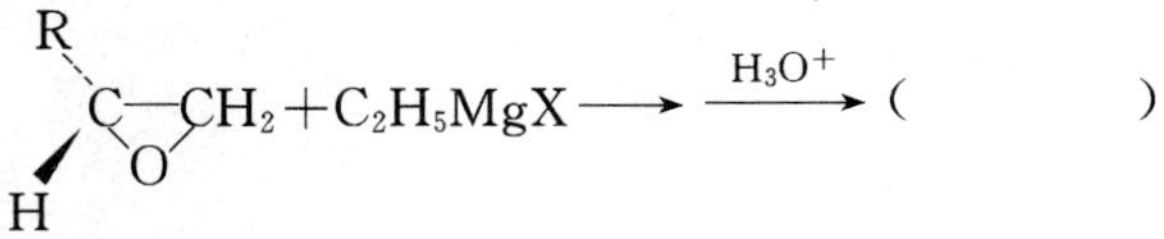

18. 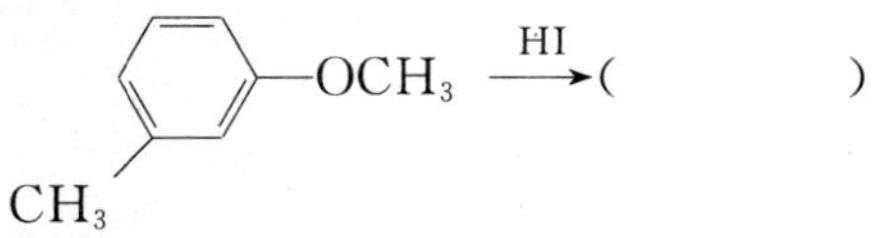

19.

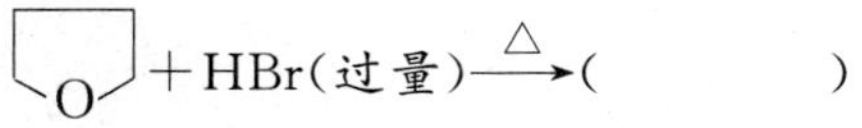

20. 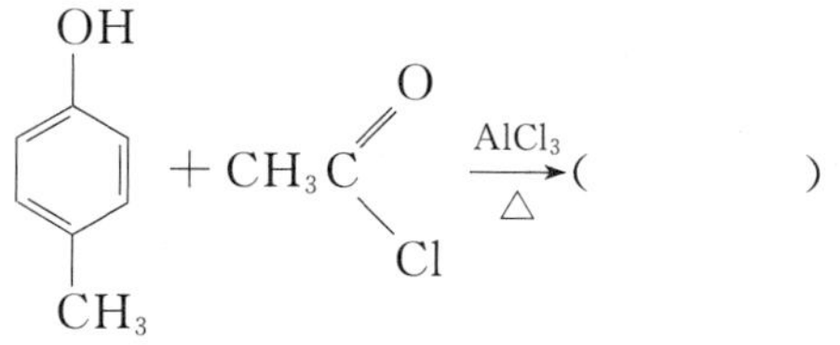

10-2　由正丁醇合成下列化合物，其他原料任选。

1. 正丁基溴　2. 1-丁烯　3. 正丁醛　4. 正辛烷　5. 1,2-丁二醇

6. 苯基正丁基醚　7. 乙基环氧乙烷　8. 4-辛醇

10-3　试为下列反应提出一个合理的反应机理。

1. 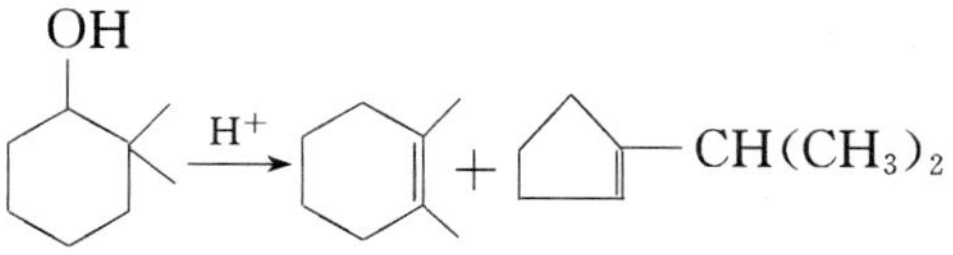

2. 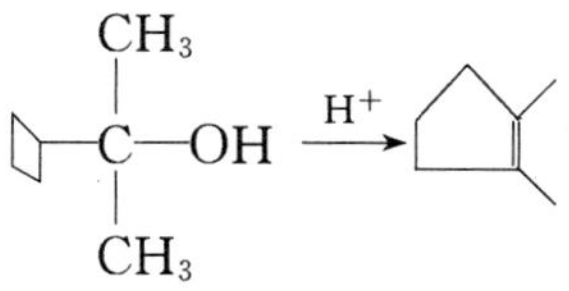

3. 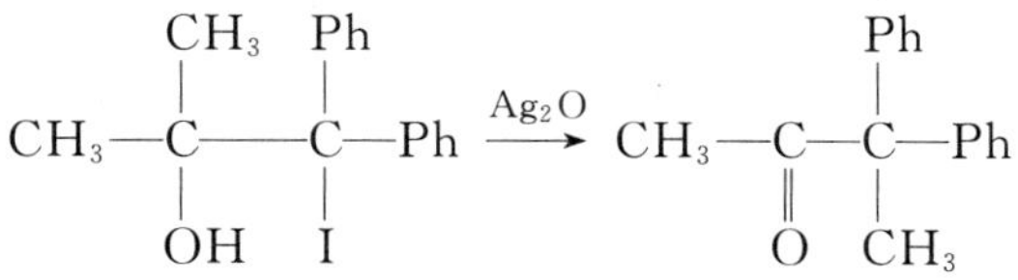

4. 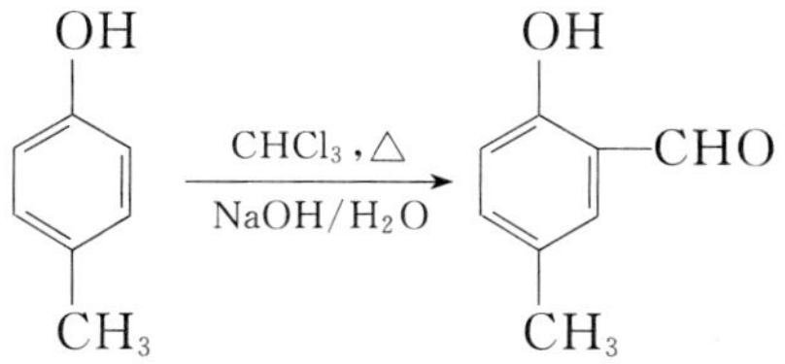

5. 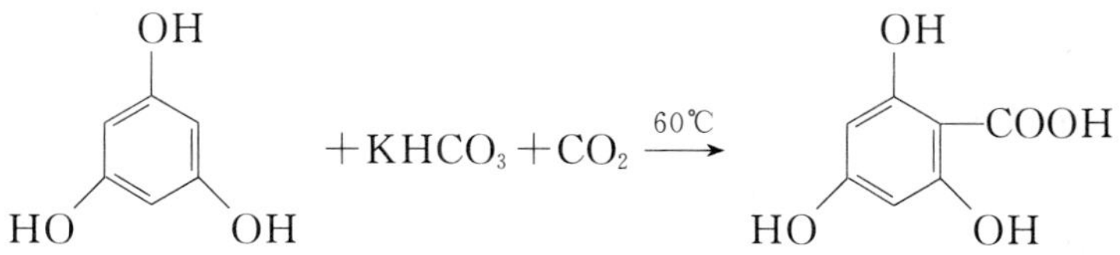

6. 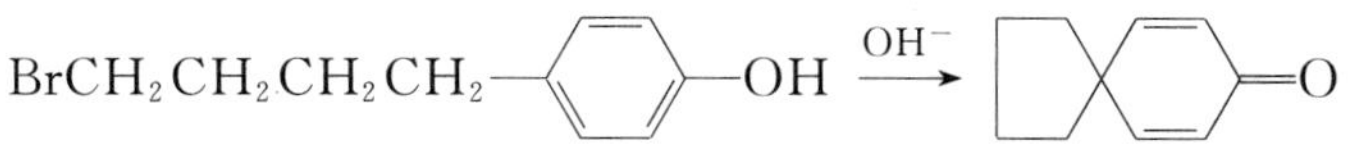

10-4　顺-2-溴环己醇和反-2-溴环己醇，用 HBr 处理时，主要产物各是什么？哪一个反应速率大？

10-5　由指定原料合成下列化合物，其他原料任选。

1. 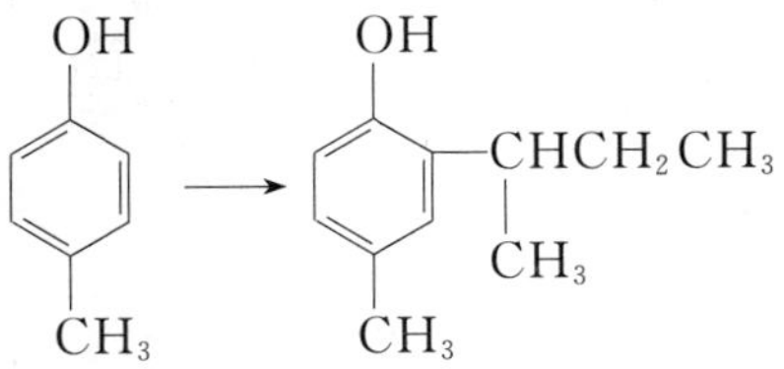

2. 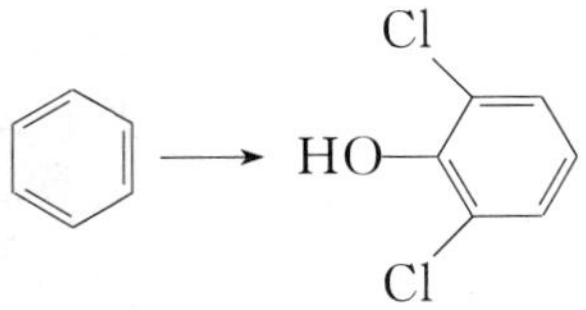

3. 由苯酚合成乳化剂 OP 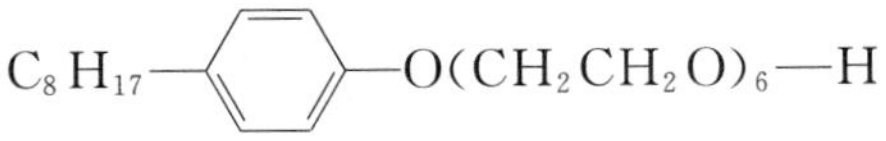

4. 由苯酚合成阻燃剂 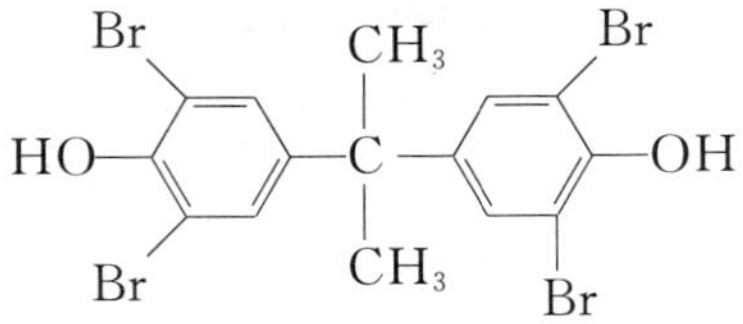

5. 由苯合成 2,4-二羟基苯甲酸

6. 由苯合成 2,4-二硝基苯甲醚

10-6 两个同分异构体 A,B($C_{10}H_{12}O$)都不溶于水、稀酸和稀碱,稀的高锰酸钾溶液和 $Br_2/CCl_4$ 溶液都可使之褪色。氧化时都生成对甲氧基苯甲酸。

1. 已知 A 可由下列反应得到:

$$\text{对溴苯甲醚} \xrightarrow[\text{乙醚}]{Mg} \xrightarrow{CH_2=CHCH_2Br} A$$

若将 A 在浓碱中加热,则生成 B。写出 A,B 的构造式。

2. 试设计另一条由对溴苯甲醚合成 B 的路线。

10-7 化合物 A,B,C,分子式都是 $C_4H_{10}O$,$^1$HNMR 数据如下:

A:$\delta_H$(ppm):3.4 (q,4H),1.20 (t,6H)

B:$\delta_H$(ppm):4.35 (s,1H),3.4(d,2H),1.80(m,1H),1.0(d,6H)

C:$\delta_H$(ppm):4.0(s,1H),3.75(m,1H),0.9(m,3H),1.5(m,5H)

试写出 A,B,C 的构造式。

10-8 化合物 A 和 B,分子式都是 $C_9H_{10}O$,$^1$HNMR 数据如下:

A:$\delta_H$(ppm):1.3(d,3H),3.4(d,1H),4.7(m,1H),7.3(m,5H)

B:$\delta_H$(ppm):3.2(s,3H),4.4(s,2H),7.3(m,5H)

试写出 A,B 的构造式。

# 第十一章　醛 和 酮

醛和酮(Aldehydes and Ketones)是指分子中含有羰基(Carbonyl group，$\rangle C=O$)的化合物。羰基所连的两个基团都是烃基的化合物叫酮，如：$R-\overset{\overset{O}{\|}}{C}-R'$，$Ar-\overset{\overset{O}{\|}}{C}-R$，$Ar-\overset{\overset{O}{\|}}{C}-Ar$。

羰基上所连的两个基团中至少有一个是氢原子叫醛，如：$H-\overset{\overset{O}{\|}}{C}-H$，$R-\overset{\overset{O}{\|}}{C}-H$。

## §11.1　醛、酮的结构、分类和命名

### 11.1.1　醛、酮的结构、分类

醛和酮类化合物中最简单的是甲醛和丙酮，其键角和偶极矩如下：

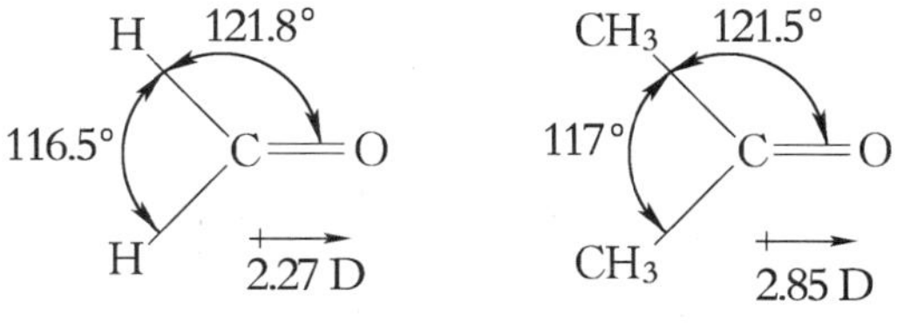


甲醛　　　　　　丙酮

显然羰基碳原子是以 $sp^2$ 杂化方式成键的。由于氧的电负性比碳大，碳氧双键的 π 电子云偏向于氧，所以羰基是极性基团。

羰基与脂肪烃基相连的是脂肪族醛、酮，与芳环直接相连的是芳香族醛、酮。若羰基与不饱和烃基相连，则是不饱和醛、酮。在酮分子中，两个烃基相同的为单纯酮，两个烃基不同的为混合酮。根据分子中所含羰基的数目，可分为一元醛、酮和多元醛、酮。

### 11.1.2　醛、酮的命名

(1) 系统命名

选择含有羰基的最长碳链为主链，称为某醛、酮，主链编号从靠近羰基的一端开始。醛基在碳链一端，不必标明它的位次。酮的羰基位于碳链中间，必须标明其位次，例如：

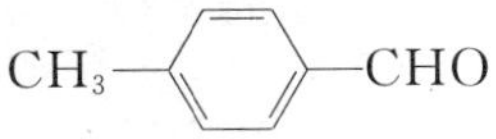

$CH_3COCH_2CH_2CH_3$　　$CH_3COCH(CH_3)CH{=}CH_2$

对甲基苯甲醛　　2-戊酮　　3-甲基-4-戊烯-2-酮

多元醛、酮，则应标明羰基的数目和位置号，有时醛基也称为甲酰基。另外，由芳基和脂肪烃基组成的混合酮，也可用酰基词头来命名，例如：

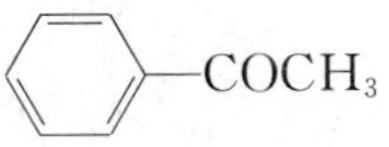

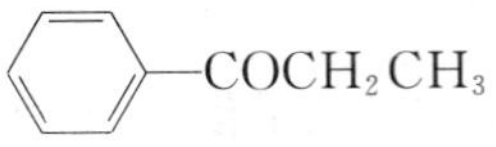

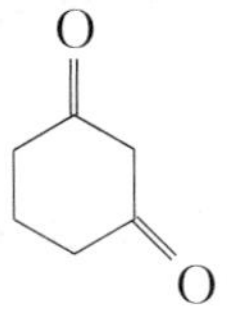

$OHCCH_2CH(CHO)CH_2CHO$

乙酰苯（苯乙酮）　　丙酰苯　　1,3-环己二酮　　3-甲酰基戊二醛

碳原子的编号有时也用希腊字母表示，与羰基相连的碳为 α，依次是 β，γ 等。例如：

$\overset{\gamma}{C}H_3\overset{\beta}{C}H_2\overset{\alpha}{C}H(CH_3)CHO$　　$CH_3CH_2\overset{\beta}{C}H(CH_3)\overset{\alpha}{C}H(C_2H_5)CHO$　　$CH_3\overset{\alpha}{C}H(Cl)CO\overset{\alpha'}{C}H(Cl)CH_3$　　$CH_3\overset{\beta}{C}H(OH)\overset{\alpha}{C}H_2CHO$

α-甲基丁醛　　β-甲基-α-乙基戊醛　　α,α′-二氯-3-戊酮　　β-羟基丁醛

（2）普通命名

常用于比较简单的化合物。

醛可根据其氧化后所得的羧酸来命名的，例如：

$CH_3CHO$　乙醛；　$C_6H_5CHO$　苯甲醛

酮是按照与羰基相连的两个烃基的名称来命名的，与醚的命名原则相似，例如：

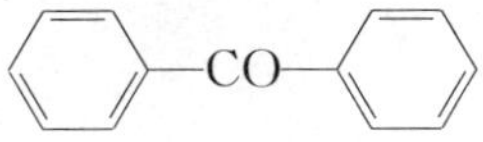

二苯(基)酮　　$CH_3COCH_2CH_3$　甲乙酮(甲基乙基酮)

# § 11.2　醛、酮的性质

## 11.2.1　物理性质

除甲醛是气体外，$C_{12}$ 以下的脂肪醛、酮是液体，高级脂肪醛、酮和芳香酮大多是固体。低级醛具有刺激性气味，中级醛则有花果香味。

由于羰基具有极性，因此醛、酮的沸点比相应的烃、醚高。醛、酮的沸点比相应的醇低，则是由于它们分子间不能形成氢键，没有缔合的缘故。低级醛、酮的羰基可与水分子中的氢形成氢键，故低级醛、酮溶于水。

醛、酮的红外光谱图中，在 1700 $cm^{-1}$ 附近有很强的吸收峰。这是 C═O 的伸缩振动吸收峰。由于这一区域干扰很少，故这一吸收峰对鉴定羰基化合物是很有用的，它的确切

位置与分子结构的关系：

RCHO 1740～1720 $cm^{-1}$ RCH═CHCHO 1705～1680 $cm^{-1}$

ArCHO 1715～1690 $cm^{-1}$ RCOR′ 1725～1700 $cm^{-1}$

ArCOR 1700～1680 $cm^{-1}$ 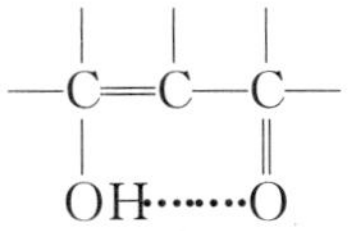 1640～1540 $cm^{-1}$

醛基(—CHO)的 C—H 键在 2700 $cm^{-1}$ 附近有一特征伸缩振动吸收峰，连同羰基谱带一起，用来判断分子中是否有醛基。

在核磁共振谱中，由于羰基的去屏蔽效应，—CHO 的质子在低场($\delta$＝9～10 ppm)有吸收峰，且与相邻质子的偶合常数也很小。

### 11.2.2 化学性质

醛和酮具有相似的化学性质。一般醛、酮的化学性质主要表现在两个方面：一是羰基碳原子带部分正电荷，容易受到亲核试剂的进攻而发生亲核加成反应；二是 α-H 受羰基的影响比其他碳原子上的氢活泼。

醛与酮在结构上也有不同之处，其化学性质也有差异，一般反应中，醛比酮活泼。另外，由于—CHO 有氢，某些反应只有醛才可发生。

11.2.2.1 羰基上的亲核加成反应

羰基中碳原子带部分正电荷，很容易受到亲核试剂的进攻发生亲核加成反应。

亲核加成反应的难易取决于羰基碳原子的亲电性的强弱、试剂亲核性的强弱以及空间阻碍等因素。一般情况下，醛羰基比酮羰基活泼，这一方面是由于醛只有一个烃基，空间阻碍较小，另一方面是由于醛的一个烃基的推电子能力小于酮的两个烃基，因而醛羰基碳原子的亲电性较强。在酮类化合物中，一般甲基酮比较活泼。

羰基的亲核加成，既可被碱催化，也可被酸催化。若以 HNu 代表亲核试剂，H 为亲电部分，Nu 为亲核部分，则加成的通式为：

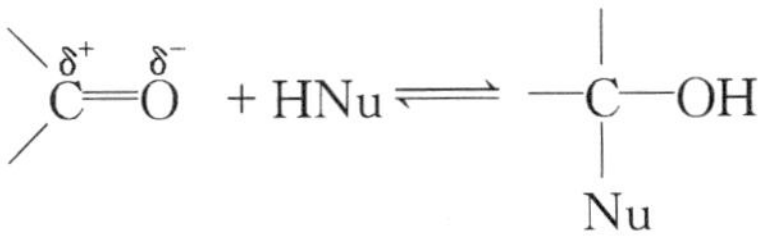

碱催化时：

$$OH^- + HNu \longrightarrow H_2O + Nu^-$$

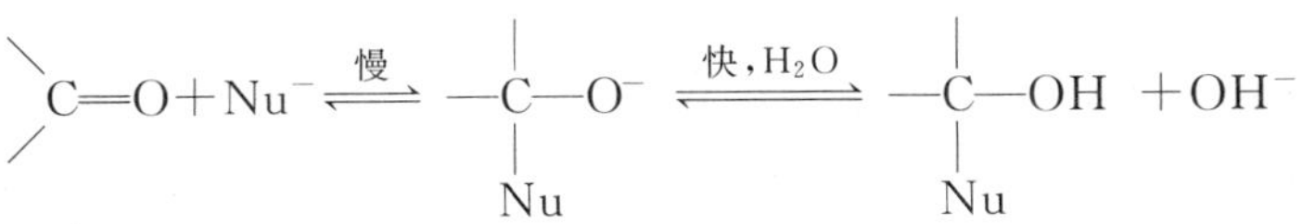

酸催化时：

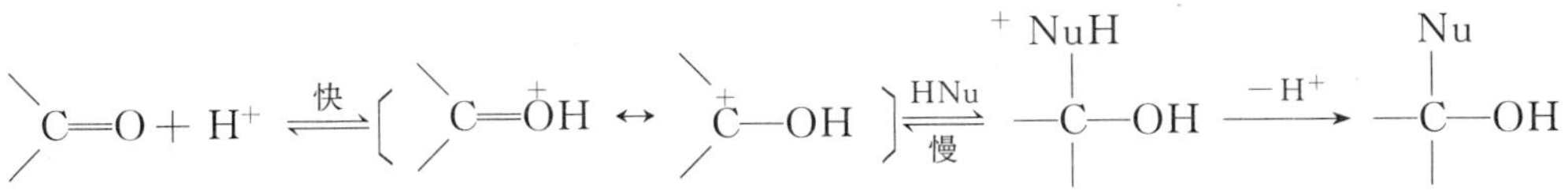

(1) 水合反应

醛、酮的羰基和水加成，生成同一个碳原子上含两个羟基的二醇，通常是不稳定的：

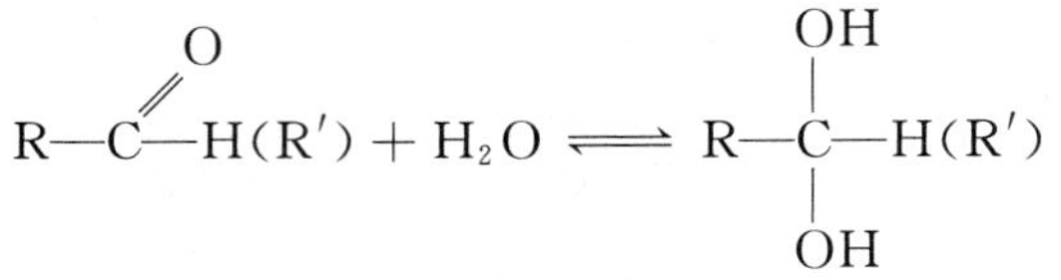

甲醛在水溶液中几乎全部形成水合物。三氯乙醛则由于三氯甲基的吸电子作用，增强了羰基碳原子的正电性，不易失水而可生成稳定的水合三氯乙醛(俗称水合氯醛)：

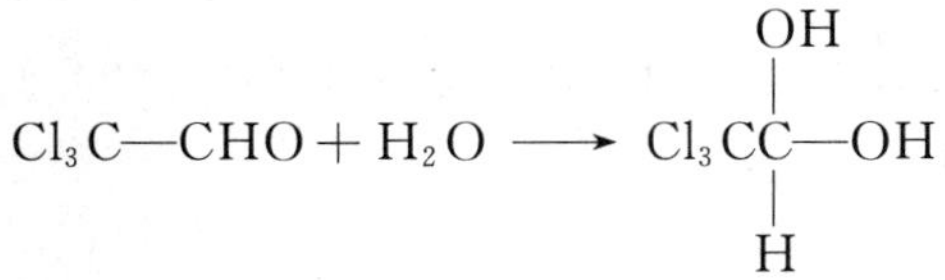

水合三氯乙醛 m. p. 57℃

水合氯醛具有快速催眠的作用，工业上也是制备药物、农药等的重要原料。

(2) 与醇的加成——缩醛、缩酮的生成

在干燥的 HCl 气体或无水强酸催化下，醛、酮可与醇起加成反应，首先生成半缩醛(Hemiacetal)或半缩酮(Hemiketal)：

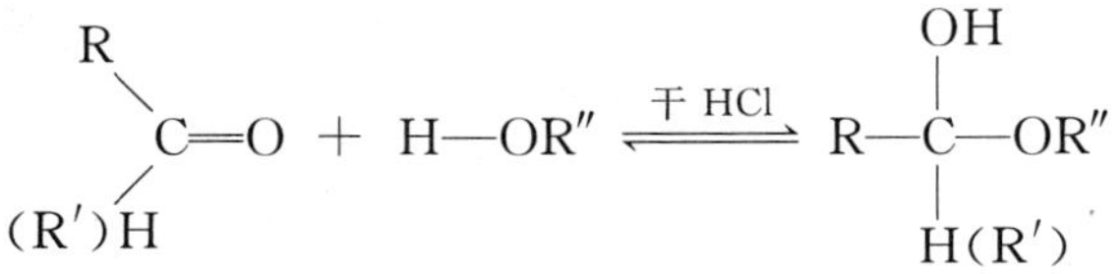

半缩醛(酮)

半缩醛(酮)不稳定，易分解为原来的醛、酮，一般很难分离出来。但 γ-或 δ-羟基醛由于可发生分子内的半缩醛化而生成稳定的环状化合物，且能够分离得到：

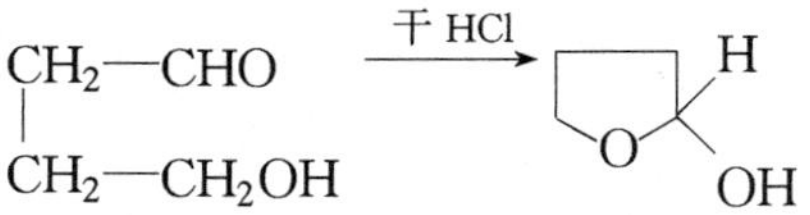

在酸催化下，半缩醛(酮)能和第二分子的醇作用失去一分子水生成缩醛(Acetal)或缩酮(Ketal)：

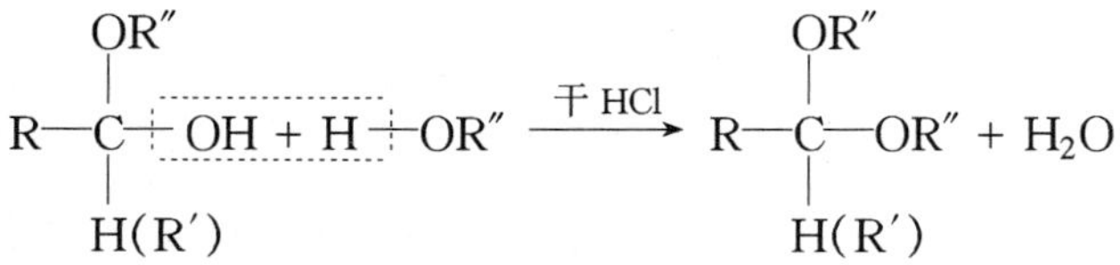

若除去反应中生成的水，则有利于缩醛(酮)的生成。缩醛(酮)比较稳定，可以从过量的醇中分离出来。整个反应的机理可能如下：

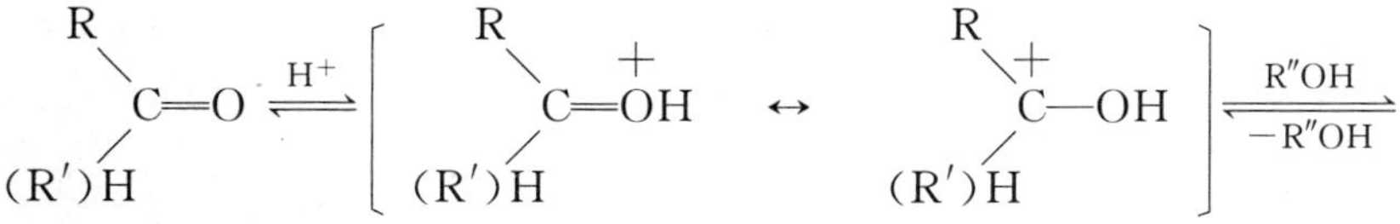

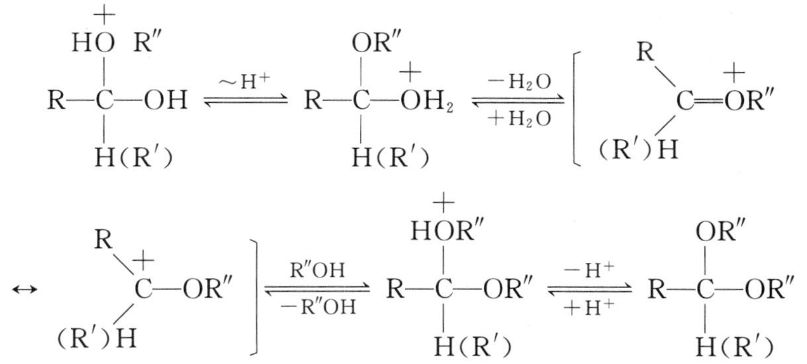

缩醛(酮)是同一个碳原子上生成的双醚,对碱比较稳定,但在酸性水溶液中很容易分解为原来的醛、酮和醇。所以,在有机合成中,常用生成缩醛(酮),然后进行酸性水解的办法来保护羰基。例如:

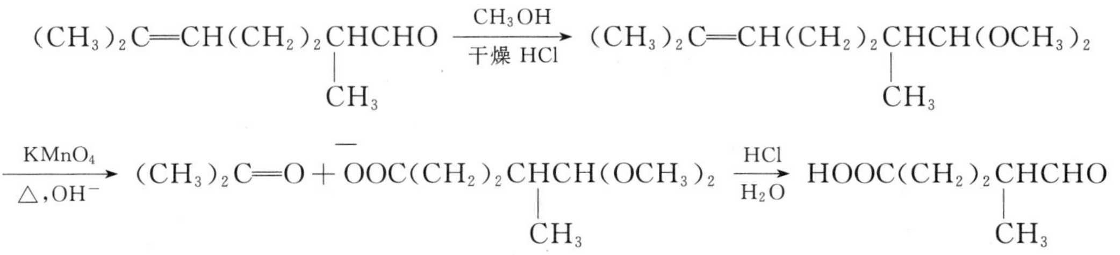

酮与醇的反应比醛难。常用共沸蒸馏的方法以除去反应中生成的水,促使缩酮的生成。若采用乙二醇,1,3-丙二醇等二元醇,与羰基形成环状的缩酮,则反应易进行,如:

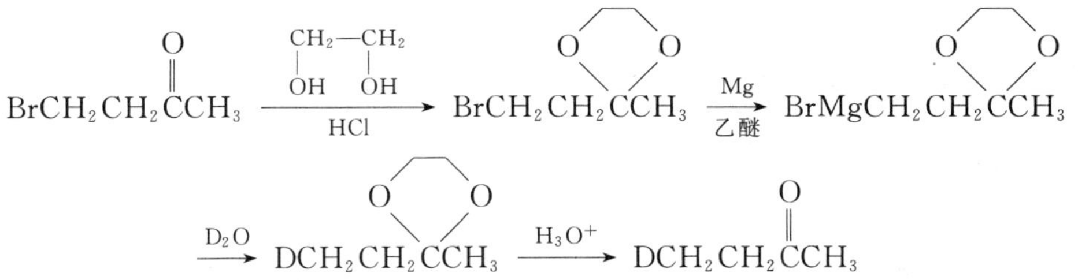

若用原甲酸酯与酮反应,也可比较容易地生成缩酮:

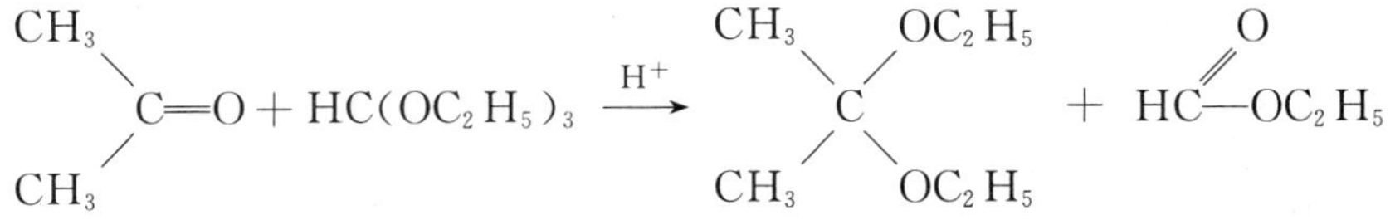

硫醇也可和醛、酮发生类似的反应,由于硫的亲核性大于氧,反应更容易进行。硫代缩醛和硫代缩酮的水解要在汞盐存在下才能进行,若用 Raney 镍催化氢解,则生成相应的烃类化合物:

$$RCHO + 2R'SH \xrightarrow{H^+} RCH(SR')_2 \xrightarrow[H_2O]{HgCl_2} RCHO$$

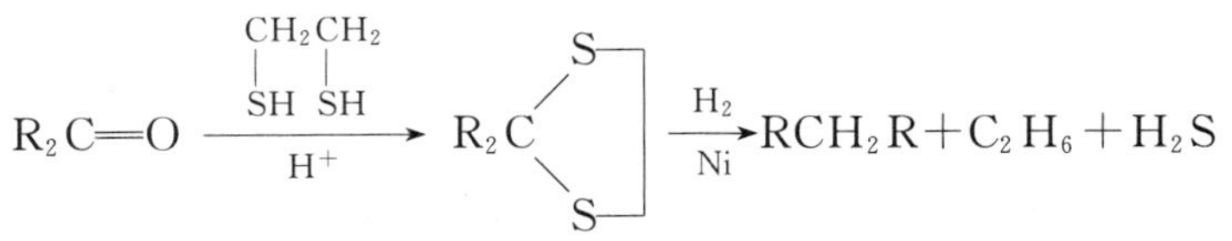

(3) 与氢氰酸的加成

在碱性条件下，醛、甲基酮和环酮与氢氰酸加成，得到氰醇（α-羟基腈），HCN 为弱酸，碱的存在有利于生成氰基负离子，加速反应的进行：

$$HCN + OH^- \longrightarrow H_2O + {}^-CN$$

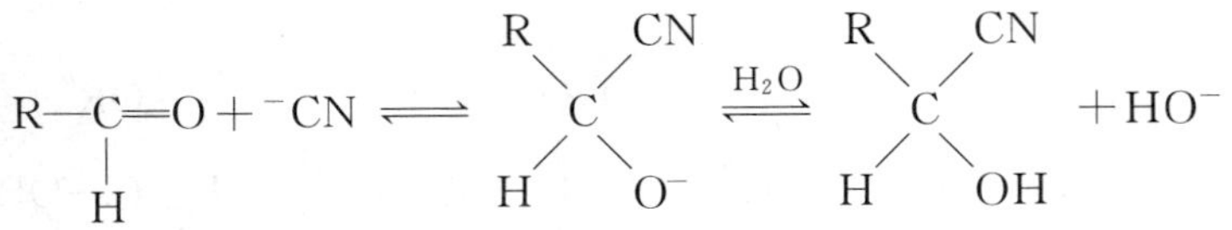

在碱性条件下上述反应是可逆的。所以，在用蒸馏法分离氰醇之前，必须加入酸中和反应体系中的碱，以防止氰醇的逆反应的发生。氰醇对酸较稳定，可以蒸馏而不致分解。氢氰酸挥发性很大(b. p. 26.5℃)，且剧毒，要格外小心。

氰醇是重要的有机合成中间体，它水解后可生成 α-羟基酸。

$$RCH_2\underset{\displaystyle OH}{\underset{|}{C}}HCN \xrightarrow[H^+]{H_2O} RCH_2\underset{\displaystyle OH}{\underset{|}{C}}HCOOH$$

(4) 与有机金属化合物的加成

醛、酮可以和具有很强极性的有机金属化合物，例如 Grignard 试剂、烷基锂、炔钠等反应，水解后生成醇：

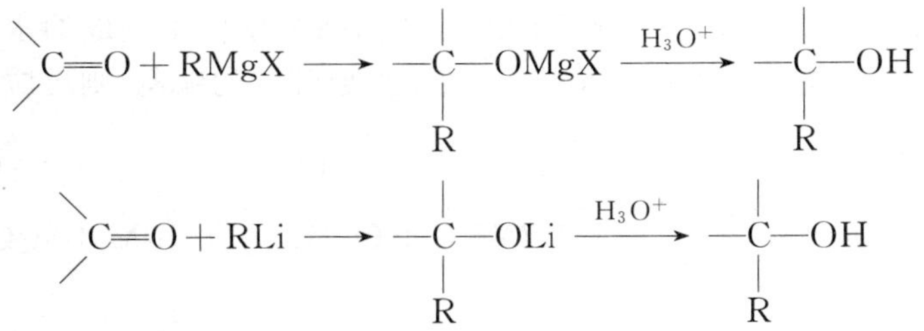

格氏试剂是一个用途广泛的试剂，只要羰基所连的两个基团体积不太大，空间位阻不很突出，一般都可顺利进行反应。

烷基锂的一个重要特点是它可以和一些空间位阻非常大、难以和 Grignard 试剂发生加成反应的酮作用。例如：

$$(CH_3)_2CH-\overset{\displaystyle O}{\overset{\|}{C}}-CH(CH_3)_2 + (CH_3)_2CHLi \longrightarrow [(CH_3)_2CH]_3COLi$$

$$\xrightarrow{H_3O^+} [(CH_3)_2CH]_3C-OH$$

炔钠或炔钾等也是很强的亲核试剂，和醛、酮的羰基发生亲核加成反应，可在羰基碳原子上引入炔基：

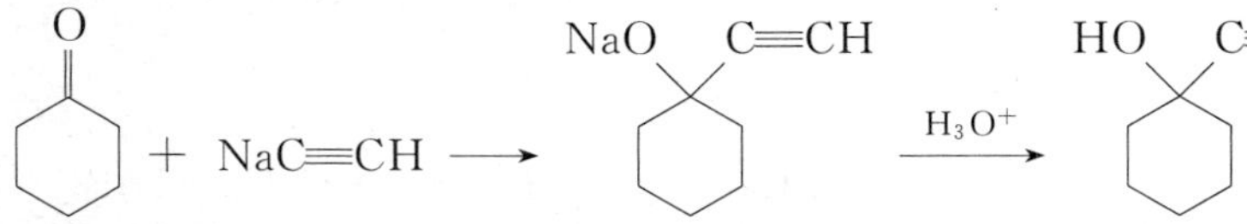

端基炔上的氢具有一定的酸性，所以多数情况下是直接用炔烃和一个强碱（如

NaOH,KOH 等)作催化剂,反应即可顺利进行。

(5) 安息香缩合反应

苯甲醛在氰离子催化下自身缩合生成二苯基羟乙酮(安息香),这种特殊的缩合反应叫作安息香缩合:

$$2C_6H_5CHO \xrightarrow[\text{乙醇}/H_2O]{HCN} C_6H_5\overset{\overset{\displaystyle O}{\|}}{C}-\overset{\overset{\displaystyle OH}{|}}{C}HC_6H_5 \qquad \text{安息香}$$

这类缩合反应的机理可能是:

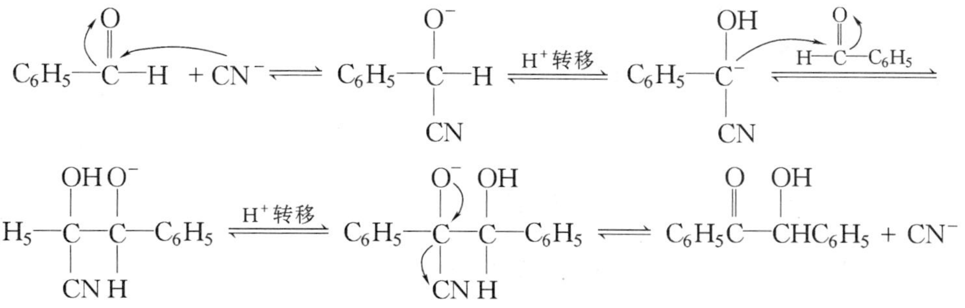


除苯甲醛外,一些取代的苯甲醛以及呋喃甲醛也可发生类似的反应。

噻唑季铵盐也可用作安息香缩合反应的催化剂。用其作催化剂时,脂肪醛也可发生安香缩合反应:

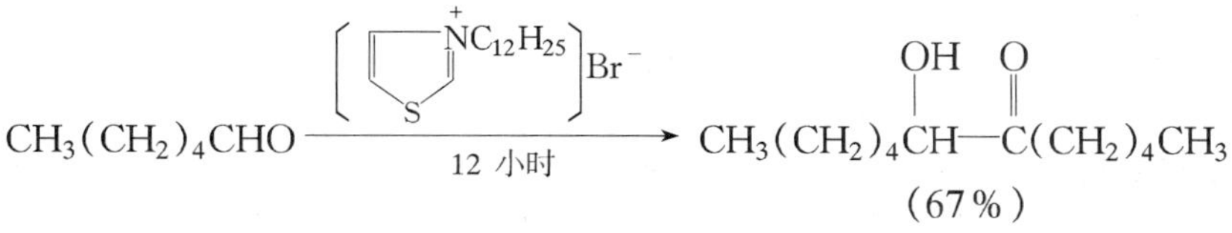


(6) 与 Wittig 试剂的作用

三苯基膦与卤代烃作用生成鏻鎓盐(Phosphonium Salts),鎓盐中 α-碳上的氢被带有正电荷的磷活化,能为强碱如 $C_6H_5Li$ 等除去,生成称为叶立德(ylide)或叶林(ylene)的磷化合物,即 Wittig 试剂。例如:

$$(C_6H_5)_3P: + CH_3CH_2CH_2Br \xrightarrow{S_N2} (C_6H_5)_3\overset{+}{P}CH_2CH_2CH_3Br^-$$

$$\xrightarrow[\text{乙醚}]{C_6H_5Li} (C_6H_5)_3\overset{+-}{P}CHCH_2CH_3 + C_6H_6 + LiBr$$

$$\downarrow \text{(ylide)}$$

$$(C_6H_5)_3P{=}CHCH_2CH_3$$
$$\text{(ylene)}$$

常用的溶剂除乙醚外,还可用 THF,DMF 等非质子性溶剂。常用的强碱有 n-$C_4H_9Li$,$C_6H_5Li$,$NaNH_2$,NaH 以及醇钠等。Wittig 试剂具有很强的亲核性,与醛、酮作用,羰基直接变成烯键,并生成氧化三苯基膦。此反应由 Wittig 于 1953 年发现,称为 Wittig 反应。这是一个由羰基化合物制备烯烃的好方法。另外,当生成的烯烃可能有顺、反异构体时，通常是相对稳定的 E 型产物较多。

关于 Wittig 反应机理，一般认为是 Wittig 试剂先与羰基进行亲核加成反应，并生成四元环状化合物，后者不稳定，分解成烯烃和氧化三苯基膦：

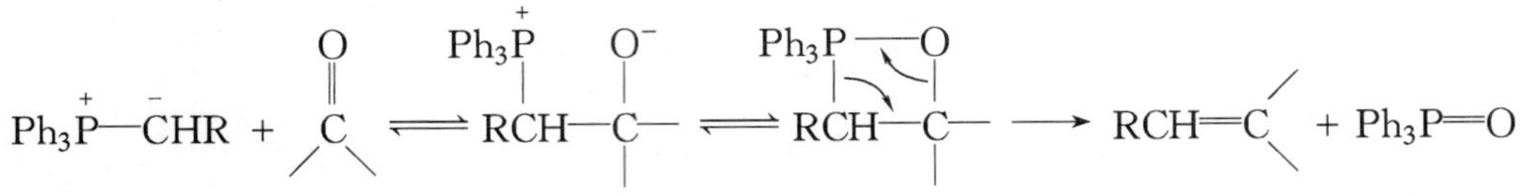

三苯基膦可由相应的 Grignard 试剂与 $PCl_3$ 作用而得到：

$$3C_6H_5MgBr + PCl_3 \longrightarrow (C_6H_5)_3P + 3MgClBr$$

(7) 与饱和 $NaHSO_3$ 加成

羰基化合物与饱和亚硫酸氢钠溶液发生加成反应，生成 α-羟基磺酸钠结晶。例如：

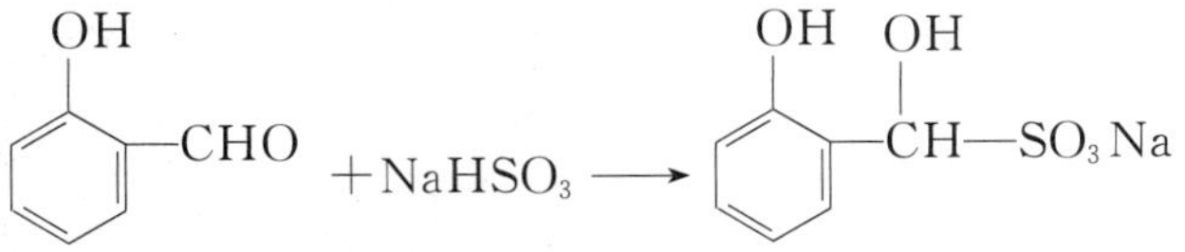

羰基与亚硫酸氢钠的加成反应机理如下：

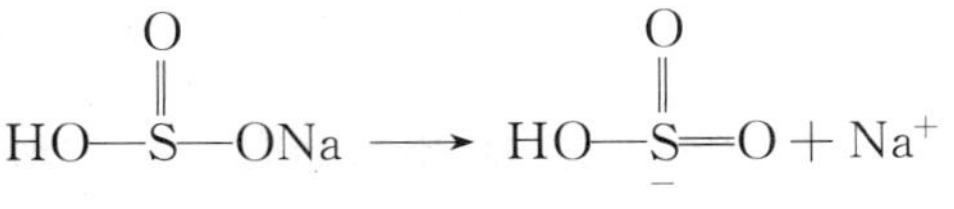

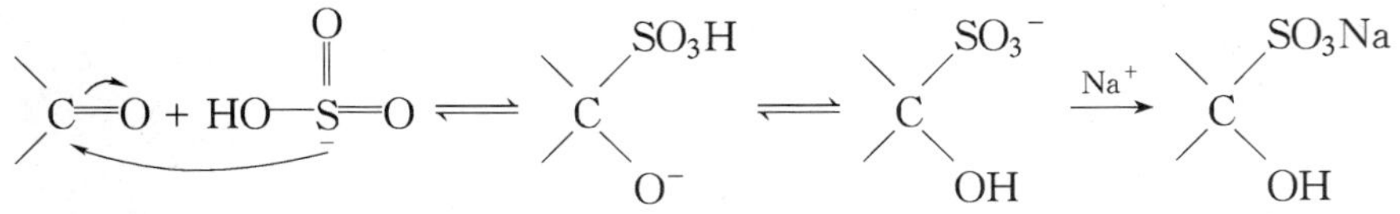

羰基碳原子与亚硫酸氢根的硫结合，由于硫的亲核性强，反应不需催化剂便可进行。

空间障碍对羰基化合物与亚硫酸氢钠的加成反应有影响。一般情况下，醛容易发生反应，而取代基较大的脂肪族酮和芳香酮，例如苯乙酮等，则很难发生反应。

α-羟基磺酸钠易溶于水，但遇酸或碱时分解为原来的醛和酮，故可用来分离或提纯醛、部分甲基酮和低级环酮。

(8) 与氨衍生物的加成反应

醛、酮与氨的衍生物，如伯胺、羟胺、肼、苯肼、2,4-二硝基苯肼氨基脲等作用，分别生成取代亚胺(Substituted imine，也叫 Schiff 碱)、肟、苯腙、腙、2,4-二硝基苯腙及缩氨脲等。

以 $H_2N—Y$ 代表氨的衍生物，它们与醛、酮的反应机理可用下面通式表示：

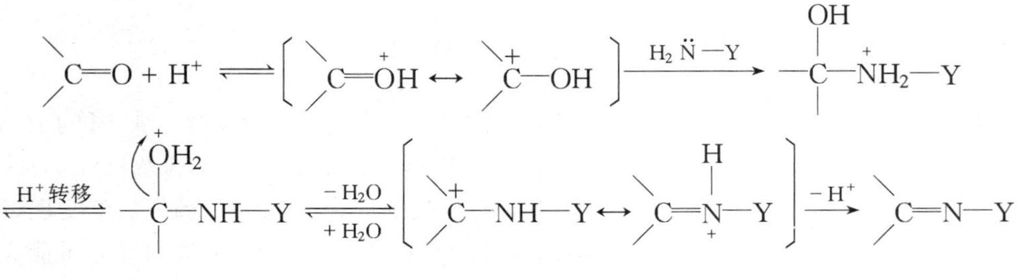

反应常在弱酸性条件下进行。酸可使羰基质子化,有利于亲核试剂的进攻。但酸性太强时也可使胺质子化,降低试剂的亲核性。

醛、酮与氨的衍生物反应的具体例子如下:

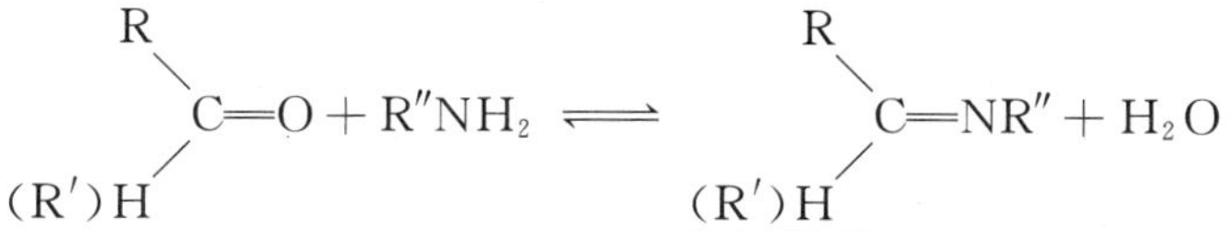

Schiff 碱

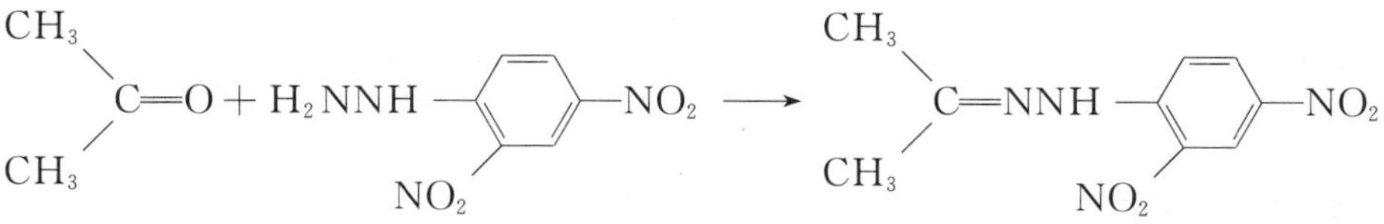

2,4-二硝基苯肼　　丙酮 2,4-二硝基苯腙

醛、酮与 2,4-二硝基苯肼的反应现象很明显,生成有一定熔点的金黄色结晶,它们经酸性水解后可生成原来的醛和酮,故可采用来鉴别或提纯醛、酮。

醛、酮与羟胺($H_2NOH$)反应生成肟(Oxime)。醛、不对称酮与羟胺生成的肟有 Z,E 异构体:

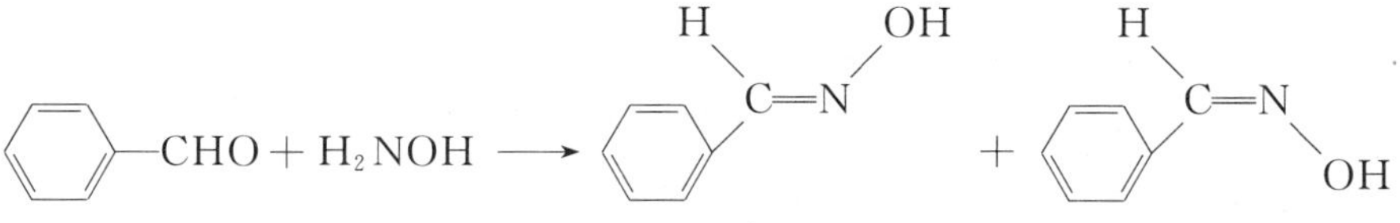

m. p. 132℃　　m. p. 35℃

其中,主要的产物是相对稳定的反式异构体。

酮肟及醛肟在酸性试剂如 $H_2SO_4$,$PCl_5$,$POCl_3$,多聚磷酸(PPA)等作用下发生重排生成酰胺,此反应一般称之为 Beckmann 重排:

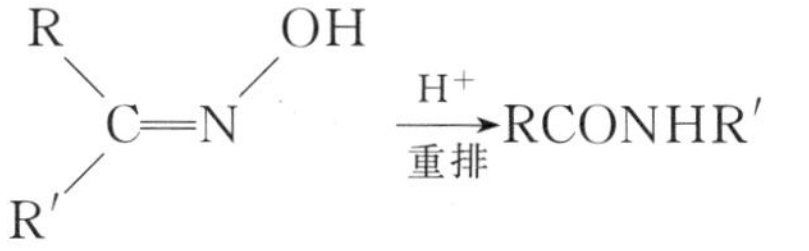

反应机理如下:

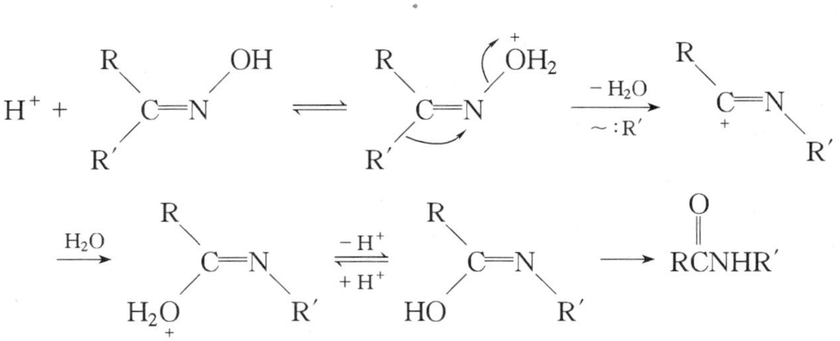

此反应的特点在于它的立体化学特性。重排时总是肟羟基反位上的基团迁移到 N 原子上。另外,当迁移基团为手性碳原子时,重排后该手性碳原子的绝对构型保持不变。

(9) 羰基加成的立体化学——Cram 规则

在羰基化合物的亲核加成反应中，若在羰基碳原子上产生一个手性中心，在没有其他结构因素影响下，亲核试剂可以从羰基平面两侧同几率进攻，生成一对外消旋体：

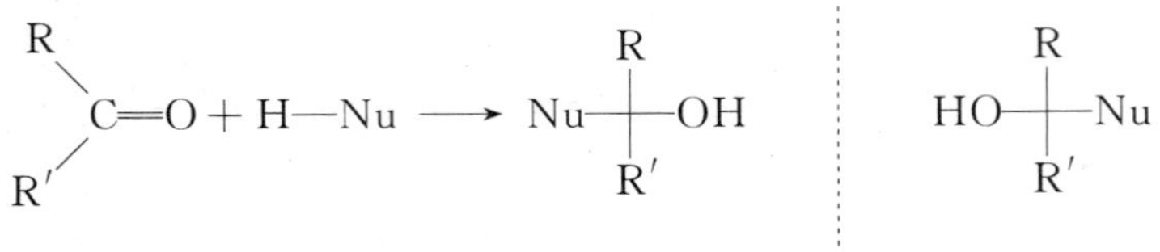

若羰基的一个 α-碳原子是手性中心时，由于受此手性中心的影响，亲核试剂从两边进攻羰基的几率不完全相等，生成不等量的非对映体。Cram 对此进行了深入地研究，并提出了预言优势产物的规则——Cram 规则，即含有手征性 α-碳原子的羰基化合物进行加成反应时，试剂优先从位阻较小的方向进攻反应中心：

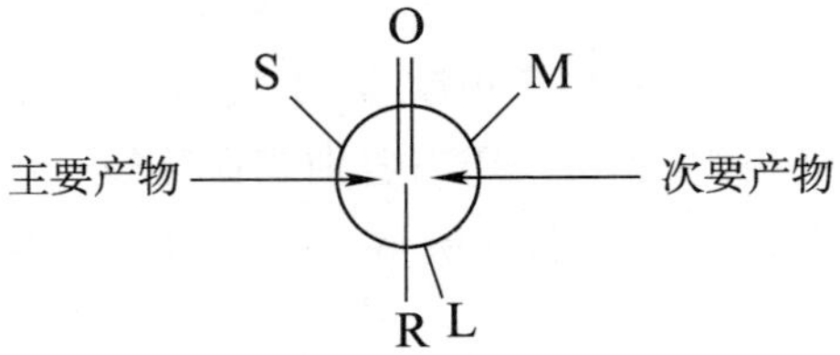


手征性 α-碳原子上所连接的三个原子或原子团分别用 L(大)、M(中)、S(小)代表，并假定底物发生反应时的构象为羰基(C ═O)居于 M 和 S 之间(这时官能团周围位阻最小)，试剂必然更易于从 S 的一边进攻羰基，生成的产物为主要产物。例如：

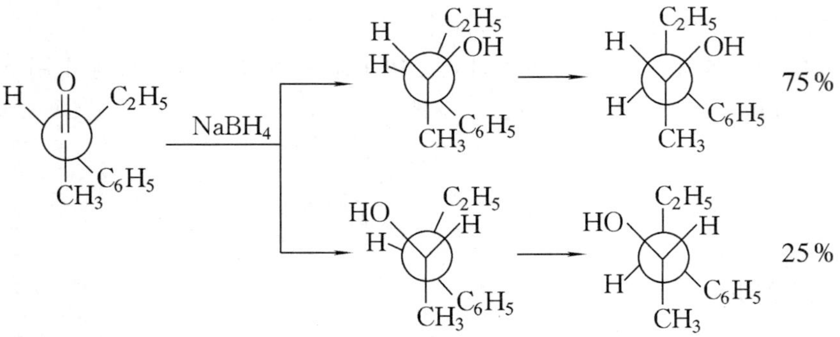


需要说明的是，Cram 规则只适用于动力学控制的反应，而不适用于热力学控制的反应，后者主要生成稳定性大的产物。

11.2.2.2 α-H 的反应

(1) 酮式—烯醇式互变异构(Keto Enol tautomerization)

酮式—烯醇式互变，在有机化学上是一种比较常见的现象：

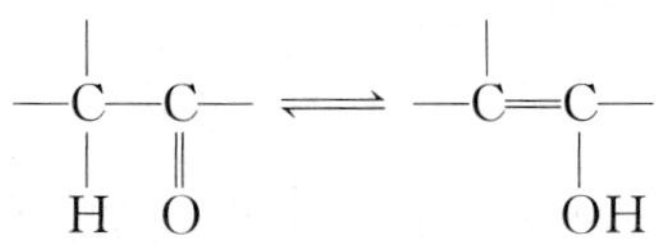

这种互变既可被碱催化，也可被酸催化。例如：

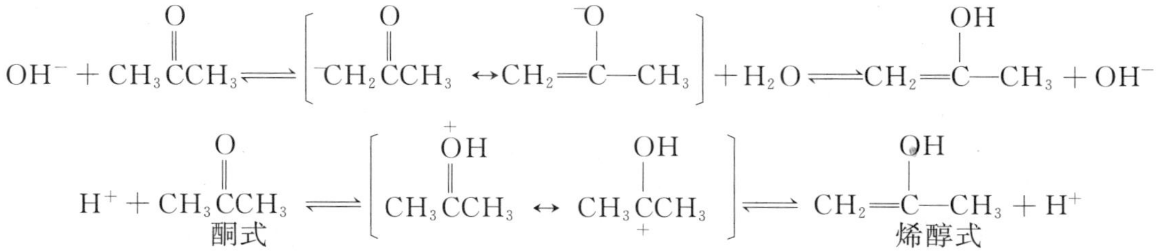

烯醇的存在可用重氢交换的方法来证明。将酮溶解于 $DCl/D_2O$ 或 $NaOD/D_2O$ 中，α-H可与重氢交换，通过质谱或 $^1$HNMR 很容易检测出来。例如：

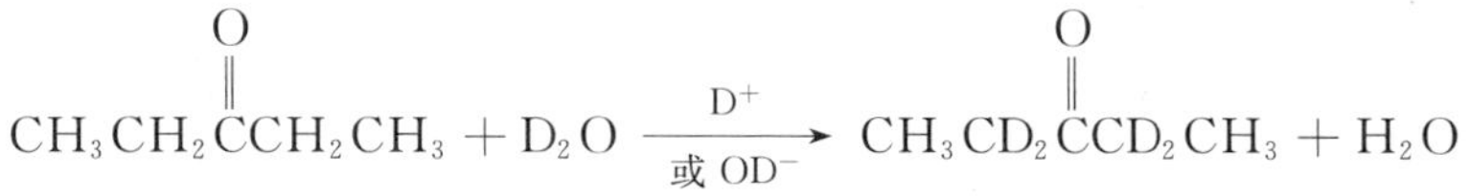

在酮式—烯醇式互变平衡体系中，烯醇式含量除了与相应结构的稳定性有关外，与介质的极性也有关。一般非质子溶剂有利于烯醇式存在，因为非质子溶剂有利于分子内形成氢键。质子溶剂有利于酮式存在，这可能是由于质子溶剂能和酮式羰基氧原子形成氢键，使分子内氢键较难形成，因而降低了烯醇式的含量。

羰基两个 α-碳上都有氢的不对称酮，可能产生两种不同的烯醇，例如：

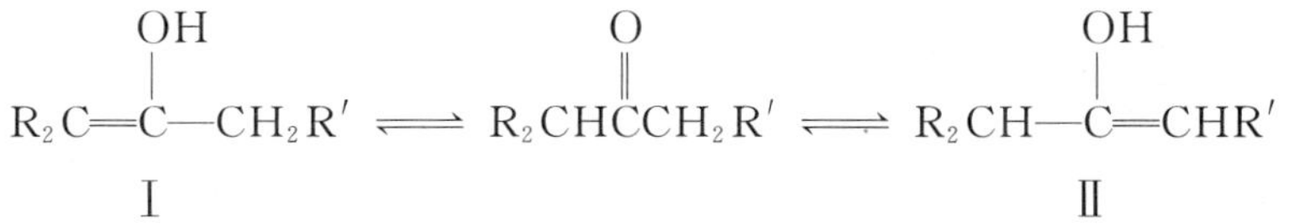

Ⅰ与Ⅱ的比例是受热力学和动力学控制的。Ⅰ中双键上所连的烃基较多，较稳定，因此受热力学控制时Ⅰ含量高。Ⅱ中 α-碳上取代基少，空间位阻小，易生成，故受动力学控制时Ⅱ的含量高。当有催化剂时，一般在酸催化下易生成Ⅰ，在碱催化下易生成Ⅱ。

（2）α-H 的卤代

醛、酮分子中的 α-氢原子，容易被卤素原子取代，生成 α-卤代醛、酮。此反应可被酸或碱所催化。酸、碱的作用就是促进烯醇式的形成。

酸催化机理：

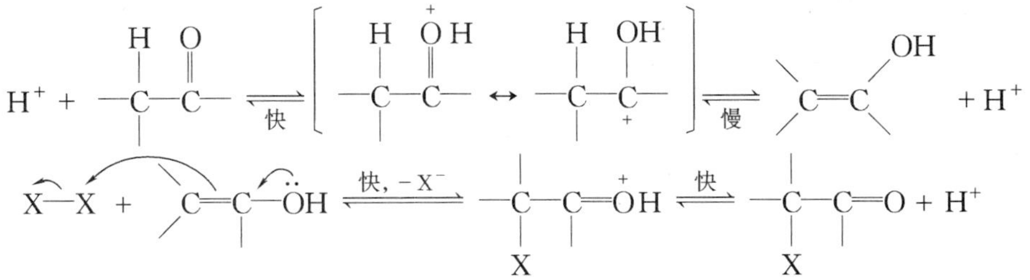

决定反应速度的步骤是生成烯醇的一步。烯醇生成后，卤素即作为亲电试剂与烯醇双键发生亲电加成。因为反应过程中生成卤化氢，所以酸催化常常是自催化，而不需另加催化剂。酸催化时可以通过控制反应条件，使其主要生成一卤、二卤或三卤代物。

碱催化机理：

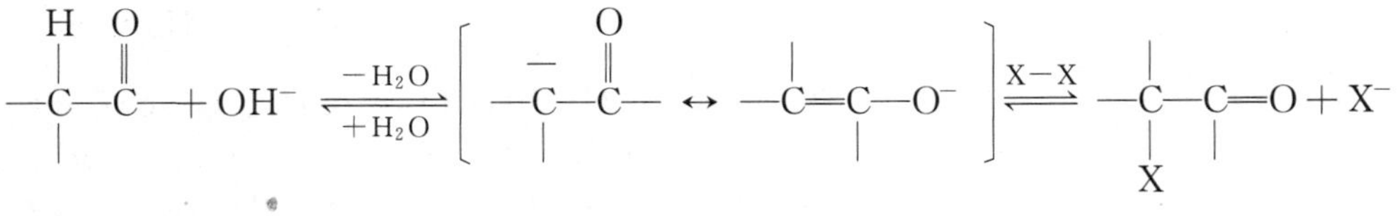

碱首先夺取一个 α-氢原子生成烯醇负离子，然后迅速与卤素反应，生成 α-卤代产物。醛、酮的一个 α-氢原子被卤素取代后，由于卤原子的吸电子作用，使与其相连的 α-碳上氢的活性增加，更容易被取代，所以反应不易停留在一取代阶段。凡具有 α-甲基结构的醛和酮(乙醛和甲基酮)或能被次氯酸氧化成甲基醛或酮的化合物，在碱性条件下与卤素作用，甲基上的三个 α-氢原子都被取代，生成 α-三卤代物，此三卤代物继续与碱作用生成少一个碳原子的羧酸盐和卤仿沉淀(氯仿沉淀为白色，溴仿沉淀为棕黄色，碘仿沉淀为黄色)：

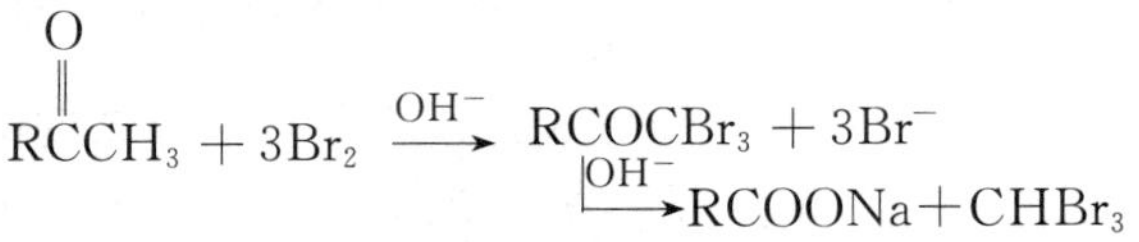

此反应称为卤仿反应(Haloform reaction)，反应试剂为卤素和氢氧化钠或次卤酸钠。其反应机理可能如下：

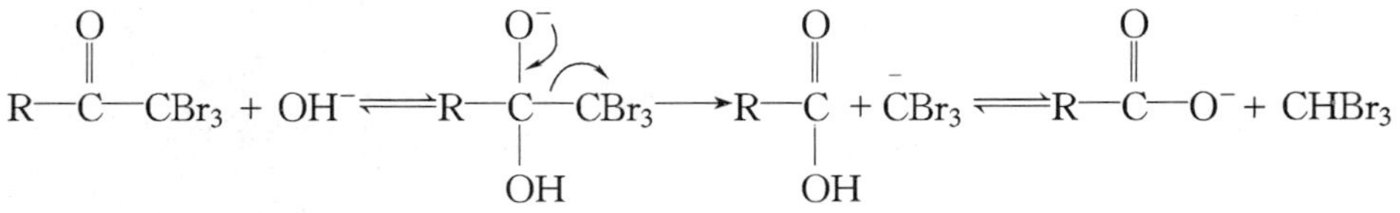

(3) Favorsky 重排

α-卤代酮在醇钠、醇钾作用下生成酯类的反应，称为 Favorsky 卤代酮重排。当用 $OH^-$ 或胺类作为碱时，则分别生成羧酸或酰胺：

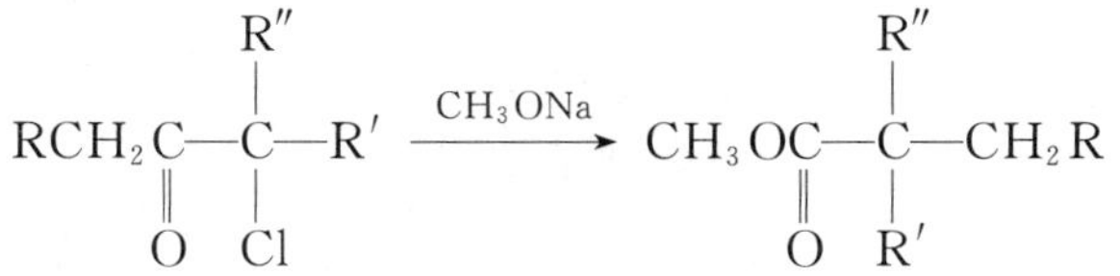

关于此反应的反应机理，一般认为是经由环丙酮中间体的重排：

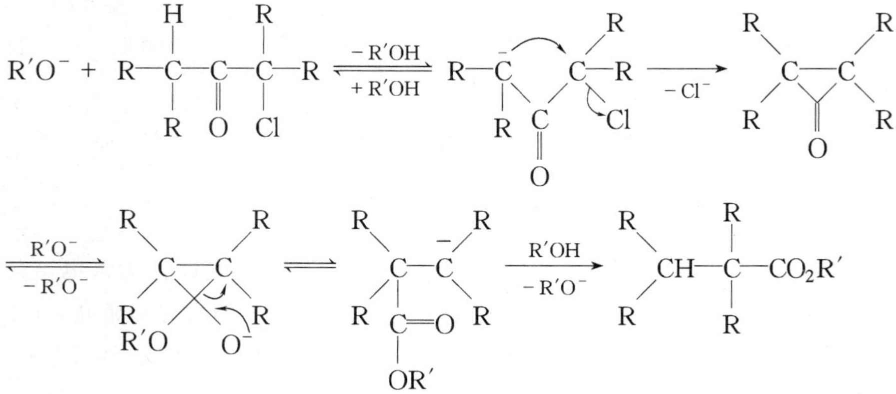

反应首先是羰基 α-H 被碱夺去生成一个碳负离子，接着发生分子内的亲核取代反应生成环丙酮中间体。尔后碱与环丙酮羰基进行亲核加成并开环，最后生成相应化合物。

若生成不对称的环丙酮中间体，开环的方向将取决于生成的碳负离子的稳定性。例如：

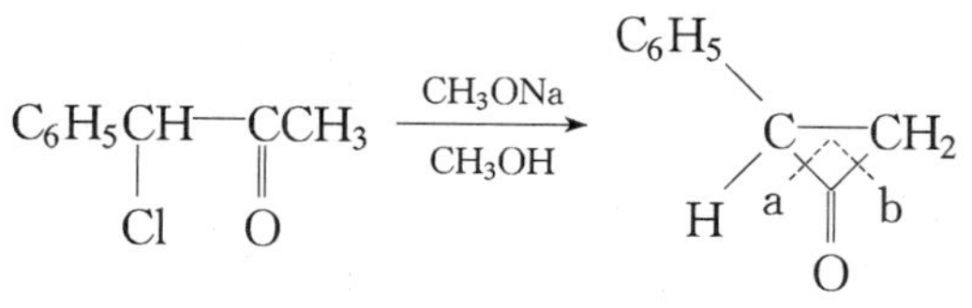

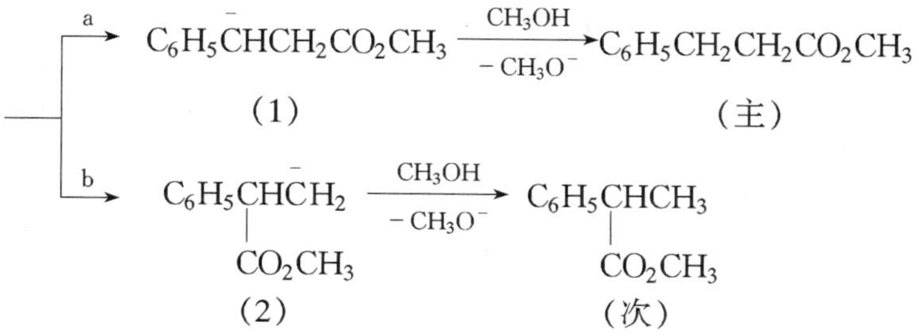

显然，碳负离子的稳定性(1)>(2)，故主要以 a 方式开环生成相应的主要产物。

无 α-H 的卤代酮重排时，不经由环丙酮中间体：

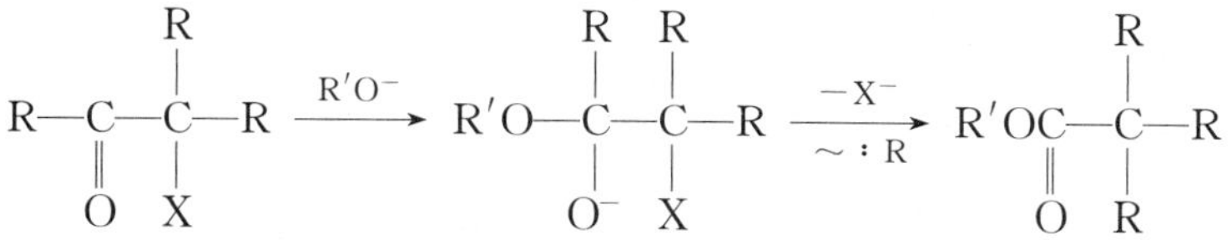

Favorsky 重排可用于合成酯、羧酸、酰胺(α-卤代环酮的重排伴随着环缩小)等。

(4) 羟醛缩合(Aldol Condensation)反应

在稀碱催化下，具有 α-氢的醛能和另一分子醛的羰基起加成反应，生成 β-羟基醛。若后者的 α-碳上还有氢，在加热时很容易缩去一分子水生成 α，β-不饱和醛，例如：

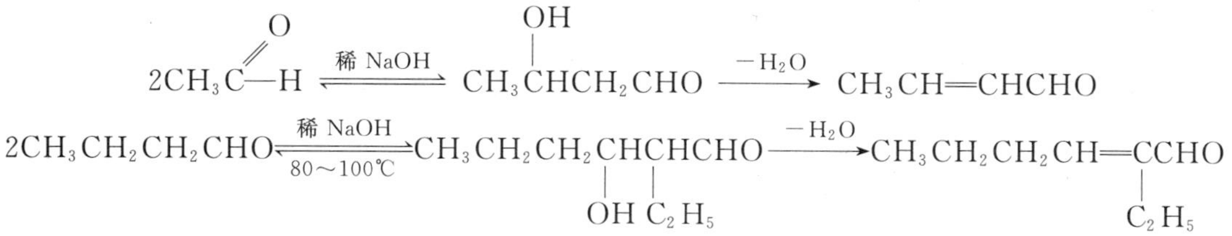

羟醛缩合反应可能的机理如下：

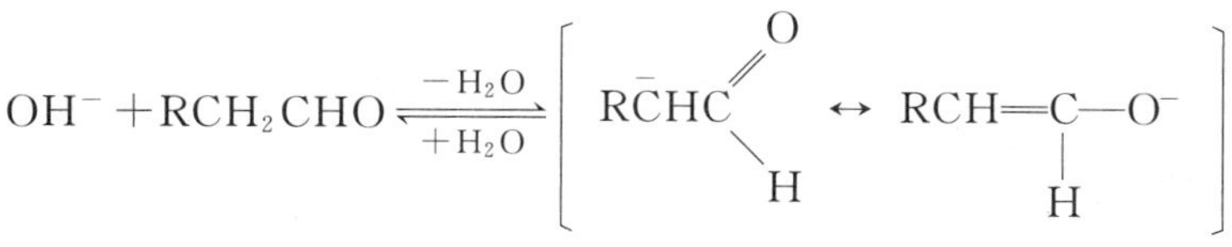

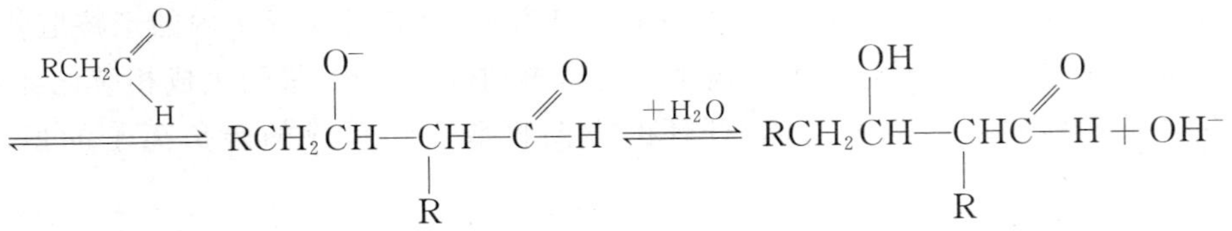

反应的第一步是碱夺取醛的一个 α-氢生成碳负离子，第二步是碳负离子进攻另一分子醛的羰基，生成加成产物的氧负离子，后者与水分子作用，生成 β-羟基醛，并使催化剂($OH^-$)再生。最后 β-羟基醛脱水生成 α,β-不饱和醛。

多元醛也可发生分子内的羟醛缩合生成环状化合物，例如：

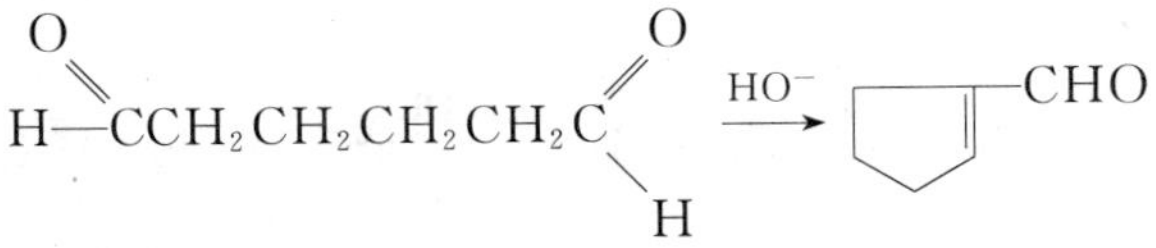

酮也能发生类似的反应，生成 β-羟基酮，但平衡大大偏向于反应物一方，产物收率很低。若设法使生成物与催化反应体系脱离(如将生成水蒸出等)，可提高产物的收率。

具有 α-氢的两种不同的醛发生缩合，将得到多种产物的混合物，在实用上价值不大。若其中一个醛无 α-氢，发生交叉羟醛缩合时有一定的意义，该类反应称为 Claisen-Schmidt 反应。例如：

$$CH_3CHO + HCHO \xrightarrow{OH^-} \underset{}{\overset{OH}{\overset{|}{C}}}H_2CH_2CHO \xrightarrow{-H_2O} CH_2{=}CHCHO$$

当一个具有两种不同的 α-氢的酮与无 α-氢的醛，在碱性条件下反应时，一般是与取代基较少的 α-碳上的氢进行缩合。而在酸性条件下，一般是与取代基较多的 α-碳上的氢进行缩合。这显然与碱性条件下碱夺取 α-氢后生成的反应中间体碳负离子、或酸性条件下生成的反应中间体烯醇式的稳定性有关。

(5) Mannich 反应

含活泼氢的化合物与甲醛以及氨或胺反应，生成胺甲基化合物(Mannich 碱)，此反应称为胺甲基化反应，通常叫 Mannich 反应。例如：

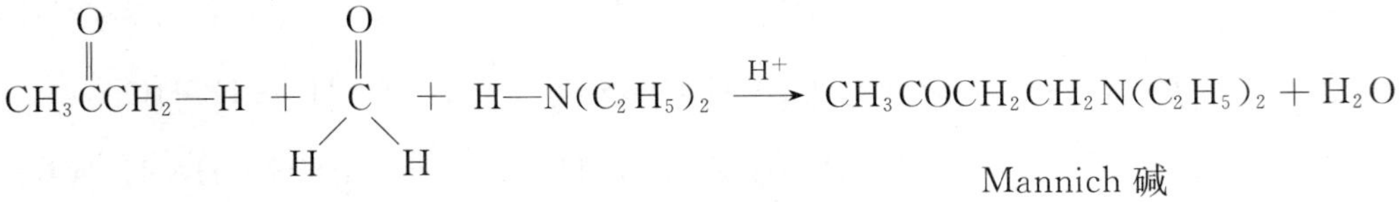

Mannich 碱

常用的含活泼氢的化合物除醛、酮外，还有酸、酯、腈、硝基烷烃以及邻、对位未被取代的酚类等。反应常在水、醇或醋酸溶液中进行。通常在反应混合物中加入少量盐酸，以利于反应的进行。

关于 Mannich 反应的机理，一般认为是甲醛首先与胺缩合成亚胺正离子，后者再与含活泼氢化合物的烯醇式反应：

$$HCHO + HN(C_2H_5)_2 \rightleftharpoons HOCH_2N(C_2H_5)_2 \overset{H^+}{\rightleftharpoons} CH_2{=}\overset{+}{N}(C_2H_5)_2 + H_2O$$

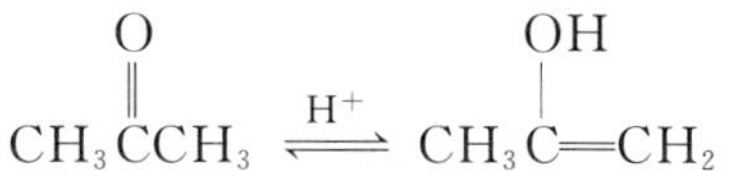

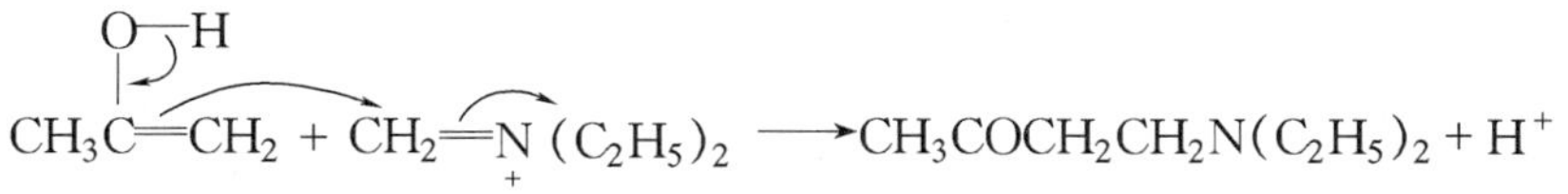

Mannich 反应不仅可以合成胺烃基化产物，而且 Mannich 碱本身还是有机合成的重要原料。Mannich 碱受热易分解放出胺，其季铵盐更易分解，在温和条件下可生成 α,β-不饱和羰基化合物。

11.2.2.3 醛、酮的氧化与还原

(1) 氧化

醛分子的羰基上连有一个氢，很容易被氧化，即使是一些弱氧化剂，例如碱性氢氧化铜溶液（用酒石酸盐作络合剂时称为 Fehling 试剂）或氢氧化银氨溶液（Tollens 试剂），也能将醛氧化成相应的羧酸盐，并生成红色或砖红色 $Cu_2O$ 沉淀。

$$RCHO + 2Cu^{2+} + NaOH + H_2O \xrightarrow{\triangle} RCOONa + Cu_2O\downarrow + 4H^+$$

$$RCHO + 2Ag(NH_3)_2OH \longrightarrow RCOONH_4 + 3NH_3 + H_2O + 2Ag\downarrow$$

后一反应若在洁净的玻璃器皿中进行，银离子还原成银沉积在器壁上形成银镜，故又称为银镜反应。含有不饱和碳碳双键的醛，在此条件下双键不被氧化。酮和这两个试剂不发生反应，故可用于醛和酮的鉴别。

在剧烈氧化条件下，酮也可以从羰基两旁发生断裂，生成分子量较小的羧酸。例如：

$$RCH_2\overset{\overset{\displaystyle O}{\|}}{C}CH_2R' \xrightarrow[\triangle]{HNO_3} RCOOH + R'CH_2COOH + RCH_2COOH + R'COOH$$

环己酮等对称酮的氧化反应有一定的合成价值。

酮的另一个重要氧化反应是被过氧酸氧化成酯。此反应称为 Baeyer-Villiger 反应。常用的过氧酸有过氧乙酸、过氧苯甲酸、过氧三氟乙酸等，其中过氧三氟乙酸氧化能力最强。例如：

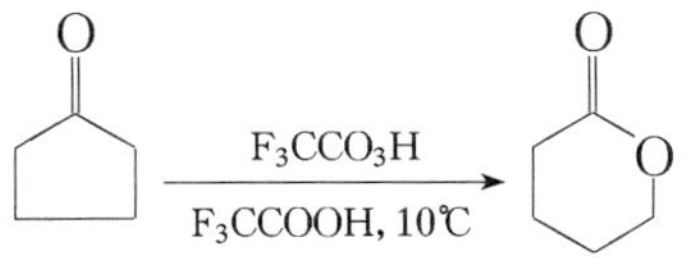


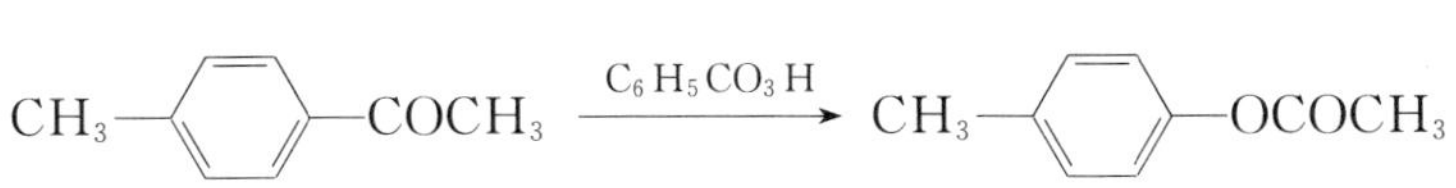


这类反应的机理大致如下：

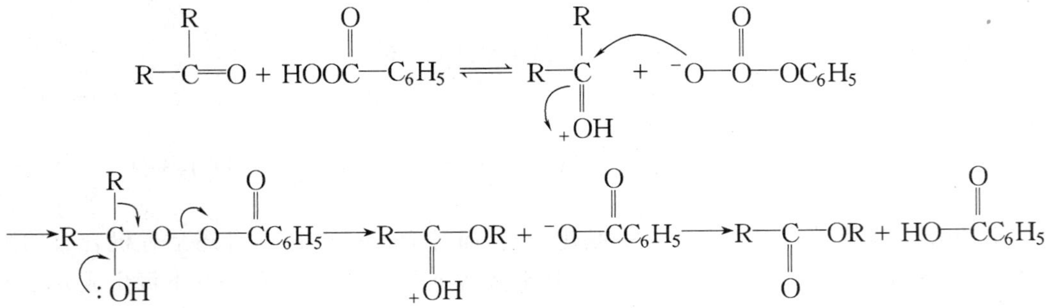

从生成的产物看，相当于在反应物酮的结构中插入一个氧原子。不对称酮用过氧酸氧化时，由于羰基所连基团的迁移能力不同，通常主要得到一种产物。各种基团的迁移的倾向是：H＞叔烷基＞仲烷基～环烷基＞苯基＞伯烷基＞甲基。

（2）醛、酮的还原

醛、酮可以被还原成醇或烃类。还原剂不同，醛、酮的结构不同，还原产物也不同。

① 催化加氢　醛、酮可以催化加氢，分别生成伯醇和仲醇：

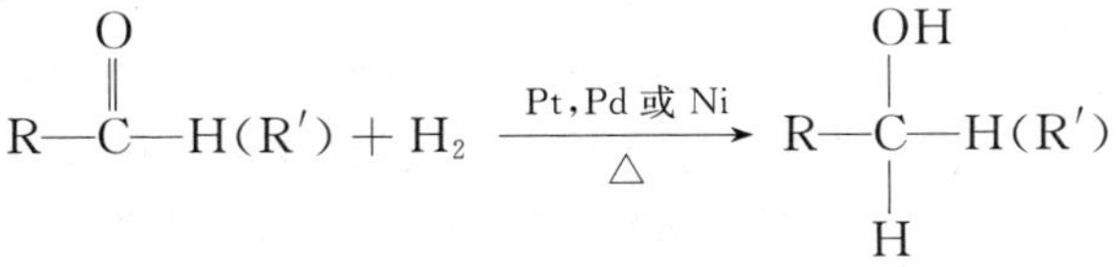

若醛、酮分子中含有其他可被还原的基团时，例如，C═C ，—C≡C— ，C—X 等，也将发生反应。

② 用金属氢化物还原　金属氢化物如硼氢化钠、氢化铝锂及其取代物三叔丁氧基氢化铝锂 $LiAl[OC(CH_3)_3]_3H$ 是还原羰基的常用试剂。氢化铝锂是一个很强的还原剂，还能还原羧酸、酯、酰胺和腈等，但不还原碳碳双键和叁键。硼氢化钠是一个较缓和的还原剂，可在水或醇溶液中反应，将醛、酮还原成醇，而分子中的碳碳双键、叁键不被还原：

$$CH_3COCH_2CH_3 \xrightarrow[②H_3O^+]{①LiAlH_4} CH_3CH(OH)CH_2CH_3$$

③ Meerwein-Poundorf 反应　异丙醇铝是选择性很高的还原剂。在苯或甲苯溶液中，异丙醇铝将醛、酮还原成醇，此即为 Meerwein-Poundorf 反应。从机理看，反应是通过环状过渡态进行的，涉及到氧-铝配位键的形成和负氢离子的转移：

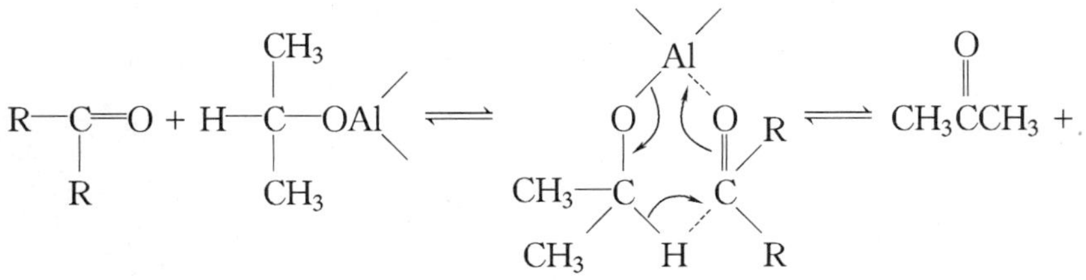

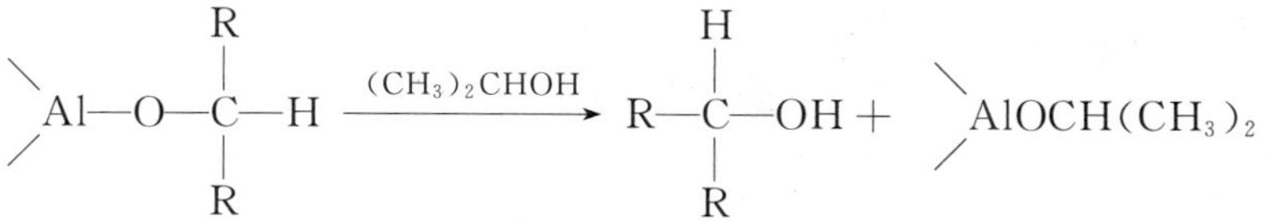

反应中加入催化量的异丙醇铝即可使反应顺利进行，而且只还原羰基成羟基，分子中的 C═C，—$NO_2$ 等不被还原。

④ 用金属还原 某些活泼金属，例如 Na，Li，Zn，Mg 以及 Fe，Sn 等，可使醛、酮还原为醇。醛在碱性条件下易发生缩合反应，一般在酸性介质中还原。例如：

$$CH_3(CH_2)_4COCH_3 \xrightarrow[C_2H_5OH]{Na} CH_3(CH_2)_4\underset{}{CH(OH)}CH_3$$

$$CH_3(CH_2)_5CHO \xrightarrow[CH_3COOH]{Fe} CH_3(CH_2)_5CH_2OH$$

这类还原反应分两步进行：

羰基首先由金属接受一个电子，生成负离子自由基：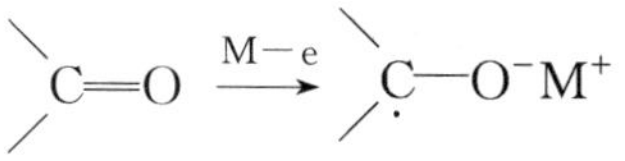；

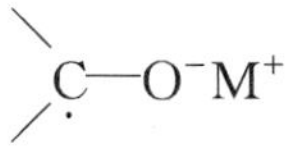 随后再接受一个电子生成二价负离子，与质子供给体提供的质子结合，生成醇：

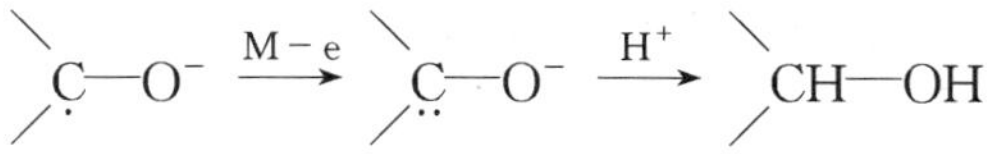

若生成的两个负离子自由基彼此结合，将生成双分子还原产物——邻二醇。酮与镁、镁汞齐、锌、锌汞齐等在非质子溶剂中可发生这种反应，生成邻二叔醇：

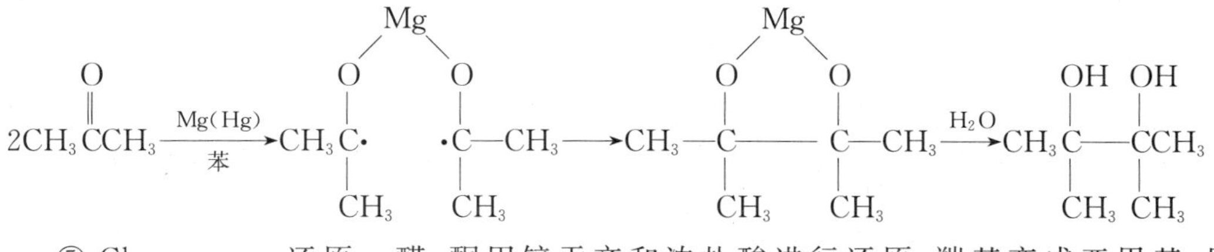

⑤ Clemmensen 还原 醛、酮用锌汞齐和浓盐酸进行还原，羰基变成亚甲基，即 Clemmensen 还原法：

$$>C{=}O + Zn{-}Hg + HCl \longrightarrow >CH_2 + H_2O$$

锌汞齐可由锌粒与 $HgCl_2$ 在稀盐酸溶液中反应制得。此法尤其对于芳香酮及芳脂混酮等的还原效果较好，因而常和芳烃酰基化结合成侧链芳烃。该反应也可使 α,β-不饱和酮的双键被还原，例如：

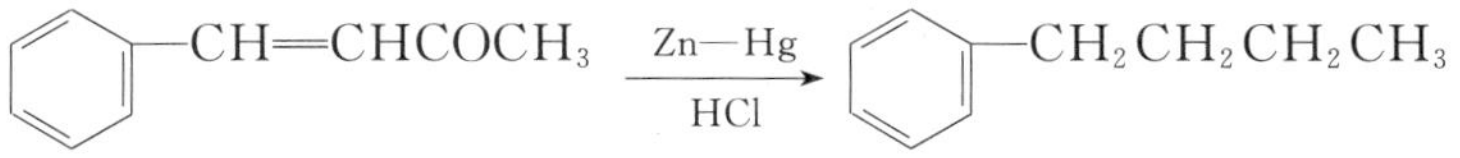

此法是在酸性条件下进行的，适用于对酸稳定的羰基化合物的还原。若被还原物为

对酸敏感而对碱稳定的羰基化合物，则可用 Wolff-Kishner-黄鸣龙法进行还原。

⑥ Wolff-Kishner-黄鸣龙还原　醛、酮与肼($NH_2NH_2$)作用生成腙，继而在强碱作用下分解，羰基被还原成亚甲基，称为 Wolff-Kishner 还原：

$$\rangle C{=}O \xrightarrow{NH_2NH_2} \rangle C{=}NNH_2 \xrightarrow{OH^-} \rangle CH_2 + N_2\uparrow$$

经典的方法是羰基化合物与纯肼反应生成腙，在醇钠及醇存在下于高温加热(180℃以上)而完成反应。因反应温度高，需在封管或高压釜中进行，使用上受到一定限制。1946 年我国化学家黄鸣龙发现，采用乙二醇、一缩二乙二醇($HOCH_2CH_2OCH_2CH_2OH$，b. p. 245℃)等高沸点水溶性溶剂，并以 KOH 或 NaOH 代替醇钠，以水合肼代替纯肼，于常压下回流反应，然后蒸去水分，再于 200℃左右反应，可获得更高收率的产品，例如：

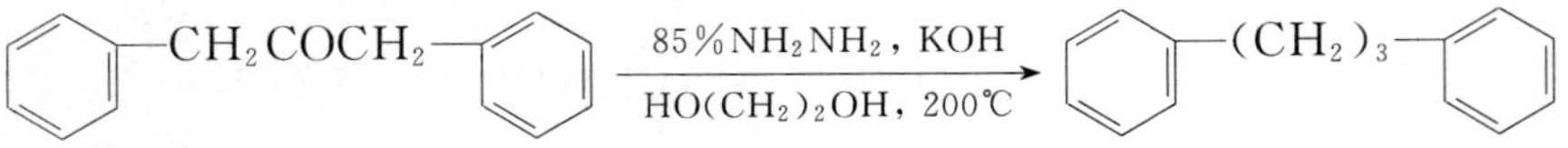


α,α-二苯基丙酮　　　　1,3-二苯基丙烷(93%)

此法较旧法操作方便，时间短、经济、安全，应用广泛，因而称为 Wolff-Kishner-黄鸣龙反应。

11.2.2.4　Cannizzaro 反应(歧化反应)

不含 α-氢原子的醛(如 HCHO，$(CH_3)_3C{-}CHO$，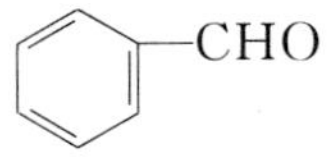)在浓碱作用下，一分子醛被氧化为羧酸(在碱溶液中生成羧酸盐)，一分子醛被还原成醇，这种反应称为 Cannizzaro 反应。例如：

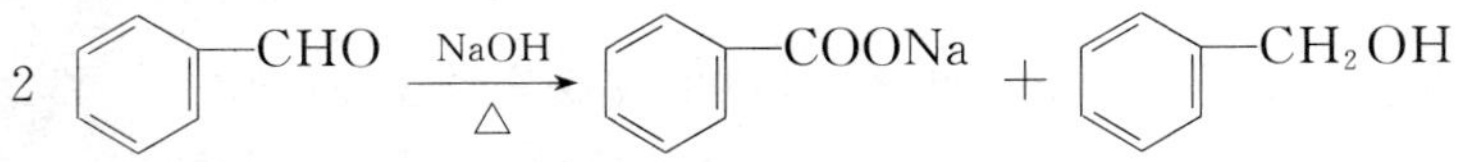


其反应机理如下：

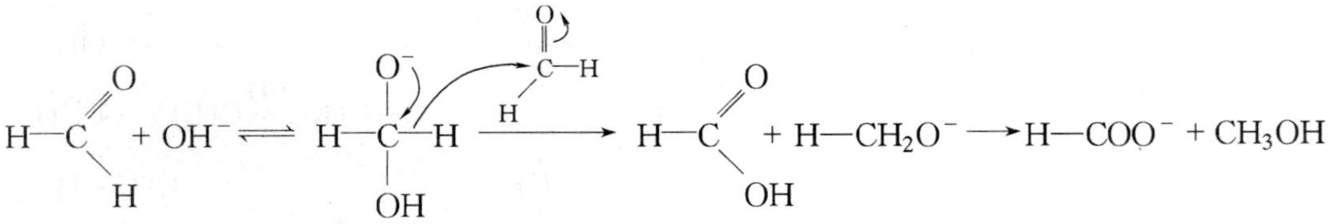


两种不同的醛分子间可发生交叉的 Cannizzaro 反应时，若其中一种为甲醛，由于其还原性强而转化成酸，而另一种醛被还原为醇。

# §11.3　醛、酮的制备及重要的化合物

## 11.3.1　醛、酮的制备

（1）醇的氧化和脱氢

这是实验室和工业上常用的方法。

① 氧化法　伯醇氧化得到醛，仲醇氧化得到酮。实验室中常用的氧化剂是重铬酸钾/硫酸或硝酸。其中仲醇氧化制酮应用较广。因为醛比醇更易被氧化，所以，由伯醇氧化只适于制备沸点较低的低级醛，使生成的醛立即蒸出，以免进一步被氧化成酸。采用一些特殊的氧化剂，例如 Sarrett 试剂（吡啶—三氧化铬）、丙酮-异丙醇铝等，也可将含 C═C 的醇顺利地氧化成醛、酮，而 C═C 不被氧化，例如：

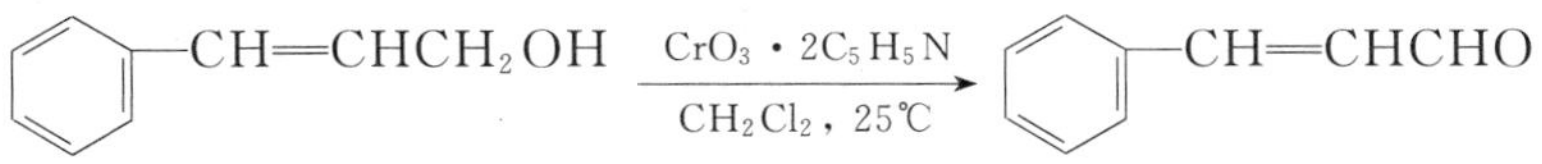

需指出的是，与芳环直接相连的甲基或亚甲基上的氢，受芳环的影响比较活泼，很容易被氧化。控制适宜的反应条件或选择合适的氧化剂，可得到相应的醛或酮。二氧化锰/硫酸是常用的氧化剂之一：

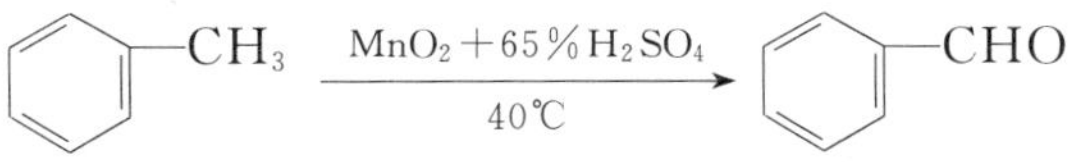

在强酸条件下，铬酐和乙酐等氧化剂可将甲苯或取代甲苯氧化成相应的苯甲醛。例如：

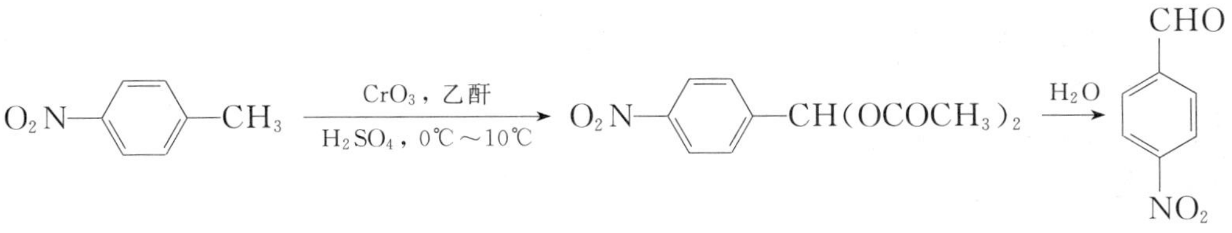

在强酸存在下，氧化生成的苯甲醛能迅速地与乙酐反应，生成二乙酸酯，可阻止醛的进一步氧化，再经水解生成醛，为芳香醛的合成提供了一个简便的方法。

在醋酸锰或醋酸钴等催化剂存在下，芳烃也能被空气氧化。例如：

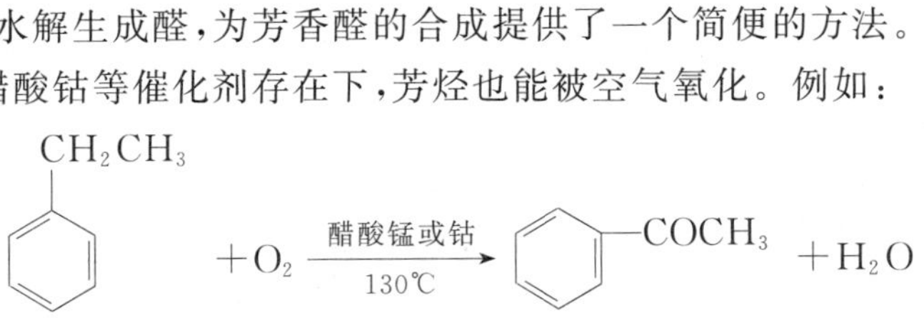

② 脱氢法　工业上则主要采用催化脱氢的方法制备醛和酮。例如：

$$CH_3CH(OH)CH_2CH_3 \xrightarrow[400^\circ C\sim 500^\circ C]{Zn-Cu} CH_3COCH_2CH_3$$

常用催化剂主要有 Cu，Zn，Cu-Zn 等。有时 Ni，Pt，Pb 等加氢反应中所用的催化剂也

可用作脱氢催化剂。

（2）由炔烃制备

炔烃的水合可用于制备醛和酮：

$$CH_3C\equiv CH + H_2O \xrightarrow[H_2SO_4]{HgSO_4} CH_3COCH_3$$

（3）偕二卤代物的水解

同一碳原子上连有两个卤原子的烃类化合物称为偕二卤代物。偕二卤代物水解可生成相应的醛或酮，例如：

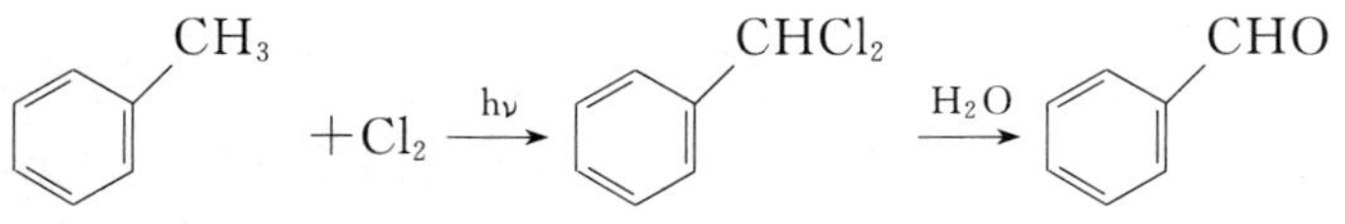


（4）Friedel-Crafts 反应制备芳酮

芳香烃在无水 $AlCl_3$ 催化下和酰氯或酸酐作用制备芳酮是常用的方法：

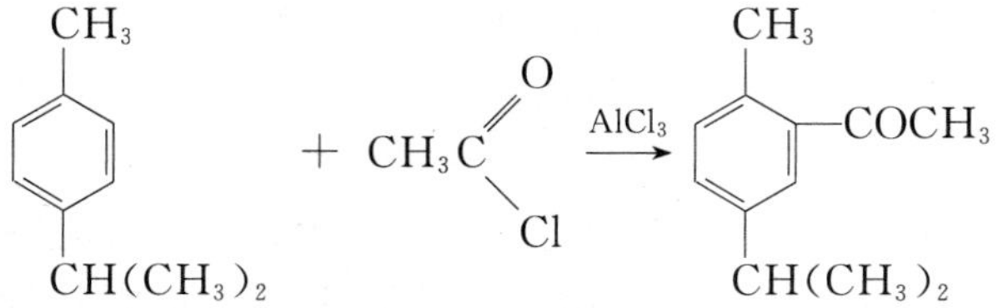


当芳环上有强的吸电子基团时，此反应难发生，但芳环上同时存在较强的给电子基团时，可进行这类反应：

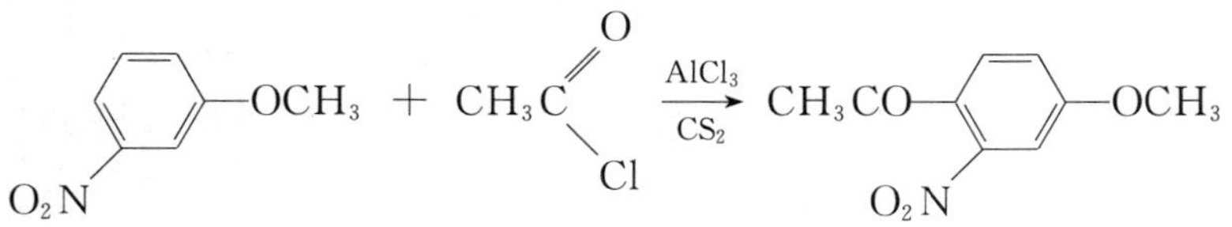


（5）Gattermann-Koch 反应

甲酰氯和甲酸酐是不存在的，不能用 Friedel-Crafts 反应制备芳香醛。但在 $AlCl_3$ 及 CuCl 或 $TiCl_4$ 存在下，烷基芳烃可以和 CO 及干燥的 HCl 反应，在芳环上引入—CHO 生成芳醛，此反应称为 Gattermann-Koch 反应：

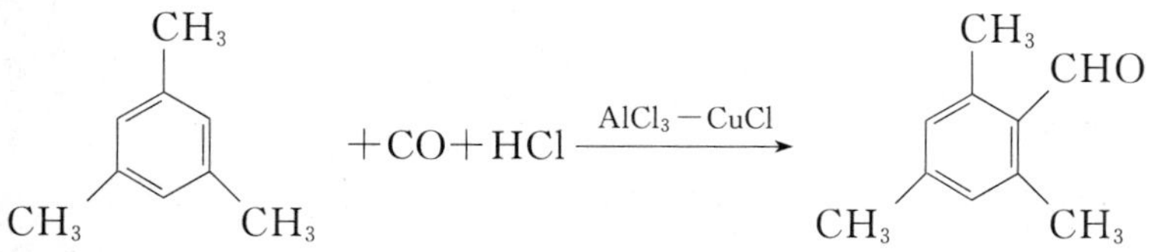


此反应可能是 CO 和 HCl 先生成不稳定的甲酰氯，然后再进行芳环上的 F-C 反应。

（6）酰氯的还原和酰氯与有机金属化合物的反应

用 $Pd/BaSO_4$ 作催化剂使酰氯进行氢解，可生成相应的醛，此反应称为 Rosenmund 还原反应。使用的催化剂常加入少量的硫脲或喹啉-硫，使催化剂钝化，以降低其活性，使反应停止在醛的阶段。例如：

$$CH_3O\overset{O}{\overset{\|}{C}}CH_2CH_2\overset{O}{\overset{\|}{C}}—Cl + H_2 \xrightarrow[\text{喹啉-硫}]{Pd/BaSO_4} CH_3O\overset{O}{\overset{\|}{C}}CH_2CH_2CHO + HCl$$

也可用三叔丁氧基氢化锂铝处理酰氯(脂肪族或芳香族酰氯均可),使之生成相应的醛:

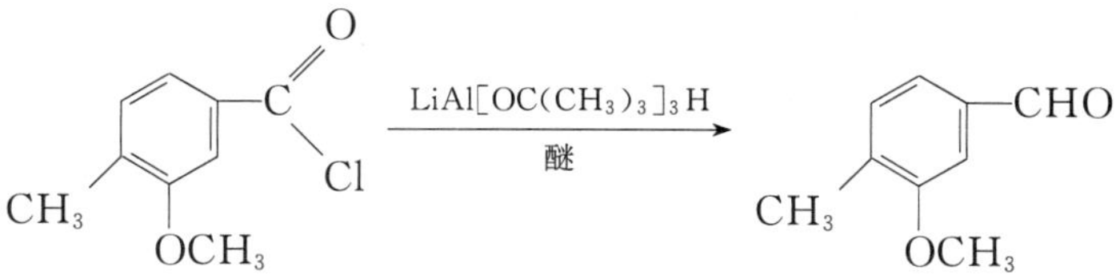


这种还原剂的活性比 $LiAlH_4$ 小,加之空间位阻,难以将醛还原为醇。

酰氯与有机镉或二烃基铜锂作用,可以生成酮:

$$ArCOCl + (C_2H_5)_2Cd \xrightarrow{\text{苯}} \xrightarrow{H_3O^+} ArCOC_2H_5$$

二烃基铜锂的活性比 Grignard 试剂和有机锂低,很多和 Grignard 试剂及有机锂反应的官能团不和二烃基铜锂反应,例如-$NO_2$,-CN,-CO-,-COOR 等,因此,酰氯分子中有这些基团时仍可用于酮的合成。

### 11.3.2　重要的醛、酮化合物

(1) 甲醛(formaldehyde)

常温下是气体,沸点−21℃,易溶于水。对眼、鼻和喉的粘膜有强烈的刺激作用。甲醛具有凝固蛋白质的作用。37%～40%的水溶液(内含8%～10%的甲醇)商业上叫福尔马林(Formalin),可用作消毒剂和防腐剂。工业上甲醛主要用于制造酚醛树脂、脲醛树脂,合成纤维等。

甲醛在工业上是由甲醇制备的。将甲醇蒸气与空气混合后,在银催化下于较高温度氧化得到甲醛:

$$CH_3OH + \frac{1}{2}O_2 \xrightarrow[600\ ℃]{Ag} CH_2O + H_2O$$

甲醛很容易聚合。气体甲醛于室温下或60%～65%的甲醛水溶液在少量硫酸存在下煮沸,均可得到环状的三聚甲醛:

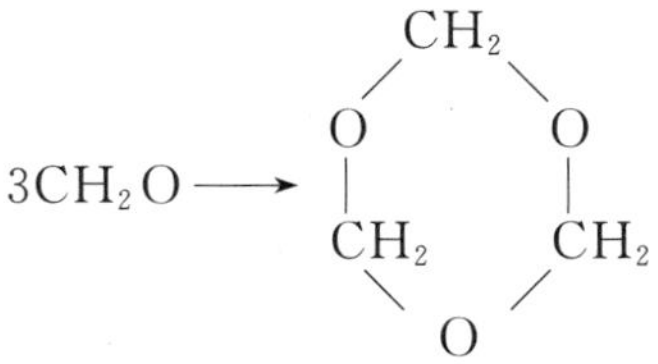


三聚甲醛

三聚甲醛为白色结晶粉末,熔点64℃,沸点112℃。将甲醛水溶液减压浓缩可生成多聚甲醛 $HOCH_2-(OCH_2)_nOH$,甲醛水溶液久置后也会析出多聚甲醛。加热时多聚甲醛解聚成甲醛,因此是气体甲醛的方便来源。

甲醛与氨作用可生成(环)六亚甲基四胺——乌洛托品(Urotropine):

$$CH_2O + NH_3 \rightleftharpoons \left[\begin{array}{c} H_2C—NH_2 \\ | \\ OH \end{array}\right] \xrightleftharpoons{-H_2O} CH_2=NH$$

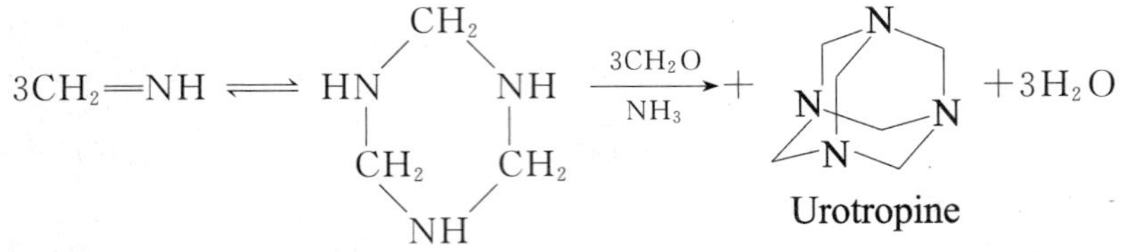


乌洛托品为白色结晶粉末，熔点 263℃，易溶于水。医药上用作利尿剂和尿道消毒剂；也用作橡胶硫化促进剂、粘合剂，固化剂；与硝酸作用，可制成烈性炸药等。

（2）乙醛(acetaldehyde)

乙醛是有刺激性气味的易挥发液体，沸点 21℃。易溶于水、乙醇、乙醚中。工业上乙醛主要由乙炔水合或乙烯的催化氧化制备。

乙醛能聚合成环状的三聚乙醛(b. p. 124℃)，后者在稀酸中加热解聚为乙醛：

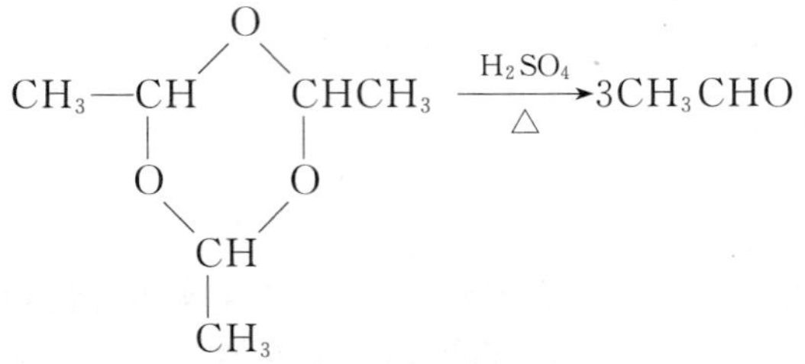


（3）丙酮(acetone)

丙酮是最简单的酮，为无色、有特殊气味的易挥发液体，沸点 56℃，能与水、乙醇、氯仿等混溶。丙酮是重要的化工原料，同时也是优良的有机溶剂。

工业上可由丙烯催化氧化法，异丙醇的氧化或脱氢法(异丙醇可通过丙烯的水合反应制得)，或异丙苯氧化法等来制备丙酮：

$$CH_3CH{=}CH_2 + \frac{1}{2}O_2 \xrightarrow{CuCl_2-PdCl_2} CH_3\overset{\overset{O}{\|}}{C}CH_3$$

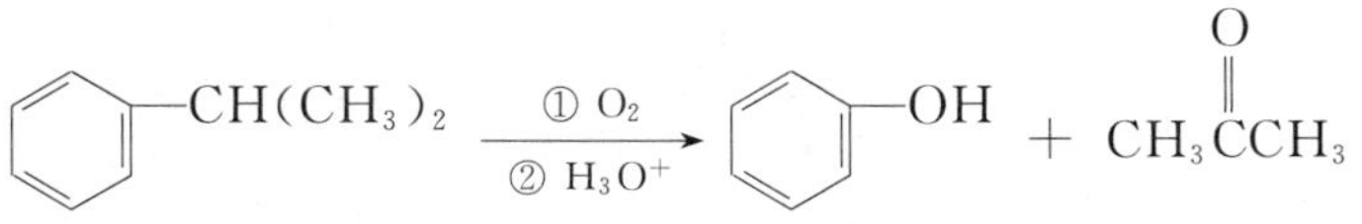


## 习　题

11-1　按指定要求回答下列问题：

1. 将下列羰基化合物按亲核加成活性的大小顺序排列(由大到小)。

A. $CH_3CH_2COCH_3$，$CH_3COCCl_3$，$CH_3COCH(CH_3)_2$

B. $CH_3CHO$，$CH_3COCH_3$，$CF_3CHO$，$CH_3COCH{=}CH_2$

C. 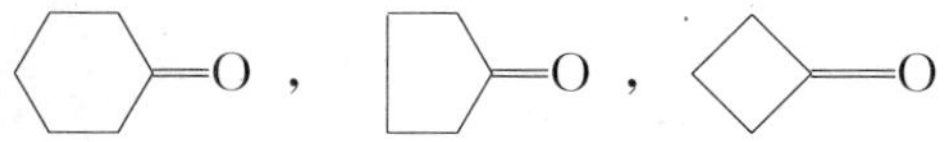

D. $C_2H_5COC_2H_5$，$Ar_2CO$，$ArCOC_2H_5$，$ArCH_2COC_2H_5$

2. 下列化合物中哪些能发生碘仿反应?

a. $ICH_2CHO$　　b. $CH_3CH_2CHO$　　c. $C_2H_5\overset{\overset{OH}{|}}{C}HCH_3$

d. 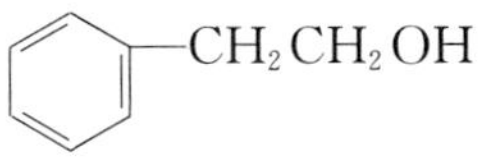　e. 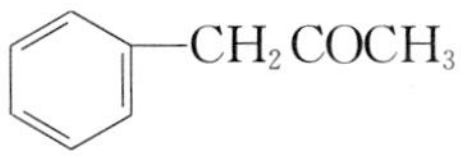　f. 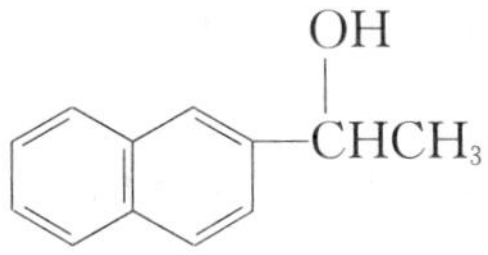

3. 分别指出下列各种羧酸,可通过何种甲基酮经卤仿反应来制得?

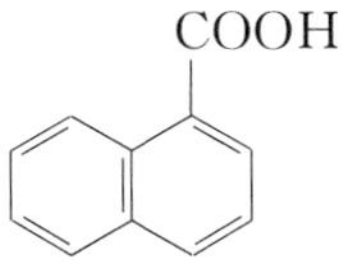　　$(CH_3)_2CHCOOH$　　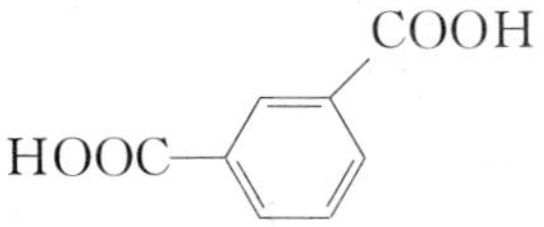

4. 下列酮发生 Baeyer-Villiger 反应时,各得到什么主要产物?

a. 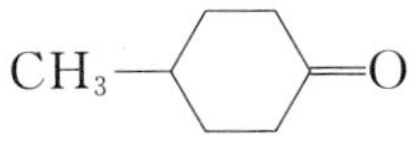　b. $C_6H_5COCH_3$　c. 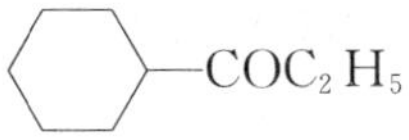

11-2　完成下列反应,将答案填入括号内。

1. $(CH_3)_2CHCH_2CHO + HONH_2 \cdot HCl \longrightarrow (\qquad)$

2. 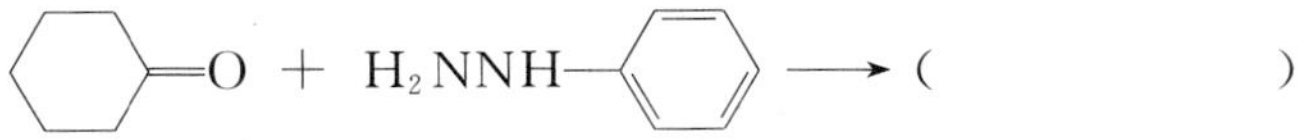

3. 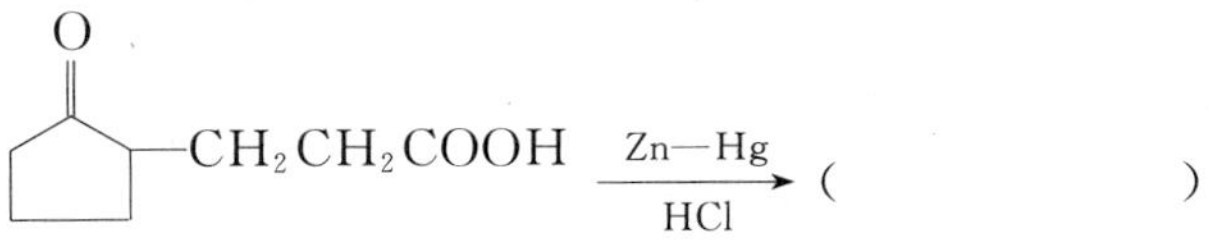

4. 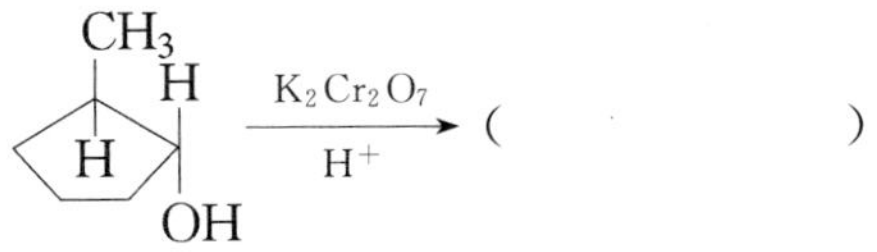

5. 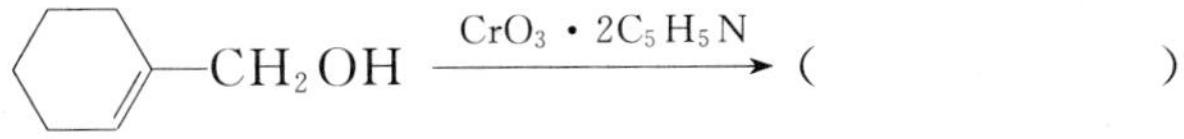

6. 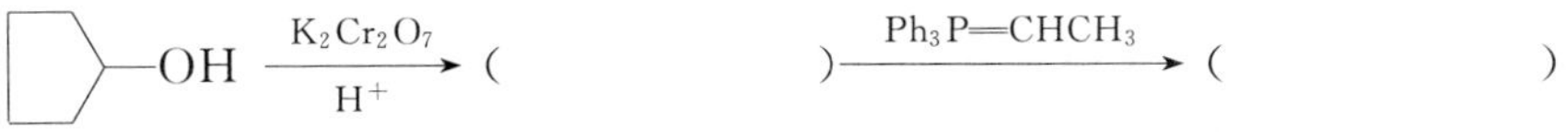

7. $n\text{—}C_3H_7CHO \xrightarrow[\triangle]{稀\ OH^-} (\qquad)$

8. $(CH_3)_2C{=}CHCH_3 \xrightarrow[(2)\ H_2O_2,\ OH^-]{(1)\ B_2H_6} (\qquad) \xrightarrow[H^+]{Na_2Cr_2O_7} (\qquad)$

9. $CH_3COCH_3 + H_2NNHCONH_2 \longrightarrow (\qquad)$

10. $(CH_3)_3CCOCH_3 + F_3CCO_3H \longrightarrow (\qquad)$

11. 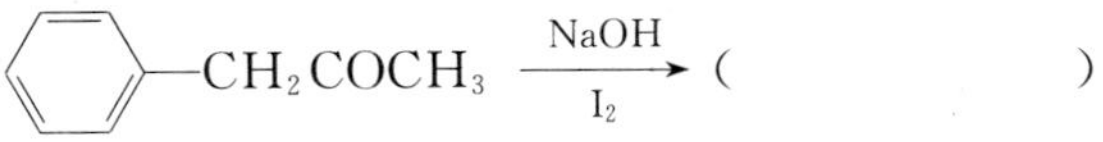

12. 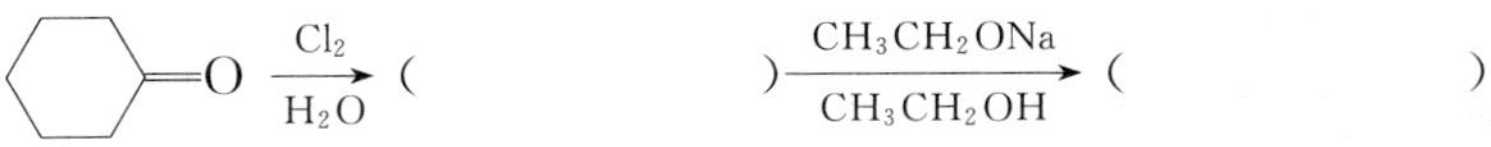

13. 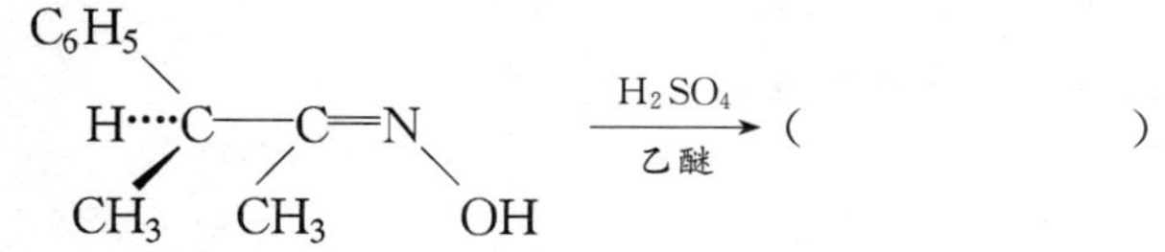

14. 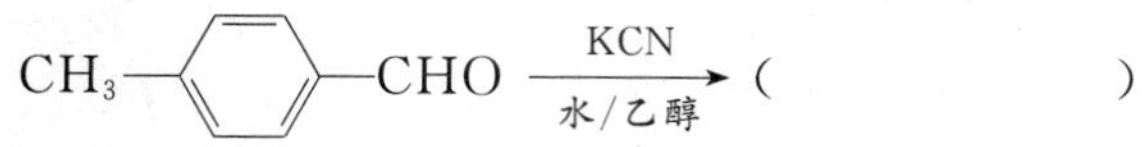

15. 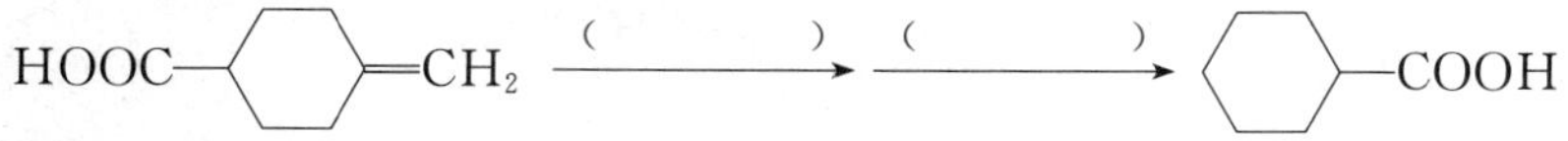

16. $HC{\equiv}CNa \xrightarrow{PhCH_2Cl}$ (　　　　　　) $\xrightarrow[\text{稀 } H_2SO_4]{HgSO_4}$ (　　　　　　)

$\xrightarrow{NaBH_4}$ (　　　　　　)

17. 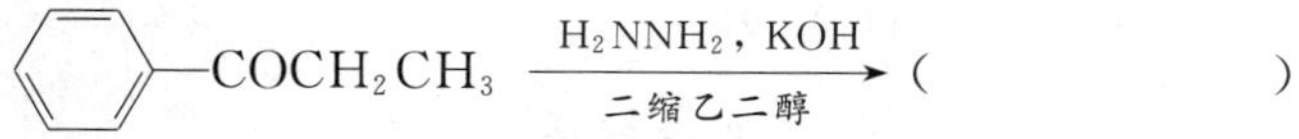

18. $(CH_3)_3CCHO + CH_2O \xrightarrow[\triangle]{NaOH}$ (　　　　　　)

19. $CH_3CHO + CH_2O$(过量)$\xrightarrow[\triangle]{OH^-}$ (　　　　　　)

20. 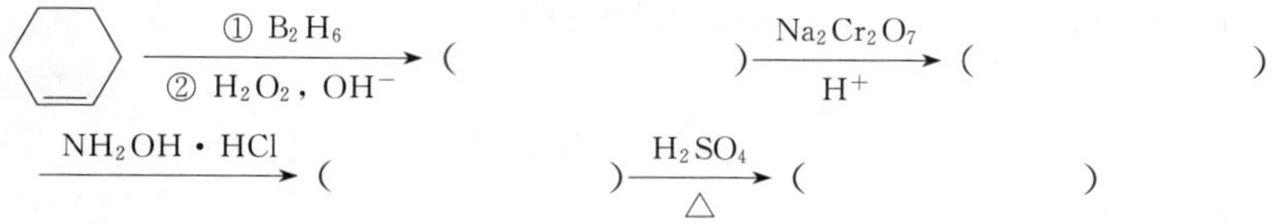

11-3　试为下列反应提出一个合理的机理。

1. $CH_3CH_2CH_2CHO \xrightarrow{OH^-} CH_3CH_2CH_2CH{=}C(CHO)CH_2CH_3$

2. 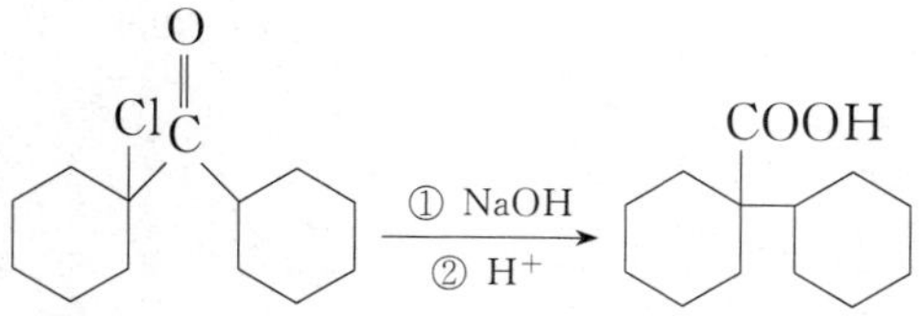

3. 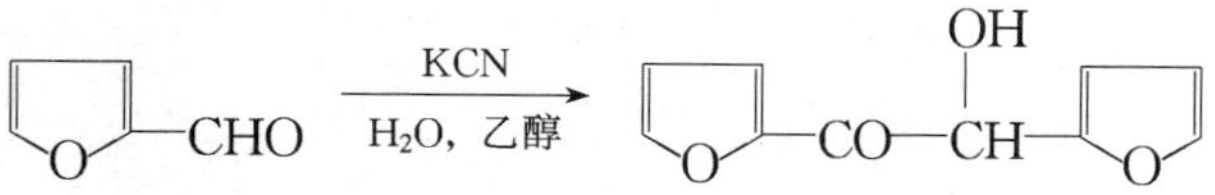

4. 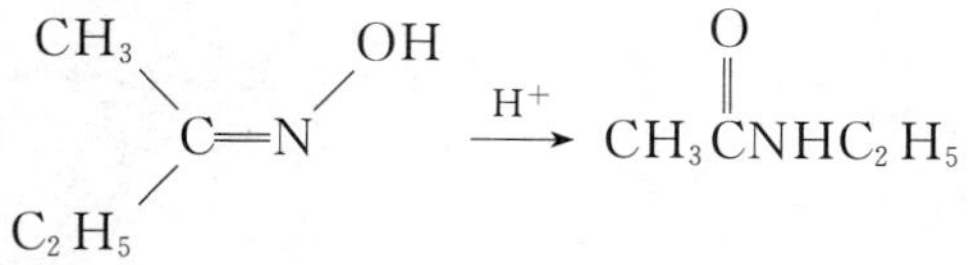

11-4　由指定原料和必要的试剂合成下列化合物。

1. 戊醛 $\longrightarrow CH_3(CH_2)_3CH(OH)C{\equiv}CH$

2. $C_6H_5CH{=}CHCHO \longrightarrow C_6H_5CHBrCHBrCH_2Cl$

3. 丙烯醛 $\longrightarrow HOCH_2CH(OH)CHO$

4. 甲苯 ⟶ $C_6H_5CHBrCHBrC_6H_5$

5. 乙醛 ⟶ 1,3-丁二烯

6. 环己烷 ⟶ 己内酰胺

7. 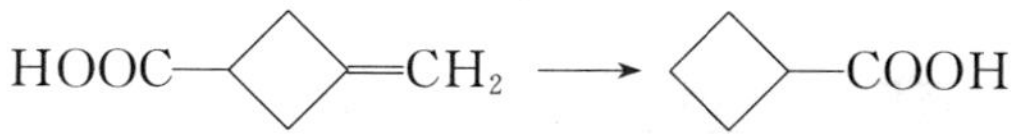


8. $C_6H_5CHO$ ⟶ $C_6H_5CH{=}CHC_2H_5$

9. 乙炔 ⟶ 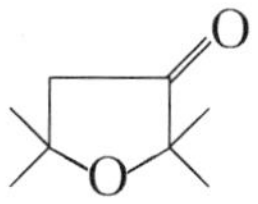


10. $CH_3CHO$ ⟶ 

11-5　化合物 A,分子式 $C_8H_{14}O$,可使溴水褪色,可与 2,4-二硝基苯肼作用。A 氧化后生成一分子丙酮和另一化合物 B,B 具有酸性,且同 NaOCl 反应生成一分子氯仿和一分子丁二酸,写出 A、B 的结构式。

11-6　化合物 $C_5H_{10}O$,在 1700 $cm^{-1}$ 处在一强的 IR 谱带。$^1$HNMR 在 $\delta=9\sim10$ 处没有峰。质谱基峰 $m/e=57$,$m/e=43$ 和 $m/e=71$ 处没有峰。试推测此化合物的结构。

11-7　化合物 A,分子式 $C_{10}H_{14}O_2$。A 不与吐伦试剂、费林试剂、热的氢氧化钠及乙酰氯作用。但与稀盐酸作用生成 B,B 的分子式为 $C_8H_8O$。B 可与吐伦试剂起反应。剧烈氧化后,A 和 B 都变成邻苯二甲酸。写出 A,B 的结构式。

11-8　化合物 A,分子式 $C_6H_{12}O$,催化加氢后生成 B($C_6H_{14}O$)。A 和 B 都能起碘仿反应,A 又能与羟胺作用生成 C($C_6H_{13}NO$)。C 与五氯化磷作用得到 $CH_3CONHCH_2CH(CH_3)_2$。试写出 A,B,C 的结构式。

# 第十二章　羧　　酸

羧酸(Carboxylic acids)可看作是烃的羧基 $-\overset{\overset{\displaystyle O}{\|}}{C}-OH$ (Carboxyl group)衍生物，羧基是羧酸的官能团。根据羧酸分子中羧基的数目，可分为一元羧酸和二元羧酸等。根据羧酸分子中烃基的不同类型，可分为脂肪羧酸(含饱和酸及不饱和酸)、脂环羧酸和芳香羧酸等。

## §12.1　一元羧酸的结构和命名

### 12.1.1　一元羧酸的结构

一元羧酸的通式为 RCOOH 或 $RCO_2H$，其中 R 为氢或烃基。

在固态、液态和中等压力的气态下，一元羧酸主要以二缔合体的形式存在，在稀溶液或高温蒸气中二缔合体解离成单个分子。二缔合体是由两分子羧酸通过氢键缔合而成：

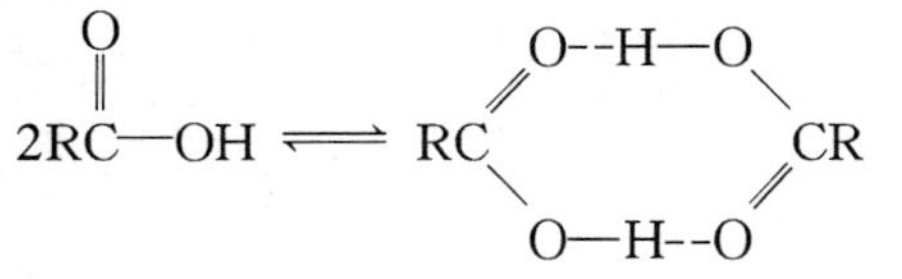

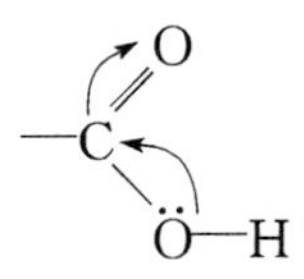

用物理方法测知，一元羧酸二缔合体的键长、键角平均值为：

C═O　　123 pm(比醛、酮 C═O 平均键长 120.9 pm 略长)

C—O　　136 pm(比醇 C—O 键长 143 pm 要短一些)

O—H…O　260～270 pm(比醇 O—H 键长 96 pm 二倍长得多)

∠OCO　　122°～123°

根据上述数据可以认为：羧酸分子中羧基碳原子为 $sp^2$ 杂化，三个杂化轨道的对称轴共平面，三个杂化轨道分别与烃基碳或氢、酰基氧和羟基氧形成三个 σ 键，羧基碳原子上剩余的 p 轨道与酰基氧原子的 p 轨道肩并肩重叠，形成碳氧 π 键；羧基中羟基氧原子上的未共用电子对与 π 键共轭。

### 12.1.2　一元羧酸的命名

一元脂肪酸的系统命名法：选取含有羧基的最长碳链为主链；当最长碳链不只一条

时，选择含支链较多或含有重键的链子；从羧基一端开始（羧基碳原子的编号总是 1），依次对主链碳原子编号；根据主链碳原子的数目称“某酸”，将取代基的位置号、数目及名称列于“某酸”之前，重键的位置也应标出。例如：

$HCOOH$　$CH_3COOH$　$(CH_3)_3CCOOH$　$CH_3CH{=}CHCOOH$　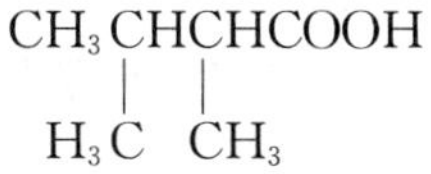

甲酸（蚁酸）　乙酸（醋酸）　2,2-二甲基丙酸（三甲基醋酸）　2-丁烯酸（巴豆酸）　2,3-二甲基丁酸（α,β-二甲基丁酸）

羧酸的习惯名称与系统名称相似，其差别在于主链碳原子的编号用希腊字母，从与官能团羧基相连的碳原子开始，依次用 α，β，γ，δ，…进行编号。其俗名大多是显示第一次获得它们时的来源。

脂环族羧酸的命名，当脂环与羧基直接相连时，其名称为脂环烃基名称之后加“甲酸”；当脂环与羧基不直接相连时，按脂肪酸命名，把脂环当作取代基。例如：

环丁基甲酸

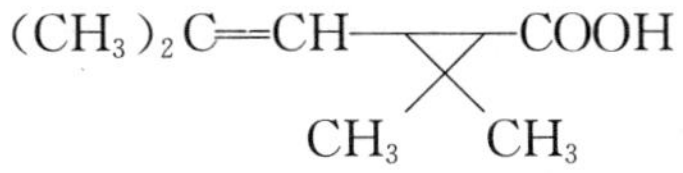

2,2-二甲基-3-(2-甲基-1-丙烯基)环丙基甲酸（菊酸）

环戊基乙酸

# §12.2　一元羧酸的性质

## 12.2.1　物理性质

（1）常规物理性质

在常温下，直链饱和一元羧酸的物态，$C_1$～$C_9$ 为液体，$C_{10}$ 以上为固体。甲酸、乙酸和丙酸有刺激气味，固态羧酸基本上没有气味。芳香羧酸是结晶固体。

直链饱和一元羧酸的沸点比分子量相近的醇要高。例如：分子量都是 46 的甲酸和乙醇，沸点却分别为 100.7°C 和 78.3°C。其原因是羧酸分子间的氢键作用比醇大，在液态以比较牢固的二缔合体存在。

直链饱和一元羧酸的熔点显示出特殊的规律性变化。酸的熔点先随分子量的增加而降低，含五个碳原子酸的熔点最低，后随分子量的增加而呈锯齿状地升高；含偶数碳原子的酸的熔点高于前后相邻的、含奇数碳原子的同系物。产生上述现象的原因，可能与分子间的作用力和结晶中的分子排列有关。

饱和一元羧酸在水中的溶解度随分子量的增加而减少，$C_4$ 以下的羧酸可与水混溶，从十二酸起不溶于水。芳香族羧酸在水中的溶解度不大。一元羧酸一般可溶于有机溶剂。

（2）波谱性质

一元羧酸的红外光谱，O—H 的伸缩振动为一强而宽的峰，其中心约在 3000 $cm^{-1}$ 附近，C═O 的伸缩振动在 1720～1690 $cm^{-1}$ 之间有强吸收峰，C—O 振动在（1315～1280）$cm^{-1}$ 之间有一宽的吸收峰。

一元羧酸的核磁共振谱，羧基质子的信号为一宽峰，在 10～13 处。羧酸分子中α-碳原子上的质子的信号，在 2.0～2.5 处。

### 12.2.2 化学性质

(1) 一元羧酸的酸性

在羧酸的水溶液中，存在着如下的电离平衡：

$$RCO_2H + H_2O \underset{}{\overset{Ka}{\rightleftharpoons}} RCO_2^- + H_3O^+$$

平衡常数用 $K_a$ 表示：

$$Ka = \frac{[RCO_2^-][H_3O^+]}{[RCO_2H][H_2O]} = \frac{[RCO_2^-][H_3O^+]}{[RCO_2H]}$$

Ka 值或 pKa 值反映羧酸酸性的强弱。Ka 越大或 pKa 越小，酸性越强；Ka 越小或 pKa 越大，酸性越弱。一般情况下，一元羧酸的酸性比一般的无机酸（如盐酸、硫酸、硝酸、磷酸等）弱，而比碳酸的酸性强。

羧酸由羧基和烃基相互连接而成，烃基不同，酸性就有差异。总的来说，烃基的吸电性越强，酸根负离子就越稳定，羧酸的酸性就越强；烃基的斥电性越强，酸根负离子就越不稳定，羧酸的酸性就越弱。具体情况可从如下三方面进行具体分析。

① 诱导效应　羧酸分子中α-碳原子上的氢被卤素取代，使酸性增强。卤素的电负性越大，羧酸的酸性就越强；取代的卤素越多，酸性就越强；取代的卤素离羧基越远，酸性就越弱。例如：

| | | | | | |
|---|---|---|---|---|---|
| 酸性： | $FCH_2CO_2H >$ | $ClCH_2CO_2H >$ | $BrCH_2CO_2H >$ | $ICH_2CO_2H >$ | $CH_3CO_2H$ |
| pKa | 2.66 | 2.86 | 2.90 | 3.18 | 4.76 |

与羧酸α一碳原子直接相连的烃基的不饱和程度越大，吸电子能力越强，酸性就越强：

| | | | | |
|---|---|---|---|---|
| 酸性： | $HC\equiv CCH_2CO_2H >$ | $C_6H_5CH_2CO_2H >$ | $CH_2=CHCH_2CO_2H >$ | $CH_3CH_2CH_2CO_2H$ |
| pKa | 3.32 | 4.28 | 4.35 | 4.88 |

羧酸α-碳原子上连的烷基越多，则酸性越弱：

| | | | | | |
|---|---|---|---|---|---|
| 酸性： | $HCO_2H >$ | $CH_3CO_2H >$ | $CH_3CH_2CO_2H >$ | $(CH_3)_2CHCO_2H >$ | $(CH_3)_3CCO_2H$ |
| pKa | 3.75 | 4.76 | 4.87 | 4.88 | 5.05 |

由此可见，卤素、不饱和烃基和烷基等取代基的电子效应，是通过σ键传递而影响羧基（或羧酸根）的，这种作用就是诱导效应。基团的诱导效应又有斥电性（+I）和吸电性（−I）之分。根据上述各种取代羧酸酸性强弱次序的排列，可大致确定各取代基诱导效应强弱的次序：

−I 效应：$F— > Cl— > Br— > I— > HC\equiv C— > C_6H_5— > CH_2=CH— > H—$

+I 效应：$(CH_3)_3C— > (CH_3)_2CH— > CH_3CH_2— > CH_3— > H—$

表 12-1　几种取代苯甲酸的 pKa 值

| 取代基 | 邻 | 间 | 对 |
|---|---|---|---|
| H | 4.20 | 4.20 | 4.20 |
| $CH_3$ | 3.91 | 4.27 | 4.38 |
| F | 3.27 | 3.86 | 4.14 |
| Cl | 2.92 | 3.83 | 3.97 |
| Br | 2.85 | 3.81 | 3.97 |
| I | 2.86 | 3.85 | 4.02 |
| OH | 2.98 | 4.08 | 4.57 |
| $OCH_3$ | 4.09 | 4.09 | 4.47 |
| $NO_2$ | 2.21 | 3.49 | 3.42 |

② 共轭效应　苯环上有取代基的芳香羧酸的酸性强弱，也受到取代基的影响。这种影响不仅涉及诱导效应，还涉及到共轭效应等。

由表 12-1 可以看出，邻位取代苯甲酸的酸性一般比相同取代基的对位和间位取代酸的酸性强。由于苯环是一个环状封闭的大 π 键，是一个连续不断的共轭体系，因此当苯环上连有＋C 或－C 效应的基团时，其影响沿共轭体系交替地传递下去。无论是取代苯甲酸的取代基是具有－C 和－I 效应的基团（如$-NO_2$ 等），或是具有＋C 和－I 效应的基团（如$-OCH_3$，－OH 及－X 等），也不管取代基处于羧基的邻位、间位或对位，取代基对酸性的影响，均是共轭效应、诱导效应和空间效应等因素的综合结果。

③ 场效应　场效应是一种空间的静电作用，即取代基在空间产生的电场对远端反应中心的影响。距离越远，场效应的影响就越小。如下两种羧酸的 pKa 值：

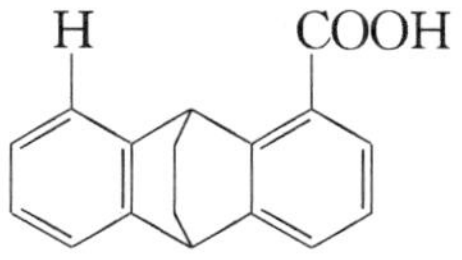

pKa＝6.04

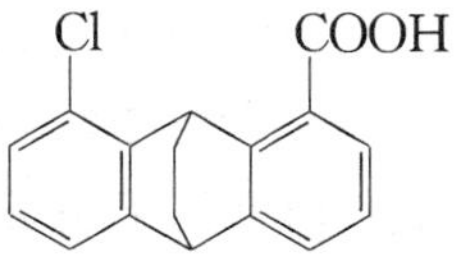

pKa＝6.25

由于距离的原因，Cl 的－I 效应可忽略不计，而带部分负电荷的氯与带部分正电荷的羧基氢有静电吸引作用（分子内氢键），阻碍了酸的电离，导致氯代酸的酸性较弱。

（2）羧酸衍生物的生成

① 酯化　在酸性催化剂的存在下，将羧酸和醇（一般为伯醇或仲醇）一起加热反应，则生成羧酸酯和水：

$$R\overset{O}{\overset{\|}{C}}\boxed{OH + H}OR' \xrightleftharpoons{H^+} R-\overset{O}{\overset{\|}{C}}-OR' + H_2O$$

该酯化反应常用的酸性催化剂有浓硫酸、无水氯化氢、对甲苯磺酸和强酸型离子交换树脂等。如不加催化剂，则反应很慢。

酯化反应是可逆反应。为了提高酯的产率，可采用酸或醇过量的方法，例如当乙酸和乙醇的摩尔比达到 1∶2 或 1∶8 时，乙酸乙酯的产率则分别为 86%和 97%。提高酯的产率的另一种方法，是将反应产物酯或水及时从反应混合物中蒸出，使平衡向右移动。

同位素示踪实验证明，在一般的酯化反应中，生成水的羟基来自于羧酸，氢则来自于醇。据此可以推断，酯化反应的第一步是羧酸酰基氧的质子化（质子由催化剂提供），增强羧基碳的接受亲核试剂攻击的能力；第二步是醇分子中的氧对羧基碳的亲核加成，并形成四面体中间体；第三步是质子转移；第四步是消去水；第五步是去质子化形成酯：

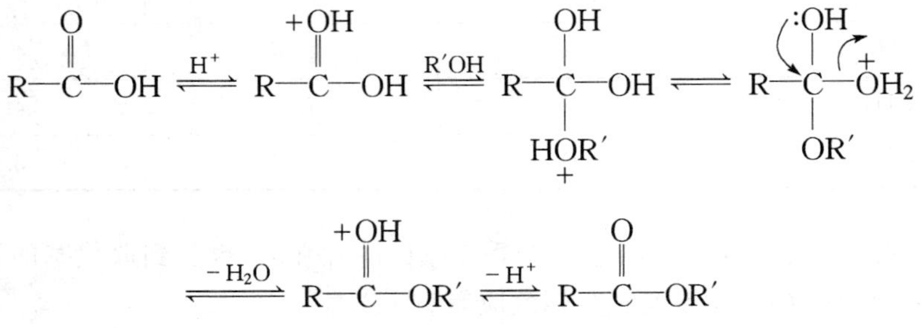

显然，酯化反应的机理可称为四面体机理或加成-消去机理。

酯化反应的速率决定于羧酸和醇的结构。对于同一羧酸，三类醇发生酯化反应速率大小的次序为：伯醇＞仲醇＞叔醇。对于同一类醇，醇的分子量加大，酯化速率变小。对于相同的醇，不同羧酸酯化反应速率大小次序为：$CH_3CO_2H > RCH_2CO_2H > R_2CHCO_2H > R_3CCO_2H$；芳香羧酸＞直链羧酸。导致上述经验规律的核心问题是空间障碍较大的羧酸和醇的分子，不利于控制反应速率的步骤及四面体活性中间态的形成。

② 酰氯的生成　将羧酸与三氯化磷、五氯化磷或亚硫酰氯共热，可生成酰氯：

$$3RCOOH + PCl_3 \longrightarrow 3RCOCl + P(OH)_3$$

$$RCOOH + PCl_5 \longrightarrow RCOCl + POCl_3 + HCl$$

$$RCOOH + SOCl_2 \longrightarrow RCOCl + SO_2 + HCl$$

一般情况下，三氯化磷常用于制备低沸点酰氯，五氯化磷常用于制备沸点较高的芳香酰氯，亚硫酰氯则是制备脂肪及环烷酰氯的常用试剂，以利于反应混合物的分离。

③ 酰胺和腈的生成　将羧酸与氨、伯胺或仲胺在室温下混合，则生成相应的铵盐，后者在高温下脱水，则分别生成酰胺、N-烃基酰胺及 N，N-二烃基酰胺：

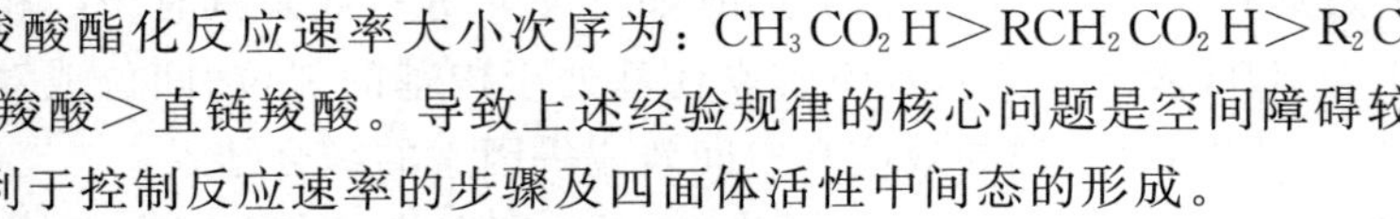

$$RCOOH + R'NH_2 \longrightarrow RCOONH_3R' \xrightarrow{\triangle} RCONHR' + H_2O$$

$$RCOOH + R'_2NH \longrightarrow RCOONH_2R'_2 \xrightarrow{\triangle} RCONR'_2 + H_2O$$

将羧酸和尿素共热，也能生成酰胺：

$$CH_3COOH + H_2NCONH_2 \xrightarrow{150℃\sim200℃} CH_3CONH_2 + NH_3 + CO_2$$

乙酸　　　尿素　　　　　乙酰胺(90%)

将酰胺与脱水剂(如 $P_2O_5$ 和 $SOCl_2$)共热,则生成腈:

$$(CH_3)_2CHCONH_2 \xrightarrow{P_2O_5,\text{加热蒸出}} (CH_3)_2CHCN$$

$$CH_3(CH_2)_4CONH_2 + SOCl_2 \xrightarrow{\text{回流}} CH_3(CH_2)_4CN + SO_2 + HCl$$

④ 酐的生成　除甲酸外,羧酸一般可在加热下失水成酐。脱水剂对该反应有促进作用。常用的脱水剂有 $P_2O_5$,乙酐等,例如:

$$C_6H_5\overset{\overset{\large O}{\|}}{C}—OH + (CH_3CO)_2O \xrightleftharpoons{H_3PO_4,\triangle} C_6H_5\overset{\overset{\large O}{\|}}{C}—O—\overset{\overset{\large O}{\|}}{C}—C_6H_5 + CH_3COOH$$

乙酐　　　　　苯甲酸酐(74%)　　　　乙酸

(3) 还原反应

羧酸比醛、酮更难还原。但强还原剂氢化铝锂却能将羧酸还原为伯醇:

$$CH_2═CHCH_2COOH \xrightarrow{LiAlH_4,Et_2O} \xrightarrow{H_3O^+} CH_2═CHCH_2CH_2OH$$

3-丁烯酸　　　　　　　　3-丁烯-1-醇

在还原时,羧酸分子中的碳碳双键不受影响。

乙硼烷也可将羧酸还原为伯醇。例如:

$$p\text{-}O_2N\cdot C_6H_4\cdot COOH \xrightarrow[THF]{B_2H_6\quad H_3O^+} p\text{-}O_2N\cdot C_6H_4\cdot CH_2OH$$

对硝基苯甲酸　　　　　对硝基苯甲醇(79%)

在还原时,反应物中的酯基不受影响,但碳碳双键将参与反应。

(4) 脱羧反应

羧酸失去二氧化碳的反应称为脱羧。

① 羧酸钠盐的碱熔脱羧　许多羧酸及其盐加热可以脱羧。例如:

$$CH_3COONa + NaOH \xrightarrow[\triangle]{CaO} CH_4 + Na_2CO_3$$

乙酸钠　　　　　　甲烷(99%)

在氮气的保护下,羧酸钙盐(或钡盐)可直接加热裂解脱羧,生成酮和相应的碳酸盐:

$$(RCOO)_2Ca \xrightarrow{\triangle} RCOR + CaCO_3$$

高级脂肪酸难于脱羧。α-碳上有硝基、卤素、氰基和羧基等吸电子基团或β-碳上有双键的脂肪酸容易脱羧。芳香羧酸比脂肪羧酸容易脱羧。

② 羧酸盐的电解脱羧　将羧酸溶解在含少量甲醇钠(与羧酸的摩尔比为0.02∶1)的甲醇中,然后用两个铂电极进行电解,即可脱羧得到更高级的烷烃:

$$2RCOO^- \xrightarrow{\text{电解}} R—R + CO_2(\text{在阳极})$$

羧酸盐　　　烷烃

该反应称为 H. Kolbe 反应,其机理可能如下:

$$RCOO^- \xrightarrow{\text{阳极}} RCOO\cdot + e \xrightarrow{-CO_2} R\cdot \longrightarrow R—R$$

③ 卤代脱羧——Hunsdieckerr 反应　将羧酸的银盐悬浮在四氯化碳中，再滴加 1 mol 溴，则脱羧生成溴代烷：

$$RCOOAg + Br_2 \longrightarrow RBr + CO_2 + AgBr$$

产物的产率以伯溴代烷最好，仲溴代烷次之，叔溴代烷最低。该反应的机理如下：

$$RCOOAg + Br_2 \xrightarrow{-AgBr} RCOOBr \xrightarrow{-Br\cdot} RCOO\cdot \xrightarrow{-CO_2} R\cdot \xrightarrow{+Br\cdot} R—Br$$

Cristol 用羧酸和氧化汞代替羧酸银，获得了更高收率的脱羧产物：

$$\underset{\text{硬脂酸}}{CH_3(CH_2)_{16}COOH} + HgO + Br_2 \xrightarrow[\text{回流}]{CCl_4} \underset{\text{1-溴十七烷(93\%)}}{n\text{-}C_{17}H_{35}Br} + HgBr_2 + CO_2 + H_2O$$

(5) α-氢的卤代反应(Hell-Volhard-Zelinsky 反应)

在红磷或三氯化磷的催化作用下，有 α-氢的羧酸与氯或溴共热，可生成相应的 α-卤代羧酸。例如：

$$\underset{\text{乙酸}}{CH_3COOH} + Cl_2 \xrightarrow[105℃\sim110℃]{P} \underset{\text{氯乙酸(64\%\sim74\%)}}{ClCH_2COOH} + HCl$$

反应的机理大致如下：

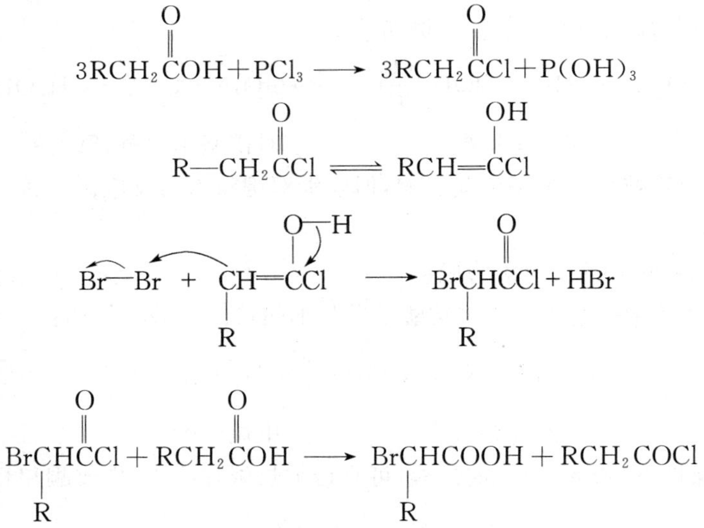

根据上述反应机理，少量的三氯化磷或少量的乙酰氯为替代催化剂即可使羧酸的溴化反应顺利进行。由于红磷与卤素可生成三卤化磷，因此少量红磷也可起催化作用。

# §12.3　一元羧酸的制备及重要的化合物

## 12.3.1　制备方法

### 12.3.1.1　氧化法

羧酸是多种有机化合物氧化的最终产物，因此氧化法是制备羧酸的常用方法。常用的原料有烷烃、烯烃、醇、醛、酮和烷基苯等；常用的氧化剂有氧气、高锰酸钾、酸性介质中的重铬酸盐和硝酸等。

(1) 烷烃的催化氧化　该法得到的一般是多种脂肪酸的混合物，主要用于工业生产，如：

$$CH_3CH_2CH_2CH_3 + O_2 \xrightarrow[165℃，60\ MPa]{\text{乙酸钴及锰}} CH_3COOH + HCOOH + CH_3CH_2COOH$$

丁烷(轻油的主要成分)　　乙酸　　甲酸　　丙酸

(2) 烯烃的氧化　双键碳上含 H 的不对称的烯烃生成两种酸。而对称的烯烃和末端烯烃的氧化产物则比较单纯。如：

$$RCH{=}CHR \xrightarrow[(2)\ H_3O^+]{(1)\ KMnO_4\ \ \triangle} 2RCOOH$$

(3) 醇的氧化　伯醇在酸催化下可被高锰酸钾或重铬酸钾氧化成酸：

$$CH_3CH_2CH_2CH_2OH \xrightarrow[\text{或}\ KMnO_4]{Na_2Cr_2O_7，H_2SO_4} CH_3CH_2CH_2COOH$$

1-丁醇　　丁酸(酪酸)

当用酸性重铬酸盐作氧化剂时，会有副产物酯生成，其原因是氧化的中间产物醛与醇生成半缩醛，后者氧化可生成酯。

(4) 醛、酮的氧化　醛更易被氧化成羧酸。除了高锰酸钾、重铬酸钾或硝酸等常用氧化剂外，银氨溶液 $[Ag(NH_3)_2]^+$ 等很弱的氧化剂也可将醛氧化成酸。如果醛分子中含有碳碳重键，应选用较弱的氧化剂。

$$CH_3CH{=}CHCHO \xrightarrow[\text{或}\ Ag_2O]{Ag(NH_3)_2^+\ OH^-} CH_3CH{=}CHCOOH$$

2-丁烯醛　　2-丁烯酸

由于难被氧化和产物复杂，一般不用酮的氧化来制备羧酸。不过，对称的酮如环己酮可用硝酸等氧化制酸。另外，甲基酮可借助卤仿反应用于制备少一个碳原子的羧酸。

(5) 烷基苯的氧化　这是制备芳香羧酸的主要方法，例如：

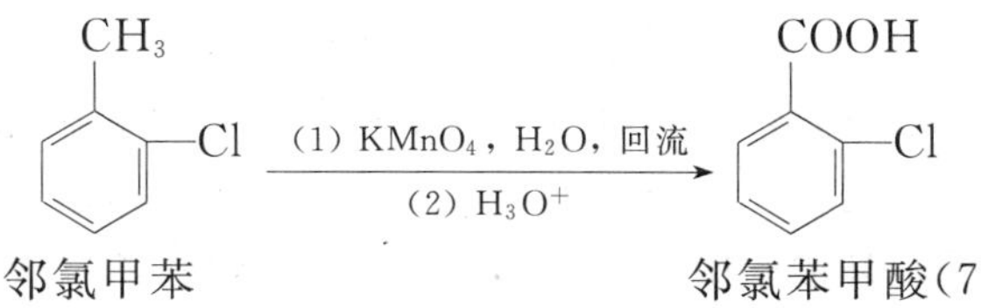


邻氯甲苯　　邻氯苯甲酸(78%)

### 12.3.1.2　水解法

(1) 腈的水解　这是制备羧酸的重要方法。该法通常以伯卤代烷为起始原料，先制得腈，再在碱性或酸性介质中水解，制得相应的羧酸盐或羧酸。若从仲、叔卤代烷合成羧酸，可用格氏试剂法。

$$(CH_3)_2CHCH_2CH_2Cl \xrightarrow{NaCN} (CH_3)_2CHCH_2CH_2CN \xrightarrow[OH^-]{H_2O} (CH_3)_2CHCH_2CH_2COO^-$$

3-甲基-1-氯丁烷　　4-甲基戊腈　　4-甲基戊酸盐(82%)

$$C_6H_5CH_2Cl \xrightarrow{NaCN,\ DMSO} C_6H_5CH_2CN \xrightarrow[\triangle]{H_2O,\ H_2SO_4} C_6H_5CH_2COOH$$

苄氯　　苯乙腈(92%)　　苯乙酸(78%)

(2) 羧酸的衍生物(酰卤、酸酐、酯和酰胺)的水解　考虑到经济因素，除了利用油脂的水解制备高级脂肪酸外，这类反应在工业上的应用价值不大。

(3) 由有机金属化合物制备

格氏试剂(RMgX)和有机锂试剂(RLi)与二氧化碳加成，尔后水解，是实验室中制取羧酸的一种方法。在操作时，先将干燥的二氧化碳通入冷的有机金属试剂的乙醚溶液中，或将有机金属试剂的乙醚溶液倒入过量的干冰中；再经酸性水解，即可制得比卤代烃多一个碳原子的羧酸。仲、叔卤代烷及芳香族等皆可用此法转变成羧酸，如：

$$(CH_3)_3CCl + Mg \xrightarrow{Et_2O} (CH_3)_3CMgCl \xrightarrow{CO_2} (CH_3)_3CCOOMgCl \xrightarrow{H_3O^+} (CH_3)_3CCOOH$$

叔丁基氯　　氯化叔丁基镁　　氯化三甲基醋酸镁　　2,2-二甲基丙酸

### 12.3.2 重要的羧酸化合物

#### 12.3.2.1 二元羧酸

(1) 二元羧酸的命名

脂肪族二元羧酸的系统命名法，是选取含有两个羧基的最长碳链为主链，根据主链碳原子数称"某二酸"；将取代基的位置号、数目和名称写在"某二酸"之前，即得全称。

习惯命名法对主链碳原子的编号，是从羧基相连的碳原子开始，用 α,β,γ,δ 等希腊字母依次编号。俗名通常是根据其来源命名。例如：

COOH
|
COOH
乙二酸
(草酸)

$CH_2COOH$
|
$CH_2COOH$
丁二酸
(琥珀酸)

HOOCCHCHCH$_2$COOH（2,3 位各连 $CH_3$）
2,3-二甲基戊二酸
(α,β-二甲基戊二酸)

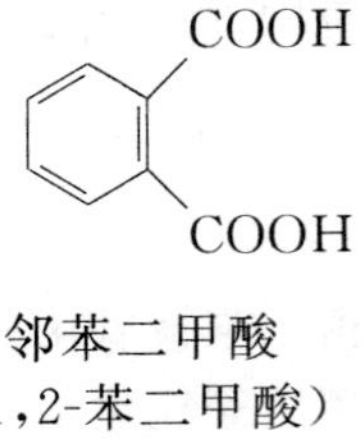
邻苯二甲酸
(1,2-苯二甲酸)

(2) 二元羧酸的物理性质

饱和二元羧酸的熔点比分子量相近的一元羧酸高得多。在直链饱和二元羧酸同系列中，含偶数碳原子的二元酸的熔点，明显高于两个相邻的含奇数碳原子的同系物，草酸的熔点最高。这些规律性的变化可能与分子间作用力的大小和结晶中的分子排列有关。

在某些二元羧酸的红外谱图中，羧基区域有两个吸收峰：乙二酸，1710 和 1690 $cm^{-1}$，丙二酸，1740 和 1710 $cm^{-1}$；丁二酸，1780(弱)及 1700 $cm^{-1}$。邻和对苯二甲酸的羰基峰分别在 1695 和 1690 $cm^{-1}$，与芳香族一元羧酸相近。不过，高级的二元羧酸只有一个羧

基峰(1700 $cm^{-1}$),与一元羧酸的羧基峰相近。

(3) 二元羧酸的化学性质

二元羧酸和一元羧酸具有相同的羧基官能团,因此在官能团的反应上,二者具有相似性。不过,由于两个羧基的相互影响,使得二元羧酸还具有一些特殊的化学性质。

① 二元羧酸的酸性 二元羧酸是分步电离的,其电离平衡如下:

$$HOOC(CH_2)_nCOOH \xrightleftharpoons{Ka_1} HOOC(CH_2)_nCOO^- + H^+$$

$$HOOC(CH_2)_nCOO^- \xrightleftharpoons{Ka_2} {}^-OOC(CH_2)_nCOO^- + H^+$$

由于诱导效应等,二元羧酸的 $pKa_1$ 值随着 $n$ 值的增大而增大,且大于同碳原子数的一元羧酸的 pKa 值(乙二酸除外)。另外,二元羧酸的 $pKa_2$ 皆大于相应的 $pKa_1$ 值,其主要原因与二元羧酸完全电离后生成的羧酸根 $^-OOC(CH_2)_nCOO^-$ 中的两个负电荷之间互相排斥有关。

草酸酸性很强($pKa_2=4.19$)的原因与草酸根是一个具有特殊稳定性的、平面的八电子双 p-π 共轭体系有关:

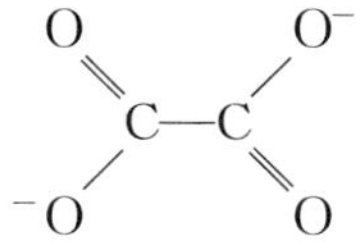

② 二元羧酸的热分解反应

无水草酸、丙二酸、一烃基取代丙二酸及二烃基取代丙二酸等在加热时,发生脱羧反应,生成酸和二氧化碳:

$$\underset{草酸}{HOOCCOOH} \xrightarrow{166℃\sim188℃} \underset{甲酸}{HCOOH} + CO_2$$

$$\underset{丙二酸}{HOOCCH_2COOH} \xrightarrow{140℃\sim160℃} \underset{乙酸}{CH_3COOH} + CO_2$$

丁二酸和戊二酸及其烷基衍生物在加热或与乙酐共热时,发生脱水反应,分别生成五元和六元的环状酸酐:

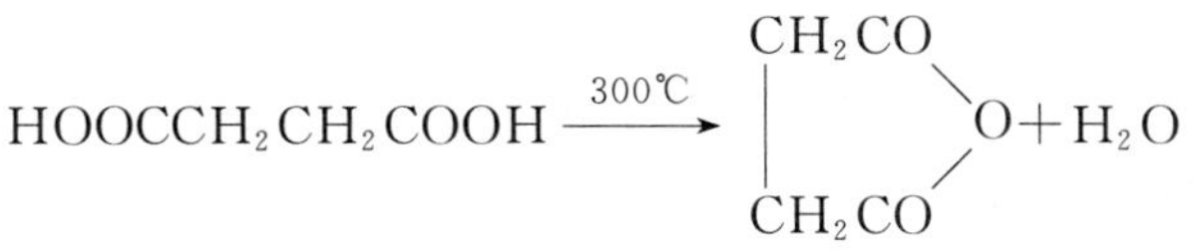

丁二酸 丁二酐

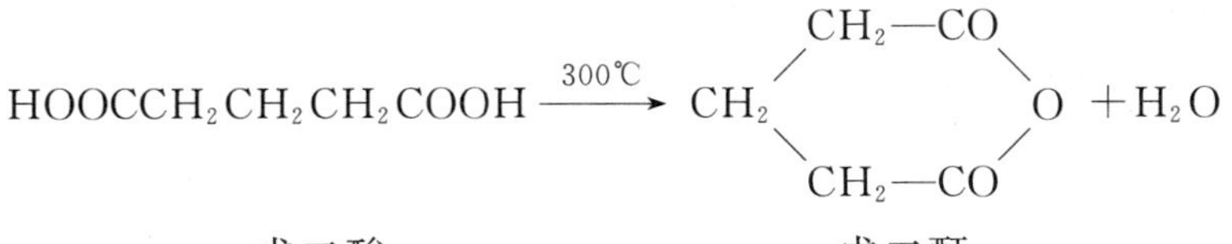

戊二酸 戊二酐

在高温下,己二酸和庚二酸则脱羧、脱水分别生成五元和六元的环酮,有时加入氧化钡以加速反应的进行:

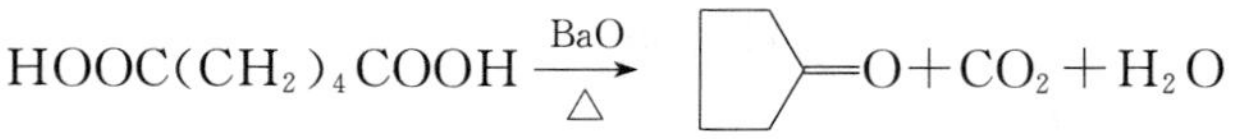


己二酸　　　　环戊酮

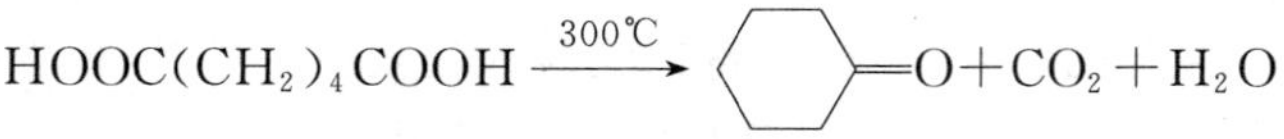


庚二酸　　　　环己酮

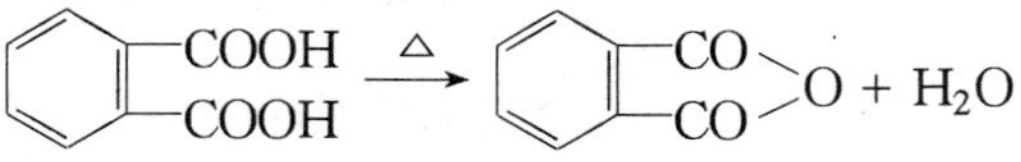


邻苯二甲酸　　　　邻苯二甲酸酐

在高温下，庚二酸以上的二元酸则分子间脱水生成聚酐。

12.3.2.2　甲酸(Formic acid)

工业上生产甲酸的主要方法，是在高温高压下将粉末状氢氧化钠与一氧化碳反应生成甲酸钠。将甲酸钠加入到含有浓硫酸的甲酸中，再减压蒸馏，可得到纯的甲酸：

$$CO+NaOH \xrightarrow{120℃\sim130℃,\ 0.6\ MPa\sim0.8\ MPa} HCOONa \xrightarrow{H_2SO_4} HCOOH$$

无水甲酸为无色有刺激性的液体，其酸性在其同系列中是最强的。甲酸可用作防腐剂、抑霉剂，也可用于染料及橡胶的生产原料。

甲酸分子中同时含一个羧基和一个醛基，这决定了它具有一些特殊的化学性质。当与浓硫酸等脱水剂共热时，甲酸分解成水和一氧化碳：

$$HCOOH \xrightarrow[\triangle]{H_2SO_4} H_2O+CO$$

12.3.2.3　乙酸(Acetic acid)

乙酸是重要的工业原料，可用于合成醋酸纤维素、乙酐、乙酸酯、乙酸盐、颜料和药物等，也可用作制造橡胶、塑料和染料等的溶剂。

乙酸的主要工业生产方法有乙醛氧化法、甲醇的羰基化法等：

$$CH_3CHO \xrightarrow{O_2,\ Mn(OAc)_2} CH_3COOH$$

$$CH_3OH+CO \xrightarrow[150℃\sim200℃,3.3\ MPa\sim6.6\ MPa]{Rh,I_2} CH_3COOH$$

乙酸为无色有刺激气味的液体，在低于16℃的温度下变为冰状固体，故称冰乙酸。乙酸具有饱和一元羧酸的通性。

12.3.2.4　苯甲酸(Benzoic acid)

苯甲酸俗称安息香酸，为无色晶体，熔点122.4℃，难溶于冷水，可溶于热水、乙醇和乙醚。其钠盐可用作食品防腐剂，它还是制造染料、香料和药物的原料。

实验室中，苯甲酸除了可用卤苯的格氏试剂法制备外，也可用苯甲腈的水解及苄氯氧化法制备：

$$C_6H_5CN \xrightarrow{NaOH} \xrightarrow{浓盐酸} C_6H_5COOH$$

苯甲酸(95%)

$$\underset{\text{苄氯}}{C_6H_5CH_2Cl} \xrightarrow[\text{或 } HNO_3]{(1)\ KMnO_4,\ Na_2CO_3\quad (2)\ H^+,\ 20\%/Na_2SO_3} \underset{\text{苯甲酸(83\%～84\%)}}{C_6H_5COOH}$$

在工业上，苯甲酸常由甲苯等为原料生产：

$$\underset{\text{甲苯}}{C_6H_5CH_3} + O_2 \xrightarrow[190℃～220℃,\ 2.5\ MPa]{Co(OAc)_2,\ Mn(OAc)_2} \underset{\text{苯甲酸(96℃)}}{C_6H_5COOH}$$

# 习 题

12-1 将答案填写在题后的括号内，有关反应式的应写主要产物。

1. $CH_3CH(CH_3)C(CH_3)_2COOH$ 的系统名称为(　　　　　　)。
2. $CH_3CH_2C(CH_3)(Cl)CH_2CH_2COOH$ 的系统名称为(　　　　　　)。
3. $(CH_3)_2C{=}CHCOOH$ 的系统名称为(　　　　　　)。
4. $(CH_3)_2C(COOH)_2$ 的系统名称为(　　　　　　)。
5. $(CH_3)_2C{=}CHCH_2COOH$ 的系统名称为(　　　　　　)。
6. α,γ-二甲基戊酸的构造式为(　　　　　　)。
7. 3,3-二甲基戊二酸的构造式为(　　　　　　)。
8. 2,3-二甲基丁烯二酸的构造式为(　　　　　　)。
9. $CH_2{=}CHCH(CH_3)COOH$ 的系统名称为(　　　　　　)。
10.  的系统名称为(　　　　　　)。
11. 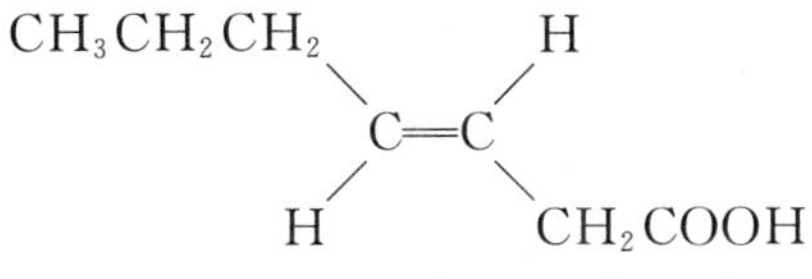 的系统名称为(　　　　　　)。
12. 异戊酸与下列试剂反应的主要产物为：

 (1) ① $NaHCO_3$　② $H^+$(　　　　　　)

 (2) $P+Br_2$,△(　　　　　　)

 (3) $HgO+Br_2$(　　　　　　)

 (4) ① $C_2H_5MgCl,Et_2O$　② $H_3O^+$(　　　　　　)

 (5) ① $LiAlH_4,Et_2O$　② $H_2O$(　　　　　　)

 (6) ① $CH_3Li$　② $H_2O,H^+$(　　　　　　)

 (7) $Cl_2$,光(　　　　　　)

 (8) 过量 $C_2H_5OH$,少量 $H_2SO_4$(　　　　　　)

13. 甲苯与下列试剂反应的主要产物为：

 (1) ① $KMnO_4$　② $Na_2CO_3$ 或 $NaHCO_3$(　　　　　　)

(2) ① $3Cl_2$,△ ② $NaOH, H_2O$ ③ $H^+$(　　　　　)

(3) ① $KMnO_4$ ② $C_2H_5OH, H_2SO_4$(　　　　　)

14. (1) 化合物 $C_8H_{13}Cl$ 在四氢呋喃中与镁形成一种化合物,将它倒在干冰上,得到的酸用 $KMnO_4$ 氧化得环己基甲酸。该化合物的结构为(　　　　)。

(2) 有一氯化物和镁在 THF 中的反应产物倒在干冰上,得到邻甲氧基苯甲酸。该氯化物的结构为(　　　　)。

15. 化合物 $C_3H_5ClO_2$ 和 NMR 数据为:(a) $\delta=1.73$(d,3H) (b) $\delta=4.47$(q,1H) (c) $\delta=11.22$(s,1H)。其结构为(　　　　　)。

16. 与 NMR 数据(a) $\delta=1.08$(t,3H) (b) $\delta=2.07$(q,2H) (c) $\delta=4.23$(t,1H) (d) $\delta=10.97$(s,1H)相符的 $C_4H_7BrO_2$ 的结构为(　　　　　)。

17. 与 NMR 数据(a) $\delta=1.27$(t,3H) (b) $\delta=3.66$(q,2H) (c) $\delta=4.13$(s,2H) (d) $\delta=10.95$(s,1H)相符的 $C_4H_8O_3$ 的结构为(　　　　　)。

18. $CH_3COCH_2CO_2H \xrightarrow{NaBH_4}$ (　　　　　)

19. $CH_3COONa + ClCH_2COOH \longrightarrow$ (　　　　　)

20. $CH_3COONa + ClCH_2CH{=}CH_2 \longrightarrow$ (　　　　　)

12-2 用化学方法区别下列各组化合物:

1. 甲酸、乙酸和丙二酸　2. 乙酸、乙醇和乙醛　3. 草酸、丙二酸和丁二酸

4. 乙醇、苯酚和苯甲酸　5. 草酸、环己醇、环己烯和正己酸

12-3 完成下列转变:

1. 丁酸→乙基丙二酸
2. 丙酸→3-溴戊烷
3. 1-丁醇→2-戊烯酸
4. 环己酮→α-乙基环己基甲酸
5. 己酸→戊酸
6. 2-甲基戊酸→2-戊酮
7. 新戊烷→3,3-二甲基-2-溴丁酸
8. 1-丁醇→2-乙基-2-己烯酸
9. 丙酸→戊酸
10. 丁酸→丙酸
11. 5-甲基-5-溴-2-己酮→2,2,-二甲基-5-氧代己酸
12. 丙酸→丁酸
13. 叔丁基溴→三甲基醋酸
14. 对溴甲苯→对苯二甲酸
15. 苯→间溴苯甲酸

12-4 推测结构:

1. 化合物 A($C_4H_6O_4$)加热时生成化合物 B($C_4H_4O_3$)。当 A 在少量 $H_2SO_4$ 存在下与过量甲醇反应时生成化合物 C($C_6H_{10}O_4$)。用 $LiAlH_4$ 处理 A,尔后水解,生成化合物 D($C_4H_{10}O_2$)。试写出化合物 A,B,C,D 的构造式。

2. 化合物 A 的分子式为 $C_4H_8O_2$,其 NMR 数据如下:δ1.0(t,3H),1.7(m,2H),4.15(t,2H),8.0(s,1H)。试写出 A 的构造式。

3. 化合物 A($C_7H_{10}$)能与 2 摩尔溴加成。A 经臭氧化,尔后在 Zn 的存在下水解生成 B($C_6H_8O_3$)和甲醛。B 经 $K_2Cr_2O_7/H_2SO_4$ 氧化生成 C($C_6H_8O_5$)。C 加热至 150℃则脱羧生成$(CH_3)_2CHCOCOOH$。试推断 A、B 和 C 的结构。

4. 根据已知数据,推测各化合物的结构。

(1) $C_3H_4O_4$,$\delta_H$:3.2,12.1 ppm。

(2) $C_5H_8O_2$,$\delta_H$:2.0(s,3H),2.2(s,3H),5.8(s,1H),9.1(s,1H)ppm。

(3) $C_{15}H_{14}O_2$,$\delta_H$:3.0(d,2H),4.5(t,1H),7.3(s,10H),10.0(b,1H)ppm。

(4) $C_9H_{10}O_3$,$\nu_{max}$ 3400～2500 $cm^{-1}$,1700 $cm^{-1}$,1600 $cm^{-1}$,860 $cm^{-1}$;$\delta_H$:1.6(t,3H),4.3(q,2H),7.1(d,2H),8.2(d,2H),10.0(b,1H)ppm。

5. 2,5-二甲基-1,1-环戊基二甲酸有两个顺反异构体 A 和 B。A 在加热时脱羧生成 C 和 D,二者可用重结晶法分离。B 在加热时脱羧生成 E 和 F 的外消旋混合物。试推测 A→F 的结构。

12-5 按指定原料合成:

1. 用 $C_4$ 以下的醇合成丁酸
2. 用 $C_4$ 以下的醇合成戊酸
3. 用 $C_4$ 以下的醇合成二甲基丙二酸
4. 由甲苯合成苯乙酸
5. 由丙酮合成 α-甲基丙烯酸甲酯
6. 由甲醇和乙醛合成 2-羟基-2-甲基丙酸
7. 由乙醛合成 β-溴代丁酸
8. 由苯及环己酮合成 6-苯基己酸
9. 用不超过 $C_4$ 的开链化合物合成庚酸及 2,4-二甲基戊酸
10. 由 2-丁烯合成丙酸
11. 由 2-丁烯合成琥珀酸
12. 由戊酸合成癸烷
13. 由丙酸合成 1,2-环氧丙烷
14. 由丙醇合成 2-甲基丙酸
15. 由环己醇合成 2,4-己二烯二酸
16. 由环氧乙烷合成 3-羟基丙酸
17. 由丙酮合成 3,3-二甲基丁酸
18. 由甲苯合成对硝基苯乙酸
19. 由间二甲苯合成 2,4-二甲基苯甲酸
20. 由环戊二烯合成顺-环戊基四甲酸

12-6 写出下列反应的可能的机理:

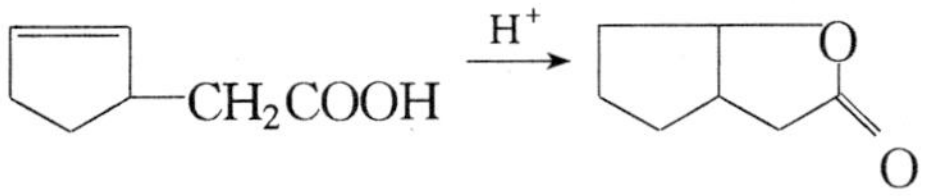

# 第十三章 羧酸衍生物

羧酸衍生物(Derivatives of carboxylic acid)是指羧酸中羧基的羟基被其他原子或基团取代而成的化合物,主要包括酰卤(RCOX,acyl halides),酸酐(($(RCO)_2O$,acid anhydrides),酯(RCOOR′,esters)和酰胺($RCONH_2$,RCONHR′,$RCONR_2'$,amides)等,可用通式 RCOL 来表示。有的书上把腈(RC≡N,nitriles)也当作羧酸衍生物。

## §13.1 羧酸衍生物的结构和命名

### 13.1.1 结构

羧酸衍生物分子(R—C(═O)—L)中,与羰基碳原子直接相连的 L 中的原子(Cl,O,N)上有孤对电子,可与羰基形成共轭体系,其结构可用下述正则式的共振表示:

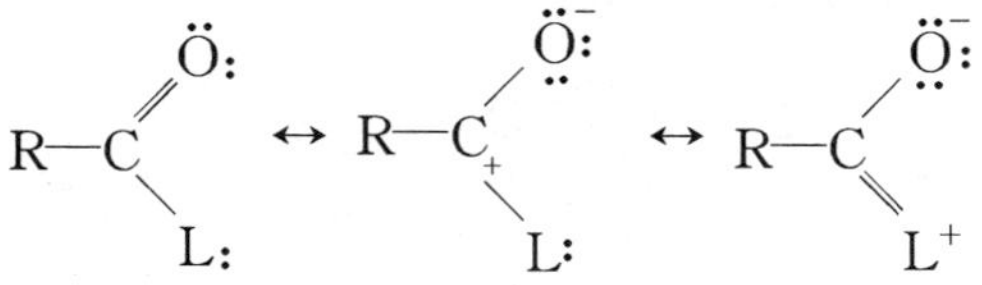

显然,在酰氯、酯、酐和酰胺分子中,羧基碳原子和与它相连的三个原子共平面。

对于酰氯,由于氯的电负性较大,以及氯在第三周期,参与 p-π 共轭的是 3p 轨道,共轭效应较弱,因此正电荷在氯上的正则式对酰氯真实结构(共振杂化体)的贡献很小,酰氯中的 C(═O)—Cl 键基本上不具有双键性质。

对于酸酐,由于其分子中与羧基相连的氧和两个羰基发生共轭,因此正电荷在氧上的正则式对真实结构的贡献,虽比酰氯的类似正则式略大(因氯的电负性比氧大),但仍然很小,酸酐中的 C(═O)—O 键具有很少的双键性质。

对于酯,由于其分子中与羰基碳相连的氧参与共轭的效应大于酐中的同类氧,因此酯中的 C(═O)—O 键比酐中的类似键具有更多的双键性质。

对于酰胺,由于氮的电负性比氧小,因此正电荷在氮上的正则式对真实结构的贡献,比酯的类似正则式要大一些,也就是说,酰胺中的 C(═O)—N 键比酯中的 C(═O)—O 键具有更多的双键性质。

综上所述，在羧酸衍生物（ $R—\overset{\overset{\displaystyle O}{\|}}{C}—L$ ）中，L 上未共用电子对参与共轭程度的大小的次序为酰胺＞酯＞酐＞酰氯，而 L 上带正电荷的正则式对真实结构（共振杂化体）贡献大小以及羰基碳与 L 间键的双键性质的多少，也是按上述次序排列。这也是羧酸衍生物亲核取代活性按酰胺、酯、酐和酰氯递增的内在原因。

### 13.1.2　命名

酰卤是根据分子中所含的酰基命名，将酰基的名称置于卤素名称之前即得全称。例如：

$HCOF$ 甲酰氟　$CH_3COCl$ 乙酰氯　$CH_3CH_2COBr$ 丙酰溴

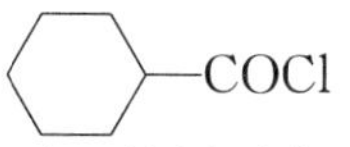

环己基甲酰氯　$C_6H_5COCl$ 苯甲酰氯

酸酐是根据相应的酸命名，将酸的名称去掉“酸”字换成“酐”字即可。混酐（两个酰基不同的酐）的命名与混合醚相似。例如：

$(CH_3CO)_2O$ 乙酐　$(C_6H_5CO)_2O$ 苯甲酐

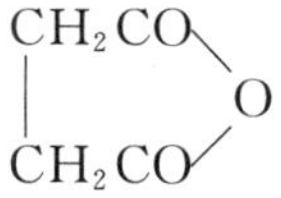

丁二酐

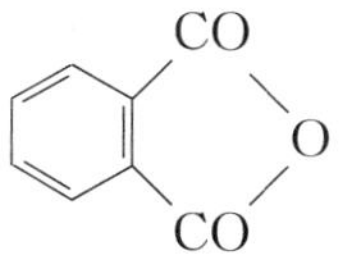

邻苯二甲酐

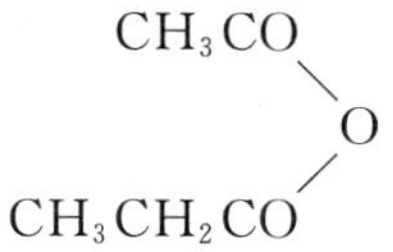

乙丙酐

酯是根据相应的酸和醇命名，将酸的名称写在醇的名称之前，并将“醇”字换成“酯”字即得全称。例如：

$CH_3COOCH_2CH_3$ 乙酸乙酯　$C_6H_5COOCH_3$ 苯甲酸甲酯　$CH_3CH_2OOCCH_2COOCH_2CH_3$ 丙二酸二乙酯

酰胺是根据分子中所含的酰基命名，将酰基的名称写在“胺”字之前即可。氮原子上的取代基也应标出，并放在名称的最前面。例如：

$CH_3CONH_2$ 乙酰胺

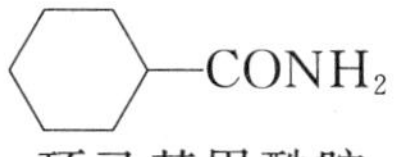

环己基甲酰胺　$HCON(CH_3)_2$ N,N-二甲基甲酰胺

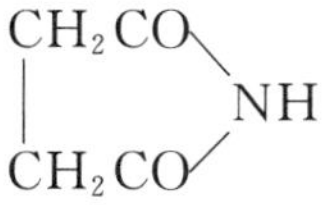

丁二酰亚胺

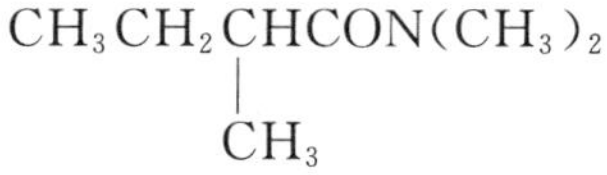

N,N,2-三甲基丁酰胺

## §13.2　羧酸衍生物的性质

### 13.2.1　物理性质

13.2.1.1　常规物理性质

$C_{14}$ 以下直链饱和一元羧酸的甲酯、乙酯和酰氯在室温下皆为液体。壬酐以上的单纯

酐在室温下是固体。氮上未取代的酰胺在常温下均为固体(甲酰胺除外)。

酰氯的沸点比相应的羧酸低,与分子量相近的醛、酮相当。酰氯不溶于水,低级酰氯遇水分解。酰氯的密度大于1。

酐的沸点比相应的羧酸高。酐不溶于水,低级酐遇水分解。

酯的沸点低于相应的酸,而与含相同数目碳原子的醛、酮差不多。酯在水中的溶解度较小,但可溶于一般的有机溶剂。挥发性的酯具有芳香的气息,有些酯可用于调制食用或日用香精。

氮上未取代酰胺的沸点高于相应的羧酸,也高于相应的氮取代的酰胺。低级酰胺可溶于水,在水中的溶解度随分子量的增加而降低。

13.2.1.2 光谱性质

(1) 红外光谱

脂肪酰卤的C═O伸缩振动吸收在1800 $cm^{-1}$(强)左右,如C═O与不饱和基共轭,吸收则在(1800~1750) $cm^{-1}$左右。芳香酰卤在(1785~1735) $cm^{-1}$左右有两个强吸收带,波数高的是C═O伸缩振动吸收,在(1785~1765) $cm^{-1}$(强)左右,较低的是芳环与C═O之间的C—C伸缩振动吸收(~875 $cm^{-1}$)的弱倍频率,在(1750~1735) $cm^{-1}$左右。

酯的C═O伸缩振动吸收在1735 $cm^{-1}$(强)左右; C═C—COOR和ArCOOR的C═O伸缩振动吸收在1720 $cm^{-1}$左右; —COO—C═C和—COOAr的C═O伸缩动吸收在1760 $cm^{-1}$左右;在(1250~1050) $cm^{-1}$(强)左右的吸收,由两个C—O伸缩振动所致,可作为特征吸收来鉴别酯。芳香酯在(1605~1585) $cm^{-1}$还有特征的环振动吸收带。

酐在(1860~1800) $cm^{-1}$(强)和(1800~1750) $cm^{-1}$(强)左右有两个C═O伸缩振动吸收带,对于线型酐,高频带强于低频带,而环酐则相反。酐的C—O伸缩振动吸收在(1310~1045) $cm^{-1}$(强)。

$RCONH_2$型酰胺的C═O伸缩振动吸收在1690 $cm^{-1}$(强)左右,缔合体在1650 $cm^{-1}$左右。在无极性的稀溶液中, N—H伸缩振动吸收在3400和3520 $cm^{-1}$左右;在浓溶液或固态,则吸收在3180和3350 $cm^{-1}$左右。 N—H的弯曲振动吸收在1600和1640 $cm^{-1}$,是两个特征吸收带。

RCONHR′型酰胺的C═O伸缩振动在1680 $cm^{-1}$(强)左右吸收,缔合体在1650 $cm^{-1}$(强)左右。非缔合的N—H伸缩振动吸收在3440 $cm^{-1}$左右,缔合体(固态)在3300 $cm^{-1}$左右。 N—H弯曲振动吸收在(1550~1530) $cm^{-1}$左右。

RCONR′R″型酰胺的C═O伸缩振动吸收在1650 $cm^{-1}$(强)左右。

(2) 核磁共振谱

酯的烷氧基α-碳上的质子的化学位移δ=3.7~4.1。酰胺中氮上质子的化学位移在δ=5~8,往往不能给出尖锐的峰。羰基附近α-碳上质子的化学位移在δ=2~3,β-碳上质子的化学位移在δ=1~2。

### 13.2.2　化学性质

从羧酸衍生物的结构（ $R-\overset{O}{\overset{\|}{C}}-L$ ）可以看出，它们的主要化学反应涉及到 C(=O)—L 和 C=O 的断裂。前者包括羧酸衍生物的水解、醇解、氨解、酸解，以及与金属有机化合物的反应等亲核取代反应，而后者主要是指羧酸衍生物的还原反应等。

羧酸衍生物亲核取代反应的机理，通常认为是加成—消除机理或四面体机理。其碱催化的机理如下：

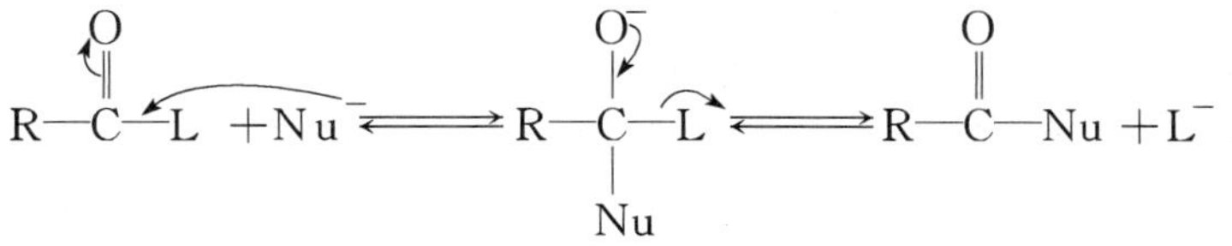

碱的作用在于增强试剂的亲核性（$HNu+B^- \rightleftharpoons Nu^- + HB$）。其反应活性与羰基碳原子所连基团的性质有关。所连基团 L 的吸电性越强，羰基碳上的正电性也越强，也就越有利于 $Nu^-$ 亲核攻击。当消除时，离去基团 $L^-$ 的亲核性越弱（即 $L^-$ 离子越稳定），就越容易离去。由于在羧酸衍生物中，吸电性的强弱次序为：—Cl ＞—OOCR ＞—OR ＞—$NH_2$，$L^-$ 亲核性的强弱次序为 $H_2N^- > RO^- > RCOO^- > Cl^-$，因此羧酸衍生物发生亲核取代反应活性大小的次序为：$RCOCl > (RCO)_2O > RCOOR' > RCONH_2$。当然羧酸衍生物中烃基 R 的空间拥挤程度和电子效应也是影响反应活性的因素。

13.2.2.1　水解

羧酸衍生物水解后都生成相应的羧酸：

$$RCOCl + H_2O \longrightarrow RCOOH + HCl$$
$$(RCO)_2O + H_2O \longrightarrow RCOOH + RCOOH$$
$$RCOOR' + H_2O \longrightarrow RCOOH + R'OH$$
$$RCONH_2 + H_2O \longrightarrow RCOOH + NH_3$$

(1) 酯的水解　酯的水解反应通常在酸或碱的催化下进行。

① 碱性水解　酯的碱性水解又称皂化。酯的水解有两种断键方式：

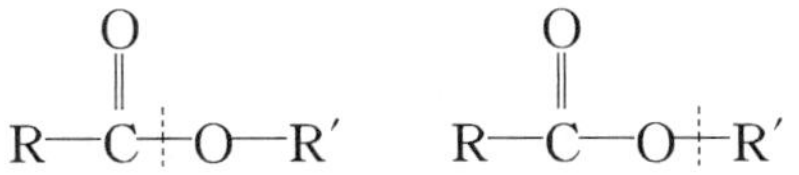

酰氧断裂（Ac）　烷氧断裂（Al）

酯的碱性水解的机理，一般为双分子酰氧断裂（$B_{Ac}2$），其四面体机理如下：

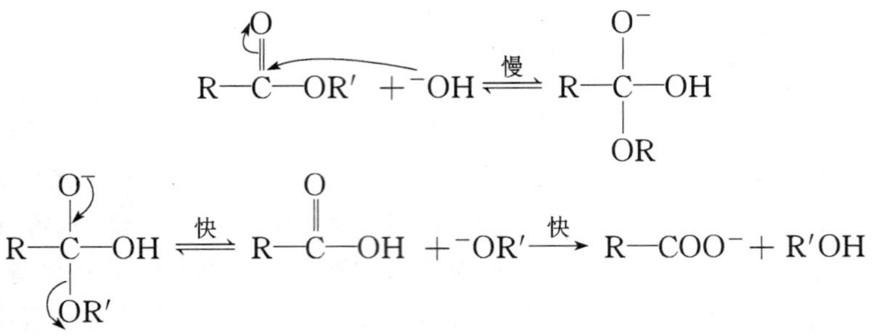

对于酯 RCOOR′的 $B_{AC}2$ 反应，一般情况是，R 的空间位阻越大，反应速率越小；R 的吸电性越强，反应速率越大；R′的空间位阻越大，反应速率越小。

② 酸性水解　酯的酸性水解是酯化反应的逆反应。

一元羧酸与伯醇或仲醇生成的酯的酸性水解机理，一般为双分子酰氧断裂（$A_{AC}2$）：

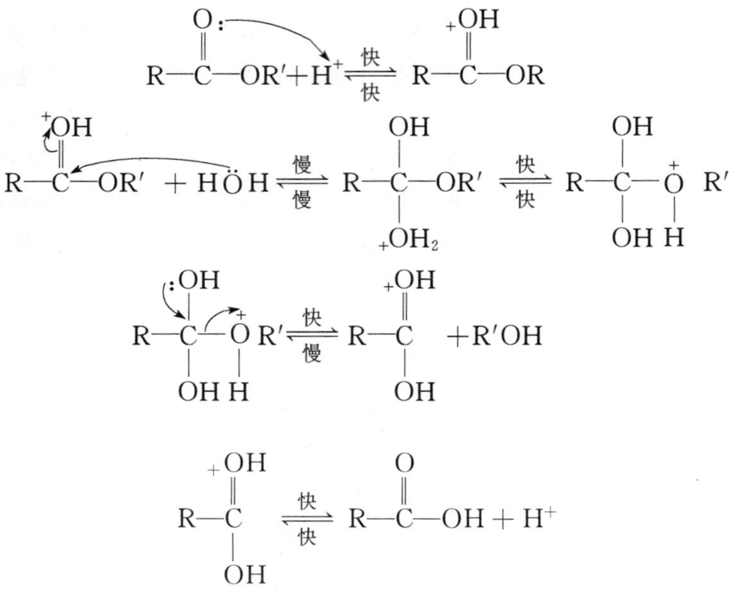

酯 RCOOR′中 R′的空间位阻对其酸性水解速率的影响较大。例如：

$$CH_3\overset{O}{\overset{\|}{C}}OR' + H_2O \xrightarrow{HCl,25℃} CH_3\overset{O}{\overset{\|}{C}}OH + R'OH$$

| R′ | $CH_3$ | $CH_2CH_3$ | $CH(CH_3)_2$ | $C(CH_3)_3$ |
|---|---|---|---|---|
| 相对速率 | 1 | 0.97 | 0.53 | 1.15 |

其中，$CH_3COOC(CH_3)_3$ 的反应速率之所以变大，是因为反应的机理发生了变化，可能为 $A_{Al}1$ 机理（单分子烷氧断裂）：

$$CH_3\overset{O}{\overset{\|}{C}}OC(CH_3)_3 \xrightleftharpoons{H^+} CH_3\overset{^+OH}{\overset{\|}{C}}OC(CH_3)_3 \xrightleftharpoons{慢} CH_3COOH + \overset{+}{C}(CH_3)_3$$

$$(CH_3)_3C^+ + H_2O \rightleftharpoons (CH_3)_3C\overset{+}{O}H_2 \rightleftharpoons (CH_3)_3COH + H^+$$

（2）酰氯的水解。脂肪族酰氯很容易水解。

由于氯原子通过酰基碳与苯环发生 $\rho$-$\pi$ 共轭，因而芳香酰氯比脂肪族酰氯稳定。但在碱催化或加热的条件下，也可迅速发生水解反应。

（3）酐的水解　酐的水解比酰氯难而比酯容易。在加热时酐的水解反应极易进行。如：

$$\underset{\text{乙酐}}{(CH_3CO)_2O} + H_2O \xrightarrow{\triangle} \underset{\text{乙酸}}{2CH_3COOH}$$

此外，也可用酸或碱的催化来加速反应。

（4）酰胺的水解　酰胺的水解比酯更难，N-取代烃基越多，水解越难。在与酸或碱共热时，酰胺也能水解：

$$RCONH_2 + OH^- \xrightarrow{>100℃} RCOO^- + NH_3$$

$$RCONH_2 + H_3O^+ \xrightarrow{>100℃} RCOOH + NH_4^+$$

综上所述，酰氯、酐、酯和酰胺水解速率大小的次序为：

$$\overset{O}{\overset{\|}{RC}}-L \qquad \underset{10^{11}}{R-\overset{O}{\overset{\|}{C}}-Cl} > \underset{10^{7}}{R-\overset{O}{\overset{\|}{C}}O\overset{O}{\overset{\|}{C}}-R} > \underset{1.0}{R-\overset{O}{\overset{\|}{C}}-OR'} > \underset{<10^{-2}}{R-\overset{O}{\overset{\|}{C}}-NH_2}$$

相对速率：$10^{11}$　　$10^{7}$　　1.0　　$<10^{-2}$

13.2.2.2　醇解

羧酸衍生物醇解后都生成相应的酯：

$$RCOCl + R'OH \longrightarrow RCOOR' + HCl$$

$$(RCO)_2O + R'OH \longrightarrow RCOOR' + RCOOH$$

$$RCOOR' + R''OH \rightleftharpoons RCOOR'' + R'OH$$

$$RCONH_2 + R'OH \rightleftharpoons RCOOR' + NH_3$$

（1）酯的醇解　酯的醇解生成新的酯和新的醇，故称酯交换反应或酯基转移反应。反应通常在酸或碱的催化下进行：

$$RCOOR' + R''OH \xrightleftharpoons{H^+ \text{或} R''O^-} RCOOR'' + R'OH$$

酯的醇解反应机理与水解反应相似。为了使上述可逆反应进行完全，常用过量的所希望生成酯的醇，或将反应生成的醇及时蒸出。

酯交换反应可用于二酯化合物的选择性水解，使分子中只保留一个酯基。例如：

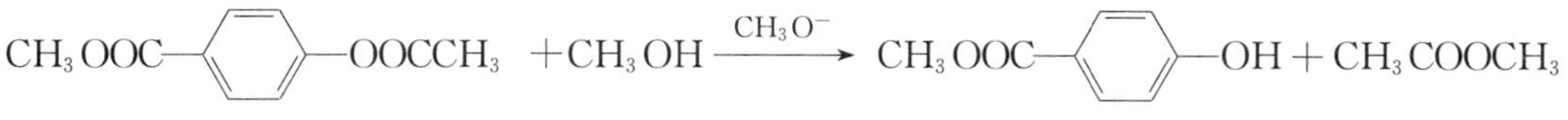


对乙酰氧基苯甲酸甲酯　　　　对羟基苯甲酸甲酯

（2）酰氯、酐和酰胺的醇解　酰氯与醇或酚迅速反应生成相应的酯。例如：

$$\underset{\text{丙酰氯}}{CH_3CH_2COCl} + \underset{\text{叔丁醇}}{(CH_3)_3C-OH} \xrightarrow{Et_2O, C_6H_5N(CH_3)_2} \underset{\text{丙酸叔丁酯 (62\%)}}{CH_3CH_2COOC(CH_3)_3} + HCl$$

$$\underset{\text{肉桂酰氯}}{C_6H_5CH{=}CHCOCl} + C_6H_5OH \xrightarrow{Et_2O, C_5H_5N} \underset{\text{肉桂酸苯酯 (72\%)}}{C_6H_5CH{=}CHCOOC_6H_5} + HCl$$

加入有机碱如二甲苯胺（$C_6H_5N(CH_3)_2$）和吡啶（$C_5H_5N$）的目的是以成盐酸盐的形式除去氯化氢，以加快反应的进行，并减少由氯化氢所引起的副反应的发生。酰氯醇解可用于某些酯的制备。

酐与醇的反应较酰氯温和。酸或碱的催化可加快反应的进行。例如：

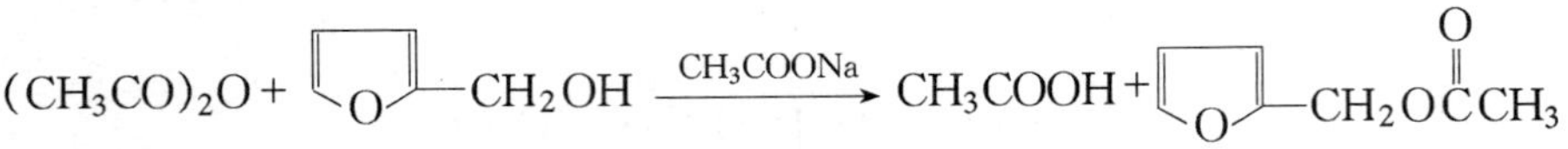

乙酐　α-呋喃甲醇　　　　乙酸 α-呋喃甲酯（87%～93%）

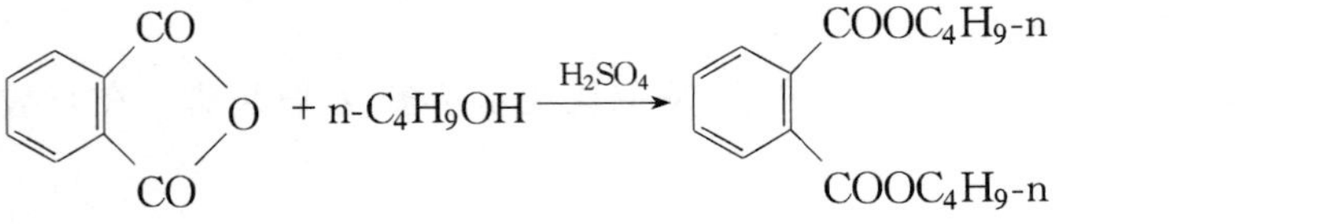

邻苯二甲酐　　　　邻苯二甲酸二正丁酯（约95%）

酰胺的醇解比酯难，但在酸催化、加热条件下可醇解生成酯和铵盐。

13.2.2.3　氨解

羧酸衍生物的氨解都生成相应的酰胺：

$$RCOCl + 2NH_3 \longrightarrow RCONH_2 + NH_4Cl$$

$$(RCO)_2O + 2H_2NR' \longrightarrow RCONHR' + RCOO^- \ H_3\overset{+}{N}R'$$

$$RCOOR' + HNR_2'' \longrightarrow RCONR_2'' + R'OH$$

（1）酰氯的氨解　酰氯与氨、伯胺或仲胺迅速反应生成酰胺或 N-烃基取代的酰胺，这是制备酰胺的一种方法。例如：

$$CH_3(CH_2)_4COCl + 2NH_3 \xrightarrow{\text{冰水冷却}} CH_3(CH_2)_4CONH_2 + NH_4Cl$$

己酰氯　　　　己酰胺（63%）

酰氯与叔胺不发生氨解反应，而生成酰基铵盐：

$$RCOCl + R'_3N \longrightarrow RCO\overset{+}{N}R'_3Cl^-$$

（2）酐和酯的氨解　酐的氨解比酰氯稍难，它是比酰氯更为常用的酰化试剂。例如：

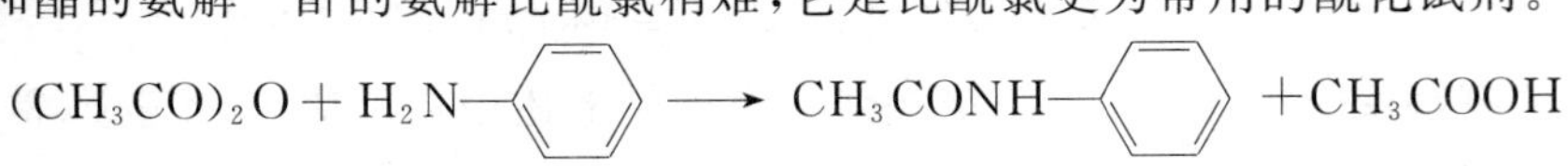

乙酰苯胺（80%）

环酐的氨解先生成酰胺羧酸，后者加热变为环状的酰亚胺：

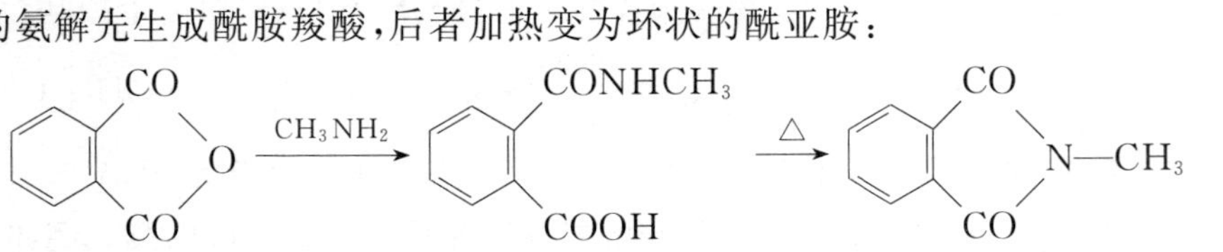

邻苯二甲酐　　　邻甲胺基甲酰基苯甲酸　N-甲基邻苯二甲酰亚胺

酯的氨解比酐要难些，反应需要较长时间，或在碱性催化剂的存在下方可顺利进行：

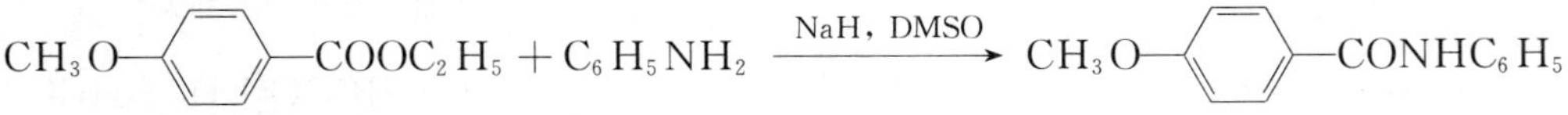

对甲氧基苯甲酸乙酯　　　　N-苯基对甲氧基苯甲酰胺

因此，酯是不常用的酰化试剂。只有相应的酰氯或酐不宜使用时，可考虑用酯的氨解法来合成酰胺。

13.2.2.4 酸解

羧酸衍生物与另一羧酸共热，即发生酸解反应，均得到平衡混合物：

$$RCOCl + R'COOH \rightleftharpoons RCOOH + R'COCl$$

$$RCOOR' + R''COOH \rightleftharpoons RCOOH + R''COOR'$$

(1) 酰氯的酸解 酰氯在吡啶存在下与相应的羧酸共热，则生成酸酐：

对氯苯甲酰氯 对氯苯甲酸 对氯苯甲酐（96%～98%）

(2) 酐和酯的酸解 酐与另一羧酸发生酸解而生成混酐：

$$(CH_3CO)_2O + HCOOH \rightleftharpoons CH_3\overset{O}{\overset{\|}{C}}—O—\overset{O}{\overset{\|}{C}}—H + CH_3COOH$$

乙酐 甲酸 甲乙酐

酯与另一羧酸的酸解反应，则生成另一种酯：

$$CH_2{=}CHCOOCH_3 + HCOOH \xrightleftharpoons{H_2SO_4} CH_2{=}CHCOOH + HCOOCH_3$$

丙烯酸甲酯 甲酸 丙烯酸 甲酸甲酯

13.2.2.5 与有机金属化合物的反应

(1) 酰氯的反应 酰氯与 Grignard 试剂反应的过程为：

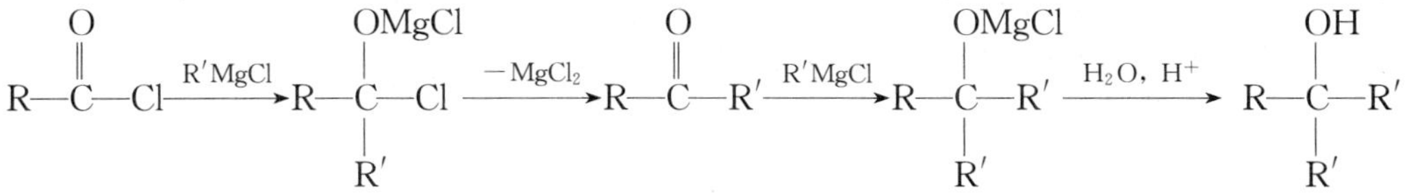

酰氯 酮 叔醇

酰氯比酮活泼，若用 2mol 以上的格氏试剂与酰氯反应，则主要产物是叔醇。不过，若用等摩尔的酰氯和格氏试剂，并在低温及无水氯化铁的存在下反应，也可得到酮：

$$CH_3COCl + CH_3CH_2CH_2CH_2MgCl \xrightarrow[-70℃]{Et_2O,\ FeCl_3} CH_3COCH_2CH_2CH_2CH_3$$

乙酰氯 氯化丁基镁 2-己酮（72%）

对于空间位阻较大的酰氯和格氏试剂，将格氏试剂慢慢滴加到酰氯中，也可生成较高产率的酮：

$$(CH_3)_3CCOCl + (CH_3)_3CMgCl \xrightarrow{Et_2O} \xrightarrow{H_2O,\ H^+} (CH_3)_3\overset{O}{\overset{\|}{C}}C(CH_3)_3$$

2，2-二甲基丙酰氯 氯化叔丁基镁 2,2,4,4-四甲基-3-戊酮（84%）

酰氯还能与二烃基铜锂反应而生成酮。由于二烃基铜锂活性较低，酰氯分子中含有酯基、酰胺基和卤原子等官能团时，可以选择性地生成含有酮基的双官能团化合物：

$$I-(CH_2)_{10}\overset{\overset{O}{\parallel}}{C}Cl+(CH_3)_2CuLi\xrightarrow[-78\%]{Et_2O}I-(CH_2)_{10}\overset{\overset{O}{\parallel}}{C}CH_3+CuCH_3+LiCl$$

11-碘十一酰氯　　二甲基铜锂　　　12-碘-2-十二酮（91%）

（2）酯的反应　酯与 Grignard 剂反应的过程为：

$$R-\overset{\overset{O}{\parallel}}{C}-OR'\xrightarrow{R''MgX}R-\underset{R''}{\overset{OMgX}{C}}-OR'\xrightarrow{-Mg(OR')X}R-\overset{\overset{O}{\parallel}}{C}-R''\xrightarrow{R''MgX}R-\underset{R''}{\overset{OMgX}{C}}-R''\xrightarrow{H_2O,\ H^+}R-\underset{R''}{\overset{OH}{C}}-R''$$

由于中间产物酮比酯活泼得多，因此反应的最终产物是叔醇，而不会停留在酮的阶段。酯与烷基锂的反应也生成叔醇。

13.2.2.6　还原反应

（1）酰氯的还原　在羧酸衍生物中酰氯是最容易被还原的，用不同的还原剂，可将酰氯还原为伯醇或醛。

将酰氯还原为伯醇的常用的还原剂是氢化铝锂（催化氢化虽能将酰氯还原成醇，但此反应并不常用）。例如：

$$C_6H_5COCl\xrightarrow[\triangle]{LiAlH_4,\ Et_2O}\xrightarrow{H_3O^+}C_6H_5CH_2OH$$

苯甲酰氯　　　　　　苯甲醇（72%）

将金属钯吸附在硫酸钡上，并加入钝化剂，则制得活性降低的选择性催化剂，在氢气存在下，它可使酰氯还原而生成醛，这就是著名的 Rosenmund 还原。在还原时，酰氯分子中烃基上的硝基、卤素和酯基等均不受影响。例如：

$$CH_3OCOCH_2CH_2COCl\xrightarrow[\text{二甲苯}]{H_2,Pd/BaSO_4,\text{喹啉—硫}}CH_3OCOCH_2CH_2CHO$$

3-甲氧羰基丙酰氯　　　　　　4-氧代丁酸甲酯（65%）

三（叔丁氧基）氢化铝锂是一种空间体积较大且温和的还原剂，它在低温下可将酰氯还原成醛。在还原时，酰氯分子中烃基上的氰基、硝基和酯基等将不受影响。例如：

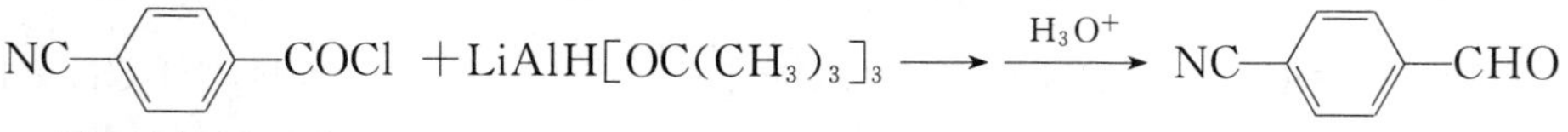


对氰基苯甲酰氯　　　　　　对氰基苯甲醛（80%）

（2）酐的还原　一元羧酸的酐虽能被还原成伯醇，但并无实用价值。二元羧酸的环酐可被硼氢化钠还原成内酯：

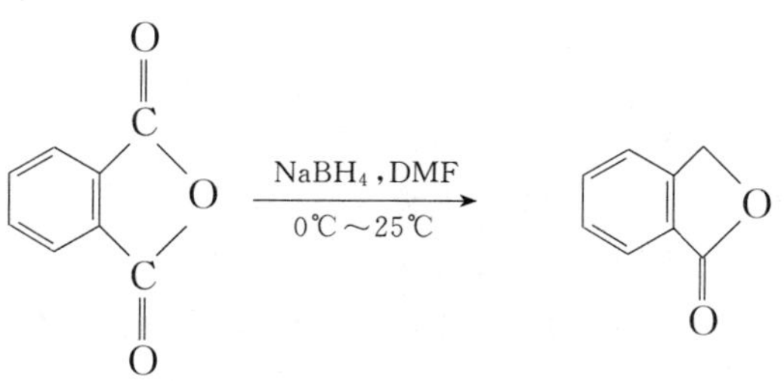


（3）酯的还原

目前在工业上大量应用的一种还原剂是钠加乙醇，在还原酯时，共轭双键被还原，而非共轭双键则不受影响。该类反应称为 Bouveault-Blanc 还原。例如：

$$CH_3(CH_2)_7CH{=}CH(CH_2)_7COOC_2H_5 \xrightarrow[\text{回流}]{Na+C_2H_5OH} CH_3(CH_2)_7CH{=}CH(CH_2)_7CH_2OH$$

9-十八碳烯酸乙酯　　　　9-十八碳烯-1-醇（49%～51%）

$$CH_3CH{=}CHCOOC_2H_5 \xrightarrow[\text{甲苯，回流}]{Na+C_2H_5OH} CH_3CH_2CH_2CH_2OH$$

2-丁烯酸乙酯　　　　1-丁醇

在工业上广泛应用的另一种还原酯的方法是催化氢解。常用的催化剂是铜铬氧化物（$CuO \cdot CuCrO_4$），反应需在高温和高压下进行。在还原时，碳碳双键被还原，而苯环却不受影响。例如：

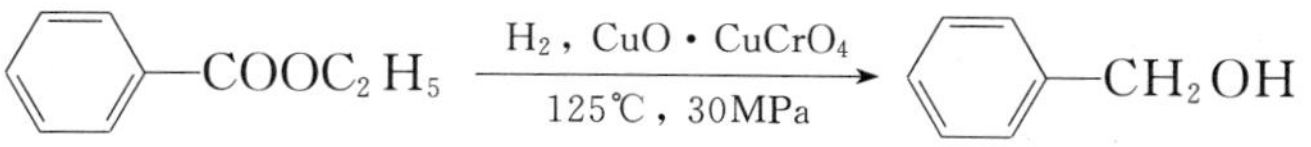

苯甲酸乙酯　　　　苯甲醇（65%）

氢化铝锂和硼氢化锂也是常用的还原剂：

$$n\text{-}C_{15}H_{31}COOC_4H_9\text{-}n \xrightarrow[THF]{LiBH_4} \xrightarrow{H_3O^+} n\text{-}C_{15}H_{31}CH_2OH$$

十六酸正丁酯　　　　1-十六醇

就还原活性而言，氢化铝锂最高，硼氢化锂次之，硼氢化钠最低。后者不能还原酯。

(4) 酰胺的还原　酰胺很难被还原。用强还原剂氢化铝锂可将酰胺还原成相应的胺。氮上未取代的酰胺可被还原为伯胺，氮上一取代酰胺可被还原为仲胺，氮上二取代酰胺可被过量的氢化铝锂还原为叔胺：

$$C_6H_5OCH_2CONH_2 \xrightarrow[Et_2O]{LiAlH_4} \xrightarrow{H_3O^+} C_6H_5OCH_2CH_2NH_2$$

苯氧乙酰胺　　　　2-苯氧基乙胺（80%）

$$CH_3CONHC_6H_5 \xrightarrow[Et_2O]{LiAlH_4} \xrightarrow{H_3O^+} CH_3CH_2NHC_6H_5$$

乙酰苯胺　　　　N-乙基苯胺（60%）

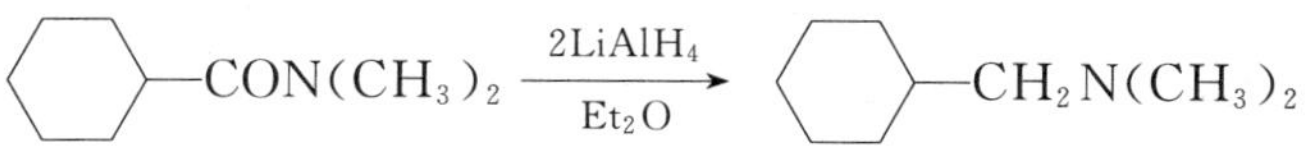

N,N-二甲基环己基甲酰胺　　N,N-二甲基环己甲基胺（88%）

三乙氧基氢化铝锂或二乙氧基氢化铝锂是还原能力稍差、选择性较强的还原剂，它们可将氮上二取代酰胺还原为醛和相应的仲胺：

$$CH_3CH_2CH_2CON(CH_3)_2 \xrightarrow[Et_2O]{LiAlH(OC_2H_5)_3} \xrightarrow{H_3O^+} CH_3CH_2CH_2CHO+(CH_3)_2NH$$

N,N-二甲基丁酰胺　　　　丁醛（90-%）　　　　二甲胺

13.2.2.6　缩合反应

(1) Claisen 酯缩合　在乙醇钠的作用下，两分子乙酸乙酯缩去一分子乙醇生成乙酰乙酸乙酯的反应，称之为 Claisen 缩合反应。

$$2CH_3COOC_2H_5 \xrightarrow[(2)\ HOAc]{(1)\ C_2H_5ONa} CH_3COCH_2COOC_2H_5 + C_2H_5OH$$

乙酸乙酯　　　　　　　　　　　乙酰乙酸乙酯（38%）

上述反应的机理如下：

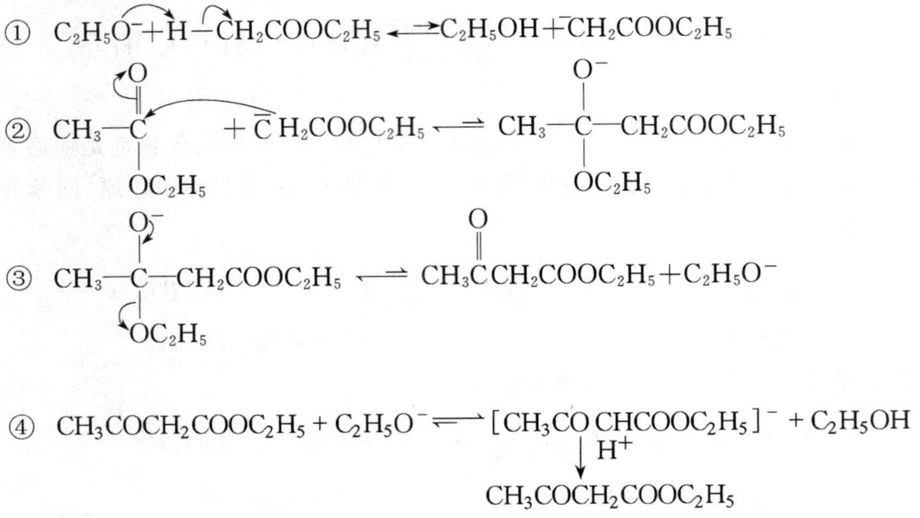

由于乙醇（pKa≈16）比乙酸乙酯（pKa≈24）的酸性强，因此第一步反应的平衡偏向左方。反应②和③的进行均决定于反应①，故它们的平衡也都偏向左方。而反应④的平衡之所以偏向右方，按正向进行，是因为乙酰乙酸乙酯（pKa≈11）的酸性比乙醇强。最后经过酸化，即可得到预期的产物。

如果酯的 α-碳上只有一个氢，那么它的酸性会因烷基的 +I 效应而减弱。因此，需用更强的碱（如三苯甲基钠）代替乙醇钠，方可使缩合反应顺利进行。例如：

$$2(CH_3)_2CHCOOC_2H_5 \xrightarrow[(2)\ HOAc]{(1)\ Ph_3CNa,\ Et_2O} (CH_3)_2CHCOC(CH_3)_2COOC_2H_5 + C_2H_5OH$$

2-甲基丙酸乙酯　　　　　　　　2,2,4-三甲基-3-氧代戊酸乙酯（74%）

如果用两种不同的具有 α-H 的酯进行交叉的酯缩合反应，那么可能会得到四种产物的混合物。然而，当用一种有 α-H 的酯与另一种不含 α-H 的酯反应时，将只有两种产物，甚至可以主要得到一种混合酯的缩合产物。例如：

$$C_6H_5COOCH_3 + CH_3CH_2COOC_2H_5 \xrightarrow[(2)\ H^+]{(1)\ NaH} C_6H_5COCH(CH_3)COOC_2H_5$$

苯甲酸甲酯　　丙酸乙酯　　　　　　2-苯甲酰丙酸乙酯（56%）

（2）Dieckmann 酯缩合　在乙醇钠的作用下，有 α-H 的己二酸酯和庚二酸酯均可发生分子内的缩合，生成相应的环状的 β-酮酸酯的反应，称之为 Dieckmann 酯缩合。例如：

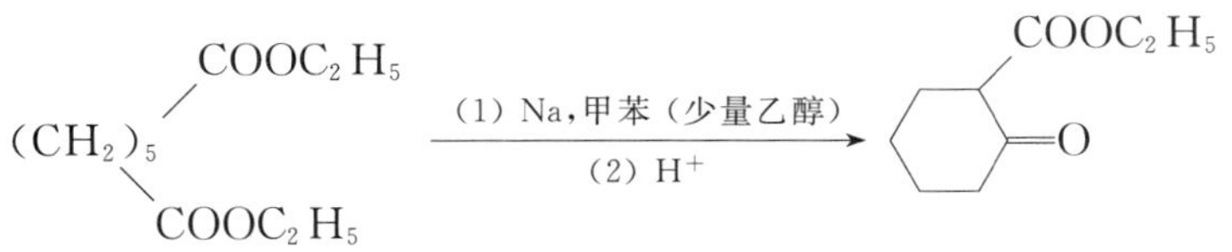

庚二酸二乙酯　　　　　　　2-氧代环已基甲酸乙酯

(3) Perkin 反应　在脂肪酸钠或钾盐的存在下，芳醛与相应的脂肪酸酐缩合，生成α,β-不饱和酸的反应，称之为 Perkin 反应。例如：

$$C_6H_5CHO + (CH_3CO)_2O \xrightarrow[(2)\ H_2O,\ HCl]{(1)\ CH_3COOK} C_6H_5CH{=}CHCOOH + CH_3COOH$$

苯甲醛　　乙酐　　　　　　　肉桂酸(62%)

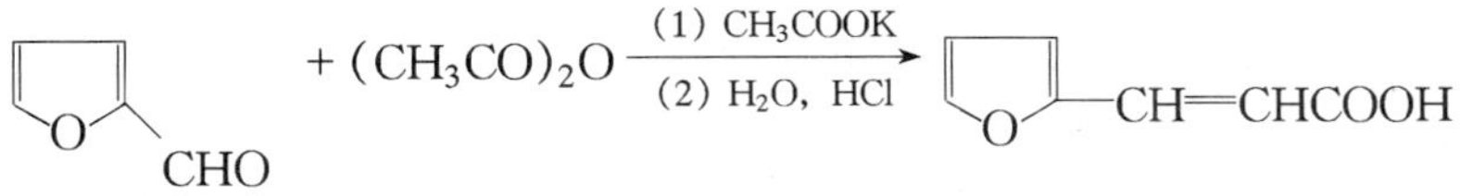

2-呋喃甲醛　　　　乙酐　　　　　　3-(2-呋喃基)丙烯酸(59%)

13.2.2.8　酰胺氮原子上的反应

关于酰胺($RCONH_2$)的酸、碱性，一般的看法是：酰胺为中性化合物。其原因有二条：一是酰基的—C 和—I 效应，导致 N 原子上电子云密度降低；二是 N—H 键有一定极性(pKa≈15)。通常情况下，酰胺不能使红色石蕊试纸和蓝色石蕊试纸变色。

不过，酰胺的酸碱性是相对的。当将氯化氢气体通入乙酰胺的乙醚溶液中的时候，可生成不溶于乙醚的盐酸盐：

$$CH_3CONH_2 + HCl \xrightarrow{Et_2O} CH_3CONH_2 \cdot HCl\downarrow$$

乙酰胺　　　　　　乙酰胺盐酸盐

这种盐不稳定，遇水则分解，即，酰胺具有极弱的碱性。

对于酰亚胺，由于两个酰基的吸电子效应，酰亚胺呈弱酸性。例如邻苯二甲酰亚胺(pKa≈9)可与氢氧化钾生成稳定的盐：

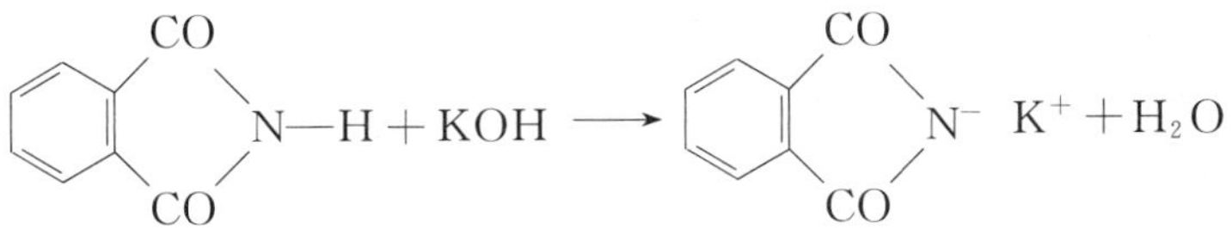

邻苯二甲酰亚胺　　　　邻苯二甲酰亚胺钾

丁二酰亚胺在碱性条件下与溴反应，生成 N-溴代丁二酰亚胺，俗称 NBS(N-Bromo-succinimide)，是一个常用的使烯丙型氢溴代的试剂。

酰胺与脱水剂如五氧化二磷、三氯氧磷、亚硫酰氯或乙酐等共热，即可失水生成腈：

$$(CH_3)_2CHCONH_2 \xrightarrow[\triangle]{P_2O_5} (CH_3)_2CHCN$$

异丁酰胺　　　　　异丁腈(73%)

丁二酸和邻苯二甲酸的单酰胺在高温下脱水，则生成环状的酰亚胺：

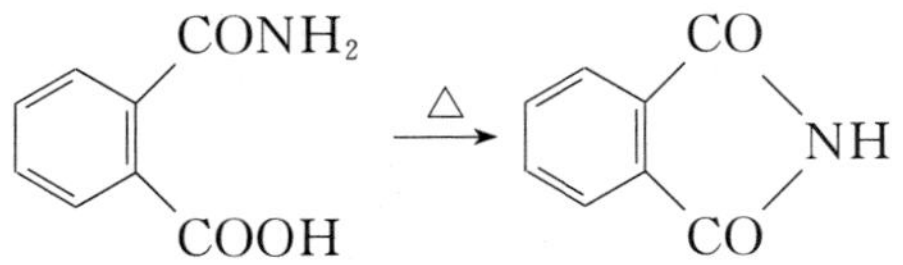

将溴或氯与氢氧化钠水溶液混合，则有次溴酸钠或次氯酸钠生成，酰胺与上述溶液反应，可生成比酰胺少一个碳原子的伯胺：

$$RCONH_2 \xrightarrow{Br_2+NaOH} RNH_2$$

上述反应称之为 Hofmann 降级反应或重排反应。反应的机理大致如下：

$$Br_2 + 2NaOH \longrightarrow NaOBr + NaBr + H_2O$$

$$\underset{\text{酰胺}}{R{-}\overset{\overset{O}{\|}}{C}{-}NH_2} + \underset{\text{次溴酸钠}}{NaOBr} \longrightarrow \underset{\text{N-溴代酰胺}}{R{-}\overset{\overset{O}{\|}}{C}{-}\overset{\overset{H}{|}}{N}{-}Br} + NaOH$$

$$\underset{\text{N-溴代酰胺}}{R{-}\overset{\overset{O}{\|}}{C}{-}\overset{\overset{H}{|}}{N}{-}Br} + OH^- \longrightarrow \underset{\text{酰基氮烯}}{R{-}\overset{\overset{O}{\|}}{C}{-}\ddot{N}:} + Br^- + H_2O$$

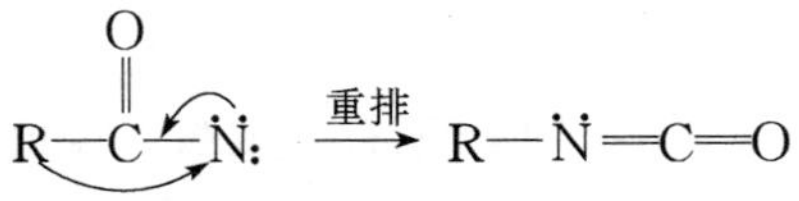

酰基氮烯　　异氰酸酯

$$\underset{\text{异氰酸酯}}{R{-}N{=}C{=}O} + H_2O \longrightarrow \underset{\text{N-取代氨基甲酸}}{RNH\overset{\overset{O}{\|}}{C}{-}OH} \longrightarrow \underset{\text{伯胺}}{RNH_2} + CO_2$$

此反应常用于伯胺的制备。例如：

$$\underset{\text{乙酰胺}}{CH_3CONH_2} \xrightarrow{Br_2,\ NaOH} \underset{\text{甲胺 (64\%)}}{CH_3NH_2}$$

13.2.2.9　Curtius 重排反应和 Schmidt 重排反应

所谓 Curtius 反应，是指酰氯与叠氮酸钠反应生成叠氮化酰，后者经失氮、重排、加水和脱羧，最后得到比酰氯少一个碳原子的伯胺的反应。反应的机理大致如下：

$$\underset{\text{酰氯}}{R{-}\overset{\overset{O}{\|}}{C}{-}Cl} + NaN_3 \longrightarrow \underset{\text{叠氮化酰}}{R{-}\overset{\overset{O}{\|}}{C}N_3} + NaCl$$

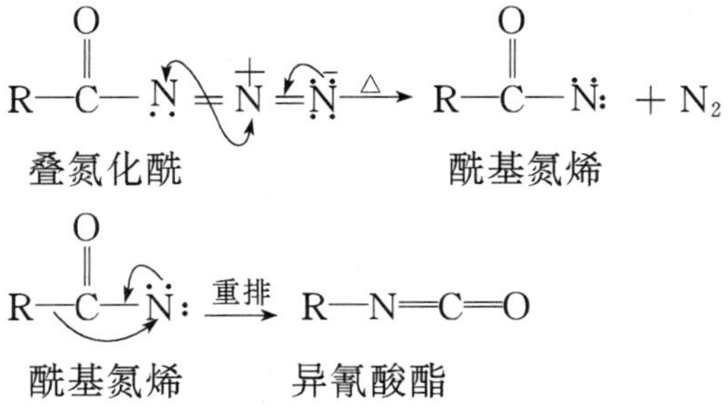


$$R-N{=}C{=}O + HOH \longrightarrow RNH-\overset{\overset{O}{\|}}{C}-OH \longrightarrow RNH_2 + CO_2$$

异氰酸酯　　　N-取代氨基甲酸　　　伯胺

此反应也用来制备伯胺。

Schmidt 反应是改进的 Curtius 反应，是羧酸与叠氮酸在硫酸的存在下的缩合反应：

$$R-\overset{\overset{O}{\|}}{C}OH + HN_3 \xrightarrow[CHCl_3]{H_2SO_4} R\overset{\overset{O}{\|}}{C}N_3$$

羧酸　　　叠氮化酰

反应过程与 Curtius 反应相同，反应的终产物仍为比羧酸少一个碳原子的伯胺。

对于 Hofmann 重排、Curtius 重排和 Schmidt 重排反应，如果反应物是含有手性原子的旋光化合物，则在重排中迁移基团的绝对构型不变，即，R 的迁移和离去基团的离去是协同进行的：

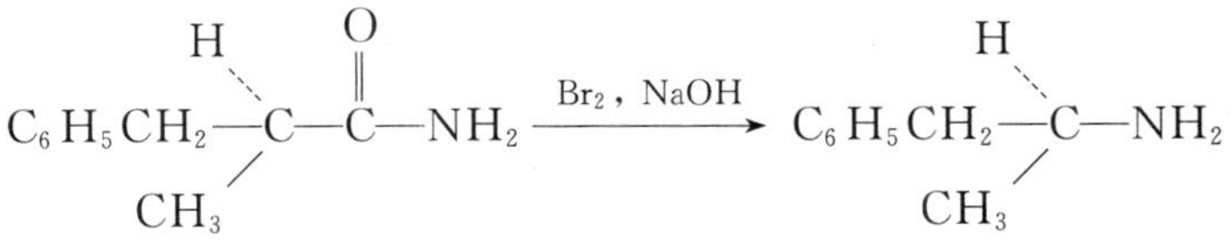


13.2.2.10　酯的热消除反应

在 300℃～500℃高温下，烷氧基上有 β-H 的羧酸酯可发生消除，生成烯烃和羧酸。如：

$$CH_3COOCH_2CH_2CH_2CH_3 \xrightarrow{500℃} CH_2{=}CHCH_2CH_3 + CH_3COOH$$

乙酸正丁酯　　　1-丁烯

一般认为，反应是通过六元环状过渡态进行的：

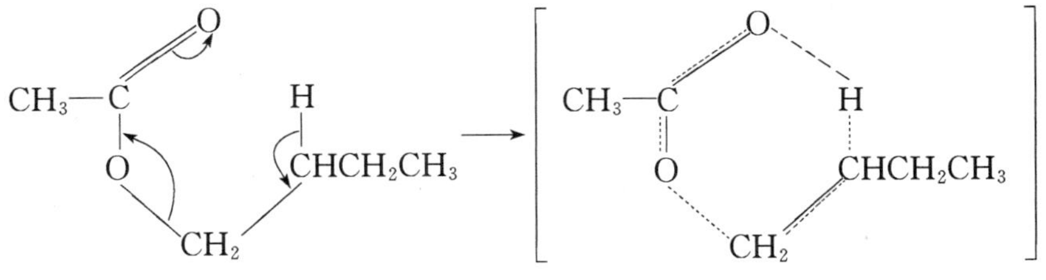

过渡态

$$\xrightarrow{500℃} CH_3COOH + CH_2{=}CHCH_2CH_3$$

在消除过程中，离去基团（$CH_3COO$-）和 β-H 同时离开，且为顺式消除。反应遵循 Hofmann 规则。例如：

$$\underset{\text{乙酸仲丁酯}}{CH_3CH_2\underset{}{\overset{\overset{\displaystyle OCOCH_3}{|}}{C}}HCH_3} \xrightarrow{500℃} \underset{\substack{\text{1-丁烯} \\ 57\%}}{CH_2{=}CHCH_2CH_3} + \underset{\substack{\text{2-丁烯} \\ 43\%}}{CH_3CH{=}CHCH_3}$$

# § 13.3 羧酸衍生物的制备及重要的化合物

## 13.3.1 羧酸衍生物的制备

(1) 酯的制备

由羧酸和醇直接酯化是制备酯的重要方法，这在以前的内容中已有介绍。

羧酸的钠盐和伯卤代烷发生 $S_N2$ 反应，可生成酯：

$$\underset{\text{羧酸钠}}{RCOO^-Na^+} + \underset{\text{伯卤代烷}}{R'CH_2{-}X} \longrightarrow \underset{\text{羧酸酯}}{RCOOCH_2R'} + NaX$$

若用仲、叔卤代烷，则会因消除反应的竞争而大大降低酯的收率。此法常用于苄酯的合成：

$$\underset{\text{苯甲酸钠}}{C_6H_5COONa} + \underset{\text{苄氯}}{ClCH_2C_6H_5} \xrightarrow{110℃} \underset{\text{苯甲酸苄酯}}{C_6H_5COOCH_2C_6H_5}$$

羧酸与重氮甲烷在室温下反应，也可获得高产率的羧酸甲酯：

$$\underset{\text{羧酸}}{RCOOH} + \underset{\text{重氮甲烷}}{CH_2N_2} \longrightarrow \underset{\text{羧酸甲酯}}{RCOOCH_3} + N_2$$

在无机酸（如盐酸和硫酸）的存在下，腈与醇作用可生成羧酸酯：

$$\underset{\text{乙腈}}{CH_3CN} + \underset{\text{乙醇}}{C_2H_5OH} \xrightarrow{HCl} \underset{\text{亚氨基代乙酸乙酯盐酸盐}}{CH_3\overset{\overset{\displaystyle \overset{+}{N}H_2Cl^-}{\|}}{C}OC_2H_5} \xrightarrow{H_2O} \underset{\text{乙酸乙酯}}{CH_3COOC_2H_5}$$

此外，酰卤或酐的醇解反应、酯与醇的酯交换反应、酮的 Baeyer-Villiger 氧化反应以及α-卤代酮的 Favorsky 重排等，也可用于酯的制取。

(2) 酰氯的制备

羧酸与三氯化磷、五氯化磷和亚硫酰氯等反应，可生成酰氯：

$$3RCOOH + PCl_3 \longrightarrow 3RCOCl + H_3PO_3 \text{（200℃分解）}$$

$$RCOOH + PCl_5 \longrightarrow RCOCl + HCl + POCl_3 \text{（b. p. 107℃）}$$

$$RCOOH + SOCl_2 \longrightarrow RCOCl + SO_2 + HCl$$

酰溴通常由羧酸和三溴化磷制备。

(3) 酸酐的制备

羧酸的钠盐与酰氯反应可生成酐。例如：

$$CH_3COONa + CH_3COCl \longrightarrow (CH_3CO)_2O + NaCl$$

乙酸钠　　乙酰氯　　乙酐 (77%)

高级酸酐通常由羧酸和酰氯的反应制取，加入吡啶作为缚酸剂（与氯化氢生成盐酸盐），使反应向生成酐的方向移动。

将乙烯酮通入冷的液态羧酸中，尔后逐渐升温精馏，也可获取酸酐。例如：

$$2CH_3(CH_2)_4COOH + CH_2{=}C{=}O \longrightarrow (CH_3(CH_2)_4CO)_2O + CH_3COOH$$

己酸　　乙烯酮　　己酐 (84%)

(4) 酰胺的制备

羧酸与氨、胺或尿素共热是制备酰胺的重要方法，这在以前已有介绍。

腈的部分水解，也可生成酰胺。例如：

$$C_6H_5CH_2CN \xrightarrow[40^\circ C]{H_2O,\ HCl} C_6H_5CH_2CONH_2$$

苯乙腈　　苯乙酰胺 (82%)

此外，酰氯、酐或酯的氨（或胺）解也能获取酰胺。

### 13.3.2　重要的羧酸衍生物

(1) 重要的酯

乙酸乙酯俗称醋酸乙酯，无色可燃液体，有果子香气，沸点 77.1℃，溶于乙醇、氯仿、乙醚和苯等有机溶剂，微溶于水。乙酸乙酯可由乙酸和乙醇经酯化反应制得。

邻苯二甲酸二甲酯为无色液体，沸点 282℃，几乎不溶于水，溶于乙醇、乙醚、氯仿和丙酮等有机溶剂。它可用邻苯二甲酐和甲醇作用而制得。它的主要用途是用作清漆的溶剂以及硝酸纤维素、醋酸纤维素和合成橡胶的人造革等的增塑剂。

(2) 重要的酰氯

乙酰氯为无色液体，在空气中发烟，有窒息性刺鼻气味，沸点 50.9℃，遇水和乙醇立即分解，溶于乙醚和苯等有机溶剂。乙酰氯主要用作乙酰化剂。它可由乙酸钠与二氧化硫和氯气生产：

$$2CH_3COONa + SO_2 + Cl_2 \longrightarrow 2CH_3COCl + Na_2SO_4$$

也可由乙烯酮与氯化氢反应制得：

$$CH_2{=}C{=}O + HCl \longrightarrow CH_3COCl$$

苯甲酰氯为无色液体，在空气中略微发烟，有特殊的刺激气味，遇水或乙醇逐渐分解，溶于乙醚、氯仿和苯等有机溶剂。它可由苯甲酸与苯基三氯甲烷生产：

$$C_6H_5COOH + C_6H_5CCl_3 \xrightarrow{\triangle} 2C_6H_5COCl + HCl$$

苯甲酰氯也可由苯甲酸与亚硫酰氯反应制得，可用作苯甲酰化剂，是重要的化工原料。

(3) 重要的酰胺

乙酰胺为无色晶体，纯品无臭，工业品有鼠臭，熔点 82℃，沸点 223℃，溶于水和乙醇。

它可由乙酸铵经蒸馏脱水法生产，也可由乙酰氯、乙酐和乙酸乙酯的氨解制得。它可用作溶剂，也可用于吸湿剂和润湿剂的制造。

N，N-二甲基甲酰胺 $HCON(CH_3)_2$（DMF）为无色液体，有氨的气味，沸点 153℃，能与水及大多数有机溶剂混溶。它可由一氧化碳和二甲胺生产：

$$CO + HN(CH_3)_2 \xrightarrow{CH_3OH,\ CH_3ONa} HCON(CH_3)_2$$

也可由甲酸甲酯与二甲胺的胺解制得。它是一种重要的非质子极性溶剂。

（4）重要的酐

乙酐俗称醋酐，为无色液体，有刺激气味，沸点 140℃，微溶于水，易溶于乙醚和苯等有机溶剂。

乙酐的实验室制法是利用乙酰氯和乙酸钠的反应。乙酐的工业生产是通过乙酸和乙烯酮的反应：

$$CH_3COOH + CH_2{=}C{=}O \longrightarrow (CH_3CO)_2O$$

乙酐是重要的乙酰化剂，在工业上主要用于醋酸纤维素的生产，它还是合成染料，医药和香料等的原料。

邻苯二甲酐俗称苯酐，为无色针状结晶，熔点 131℃，易升华。稍溶于冷水，易溶于热水并水解为邻苯二甲酸。溶于乙醇、苯和吡啶，微溶于乙醚。

在工业上，通过萘的催化氧化来生产邻苯二甲酐。邻苯二甲酐广泛用于染料、药物、聚酯树脂、醇酸树脂、增塑剂等的生产，它还用于酚酞指示剂的合成。

（5）乙烯酮（Ketene）

乙烯酮为无色气体，有毒，对肺有刺激作用，沸点 −56℃，溶于乙醇，微溶于乙醚、芳烃、卤代烃、酮类和酯类。乙烯酮可由乙酸或丙酮加热裂解制备：

$$CH_3COOH \xrightarrow[700℃]{(EtO)_3P{=}O} CH_2{=}C{=}O$$

$$CH_3COCH_3 \xrightarrow{700℃\sim850℃} CH_2{=}C{=}O$$

由于分子中含有聚集双键，因此乙烯酮的化学性质非常活泼。它与水、氯化氢、乙醇、乙酸和氨等具有活泼氢的化合物反应，生成乙酸及其衍生物：

$$CH_2{=}C{=}O + HOH \longrightarrow \left[ CH_2{=}\underset{}{C}(OH){-}OH \right] \longrightarrow CH_3\overset{O}{\overset{\|}{C}}{-}OH$$

$$CH_2{=}C{=}O + HCl \longrightarrow \left[ CH_2{=}C(OH){-}Cl \right] \longrightarrow CH_3\overset{O}{\overset{\|}{C}}{-}Cl$$

$$CH_2{=}C{=}O + CH_3COOH \longrightarrow \left[ CH_2{=}C(OH){-}O\overset{O}{\overset{\|}{C}}CH_3 \right] \longrightarrow CH_3\overset{O}{\overset{\|}{C}}{-}O{-}\overset{O}{\overset{\|}{C}}CH_3$$

$$CH_2{=}C{=}O + C_2H_5OH \longrightarrow \left[ CH_2{=}C(OH){-}OC_2H_5 \right] \longrightarrow CH_3\overset{O}{\overset{\|}{C}}{-}OC_2H_5$$

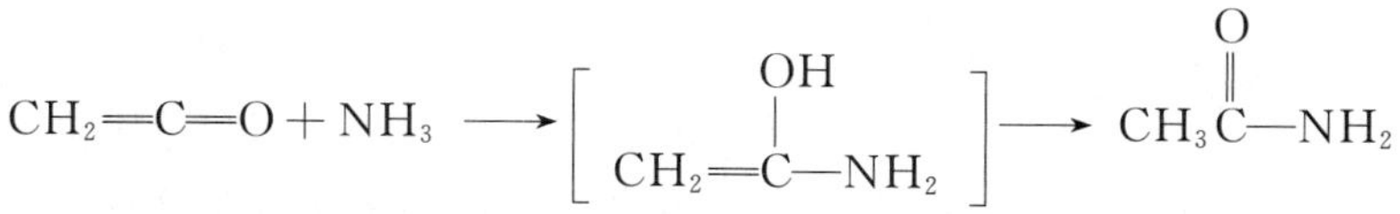

可见,乙烯酮是一种良好的乙酰化剂。

乙烯酮还能与格氏试剂反应,加成产物经水解生成甲基酮:

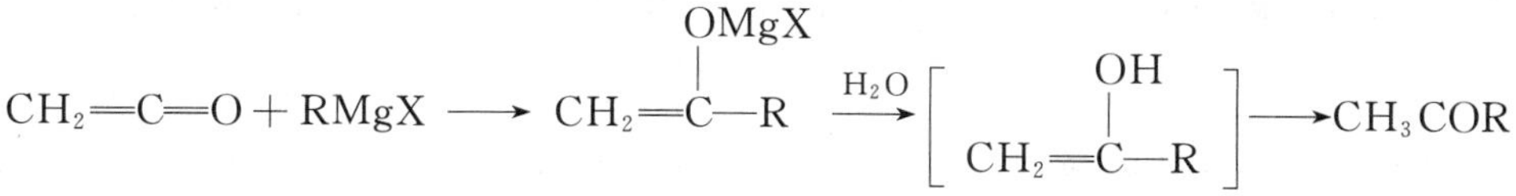

在低温下,乙烯酮可生成二聚体——二乙烯酮:

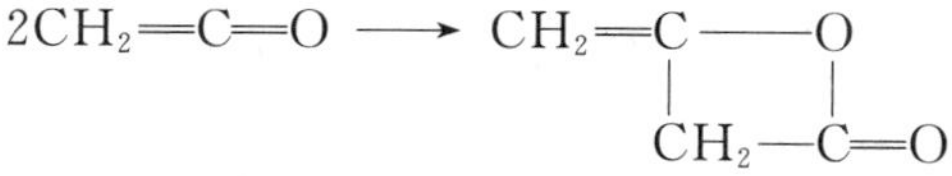

二乙烯酮为无色液体,沸点 127℃,加热可解聚为乙烯酮。二乙烯酮与乙醇反应,可生成乙酰乙酸乙酯:

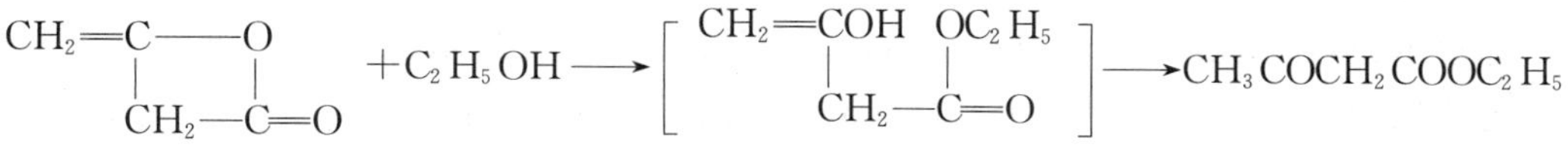

(6) 碳酸衍生物

光气又称碳酰氯,为无色有腐草臭的气体,有毒,沸点 8.3℃,微溶于水并逐渐水解,易溶于苯和甲苯等。光气的工业生产方法是以活性炭为催化剂,一氧化碳与氯气在 200℃下反应:

$$CO + Cl_2 \xrightarrow[200℃]{\text{活性炭}} COCl_2$$

光气还可由四氯化碳与 80%发烟硫酸反应制得:

$$CCl_4 + 2SO_3 \longrightarrow COCl_2 + S_2O_5Cl_2$$

光气具有酰氯的典型性质,它可以发生水解、醇解和氨解反应:

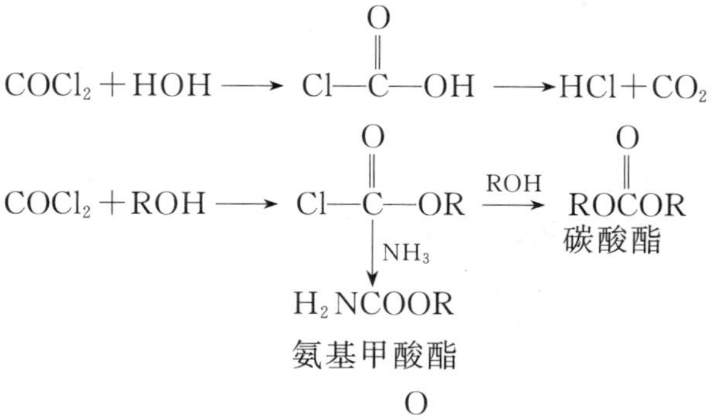


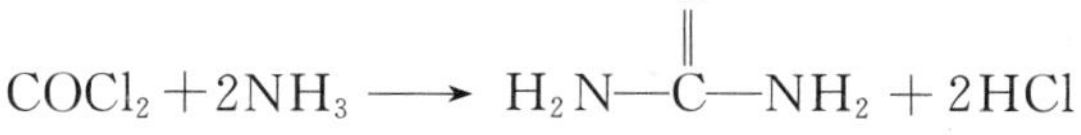

脲

光气还可作 Friedel-Crafts 酰基化反应的酰化剂。例如:

$$C_6H_6+COCl_2\xrightarrow{AlCl_3}C_6H_5COCl\xrightarrow{C_6H_6,\ AlCl_3}C_6H_5COC_6H_5$$

苯甲酰氯　　　　二苯甲酮

光气是重要的化工原料，可用于染料、农药和聚碳酸酯等的生产。

脲又称碳酰胺，俗称尿素，为无色晶体，熔点 132.7℃，溶于水、乙醇和苯，几乎不溶于乙醚和氯仿。脲的工业生产方法是在高温、高压下，用过量的氨与二氧化碳反应：

$$2NH_3+CO_2\xrightarrow{180℃,20MPa}H_2NCONH_2+H_2O$$

脲不仅具有酰胺的典型性质，而且氨基还能发生酰化反应。例如：

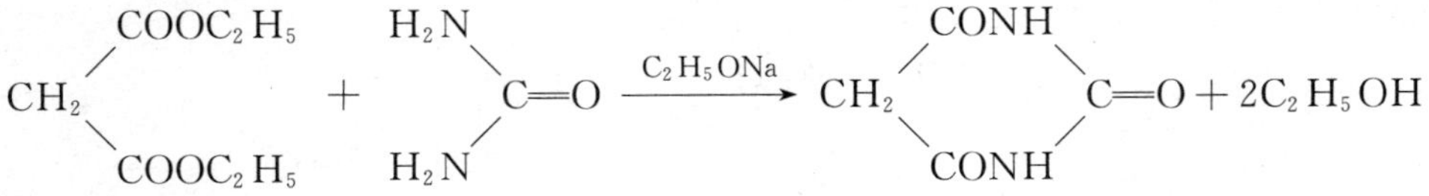

丙二酸二乙酯　　　　丙二酰脲

丙二酰脲又称巴比妥酸，其衍生物苯巴比妥等曾用作安眠药。

(7) 原酸酯

原酸 $RC(OH)_3$ 是不能稳定存在的，而它的酯——原酸酯 $RC(OR')_3$ 却是一类有用的稳定物质。当 R ═H 时为原甲酸酯。原酸酯由相应的腈制备：

亚氨代乙酸乙酯盐酸盐

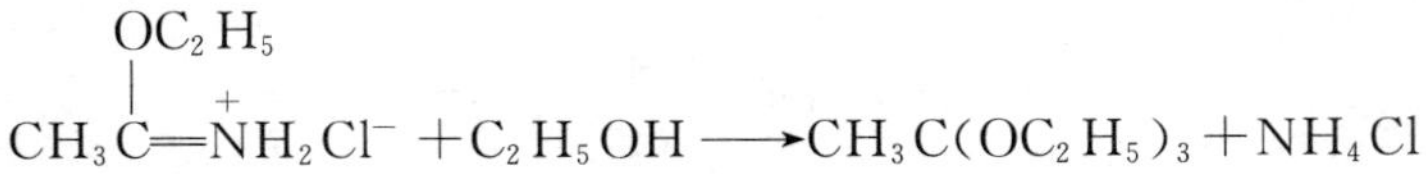

原乙酸三乙酯

原甲酸酯可由氯仿与相应的醇钠反应而制得：

$$HCCl_3+3CH_3ONa\xrightarrow{\triangle}HC(OCH_3)_3+3NaCl$$

原甲酸三甲酯

原甲酸三甲酯和三乙酯是合成药物的重要中间体。原甲酸酯还可合成缩醛或缩酮：

$$HC(OC_2H_5)_3+RCOR'\xrightarrow{H^+}HCOOC_2H_5+RR'C(OC_2H_5)_2$$

(8) 过酸和二酰基过氧化物

过酸可视为过氧化氢的一酰基衍生物：

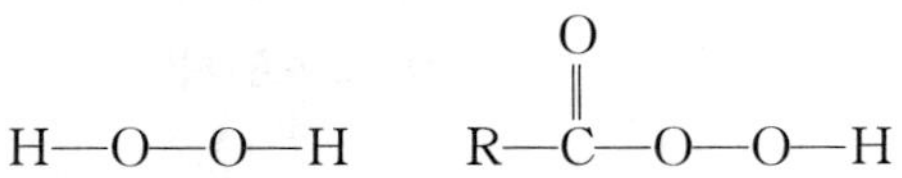

过氧化氢　　　过酸

过酸的制备方法主要有三种，一是在酸的催化下，使羧酸与过氧化氢反应：

$$RCOOH+HOOH\underset{}{\xrightleftharpoons{H^+}}RCOOOH+H_2O$$

若制备无水过酸，则需在非水溶剂中进行，同时用酸型离子交换树脂催化。过酸的第二种制法是在含水乙醇中，使酰氯或酐与过氢氧化钠反应：

$$RCOCl + NaOOH \xrightarrow{C_2H_5OH,\ H_2O} RCOOOH + NaCl$$

二酰基过氧化物的醇解也可用来制备过酸：

$$R-\overset{\overset{O}{\|}}{C}-O-O-\overset{\overset{O}{\|}}{C}-R + CH_3OH \xrightarrow{CH_3O^-} RCOOOH + RCOOCH_3$$

由于过酸有较强的分子内氢键和稳定性较小的过酸根，因此它的酸性比相应的羧酸弱。例如过乙酸和乙酸的 pKa 值分别为 7.6 和 4.76。

过酸能将烯烃氧化成环氧化物，且为顺式加成：

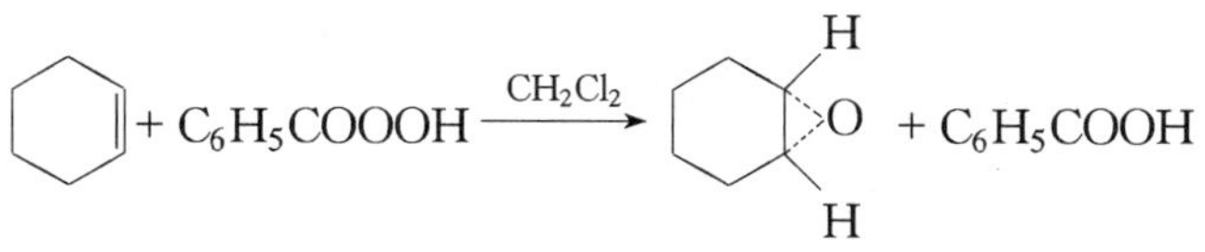

过酸能将醛氧化成羧酸：

$$RCHO + C_6H_5COOOH \longrightarrow RCOOH + C_6H_5COOH$$

它还能将酮氧化成相应的酯。

二酰基过氧化物可视为过氧化氢的二酰基衍生物：

$$\underset{\text{过氧化氢}}{H-O-O-H} \qquad \underset{\text{二酰基过氧化物}}{R-\overset{\overset{O}{\|}}{C}-O-O-\overset{\overset{O}{\|}}{C}-R}$$

最常用的是二苯甲酰过氧化物，它是白色结晶性粉末，熔点 103℃～106℃（分解），微溶于水，稍溶于乙醇，溶于乙醚、苯、丙酮和氯仿。易燃烧，当撞击、受热或摩擦时能爆炸。它可由苯甲酰氯和过氧化氢制备：

$$\underset{\text{苯甲酰氯}}{2C_6H_5COCl} + HOOH \xrightarrow{OH^-} \underset{\text{二苯甲酰过氧化物}}{C_6H_5\overset{\overset{O}{\|}}{C}-O-O-\overset{\overset{O}{\|}}{C}C_6H_5} + 2HCl$$

当加热时，二苯甲酰过氧化物发生键的均裂反应，生成苯基自由基：

$$C_6H_5\overset{\overset{O}{\|}}{C}-O-O-\overset{\overset{O}{\|}}{C}C_6H_5 \xrightarrow{\triangle} C_6H_5\overset{\overset{O}{\|}}{C}O\cdot \longrightarrow C_6H_5\cdot + CO_2$$

二苯甲酰过氧化物常用作自由基型聚合反应的引发剂，还可用作油脂、面粉的漂白和纤维的脱色等。

## 习　题

13-1　请写出下列反应的机理：

1. $2RCOCl + R'_2Cd \longrightarrow 2RCOR' + CdCl_2$

2. $CH_3CH_2CONH_2 \xrightarrow{Br_2,\ NaOH} CH_3CH_2NH_2$

3. 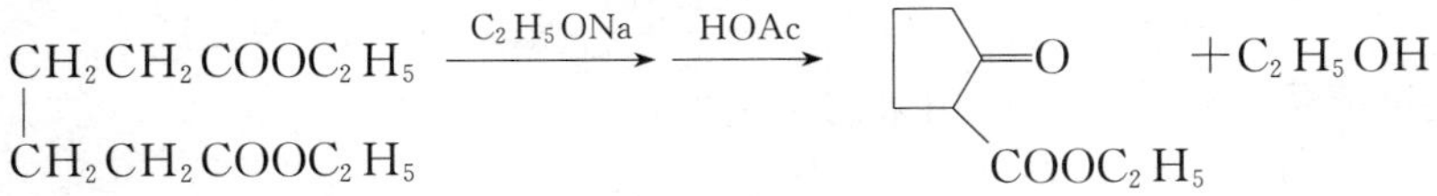

13-2 用指定原料合成下列化合物：

1. 由乙酸合成叔丁醇
2. 由乙酸合成 2-甲基-2-丁醇
3. 由乙醇合成 3-甲基-3-戊醇
4. 由环氧乙烷和甲醇合成 N,N-二甲基丙酰胺
5. 由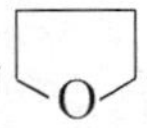合成 $ClOC(CH_2)_4COCl$
6. 由丁酸合成 4-甲基-4-庚醇
7. 将甲苯转变为苯胺
8. 由乙烯合成 2-氧代环戊基甲酸乙酯
9. 由乙醇合成 3-羟基丁酸乙酯

13-3 用化学方法区别下列各组化合物：

1. 乙酸，乙酰胺，乙酰氯，乙酸乙酯和 1-氯丁烷
2. 乙酰溴和溴乙酸

13-4 推测结构：

1. 分子式皆为 $C_4H_6O_4$ 的三种化合物 A，B 和 C。A 和 B 均溶于 NaOH 水溶液，并与 $Na_2CO_3$ 作用生成 $CO_2$。A 经加热失水成酐（$C_4H_4O_3$），而 B 经加热却生成丙酸和 $CO_2$。C 既不溶于冷的稀 NaOH 溶液，也不与 $Na_2CO_3$ 作用。将 C 和 NaOH 水溶液共热，尔后酸化，可得到两种含氧化合物，一种显酸性，另一种呈中性。试推断 A，B 和 C 的结构。
2. 用光谱数据推测化合物的结构：

   (1) $C_6H_{11}NO$ NMR：δ1.7(m,6H)，2.3(m,2H)，3.1(t,2H)，8.1(bs,1H)。IR：3260，1666 $cm^{-1}$。

   (2) $C_8H_{14}O_4$ IR：1750 $cm^{-1}$。NMR：δ1.2(t,6H)，2.5(t,4H)，4.1(q,4H)。

   (3) $C_{12}H_{14}O_4$ IR：1725，1600，1580，760 $cm^{-1}$。NMR：δ1.4(t)，4.4(q)，7.7(m)，积分曲线高度比为 3：2：2。
3. 化合物 A 和 B 的分子式皆为 $C_4H_6O_2$，它们均不溶于 $Na_2CO_3$ 和 NaOH 的水溶液，都能使溴水褪色，都有类似于乙酸乙酯的香味。经与 NaOH 水溶液共热反应，A 得到乙酸钠和乙醛，而 B 却得到甲醇和一种不饱和羧酸的钠盐。试推断 A 和 B 的结构。

# 第十四章　双官能团化合物

## §14.1　多官能团化合物的命名

许多有机化合物是具有双官能团的化合物(Difunctional Compounds)。例如:

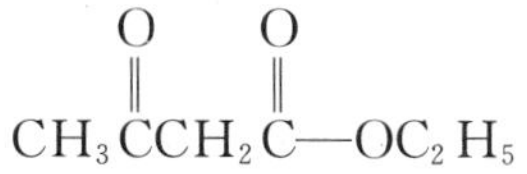
乙酰乙酸乙酯

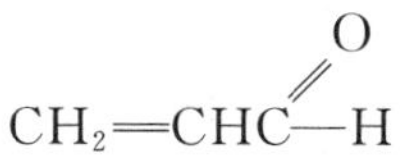
丙烯醛

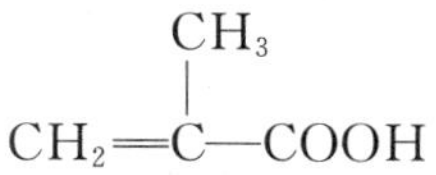
2-甲基丙烯酸

这些化合物除具有所含官能团的典型化学性质外,由于两官能团之间的相互影响,往往发生一些特殊的化学反应。本章重点讨论羟基醛(酮)、α,β-不饱和羰基化合物、羟基酸、卤代酸以及β-二羰基化合物等双官能团化合物。

多官能团化合物的命名,一般是选取其中一个官能团为母体,另外的官能团为取代基。究竟以哪个官能团为母体,一般是按官能团的优先次序(表 14-1)来选择的,优先者为母体,其他为取代基。

表 14-1　主要官能团的优先次序*

| 类　别 | 官　能　团 | 类　别 | 官　能　团 |
| --- | --- | --- | --- |
| 羧酸 | $—COOH$ | 酚 | $—OH$ |
| 磺酸 | $—SO_3H$ | 硫醇 | $—SH$ |
| 羧酸酯 | $—COOR$ | 胺 | $—NH_2$ |
| 酰氯 | $—COCl$ | 炔烃 | $—C{\equiv}C—$ |
| 酰胺 | $—CONH_2$ | | |
| 腈 | $—CN$ | 烯烃 | $>C{=}C<$ |
| 醛 | $—CHO$ | 醚 | $—OR$ |
| | | 氯化物 | $—Cl$ |
| 酮 | $—\overset{O}{\overset{\|}{C}}—$ | 硝基化合物 | $—NO_2$ |
| 醇 | $—OH$ | | |

* 在不同的书中,主要官能团的优先次序略有差别。

以 $H_2NCH_2CH_2OH$ 为例,由于羟基优先于氨基,故应按醇命名,称为 2-氨基乙醇。

# §14.2 羟基醛和羟基酮

羟基醛、酮是指分子中同时含有羟基和羰基的化合物。根据羟基与羰基的相对位置，它们可分为 α,β,γ,…羟基醛、酮，其化学性质也有明显不同。

## 14.2.1 化学性质

### 14.2.1.1 α-羟基醛、酮的性质

(1) 成脎反应　α-羟基醛、酮与苯肼在加热条件下相互作用，生成有一定熔点的、黄色结晶固体二苯腙。这种邻二羰基化合物的二苯腙称为脎(Osazones)。例如：

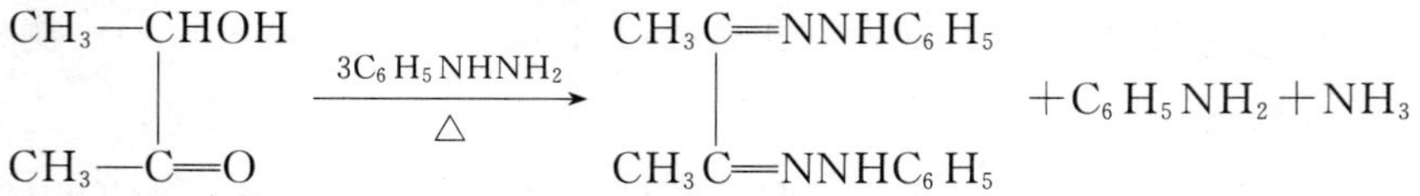

3-羟基-2-丁酮　　丁二酮脎

羟基醛、酮与苯肼反应时，只有 α-羟基参与反应，其他羟基不起反应。

(2) 差向异构化　在碱性条件下，α-羟基醛、酮可发生差向异构化(Epimerization)：

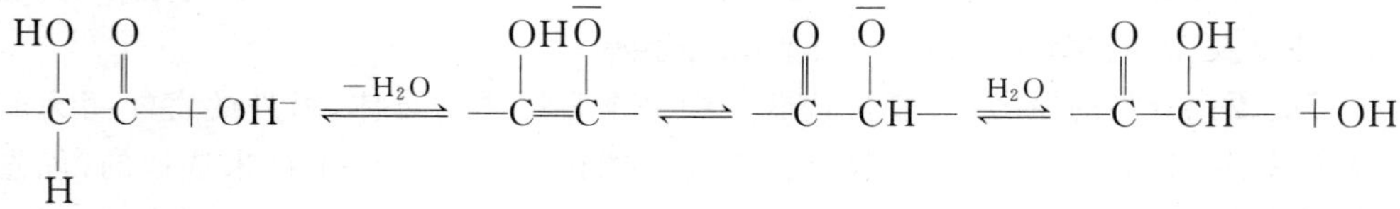

(3) 氧化反应　在加热条件下，α-羟基醛、酮与 Fehling 试剂反应，Fehling 试剂被还原生成红色的氧化亚铜沉淀，而 α-羟基醛、酮则氧化生成相应的二羰基化合物。例如：

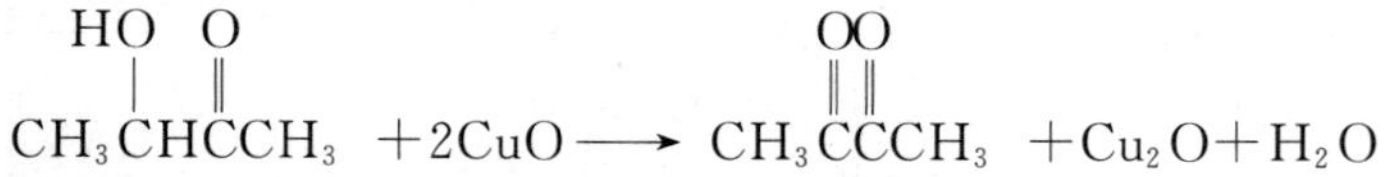

用高碘酸氧化，α-羟基醛、酮发生 C—C 键断裂。例如：

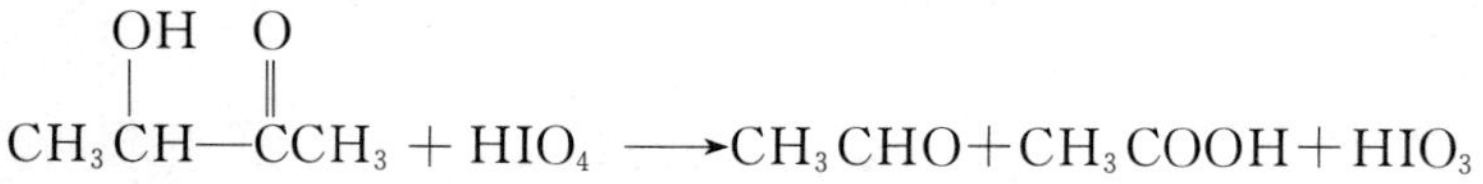

### 14.2.1.2 β-羟基醛、酮的失水反应

β-羟基醛、酮很容易分子内失水，生成 α,β-不饱和醛、酮。例如：

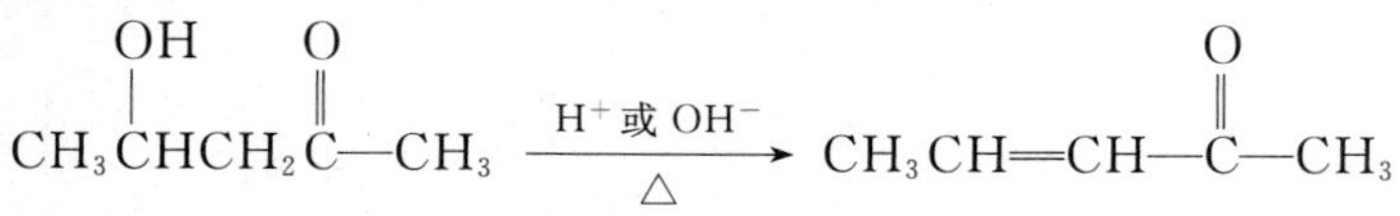

4-羟基-2-戊酮　　3-戊烯-2-酮

酸催化下的失水机理为：

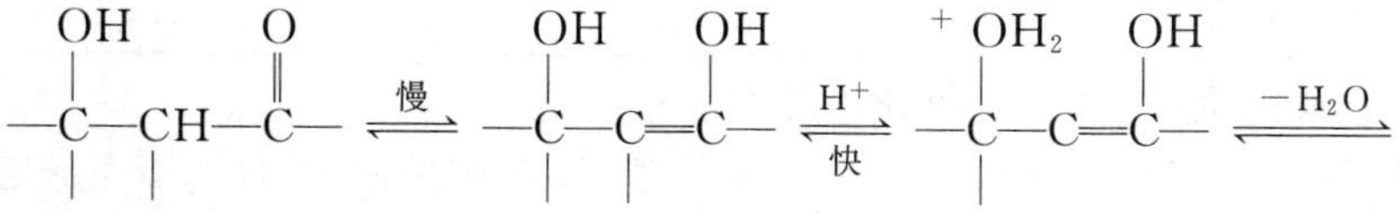

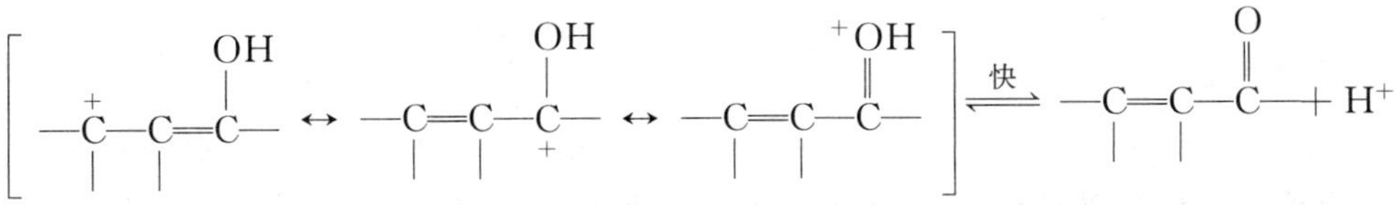

决定反应速率的一步是烯醇的生成，在酸催化下β-羟基醛、酮很容易生成烯醇，故失水速度很快。

碱催化脱水，中间经历了烯醇盐，机理如下：

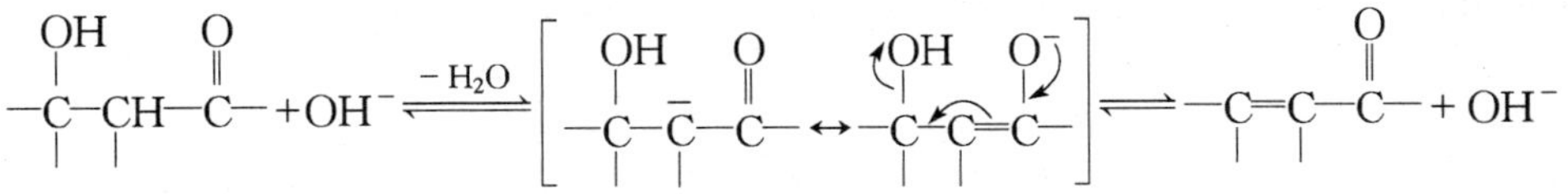

α-羟基醛、酮在酸性条件下不易脱水，这是由于 C═O 的吸电子诱导效应，使α-碳正离子稳定性降低而难形成的缘故：

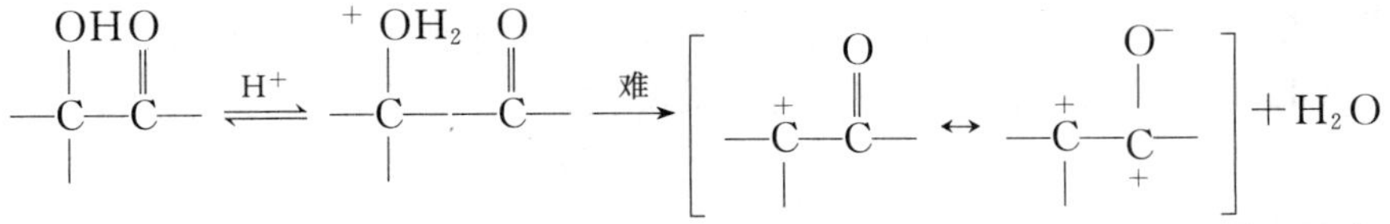

(3) γ-和δ-羟基醛、酮分子内的半缩醛或半缩酮　γ-和δ-羟基醛、酮分子中的—OH 可以和 C═O 生成环状的半缩醛或半缩酮。实际上γ-及δ-羟基醛、酮几乎完全以环状半缩醛、酮的形式存在。例如：

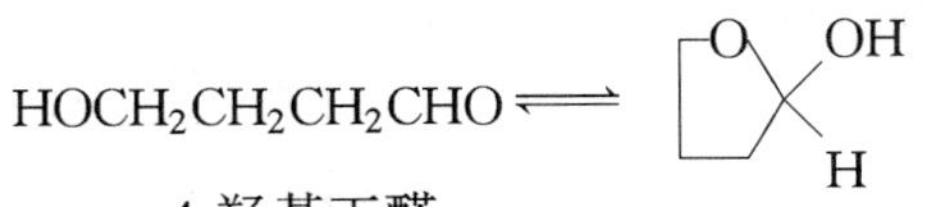

4-羟基丁醛

### 14.2.2　制备方法

14.2.2.1　α-羟基醛、酮的制备

(1) 1,2-二醇的氧化　二元醇在适当的条件下氧化，可得到羟基醛、酮。例如：

$$HOCH_2CH_2OH + H_2O_2 \xrightarrow{FeSO_4} HOCH_2CHO + 2H_2O$$

乙二醇　　　　　　　　　羟基乙醛

(2) 酮醇缩合　羧酸酯与金属钠在无水惰性溶剂(乙醚、苯等)中作用，发生双分子还原反应，反应混合物水解后生成α-醇酮，称为酮醇缩合(Acyloin condensation)：

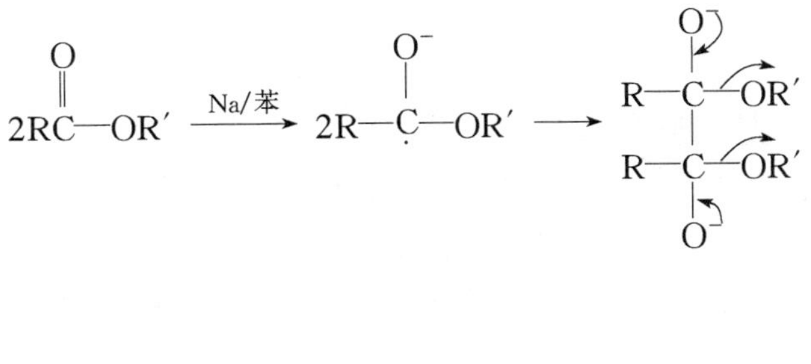

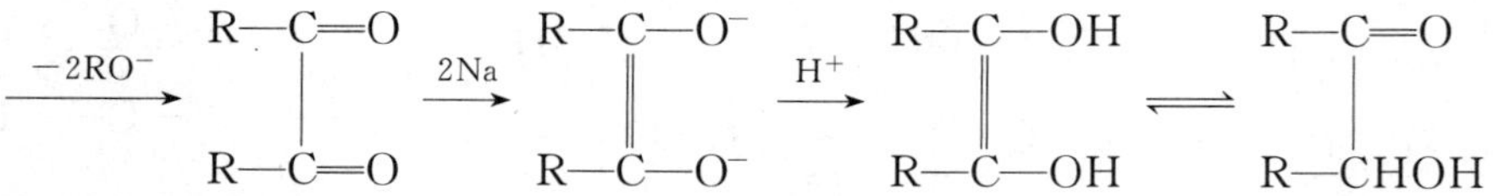

反应首先是酯羰基从钠原子接受一个电子，形成自由基负离子，两个自由基负离子结合成 α-二酮，后者再从钠接受电子生成烯二醇钠，水解后生成 α-羟基酮。

酮醇缩合反应也是合成环状化合物，尤其是合成中等大小的环状化合物（8～13 元环）的有用方法，反应常在高度稀释的条件下进行。例如：

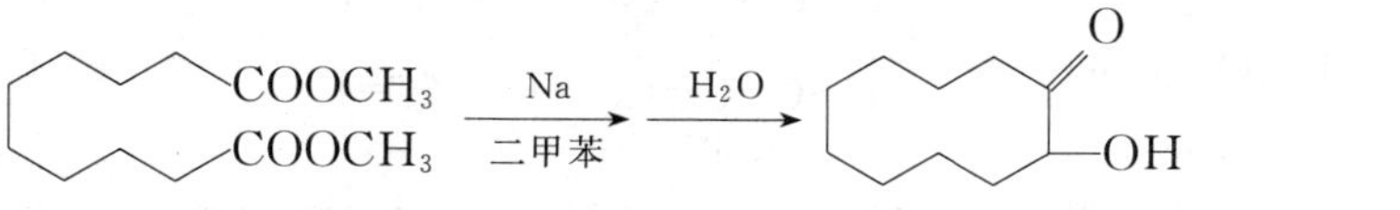

癸二酸二甲酯　　　　α-羟基环癸酮（60%）

酮醇缩合反应中生成的醇钠，恰是 Claisen 缩合及 Dieckmann 缩合的催化剂，因此它们之间成为互相竞争的反应。在合成酮醇时加入三甲基氯硅烷 $(CH_3)_3SiCl$，可提高产物的收率。$(CH_3)_3SiCl$ 可消耗掉反应中生成的醇钠：

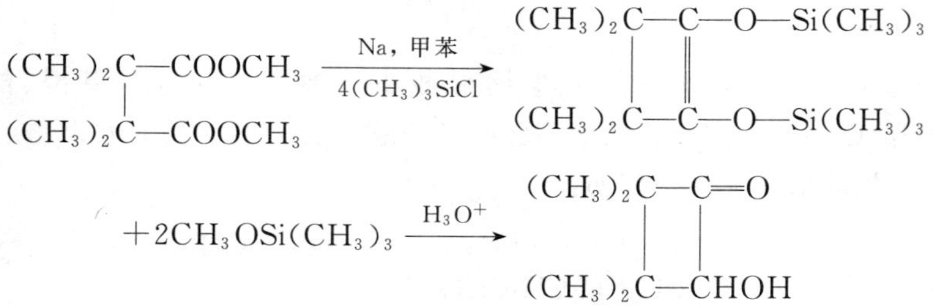

$$(CH_3)_3SiCl + CH_3ONa \longrightarrow (CH_3)_3SiOCH_3 + NaCl$$

（3）安息香缩合　氰基离子存在时，芳醛在醇溶液中可发生自身缩合生成 α-羟基芳酮：

$$2ArCHO \xrightarrow[\text{乙醇}]{CN^-} ArCHOHCOAr$$

若用噻唑生成的季铵盐为催化剂，脂肪醛也可发生安息香缩合。

（4）二硫醇缩醛与醛、酮的加成　在强碱（如正丁基锂）作用下，二硫醇缩醛形成碳负离子，与醛、酮加成后，以 $HgCl_2$ 为催化剂在乙腈水溶液中水解，得到 α-羟基醛、酮：

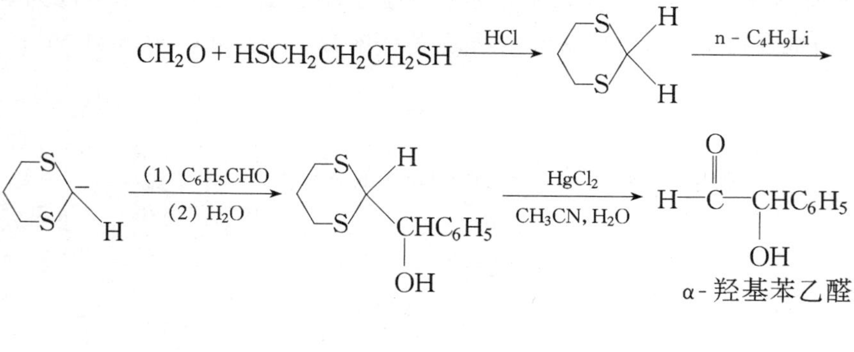

α-羟基苯乙醛

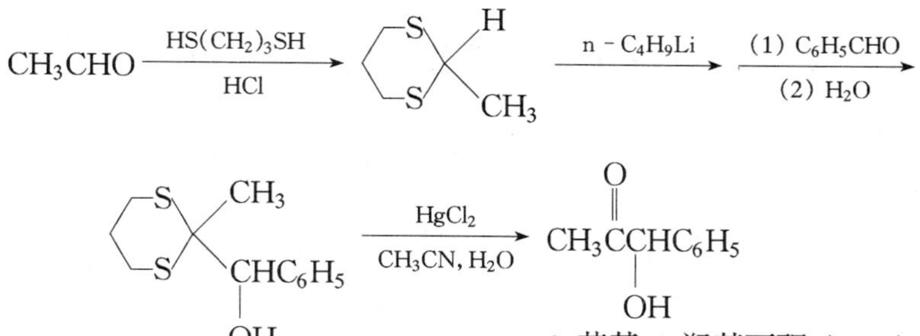

1-苯基-1-羟基丙酮 (90%)

除上述几种制备方法外，有时也用 α-卤代醛、酮的水解来制备相应的 α-羟基醛、酮。

14.2.2.2　β-羟基醛、酮的制备

β-羟基醛、酮可以通过羟醛缩合的方法来制备。例如：

$$HCHO + (CH_3)_2CHCHO \xrightarrow[40℃]{Na_2CO_3} HOCH_2C(CH_3)_2CHO$$

异丁醛　　2,2-二甲基-3-羟基丙醛

# §14.3　α，β-不饱和醛、酮

在不饱和醛、酮分子中，C═C 位于 α，β-碳原子之间的称为 α，β-不饱和醛、酮。由于 C═C 与羰基形成共轭体系，分子比较稳定。例如 3-丁烯醛异构化为 2-丁烯醛，将放出 25 kJ·mol$^{-1}$的能量。

$$CH_2{=}CHCH_2CHO \xrightarrow{异构化} CH_3CH{=}CHCHO$$

3-丁烯醛　　2-丁烯醛

## 14.3.1　化学性质

14.3.1.1　共轭加成

α，β-不饱和醛、酮分子中有碳碳双键，也有羰基，应同时具备烯烃和醛、酮的性质：

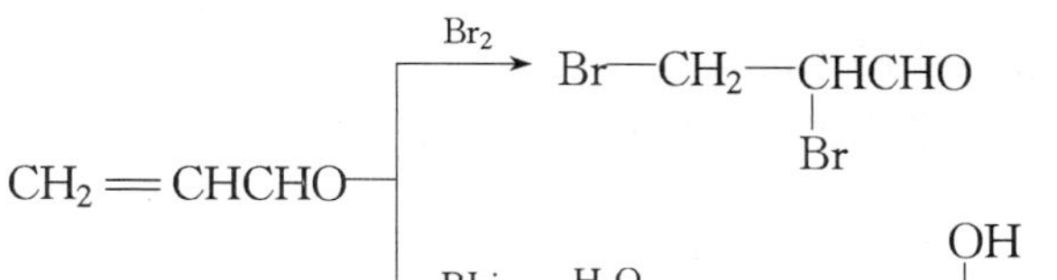

作为一个 π-π 共轭体系，由于羰基是一个吸电子基团，使得羰基碳和 β-碳均带部分正电荷。当与亲核试剂作用时，既可发生 1，2-加成，也可发生 1，4-加成而得到两种加成产物。由于1，4-加成物往往具有烯醇式结构，不稳定，会重排为较稳定的 3，4-加成物：

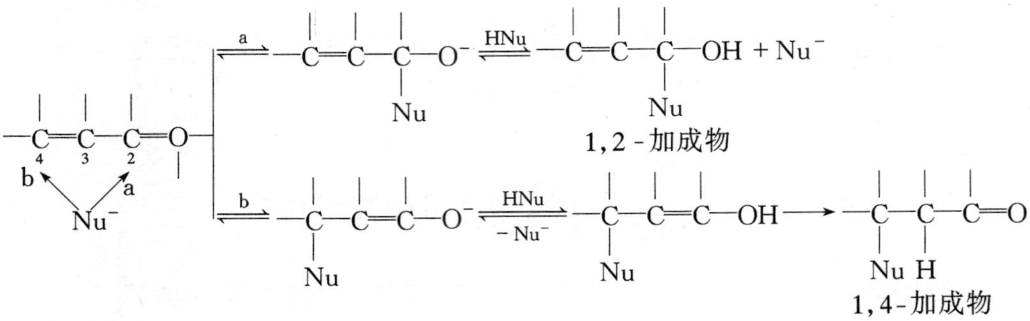


反应以 1,2-还是 1,4-加成为主，与羰基的活性、试剂的亲核性、立体效应等有关。

(1) 与氢氰酸反应　α,β-不饱和醛、酮与氢氰酸作用一般生成 1,4-加成产物：

$$C_6H_5CH{=}CHCOC_6H_5 + KCN \xrightarrow{CH_3COOH} C_6H_5\underset{\displaystyle CN}{\overset{}{C}}HCH_2COC_6H_5 \quad 93\%\sim96\%$$

反应中 $CN^-$ 进攻 β-碳原子。由于羰基可使烯醇负离子的稳定性提高，使反应易进行：

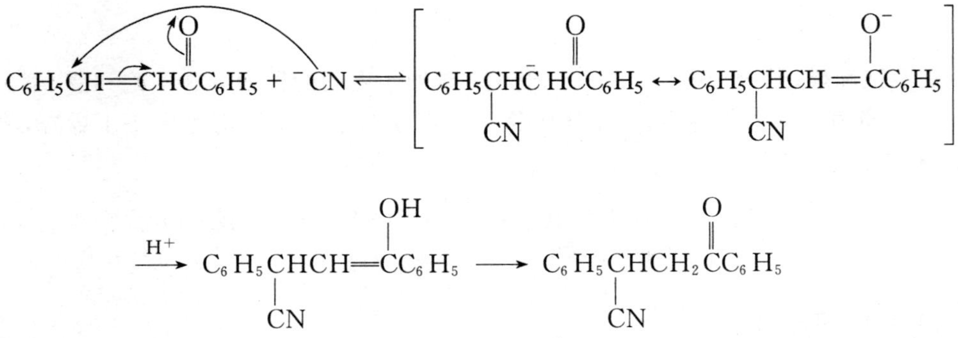

其他一些亲核性不太强的试剂，例 $NH_2OH$，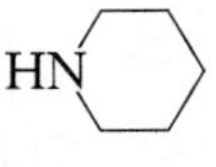，$NaHSO_3$ 等，也容易与 α,β-不饱和醛、酮发生 1,4-加成反应。

(2) 与有机金属化合物的反应

二烷基铜锂与 α,β-不饱和醛、酮发生 1,4-加成反应：

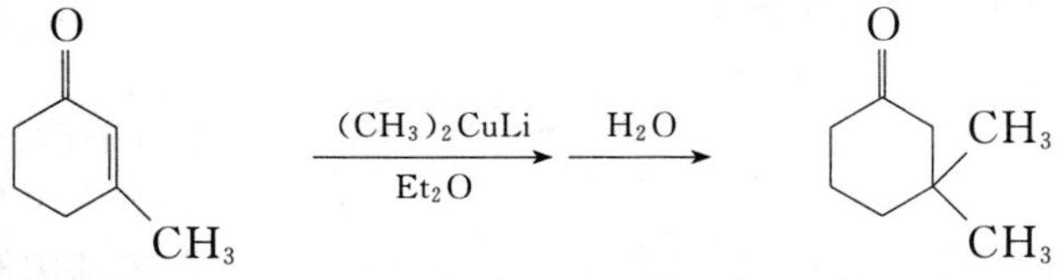


3-甲基-2-环己烯酮　　　　3,3-二甲基环己酮(98%)

烃基锂或炔钠是很强的亲核试剂，与 α,β-不饱和醛、酮可发生 1,2-加成反应：

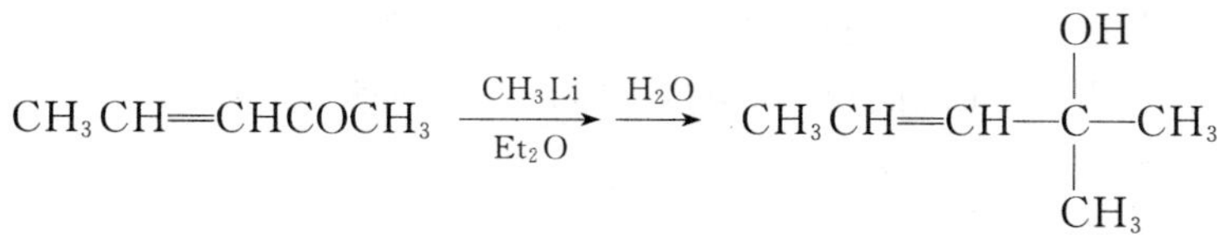

3-戊烯-2-酮　　　　　　2-甲基-3-戊烯-2-醇

Grignard 试剂与 α,β-不饱和醛、酮作用时，受立体效应的影响较大，羰基所连基团或试剂本身体积较大有利于 1,4-加成，例如：

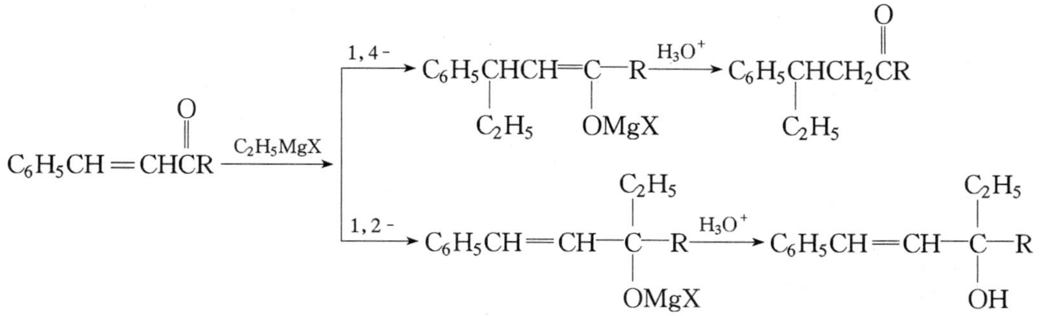

| R | H | $CH_3$ | $C_2H_5$ | i-Pr | t-Bu |
|---|---|---|---|---|---|
| 1,4 加成物（%） | 0 | 60 | 71 | 100 | 100 |
| 1,2-加成物（%） | 100 | 40 | 29 | 0 | 0 |

当 R 为 H 时，加成产物为 1,2-加成物，随着 R 的变大，1,4-加成产物明显增加。

需注意的是，Grignard 试剂一般不与碳碳双键加成的，此处是由于羰基的共轭作用发生 1,4-加成，表现为碳碳双键被加成。研究表明，用高纯度的镁制备的 Grignard 试剂与 α,β-不饱和醛、酮只生成 1,2-加成产物，而在微量 CuBr 存在下则有利于生成 1,4-加成产物。1,4-加成产物的生成，是由于镁中的杂质引起的。

(3) Michael 反应　Michael 反应是指 α,β-不饱和化合物与活泼亚甲基化合物在碱性催化剂（如乙醇钠、六氢吡啶、季铵碱等）存在下进行的 1,4-加成反应。常用的 α,β-不饱和化合物为丙烯酸酯（$CH_2{=}CHCOOR$），α,β-不饱和醛酮（$CH_2{=}CHCOR$）以及丙烯腈类酸酯类，氰基乙酸酯类等。

反应首先是碱夺取活泼亚甲基化合物的质子而生成碳负离子，然后碳负离子对 α,β-不饱和化合物进行 1,4-加成反应。例如：

$$CH_2(COOC_2H_5)_2 + C_2H_5O^- \rightleftharpoons \bar{C}H(COOC_2H_5)_2 + C_2H_5OH$$

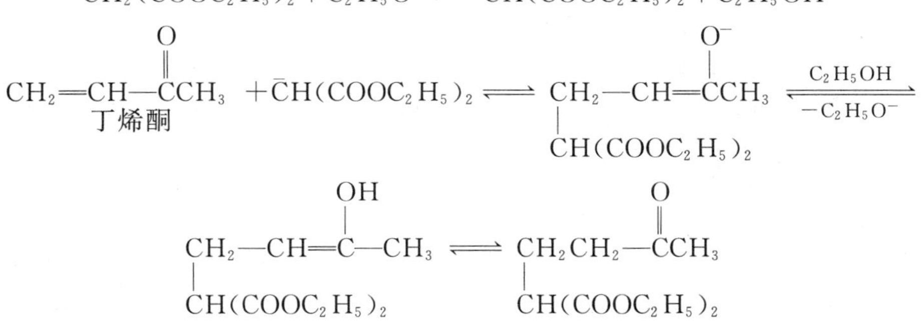


3-氧代丁基丙二酸二乙酯（71%）

这是一种形成新的 C—C 键的增长 C 键的方法。若在过量催化剂、较长反应时间或较高的反应温度下，Michael 加成产物会进一步的发生缩合反应。

在碱性条件下，单酮也可发生 Michael 反应，例如：

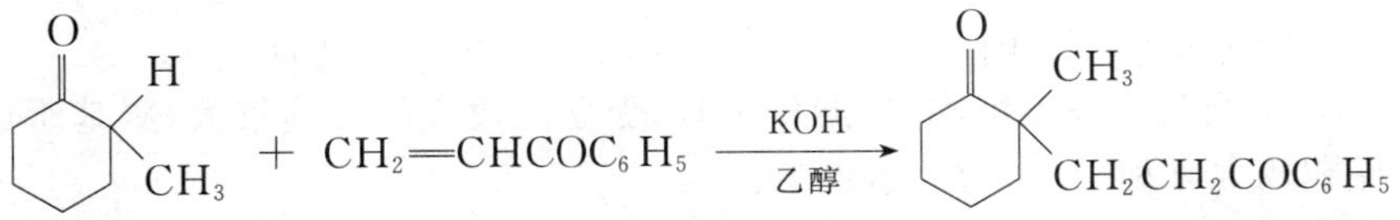


Michael 加成一般在取代基较多的碳原子上进行的，这与取代基较多的烯醇负离子稳定有关，再如：

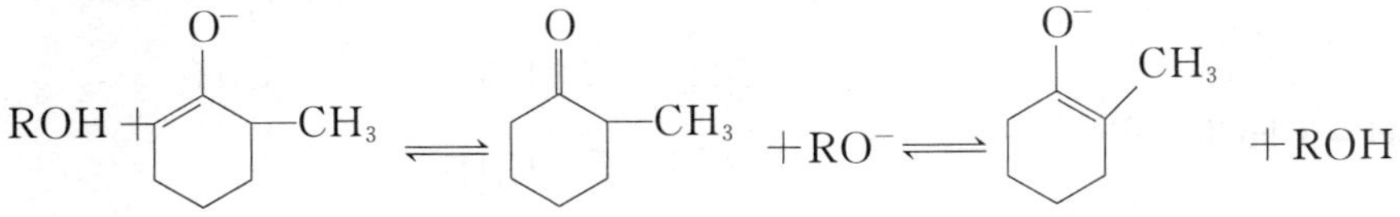


稳定

(4) Robinson 骈合反应　这是 Michael 反应与分子内的羟醛缩合相结合，合成骈环化合物的一种方法。例如：

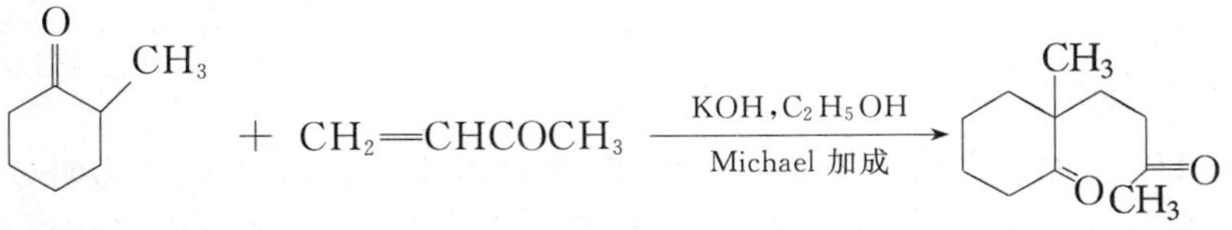


2-甲基环已酮　丁烯酮

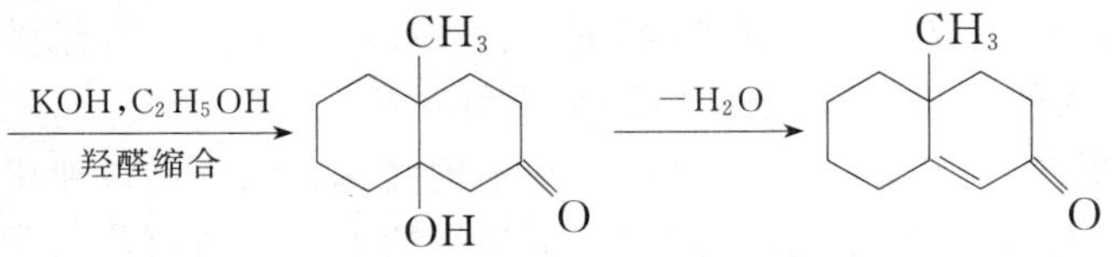


6-甲基二环[4,4,0]-1-癸烯-3-酮

14.3.1.2　还原

α,β-不饱和醛、酮用氢化铝锂还原时，羰基被还原而碳碳双键保留，生成不饱和醇：

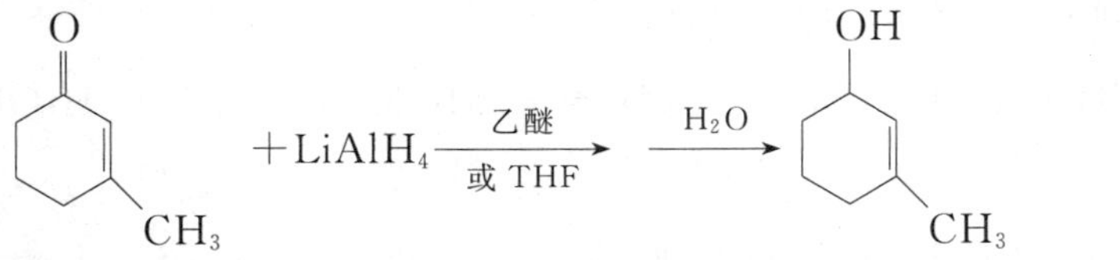


3-甲基-2-环己烯-1-酮　　3-甲基-2-环己烯-1-醇 (98%)

进行 Birch 还原时，α,β-不饱和醛酮可生成饱和醛酮：

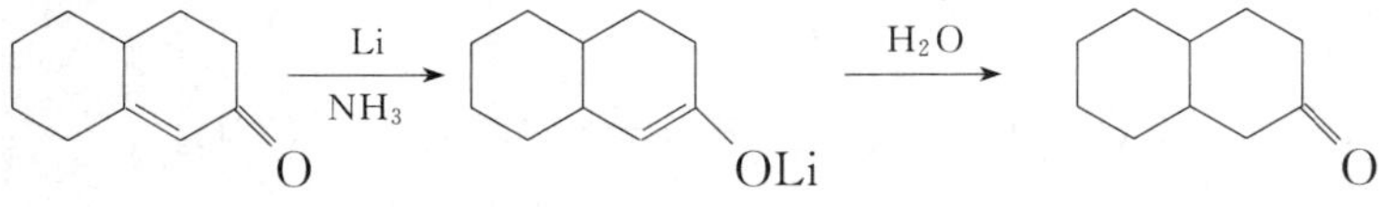


二环[4,4,0]-1-癸烯-3-酮　　二环[4,4,0]-3-癸酮

14.3.1.3　双烯合成

α,β-不饱和醛、酮可以作为亲双烯体进行 Diels-Alder 反应合成环状化合物，例如：

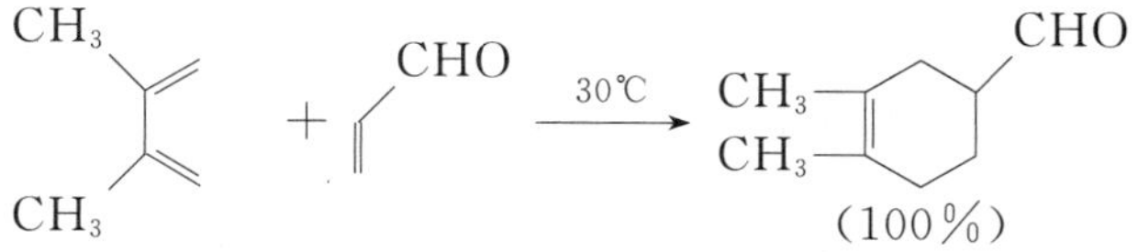

14.3.1.4　插烯作用(Vinylogy)

虽然被一个 —CH═CH— 隔开，2-丁烯醛分子中的甲基仍像直接连在醛基上一样，甲基上的氢仍具有 α-H 的活性，这种现象称为插烯作用。例如：

$$CH_3CHO + CH_3CH{=}CHCHO \xrightarrow{OH^-} \xrightarrow[\triangle]{-H_2O} CH_3CH{=}CHCH{=}CHCHO$$

2,4-己二烯醛

在上面的反应中，插烯作用可以通过共轭效应来解释。在 2-丁烯醛分子中存在 π-π 共轭体系，羰基的吸电子性将通过共轭链传递，使甲基上的氢活化。若是一个连续不断的共轭体系，这种效应可以传到更远的碳上。

### 14.3.2　制备方法

14.3.2.1　羟醛缩合

通过醛、酮的羟醛缩合反应，可以制得相应的 α,β-不饱和醛、酮：

$$2CH_3CHO \xrightarrow{OH^-} CH_3\underset{}{\overset{OH}{\overset{|}{C}}}HCH_2CHO \xrightarrow{\triangle} CH_3CH{=}CHCHO$$

2-丁烯醛

14.3.2.2　烯丙型醇的氧化

在适当的氧化剂存在下，烯丙型醇可氧化成相应的 α,β-不饱和醛、酮。例如：

$$\underset{\text{烯丙醇}}{CH_2{=}CHCH_2OH} \xrightarrow[\text{石油醚}]{MnO_2} \underset{\text{丙烯醛}}{CH_2{=}CHCHO}$$

$$\underset{\text{肉桂醇}}{C_6H_5CH{=}CHCH_2OH} \xrightarrow[\text{室温}]{CrO_3 \cdot 2C_5H_5N} \underset{\text{肉桂醛 (81\%)}}{C_6H_5CH{=}CHCHO}$$

14.3.2.3　Mannich 碱的热分解　某些 Mannich 碱在加热条件下分解，可生成 α,β-不饱和羰基化合物。如：

$$C_6H_5COCH_3 + HCHO + HN(C_2H_5)_2 \xrightarrow{H^+} C_6H_5COCH_2CH_2N(C_2H_5)_2$$

$$\xrightarrow{\triangle} C_6H_5COCH{=}CH_2 + HN(C_2H_5)_2$$

## § 14.4　醌

### 14.4.1　醌的结构和命名

醌是分子中具有共轭环己二烯二酮结构的化合物，醌有两个异构体——邻醌和对醌：

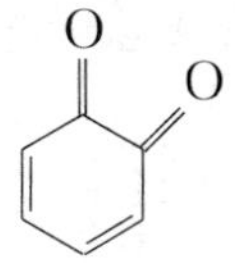

邻苯醌
（1,2-苯醌）

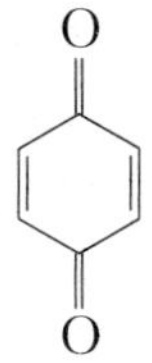

（对）苯醌
（1,4-苯醌）

根据X射线晶体分析，对苯醌中碳碳单键（149 pm）和碳碳双键（132 pm）的键长，与普通的碳碳单键（154 pm）和碳碳双键（134 pm）的键长很接近，说明苯醌分子中已没有苯环结构，因而它们不应具有芳香族化合物的性质，苯醌的性质应与α,β-不饱和酮相似。

由于醌类化合物与芳香化合物密切相关，故用芳香族化合物的衍生物来命名。例如：

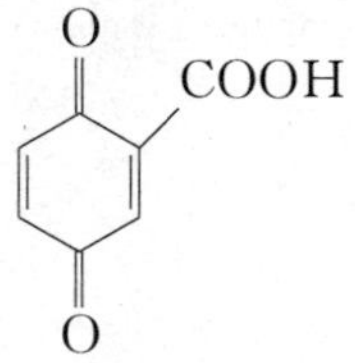

1,4-苯醌-2-羧酸

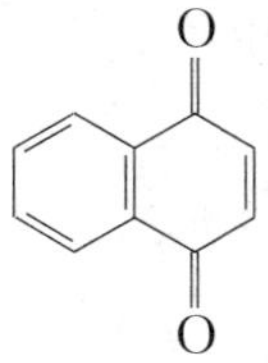

1,4-萘醌
（α-萘醌）

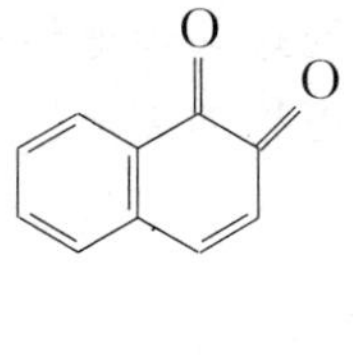

1,2-萘醌
（β-萘醌）

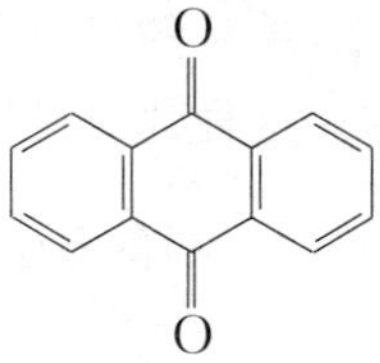

蒽醌

**14.4.2 醌的化学反应**

14.4.4.1 还原反应

醌还原后生成二元酚。对苯醌还原时生成对苯二酚（氢醌），对苯醌与对苯二酚组成一对可逆的电化学氧化一还原体系：

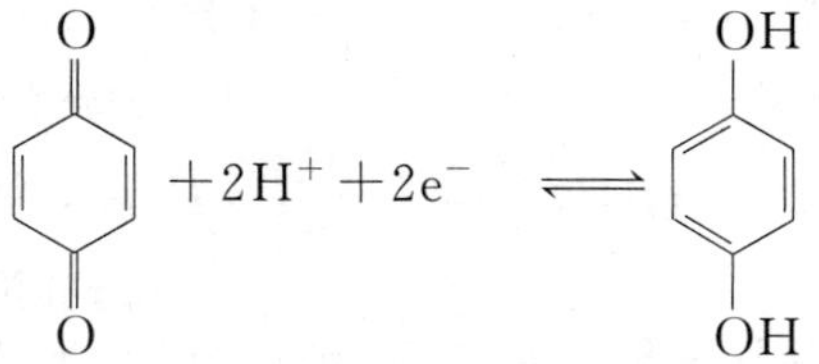

对苯二酚（氢醌）

醌的还原过程如下：

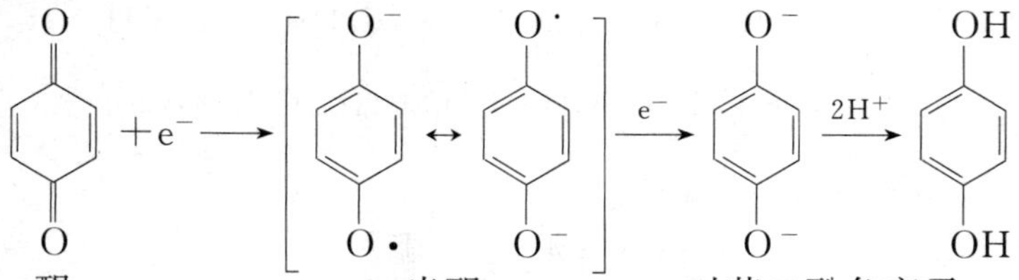

醌　　半醌　　对苯二酚负离子

醌首先接受一个电子，生成半醌——自由基负离子，半醌再接受一个电子生成对苯二酚双负离子，再与质子结合生成氢醌。

14.4.4.2 加成反应

（1）与羟胺反应　对苯醌分子中含有羰基，能与羟胺作用生成一肟或二肟：

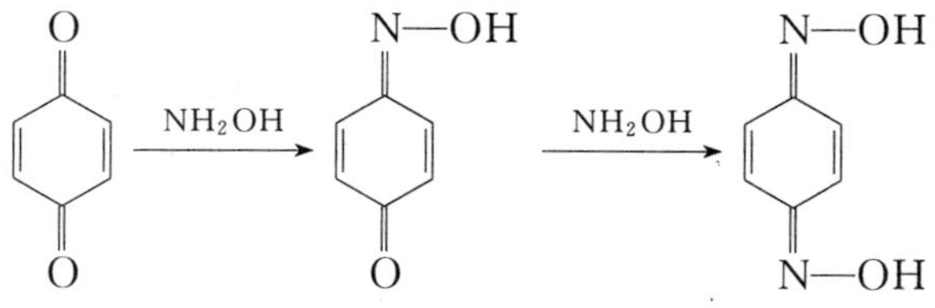

对苯醌一肟　　对苯醌二肟

反应在酸性条件下进行，因为在碱性条件下羟胺可被苯醌氧化。

(2) 1,2- 和 1,4-加成　醌分子中既有 $C=C$ 双键，又有 $C=O$，属 α,β-不饱和酮类，能进行 1,2-和 1,4-加成反应。对苯醌与氯化氢加成，生成氯代对苯二酚：

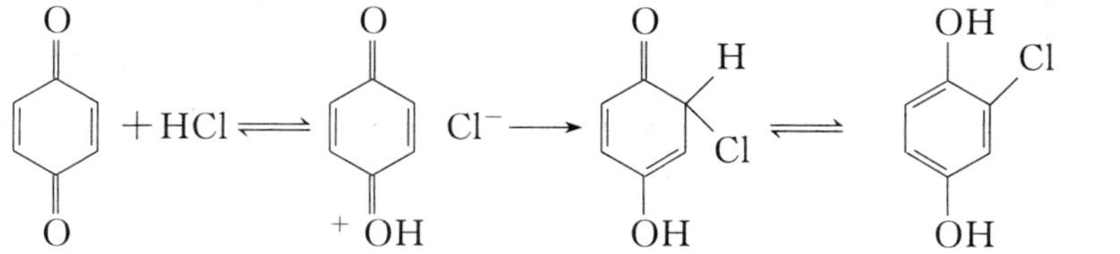

对苯醌　　2-氯-1,4-苯二酚

对苯醌与氢氰酸也有类似的加成反应，生成 2-氰基-1,4-苯二酚。

醌与 Grignard 试剂作用，生成醌醇(quinols)，醌醇重排后生成烃基取代的苯二酚：

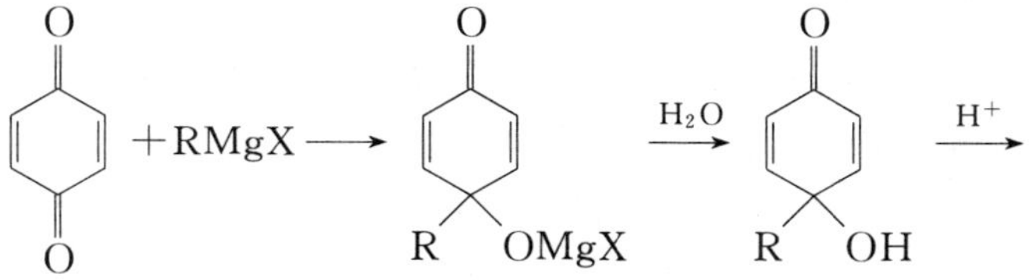

醌醇

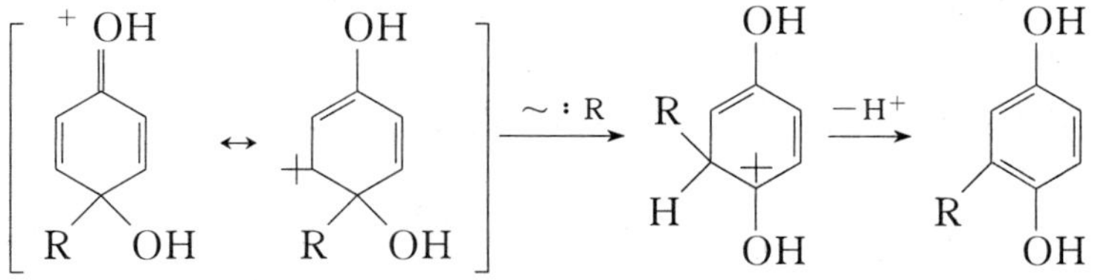

醌也可以与双烯体发生 Diels-Alder 反应，生成环状化合物。例如：

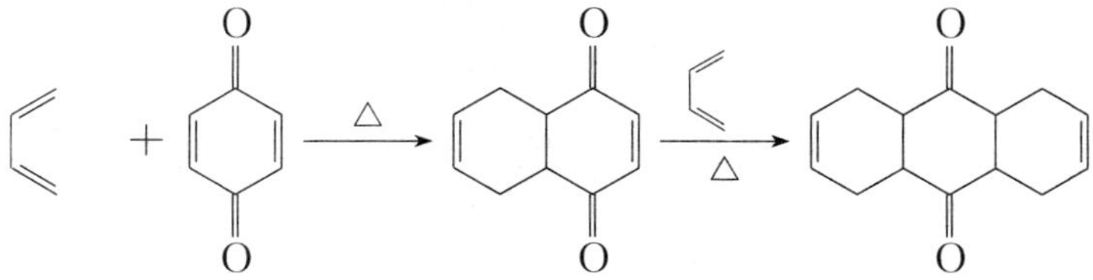

### 14.4.3　醌的来源和制备

醌类化合物在自然界中广泛存在，如绿色蔬菜中的维生素 K，生物体内的辅酶 Q 等。在工业上醌类化合物主要是通过芳香族化合物的氧化来制备的，例如：

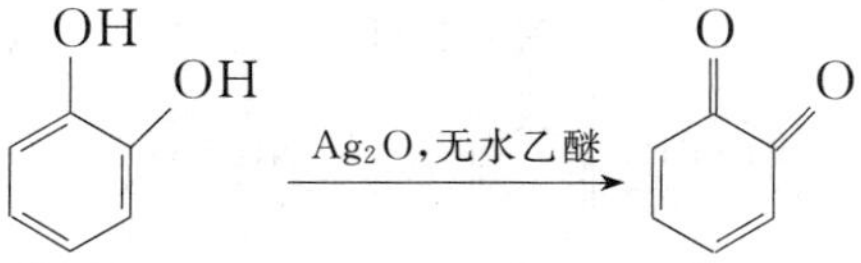

邻苯二酚　　　　邻苯醌

# § 14.5 卤代酸及其酯

羧酸碳链或碳环上的氢被卤素原子取代后所生成的化合物为卤代酸，命名时取代基的位置可用阿拉伯数字或希腊字母表示。例如：

$CH_3CHBrCHBrCOOH$　2,3-二溴丁酸（α,β-二溴丁酸）

$CH_3CH_2CH_2CHClCOOH$　2-氯戊酸（α-氯代戊酸）

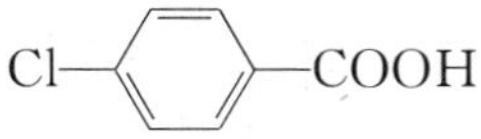

对氯苯甲酸

### 14.5.1 化学性质

卤代酸具有卤代烃和羧酸的性质。由于两基团的相互影响，卤代酸的酸性比相应的羧酸强。α-碳上卤原子的积累易失羧，例如三氯乙酸加热时分解为二氧化碳和氯仿。α-卤原子受羧基的影响容易被取代。

(1) 酸性　卤原子的存在使羧酸酸性增强。α-卤原子对酸性影响最大，随着距离的增大影响减弱，这显然是由卤原子的吸电子诱导效应引起的。各种卤原子对酸性影响的次序为 F>Cl>Br>I。α-位上卤原子数目增加，酸性也显著地增强。

(2) 卤原子的反应　卤代酸中的卤原子同卤代烃中的相似，既可发生亲核取代，也可进行消除反应，因此，卤代酸常常是制备其他取代酸的母体。例如：

$$CH_3CH(Br)COOH \xrightarrow{OH^-} CH_3CH(OH)COOH \quad \text{2-羟基丙酸}$$

$$CH_3CH(Br)COOH \xrightarrow{NH_3} CH_3CH(NH_2)COOH \quad \text{2-氨基丙酸}$$

$$CH_3CH(Br)COOH \xrightarrow{CN^-} CH_3CH(CN)COOH \xrightarrow{H_2O} CH_3CH(COOH)_2 \quad \text{甲基丙二酸}$$

卤原子的反应性能和卤原子与羧基的相对位置有关。α-卤代酸与水或稀碱共热，水解成α-羟基酸。在同样条件下β-卤代酸则发生消除反应生成α,β-不饱和酸。γ,δ-卤代酸与水或碳酸钠溶液共热，则生成内酯。如：

$$BrCH_2CH_2COOH \xrightarrow[(2)\ H^+]{(1)\ NaOH,\triangle} CH_2{=}CHCOOH + NaBr + H_2O$$

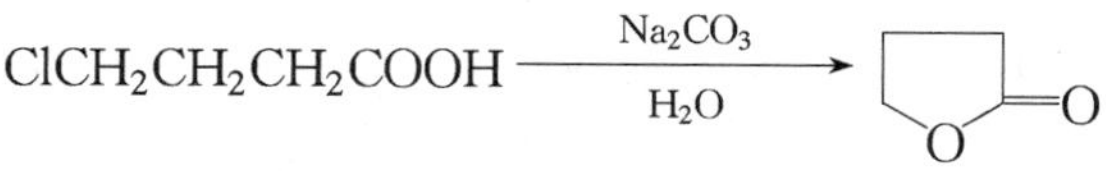

γ-氯代丁酸　　　γ-丁内酯

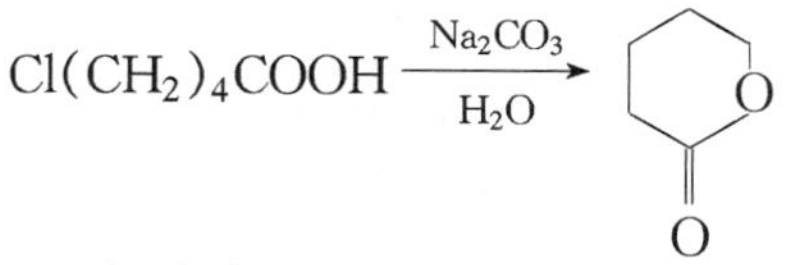

δ-氯代戊酸　　　δ-戊内酯

如果与碱的醇溶液或吡啶等有机碱一起加热，则 β，γ，δ-卤代酸均易发生消除反应生成不饱和羧酸。

(3) Darzen 反应　在碱性催化剂存在下，α-卤代酸酯与醛、酮反应。并失去卤化氢，生成 α，β-环氧酸酯：

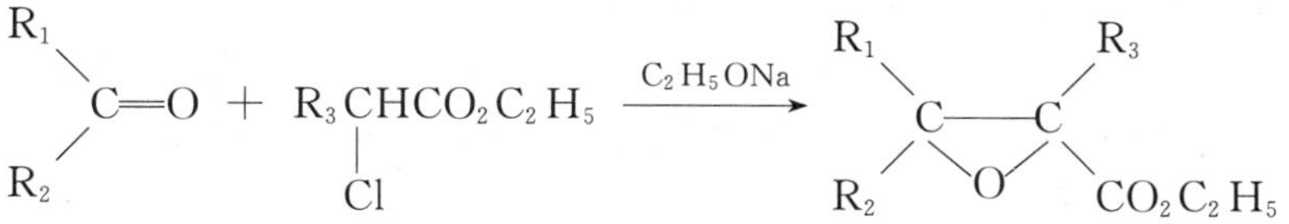

α，β-环氧酸酯

常用的碱为 t-BuOK，RONa 以及 $NaNH_2$ 等。生成的环氧酸酯皂化后再酸化，则脱羧重排成增加碳原子的醛、酮：

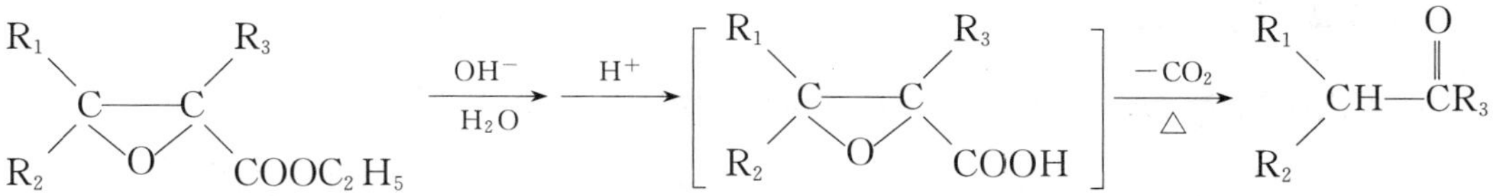

有时 α-卤代酮也能发生这类反应。例如：

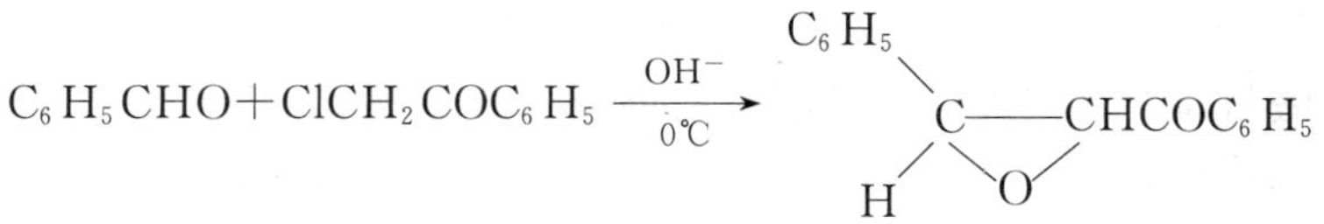

Darzen 反应的机理如下：

$$ClCH_2COOC_2H_5 + B^- \rightleftharpoons {}^-CHClCOOC_2H_5 + HB$$

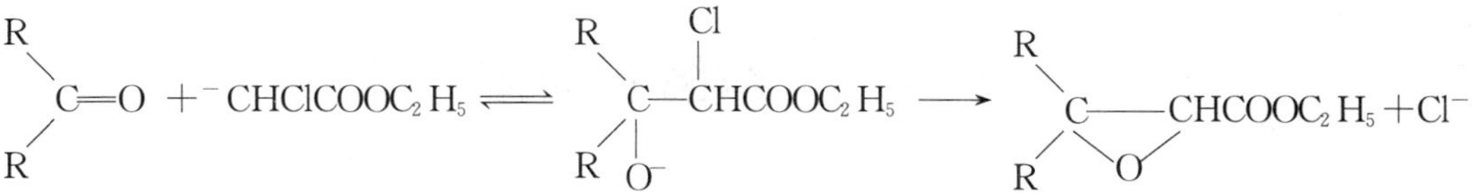

(4) Reformatsky 反应　α-卤代酸酯和锌在无水的惰性有机溶剂（乙醚或芳烃等）中与羰基化合物（醛、酮、酯）反应，得到 β-羟基酸酯（与醛、酮反应）或 β-酮酸酯（与酯反应），称为 Reformatsky 反应，例如：

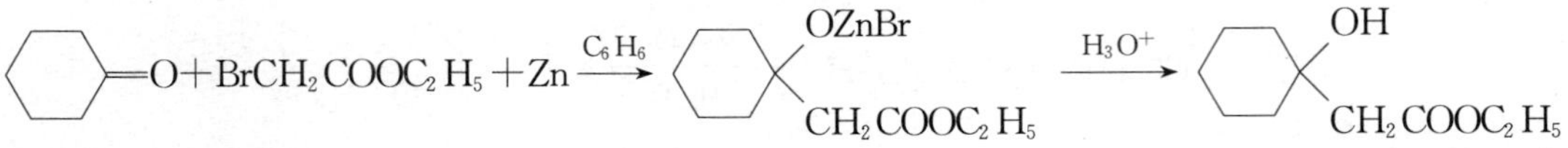

环乙酮　　溴乙酸乙酯　　　　　　　　　　　　(1-羟基环己基)-乙酸乙酯

$$C_2H_5OCH_2COOC_2H_5 + BrCH_2COOC_2H_5 + Zn \xrightarrow{\text{无水乙醚}} \xrightarrow{H_3O^+} C_2H_5OCH_2\overset{\overset{\displaystyle O}{\|}}{C}CH_2COOC_2H_5$$

乙氧基乙酸乙酯　　溴乙酸乙酯　　　　　　　　4-乙氧基-3-氧代丁酸丁酯

反应机理大致如下：

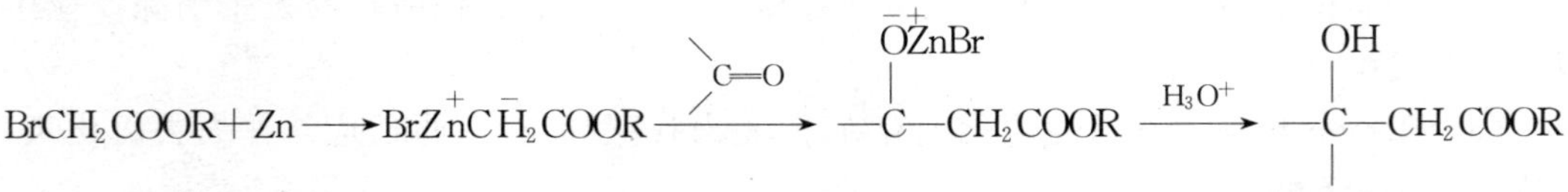

由于碘代酸酯难制备，氯代酸酯不太活泼，所以此反应常用溴代酸酯。羰基化合物无论是脂肪族，还是芳香族的，都可发生此反应，活性次序为：醛＞酮＞酯，但当空间阻碍太大时反应不能发生。因为只有 α-卤代酸酯才发生此反应，所以同醛、酮反应，一定生成 β-羟基酸酯。

此反应不能用金属镁代替锌，因为镁太活泼，金属镁化合物生成后立即和酯基反应。有机锌试剂比较稳定，容易和醛、酮反应，只有在相对激烈的条件下才与酯反应。

### 14.5.2 制备方法

α-卤代酸主要通过 Hell-Volhard-Zelinsky 反应来制备。例如：

$$CH_3(CH_2)_3CH_2COOH + Br_2 \xrightarrow{P} CH_3(CH_2)_3CHBrCOOH + HBr$$

己酸　　　　　　　　α-溴代己酸 (89%)

若继续溴化则生成 α,α-二溴己酸。

不饱和羧酸与卤素或卤代氢反应，也可生成卤代酸。例如：

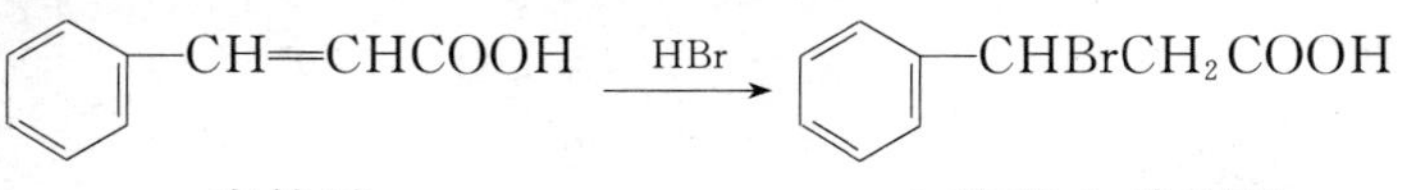

肉桂酸　　　　　　3-苯基-3-溴丙酸

## § 14.6 醇酸和酚酸

羧酸分子中脂肪烃基上的氢原子被羟基取代而成的产物为醇酸，若羟基连在芳香族羧酸的芳环上则为酚酸。例如：

$$\underset{\displaystyle OH}{CH_3\underset{|}{C}HCOOH}$$

2-羟基丙酸
或α-羟基丙酸 (乳酸)

$$HOOCCH_2\underset{\underset{\displaystyle OH}{|}}{C}HCOOH$$

2-羟基丁二酸
或α-羟基丁二酸 (苹果酸)

$$HOOC\underset{\underset{\displaystyle OH}{|}}{C}H\underset{\underset{\displaystyle OH}{|}}{C}HCOOH$$

2,3-二羟基丁二酸
或α,α′-二羟基丁二酸 (酒石酸)

### 14.6.1　醇酸和酚酸的性质

醇酸一般是晶体或粘稠液体。由于羟基和羧基都能与水形成氢键，因此醇酸在水中的溶解度比相应的醇和酸都大，在乙醚中溶解度则较小。

（1）酸性　和卤原子相似，羟基也是吸电子基，所以醇酸的酸性比母体羧酸的酸性强，但羟基对酸性的影响没有卤原子大。羟基距羧基越远，对于酸性的影响越小：

| | $CH_3COOH$ | $HOCH_2COOH$ | $CH_3CH_2COOH$ | $CH_3CH(OH)COOH$ | $CH_2(OH)CH_2COOH$ |
|---|---|---|---|---|---|
| pKa | 4.75 | 3.83 | 4.87 | 3.87 | 4.51 |

（2）氧化反应　醇酸可被氧化成酮酸或醛酸。α-及 β-酮酸不稳定，容易失羧成醛、酮：

$$R-CH(OH)CH_2COOH \xrightarrow{[O]} R-\overset{O}{\overset{\|}{C}}CH_2COOH \longrightarrow R\overset{O}{\overset{\|}{C}}CH_3 + CO_2\uparrow$$

（3）失水反应　醇酸受热容易失水，但失水方式与羟基和羧基的相对位置有关。

α-醇酸用脱水剂处理或加热时，两分子间失去两分子水，生成六元环状交酯，交酯在水中又会变为原来的醇酸：

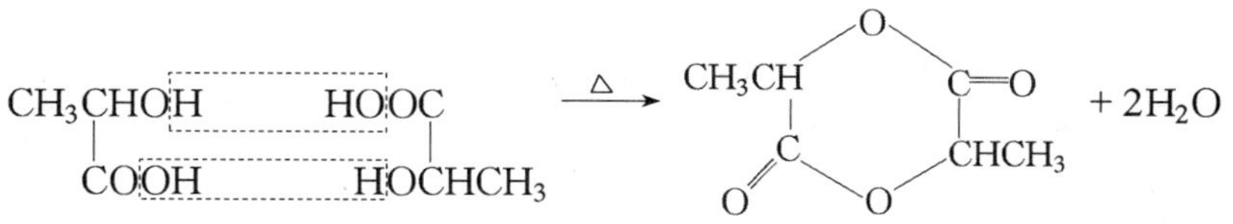


丙交酯

β-醇酸受热分子内失去一分子水，主要生成 α,β-不饱和酸：

$$CH_3CH(OH)CH_2COOH \xrightarrow{\triangle} CH_3CH{=}CHCOOH + H_2O$$

β-羟基丁酸　　　　2-丁烯酸

γ-醇酸极易生成环状的内酯：

$$CH_2(OH)CH_2CH_2COOH \xrightarrow{-H_2O} \underbrace{CH_2CH_2CH_2CO}_{O}$$

γ-羟基丁酸　　　　γ-丁内酯

γ-内酯是稳定的中性化合物，在玻璃器皿中可以从相应的醇酸自动脱水而成。当与碱液共热时变成 γ-醇酸盐：

$$\underbrace{CH_2CH_2CH_2CO}_{O} + NaOH \longrightarrow HOCH_2CH_2CH_2COONa$$

δ-醇酸也能生成 δ-内酯，δ-内酯的稳定性不如 γ-内酯，室温放置即吸水开环而呈酸性。羟基与羧基相距四个以上碳原子时，内酯更难生成。高级醇酸受热分子间酯化生成聚酯。

（4）分解反应　α-醇酸与稀硫酸共热，分解为减少一个碳原子的醛、酮和甲酸：

$$R-\underset{\displaystyle OH}{\underset{|}{C}H}COOH \xrightarrow[\triangle]{\text{稀 } H_2SO_4} R-CHO + HCOOH$$

$$R_2\underset{\displaystyle OH}{\underset{|}{C}}COOH \xrightarrow{\text{稀 } H_2SO_4} R_2C{=}O + HCOOH$$

但当用浓硫酸处理时，则分解为醛、酮、一氧化碳和水：

$$R-\underset{\displaystyle OH}{\underset{|}{C}H}COOH \xrightarrow[\triangle]{\text{浓 } H_2SO_4} RCHO + CO + H_2O$$

$$RR'\underset{\displaystyle OH}{\underset{|}{C}}COOH \xrightarrow[\triangle]{\text{浓 } H_2SO_4} RCOR' + CO + H_2O$$

这是α-醇酸特有的反应，可用来鉴别α-醇酸和其他醇酸，利用这个反应也可以由高级羧酸经由溴代酸制备减少一个碳原子的高级醛。

酚酸具有苯酚和羧酸的双重性质。例如可与 $FeCl_3$ 水溶液显色，酚羟基和羧基可分别成酯、成盐。若酚羟基在羧基的邻、对位上时，加热容易失羧。例如：

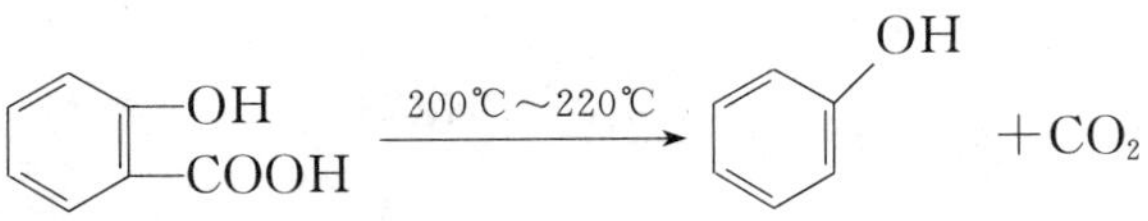


### 14.6.2 制备方法

（1）卤代酸水解　卤代酸水解可得到醇酸。例如：

$$CH_3CHBrCOOH \xrightarrow{OH^-} CH_3\underset{\displaystyle OH}{\underset{|}{C}H}COOH$$

2-溴丙酸　　　　2-羟基丙酸

（2）羟基腈水解　这是制备醇酸常用的一种方法，既可制备α-醇酸，也可制备β-醇酸：

$$CH_3CH_2\overset{\displaystyle CH_3}{\overset{|}{C}}{=}O + HCN \longrightarrow CH_3CH_2\overset{\displaystyle CH_3}{\overset{|}{\underset{\displaystyle OH}{\underset{|}{C}}}}-CN \xrightarrow{\text{稀 } HCl} CH_3CH_2\overset{\displaystyle CH_3}{\overset{|}{\underset{\displaystyle OH}{\underset{|}{C}}}}-COOH$$

2-甲基-2-羟基丁酸

（3）ω-羟基酸的合成　环酮用过酸氧化（Baeyer-Villiger 反应）后水解，可制ω-醇酸：

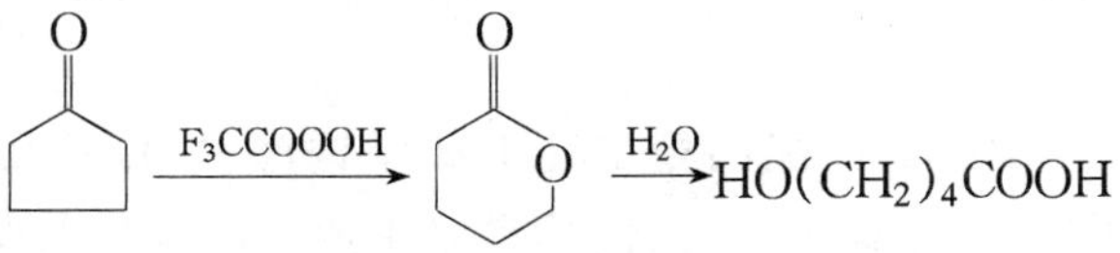

二元酸单酯的还原、二元醇的氧化及 Reformatsky 反应等也是制备醇酸的方法。例如：

$$HOOC(CH_2)nCOOC_2H_5 \xrightarrow[(2)\ H_3O^+]{(1)\ Na+C_2H_5OH} HOOC(CH_2)nCH_2OH$$

合成酚酸的一般方法是 Kolbe-Schmidt 反应。例如：

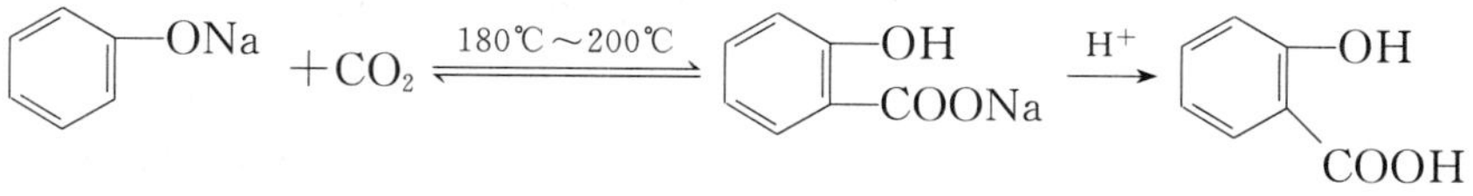

# §14.7　羰基酸及β-二羰基化合物

羰基酸是指脂肪链中含有羰基和羧基的化合物，包括醛酸和酮酸。例如：

$$H-\overset{\overset{\large O}{\|}}{C}CH_2COOH \qquad CH_3\overset{\overset{\large O}{\|}}{C}COOH \qquad C_6H_5COCH_2COOH$$

丙醛酸（3-氧代丙酸）　丙酮酸　3-苯基-3-氧代丙酸

β-二羰基化合物是指两个羰基中间被一个碳原子隔开的化合物。例如：

$$R-\overset{\overset{\large O}{\|}}{C}CH_2\overset{\overset{\large O}{\|}}{C}R' \qquad R-\overset{\overset{\large O}{\|}}{C}CH_2\overset{\overset{\large O}{\|}}{C}OR' \qquad RO\overset{\overset{\large O}{\|}}{C}CH_2\overset{\overset{\large O}{\|}}{C}OR$$

β-二酮　β-酮酸酯　丙二酸酯

这里所说的羰基化合物含义较广，也包括酯基等。另外，氰基乙酸酯($N\equiv CCH_2COOR$)在某些性质上也与β-二羰基化合物相似。

### 14.7.1　化学性质

(1) 活泼亚甲基上α-氢的酸性及互变异构现象　β-二羰基化合物亚甲基上的氢，由于受两个羰基的影响，其酸性比一般的醛、酮以及酯的强。这类亚甲基称为活泼亚甲基。失去α-氢形成的碳负离子，由于电荷分布到两个羰基氧上而比较稳定：

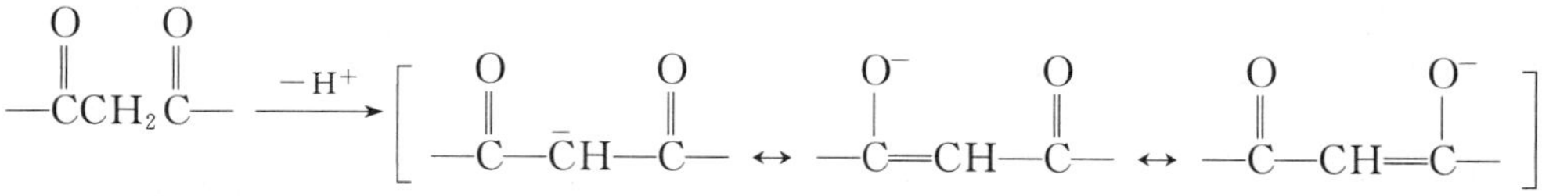

β-二羰基化合物可以进行酮式-烯醇式互变。例如：

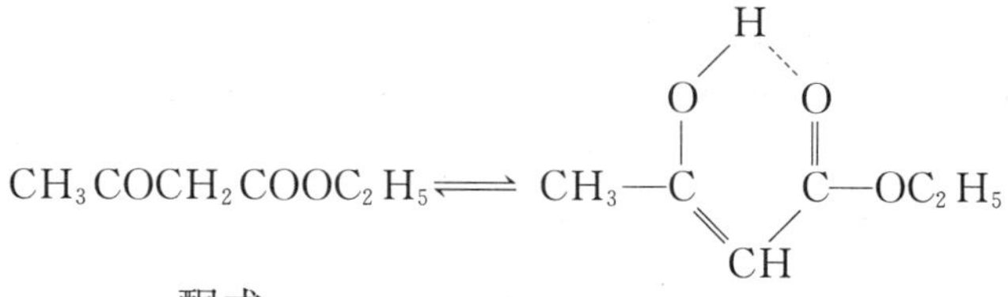

酮式　烯醇式

简单的烯醇不稳定，且不能游离存在。而乙酰乙酸乙酯的烯醇式是较稳定的，这一方面是由于分子内通过氢键形成一个较稳定的六元环，另一方面是由于烯醇式羟基氧原子上的未共用电子对与 C═C 和 C═O 形成了共轭体系，降低了分子的能量。

乙酰乙酸乙酯的许多化学性质与其具有酮式——烯醇式互变异构有关。例如：

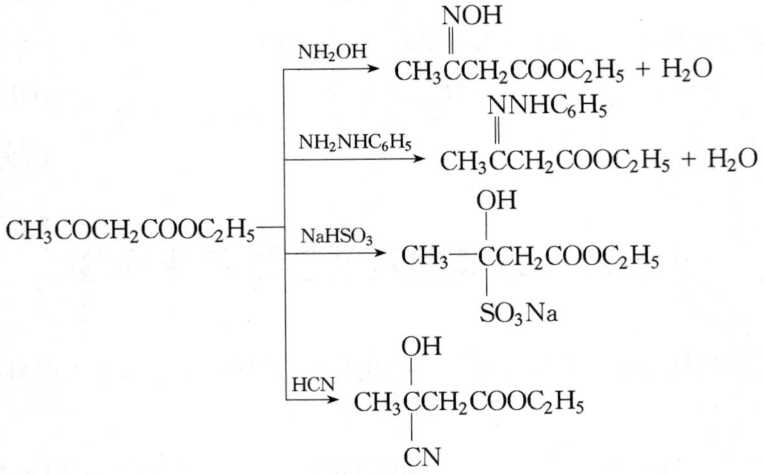

以上反应表明分子中含有羰基，具有酮式结构。

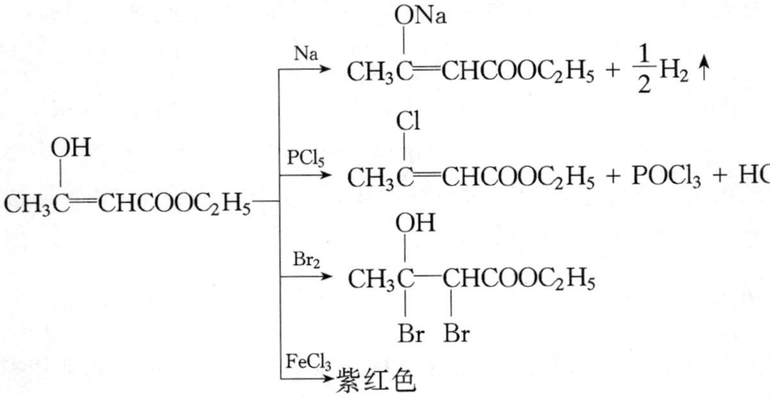

上述反应，特别是与 $FeCl_3$ 的显色反应，是烯醇式的特征反应。

(2) α-和 β-羰基酸的不稳定性　α-酮酸分子中，羰基与羧基直接相连，由于氧的电负性较强，使得羰基与羧基原子间电子云密度降低，此碳-碳键容易断裂。例如：

$$CH_3\overset{\overset{\displaystyle O}{\|}}{C}COOH \xrightarrow[\triangle]{\text{稀 } H_2SO_4} CH_3CHO + CO_2 ;\qquad CH_3\overset{\overset{\displaystyle O}{\|}}{C}COOH \xrightarrow[\triangle]{\text{浓 } H_2SO_4} CH_3CHO + CO_2$$

一些弱氧化剂也能使丙酮酸氧化而生成乙酸和二氧化碳。

β-羰基酸一般也不稳定，温度稍高即进行脱羧反应。例如：

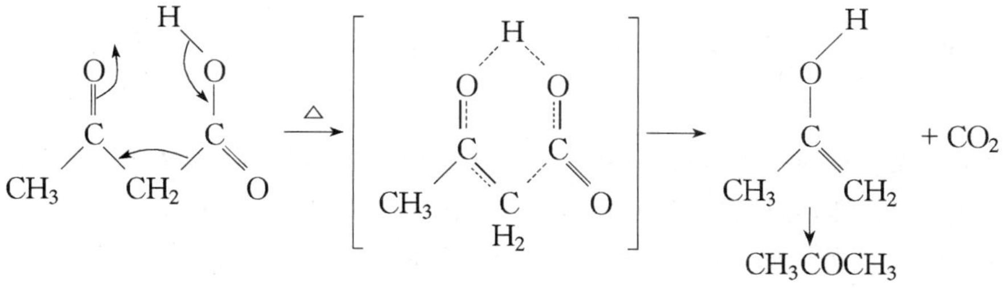

反应经历了一个环状的电子转移过渡态，先生成烯醇，尔后重排得到酮。

具有β-不饱和键的羧酸也容易发生脱羧反应。例如：

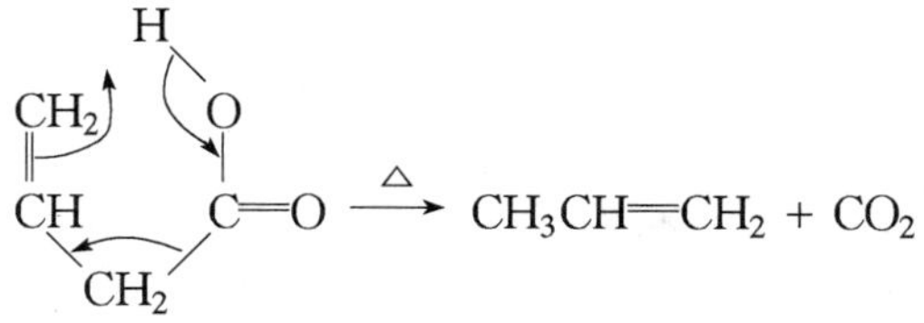

(3) Knoevenagel 反应

含活泼亚甲基的化合物在氨或胺存在下与醛、酮发生缩合，生成α,β-不饱和化合物：

$$(CH_3)_2CHCH_2CHO + CH_2(COOC_2H_5)_2 \xrightarrow[\text{苯}]{\text{六氢吡啶}} (CH_3)_2CHCH_2CH{=}C(COOC_2H_5)_2$$

$$\xrightarrow{KOH} \xrightarrow[\triangle]{HCl} (CH_3)_2CHCH_2CH{=}CHCOOH$$

5-甲基-2-己烯酸

反应机理可能如下：

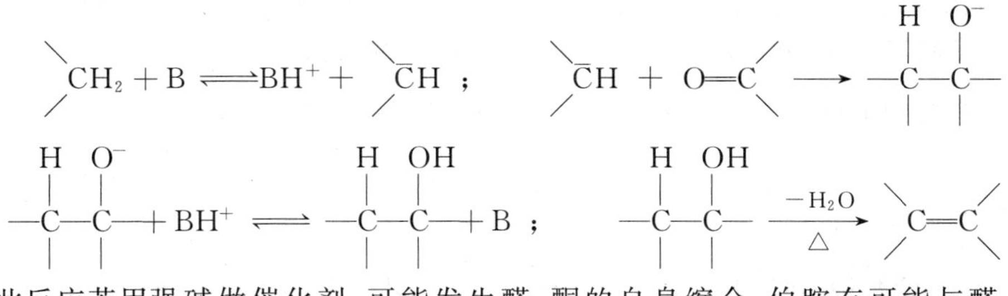

此反应若用强碱做催化剂，可能发生醛、酮的自身缩合，伯胺有可能与醛、酮生成Schiff 碱。故常在吡啶中加入六氢吡啶作催化剂，以减少副反应，提高反应收率。

### 14.7.2　乙酰乙酸乙酯及丙二酸二乙酯在有机合成中的应用

乙酰乙酸乙酯及丙二酸二乙酯在有机合成方面是两个十分重要的β-二羰基化合物。它们都有活泼亚甲基，与碱作用生成亲核性的碳负离子或烯醇负离子，可以进行烷基化、酰基化，然后经分解脱羧或反 Claisen 缩合反应等，在合成上用途很广，分别称为乙酰乙酸乙酯合成法和丙二酸酯合成法。

(1) 乙酰乙酸乙酯合成法

乙酰乙酸乙酯很容易进行烷基化和酰基化：

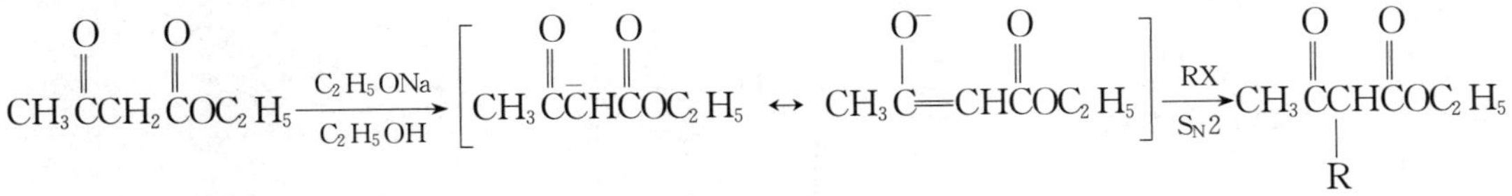

活泼亚甲基上有两个氢，可以进行两次烷基化，即将所得一烷基取代的乙酰乙酸乙酯再用等摩尔醇钠处理，然后再与 RX 反应。这里的两个 R，可以相同，也可以不同。RX 可以是普通的 1°或 2°卤代烷，也可以是含酮基、酯基等官能团的结构。例如：

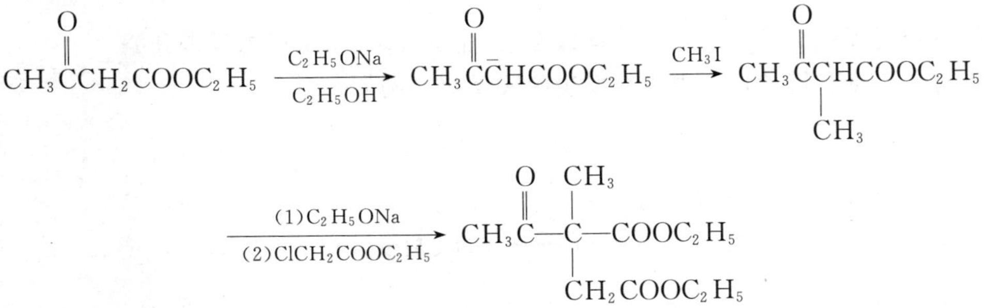

需指出的是，在用酰氯进行酰基化时，为避免酰氯与溶剂反应，最好用惰性溶剂而不用醇，碱用氢化钠。例如：

在适当条件下，乙酰乙酸乙酯衍生物可进一步转化为取代丙酮或取代乙酸。

① 乙酰乙酸乙酯的酮式分解——失羧生成取代的丙酮

活泼亚甲基上烷基化或酰基化的乙酰乙酸乙酯，经稀碱（或酸）水解、酸化得 β-羰基酸，而 β-羰基酸不稳定，很容易失去羧基得到取代的丙酮，例如：

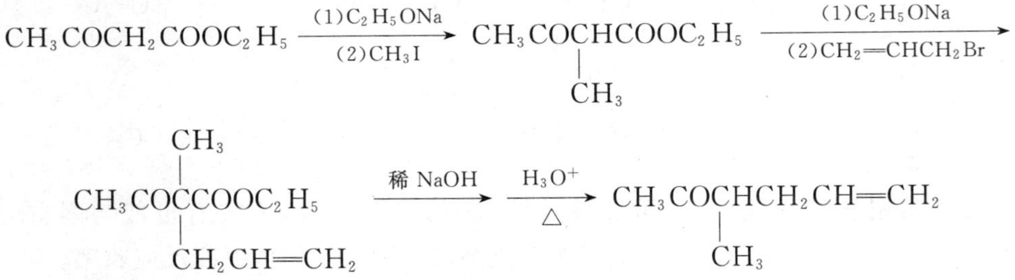

② 酸式分解——合成二烃基取代的乙酸

在合成二烃基取代的乙酰乙酸乙酯时，若二烷基乙酰乙酸乙酯直接用浓的氢氧化钠水溶液处理后再酸化，则可得到乙酸和二烷基取代的乙酸：

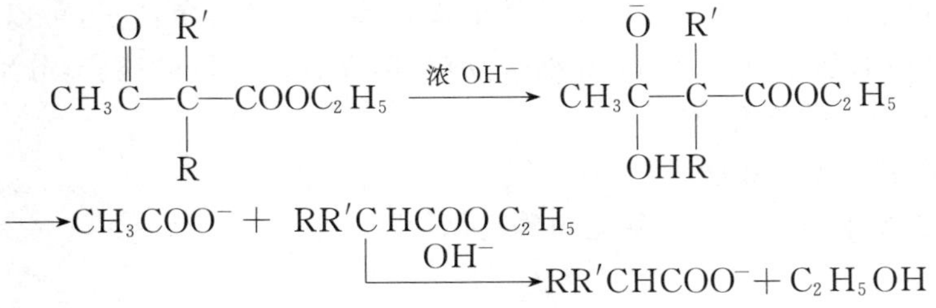

其他 β-二羰基化合物也能发生类似反应。例如：

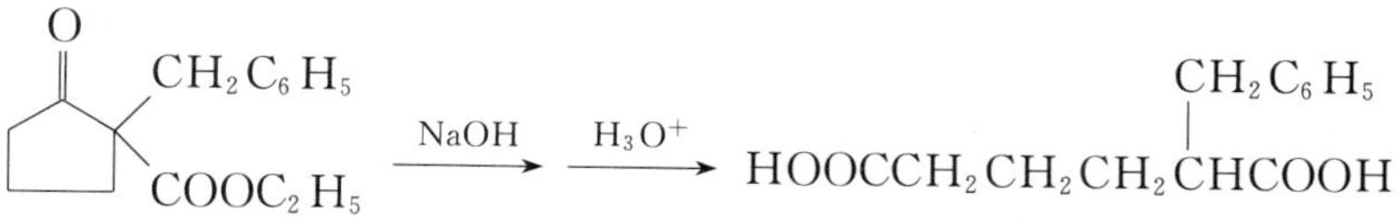

乙酰乙酸乙酯可以通过乙酸乙酯的 Claisen 酯缩合，或双乙烯酮与乙醇作用制得：

$$2CH_3COOC_2H_5 \xrightarrow{C_2H_5ONa} CH_3COCH_2COOC_2H_5 + C_2H_5OH$$

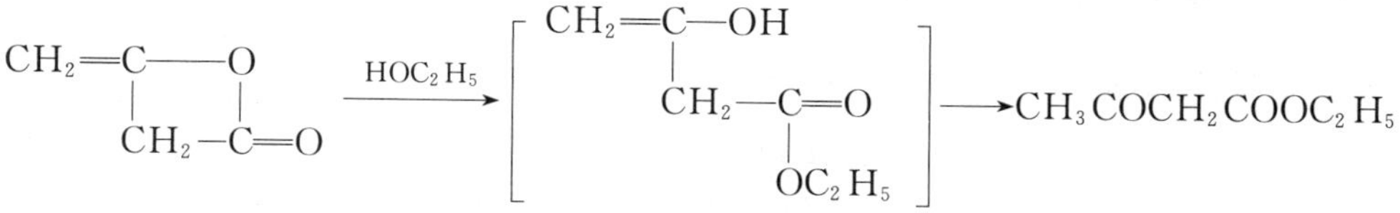

(2) 丙二酸酯合成法

和乙酰乙酸乙酯一样，丙二酸酯也容易发生烷基化和酰基化反应：

$$CH_2(COOC_2H_5)_2 \xrightarrow{C_2H_5O^-} \bar{C}H(COOC_2H_5)_2 \xrightarrow{RX} RCH(COOC_2H_5)_2$$

$$\xrightarrow{C_2H_5O^-} R\bar{C}(COOC_2H_5)_2 \xrightarrow{R'X} RR'C(COOC_2H_5)_2$$

$$CH_2(COOC_2H_5)_2 \xrightarrow{NaH} \bar{C}H(COOC_2H_5)_2 \xrightarrow{RCOCl} RCOCH(COOC_2H_5)_2$$

① 制备取代乙酸　烷基取代的丙二酸酯，皂化后进行酸化并加热(也可直接在酸性条件下反应)，失去一分子 $CO_2$ 而生成取代的乙酸：

$$RCH(COOC_2H_5)_2 \xrightarrow{NaOH} \xrightarrow[\triangle]{H_3O^+} RCH_2COOH + CO_2$$

② 制备二元羧酸　两摩尔的丙二酸酯钠盐与一摩尔碘作用，产物经皂化，酸化后，可生成丁二酸：

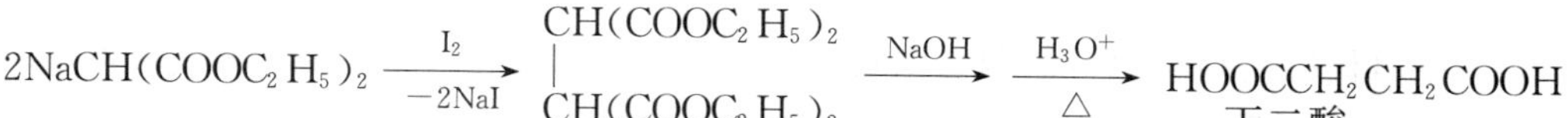

丁二酸

当用两摩尔的丙二酸酯钠盐与一摩尔的 α,ω-二卤代物作用时，经处理后也可得到二元羧酸。此外，二元羧酸也可以由丙二酸酯钠盐与卤代酸酯作用制得：

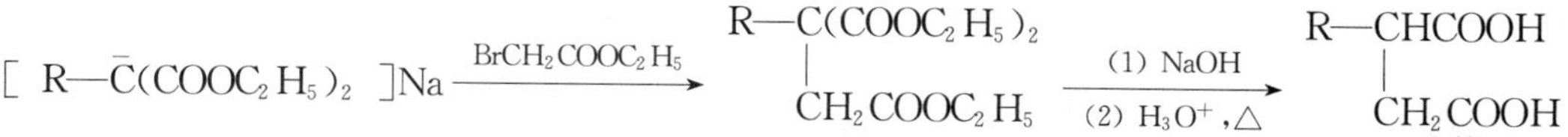

二元羧酸

③ 制备脂环酸　一摩尔的丙二酸酯钠盐与等摩尔的二卤代烷反应得到卤代烷基丙二酸酯，接着再用一摩尔的醇钠处理，可发生分子内的 $S_N2$ 反应，生成三、四、五、六元脂环化合物。例如：

$$CH_2(COOC_2H_5) \xrightarrow{C_2H_5O^-} \xrightarrow{Br(CH_2)_3Cl} ClCH_2CH_2CH_2CH(COOC_2H_5)_2$$

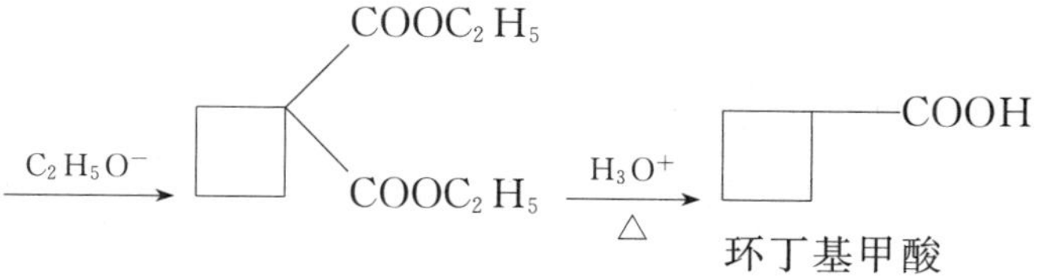

环丁基甲酸

④ 制备甲基酮　丙二酸酯钠盐与酰氯作用，然后水解脱羧，可生成甲基酮。例如：

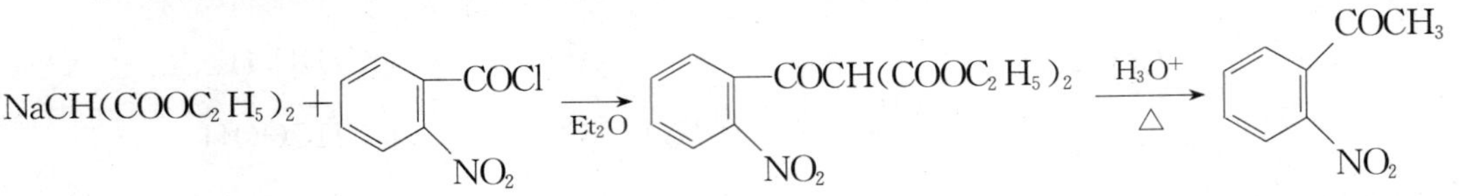

邻硝基苯乙酮（85%）

### 14.7.3　制备方法

（1）偕二卤代物水解法　偕二卤代酸水解可得相应羰基酸：

$$RCCl_2COOH \xrightarrow{H_2O} RCOCOOH$$

（2）羟基酸的氧化　羟基酸的氧化可以得到相应的羰基酸。例如：

$$CH_3CH(OH)COOH \xrightarrow{[O]} CH_3COCOOH$$

（3）Claisen 酯缩合反应　β-二羰基化合物可由不同类型的 Claisen 缩合反应得到：

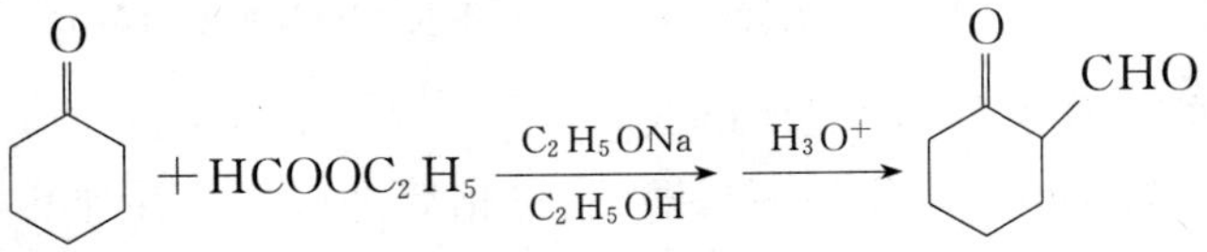

环状 β-二羰基化合物可由二元羧酸酯或氧代酯进行分子内的 Claisen 缩合来制得：

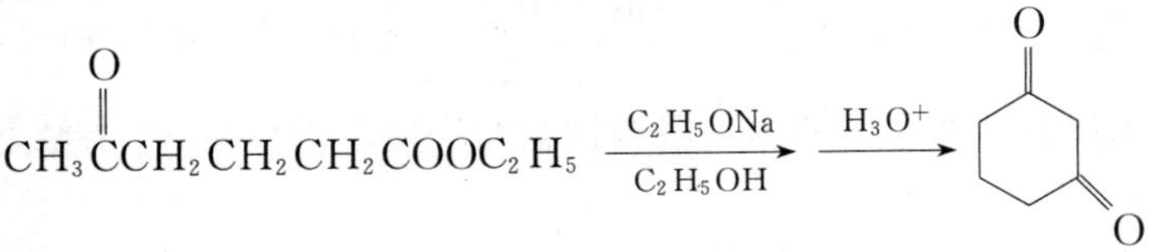

（4）由卤代酸盐与氰化钠制丙二酸酯　丙二酸酯不能由丙二酸直接酯化制得，而是从氯乙酸钠经下列反应制得：

$$ClCH_2COONa \xrightarrow{NaCN} NCCH_2COONa \xrightarrow[H_2SO_4]{C_2H_5OH} CH_2(COOC_2H_5)_2$$

工业上丙二酸二乙酯主要是由氰基乙酸乙酯的醇解来制备：

$$NCCH_2COOC_2H_5 + C_2H_5OH \xrightarrow{H^+} CH_2(COOC_2H_5)_2$$

## 习　题

14-1　下列各种物质加热时各发生什么变化？

1. α-羟基酸　2. β-羟基酸　3. γ-羟基酸　4. δ-羟基酸
5. α-酮酸　6. β-酮酸　7. γ-酮酸　8. α-二羧酸
9. β-二羧酸　10. γ-二羧酸　11. δ-二羧酸

14-2　完成下列反应式，写出主要反应产物，必要的试剂或条件。

1. $C_6H_5\overset{O}{\overset{\|}{C}}-\overset{OH}{\overset{|}{C}}HC_6H_5 \xrightarrow{C_6H_5NHNH_2}$ (　　)

2. $CH_3(CH_2)_5COOC_2H_5 \xrightarrow[\text{乙醚}]{Na} \xrightarrow{H_2O}$ (　　)

3. $C_6H_5CHO \xrightarrow[C_2H_5OH]{KCN}$ (　　)

4. 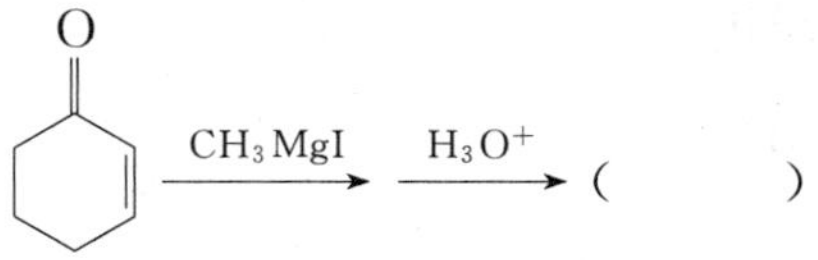

5. $CH_2{=}CHCH{=}CH_2 + CH_2{=}CHCOCH_3 \xrightarrow{\triangle}$ (　　)

6. 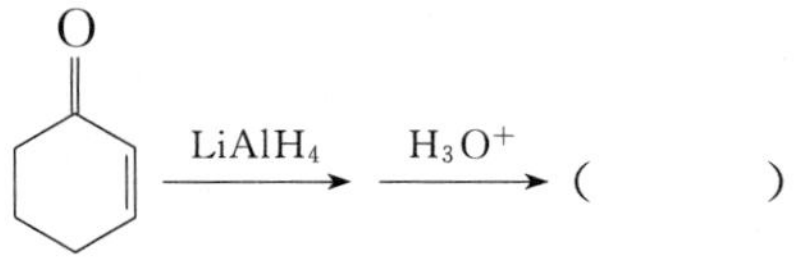

7. 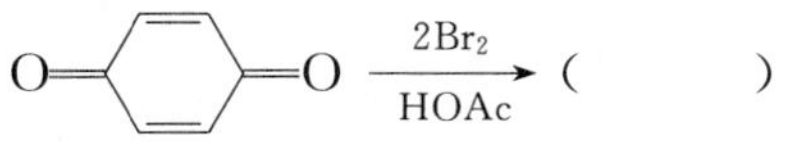

8. 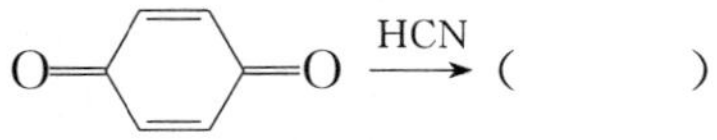

9. $BrCH_2CH_2CH_2COOH \xrightarrow[\triangle]{NaOH}$ (　　)

10. $C_6H_5CHO + BrCH_2\underset{CH_3}{\underset{|}{C}}{=}CHCOOC_2H_5 \xrightarrow[(2)\ H_2O]{(1)\ Zn}$ (　　)

11. $C_6H_5CH{=}CHCOOC_2H_5 +$ (　　) $\xrightarrow{(\quad)} \xrightarrow[\triangle]{H^+} C_6H_5\underset{CH_2COOH}{\underset{|}{C}H}CH_2COOH$

12. 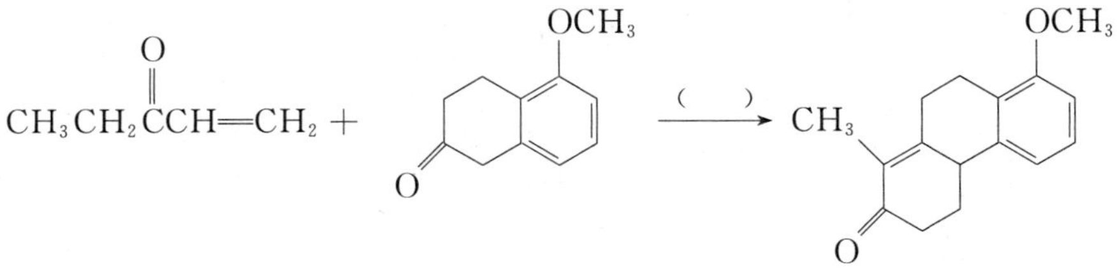

13. $C_6H_5CHO +$ (　　) $\xrightarrow{\text{六氢吡啶}} C_6H_5CH{=}C(CN)_2$

14. $CH_3\overset{OCH_3}{\overset{\|\ |}{C}}\underset{C_2H_5}{\underset{|}{C}}COOC_2H_5 \xrightarrow{(\quad)} CH_3CH_2\underset{CH_3}{\underset{|}{C}H}COOH$

15. $CH_2(COOC_2H_5)_2 +$ (　　) $\xrightarrow{C_2H_5ONa} \xrightarrow{H_3O^+} C_6H_5CH_2CH_2COOH$

14-3　如何实现下列转变？

1. $CH_3COCH_3 \longrightarrow (CH_3)_3CCH_2COOH$

2. 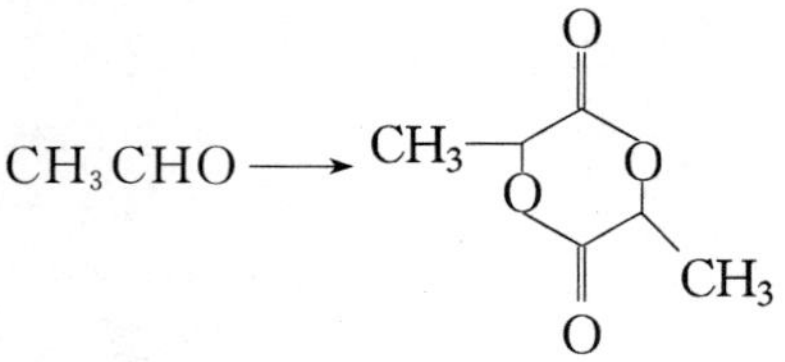

3. $CH_3CH_2COOH \longrightarrow CH_3CH_2CH(OH)CH(OH)CH_2CH_3$

4. 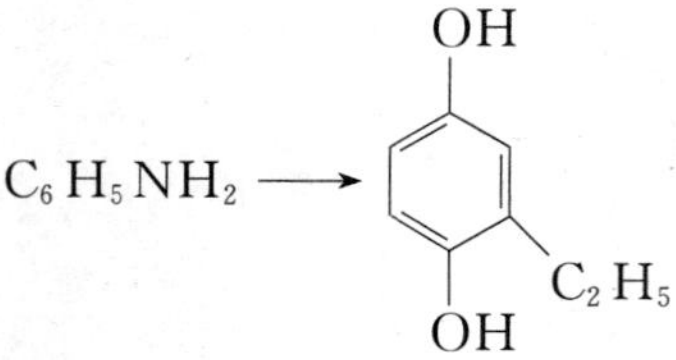

5. 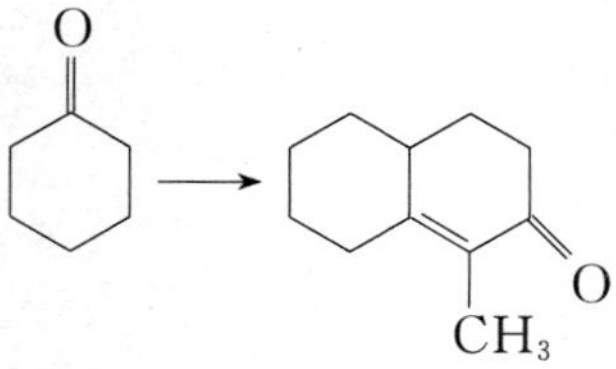

6. 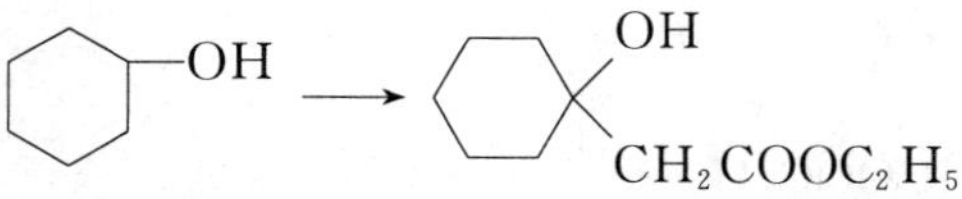

7. $C_6H_5COCH_3 \longrightarrow C_6H_5C(CH_3){=}CHCOOH$

8. 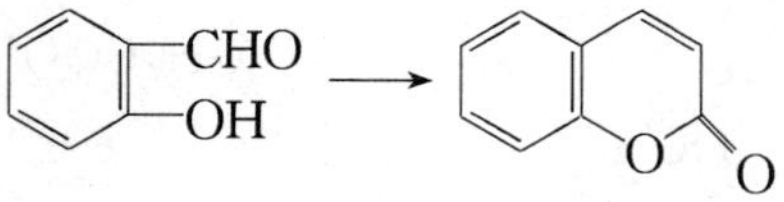 （香豆素）

9. 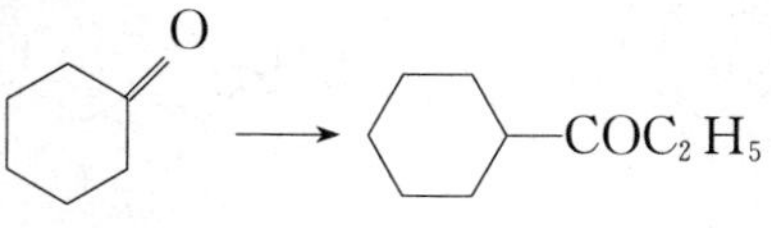

10. 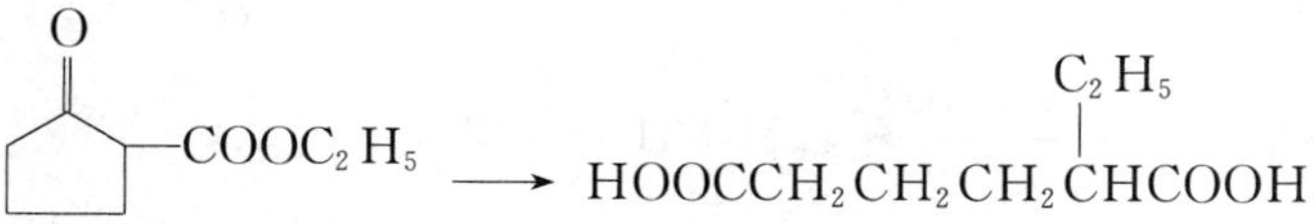

14-4 为下列反应提出一个合理的机理。

1. 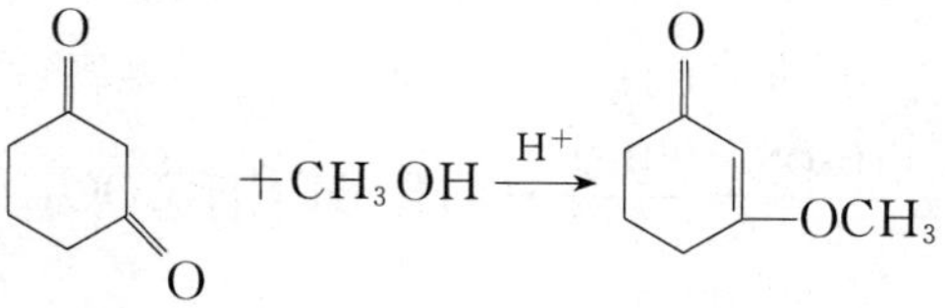

2. 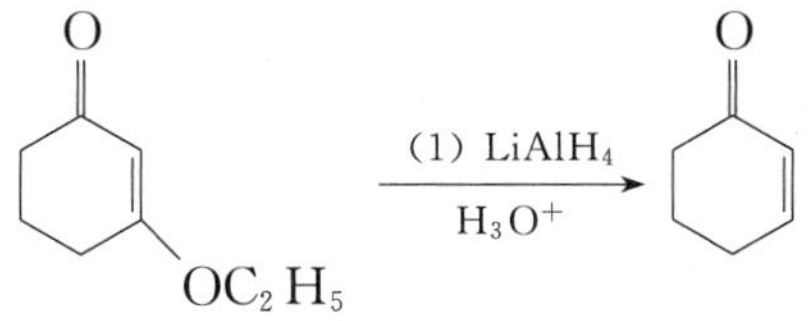

3. $C_6H_5CH{=}CHCHO + NH_2NH_2 \longrightarrow$ 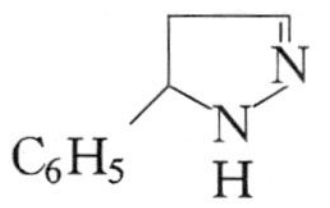

4. $C_6H_5COCH_3 + Cl_2 \xrightarrow{H^+} C_6H_5COCH_2Cl$

5. 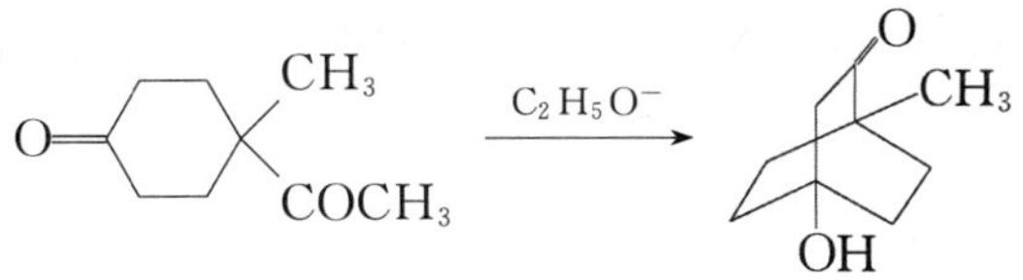

14-5　由指定原料及必要的无机和有机试剂合成下列各化合物。

1. 由 $CH_3COCH_2CH_2CH_2COCH_3$ 合成 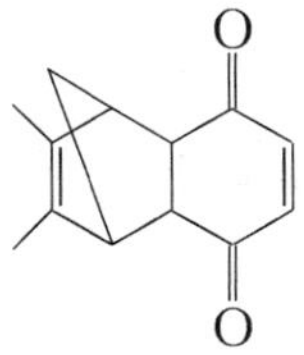

2. 由 $C_6H_5CH{=}CH_2$ 合成 $C_6H_5CH{=}CHCOCH_3$

3. 由不多于两个碳原子的化合物合成 $CH_3COCH_2CH_2OH$

4. 由 $CH_3CHO$ 合成 $CH_3\underset{\mathrm{Cl}}{\underset{|}{C}}HCH_2COOH$

5. 由甲苯合成 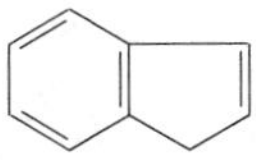

6. 由邻二甲苯合成 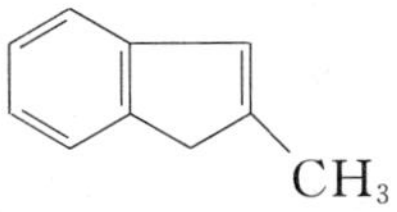

14-6　化合物 A($C_{10}H_{10}O_2$)不溶于冷的氢氧化钠溶液中，但溶于热的氢氧化钠溶液。酸化这个碱性溶液又得到原来的化合物 A。推测 A 的结构并合理解释上述现象。

# 第十五章　有机含氮化合物

分子中含有氮元素的有机化合物统称为含氮化合物(Organic Nitrogen Compounds)。含氮化合物可看作烃类分子中的一个或几个氢原子被各种含氮原子的官能团取代的生成物。含氮化合物的种类很多，本章主要讨论胺类、硝基化合物、腈、异腈、重氮、偶氮和叠氮化合物。

## §15.1　胺

### 15.1.1　胺的结构、分类和命名

15.1.1.1　胺的结构

胺的分子结构呈棱锥形。氮原子用三个 $sp^3$ 杂化轨道与氢原子的 s 轨道或碳原子的杂化轨道成键，形成三个 σ 键，成棱锥体，第四个 $sp^3$ 杂化轨道尚有一对孤电子，位于棱锥体的顶端。例如：

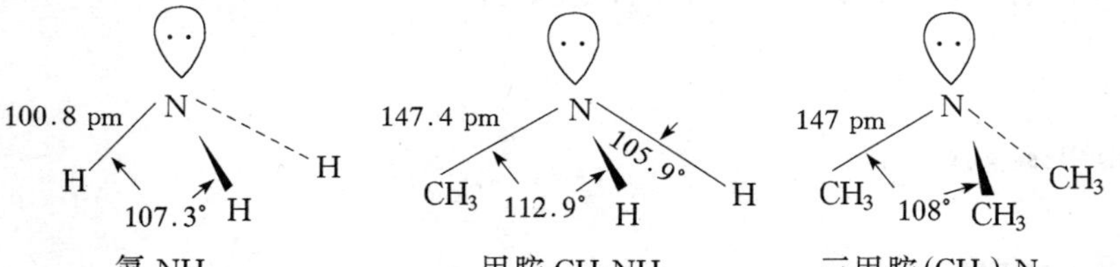


氨 $NH_3$　　甲胺 $CH_3NH_2$　　三甲胺 $(CH_3)_3N$

在芳胺中，氮原子上的孤电子对所占轨道与苯环 π 电子轨道重叠，形成一个大的分子轨道。但胺仍是棱锥形结构，∠HNH 为 113.9°，HNH 平面与苯环平面交叉角为 39.4°。

如果氮上连接的三个基团不同，把氮上孤对电子作为第四基团，那么，胺应该存在一对对映体，每个对映体应有手性。但是，这种胺的对映体至今还没有得到分离，其原因是：这两个对映体通过翻转相互转化的能垒很低，只需要约 268 kJ · $mol^{-1}$，在室温条件下就可以迅速地转化(三烷基胺转化速度可达 $10^3$～$10^5$ 次/秒)，故难以分离，也测不出旋光。

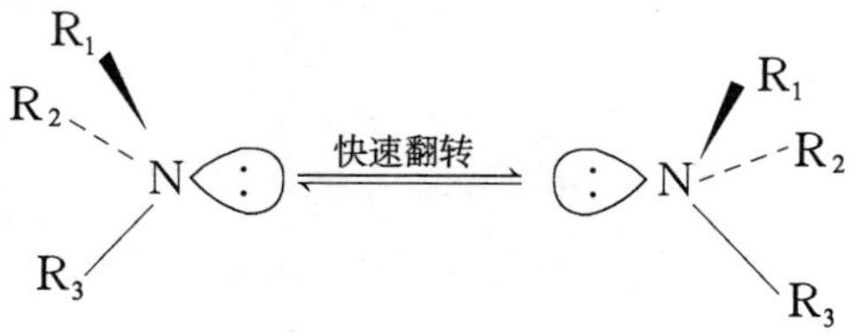

四个基团不同的季铵盐，如碘化甲基乙基烯丙基苯基铵，由于其分子为四面体结构，对映体之间不能相互转化，因而能够被分离开来并具旋光性。

15.1.1.2　胺的分类

胺是氨的烃基衍生物。按照胺中氮原子所连烃基的数目分为伯胺($RNH_2$)、仲胺($R_2NH$)、叔胺($R_3N$)。

伯、仲、叔胺与伯、仲、叔醇的含义是不同的。前者是指氮原子上所连烃基的个数，而后者是指羟基连在伯、仲、叔碳上。

胺类也可根据烃基类型分为脂肪胺和芳香胺，例如甲胺和苯胺。

胺类还可根据分子中氨基的数目分为一元胺、二元胺和多元胺。例如 $CH_3CH_2NH_2$（一元胺），$H_2NCH_2CH_2NH_2$（二元胺），$H_2NCH_2CH_2NHCH_2CH_2NH_2$（多元胺）。

除了伯、仲、叔胺外，还有相当于氢氧化铵($NH_4OH$)和铵盐(如 $NH_4Cl$)的化合物，分别称为季铵碱和季铵盐。例如：$(CH_3)_4NOH$ 氢氧化四甲铵（季铵碱），$(CH_3)_4NCl$ 氯化四甲铵（季铵盐）。

15.1.1.3　胺的命名

简单胺的命名是以“胺”为词尾，在前面加上所连烃基的数目和名称，不同基时按次序规则“较优”基团后列出。例如：

| $CH_3CH_2NH_2$ | $CH_3NHCH_2CH_3$ | $(CH_3CH_2)_3N$ | $H_2NCH_2CH_2CH_2CH_2NH_2$ |
|---|---|---|---|
| 乙胺 | 甲乙胺 | 三乙胺 | 1,4-丁二胺 |

季铵类化合物可以看作铵的衍生物。例如：

| $(CH_3CH_2CH_2)_4\overset{+}{N}Cl^-$ | $C_{12}H_{25}\overset{+}{N}(CH_3)_3Br^-$ | $(CH_3)_4\overset{+}{N}OH^-$ |
|---|---|---|
| 氯化四丙铵<br>（或四丙基氯化铵） | 溴化三甲基十二烷基铵<br>（或三甲基十二烷基溴化铵） | 氢氧化四甲铵 |

### 15.1.2　胺的性质

15.1.2.1　物理及波谱性质

脂肪族胺中甲胺、二甲胺、三甲胺和乙胺在常温为气体，丙胺以上为液体，高级胺为固体。低级胺有氨的气味，易溶于水。二甲胺有鱼腥味，高级胺不易挥发，几乎没有气味。二元胺中丁二胺以上为固体。芳香族胺中一元胺为高沸点液体或低溶点固体。

伯胺和仲胺由于氢键缔合，比分子量相近的烷烃的沸点高。叔胺分子间不能形成氢键，沸点与分子量相近的烃相近。

胺的红外光谱中，伯胺 N—H 伸缩振动在 3500～3400 $cm^{-1}$，有两个吸收峰；仲胺 N—H 伸缩振动在 3350～3310 $cm^{-1}$，有一个吸收峰；叔胺无 N—H 伸缩振动吸收峰。伯胺 N—H 弯曲振动在 1580～1650 $cm^{-1}$，非平面摇摆振动吸收在 650～900 $cm^{-1}$（宽峰），可用于鉴定。胺的 C—N 伸缩振动，脂肪胺在 1230～1030 $cm^{-1}$，芳香胺在 1340～1250 $cm^{-1}$。

胺的核磁共振谱中，α-H 原子受氮的影响较大，化学位移向低场移动，如 $R_2NCH_3$，

$R_2NCH_2R$ 和 $R_2NCHR_2$ 的 $\delta_H$ 分别在 2.2,2.4 和 2.8 左右。β-H 受氮的影响较小,$\delta_H$ 在 1.1~1.7 之间。

15.1.2.2 胺的化学性质

(1) 碱性

胺的碱性表现在胺分子中氮原子上的未共用电子对能接受一个质子形成铵离子:

$$R\ddot{N}H_2 + H^+ \longrightarrow R\overset{+}{N}H_3$$

胺的碱性比氢氧化钠弱得多,但比水强。

脂肪胺的碱性都比氨强。这是由于烷基的推电子作用增加氮原子上的电子云密度,从而增强了氮原子结合质子的能力。氨与三种甲胺在气态时的碱性弱强次序为:$NH_3 < CH_3NH_2 < (CH_3)_2NH < (CH_3)_3N$。

但在水溶液中碱性次序发生了如下变化:

$$\begin{array}{lcccc} & (CH_3)_2NH > & CH_3NH_2 > & (CH_3)_3N > & NH_3 \\ pKb: & 3.27 & 3.38 & 4.21 & 4.76 \end{array}$$

这显示了烷基的电子效应(使碱性增强)、溶剂化效应(氮原子上氢原子愈多,愈易与水分子中氧形成氢键、溶剂化能力愈强,形成的铵基愈稳定,表现为碱性增强)、空间效应(烷基越多,空间位阻越大,不利于水中质子进攻氮原子,也不利于氢键的形成,表现为碱性下降)等因素的综合影响的结果。

芳香胺的碱性一般低于脂肪胺,这是由于氮原子上一对未共用电子参与苯环共轭,使氮原子上电子云密度减少,降低了与质子的结合能力。

当芳胺—$NH_2$ 对位有—OH,—$OCH_3$,—$NH_2$ 时,芳胺碱性增强;当—$NH_2$ 邻位有这些基团时,因存在氢键和空间效应等的影响,情况比较复杂;当—$NH_2$ 间位有这些基团时,表现为吸电子效应,使碱性减弱(如—OH,—$OCH_3$)。当芳环上含有—$\overset{+}{N}H_3$,—$NO_2$,—$SO_3^-$,—COOH,—X 等吸电子基时,芳胺碱性减弱,其中在—$NH_2$ 的邻、对位时影响较大。

基团对芳胺碱性的影响主要是通过诱导效应和共轭效应而使氮与质子的结合能力、正离子的稳定性得到增强或减弱。其中共轭效应往往比诱导效应大,起主要作用。一些取代芳胺的 pKb 值见表 15-1。

**表 15-1 取代芳胺 pKb 值**

| 取代基 | pKb | | |
|---|---|---|---|
| | 邻 | 间 | 对 |
| H | 9.40 | 9.40 | 9.40 |
| $CH_3$ | 9.56 | 9.28 | 8.90 |
| OH | 9.28 | 9.83 | 8.50 |
| $OCH_3$ | 9.48 | 9.77 | 8.66 |
| $NO_2$ | 14.26 | 11.53 | 13.00 |
| Cl | 11.36 | 10.48 | 10.22 |

（2）酸性

胺的酸性表现在：伯胺或仲胺的氮原子上的氢能与碱金属（Na、K 等）或强碱发生反应。如：

$$CH_3NH_2 + Na \xrightarrow{Fe} CH_3NHNa + H_2$$

$$(CH_3CH_2)_2NH + PhLi \longrightarrow (CH_3CH_2)_2NLi + Ph-H$$

（3）烃基化、酰基化

胺与卤代烃或醇等烃基化试剂作用，氮原子上的氢可被取代。例如，胺与卤代烃反应过程如下：

$$RNH_2 + R'X \xrightarrow[S_N2]{} R\overset{+}{N}H_2R'\overset{-}{X} \xrightarrow{NaOH} RNHR' + NaX + H_2O$$

$$RNHR' + R'X \xrightarrow[S_N2]{} R\overset{+}{N}HR'_2\overset{-}{X} \xrightarrow{NaOH} RNR'_2 + NaX + H_2O$$

$$RNR'_2 + R'X \xrightarrow[S_N2]{} R\overset{+}{N}R'_3\overset{-}{X}\text{（季铵盐）}$$

季铵盐与氢氧化银作用，可得季铵碱。如：

$$(CH_3)_4\overset{+}{N}I^- + AgOH \longrightarrow (CH_3)_4\overset{+}{N}OH^- + AgI\downarrow$$

伯胺、仲胺与酰卤、酸酐或酯、羧酸作用，得到酰基化产物——酰胺。叔胺氮原子上没有氢原子，故不发生酰基化反应。

$$RNH_2\text{（或 }R_2NH\text{）}\xrightarrow[\text{或}(R'CO)_2O\text{ 等}]{R'COCl} R'CONHR\text{（或 }R'CONR_2\text{）}$$

酰胺大多数都是结晶固体，具有确定的熔点。通过测定酰胺的熔点，可查知原来是哪一个胺。因此，酰化反应可以用于定性鉴定伯胺和仲胺。

胺经酰化后生成的取代酰胺呈中性，不能与酸作用生成盐，因此可以利用这个反应，以稀盐酸提取的方法使叔胺与伯胺或仲胺分离开。

（4）与亚硝酸反应

伯、仲、叔胺与亚硝酸反应的情况各不相同，可用于鉴别。

① 脂肪族伯胺与亚硝酸反应，放出氮气，并生成醇、烯等的混合物。例如：

$$CH_3(CH_2)_3NH_2 \xrightarrow[H_2O,25℃]{NaNO_2,HCl} \underset{25\%}{CH_3(CH_2)_3OH} + \underset{13\%}{CH_3CH_2\underset{}{\overset{OH}{\overset{|}{C}}}HCH_3} + \underset{5\%}{CH_3(CH_2)_3Cl}$$

$$+ \underset{3\%}{CH_3CH_2\overset{Cl}{\overset{|}{C}}HCH_3} + \underset{26\%}{CH_3CH_2CH=CH_2} +$$

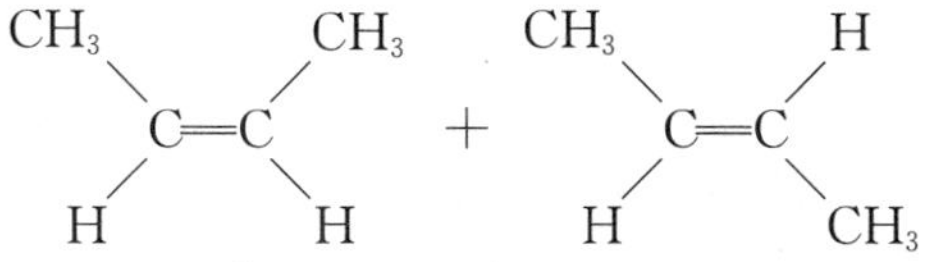

3%　　7%

该反应的机理是先形成脂肪族重氮盐，重氮盐很不稳定，分解产生 $N_2$ 和碳正离子，碳正离子再发生取代、消除、重排等一系列反应：

$$HO-N=O + H^+ \rightleftharpoons \overset{+}{N}=O + H_2O$$

$$CH_3(CH_2)_3NH_2 + \overset{+}{N}{=}O \longrightarrow CH_3(CH_2)_3\overset{+}{N}H_2{-}N{=}O \xrightleftharpoons{-H^+} CH_3(CH_2)_3NH{-}N{=}O$$

$$\rightleftharpoons CH_3(CH_2)_3N{=}N{-}OH \xrightleftharpoons{H^+} CH_3(CH_2)_3N{=}N{-}\overset{+}{O}H_2 \xrightleftharpoons{-H_2O}$$

$$CH_3(CH_2)_3N{=}\overset{+}{N} \rightleftharpoons CH_3CH_2CH_2CH_2\overset{+}{N}{\equiv}N \xrightarrow{-N_2} CH_3CH_2CH_2\overset{+}{C}H_2$$

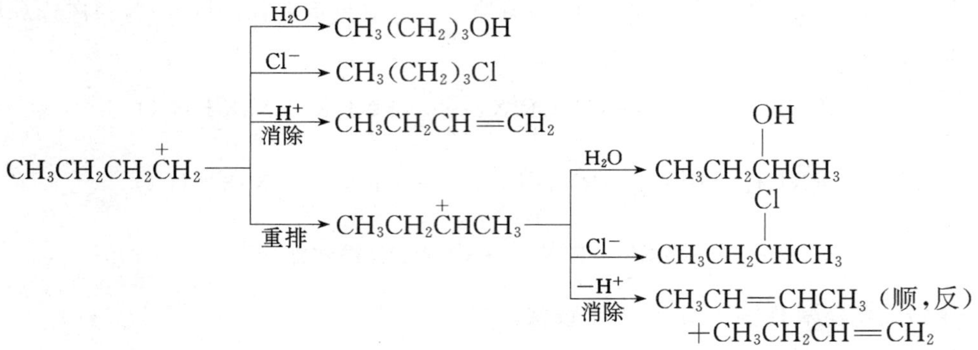

芳香族伯胺与亚硝酸生成的重氮盐比脂肪族重氮盐稳定,在低温下可以保存。

② 脂肪族仲胺和芳香族仲胺与亚硝酸反应得 N-亚硝基仲胺:

$$R_2NH + HNO_2 \longrightarrow R_2N{-}NO + H_2O$$

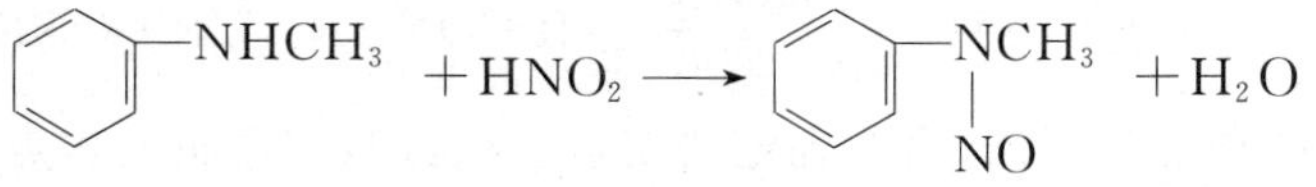

反应产物是中性的黄色油状液体或固体。它与盐酸共热或与 $HCl/SnCl_2$ 反应,仍分解为原来的胺。

③ 脂肪叔胺与亚硝酸反应只形成不稳定的铵盐,用碱中和又分解为原来的胺:

$$R_3N + HNO_2 \longrightarrow R_3N \cdot HNO_2 \xrightarrow[\triangle]{OH^-} R_3N$$

芳香族叔胺与亚硝酸可以发生环上的取代反应,即亚硝化。但由于 $\overset{+}{N}O$ 是个弱的亲电试剂,因此,一般只有当苯环上含有—$NR_2$,—OH 等强致活基团时才能发生反应。例如:

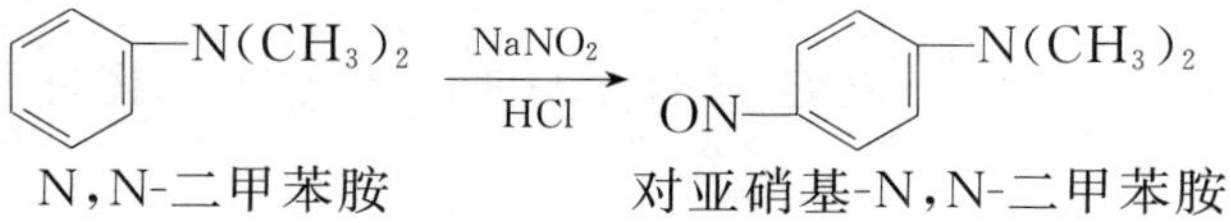

N,N-二甲苯胺　　　对亚硝基-N,N-二甲苯胺

(5) 磺酰化反应

脂肪族或芳香族伯、仲胺能与芳香族磺酰氯(如苯磺酰氯、对甲苯磺酰氯)作用。伯胺反应后生成的磺酰伯胺衍生物能溶于 NaOH(或 KOH)水溶液中;仲胺反应生成的磺酰仲胺衍生物则不溶解。叔胺因氮原子无氢而不能发生磺酰化反应。利用这个性质可以鉴别或分离伯、仲、叔胺。这个反应称为 Hinsberg 反应。

伯胺:$RNH_2 + PhSO_2Cl \xrightarrow{NaOH} RNHSO_2Ph \xrightleftharpoons[HCl]{NaOH} (R{-}\overset{-}{N}SO_2Ph)Na^+$

(不溶于水)　　(溶于碱液)

仲胺：$R_2NH+PhSO_2Cl \xrightarrow{NaOH} R_2NSO_2Ph \xrightarrow{NaOH}$ 不溶解
（不溶于水）

叔胺：$R_3N+PhSO_2Cl \xrightarrow{NaOH}$ 无反应（仍为油状物）

（6）与醛、酮反应

伯胺、仲胺可与醛、酮的羰基发生亲核加成，生成氨基醇。氨基醇不稳定，立即发生脱水反应。如果是伯胺，脱水是通过失去碳上的羟基和氮上的氢实现的，产物是亚胺。脂肪族亚胺不稳定，很容易分解。芳香族亚胺比较稳定，可以分离出来，它们又称为 Schiff 碱：

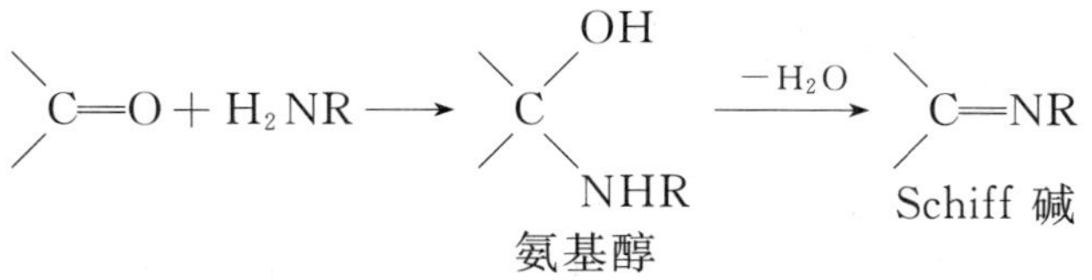


如果是仲胺，所失去的水是碳上的羟基和羰基 α 碳上氢，产物是烯胺：

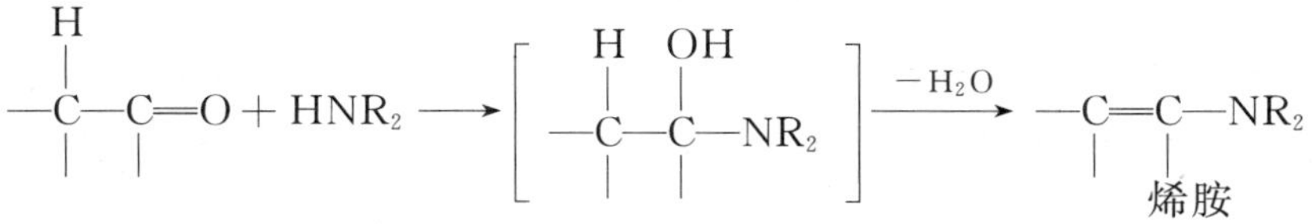


烯胺分子中氮上的未共用电子对与 π 键形成共轭体系，它可以写成两个共振结构式：

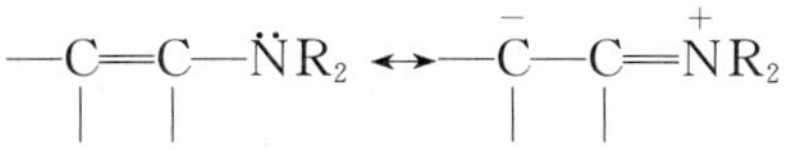

从后一共振式可以看出，β-碳原子具有亲核性，可与活泼的 RX，RCOX 等发生亲核取代反应：

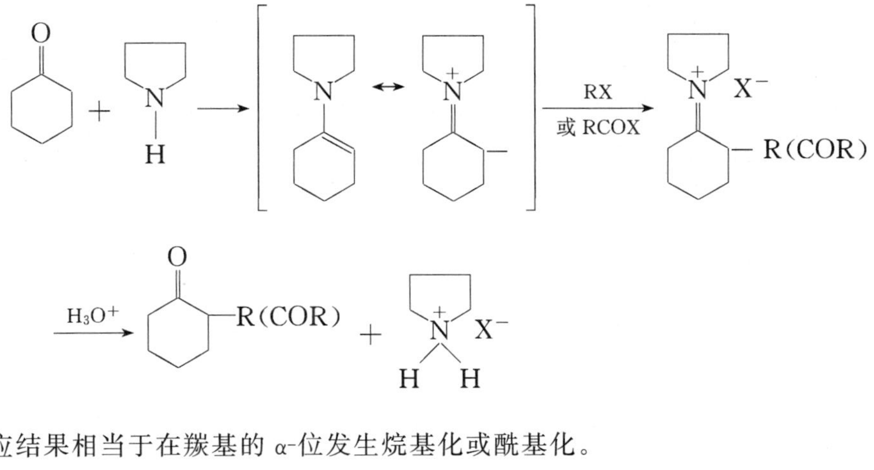


反应结果相当于在羰基的 α-位发生烷基化或酰基化。

所用仲胺通常是四氢吡咯 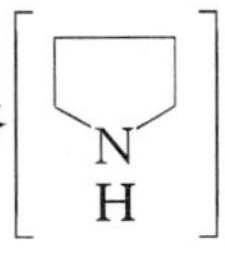，六氢吡啶 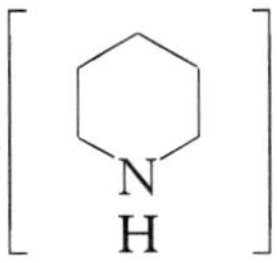，吗啉 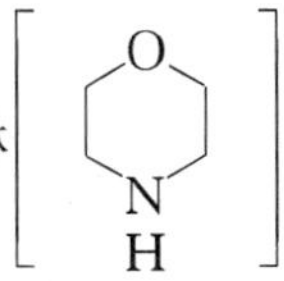 等，它们的 N 原子附近空阻小，易于反应。RX 或 $CH_3I$，$CH_2$═$CHCH_2X$，$PhCH_2X$，$XCH_2COOR$ 及 $XCH_2CN$ 等。酰化试剂除了酰卤 RCOX 外也选用酸酐 $(RCO)_2O$。

此外，烯胺还能与α，β-不饱和羰基化合物（α，β-不饱和醛、酮、酯、丙烯腈等）发生 Michael 反应。例如：

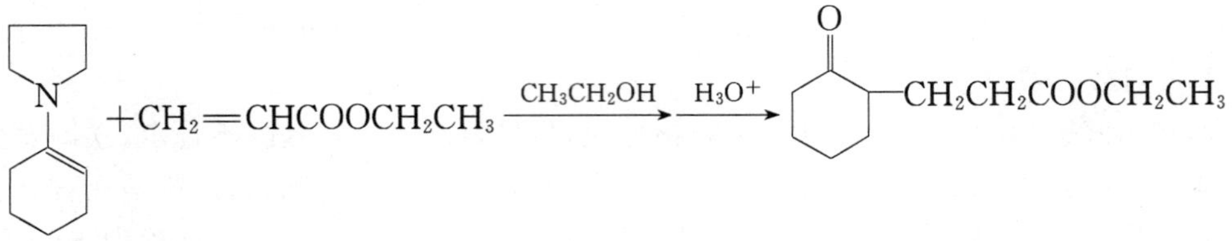


伯胺或仲胺还可与甲醛及具有α-H 的醛、酮在弱酸性溶液中反应得到 Mannich 碱，该反应称为 Mannich 反应：

$$CH_3COCH_2\text{—H} + H—\overset{\overset{\displaystyle O}{\|}}{C}—H + H—N(C_2H_5)_2 \xrightarrow{H^+} CH_3COCH_2CH_2N(C_2H_5)_2$$

Mannich 碱在加热时分解成α，β-不饱和醛、酮。

$$CH_3COCH_2CH_2N(C_2H_5)_2 \xrightarrow{\triangle} CH_3COCH{=}CH_2 + HN(C_2H_5)_2$$

$$PhCOCH_3 + HCHO + (CH_3)_2NH \cdot HCl \longrightarrow PhCOCH_2CH_2N(CH_3)_2$$

$$\xrightarrow{\triangle} PhCOCH{=}CH_2 + (CH_3)_2NH$$

（7）胺的氧化

脂肪胺很容易被氧化，产物复杂，在合成上用途不大。但叔胺用 $H_2O_2$ 或过氧酸氧化时生成 N-氧化物（又叫叔胺氧化物或氧化胺）。例如：

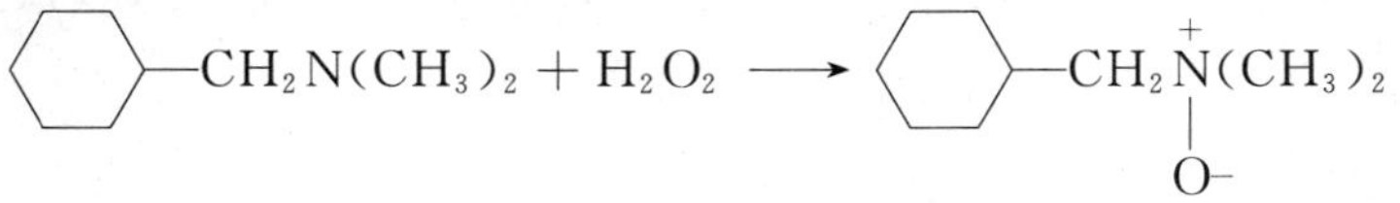


氧化胺为四面体结构，氮原子位于四面体中心，三个取代基和氧原子分别位于四面体的四个顶端。当氮上的三个基团不同时，氧化胺是手性分子，应有一对对映体。例如下面一对具有相反旋光性的对映体已经拆分得到。

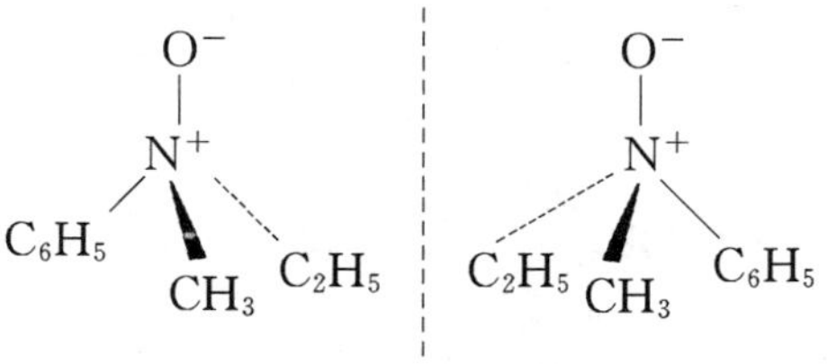


氧化胺的β碳上有氢时能发生热分解反应，得羟胺和烯烃：

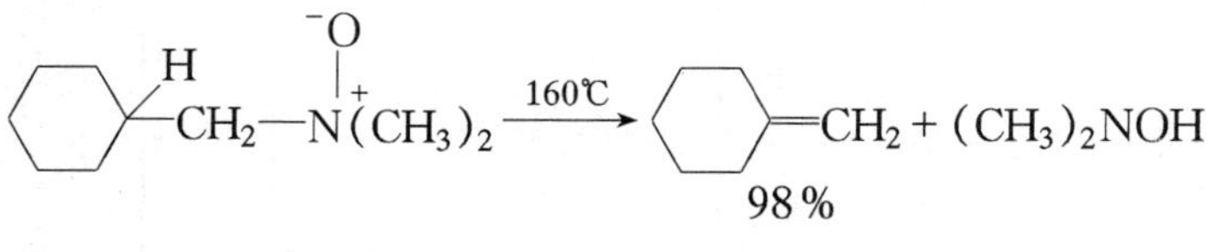


这个反应称为 Cope 消除，可用于烯烃的制备和从化合物上除氮。如果氧化胺存在两种不同的β-H 可被消除时，此热消除反应区域选择性较好，主要生成含取代基较少的

Hofmann 烯烃。在生成的 Saytzeff 烯烃中 E 型烯烃比 Z 型烯烃多。如：

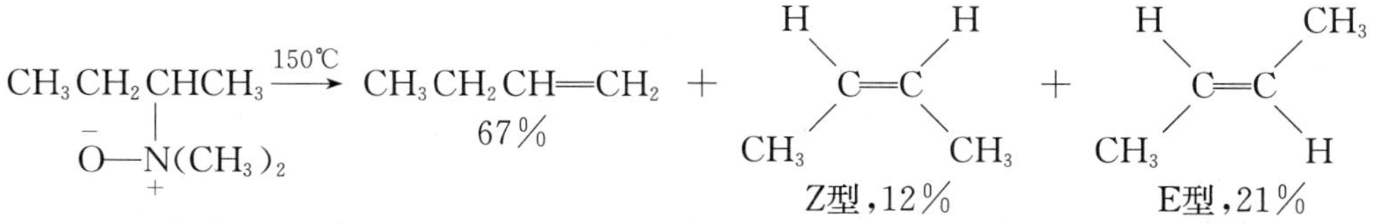

Cope 消除是顺式消除，反应经过五元环过渡态，氧作为碱进攻 β-H：

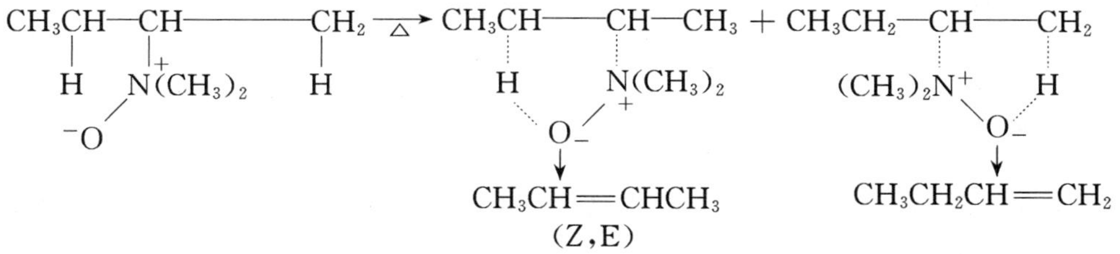

叔丁胺可被 $KMnO_4$ 氧化成硝基叔丁烷：

$$(CH_3)_3C—NH_2 \xrightarrow{KMnO_4} (CH_3)_3C—NO_2$$

2-甲基-2-硝基丙烷(83%)

苯胺用 $MnO_2/H_2SO_4$ 等氧化时，主要生成对苯醌：

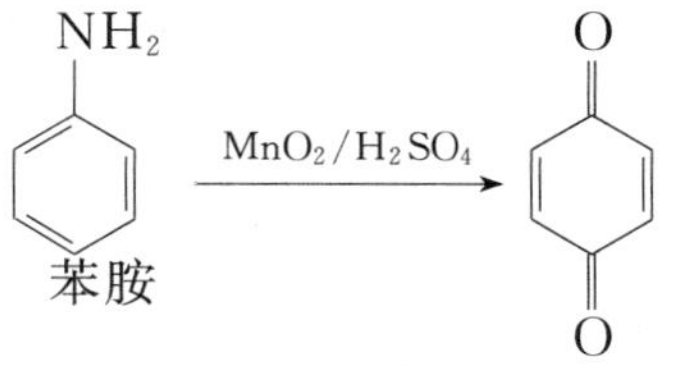

(8) 芳胺环上的亲电取代反应

① 卤化　芳胺在水溶液中与卤素的反应非常快。苯胺与氯或溴的反应产物为 2,4,6-三氯苯胺或 2,4,6-三溴苯胺：

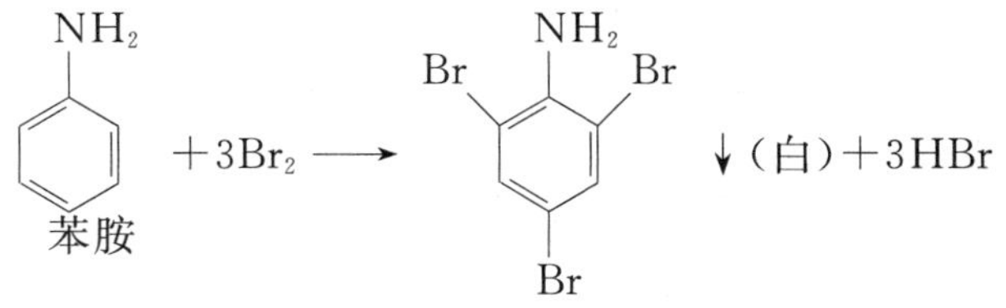

此反应定量完成，可用于苯胺的定量和定性分析。其他芳胺也发生类似反应，甚至活性较低的碘也可与苯胺反应，主要产物为对碘苯胺：

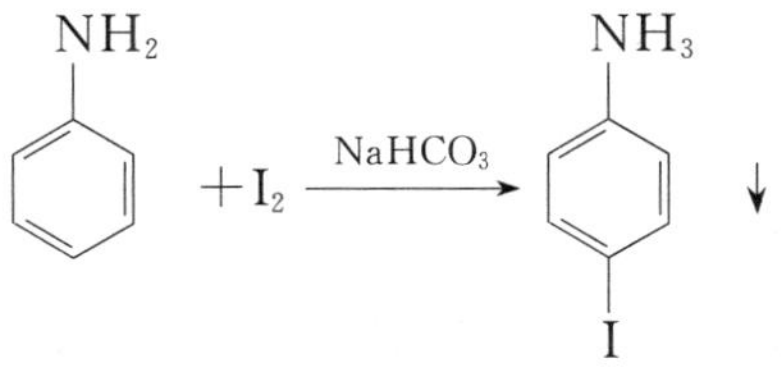

芳胺先进行氮的酰化，使芳环活性降低，再与溴或氯反应后水解，可得到一取代或二取代产物。例如：

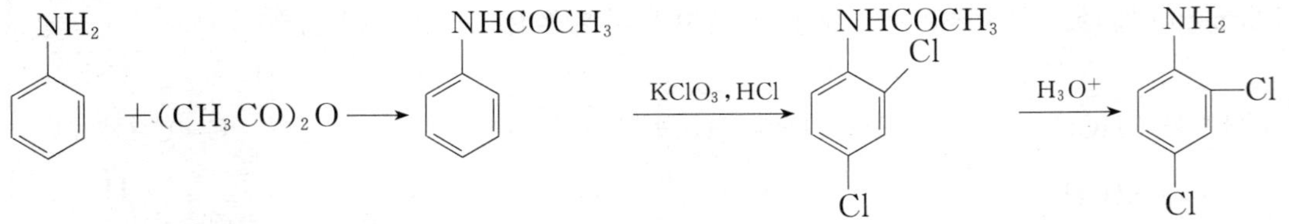

若将苯胺先溶于浓硫酸，在较高温度下氯化，由于质子化作用，生成间氯苯胺：

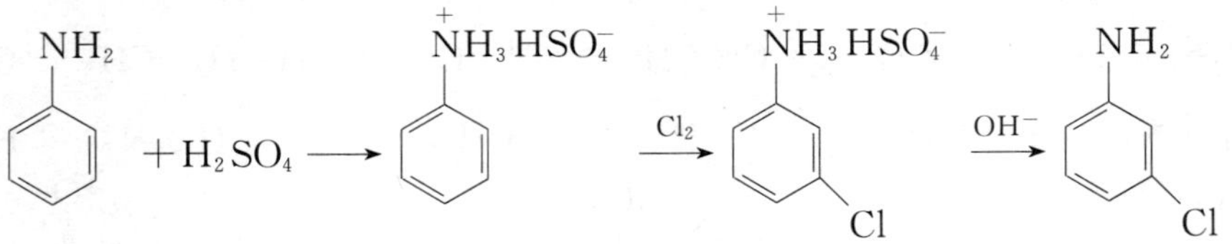

② 磺化　室温下苯胺用浓硫酸磺化，得邻、间、对一氨基苯磺酸的混合物。温度提高到 180℃以上，则生成对氨基苯磺酸：

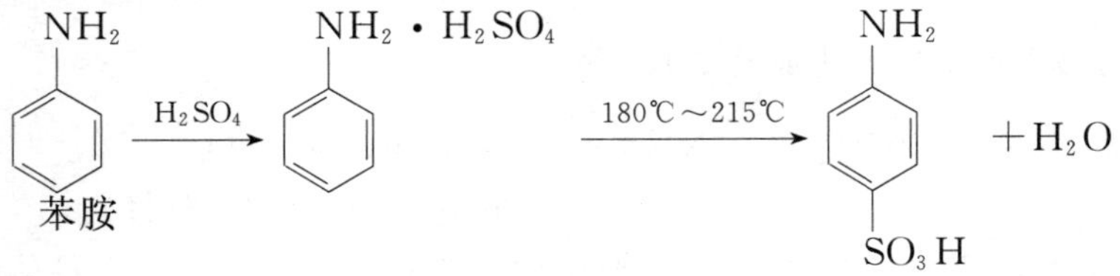

反应机理如下：

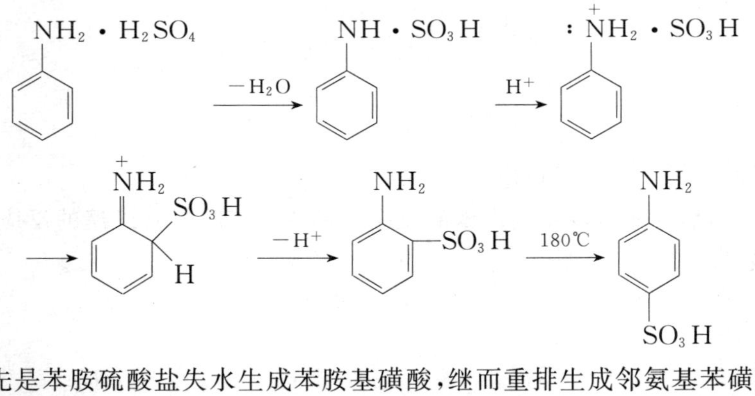

反应首先是苯胺硫酸盐失水生成苯胺基磺酸，继而重排生成邻氨基苯磺酸，最后生成热力学稳定的对氨基苯磺酸。这是工业上生产对氨基苯磺酸的方法。

③ 硝化　苯胺在浓硫酸中直接进行硝化，氨基接受一个质子变为间位定位基，因此主要产物是间硝基苯胺：

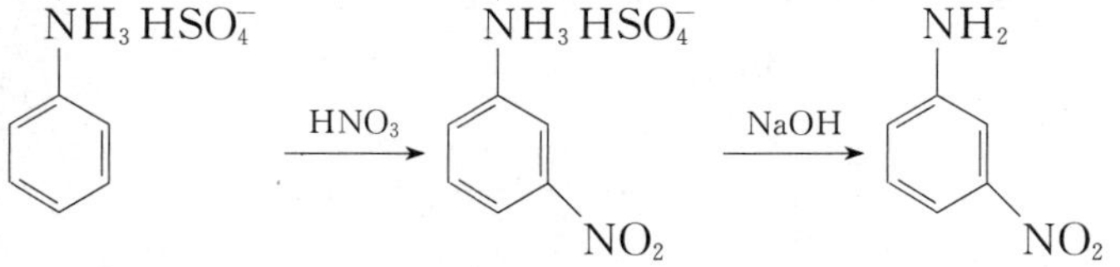

若将苯胺先进行酰化，然后再进行硝化和水解，可得到邻位或对位硝基苯胺：

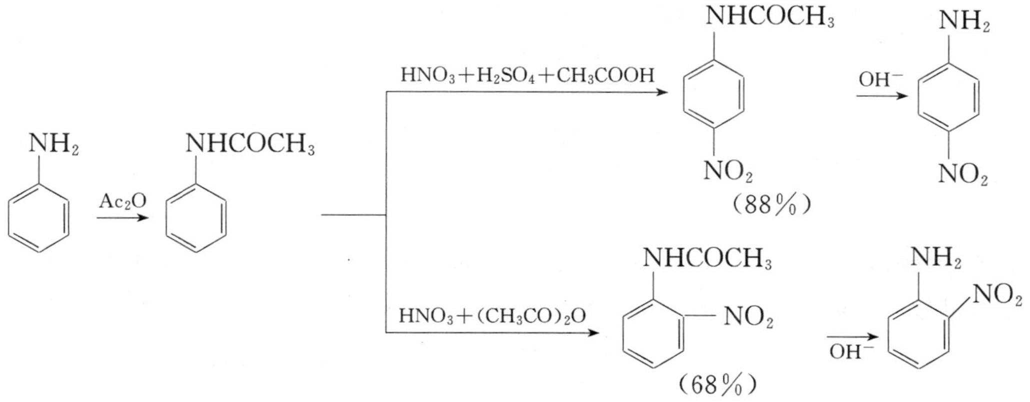


④ 氯磺化　苯胺在乙酐中与氯磺酸反应，生成对乙酰氨基苯磺酰氯：

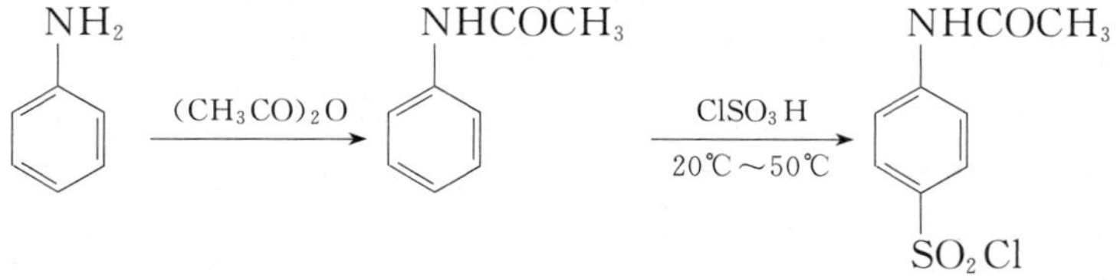


对乙酰氨基苯磺酰氯经氨化、水解、中和可制得磺胺药——对氨基苯磺酰胺：

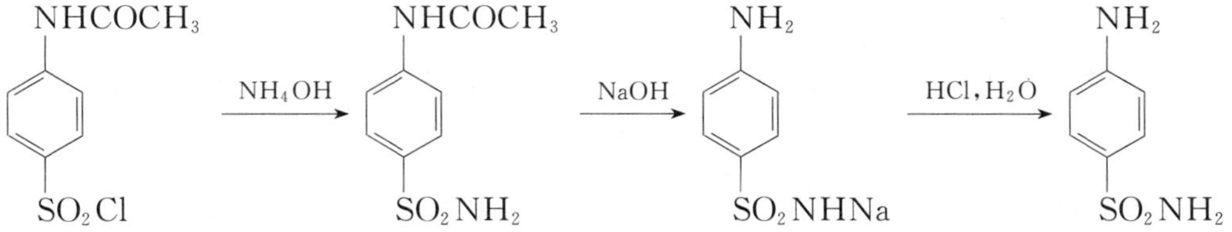


### 15.1.3　季铵盐和季铵碱

季铵盐在较高温度下分解成叔胺和卤代烃：

$$R_4N^+X^- \xrightarrow{\triangle} R_3N + RX$$

季铵盐与碱的水溶液作用时得不到游离的季铵碱，而得到含季铵碱的平衡混合物：

$$R_4N^+X^- + KOH \rightleftharpoons R_4N^+OH^- + KX$$

这个反应如果在醇溶液中进行，由于碱金属卤化物不溶于醇而能使反应进行到底。用氢氧化银代替氢氧化钾，反应也能顺利完成：

$$R_4N^+X^- + AgOH \longrightarrow R_4N^+\overline{O}H + AgX\downarrow$$

由叔胺与卤代烃作用生成的季铵盐具有盐的特性，能溶于水而不溶于非极性的有机溶剂中。季铵盐具有多种用途，工业上可用作表面活性剂、杀菌剂等，有机合成中可作为相转移催化剂等。季铵碱是强碱，碱性强度与氢氧化钠或氢氧化钾相当。它具有碱的一般特性，能吸收空气中的二氧化碳、易潮解、能溶于水。

季铵碱加热时发生分解反应，产物是叔胺和烯烃。例如：

$$(CH_3)_3\overset{+}{N}CH_2CH_3\overset{-}{O}H \xrightarrow{\triangle} (CH_3)_3N + CH_2{=}CH_2 + H_2O$$

三甲胺　　乙烯

反应为 E2 消除反应，$HO^-$ 为进攻碱：

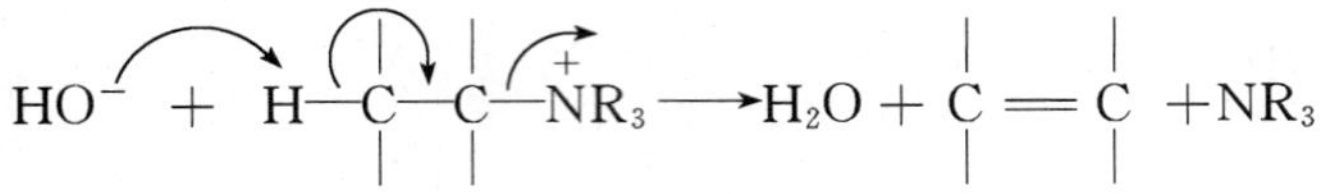

当季铵碱具有两种不同的β-氢时，在消除时可以得到多种烯烃，其中主要产物是双键上取代基较少的烯烃，即 Hofmann 烯烃。例如：

$$CH_3CH_2CH(\overset{+}{N}(CH_3)_3\overset{-}{O}H)CH_3 \xrightarrow{\triangle} \underset{5\%}{CH_3CH{=}CHCH_3} + \underset{95\%}{CH_3CH_2CH{=}CH_2}$$

决定这个反应的因素有两个，一个是β-氢的酸性，这是决定反应取向的主要因素。由于烷基是给电子基，β-位烷基越多，酸性越低，反之，β-位烷基越少或无烷基，酸性越强，氢越易以质子的形式离去。因而，被消除的β-氢反应次序为$—CH_3 > RCH_2— > R_2CH—$。对于上例化合物，1-位甲基上的氢酸性强于3-位亚甲基上的氢，故主要产物是1-丁烯。

但如果β-碳上有吸电子基团如苯基、乙烯基、羰基等可以产生吸电子的共轭效应，其β氢酸性会增强，容易发生消除反应。例如：

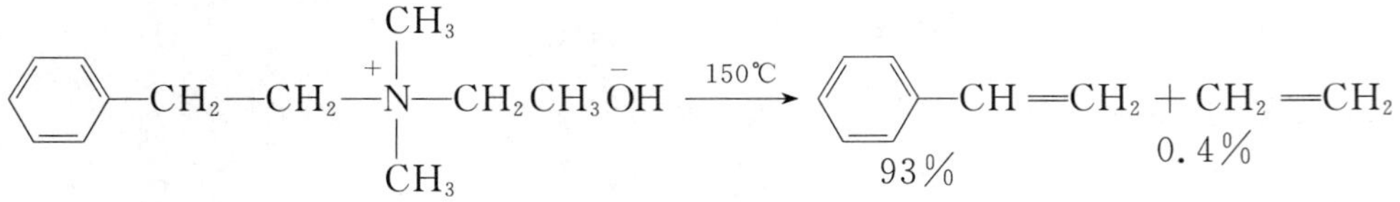

另一个因素是立体因素。这个反应是 E2 消除反应，要求被消除的氢与氮基团处于反式共平面位置。

对于不含β-H的季铵碱，热分解产物是叔胺和醇。如：

$$(CH_3)_4\overset{+}{N}OH^- \xrightarrow{\triangle} (CH_3)_3N + CH_3OH$$

当β氢的空间阻碍很大时，发生消除与取代竞争反应，其取代反应为主。例如：

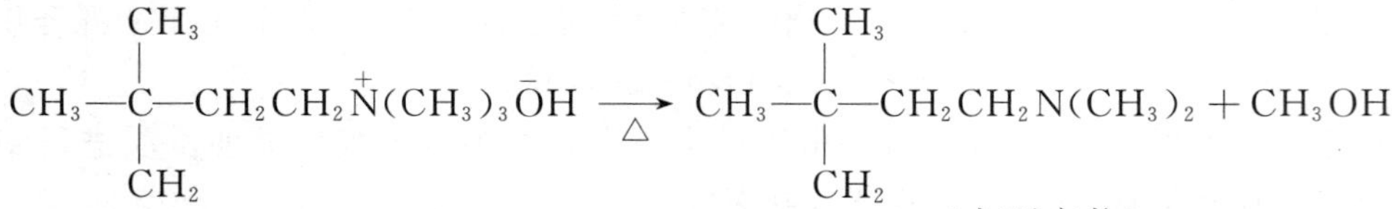

利用胺的烷基化反应和季铵碱的热分解性质，可推测某些胺的结构。例如一个未知结构的胺，先以过量碘甲烷使之彻底甲基化形成季铵盐，再与湿的氧化银（氢氧化银）作用，转化为相应的季铵碱，然后进行热分解，从消耗的 $CH_3I$ 摩尔数和生成烯烃的结构，便可推知原胺的结构。例如：

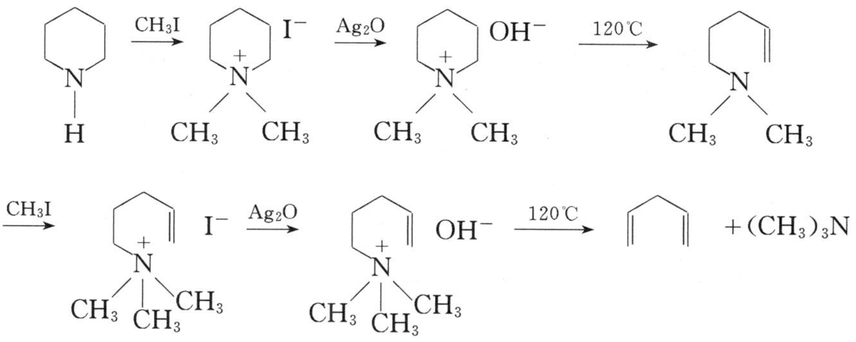

### 15.1.4 胺的制法

15.1.4.1 氨或胺的烃基化

利用氨或胺的烃基化反应，可以制备三种胺和季铵盐的混合物：

$$NH_3 \xrightarrow{RX} RNH_2 \xrightarrow{RX} R_2NH \xrightarrow{RX} R_3N \xrightarrow{RX} R_4N^{\oplus}X^{\ominus}$$

烃基化的混合物的沸点如果有一定的差距，可以通过分馏进行分离。通过控制不同的原料摩尔配比，可使其中某一种胺为主要产品。例如：

$$CH_3CH_2CH_2CH_2Br + NH_3(\text{过量}) \xrightarrow[47\%]{} CH_3CH_2CH_2CH_2NH_2 + NH_4Br$$

选择合适的胺和卤代烃，可得到含不同烃基的胺。例如：

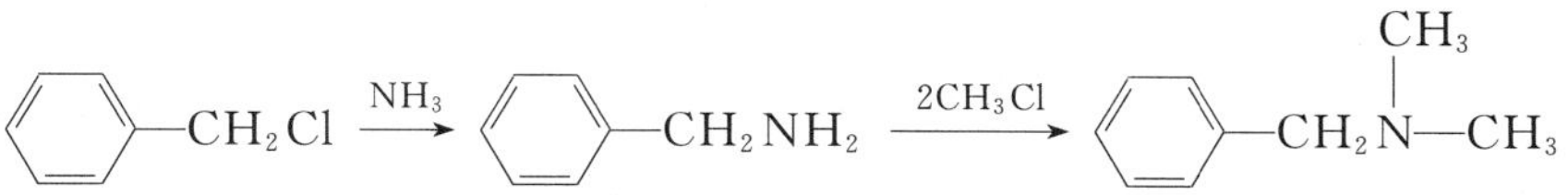

苄胺　　　　二甲基苄基胺

叔卤代烷因容易发生消除反应而不能利用氨的烃基化反应制备胺。

工业上，氨的烃基化是由醇与氨在高温(390℃～400℃)、加压(2.5 MPa～3.0 MPa)和催化剂存在下完成的。

苯环上含有强吸电子基的卤代芳烃也可与氨发生反应生成芳胺。如：

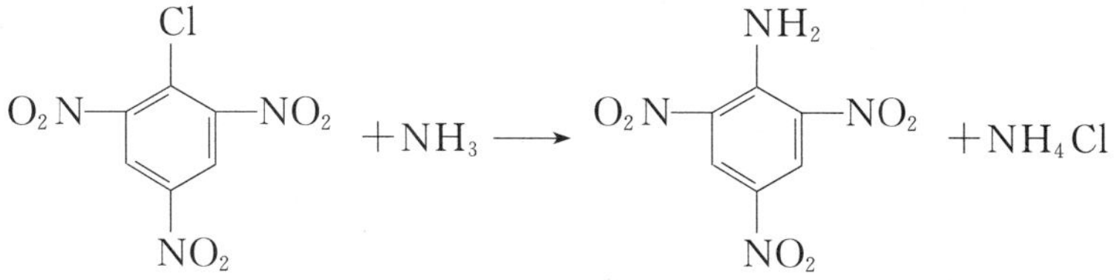

2,4,6-三硝基氯苯　　　　2,4,6-三硝基苯胺

苯环上无强吸电子基的卤代芳烃，需经强碱 $NaNH_2$ 或 $KNH_2$ 作用方能得到芳胺。例如：

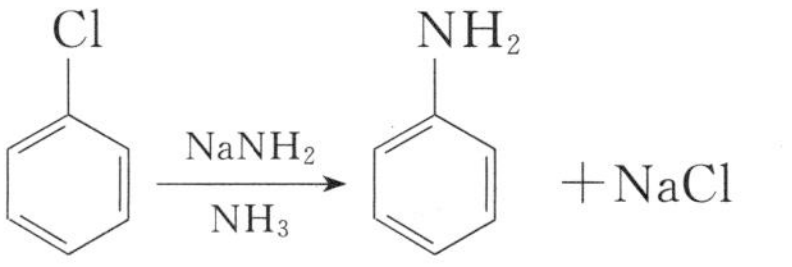

15.1.4.2 还原法

(1) 硝基化合物还原

硝基化合物经催化加氢还原法或用 Fe，Sn 或 Zn 与盐酸、或硫酸、醋酸的化学还原法，硝基被还原为氨基。如：

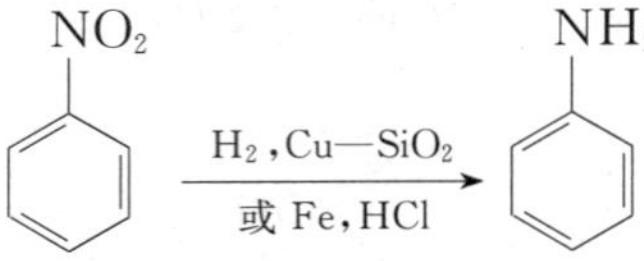

二硝基化合物用上述还原剂可还原为二元胺。但选用硫化铵、多硫化铵、硫氢化铵或硫化钠可只将一个硝基还原为氨基。

(2) 酰胺、肟、腈的还原

经催化氢化法（镍或钴为催化剂）或化学还原法，酰胺、肟、腈可还原为胺：

$$CH_3(CH_2)_{10}CONHCH_3 \xrightarrow{LiAlH_4} CH_3(CH_2)_{10}CH_2NHCH_3$$

N-甲基十二酰胺　　　甲基十二烷基胺（81%～95%）

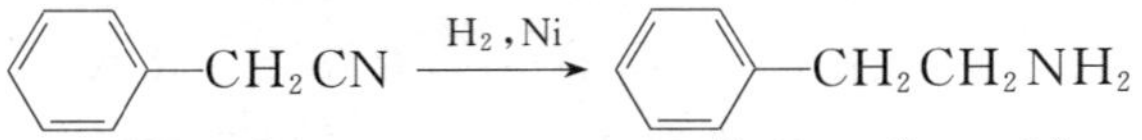

苯乙腈　　　2-苯基乙胺（87%）

$$CH_3(CH_2)_5CH{=}NOH \xrightarrow{Na,CH_3CH_2OH} CH_3(CH_2)_5CH_2NH_2$$

庚醛肟　　　正庚胺（73%）

(3) 醛、酮的还原胺化

醛、酮与氨缩合得亚胺。亚胺不稳定，在催化剂存在下同氢反应生成相应的伯、仲、叔胺。例如：

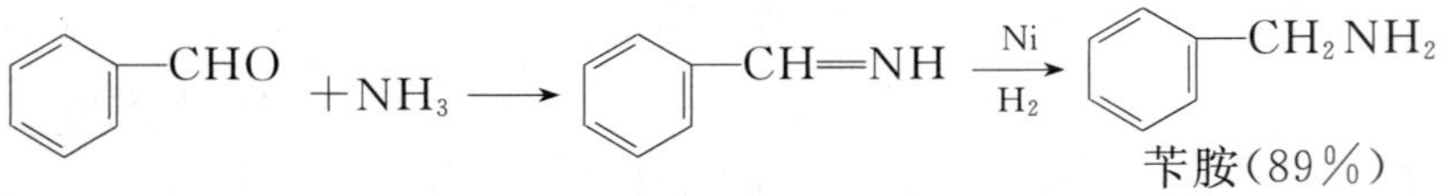

苄胺（89%）

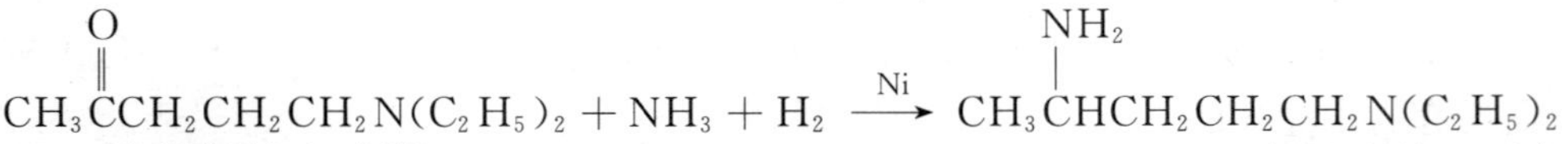

5-二乙基氨基-2-戊酮　　　4-氨基-1-二乙基氨基戊烷（85%）

醛、酮也可在高温下与甲酸铵反应得伯胺，这个反应为 Leuckart 反应，如：

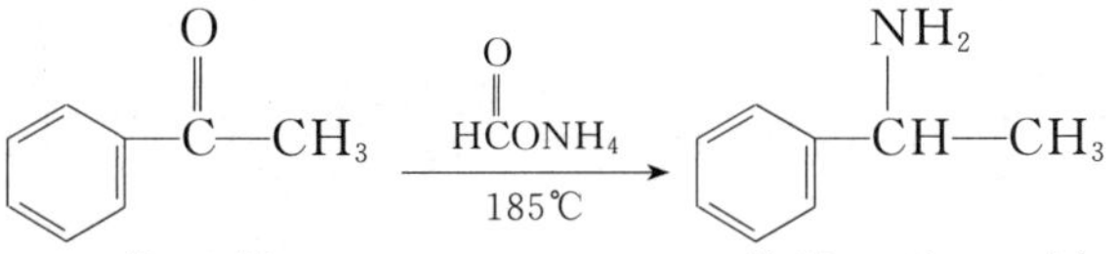

苯乙酮　　　a-苯基乙胺（66%）

反应中甲酸铵一方面提供氨，另一方面作为还原剂，反应过程如下：

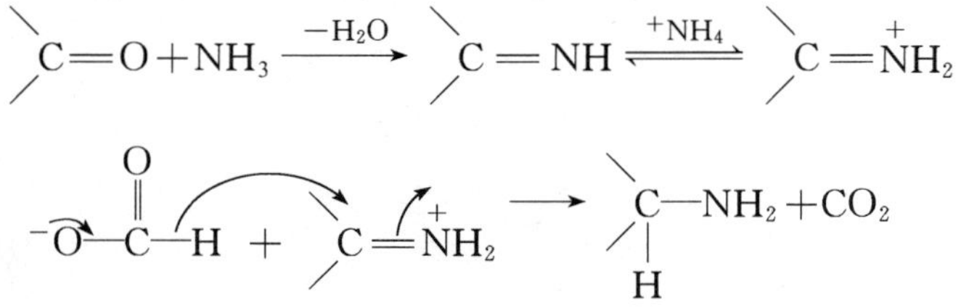

工业上以醇、氨、氢气制备胺，其中包括了以上反应。例如：

$$CH_3CH_2CH_2OH \xrightarrow{Ni—Cu—Al_2O_3} CH_3CH_2CHO \xrightarrow[-H_2O]{NH_3} CH_3CH_2CH{=}NH$$

$$\xrightarrow{H_2} CH_3CH_2CH_2NH_2$$

二分子羰基化合物与一分子氨反应，可以用于制备对称的仲胺。例如：

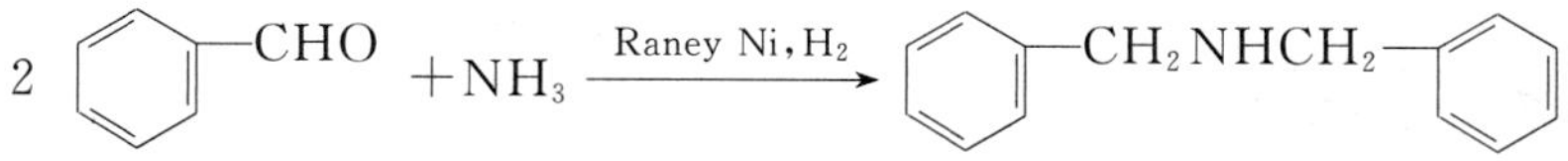

苯甲醛　　　　二苄基胺(67%)

一种制备叔胺的方法是通过伯胺或仲胺与甲醛、甲酸共热，甲基化后生成叔胺。该反应为 Eschweiler-Clarke 反应。例如：

$$C_{18}H_{37}NH_2 + 2HCHO + 2HCOOH \xrightarrow{30℃\sim35℃} C_{18}H_{37}N(CH_3)_2 + 2H_2O + 2CO_2$$

十八烷基胺　　　　二甲基十八烷基胺

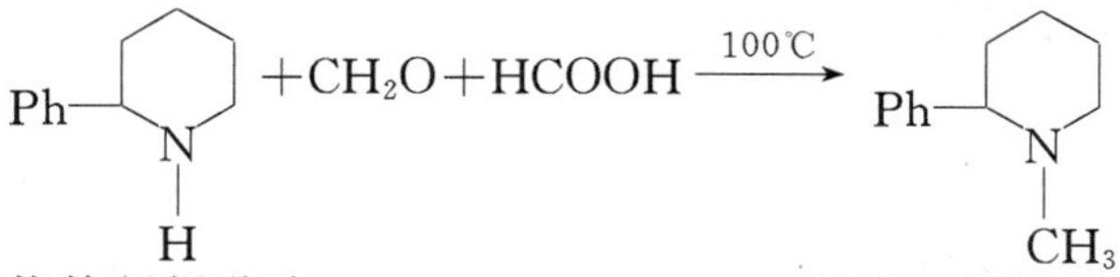

2-苯基六氢吡啶　　　　N-甲基-2-苯基六氢吡啶(94%)

反应过程如下：

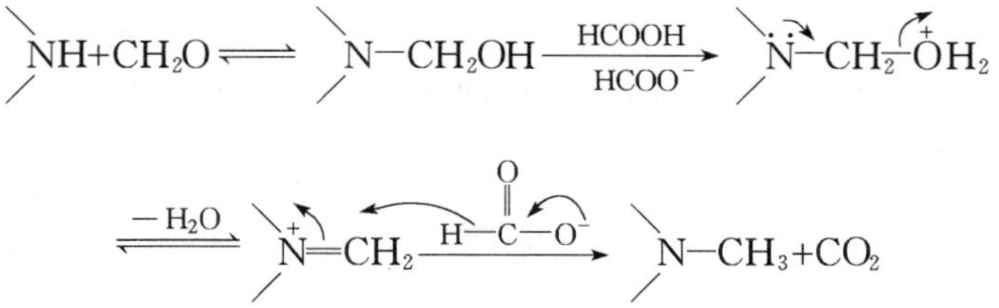

15.1.4.3　Gabriel 合成法

苯酐依次与 $NH_3$，KOH，RX 反应生成 N-烃基取代的邻苯二甲酰亚胺。然后，在碱性条件下水解或肼解，便可制得纯净的伯胺。例如：

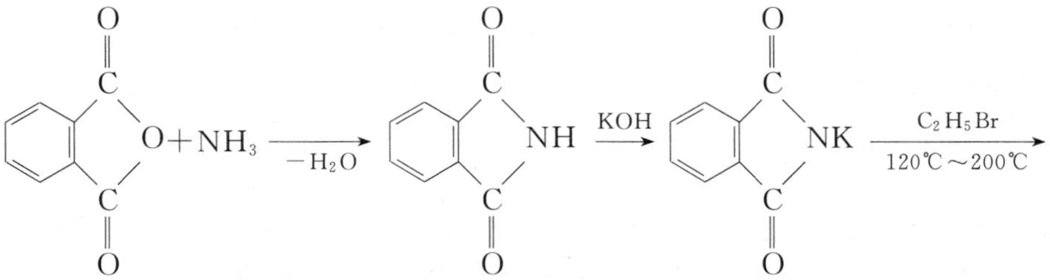

邻苯二甲酰亚胺

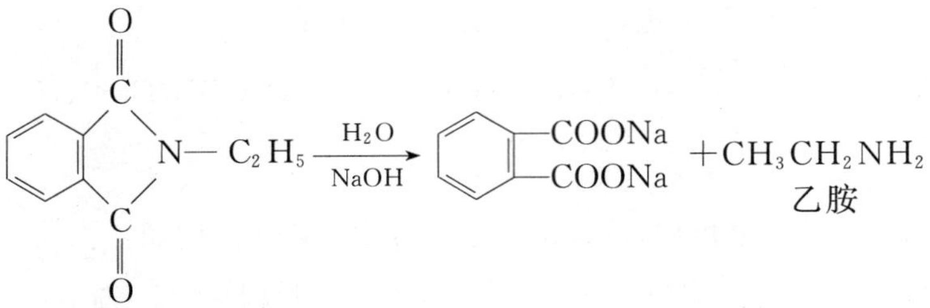

N-乙基邻苯二甲酰亚胺　　　　乙胺

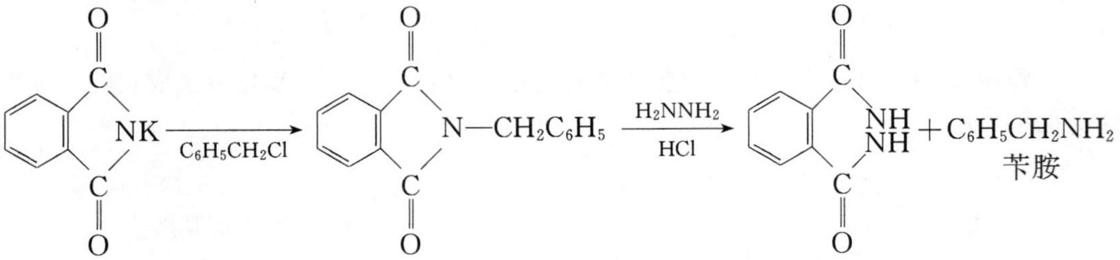

N-苄基邻苯二甲酰亚胺　　　　苄胺

15.1.4.4　通过重排反应

利用 Hofmann 重排反应，将氮原子上未被取代的酰胺用次氯酸钠或次溴酸钠处理，得到比原分子少一个碳的伯胺：

$$R—CONH_2 \xrightarrow{Br_2, NaOH} RNH_2 + CO_2$$

类似地，利用 Curtius 重排反应和 Schmidt 重排反应，也可得到伯胺。

利用联苯胺重排反应，可由硝基苯化合物得到联苯胺类化合物。例如：

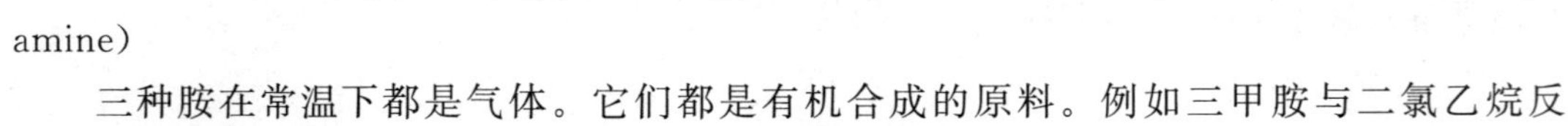

硝基苯　　　　氢化偶氮苯　　　　4,4′-二氨基联苯（70%）

## 15.1.5　个别化合物

15.1.5.1　甲胺、二甲胺和三甲胺（Methylamine，dimethylamine and trimethylamine）

三种胺在常温下都是气体。它们都是有机合成的原料。例如三甲胺与二氯乙烷反应，可制得植物生长调节剂——氯化三甲基-2-氯乙基铵——矮壮素：

$$ClCH_2CH_2Cl + (CH_3)_3N \xrightarrow[4.5\ MPa]{110℃, 10h} ClCH_2CH_2\overset{+}{N}(CH_3)_3Cl^-$$

氯化三甲基-2-氯乙基铵

矮壮素具有防止小麦倒伏和棉花徒长，减少蕾铃脱落和抗霜冻、抗盐碱等作用。

工业上甲胺、二甲胺和三甲胺可由甲醇和氨的混合，氧化铝催化下，加热脱水制得：

$$CH_3OH + NH_3 \xrightarrow[380℃\sim450℃,\ 5\ MPa]{Al_2O_3} CH_3NH_2 \xrightarrow[Al_2O_3, 380℃\sim450℃,\ 5\ MPa]{CH_3OH}$$

$$(CH_3)_2NH \xrightarrow[\text{Al}_2\text{O}_3,380℃\sim450℃,\ 5\ \text{MPa}]{CH_3OH} (CH_3)_3N$$

也可由甲醛胺化而制得——将氯化铵和甲醛溶液共热至干，可制得甲胺盐酸盐。其中含有少量二甲胺和三甲胺的盐：

$$2CH_2O+NH_4Cl \longrightarrow \underset{45\%\sim51\%}{CH_3NH_2 \cdot HCl}+HCOOH$$

氯化铵在较高温度下和三聚甲醛共热，主要产物为三甲胺盐酸盐：

$$3(CH_2O)_3+2NH_4Cl \xrightarrow{160℃} \underset{89\%}{2(CH_3)_3N \cdot HCl}+3CO_2+3H_2O$$

胺的盐酸盐加入碱后，就游离出相应的胺。

15.1.5.2　乙二胺(Ethylenediamine)

乙二胺 $H_2NCH_2CH_2NH_2$ 是粘稠液体，沸点 117℃，可由 1,2-二氯乙烷与氨作用制得：

$$ClCH_2CH_2Cl+4NH_3 \xrightarrow[1\ \text{MPa}]{110℃\sim150℃} H_2NCH_2CH_2NH_2+2NH_4Cl$$

也可由环氧乙烷与氨作用或由乙醇氨与氨作用而得：

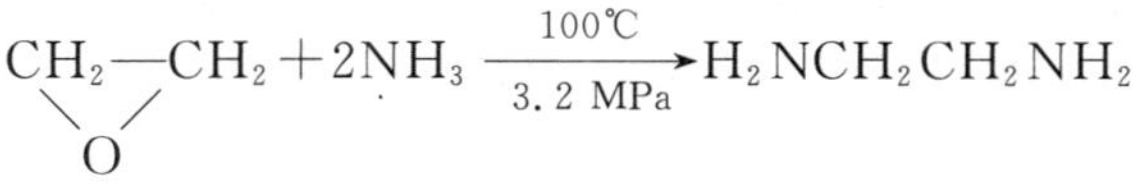

$$HOCH_2CH_2NH_2+NH_3 \longrightarrow H_2NCH_2CH_2NH_2+H_2O$$

乙二胺有较多用途，可以用作环氧树脂固化剂、橡胶硫化促进剂、酸性气体净化剂、照相显影的添加剂，也用作合成农药杀菌剂(如代森锌、代森铵)、活性染料、纺织品整理剂、金属螯合剂 EDTA 等的原料。

15.1.5.3　苯胺(Aniline)

苯胺为无色油状液体，沸点 184.4℃，密度 1.0216，在空气中很快被氧化，变为黄色以至棕黑色。微溶于水，溶于乙醚、乙醇、苯等有机溶剂中。

苯胺的工业制备方法主要是硝基苯的铁屑还原法或催化加氢法：

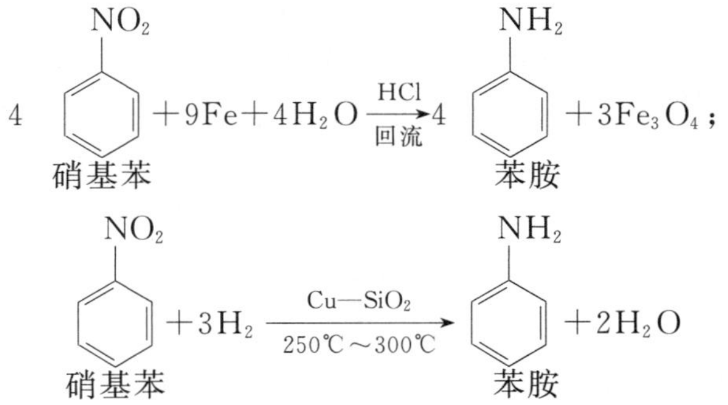


催化加氢还原法，苯胺的产率可高达理论量的 98%～99%，适于大规模连续化生产。

苯胺遇漂白粉变成紫色，可用来检验苯胺。苯胺是重要的工业原料，用来合成染料、药物及橡胶助剂等。

# § 15.2　硝基化合物（Nitro compounds）

烃分子中一个或几个氢原子被硝基（$-NO_2$）取代所形成的化合物称为硝基化合物。根据烃基的不同，可以分为脂肪族硝基化合物和芳香族硝基化合物；根据分子中硝基的数目，又可分为一硝基化合物和多硝基化合物；根据硝基所连接的碳原子类型而又可分为伯、仲、叔硝基化合物。一硝基化合物的通式为 $R-NO_2$，它与亚硝酸酯 R-ONO 互为同分异构体。

### 15.2.1　结构和命名

硝基化合物的经典结构可用下式表示：

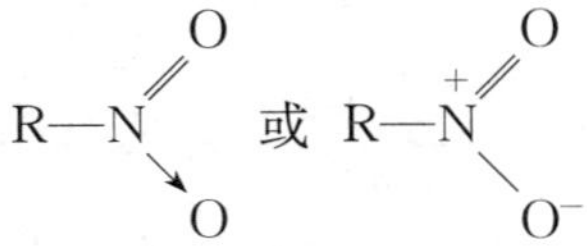

在经典式中，氮原子与一个氧原子以共价键相结合，与另一个氧原子则以配价键相结合。但电子衍射证明，硝基中的两个氮氧键是相同的。因此，硝基中的两个氮氧键既不是一般的氮氧双键，也不是一般的氮氧单键，而是趋于平均化。氮原子以 $sp^2$ 杂化轨道与碳和氧原子形成共平面的三个 σ 键，氮原子未参加杂化的一对电子的 p 轨道与二个氧原子的 p 轨道形成共轭体系，平均分布在两个氧原子上，两个氮氧键键长相等。因此，硝基化合物的分子结构又可用下列图式表示：

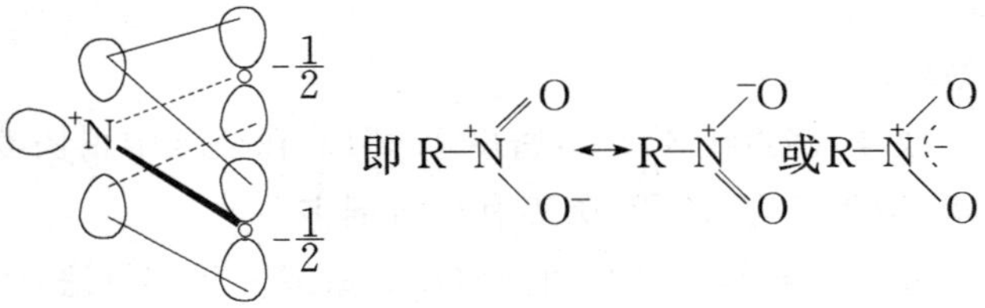

硝基化合物的命名与卤代烃相似，把硝基作为取代基，称硝基某烃，例如：

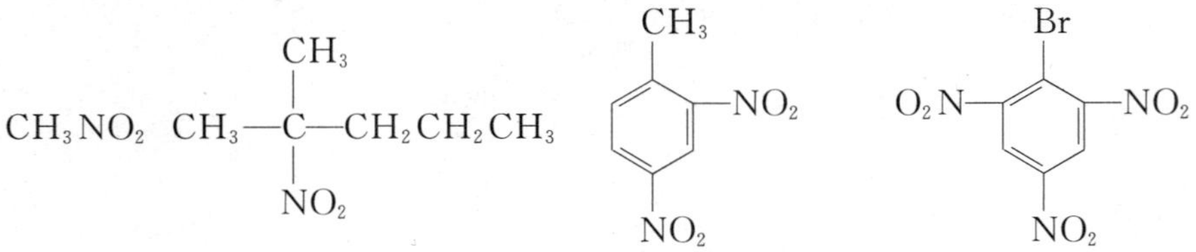

硝基甲烷　　2-甲基-2-硝基戊烷　　2,4-二硝基甲苯　　2,4,6-三硝基溴苯

### 15.2.2　硝基化合物的性质

15.2.2.1　硝基化合物的物理及波谱性质

硝基是一个强极性基，硝基化合物的偶极矩较大。如硝基甲烷（$CH_3NO_2$）$\mu=3.46D$，硝基苯（$C_6H_5NO_2$），$\mu=4.21D$。所以它们的沸点都很高。比相应的亚硝酸酯的沸点高许多。例如硝基乙烷（$C_2H_5NO_2$）沸点 114℃，而亚硝酸乙酯（$C_2H_5ONO$）沸点仅 17℃。

脂肪族硝基化合物一般为高沸点液体，略带黄色，有类似氯仿的气味。芳香族硝基化合物中，单环一硝基化合物为高沸点液体，多硝基及稠环硝基化合物为深黄色或浅黄色结晶固体。多硝基化合物具有爆炸性，例如三硝基甲苯（TNT）用作炸药。硝基化合物略溶或不溶于水，溶于有机溶剂。液体硝基化合物能溶解许多无机盐，如硝基苯能溶解无水三氯化铝，它们之间能形成复合物：

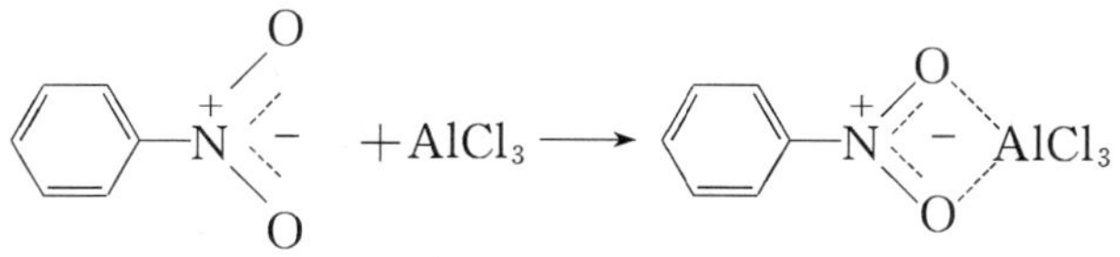

所以在某些以三氯化铝为催化剂的反应中，可用硝基苯作溶剂。

硝基化合物的硝基有两个氮氧键，它的 IR 有两个对称和反对称的伸缩振动吸收峰，其中脂肪族硝基化合物分别在 1385～1350 $cm^{-1}$ 和 1565～1545 $cm^{-1}$ 处，芳香族硝基化合物分别在 1325～1290 $cm^{-1}$ 和 1550～1500 $cm^{-1}$ 处。在 $^1$HNMR 中，脂肪族硝基化合物 α-H 的化学位移移向低场，$\delta_H$ 为 4～5，芳香族硝基化合物芳环上氢的 $\delta_H$ 为 6～8。

15.2.2.2　硝基化合物的化学性质

（1）与碱作用

含有 α-氢原子的伯或仲硝基烷（$RCH_2NO_2$ 或 $R_2CHNO_2$），能与强碱作用生成盐，即能溶于 NaOH 等强碱溶液。

$$RCH_2NO_2 + NaOH \longrightarrow (RCHNO_2)^- Na^+ + H_2O$$

$$R_2CHNO_2 + NaOH \longrightarrow (R_2CNO_2)^- Na^+ + H_2O$$

叔硝基化合物（$R_3CNO_2$）不发生上述反应。其原因是硝基的吸电子诱导效应使与之相连的碳原子上氢（α-氢）活化，产生两个互变异构体——硝基式和酸式，类似于羰基化合物中的酮式和烯醇式互变异构：

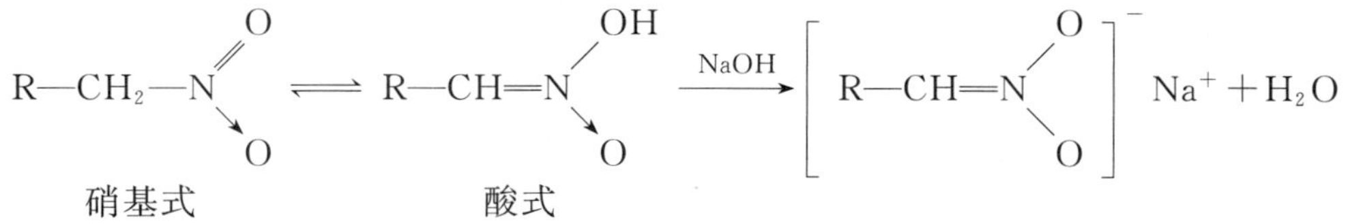

酸式可与强碱生成盐。叔硝基化合物无 α-氢，不存在这种互变异构，因而不溶于 NaOH 溶液。

（2）还原

硝基化合物容易被还原，在强烈的还原条件下，例如用氢化铝锂（$LiAlH_4$）、催化加氢、铁和盐酸还原时，生成相应的胺：

$$RNO_2 + 6[H] \xrightarrow[Fe+HCl]{H_2, Pt 或} RNH_2 + 2H_2O$$

芳香族硝基化合物的还原是制备芳胺的主要方法。在不同的还原体系中，芳香族硝基化合物可被还原成不同的产物。以硝基苯为例，在还原时，有许多中间产物生成，最后产物是苯胺，其还原过程可表示如下：

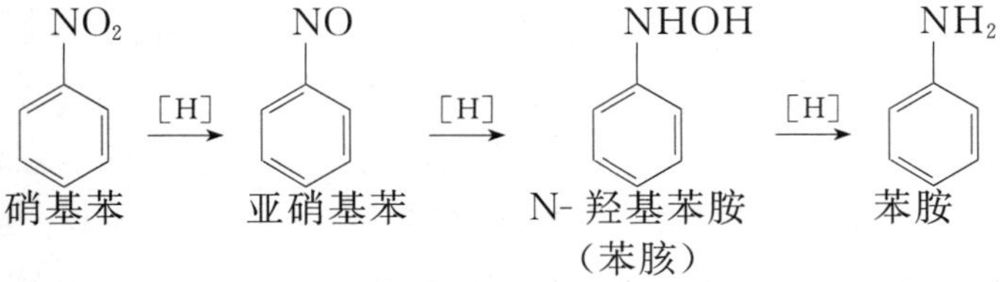


反应介质对反应产物有很大的影响，用不同的介质（酸性、中性或碱性），可以得到不同的产物。

① 在酸性介质中还原　硝基苯用金属（铁或锡）和盐酸为还原剂还原时，得到苯胺：

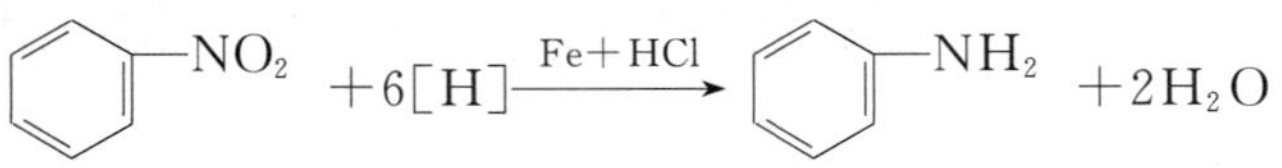


在酸性介质中，中间产物亚硝基苯、N-羟基苯胺，比硝基苯更容易被还原，因此，它们不能分离出来。

② 在中性介质中还原　用锌粉和氯化铵在水溶液中还原硝基苯，得到N-羟基苯胺：

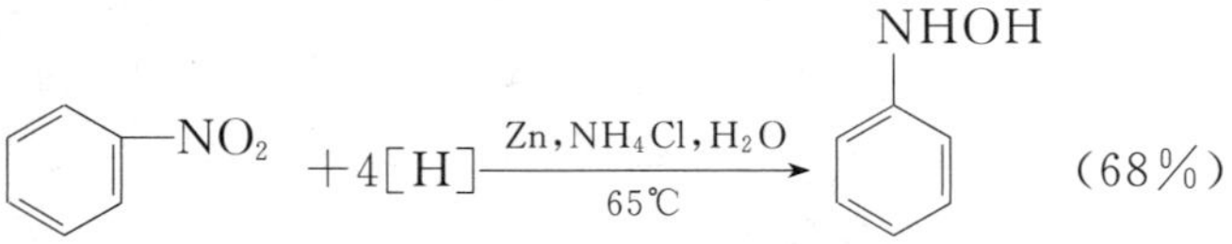


③ 在碱性介质中还原　在碱性介质中还原时，不同的还原剂可以得到不同的产物，一般都是由中间产物缩合及进一步反应而生成的双分子还原产物：

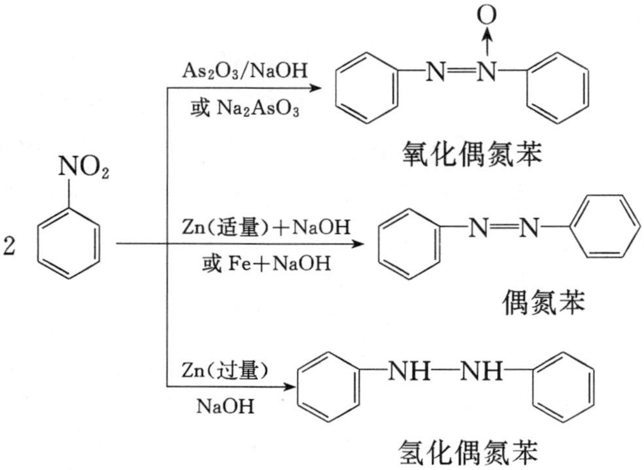


硝基苯用亚砷酸钠溶液还原，主要得到氧化偶氮苯。可能这是由中间产物亚硝基苯和N-羟基苯胺经缩合而生成的：

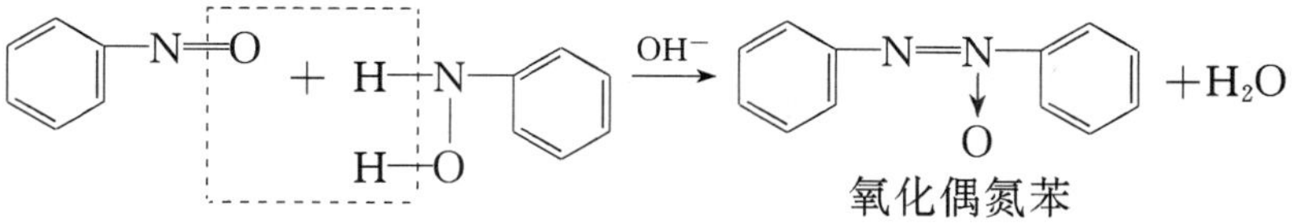

氧化偶氮苯

硝基苯用适量的锌粉在氢氧化钠溶液还原，主要得到橙红色的固体偶氮苯。可能这是由两分子中间物 N-羟基苯胺经缩合而生成的：

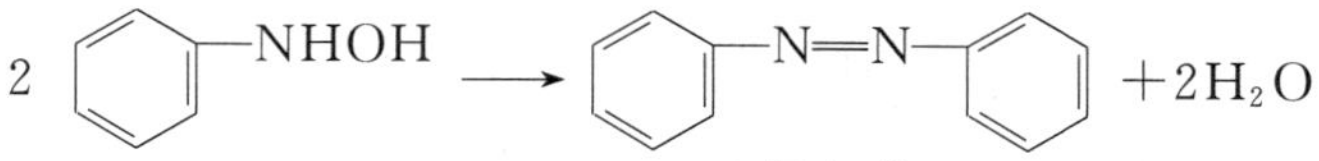

偶氮苯

硝基苯用过量的锌粉在氢氧化钠溶液中还原，主要得到无色固体氢化偶氮苯。这可能是由偶氮苯进一步还原而生成的。

④ 联苯胺重排　氢化偶氮苯在强酸（硫酸或盐酸）作用下发生重排：

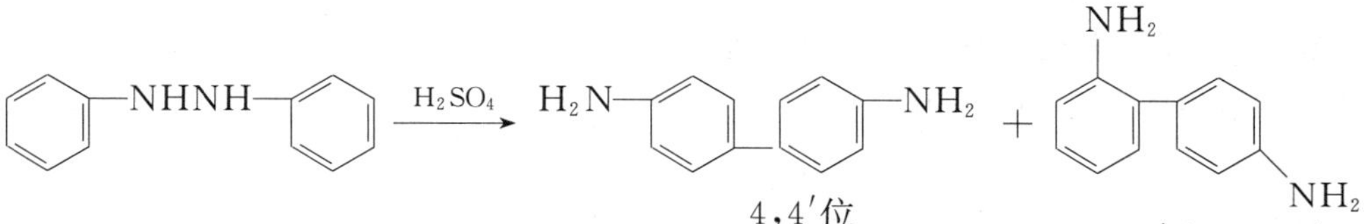

4,4′位（联苯胺）70%　　2,4′位～29%

产物以 4,4′-二氨基联苯（联苯胺）为主，因此称为联苯胺重排。反应机理如下：

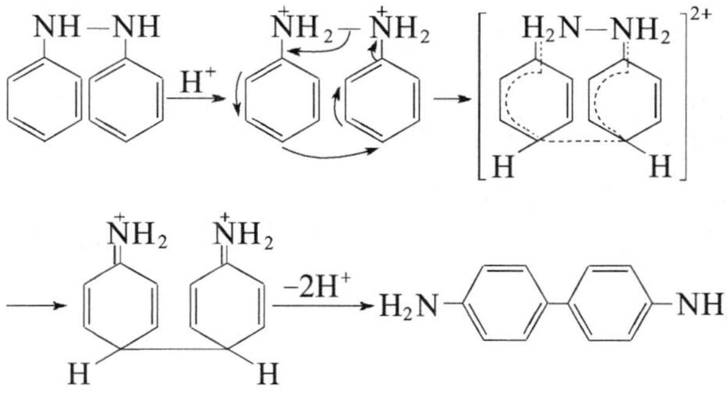

如果氢化偶氮苯的某一对位被占据，则重排在邻位。例如：

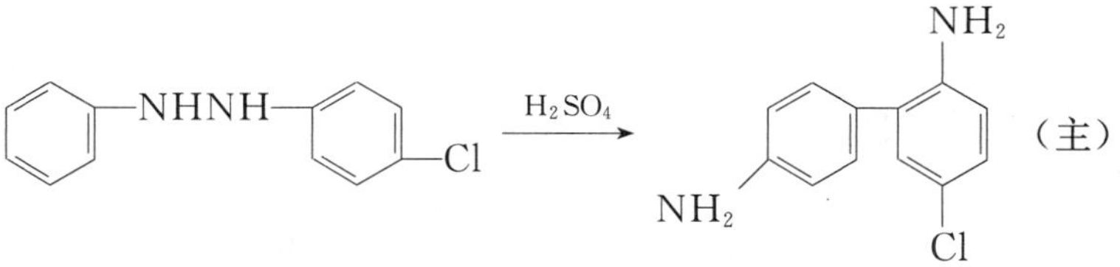

如果氢化偶氮苯的二个 4,4′位置上的氢都被取代时，则主要发生以下重排：

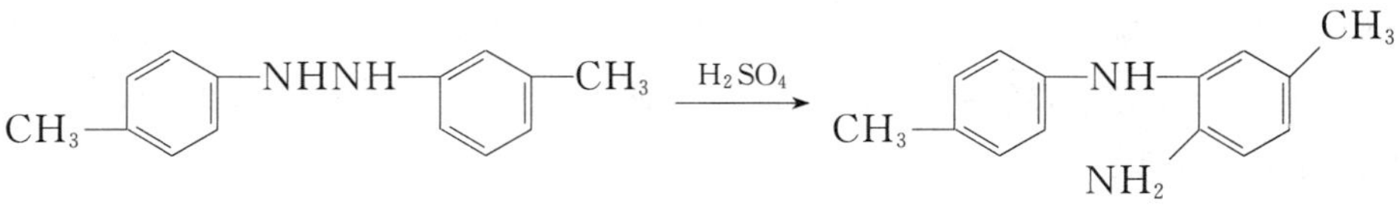

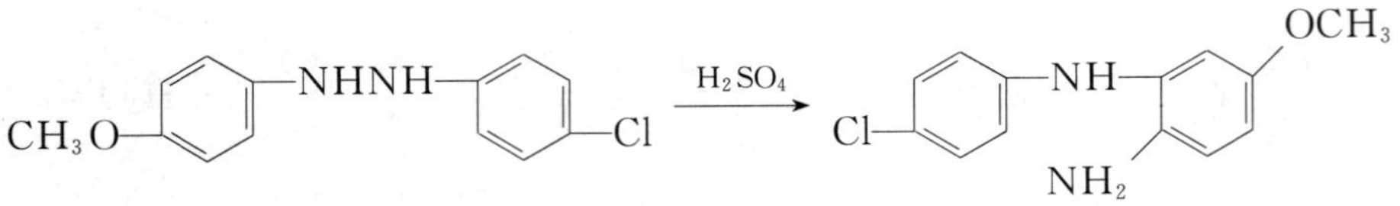

⑤ 多硝基化合物的选择还原　钠或铵的硫化物或多硫化物，如硫化钠、硫化铵、硫氢化钠、硫氢化铵或多硫化铵等，以及氯化亚锡和盐酸，可以选择地将多硝基化合物中的一个硝基还原成氨基。如：

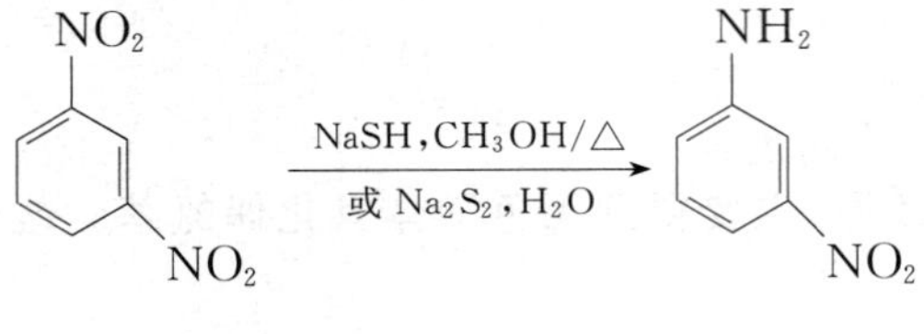

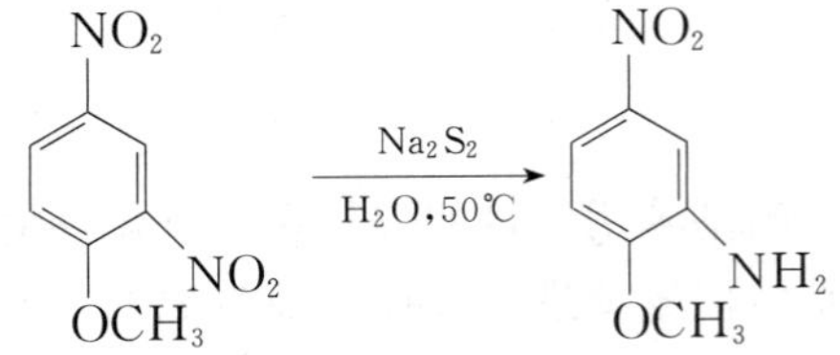

(3) 与羰基缩合反应

具有 α-氢的硝基化合物在碱催化下能与醛酮发生缩合反应。反应首先生成碳负离子，然后再与羰基发生加成作用。如：

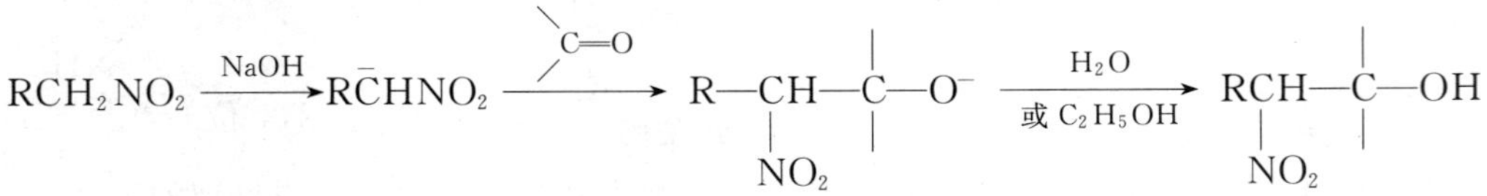

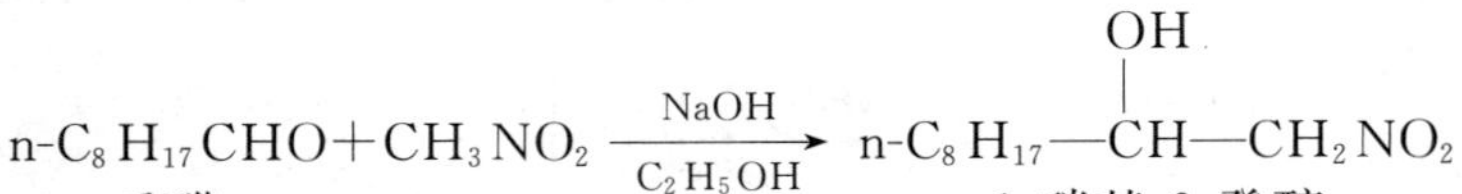

壬醛　　　　　　　　1-硝基-2-癸醇

(4) 硝基对芳环上取代基性质的影响

硝基是一个强的吸电子基，它的影响可以通过苯环传递到邻、对位的取代基上，而在间位的取代基受其影响较弱。例如邻硝基苯酚和对硝基苯酚的酸性比间硝基苯酚酸性要强一些：

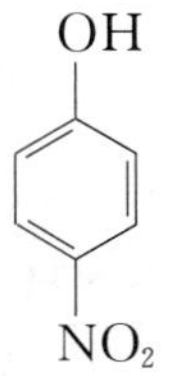

pKa 为 7.16

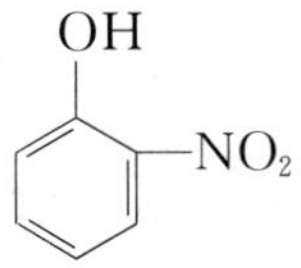

pKa 为 7.21；

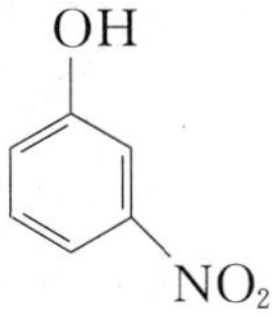

pKa 为 8.0

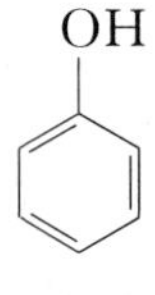

pKa 为 9.9

再如，氯苯与氢氧化钠共热到 200℃也不能水解成苯酚。但在卤原子的邻、对位上有硝基时，卤原子活性增强，较易发生取代反应。而且，邻、对位上的硝基数目越多，卤原子的活性也越大。例如：

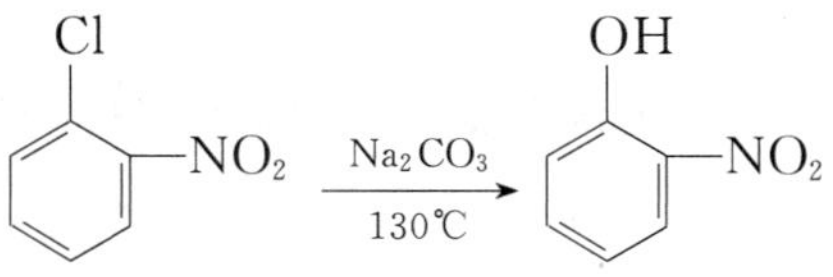

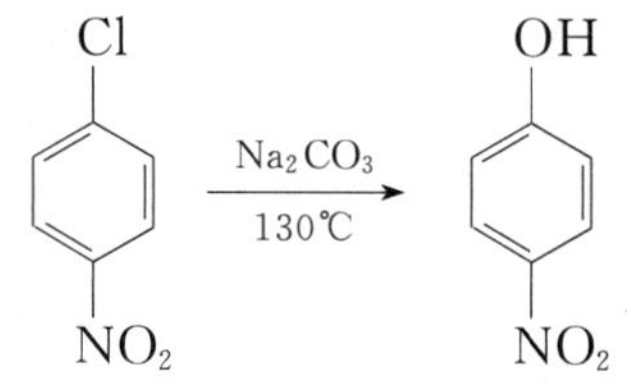

邻硝基苯酚　　对硝基苯酚

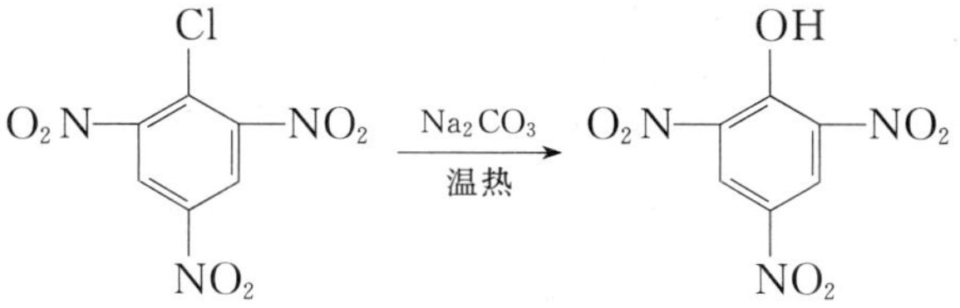

2,4,6-三硝基苯酚

硝基氯苯的水解反应为亲核取代反应。与氯原子相连的碳原子上电子云密度愈低，愈有利于亲核试剂进攻，水解反应愈易进行。当氯原子的邻位或对位有硝基时，由于硝基强的吸电子诱导效应和共轭效应的影响，使氯原子所连接的碳原子上的电子云密度降低，所以邻硝基氯苯和对硝基氯苯的水解比较容易进行。

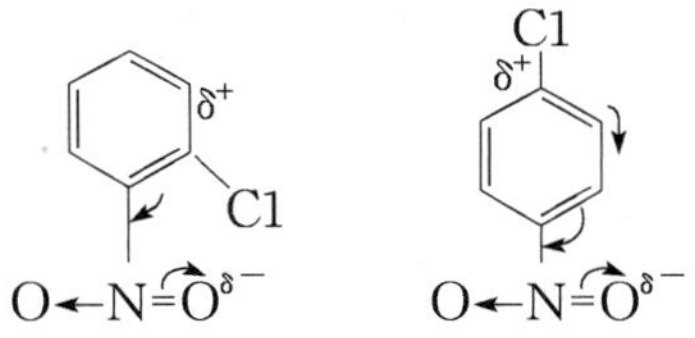

当氯原子的对位和邻位有更多的硝基时，和氯原子相连的碳原子上电子云密度就更低，因此，水解就更容易。当硝基处于卤原子的间位时，不能发生如上的电子转移，与卤原子相连的碳上电子云密度相对较高，因而它对卤素活泼性的影响不太显著。

硝基氯苯的水解反应，首先是亲核试剂$^-$OH 进攻氯原子相连的碳原子，形成碳负离子中间体，随后碳负离子失去氯离子生成产物：

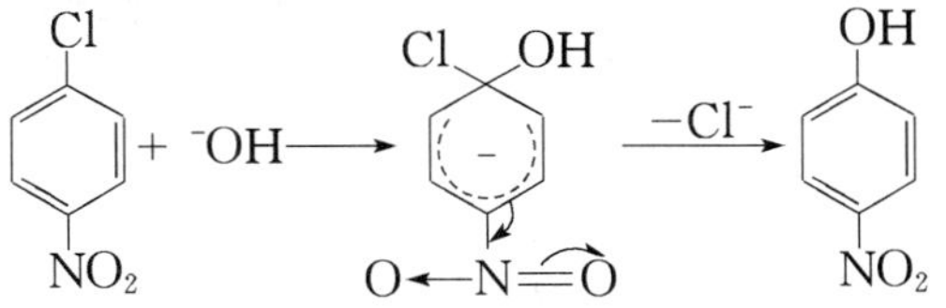

这种反应历程为加成——消去历程。在碳负离子中间体中，由于硝基的吸电子效应，碳负离子中间体得到稳定，因而反应较易进行。

### 15.2.3　硝基化合物的制备方法

15.2.3.1　脂肪烃的硝化

烷烃在高温下硝化可制得脂肪族硝基化合物。如：甲烷与硝酸在高温下反应生成硝基甲烷：

$$CH_4 + HNO_3 \xrightarrow{400℃} CH_3NO_2 + H_2O$$

丙烷在高温下与硝酸反应生成硝基甲烷（10%～30%），硝基乙烷（20%～25%），1-硝基丙烷(25%)和2-硝基丙烷(40%)的混合物：

$$CH_3CH_2CH_3 + HNO_3 \longrightarrow CH_3NO_2 + CH_2CH_2NO_2 + CH_3CH_2CH_2NO_2 + CH_3-\underset{\displaystyle NO_2}{\underset{|}{C}}HCH_3$$

15.2.3.2 芳香烃的硝化

芳香族硝基化合物一般用芳烃直接硝化制备。硝化时所用的硝化试剂和反应条件，因反应物不同以及目标产物不同而异。例如：

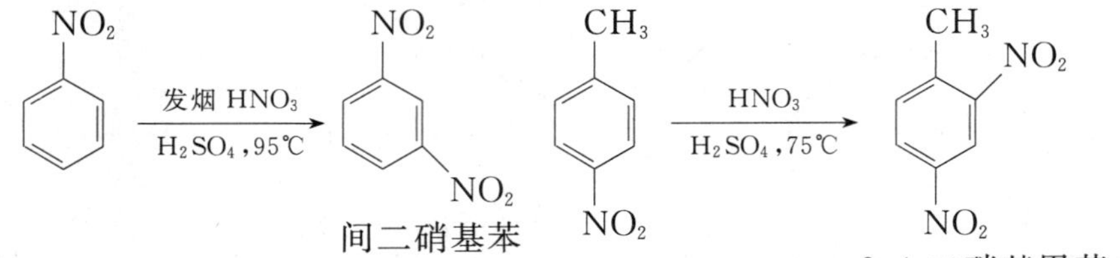

间二硝基苯　　2,4-二硝基甲苯

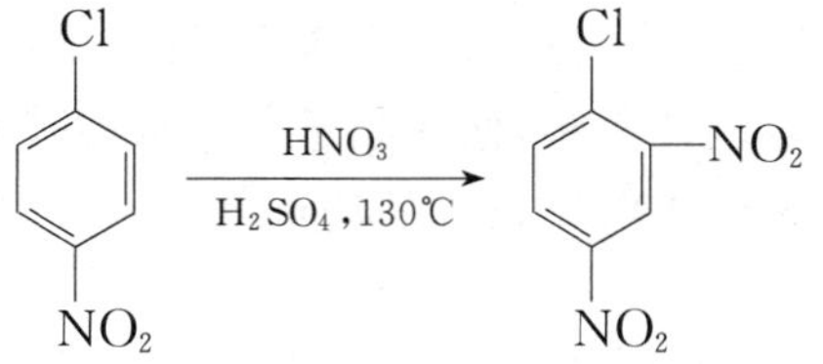

2,4-二硝基氯苯

15.2.3.3 亚硝酸盐的烃基化

伯卤代烷与亚硝酸的钾、钠、银盐等发生亲核取代反应，生成硝基烷及亚硝酸酯：

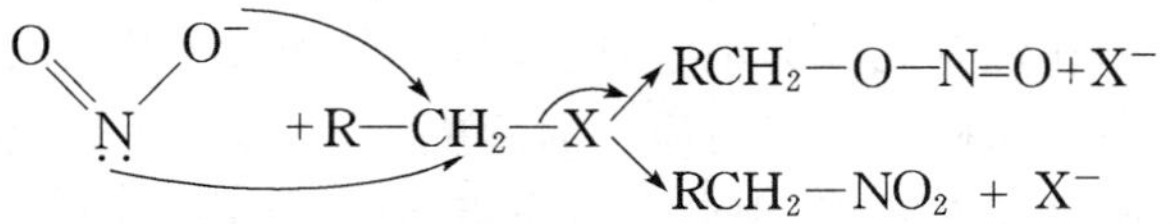

例如：

$$\underset{\text{1-碘辛烷}}{n\text{-}C_8H_{17}I} + AgNO_2 \longrightarrow \underset{\substack{\text{1-硝基辛烷}\\83\%}}{n\text{-}C_8H_{17}NO_2} + \underset{\substack{\text{亚硝酸辛酯}\\11\%}}{n\text{-}C_8H_{17}ONO}$$

## 15.2.4 重要的硝基化合物

15.2.4.1 硝基甲烷(Nitromethane)

无色透明油状液体，具有芳香味，可燃、易爆，水溶液呈酸性，密度1.139，沸点101℃。主要用作选矿药剂、溶剂、助燃剂，也用作表面活性剂、炸药、医药、杀虫剂、杀菌剂等的原料。制备方法可采取甲烷硝化法，也可采取乙烷硝化、丙烷硝化法。

15.2.4.2 2,4,6-三硝基甲苯(2,4,6-Trinitrotoluene，TNT)

黄色结晶，熔点80.6℃，是一种猛烈的炸药。它可由甲苯硝化而得：

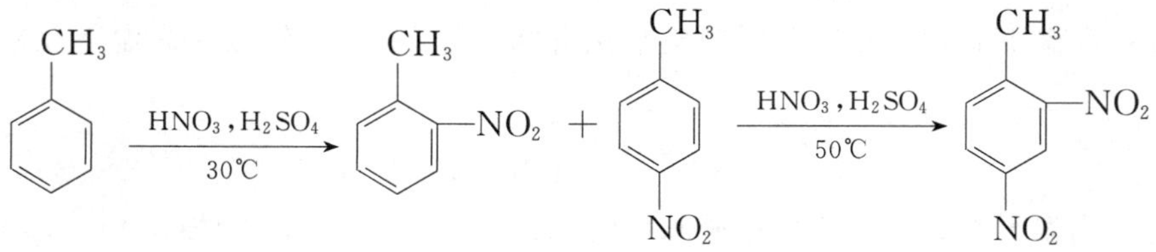

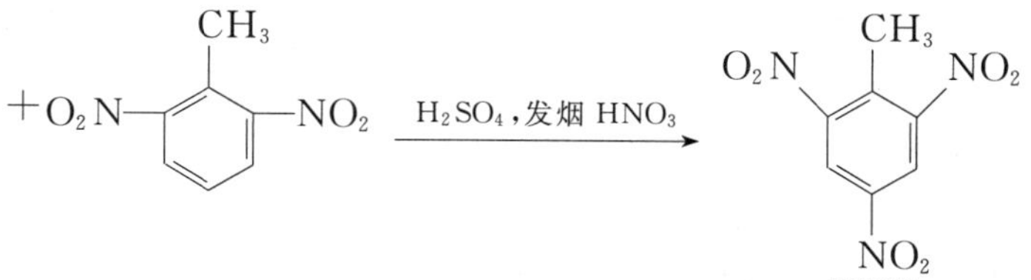

TNT

## §15.3　腈和异腈(Nitriles and Isonitriles)

### 15.3.1　结构和命名

腈可以看作氰化氢(HCN)分子中的氢被烃基取代而生成的化合物。用 R—C≡N 或 Ar—C≡N 表示。氰基(—C≡N)与炔烃的叁键(—C≡C)相似,它是由一个碳氮 σ 键和两个碳氮 π 键组成,具有直线型结构。氰基的键长为 115.8 pm(乙腈),比炔烃中 C≡C 键长120.7 pm(丙炔)要短。

腈的命名与羧酸类似,根据分子中所含碳原子的数目称为某腈;或以烃为母体,氰基作为取代基称为氰基某烃。注意用氰基为取代基命名时,氰基碳原子不参与母体碳链编号。例如:

$CH_3CN$　　$CH_3—\underset{}{C}HCN$(2位上连 $CH_3$)　　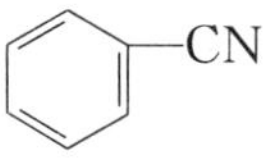

乙　腈　　　异丁腈　　　苯甲腈
或氰基甲烷　或2-氰基丙烷　或氰基苯

异腈是腈的同分异构体,又称胩,通式为 RNC。—NC 为异氰基。异腈分子中氮原子是与烃基相连的,其结构为:$R\!:\!N\vdots\vdots C\!:$或 $R—N \stackrel{\rightarrow}{=} C$。在构成异氰基的三对共用电子对中,有一对电子是由氮原子单独提供的,形成一个配价键。异腈的命名与腈相似,但异氰基的碳原子不参与碳链编号。如

$CH_3N{\equiv}C$　　　$CH_3CH_2CH_2N{\equiv}C$

甲胩或异氰基甲烷　　丙胩或 1-异氰基丙烷

### 15.3.2　腈和异腈的性质

15.3.2.1　物理性质和波谱性质

低级腈为无色液体,高级腈为固体。乙腈能与水互溶,随着分子量的增大,腈在水中的溶解度迅速降低,丁腈以上难溶于水。纯粹的腈毒性较弱,但通常腈中都含有少量异腈,而异腈是很毒的物质。异腈具有恶臭,对碱稳定,在酸中比腈容易水解,腈中少量的异腈可用 50%硫酸和浓盐酸洗涤除去。腈分子偶极矩大(如乙腈 $\mu$=4.0D),分子间作用力较强,因而腈的沸点与分子量相近的醇相近。如乙腈 b. p. 82℃,乙醇 b. p. 78℃。

腈的 IRC≡N 在 2260~2240 $cm^{-1}$有伸缩振动吸收,α,β-不饱和腈的 C≡N 伸缩振动

吸收在 2240～2215 cm$^{-1}$处。在$^{1}$HNMR 中，脂肪族腈 α-H 的化学位移移向低场，$\delta_H$ 为 1.1～2.28。

15.3.2.2 化学性质

氰基与羰基相似，是吸电子的极性不饱和官能团，其中碳带部分正电荷，氮带部分负电荷。氰基的碳氮叁键可以起加成反应，氰基的 α-氢有一定活性，在碱存在下，能形成碳负离子，后者与卤代烷、羰基化合物等可发生亲核取代、亲核加成反应。

(1) 加氢和还原

腈用氢化铝锂还原或催化加氢得伯胺：

$$(C_2H_5)_2NCH_2CN + H_2 \xrightarrow{Ni} (C_2H_5)_2NCH_2CH_2NH_2$$

$$CH_3(CH_2)_{11}CN + LiAlH_4 \longrightarrow CH_3(CH_2)_{12}NH_2 (90\%)$$

异腈也可以发生加氢反应，生成仲胺：

$$RNC + H_2 \xrightarrow{Ni} RNHCH_3$$

(2) 水解

腈在酸或碱的催化下水解，生成羧酸：

$$R-C\equiv N + HOH \xrightarrow[\text{或 } \bar{O}H]{H^+} \left[ R-\underset{}{\overset{OH}{\overset{|}{C}}}=NH \right] \longrightarrow R-\overset{O}{\overset{\|}{C}}-NH_2 \xrightarrow[H^+ \text{ 或 } \bar{O}H]{H_2O} RCOOH + NH_3$$

腈水解分两步进行，第一步生成酰胺，第二步生成羧酸。一般情况下水解时，不容易停留在酰胺阶段，但在浓的硫酸中并限制水量进行水解，则可以使水解停留在酰胺阶段。例如丙烯腈水解为丙烯酰胺：

$$\underset{\text{丙烯腈}}{CH_2=CHCN} + H_2O \xrightarrow{H_2SO_4} CH_2=CH-\overset{O}{\overset{\|}{C}}-NH_2 \cdot H_2SO_4 \xrightarrow{Na_2CO_3} \underset{\text{丙烯酰胺}}{CH_2=CHCONH_2}$$

$$\underset{\text{己二腈}}{NC(CH_2)_4CN} + 4H_2O \xrightarrow{H_2SO_4} \underset{\text{己二酸}}{HOOC(CH_2)_4COOH}$$

异腈可被稀酸水解，生成伯胺和甲酸：

$$RNC + H_2O \xrightarrow{H^+} RNH_2 + HCOOH$$

(3) 醇解

腈的醇溶液与浓硫酸或盐酸共热，则发生醇解生成酯：

$$RC\equiv N + R'OH \xrightarrow{H^+} R-\overset{OR'}{\overset{|}{C}}=NH \xrightarrow{H_2O} R-\overset{O}{\overset{\|}{C}}OR' + NH_3$$

$$\underset{\text{氰基乙酸乙酯}}{NCCH_2COOC_2H_5} + C_2H_5OH \xrightarrow[H_2O]{H^+} \underset{\text{丙二酸二乙酯}}{CH_2(COOC_2H_5)_2} + NH_3$$

(4) α-氢的反应

腈的 α-氢具有酸性，在强碱作用下被夺去而形成碳负离子，碳负离子可以作为亲核试剂发生亲核取代或亲核加成反应。例如：

苯乙腈　　　　　　　　　　　α-环己基苯乙腈

二分子腈用强碱催化剂处理（Na，$NaNH_2$，$C_2H_6ONa$，$LiN(C_2H_5)_2$ 等），能发生缩合反应，生成亚氨基腈，称为 Thorpe 缩合反应：

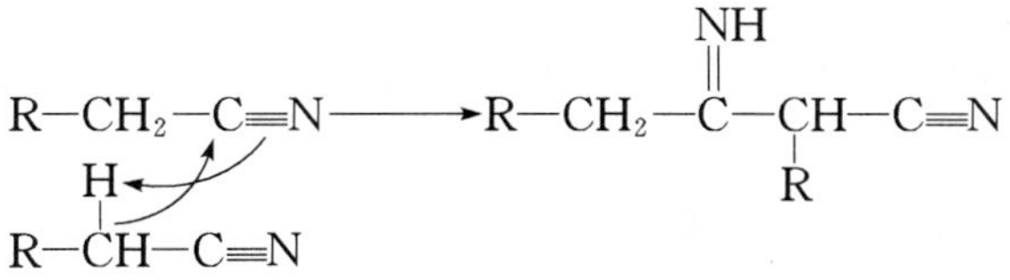

例如：

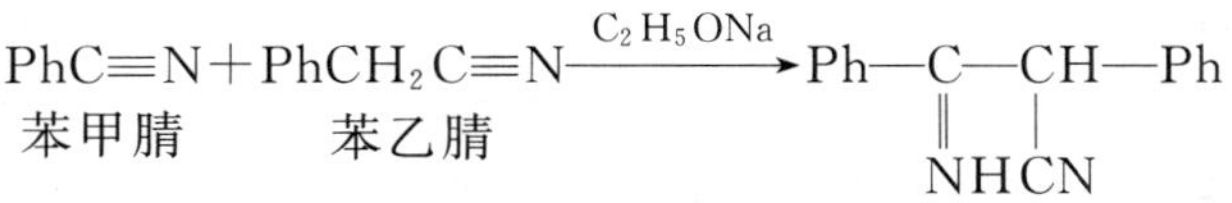

苯甲腈　　苯乙腈　　　2,3-二苯基-3-亚氨基丙腈

### 15.3.3　制备方法

（1）卤代烃与氰化钠（或钾、银）反应

伯卤代烃与氰化钠或氰化钾作用，经 $S_N2$ 反应生成氰化物。

$$RX + NaCN \longrightarrow R—CN + NaX$$

例如：

$$CH_3CH_2CH_2CH_2Br + NaCN \xrightarrow[\text{回流}]{CH_3OH} CH_3CH_2CH_2CH_2CN$$

1-溴丁烷　　　　　　　　　　戊腈

若用氰化银与 RX 反应，主要得到异腈：

$$RX + AgCN \longrightarrow R—N{\equiv}C + AgX$$

卤代烷与氰化钠和氰化银反应所得产物不同，其原因是氰基负离子具有两个反应中心，负电荷可以在碳原子上，也可以在氮原子上：

$$^{-}C{\equiv}N{:} \longrightarrow {:}C{=}\bar{N}{:}$$

其中电负性较大的氮原子上负电荷多一些，以 AgCN 为亲核试剂时，$Ag^+$ 能使 R—X 离解成 $R^+$ 离子，反应具有 $S_N1$ 性质，带负电荷较多的氮优先作用，生成异腈。以 NaCN（或 KCN）为亲核试剂时，$Na^+$ 不能使 R—X 离解产生 $R^+$ 离子，在进攻中性的卤代物分子时，带负离子虽少但反应能力更大的碳优先进攻，反应具有 $S_N2$ 性质，产物为腈。

（2）酰胺或羧酸铵盐脱水

该类反应在前面已有介绍。例如：

$$ClCH_2CONH_2 \xrightarrow[\triangle]{P_2O_5} ClCH_2CN$$

（3）氢氰酸与不饱和烃加成

$$CH\equiv CH + HCN \xrightarrow[80℃\sim90℃]{Cu_2Cl_2,\ NH_4Cl} CH_2=CHCN$$

乙炔　　　　　　　　　　　　丙烯腈

(4) 氨氧化法

$$CH_3-CH=CH_2 + O_2 + NH_3 \xrightarrow[470℃]{磷钼酸铋} CH_2=CH-CN$$

丙烯　　　　　　　　　　　　　　　　丙烯腈

(5) 异腈的特殊制法

伯胺、氯仿和氢氧化钾的醇溶液共热，可生成异腈：

$$RNH_2 + CHCl_3 + 3KOH \xrightarrow{\triangle} RNC + 3KCl + 3H_2O$$

### 15.3.4 重要的腈、异腈化合物

(1) 丙烯腈(Acrylonitrile)

丙烯腈 $CH_2=CHCN$ 为无色液体，沸点 78℃。它是合成纤维腈纶的单体，也是合成丁腈橡胶的单体，又是生产丙烯酸，丙烯酰胺、丙烯酸酯等的重要化工原料。

丙烯腈可由乙炔和氢氰酸在氯化亚铜催化下加成得到，或由丙烯烃氨氧化法制得。

(2) 乙腈(Acetonitrile)

乙腈 $CH_3CN$ 为无色液体，沸点 81.5℃，与水、醇、醚互溶，与水形成恒沸液(含乙腈 84.2%)，恒沸点 76.7℃。乙腈广泛地用作溶剂，不但能溶解有机物，也能溶解某些无机物。乙腈也是重要的化工原料。

通过以下方法可以制得乙腈：

$$CH_3COOH + NH_3 \xrightarrow[360℃]{Al_2O_3} CH_3CN + 2H_2O$$

$$CH\equiv CH + NH_3 \xrightarrow[500℃\sim600℃]{Al_2O_3} CH_3CN + H_2\uparrow$$

$$CH_3CONH_2 \xrightarrow[\triangle]{P_2O_5} CH_3CN + H_3PO_4$$

## §15.4 重氮和偶氮化合物(Diazo and Azo Compounds)

重氮化合物和偶氮化合物分子中都含有-$N_2$-基。只有一个氮原子与碳原子相连的，为重氮化合物，如 $\bar{C}H_2-\overset{+}{N}\equiv N$(重氮甲烷)，$C_6H_5-\overset{+}{N}\equiv N\bar{C}l$(氯化重氮苯)。两个氮原子都与碳原子相连的，称偶氮化合物，如 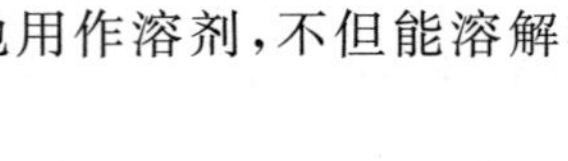 (偶氮苯)。

脂肪族重氮化合物和偶氮化合物为数不多，没有芳香族的重要。芳香族重氮化合物是合成芳香族化合物的重要原料。芳香族偶氮化合物广泛用作染料。

### 15.4.1　重氮甲烷

15.4.1.1　重氮甲烷的结构和物理性质

重氮甲烷(Diazomethane)的结构式和共振式可用以下图式表示：

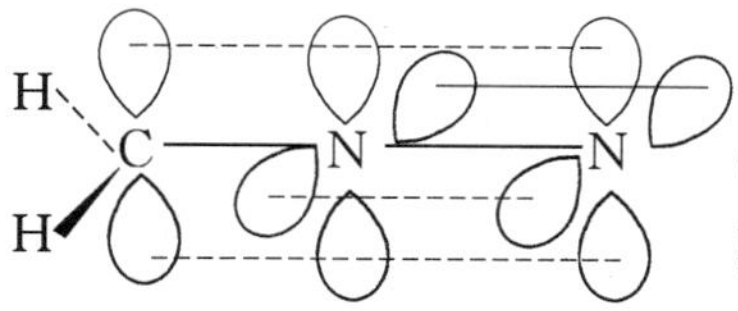

$$CH_2=\overset{+}{N}=\overset{-}{N} \longleftrightarrow \overset{-}{C}H_2-\overset{+}{N}\equiv N \longleftrightarrow$$
$$\overset{-}{C}H_2-\ddot{N}=\overset{+}{N} \longleftrightarrow \overset{+}{C}H_2-\ddot{N}=N^-$$

重氮甲烷是一个线型分子。由于氮的电负性大于碳，它有极性，但偶极矩并不大。

重氮甲烷为黄色气体，沸点$-24$℃，剧毒，易爆，能溶于乙醚等有机溶剂。由于在溶液中较为安全，通常在乙醚或二氯甲烷溶液中制备和使用。

15.4.1.2　重氮甲烷的化学性质

(1) 甲基化反应　重氮甲烷与羰酸作用生成羧酸甲酯，与磺酸作用生成磺酸甲酯，与酚类作用生成酚醚：

$$RCOOH + CH_2N_2 \longrightarrow RCOOCH_3 + N_2\uparrow$$
$$RSO_3H + CH_2N_2 \longrightarrow RSO_3CH_3 + N_2\uparrow$$
$$ArOH + CH_2N_2 \longrightarrow ArOCH_3 + N_2\uparrow$$

这些反应可能是按如下机理进行的：重氮甲烷先从酸性化合物(以 A—H 表示)夺得一个质子形成质子化的重氮甲烷(甲基重氮离子)，后者极不稳定，失去氮分子，生成甲基正离子，再与 $A^-$ 作用。或者甲基重氮离子直接与 $A^-$ 或 A—H 作用，放出氮气。大致表示如下：

$$A-H + CH_2N_2 \rightleftharpoons A^- + CH_3N_2{}^+$$
$$CH_3N_2^+ \longrightarrow CH_3^+ + N_2\uparrow$$
$$CH_3^+ A^- \longrightarrow CH_3A$$
$$\text{或者 } CH_3N_2^+ + A^- \longrightarrow CH_3A + N_2\uparrow$$
$$\text{或者 } CH_3^+ + A-H \longrightarrow CH_3A + H^+$$

醇的酸性较弱，因此一般情况下，重氮甲烷不与醇作用。但如果用氟硼酸($HBF_4$)作为质子供给体时，醇与重氮甲烷也可发生反应生成甲基醚。例如：

$$CH_2N_2 + HBF_4 \longrightarrow BF_4^- + CH_3N_2^+$$

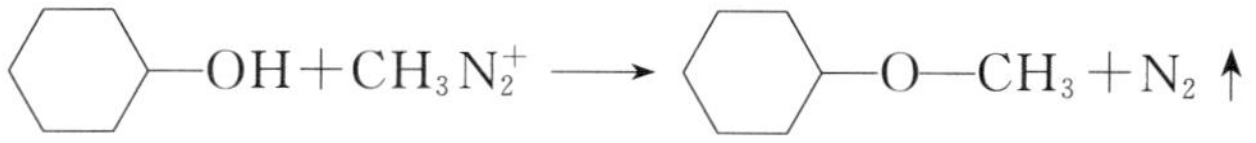

用重氮甲烷作为甲基化试剂，反应速率快、产率高，因产生 $N_2$，无复杂的分离问题。

(2) 与酰氯反应　二分子重氮甲烷与一分子酰氯作用生成 α-重氮甲基酮。

$$RCOCl + 2CH_2N_2 \longrightarrow RCOCHN_2 + CH_3Cl + N_2$$

反应机理是：

$$R-\overset{\overset{\displaystyle O}{\|}}{C}-Cl + \overset{-}{C}H_2-\overset{+}{N}\equiv N \xrightarrow[-Cl^-]{} R-\overset{\overset{\displaystyle O}{\|}}{C}-\underset{\underset{\displaystyle H}{|}}{C}H-\overset{+}{N}\equiv N \xrightarrow{\overset{-}{C}H_2-\overset{+}{N}\equiv N}$$

$$\left[ R-\overset{\overset{O}{\|}}{C}-\overset{-}{C}H-\overset{+}{N}\equiv N \longleftrightarrow R-\overset{\overset{O}{\|}}{C}-CH=\overset{+}{N}=N^- \right] + CH_3-\overset{+}{N}\equiv N \xrightarrow{Cl^-} CH_3Cl + N_2$$

α-重氮甲基酮

如果重氮甲烷不过量，则生成 α 氯代甲基酮：

$$R-\overset{\overset{O}{\|}}{C}Cl + \overset{-}{C}H_2-\overset{+}{N}\equiv N \longrightarrow R-\overset{\overset{O}{\|}}{C}-CH_2Cl + N_2$$

α-重氮甲基酮在加热、光照或氧化银的催化下与水共热放出氮气生成酮碳烯，再重排成烯酮（Woff 重排）：

$$R-\overset{\overset{O}{\|}}{C}-\overset{-}{C}H-\overset{+}{N}\equiv N \xrightarrow[H_2O,\triangle,-N_2]{Ag_2O} \underset{\text{酮碳烯}}{R-\overset{\overset{O}{\|}}{C}-\ddot{C}H} \xrightarrow{\text{Woff 重排}} \underset{\text{烯酮}}{O=C=CHR}$$

烯酮反应性很强，可与水反应生成羧酸，与醇反应生成酯，与氨或胺反应生成酰胺等：

$$RCH=C=O + \begin{cases} \xrightarrow{H_2O} RCH_2COOH \\ \xrightarrow{R'OH} RCH_2COOR' \\ \xrightarrow{NH_3} RCH_2CONH_2 \\ \xrightarrow{R'NH_2} RCH_2CONHR' \end{cases}$$

此类反应特点是在主链增加一个碳原子。如从羧酸 RCOOH 出发，经酰氯化（与 $PCl_3$ 反应），α-重氮甲基酮重排、水解等步骤，可制得增加一个碳的羧酸 $RCH_2COOH$，这一系列反应称为 Arndt-Eistert 反应。

（3）与醛、酮的反应　重氮甲烷与醛、酮反应得到比原醛、酮增加一个碳原子的酮：

$$R-\overset{\overset{O}{\|}}{C}-H + CH_2N_2 \longrightarrow R-\overset{\overset{O}{\|}}{C}-CH_3 + N_2$$

$$R-\overset{\overset{O}{\|}}{C}-R' + CH_2N_2 \longrightarrow R-\overset{\overset{O}{\|}}{C}-CH_2R' + N_2$$

反应过程首先由氮甲烷与羰基进行亲核加成，然后发生重排，同时脱 $N_2$，得到增加一个碳原子的化合物。此反应可用于环酮的扩环，但有副产物环氧化合物生成。例如：

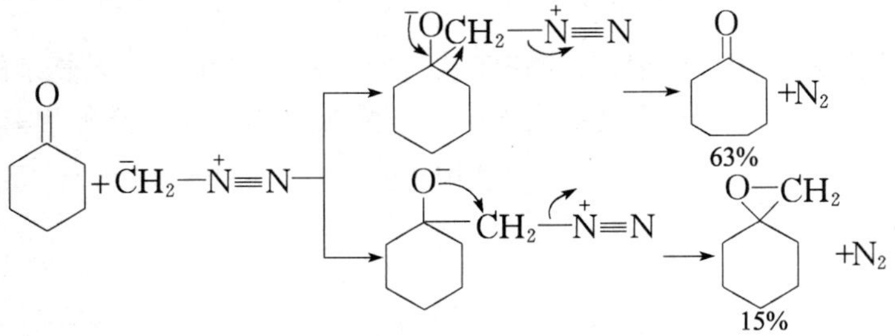


（4）生成碳烯（Carbene，∶$CH_2$）　重氮甲烷受光或热的作用分解成碳烯（又称卡宾）：

$$CH_2N_2 \xrightarrow{\text{光或热}} :CH_2 + N_2$$

碳烯之碳原子只有六个价电子，这个碳原子带有两个未成键的电子。这两个电子可以在一个轨道中，也可以分散在两个轨道中。因此碳烯存在两种电子状态：

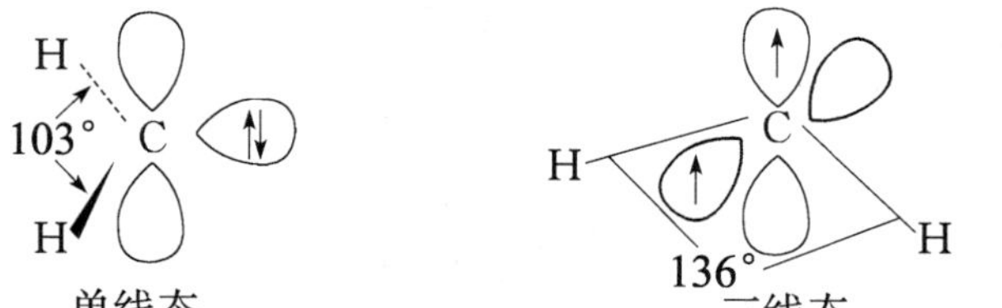


单线态　　　　三线态

sp²杂化　　　　sp杂化

在单线态中，假定碳原子为 $sp^2$ 杂化。未成键的两个电子占据一个 $sp^2$ 杂化轨道，空着一个 p 轨道，两个电子自旋方向相反(↑↓)，总自旋量子数为零，故称单线态(Singlet State)。在三线态中，碳原子为 sp 杂化，未成键的两个电子分占两个互相垂直的 p 轨道，它们的自旋方向可以相反(↑↓)，也可以相同(↓↓和↑↑)，它们的总自旋量子数为 1，故称三线态(triplet state)。

单线态碳烯是较不稳定的形态，能量较高，常常是光分解初期首先产生的形态。碳烯是以哪种形态进行反应，根据实验条件可定。一般，在液相中，第一步生成单线态碳烯，在它失去能量之前，就迅速和大量的溶剂分子反应。在气相中，特别在惰性气体如氮、氩气体中，单线态碳烯由于通过碰撞失去能量，转变成三线态再进行反应。

碳烯是缺电子的，是一种极活泼的反应中间体，存在时间极短(约一秒钟)，能与不饱和烃发生加成反应，与 C—H 发生插入反应。

① 与不饱和烃加成反应　碳烯与烯烃或炔烃发生加成反应，生成环丙烷衍生物。

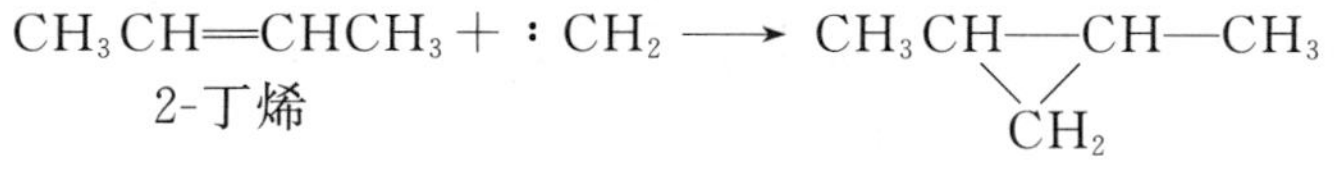


2-丁烯　　　　1,2-二甲基环丙烷

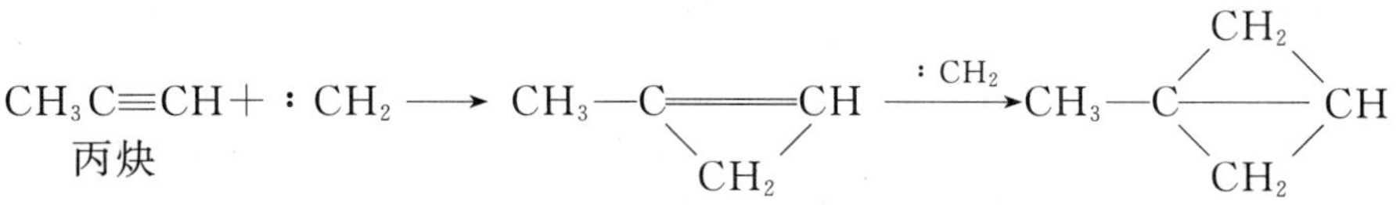


丙炔　　　　1-甲基二环[1,1,0]丁烷

两种形态的碳烯与烯、炔的加成方式和结果是不同的。单线态与烯烃加成是一步过程，即碳烯同时和双键的两个碳原子接近，形成过渡态，然后生成产物。因此，顺式烯烃得到顺式环丙烷衍生物，反式烯烃得到反式环丙烷衍生物。例如：

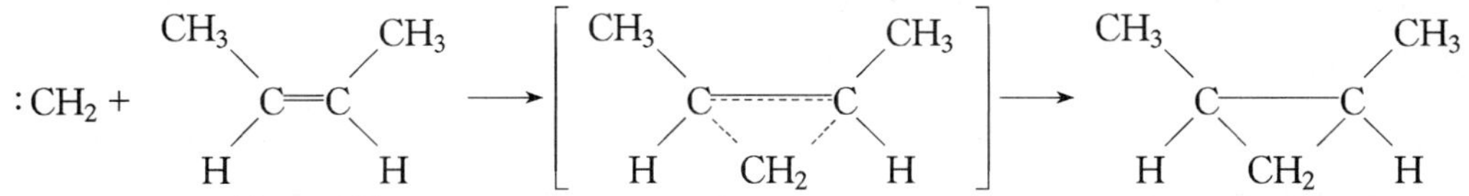


顺-2-丁烯　　　　顺-1,2-二甲基环丙烷

三线态碳烯是一个双自由基，与烯烃加成按自由基历程进行，分两步：

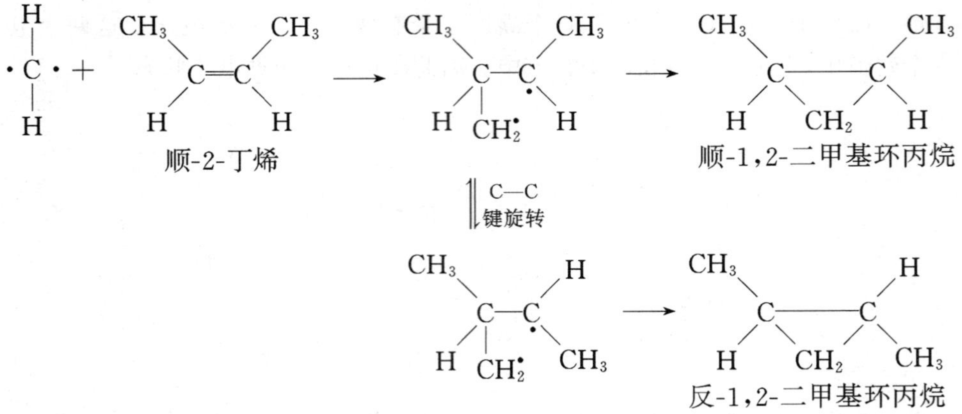


由于生成的中间体有足够的时间沿着碳碳单键旋转，所以得到顺-1,2-二甲基环丙烷和反-1,2-二甲基环丙烷两种异构体。

碳烯与苯也能发生加成反应，生成环庚三烯或其衍生物。例如在苯溶液中，光分解重氮甲烷则生成环庚三烯：

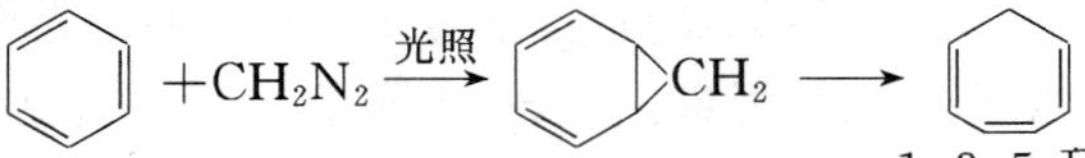

1,3,5-环庚三烯

② 插入反应　碳烯可以插入 C—H 之间：

$$-\overset{|}{\underset{|}{C}}-H + :CH_2 \longrightarrow -\overset{|}{\underset{|}{C}}-CH_3$$

但是，这种插入反应对于伯、仲、叔碳原子上的 C—H 键没有选择性，因此碳烯分子间插入反应的产物是一个混合物。例如：

$$\underset{\text{正庚烷}}{CH_3CH_2CH_2CH_2CH_2CH_2CH_3} \xrightarrow[\text{紫外光}]{CH_2N_2} \underset{\text{正辛烷38\%}}{CH_3(CH_2)_6CH_3} + \underset{\text{2-甲基庚烷25\%}}{CH_3-\underset{\substack{|\\CH_3}}{CH}(CH_2)_4CH_3}$$

$$+\underset{\text{3-甲基庚烷24\%}}{CH_3CH_2\underset{\substack{|\\CH_3}}{CH}(CH_2)_3CH_3} + \underset{\text{4-甲基庚烷13\%}}{CH_3CH_2CH_2\underset{\substack{|\\CH_3}}{CH}CH_2CH_2CH_3}$$

15.1.4.3　重氮甲烷的制备方法

亚硝酸钠与甲胺盐酸和尿素在水溶液中反应，制得甲基亚硝基脲，后者用碱处理即得到重氮甲烷：

$$CH_3NH_2 \cdot HCl + H_2NCONH_2 \xrightarrow{NaNO_2} CH_3N(NO)CONH_2 \xrightarrow{KOH} CH_2N_2$$

由氯代甲酸乙酯与甲胺作用得到 N-甲胺基甲酸乙酯，再与亚硝酸反应，得 N-甲基-N-亚硝基氨基甲酸乙酯。后者与氢氧化钾的甲醇溶液共热则分解生成重氮甲烷：

$$CH_3NH_2 + ClCOOC_2H_5 \longrightarrow CH_3NHCOOC_2H_5 \xrightarrow{HNO_2}$$

$$CH_3N(NO)COOC_2H_5 \xrightarrow{KOH} CH_2N_2 + CO_2 + C_2H_5OH$$

甲胺依次与对甲苯磺酰氯、亚硝酸、碱作用，也可制备重氮甲烷：

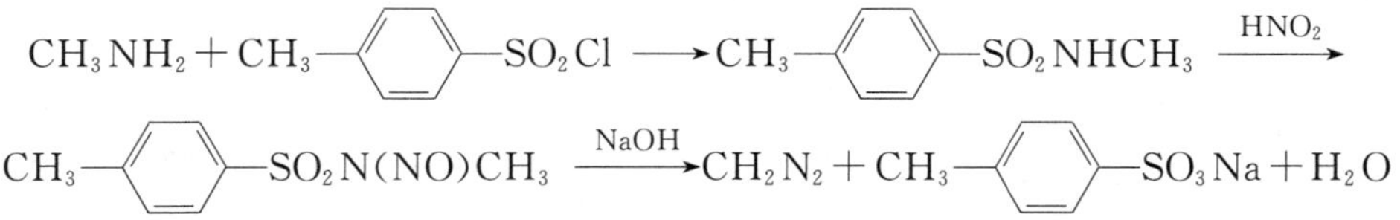

## 15.4.2　芳香族重氮盐

### 15.4.2.1　芳香族重氮盐的结构

芳香族重氮盐可用通式 $Ar-\overset{+}{N}\equiv NY^-$ 表示。

在芳香族重氮盐中，重氮基上的 π 电子可以同苯环上的 π 电子形成共轭体系，因此芳香族重氮盐比脂肪族重氮盐稳定，它的水溶液在低温下可以保存数小时。重氮盐能与许多金属盐形成络合物，如 $(ArN_2)_2^{2+}ZnCl_4^{2-}$，后者在溶液中是稳定的。

### 15.4.2.2　芳香族重氮盐的化学性质

重氮盐的化学性质很活泼，可以发生多种反应，在芳香族化合物的合成上有重要意义。重氮盐的化学反应主要有取代、还原和偶合。

(1) 芳香族重氮盐的取代反应　重氮基可以被卤素(-F，-Cl，-Br，-I)，-D，-CN，-OH 和-H 取代，生成相应的芳香族衍生物。大致可表示如下：

$$ArNH_2 \xrightarrow{NaNO_2/HCl} ArN_2Cl \longrightarrow \begin{cases} \xrightarrow{H_2O} Ar-OH \\ \xrightarrow{H_3PO_2} Ar-H \\ \xrightarrow{CuCl} Ar-Cl \\ \xrightarrow{CuBr} Ar-Br \\ \xrightarrow{HBF_4} Ar-F \\ \xrightarrow{KI} Ar-I \\ \xrightarrow{CuCN} Ar-CN \end{cases}$$

① 芳香族重氮盐的羟基取代　重氮盐在硫酸水溶液中加热产生酚。例如：

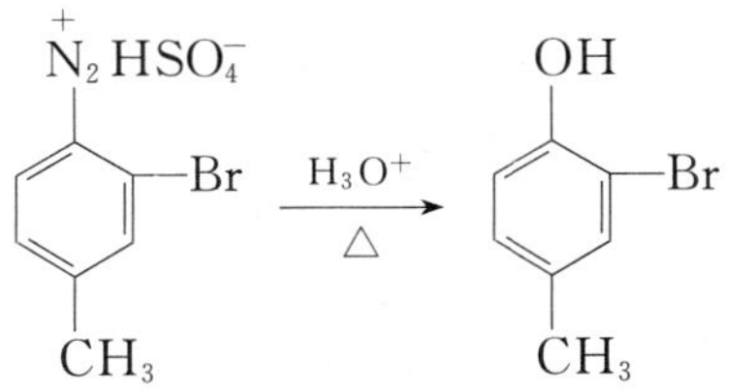

4-甲基-2-溴苯酚

这类反应在 40%～50%的硫酸溶液中进行。用较浓的强酸溶液，可以避免生成的酚与未反应的重氮盐发生偶合反应，同时可提高反应温度，加快反应速度。若在盐酸溶液中进行，反应速度偏慢，另外存在重氮基被氯原子取代的副反应。

重氮基被羟基取代的反应，是按 $S_N1$ 机理进行的。首先是重氮正离子脱 $N_2$ 生成芳基碳正离子：

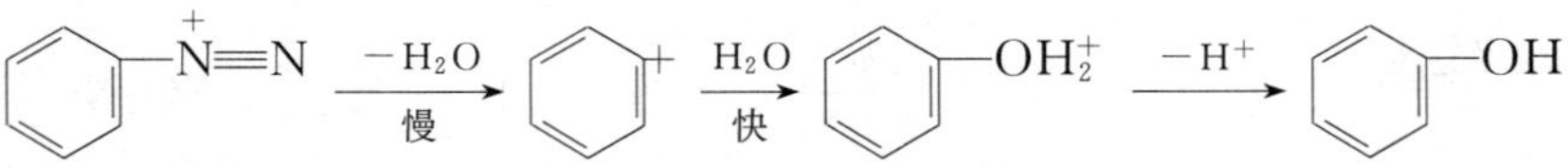


苯基碳正离子的正电荷是集中在一个碳原子的 $sp^2$ 空轨道上，能量较高，很活泼，很容易被水亲核试剂进攻而发生取代反应。

② 芳香族重氮盐被卤素和氰基取代　重氮盐的酸性溶液与氯化亚铜、溴化亚铜和氰化亚铜共热，得相应的氯代物、溴代物和腈。此反应称为 Sandmeyer 反应：

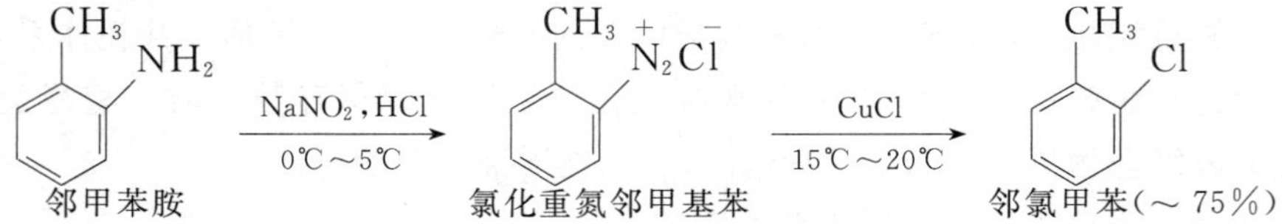


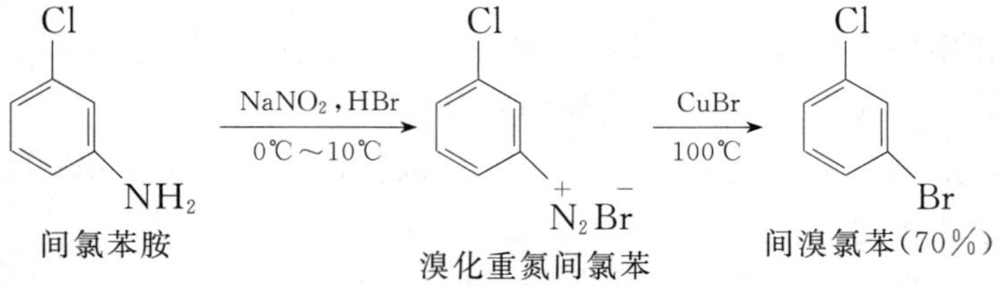


碘取代反应比较容易，一般重氮盐与碘化钾在室温下反应即能得到碘代物。例如：

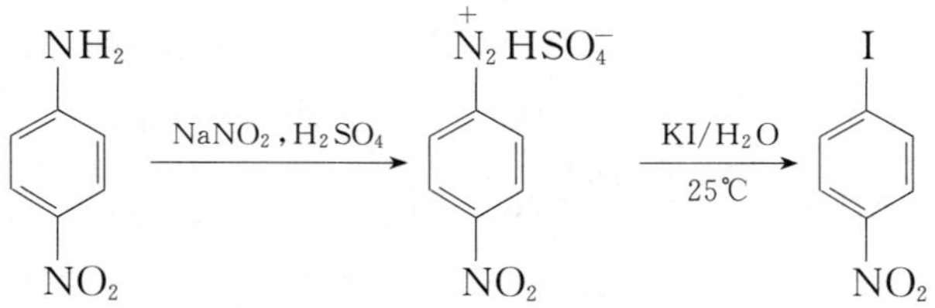


氟取代反应是先将重氮盐转变为氟硼酸的重氮盐。即将氟硼酸 $HBF_4$ 加入重氮盐中，使不溶解的氟硼酸重氮盐沉淀出来，然后缓慢加热使之分解，即得氟代物。此反应称为 Schiemann 反应：

$$ArNH_2 \xrightarrow[HCl]{NaNO_2} Ar\overset{+}{N}_2\overset{-}{Cl} \xrightarrow{HBF_4} Ar\overset{+}{N}_2BF_4^- \downarrow \xrightarrow{\triangle} Ar—F + N_2\uparrow + BF_3\uparrow$$

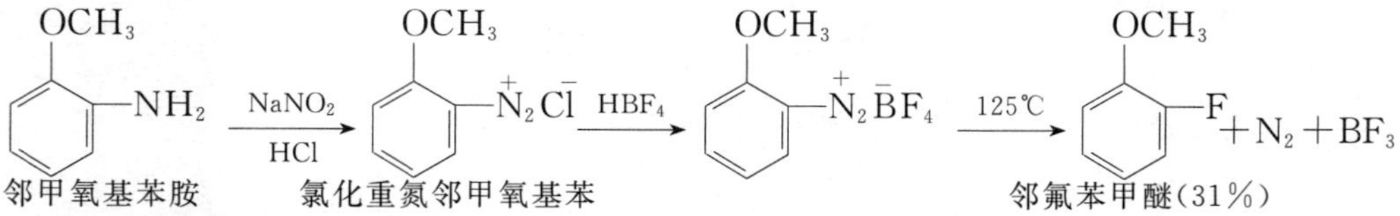


③ 芳香族重氮盐被氢取代　重氮盐与次磷酸或乙醇作用，重氮基被氢原子所取代：

$$ArN_2^+HSO_4^- + H_3PO_2 + H_2O \longrightarrow Ar—H + N_2 + H_3PO_3 + H_2SO_4$$

$$ArN_2^+HSO_4^- + CH_3CH_2OH \longrightarrow Ar—H + N_2 + CH_3CHO + H_2SO_4$$

此反应可以作为去氨基的方法，借以合成某些特别的化合物。例如要合成间溴甲苯，由甲苯溴代或用溴苯甲基化都难以达到。但如果用对甲苯胺，通过酰化，溴代、重氮化、氢取代等反应便可制得间溴甲苯：

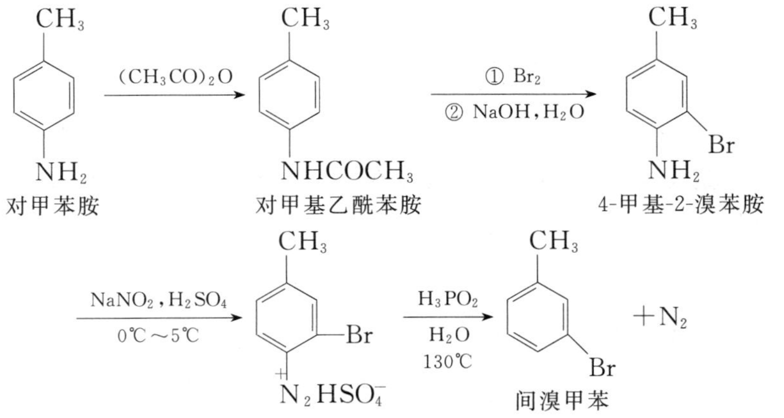


(2) 芳香族重氮盐的偶合反应　重氮盐是一个较弱的亲电试剂，可以与活性较高的芳胺或酚作用，发生苯环上的亲电取代反应，失去一分子 HX，生成偶氮化合物。这个反应叫偶合反应，也叫偶联反应(Coupling reaction)：

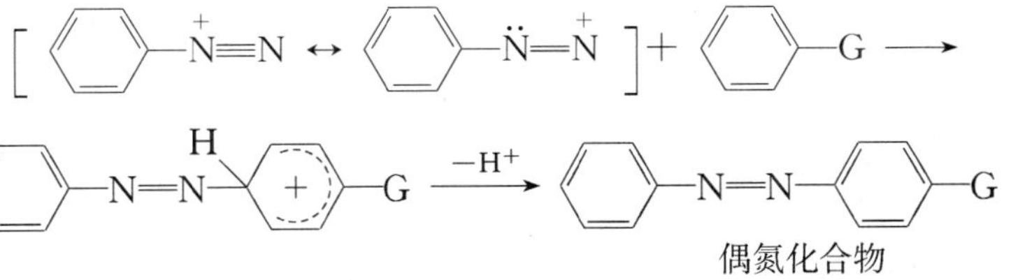


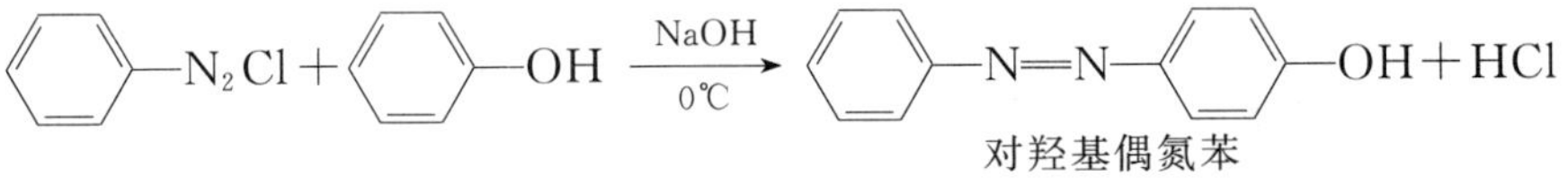


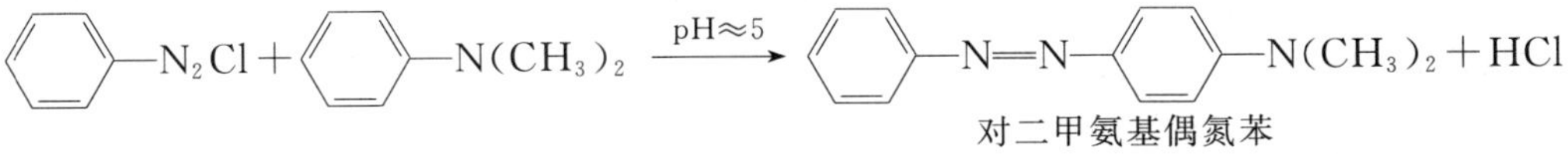


① 偶合反应条件　偶合反应与介质的酸碱性有关。酚类的偶合在弱碱性溶液中进行。因为在偏碱性溶液中，酚以酚离子($ArO^-$)形式存在，酚离子比游离酚羟基定位效应更强，更易发生芳环上的亲电取代反应。但碱性不能太强，因为如果溶液的碱性太强(pH $>$10)，重氮盐则生成不能进行偶合反应的重氮酸或重氮酸盐：

$$Ar\overset{+}{N}_2 + OH^- \rightleftharpoons Ar—N{=}N—OH \rightleftharpoons Ar—N{=}N—O^-\ Na^+$$

重氮离子（能偶合）　　重氮酸（不能偶合）　　重氮酸盐（不能偶合）

重氮盐与芳胺偶合时在微酸性溶液(pH5～7)中进行。在这种条件下，重氮盐的浓度最大。如果酸性太强，则胺变为带正电荷的铵盐，不利于偶合反应。

② 偶合反应位置　重氮盐与酚或芳胺的偶合反应，一般是在羟基或氨基的对位发生，如果对位上已有取代基时，则在邻位上发生。例如：

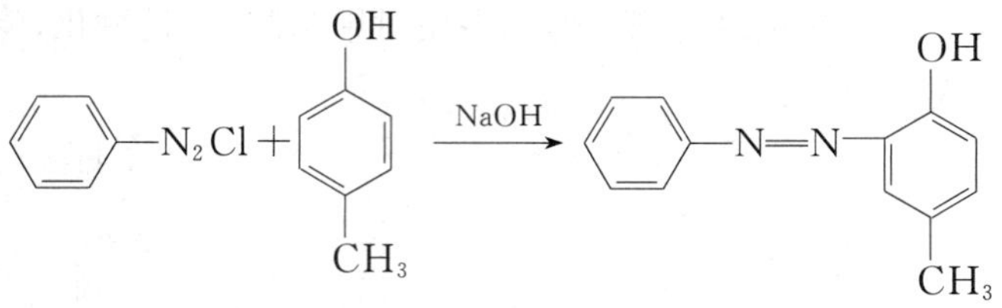

5-甲基-3-羟基偶氮苯

重氮盐与α-萘酚或α-萘胺偶合时，反应在4-位发生。若4-位已有取代基时，则在2-位上发生。例如：

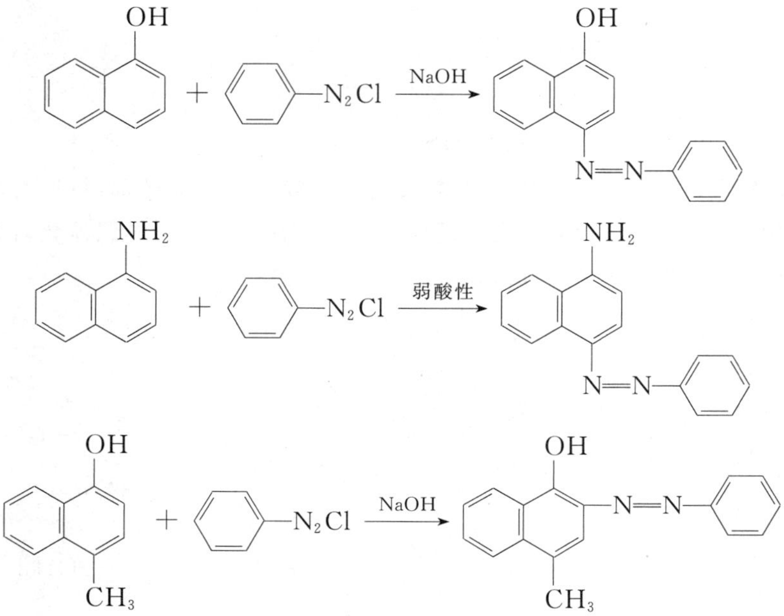


重氮盐与β-萘酚或β-萘胺偶合时，反应在1-位上发生。如果1-位已有取代基，则不发生反应。例如：

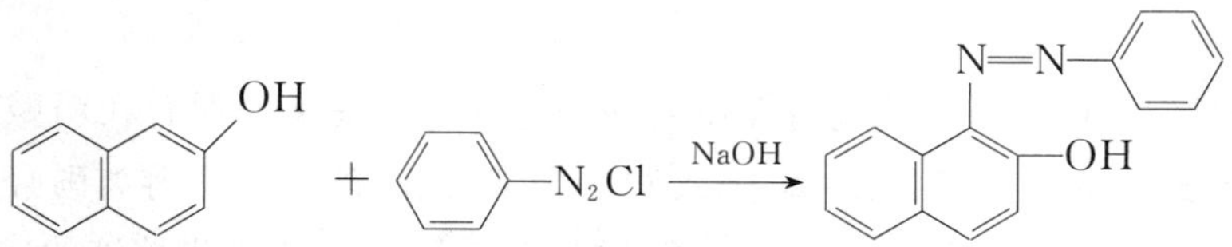


芳伯胺和芳仲胺与重氮盐偶联时，可以是苯环上的氢原子被取代，也可以是氨基上的氢原子被取代。例如重氮盐在弱酸性介质中与苯胺作用时，首先发生氨基上氢原子被取代的反应：

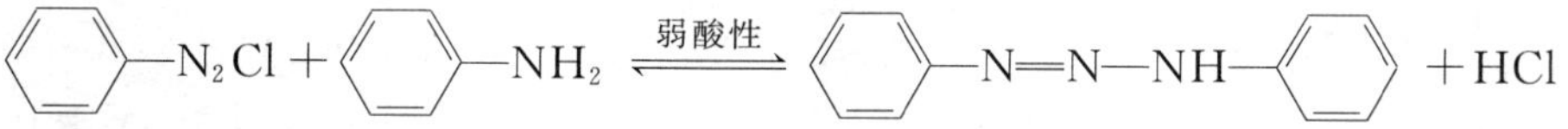

重氮氨基苯

生成的重氮氨基苯，与过量的苯胺和酸（苯胺盐酸盐）作用，加热至 30℃～40℃，则重排成对氨基偶氮苯：

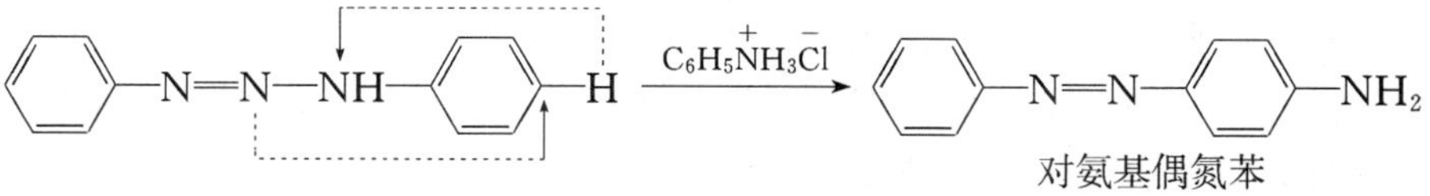

对氨基偶氮苯

如果芳胺苯环上含有致活基团，则主要发生苯环上的氢原子被取代的反应，很少或不发生氨基上氢原子被取代的反应。例如重氮盐与间甲苯胺和间苯二胺偶合时，只发生苯环上的氢原子被取代的反应：

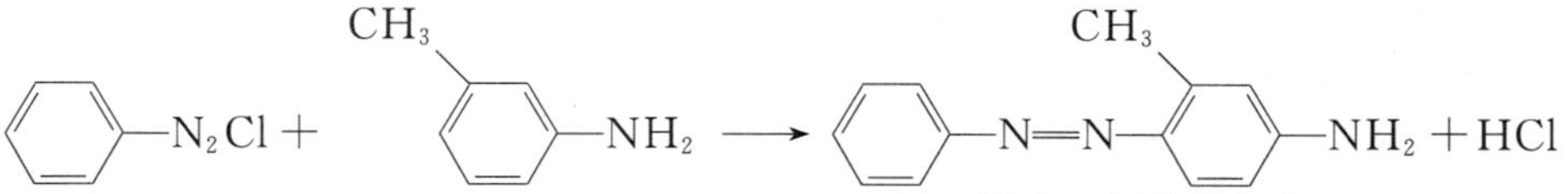

2-甲基-4-氨基偶氮苯

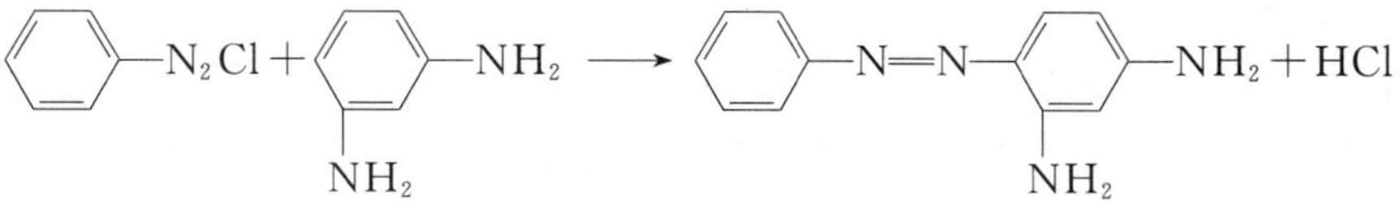

2,4-二氨基偶氮苯

萘胺与重氮盐偶合时，只发生环上的取代反应，无重氮氨基化合物生成。

(3) 芳香族重氮盐的还原反应　重氮盐可被亚硫酸钠、亚硫酸氢钠、氯化亚锡和盐酸、锡和盐酸等还原剂还原成肼：

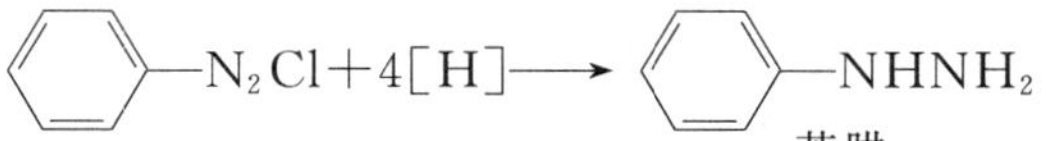

苯肼

用较强还原剂锌和盐酸还原时，先还原成肼，最终还原为苯胺：

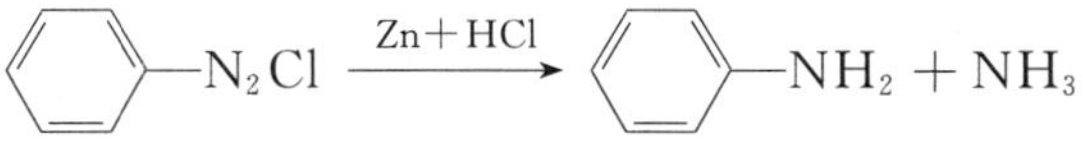

15.4.2.3　芳香族重氮盐的制备

在低温和强酸水溶液中，芳香伯胺与亚硝酸作用，生成重氮盐。这个反应称为重氮化反应。例如苯胺在盐酸中与亚硝酸反应，生成氯化重氮苯（或重氮苯盐酸盐）：

$$\underset{\text{苯胺}}{C_6H_5NH_2} + NaNO_2 + 2HCl \xrightarrow{0℃\sim5℃} \underset{\text{氯化重氮苯}}{C_6H_5N_2Cl} + 2H_2O + NaCl$$

反应机理如下：

$$NaNO_2 + HCl \longrightarrow HONO(HNO_2) + NaCl$$

$$HO{-}N{=}O \xrightarrow[-Cl^-]{HCl} H_2\overset{+}{O}{-}N{=}O \rightleftharpoons H_2O + \overset{+}{N}{=}O$$

$$C_6H_5\ddot{N}H_2 + \overset{+}{N}{=}O \rightleftharpoons C_6H_5\overset{+}{N}H_2{-}N{=}O \xrightleftharpoons{-H^+} C_6H_5NH{-}N{=}O$$

$$\xrightleftharpoons{H^+} C_6H_5NH{-}N{=}\overset{+}{O}H \xrightarrow{-H^+} C_6H_5N{=}N{-}OH \xrightleftharpoons{H^+} C_6H_5N{=}N{-}\overset{+}{O}H_2 \xrightleftharpoons{-H_2O}$$

$$C_6H_5\overset{+}{N}\equiv N \xrightarrow{Cl^-} C_6H_5\overset{+}{N}\equiv NCl^-$$

制备重氮盐时，一般是先把芳伯胺溶于强酸溶液中(常用的是盐酸和硫酸)。将溶液冷却至 0℃～5℃，然后在搅拌下将冷的亚硝酸钠溶液慢慢加入(如果芳环上含有吸电基团，如—$NO_2$，—X，—$SO_3H$，—COOH 等，反应温度可以适当提高，有时甚至可达 40℃)。用淀粉碘化钾试纸检验过量的亚硝酸，以确定反应终点。生成的重氮盐不需分离，就可以在溶液中进行下一步反应。重氮化时，酸的用量要稍微过量，以防止生成的重氮盐与尚未起反应的苯胺发生偶合反应：

$$C_6H_5N_2Cl + C_6H_5NH_2 \longrightarrow C_6H_5N{=}N{-}C_6H_4NH_2$$

由于亚硝酸的存在也会促进重氮盐本身的分解，因此，亚硝酸也不能太过量。过量的亚硝酸可用尿素分解：

$$2HNO_2 + H_2NCONH_2 \longrightarrow CO_2 + 2N_2 + 3H_2O$$

### 15.4.3　偶氮化合物

含有 —N═N— 官能团且氮原子均与碳原子相连的化合物叫偶氮化合物。脂肪族偶氮化合物通式为 R—N═N—R，芳香族偶氮化合物的通式为 Ar—N═N—Ar。

脂肪族偶氮化合物的制备方法与芳香族偶氮化合物不同。例如偶氮二异丁腈的制备方法如下：

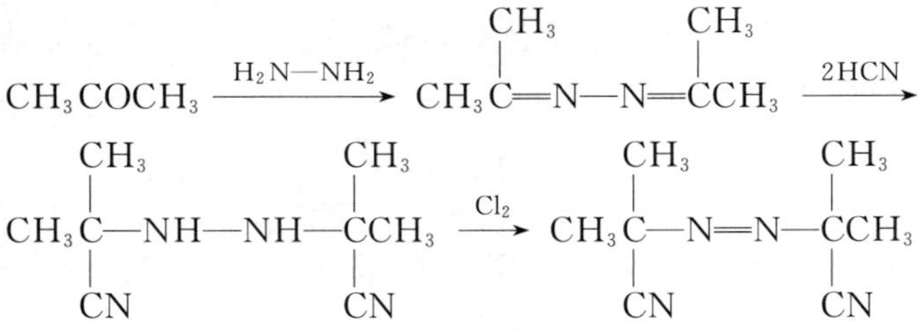

偶氮二异丁腈

偶氮二异丁腈是一种常用的自由基引发剂，也可用作塑料、橡胶生产的发泡剂等。芳香族偶氮化合物除少数可由硝基化合物在碱性介质中还原制备外，绝大多数是由酚或芳胺经重氮化和偶合反应制得。例如甲基橙就是由对氨基苯磺酸经重氮化后，再与 N，N-二甲苯胺偶合而制得的：

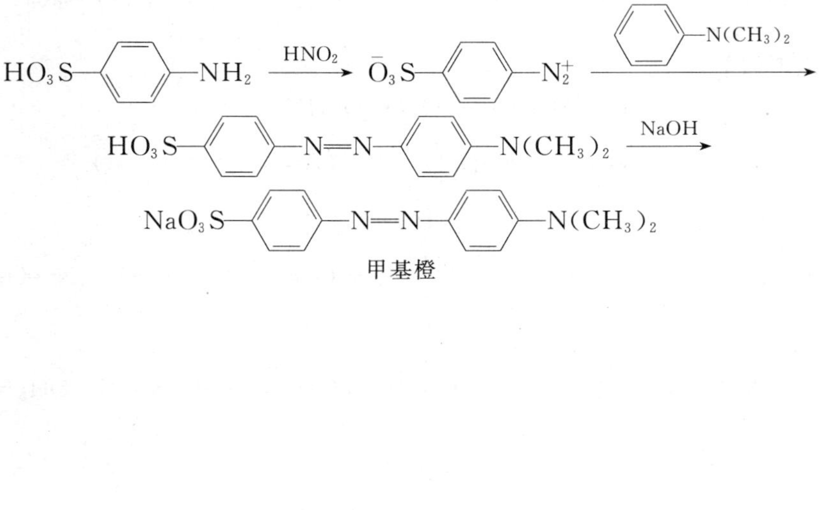

甲基橙

偶氮化合物主要用作染料，它约占合成染料的半数以上。其性质稳定，颜色齐全，使用方便，广泛用于棉、毛、丝、麻及合成纤维的染色。

# 习　题

15-1　完成反应，在括号中写出反应主产物或必要的反应条件。

1. $HOCH_2CH_2CN \xrightarrow[\triangle]{HBr, H_2O}$ (　　　　)

2. 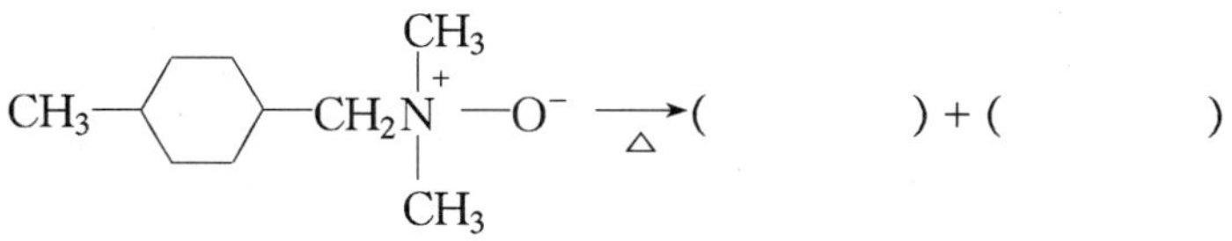

3. 

4. $CH_3CH_2NH_2 + 2CH_2O + 2HCOOH \longrightarrow$ (　　　　)

5. $O_2NCH_2CH_2CH_2CN \xrightarrow{(\quad\quad)} H_2NCH_2CH_2CH_2CH_2NH_2$

6. 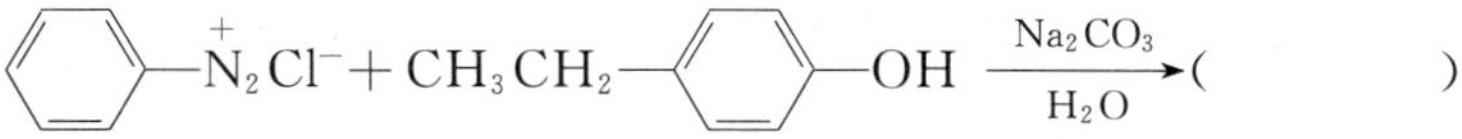

7. 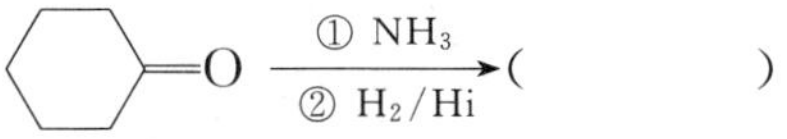

8. $C_6H_5COCH_3 + CH_2O + HN(CH_3)_2 \longrightarrow$ (　　　　)

9. 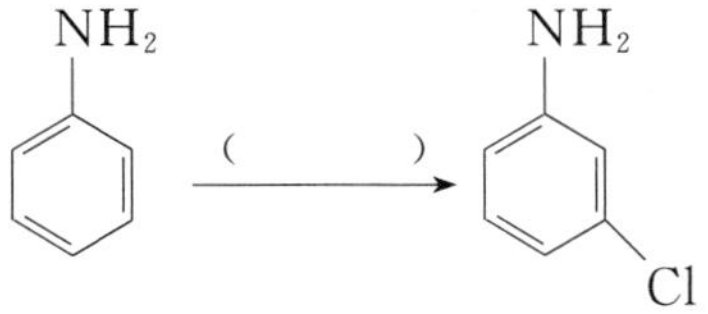

10. $C_6H_5CONH_2 \xrightarrow{(\quad\quad)} C_6H_5CN$

11. $CH_3CH_2NH_2 + CHCl_3 + KOH \xrightarrow{\triangle}$ (　　　　)

12. $CH_3-\underset{}{\overset{CH_3}{\overset{|}{C}}}HCH_2CONH_2 \xrightarrow{(\quad\quad)} CH_3-\overset{CH_3}{\overset{|}{C}}HCH_2NH_2$

13. $NCCH_2CH{=}CHCH_2CN + H_2 \xrightarrow{Pt}$ (　　　　)

14. 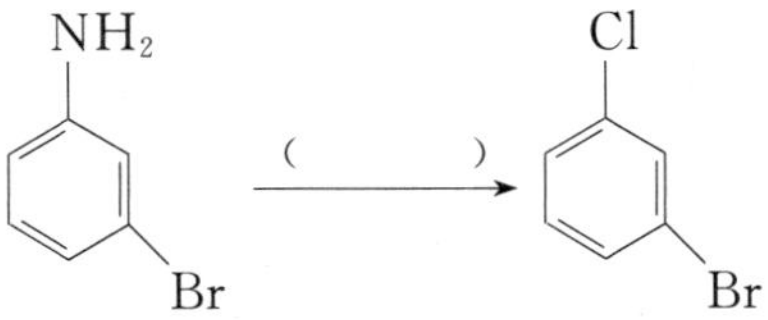

15. 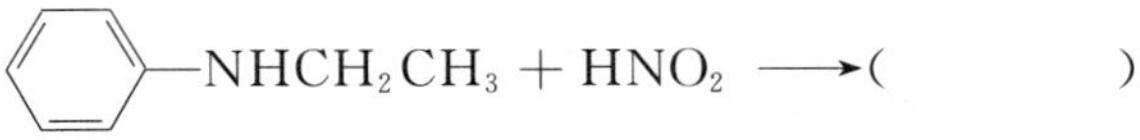

16. 

17. 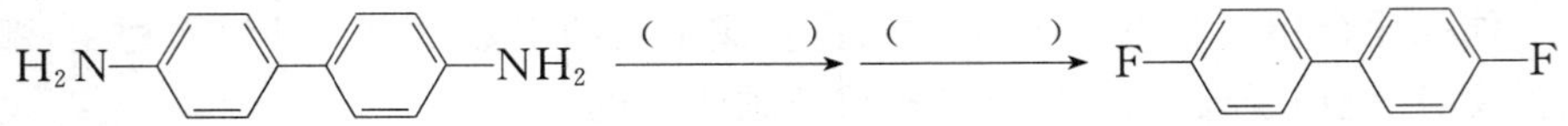

18. 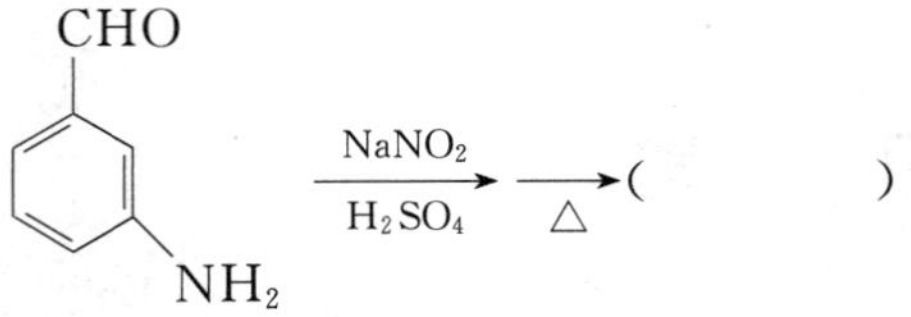

19. 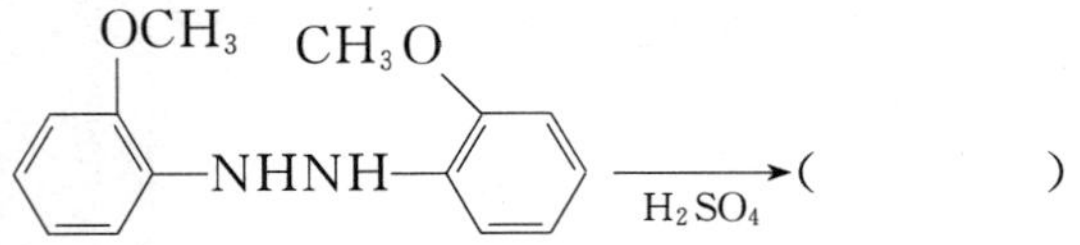

20. 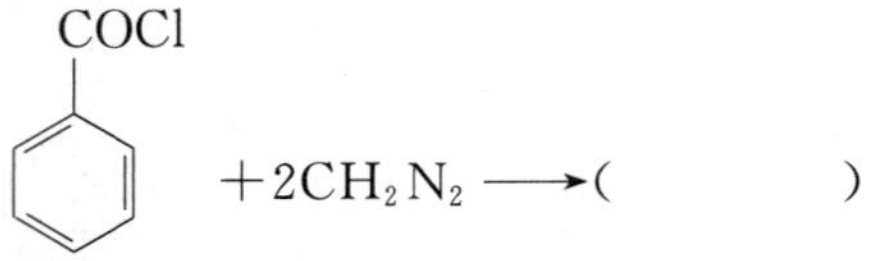

15-2 用化学方法鉴别下列化合物

1. 丁胺、丁醛、丁酸、丁腈

2. 氯化三丙铵、氯化四丙铵、氢氧化四丙铵

15-3 为下列反应提出合理的反应机理：

1. 正丙胺与 $NaNO_2/HCl$ 作用，生成两种丙醇、两种氯代丙烷和一种烯。

2. $(CH_3)_2CHNO_2 + HCHO + CH_3CH_2NH_2 \xrightarrow{HCl} (CH_3)_2\!-\!\underset{}{\overset{NO_2}{\overset{|}{C}}}CH_2\overset{+}{N}H_2CH_2CH_3Cl^-$

3. 2-丁酮与重氮甲烷作用，生成三种产物：

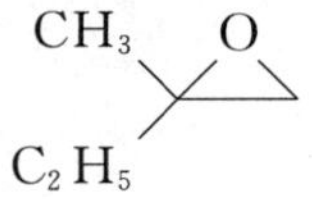，$CH_3CH_2COCH_2CH_3$ 和 $CH_3COCH_2CH_2CH_3$

4. $C_3H_7CONH_2 + NaOBr \xrightarrow{CH_3OH} C_3H_7NHCO_2CH_3$

15-4 由指定原料合成下列化合物(无机试剂任选)：

1. 由 $C_9H_{19}COOH$ 合成 $C_9H_{19}NH_2$

2. 由 $C_9H_{19}COOH$ 合成 $C_{10}H_{21}NH_2$

3. 由 $C_9H_{19}COOH$ 合成 $C_{11}H_{23}NH_2$

4. 由邻甲苯胺、乙酐、碘甲烷合成 2,3′-二甲基-4-硝基-4′-N,N-二甲氨基偶氮苯：

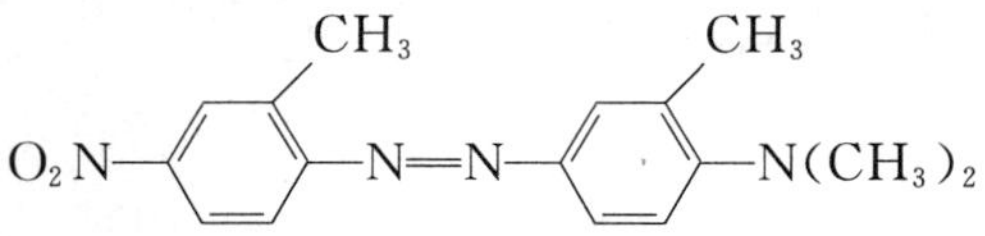

5. 由苯、乙酐合成以下化合物：

a. 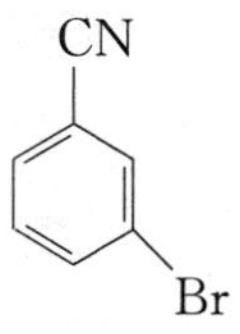 b.  c. 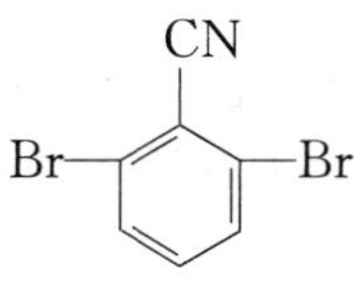

6. 由苯和必要的有机试剂合成

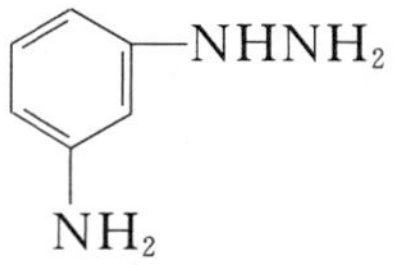

15-5　推测结构：

1. 某胺 $C_6H_{15}N$(A)与碘甲烷彻底甲基化后再与 $Ag_2O$ 作用，得到 $C_8H_{20}\overset{+}{N}\overset{-}{O}H$(B)。将(B)加热，生成异丁烯和胺 $C_4H_{11}N$(C)。推测(A)的结构。
2. 某化合物 $C_3H_7NO$(A)具有下列核磁共振氢谱：δ6.5(2H，S.宽)，δ2.2(2H，q)，δ1.2(3H，t)。A 与 $Br_2$，氢氧化钠作用生成(B)。请推测 A，B 的结构。
3. 分子式为 $C_7H_5N$ 的中性化合物(A)和(B)，还原后分别生成 $C_7H_9N$，(C)和(D)；(C)和(D)能溶于盐酸。(C)可由氯化苄经氨化得到。(C)和(D)都能与对-甲苯磺酰氯作用，(C)的作用产物可以溶于液碱，而(D)的作用产物则不能。写出 A，B，C，D 的结构。
4. 化合物 A，分子式为 $C_6H_{15}N$，能溶于盐酸，与亚硝酸作用放出氮气得到 B。B 能发生碘仿反应，B 和浓硫酸共热得到 C($C_6H_{12}$)，C 能使高锰酸钾褪色，反应产物是乙酸和 2-甲基丙酸。推测 A 的结构。

# 第十六章　含硫、磷、硅的有机化合物

在生物体内含有许多硫和含磷的有机化合物，它们在生理上起着重要作用。有机硅化合物在工业上有较多的用途。某些硫、磷、硅化合物在有机合成上有着重要作用。本章将对一些重要的含硫、磷、硅的有机化合物（Organic sulfur，phosphorus and silicon compounds）的化学性质、制备方法等作一简要介绍。

## §16.1　含硫化合物

有机硫化合物有多种类型，如硫醇（RSH）、硫酚（ArSH）、硫醚（RSR）、二硫化物（R-S-S-R）等。几乎所有含氧有机物的种类都有相应的含硫有机物类型。

有机硫化合物成键方式包括硫单键、硫双键和硫→氧配键。对于硫单键化合物，硫与其他原子形成的 $\sigma$ 键，是由硫的 3s 和 3p 轨道杂化形成的 $sp^3$ 杂化轨道与其他原子而成的，这与氧原子大体相同。

对于硫双键化合物，和羰基化合物不同，硫醛、硫酮很不稳定。这是由于 C═S 双键中的 $\pi$ 键是由碳原子的 2p 轨道与硫原子的 3p 轨道重叠形成的，二者轨道形状不同，重叠较少，而且碳的 2p 轨道与硫的 2p 轨道位相相反，若充分重叠会有斥力，所以硫羰基不稳定。

S→O 配键是由硫的 $3sp^3$ 与氧的 $2p_x$ 轨道形成的 $\sigma$ 键，氧的 $2p_y$ 和 $2p_z$ 与硫的 3d 空轨道形成一个或两个 p-d$\pi$ 键构成的。因此，S→O 配键可以写成不同的共振式。例如，二甲亚砜可以用以下三种共振式来表示：

$$\underset{\text{I}}{CH_3-\overset{\overset{O}{\uparrow}}{S}-CH_3} = \underset{\text{II}}{CH_3-\overset{\overset{O^-}{|}}{S^+}-CH_3} \longleftrightarrow \underset{\text{III}}{CH_3-\overset{\overset{O}{\|}}{S}-CH_3} \longleftrightarrow \underset{\text{IV}}{CH_3-\overset{\overset{O^-}{\|}}{S^+}-CH_3}$$

其中Ⅰ式对共振杂化体的贡献最大，Ⅲ式次之。

### 16.1.1　硫醇、硫酚、硫醚

16.1.1.1　物理性质

硫醇、硫酚具有极难闻的气味。硫醇、硫酚由于难以形成氢键，故其沸点比相应的醇、酚要低，硫醇的沸点和相同分子量的硫醚的沸点相近。硫醇难与水形成氢键，因此，其在水中溶解度比相应醇要低。

16.1.1.2　化学性质

（1）硫醇、硫酚的酸性

硫的价电子在第三层，可极化性大，巯基的氢易解离而显酸性。因此，硫醇的酸性比相应的醇的强，可溶于稀 NaOH 中。硫酚的酸性比相应的酚的强，可溶于 $NaHCO_3$ 中。

(2) 氧化

硫醇、硫酚在三价铁盐、碘、氧等弱氧化剂作用下可氧化成二硫化物，在高锰酸钾、过氧化氢或硝酸等强氧化剂作用下可氧化成磺酸。例如：

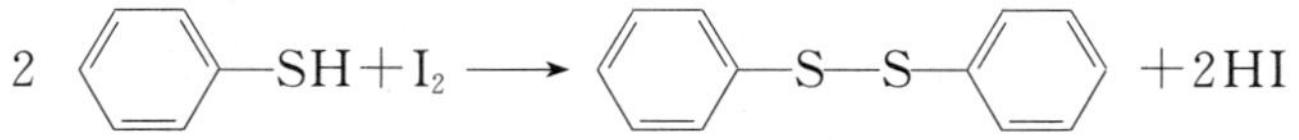

苯硫酚　　二苯基二硫

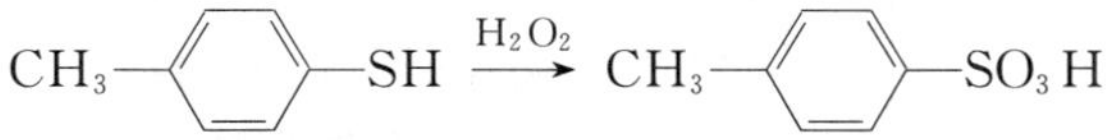

对甲基苯硫酚　　对甲基苯磺酸

硫醚可用强氧化剂氧化成亚砜与砜。例如：

$$CH_3SCH_3 \xrightarrow[\text{或 } O_2, NO_2]{H_2O_2} CH_3-\overset{\overset{\displaystyle O}{\|}}{S}-CH_3 \xrightarrow{RCO_3H} CH_3-\underset{\underset{\displaystyle O}{\|}}{\overset{\overset{\displaystyle O}{\|}}{S}}-CH_3$$

二甲亚砜　　二甲砜

二硫化物可被高锰酸钾或硝酸氧化成磺酸：

$$RSSR \xrightarrow[\text{或 } HNO_3]{KMnO_4} 2RSO_3H$$

(3) 作为亲核试剂的反应

① 硫醇、硫酚、硫醚具有较强的亲核性能

硫醇 RSH 或其钠盐 RSNa、硫酚 ArSH 或其钠盐 ArSNa 等可与卤代烷、磺酸酯、硫酸酯、质子化的醇发生亲核取代反应，生成硫醚。

② 硫醇可与酰卤等酰化试剂反应，生成硫羟酸酯：

$$RSH + CH_3COCl \longrightarrow CH_3COSR$$

乙硫羟酸酯

③ 硫醇与醛或酮在无水氯化氢催化下可形成硫代缩醛或硫代缩酮：

$$2RSH + R'CHO \xrightarrow{HCl} R'CH(SR)_2$$

硫代缩醛

硫代缩醛或硫代缩酮在氯化汞水溶液中可水解为醛或酮，因此，硫代缩醛或硫代缩酮可用于醛酮的保护：

$$-\overset{|}{C}(SR)_2 + HgCl_2 + H_2O \longrightarrow -\overset{|}{C}{=}O + Hg(SR)_2 + 2HCl$$

④ 锍盐在高温条件下，可与碱($OH^-$ 或 $RO^-$)作用发生消除，生成 Hofmann 烯烃：

$$\underset{\underset{^+S(CH_3)_2}{|}}{CH_3CH_2CHCH_3} + {}^-OC_2H_5 \xrightarrow{\triangle} \underset{26\%}{CH_3CH{=}CHCH_3} + \underset{74\%}{CH_3CH_2CH{=}CH_2}$$

16.1.1.3　制备方法

(1) 硫醇　可由卤代烷与氢硫酸盐发生亲核取代反应制得(叔硫醇除外)：

$$RX + KSH \longrightarrow R—SH + KX$$

叔硫醇可由 1,1-二取代乙烯型化合物在酸催化下，与硫化氢加成而得。例如：

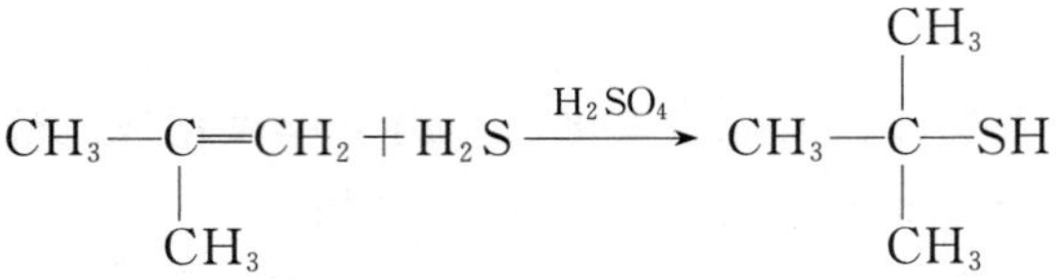

异丁烯　　叔丁基硫醇

含氧或含氮取代基硫醇可由氧或氮杂三元环化合物与硫化氢反应而得。例如：

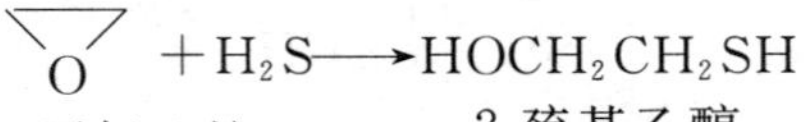

环氧乙烷　　2-巯基乙醇

(2) 硫酚的制备方法　主要有磺酰氯还原法、重氮盐法和氯苯取代法。例如：

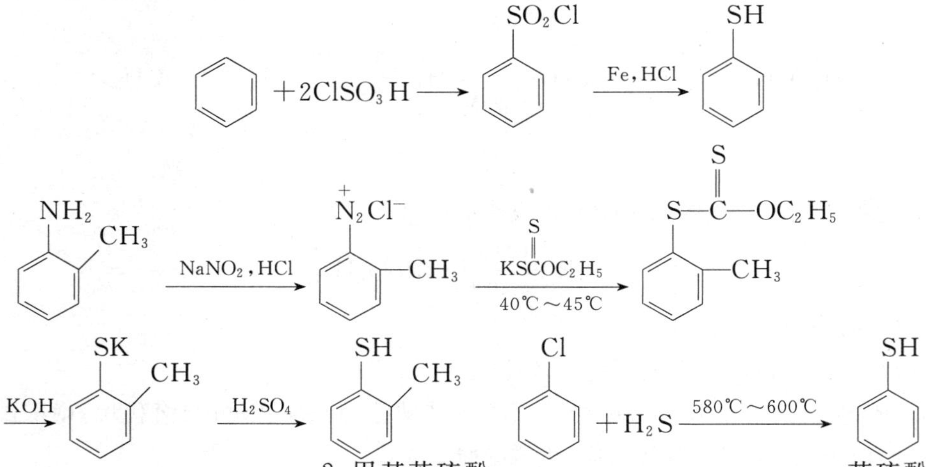

2-甲基苯硫酚　　苯硫酚

(3) 硫醚的制备　制备方法类似氧醚，有多种，举例说明如下：

$$(CH_3)_2SO_4 + Na_2S \longrightarrow CH_3SCH_3 + Na_2SO_4$$

$$4CH_3OH + CS_2 \longrightarrow 2CH_3SCH_3 + CO_2 + 2H_2O$$

$$2CH_3CH_2CH_2Br + Na_2S \longrightarrow CH_3CH_2CH_2SCH_2CH_2CH_3 + 2NaBr$$

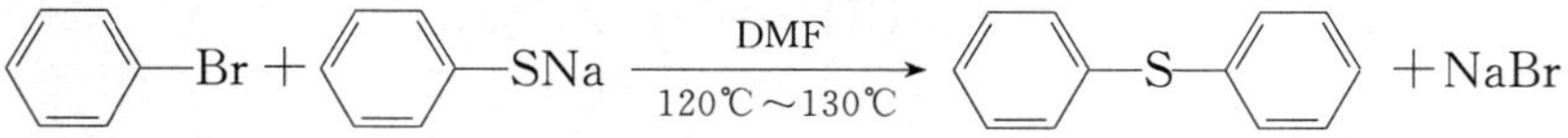

二苯基硫醚

### 16.1.2 磺酸及其衍生物

#### 16.1.2.1 物理性质

磺酸多为固体，显强酸性，易溶于水，难溶于有机溶剂。

#### 16.1.2.2 化学性质

(1) 磺酸基中羟基的反应　磺酸基中的羟基上的氢具有酸性，可与碱发生中和反应生成磺酸盐，也可与氯化钠或氯化钾发生交换反应生成磺酸盐。例如：

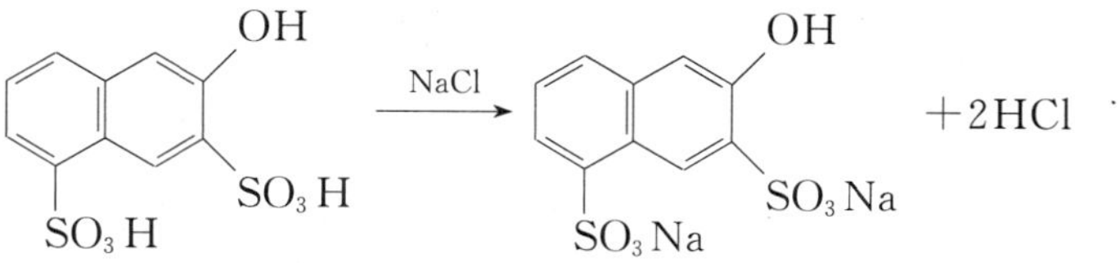

磺酸与五氯化磷反应生成磺酰氯：

$$3ArSO_3H + PCl_5 \longrightarrow 3ArSO_2Cl + H_3PO_4$$

磺酰氯比磺酸活泼，较易发生酰化、酯化反应。例如：

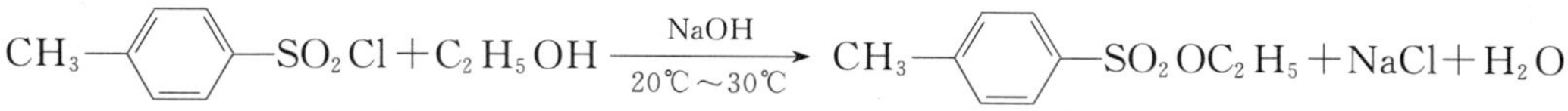

对甲苯磺酸乙酯

（2）磺酸基的取代反应　芳香族磺酸通入过热水蒸气，可进行磺化反应的逆反应：

$$ArSO_3H \xrightleftharpoons{H_2O,\triangle} Ar—H + H_2SO_4$$

芳香族磺酸钠与固体 NaOH 共熔，磺酸基被羟基取代生成酚。例如：

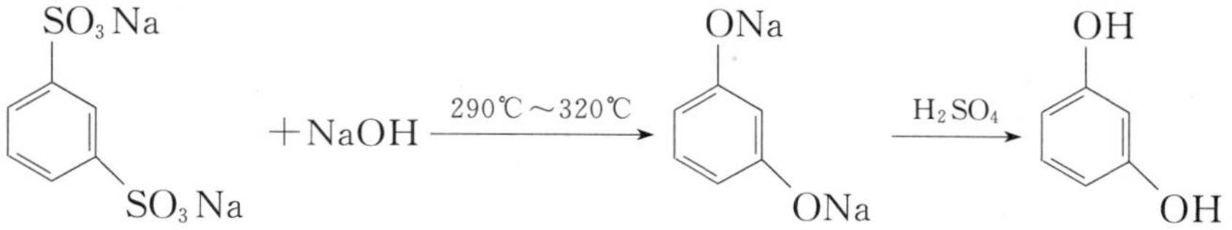

磺酸基除可被氢、羟基取代外，在加热条件下也可被氰基、氨基、硝基和氯原子等取代。

16.1.2.3　制备方法　芳香族磺酸是由芳烃经硫酸磺化而得。例如：

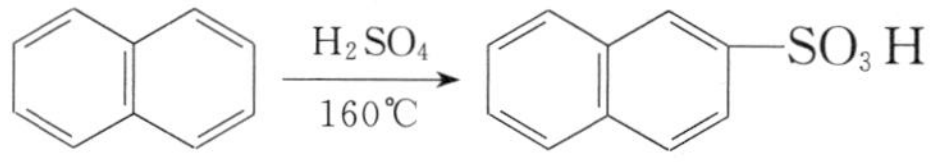

β-萘磺酸

### 16.1.3　亚砜

亚砜中二甲亚砜(DMSO)最为重要，用途较广。它是一种很好的非质子极性溶剂，也是一个很有用的有机合成试剂，可发生一些特殊的反应。

（1）作为亲核试剂的反应

亚砜基是一个吸电子基团，二甲亚砜的 α-氢具有弱酸性，在强碱 NaH 作用下，生成二甲亚砜负离子：

$$CH_3—\overset{O^-}{\overset{|}{S^+}}—CH_3 + NaH \longrightarrow CH_3\overset{O^-}{\overset{|}{S^+}}\ CH_2^-Na^+ + H_2$$

二甲亚砜负离子能与卤代烷、酯等发生取代反应：

$$R'X + CH_3\overset{O^-}{\overset{|}{S^+}}—CH_2^- \longrightarrow R'CH_2—\overset{O^-}{\overset{|}{S^+}}—CH_3$$

$$R\overset{O}{\overset{\|}{C}}—OR' + CH_3—\overset{O^-}{\overset{|}{S^+}}—CH_2^- \longrightarrow R—\overset{O}{\overset{\|}{C}}—CH_2—\overset{O^-}{\overset{|}{S^+}}—CH_3$$

β-羰基亚砜

二甲亚砜碳负离子还可与醛、酮发生亲核加成反应：

$$R—\overset{\overset{O}{\|}}{C}H(R)+CH_3—\overset{\overset{O^-}{|}}{S^+}—\overset{-}{C}H_2Na^+ \longrightarrow R—\underset{\underset{H(R)}{|}}{\overset{\overset{\bar{O}\,Na^+}{|}}{C}}—CH_2—\overset{\overset{O^-}{|}}{S^+}—CH_3$$

(2) 与卤代烷、醇的反应

二甲亚砜与伯卤代烷反应，可以得到较好产率的醛：

$$R—CH_2X+CH_3\overset{\overset{O^-}{|}}{\overset{+}{S}}CH_3 \xrightarrow[\triangle]{碱} RCHO+CH_3SCH_3$$

二甲亚砜、乙酸酐也可顺利地把醇氧化成醛、酮。苄醇不需乙酐也可被氧化成醛：

$$\underset{苄醇}{C_6H_5CH_2OH} \xrightarrow{DMSO,(空气)} \underset{苯甲醛}{C_6H_5CHO}$$

选用二甲亚砜、N,N′-二环己基碳二亚胺(DCCI)体系，也可将醇氧化成醛或酮：

$$\underset{正辛醇}{n\text{-}C_8H_{17}OH} \xrightarrow[H_3PO_4]{DMSO,DCCI} \underset{辛醛(70\%)}{n\text{-}C_7H_{15}CHO}$$

(3) 还原反应

二甲亚砜容易被还原成二甲硫醚，还原剂有：$Zn/CH_3COOH$，$SnCl_2$，$TiCl_3$，HI，$CH_3COCl/KI$ 等，而且还原反应是定量进行的：

$$CH_3—\overset{\overset{O^-}{|}}{S^+}—CH_3 \xrightarrow{还原剂} CH_3SCH_3$$

## §16.2 含磷化合物

磷为第三周期第五主族元素，其电子结构为 $1s^22s^22p^63s^23p^3$。其外层有三个未成对的 p 电子及 5 个空 d 轨道，并且从 3s 激发到 3d 的活化能较小，3d 轨道很容易参与形成杂化轨道。因此磷原子可以形成多个化学键。其中含三、四、五个 σ 键的化合物较常见。另外，磷化物分子中磷原子的未共用电子对可与氧形成配价键 $P^+\rightarrow O^-$。由于磷具有与 3p 轨道能量相近的空 3d 轨道，因此可以与氧上孤对电子或负碳 p 电子形成 p-dπ 键。

磷与碳直接相连的化合物叫膦化物，如甲基膦 $CH_3PH_2$(一级膦，又称伯膦)，二甲基膦(二级膦，又称仲膦)，三甲基膦(三级膦，又称叔膦)等。$R_5P$ 磷化物称膦烷，如 $(C_6H_5)_5P$ 称五苯基膦烷。

亚磷酸羟基上的氢为烃基取代的 $(RO)_3P$ 为亚磷酸酯，如 $P(OC_6H_5)_3$ 称亚磷酸三苯酯。磷酸羟基上的氢为烃基取代的 $(RO)_3P═O$ 成为磷酸酯，如 $O═P(OC_6H_5)_3$ 称磷酸三苯酯。

有机磷化合物还包括膦卤化物和膦酸。如：苯基二氯化膦 $C_6H_5PCl_2$；烷基膦酸 $R(OH)_2P{=}O$ 及氧化三烷基膦 $R_3P{=}O$ 等。

### 16.2.1　化学性质

三价态磷化物可用通式 $X_3P$ 表示，X 为烷基、芳基、烷氧基、芳氧基、卤素、烷硫基、胺基等。三价态磷化物的磷原子上有一孤对电子，因而分子具有碱性和亲核性。其碱性比胺弱，其亲核性比胺强。

（1）膦的反应

膦能与无机酸、Lewis 酸等反应：

$$R_3P + HX \longrightarrow R_3\overset{+}{P}HX^-$$

$$R_3P + BF_3 \longrightarrow R_3\overset{+}{P}BF_3^-$$

膦与卤代烷反应生成季鏻盐。例如：

$$(C_6H_5)_3P + CH_3I \longrightarrow \underset{\text{碘化甲基三苯基鏻}}{(C_6H_5)_3\overset{+}{P}CH_3I^-}$$

三级膦作为强亲核试剂可以与环氧乙烷反应，生成氧化膦和烯烃。例如：

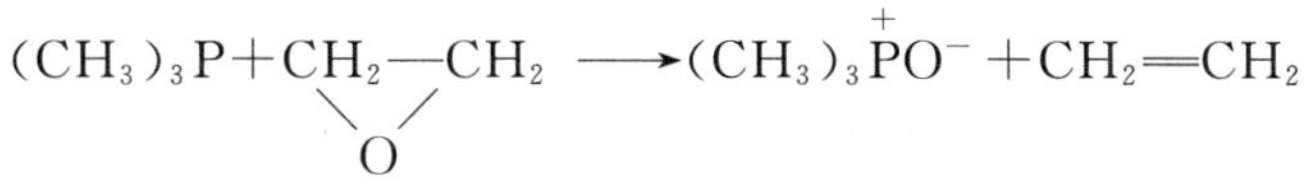

（2）亚磷酸三酯的反应

亚磷酸三烷基酯与卤代烷在 200℃高温下反应可以得到很好产率的烷基膦酸二烷基酯与新的卤代烷，此反应称为 Arbuzov 反应：

$$\underset{\text{亚膦酸三烷基酯}}{P(OR)_3 + R'X} \xrightarrow{\text{高温}} \underset{\text{烷基膦酸二烷基酯}}{(RO)_2\overset{O^-}{\overset{|}{\overset{+}{P}}}R' + RX}$$

这个反应是两步反应。第一步：亚磷酸酯作为亲核试剂与卤代烷发生 $S_N2$ 取代反应；第二步：卤离子作为亲核试剂与上步生成的膦化物发生 $S_N2$ 取代反应，而烷基膦酸酯作为离去基团被取代：

$$(RO)_3\ddot{P} + R'X \xrightarrow{S_N2} (RO)_3\overset{+}{P}{-}R'X^-$$

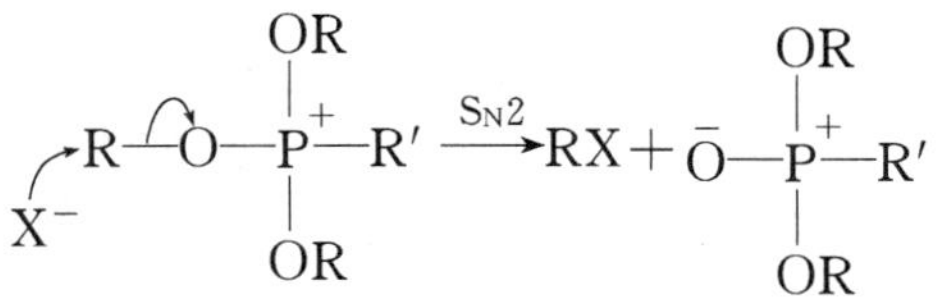

（3）Wittig 试剂及其反应

季鏻盐在碱作用下能失去 α-碳上具有酸性的氢，生成磷 ylide，即 Wittig 试剂：

$$\underset{\text{季鏻盐}}{Ph_3\overset{+}{P}{-}CHRR'X^-} \xrightarrow{\text{碱}} \underset{\text{(ylide)}}{Ph_3\overset{+}{P}{-}\overset{-}{C}RR'} \leftrightarrow \underset{\text{(ylene)}}{Ph_3P{=}CRR'}$$

Wittig 试剂可以与多种类型的亲电性试剂反应，在有机合成中有着广泛的用途。

① 与醛、酮的反应　Wittig 试剂与醛、酮反应，产物为烯烃：

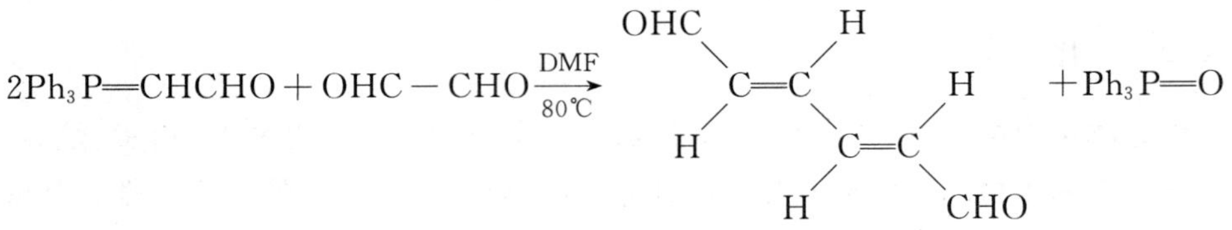

(77%)

② 与酰卤反应　磷 ylide 与酰卤反应时，可形成新的磷 ylide(Ⅰ)，(Ⅰ)经 $Ni/CH_3COOH$ 还原，生成酮：

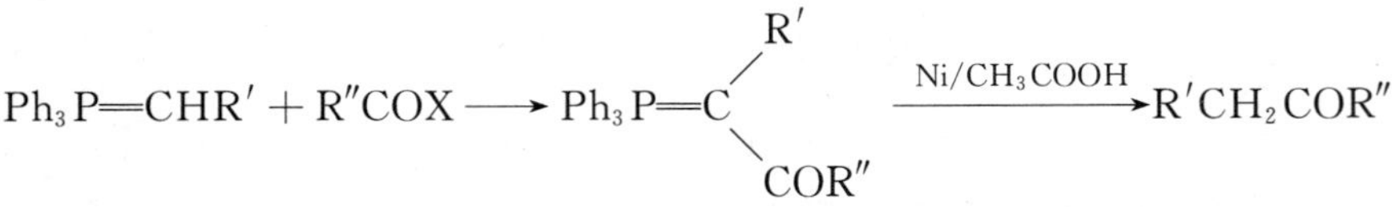

(Ⅰ)

③ 与环氧化合物反应　α-碳原子上含有吸电子基团的磷 ylide 能与环氧化合物反应，生成环丙烷衍生物。例如：

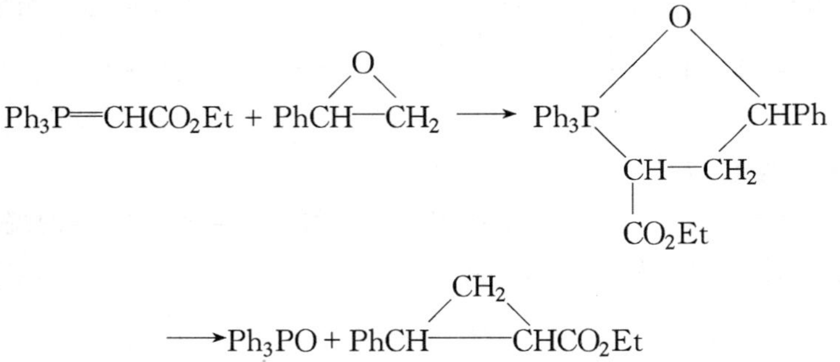

### 16.2.2 制备方法

(1) 一级、二级膦　可由卤代烃与磷化钠作用制备：

$$PCl_3 \xrightarrow[THF]{LiAlH_4} PH_3 \xrightarrow[\text{乙醚}]{Na} H_2\bar{P}Na^+ (\text{磷化钠})$$

$$H_2P^-Na^+ + RX \longrightarrow \underset{\text{一级膦}}{RPH_2} + NaX$$

$$RPH_2 \xrightarrow[\text{乙醚}]{Na} R\bar{P}HNa^+ \xrightarrow{RX} \underset{\text{二级膦}}{R_2PH} + NaX$$

三级膦可由二级膦与卤代烷，或三氯化磷与 Grignard 试剂作用制备：

$$3RMgX + PCl_3 \longrightarrow R_3P + 3MgXCl$$

$$R_2PH + R'X \longrightarrow R_2R'P(\text{三级膦})$$

(2) 季辚盐　可由叔膦与卤代烷反应制备：

$$Ph_3P + RCH_2Br \longrightarrow Ph_3\overset{+}{P}CH_2RBr^-$$

季辚盐用苯基锂等碱处理可生成 ylide：

$$Ph_3\overset{+}{P}-CH_2R \xrightarrow{\text{碱}} Ph_3\overset{+}{P}-\overset{-}{C}HR \leftrightarrow Ph_3P=CHR$$

(3) 含磷酰基的氧化膦　可通过叔膦氧化而得：

$$(C_6H_5)_3P+\frac{1}{2}O_2 \longrightarrow (C_6H_5)_3\overset{+}{P}-O^-$$

(4) 磷酸酯　可由三氯氧磷与醇反应制备：

$$POCl_3+3ROH \longrightarrow (RO)_3PO+3HCl$$

# §16.3　含硅化合物

有机硅化合物种类很多，用途广泛。某些有机硅化合物在有机合成上具有重要用途，有些可直接作为合成材料助剂，有些可作为合成有机硅聚合物的单体。

## 16.3.1　化学性质

(1) 含硅-碳键化合物的化学性质

烷基或芳基硅烷易与无机酸、Lewis 酸、卤素等发生取代反应。例如：

$$(CH_3)_3SiCH_2CO_2H+H_2SO_4 \longrightarrow HOSO_2O-\underset{\underset{\displaystyle CH_3}{|}}{\overset{\overset{\displaystyle CH_3}{|}}{Si}}CH_2CO_2H+CH_4$$

$$Et_4Si+FeCl_3 \longrightarrow Et_3SiCl+EtFeCl_2$$

如果与硅原子相连的β-碳原子上连有卤原子、羟基等基团，在碱或酸作用下 Si-C 键断裂，同时生成烯烃。例如：

$$2(CH_3)_3SiCH_2\underset{\underset{\displaystyle OH}{|}}{C}HCH_3 \xrightarrow{H_2SO_4} (CH_3)_3SiOSi(CH_3)_3+2CH_2=CHCH_3$$

(2) 含硅-卤键化合物的化学性质

① 水解　三甲基氯硅烷极易水解，经硅醇最终缩合成六甲基二硅氧烷。

$$2(CH_3)_3SiCl+2H_2O \longrightarrow 2(CH_3)_3SiOH \xrightarrow{-H_2O} (CH_3)_3Si-O-Si(CH_3)_3$$

二甲基二氯硅烷水解产物随水解条件不同而不同。在水量不足的情况下(少于化学计算量)水解，产物以二氯聚硅氧烷为主产物。

② 醇解　氯硅烷醇解，产物为烷氧基硅烷。例如：

$$HSiCl_3+CH_3OH \xrightarrow{\text{石油醚}} \underset{\text{三甲氧基硅烷(95\%)}}{HSi(OCH_3)_3}+HCl$$

$$Et_2SiCl_2+EtOH \xrightarrow{C_6H_5N(CH_3)_2} \underset{\text{二乙基二乙氧基硅烷(91.5\%)}}{Et_2Si(OEt)_2}$$

③ 与 Grignard 试剂、碱金属及其化合物的反应　氯硅烷与 Grignard 试剂、有机碱金

属试剂反应，硅-卤键断裂，生成含硅-碳键的化合物。例如：

$$(CH_3)_3SiCl + CH_3CH_2CH_2MgBr \longrightarrow (CH_3)_3SiCH_2CH_2CH_3$$

三甲基正丙基硅烷

氯硅烷与金属钠反应，生成含硅-硅键的化合物：

$$2(CH_3CH_2)_3SiCl + 2Na \longrightarrow (CH_3CH_2)_3Si—Si(CH_2CH_3)_3$$

六乙基二硅烷

④ 与氨、胺的反应　氯硅烷极易氨解。例如：

$$2(CH_3)_3SiCl + 2NH_3 \longrightarrow (CH_3)_3SiNHSi(CH_3)_3$$

六甲基二硅氮烷

⑤ 还原　Si-X 键可被氢化铝锂、氢化锂、氢化钠及四氢硼酸铝 $Al(BH_4)_3$ 还原，如：

$$CH_3CH_2SiCl_3 + LiAlH_4 \longrightarrow CH_3CH_2SiH_3$$

乙基硅烷

(3) 含硅-氢键的化合物的化学性质

含硅-氢键的化合物可与烯烃、羰基化合物等发生加成反应；可与醇、酚或羧酸等反应生成烷氧基硅烷；可发生卤化反应，使硅-氢键上的氢原子被卤原子取代。如：

$$Et_3SiH \xrightarrow{SbF_3} Et_3SiF$$

三乙基氟硅烷

(4) 含硅-氧键化合物的化学性质

$R_3SiOR'$类化合物水解时，可得到 $R_3SiOH$ 或 $R_3SiOSiR_3$。如：

$$(CH_3)_3SiOC_2H_5 + H_2O \longrightarrow (CH_3)_3SiOSi(CH_3)_3 + C_2H_5OH$$

$R_2Si(OR')_2$ 型化合物水解，可得到线型聚合物；$RSi(OR')_3$ 水解，可得到线型、环状聚硅氧烷；$Si(OR)_4$ 水解可直接凝胶化。

含硅-氧键的化合物也被质子酸（无机酸或有机酸）或酸酐（无机酸酐或有机酸酐）裂解。例如：

$$3(CH_3)_3SiOC_2H_5 \xrightarrow{H_3PO_4} [(CH_3)_3SiO]_3P{=}O + 3C_2H_5OH$$

### 16.3.2 制备方法

(1) 含硅—碳键化合物的制备　有机卤化物在高温和催化剂存在下，与硅或硅铜合金反应，生成各种有机卤硅烷。例如：

$$CH_3Cl + Si \xrightarrow[265℃\sim300℃]{Cu,Zn} CH_3SiCl_3 + (CH_3)_2SiCl_2 + (CH_3)_3SiCl + CH_3SiHCl_2 + SiCl_4$$

甲基三氯硅烷　二甲基二氯硅烷　三甲基氯硅烷　甲基二氯硅烷　四氯化硅

镁、锂、钠、钾、锌、汞等的有机金属试剂与含 Si-X、Si-OR 键的化合物发生取代反应，生成含硅-碳键的化合物。例如：

$$Si(OEt)_4 + n\text{-}C_4H_9Li \longrightarrow (n\text{-}C_4H_9)_4Si + LiOEt$$

四丁基硅烷

在催化剂存在下，含 Si-H 键的氢硅烷发生取代或与烯、炔发生加成反应，也可生成含硅-碳键的化合物。例如：

$$p\text{-}ClC_6H_4CH_2Cl + HSiCl_3 \xrightarrow[CH_3CN]{n\text{-}Pr_3N} p\text{-}ClC_6H_4CH_2SiCl_3 \quad (78\%)$$

（2）含硅—卤键化合物的制备　除了元素硅与卤代烃可直接反应制备含硅卤键的化合物之外，含 Si-H，Si-C，Si-N，Si-O 键等的化合物，也可用于制备此类化合物。如：

$$C_2H_5SiH_3 + 3Br_2 \longrightarrow C_2H_5SiBr_3 + 3HBr$$

$$(C_2H_5)_4Si + AlCl_3 \longrightarrow (C_2H_5)_3SiCl + C_2H_5AlCl_2$$

（3）含硅—氢键化合物的制备　在用元素硅制备含硅—碳键化合物时，常伴随含硅—氢键化合物的生成。除此之外，烃基卤硅烷的还原以及含 Si-Si 键化合物的裂解，都可生成含硅—氢键的化合物。如：

$$R_nSiCl_{4-n} + (4-n)LiAlH_4 \longrightarrow 4R_nSiH_{4-n} + LiCl + AlCl_3$$

$$Cl_3Si—SiCl_3 \xrightarrow{HCl} SiCl_4 + HSiCl_3$$

（4）含硅—氧键化合物的制备　有机卤硅烷与水、醇、酚、羧酸及其盐、酸酐等反应，皆可形成硅—氧键类化合物。如：

$$2(CH_3)_3SiCl + H_2O \longrightarrow (CH_3)_3SiOSi(CH_3)_3 + 2HCl$$

$$ClCH_2CH_2CH_2SiCl_3 + 3C_2H_5OH \longrightarrow ClCH_2CH_2CH_2Si(OC_2H_5)_3 + 3HCl$$

含硅-氢键化合物与醇、酚、醚、酮反应，也可制得含 Si-O 键的合物。例如：

$$Et_3SiH + C_6H_5OH \xrightarrow[I_2]{AlI_3} Et_3SiOC_6H_5 + H_2$$

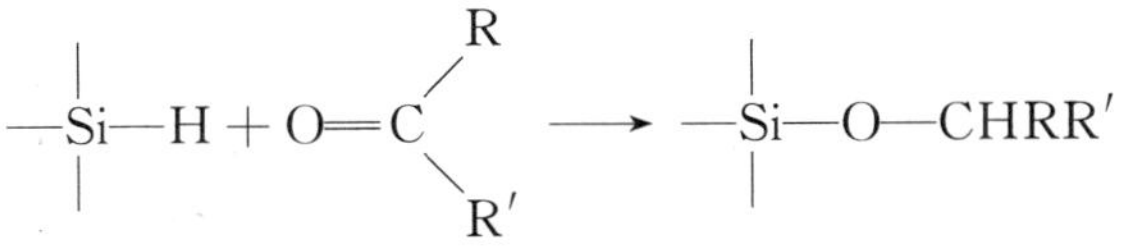

# 习　题

16-1　完成下列反应：

1. $CH_3CH_2CH_2SH + CH_3COCl \longrightarrow$ (　　　　)

2. 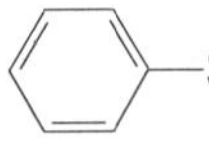 $—SNa + CH_3CH_2Cl \longrightarrow$ (　　　　)

3. $HSCH_2CH_2SH + CH_3COCH_3 \xrightarrow{H^+}$ (　　　　)

4. $CH_3—$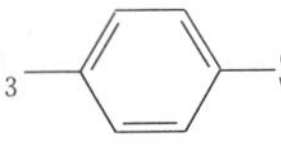$—SCH_2CH_3 \xrightarrow{H_2O_2}$ (　　　　)

5. 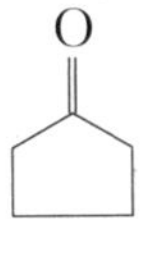 $+ Ph_3P{=}CH_2 \longrightarrow$ (　　　　)

6. $Ph_3P +$ (　　　　) $\longrightarrow Cl^-Ph_3P^+CH_2COCH_3 \xrightarrow{Na_2CO_3}$ (　　　　) $\xrightarrow{PhCHO}$ (　　　　)

7. $(CH_3CH_2)_3P +$ 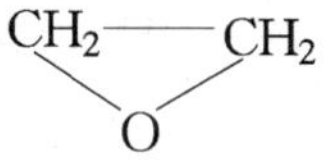 $\longrightarrow$ (　　　　)

8. $CH_3SiCl_3 + N(CH_2CH_2OH)_3 \xrightarrow{N(C_2H_5)_3}$ (　　　　)

9. $H_2NCH_2CH{=}CH_2 + HSi(OCH_2CH_3)_3 \xrightarrow{H_2PtCl_6}$ (　　　　)

10. $(CH_3)_3SiCl + CH_3COOK \longrightarrow$ (　　　　)

11. $(CH_3)_3SiCH_2CH_2CH_2Cl \xrightarrow{AlCl_3}$ (　　　　)

12. $(CH_3)_3SiCl + CH_3CH_2MgBr \longrightarrow$ (　　　　)

16-2　由指定原料合成下列各化合物：

1. 由甲基苯基亚砜、乙烯及必要的无机试剂合成 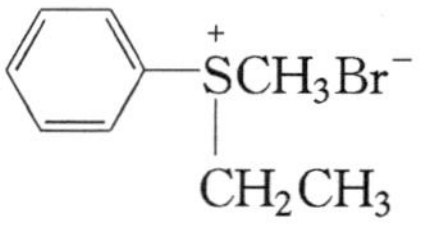

2. 由甲硫醇、苯、溴甲烷及必要的无机试剂合成 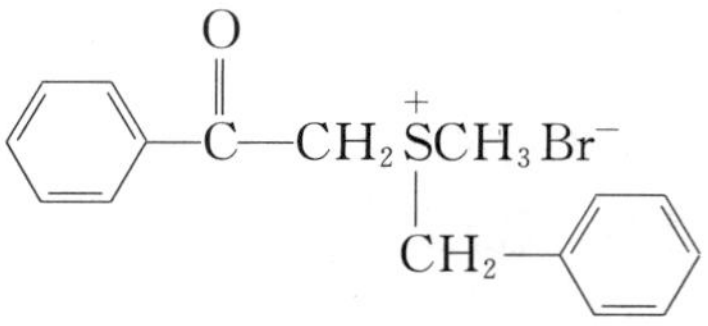

3. 由亚氯丙烷、环氧乙烷及无机试剂合成 $CH_3CH_2CH_2SCH_2CH_2OH$

4. 由三氯化磷、正丁醇及无机试剂合成 $(CH_3CH_2CH_2CH_2O)_2\overset{O}{\overset{\|}{P}}CH_2CH_2CH_2CH_3$

5. 由 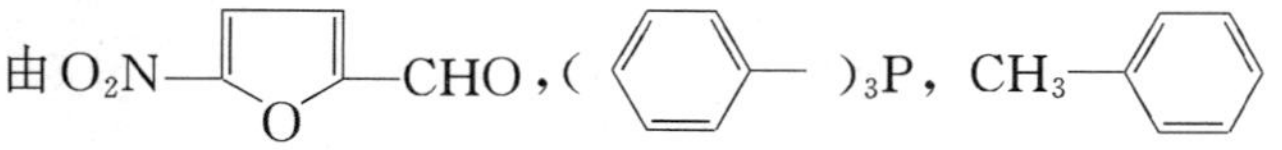 合成

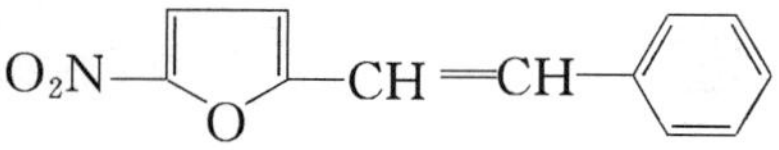

6. 由 $CH_2{=}CHCH_3$，$C_2H_5OH$，$HSiCl_3$，$H_2NCH_2CH_2NH_2$ 及无机试剂合成 $H_2NCH_2CH_2NHCH_2CH_2CH_2Si(OCH_2CH_3)_3$

7. 由 $ClCH_2CH_2CH_2Si(OCH_2CH_3)_3$，$N(CH_2CH_2OH)_3$ 及无机试剂合成 $N(CH_2CH_2O)_3SiCH_2CH_2CH_2NHCH_2CH_2CH_2Si(OCH_2CH_2)_3N$

# 第十七章　非苯芳香族化合物

随着对芳香性认识的不断深入，芳香族化合物的范围扩大至许多不含苯环的化合物，这一类化合物被称为非苯芳香族化合物(Nonbenzenoid Aromatic Compounds)。

## §17.1　芳香性的 Hückel 规则

### 17.1.1　Hückel 规则

1931 年德国化学家 E. Hückel 用分子轨道理论研究环的稳定性，得出结论："一个具有同平面的环状闭合共轭体系的单环多烯化合物，只有当它的 $\pi$ 电子数为 $4n+2$ 时，才可能有芳香族的稳定性。"这个规则称为 Hückel 规则或 $4n+2$ 规则。其中 $n$ 是整数，即 0，1，2，3，…，$4n+2$ 表示环状共轭体系中的 $\pi$ 电子数。

Hückel 规则的理论基础是分子轨道理论。根据分子轨道理论，$n$ 个原子轨道可组成 $n$ 个分子轨道。其中成键轨道的能量低于原子轨道的能量，反键轨道的能量高于原子轨道的能量，非键轨道的能量等于原子轨道的能量。在环状共轭多烯体系 $C_nH_n$ 中，所有原子都在一个平面上，每个碳原子都有一个 p 轨道垂直于环平面。它们可以组成 $n$ 个分子轨道，当 $n=3\sim8$ 时，$C_nH_n$ 单环体系的分子轨道能级和基态电子结构如图 17-1 所示。

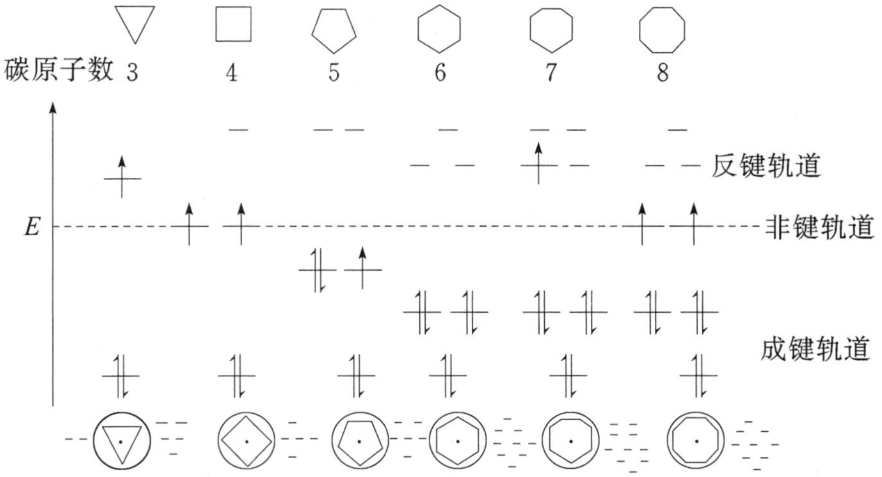


图 17-1　$C_nH_n$ 单环体系的分子轨道能级和基态电子结构图

有一种简单的表示上述分子轨道能级的方法。如图 17-1 所示，画出顶角朝下的圆内接正 $n$ 边形，则每一个顶角的位置相当于一个分子轨道的能级，圆心的水平位置相当于未成键的原子轨道能级。在圆心水平位置以下的顶角是成键轨道，处在圆心水平位置以上的顶角是反键轨道。

电子在分子轨道的填充方式，遵守能量最低原理和 Hund 规则。当所有的成键轨道都被自旋成对的电子充满，非键轨道也同样全充满或全空时，为稳定的闭壳层结构，类似于惰性气体的原子核外电子的排布，该化合物有芳香性。

当单环共轭体系的 $\pi$ 电子数为 $4n+2$ 时，即有 2,6,10,…个电子时，电子恰好填满成键轨道。分子能量比相应直链共轭多烯烃低，分子具有芳香性。如六元环体系苯，有六个 $\pi$ 电子，符合 $4n+2$ 规则，具有芳香性。含苯环的化合物萘、蒽、菲等为稠环芳香烃化合物，其中每一环的电子数符合 $4n+2$，整个环周边的电子数也符合 $4n+2$。例如：

每环六电子　　周边十电子

当 $\pi$ 电子数为 $4n$，如 4,8,12,…时，在两个非键分子轨道中有两自旋平行单电子，相当两个自由基电子，因此特别不稳定。与相应开链的共轭烯烃比较反而能量更高，不具芳香性，是反芳香性分子。如环丁二烯的能量高于 1,3-丁二烯，具反芳香性。

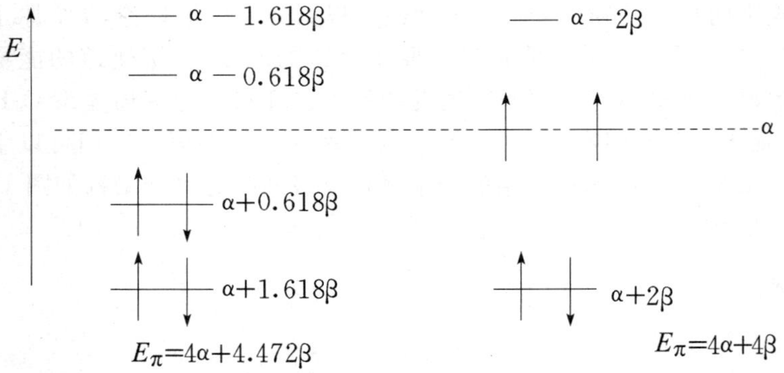


1,3-丁二烯　　环丁二烯

环辛四烯为 8 电子结构，不符合 $4n+2$ 规则，没有芳香性，但也无反芳香性，具有一般烯烃的性质，X 射线衍射测定结果表明环辛四烯分子中的碳原子不在同一平面上，其结构如下：

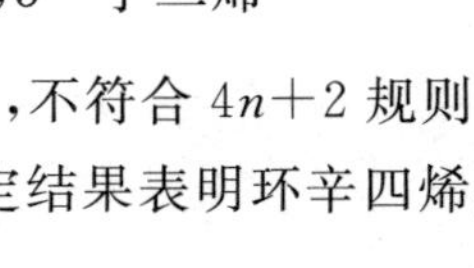

环辛四烯的结构

### 17.1.2　芳香性的特征

苯、萘、蒽、菲等含苯环的芳香族化合物，已经在有关章节进行了详细讨论。归结起来，芳香性主要表现在下列三个方面。

第一，独特的化学性质。芳香族化合物虽然是高度不饱和的，但与其他不饱和烃不同，难发生加成和氧化反应，而易发生取代反应。

第二，芳香族化合物在结构上都是具有共平面的环状封闭共轭体系，环上的每个原子都有一个垂直于环平面的 p 轨道而形成大 π 键。

第三，独特的光谱学性质。芳香族化合物的 π 电子环流，在外加磁场的作用下产生诱导磁场，处于去屏蔽区的芳环氢质子的化学位移移向低场，δ 值一般在 7 左右。

## §17.2　非苯碳环芳香化合物

### 17.2.1　环丙烯基正离子

环丙烯基正离子 π 电子数是 2，符合 $4n+2$ 规则（$n=0$），是最简单的芳烃体系。1957 年以来合成了一些含有取代基的环丙烯基正离子的盐，它们都具有芳香性。

环丙烯酮是一个典型的 2π 电子芳香化合物，在熔点下（−29℃～−28℃）稳定，其衍生物可制成稳定的晶体：

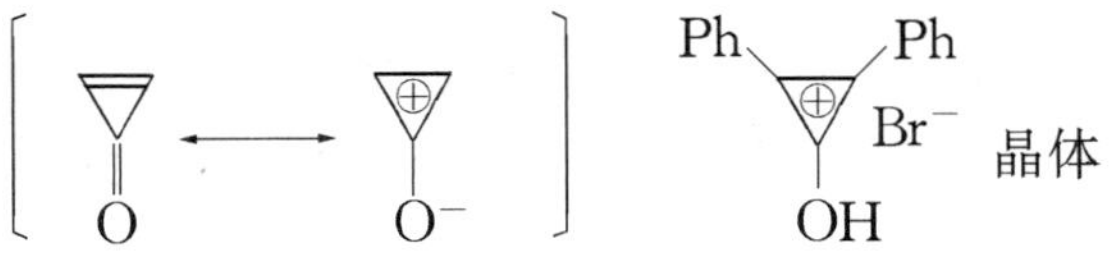


环丙烯正离子也用如下反应制备获得：

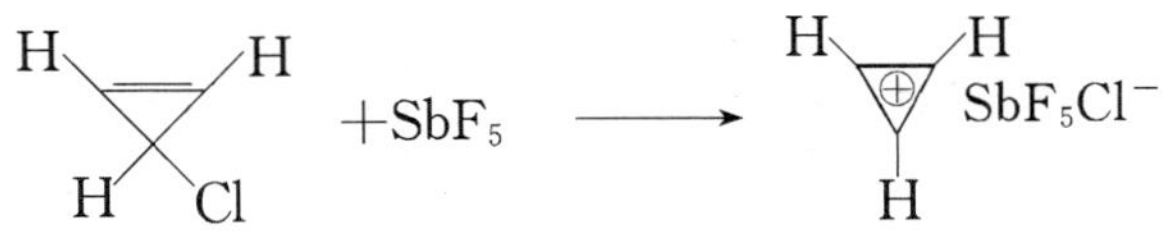


### 17.2.2　环戊二烯基负离子

环戊二烯分子中的亚甲基氢具有酸性（pKa＝16），比三苯甲烷的酸性（pKa＝31.5）强，与乙醇和水的酸性相当，在碱金属（Na，K）或强碱作用下生成环戊二烯负离子的盐：

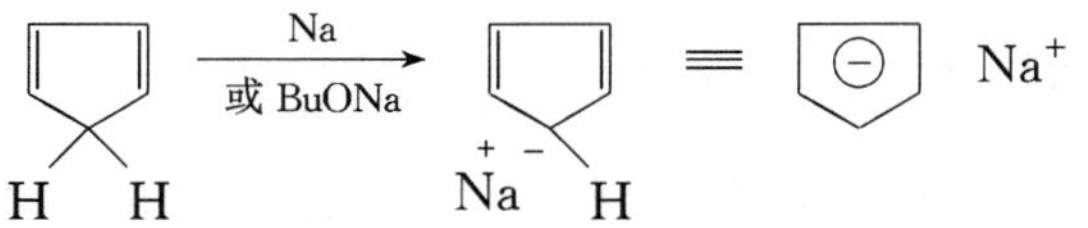


环戊二烯基负离子是闭合的环状共轭体系，π 电子数为 6，符合 $4n+2$ 规则($n=1$)，具有芳香性。在$^{1}$HNMR 谱上，环戊二烯基负离子的五个氢是等性质子，化学位移值 δ=5.5。

环戊二烯基负离子钠盐与氯化亚铁作用，生成高度稳定的夹心面包结构的金属有机化合物二茂铁：

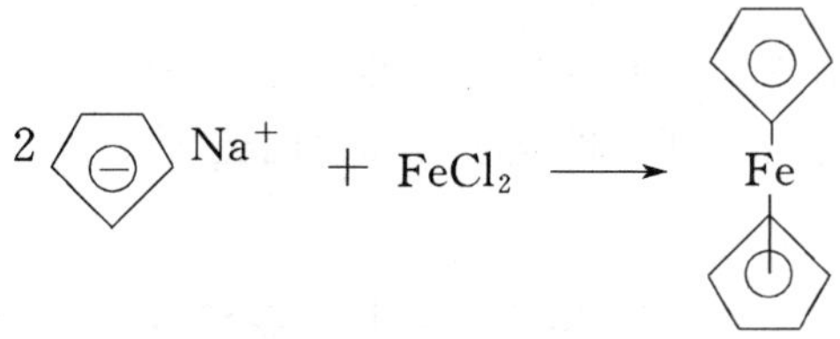


二茂铁

二茂铁是橙黄色固体，熔点 173℃～174℃，100℃升华，在空气中很稳定，加热到 400℃也不分解。具有芳香族化合物的性质，环上可进行磺化，付氏酰基化等反应。例如：

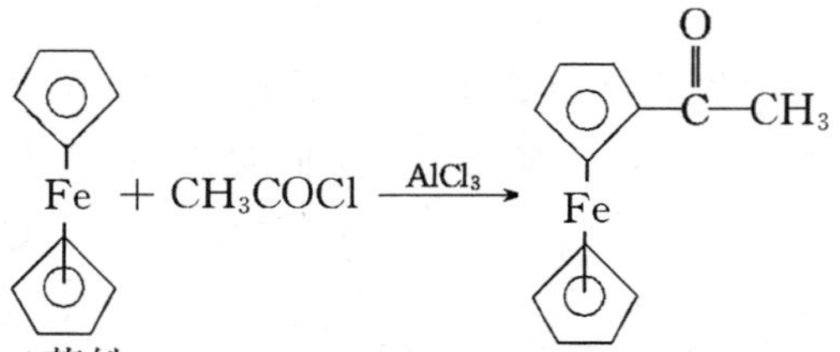


二茂铁　　乙酰基二茂铁

二茂铁具有广泛的用途，可做火箭燃料添加剂，汽油抗爆剂，紫外线吸收剂等。

### 17.2.3 环庚三烯基正离子

环庚三烯虽然有六个 π 电子，符合 $4n+2$，但是在环中有一个 $sp^3$ 杂化碳，是非闭合共轭体系，因此没有芳香性。当环庚三烯与溴作用时，生成二溴化物，二溴化物加热脱溴化氢生成溴化䓬：

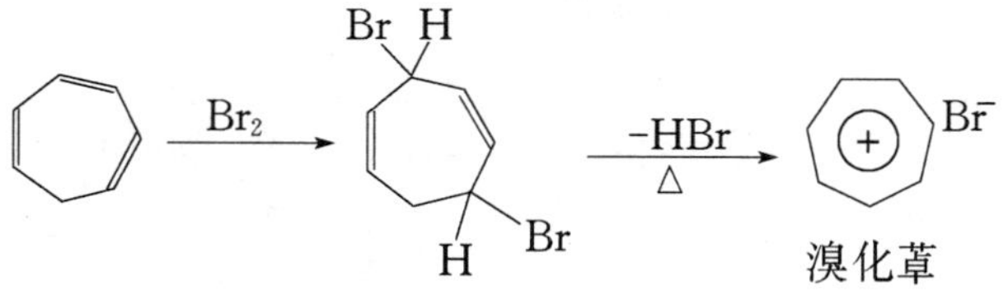


溴化䓬

溴化䓬为黄色片状结晶，熔点 203℃，不溶于乙醚，而溶于水，其水溶液加入硝酸银立即生成溴化银和环庚三烯基正离子(䓬离子)。

在环庚三烯基正离子中所有的碳都是 $sp^2$ 杂化，组成了封闭共轭体系，有六个 π 电子，符合 $4n+2$ 规则，即正好填满七碳环的成键轨道，因此具有芳香性。其氢质子的化学位移值 δ 为 9.2。

### 17.2.4　环庚三烯酚酮

环庚三烯酚酮(Tropolone,䓬酚酮)为无色针状晶体,熔点 50℃～51℃,溶于水。其性质与苯酚相似,容易发生亲电取代反应,主要生成 5-位(即在 OH 的对位)的取代产物:

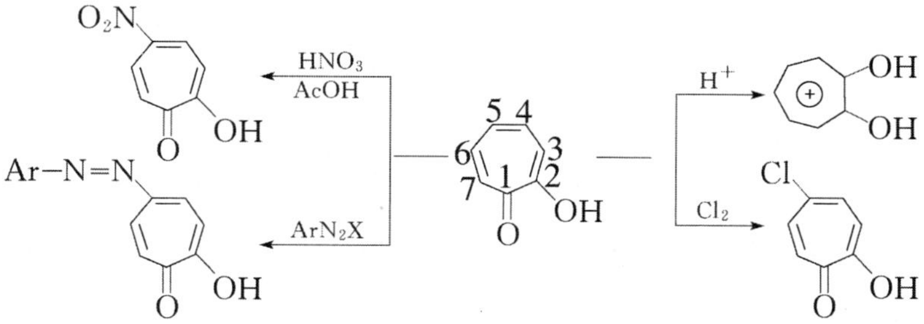


环庚三烯酚酮的羟基与酚羟基一样显酸性(pKa=6.7),并能与三氯化铁发生显色反应。

### 17.2.5　薁

薁(Azulene)是天蓝色晶体,又称蓝烃。熔点 99℃,偶极矩 $\mu=1.08D$,是萘的同分异构体,由一个五元环和一个七元环稠合而成:

薁　　　　　　$\mu=1.08D$

薁有 10 个 π 电子,符合 $4n+2$ 规则,具有芳香性。也可认为薁是由环庚三烯正离子和环戊二烯负离子稠合而成的芳香性化合物。薁一般不发生双烯特有的 Diels-Alder 反应,而起亲电取代和亲核取代反应。亲电取代一般发生在五元环的 1,3 位,说明五元环上电子云密度大;亲核取代反应一般发生在七元环的 4,8 位,说明此环的电子云密度低。

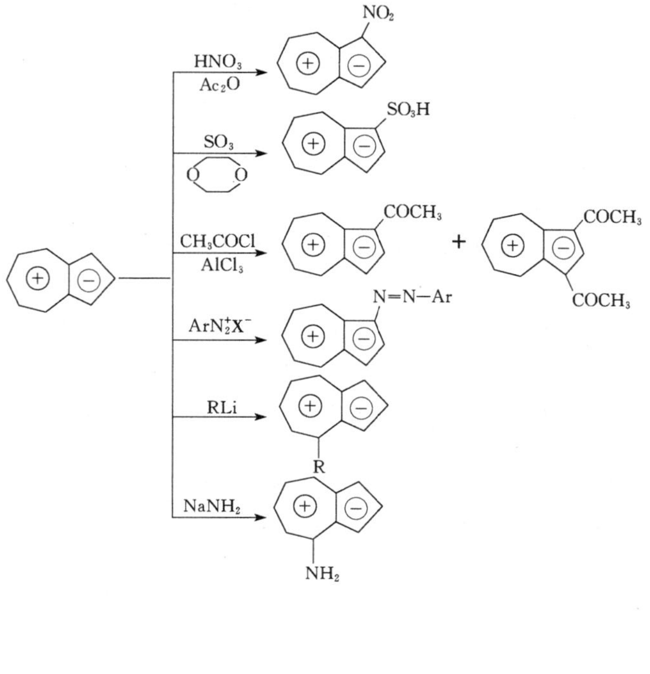

### 17.2.6 环辛四烯双负离子

环辛四烯由于分子中的原子不在同一平面上，既无芳香性，也无反芳香性。但在THF中与金属钾反应，生成两价碳负离子：

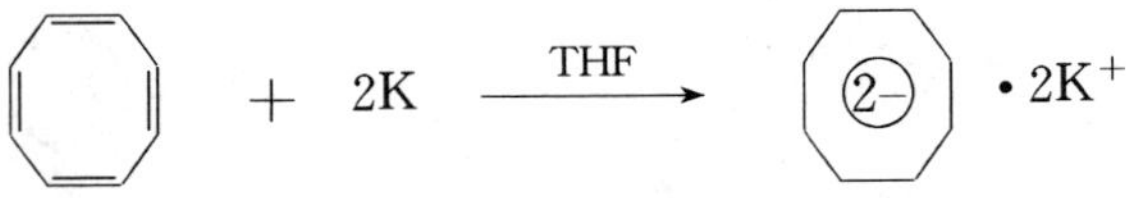


环辛四烯双负离子

环辛四烯双负离子为平面结构，有10个π电子，符合4n+2规则，具有芳香性。

### 17.2.7 轮烯

轮烯(Annulene)是一类具有交替单双键的单环多烯烃。命名方法是以轮烯为母体，将环内碳原子总数用带方括号的阿拉伯数字放在母体名称前读作某轮烯。例如：

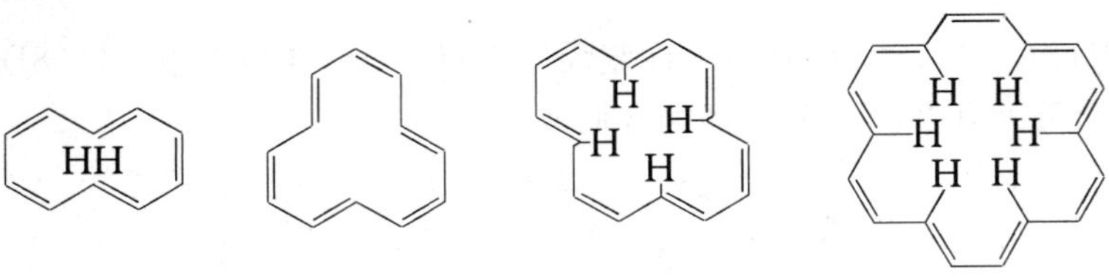


[10]轮烯　[12]轮烯　[14]轮烯　[18]轮烯

轮烯可分为两类，(4n+2)π电子轮烯和4nπ电子轮烯。后一类都无芳香性，是一类不稳定的化合物。

[10]轮烯和[14]轮烯π电子数虽然符合4n+2，但由于分子中环内氢原子之间具有强烈排斥作用，使成环碳不能在同一平面上，也无芳香性。

不过，用亚甲基代替环内的两个氢原子后，环内氢原子的排斥消失，应具芳香性：

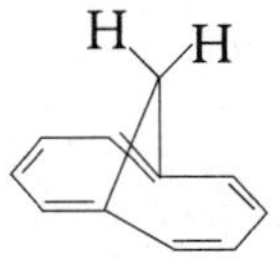


亚甲基在环平面的上方，10个碳原子组成具有10个π电子的共轭体系，具有芳香性。环外质子的化学位移值δ为6.8～7.5，亚甲基上的两个氢质子，受环电流屏蔽，δ=−0.5。

[18]轮烯具有18个π电子，符合4n+2规则，X射线衍射证明，环内碳碳键长完全平均化，整个分子基本处于同一平面，环内六个氢原子的斥力较小，是个芳香性化合物，可发生溴代等反应。在$^1$HNMR谱中，环外氢δ=9.28。环内氢δ=2.99。

[20]和[24]轮烯已经制备出来，都具4nπ电子轮烯的特性。[22]轮烯有22个π电子，符合4n+2规则，具有芳香性。是一个不太稳定的紫色结晶化合物。

综上所述，轮烯要有芳香性必须具备下列三个条件：

(1) π电子数符合4n+2规则。

（2）所有成环原子共平面或接近共平面。

（3）环内氢原子之间没有空间斥力或斥力很小。

# §17.3　芳香杂环化合物

杂环化合物（Heterocyclic Compounds）是指除碳原子外，成环原子还有 N，O，S 等杂原子的环状化合物。它们是有机化合物中数目最庞大的一类。在动植物生命过程中起着重要作用的物质如叶绿素，血红素、核酸等，它们的基本结构单元都是杂环化合物。

杂环化合物中如吡咯、吡啶、喹啉等，它们环周边的 $\pi$ 电子数符合 $4n+2$，具有一定的芳香性，被称为芳香杂环化合物：

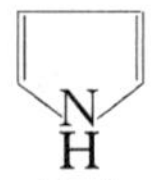
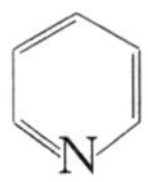
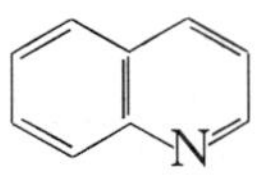

吡咯　　吡啶　　喹啉

另外，许多杂环化合物如四氢呋喃、丁二酸酐、四氢吡咯、二噁烷等，它们的物理和化学性质类似于带杂原子的脂肪族化合物。四氢呋喃和二噁烷具有典型醚的性质，丁二酸酐是典型的酸酐，四氢吡咯具有典型仲胺的性质。

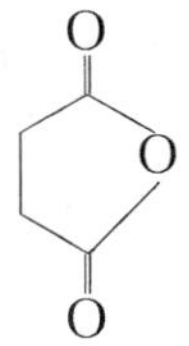

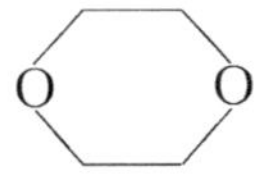

四氢呋喃　　丁二酸酐　　四氢吡咯　　二噁烷

## 17.3.1　芳香杂环化合物的分类和命名

### 17.3.1.1　分类

芳杂环化合物的种类很多，根据它们结构中环的情况可分为单杂环和稠杂环两大类。又可根据成环原子的数目分为五元杂环和六元杂环，它们可含一个、二个或更多个杂原子。

（1）含一个杂原子的五元单杂环化合物

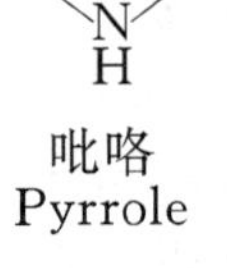

呋喃 Furan　　噻吩 Thiophene　　吡咯 Pyrrole

（2）含两个或两个以上杂原子的五元单杂环化合物

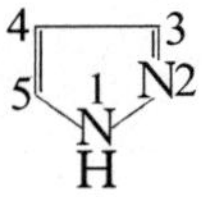

吡唑
Pyrazole

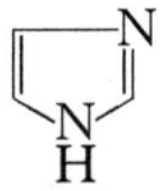

咪唑
Imidazole

噻唑
Thiazole

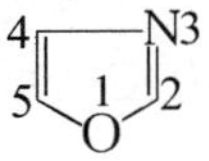

噁唑
1,3-Oxazole

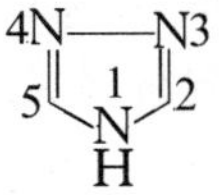

1,3,4-三唑
1,3,4-Triazole

(3) 六元单杂环

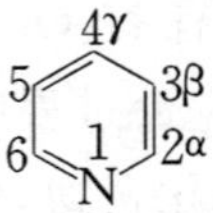

吡啶
Pyridine

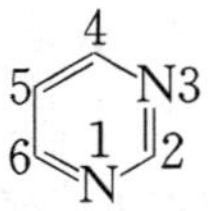

嘧啶
Pyrimidine

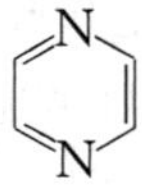

吡嗪
Pyrazine

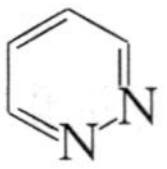

哒嗪
Pyridazine

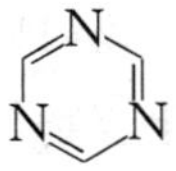

1,3,5-三嗪
1,3,5-Triazine

(4) 稠杂环　稠杂环一般是指苯环和杂环或杂环间稠合而成的化合物。

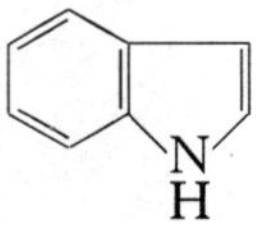

吲哚
Indole

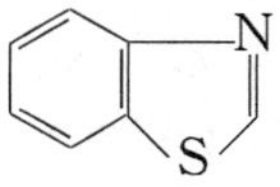

苯并噻唑
Benzthiazole

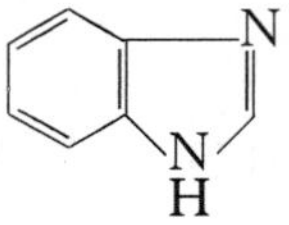

苯并咪唑
Benzimidazole

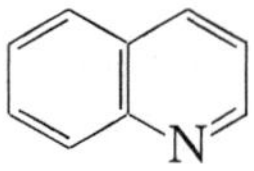

喹啉
Quinoline

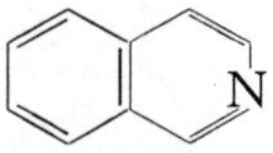

异喹啉
Isoquinoline

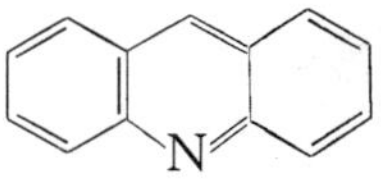

吖啶
Acridine

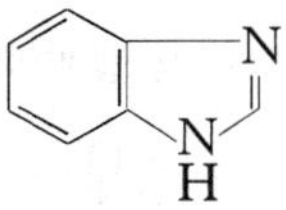

嘌呤
Purine

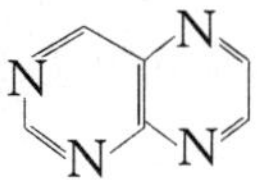

喋啶
Pteridine

17.3.1.2　命名

芳杂环化合物的命名在国际上沿用习惯命名法。我国目前采用两种方法命名。第一种是音译法,根据西文名称读音译成2~3个汉字,再加上"口"字旁,例如呋喃(Furan)、噻吩(Thiophene)、吡咯(Pyrrole)、吡啶(Pyridine)等。

另一命名法是将杂环看作碳环衍生物,在碳环名称前加上杂原子的名称,再在中间加一"杂"字。例如:

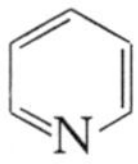

氮杂苯

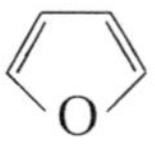

氧杂茂

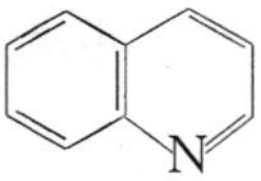

1-氮杂萘

杂环编号的一般原则如下:

(1) 杂原子编号最小;

(2) 环上含有两个相同杂原子时,连有取代基的编号最小;

(3) 环上含有不同杂原子时,按O,S,N的顺序编号;

(4) 编号有几种可能时,尽可能使连有取代基的原子编号最小。

环上的位次,可用阿拉伯数字1,2,3,…表示。有时也用α,β,γ,…来表示,杂原子相

邻的位置是 α，其次为 β，再次为 γ……

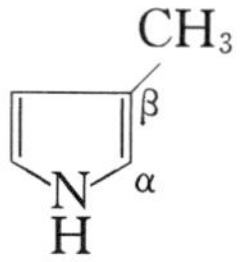

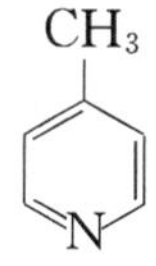

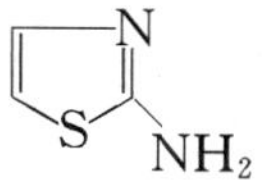


β-甲基吡咯　γ-甲基吡啶　α-氨基噻唑

3-甲基吡咯　4-甲基吡啶　2-氨基噻唑

当取代基是—COOH，—COOR，—$SO_3H$ 等时，杂环作为取代基来命名。

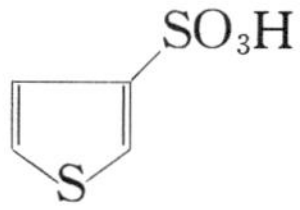

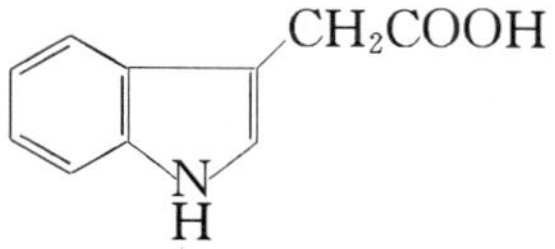


3-噻吩磺酸　β-吲哚乙酸

## 17.3.2　呋喃、噻吩、吡咯

呋喃、噻吩和吡咯是最简单的五元杂环化合物，同时又是最主要的五元杂环化合物。它们的衍生物种类繁多，在工业上有些是重要原料，也是许多生理活性物质的结构单元。

17.3.2.1　结构特征

X 衍射测定表明，呋喃、噻吩和吡咯为平面结构，其键长如下所示。

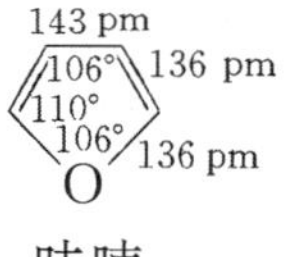

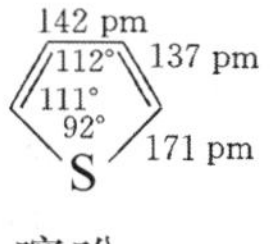

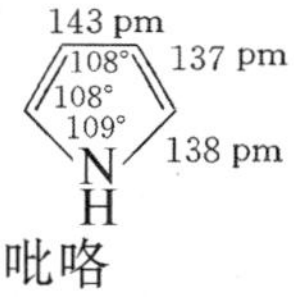


呋喃　噻吩　吡咯

它们的 C═C 双键键长较普通双键略长，单键的键长比普通单键短，键长部分平均化。

环上所有原子都是 $sp^2$ 杂化，各原子均以 $sp^2$ 杂化轨道重叠形成 σ 键而成环。未参加杂化的碳原子 p 轨道中有一个 p 电子，杂原子的 p 轨道中有一对 p 电子。五个 p 轨道相互平行，组成五个 π 分子轨道，其中三个轨道较 p 轨道能量低是成键轨道，两个轨道较 p 轨道能量高是反键轨道。基态时六个 π 电子填充在三个成键轨道中。

它们的电子结构为稳定的闭壳层结构，符合 Hückel($4n+2$)规则，具有芳香性。

从共振论看，它们的共振式为：

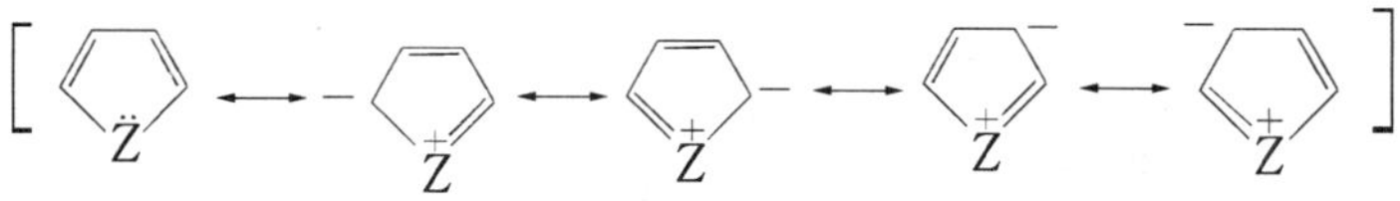


Z═O,S,NH

吡咯、噻吩和呋喃的共振能分别为 89 kJ·$mol^{-1}$，122 kJ·$mol^{-1}$ 和 68 kJ·$mol^{-1}$。

17.3.2.2　物理性质

呋喃、噻吩和吡咯都是无色液体。与相应的饱和化合物相比，偶极矩减小，且吡咯的偶极矩的方向发生了变化，指向芳环，这是由于杂原子上 p 电子对的离域造成的。

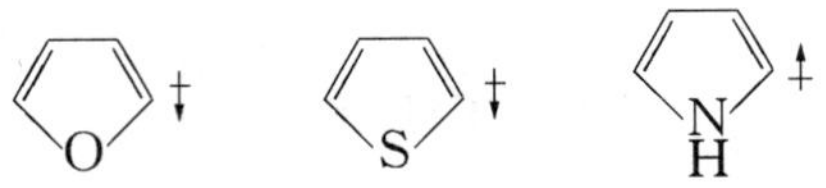

0.70D　　0.51D　　1.81D

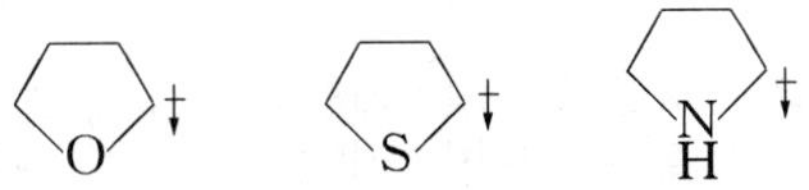

1.73D　　1.90D　　1.58D

17.3.2.3　呋喃、噻吩、吡咯的化学性质

(1) 亲电取代反应

呋喃、噻吩、吡咯同其他芳香族化合物一样，容易进行亲电取代反应。由于它们是五原子六电子的富电子芳杂环，同苯相比，每个碳原子上的电子云密度比苯高，所以比苯更容易发生亲电取代反应，反应条件更温和。其反应活性的相对次序是：

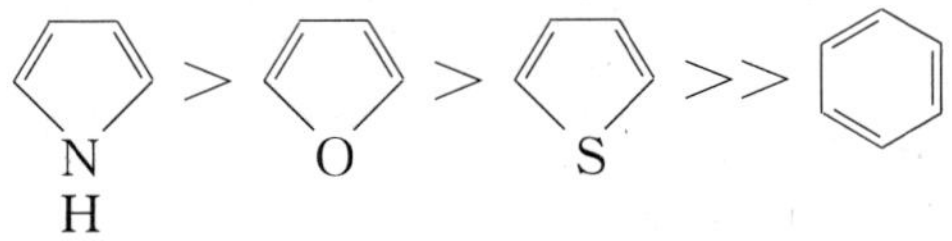

亲电试剂可进攻呋喃、噻吩、吡咯 α-位和 β-位，从而形成两种产物——α-取代和 β-取代产物。一取代反应，亲电试剂主要进入 α-位，这可从反应中间体的稳定性来解释。

α-位取代：

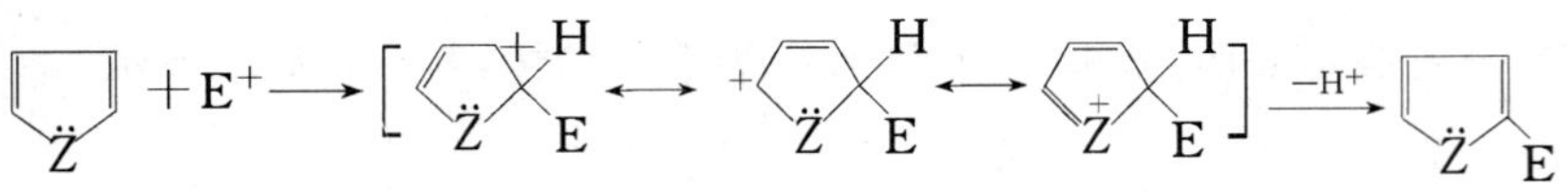

β-位取代：

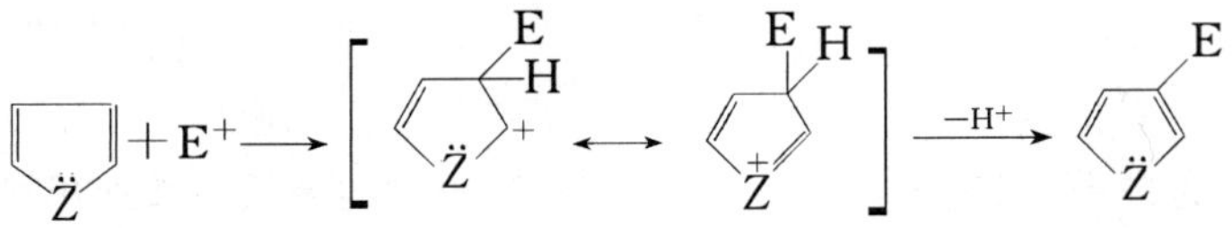

α-位取代有三个共振式，正电荷分散在三个原子上。β-位取代只有两个共振式、正电荷分散在两个原子上。前者电荷分散，更稳定，因此 α-取代的中间体更容易生成，一取代时 α-位取代产物是主要的。

① 硝化反应

呋喃、噻吩、吡咯遇强酸及氧化剂时容易使环破坏，不能用硝酸直接硝化。常用的硝化试剂为硝酸乙酰酯。硝酸乙酰酯能爆炸，在使用时由乙酸酐和硝酸反应临时制备：

$$(CH_3CO)_2O + HONO_2 \longrightarrow CH_3\overset{\overset{\displaystyle O}{\|}}{C}{-}ONO_2 + CH_3CO_2H$$

硝酸乙酰酯

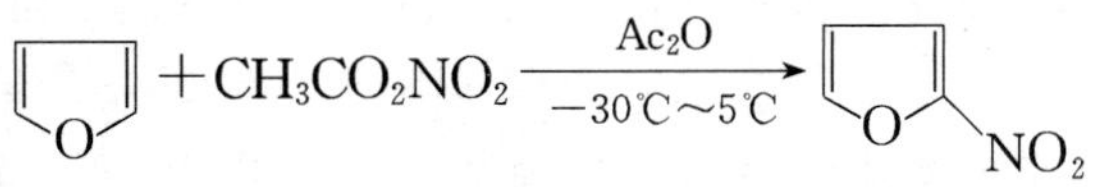

α-硝基呋喃 (35%)

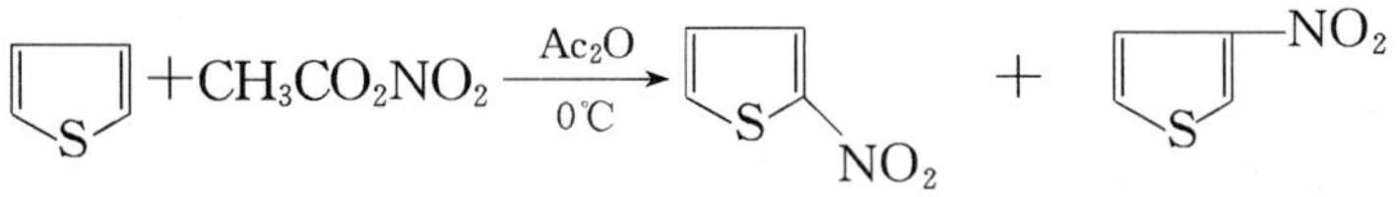

α-硝基噻吩（60%）　β-硝基噻吩（10%）

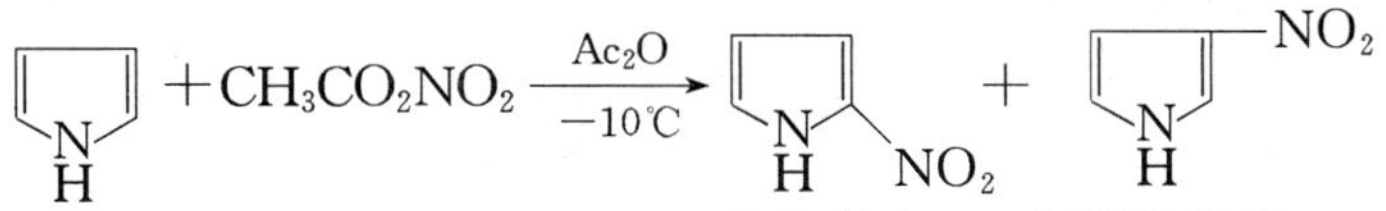

α-硝基吡咯　β-硝基吡咯
51%　13%

噻吩可以用一般的硝化试剂硝化，但反应非常剧烈。

② 磺化

呋喃、吡咯磺化时常用三氧化硫与吡啶的加成物作磺化试剂。

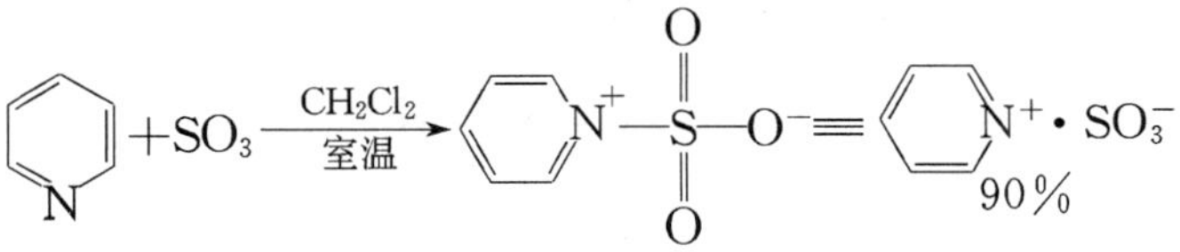

90%

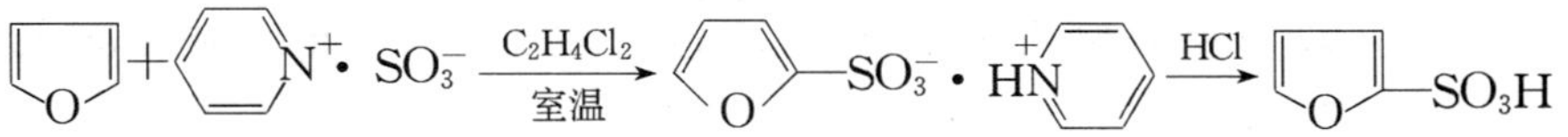

α-呋喃磺酸 41%

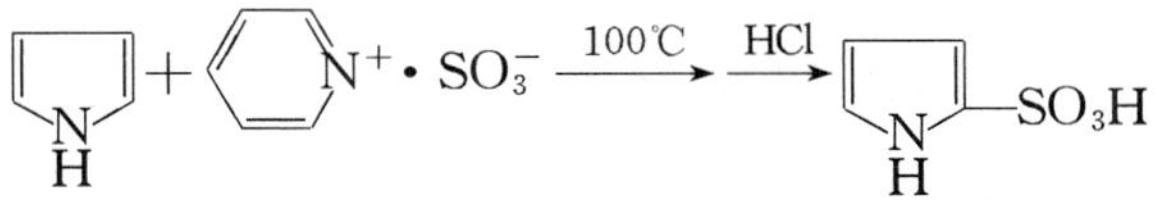

α-吡咯磺酸 90%

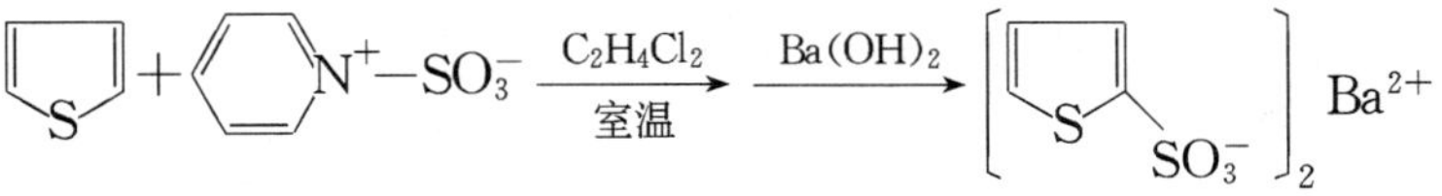

α-噻吩磺酸钡（86%）

噻吩比较稳定，可直接用硫酸在室温下磺化：

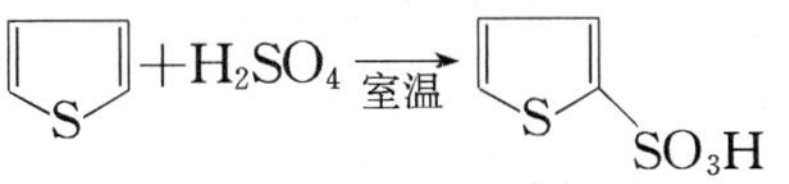

α-噻吩磺酸（69%～76%）

③ 卤化反应

呋喃、噻吩、吡咯的卤化反应活性与苯胺和苯酚相似，在室温与氯或溴反应很激烈，可得到多卤代物。为了避免多取代，反应一般在低温和稀溶液中进行：

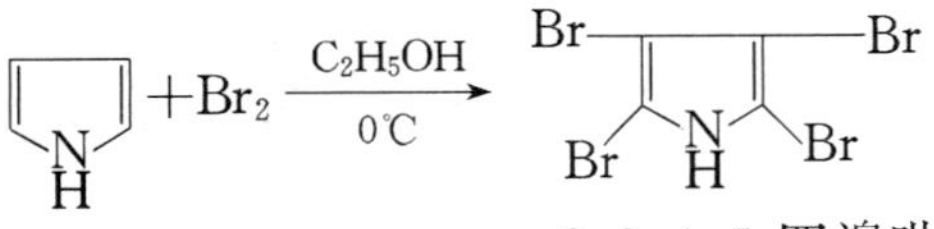

2,3,4,5-四溴吡咯

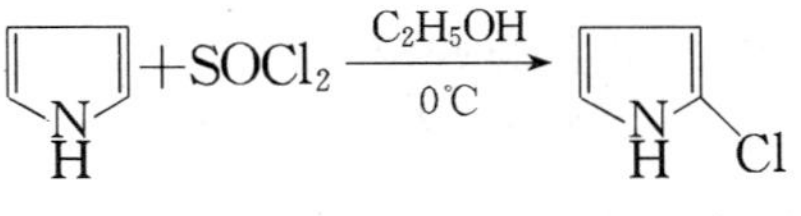

2-氯吡咯（80%）

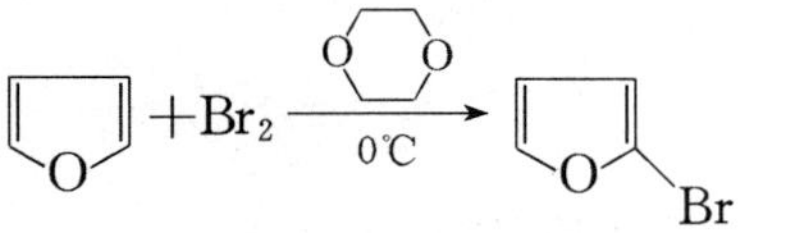

2-溴呋喃（80%）

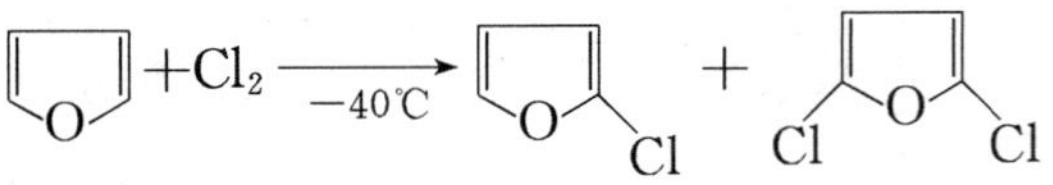

2-氯呋喃　2,5-二氯呋喃

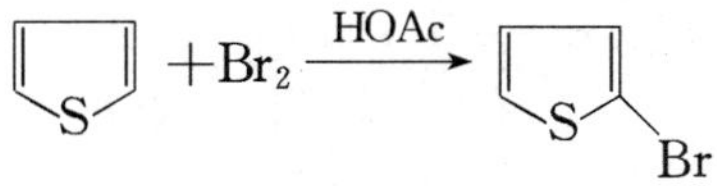

2-溴噻吩（78%）

噻吩的一溴化可在室温下进行，同时溴也可用 NBS 代替。但在同样条件下氯化则得多取代物。碘化反应却需要在 HgO 存在下反应方可进行。

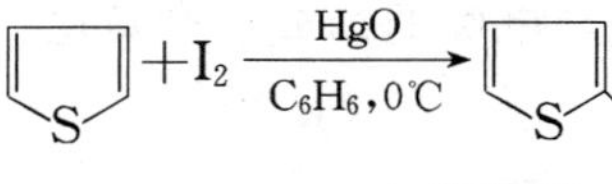

2-碘噻吩（70%）

④ 酰基化反应

呋喃和噻吩在较温和的催化剂如 $BF_3$，$H_3PO_4$ 等存在下与酸酐或酰氯发生酰化反应：

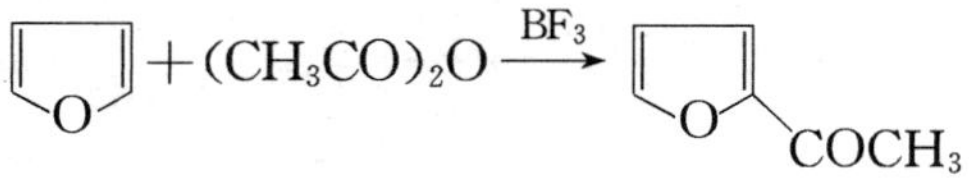

2-乙酰基呋喃（75%～92%）

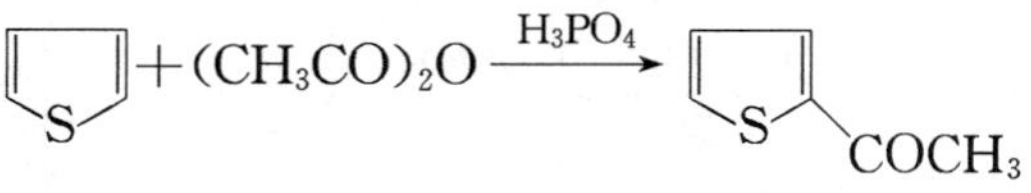

2-乙酰基噻吩（70%）

噻吩的酰化反应条件需要严格控制，在用无水三氯化铝、氯化锡等催化剂时，必须先将三氯化铝与酰化试剂反应形成活泼的亲电试剂，然后再与噻吩反应。否则在无水三氯化铝存在下噻吩会生成树脂状物质。

吡咯反应活性大，无须催化剂。用酸酐在加热的条件下可直接酰化。例如：

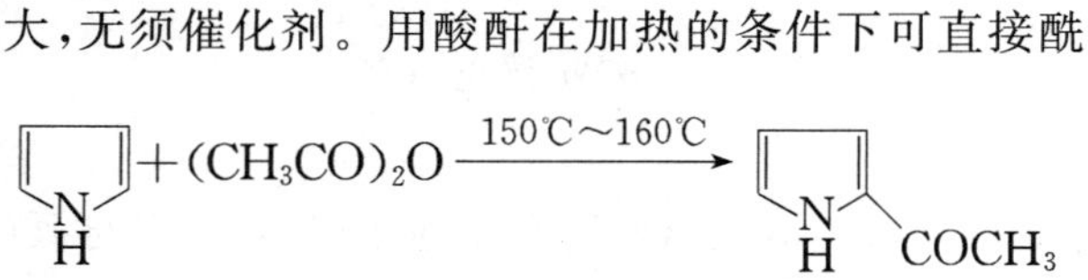

2-乙酰基吡咯（60%）

⑤ 吡咯的特殊反应

吡咯的亲电取代反应活性非常高，活性与苯酚和苯胺类似，可进行 Reimer-Tiemann 反应，Kolbe 反应，也可与重氮盐发生偶联反应：

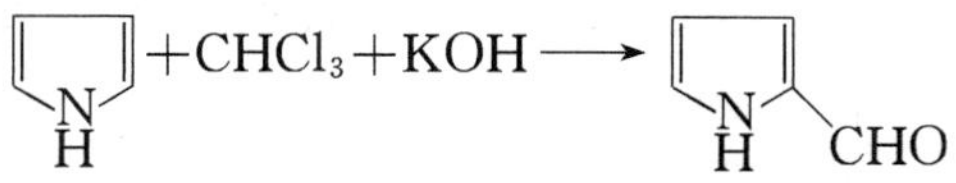


2-吡咯甲醛

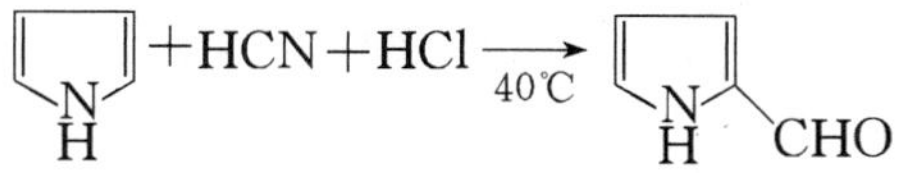


(Gatteman 反应)

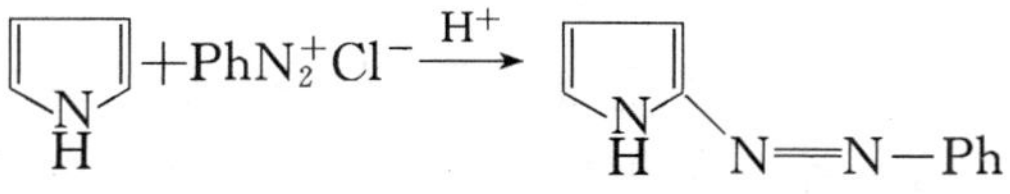


2-吡咯偶氮苯

(2) 加氢反应

呋喃、噻吩、吡咯催化加氢，得到饱和的杂环化合物：

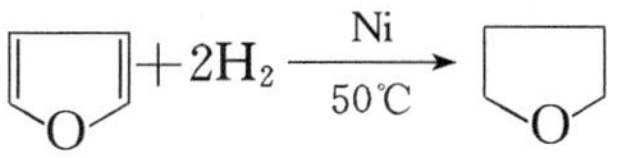


四氢呋喃 (THF)

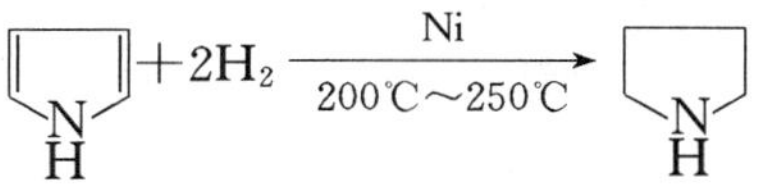


四氢吡咯

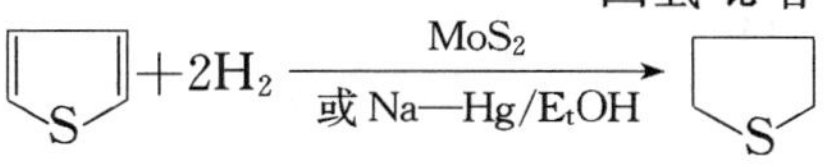


四氢噻吩

(3) Diels-Alder 反应

呋喃、噻吩、吡咯分子中都有一个顺丁二烯型结构，因而它们具有不饱和性质。呋喃的共振能较小，具有二烯烃的性质，与亲双烯体发生 Diels-Alder 反应，生成含氧桥的六元环化合物。例如：

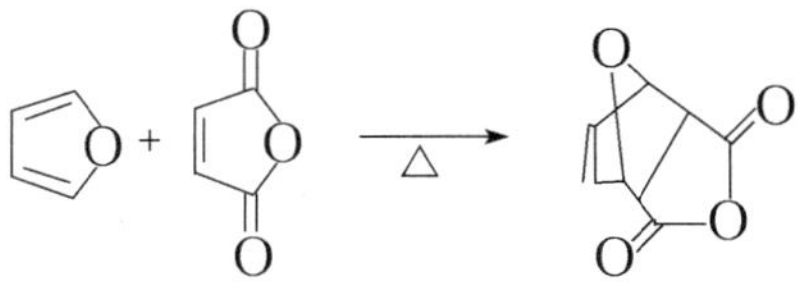


(90%)

吡咯氮可以发生烃基化反应，吡咯也可与丁炔二酸、苯炔等发生 Diels-Alder 反应：

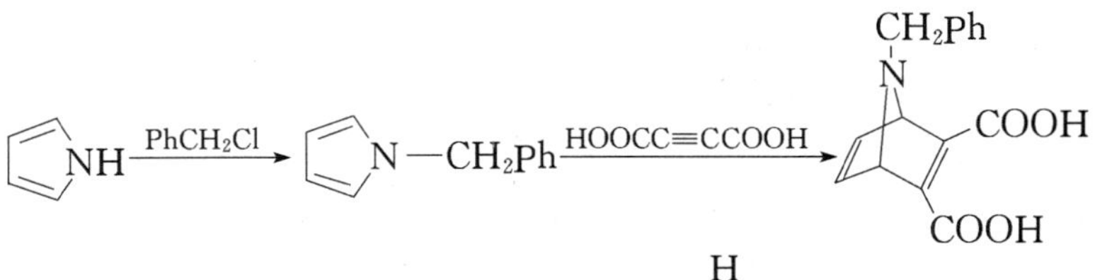


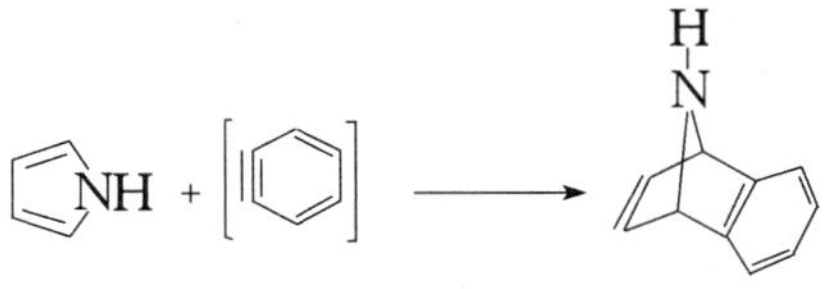

噻吩的共振能较大，比较稳定，Diels-Alder 反应较难进行，乙炔型亲双烯体可与之反应，但产物一般不稳定，失硫而得苯的衍生物：

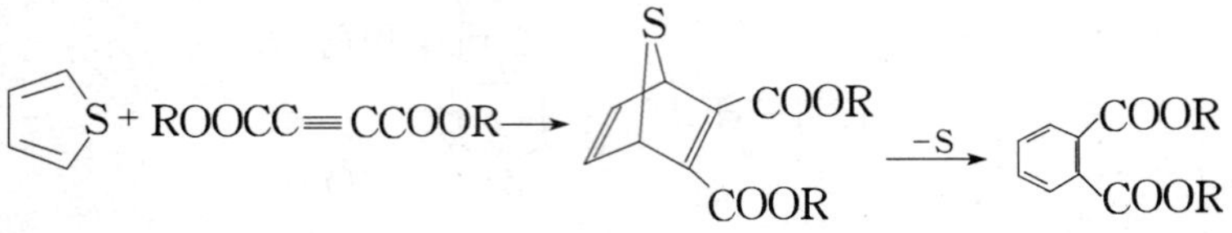


（4）吡咯的酸碱性

从表面上看吡咯是仲胺。但是，由于氮原子中的一对电子参与了芳环的共轭体系，其碱性极弱（Kb＝2.5×$10^{-14}$），可溶于冷的稀酸中，加热则形成吡咯的聚合物——吡咯红：

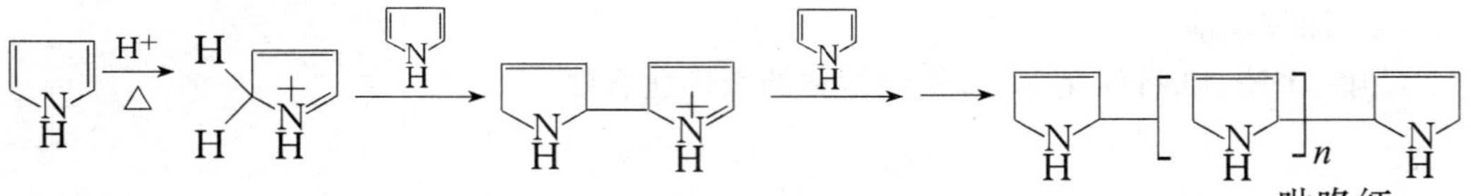


另外，吡咯上的氢还有弱酸性，Ka＝1×$10^{-15}$，比醇酸性强，可与强碱或碱金属作用成盐，与 Grignard 试剂反应生成吡咯卤化镁：

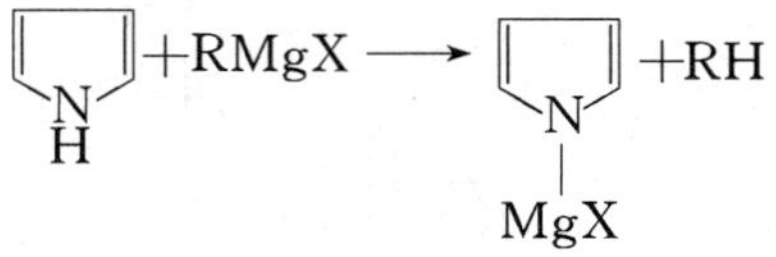


吡咯钾盐和吡咯卤化镁都可用于合成吡咯衍生物。例如：

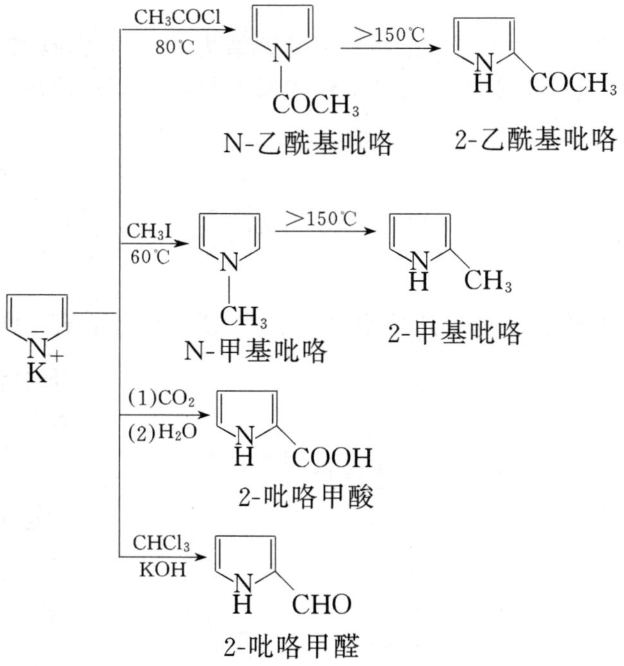

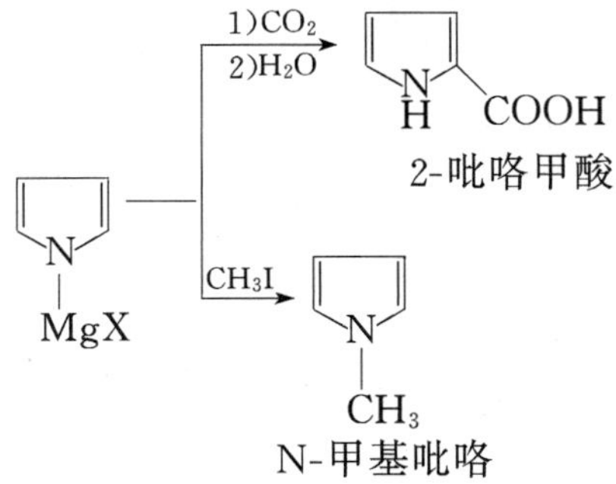


17.3.2.4　呋喃、噻吩、吡咯的制备

呋喃很容易通过糠醛催化脱羰来制备(糠醛可由玉米芯、稻糠、花生壳、大麦壳、高粱秆等用热盐酸处理而得)：

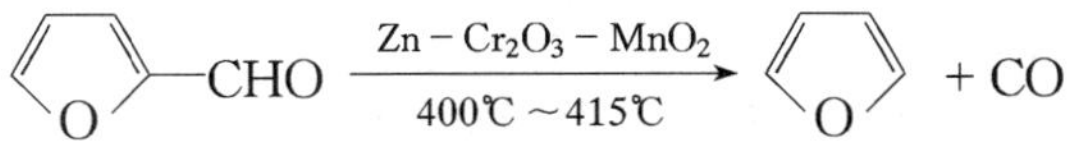


吡咯和噻吩存在于煤焦油中，在分馏煤焦油时，噻吩和苯一同蒸出，焦油苯中含大约0.5%的噻吩。工业上噻吩可用丁烷和硫，丁烯或丁二烯与二氧化硫在高温下反应制备：

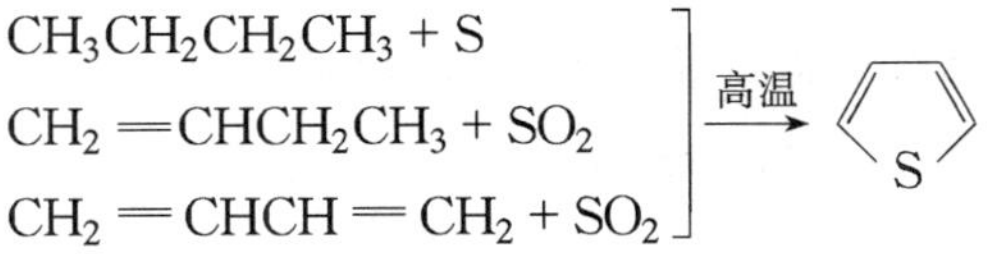


吡咯可用多种方法合成。例如：

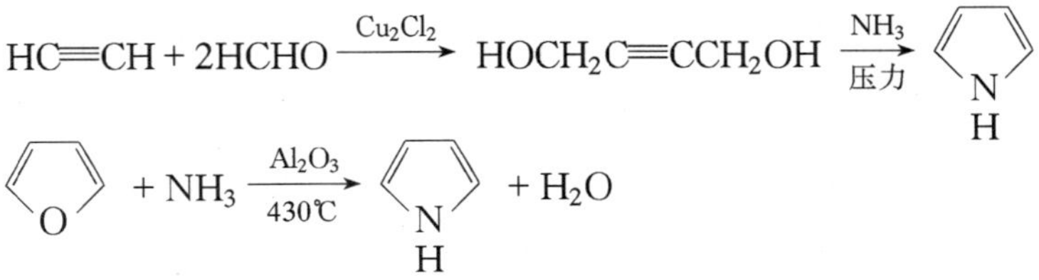


1，4-二羰基化合物的环化是制备吡咯，呋喃和噻吩取代衍生物的常用方法。例如：

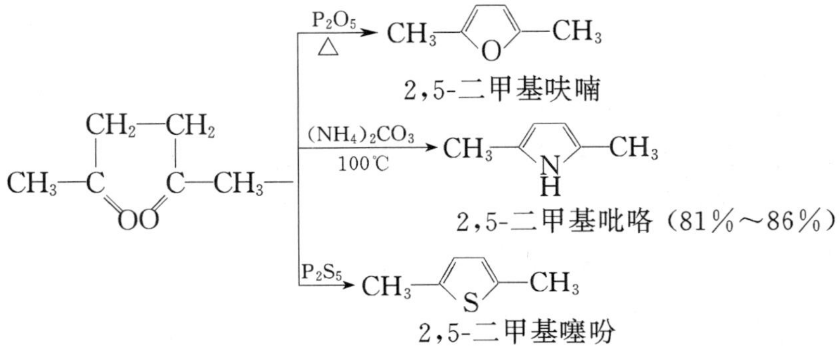


这一方法称为 Paal-Knorr 合成法。

17.3.2.5 呋喃、吡咯的重要衍生物

(1) 糠醛

糠醛为无色液体，沸点162℃，在空气中容易氧化变黑。性质与苯甲醛类似，可发生Cannizzaro反应，安息香缩合反应、Perkin反应等。

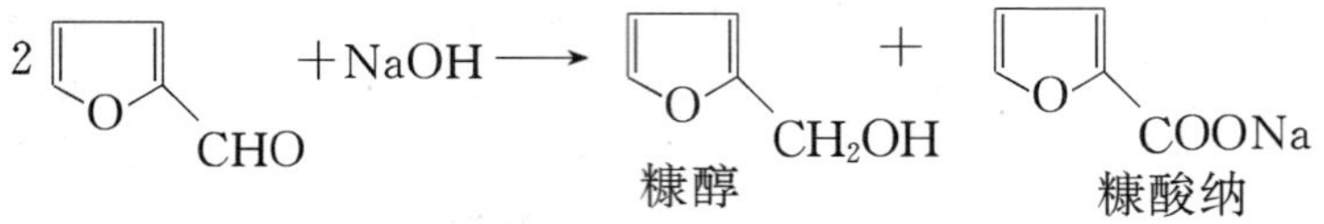


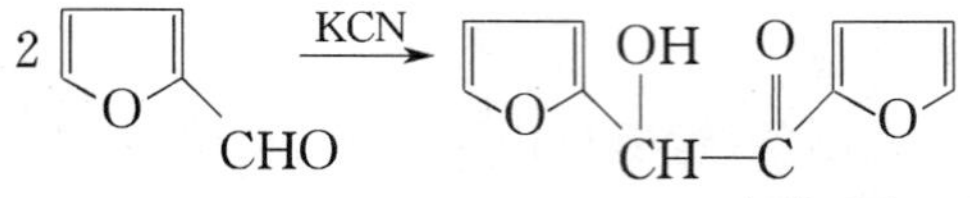


呋喻(Furoin)

(2) 卟啉环系化合物

卟啉环系化合物的母体环化合物叫卟吩(Porphin)，卟吩环是由四个吡咯和四个次甲基(—CH)交替相联组成的共轭体系。

卟吩中吡咯环上的氢被各种取代基取代，同时环的中间空隙以共价键、配位键和不同的金属结合而形成各种卟啉环系化合物，如血红素、叶绿素等。

血红素与血球蛋白结合成血红蛋白质，是高等动物血液输送氧的主要物质，血红素中的 $Fe^{2+}$ 与氧可逆的结合而实现氧的输送。

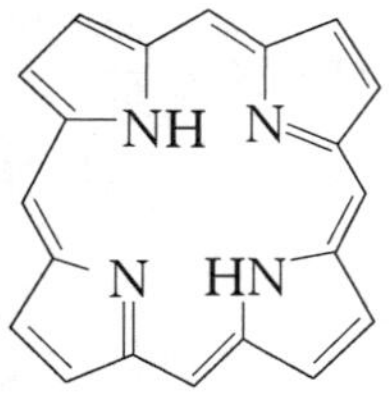


卟吩

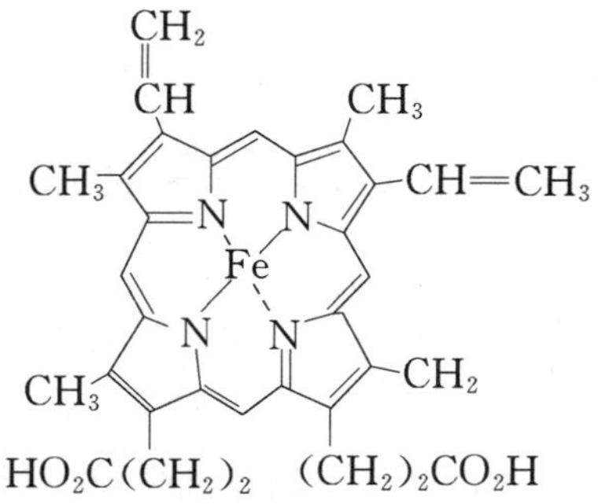


血红素

## 17.3.3 唑

17.3.3.1 唑的结构

唑(Azole)的五元杂环中含有两个杂原子，其中至少有一个氮原子。杂原子可处在1，3-位和1，2-位。例如：

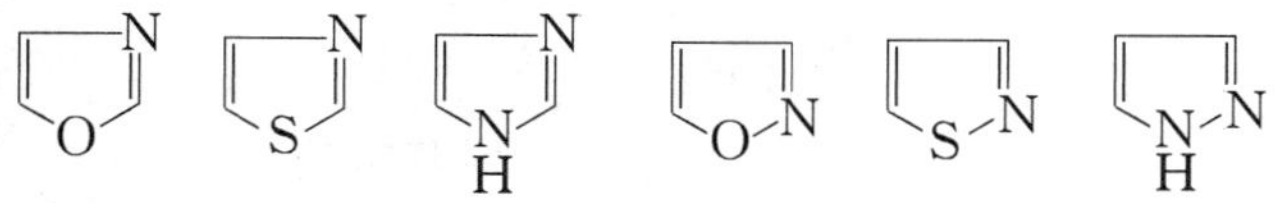


噁唑　噻唑　咪唑　异噁唑　异噻唑　吡唑

这六种唑都有呋喃、噻吩、吡咯的基本结构，只是在2-位或3-位上的CH换成了氮原

子。这个氮原子也是 $sp^2$ 杂化，其中两个 $sp^2$ 杂化轨道与相邻原子的 $sp^2$ 杂化轨道重叠形成 σ 键而成环，另一个 $sp^2$ 杂化轨道中有一对孤对电子。在 p 轨道中的一个电子参加共轭，形成闭合的共轭体系，都具有 $(4n+2)$ 个 π 电子，符合 Hückel 规则，具有芳香性。

17.3.3.2　唑的性质

(1) 碱性

在唑环中氮原子有一个 $sp^2$ 杂化轨道被一对电子占据，是未成键的孤对电子，可与质子结合，具有碱性。1,3-唑中，咪唑碱性最强，噁唑碱性最弱。

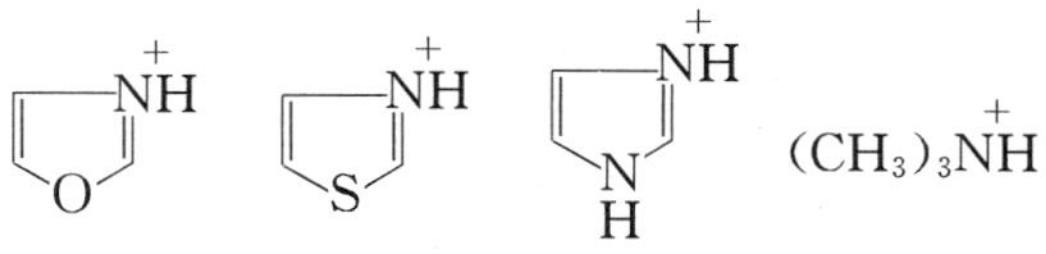

pKa　1.3　2.4　7.0　10

这可用电子效应来解释：

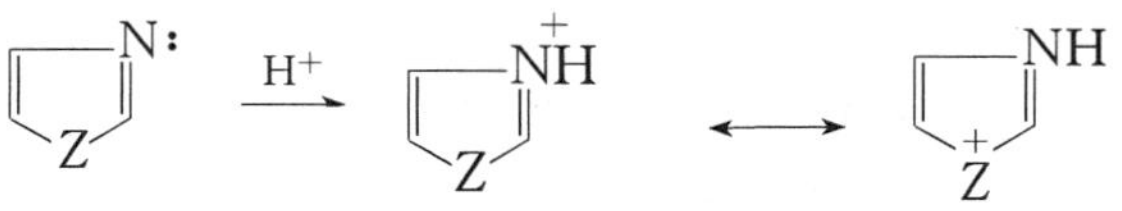

Z＝O,S,NH　吸电子的诱导效应使正离子不稳定　给电子的共轭效应使正离子稳定

氧吸电子的诱导效应最强、给电子的共轭效应最弱，所以噁唑的碱性最弱，而在咪唑中则正好与之相反。

在 1,2-唑中，由于两个杂原子相连，使碱性降低，是更弱的碱：

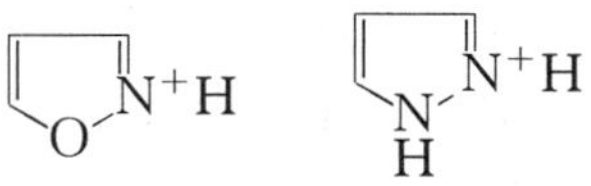

pKa　2.03　2.52

(2) 氮烷基化和酰基化

唑中氮原子上的未共用电子对的存在使其可以发生烷基化和酰基化反应。例如：

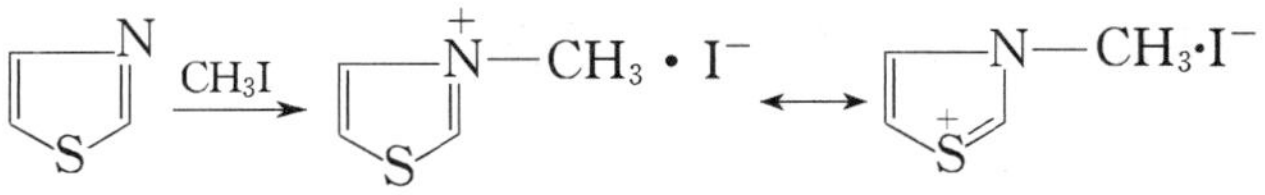

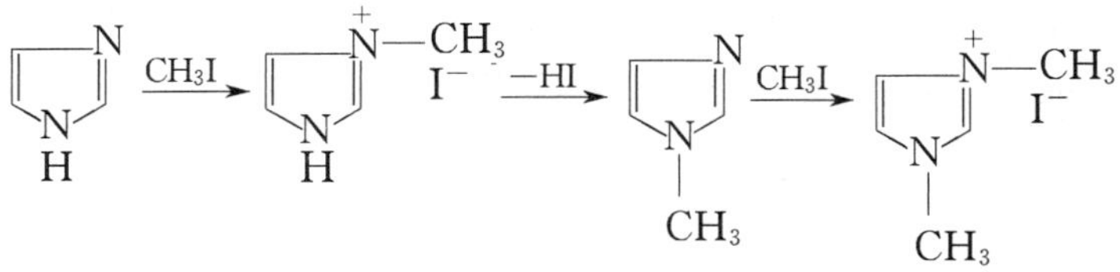

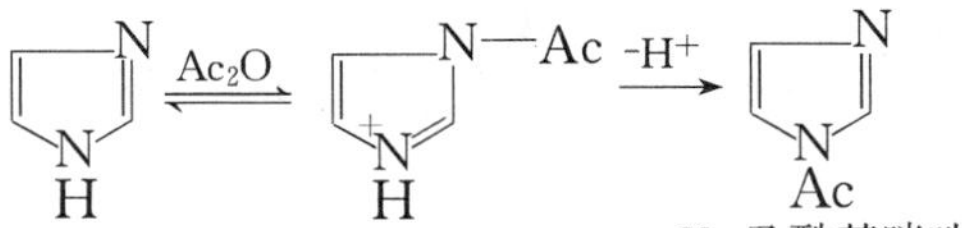

N-乙酰基咪唑

(3) 亲电取代反应

唑环中一个氮原子 p 轨道中的一个电子参与共轭，而氮原子电负性比碳大，有吸电子作用，因而亲电取代反应的活性较呋喃、噻吩、吡咯低。其亲电取代反应活性如下：

1,3-唑中，间位定位的 —N═ 和邻位定位的 O,S,NH 定位一致，取代反应发生在 5-位。1,2-唑中，两个杂原子的定位不一致，而以 —N═ 的定位为主，亲电取代发生在 4-位。这也可用反应中间体正离子的稳定性来解释。

1,3-唑：

$E^+$进攻 2-位

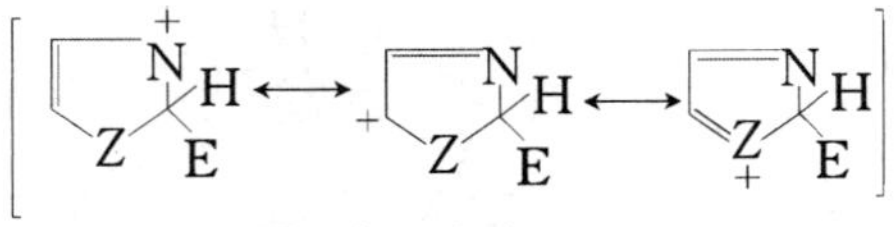

特别不稳定

$E^+$进攻 4-位

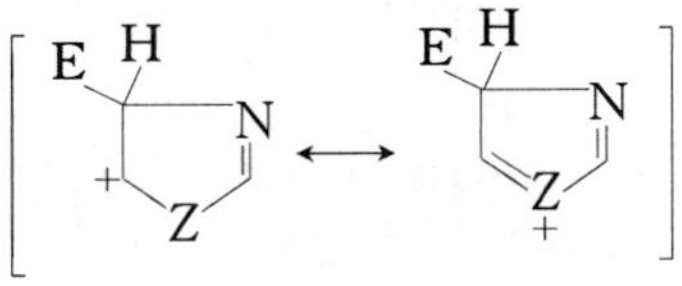

$E^+$进攻 5-位

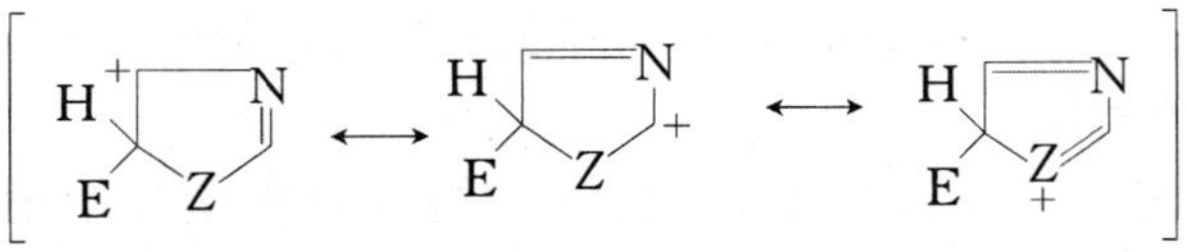

亲电试剂进攻 2-位时，有特别不稳定的共振结构式（六电子带正电荷的氮），亲电试剂进攻 4-位和 5-位时没有特别不稳定的共振结构式，但参加共振的结构式，5-位是三个，而 4-位是两个，故进攻 5-位形成的中间体正离子最稳定。

1,2-唑：

$E^+$进攻 3-位

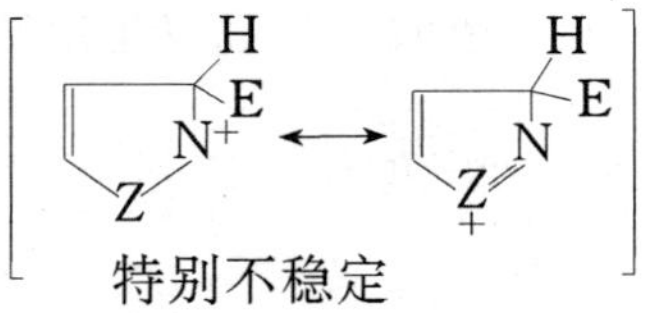

特别不稳定

$E^+$进攻 4-位

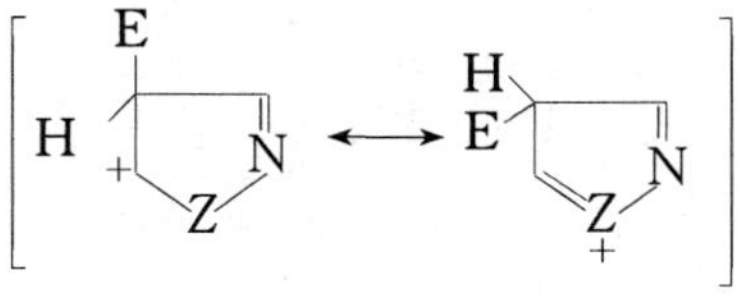

$E^+$进攻 5-位

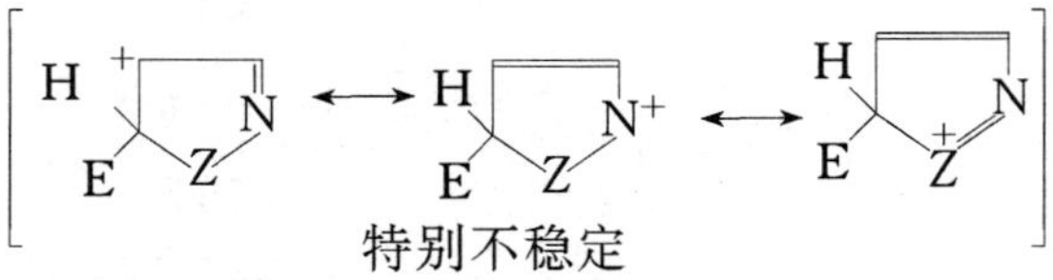

特别不稳定

亲电试剂进攻 3-位，5-位时，都有特别不稳定的共振结构式，只有进攻 4-位没有特别不稳定的共振结构式，所以从中间体正离子的稳定性来看，4-位取代比较有利。

各种唑的亲电取代反应举例如下：

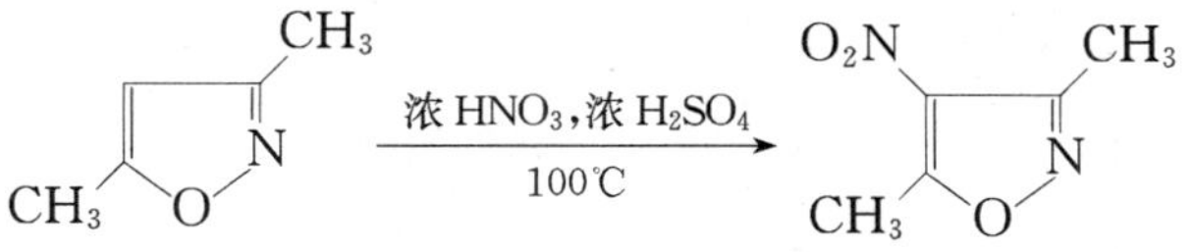

3,5-二甲基-4-硝基异噁唑(56%)

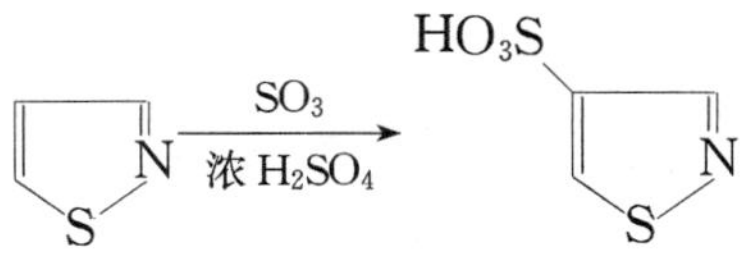

4-异噻唑磺酸(90%)

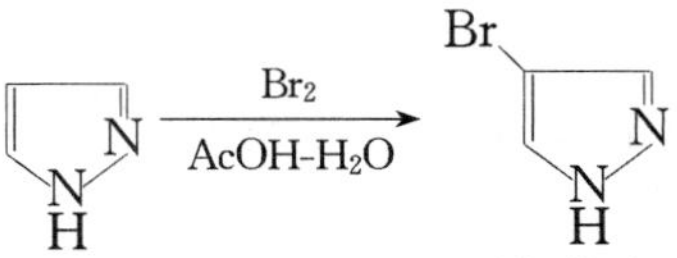

4-溴吡唑

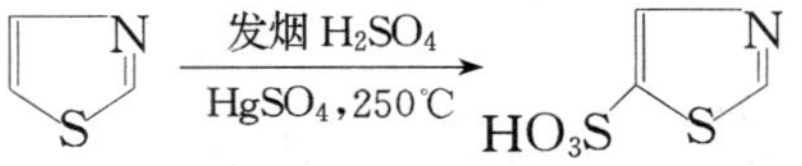

5-噻唑磺酸(65%)

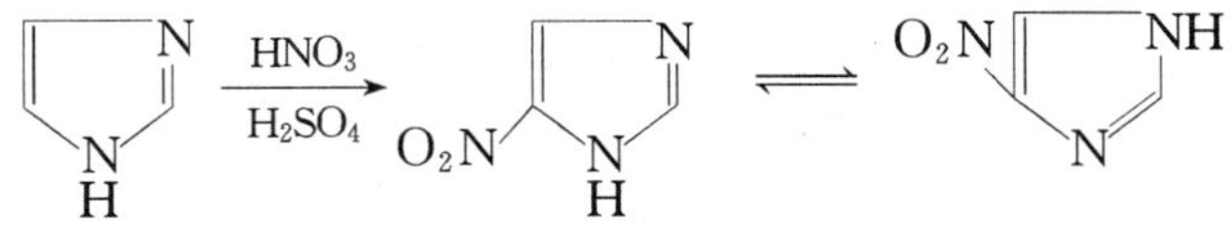

4(5)-硝基咪唑

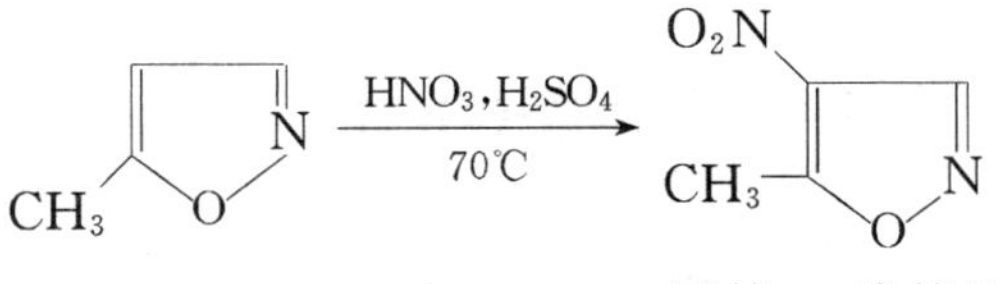

5-甲基-4-硝基异噁唑

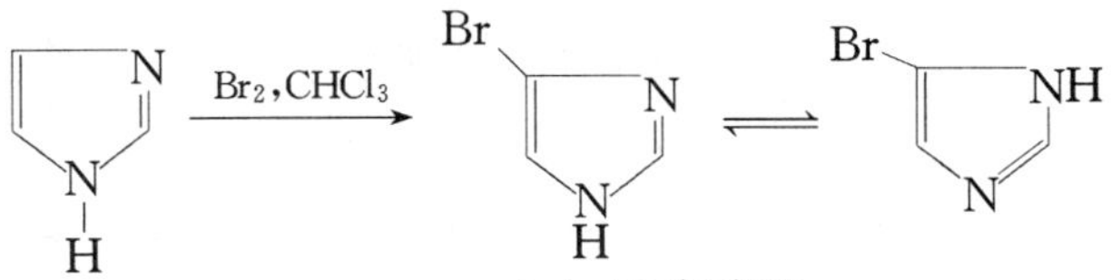

4(5)-溴代咪唑

在咪唑中由于质子可以在两个氮原子间转移：

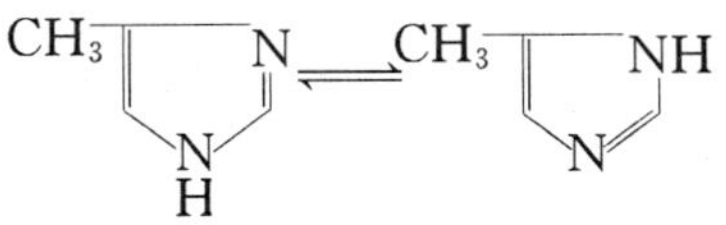

咪唑环的5-位相当于4-位。

17.3.3.3　唑的合成

母体唑环都是由特殊的方法合成的，噁唑环用 Cornforth 法合成：

$$HCN+(CH_3)_2CHOH+HCl \longrightarrow H_2\overset{+}{N}=CHOCH(CH_3)_2 \xrightarrow{EtO_2CCH_2NH_2}$$

$$EtO_2CCH_2-N=CHOCH(CH_3)_2 \xrightarrow[KOEt]{HC(OEt)_3}$$

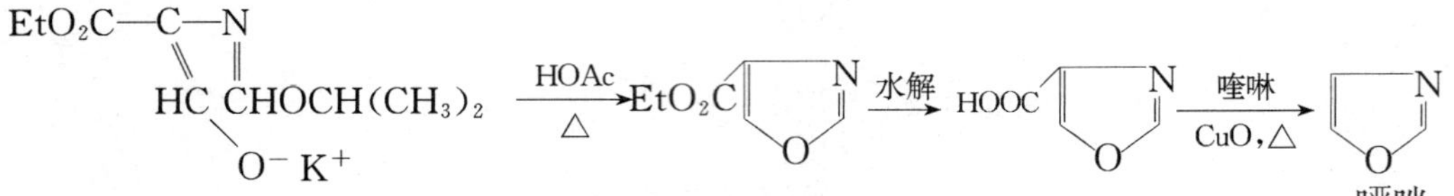

噁唑

丙炔醛和羟胺作用可得异噁唑：

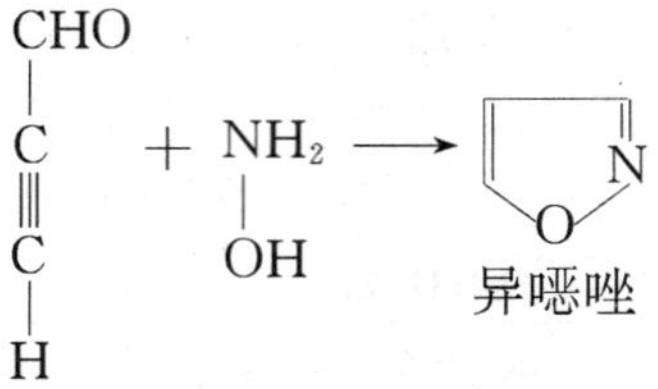

异噁唑

噻唑用 Hantzsch 法，用氯代乙醛与硫代酰胺加热制得：

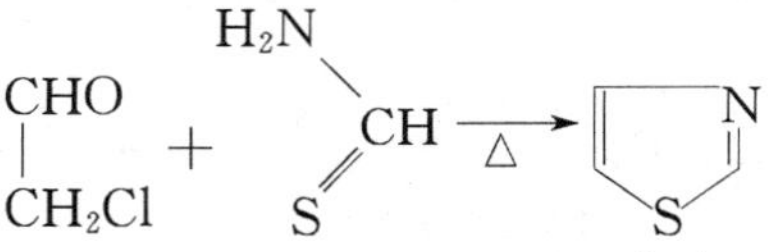

噻唑

异噻唑用丙炔醛来合成：

异塞唑

咪唑的制备方法是：将酒石酸与发烟硝酸、浓硝酸搅拌后，加入浓硫酸，得酒石酸二硝酸酯，加入氨水和甲醛，与二羰基丁二酸成环得咪唑-4，5-二羧酸，脱羧得咪唑：

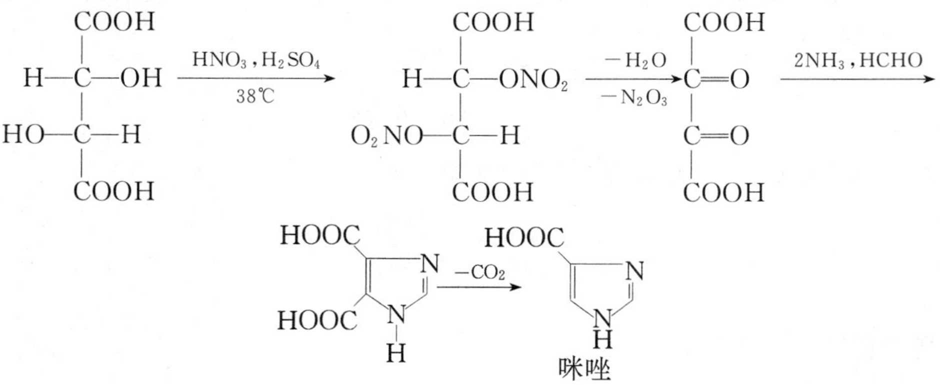

咪唑

吡唑由乙炔和重氮甲烷在室温下反应制得：

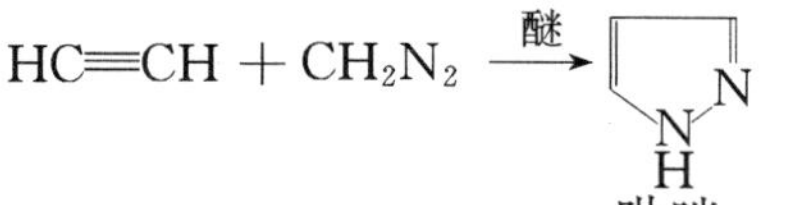

吡唑

### 17.3.4 吡啶

吡啶是一种无色而具有特殊臭味的液体，沸点 115.5℃，凝固点 −42℃，相对密度 0.982，与水及许多有机溶剂如乙醇、乙醚等混溶，是一种良好的溶剂。它存在于煤焦油和页岩油中，和它一起存在的还有各种简单的烷基吡啶。吡啶的衍生物广泛存在于自然界中。例如：

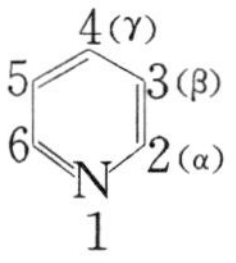

吡啶

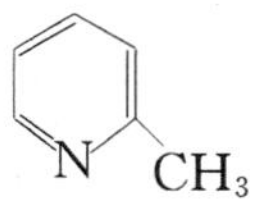

2-甲基吡啶
α-甲基吡啶

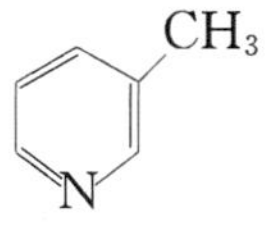

3-甲基吡啶
β-甲基吡啶

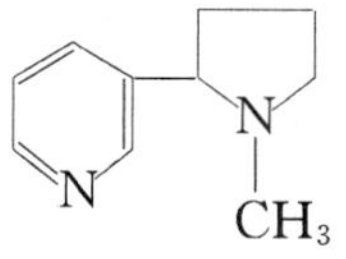

烟碱(尼古丁)

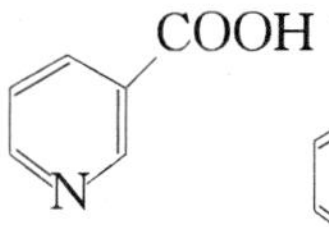

烟酸

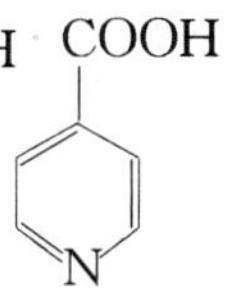

异烟酸

17.3.4.1 吡啶的结构

吡啶的结构与苯很相似，只是苯分子中的一个 CH 被氮原子所取代，环中所有原子都是 $sp^2$ 杂化，分子中所有原子都在同一平面上，六个与分子平面垂直的 p 轨道相互重叠，形成一个六电子封闭共轭体系，符合 $4n+2$ 规则，具有芳香性。

氮原子的孤电子对在 $sp^2$ 杂化轨道中，未参与 $n$ 电子共轭，可以与质子结合，吡啶具有碱性。

由于氮原子的电负性比碳大，吡啶环上的碳原子的电子云密度有所降低，是一个极性分子，$\mu=2.22D$，比六氢吡啶的偶极矩 1.17D 大得多。

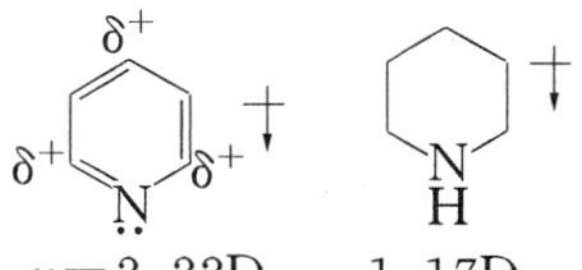

$\mu=2.22D$　　1.17D

这是由于环上的诱导效应与共轭效应方向一致所造成的。

17.3.4.2 吡啶的化学性质

(1) 碱性和亲核性

吡啶为一弱碱(pKb=8.8)，比脂肪胺碱性弱，但是比苯胺和吡咯的碱性强：

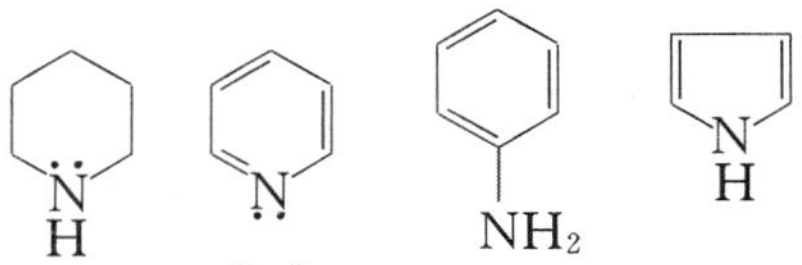

pKb　2.7　8.8　9.3　13.6

吡啶与强酸生成盐，与许多 Lewis 酸生成络合物：

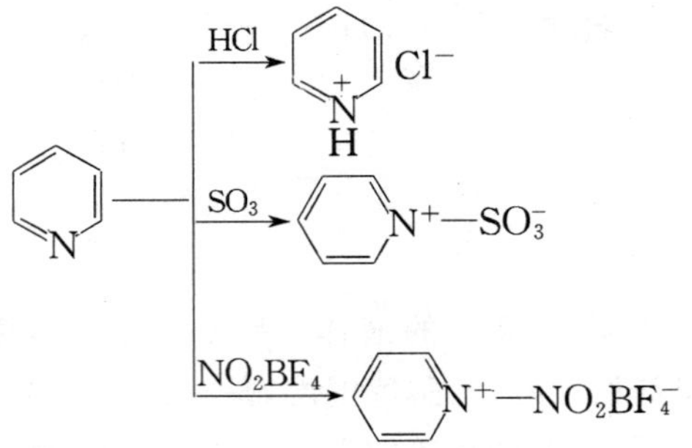

吡啶与三氧化硫生成的络合物是一磺化试剂，N-硝基吡啶氟硼酸盐是一种温和的硝化试剂。另外，吡啶是良好的亲核试剂，与卤代烷生成N-烷基吡啶鎓盐，在加热和强碱作用下生成2-烷基吡啶：

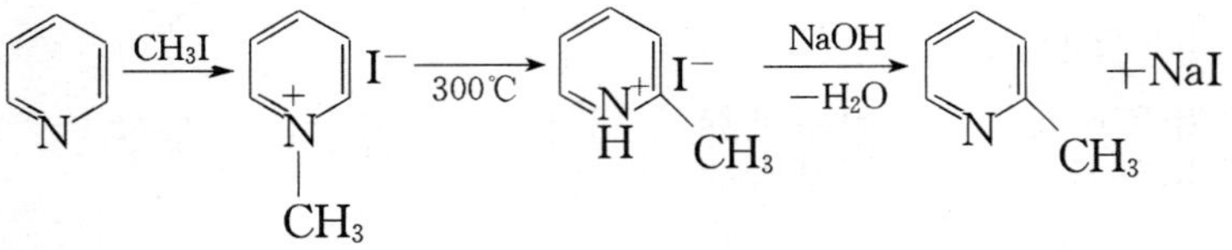

吡啶与酰氯或酸酐生成N-酰基吡啶鎓盐，反应是可逆的：

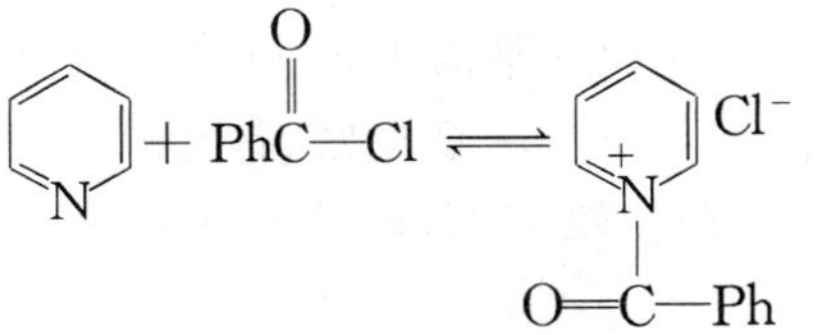

N-酰基吡啶鎓盐是一个良好的酰化试剂，吡啶环是一个很好的离去基团：

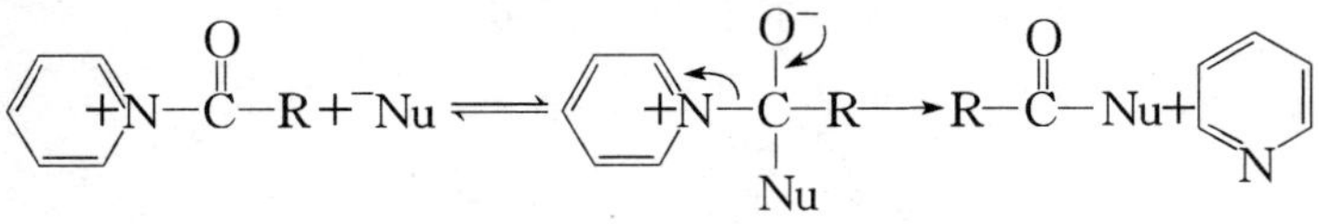

（2）环上的亲电取代

由于氮原子的强吸电子作用，其亲电取代反应类似于硝基苯。另一方面反应中的亲电试剂 $E^+$ 与吡啶容易成盐，进一步降低了其亲电反应活性：

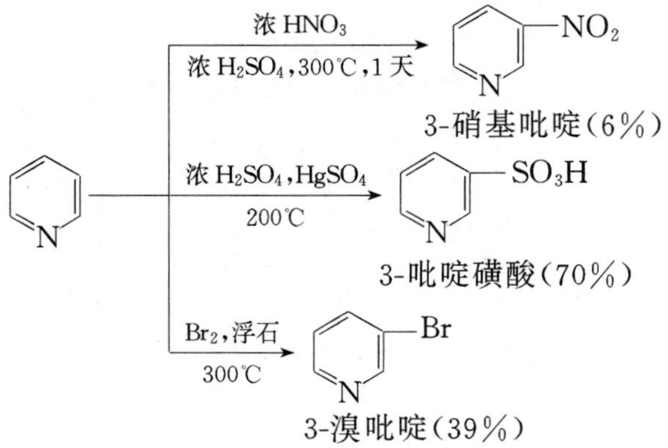

亲电取代反应发生在β-位上，这可用中间体正离子的稳定性来解释：

$E^+$进攻α-位：

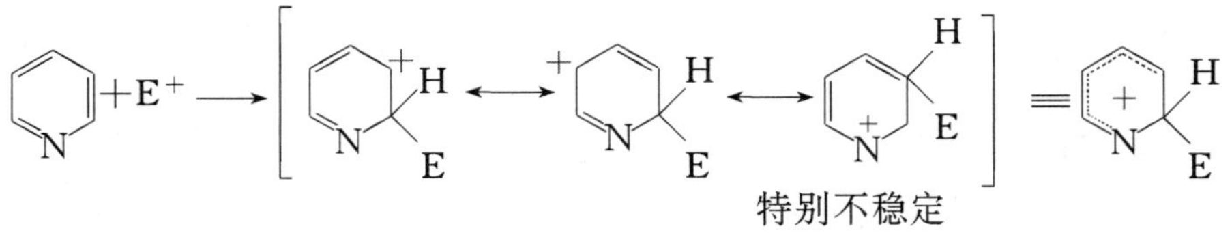


$E^+$进攻β-位：

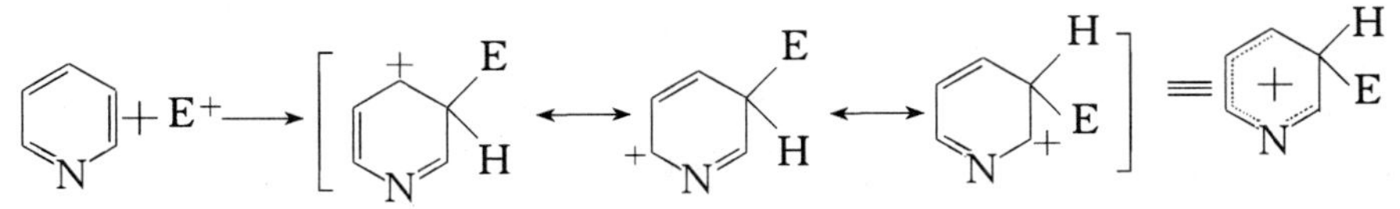


$E^+$进攻γ-位：

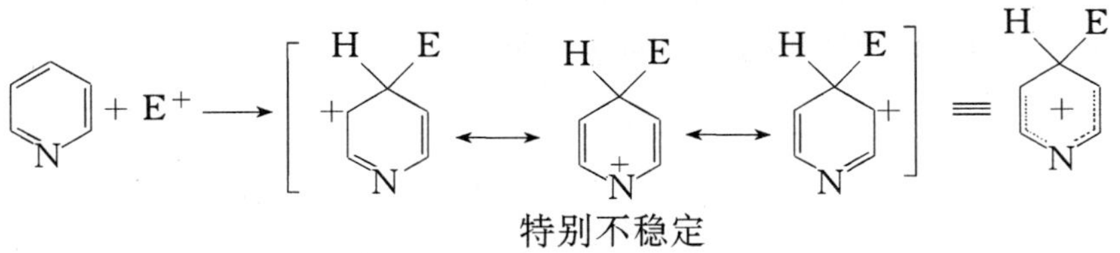


亲电试剂$E^+$进攻α，γ-位时中间体正离子有一个正电荷位于氮上的共振式，特别不稳定，不利于反应在α-位和γ-位上进行。

当环上有推电子基时，亲电试剂进攻的位置如下所示：

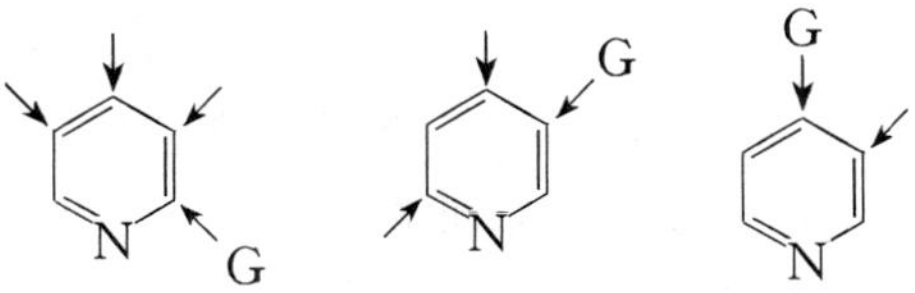


若吡啶环上已有一个吸电子基，则一般不发生亲电取代反应。

(3) 环上的亲核取代

吡啶难于发生亲电取代反应，却较易发生亲核取代反应。反应活性与硝基苯相当。亲核试剂进攻的有利位置是电子云密度较低的α-位和γ-位。进攻这两位置形成的中间体负离子较进攻β-位时的稳定。

$Nu^-$进攻α-位：

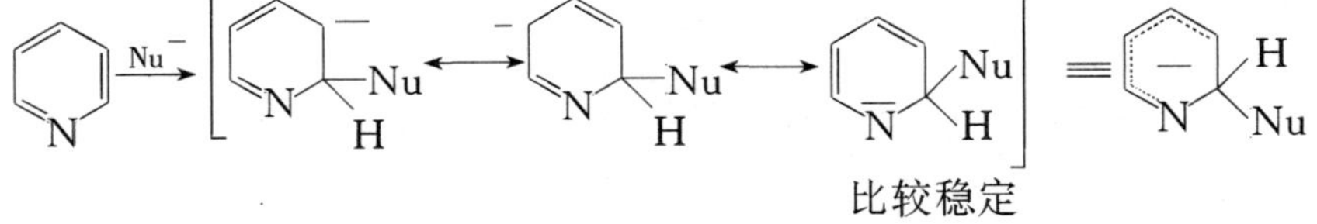


$Nu^-$进攻β-位：

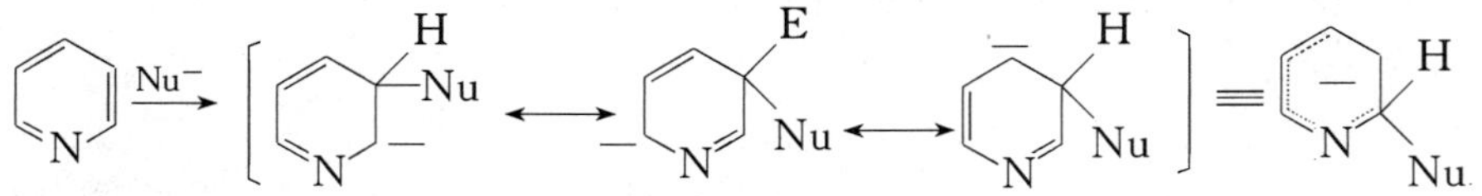

Nu⁻进攻 γ-位：

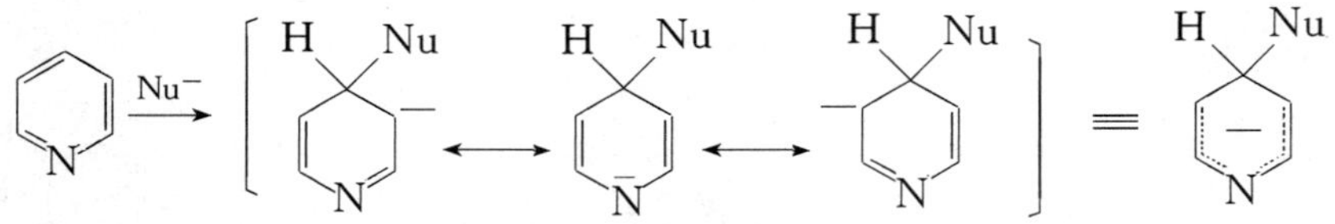

比较稳定

吡啶发生亲核取代反应时，因为 $H^-$ 是一个比较差的离去基团，所以常需用强的亲核性试剂如 $NaNH_2$，$CH_3Li$ 和 PhLi 等。一般情况下，进攻几乎都发生在 α-位上，α-位选择性超过 γ-位，可能是由于氮的吸电子诱导效应造成的：

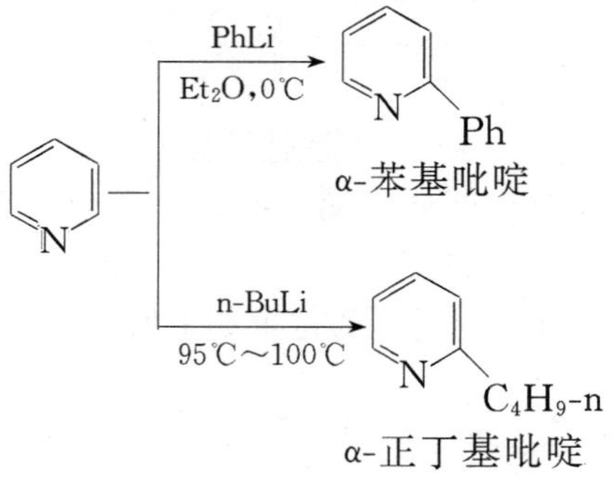

吡啶与氨基钠作用，再水解生成 α-氨基吡啶：

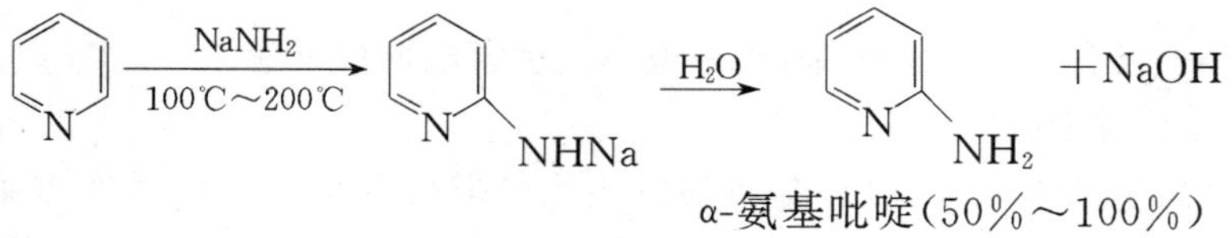

这个反应通常称为 Chichibabin 反应，反应机理如下：

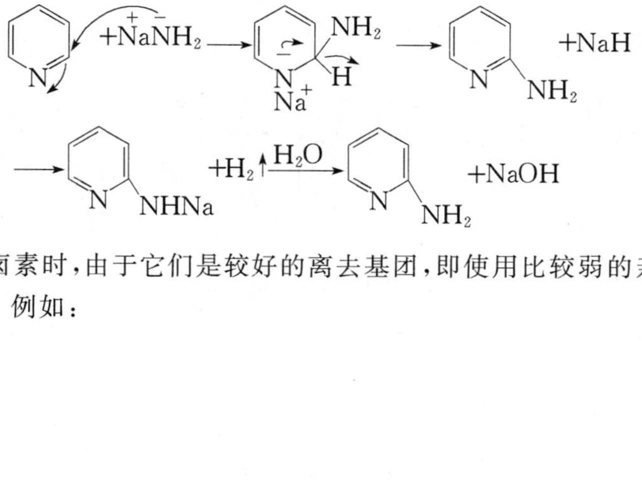

当 α，γ-位有卤素时，由于它们是较好的离去基团，即使用比较弱的亲核试剂，亲核反应也很容易发生。例如：

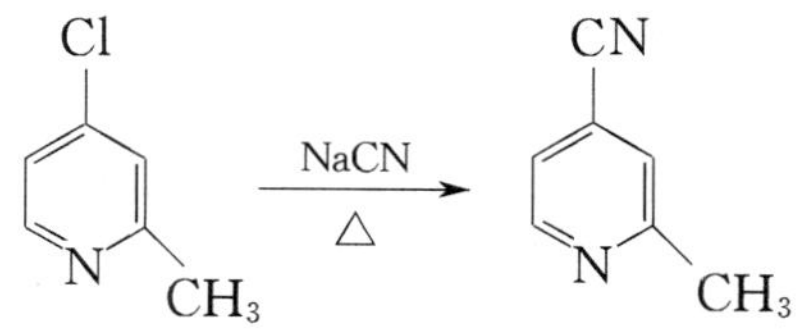

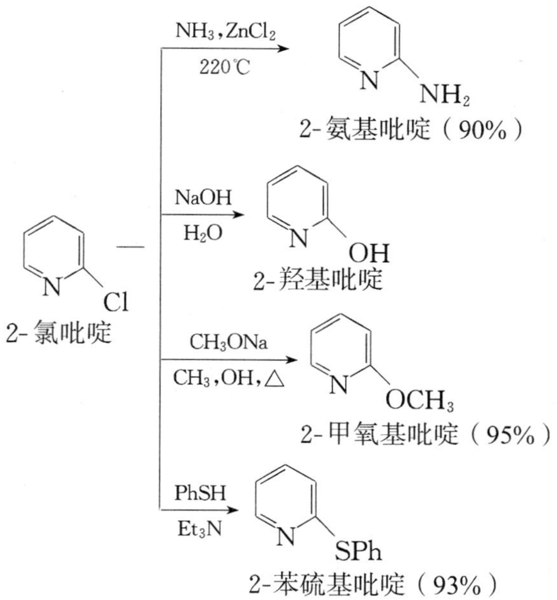


不过，3-卤代吡啶同亲核试剂如 $OH^-$、$NH_3$、$CN^-$ 等在一般条件下不发生反应：

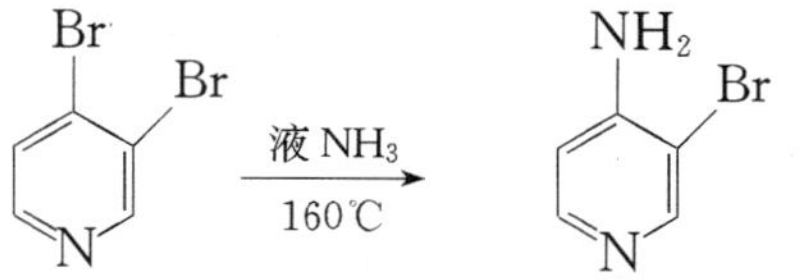

3，4-二溴吡啶　　4-氨基-3-溴吡啶（65%）

若要使反应发生，则必须使用催化剂，或使用强亲核性试剂 $NaNH_2$，但后者得到 3，4-位取代的混合物，反应是通过芳炔机理进行的：

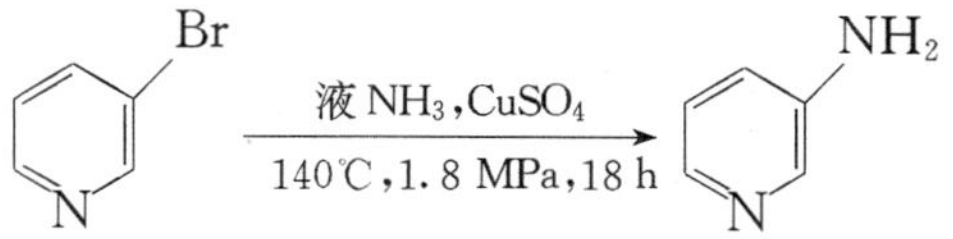

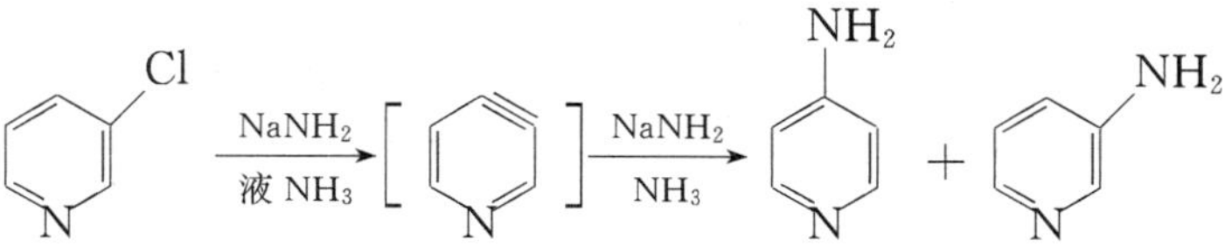

（4）氧化反应

吡啶环是非常稳定的芳香环，一般的强氧化剂如浓硝酸，酸性高锰酸钾，重铬酸钾加硫酸都不能氧化吡啶环，但烷基吡啶容易氧化成吡啶甲酸：

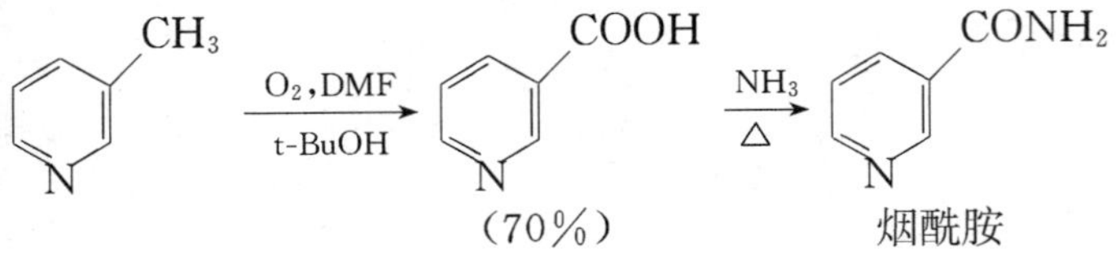


同叔胺相似，吡啶与过氧化氢或过氧酸反应生成吡啶 N-氧化物（或叫氧化吡啶）：

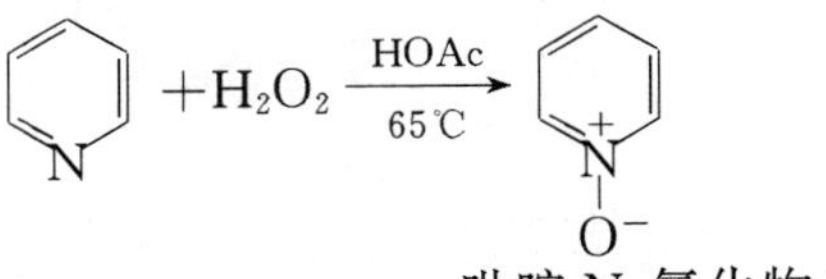


吡啶 N-氧化物在有机合成上是一个重要的中间体，存在下列共振结构式：

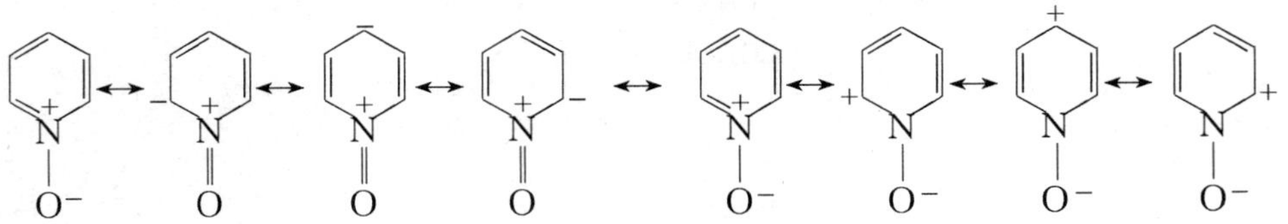

显然，在 α，γ-位既可带负电荷，又可带正电荷，这样，吡啶环被活化，既容易进行亲电取代反应，又容易进行亲核取代反应。如氧化吡啶的硝化反应：

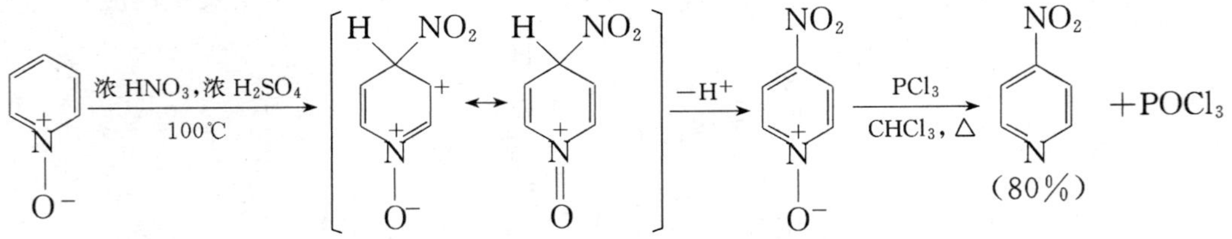


吡啶 N-氧化物与 $PCl_3$ 作用脱氧还原为吡啶。

吡啶 N-氧化物可与亲核试剂在 α，γ 位发生亲核取代反应：

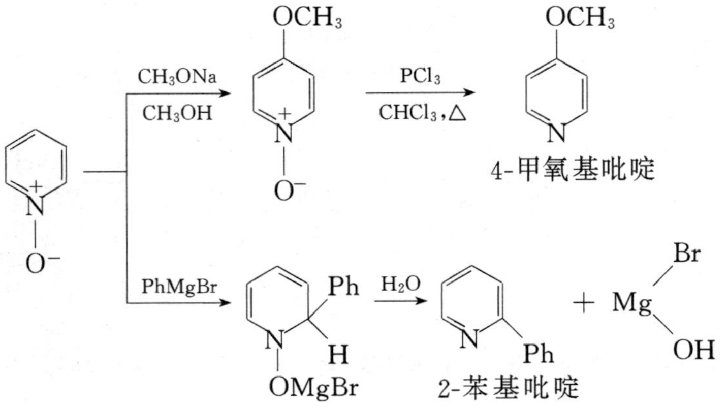

(5) 还原反应

吡啶比苯容易还原,在常温常压下可催化加氢得六氢吡啶(哌啶,Piperidine):

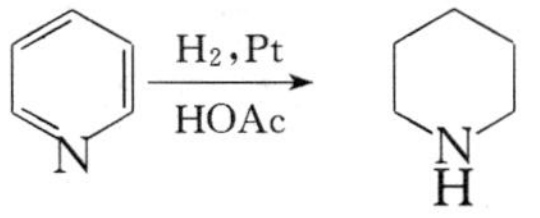

六氢吡啶(95%)

六氢吡啶为无色具有特殊臭味的液体,沸点 106℃,熔点 −7℃,具有一般二级胺的碱性,碱性比吡啶强,易溶于水,常用作溶剂及有机合成原料。

(6) 吡啶侧链 α-H 的反应

吡啶环 2,4,6-位上侧链烷基的 α-H,具有酸性,在强碱的作用下,能发生类似于醛、酮 α-H 的反应:

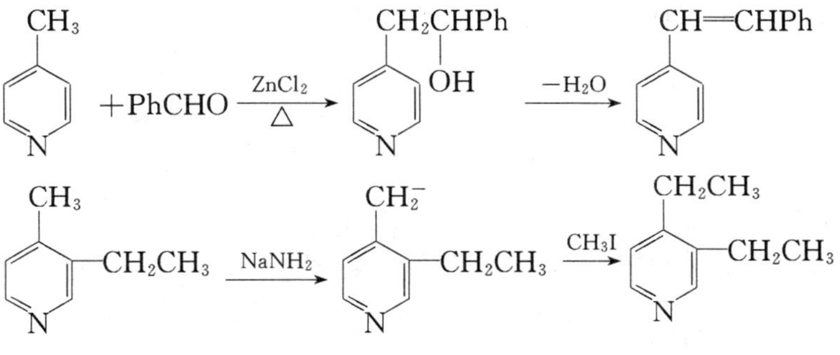

2,4,6-位上侧链 α-H 的酸性,可以从生成的碳负离子的稳定性得到解释:

2,6-位:

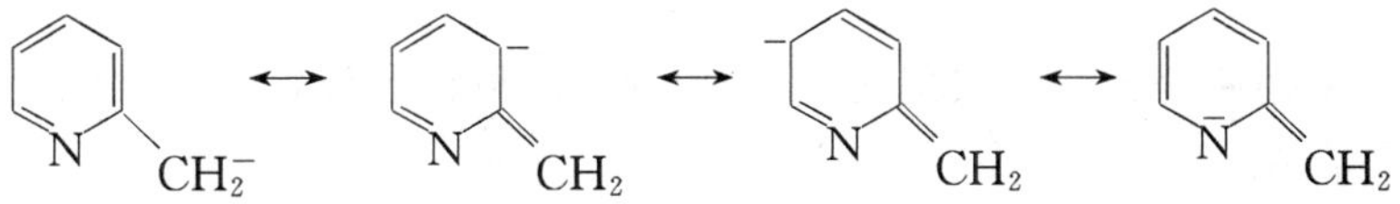

3-位:

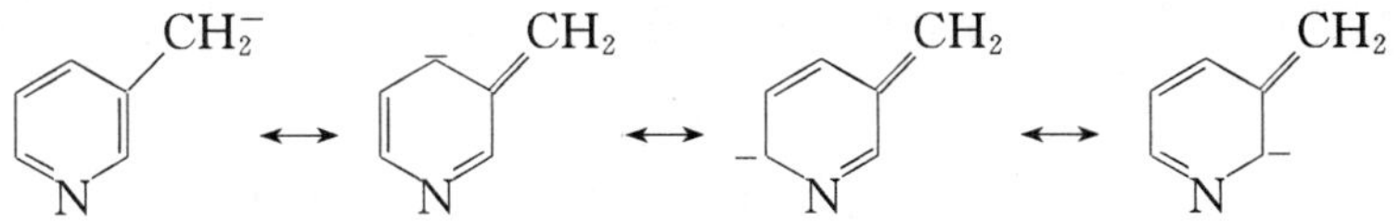

4-位:

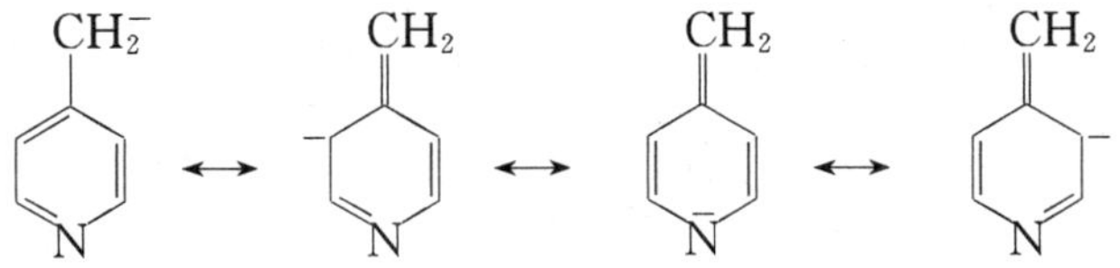

2,4,6-位上侧链形成的碳负离子,有特别稳定的八电子氮负离子共振结构式,而 3-位的没有,因此前者负离子中间体较后者稳定,所以 2,4,6-位侧链的 α-H 酸性强。

N-烷基吡啶盐的侧链 α-H 更活泼,在弱碱的作用下,可与羰基化合物反应,也可进行 Michael 加成:

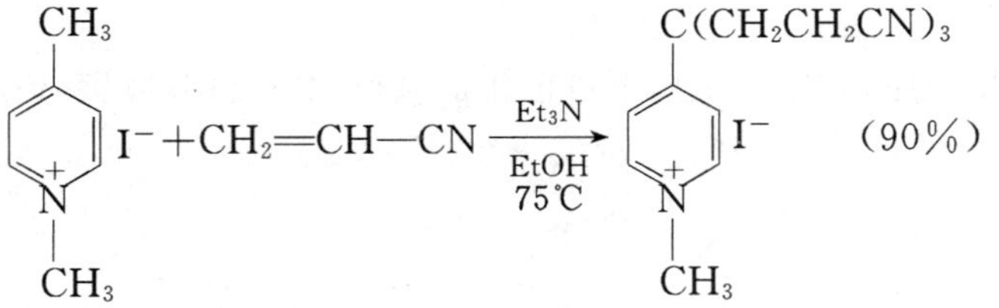

17.3.4.3　吡啶环的合成　最重要的吡啶环合成法称作 Hantzsch 法。是用两分子β-二羰基化合物，一分子醛和一分子氨为原料来合成的。反应通式为：

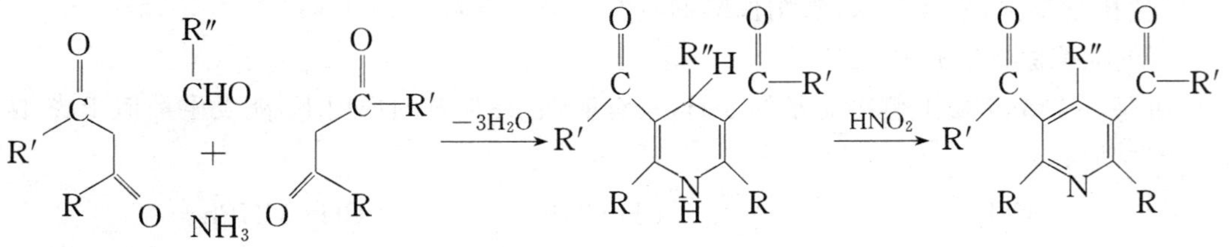

例如：

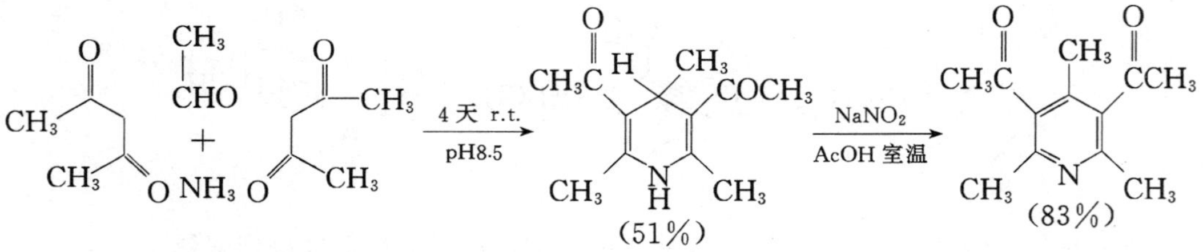

由于采用两分子β-二羰基化合物，使环上的取代基位置呈对称性，所以得到具有对称结构的化合物。

类似的方法是β-二羰基化合物和氰乙酰胺，在碱作用下合成-3-氰基-2-吡啶酮，然后转化为吡啶环化合物，这一方法叫 Guareschi 法。可用于不对称的吡啶环化合物的合成，例如：

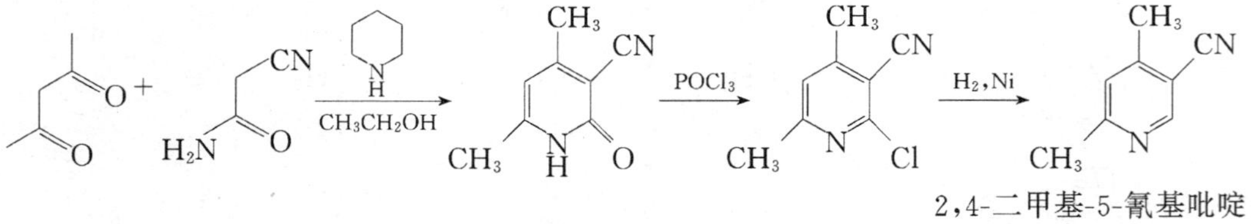

2,4-二甲基-5-氰基吡啶

1,5-羰基化合物与氨作用，得到二氢吡啶，再脱氢得吡啶环化合物：

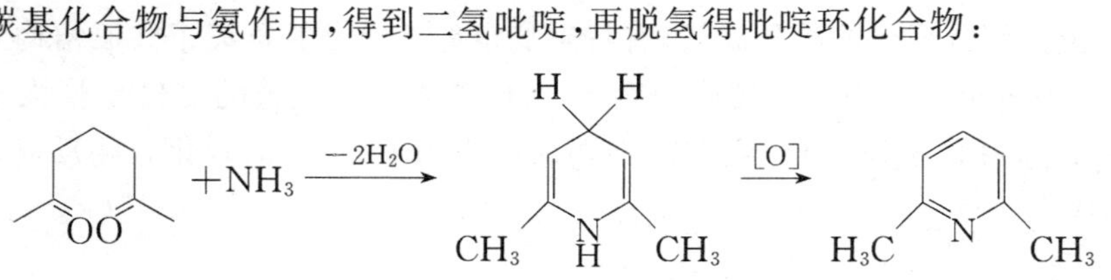

17.3.4.4　吡啶衍生物

在自然界中含有吡啶环的化合物很多，其中结构比较简单的有槟榔碱、毒芹碱、石榴皮碱和烟碱等。

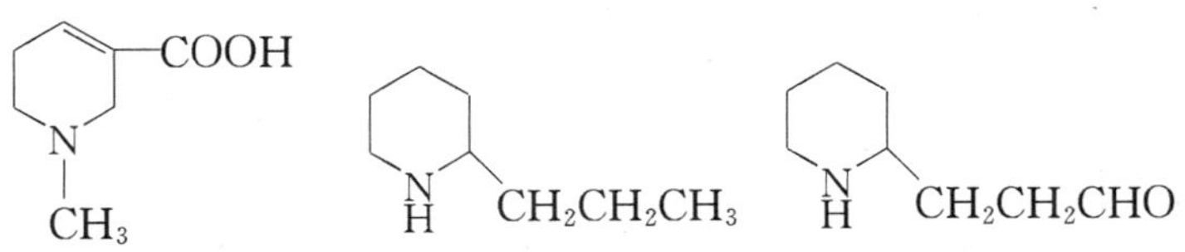


槟榔碱　毒芹碱　石榴皮碱　烟碱

其中烟碱是烟草中的重要生物碱，又称尼古丁(Nicotine)，为黄色液体，少量服用有兴奋中枢神经、增高血压的作用。用量较大则抑制中枢神经系统，使心脏麻痹；一次服用40 mg，就可能有致命的危险。烟碱也可作农业杀虫剂。

### 17.3.5　吲哚

吲哚为苯并吡咯，为白色片状结晶，熔点52.5℃，沸点253℃。吲哚在自然界中分布很广，蛋白质水解所得的色氨酸、天然植物激素β-吲哚乙酸，一些生物碱如5-羟色胺、利血平、麦角碱、马钱子碱等都是吲哚的衍生物。

17.3.5.1　吲哚的性质

吲哚由吡咯环与苯环稠合而成，其结构可用下列共振式表示：

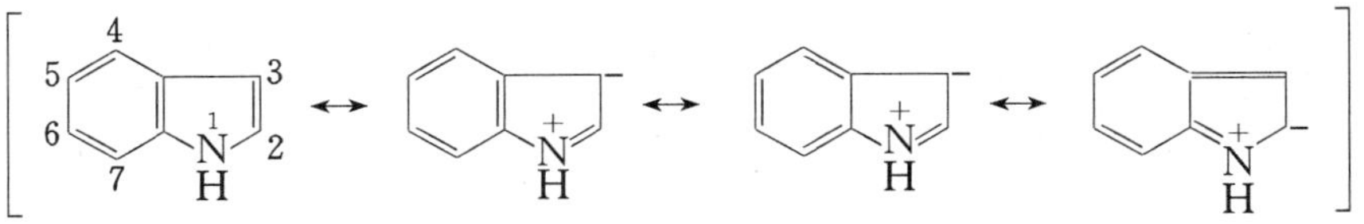

由此可见吡咯环上的碳原子上有较高的电子云密度，亲电取代反应主要发生在吡咯环上生成3-位取代产物。例如：

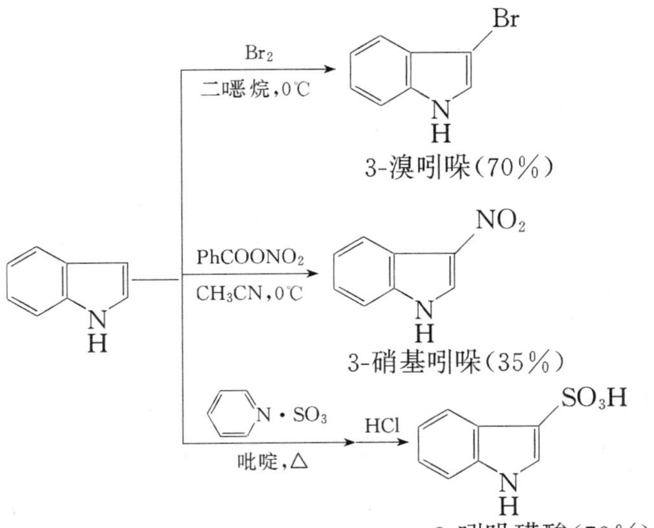

亲电试剂主要进攻 C-3 位，与反应中间体的稳定性有关。当亲电试剂进攻 C-2 位时，带有完整苯环的共振结构式只有一个，而进攻 C-3 位时，带有完整苯环的共振结构却有两个，即亲电试剂进攻 3-位更容易。

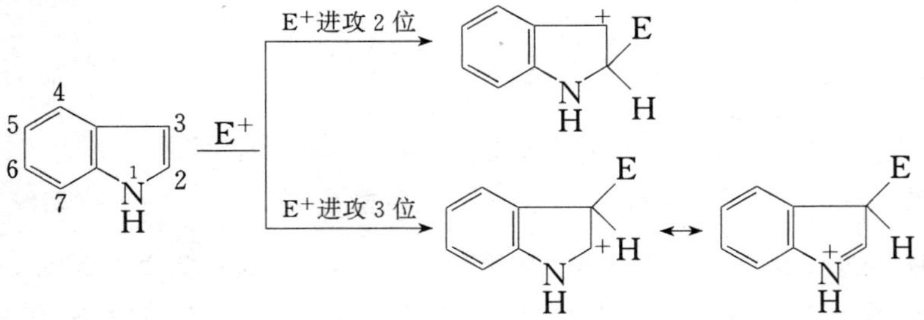


吲哚具有弱酸性，与氨基钠一液氨作用可得 N-钠代吲哚，在醚中与正丁基锂作用得 N-锂代吲哚，与 Grignard 试剂反应生成 N-卤代镁吲哚：

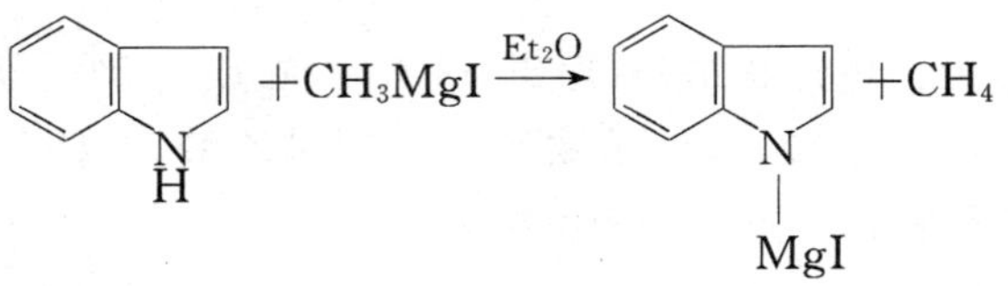

一般地，吲哚钠发生亲电反应优先在氮上，而 N-卤代镁吲哚主要发生在 β-位上：

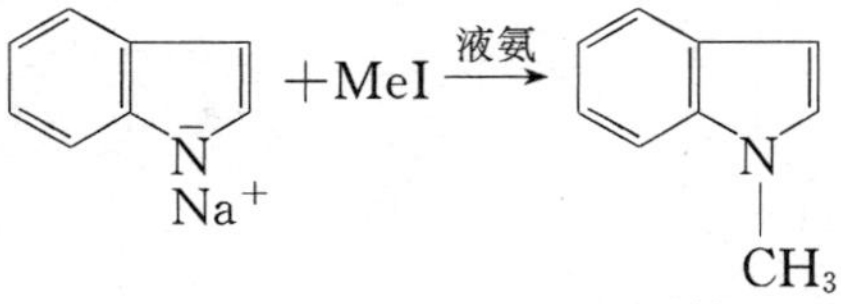


N-甲基吲哚(90%)

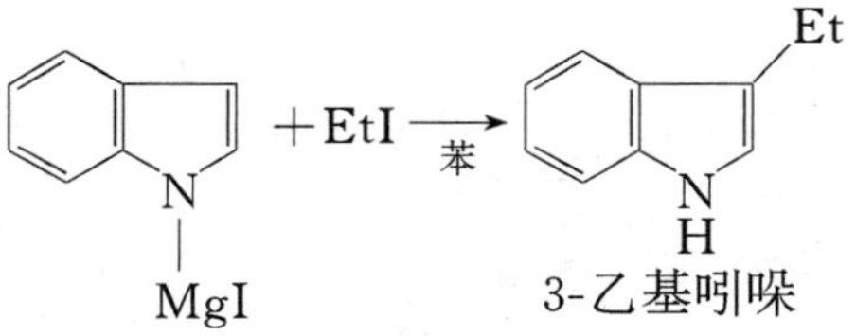


3-乙基吲哚

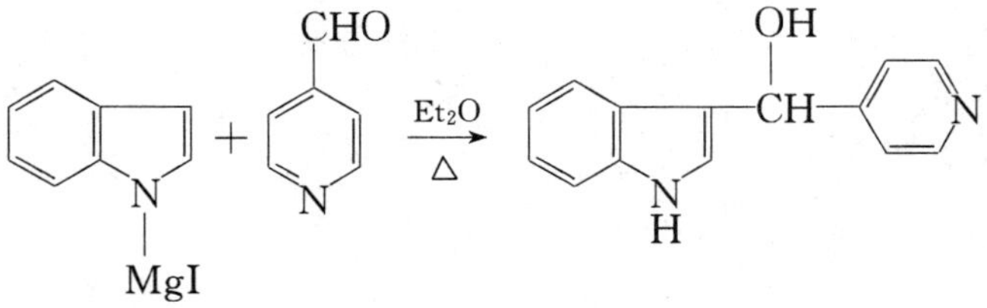

17.3.5.2 吲哚的制备

吲哚环可由醛、酮、酮酸、酮酸酯或二酮的芳基取代腙在氯化锌、聚磷酸、三氟代硼等 Lewis 酸存在下加热获得。例如：

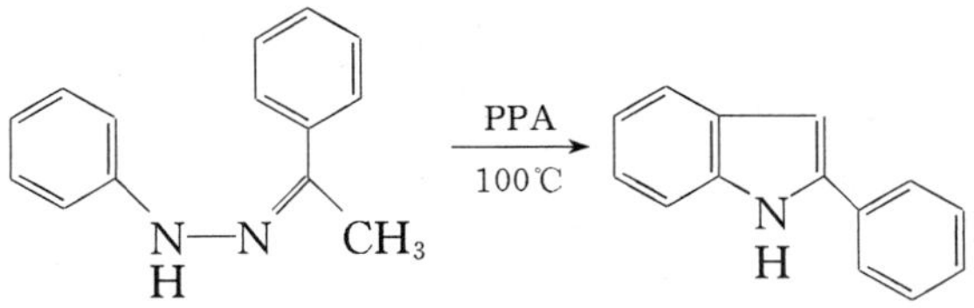


苯乙酮苯腙　　　　2-苯基吲哚

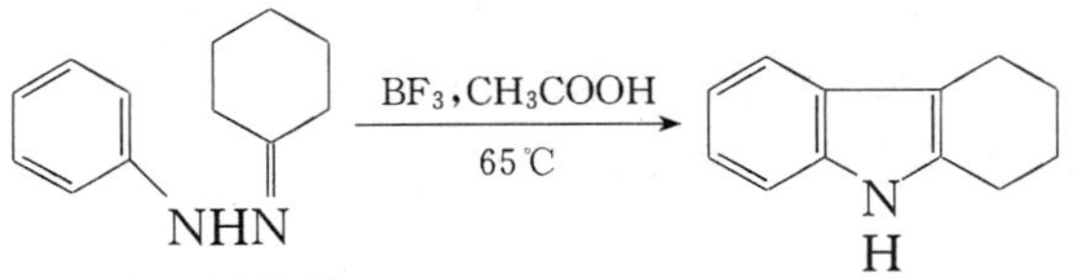


环己酮苯腙　　　　四氢咔唑

这一方法称为 Fischer 合成法，应用最为广泛，大多数人认为其反应机理是，先互变异构，然后进行邻联苯胺重排，再进行分子内缩合成环脱氨而成：

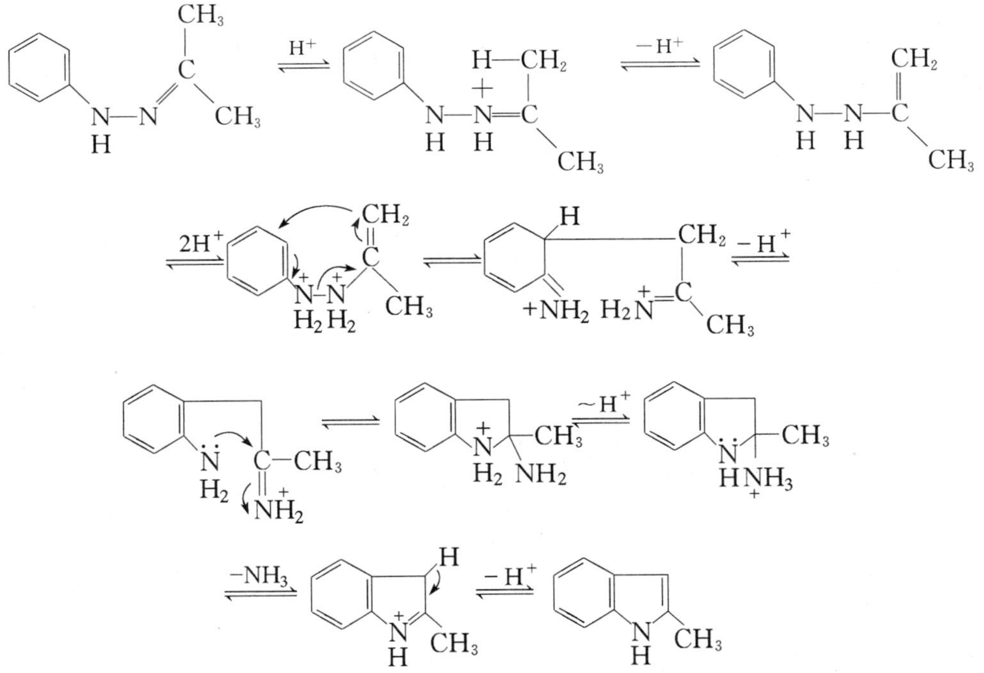

### 17.3.6　喹啉和异喹啉

喹啉和异喹啉是同分异构体，都是苯并吡啶，它们的结构和环的编号如下所示：

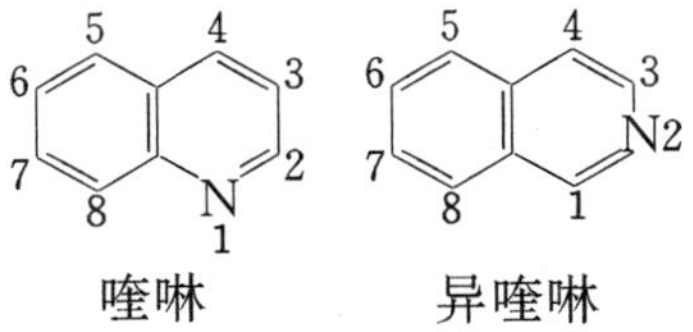

喹啉　　　　异喹啉

喹啉是具有类似吡啶特殊臭味的无色液体，沸点 237℃，凝固点 −15.6℃，易溶于有机溶剂，难溶于水，是一种高沸点溶剂，其碱性比吡啶稍弱。异喹啉沸点 243℃，凝固点 26.5℃，易溶于有机溶剂，微溶于水。

17.3.6.1 喹啉和异喹啉的反应

(1) 亲电取代反应

喹啉和异喹啉都是苯并吡啶的结构。由于氮原子的电负性大，使吡啶环上的电子云密度较苯环低，同时也使苯环上的电子云密度降低，亲电取代反应活性比苯低，但比吡啶活性高。总的亲电取代活性顺序为：苯＞喹啉、异喹啉＞吡啶。

在强酸性条件下，杂环氮上接受质子而带正电荷，故更难在杂环上发生亲电取代，此时亲电取代反应发生在苯环上：

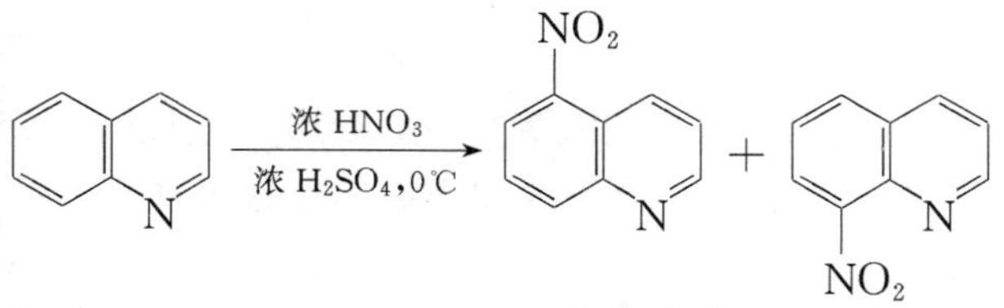


5-硝基喹啉　8-硝基喹啉

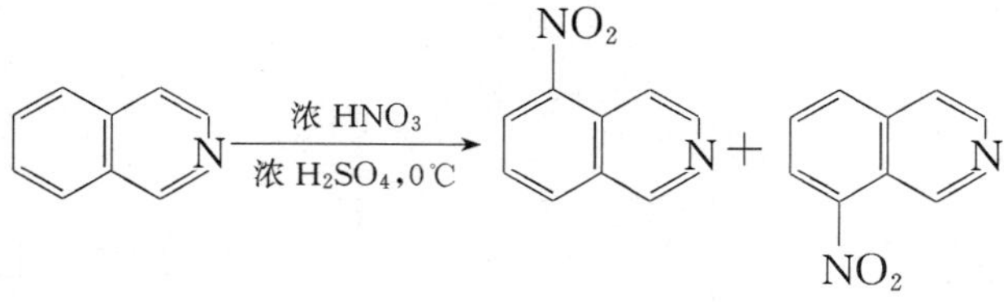


90%　10%

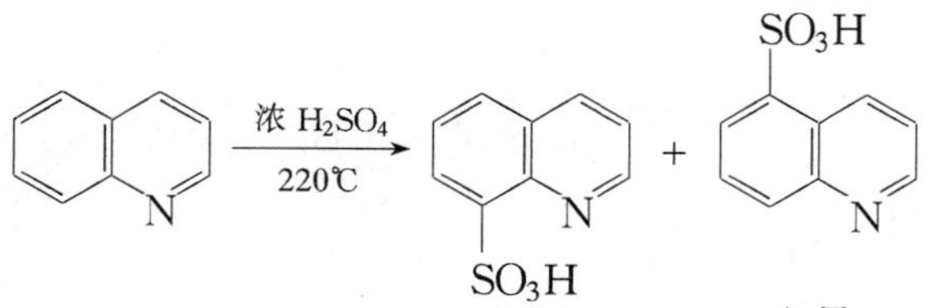


54%　少量

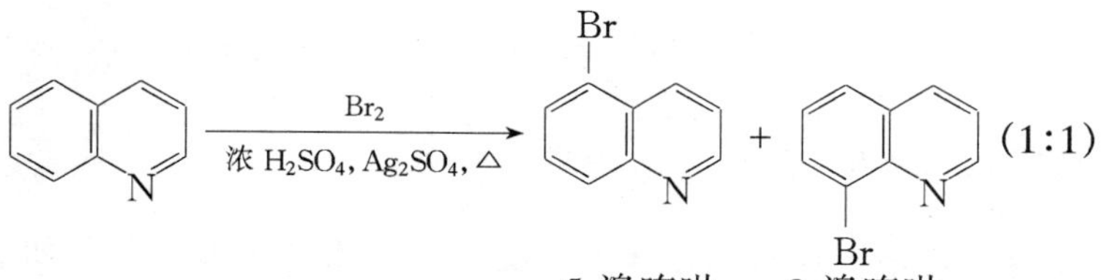


5-溴喹啉　8-溴喹啉

亲电取代反应主要发生在 C-5 和 C-8 上，相当于萘的 α-位，这是由中间体正离子的稳定性决定的。

$E^+$ 进攻 C-5 位：

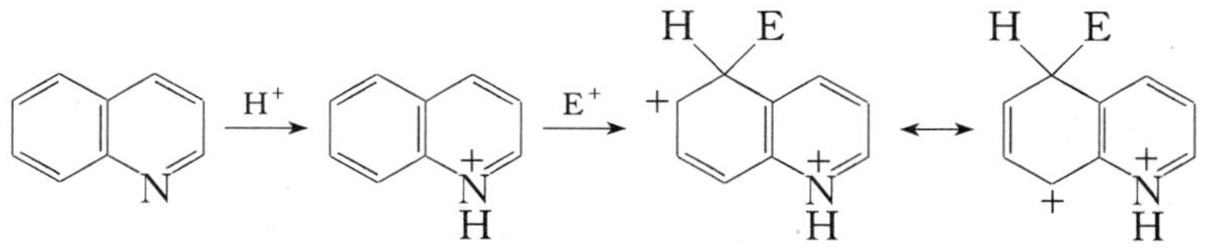

$E^+$进攻 C-6 位：

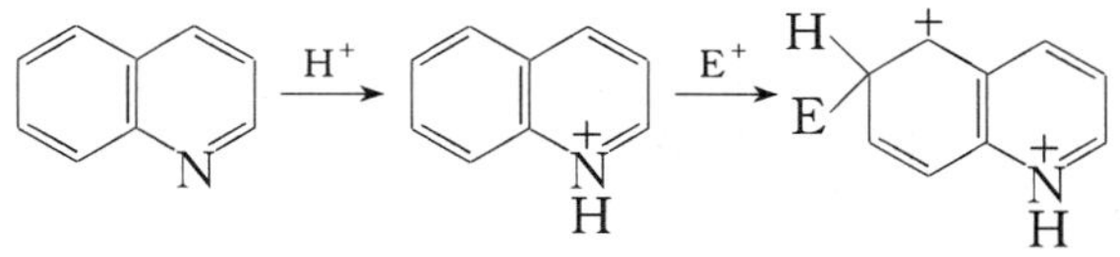

显然，亲电试剂进攻 C-5 位(C-8 位亦相似)有两个保留吡啶环的稳定共振结构式，而进攻 C-6 位(或 C-7 位)，则只有一个保留吡啶环的稳定共振结构式，故亲电取代反应易发生在 C-5 和 C-8 这两个位置上。异喹啉的情况与之类似。

喹啉高温磺化，产物以 6-磺酸为主：

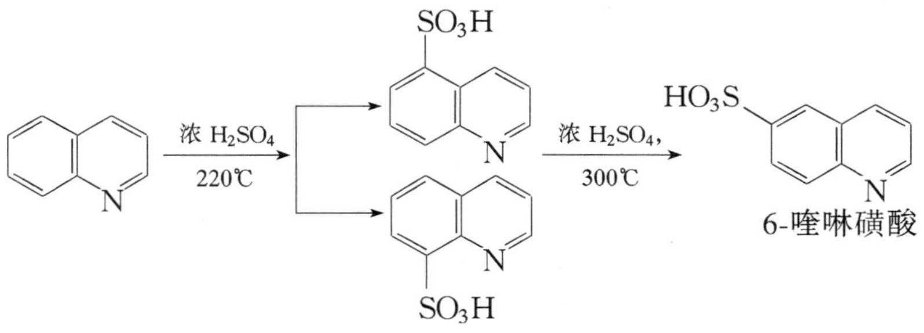


(2) 亲核取代反应

喹啉和异喹啉的亲核取代反应，主要发生在吡啶上。喹啉的取代易在 2,4 位发生，异喹啉则主要发生在 1 位上。例如：

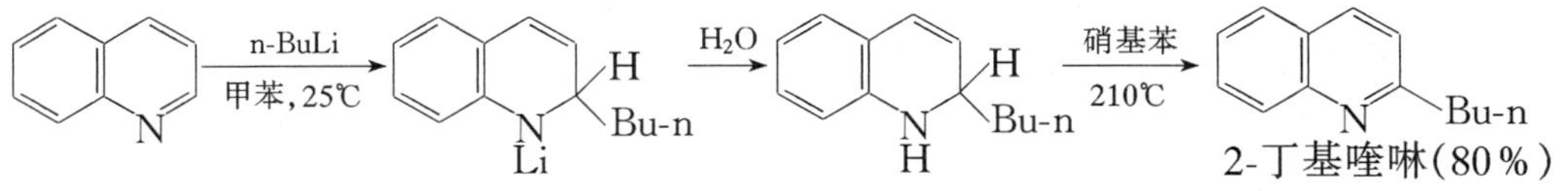


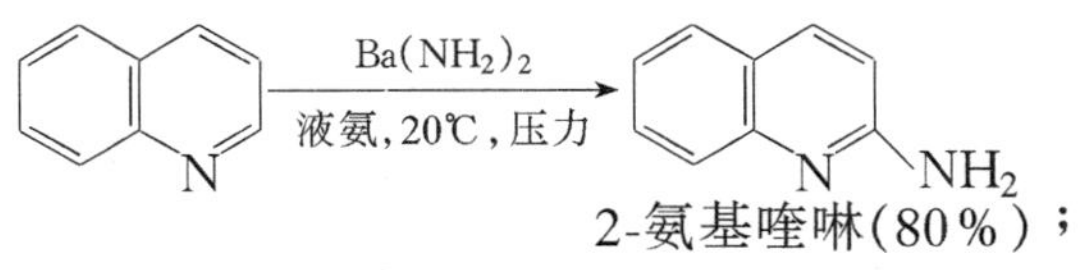


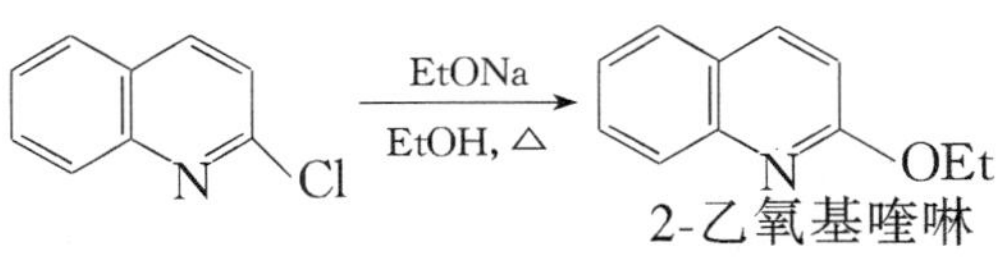

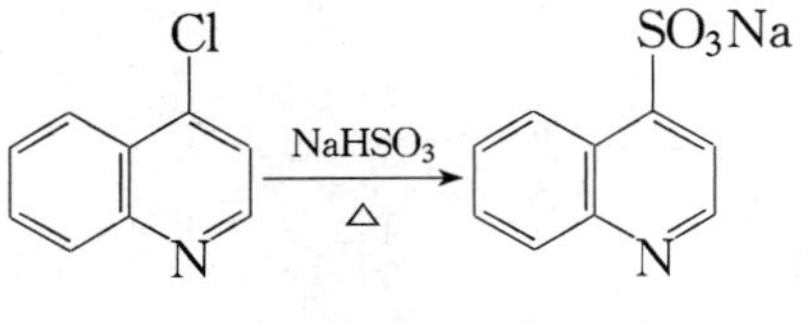

4-喹啉磺酸钠（80%）

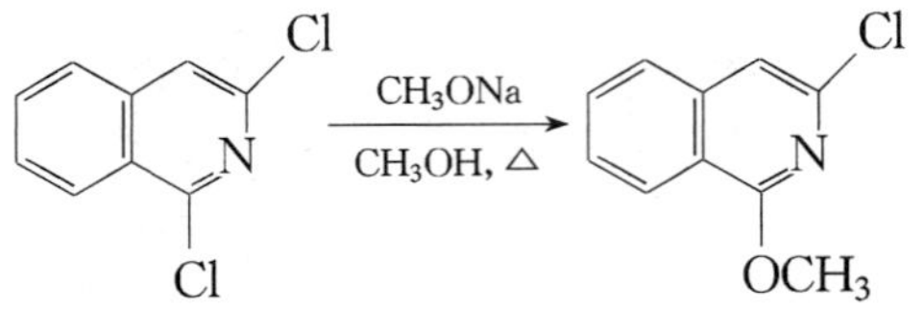

1-甲氧基-3-氯异喹啉

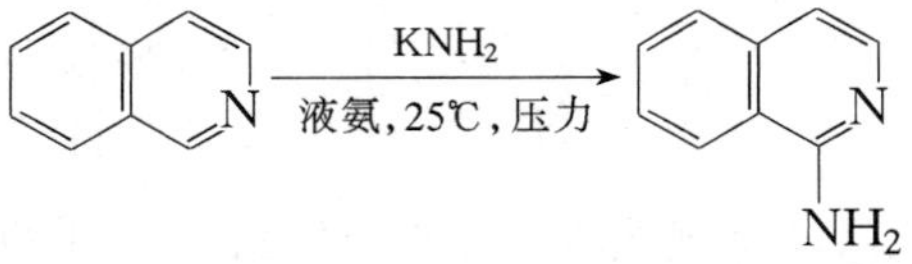

1-氨基异喹啉（>83%）

（3）氧化与还原

喹啉氧化时，苯环破裂而吡啶环保持不变，而还原时吡啶环首先被还原：

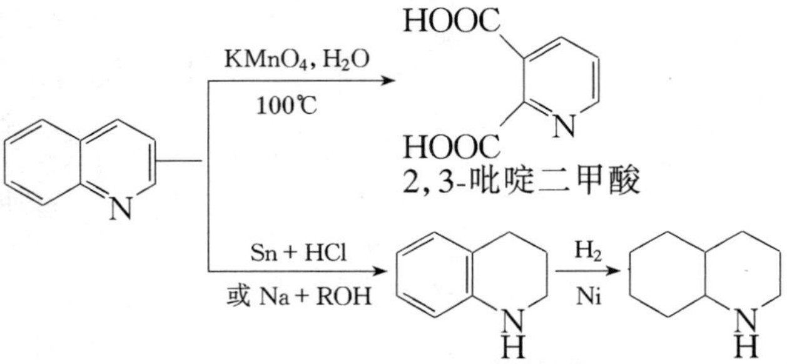

异喹啉在碱性条件氧化，既开裂苯环也开裂吡啶环，还原亦是先还原吡啶环：

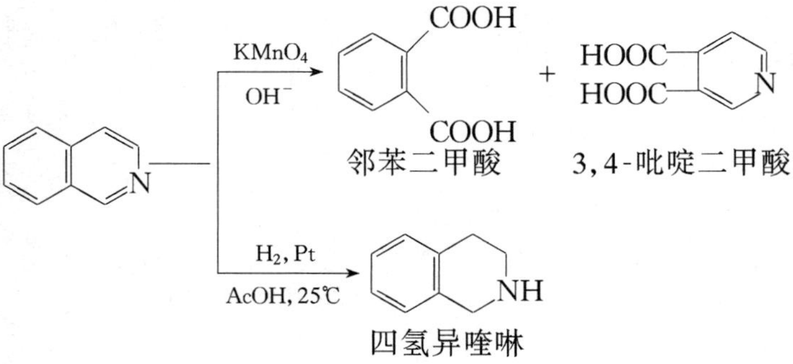

17.3.6.2 喹啉、异喹啉的合成

（1）合成喹啉的方法很多，其中最重要的合成法是 Skraup 法，即芳香伯胺、甘油、浓硫酸在氧化剂如与芳香伯胺相应的硝基苯、三氯化铁、四氯化锡或五氧化二砷等的存在下，反应生成喹啉或喹啉衍生物。例如：

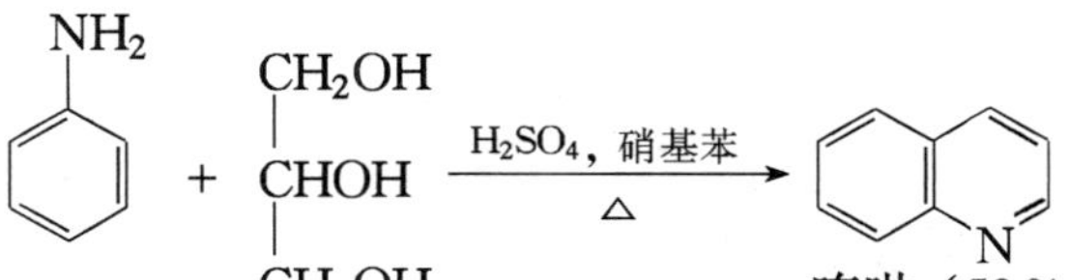


喹啉（50%）

这是一个放热反应，为了使反应不致过于剧烈，常加入硫酸亚铁。反应过程如下：

① 甘油在浓硫酸作用下脱水生成丙烯醛：

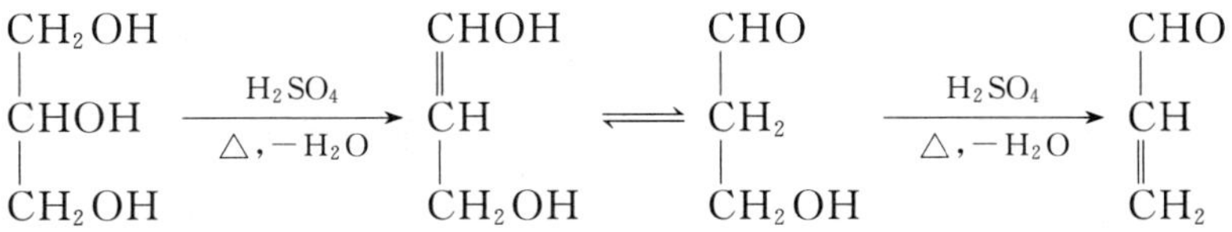


② 苯胺与丙烯醛进行 Micheal 加成：

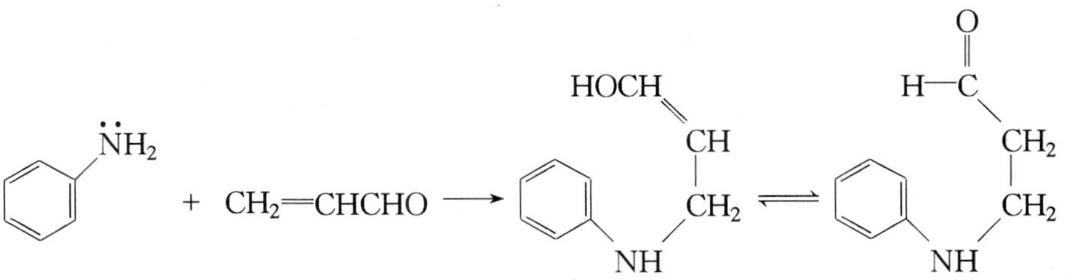


③ 亲电取代闭环

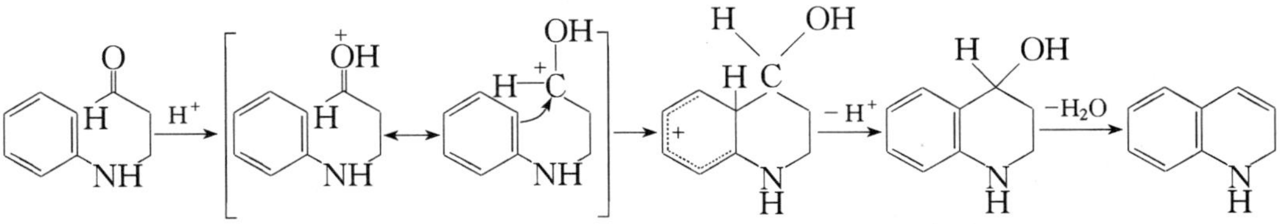


④ 氧化脱氢芳构化

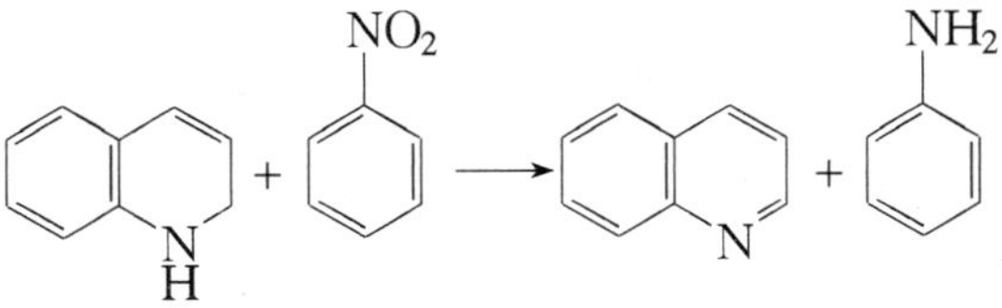


用取代苯胺为原料，可得到在苯环上有取代基的喹啉衍生物。氨基邻、对位有取代基分别得 8-取代和 6-取代喹啉。间位有取代基，则得 5-取代和 7-取代喹啉的混合物。例如：

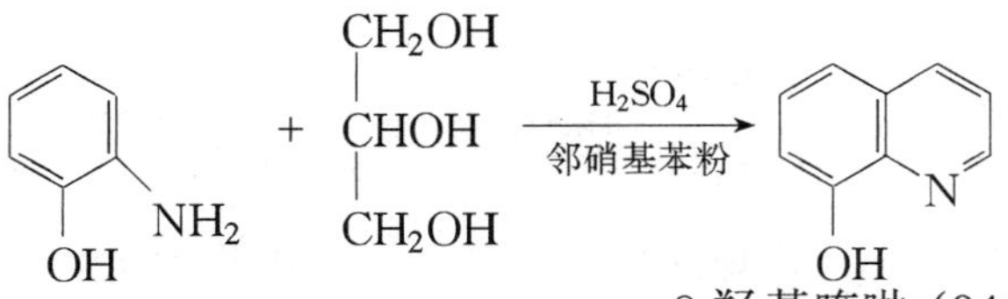

8-羟基喹啉（94%）

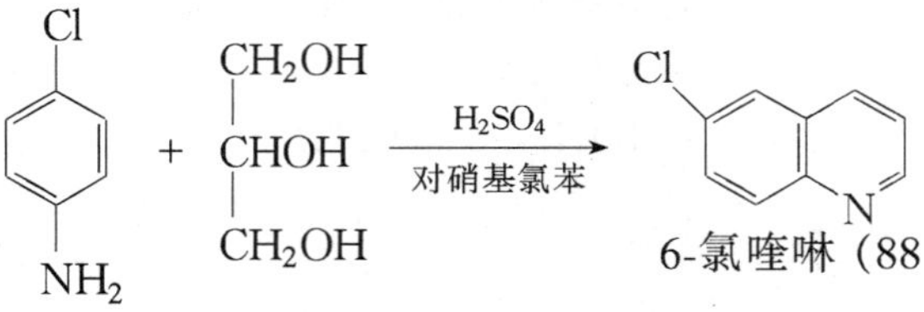

6-氯喹啉（88%）

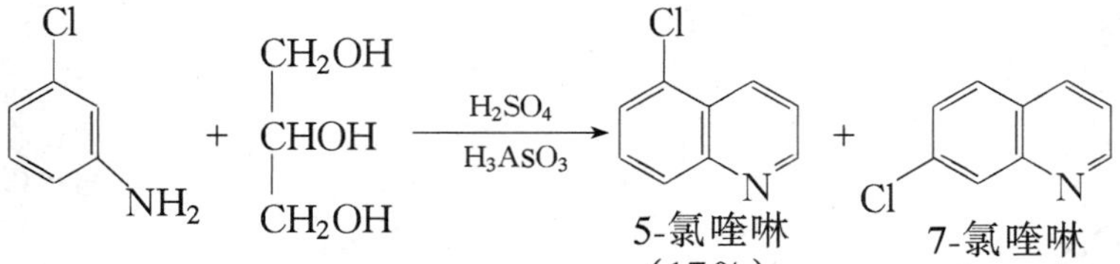

5-氯喹啉（17%）　7-氯喹啉（41%）

当用α,β-不饱和醛、酮代替甘油时，可合成吡啶环上有取代基的喹啉衍生物，例如：

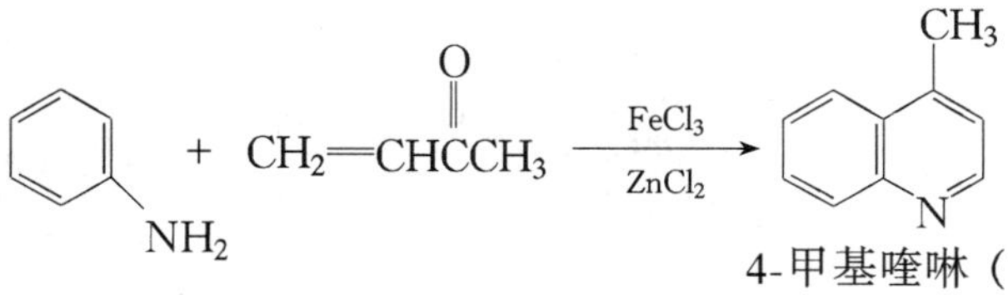

4-甲基喹啉（73%）

（2）异喹啉衍生物的合成

合成异喹啉衍生物最常用的方法是 A. Bischer-B. Napieralski 合成法。N-酰基-β-苯乙胺在惰性有机溶剂中与五氧化二磷，三氯氧磷或氯化锌等共热，生成3,4-二氢异喹啉，再经催化或氧化脱氢生成异喹啉及其衍生物。例如：

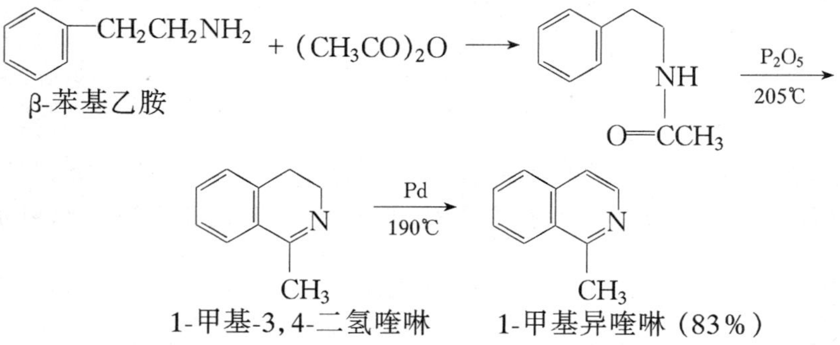

β-苯基乙胺　1-甲基-3,4-二氢喹啉　1-甲基异喹啉（83%）

### 17.3.7　嘧啶和嘌呤

嘧啶[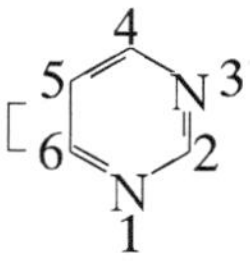]是在间位上有两个氮原子的六元杂环化合物，两个氮原子和吡啶环中的氮一样，为 $sp^2$ 杂化，并都有一个 p 电子参与共轭。嘧啶为无色晶体，熔点 22℃，易溶于水。其碱性比吡啶弱。由于氮原子具有吸电子性质，环上碳原子电子云密度比吡啶环小，故嘧啶的亲电取代比吡啶难，而亲核取代比吡啶容易。

嘧啶的衍生物广泛存在于自然界中，如维生素 $B_1$，其中最重要的是核酸中的碱基——尿嘧啶，胞嘧啶和胸腺嘧啶：

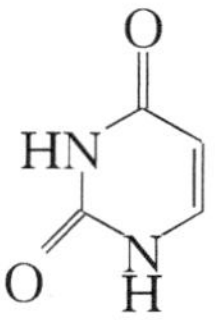

尿嘧啶
(Uracil)

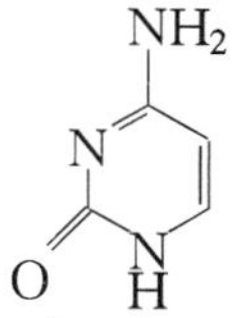

胞嘧啶
(Cytosine)

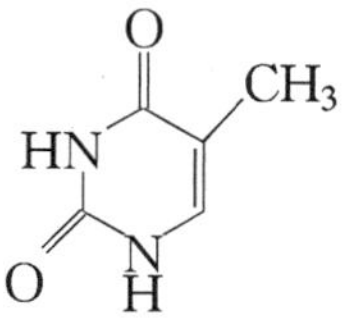

胸腺嘧啶
(Thymine)

嘌呤是由一个嘧啶环和一个咪唑环稠合而成。它是无色结晶，熔点 217℃，易溶于水。它的命名编号比较特殊。嘌呤有互变异构体：

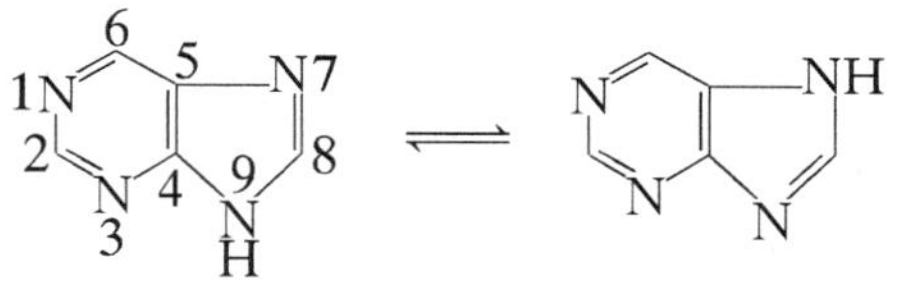

嘌呤环中四个氮原子都是 $sp^2$ 杂化，其中三个有一个 p 电子参与共轭，另一个氮和吡咯环中的一样，以一对 p 电子参与共轭。嘌呤既有弱碱性，也有弱酸性，可与强酸或强碱成盐。

嘌呤的衍生物广泛存在于生物体中，如腺嘌呤和鸟嘌呤是组成核酸的两个碱基：

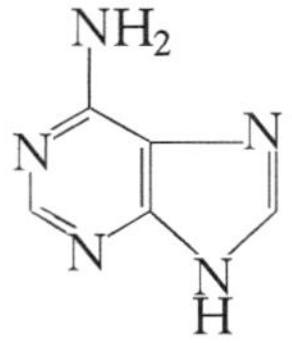

腺嘌呤 (Adenine)

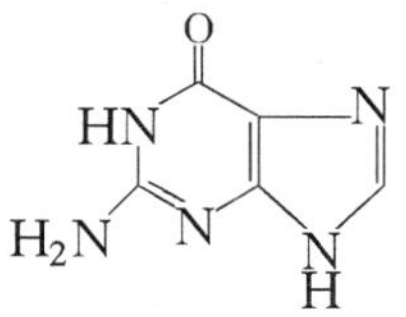

鸟嘌呤(Guanine)

# 习　　题

17-1　合成下列化合物：

1. 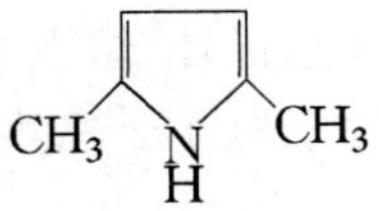

2. 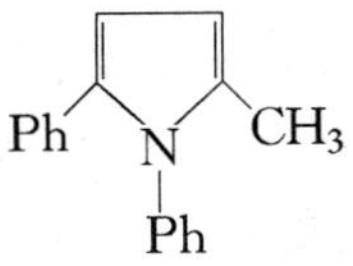

3. 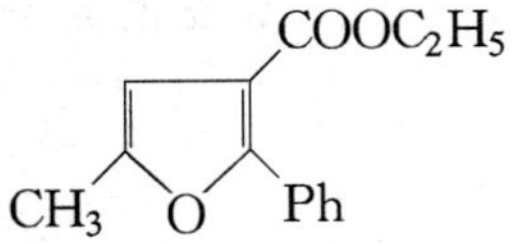

4. 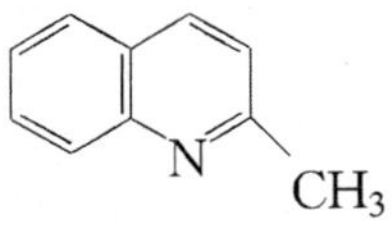

5. 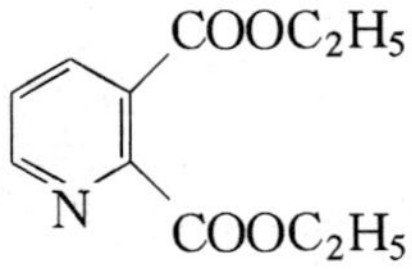

6. 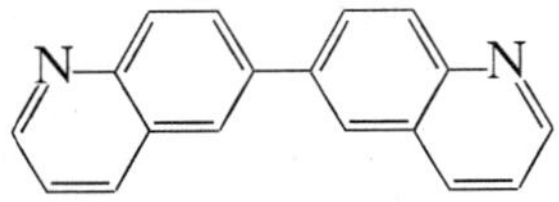

7. 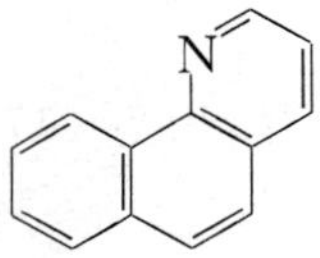

8. 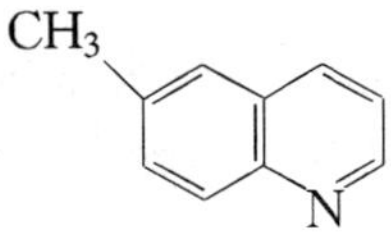

9. 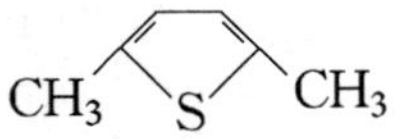

10. 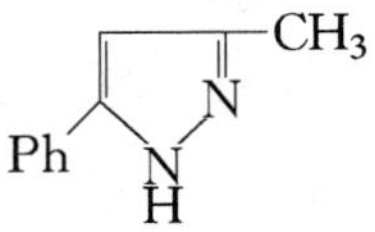

11. 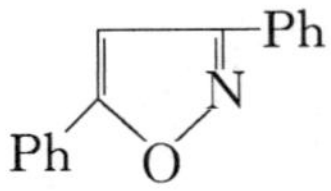

17-2　试比较下列化合物的碱性强弱，将其由强到弱排列成序，并解释之。

1. 吡咯、吡啶、苯胺、六氢吡啶
2. 吡咯、吡唑、咪唑

17-3　写出下列反应的主要产物：

1. 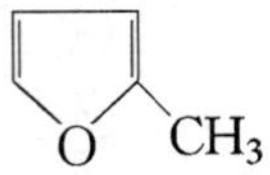 $+ (CH_3CO)_2O \xrightarrow{BF_3}$

2. 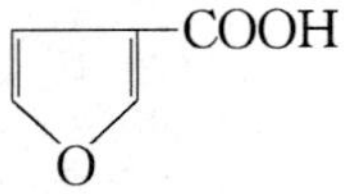 $+ Br_2 \xrightarrow[25℃]{CH_3COOH}$

3. 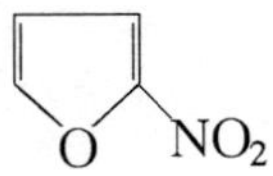 $+ Br_2 \xrightarrow{CH_3COOH}$

4. 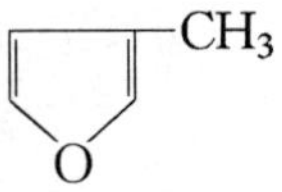 $+ HNO_3 \xrightarrow{H_2SO_4}$

5. 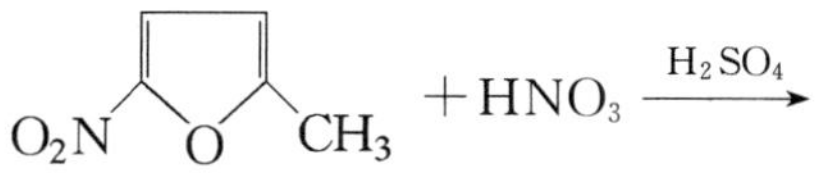

6. 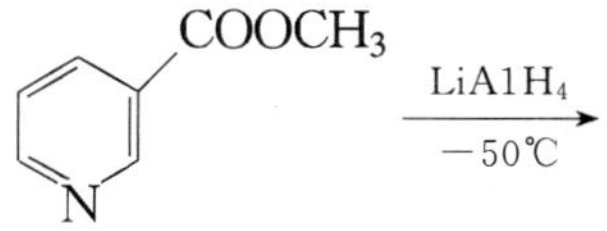

7. 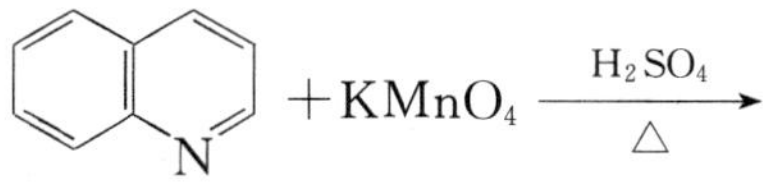

8. 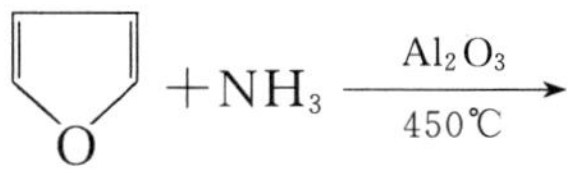

9. 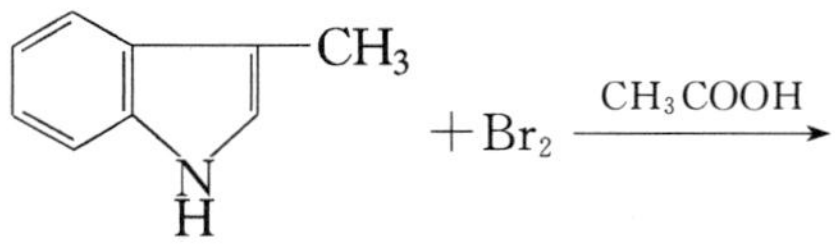

10. 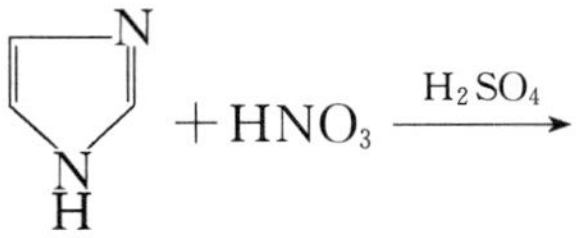

11. 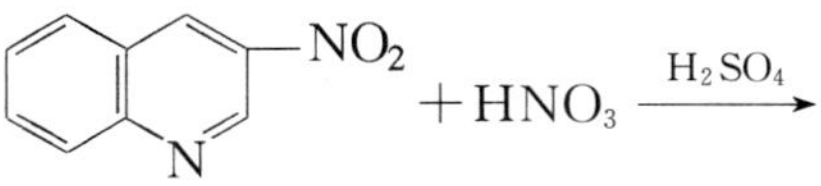

12. 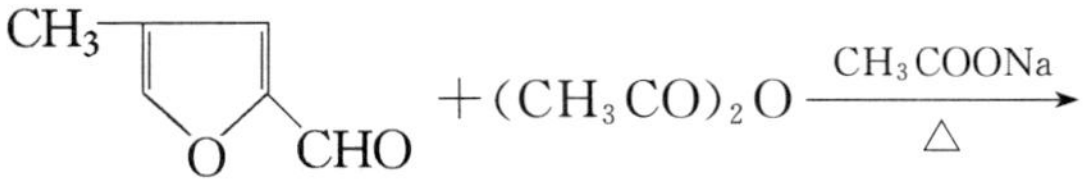

13. 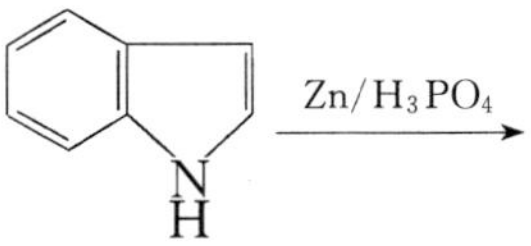

14. 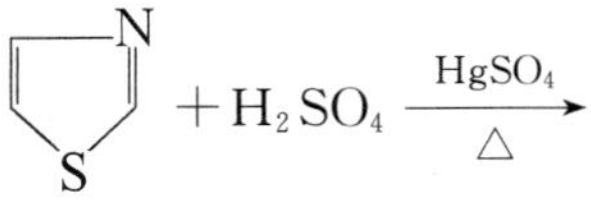

15. 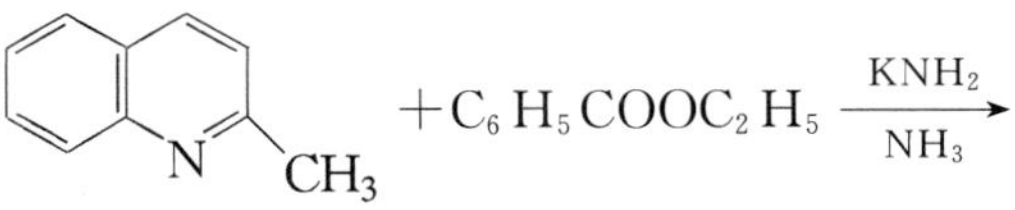

16. 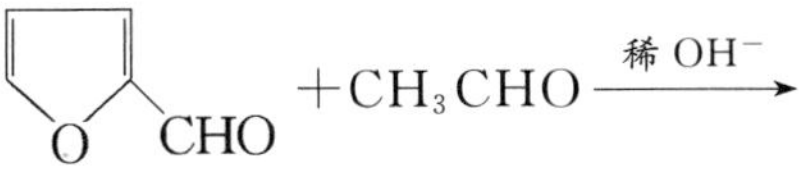

17. 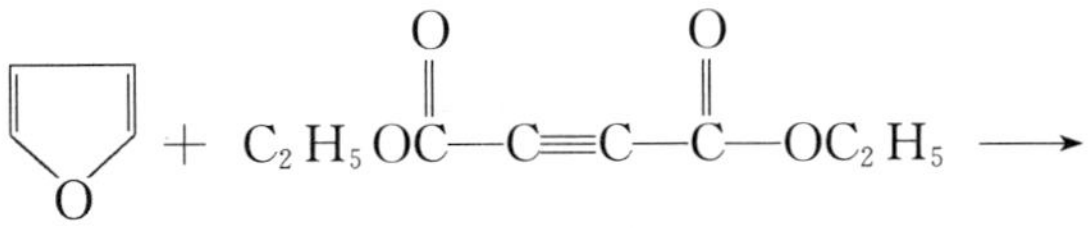

18. 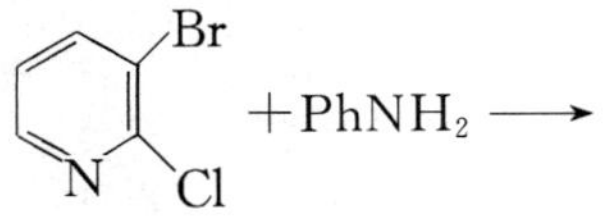

17-4 罂粟碱可用下列途径合成：

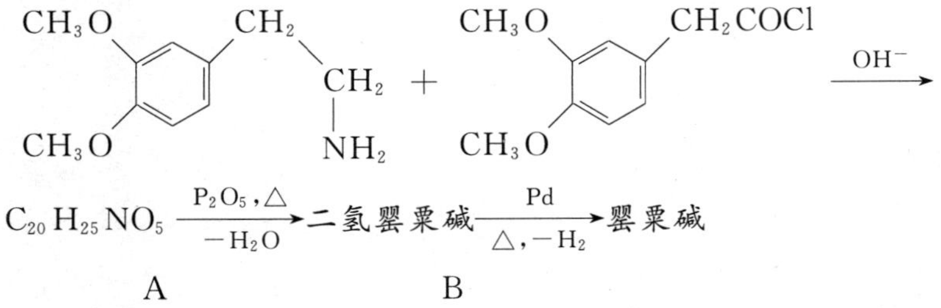

试写出 A,B 的结构。

# 第十八章　周环反应

有机化学中有一类反应是在加热或光照的条件下通过环状过渡态而进行的协同反应(Concerted Reactions),此类反应具有高度的立体选择性,没有活性中间体,一般不受溶剂极性和酸碱催化剂的影响,自由基引发剂和抑制剂也不起作用。这类反应与前面讨论过的电性反应有显著的差异,通常将这类反应称为周环反应(Pericylic Reaction)。如1928年Diels和Alder发现的双烯加成等。

到1965年,R. B. Woodward和R. Hoffmann在总结了大量有机合成经验的基础上,提出了协同反应的分子轨道对称性守恒原理。该原理不仅对这类反应作了圆满的理论解释,还可根据这一原则预测协同反应能否进行及其立体化学特征。目前,对分子轨道对称性守恒原理有三种理论解释:前线轨道理论、能量相关理论和芳香过渡态理论。轨道对称性守恒原理是近代有机化学的重大成就之一。为此,Hoffmann和福井谦一(前线轨道理论的提出者)共同获得了1981年诺贝尔化学奖。

常见的周环反应有电环化反应、环加成反应和σ迁移反应。

## §18.1　分子轨道对称性守恒原理和前线轨道理论

### 18.1.1　分子轨道对称性守恒原理

在协同反应中,如果反应物分子轨道具有某些对称因素,那么这些对称因素在反应过程中,直到生成产物都保持不变。当反应物与产物的轨道对称性一致时,反应易于发生,称为对称性允许反应,而当反应物与产物的轨道对称性不一致时,反应难于进行,称为对称性禁阻反应。此即为轨道对称性守恒(Conservation of orbital symmetry)原理。

用分子轨道对称性守恒原理解释协同反应,比较直观的方法是分析分子轨道图形的对称性。分析分子轨道的对称性主要是看其镜面(σ)对称性和二重旋转轴($C_2$)对称性。如乙烯分子π键的成键轨道和反键轨道的对称性,如图18-1所示。

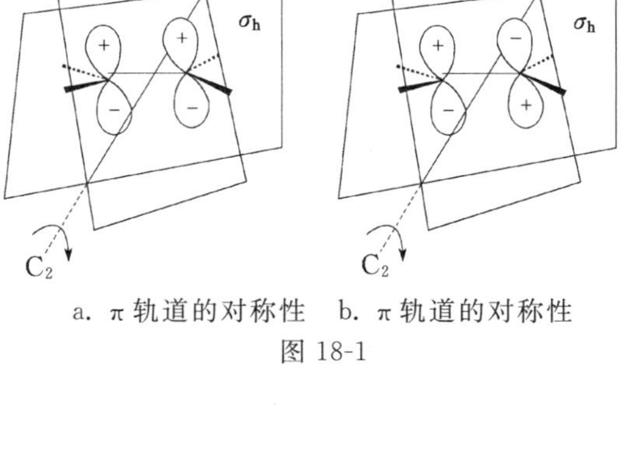


a. π轨道的对称性　b. π轨道的对称性

图 18-1

镜面对称元素 $\sigma_v$ 垂直并等分 C—Cσ 键。对成键的 π 轨道来说，经过反映，图形与原来的完全一样，因此成键 π 轨道对平面 $\sigma_v$ 是对称的。而反键 $\pi^*$ 轨道经 $\sigma_v$ 平面反映后，图形虽然复原，但轨道位相符号相反，称 $\pi^*$ 轨道对平面 $\sigma_v$ 是反对称的。

$\sigma_v$ 和 $C_2$ 两个对称元素能把反应过程中各个有关分子的轨道位相变化分为对称(Symmetric)和反对称(Asymmetric)两类，并分别以符号 S 和 A 表示对称和反对称。

### 18.1.2 前线轨道理论

在一个有机分子中，各个分子轨道的能级不同，有的轨道占有电子，有的轨道是未占有电子的空轨道。1952 年福井谦一提出：在化学反应过程中，最为活跃、最先作用的分子轨道，是最高占有轨道 HOMO(Highest Occupied Molecular Orbit)和最低未占有轨道 LUMO(Lowest Unoccupied Molecular Orbit)。它们统称为前线(沿)轨道。前线轨道中的电子叫前线电子，在化学反应中最为活跃，类似于原子中的价电子。

在进行化学反应时，HOMO 对电子的束缚较弱，容易将电子给予能量相近的空轨道。而 LUMO 具有较强的接受电子的能力，所以这两种分子轨道在化学反应中起着决定的作用。当分子间的 HOMO 与 LUMO 的能量越接近时作用就越强，当它们的对称性合适时，就发生对称性允许反应；反之就是对称性禁阻反应，反应就难于发生。在此所指的对称性合适，是指轨道的位相相匹配，正与正、负与负重叠。位相相同的轨道相接近时，反应的活化能低，反应易于发生，也就是对称性允许反应。前线轨道理论处理协同反应时，可简化到只需考虑关键的前线轨道的对称性，而不考虑其他分子轨道，就可粗略地估计协同反应进行与否及其立体化学特征。

值得指出的是同一分子基态和激发态的 HOMO 和 LUMO 是不同的。基态时 HOMO 是能量最高的成键轨道，激发态时 HOMO 则是原来能量最低的反键轨道。

## §18.2 电环化反应

### 18.2.1 电环化反应及其特点

在加热或光照的条件下，有 $n$ 个 π 电子的线型共轭多烯，经环状过渡态，它的两端碳之间形成一个 σ 键，环化成环烯烃的反应和其逆反应——环烯烃变成共轭多烯的反应叫电环化反应(Electrocylic Reaction)。如(Z,E)-2,4-己二烯和(Z,Z,E)-2,4,6-辛三烯的环化和逆反应：

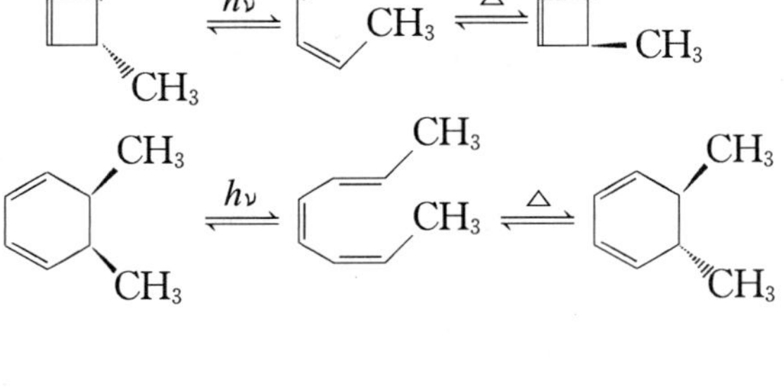

从以上实例可知反应是π-σ键的互变过程，并且具有高度的立体专一性。这与共轭体系中的π电子数有关。下面用简单、直观的前线轨道理论，结合π电子体系的电子个数，予以对该反应特点进行解释。

### 18.2.2　含4$n$个π电子的体系

(Z,E)-2,4-己二烯是一个4$n$个π电子的体系，下面以其为例分析成环反应。先看2,4-己二烯的π分子轨道：

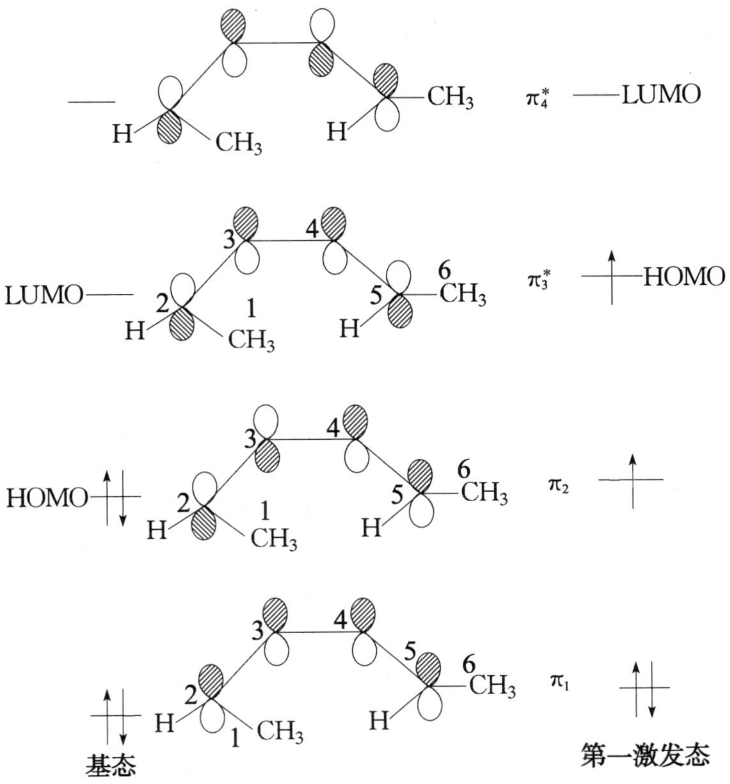


**(Z,E)-2,4-己二烯的π分子轨道**

则(Z,E)-2,4-己二烯加热环化生成顺-3,4-二基环丁烯的反应可表示如下：

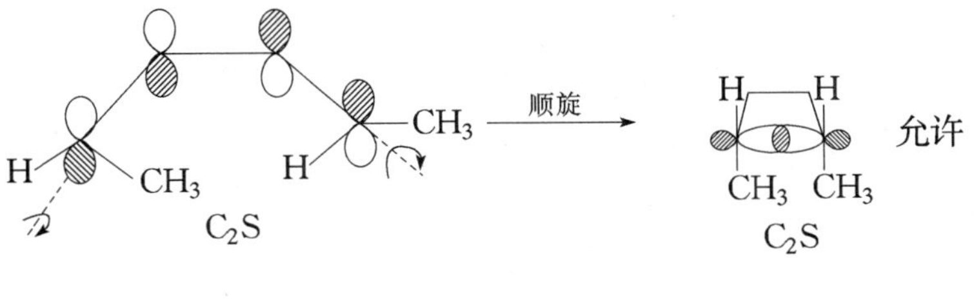

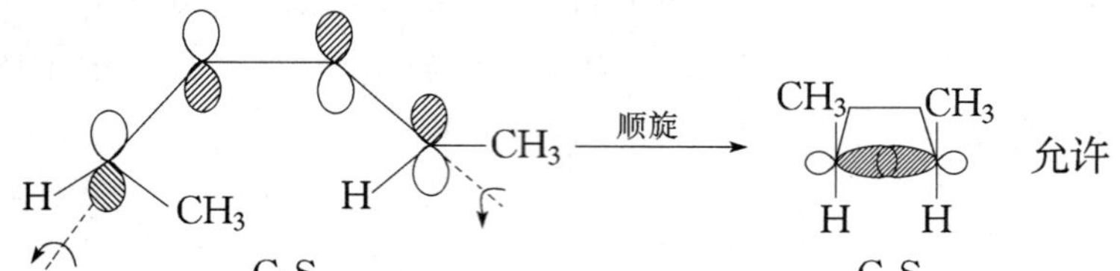

C₂S C₂S

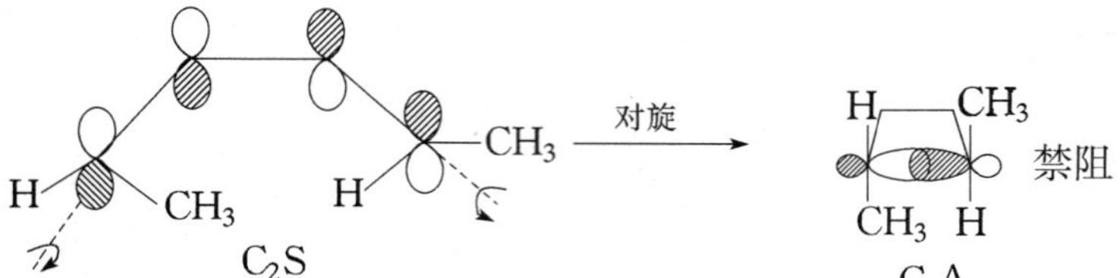

C₂S C₂A

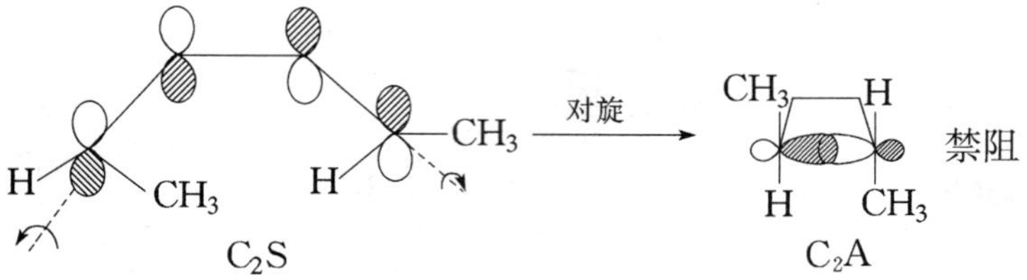

C₂S C₂A

(Z,E)-2,4-己二烯的热反应只与分子的基态有关,此时最高占有轨道 HOMO 是 $\pi_2$。2,4-己二烯热环化时,正是这个轨道中的电子将形成新键而闭环,成键时需要交叠,在 2,5-碳原子之间形成 $\sigma$ 键。这就要求 2,4-己二烯分子的两端分别围绕 C(2)-C(3) 和 C(4)-C(5) 键轴旋转,同时 C(2) 和 C(5) 上的 p 轨道逐渐变成 $sp^3$ 轨道,互相重叠生成 $\sigma$ 键。

绕 C(2)-C(3) 和 C(4)-C(5) 键轴的旋转有两种可能的方式:顺旋和对旋,顺旋就是都向同一方向旋转,对旋则是分别向不同方向旋转。此时,(Z,E)-2,4-己二烯的 HOMO $\pi_2$ 中 $C_2$ 轴是对称的,只有顺旋才能保持对称性不变,从而使 2,5 两端位相相同的轨道瓣相互交盖生成 $\sigma$ 键,是对称性允许的。而对旋则位相相反,对称性禁阻。

光照条件下,分子处于第一激发态,其中一个电子从 $\pi_2$ 激发进入 $\pi_3^*$ 轨道。这样 HOMO 是 $\pi_3^*$,参与反应的前线轨道为 $\pi_3$。这个前线轨道是镜面对称的,只有对旋才能保持它的对称性,使两端位相相同的轨道瓣相互交盖形成 $\sigma$ 键。所以(Z,E)-2,4-己二烯在光的作用下对旋环合,生成反-3,4-二甲基环丁烯:

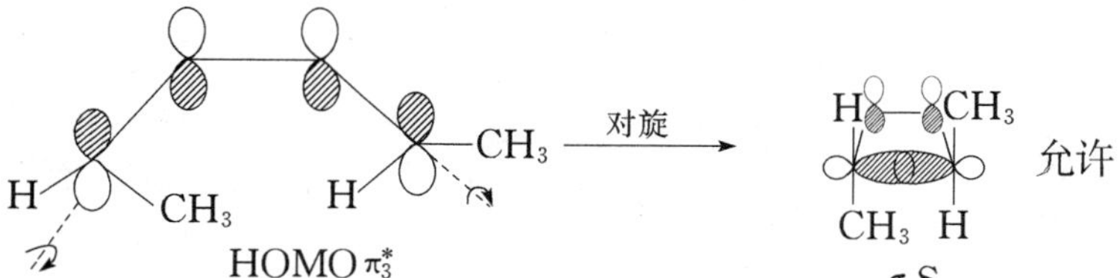

HOMO $\pi_3^*$ $\sigma_v S$ $\sigma_v S$

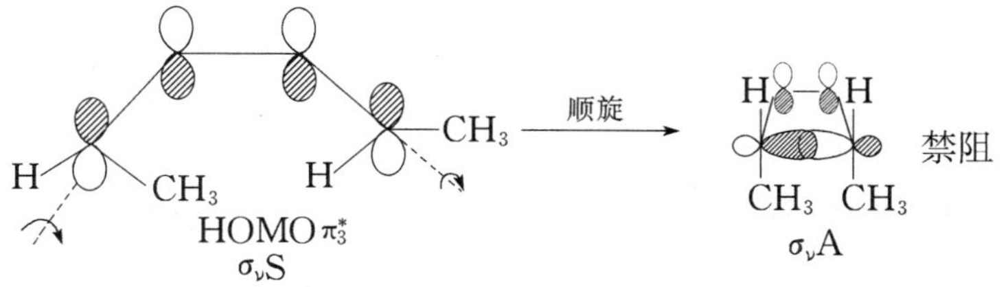


### 18.2.3　含4$n$+2个π电子的体系

(Z,Z,E)-2,4,6-辛三烯含有六个π电子，下面以该分子为例讨论4$n$+2个π电子体系的电环化反应。

(Z,Z,E)-2,4,6-辛三烯基态和第一激发态的HOMO与1,3,5-己三烯相同，分别为$\pi_3$和$\pi_4^*$，即热反应时HOMO是$\pi_3$，光反应时HOMO是$\pi_4^*$：

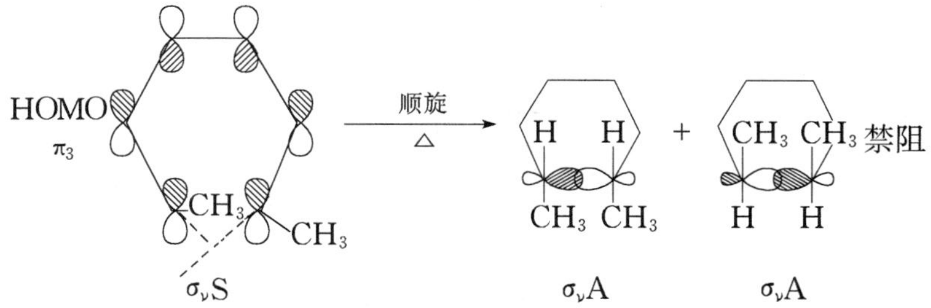


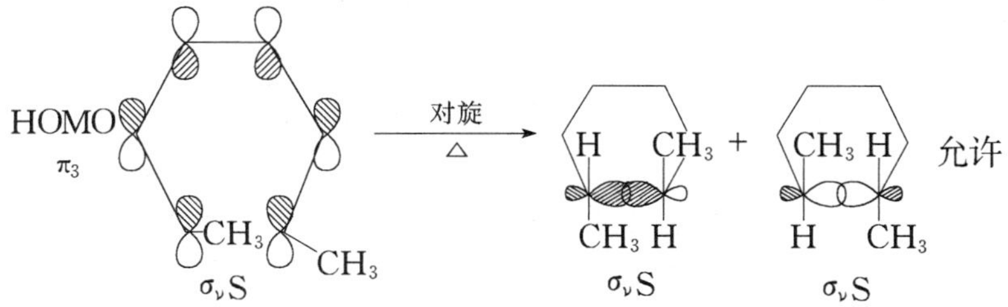


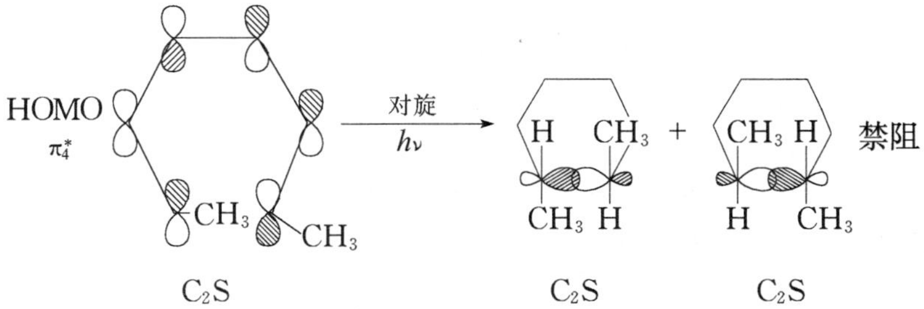


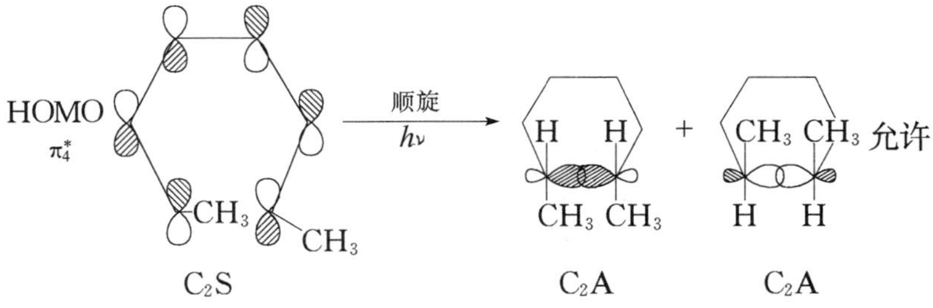

在加热条件下环化，对旋保持镜面对称，两端碳重叠轨道位相匹配是对称性允许的，顺旋是对称性禁阻的。与此相反，在光照条件下环化，顺旋是对称性允许的，而对旋是对称性禁阻的。

### 18.2.4 电环化反应选择规则——Woodward-Hoffmann 规则

在电环化反应中，共轭多烯环化成键的旋转方式由 HOMO 决定，哪一个分子轨道为 HOMO，由 π 电子数和反应条件决定。根据(4*n*)π 电子和(4*n*+2)π 电子两种体系总结出如下表所示规则，称为电环化反应的 Woodward-Hoffmann 规则(表 18-1)。

表 18-1 电环化反应的 Woodward-Hoffmann 规则

| π 电子 | 反应条件 | 旋转方式 |
| --- | --- | --- |
| 4*n* | 加热 | 顺旋 |
| | 光照 | 对旋 |
| 4*n*+2 | 加热 | 对旋 |
| | 光照 | 顺旋 |

利用 Woodward-Hoffmann 规则可以预测共轭多烯电环化反应能否进行及产物的立体化学特征。例如：

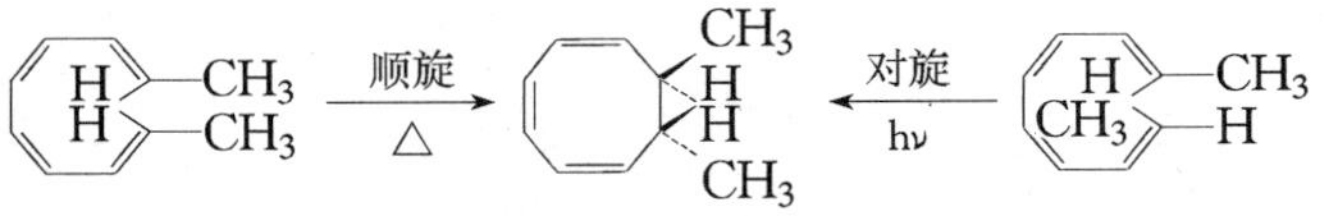


根据微观可逆性原理，闭环反应的逆反应——开环反应的立体选择性与环合时的相同。涉及 4*n* 个电子的开环反应的立体选择性与 4*n* 个 π 电子体系的闭环反应对应，加热为顺旋，光照为对旋。涉及(4*n*+2)个电子的开环反应的立体选择性与(4*n*+2)个 π 电子体系的闭环反应对应，加热为对旋，光照为顺旋。

## § 18.3 环加成反应

在加热或光照条件下，两分子含有碳碳不饱和键的化合物组合成环的反应及其逆反应叫做环加成反应(Cycloaddition Reaction)。根据反应物中参与反应的 π 电子总数，可将环加成反应分类，最常见的是[2+2]环加成和[4+2]环加成：

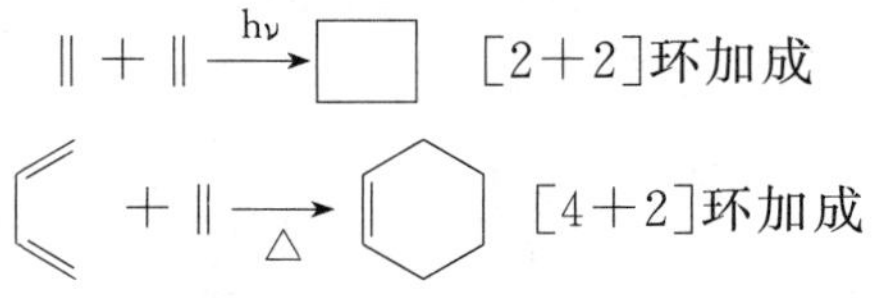


第一个反应参加反应的是两分子乙烯，π 电子数为[2+2]，是[2+2]环加成。第二个反应是一分子 1,3-丁二烯与一分子乙烯加成生成六元环，参加反应的 π 电子数是[4+2]，为[4+2]环加成。它们共同特点为：都是双分子反应；打开 π 键形成两个 σ 键成环，键的断

裂和形成是经环状过度态协同进行的。

### 18.3.1　[4＋2]环加成

[4＋2]环加成最典型的例子是 Diels-Alder 反应，有$(4n+2)(n=1)$个 π 电子参加环加成反应。

根据前线轨道理论，在环加成中，双烯体的最高占有轨道 HOMO 和亲双烯体的最低未占有轨道 LUMO 相互作用成环时，双烯体的 HOMO 和亲双烯体的 LUMO 两端的轨道瓣位相分别相同，可同面—同面交盖成键，即反应是对称性允许的。同样，双烯体的 $LUMO\pi_3^*$ 和亲双烯体的 $HOMO\pi_1$，同面—同面交盖成键也是对称性允许的。因此[4＋2]环加成热反应是对称性允许的。由于是同面—同面加成，因而对亲双烯体来说应是顺式加成，反应前后构型保持，是高度立体专一的反应。例如，环戊二烯与顺-丁烯二酸酯及反-丁烯二酸酯的反应，分别生成顺式和反式产物：

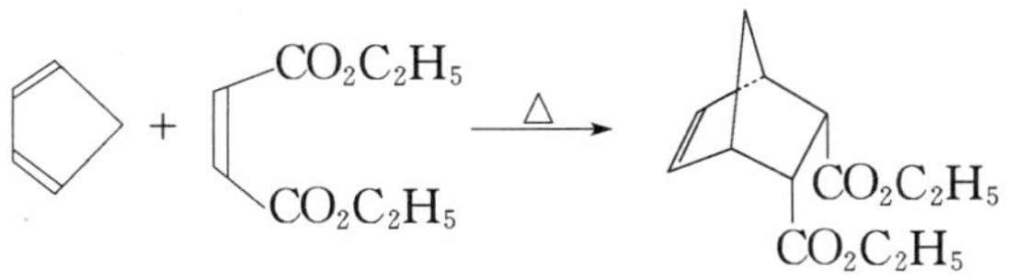


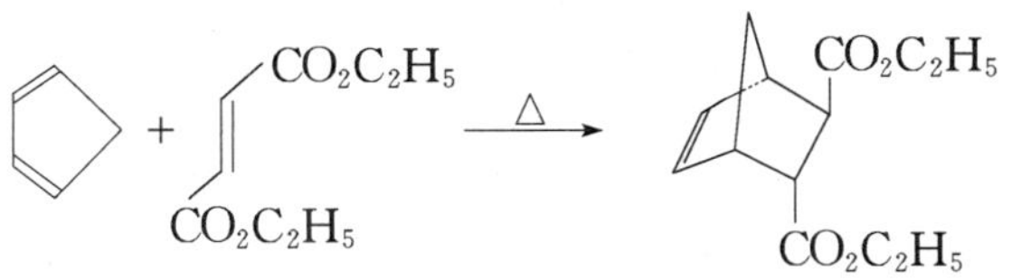


当双烯带有给电子基团，亲双烯体上连有吸电子基时，可使反应变得非常容易进行。给电子基团可使双烯体的 HOMO 能级升高，而吸电子基团可降低亲双烯体 LUMO 的能级，这样使相互作用的两个轨道能级更接近。根据能量相近原理，促使反应更容易进行，使反应加快。不过，产物此时会产生一定的区域选择性。区域选择性是由取代基影响双烯体和亲双烯体前线轨道各碳原子位置的轨道系数造成的。双烯在 $C_1$ 有取代基时，$C_4$ 位置轨道系数最大，在 $C_2$ 上有取代基时，则 $C_1$ 位置轨道系数最大；连有吸电子取代基的亲双烯体则是 $C_2$ 位置轨道系数最大。在环加成时，两种反应物"轨道系数"最大的位置最易相互作用，这样就决定了邻、对位加成的区域选择性。具体的实例如下：

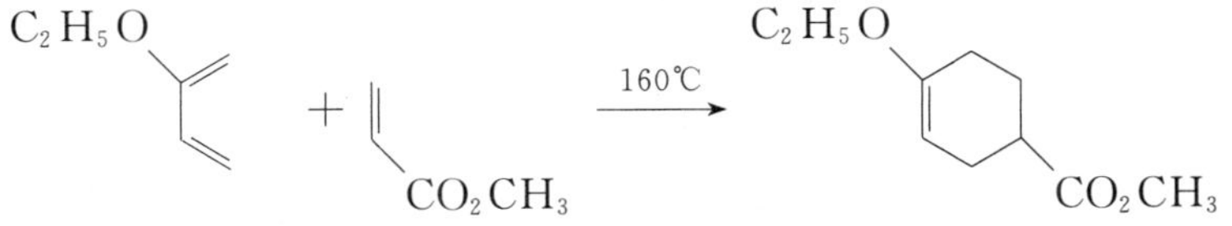


[4＋2]环加成的另一立体化学特征是主要得到内型加成产物。例如：

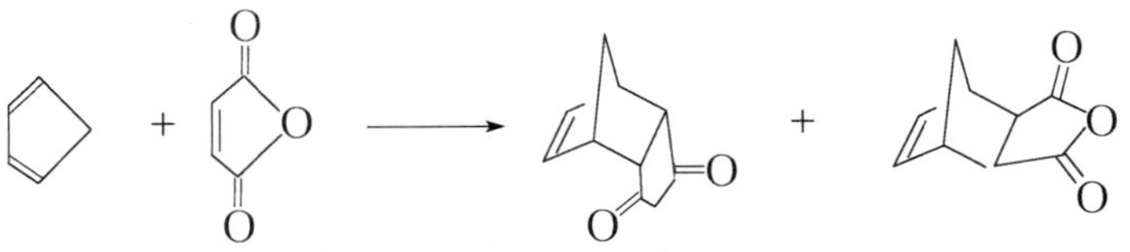


内型 (endo) >98.5%　外型 (exo) <1.5%

除碳碳双键外，很多具有不饱键的化合物，如三键等也可作为亲双烯体。

另外，许多1,3-偶极化合物，如重氮甲烷、臭氧、叠氮化合物等，通过分子内的电子转移，可形成三原子四电子的共轭体系。这类体系可作为双烯体进行[4+2]环加成反应，生成五元杂环化合物：

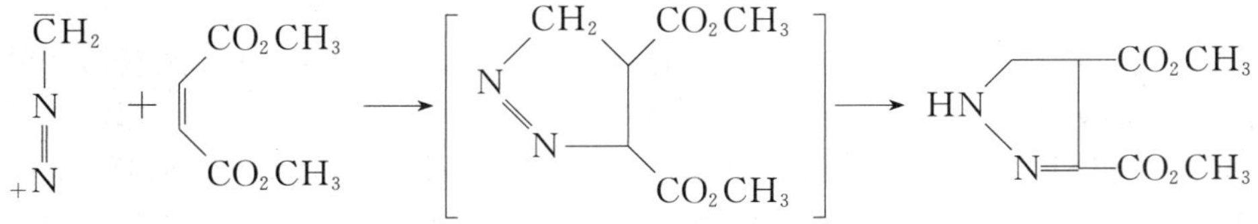

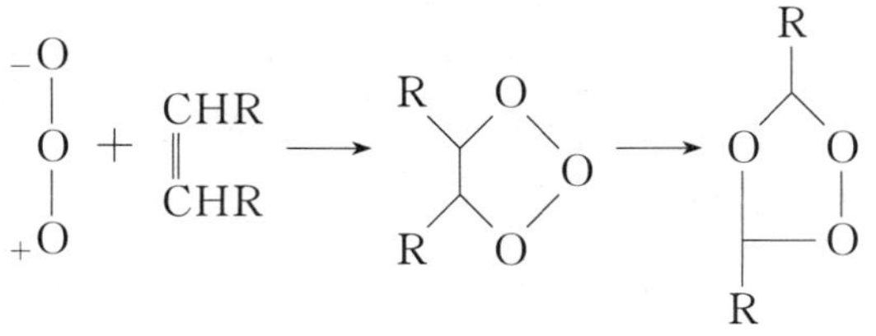

### 18.3.2 [2+2]环加成

[2+2]环加成是由两分子烯组成四元环的反应，在加热条件下，一分子烯的 HOMO 和另一分子烯的 LUMO 可按两种方式相互作用：

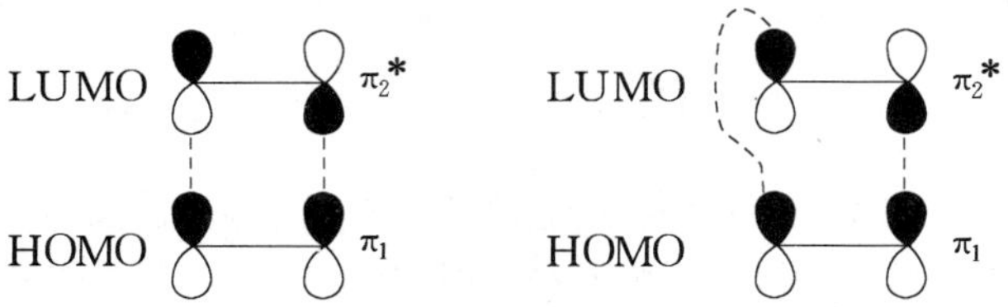


a. 同面—同面
对称性禁阻

b. 异面—同面
对称性允许

同面-同面加成是对称性禁阻的，异面-同面加成对称性允许，但在几何上是不可能的。因此，在加热条件下，[2+2]环加成以协同方式难于进行。

在光照条件，一分子可变为激发态，其 HOMO 变为 $\pi_2^*$，另一分子以基态的 LUMO$\pi_2^*$ 与其作用，同面-同面加成对称性允许，[2+2]加成容易进行，是合成四元环的重要方法：

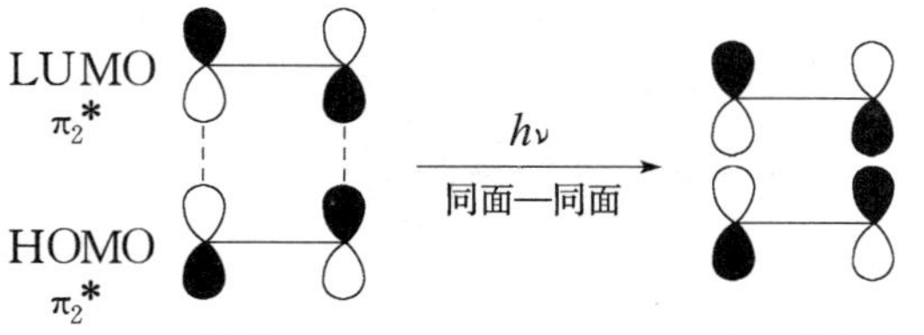


激发态　　　对称性允许

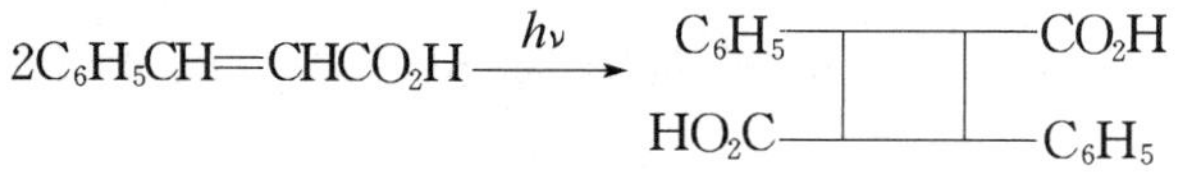

综上所述，环加成的选择性规律可归纳如下(表 18-2)。

表 18-2　环加成的选择性规律

| π电子数 | 反应条件 | |
|---|---|---|
| | 加热 | 光照 |
| $4n$ | 禁阻 | 允许 |
| $4n+2$ | 允许 | 禁阻 |

其中 $n=1,2,3\cdots$ 正整数，π电子数是指两个饱和化合物参加环加成的π电子总数。

# §18.4　σ迁移反应

在加热或光照作用下，以σ键相连接的氢原子或基团，从共轭体系的一端迁移到另一端，同时伴有π键移位的协同反应，称为σ迁移反应(Sigmatropic Rearrangement)。可分为氢原子参加的[1,$j$]迁移、碳原子参加的[1,$j$]迁移和[3,3]迁移反应等。

## 18.4.1　氢的[1,$j$]迁移和反应

氢的[1，$j$]迁移是指π共轭体系中碳1上氢原子迁移到第$j$个碳原子上的反应。如[1，3]迁移：

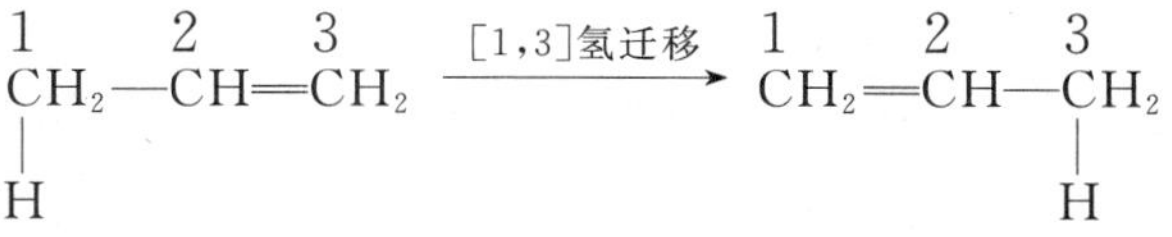


氢的σ迁移反应有两种立体选择性，同面迁移和异面迁移：

氢的[1,3]迁移可看作氢原子和烯丙基自由基 HOMO 的相互作用，[1,5]迁移是氢原子与戊二烯基自由基 HOMO 的相互作用。在加热条件下，非键轨道即为 HOMO，对[1,3]迁移来说，同面迁移对称性禁阻，异面迁移对称性允许。但是，氢的[1,3]异面迁移在几何上是极为不利的，因此在加热条件下很难发生[1,3]氢迁移。与此相反，[1,5]同面迁移对称性允许，在加热条件下，容易发生[1,5]氢迁移。

根据轨道对称性可知，具有 $4n+2$ 电子参与的氢迁移反应与[1,5]迁移一样，同面迁移对称性允许；具有 $4n$ 电子参与的氢迁移反应与[1,3]迁移一样，同面迁移对称性禁阻，但是当 $n>1$ 时，可以发生异面迁移。

### 18.4.2 碳的[1,*j*]迁移

将[1,*j*]氢迁移中的氢换为碳就是碳的[1,*j*]迁移。用相似的方法处理碳的[1,3]和[1,5]迁移，结果如图 18-2 所示。

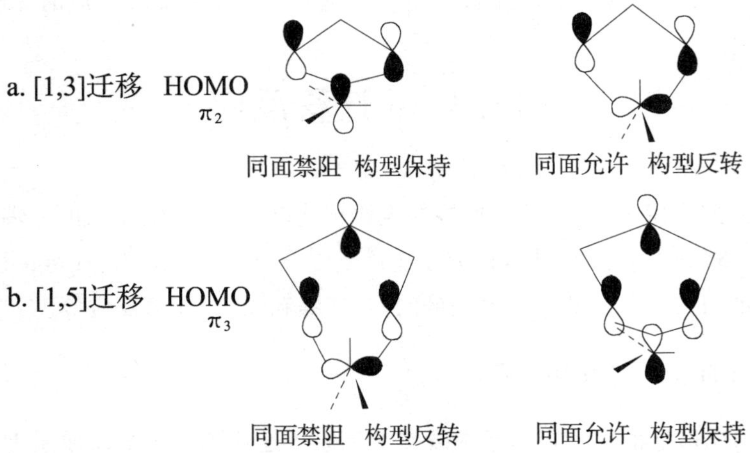


图18-2

对[1，3]和[1，5]碳迁移来说，由于分子几何因素的影响，异面迁移受阻，只可能进行同面迁移。同面迁移时有两种途径：一种是 π 共轭体系两端与碳原子 $sp^3$ 杂化轨道同一瓣重叠形成过渡态，此时碳原子具有 $sp^2$ 杂化的结构。若迁移碳是手性碳，其构型则保持。在同面迁移中，参与[1，3]迁移的 HOMO 是 $C_2$ 轴对称，这种途径对称性禁阻，而[1,5]迁移的 HOMO 是 $\sigma_v$ 对称，对称性允许，所以在加热条件[1，5]迁移对称性允许，碳的构型保持。另一种途径是 $sp^3$ 杂化碳向 $sp^2$ 杂化转化，一个轨道叶瓣与共轭体系一端轨道瓣作用，另一个轨道叶瓣与共轭体系的另一端轨道瓣作用，形成过渡态。此时具有 $C_2$ 轴对称因素的[1，3]迁移的参与轨道 HOMO，对称性允许，能有效重叠成键，但[1，5]迁移的参与轨道 HOMO 是 $\sigma_v$ 对称，这一途径对称性禁阻。例如：

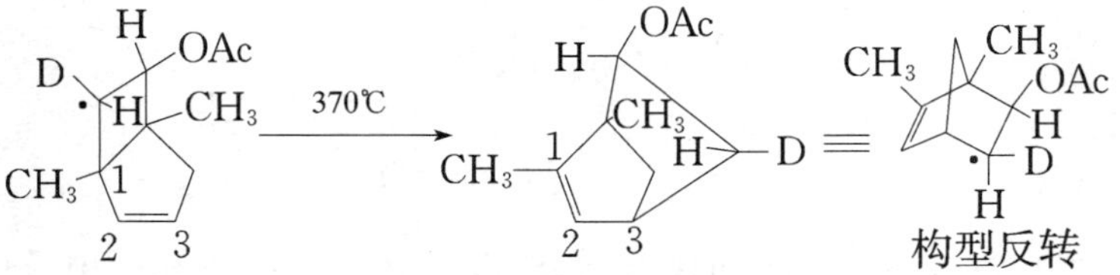


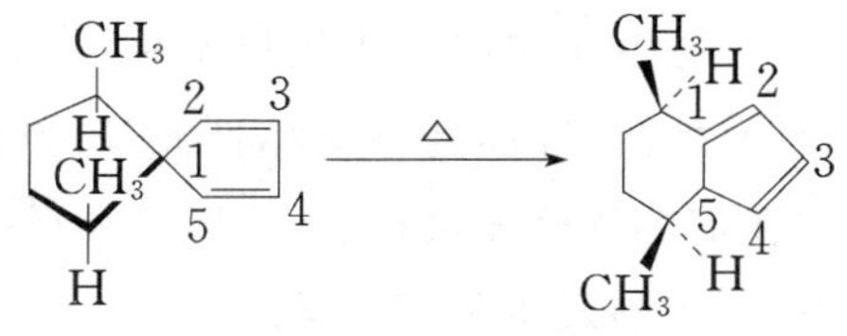

[1,3]迁移代表了$(4n)\pi$ 电子体系，[1,5]迁移代表了$(4n+2)\pi$ 电子体系。同面迁移的规律归纳见表 18-3。

表 18-3　同面迁移的规律

| π 电子数 | 反应条件 | |
|---|---|---|
| | 加热 | 光照 |
| $4n$ | 构型反转 | 构型保持 |
| $4n+2$ | 构型保持 | 构型反转 |

### 18.4.3　[3,3]σ 迁移

[3,3]σ 迁移的典型例子是 Cope 重排和 Claisen 重排。Cope 重排是取代的 1,5-二烯烃在加热的条件下，发生[3,3]σ 迁移，碳架发生变化的反应。例如：

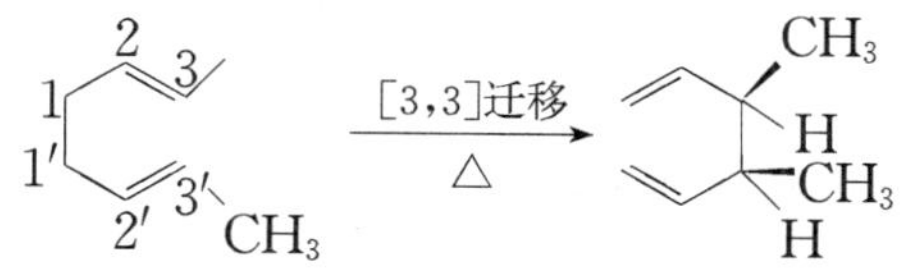


Cope 重排是立体专一的协同反应，是同面-同面的迁移，反应过渡态可能采取的是椅式构象或船式构象：

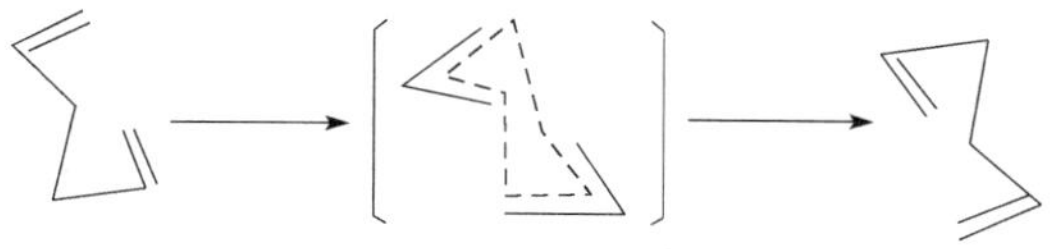

例如，内消旋 3,4-二甲基-1,5-己二烯加热时几乎 100%生成 (Z,E)-2,6-辛二烯。而外消旋体则生成 90%的 (E,E)-2,6-辛二烯和 10%的 (Z,Z)-2,6-辛二烯：

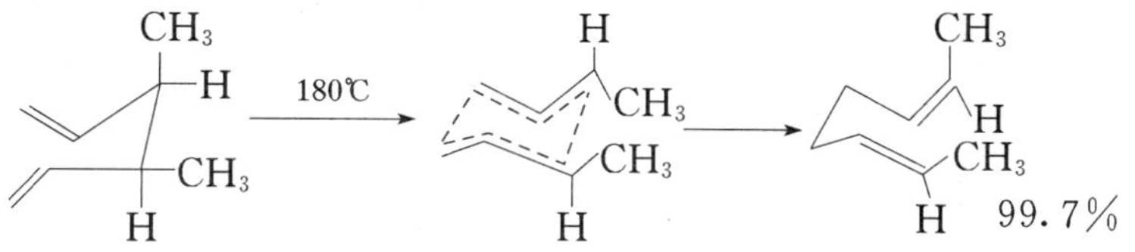


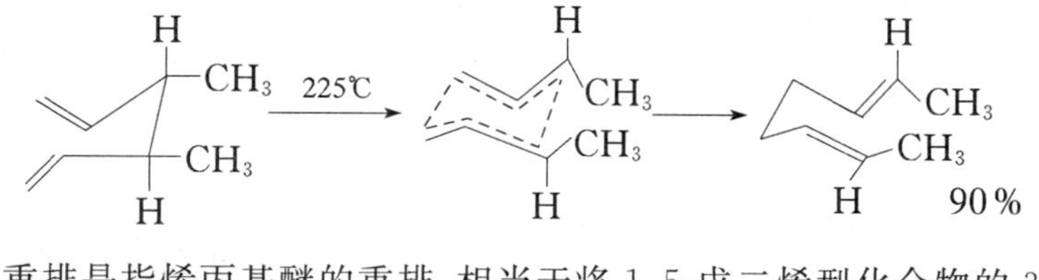


Claisen 重排是指烯丙基醚的重排，相当于将 1,5-戊二烯型化合物的 3 或 4 位碳换成一个氧，在加热条件下，反应同样经过椅式过渡态发生[3,3]σ 迁移。例如：

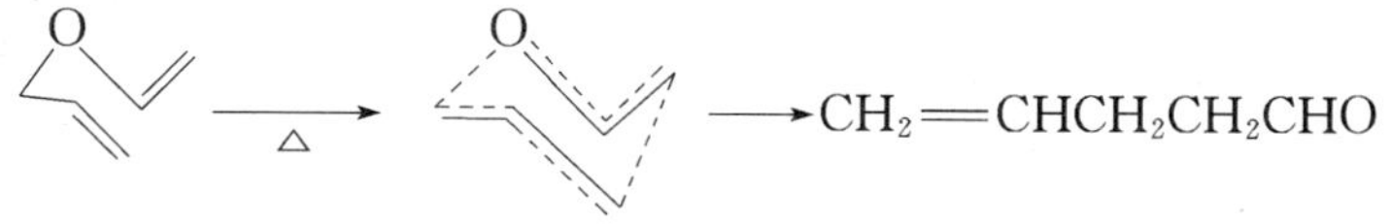

烯丙基芳基醚的 Claison 重排生成烃基酚。反应机理也是[3,3]σ 迁移，邻位重排是一次[3,3]σ 迁移，而重排到对位则是连续的两次[3,3]σ 迁移：

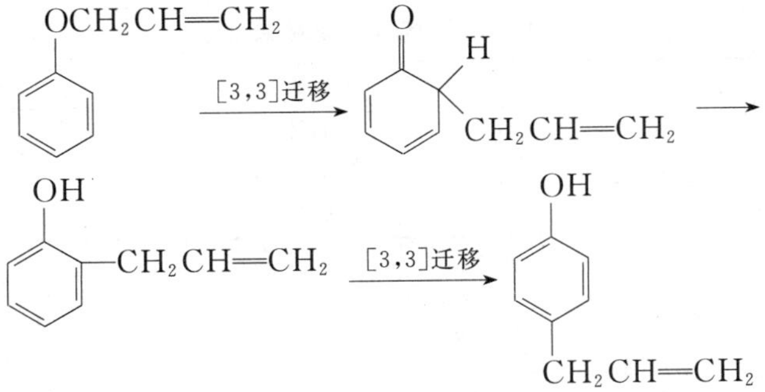


# 习　　题

18-1　写出下列反应的产物并标明立体构型：

1. 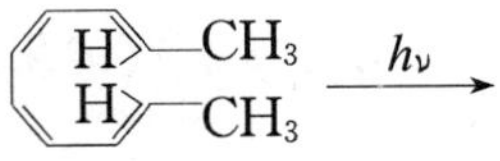


2. 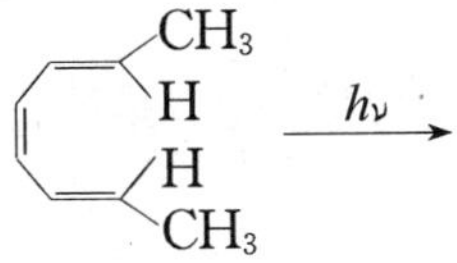


3. 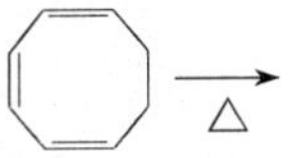


4. 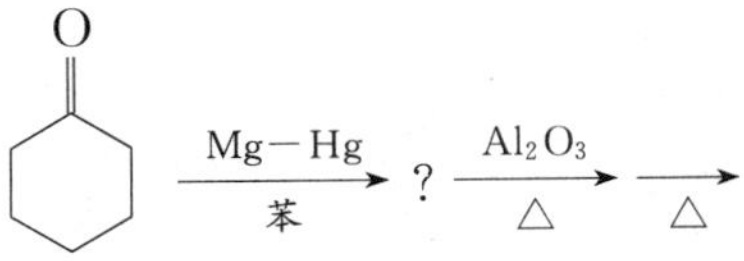


5. 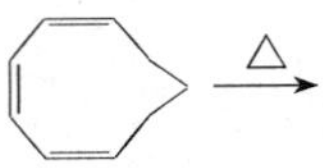


6. 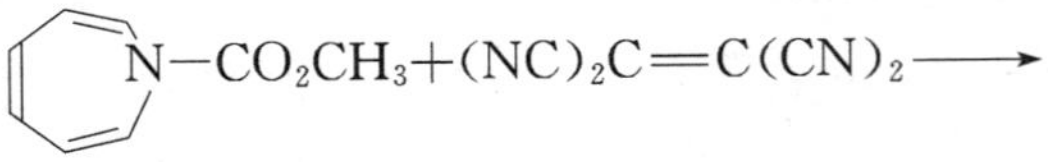


7. $Ph\bar{C}-\ddot{N}{=}\overset{+}{N} + PhCH{=}CHPh \xrightarrow{\triangle}$

8. $CH_2{=}C(OCH_3)-CH{=}CH_2 + CH_2{=}CHCHO \xrightarrow{\triangle}$

9. 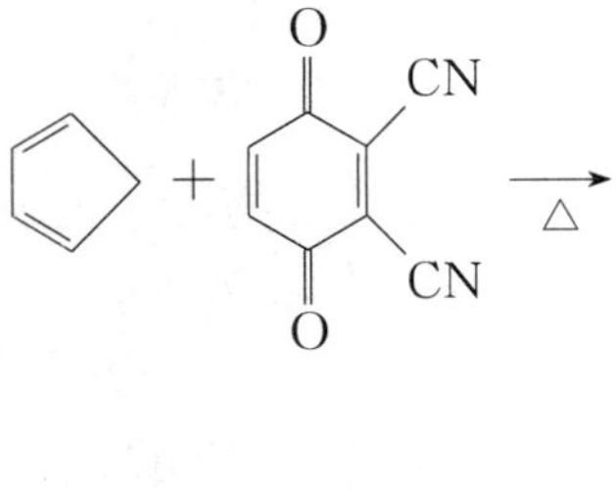


10. $CH_2{=}CH_2 + CH_2{=}C{=}O \xrightarrow{h\nu}$

11. 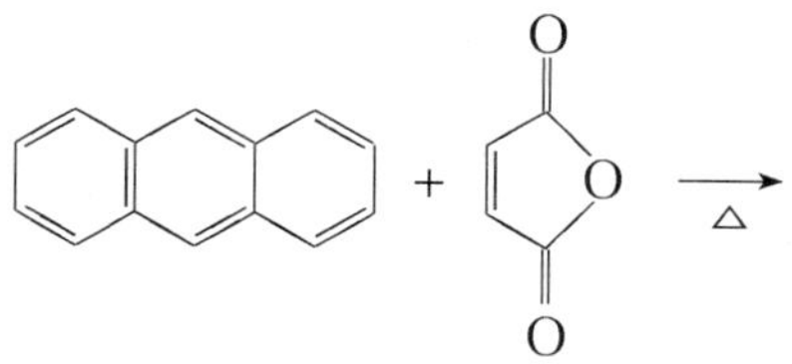

12. 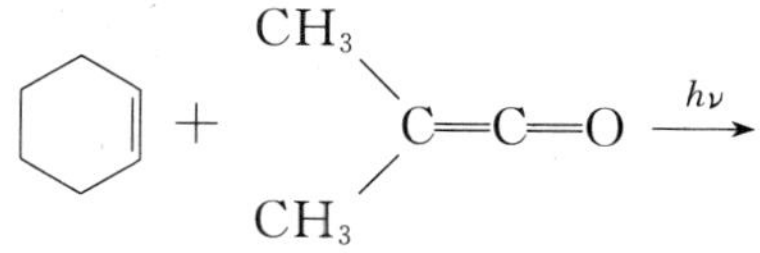

13. $CH_3OCH{=}CHCH{=}CH_2 + CH_2{=}CHCOOCH_3 \xrightarrow{\triangle}$

14. 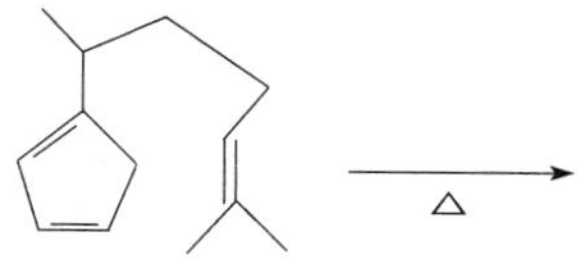

15. 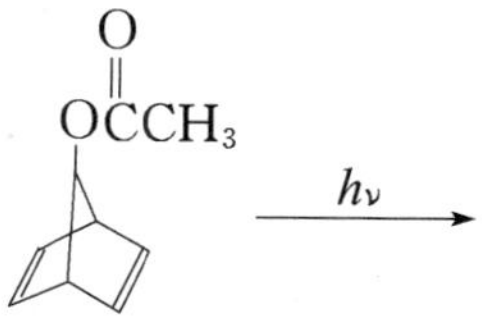

16. $PhN_3 + PhCH{=}CH_2 \longrightarrow$

17. 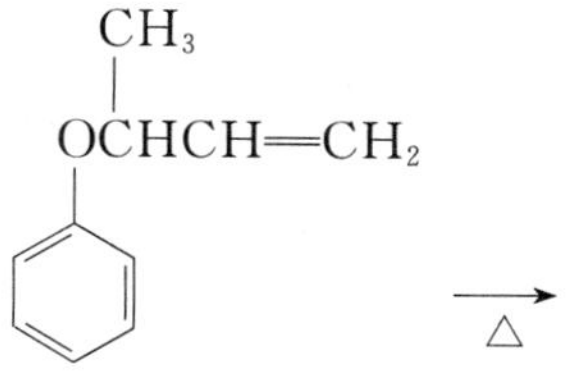

18. 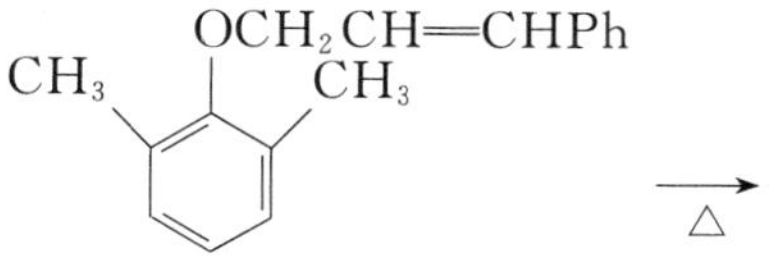

19. 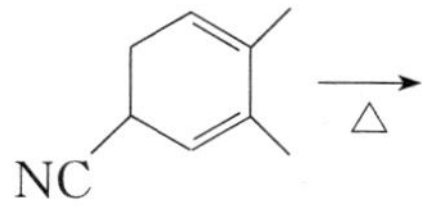

20. $CH_2{=}C(CH_3){-}OCH_2CH{=}CH_2 \xrightarrow{\triangle}$

18-2　解释下列实验结果：

1. 反式-3,4-二甲基环丁烯顺旋开环有两种方式：

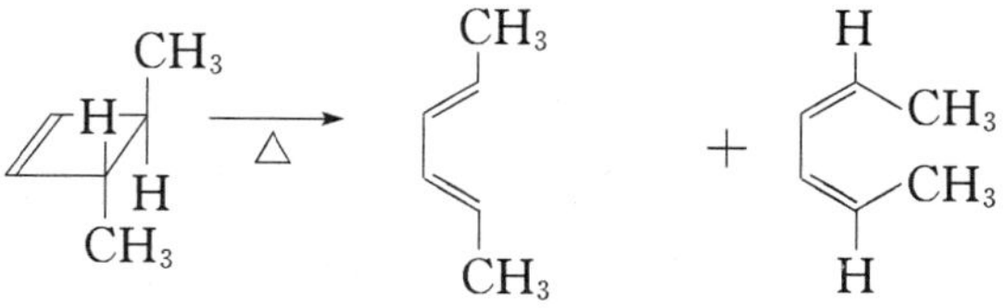

(E,E)-2,4-己二烯(Z,Z)-2,4-己二烯

实际上只得到(E,E)-2,4-己二烯，为什么？

2. 2-叔丁基-1,3-丁二烯与顺丁烯二酸酐的[4+2]环加成比1,3-丁二烯的快，但顺-1-叔丁基-1,3-丁二烯却比1,3-丁二烯的慢，为什么？

3. 说明下面的反应：

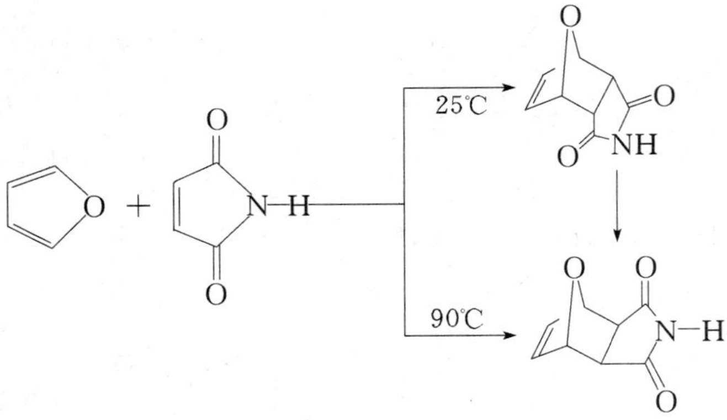

endo 加成

exo 加成

4. 用前线轨道法解释下列 σ-迁移的高度立体专一性。

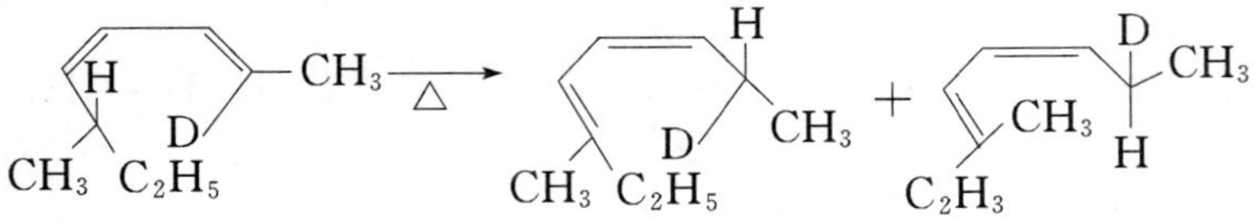

18-3 实现下列转变：

1. 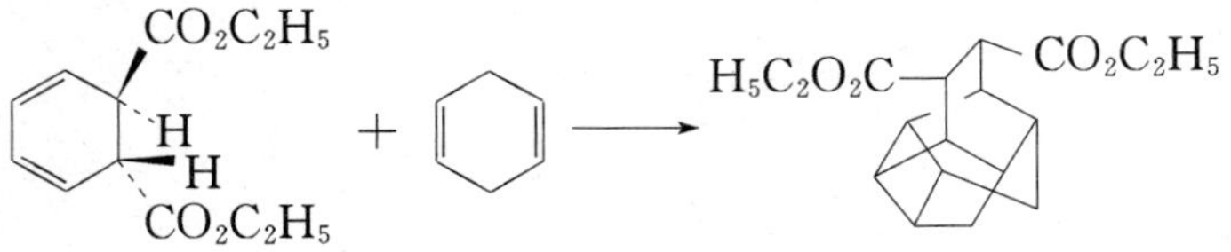

2. $2CH_2{=\!=}CHCN$ 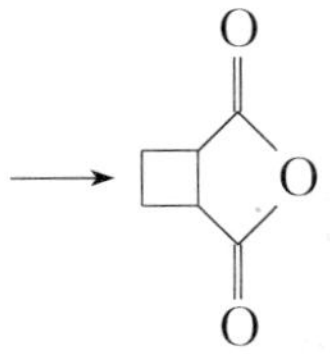

3. 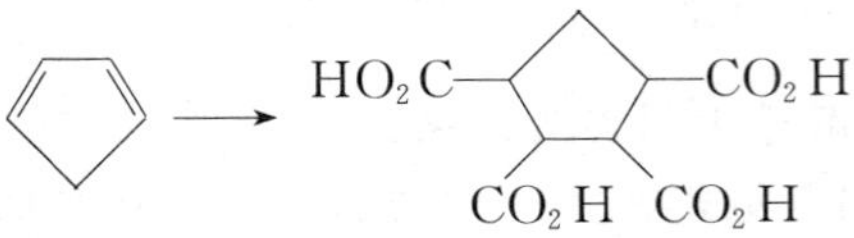

4. 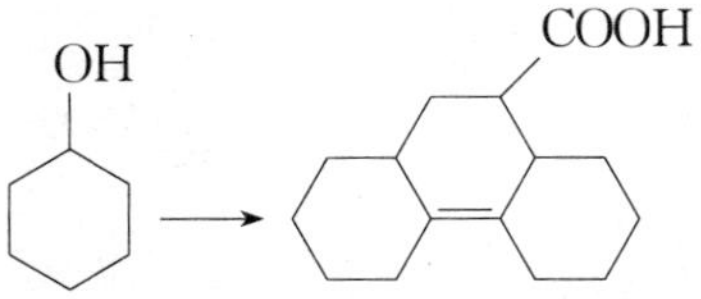

5. 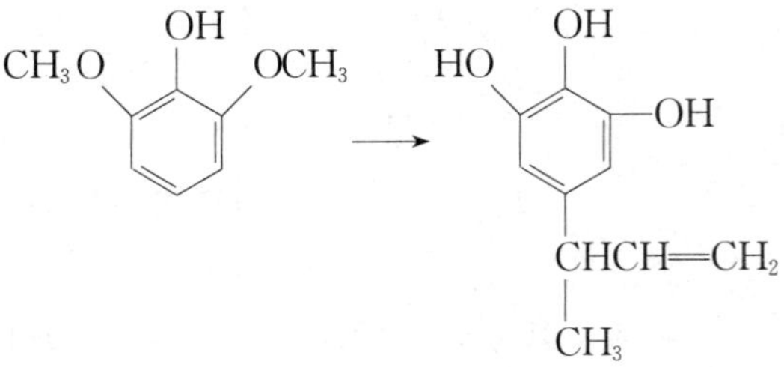

6. 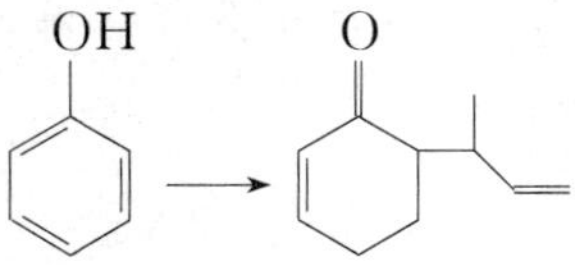

# 第十九章　有机规律浅析

有机化学看似纷繁复杂，如化合物种类多，反应类型多，反应条件多，规则多等等，不过，有机化学属于自然科学，除了遵从自然界的基本规律，如能量守恒、质量守恒、电荷守恒等外，还有其自身的特征。下面从有机分子的结构出发，对有机规律进行初步的分析。

## §19.1　有机分子结构简介

### 19.1.1　有机分子结构分类

如果不考虑大分子，如多肽、蛋白质等的二级结构，有机分子的结构层次可分为：

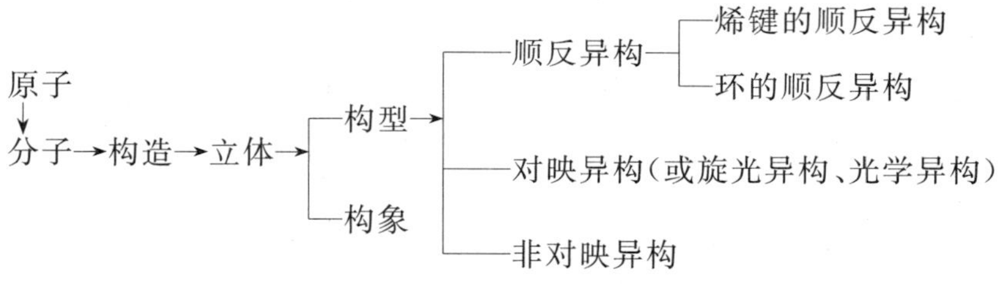


其中，构造是指分子中原子的相互连接顺序，包括碳干异构、位置异构、官能团异构等；立体是指具有一定构造的分子中的原子在空间的排列方式。

### 19.1.2　有机分子的构筑基础——分子轨道——原子轨道的线形组合

19.1.2.1　分子轨道理论

分子轨道（MO）是指分子中的每一个电子在整个分子中的运动状态。通过解薛定谔方程可以求出分子轨道的能量。在有机化学中通常采用近似的解法，即把分子轨道看成是所属原子轨道的线性组合。

原子轨道组合成分子轨道时，必须符合三个条件：

①对称匹配——组成分子轨道的原子轨道的位相必须相同；

②原子轨道要尽可能地最大重叠——这样才能使形成的分子轨道稳定；

③能量相近——这样才能最有效地组成分子轨道，才能解释不同原子轨道所形成的分子轨道的相对稳定性。

条件②和③是决定线性组合得多或少以及组合效率的高或低的问题，所以，在这三个条件中，条件①起着重要的作用。

基于碳在有机分子中的特殊地位，下面从碳着手概述分子的化学键合情况。

（1）碳原子的杂化轨道

碳原子序数为 6，其外层电子构型为 $2s^2 2p_x^1 2p_y^1 2p_z^0$。当碳与碳、氢或其他原子键合时，其 2s2p 轨道会进行一定程度的线性组合，获得在能量上有利的 $sp^3$，$sp^2$ 或 sp 杂化轨道。其中，$sp^3$ 为四面体结构的饱和碳（图 19-1），$sp^2$ 为平面三角结构的烯碳（图19-2），sp 为线状结构的炔碳（图 19-3）。这样各杂化轨道在空间可以尽可能远离，有利于成键分子轨道间的最大重叠。

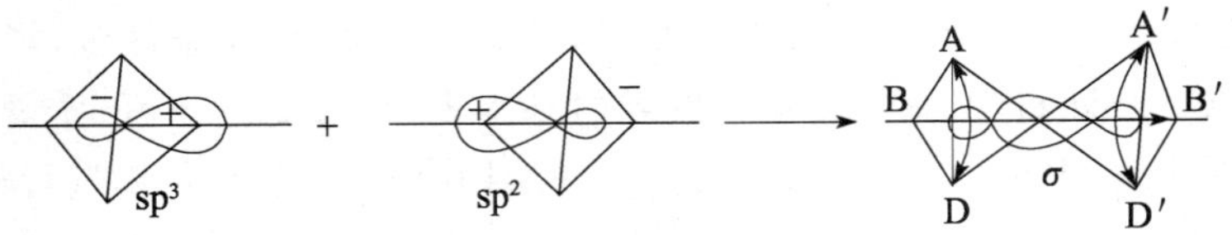


图 19-1　$sp^3$ 杂化碳的四面体结构及 $sp^3$ 轨道的"头对头"重叠

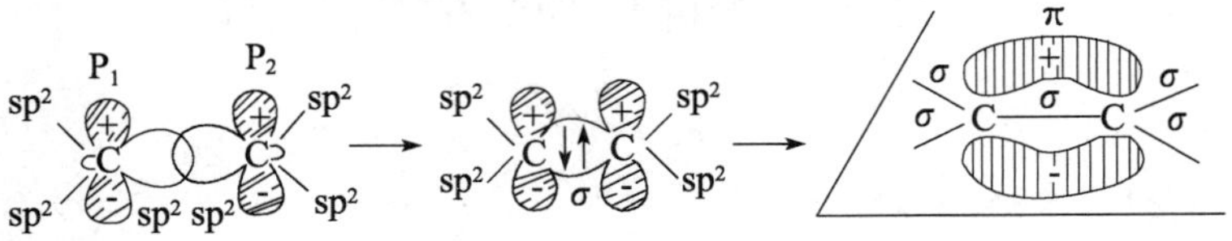


图 19-2　$sp^2$ 杂化碳的三角形结构及 p 轨道的"肩并肩"重叠

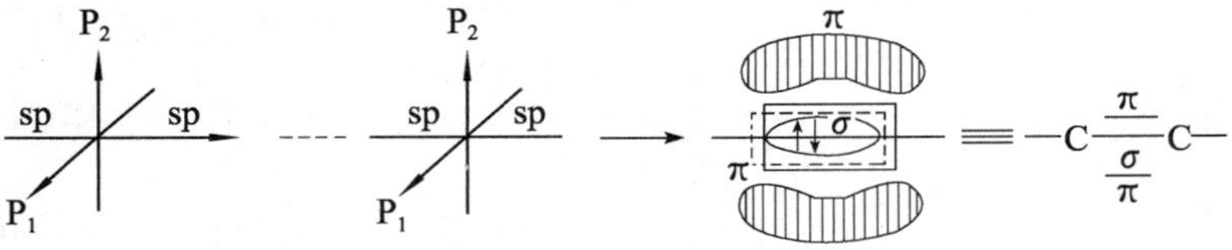


图 19-3　sp 杂化碳的线形结构及两个 p 轨道的"肩并肩"重叠

上述原则也适用于 N，O，F 等主量子数为 2 的原子。

（2）单键

分子轨道都是量子化的。假定 $sp^3$ 杂化碳的一个杂化轨道进入一个电子，如图19-4 所示，与能量相近的、有一个电子的氢的 1s 轨道进行线性组合，生成 $\sigma$ 和 $\sigma^*$ 这两个新的 MO。由于两个电子要填充在能量较低的 $\sigma$ 轨道上，从而产生一个稳定化能量 $\Delta E_1 + \Delta E_2$（相当于键能），这个 $\sigma$ 轨道称为成键轨道；与之相对应，能量较高的 $\sigma^*$ 轨道称为反键轨道。甲烷可以认为是图 19-4 那样的轨道之间组合成四个 MO 轨道的情况。

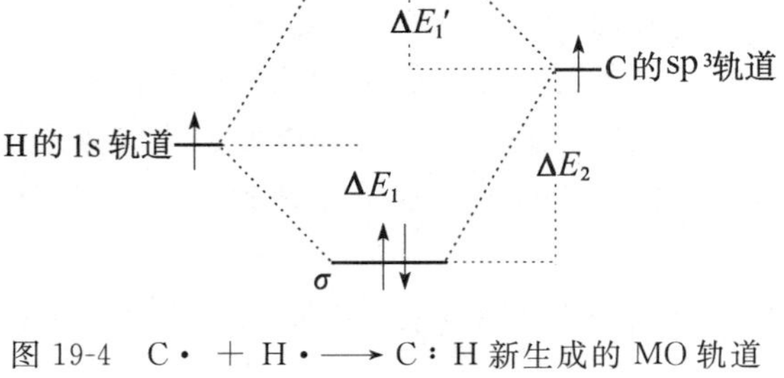


图 19-4　C· ＋ H· ⟶ C∶H 新生成的 MO 轨道

一般只有在光照等条件下，σ 轨道电子才可以跃迁到 $\sigma^*$ 轨道上，并使分子处于激发状态。需要特别注意的是，σ 轨道皆具有一定的立体特征。例如，碳原子与氢原子形成 C—H 键时的 σ 键：只有当氢的 1s 轨道与碳的 p 或 sp 杂化轨道沿键轴方向“头对头”重叠时，才可得到稳定的 σ 键。s 与 s 轨道间、p 与 p 轨道间、sp 与 sp 杂化轨道以及 p 与 sp 杂化轨道间的 σ 键也存在同样的情况(图 19-1)。

σ 单键通常用单杠“—”表示，它具有旋转对称性，在围绕其对称轴旋转时虽然可改变 A，B，D 的相对位置，但不影响 σ 键电子的排布，因此，由 σ 键键连的原子或基团围绕单键旋转是可行的，除非存在空间障碍。

(3) 双键

这种键是在两个具有 $sp^2$ 杂化轨道的原子之间生成的。两个 $sp^2$ 轨道之间的最佳重叠是“头对头”式，这可形成 σ 键。在每个碳原子上，剩下的未杂化的 p 轨道还可以重叠成键，但这种重叠无法按“头对头”方式实现，只能按“肩并肩”方式进行——形成一个 π 键(图 19-2)。

一个 σ 键和一个 π 键即组成双键。由于未杂化的 p 轨道取“肩并肩”式平行重叠成键，结果使六个 $sp^2$ 杂化轨道的轴处于共平面状态，形成平面三角形结构。另外，双键中的 π 电子云没有旋转对称性，自身无法围绕键轴旋转，同时也阻止了围绕 σ 键的旋转，并进而导致双键的顺(cis)反(trans)异构现象。

双键通常用双杠“═”表示。

(4) 叁键

这种键是在两个具有 sp 杂化轨道的原子之间生成的。当两个 sp 轨道之间以“头对头”方式重叠是，除形成一个 σ 键外，剩下的未杂化的两个 p 轨道各自按“肩并肩”方式重叠形成二个 π 键(图 19-3)。

一个 σ 键和二个 π 键即组成叁键，其 σ 键是由含四个电子的圆柱形对称的 π 电子云所围绕，整个叁键呈直线形。

叁键通常用三杠“≡”表示。

(5) 配位键

在原子轨道线性组合成分子轨道时，通常是一个原子轨道提供一个电子，配对填充在成键分子轨道中。若一对填充电子皆来源于一个原子轨道，如氧、氮等原子的 $2px^2$ 轨道，则该分子的成键轨道可称之为配位键(或配价键)，该填充电子对称之为孤电子对(或孤对电子)。配位键既可以是 σ 键也可以是 π 键。

配位键有时可用箭头“→”表示。

19.1.2.2　键角与键长

构成有机分子的化学键——单键(σ 键)、双键(包含一个 σ 键和一个 π 键)、叁键(包含一个 σ 键和二个 π 键)——均为共价键，其键角与键长是表征有机分子立体结构特征重要参数。

(1) 键角

键角的大小主要取决于中心原子 A 的轨道的性质，图 19-5 所示的是 p 轨道及各种 s—p 杂化轨道的键角的理论值。

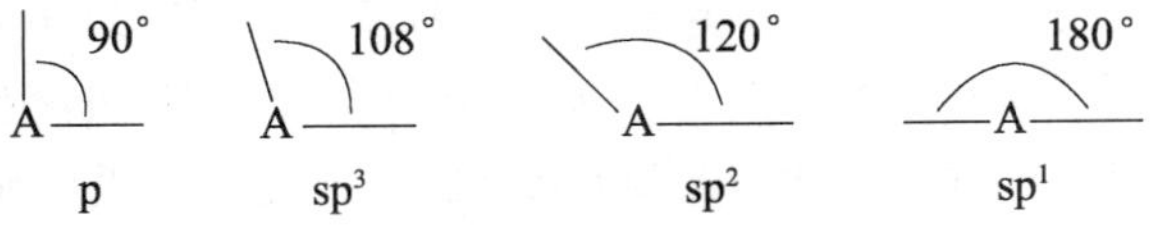


图 19-5 键角与中心原子的轨道类型的关系

由于立体或者电子的原因，在实际的分子中，键角与上述理论值常常存在不一致的情况。如，乙烷分子，由于甲基的空间尺寸大于氢的，乙烷分子中的碳原子所处的是非正四面体中心，其中∠CCH>109°28′，而∠HCH<109°28′。

再如，环丙烷分子(图 19-6)，理论上，其分子中的三个碳原子为 $sp^3$ 杂化，分子轨道之间的夹角是 109°28′，这与正三角形的 60°内角相差甚远。较可能的情况是：构成环丙烷的 C—C 键为弯曲的键(或香蕉键)。

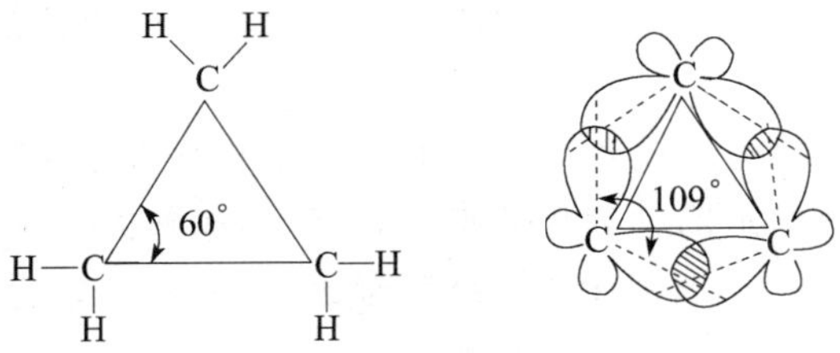


图 19-6 环丙烷的结构示意图

为了研究方便，可用“键角张力”，即理论键角值与实际键角值之差，表征键的弯曲或变形程度。对于环丙烷来说，其键角张力 $\Delta\theta=109°28'-60°=49°28'$。显然，环丙烷具有很大的键角张力，这也是导致环丙烷分子内能高、化学反应性活泼的主要原因。

(2) 键长

键长是表征成键原子与构成键的原子轨道的性质的函数。表 19-1 给出的是有机化学中常遇到的化学键键长值。

**表 19-1 化学键键长(nm)**

| | | | | | |
|---|---|---|---|---|---|
| C—C | 0.154 | C═C | 0.133 | C≡C | 0.121 |
| C—O | 0.143 | C═O | 0.121 | | |
| C—N | 0.147 | C═N | 0.127 | C≡N | 0.115 |
| N—H | 0.101 | O—H | 0.096 | C—H | 0.109 |
| C—F | 0.135 | O—Cl | 0.177 | C—Br | 0.191 |
| C—I | 0.211 | | | | |

由于立体或者电子的原因，在实际的分子中，键长也常常存在与上述理论值不一致的情况。不过，相对键角的改变而言，键长的拉伸或压缩要困难得多。

19.1.2.3 分子的共轭对结构的影响

在双键与单键交替的体系中，或者在双键与带有孤电子对的原子相键合的体系中，π 电子与 π 电子或孤电子对间可以组合成一个“大 π 键”，如丁二烯的键(图 19-7)。在“大 π 键”中，所有 p 电子(包括孤电子对)均处“肩并肩”重叠状态，并为“大 π 键”中的所有中心原子同时共用,这种现象即称之为共轭作用。量子化学计算表明,共轭作用可使体系的能量降低。在共轭体系中,大 π 电子是离域的。不过,大 π 电子在各原子之间出现的几率并不完全相同。

例如丁二烯的“大 π 键”(图 19-7),由于其 $\Psi_2$ 轨道在 $C_2—C_3$ 之间存在一个“节点”——成键电子在此处出现几率很小、甚至不出现,因此,$C_2—C_3$ 之间的电子密度较 $C_1—C_2$ 及 $C_3—C_4$ 之间的电子密度要小。显然,丁二烯分子中的单键并不是通常意义上的单键,而是具有一定的双键性质;其双键也比通常意义上的双键长。

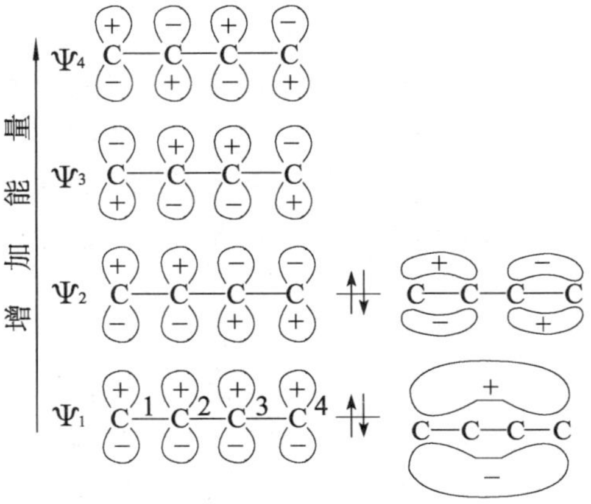


图 19-7　丁二烯的“大 π 键”

(1) 共振式——共轭分子的结构表示方法

为了更真实地表述共轭分子的结构,Pauling 在 1940 年引入了共振论。

共振论的基本要点是:可以用两个或数个经典结构式表示共轭分子的结构;所有经典结构式均符合经典的价键理论,且具有完全相同的原子核排列方式;各经典结构式之间可通过电子对的重新排布相互转变;共轭分子的真实结构是这些经典结构式的叠加,彼此之间用双箭头符号“↔”联结。

每种经典结构式对共轭分子都有贡献,其中能量越低者贡献越大。一般情况下,含有共价键最多的经典结构式能量最低,贡献最大;存在电荷分离时,正负电荷分离较小,且负电荷在电负性较大的原子上的经典结构式能量较低,贡献较大;中心原子的外层电子数达饱和的经典结构式能量较低,贡献较大。

图 19-8 是丁二烯的共振结构式。相对而言,式(1)对丁二烯分子的贡献较大,也较接近丁二烯分子的真实结构。为了方便,通常可以用式(1)近似地表示丁二烯分子,虽然式(1)仅仅是丁二烯分子的一个经典结构式。

$$\underset{(1)}{CH_2{=}CH{-}CH{=}CH_2} \longleftrightarrow \underset{(2)}{\overset{-}{C}H_2{-}CH{=}CH{-}\overset{+}{C}H_2} \longleftrightarrow \underset{(3)}{CH{\overset{...}{-}}CH{\overset{...}{-}}CH{\overset{...}{-}}CH_2} \longleftrightarrow \cdots$$

图 19-8　丁二烯的共振结构示意图

(2) 环状分子的共轭

当大 π 电子数为 $4n+2$ 时($n=0,1,2,3,\cdots$),平面环状的(闭合)共轭体系还可以显示增强的共轭效应，使体系的能量更低、更稳定，该性质就是有机化学中非常著名的“芳香性”。

苯是“芳香性”分子中最为典型的结构，其真实结构通常也用共振式表示(图 19-9)。

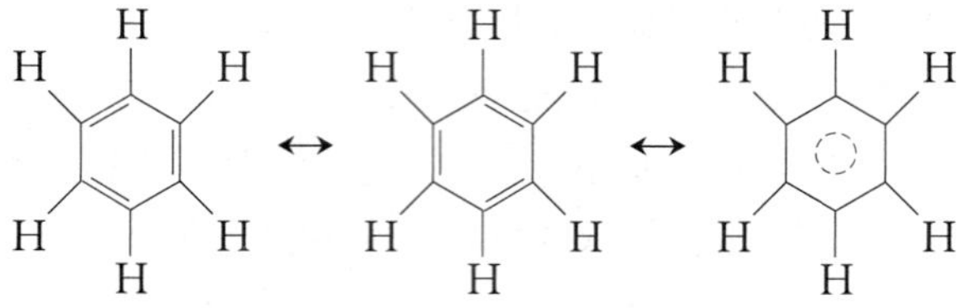

图 19-9 苯的共振结构示意图

环戊二烯负离子也是“芳香性”的，因为含有孤电子对的轨道也可参与“大 π 键”的形成。需要注意的是，环戊二烯分子中不存在“芳香性”问题，因为饱和碳原子阻碍任何环状结构的共轭。另外，也不是所有的含 4n+2 个 π 电子的环状多烯具有“芳香性”，例如，环癸五烯([10]轮烯)，因为分子内氢的空间障碍使得该分子无法呈平面状态。

(3) 分子的超共轭

在 $CH_3CH_2{}^+$ 结构中，$CH_2{}^+$ 受到邻位 $CH_3$ 上的 C—H 键电子的作用而获得一定的稳定性，该作用即称之为超共轭效应。邻位的键电子除了 C—H 键外，也可以是 C—C 键。不过，当 C—C 键的空间体积较大时，对超共轭作用的发生可能会有一定的阻碍。

由于超共轭作用，叔正碳离子最稳定，仲正碳离子次之，甲基正碳离子最不稳定。

与共轭作用不同，超共轭作用体系中的电子不会离开原来的价键，是定域的，作用强度相对较弱。

19.1.2.4 重要分子或基团的结构

(1) 正碳离子

正碳离子(或碳正离子)是由分子或基团失去一个电子后产生的，呈 $sp^2$ 杂化，其中的未杂化 2p 轨道垂直于该平面，且没有填充电子，是空的(图 19-10)。正碳离子具有平面结构。

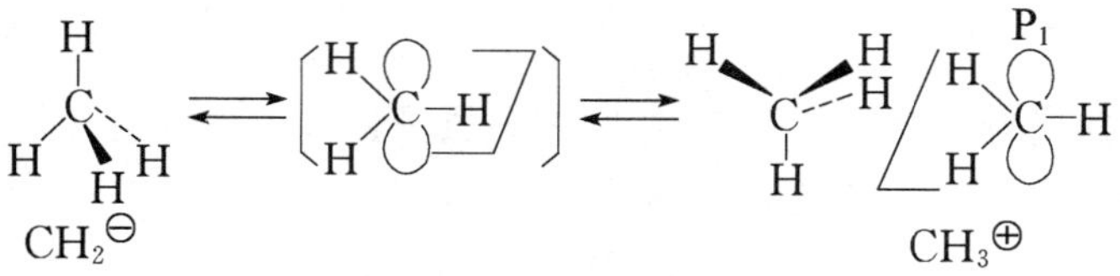


图 19-10 正、负碳离子的形成及其结构示意图

(2) 负碳离子

负碳离子(或碳负离子)是由分子或基团得到一个电子后产生的，呈 $sp^3$ 杂化，其孤电子对占有一个 $sp^3$ 杂化轨道，并具有取代基的作用(图 19-10)。负碳离子具有四面体结构。

有一点需要注意，负碳离子的构型通常可以迅速地翻转。在反应过程中，负碳离子可以瞬时处于 $sp^2$ 杂化状态。

与超共轭作用有关，甲基负碳离子相对较稳定，伯负碳离子次之，叔负碳离子最不稳定，这与正碳离子的稳定性顺序恰好相反。

(3) 自由基

碳自由基的中心碳原子上有一个单电子，且呈三价，稳定性较差，一般即时形成即时反应。通过对电子的自旋共振研究发现，简单的自由基，如甲基 $CH_3\cdot$，其中心碳原子具有平面结构，呈 $sp^2$ 杂化，单电子占有未杂化的 2p 轨道（图 19-11）。

$$C:\quad (1s)^2\quad (sp^2)^3\quad (2p_z)^1$$

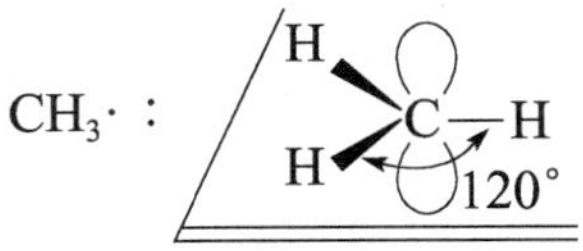


图 19-11　甲基自由基的结构示意图

由于超共轭作用，叔自由基最稳定，仲自由基次之，甲基自由基最不稳定，与正碳离子的稳定性顺序相一致。

（4）卡宾

卡宾是一类非常活泼的中性物质，其中心碳原子呈二价。卡宾能以两种电子构型存在，其三线态是一个 sp 杂化的碳原子，有两个自旋平行的、不包括在键中的两个电子，这两个电子分占两个相互垂直的未杂化的 2p 轨道；卡宾的单线态是一个 $sp^2$ 杂化的碳原子，前述两个不包括在键中的两个电子呈反平行自旋状态，同时填充在一个 $sp^2$ 杂化的轨道中，未杂化的 2P 轨道则保持未填充状态（图 19-12）。

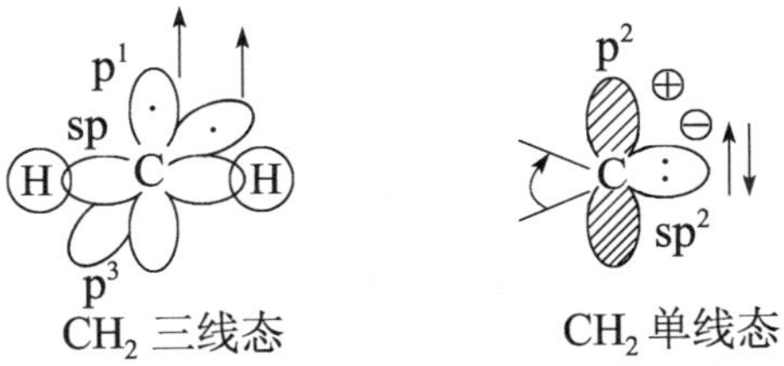


图 19-12　卡宾结构示意图

三线态卡宾中存在两个单电子，具有双自由基的性质；而单线态卡宾则同时具有的负碳离子和正碳离子的性质，前者乃借助于其孤电子对，后者则借助于其空轨道。

（5）丙二烯

丙二烯（图 19-13）的 $C_1—C_2$ 键合在 $C_2$ 处形成，因此，此碳原子是二配位的，是 sp 杂化。为得到原子轨道的最大重叠，必须使 $C_1—C_2$ 双键与 $C_2—C_3$ 双键平面相互垂直。

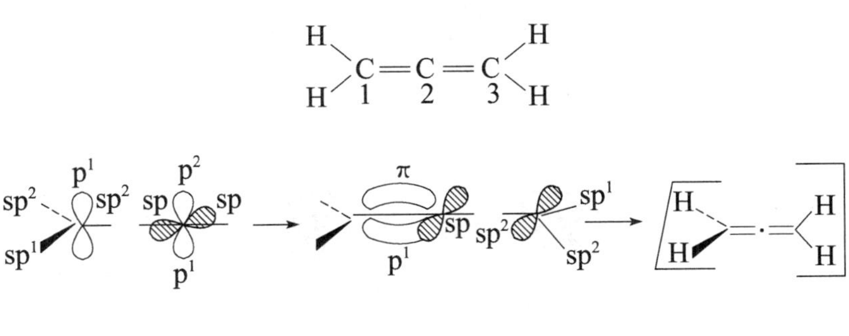


图 19-13　丙二烯结构示意图

显然，丙二烯分子不是平面的，两个 π 分子轨道彼此垂直、相对孤立。

### 19.1.3 影响分子结构的主要因素——稳定性是最终要求

构造指的是分子中原子的相互连接顺序，若改变该连接顺序，则可形成其碳干异构体、位置异构体或官能团异构体等。如，改变乙醇分子 $CH_3CH_2OH$ 中氧原子的连接顺序，可产生乙醚、环氧乙烷等异构体。这些异构体的结构及性质差异均十分显著，也易理解。

下面重点介绍分子的立体。

立体是指具有一定构造的分子中的原子在空间的排列方式。根据不同的空间排列方式所产生的立体特征，可将其分为构型和构象两类。

19.1.3.1 构型

构型是指一定构造的分子中的原子在空间的不同排列产生的具有一定实际稳定性的结构。其中，顺反异构和对映异构最为重要。

(1) 顺反异构

顺反异构主要存在于双键及环上。图 19-14 是 2-丁烯的顺、反异构体示意图。由于双键不能旋转，因此，2-丁烯的顺、反异构体不能自由转化，否则会导致化学键 π 键的断裂。

环上的顺、反异构也存在类似现象(图 19-15)。

图 19-14 2-丁烯的顺、反结构示意图

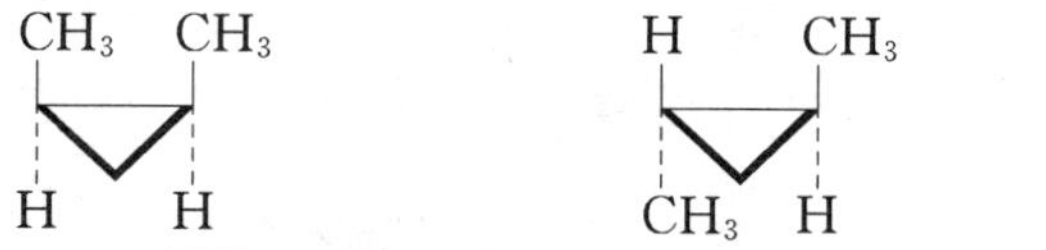


图 19-15 1,2 二甲基环丙烷的顺、反结构示意图

(2) 对映异构

对映异构在有机化学中占有很重要的地位。

图 19-16 是乳酸分子的对映异构体模型。虽然两个异构体的构成元素及其连接顺序完全相同，但却像人的左右手一样无法完全重合，属于两种物质。基于此，对映异构体也

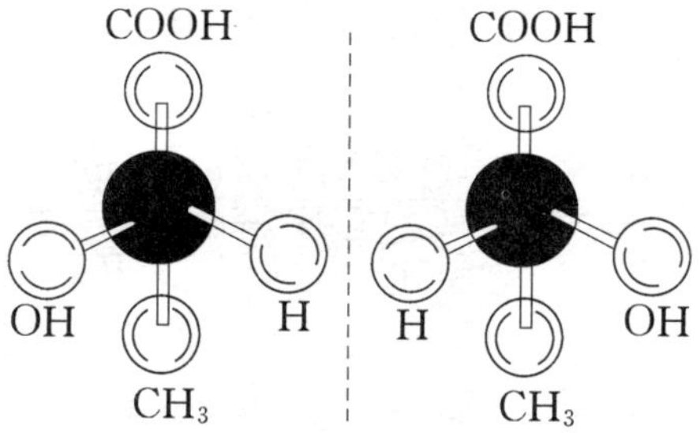


图 19-16 乳酸分子的对映异构体模型

可称之为手性分子。另外,手性分子还有一定的使单色光平面旋转的性质,即,具有旋光性,因此,对映异构还被称为旋光异构或光学异构。

从结构上看,对映异构体分子中既不存在对称中心(i),也不存在对称面(σ)。如,连有四个完全不相同的基团的碳的结构即为手性结构,该中心碳原子称之为手性碳(可用 $C^*$ 标记)。在判断一个分子是否是手性分子时,一般可以由该分子是否存在对称中心或对称面来确定。

为了标记两个对映异构体,目前一般采用 R-S 命名法:先将一个手性碳周围的四个不同基团按优势次序由大到小排列,再将排在前面的三个基团放在方向盘上、将排在最后面的基团放在方向盘杆上;正对方向盘,若在方向盘上的三个基团由大到小顺序是顺时针的,则该手性碳为 R 型结构,反之,则为 S 型结构。

此处基团的优势次序问题与有机分子的系统命名法中的原则一样:按质量数确定,质量数大者为优势基团。具体确定时,先比较与中心碳原子直接相连的 α 原子;若 α 原子相同,再比较与 α 原子相连的质量数最大的 $\beta_1$ 原子;若 $\beta_1$ 原子相同,再比较与 α 原子相连的质量数次大的 $\beta_2$ 原子,依次类推,直到确定为止。

为了书写上的方便,目前还比较经常地采用 Fischer 投影式表述手性分子的结构(图 19-17)。在 Fischer 投影式中,横线代表伸向纸面前方的键,竖线则代表伸向纸面后方的键。要注意手性结构的 Fischer 投影式不能离开纸面翻转——离开纸面翻转后的结构是其对映异构体的投影式。在转换手性结构的各种书写方法时,为避免出错,可采用一个较为简易的办法:只管保持手性结构的 R-S 绝对构型即可。

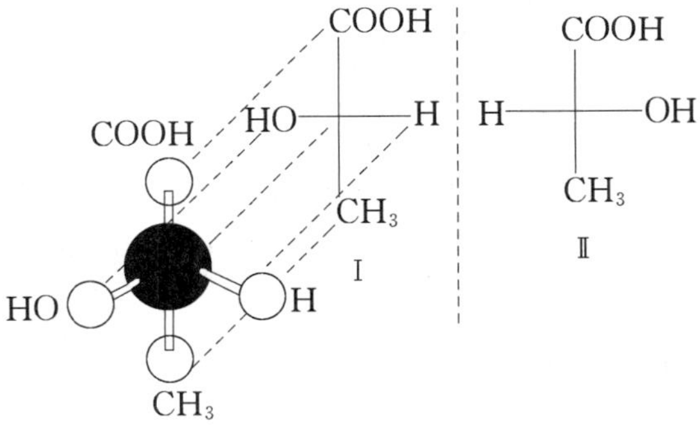


图 19-17　乳酸对映异构体的 Fischer 投影式

(3) 非对映异构

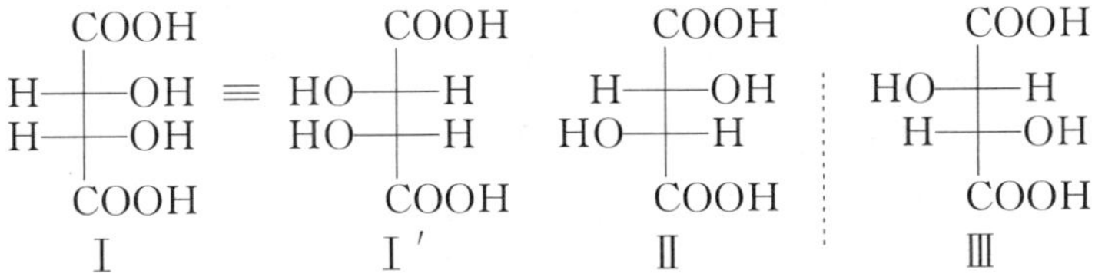


图 19-18　酒石酸分子的光学异构体

非对映异构属于构型异构的一种。在酒石酸分子的光学异构体中(图 19-18),Ⅰ与Ⅱ或Ⅲ的关系即为非对映异构体,彼此间属于不同的物质。非对映异构实际上也属于光学异构。

19.1.3.2 构象

(1) 链状分子的构象

由于空间障碍，单键的旋转实际上并不是完全自由的，由此产生的原子在空间的不同排列即为构象。构象与构型之间的最大区别在于构象之间可以相对自由地相互转化。

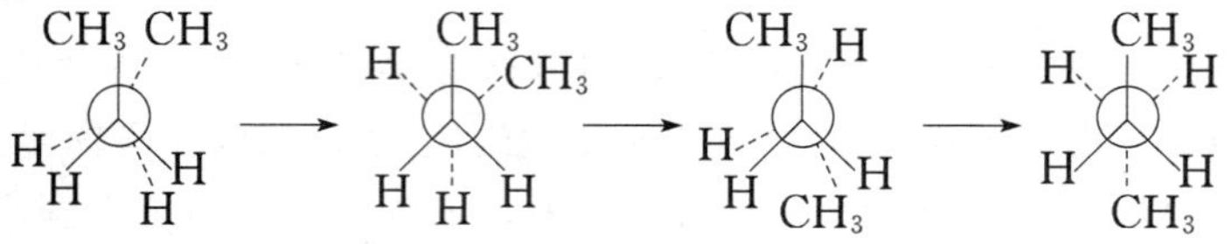


图 19-19 是丁烷的几个极端构象及其能量转化示意图，其中(1)为全重叠式，(2)为顺交叉式，(3)为部分重叠式，(4)为反交叉式。丁烷分子的实际存在状态是由包括这四个极端构象在内的无数个相互快速转化的构象组成的。由于甲基、氢原子的立体特征，(1)的能量相对最高，对丁烷分子的贡献最小；而(4)的能量最低，对丁烷分子的贡献最大。

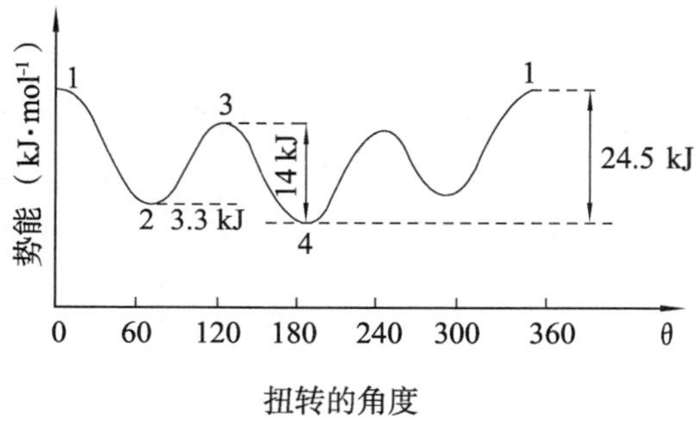


图 19-19　丙烷的构象及其转化能线图

若以 $C_1—C_2—C_3—C_4$ 表示排列成链的四个原子，则 $C_1—C_2—C_3$ 所在平面与 $C_2—C_3—C_4$ 所在平面之间的夹角 $\theta$ 称为 $C_1—C_2$ 键和 $C_3—C_4$ 键之间的扭转角。一般情况下，各扭转角均为 60°的链状分子构象最为稳定。

由于立体或者电子的原因，在实际的分子中，扭转角常常不等于 60°。而且，相对键角、键长的改变而言，扭转角的改变需要较低的能量，也容易改变。

(2) 环状分子的构象

最典型的环状分子的构象当属环己烷分子的椅式构象(图 19-20)。该构象中有六个 e 键和六个相互平行的 a 键。借助环己烷的椅式构象的翻转，e 键和 a 键可以快速互换。

在环己烷的椅式构象中，各扭转角均为 60°(图 19-21)，其键角、键长也分别接近相应的理论值，因此，环己烷的椅式构象是较稳定的构象，在环己烷的众多构象中出现的几率最大。

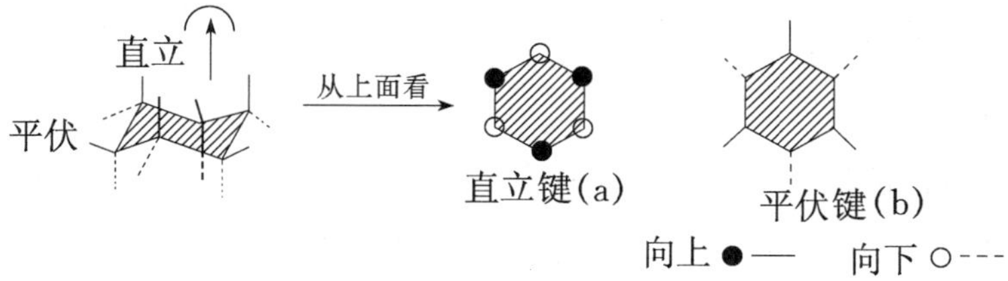


图 19-20　环己烷分子的椅式构象

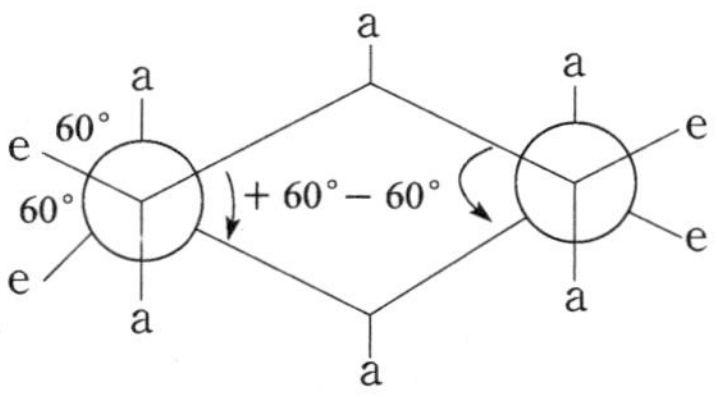


图 19-21　环己烷椅式构象的 Newman 投影式

不过，由于环己烷的椅式构象上的 a 键相互平行，空间距离相对较近，当环己烷分子上有取代基时，则相对多、相对大的取代基将尽可能取 e 键键连状态。当取代基的体积足够大时，如叔丁基，有可能使得环己烷的椅式构象难以翻转，甚至不能翻转。当环己烷的椅式构象不能翻转时，该构象即成为构型。

19.1.3.3　影响分子结构的主要因素

严格地讲，影响分子结构的主要因素是稳定性问题，因为有机分子都有向稳定性存在状态转化的一种倾向。

如果抛开分子的成键及共轭、超共轭等因素，空间障碍(或称之为立体障碍、空间位阻、空间阻碍等)将成为左右有机分子稳定性的一个关键因素。当两个原子或基团不得不超过其有效半径之和而接近时，为了降低体系的能量，提高体系的相对稳定性，首先将会引致扭转角发生变化；如果扭转角的变化还不足以使体系的能量充分降低，则会进一步引致键角发生变化，再进一步还可使键长发生变化。如果通过键长的变化也不足以使体系的能量充分降低，则该体系将非常活泼、甚至无法存在。

除了上面介绍过的因素外，从学习无机化学就开始接触的氢键、离子(电荷)效应、场效应等对有机分子的结构也有一定的影响。

一般情况下，这些作用有一个共同的特点：如果是自然发生的，作用体系的能量往往可以降低，相应结构的稳定性也会随之增强。

还有一些因素，如加热、加压、超声波等，是一类提高体系能量的外力。在这些外力作用下，体系的次稳定态的存在几率会提高。

### 19.1.4　分子的电性结构特征

由于极化、诱导、共轭等原因，构成有机分子的化学键($\sigma$,$\pi$ 键)及其键连的中心原子或基团通常带一定的电荷，即，呈现一定的“电性”特征。

19.1.4.1 极化

下面重点介绍构成分子的价键——分子轨道的极化。

(1) 静态极化

在 H—Cl 中,H 的核电荷为+e,Cl 的核电荷为+7e,因而 H—Cl 上的两个 σ 键电子被强烈吸引并偏向 Cl 原子一边。结果,H—Cl 中的 Cl 带部分负电荷,H 则带部分正电荷,分别用 $\delta^-$、$\delta^+$ 标记(δ 具有部分的意思)。类似的情况,在 C—H 共价键中,两个 σ 键电子被带+4e(C 的有效核)、电负性较大的 C 核吸引并偏向 C 原子一边,使得 C 带部分负电荷,H 带部分正电荷。

像 H—Cl、C—H 价键的极化这样,由原子的本性引致的极化称为静态极化。

影响分子轨道静态极化的主要因素是化学键所键连的中心原子或基团的吸电子能力——电负性。一个原子的电负性除与其自身的有效核电荷数有关外,还与其自身的半径有关。表 19-2 列出的是部分常见元素的 Pauling 电负性数值。

表 19-2 元素的 Pauling 电负性

| | | | | | | | | | | | | | |
|---|---|---|---|---|---|---|---|---|---|---|---|---|---|
| H | 2.0 | | | | | | | | | | | | |
| Li | 1.0 | Be | 1.6 | B | 2.0 | C | 2.5 | N | 3.0 | O | 3.5 | F | 4.0 |
| | | | | | | Si | 1.8 | P | 2.1 | S | 2.5 | Cl | 3.0 |
| | | | | | | | | As | 2.0 | Se | 2.4 | Br | 2.8 |
| | | | | | | | | | | | | I | 2.5 |

需要注意的是,分子内极化指的是分子内价键的极化。如,甲烷分子中存在 C-H 键的极化,但是作为分子整体是不发生极化的。

分子内价键的极化可以用相应价键的偶极矩表征,如图 19-22:

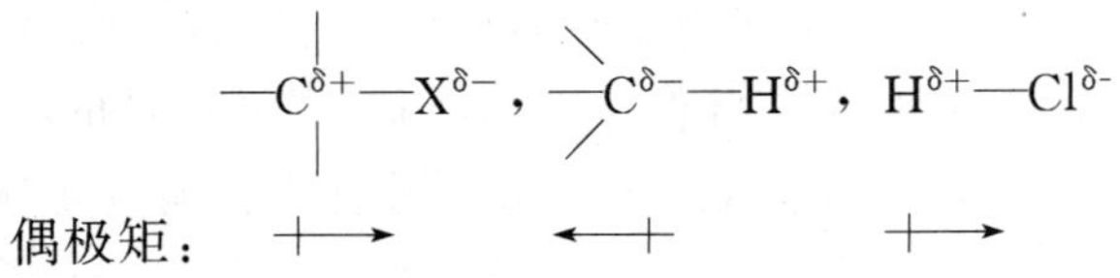


图 19-22 价键的极化与偶极矩

(2) 动态极化

一个分子无论有否极性,如 $Br_2$,当它进入电场后,Br-Br 键即会发生极化。此处的电场可以是实实在在的电场,也可以是离子或极性分子产生的电场。而一个分子轨道发生极化后,其自身也可以产生新的电场。有机反应一般总是在电场“环境”中进行。

发生动态极化的难易可以用极化性表示。极化性是指分子轨道在 1 $m^3$、电场强度为 $F$(单位为 $cm^{-2}$)的电场中时所产生的新的偶极矩 $m$(单位为 mC)。$F$ 与 $m$ 之间存在简单的关系:

$$m = aF$$

此处 $a$ 为极化度。显然,$a$ 值愈大,相关分子轨道愈容易发生极化。表 19-3 中给出了几个常见价键的 $a$ 值。可以看出,C—I 键的极化度 $a$ 值非常大,这可能与 I 的原子半径非常大有关。

**表 19-3　几个常见价键的极化度值($cm^2$)**

| | | | | | |
|---|---|---|---|---|---|
| C—H | 1.69 | C—N | 1.54 | C—C | 1.25 |
| C—Cl | 6.35 | C—I | 14.55 | | |

19.1.4.2　诱导

单键与双键上的电子效应有较大的不同，为了区分，通常以符号 I，E 分别表示单键及双键上的诱导效应。

(1) I 效应

前述 H—Cl 键、C—H 键的静态极化，也可理解为 Cl 对 H—Cl 键电子、C 对 C—H 键电子的吸引所致，该吸引作用即称之为诱导效应(I 效应)。与之对应，动态极化也可称之为动态诱导效应(动态 I 效应)。

诱导与极化并不完全相同，如 1 己胺：

$$^{6}CH_3—^{5}CH_2—^{4}CH_2—^{3}CH_2—^{2}CH_2—^{1}CH_2—NH_2$$

分子中的氮原子除了对$^{1}C$ 的诱导外，对$^{2}C$，$^{3}C$，$^{4}C$，$^{5}C$，$^{6}C$ 也有吸电子能力，即，也有诱导。诱导是沿着化学键进行的，且随着化学键的增多而急剧减小，但$^{4}C$ 是例外，因为有机化学中存在一个“六位规则”——有机分子易形成六元环的现象，如图 19-23 所示。

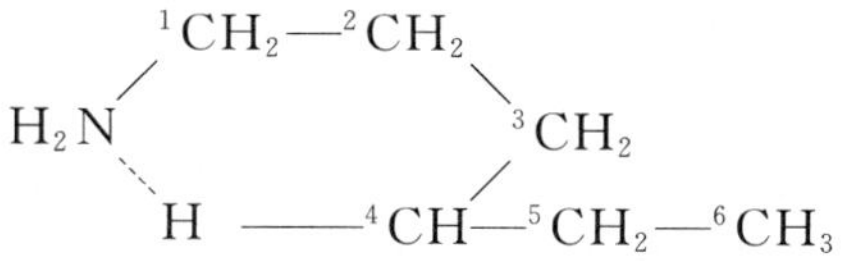

图 19-23　1-己胺中$^{4}C$ 的“六位规则”示意图

另外，上面所涉及的均为单键的吸电子效应，即＋I 效应。有时也会遇到单键的供或推电子效应，即-I 效应，如下述基团中的$^{*}C$：

$$^{*}CH_3—CH_2^{+}\ ,\ CH_3—^{*}CH_2—CH_2^{+}\ ,\ (CH_3)_2{}^{*}CH—CH_2^{+}\ ,\ (CH_3)_3{}^{*}C—CH_2^{+}$$

在有机化学中经常将$^{*}C$ 作为－I 基团讨论。

表 19-4、表 19-5 分别给出了部分常见基团的静态和动态诱导效应的大小顺序。

**表 19-4　静态诱导效应的大小顺序**

| |
|---|
| 吸电子(＋I 效应)： |
| —F ＞ —Cl ＞ —Br ＞ —I |
| $—N^{+}R_3$ ＞ $—NR_2$ |
| —F ＞ —OR ＞ $—NR_2$ |
| —OH ＞ $—NH_2$ |
| —C≡CR′ ＞ — RC═CR′$_2$ ＞ $—CR_3$ |
| 推电子(－I 效应)： |
| $—C(CH_3)_3$ ＞ $—CH(CH_3)_2$ ＞ $—CHCH_3$ ＞ $—CH_3$ |
| $—N^{-}$ ＞ $—O^{-}$ ＞ $—S^{-}$ |

表 19-5 动态诱导效应的大小顺序

| |
|---|
| $—I > —Br > —Cl > —F$ |
| $—CR_2 > —NR_2 > —OR > —F$ |
| $—O^- > —OR > —O^+R_2$ |

(2) E 效应

I 效应只是研究单键的问题，双键则有所不同。

以甲醛为例(图 19-24)，在其结构式 1 中，氧原子旁边的双线表示一对自旋相反的电子。由于氧原子的电负性比碳原子大，因此，C ═O 之间的 σ，π 键电子被氧原子吸引，倾向于在氧原子周围出现。氧原子为第Ⅳ族元素，在其外围有 6 个电子时呈中性，现在因它对 σ，π 键电子的吸引，其外围电子大于 6 个，故带负电。同时，C ═O 中的碳原子带正电(结构式 2)。

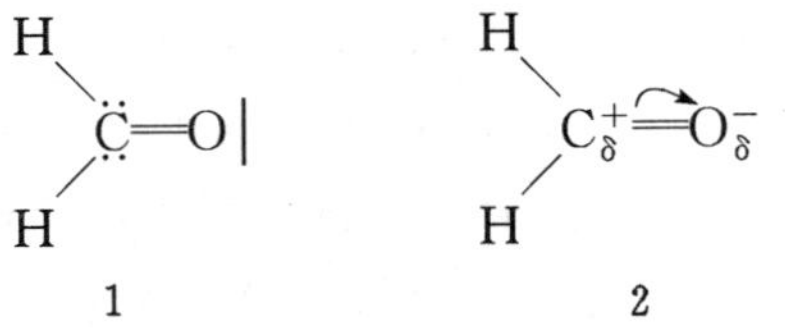

图 19-24 甲醛的“电性”结构特征

再如，丙烯醛(图 19-25)中的诱导效应。C ═O 中的碳原子带正电后(结构式 2)，导致其左边的 π 键电子右移，结果发生电子异构并形成结构式 3。此处，C ═O 具有＋E 效应，C ═C 则具有－E 效应。

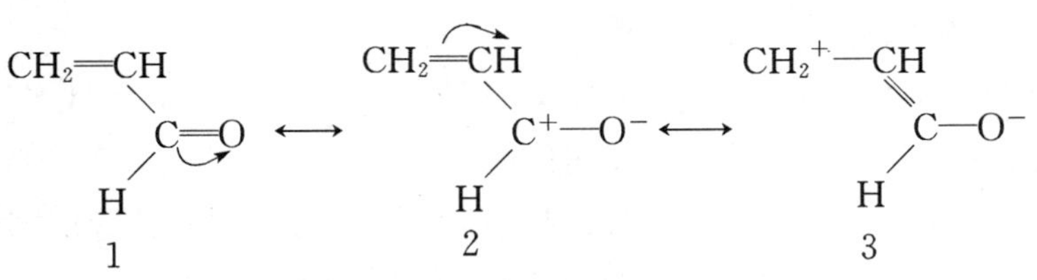

图 19-25 丙烯醛的“电性”结构特征

再看氯乙烯(图 19-26)的情况。氯原子具有＋I 效应、吸电子，同时也存在 E 效应、供出电子。结果是氯乙烯几乎不发生极化。

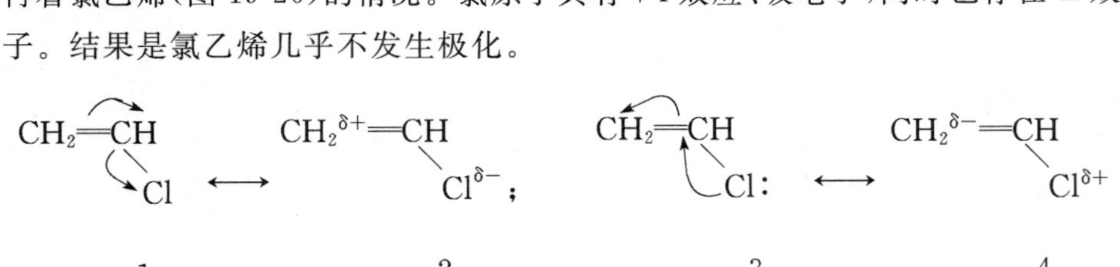

图 19-26 氯乙烯的“电性”结构特征

19.1.4.3　共轭

在共轭体系中，电子易于发生异构化效应。电子异构是指电子移动、双键位置发生变化的一种现象。此时原子及其空间存在的方式没有改变，因此，可以用共振式表示，如丁二烯的共振结构式(图 19-8)。

结合量子化学理论，在发生正负电荷分离的中性共轭体系的共振式中，正负电荷呈现交替分布、并可通过共轭 π 键传递贯穿于整个共轭体系时，体系的能量相对较低(图19-27中的 1)；在正电性共轭体系的共振式中，正电荷存在于共轭体系的端原子时，体系的能量相对较低(图 19-27 中的 2)；在负电性共轭体系的共振式中，负电荷存在于共轭体系的端原子时，体系的能量相对较低(图 19-27 中的 3)。

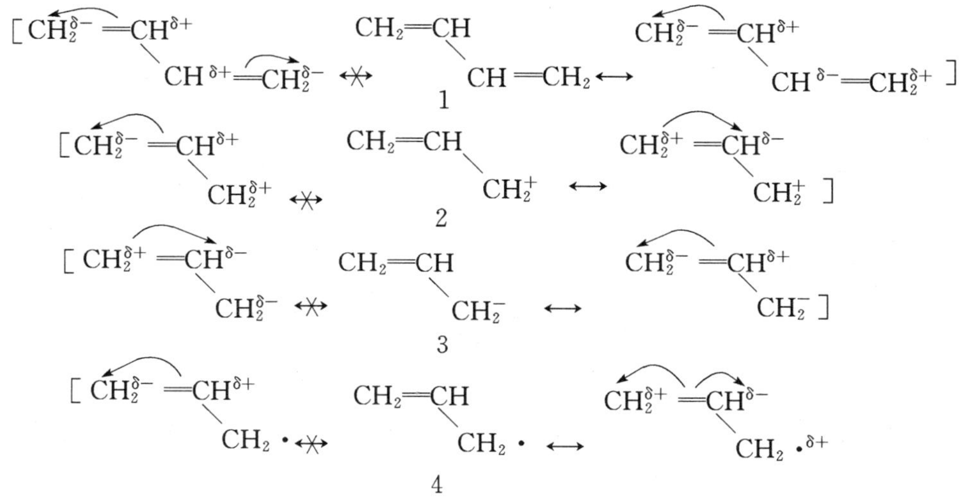

图 19-27　共轭体系的“电性”结构特征

对于含自由基的共轭体系，由于其外层电子填充不饱和，因此，可以作正电性共轭体系处理，即，尽管其共轭体系的端原子上带一个单电子，但相对而言仍可认为是带部分正电荷的(图 19-27 中的 4)。

由于共轭体系的真实结构可用共振式表示，相应中心原子的“电性”特征可结合共振式确认。图 19-28 是几个较为常见、以共振式示意的共轭体系的“电性”结构特征。

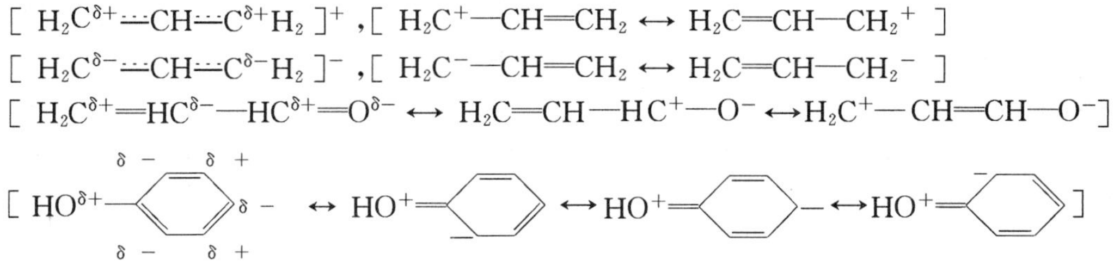

图 19-28　以共振式示意的共轭体系的“电性”结构特征

共轭体系的电子异构化效应也可理解为动态共轭效应。该效应所带来的影响往往要远远超过诱导效应的影响。

19.1.4.4　超共轭

单从诱导角度考虑，吸电子能力 C>H，但由此得出的伯、仲、叔碳正离子和碳自由基的稳定性顺序与事实恰好相反，主要就是没有考虑到(αC—H)σ 键与中心碳原子的 p 轨道的超共轭作用。丙烯分子的“电性”结构特征也是 σπ 超共轭效应的结果，如图 19-29 所示。

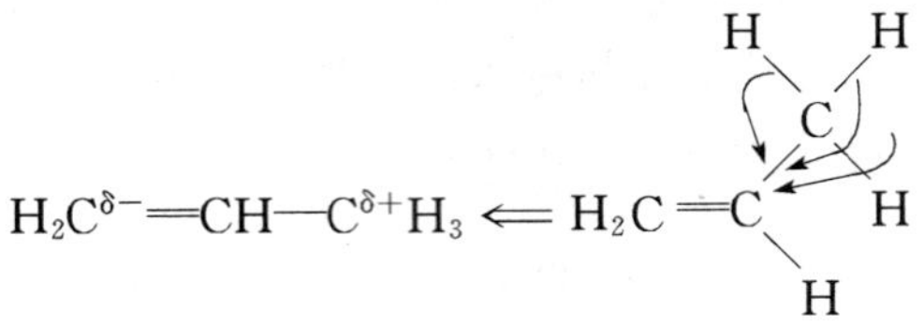


图 19-29　丙烯的“电性”结构特征

虽然超共轭效应是 σπ，σp 甚至 σσ 键之间的、仅有一定程度的电性离域的作用，但在有机分子中也是一个不可忽视的重要“电性”特征。

# §19.2　有机反应规律浅析

有机反应是有机化学的核心。下面着重介绍分析有机反应的规律。

## 19.2.1　有机反应分类

有机反应的发生都要涉及到键的破裂和形成。

根据键的破裂方式，可将有机反应分为三个基本类型：化学键异裂成二个离子中间体的离子反应；化学键均裂成自由基中间体的自由基反应；既不形成离子中间体也不形成自由基中间体，而是通过环状过渡态进行的周环反应。有一点需要说明：离子反应中的离子中间体并非总是一般意义上的带完整电荷的离子，它还可以是带部分电荷（$\delta^-$ 或 $\delta^+$）的结构，如，介于 $S_N1$ 和 $S_N2$ 之间的离子对反应历程中的中间体。

有机反应的另一种分类方式是比较反应物与产物之间的关系，并据此分为取代反应、加成反应、消除反应、氧化还原反应和分子重排反应。其中分子重排反应包括反应机理完全不同的电性重排反应和周环反应。

结合有机反应历程及上述二种分类方法，可将基础有机化学中涉及的主要反应类型概括于表 19-6 中。

**表 19-6　基础有机化学中的重要反应类型**

- 离子型取代反应
  - 亲核取代
    - 饱和碳原子的亲核取代
      - $S_N$1 历程
      - $S_N$2 历程
      - 介于 $S_N$1 和 $S_N$2 之间的离子对历程
    - 芳环的亲核取代
      - 苯炔历程(消除-加成历程)
      - $S_N$1 历程
      - $S_N$2 历程
    - 羧酸及其衍生物的亲核取代
      - 加成-消除历程
      - $B_{Al}$1 历程(类 $S_N$1 历程)
      - $B_{Al}$2 历程(加成-消除历程)
      - 酯的水解(或羧酸的酯化)
        - $A_{AC}$1 历程(类 $S_N$1 历程)
        - $A_{AC}$2 历程(加成 - 消除历程)
        - $A_{Al}$1 历程(类 $S_N$1 历程)
  - 亲电取代
    - 饱和碳原子的亲电取代
      - $S_E$1 历程
      - $S_E$2 历程
      - $S_E$i 历程
    - 氮原子上的亲电取代
    - 芳环上的亲电取代(σ-络合物历程)

- 离子型加成反应
  - 亲核加成
    - 羰基的亲核加成(包括醛酮羰基、羧酸及羧酸衍生物羰基)
      - 与含氮亲核试剂的反应
      - 与含氧亲核试剂的反应
      - 与金属氢化物的反应
      - 与含碳亲核试剂的反应
        - 羟醛缩合
        - 类羟醛缩合
        - Darzens 缩合
        - 安息香缩合
        - Wittig 反应
        - Mannich 反应
        - Reformatsky 反应
        - 加有机金属化合物
    - α、β-不饱和羰基的亲核加成
      - 加有机金属化合物
      - 迈克尔加成
    - 碳碳叁键的亲核加成
    - 芳环的亲核加成——苯炔的亲核加成
  - 亲电加成
    - 碳碳双键的亲电加成
      - 马氏(Markovnikov)加成
      - 诱导等导致的反马氏加成
      - 与卡宾的加成
    - 碳碳叁键的亲电加成
      - 马氏(Markovnikov)加成
      - 诱导等导致的反马氏加成
    - 芳环的亲电加成——σ-络合物的形成

- 离子型消除反应
  - β-消除反应
    - 卤代烷的消除
    - 醇的消除
    - 活性氢的酸性反应
  - 热消除反应
    - 羧酸及其衍生物的消除
    - 叔胺氧化物的热消除(Cope 消除)
    - 季铵碱的热消除(Hofmann 消除)

**续表**

- 离子型氧化还原反应
  - 氧化反应
    - 饱和碳的氧化——硝酸等强氧化剂的氧化
    - 碳碳不饱和键的氧化
      - 高锰酸钾等氧化剂的酸性氧化
      - 高锰酸钾的碱性氧化
      - 臭氧氧化
      - 有机过酸的氧化
      - α-H 的选择性氧化
    - 苯的氧化
      - 剧烈条件下的 $V_2O_5$ 氧化
      - 烷基苯的氧化
      - 苯酚的氧化
    - 醇的氧化
      - 到醛酮的氧化
      - 到酸的氧化
      - α-甲基醇的卤仿反应
    - 醛酮的氧化
      - 到酸的氧化
      - 醛的银镜反应
      - Baeyer-Villiger 氧化
      - α-甲基醛酮的卤仿反应
    - 胺的氧化
      - 芳胺的亚硝化
      - 叔胺的氧化
  - 还原反应
    - 双键、叁键的还原——硼氢化
    - 羰基的还原
      - Wolff-Kishner-黄鸣龙还原
      - Cannizzaro 反应
      - 金属氢化物的还原
    - 硝基的还原
      - 金属氢化物的还原
      - 芳硝基的选择还原
- 离子型重排反应
  - 亲核重排
    - 向正碳离子的重排
      - 碳正离子重排
      - 呐哪醇重排
      - 碳烯重排
      - 酸性条件下醛和酮的重排
    - 向缺电氧原子的重排
      - Baeyer-Villiger 重排
      - 氢过氧化物重排
    - 向缺电氮原子的重排
      - Beckmann 重排
      - Hofmann 重排
      - Curtius 重排
      - Schmidt 重排
    - 芳香族亲核重排——芳羟胺重排(Bamberger 重排)
  - 芳香族亲电重排
    - Fries 重排
    - 重氮氨基化合物的重排
- 自由基取代
  - 饱和碳原子的自由基取代
  - 芳环上的自由基取代
  - 羰基等活性 α-H 的卤代

续表

- 自由基反应
  - 自由基加成
    - 碳碳双键、叁键的过氧化合物-溴化氢加成
    - 不饱和键的自由基聚合
    - 芳环上的自由基加成
  - 自由基的氧化还原
    - C-H 键的过氧化合物氧化
    - 苯甲醛的自动氧化
    - 烷基苯的空气氧化
    - 不饱和键的催化氢化
    - 醛酮的 Clemmenson 还原
    - 酮的双分子还原
    - 酯的酮醇还原
    - 羰基的 Na/EtOH 还原
    - 炔、共轭双键及芳环体系的 $Na/NH_3$ 还原
  - 自由基偶联
    - 自动偶联
    - 酚的氧化偶联
- 周环反应
  - 电环化反应
    - 热电环化
    - 光电环化
  - 环加成反应
    - 热环加成
    - 光环加成
    - Diels-Alder 双烯加成
  - 分子内重排反应
    - σ-键迁移
    - Cope 重排
    - Claisen 重排
    - Fischer 吲哚合成
    - 联苯胺重排
- 分子轨道的线性组合
  - 电性反应
    - 离子型反应
      - 离子型取代反应
      - 离子型加成反应
      - 离子型消除反应
      - 离子型氧化还原反应
      - 离子型重排反应
    - 自由基反应
  - 周环反应

### 19.2.2 有机反应——“基于立体特征的分子轨道的线性组合”

19.2.2.1 分子结构的内在属性——稳定性

有机分子结构两个层面:空间结构和电性结构,其内在属性是稳定性。严格地讲,影响分子结构的主要因素是稳定性问题——能量最低原理。

如果抛开分子的成键及共轭、超共轭等因素,空间障碍(或称之为立体障碍、空间位阻、空间阻碍等)将成为左右有机分子稳定性的一个关键因素。

一般情况下,当两个原子或基团不得不超越其有效半径之和而接近时或远离时,为了降低体系的能量,提高体系的相对稳定性,首先将会引致扭转角发生变化;如果扭转角的

变化还不足以使体系的能量充分降低，则会进一步引致键角发生变化，再进一步还可使键长发生变化。如果通过键长的变化也不足以使体系的能量充分降低，则该体系将非常活泼、甚至无法存在。

除了上面介绍过的因素外，从学习无机化学就开始认知的氢键、离子(电荷)效应、场效应等对有机分子的结构也有一定的影响。

分子内的作用有一个共同的特点：如果是自自然然发生的，作用体系的能量往往可以降低，相应结构的稳定性也会随之增强。如正四面体 sp3、平面型 sp2、线性 sp 的空间结构就是稳定性的要求。

还有一些因素，如电、磁、加热、加压、超声波等，是一类提高体系能量的外力。在这些外力作用下，体系的次稳定态的存在几率会提高。

19.2.2.2 有机反应是分子的“电性”组合

有机分子的“电性”的特征表明：构成有机分子的原子或基团均可永久、或瞬间地带一定的电荷，而且，一个化学键两端键连的中心原子的相对性“电性”符号恰好相反。

(1) 离子型反应

离子型有机反应是有机分子或基团中的富电性物种 δ－与缺电性物种 δ＋的“电性”组合。也可简单理解为有机反应是“电性”化学键断裂和形成、或“电性”化学键协同断裂和形成的统一体，如图 19-30 所示。

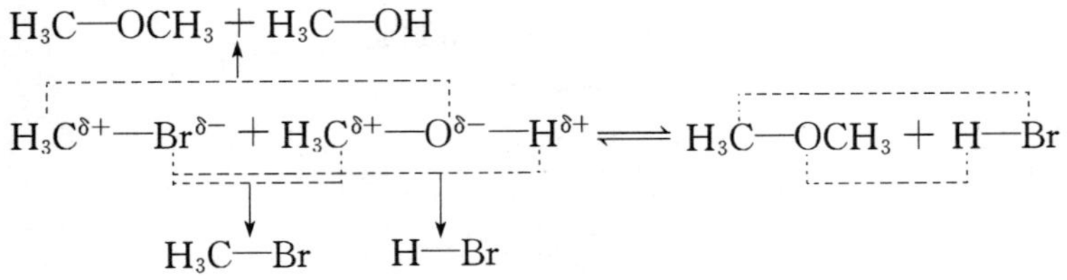

图 19-30 离子型有机反应的“电性”组合

该处理不仅形象显示了离子型有机反应的竞争性、复杂性、平衡性等特点，同时也表明：该类反应是正、负“电性”中心之间的“组合”的特征。

在解决具体问题时，有以下几点需要注意：

①“电性”的相对大小可导致有机反应的竞争性。“电性”成分越多，反应活性越高。上例 $H_3CBr$ 中的 H 受 $C^{\delta+}$ 和 $Br^{\delta-}$ 的诱导，也属缺电性物种 δ＋，但其强度较 $C^{\delta+}$ 弱得多。在具体反应中，与 $H_3CO^{\delta-}H$ 进行“电性”组合的是 $H_3CBr$ 中的 $C^{\delta+}$，而不是 $H^{\delta+}$。

②富电性物种 δ－与缺电性物种 δ＋是针对特定的化学键而言的，是相对的。如苯酚中的酚氧原子，与苯环相比，它属缺电性物种 δ＋；与酚质子相比，它则属富电性物种 δ—($H^{\delta+}—O^{\delta-}$)。为了直观和方便，也可用双 δ＋或双 δ－表示中心原子的“电性”强度(图 19-31)。

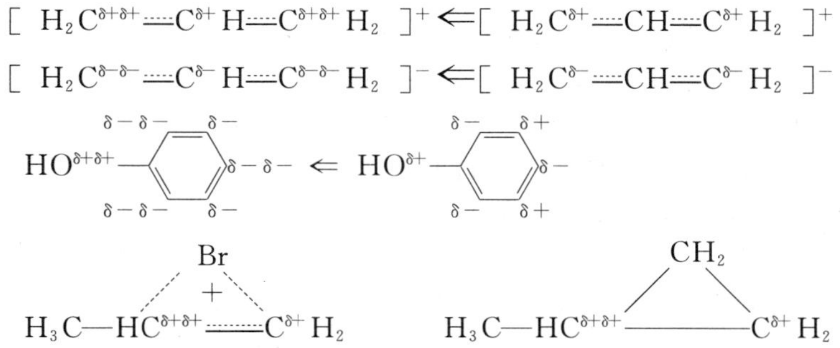

图 19-31　有机分子或基团中的相对“电性”强度

③键和叁键可分别作为两个单键(一个 σ 键和一个 π 键)、三单键(一个 σ 键和二个 π 键)处理(图 19-32)。

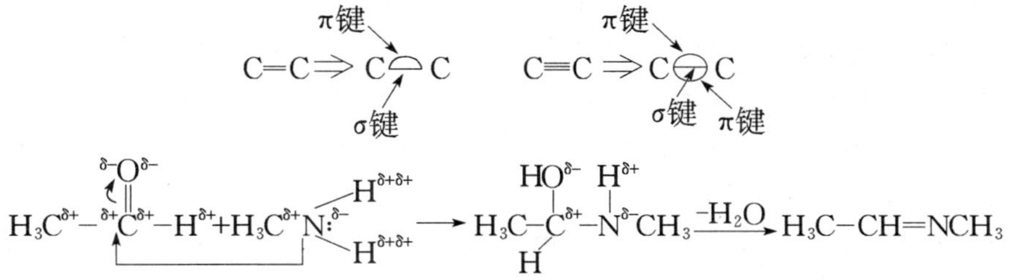

图 19-32　不饱和键的“电性”特征及其反应

该处理与不饱和键的相对活性恰好相符。由于 π 键的相对不稳定性及其电子的相对流动性，双键、叁键等不饱和键的“电性”特征主要是针对 π 分子轨道而言的，其反应过程中的重新“组合”也会优先在 π 分子轨道上进行。

④由于“电性”的动态效应，分子的富电性物种 δ－与缺电性物种 δ＋的“电性”特征可在反应中(受微环境电场的影响)而表现出瞬间的变化。例，亲电取代反应中的氯苯(图 19-33)，静态时，氯的诱导大于共轭，导致苯环上的电子密度降低；但在反应过程中，动态共轭效应起主导作用，结果使氯成为钝化邻对位定位基。

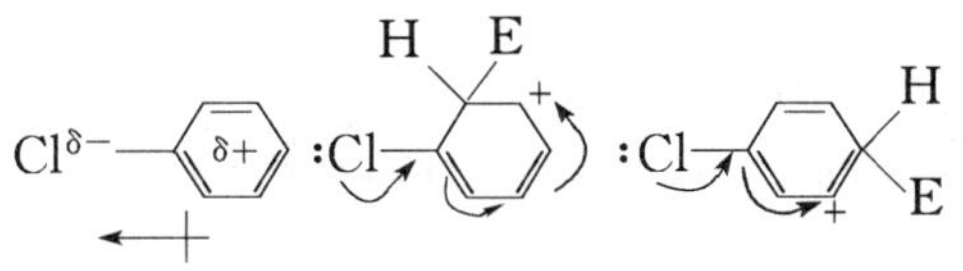

图 19-33　氯苯的静态及动态“电性”特征

另外，动态共轭效应发生时，化学键，即，分子轨道相对“活跃”。因此，反应过程中的动态效应可促进反应进行。

(2) 自由基反应

最典型的自由基反应是偶联反应，因为在大多数情况下，两个自由基碰撞会迅速结合而生成安定的分子——只是形成新的共价键，所需活化能甚至为零，这也是造成自由基聚合反应链终止的主要原因。图 19-34 是甲烷的溴代自由基的反应，若暂且抛开[$CH_4$＋Br・]这些自由基与非自由基的反应，很显然，该类反应是典型的“组合”模式。

$$Br—Br \xrightarrow{h\upsilon} Br\cdot + Br\cdot$$
$$H_3C—H + Br\cdot \longrightarrow H_3C\cdot + HBr$$
$$H_3C\cdot + Br—Br \longrightarrow H_3C—Br + Br\cdot$$
$$H_3C\cdot + H_3C\cdot \longrightarrow H_3C—CH_3$$
$$H_3C\cdot + Br\cdot \longrightarrow H_3C—Br$$
$$Br\cdot + Br\cdot \longrightarrow Br—Br$$
$$H_3C—CH_3 + Br\cdot \longrightarrow H_3C—CH_2\cdot + H—Br$$
$$H_3C\cdot + CH_2\cdot—H_3C \longrightarrow H_3C—CH_3—CH_3$$
$$\cdots\cdots$$

图 19-34 甲烷的溴代自由基的反应示意

再看[$CH_4 + Br\cdot \longrightarrow CH_3\cdot + HBr$]这类自由基与非自由基的反应。既然 Br 的电负性比 C，H 都要大，将 Br 作为“负电性中心”就理所当然了。如此以来，[$H_3C^{\delta-}—H^{\delta+} + Br\cdot^{\delta-} \longrightarrow CH_3\cdot + HBr$]这类自由基与非自由基的反应就成了类似离子型反应的“电性”反应——“组合”反应，由此推出的结果与实际反应结果也正好相符。

这里有以下几点需要特别注意：

① 自由基的结构特征是外电层有单电子，因此，除惰性气体外，一般元素的原子，像 H，Na 等都可以作自由基处理。

② 自由基的“电性”特征是通过与反应体系中其他原子或基团比较后得出的，是相对的。

③ 烯丙基自由基[$CH_2═CH—CH_2\cdot$]这类物质的“电性”也可以予以分析。对于 $C^{\delta-}—H^{\delta+}$ 键的“电性”易于理解，关键是三个共轭的 C 原子体系。该体系中的 C 均为 $sp^2$ 杂化，但[$—CH_2\cdot$]中 C 的外层电子填充不饱和，而[$CH_2═CH—$]中两个 C 的外层电子填充不仅饱和，还连着容易“流动”的 π 电子，因此，[$—CH_2\cdot$]在体系中为吸电子者。再结合共轭效应可以得出：体系的端原子是缺电子的正电中心 δ+，这与烯丙基正离子的“电性”结构相似(图 19-27)。

(3) 周环反应

由于周环反应涉及到分子的前线轨道——包括能量最高的占有轨道(HOMO)和能量最低的空轨道(LUMO)，且是一步完成的协同性反应，与一般有机反应具有很大的不同，在基础化学中通常将该部分内容单独讨论。

不过，既然周环反应是基于前线分子轨道的反应，将其理解为“基于分子轨道的电性组合”也是合理的。如较典型的周环反应——双烯加成(图 19-35)。

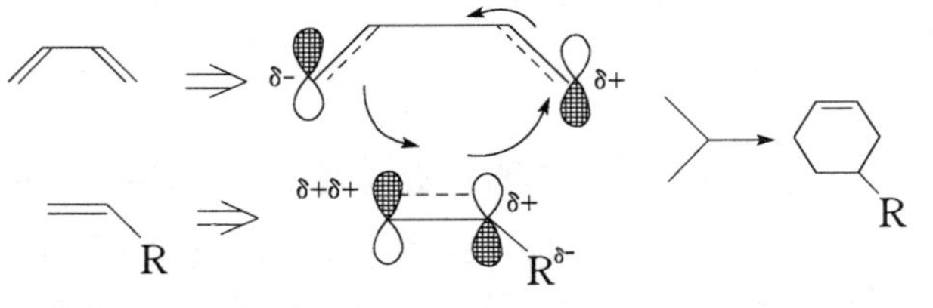


图 19-35 Diels-Alder 反应(双烯加成)

很早前就已确认：当 R 为吸电子基时，更有利于双烯加成反应的进行。

当然，电性特征在周环反应中的具体作用是很复杂的。此处只要能意识到电性特征在周环反应中也起重要作用就可以了。

19.2.2.3　有机反应是基于分子立体特征的“分子轨道的线性组合”组合

简单地说就是：有机反应——“分子轨道的线性组合”是受有机分子的立体结构的制约的。

(1) 由“分子轨道的线性组合”而成的新化学键应符合有关的分子轨道理论的要求。

由“分子轨道的线性组合”而成的新化学键就是一个分子轨道，应该符合有关的分子轨道理论的要求。这也是导致“只有(δ+)与(δ−)的组合是允许的”的根本原因。

再例如，氯代烷的消除反应(图 19-36)：

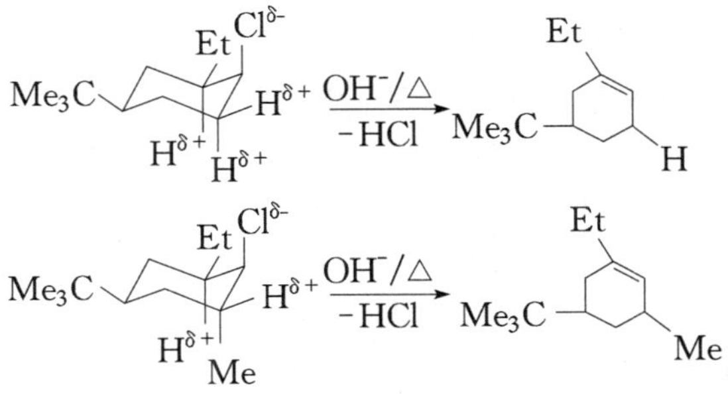


图 19-36　环状卤代烷的 Zaitsev 消除反应

反应中消除的主要是 Et 所连的碳上的、与 Cl 呈反式存在的 H。这一方面是由于消除该 H 后，可以得到相对更稳定的产物——取代基多的烯；另一方面更是由于该 C—H 的 σ 轨道与 C—Cl 的 σ 轨道共平面，正好有利于脱 H,Cl 时产生的两个 P 轨道进行最大重叠、形成新的化学键(π 键)。

再看一下 Diels-Alder 双烯加成反应(图 19-35)。该反应不仅有“电性”特征，还有很强的立体特征，如顺式加成、协同一步成环等，这些立体特征除了与反应过程中最高占有轨道(HOMO)和最低空轨道(LUMO)的端基位相有关外，还与其在空间的伸展方向有关(σ 键的头对头、及 π 键的肩并肩的要求)。另外，相对稳定性的环状过度态的形成也是引致反应结果的一个重要因素。

(2) 由“分子轨道的线性组合”而成的新结构(分子或中间体)应符合有关的稳定性的要求。

稳定性存在状态的要求是自然界的一个普遍性现象，这也是制约有机反应的一个关键因素。有机反应中一些规律性的东西，如 Zaitsev 消除规律(图 19-36)、马氏加成规律等都是基于满足该要求的一种现象。

图 19-37 是典型的烯烃的马氏加成反应。当 $H^+$ 加到含氢多的烯碳($CH_2=$)上时，正好获得更稳定的中间体——仲正碳离子。“更稳定的中间体”是导致马氏加成规律的根本。氯代烷等分子的 Zaitsev 消除规律也是基于得到“取代基多的、反式的烯”——更稳定的产物这一点的。

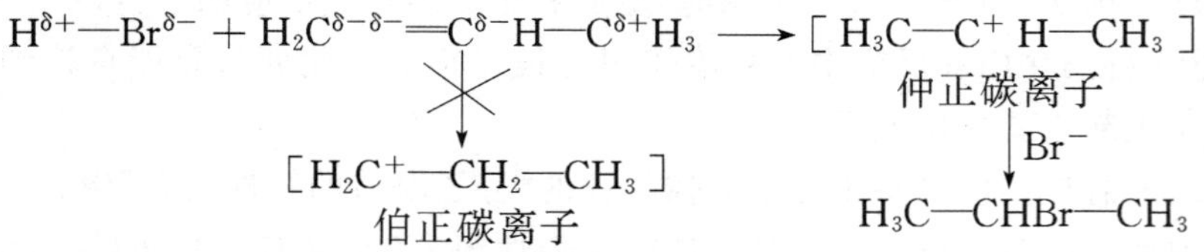


图 19-37 烯烃的马氏加成反应

有机化学中涉及到的稳定性结构主要有:超共轭作用较大的叔碳正离子和自由基;张力比较小的五元及六元环;六元环的椅式结构;反式烯键;共轭体系,包括烯丙基或苄基正离子、负离子、自由基,芳及芳杂环等。另外,结构的对称性、外层电子的饱和性等有时也会涉及到。

有一点需要注意:当中间体的相对稳定性与产物的相对稳定性所导致的反应结果不一致时,往往会引发竞争性反应。其中,中间体的相对稳定性竞争得到的是速度控制产物,而产物的相对稳定性竞争得到的是平衡控制产物。

图 20-38 是速度控制产物与平衡控制产物产生竞争时的典型反应能线图。由反应物到产物 1 需要较低的活化能 $\Delta E_1$,但反应的焓变 $\Delta H_1$ 少,产物相对内能高、稳定性差;由反应物到产物 2 需要较高的活化能 $\Delta E_2$,但反应的焓变 $\Delta H_2$ 多,产物相对内能低、稳定性好。这样,如果要制备产物 1,应控制反应温度不要太高(绝对的情况是使生成产物 2 的反应无法得到形成过渡态所需的能量 $\Delta E_2$、转化为非竞争性反应),同时应尽可能缩短反应时间;如果要制备产物 2,只要让反应尽快达到平衡即可,如提高反应温度、延长反应时间等。

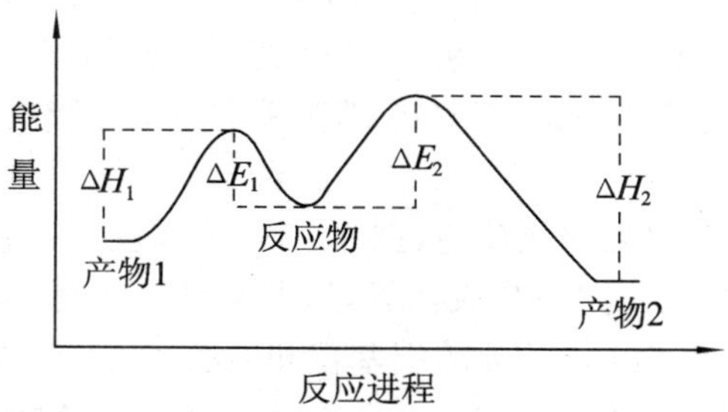


图 19-38 速度控制产物与平衡控制产物产生竞争时的反应能线图

速度控制产物与平衡控制产物的竞争现象在有机化学中是非常普遍的,如,芳环的亲电取代反应中涉及的定位原则。实际上,该定位原则只使用于速度控制产物的形成情况,而不使用于平衡控制产物的形成。

(3) 由"分子轨道的线性组合"而成的新结构(分子或中间体)应满足各原子或基团的空间立体要求。

这是因为构成有机分子的基团、原子或离子在空间都有一定的几何体积,而有机分子或基团趋向于以内能(或张力能)最低的状态存在,如己烷的交叉式构象、环己烷的椅式构象等存在形式。

如果因基团、原子或离子的立体体积问题,如空间障碍等,而导致分子或中间体的内能的升高时,将遵循"扭转角因素⇒键角因素⇒键长因素⇒非键因素"顺序改变分子的空间结构，以有效降低分子内能。当“非键因素”出现后，“分子轨道的线性组合”将会非常困难、甚至不能进行。

当图 19-42 中的三个卤代烷与亲核试剂按 $S_N2$ 历程反应时，反应最容易的是 1，最难的是 3。这是因为 1 的空间位阻最小、五原子体系的中间体最易形成，而 3 则正好相反。不过，若按 $S_N1$ 历程反应时，反应最容易的是 3，最难的则变为 1，因为此历程中的中间体是一个平面型的正碳离子结构，影响该中间体的稳定性的因素已成了更重要的超共轭效应等因素。

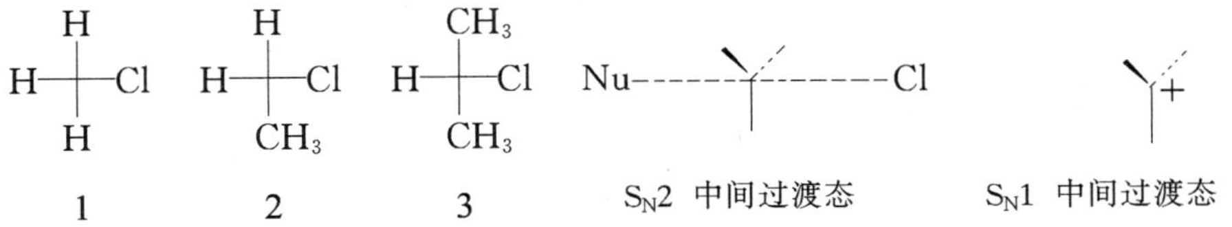


图 19-42　不同空间位阻的卤代烷

19.2.2.4　“有机规律”应用举例

(1) 氯代烷的碱解选择性

卤代烷的相对电性(＋与－的多少分别代表正负电性的强弱)：

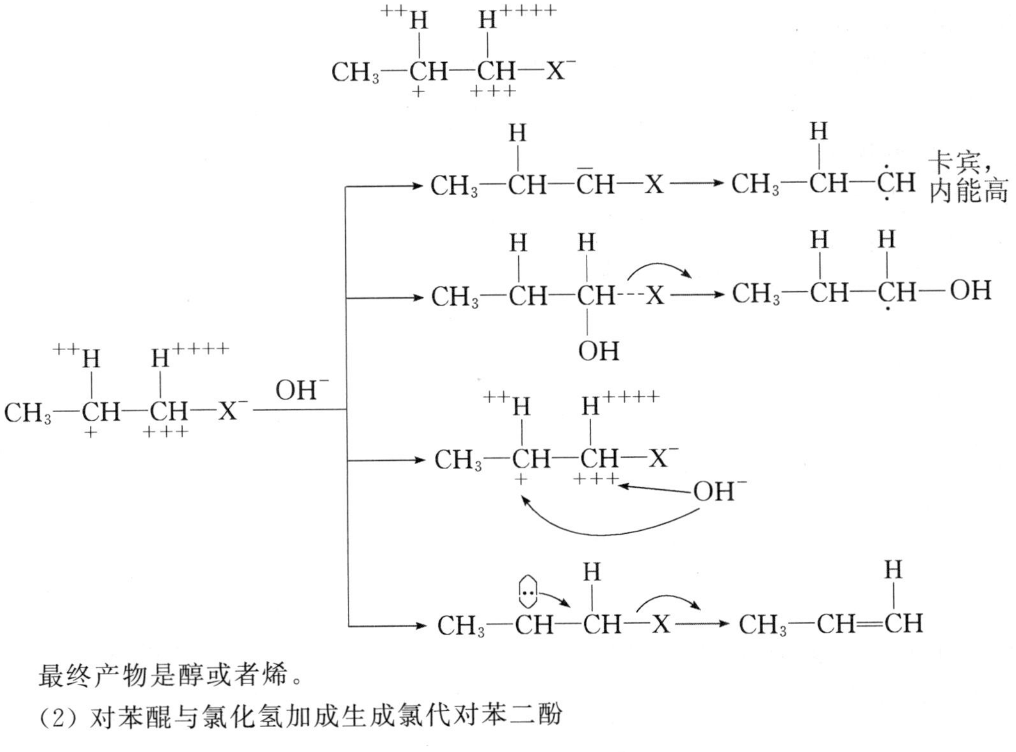


最终产物是醇或者烯。

(2) 对苯醌与氯化氢加成生成氯代对苯二酚

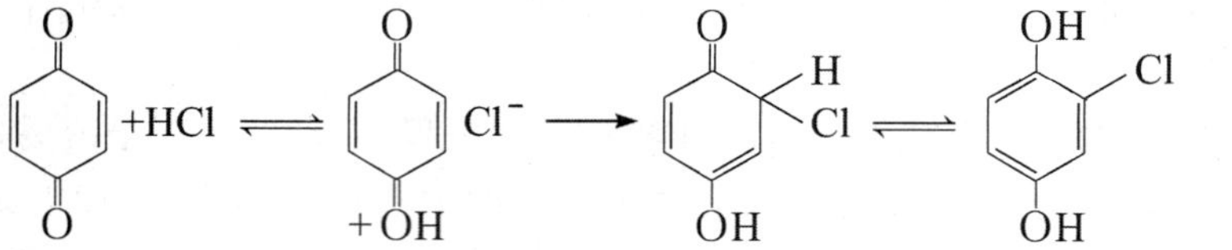

对苯醌　　　　　　　　　　　　　　　　　2-氯-1，4-苯二酚

如果用过氧酸代替氯化氢也会得到一定量的酚类结构，即所谓“氧化剂作用下得到还原产物”。实际上，该反应先加成、后重排，得到还原产物是基于芳环稳定化的分子内重排的结果。

(3) 酸催化酮产生负电荷

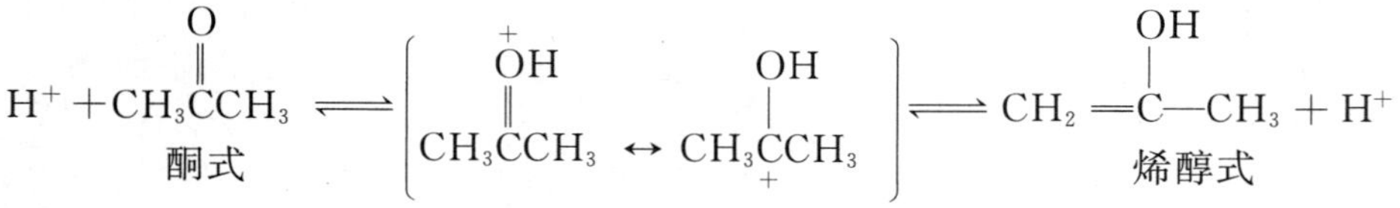

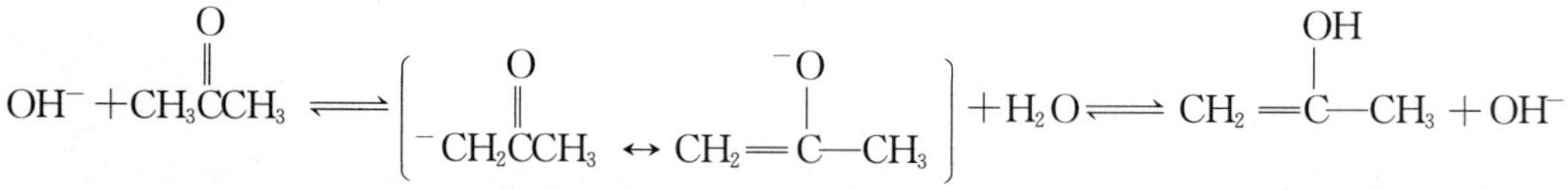

显然这是酮一烯醇式互变异构的结果。在有机反应中，正负电荷都是相对的，这恰好是有机反应的魅力。

(4) 将吡啶环氧化提高其亲电取代反应活性

由于氮原子的强吸电子作用，其亲电取代反应类似于硝基苯，活性很低，尤其是其 $\alpha$-位和 $\gamma$-位，亲电取代反应发生在 $\beta$-位上：

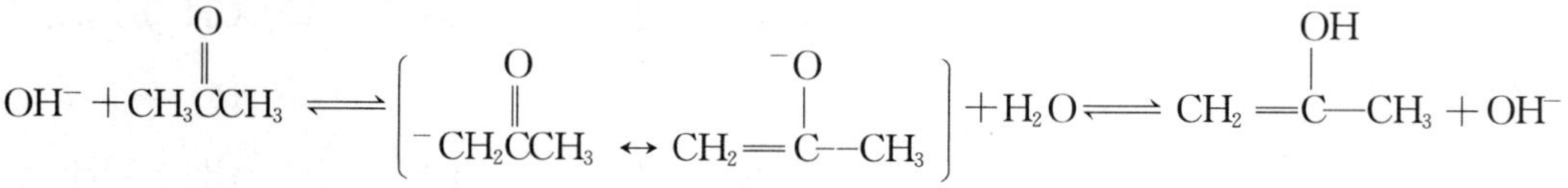

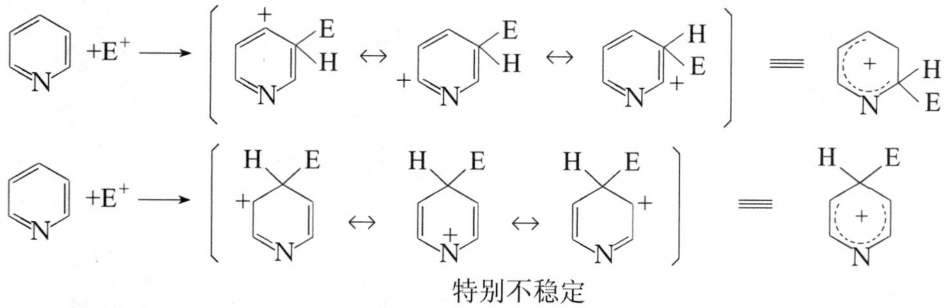

特别不稳定

吡啶与过氧化氢或过氧酸反应可生成吡啶 N-氧化物(或叫氧化吡啶)，吡啶 N-氧化物存在下列共振结构式：

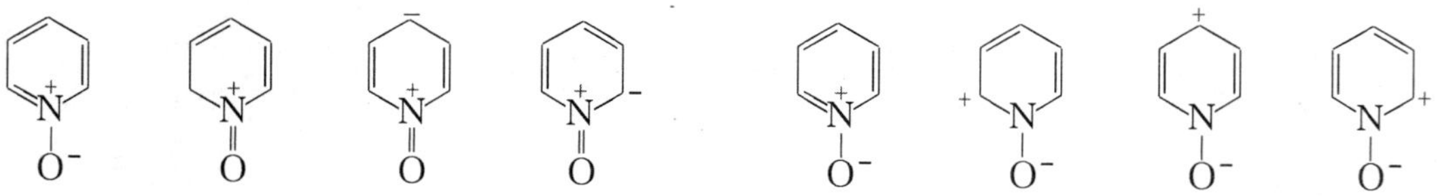

吡啶 N-氧化物的共振结构式，吡啶 N 上的电子配位到氧上后，还可以在共轭回到吡啶环的 $\alpha$-位和 $\gamma$-位，并使其活化。

19.2.2.5　小结

根据以上介绍，各种类型的有机反应皆可以用——“基于立体和电性特征的分子轨道的稳定化组合”，或者说“基于立体特征的分子轨道的稳定化线性组合”给出解释。这里包含四个关键点：立体特征与结构控制，分子轨道，稳定化，电性组合。

基础有机化学中常见基团的电性：

（1）富电性物种 $\delta-$

$C^{\delta-}$　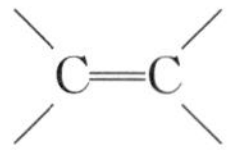，$—C\equiv C—$，，RMgX，$CN^-$，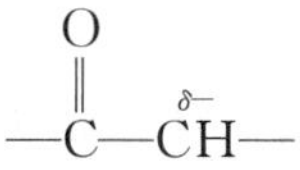，芳杂环 C

$H^{\delta-}$　H/NiPtPd，NaH

$O^{\delta-}$　$OH^-$，$H_2O$，$O_2$，$H_2O_2$，ROH，RCOOH

$N^{\delta-}$　$NH_3$，$NaNH_2$，$RNH_2$，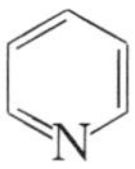

其他　M，RSH，$Ph_3P$

需要注意的是，传统的氧化剂 $O_2$，$H_2O_2$，RCOOOH 等中氧原子因孤电子对的存在，反应起始阶段通常是以给电子基引发反应，而不是吸电子作用的氧化反应。

（2）缺电性物种 $\delta+$

$C^{\delta+}$　$RCH_2X$，$RCH_2OH$，$RCH_2OR$，，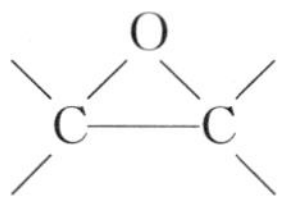

$H^{\delta+}$　$H^+$，$R\overset{\delta+}{C}H_2\overset{\delta+}{C}H_2X$，$R\overset{\delta+}{C}H_2\overset{\delta+}{C}H_2OH$，ROH，RCOOH，$\equiv C—H$，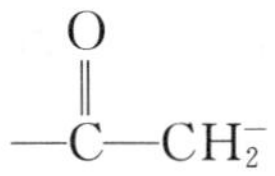

$O^{\delta+}$　原子 O，$KMnO_4$，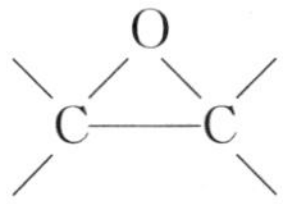

$N^{\delta+}$　—NOx，$R_4N^+$

其他　$M^+$，$—\overset{\delta+}{S}O_2—$

在利用该解释讨论有机分子的化学性质时，只需要把握好有机结构的立体及电性特征，就可以“推导”出其化学性质、反应产物，而各有机反应的具体类型可以淡化，甚至忽略。这样，既可使有机分子的化学性质系统化、规律化，还可使有机化学的内容充分简化，更有利于学习。

利用该解释还可以判断速度控制与平衡控制竞争问题。中间体的稳定化所导致的产物往往是速度控制产物；稳定化产物则通常是平衡控制产物。

# §19.3　有机合成的基本方法

### 19.3.1　有机合成路线选择的基本原则

一个有机化合物，往往可以由相同或不同的原料经多种合成路线得到，若从这些殊途同归的合成路线中选出最理想者，需考虑以下几条基本原则：

(1) 产品收率高

产品收率的高低往往是衡量一条合成路线好坏的主要标准，但在实际设计一条新的合成路线时，还应同时考虑以下三个方面：

① 在合成反应的选择上，尽量选用一些经典的、具有较高收率的反应。

② 合成路线短，或尽量采用会聚式合成路线。合成步骤的长短直接影响到产品的总收率，一个连续的每步产率为90%的十步合成，总产率只有35%；而五步合成，总收率可提高到59%；若为三步合成，总收率则为73%。

③ 尽可能控制副反应的发生。副产物少，产物易于分离纯化，有利于提高产品收率。

(2) 原料价廉易得

(3) 操作与安全

应尽量采用易于实现的反应条件和设备。如室温(或略高于室温)、常压(或略高于常压)等，反应设备也以无特殊要求为宜。

(4) 三废治理和综合利用

这是当前化工生产必须注意的问题，变废为宝，综合利用，既维护了人类生存的环境，也有利于成本降低，提高经济效益。

### 19.3.2　有机合成的基本方法

为了合成具有特定结构的目标化合物，除了应当掌握前述基本原则外，还必须掌握有机合成的基本方法，例如碳架的建立、官能团的合理设置、立体化学控制等。

19.3.2.1　碳架

有机化合物都具有特定的碳架。一般来说，有机合成首先应考虑如何建立起这种碳架。形成新的碳碳键，或断裂个别碳碳键的反应是建立合适的碳架结构的基础。这些反应大致有如下几类：

(1) 增碳反应　通过亲电试剂与亲核试剂相互作用形成新的碳碳键，是主要的增碳反应，包括亲核加成、亲电取代和亲核取代等。

(2) 成环反应与开环反应　除了周环反应外，还常用 Dieckmann 酯缩合等反应来形成环状碳架结构：

卡宾加成反应：

Robinson 骈合成反应：

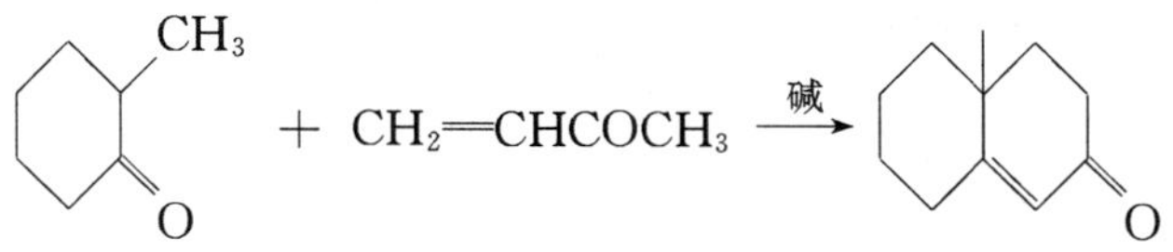


活泼亚甲基化合物的烷基化：

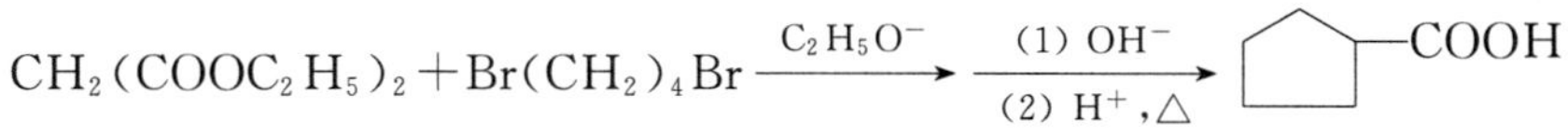


Dieckmann 酯缩合反应：

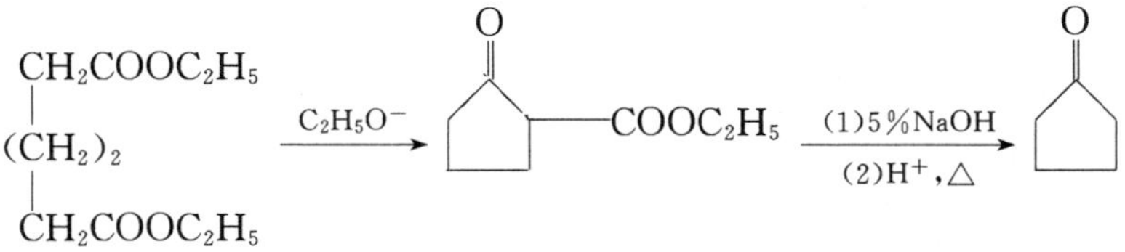


二元羧酸热分解：

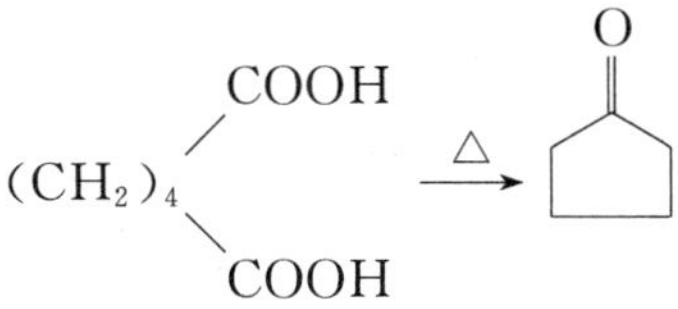


有时也利用开环反应来形成一定的碳架结构。例如：

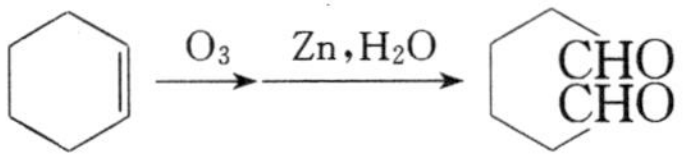


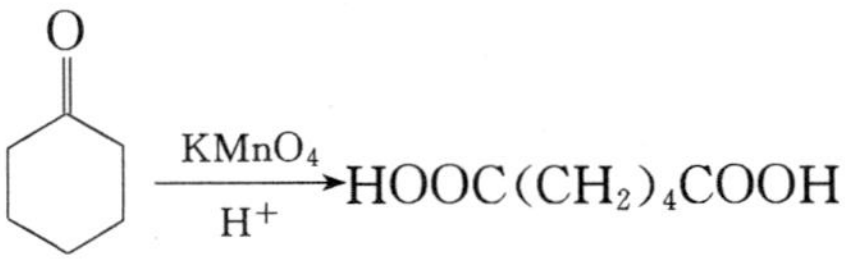


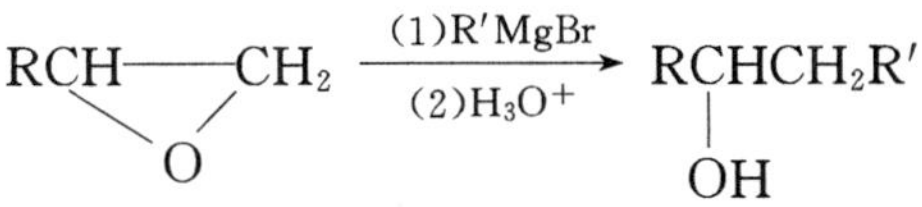


(3) 重排反应　通过分子重排可以形成一定的碳架结构。例如：

$$(CH_3)_2\underset{OH}{C}-\underset{OH}{C}(CH_3)_2 \xrightarrow{H_2SO_4} (CH_3)_3C-COCH_3$$　（呐呐醇重排）

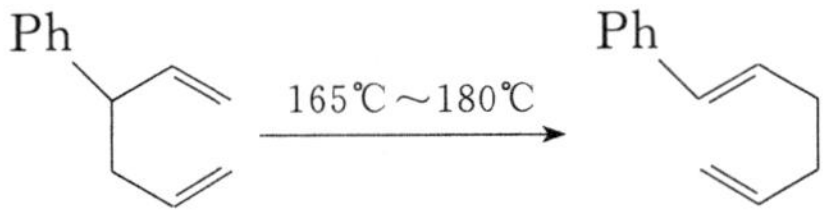


（Cope 重排）

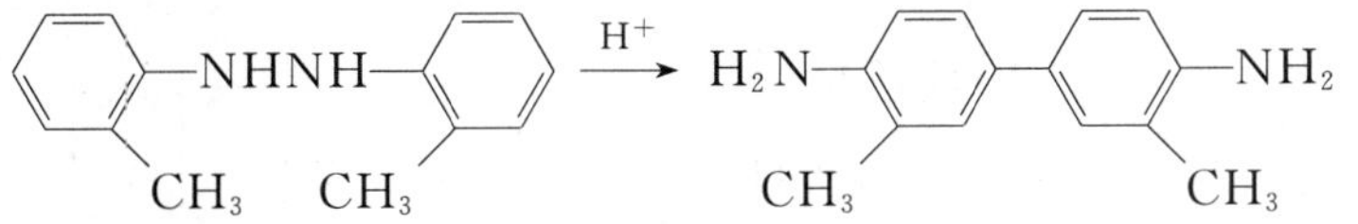
（联苯胺重排）

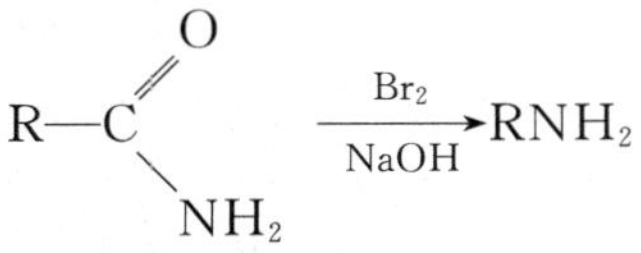
（Hofmann 重排）

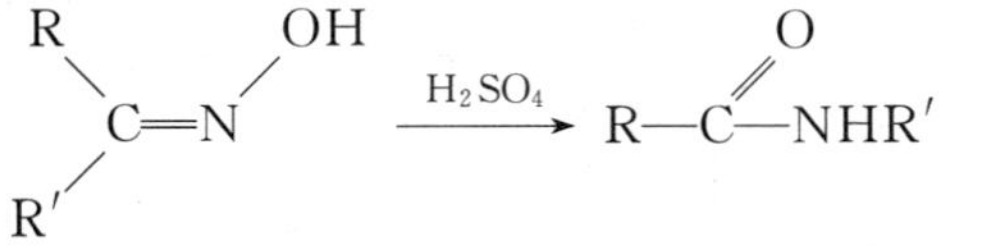
（Beckmann 重排）

$$RCOR \xrightarrow{\text{过酸}} \xrightarrow{H^+} RCOOR$$ （Baeyer-Villiger 重排）

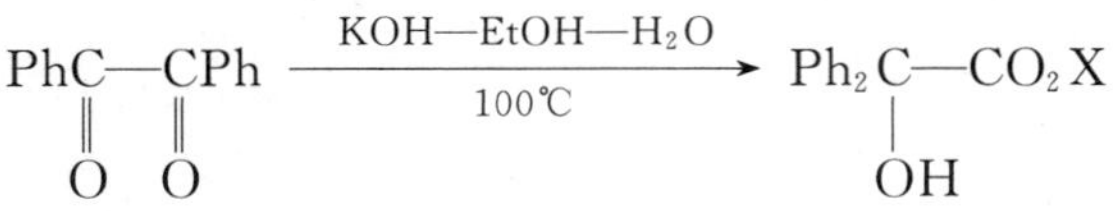
（苯偶酰重排，Benzil 重排）

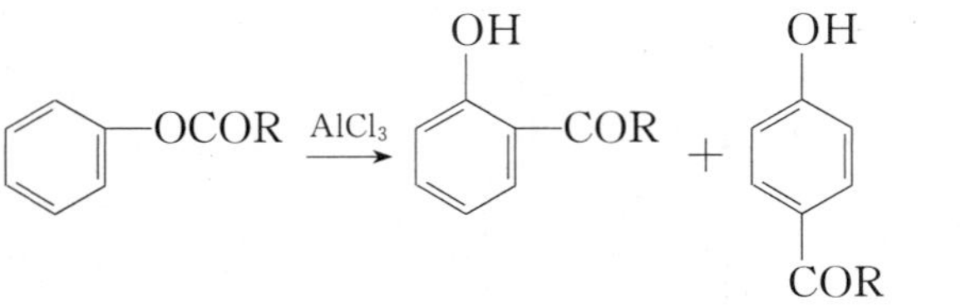
（Fries 重排）

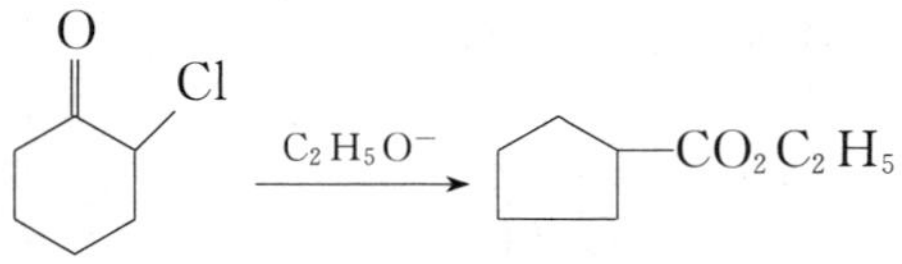
（Favorsky 重排）

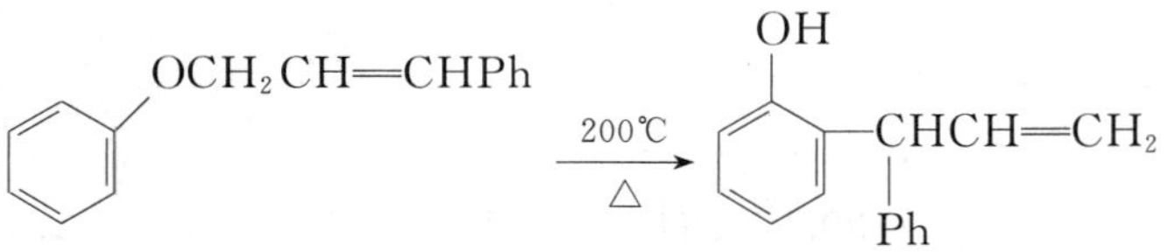
（Claisen 重排）

（4）减碳反应　这也是建立目标分子碳架结构的常用反应。例如：

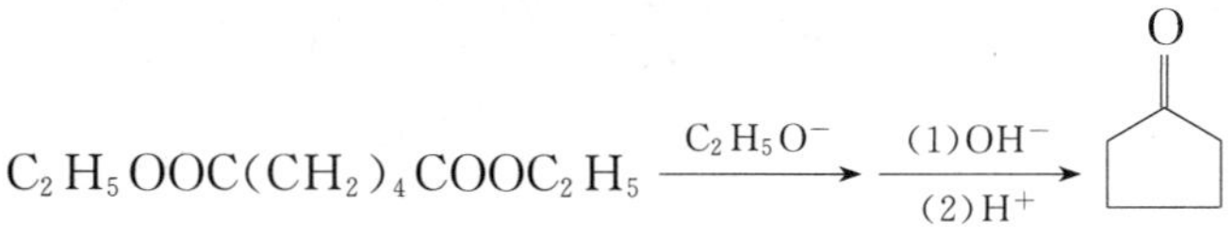

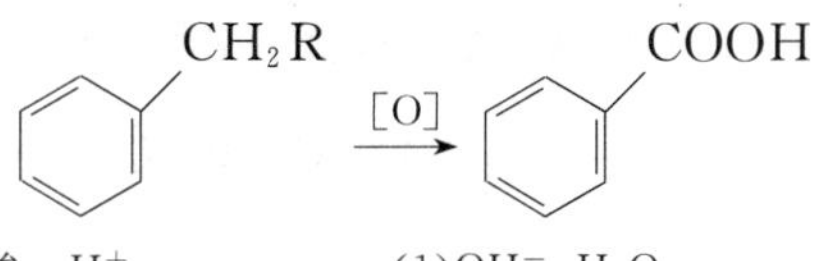

$$RCOR \xrightarrow{\text{过酸}} \xrightarrow{H^+} RCOOR \xrightarrow[(2)H^+]{(1)OH^-, H_2O} RCOOH + ROH$$

19.3.2.2　官能团的合理设置

建立了目标分子的碳架，还必须根据结构的要求将所需的官能团配置于这一碳架的适当部位上。这一过程主要包括官能团的导入、除去、相互转化以及官能团的保护等。

(1) 官能团的导入　饱和碳原子上引入官能团，常用自由基型卤代反应：

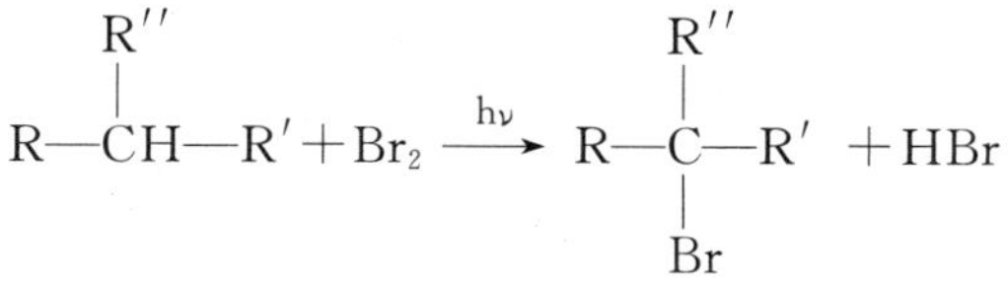

$$CH_2{=}CHCH_3 + Cl_2 \xrightarrow{500℃} CH_2{=}CHCH_2Cl + HCl$$

对于芳香族化合物，可以利用芳环上的取代反应和定位规律引入官能团。例如：

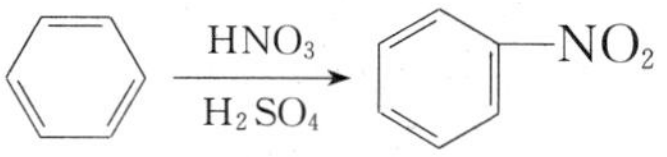

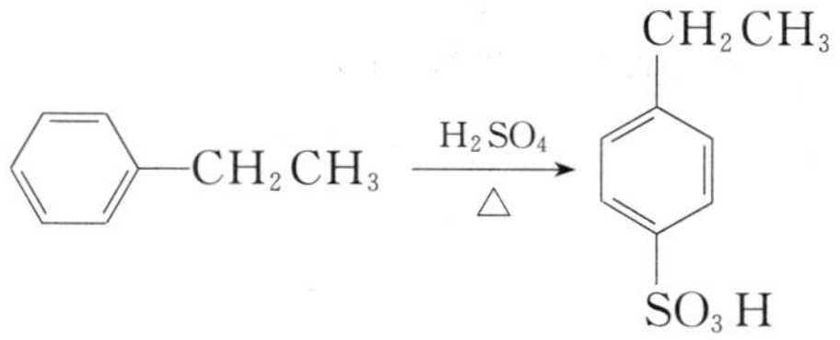

(2) 官能团的除去　在合成碳架时，有可能引入了不必要的官能团，这些官能团有时需用化学反应将其除去。例如：

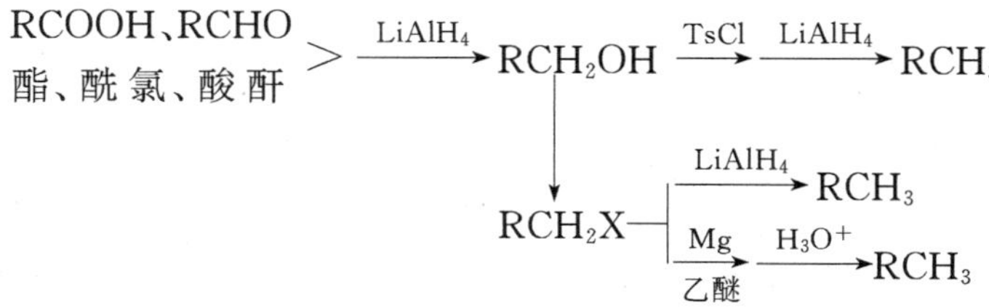

(3) 官能团的转化　在进行有机合成时，官能团的转化往往是不可避免的步骤，只有熟悉各种反应，积累经验，才能灵活运用。

(4) 官能团的保护　在有机合成中，无论是应用适当的反应建立特定的碳架，还是将某一官能团转化成其他官能团时，常常需要将某种官能团暂时加以保护，待反应结束后再设法除去保护基复原为原来的官能团。如羰基的保护等。

19.3.2.3　选择性控制

合成一个目标化合物，除了建立基本碳架、合理设置官能团外，在具体合成时还必须注意反应的选择性问题，这主要包括化学选择性、区域选择性和立体选择性。

(1) 化学选择性——官能团和试剂的反应性差异　不同的官能团对同一试剂会有不同的表现，或与之作用，或不作用，或反应能力有强弱之分。例如：

$$CH_2{=}CHCH_2C{\equiv}CH + H_2 \xrightarrow{Pd/喹啉} CH_2{=}CHCH_2CH{=}CH_2$$

不同的试剂具有不同的反应能力，同一试剂对相同的官能团有时也会因官能团所处环境不同而存在差异。例如：

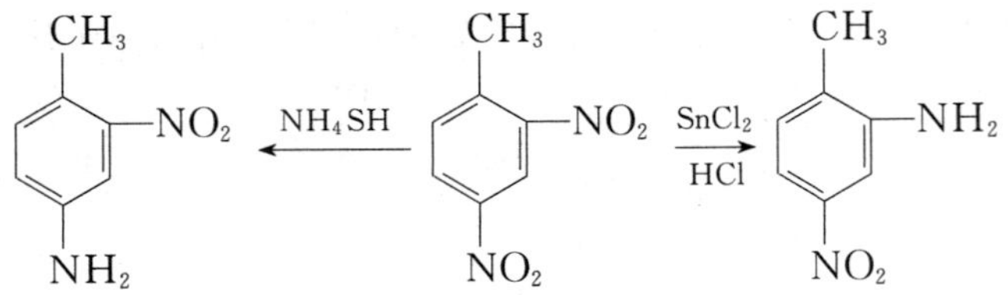

(2) 区域选择性——不同位置的反应性差异　有机分子中不同位置其反应性常常是有差异的,有时可以使某一位置上的反应成为主要的。如不对称烯烃的加成、Saytzeff 和 Hofmann 消除等均具有区域选择性。为了使合成能在分子所要求的特定部位发生,即具有较高的区域选择性,往往需要引入一些基团,起导向的作用,完成任务后再除去,这样的基团称为导向基。导向基可分为活化基、钝化基和封闭基三类。

① 活化基　合成中常常会遇到这样两种情况:一是分子中有两个以上的反应部位,且没有选择性或选择性很小,甚至希望起反应的部位恰恰活性低;二是有些反应本来就难以发生,必须经过活化才能进行。此时可引入活化基。脂肪族羰基或氰基化合物涉及 α-H的反应常引入羧酸酯基导向,而芳环上的取代常用氨基。

例如:$CH_3COCH_2CH_2C_6H_5$ 的合成。如果直接由丙酮与苄基溴在碱性条件下反应,由于丙酮羰基两旁的 α-H 活性相同,产物必然很复杂。当在丙酮的甲基上引入一个羧酸酯基,则成为乙酰乙酸乙酯,酮羰基两旁的 α-H 活性有了明显的差别,从而使反应选择性地进入指定位置:

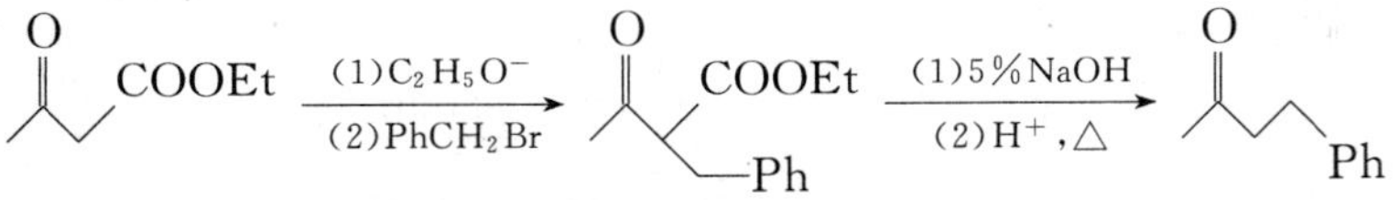

② 钝化基　钝化基可以使分子中的某些部位活性降低。活化基能起导向作用,钝化基也能起导向作用,例如合成对溴苯胺,应将氨在乙酰基化,降低氨基的活性,然后再进行溴代,合成路线如下:

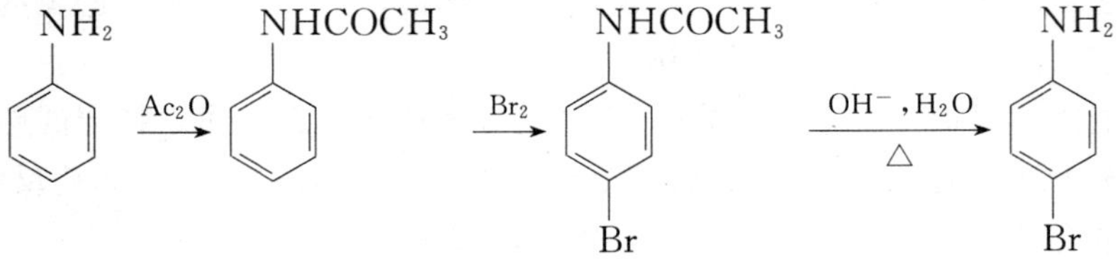

③ 封闭基　在有些反应中,在分子的特定位置上引入一个基团去封闭这个位置,或产生一定的空间位阻,来达到控制反应发生在特定位置上的目的,这些引进的基团叫封闭基。例如邻氯甲苯的合成:

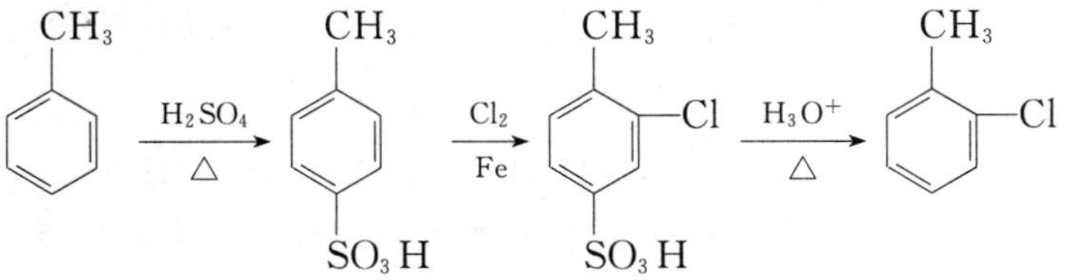

(3) 立体选择性——产物分子的立体化学　如果合成的目标化合物具有一定的立体结构的要求,立体化学控制就成为合成设计中必须注意的重要问题。若分子中有 $n$ 个手

性碳原子，则可以产生 $2^n$ 个对映异构体。分离这些异构体绝非容易的事情，理想的设计应为只产生所需的单一的异构体。利用立体专一性反应或立体选择性反应，往往可以得到较满意的结果。在有机合成中能进行立体化学控制的主要反应如下：

① 烯烃　烯烃用 $O_sO_4$ 或稀、冷的碱性 $KMnO_4$ 氧化成邻二醇，以及进行硼氢化氧化反应，都得到顺式加成产物：

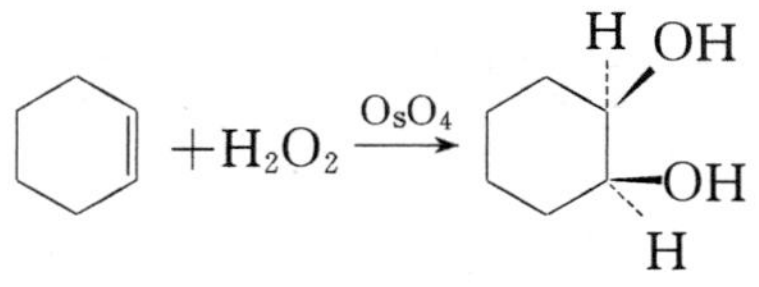

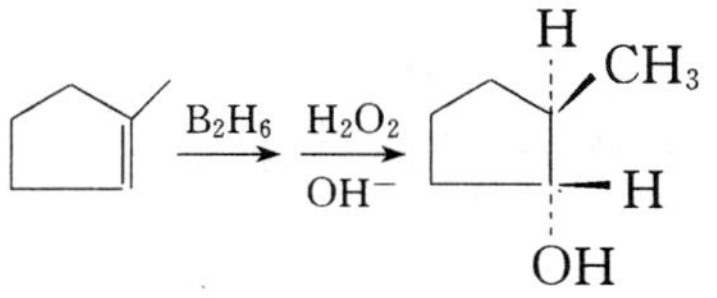

当与 $X_2$，HOX 作用，以及用过酸氧化水解制备邻二醇时，生成反式加成产物：

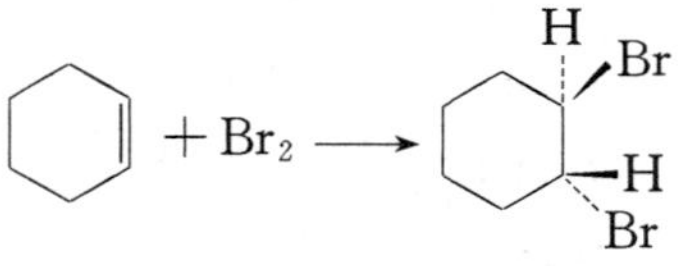

② 炔烃　炔烃催化氢化生成顺烯，而在液氨中以金属还原生成反烯：

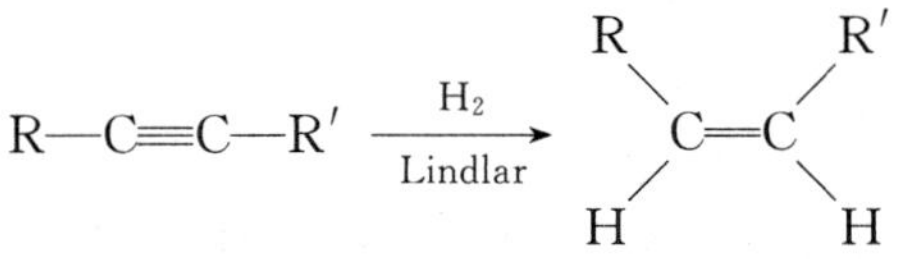

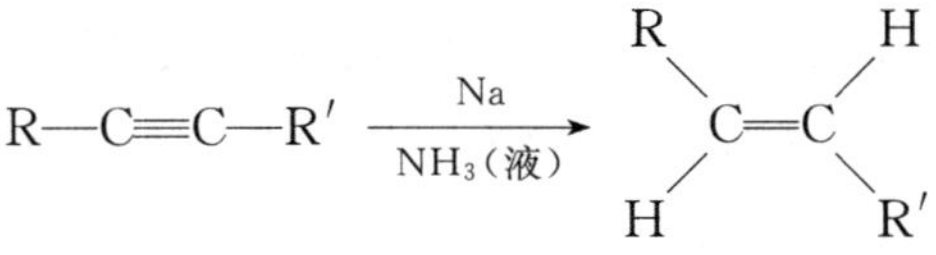

③ 环氧化合物　环氧化合物无论在酸性条件下，还是在碱性条件下的开环，一般都是反式的：

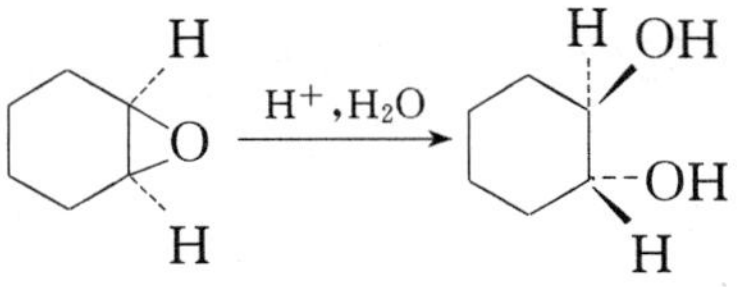

④ 醇和卤代烃　$S_N2$ 反应分子构型发生转化，E2 消除为反式消除：

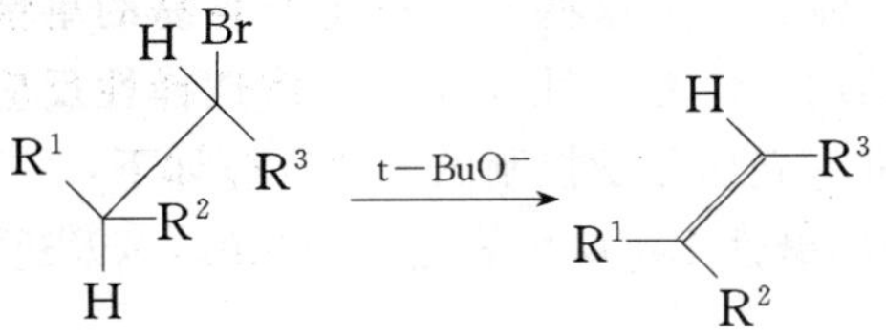


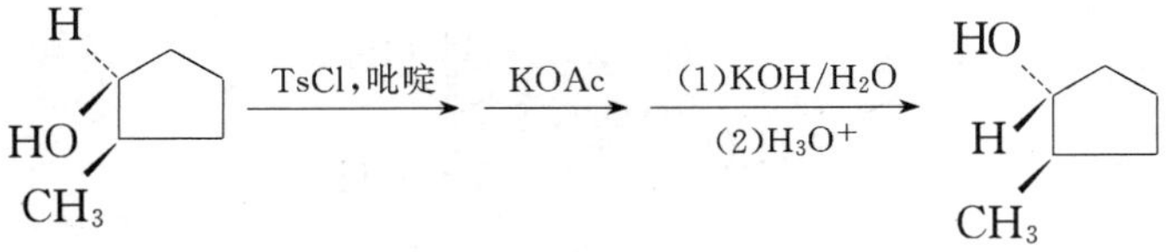


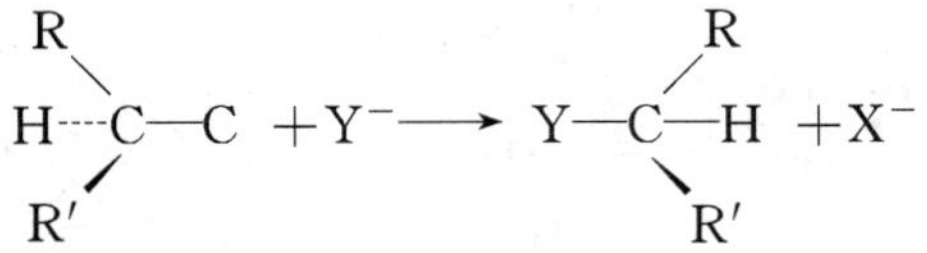

④ 醛和酮　与手性中心相连的羰基进行亲核加成时,遵循 Cram 规则,即试剂从立体障碍较小的一面进攻端基:

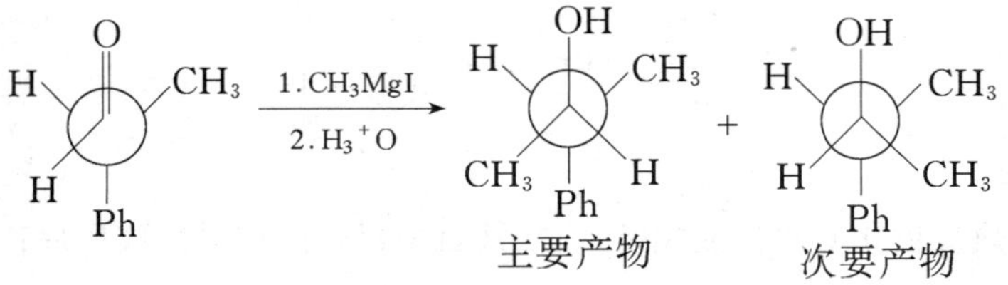


## 19.3.3　有机合成设计

有机合成设计是指在合成某个具体化合物之前,研究拟定合成方法,并对拟采用的种种方法进行评价、比较,从而确定一条理想的合成路线的过程。目前有机合成设计多采用逆合成法,即先剖析目标化合物的分子结构。1964 年 Corey 首先提出了这种方法,并提出了合成设计的概念和原则。

近年来电子计算机也已用于合成设计中,合成设计已成为有机合成中十分活跃的研究领域。逆合成法主要包括三个步骤:① 切割目标分子(包括中间体),直到都变成价廉易得的原料;② 对切割后所得的若干合成路线,按从原料到目标化合物的方向,全面审查反应的可行性、选择性等,从中确定少数被认为是较好的路线和方法;③ 在具体实践中不断完善,选出最优合成路线。

19.3.3.1　几个基本概念

切割(Disconnection):将目标分子中的化学键人为地切断,使之变为可能的合成原料的一种过程。切割过程通常用(表示,切割键上面一条虚线表示切割线。

合成子(Synthon):经过切割之后所得到的分子碎片(Molecular Fragment),是组成目标分子或中间体骨架的单元结构的活性形式。合成子可以是离子,自由基或周环反应中的中性分子。

合成子等价物：又叫等价试剂(Equivalent Reagent)，是合成子的实际存在形式。例如：

$CH_3COCl$ 是合成子 $CH_3\overset{+}{C}O$ 的等价物，二者之间用“≡”表示

FGI：表示官能团互换(Function Group Intercoversion)，用 $\overset{FGI}{\Longrightarrow}$ 表示。

19.3.3.2　目标分子的切割原则

分子的切割部位的恰当选择，对合成的成功起着决定性的影响。分子切割点的选择原则如下：

(1) 具有合理的反应历程，形成合理的等价试剂。例如：

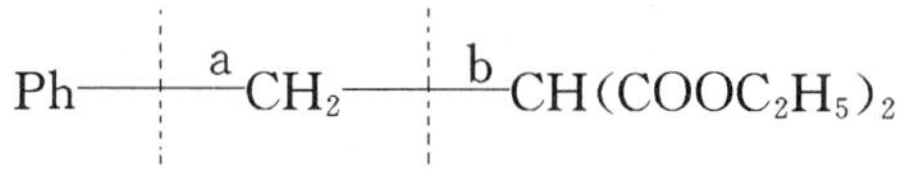


在 a,b 两种切割中，显然 b 是合理的。

(2) 应使合成最大程度地简化。在有多种切割且均有适量的反应机理时，应使切割形成结构简单的合成子等价物。如：

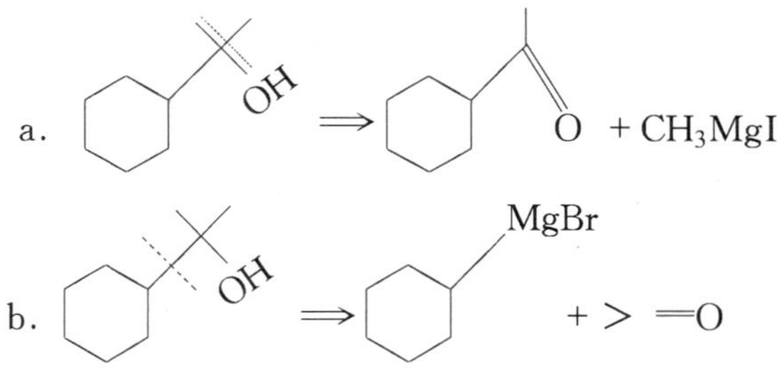


上述两种切法，均有合理的反应机理，但 b 的切割生成的合成子等价物较按 a 切割生成的合成子等价物更简单，无须再切割，合成路线短，故选择 b 切割好。

(3) 形成易于得到的合成子等价物(或原料)。

19.3.3.3　目标分子切割的一般规律

结构比较复杂的目标分子在切割时可能有几个键需要切开，不同的切割方式会有不同的效果。

(1) 单官能团化合物的切割

① 围绕官能团处切割——这是因为官能团往往是反应最活跃的部位。

② 在碳—杂原子处切割——若分子中有碳－杂原子之间形成的键，则该键往往就是切割点。

③ 在链分支处切割——如果分子中含有支链，一般在靠近官能团和支链处切割。

④ 利用分子结构的对称性——当分子的结构具有对称性，或虽不对称，但经适当切割后可以得到对称的中间物时，一般在对称中心附近切割。

(2) 双官能团化合物的切割　双官能团化合物在两官能团之间切割，往往能使合成简化。下面分别对不同位置的双官能团化合物进行讨论。

① 1,2-双官能团化合物——将两个官能团之间的碳碳键切断，是重要的切割方式。不过，由环氧乙烷制备的1,2-双官能团化合物时，一般不在两官能团相连的碳原子间切割。

② 1,3-双官能团化合物——这类化合物主要包括1,3-二羰基化合物，β-羟基羰基化合物、α,β-不饱和羰基化合物等，通常结合羟醛缩合、酰基化、Claisen缩合等反应在两官能团之间切割。

③ 1,4-双官能团化合物——1,4-二羰基化合物可借助α-卤代酮、α-卤代酸酯与含活泼氢的化合物反应进行切割。

④ 1,5-双官能团化合物——1,5-二羰基化合物可结合Michael反应进行切割。

⑤ 1,6-双官能团化合物——对于1,6-二羰基化合物，可以看成是环已烯衍生物在双键处氧化断裂而得到的，其他1,6-双官能团化合物可以通过官能团转换而得到。

⑥ 脂环和杂环化合物的切割——三元脂环化合物一般可切割成烯烃和碳烯；四元及六元脂环可看成是[2+2]，[4+2]环加成的结果；三元环醚通常看成是烯烃过酸氧化的产物；其他环醚则可看成是二元醇脱水或卤代醇发生Williamson反应的结果。

19.3.3.4 有机合成举例

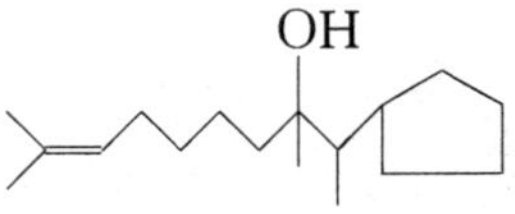

的合成

这是一个醇类化合物，在-OH附近进行切割：

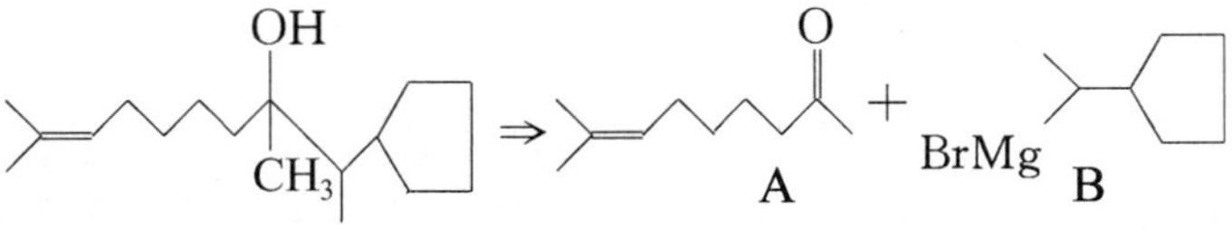


A与B仍为较复杂的化合物，再分别进行切割得到结构较简单的原料：

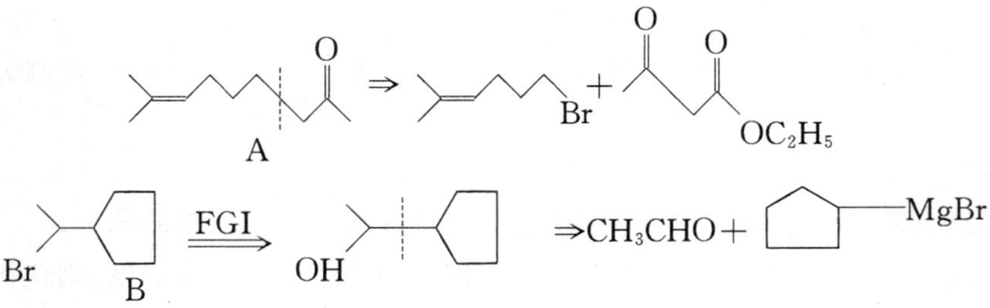


据此，该目标分子的会聚式合成路线如下：

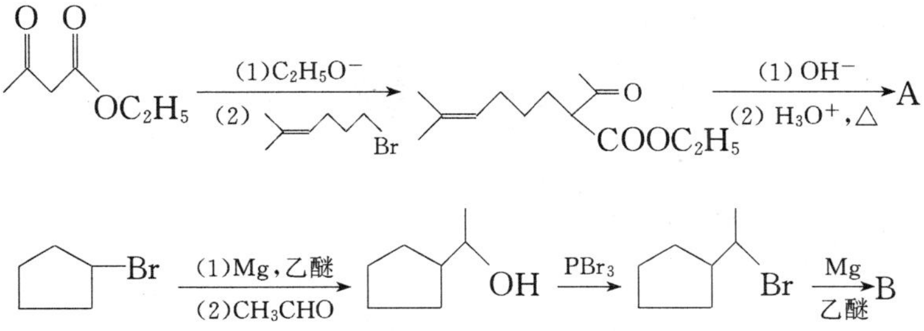

$A + B \longrightarrow \xrightarrow{H_3O^+} T.M.$

19.3.3.5　手征性合成简介

凡合成反应的产物具有旋光性，这种合成反应就称为手征性合成反应（Reaction of Chiral Synthesis）或不对称合成反应（Reaction of Asymmetric Synthesis），这种合成法称为手征性合成或不对称合成。

在手征性合成中生成的两种不同构型的对映体或非对映体的量是不相等的，其中有一种是过量的。目前，常用光学纯度百分率、对映体过量百分率或立体选择百分率（也叫手征性合成百分率）来表示对映体或非对映体的量不相等问题。

若产物彼此为对映体，则对映体过量百分率（%e.e.，Percent enantiomeric excess）：

$$\%\text{e. e.} = \frac{A_1 - A_2}{A_1 + A_2} \times 100\% = A_1\% - A_2\%$$

其中，$A_1A_2$ 分别代表数量较多和数量较少的两种对映体的量。一般情况下可假定旋光度与立体异构体的组成具有线性关系，所以在测量误差略而不计时，上述%e,e,就等于光学纯度百分率（Percent Optical Purity，简写为%O.P.）：

$$\%\text{O. P.} = \frac{[\alpha]\text{实测（样品）}}{[\alpha]\text{最大（纯品）}} \times 100\%$$

任何手征性合成必须在手性条件或环境中方可实现，例如使用手性的反应物、手性试剂、手性催化剂或手性溶剂等。

如丙酮酸甲酯进行非手性还原时，氢原子可以从羰基所在平面的两侧进攻，水解后生成等量的左旋和右旋乳酸，即外消旋体。如果用具有手性的丙酮酸-（－）-薄荷醇酯经过相同的还原和水解，得到的产物则呈左旋光性，即混合物中（－）-乳酸比（＋）-乳酸含量高，此反应即为手征性合成反应：

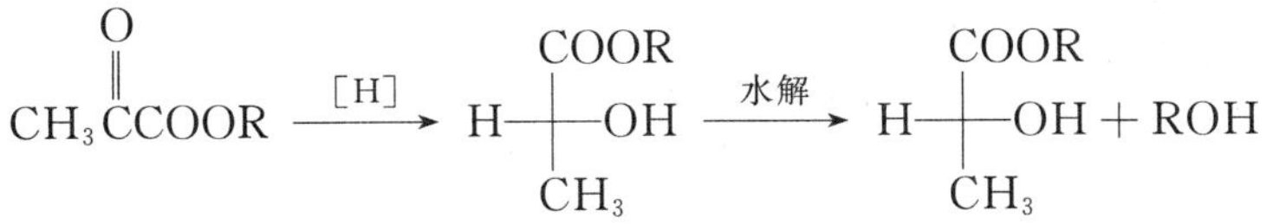

丙酮酸-（－）-薄荷醇酯手性的　（－）-乳酸-（－）-薄荷醇酯主产物　（－）-乳酸主产物

# 习　题

19-1　用反应式表示如何实现下列转变：

1. 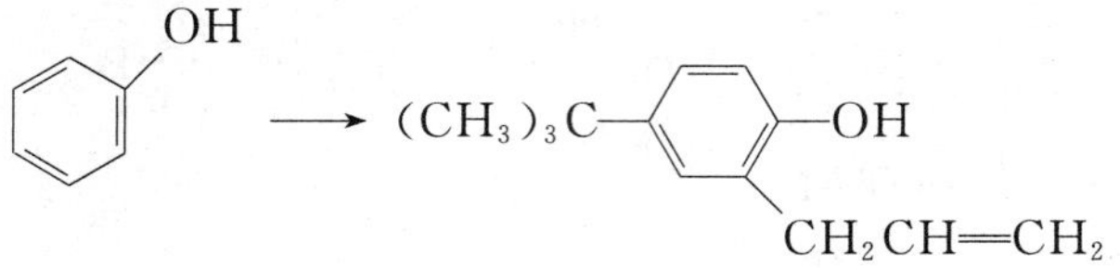

2. $CH_3CO(CH_2)_3COCH_3$ ⟶ 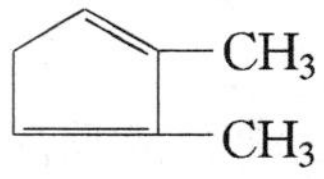

3. 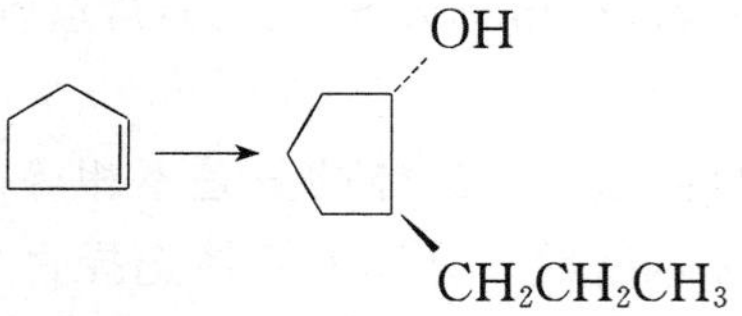

4. $CH_2{=}CHCOC(CH_3)_3$ ⟶ 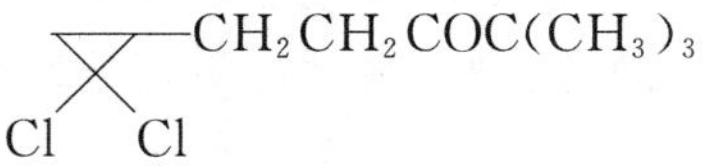

5. 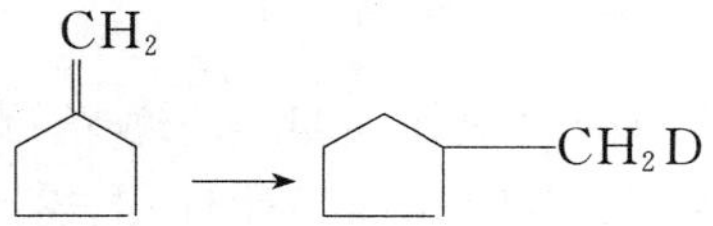

6. 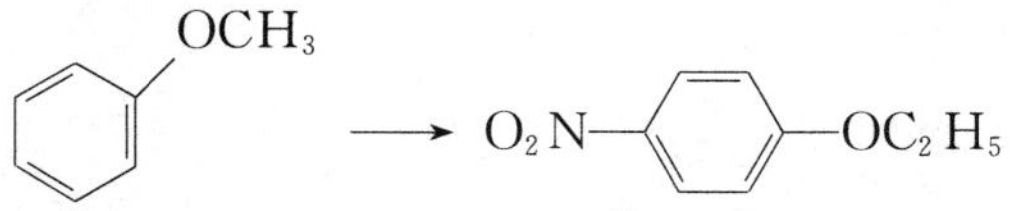

7. 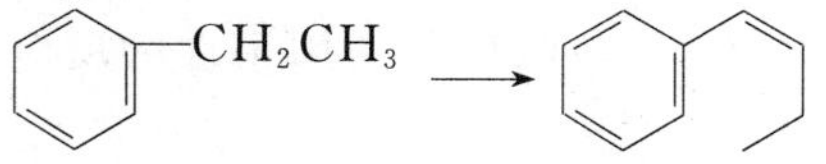

8. 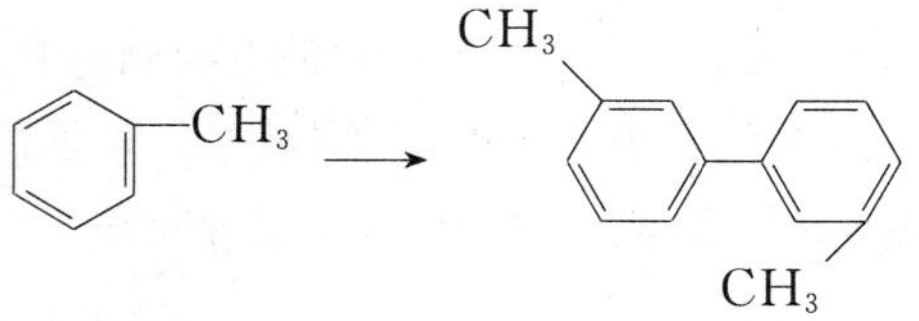

19-2　由苯及其简单的衍生物合成下列化合物(其他无机及有机原料任选)：

1. 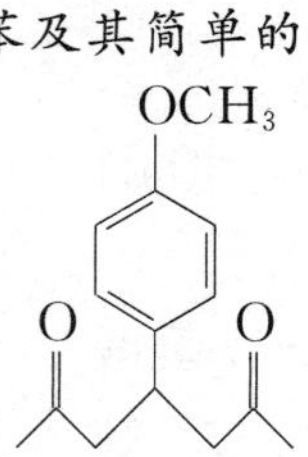

2. 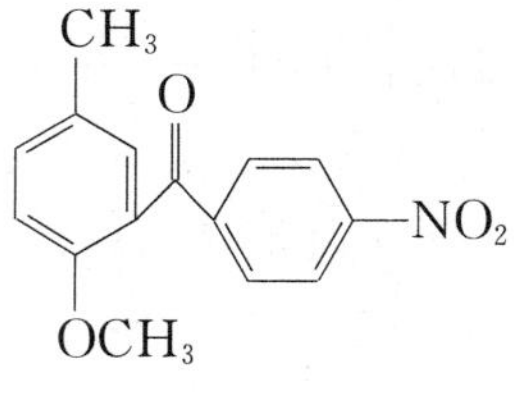

3. 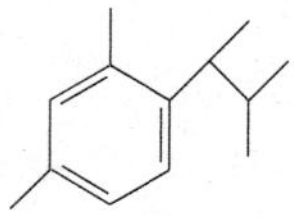

4. 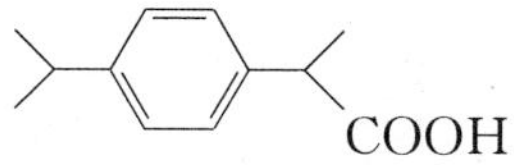

5. 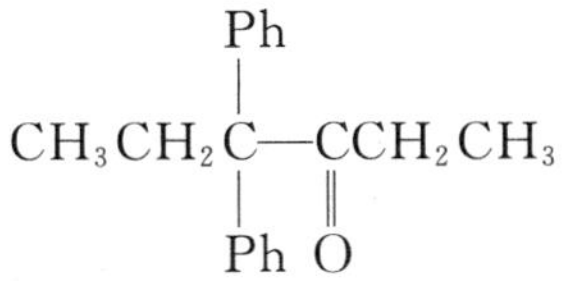


6. 2,3- 二氯乙苯

7. 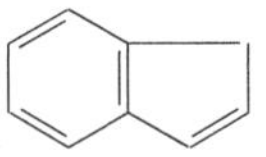

8. 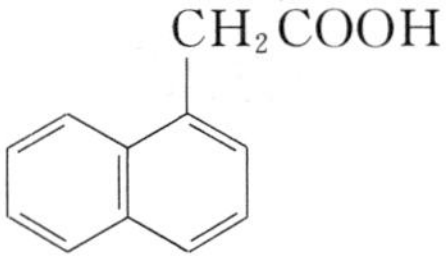

# 第二十章 碳水化合物

碳水化合物(Carbohydrates)又称糖类(Sugars 或 Saccharides),先前是指含有碳、氢、氧三种元素,其经验式符合 $C_n(H_2O)_m$ 通式的一类有机化合物,如淀粉、纤维素、蔗糖、麦芽糖、葡萄糖和果糖等。碳水化合物是自然界存在最多、分布最广的有机化合物。

不过,有些化合物如甲醛($CH_2O$)和乙酸($C_2H_4O_2$)虽然符合 $C_n(H_2O)_m$ 的通式,但它们的性质却与上述碳水化合物差别很大;而另一些化合物如鼠李糖($C_6H_{12}O_5$)和脱氧核糖($C_5H_{10}O_4$)虽然不符合 $C_n(H_2O)_m$ 的通式,但它们的性质却与上述碳水化合物极其相似。

## §20.1 碳水化合物的分类及单糖的结构和命名

碳水化合物是通过绿色植物的光合作用而形成的。

### 20.1.1 碳水化合物的分类

就分子中所含的官能团而言,碳水化合物可认为是多羟基醛(或酮),以及能水解成多羟基醛(或酮)化合物。根据能否水解及水解后的产物,可将碳水化合物分为三类。

单糖(Monosaccharides) 不能再水解的多羟基醛(或酮),称为单糖。分子中含醛基的单糖叫醛糖(Aldoses),含酮基的单糖叫酮糖(Ketoses)。根据分子中所含碳原子的数目,单糖又有丁糖、戊糖和己糖之分。例如苏糖(丁醛糖)、核糖(戊醛糖)、葡萄糖(己醛糖)和果糖(己酮糖)等都是单糖。

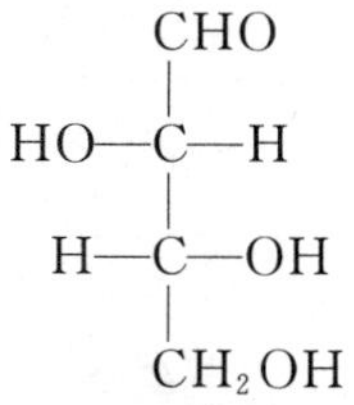
苏糖

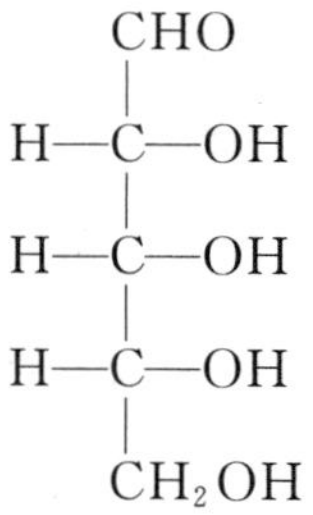
核糖

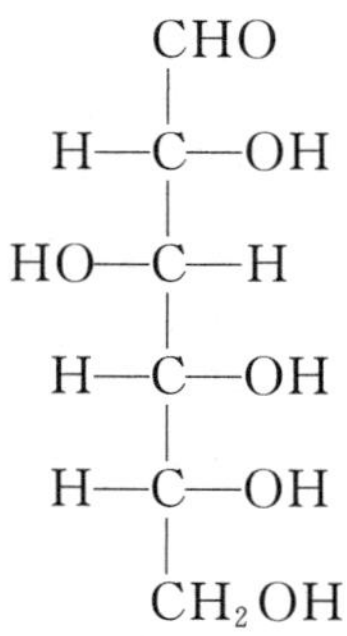
葡萄糖

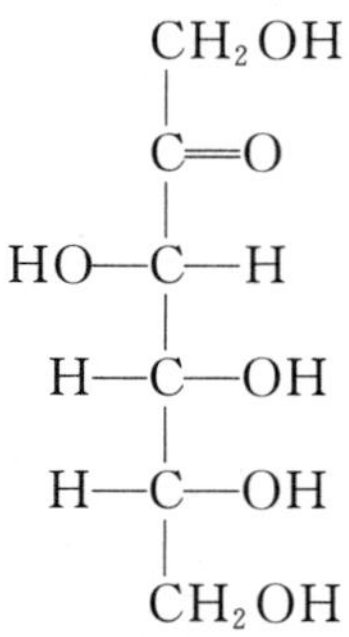
果糖

低聚糖(Oligosaccharides),能水解成 2～10 分子单糖的碳水化合物,统称低聚糖。根据水解时生成单糖分子的数目,低聚糖可分为二糖、三糖、四糖……低聚糖中以二糖

(Disaccharides)最为重要。例如麦芽糖(水解生成 2 分子葡萄糖)和蔗糖(水解生成 1 分子葡萄糖和 1 分子果糖)都是二糖。

多糖(Polysaccharides),能水解成 10 个以上单糖的碳水化合物统称多糖。例如淀粉和纤维素都是多糖。

### 20.1.2　单糖的结构

20.1.2.1　单糖的开链状结构

(1) 构型的 Fischer 式表示式　葡萄糖是己醛糖,它的分子式为 $C_6H_{12}O_6$,分子中有 4 个手性碳原子。在书写单糖的开链状构型式时,通常采用 Fischer 投影式,将单糖的碳链竖向放置,把醛基或酮基写在上方。下式 a→e 就是葡萄糖的 Fisecher 式(或其简写式):

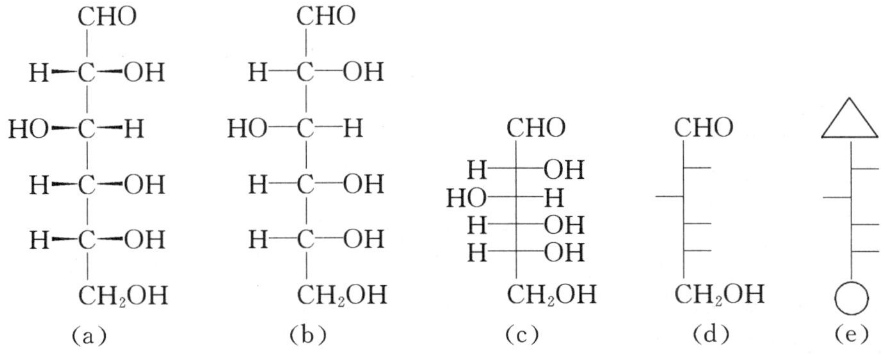

其中,(d)和(e)式中的横向短线代表羟基,而氢原子被省略;(e)式中三角符号代表醛基,圆圈符号则代表羟甲基。

果糖是己酮糖,与葡萄糖是构造异构体,分子式也是 $C_6H_{12}O_6$,其构造式 Fischer 式(或其简写式)为:

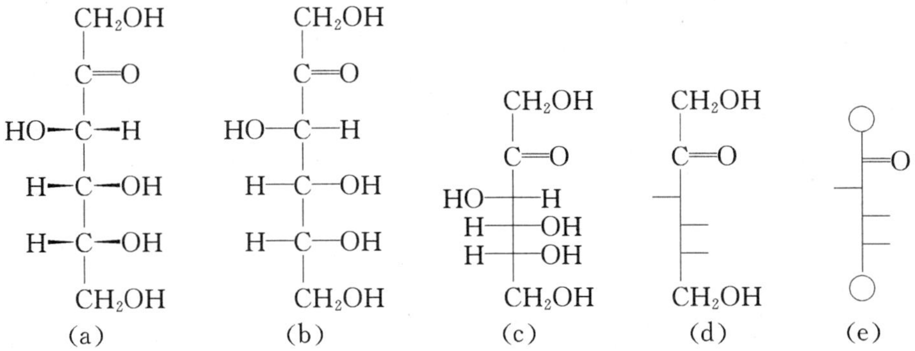

(2) 构型的 D/L 和 R/S 标记法

单糖构型的标记一般采用 D/L 法。

具体方法是:在甘油醛的 Fischer 投影式中,羟基在右边的规定为 D-型,而羟基在左边的定为 L-型;再以甘油醛的构型为相对标准,若单糖 Fischer 式中末端手性碳原子的构型与 D-甘油醛相同,则为 D-型糖,与 L-甘油醛相同,则为 L-型糖。例如:

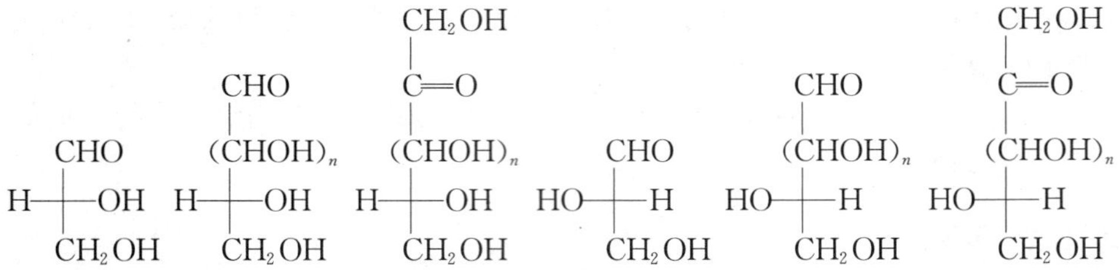

D-甘油醛　D-醛糖　D-2 酮糖　L-甘油醛　L-醛糖　L-2-酮糖

显然，上面已经提到的葡萄糖、果糖都是 D-型糖。需注意的是，自然界存在的单糖多为 D-型糖，只有 D-型糖才具有被人体吸收的生物活性。

除 D-(＋)-葡萄糖、D-(＋)-甘露糖和 D-(＋)-半乳糖在自然界中存在以外，其余 13 种皆为人工合成的。

单糖构型的 R/S 标记法，可参照以前介绍的原则，对单糖的每个手性碳原子的构型进行 R/S 标记。

20.1.2.2　单糖的环状结构

(1) 环状结构的实验事实　虽然单糖具有开链状结构，但是下列实验现象却无法得到解释，从而使人们联想到单糖或许也能以环状结构的形式存在。

① 葡萄糖虽能与 Tollens 试剂($Ag(NH_3)_2^+OH^-$)和 Fehling 试剂(用硫酸铜与酒石酸钾钠加氢氧化钠配成的溶液)反应，但却不能与饱和亚硫酸氢钠反应析出加成物。这说明它只有很少量的游离醛基。

② 在无水氯化氢的存在下，葡萄糖只能与 1 摩尔甲醇反应。这说明在葡萄糖分子中，醛基与羟基形成了环状的半缩醛，只有半缩醛羟基与甲醇起缩合反应，而不像普通的醛那样，能与 2 摩尔甲醇反应生成缩醛。

③ 将葡萄糖溶解于水时，会发生变旋现象。

将(D)-(＋)-葡萄糖在 50℃下用水或乙醇溶液重结晶，得到熔点为 146℃的 α-葡萄糖，其比旋光度[α]为＋112℃；而在 98℃以上用水或吡啶溶液重结晶，却得到熔点为 150℃的 β-葡萄糖，其比旋光度[α]为＋19°。用 α-葡萄糖新配制的水溶液的比旋光度为＋112°，逐渐降低到＋52.7°；而新配制的 β-葡萄糖的水溶液的比旋光度为＋19°，并逐渐升高到＋52.7°。葡萄糖的开链状结构无法解释上述变旋现象。

根据以上实验结果，1926 年英国化学家 W. H. Haworth 提出了葡萄糖的环状半缩醛结构。

(2) 环状结构的表示式

根据六元环比较稳定的结构理论和六元环化合物在天然产物中普遍存在的自然现象，可以认为葡萄糖的环状半缩醛结构为六元环，是醛基与 $C_5$ 上的羟基所形成的半缩醛。其表示式有如下两种：

① Fischer 式：在 D-(＋)-葡萄糖的开链状 Fischer 式(1)中，醛基是下伸的基团，$C_5$ 上的羟基是向右上方伸的基团，二者无法形成半缩醛。为此将式(1)的 $C_4—C_5$ 键旋转 120°得式(2)，式(2)的 $C_5$ 上的羟基与醛基同向，可形成两种半缩醛 α-型(3)和 β-型(4)：

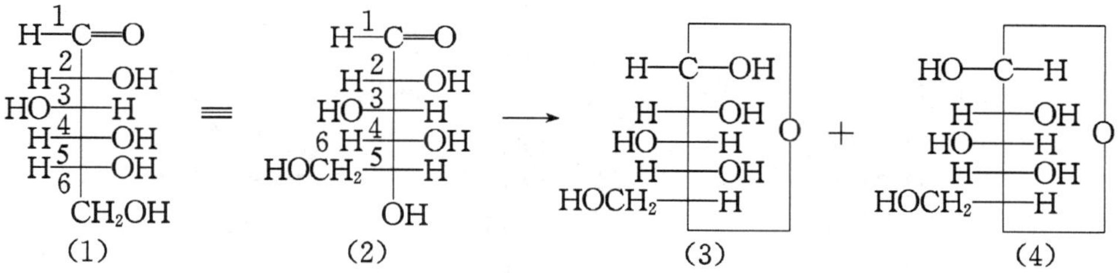

在表示单糖的环状结构时，Fischer 式并不常用，一般都用 Haworth 式表示。

② Haworth 式：由于式(3)和(4)中环上的氧原子是向内伸的，因此可将 Fischer 式(3)和(4)分别改写成 Haworth 式(7)和(8)：

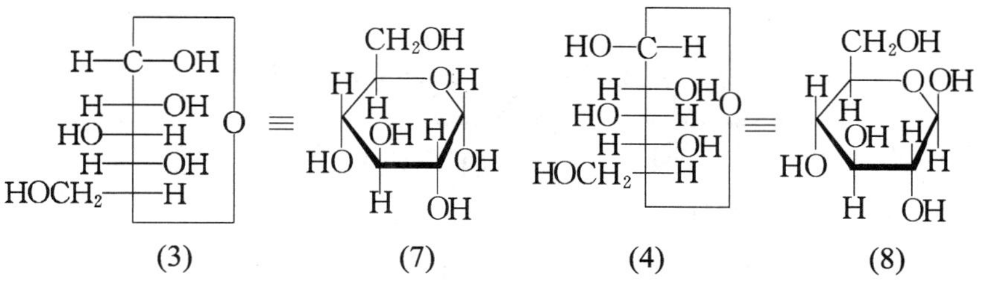

在式(7)和(8)中，环上的氧是向内伸的。Fischer 式中向右伸的基团在 Haworth 式则向下伸，向左伸的基团在 Haworth 式中则向上伸。

也可按下式所示，将开链 Fischer 式变成 Haworth 式：

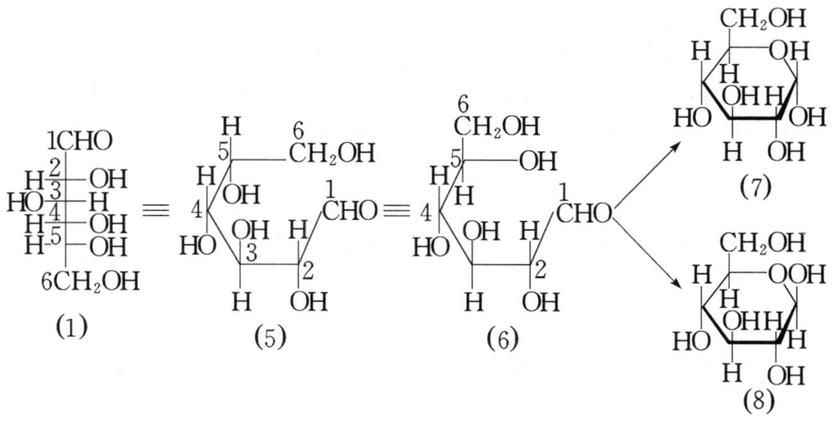

式(7)和(8)的名称分别为 α-D-(＋)-吡喃葡萄糖和 β-D-(＋)-吡喃葡萄糖。

用同样的方法，也可写出 D-(－)-果糖的环状结构 α-型(9)和 β-型(10)：

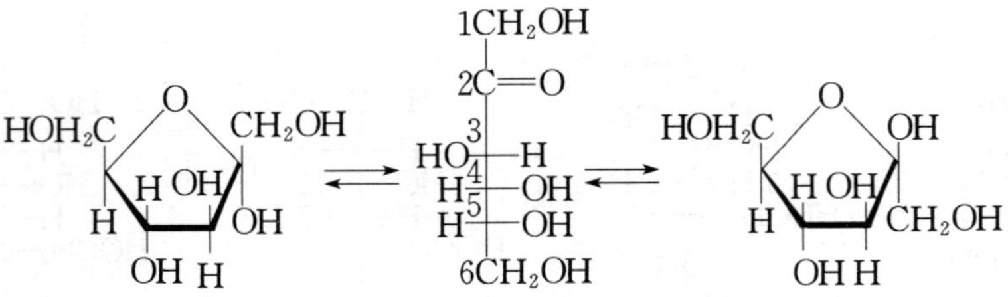

(9) D-(−)-果糖 (10)

另外,D-(+)-葡萄糖还会以呋喃型糖的形式、D-(−)-果糖以吡喃型糖的形式存在:

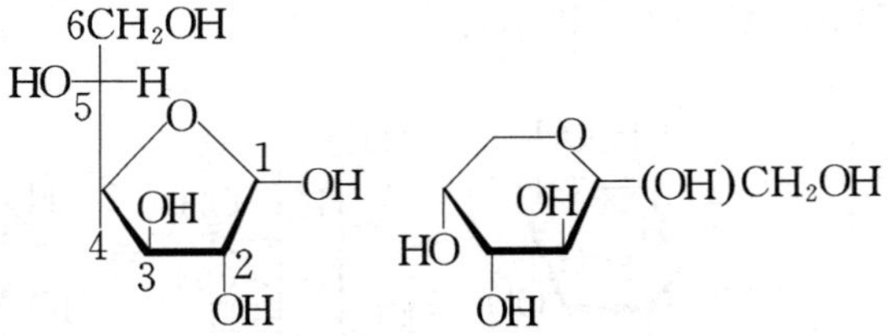

(11) (12)

式(11)为D-(+)-呋喃葡萄糖,而式(12)则为D-(−)-吡喃果糖。(11)和(12)中环上所连的氢原子均可被省略,这是书写单糖环状结构Haworth式的简便方法。

式(7)和(8)相比,其差别仅在于$C_1$的构型不同,它们的这种非对映体关系又称为正位异构体(anomer)或端基差向异构体。同样,式(9)和(10)也互为正位异构体。

20.1.2.3 单糖的构象

虽然Haworth式能表示出单糖环状结构的构型,但是它无法确切地展现环状半缩醛在空间的真实形象。经X射线衍射法测知,六元环状的吡喃型糖也同环己烷的衍生物一样,主要以椅式构象存在。现将α-及β-D-(+)-吡喃葡萄糖的构象式表示如下:

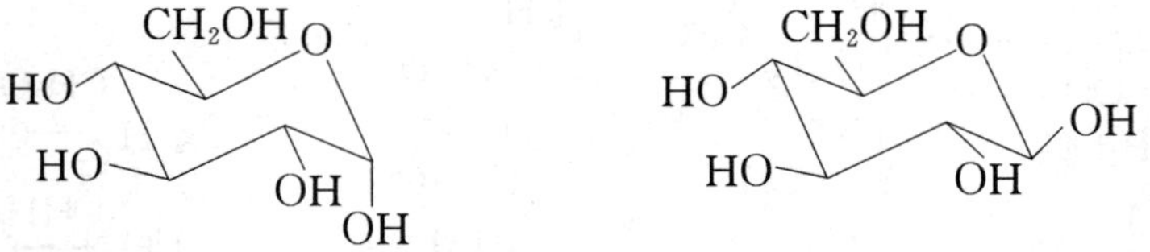

α-D-(+)-吡喃葡萄糖 β-D-(+)-吡喃葡萄糖

可见,β-型比α-型稳定,这就是在平衡时β-型占64%,而α-型占36%的根本原因。

### 20.1.3 单糖及其衍生物的命名

对开链状单糖,有两种命名法:一种方法是依次标出构型(用D或L),注明左旋(用"−"号表示)或右旋(用"+"号表示),最后写出俗名;另一种方法是将每个手性碳原子的位置编号和构型(用R或S)写在最前面,然后写出其系统名称。例如:

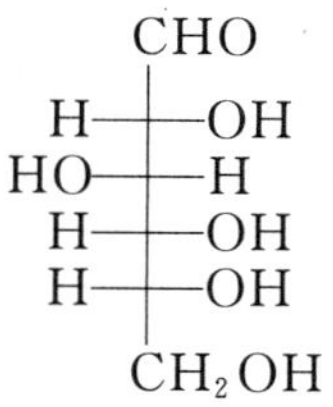

D-(+)-葡萄糖
或(2R,3S,4R,5R)-2,3,4,5,6-五羟基己醛

命名环状单糖时，将表示半缩醛羟基伸展方向的符号α-或β-放在名称的最前面，表示环大小的吡喃(对六元环)或呋喃(对五元环)等置于表示构型的D或L之后。例如：

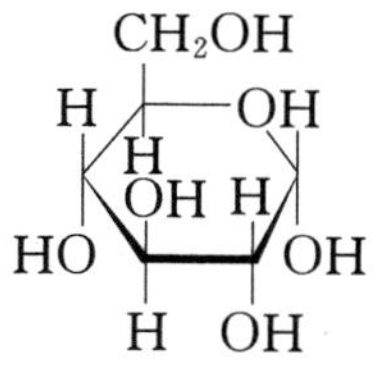

**α-D-(+)-吡喃葡萄糖**

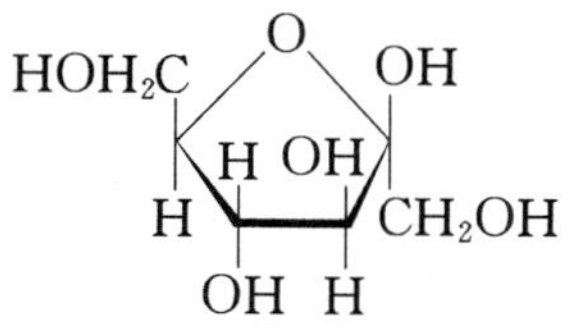

**β-D-(+)-呋喃果糖**

对于单糖半缩醛羟基上的氢原子被烃基取代而成的衍生物，在命名时将烃基的名称放在最前面，并依次写上糖的名称，以“苷”字缀后即得全称。例如：

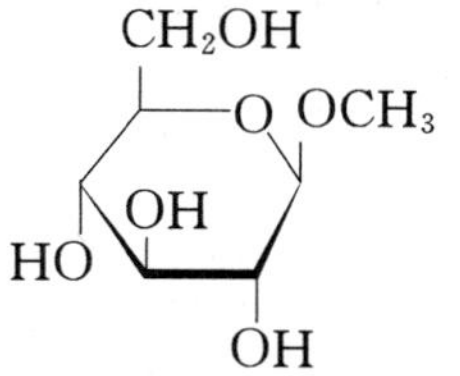

**甲基-β-D-(+)-吡喃葡萄糖苷**

对于单糖醇羟基上的氢原子被其他基团取代而成的氧取代糖及其衍生物，有两种命名方法：一种是以糖的名称为母体，将取代基所在碳原子的编号、大写英文斜体字母“O”和取代基的名称依次写在糖名最前面；另一种是以醚或酯为母体，将糖名写在最前面，将醚或酯的类称缀后，之间依次写上取代基的位置号和名称。例如：

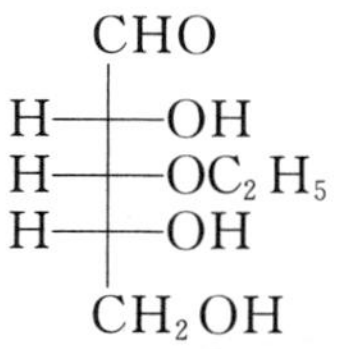

3-O-乙基-D-核糖
或D-核糖-3-乙醚

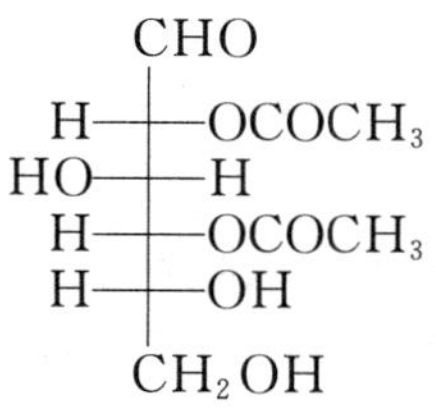

2,4-O-二乙酰基-D-葡萄糖
或D-葡萄糖-2,4-二乙酸酯

# §20.2 单糖的化学性质

## 20.2.1 互变异构现象

在浓度为 $8\times10^{-3}$mol/L 的稀氢氧化钠溶液中，在 35℃，经过 96 小时，通过醛式—烯醇式—酮式互变，D-葡萄糖变成了 D-果糖、D-甘露糖和 D-葡萄糖三者的平衡混合物。这就是互变异构现象，例如：

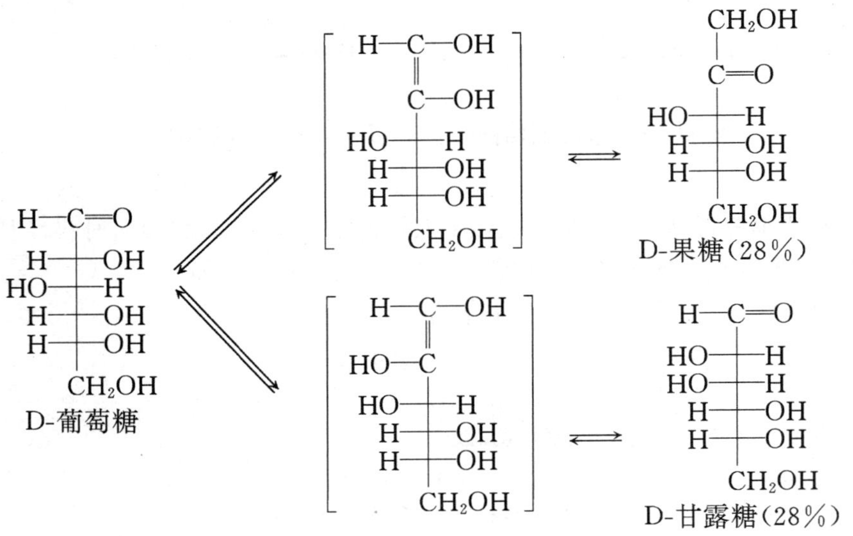

由于 D-葡萄糖与 D-甘露糖相比，只有 $C_2$ 的构型不同，因此二者互为差向异构体。二者互变的现象叫做差向异构化(Epimerization)。

## 20.2.2 氧化反应

由于单糖分子中具有羟基和醛基(或酮基)，因此它可以被氧化。使用不同的氧化剂，将会得到不同的产物。

(1) 用 Tollens 试剂等弱氧化剂氧化

Tollens 试剂($Ag(NH_3)_2^+\ OH^-$)能将醛糖(如 D-葡萄糖)及酮糖(如 D-果糖)氧化成相应的糖酸，并形成银镜：

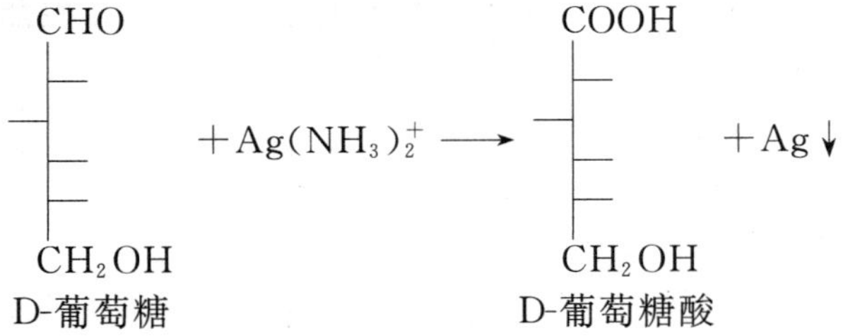

酮糖之所以起银镜反应，是因为它在碱性条件下可通过互变异构变成醛糖。Fehling 试剂（用硫酸铜与酒石酸钾钠加氢氧化钠配成的溶液），Benedict 试剂（用硫酸酮、柠檬酸和碳酸钠配成的溶液），它们均能将醛糖和酮糖氧化成相应的糖酸，并形成砖红色的氧化亚铜沉淀：

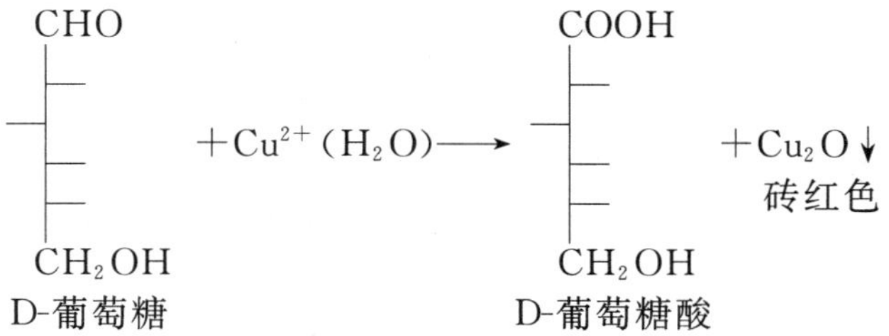


上述反应均可用于醛糖或酮糖的定性检验。与以上三种试剂呈阳性反应的糖叫做还原糖，呈阴性反应的糖叫做非还原糖。例如 D-葡萄糖、D-果糖和麦芽糖都是还原糖，而蔗糖则是非还原糖。Benedict 试验常用于糖尿病人的尿检。

(2) 用溴水氧化

溴水能将醛糖氧化成相应的糖酸：

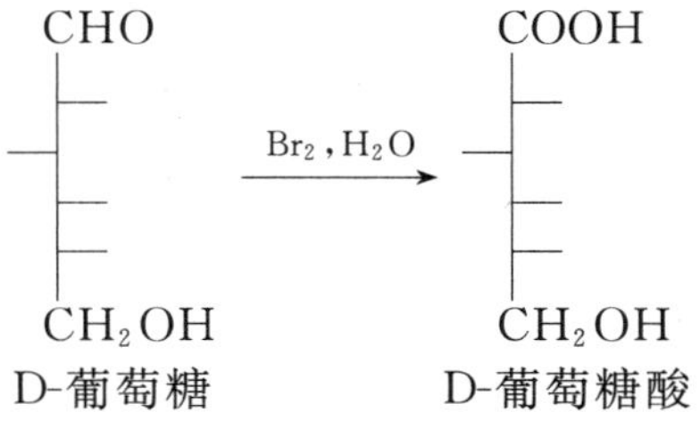


因溴水不能将酮糖氧化，故此反应可用于醛糖和酮糖的鉴别。

(3) 用硝酸氧化

硝酸能将醛糖氧化成相应的糖二酸。根据所生成的糖二酸是否具有旋光性，可首先确定其构型，进而推测原来醛糖的构型。例如：

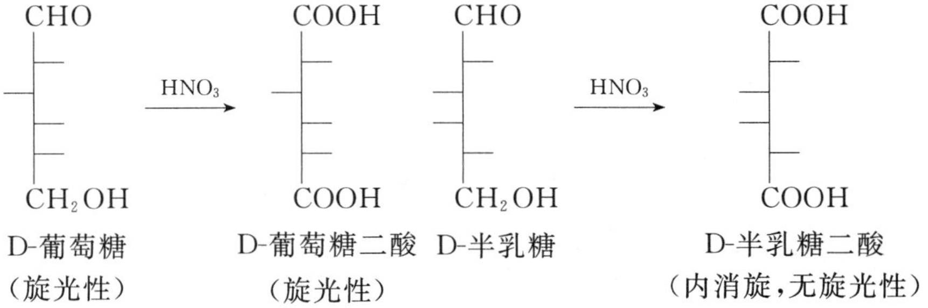


硝酸能将酮糖氧化成小分子的糖二酸，这是由于碳链发生断裂的结果。例如：

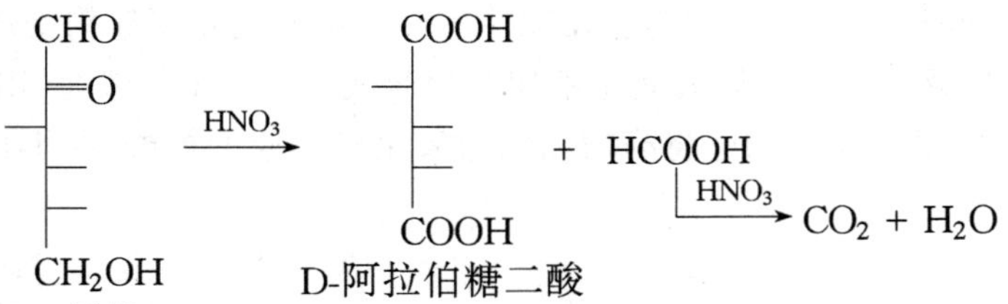

D-果糖　　D-阿拉伯糖二酸

(4) 用高碘酸氧化

因单糖具有邻二醇的相似结构，故可被高碘酸氧化而发生碳链断裂的反应。如：

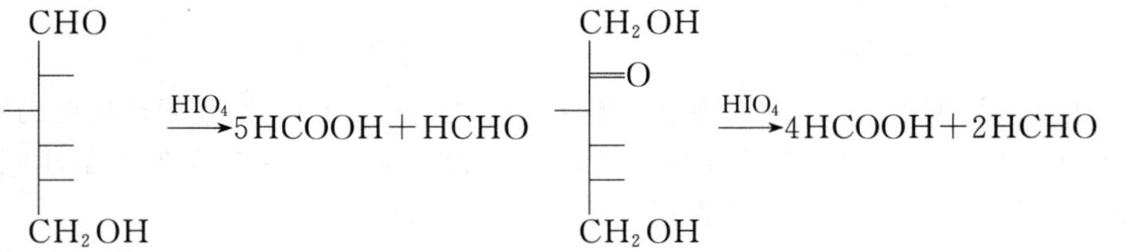

D-葡萄糖　　D-果糖

### 20.2.3　还原反应

用硼氢化钠、氢化铝锂还原，或用催化加氢的方法，可将单糖还原成相应的糖醇。根据所生成的糖醇是否具有旋光性，进而推测原来糖的构型。例如：

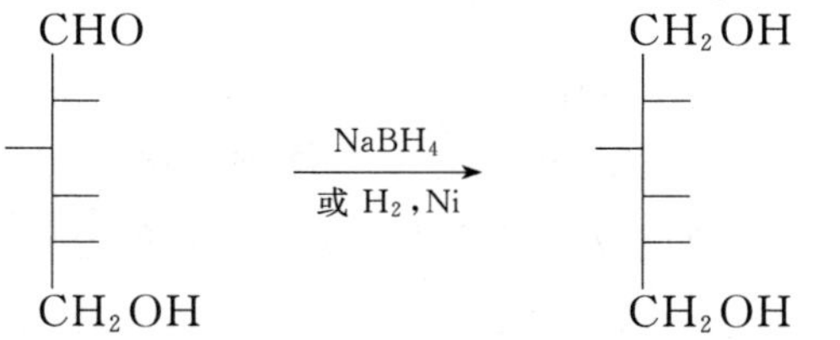

D-葡萄糖(旋光性)　　D-葡萄糖醇(旋光性)；

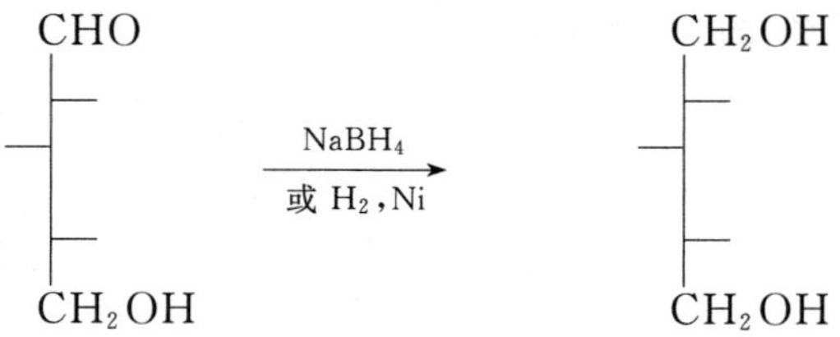

D-木糖(旋光性)　　D-木糖醇(内消旋，无旋光性)

### 20.2.4　成脎反应

单糖与苯肼反应可生成糖脎。由于反应发生在 $C_1$ 和 $C_2$ 原子上，而 $C_3$，$C_4$ 和 $C_5$ 的构型保持不变，因此凡 $C_3$，$C_4$ 和 $C_5$ 构型相同的单糖如葡萄糖、甘露糖和果糖，则生成相同的脎。糖脎均为不溶于水的晶体，不同的糖脎不但晶形不同，而且反应时生成的速率也不相同，故成脎反应可用于糖的鉴定。

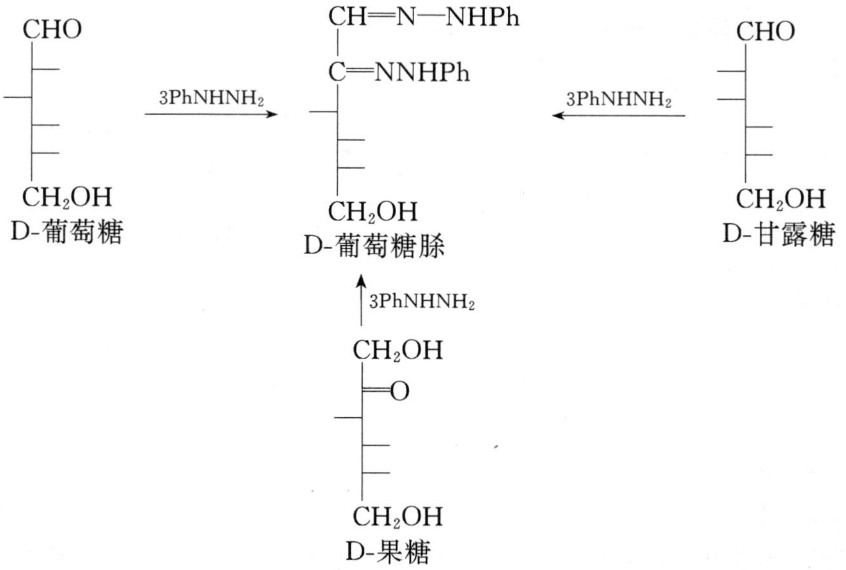


### 20.2.5　醛糖的递升和递降

递升是使醛糖变成多一个碳的醛糖的过程；递降是使醛糖变成少一个碳的醛糖的过程。

(1) 醛糖的递升——Kiliani-Fischer 合成法

醛糖的醛基与氢氰酸加成得羟基腈，用氢氧化钡水溶液水解、酸化并加热，得到羟基酸的 γ-内酯，再经 Na—Hg 齐还原，即得到高一级的醛糖：

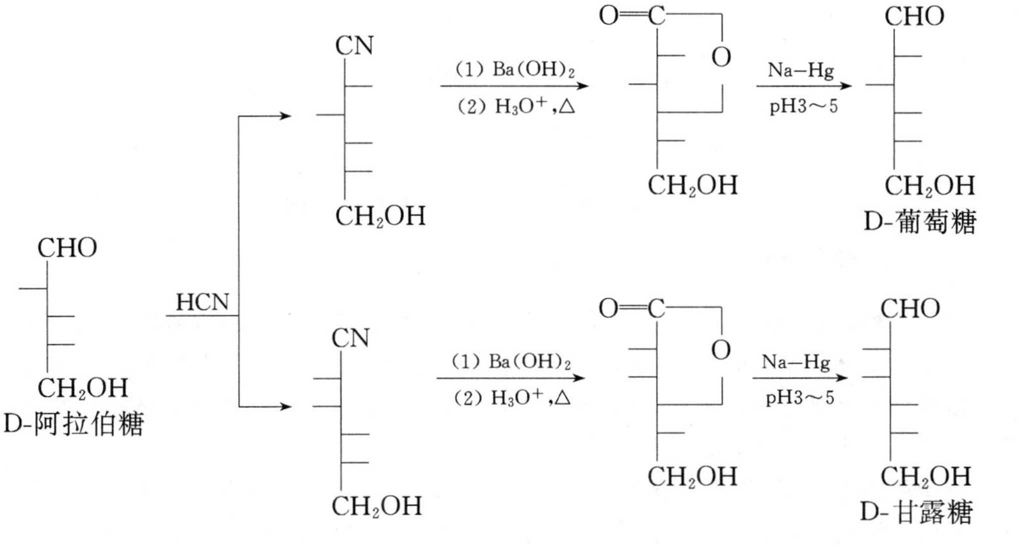


(2) Wohl 递降法

先使醛糖与羟胺反应生成肟，肟经乙酐脱水、酰化得酯基腈，后者在碱性溶液(如 Ag

$(NH_3)_2{}^+OH^-$)中水解去乙酰基得到羟基腈，经加热降解为少一个碳原子的醛糖和氢氰酸。上述 Wohl 递降法可视为 Kiliani-Fischer 合成法的逆过程：

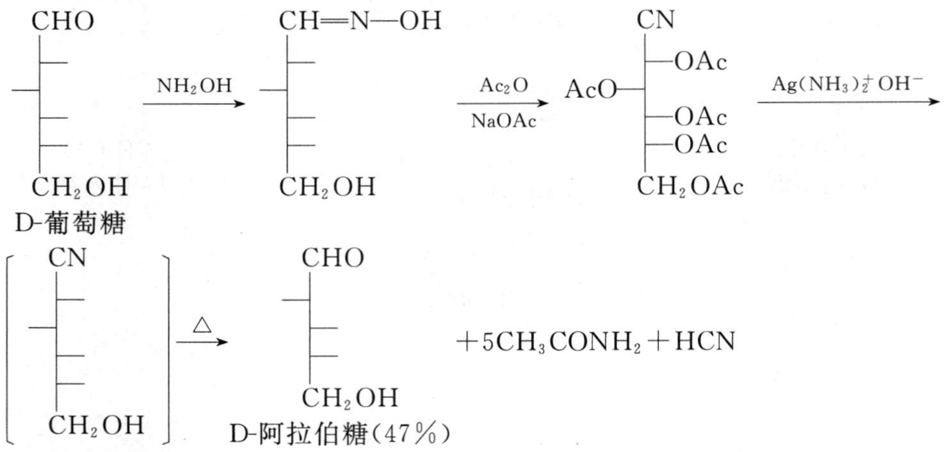

(3) Ruff 递降法

先将醛糖氧化成糖酸，再使之变为糖酸钙，再氧化成 α-羰基酸，后者经加热脱羧，最后得到少一个碳原子的醛糖：

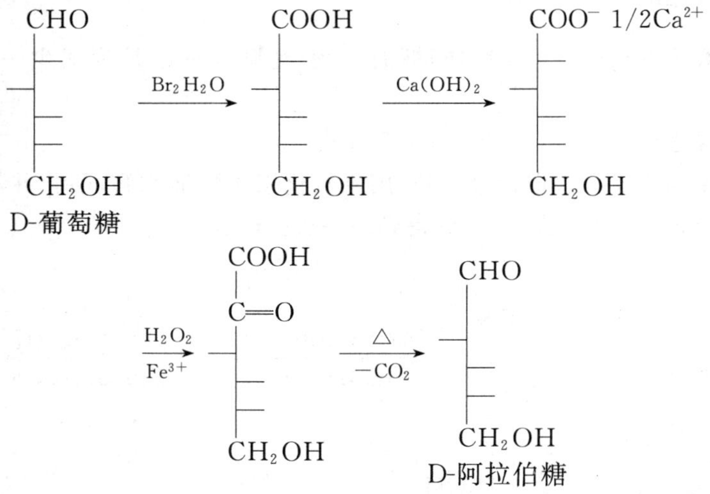

### 20.2.6 颜色反应

所有的糖(包括单糖、低聚糖和多糖)均能在硫酸的存在下与 α-萘酚作用，变成紫色，此反应称为 Molisch 反应，可用于糖的定性检验。具体操作是：将 α-萘酚的乙醇溶液沿试管壁慢慢加入到糖的水溶液中，再沿试管壁小心地注入浓硫酸，切勿摇动试管。此时在两相的界面处会出现一个紫色的环。

在盐酸的存在下，某些己酮糖(如 D-果糖等)可与间苯二酚作用变成红色，这个反应可用于己酮糖的鉴别。具体操作步骤是：将间苯二酚的盐酸溶液加入到糖的水溶液中，把盛液的试管置于沸水浴中加热，红色的出现则表明己酮糖的存在。

# §20.3 重要的单糖、低聚糖及多糖简介

## 20.3.1 核糖

自然界存在的核糖(Ribose)是无色晶体,熔点 87℃,其水溶液的比旋光度$[\alpha]_D$为$-23.7°$。它是一种戊醛糖,其构型为 D-型,故称 D-(—)-核糖。它的 $C_2$ 上脱氧后得 2-脱氧-D-核糖。其构型式为:

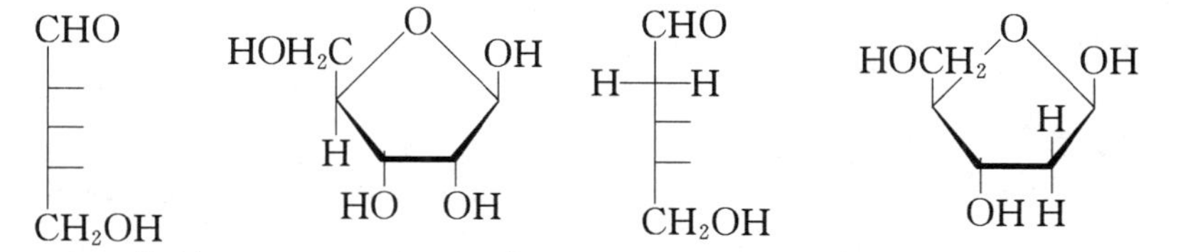

D-(—)-核糖　β-D-呋喃核糖　2-脱氧-D-核糖　β-2-脱氧-D-呋喃核糖

## 20.3.2 葡萄糖

葡萄糖(Glucose)是一种己醛糖,为无色晶体,熔点 146℃,其水溶液的比旋光度$[\alpha]_D$为$+52.7°$。它的甜度约为蔗糖的 70%。易溶于水,稍溶于乙醇,不溶于乙醚和烃类。

葡萄糖以游离或糖苷的形式,广泛存在于葡萄、蜂蜜、甜水果以及植物的种子、根、茎、叶和花中。麦芽糖、蔗糖、溶粉和纤维素的水解均可获得葡萄糖。工业上通常由淀粉的水解来生产葡萄糖。

## 20.3.3 果糖

果糖(Fructose)是一种 2-己酮糖,为无色晶体,熔点 102℃(分解),其水溶液的比旋光度$[\alpha]_D$为$-92°$。它是最甜的一种糖,易溶于水,可溶于乙醇和乙醚。

果糖广泛存在于甜水果、蜂蜜以及许多植物的种子、球茎和叶中,尤其菊科植物根部所含的菊粉中。它还是蔗糖的组成部分。工业上通常用酸或酶水解菊粉(果糖的高聚体)的方法来生产果糖。

## 20.3.4 低聚糖

(1) 麦芽糖

麦芽糖(Maltose)为无色晶体,熔点 160℃～165℃,水溶液平衡后的比旋光度$[\alpha]_D$为$+136°$。它的甜味不如蔗糖。麦芽糖是还原性二糖,它与 Tollens 试剂反应生成银镜,与 Fehling 试剂反应生成砖红色的氧化亚铜沉淀,与苯肼反应生成糖脎,可被溴水氧化成糖酸,溶于水后则发生变旋现象。麦芽糖的分子式为 $C_{12}H_{22}O_{11}$,其结构和在水溶液中的构象平衡如下:

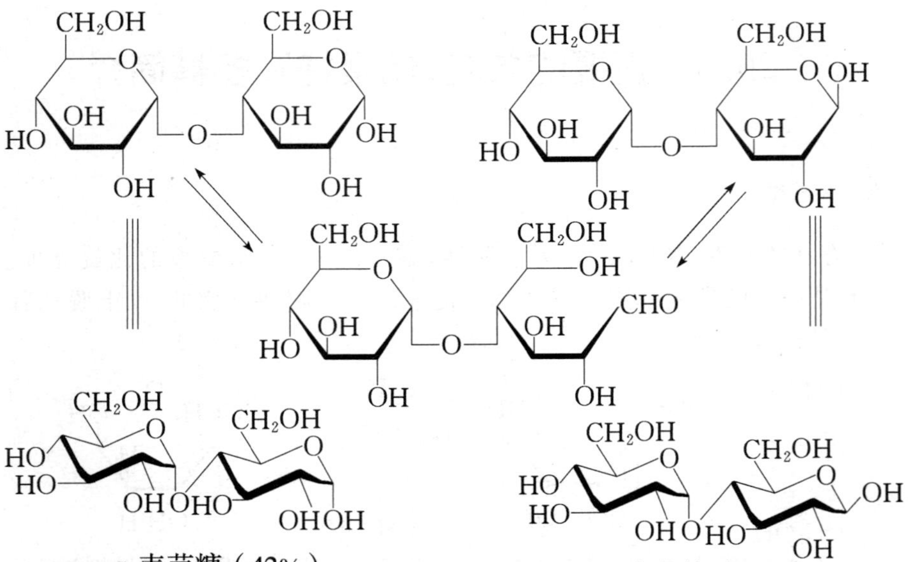

α-麦芽糖（42%） [α]：+168°　　β-麦芽糖（58%） [α]：+112°

在β-淀粉酶的存在下，淀粉水解则生成麦芽糖，β-淀粉酶通常存在于大麦芽中。在无机酸或α-葡萄糖苷酶的存在下，1 摩尔麦芽糖可水解生成 2 摩尔 D-葡萄糖。

（2）蔗糖

蔗糖(Sucrose)为无色晶体，熔点 180℃，加热到 200℃会变为褐色，水溶液的比旋光度$[\alpha]_D^{20}$为＋66.5°。易溶于水，可溶于 N,N-二甲基甲酰胺(DMF)和二甲亚砜(DMSO)，不溶于乙醇、乙醚和烃类。它的甜味强于葡萄糖和麦芽糖，而不如果糖。蔗糖是非还原性二糖，它与 Tollens 试剂、Fehling 试剂、苯肼、溴水等均不起反应，也不发生变旋现象。其构型和构象如下：

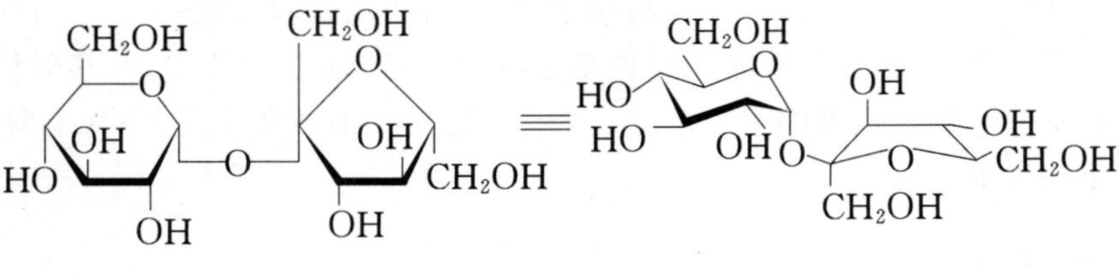

蔗糖经酸性水解可生成 1 分子 D-葡萄糖和 1 分子 D-果糖。由于蔗糖、葡萄糖和果糖的比旋光度分别为＋65.5°，＋52.7°和－92°，因此水解混合物是左旋的。

蔗糖广泛存在于自然界，尤其在甘蔗和甜菜中含量较多。

（3）乳糖

乳糖(Lactose)为无色晶体，无水物的熔点为 201℃～202℃，水溶液平衡后的比旋光度为＋55.4°。易溶于水，微溶于乙醇，不溶于乙醚和氯仿。其甜度约为蔗糖的 70%。乳糖为还原性二糖，它具有还原性二糖的通性。乳糖的分子式为 $C_{12}H_{22}O_{11}$ 其构型和构象如下：

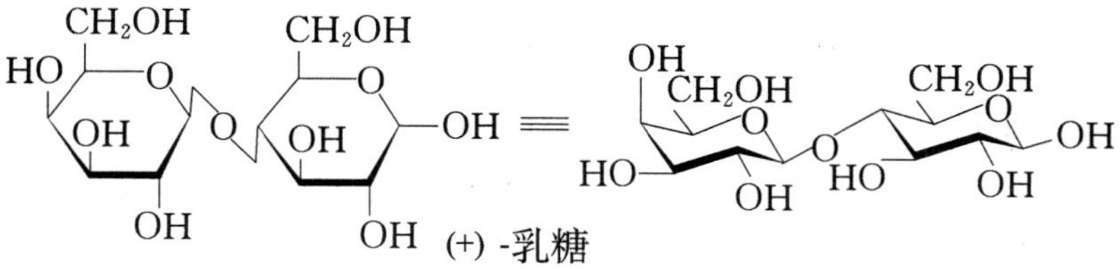


(+)-乳糖

乳糖存在于哺乳动物的乳汁中，牛乳中含 4%～5%，人乳中含 5%～8%。由牛奶制造干酪时可副产乳糖。在食品工业上可用于制造婴儿食品、糖果及人造奶油等，在医药上用作矫味剂。

### 20.3.5　多糖

多糖是一类天然高分子化合物，是由许多个单糖分子以糖苷键相互连接而成的。多糖无甜味，也没有还原性和变旋现象，在性质上与单糖和低聚糖有较大的区别。

多糖在自然界分布很广。例如构成植物骨架的纤维素，植物储藏的养分淀粉等，都是由多糖构成的。

（1）淀粉

淀粉(Starch)为白色无定形粉末。它广泛存在于植物的种子和块茎中，尤其是稻谷、谷类、薯类、玉米和土豆中含量较多。它的分子式可用$(C_6H_{10}O_5)_n$表示。淀粉经酸性水解，经糊精、麦芽糖，最后得到葡萄糖。

淀粉由直链淀粉（淀粉颗粒质）和支链淀粉（淀粉皮质）两部分组成。

① 直链淀粉　直链淀粉占淀粉总量的 10%～30%，是由 D-葡萄糖以 α-1,4-苷键相互连接而成的线型高聚物，含 50～200 个葡萄糖结构单元，分子量 1～6 万，能溶于热水但不成糊状。其结构可表示如下：

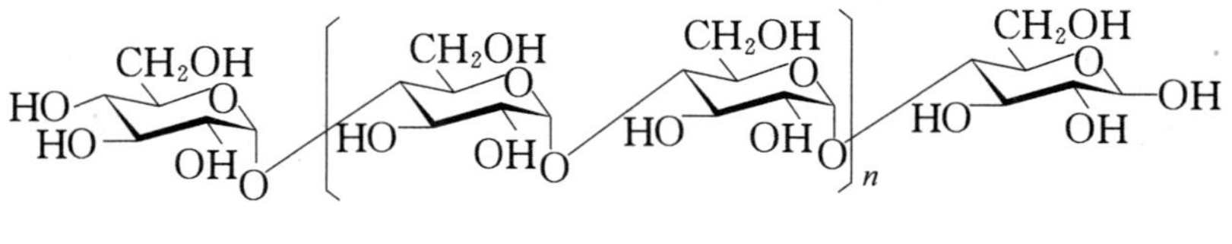


实际上，直链淀粉的构象并不是一条伸展的直链，而是螺旋状的开链大分子。由于螺旋的空间通道恰好可容纳碘分子，因此直链淀粉与碘能形成蓝色的络合物：

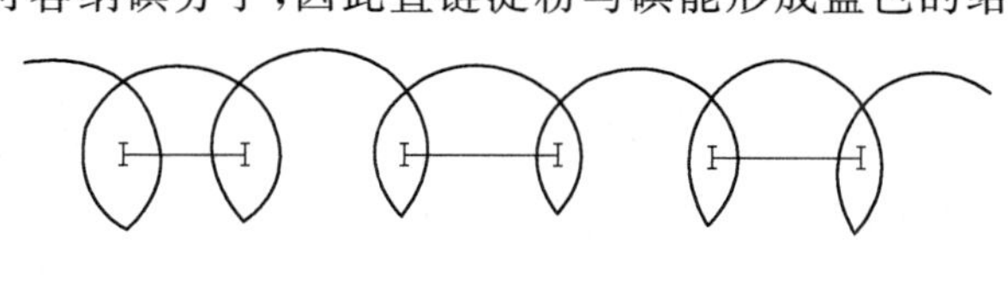

上述化学性质可用于淀粉的定性检验。淀粉水溶液可用作碘量分析法的指示剂。

② 支链淀粉　支链淀粉占淀粉总量的 70%～90%，它的分子中的 D-葡萄糖结构单元，不仅可以 α-1,4-苷键相连，而且也可以 α-1,6-苷键相连。支链淀粉的分子量比直链淀粉大得多，从几万、几十万到数百万不等。支链淀粉的结构可表示如下：

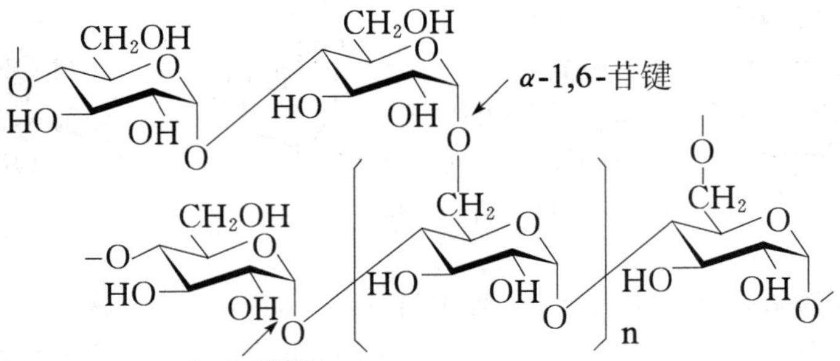


由于支链淀粉的高度分支的开链结构，更有利于接近水分子而发生氢键作用，因此支链淀粉比直链淀粉更易溶于水。

③ 糖原　糖原为无色粉末，溶于水但不呈糊状，不溶于乙醇。水溶液的比旋光度为+198°～200°。遇碘呈棕红色。在稀酸或淀粉酶的存在下水解，糖原可转变成麦芽糖和葡萄糖。糖原的结构与支链淀粉相似，但分支程度更高，分支更短。它的分子量从100万到数百万。

糖原主要存在于动物的肝脏和肌肉中，也存在于某些植物如真菌中。糖原是碳水化合物在动物体内的贮藏形式，是动物体的主要能量来源，故有动物淀粉之称。

④ 环糊精　环糊精为无色粉末，溶解于水，可包结某些有机物分子，从而增加有机物的水溶性。环糊精一般由6～12个D-葡萄糖结构单元以α-1，4-苷键相互连接成"锥筒"状。

由于环糊精中间空穴的亲油性和环外的亲水性，在有机物的分离、有机合成和医药工业等方面得到了广泛应用。

(2) 纤维素

纤维素(Cellulose)是自然界存在的一类多糖，不溶于水和各种有机溶剂。纤维素的分子式为$(C_6H_{10}O_5)_n$，是由1700～13000个D-葡萄糖结构单元以β-1，4-苷键相互连接而成的开链状的大分子，分子量一般在25～200万。纤维素的结构可表示如下：

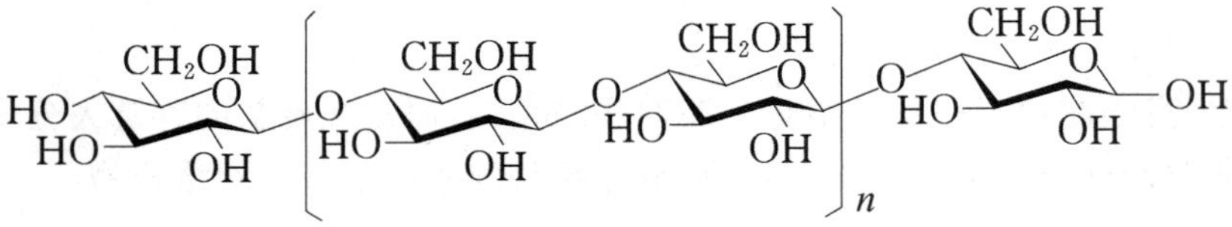

纤维素广泛存在于棉花、亚麻、木材、竹子、芦苇、麦秆、稻草和野草等植物中，是植物细胞壁的主要成分，是植物组织的骨架，常与木质素、半纤维素、树脂等伴生在一起。

# 习　题

20-1　回答下列问题：

1. 2-己酮糖有几种旋光异构体？请用 Fischer 式表示，用 D/L 法标记各异构体的构型，并指出哪一种是 D-果糖。
2. D-果糖分子中虽无醛基，但却能发生银镜反应。为什么？
3. 某单糖的衍生物经 4$HIO_4$ 氧化后得到下列产物：3HCOOH，HCHO，HOOC-CHO。请写出它的构造式。
4. 海藻糖是昆虫的主要血糠，它是由两分子 α-D-葡萄糖以 α-1,1-苷键连接而成。请写出它的 Haworth 式。

20-2　推测结构：

1. 某单糖 A 经硝酸氧化得到不旋光的己糖二酸。A 递降得戊醛糖，后者经硝酸氧化却得到有旋光性的戊糖二酸。试推断 A 的结构。
2. 某单糖 A($C_4H_8O_4$)能被 Fehling 试剂氧化，A 与乙酐作用生成三乙酸酯。A 与 $C_2H_5OH$/HCl 作用得到两种旋光异构体 B 和 C($C_6H_{12}O_4$)的混合物。B 用高碘酸氧化得到旋光性产物 D($C_6H_{10}O_4$)，而 C 经高碘酸氧化却得到 D 的对映体 E。A 用硝酸氧化可得旋光性的糖二酸 F($C_4H_6O_6$)。试推测 A→F 的结构。
3. 某旋光性的 D-醛糖 A 经 $NaBH_4$ 还原得到无旋光性的糖醇 B。A 递降后得戊醛糖 C，C 经 $HNO_3$ 氧化得有旋光性的戊糖二酸 D。试推断 A→D 的结构。
4. 某 D-型单糖的衍生物 A($C_5H_{10}O_4$)能被 Tollens 试剂和 Fehling 试剂氧化，有变旋现象，但不能成脎。A 经溴水氧化得旋光性糖酸 B。A 经硝酸氧化得旋光性二酸 C。A 用 $HIO_4$ 氧化可得到丙二醛、甲酸和甲醛。用 $(CH_3O)_2SO_2$ 和 NaOH 使 B 完全甲基化得三甲氧基戊酸 D。D 与 $Br_2$/P 作用所生成的 α-溴代酸经水解，则生成 2,3,4,5-四羟基戊酸，后者的钙盐与 $H_2O_2/Fe^{3+}$ 作用后降解，得到丁醛糖 E。E 经硝酸氧化则生成内消旋酒石酸。试推测 A→E 的结构。
5. 某己醛糖 A 经硝酸氧化生成旋光性糖二酸 B。将 A 递降可得到戊醛糖，后者用硝酸氧化却得到不旋光的糖二酸 C。与 A 生成相同糖脎的另一己醛糖 D 经硝酸氧化，得到的糖二酸 E 无旋光性。试推断 A→E 的结构。
6. 两种旋光性 D-型丁醛糖 A 和 B 与苯肼作用可生成相同的脎。经硝酸氧化，A 和 B 分别生成旋光性和无旋光性酒石酸。试推测 A 和 B 的结构。

20-3　用化学方法区别下列各组化合物：

1. 甲基-D-吡喃葡萄糖苷和 2-O-甲基-D-吡喃葡萄糖
2. D-葡萄糖和己六醇
3. D-葡萄糖和 D-果糖
4. 麦芽糖和蔗糖
5. 蔗糖和淀粉

# 第二十一章　氨基酸、蛋白质和核酸

蛋白质(Proteins)和核酸(Nucleic acids)是与生命密切相关的两类基本物质。核酸对生物遗传和蛋白质的生物合成等起重要的作用。蛋白质是功能高分子，既是生物体特别是动物体的构架材料，又具有一些特殊的功能。蛋白质的基本结构单位是氨基酸(Amino acids)。

## §21.1　氨基酸

### 21.1.1　氨基酸的结构、分类和命名

分子中含有氨基($—NH_2$)和羧基(—COOH)的化合物统称为氨基酸。组成蛋白质、多肽的氨基酸共二十多种，它们在结构上的共同特点是在羧基的 α-碳上连有一个氨基，称为 α-氨基酸，可用下述通式表示：

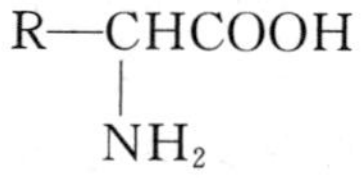

根据分子中氨基和羧基的数目，氨基酸可分为中性、碱性和酸性三类。若分子中只含一个$—NH_2$ 和一个—COOH，为中性氨基酸。实际上，由于氨基的碱性和羧基的酸性并不能恰好完全抵消，因此不是真正的中性分子。分子中含有两个$—NH_2$，或一个$—NH_2$ 及另一个碱基(如胍基，咪唑环等)的为碱性氨基酸。若氨基酸分子中含一个$—NH_2$，二个—COOH，则为酸性氨基酸。

氨基酸的系统命名法是以羧酸为母体，氨基当作取代基。来源于蛋白质的氨基酸通常用俗名。例如：

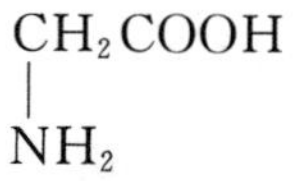

氨基乙酸
(甘氨酸)

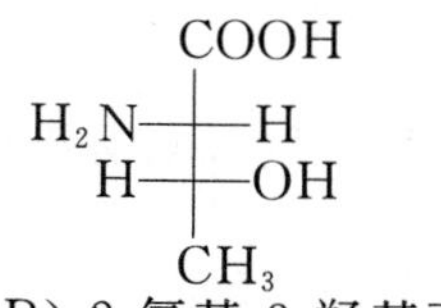

(2S,3R)-2-氨基-3-羟基丁酸
(L-苏氨酸)

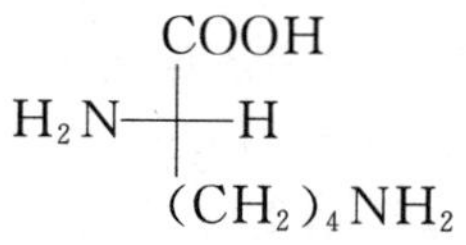

(S)-2,6-二氨基己酸
(L-赖氨酸)

### 21.1.2　氨基酸的物理性质

α-氨基酸为无色晶体，易溶于水而难溶于非极性有机溶剂。熔点较高，许多在加热至熔点时分解。显然这与它们的结构密切相关。α-氨基酸是两性离子化合物，为高极性物

质。晶体中分子间的静电吸引力较强，要改变分子的有序排列，需要较高的能量。

在红外光谱中，α-氨基酸没有特征的 C═O 吸收带，但在 1600 $cm^{-1}$附近有一羧基负离子吸收带，在 3100～2600 $cm^{-1}$有 N—H 的伸缩振动吸收带。

### 21.1.3 氨基酸的化学性质

21.1.3.1 两性和等电点

氨基酸分子中既有弱碱性的氨基又有弱酸性的羧基，分子内形成盐，是一个偶极离子。它既能与较强的酸作用生成铵盐，又能与较强的碱作用生成羧酸盐，显两性化合物的特性。在水溶液中与酸、碱反应的过程表示如下：

$$R-\underset{\underset{^{+}NH_3}{|}}{CH}-COOH \underset{H^+}{\overset{OH^-}{\rightleftharpoons}} R-\underset{\underset{^{+}NH_3}{|}}{CH}COO^- \underset{H^+}{\overset{OH^-}{\rightleftharpoons}} R-\underset{\underset{NH_2}{|}}{CH}COO^-$$

（中间产物：偶极离子）

氨基酸在水溶液中存在如下平衡：

$$RCH(NH_2)COOH \rightleftharpoons RCH(^{+}NH_3)COO^- \xrightarrow{H_2O} \begin{cases} \rightleftharpoons RCH(^{+}NH_3)COOH + OH^- & \text{正离子} \\ \rightleftharpoons RCH(NH_2)COO^- + H_3O^+ & \text{负离子} \end{cases}$$

由于氨基酸中-COOH 的离解能力与-$NH_2$ 接受质子的能力不相等，或者说-$COO^-$ 接受质子的能力与-$\overset{+}{N}H_3$ 解离出质子的能力相等，因此中性氨基酸水溶液的 pH 值不等于 7（一般小于 7），酸性氨基酸和碱性氨基酸的 pH 值分别小于 7 和大于 7。当外加适量的酸和碱时，有可能使溶液中正离子和负离子浓度相等，此时氨基酸完全以两性离子形式存在。将此溶置于电场中，氨基酸既不会向阳极移动，也不会向阴极移动，这时溶液的 pH 值称为该氨基酸的等电点(PI，isoelectric point)。不同的氨基酸其等电点也不相同，中性 α-氨基酸的等电点在 5～6.3 之间，酸性的在 2.8～3.2 之间，碱性的在 9.7～10.7 之间。在等电点时，偶极离子的浓度最大，氨基酸的溶解度最小，因此可以通过调节等电点来分离、提纯氨基酸。

21.1.3.2 酯化

α-氨基酸的羧基可用普通的方法酯化。例如：

$$(CH_3)_2CHCH_2\underset{\underset{^{+}NH_3}{|}}{CH}COO^- \xrightarrow[\text{(2) 浓缩，加醚}]{\text{(1)}CH_3OH,HCl(\text{气})} (CH_3)_2CHCH_2\underset{\underset{^{+}NH_3Cl^-}{|}}{CH}CO_2CH_3$$

亮氨酸　　　　亮氨酸甲酯盐酸盐(70%)

氨基酸的甲酯、乙酯和苄酯是多肽合成中常用的中间体。苄酯可用苯磺酸作催化剂来制备：

$$H_3\overset{+}{N}CH_2COO^- \quad PhCH_2OH \xrightarrow{C_6H_5SO_3H} [H_3\overset{+}{N}CH_2COOCH_2Ph]C_6H_5SO_3^-$$

甘氨酸　　苄醇　　　　甘氨酸苄酯苯磺酸盐(90%)

21.1.3.3 酰化反应

在弱碱性条件下，酰氯和酸酐可以与氨基酸的游离氨基发生酰化反应：

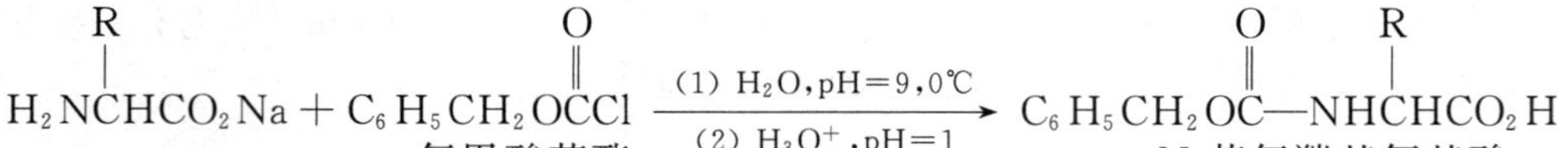


氯甲酸苄酯　　N-苄氧羰基氨基酸

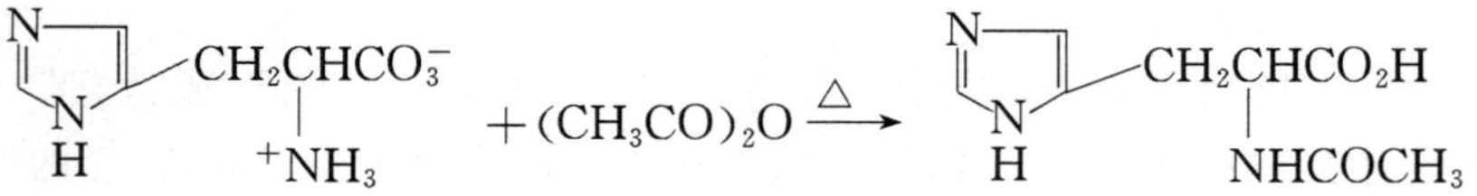

组氨酸　　乙酐　　N-乙酰基组氨酸(80%)

21.1.3.4　与茚三酮反应

α-氨基酸用水合茚三酮处理时呈紫色：

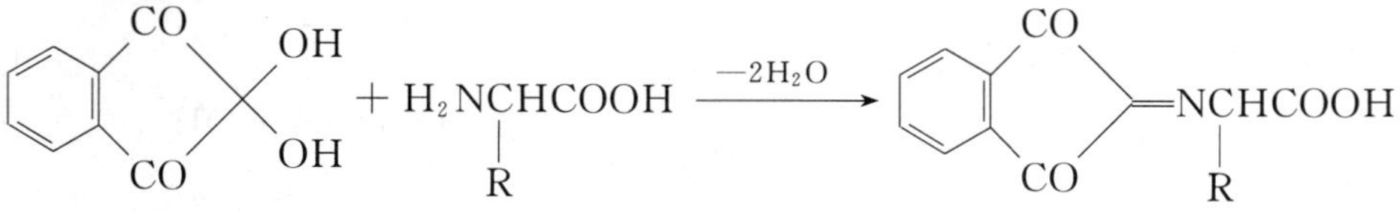

水合茚三酮

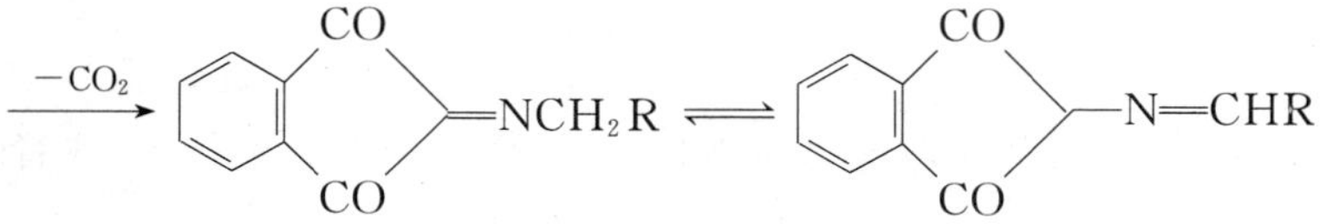

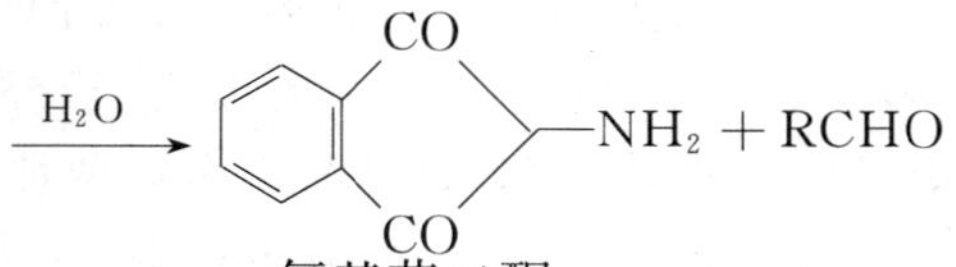

氨基茚二酮

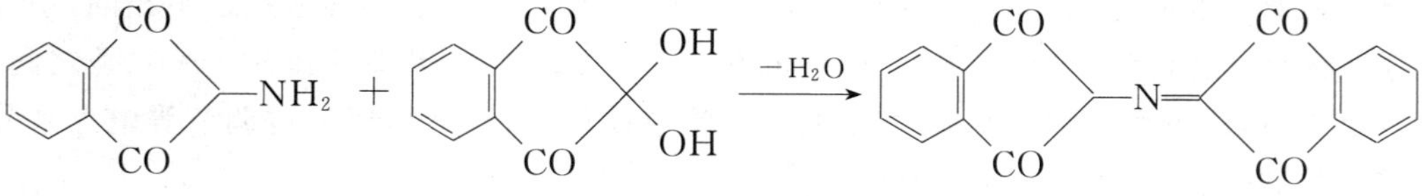

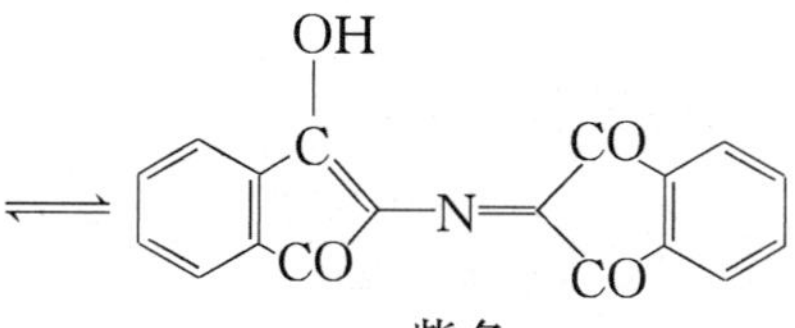

紫色

反应中α-氨基酸氧化成醛，同进脱去氨基，水合茚三酮则生成氨基茚二酮。后者再与另一分子的水合茚三酮脱水生成紫色物质。生成的紫色溶液在570 nm有强吸收，其强度与α-氨基酸的浓度呈线性关系，所以此反应可用于α-氨基酸的定量分析，也用于α-氨基酸的电泳、纸层析、薄析层析等定性分析的显色。N-取代的α-氨基酸、β-氨基酸以及γ-氨基酸等均不与水合茚三酮发生显紫色反应。

21.1.3.5　受热反应

与羟基酸相似，α-，β-，γ-等氨基酸受热后可发生不同的反应。

α-氨基酸受热时，两分子间氨基和羧基发生脱水，生成六元环状交酰胺——2，5-哌嗪二酮衍生物。例如：

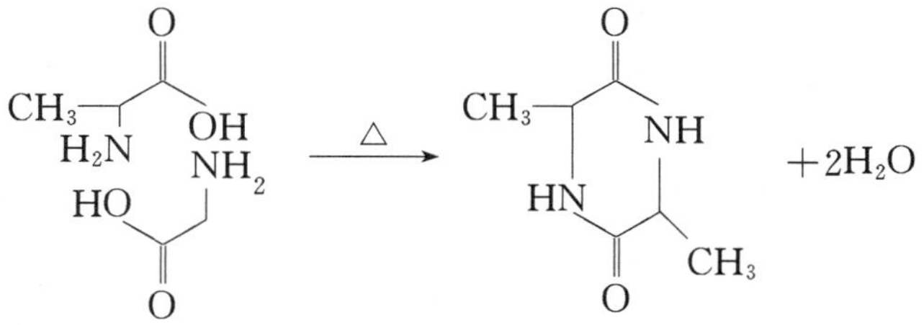

3，6-二甲基-2，5-哌嗪二酮

β-氨基酸受热时分子内失氨生成 α，β-不饱和酸：

$$R-\underset{NH_2}{\underset{|}{C}}HCH_2COOH \xrightarrow{\triangle} RCH=CHCOOH + NH_3$$

γ，δ-氨基酸受热时，则分子内氨基和羧基失水生成内酰胺：

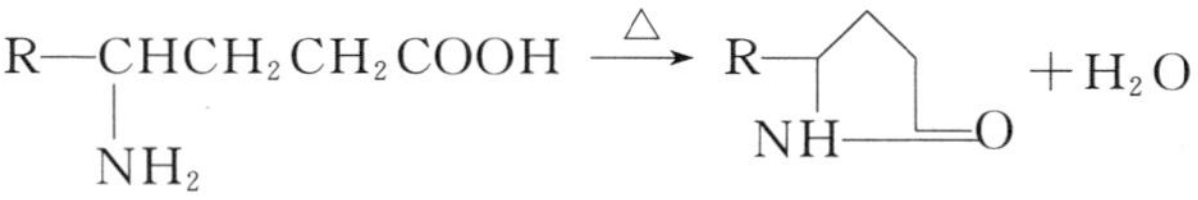

γ-氨基酸　　　γ-丁内酰胺

δ-氨基酸　　　δ-戊内酰胺

如果氨基与羧基相距更远，受热后则分子间氨基与羧基脱水生成聚酰胺。

21.1.3.6　脱氨和脱羧反应

α-氨基酸在氧化剂或酶的作用下，脱去氨生成酮酸。α-氨基酸经脱羧酶的作用，放出 $CO_2$ 并生成相应的胺。

将氨基酸小心加热或在高沸点溶剂中回流，可失去 $CO_2$ 而得到胺。例如：

$$H_3\overset{+}{N}(CH_2)_4\underset{NH_2}{\underset{|}{C}}HCOO^- \xrightarrow{\triangle} H_2N(CH_2)_5NH_2 + CO_2$$

赖氨酸　　　戊二胺（尸胺）

### 21.1.4　氨基酸的来源与制法

21.1.4.1　氨基酸的来源

利用蛋白质的水解，可以得到氨基酸。例如毛发在 6 mol/L 盐酸中于 110℃水解几小时，可以得到 L-胱氨酸等多种氨基酸。糖、淀粉等的微生物发酵，也可得到氨基酸。例如糖或淀粉在谷氨酸短杆菌存在下发酵，可得到谷氨酸。食用味精（谷氨酸钠）就是用这种方法生产的。

21.1.4.2　氨基酸的制备方法

用化学合成法制得的氨基酸，通常是外消旋体。

（1）α-卤代酸的氨化　α-卤代酸与氨反应可制得 α-氨基酸：

$$\underset{\substack{|\\X}}{R{-}CH{-}COOH} + NH_3 \longrightarrow \underset{\substack{|\\NH_2}}{RCHCOOH} + NH_4X$$

$$X = Cl, Br$$

通常使用过量的氨，以防止氨基的多烷基化。α-卤代酸可由羧酸的卤化得到。

（2）Gabriel 合成法　邻苯二甲酰亚胺钾盐与 α-卤代酸酯反应，尔后将生成物水解，可制得 α-氨基酸：

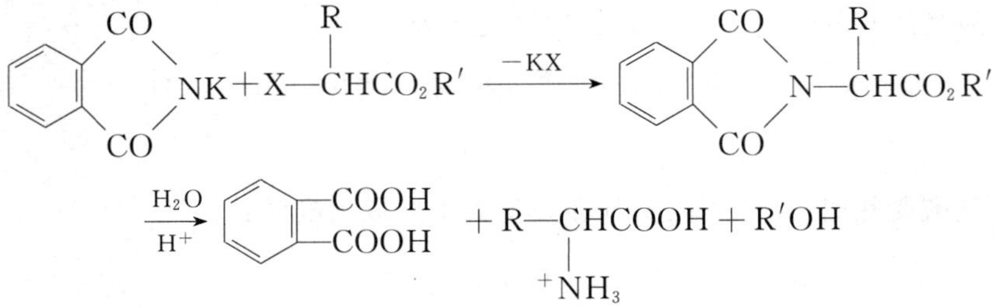

此法可以得到纯度较高的 α-氨基酸。

（3）丙二酸酯法　α-卤代丙二酸酯与邻苯二甲酰亚胺钾盐反应，生成邻苯二甲酰亚胺基丙二酸酯，后者在碱性条件下可在分子中引入烃基，尔后水解则生成 α-氨基酸：

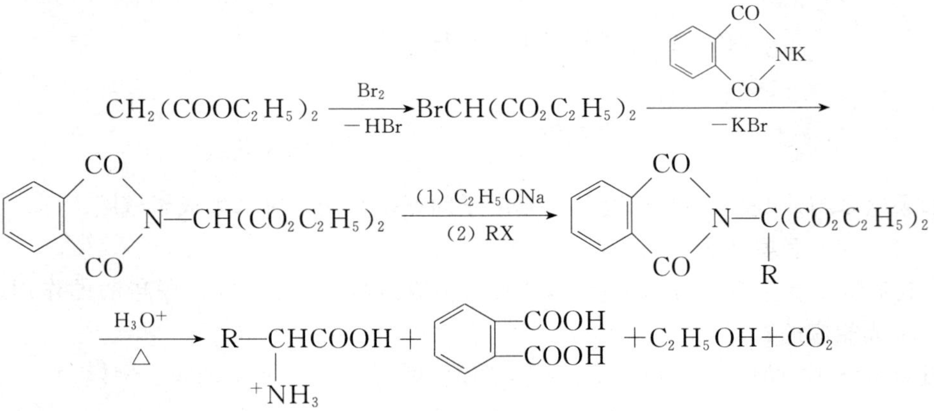

此外，丙二酸酯与亚硝酸反应生成亚硝基丙二酸酯，再经还原、乙酰基化生成乙酰胺基丙二酸酯，后者再经烃基化、水解和脱羧得 α-氨基酸：

$$CH_2(CO_2C_2H_5)_2 \xrightarrow{HNO_2} [O{=}N{-}CH(CO_2C_2H_5)_2] \longrightarrow HON{=}C(CO_2C_2H_5)_2$$

$$\xrightarrow[H_2,Pt]{Ac_2O} \underset{\text{乙酰胺基丙二酸二乙酯}}{CH_3CONHCH(CO_2C_2H_5)_2} \xrightarrow[(2)\ H_3O^+,\triangle]{(1)\ C_2H_5ONa,(CH_3)_2CHCH_2Br} \underset{\text{异亮氨酸(51\%)}}{(CH_3)_2CHCH_2\underset{\substack{|\\{}^+NH_3}}{CH}COO^-}$$

（4）Strecker 合成法　这是将醛最终转化为氨基酸的合成方法。首先是醛与氨、HCN 或氰化铵反应，经亚胺生成 α-氨基腈，再经水解得到氨基酸：

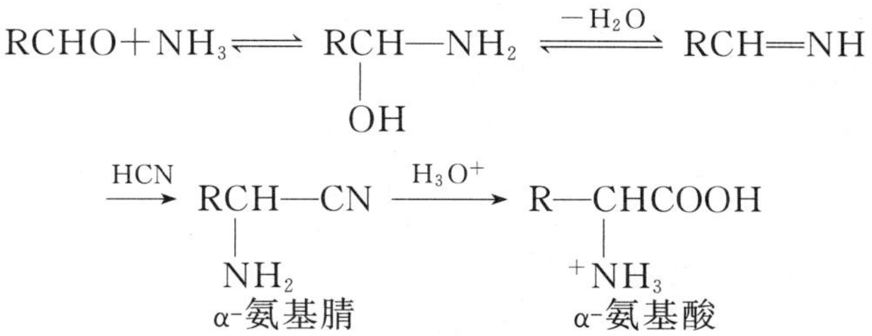


一种改进的方法是用 $NH_4Cl$ 和 KCN 的水溶液代替 HCN 和氨，例如：

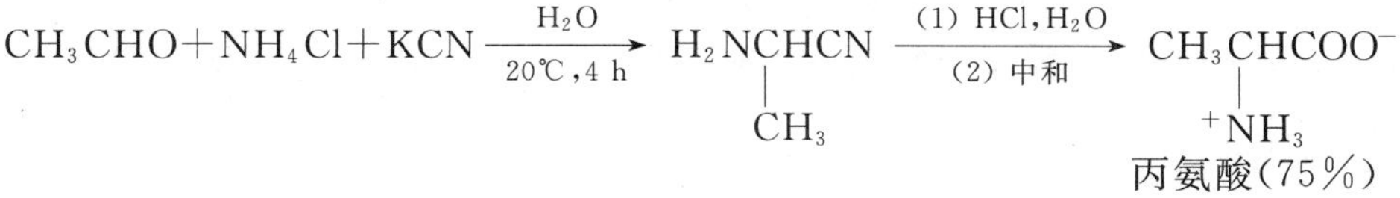


# §21.2　多肽和蛋白质

### 21.2.1　多肽及其命名

一分子 α-氨基酸的羧基和另一分子 α-氨基酸的氨基之间缩水生成的含有酰胺键的化合物称为肽(peptide)。其中的酰胺键$-\overset{\overset{O}{\|}}{C}-NH-$称为肽键：

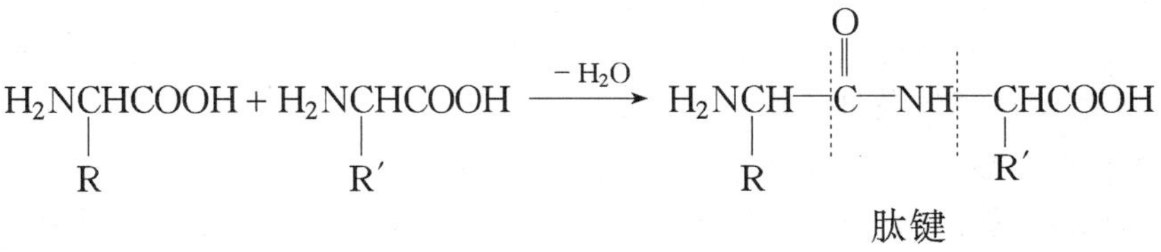


由两个氨基酸形成的肽称为二肽，由三个氨基酸形成的肽称为三肽，由 $n$ 个氨基酸形成的肽叫 $n$ 肽。显然多肽(Polypeptide)是由多个氨基酸所形成的肽。组成多肽的氨基酸可以是相同的($R=R'$)，也可以是不同的($R\neq R'$)。一般把分子量 1 万以上的多肽叫蛋白质。

二肽是最简单的肽，两个不同的氨基酸(如甘氨酸和丙氨酸)可形成两种不同的二肽：

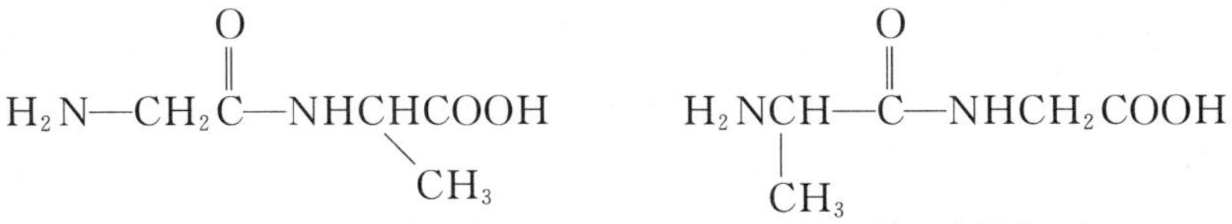

A：甘氨酰丙氨酸　　　　B：丙氨酰甘氨酸

A 式的肽键是由甘氨酸的羧基与丙氨酸的氨基缩水而成，B 式的肽键则相反。

随着组成多肽的氨基酸的数目和种类的增多，它们的连接方式也增多，即肽的种类也增多。由三个不同的氨基酸形成的三肽有六种，四肽有二十四种。所以，尽管常见的 α-氨基酸只有二十多种，但可形成许许多多功能各异的蛋白质。

链状的肽有两个末端，一端为羧基称为 C 端，另一端为氨基称为 N 端。命名时通常是以含 C 端的氨基酸为母体，把肽链中其他氨基酸中的酸字改为酰字，按它们在肽链中从 N 端到 C 端的排列顺序依次写在母体名称之前。例如：

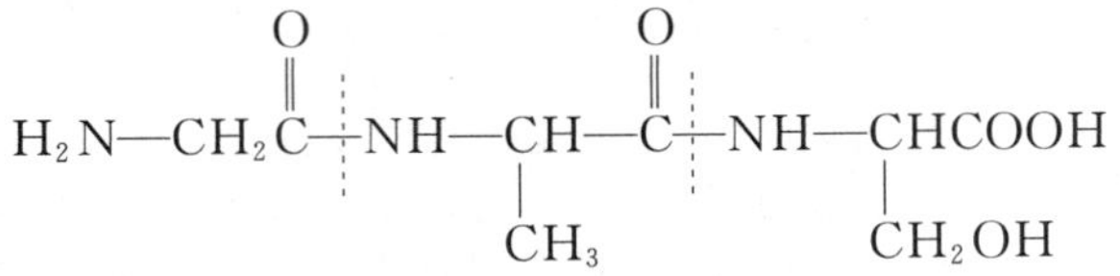

甘氨酰丙氨酰丝氨酸

为书写方便，上式名称可简写为甘丙丝肽或甘一丙一丝，也常用缩写符号表示为 Gly-Ala-Ser。

### 21.2.2 氨基酸顺序的测定

多肽和蛋白质都是 α-氨基酸经肽键彼此连接而成的。许多多肽或蛋白质由于其结构不同而具有不同的生物活性。对于每一种蛋白质来说，都有确定的氨基酸顺序，这是由遗传决定的。测定氨基酸的顺序，对于蛋白质生物活性的研究等具有重要意义。氨基酸顺序的测定主要解决两个问题，一是组成分析，二是氨基酸在肽链中的连接次序。

21.2.2.1 组成分析

组成分析就是测定组成肽的氨基酸的种类和数目(即分子比)。通常采用酸或碱作用下的完全水解法把肽或蛋白质分子中的所有肽键都断开，得到氨基酸的混合液，然后再进行分析。

酸水解是将样品与 6 mol/L 盐酸混合，在封管中于 110℃～120℃加热几小时到几十小时，完全水解。水解后除去过量盐酸，所得氨基酸不消旋。色氨酸由于对酸不稳定而破坏，为测色氨酸可在碱性条件下水解样品。

碱水解是将样品与 2～4 mol/L 氢氧化钠溶液混合，在 110℃加热 1～10 小时。此时精氨酸、半胱氨酸、胱氨酸、苏氨酸和丝氨酸等被破坏，同时引起氨基酸的消旋，因此，碱水解只用于色氨酸的测定。

对于水解液的分析，现在主要是在氨基酸自动分析仪上进行的。

21.2.2.2 氨基酸的顺序分析

肽链中的氨基酸顺序，可用端基分析法与部分水解法来测定。

(1) 端基分析　端基分析就是测定肽链的 N-端和 C-端各是哪种氨基酸。主要有以下几种方法。

① 2,4-二硝基氟苯(DNFB)法　2,4-二硝基氟苯易与多肽 N-端的游离氨基反应，用酸彻底水解后，生成 N-(2,4-二硝基)苯基氨基酸(DNP 一氨基酸)。其溶于乙醚等有机溶剂而易与其他氨基酸分开。各种氨基酸的 2,4-二硝基氟苯取代物都是黄色，且各有一定的 $R_f$ 值，因此很容易鉴别。2,4-二硝基氟苯又称 Sanger 试剂。

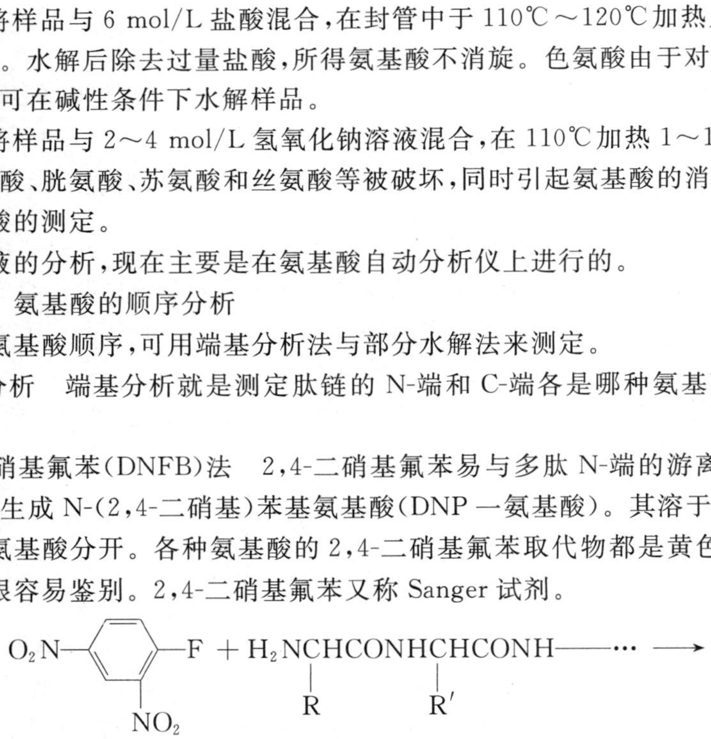

DNFB

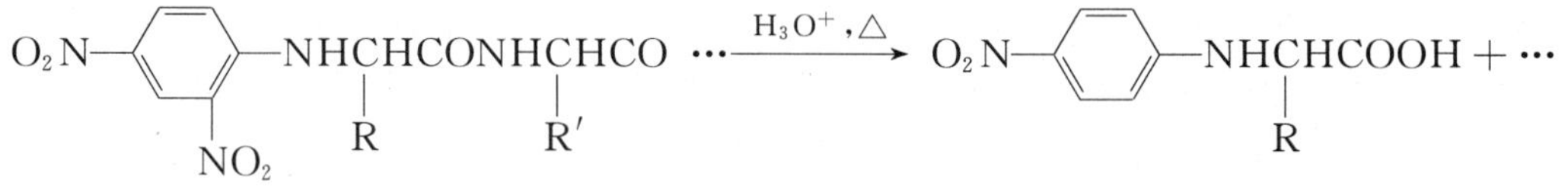

DNP-氨基酸，黄色

Sanger 试剂虽也可与肽链中的赖氨酸或其他碱性氨基酸反应，但不影响 N-端测定。

(2) Edman 降解法　异硫氰酸苯酯(PITC)和多肽 N-端的氨基，在 pH≈9 及 40℃下反应，生成取代硫脲衍生物，再在有机溶剂中用无水 HCl 处理，N-端氨基酸生成咪唑衍生物，其他肽键不受影响，分离后再经气一液分配色谱法进行鉴定，从而确定 N-端的氨基酸：

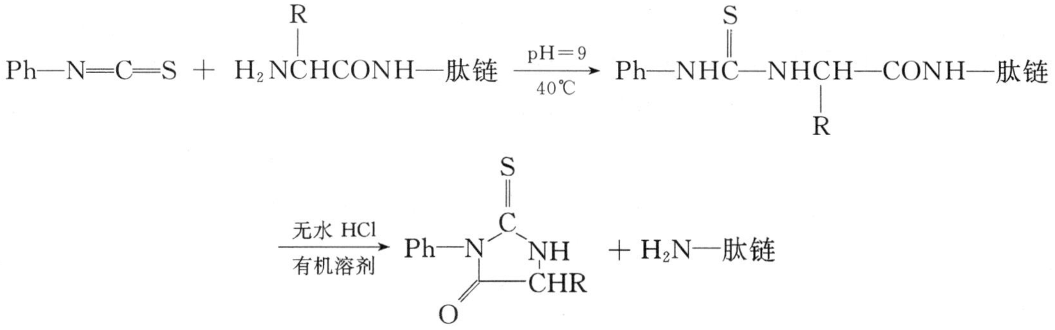

2-硫代四氢咪唑-2,4-二酮衍生物

此法最突出的特点是肽链的其余部分不被破坏，仍然保留下来，降解后的肽链中新的 N-端又可再作鉴定，如此重复即可测出氨基酸顺序。

(3) 肼解法(Hydrazinolysis)　此法是测定 C-端氨基酸的重要化学方法。多肽与肼在无水条件下加热，所有的肽键断裂，除 C-端氨基酸外，其他的氨基酸都变成相应的酰肼，C-端氨基酸可用纸层析等方法来鉴别。

$$\underset{\text{R}}{H_2N\text{CH}}CONH\underset{R_1}{\text{CH}}CONH\underset{R_2}{\text{CH}}COOH \xrightarrow[\text{无水},\triangle]{NH_2NH_2}$$

$$\underset{\substack{R\\ \text{酰肼}}}{H_2NCHCONHNH_2} + \underset{\substack{R_1\\ \text{酰肼}}}{H_2NCHCONHNH_2} + \underset{\substack{R_2\\ \text{C-端氨基酸}}}{H_2NCHCOOH}$$

(4) 羧肽酶(Carboxypeptidase)法　一般情况下，羧肽酶只水解带有游离羧基的 C-端肽键。由于水解掉一个 C-端氨基酸的多肽又产生一个新的 C-端，它仍可在酶的作用下水解，因此，按一定时间间隔取样分析，根据测得的各氨基酸的量与时间的关系，可测定 C-端氨基酸。

### 21.2.3　多肽的合成

当用两种不同的氨基酸合成二肽时，可能有四种不同的产物，例如：

$$\text{甘}+\text{丙}\xrightarrow{-H_2O}\text{甘}-\text{甘}+\text{甘}-\text{丙}+\text{丙}-\text{甘}+\text{丙}-\text{丙}$$

为达到将不同的氨基酸按预定的次序连接，需要把氨基酸的两个官能团中的一个保护起来。用作保护基的试剂必须满足两个条件：一是保护基团很容易引入氨基酸分子中；二是保护基容易除去且在除去过程中肽键不发生变化。为了使多肽的合成能在较温和的条件下进行，通常是保护氨基，羧基则需活化。

21.2.3.1　氨基的保护

(1) 氯甲酸苄酯法 氯甲酸苄酯可由光气($COCl_2$)与苄醇反应而得，它是一种甲酰氯，与氨基酸中的—$NH_2$ 发生氨解生成苄氧羰基氨基酸，后者的羧基转变成酰氯后，与另一氨基酸反应形成肽键。重复这一过程可以接成多肽链。多肽链连接完成后，在 Pd 存在下进行催化氢解可除去保护基。

$$PhCH_2OH + COCl_2 \longrightarrow PhCH_2OCOCl + HCl$$

$$PhCH_2OCOCl + H_2N\underset{R_1}{\underset{|}{C}}HCOOH \longrightarrow PhCH_2OCONH\underset{R_1}{\underset{|}{C}}HCOOH$$

$$\xrightarrow{SOCl_2} PhCH_2OCONH\underset{R_1}{\underset{|}{C}}HCOCl \xrightarrow{H_2N\underset{R_2}{\underset{|}{C}}HCOOH}$$

$$PhCH_2OCONH\underset{R_1}{\underset{|}{C}}HCONH\underset{R_2}{\underset{|}{C}}HCOOH \longrightarrow \cdots \xrightarrow{H_2/Pd}$$

$$PhCH_3 + CO_2 + H_2N\underset{R_1}{\underset{|}{C}}HCONH\underset{R_2}{\underset{|}{C}}HCO \cdots \text{多肽}$$

(2) 氯甲酸叔丁酯法 氯甲酸叔丁酯[$(CH_3)_3COCOCl$]也可用于保护氨基，因其不太稳定，常用叠氮化合物代替它：

$$(CH_3)_3COCON_3 + H_2N\underset{R}{\underset{|}{C}}HCOOH \xrightarrow{(C_2H_5)_3N} (CH_3)_3COCONH\underset{R}{\underset{|}{C}}HCOOH$$

$$\xrightarrow[\text{乙酸}]{HCl} (CH_3)_2C{=}CH_2 + CO_2 + H_2N\underset{R}{\underset{|}{C}}HCOOH$$

这个保护基很容易除去，将被保护的氨基酸或多肽在乙酸(或醚，乙酸乙酯、硝基甲烷等)中用氯化氢处理即可除去，在无水条件下肽键不受影响。

以上两种试剂也可配合使用。例如用 $PhCH_2OCO$—保护侧链—$NH_2$，用 $(CH_3)_3COCO$—保护 α-氨基，成肽后用无水酸处理可以除去 $(CH_3)_3COCO$—而保留侧链氨基上的 $PhCH_2OCO$—。

21.2.3.2　羧基的保护与活化

氨基酸羧基的保护通常是将羧基转换成酯，主要是苄酯和叔丁酯，前者易用催化氢解的方法除去，而后者可在温和的酸性条件下水解除去。

活化羧基常用的方法是将羧基转变成活化酯或酰氯，以易于氨解形成肽键。常用的活化酯是对硝基苯酯，由于硝基的强吸电子性，使酯基的亲电能力增强，易于氨解：

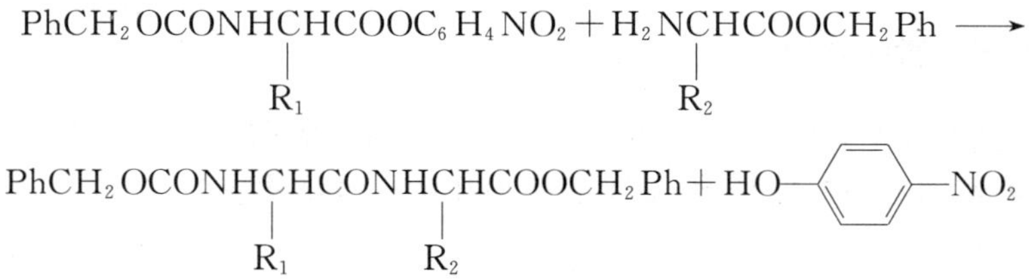

21.2.3.3 多肽的碳二亚胺合成法和固相合成法

二环己基碳二亚胺(简称碳二亚胺，常以 DCCI 表示)是多肽合成中常用的缩合剂(脱水剂)它是由二硫化碳和环己胺反应制得的：

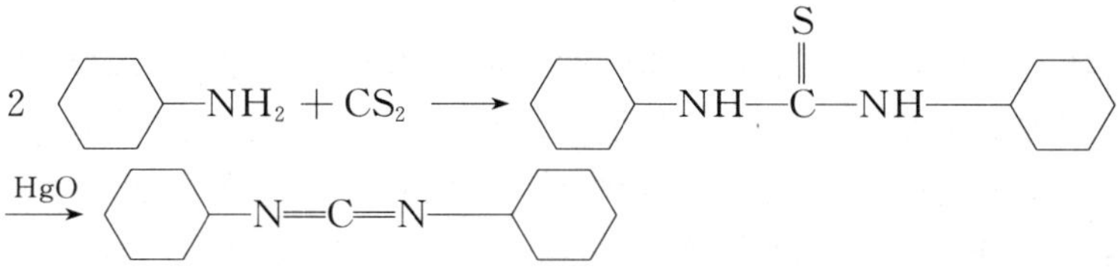

dicyclohexylcarbodimide
DCCI

DCCI 可以使氨基与羧基缩水生成酰胺，自身与水结合生成不溶的二环己基脲(DCU)。

## §21.3 蛋白质简介

### 21.3.1 化学组成与分类

蛋白质是由 α-氨基酸借肽键相互连接而成的生物大分子，许多蛋白质已获得结晶纯品。根据元素分析的结果发现，各类蛋白质的元素组成相似，都含有 C，H，O，N 四种元素以及少量的 S，有的还含有 P，Fe，Cu，I 等元等。一般蛋白质的平均组成为：C，53%；H，7%；N，16%；O，23%；S，1%。各种蛋白质纯品中 N 的含量均接近于 16%，即 1 克氮相当于 6.25 克蛋白质。如果测出蛋白质样品中的总含氮量，再乘以 6.25，即可得出样品中的蛋白质含量，这在蛋白质的定量测定上是很有用的。

生物体内的蛋白质种类繁多，结构复杂，很难从化学结构上分类。根据其化学组成，可将蛋白质分成两类，即简单蛋白(Simple Protein)和结合蛋白(Conjugated Protein)。前者仅由氨基酸组成，如卵清蛋白、胰岛素等。后者除氨基酸外还有非蛋白质部分，如核酸、糖、脂肪、色素和金属离子等，统称辅基(Prosthetic Group)。血红蛋白、核蛋白、糖蛋白等均属结合蛋白。根据蛋白质的理化性质如溶解度，简单蛋白又可分为清蛋白、球蛋白、组蛋白、精蛋白、醇溶蛋白、硬蛋白等。按辅基性质，结合蛋白又分为核蛋白、色蛋白、糖蛋白、脂蛋白等。

蛋白质还可按分子形状分为纤维状蛋白和球蛋白。前者包括角蛋白、肌球蛋白、胶元等，后者包括血红蛋白、肌红蛋白等。

### 21.3.2 蛋白质的结构

蛋白质的结构复杂,性能各异,这不仅与氨基酸的组成和连接次序有关,同时也与肽链存在不同的立体形象即三维结构有关。蛋白质的三维结构有四个层次,现分述如下。

(1) 一级结构

组成蛋白质分子的氨基酸种类、数目和排列顺序是蛋白质的最基本结构,叫一级结构,如果分子中有二硫桥,还包括二硫桥的位置。实际上,一级结构是蛋白质分子中共价键连接的全部情况。一级结构规定了蛋白质的空间结构,一级结构的变化可引起生物功能的显著改变。

例如,哺乳类动物脑垂体分泌的催产素和加压素都是九肽,一级结构很相似,只有第3、8位上两个氨基酸不同,但生理活性明显不同。催产素可引起子宫收缩,促进乳腺分泌乳汁,而加压素有抗利尿作用,引起血管收缩,升高血压。如果把催产素肽链中3、8位上的异亮氨酸和亮氨酸分别用苯丙氨酸和精氨酸代替,催产素便成为加压素(催产素和加压素碳端均为甘酰胺):

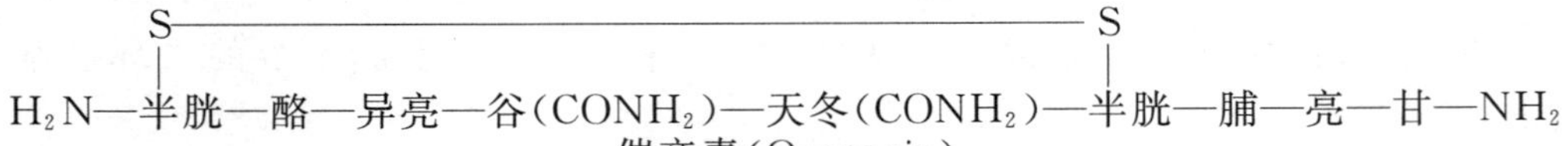


催产素(Oxytoxin)

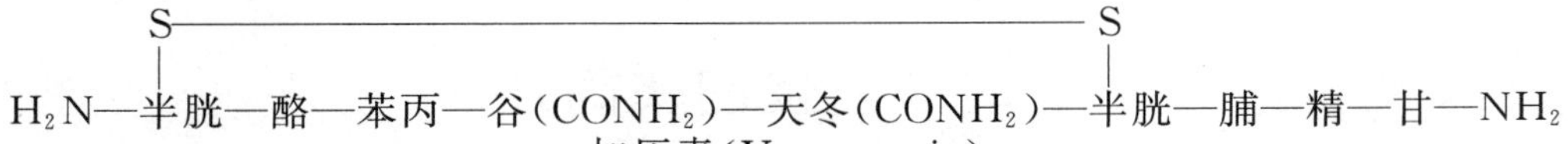


加压素(Vasopressin)

(2) 二级结构

蛋白质的二、三、四级结构是分子的立体结构,属高级结构。蛋白质的生理作用,不稳定性及易变性等特征,与它们的高级结构有关。蛋白质的二级结构是指蛋白质分子的局部在空间的分布关系,包括 α-螺旋(α-helix)和 β-折叠片(β-pleated sheet)。二级结构是一种分子构象,借氢键来维持其稳定性。

α-螺旋是多肽链沿其长轴借酰胺键中的氧,与另一个酰胺键中氨基上的氢形成氢键而绕成的弹簧状螺旋。α-螺旋可分为右手螺旋和左手螺旋。在天然蛋白质中找到的都是右手螺旋。螺旋每转一圈的距离约为 540 pm,相当于 3.6 个氨基酸单位。在 α-螺旋中,每个酰胺键都参与形成氢键,氨基酸侧链上的 R-基指向螺旋外边,所以此构象较稳定。

β-折叠是蛋白质的另一种构象形式,其特点是肽链伸展成锯齿状,相邻的肽链借 >C═O 与 >N—H 形成的氢键平行排列,许多肽键排列成与扇面相似的折叠面。β-折叠的肽形成的氢键平行排列,许多肽键排列成与扇面相似的折叠面。β-折叠的肽链可以是平行的,也可以是反平行的。

(3) 三级结构和四级结构

蛋白质分子在二级结构的基础上进一步发生卷曲折叠,形成具有特定格式的空间结构,即蛋白质的三级结构。形成三级结构的作用力有二硫键、氢键、正负离子间的静电引力(如 $—\overset{+}{N}H_4$ 和—$COO^-$)及 Van der Waals 力等。

对于球蛋白来说，卷曲折叠总是尽可能使非极性基包在内部，极性的亲水基暴露在外面，因而球蛋白可在水中形成亲水胶体。

对于纤维状蛋白，常是几条 α-螺旋再相互扭合成麻绳状，使肽链与肽链之间得到最紧密的结合。

许多球状蛋白质由多条肽链组成，每条肽链都有自己的一、二、三级结构，肽链之间无共价键相连，这些肽链叫做蛋白质的亚基或亚单位。这些亚基聚集成蛋白质大分子，称为蛋白质的四级结构。例如谷氨酸脱氢酶是由 6 条各有 503 个氨基酸的相同肽链组成的，即含有 6 个亚基，分子量约为 33 万。

### 21.3.3 蛋白质的性质

(1) 蛋白质的两性和等电点

由于组成蛋白质的基本单位是氨基酸，肽链末端有游离的—$NH_2$ 和—COOH，侧链中还有未结合的碱性基团和酸性基团，所以蛋白质也是两性物质。蛋白质的两性离子性质使其成为生物体内的重要缓冲剂，人体的正常 pH 值主要是靠血液中的蛋白质(如血浆蛋白)来调节的，和氨基酸一样，在等电点时，蛋白质分子在电场中也不迁移，其导电性、溶解度、粘度、渗透压等皆最小。

(2) 胶体性质

蛋白质分子量很大，小则数千，大则数千万，其表面有许多亲水基团，如—$NH_2$，—OH，—COOH，以及 —CONH— 等。在水中，这些基团与水作用在分子表面形成水化层。水化层的生成可以防止分子彼此聚集成团状析出，蛋白质是亲水的胶体。另一方面由于蛋白质在一定 pH 的溶液中带有同性电荷，同性电荷互相排斥，所以蛋白质分子借水化层和电荷两种因素来维持基稳定性，不易聚集形成沉淀。

高浓度的中性盐可以沉淀水溶液中的蛋白质，称为盐析。常用的盐有$(NH_4)_2SO_4$，$Na_2SO_4$ 等。盐析是由于加入盐破坏蛋白质表面水化层，降低蛋白质与水的亲和力而产生沉淀。这是一个可逆过程，盐析出来的蛋白质还能溶于水，且性质不变。所有蛋白质在浓盐溶液中均可盐析，但不同蛋白质盐析时所要求的盐的最低浓度不同。利用这一特性，逐步增加中性盐浓度，可以分离提纯混合蛋白质。

一些与水混溶的有机溶剂如乙醇、甲醇、丙酮等，对水有很大的亲和力，也能破坏蛋白质分子的水化层，使蛋白质沉淀。一些重金属离子如 $Ca^{2+}$，$Hg^{2+}$，$Pd^{2+}$，$Ag^{+}$ 等，能和蛋白质分子的负电荷结合生成不溶性的蛋白盐，从而使蛋白质发生沉淀。用有机溶剂处理时，初期是可逆的，用重金属离子处理时为不可逆的。

(3) 蛋白质的变性

蛋白质受物理或化学因素影响，分子内部原有的高度规律的空间排列发生变化，致使原有性质部分或全部丧失，叫做蛋白质的变性。

使蛋白质变性的因素有光照、受热、遇酸碱、有机溶剂等。例如蛋白质受热后凝固成不透明的硬块，凝固就是一种变性。有些蛋白质当变性作用不超过一定限度时，除去致变因素仍可恢复或部分恢复原有性能，这种变性是可逆的。例如血红蛋白经酸变性后加碱中和可恢复原输氧性能的三分之二。有些蛋白质的变性是不可逆的，例如鸡蛋的蛋白热变性后便不能复原。一般认为，蛋白质变性主要是二级结构和三级结构改变，不涉及一级结构。变性蛋白质理化性质的改变最明显的是溶解度降低。

## §21.4　核　　酸

核酸是一种非常重要的生物高分子。因最早是从细胞核分离得到的，且有酸性，故称为核酸。在细胞内，大部分核酸是与蛋白质结合以核蛋白的形式存在，也有少量是以游离形式或与氨基酸结合形式存在。核酸起着储存、复制与转录遗传信息和控制蛋白质合成的功能，是与生命密切相关的一类基本物质。

### 21.4.1　核酸的组成

核酸是由许多不同的核苷酸(nucleotide)聚合而成的，所以有时也把核酸称为多聚核苷酸(polynucleotide)。若将核酸逐步水解可得到多种产物。首先得到核苷酸；将核苷酸水解，产物是核苷和磷酸；最后水解核苷，得到戊糖(核糖 ribose 或脱氧核糖 deoxyribose)和一个嘧啶或嘌呤类的有机碱(称为碱基)，即：

核酸→核苷酸→{磷酸；核苷→{戊糖；有机碱(嘧啶或嘌呤)}}

常见的嘧啶碱有三种，嘌呤碱有两种，它们的结构如下：

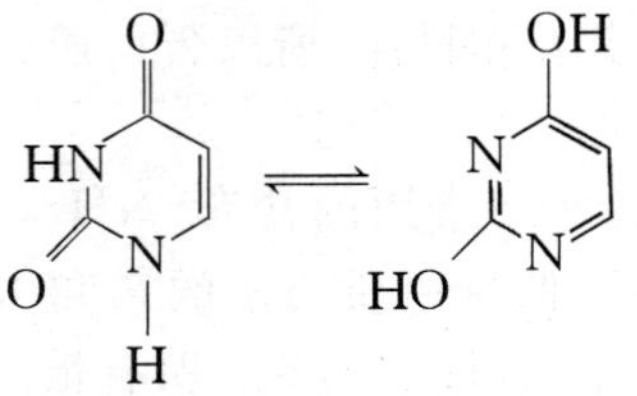

尿嘧啶(Uracil，简写 U)

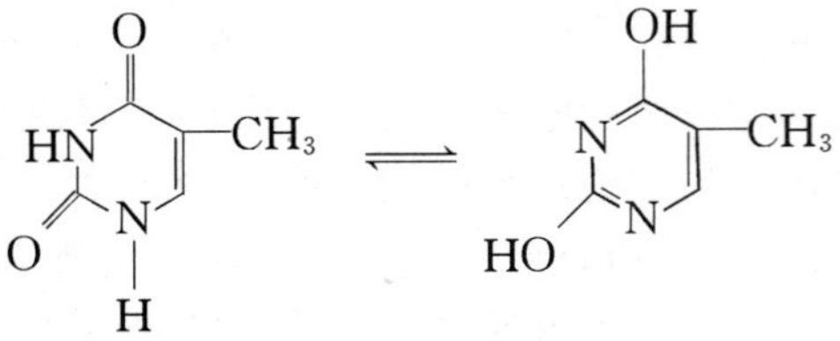

胸腺嘧啶(Thymine，简写 T)

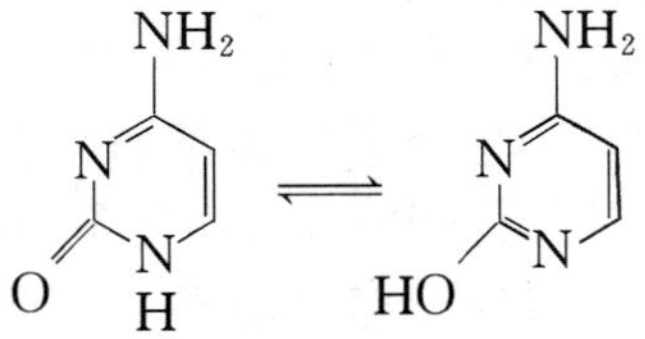

胞嘧啶(Cytosine，简写 C)

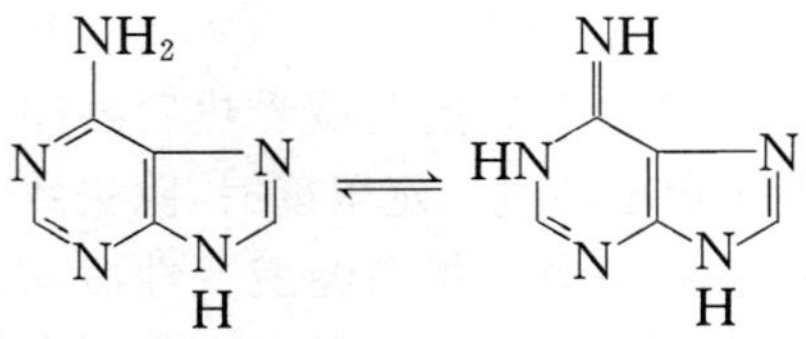

腺嘌呤(Adenine，简写 A)

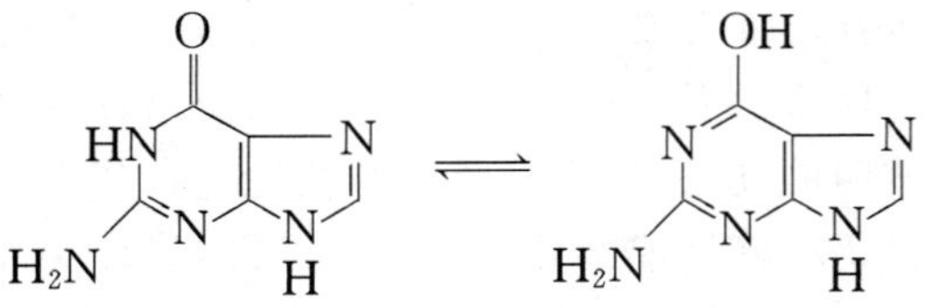

鸟嘌呤(Guanine，简写 G)

这五种有机碱都有互变异构体，主要存在形式取决于溶液的 pH 值。在生物体系中(pH≈7±2)，它们主要以左边的互变异构体形式存在。

核酸的戊糖有两种：核糖和 2-脱氧核糖。

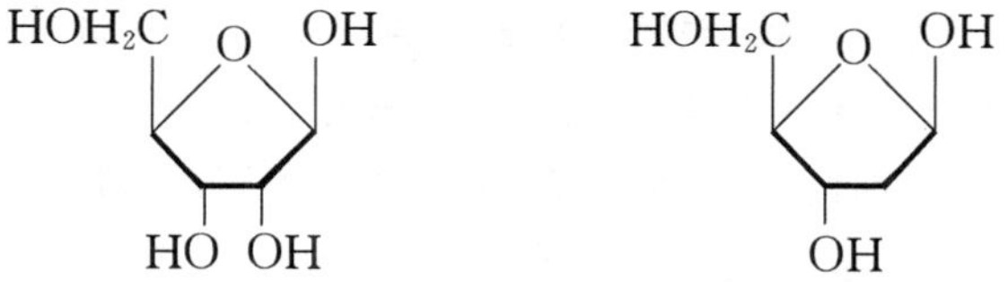

β-D-核糖　　β-D-2-脱氧核糖

根据戊糖的不同，将核酸分为核糖核酸(ribonucleic acid，RNA)和脱氧核糖核酸(deoxyribonucleic acid，DNA)。在其他方面二者也有差别，RNA 含尿嘧啶，而 DNA 含胸腺嘧啶，另外三种碱基是二者都有的。

核糖或脱氧核糖与碱基生成的糖苷分别称为核苷和脱氧核苷(deoxyribonucleoside)，所有碱基均以 β-苷键结合在糖的第一位碳原子上。

核苷的戊糖羟基被磷酸酯化就形成核苷酸。因此，核苷酸是核苷的磷酸酯。核苷酸可分为核糖核苷酸和脱氧核糖核苷酸。例如：

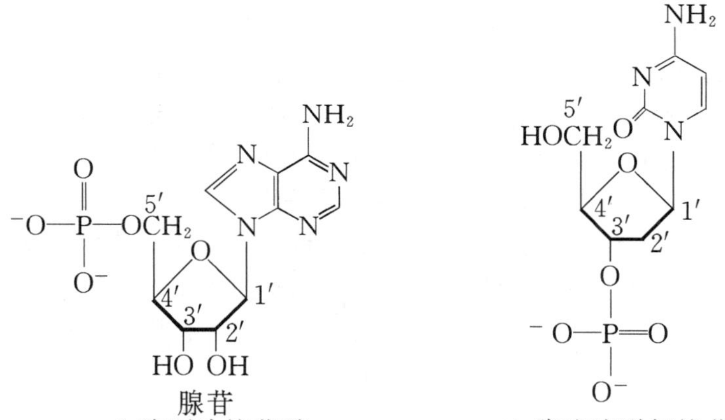

腺苷
5′-腺嘌呤核苷酸
或腺苷-5′-磷酸

3′-胞嘧啶脱氧核苷酸
或脱氧胞苷-3′-磷酸

核糖核苷的糖环中在 2，3，5 位各有一个羟基，因此可生成三种核糖苷酸，而脱氧核糖核苷因糖环上只有两个羟基则只能生成两种脱氧核糖核苷酸。

核苷酸为二元酸，还可以与另一个核苷酸成酯，多个核苷酸彼此借 3′，5′-磷酯键连接起来，生成多聚核苷酸的生物大分子，即核酸。若核酸中的糖为核糖，则为 RNA；若为脱氧核糖，则为 DNA。

### 21.4.2　核酸的结构

核酸也有一级结构、二级结构和三级结构。一级结构是指组成核酸的核苷酸种类及其连接顺序，它决定了核酸的基本性质。

在对各种生物的 DNA 碱基组成进行定量测定后发现，所有 DNA 中腺嘌呤与胸腺嘧啶的摩尔含量几乎相等，即 A≈T；鸟嘌呤与胞嘧啶的摩尔含量几乎相等，即 G≈C。因此，嘌呤的总数等于嘧啶的总数，即 A + G = T + C。这表明在 DNA 中 A 与 T，G 与 C 是成对出现的。根据 X 射线衍射分析，分子模型的推论以及各碱基的性质，1953 年 J. D. Watson 和 F. H. C. Crick 提出了双螺旋结构模型，即 DNA 的二级结构。按照这个模型，DNA 是由两条反向平行的脱氧核糖核酸链（即一条是 3′→5′方向，一条是 5′→3′方向）彼此盘绕成右手螺旋。两条链由碱基对之间的氢键连接，A 与 T 相互配对，G 与 C 相互配对，所以两条链是互补的。因此，当已知一条链的碱基顺序后，即可推知另一条互补链的碱基顺序。互补碱基之间氢键形成情况如下：

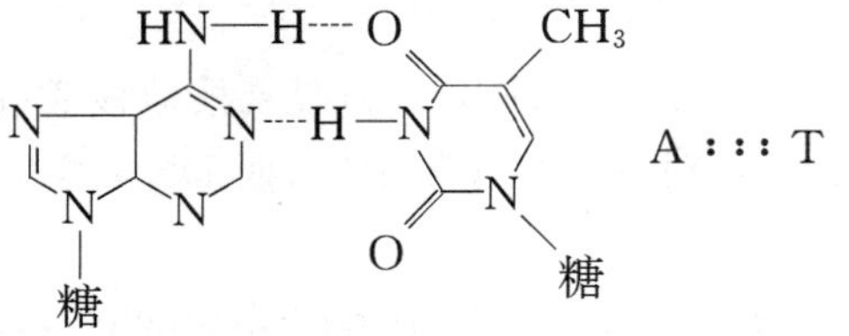


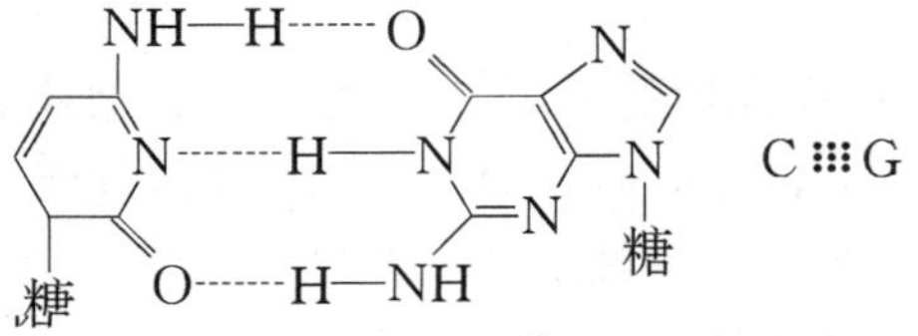


腺嘌呤(A)　　胸腺嘧啶(T)　　胞嘧啶(C)　　鸟嘌呤(G)

在双螺旋中，配对的碱基层叠于螺旋内侧，其平面与中心轴垂直。脱氧核糖和磷酸在外侧。螺旋的平均直径为 2000 pm，顺轴方向每隔 340 pm 有一个核苷酸，每 10 个核苷酸组成一圈螺旋，每圈的距离为 3400 pm。

在二级结构的基础上，DNA 还可以形成三级结构：双链环形、开链环形以及扭曲成麻花状等。目前已可以将分子量不太大的 DNA 以天然状态分离出来，例如某些病毒 DNA，噬菌体 DNA，细菌质体 DNA 以及叶绿体、线粒体 DNA 等。

RNA 的一级结构为线型多聚核苷酸，分子量差别极大。RNA 的二级结构与 DNA 不同，只在 RNA 分子链的一段或几段的局部有双股互补的碱基排列，形成双螺旋，而整个分子的双股部分被没有互补的单股链隔开。在双螺旋段中，碱基的配对关系与 DNA 略有不同，是以 U 代替 T，即 A—U 和 C—G 配对。由于碱基配对只存在于局部，所以对整个 RNA 分子来说，A 与 U 及 C 与 G 的含量不相等。

### 21.4.3 核酸的生物学功能

核酸的生物学功能是多种多样的，但最重要的是在生物遗传和蛋白质生物合成中的作用，因而与生命科学密切相关。

DNA 是生物遗传的主要物质基础，是生物遗传信息的贮存库。每种生物的形态结构和生理特征通过母代 DNA 传给子代。DNA 分子所贮存在遗传信息是根据其分子的四种碱基（代表四种核苷酸的 A，C，G，T）以特定顺序排成“三个一组”的遗传密码为代表的。

DNA 还是合成 mRNA 的模板，把所贮存的遗传信息传给 mRNA。当生物体需要合成某一种蛋白质时，DNA 首先把它以密码形式贮存的有关这种蛋白质的遗传信息（核苷酸排列顺序遗传密码）转录给 mRNA，随后转移核糖核酸（tRNA）接受 mRNA 传来的信息（遗传密码），并把信息转译成相应的氨基酸带到核糖体上，按照 mRNA 从 DNA 得来的密码顺序将氨基酸接成多肽，完成蛋白质的合成。在这一过程中，氨基酸是原料，mRNA 是模板，tRNA 是运载工具，核糖体是合成的场所。

# 习　题

21-1　丝氨酸的等电点大于7还是小于7？将其溶于水中，要使它达到等电点应加碱还是加酸？写出它在强碱，强酸和等电点时的存在形式。

21-2　由指定原料合成下列化合物（其他原料或试剂任选）：

1. 以甲苯为原料，用丙二酸二乙酯法合成苯丙氨酸。
2. 以乙醇为原料，用 Gabriel 法合成丙氨酸。
3. 用 Strecker 法由异丁醇合成缬氨酸。
4. 由相应的氨基酸合成蛋-甘-亮三肽。
5. 由2-丁烯酸合成苏氨酸。

# 第二十二章　油脂、蜡、萜类、甾族化合物和生物碱

油脂(Fats)、蜡(Waxes)、萜类(Terpenes)、甾族化合物(Steroids)和生物碱(Alkaloids)都广泛存在于自然界，可从动物体中分离获得。具有重要的生物学功能和实际应用价值。

## §22.1　油脂和蜡

油脂和蜡都是高级脂肪酸的酯类。其中，油脂是高级脂肪酸的甘油酯，蜡是高级脂肪酸的高级醇酯。

### 22.1.1　油脂

油脂实际上包括油和脂肪，通常把常温下为液态的称为油，如花生油、大豆油、芝麻油等；把室温下为固态或半固态的称为脂肪，如牛油、猪油等。油脂除供食用外，还是重要的工业原料。

油脂水解产生甘油和高级脂肪酸。在 NaOH 存在下水解，得到脂肪酸钠盐，其分子中钠盐一端是亲水的，烃基一端为疏水的，它可用作肥皂，故油脂在碱性条件下水解又称为皂化。

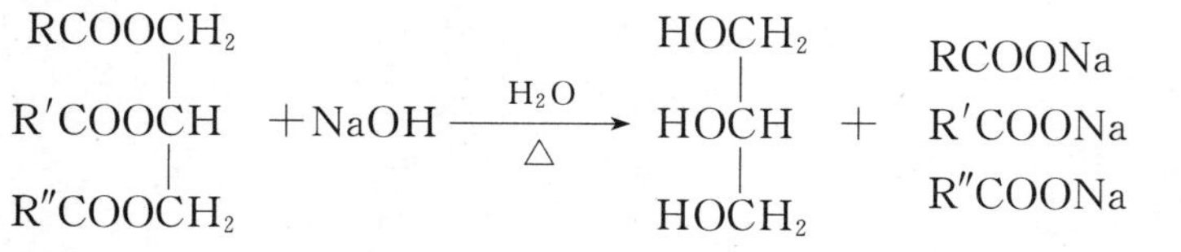

甘油　　　脂肪酸钠

不同的油脂，所含的脂肪酸种类及比例不同。饱和酸中以软脂酸(十六酸)分布最广，几乎所有油脂均含有它。在动物脂肪中则含有较多的硬脂酸(十八酸)。在椰子油中月桂酸(十二酸)含量较高。小于 $C_{10}$ 和大于 $C_{18}$ 的饱和脂肪酸在油脂中含量均很少。

| | | |
|---|---|---|
| $CH_3(CH_2)_{10}COOH$ | $CH_3(CH_2)_{14}COOH$ | $CH_3(CH_2)_{16}COOH$ |
| 月桂酸，m. p. 44℃ | 软酯酸，m. p. 63℃ | 硬脂酸，m. p. 70℃ |

油脂中不饱和脂肪酸以含十八个碳原子的酸最重要，其中尤以 $C_{18}$ 单烯酸——油酸分布最广，$C_{18}$ 二烯酸次之，$C_{18}$ 三烯酸只存在于个别油脂中。

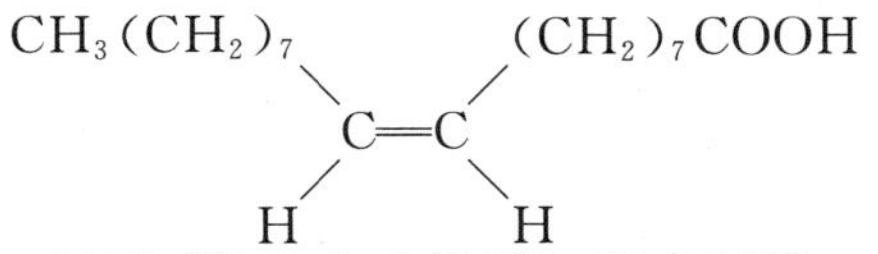


油酸(顺-9-十八烯酸),熔点13℃

在油脂经皂化反应制肥皂时,为提高肥皂质量,通常采用催化氢化法,使不饱和脂肪酸转化成饱和酸,提高油脂的熔点,这个过程工业上称为油脂的硬化。

在动植物的细胞膜中,存在一类有重要生理作用的含磷酸的高级脂肪酸甘油酯,俗称磷酸甘油酯,或称磷脂。它们的通式可表示为:

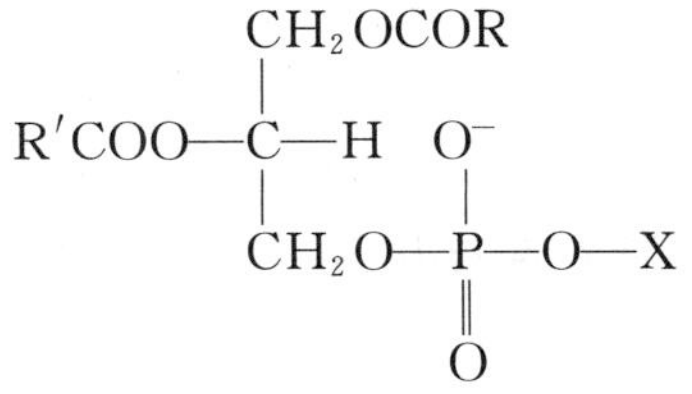


磷脂中比较重要的有卵磷脂和脑磷脂。卵磷脂在脑、精液、肾上腺和红细胞中含量较多的。具有抑制动物体脂肪代谢,防止形成脂肪肝的作用。脑磷脂在各种有机组织中都有,尤以神经组织含量为高。

### 22.1.2　蜡

蜡主要是含十六个碳原子的羧酸和高级一元醇形成的酯,还含有少量的游离酸、高级醇、高级烃等。不溶于水,通常为固体。天然蜡来源于动植物体。例如,由巴西棕榈叶得到的巴西棕榈蜡,是黄绿至棕色固体,质硬而脆,熔点83℃～91℃,它是$C_{24}$和$C_{28}$的长链羧酸与$C_{32}$和$C_{34}$的伯醇所形成的酯的混合物。蜂蜡是构成蜂巢的主要成分,它由工蜂腹部的蜡腺分泌出来,为灰黄色固体,熔点62℃～66℃,属于是$C_{26}$和$C_{28}$的羧酸与$C_{30}$和$C_{32}$的伯醇形成的混合酯。虫蜡,又称中国蜡、白蜡或川蜡(因主产四川),我国特产,是白蜡虫分泌于所寄生的女贞或白蜡树枝的蜡,淡黄色固体,熔点80℃～85℃,主要成分为$C_{26}$醇的$C_{26}$及$C_{28}$酸酯。鲸蜡由抹香鲸头部提取而得,精品为白色固体,熔点41℃～49℃,主要成分是$C_{12}$,$C_{14}$和$C_{16}$羧酸的$C_{16}$醇酯。

蜡一般用作上光剂、地板蜡、鞋油、药膏、蜡纸、化妆品、绝缘材料等。

## §22.2　萜　　类

萜类化合物广泛存在于动植物界。由某些植物的花、茎、叶中分离出来的香精油中含有大量的萜类化合物。这类化合物的共同特点是分子中的碳原子都是五的整数倍,而且可以看成是以异戊二烯单位相连组成,这种现象叫异戊二烯规则。

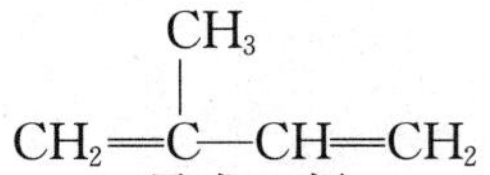
异戊二烯

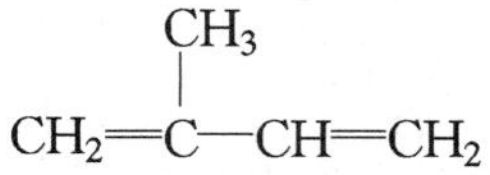
异戊二烯

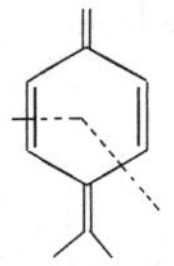
香叶烯（$C_{10}$）

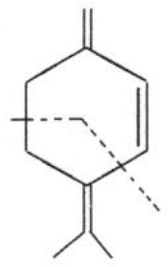
苧烯（$C_{10}$）

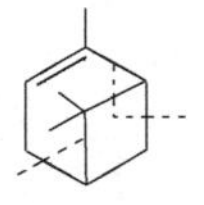
α-蒎烯（$C_{10}$）

萜类种类很多，根据组成分子中异戊二烯单位的数目可分为：

单萜：两个异戊二烯单位，$C_{10}$

倍半萜：三个异戊二烯单位，$C_{15}$

双萜：四个异戊二烯单位，$C_{20}$

三萜：六个异戊二烯单位，$C_{30}$

四萜：八个异戊二烯单位，$C_{40}$

按碳架的不同，也可分为链状萜和环状萜等。根据分子中所含官能团，也可把萜分为萜烯，萜醇、萜醛、萜酮等。

萜类化合物的命名按英文俗名意译，再加一个"烷"、烯"、"醇"字。有少数名称沿用英文音译，在第一音节译出后加"烷"字。

自然界存在较多也较重要的双环萜是蒎和莰两类化合物，其中以萜烯、萜醇和萜酮更为重要。在松节油中含 α-蒎烯 60％以上。α-蒎烯是制造蒎类化合物的基本原料，工业上也用它来合成冰片、樟脑等。

胡萝卜素是自然界中广泛存在于植物和动物脂肪内的重要四萜。它是最早由胡萝卜内取得的红色晶体，常用作色素，又称多烯色素。它不是一种纯物质，而是由 α、β、γ 三种胡萝卜素分子所组成，其中 β-异构体含量最多也最重要。

α-胡萝卜素
（α-carotene）

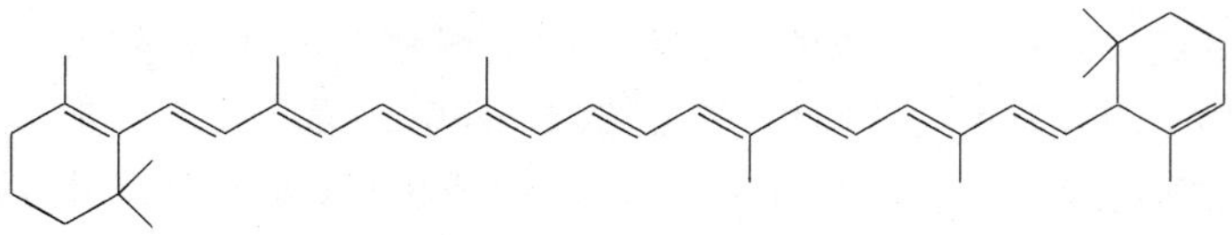

β-胡萝卜素

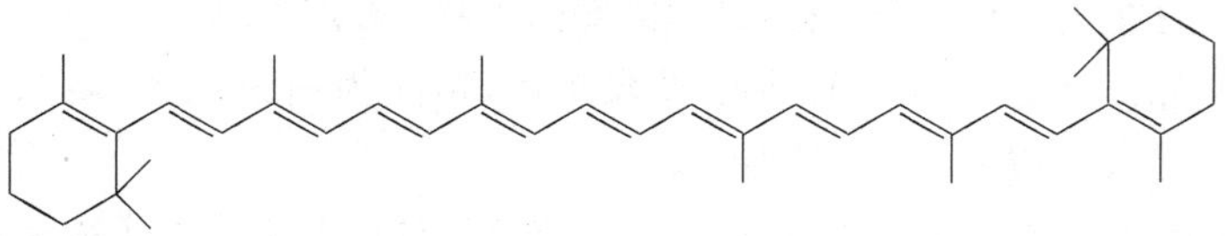

γ-胡萝卜素

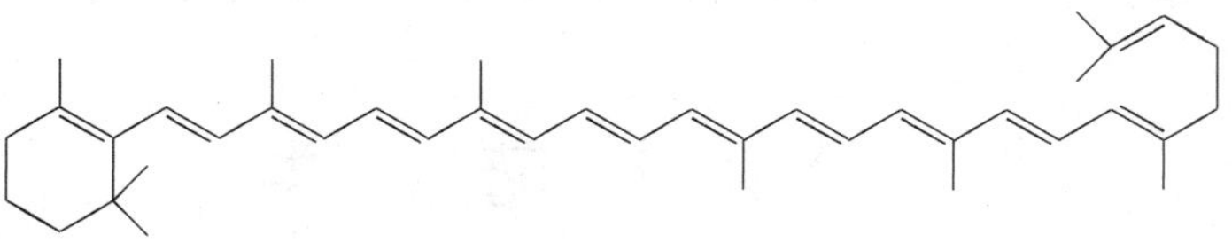

β-胡萝卜素之所以重要是因为它在人体内能转化成生命所必需的维生素 A。

## § 22.3 甾族化合物

甾族化合物在自然界广泛分布，特别在动植物体内更多，它们在植物界中以甾醇、甾体皂苷、强心苷、甾体生物碱等形式存在。在动物界中以甾醇、胆汁酸、肾上腺皮质甾类、性激素形式存在。它们种类繁多，很多都具有重要生理功能。它们在结构上有一个共同点，就是其基本骨架是环戊烷并氢化菲结构，其位置编号是固定的。

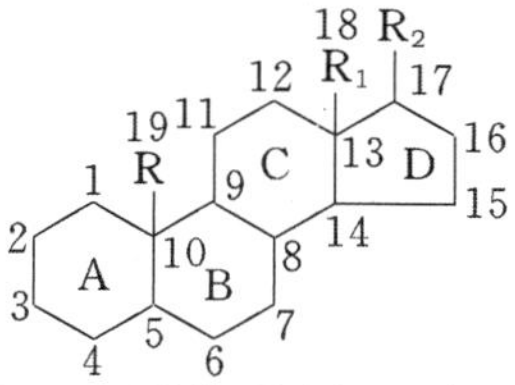


四个环系用 A，B，C，D 代表，R，$R_1$ 通常是甲基，俗称角甲基。$R_2$ 为含数个碳原子的烃基。它是多稠环体系，其中 A 和 B 环可能是顺式或反式稠合，而 B 和 C，C 和 D 环都是反式稠合。下面简要介绍几种较重要的甾族化合物。

### 22.3.1　甾醇及其衍生物

甾醇类化合物是甾族化合物中极重要的一类，它们在结构上的共同点是醇羟基连在 3-位上。

(1) 胆甾醇(俗称胆固醇)

胆甾醇是脊椎动物细胞的重要组分，在神经组织和肾上腺中含量特多，肝、肾、表皮中含量也很多。人体中胆甾醇过多会引起动脉硬化和胆结石等症，人体内发现的胆石，几乎全是由胆甾醇组成的。胆甾醇是无色或浅黄色固体，m. p. 149℃，难溶于水、溶于醇、氯仿等溶剂中。

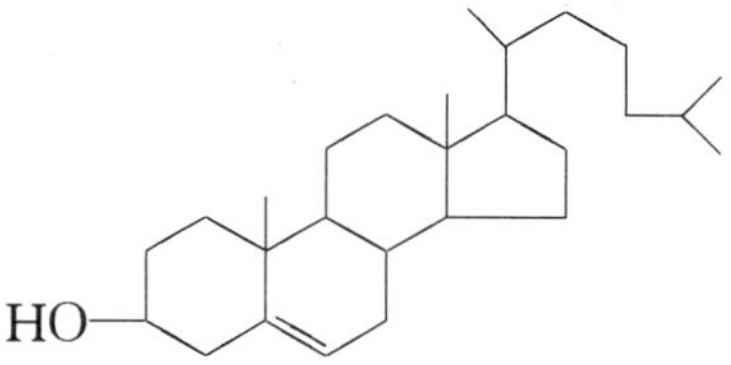


胆甾醇(cholesferol)

(2) 麦角甾醇

麦角甾醇存在于麦角(1%)、酵母(0.2%～0.4%)和香蕈(0.2%～0.4%)K，m. p. 163℃。经紫外光照射，B 环打开转化为维生素 $D_2$，后者能促进肠道内钙的吸收和骨内钙的沉积，适用于防治佝偻病和骨质软化病。鱼肝油、牛奶和蛋黄中含有维生素 D。

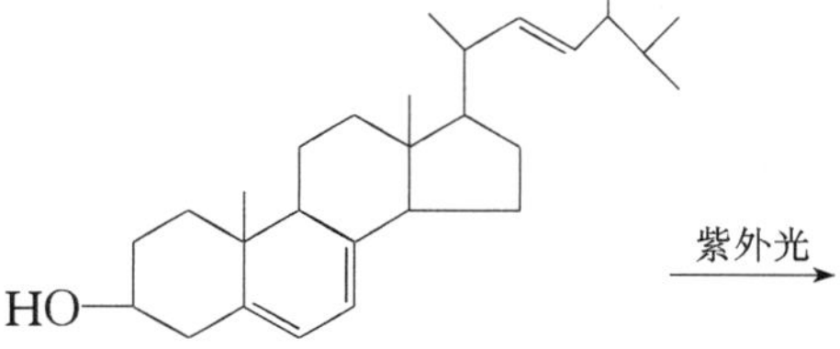


麦角甾醇
(ergosterol)

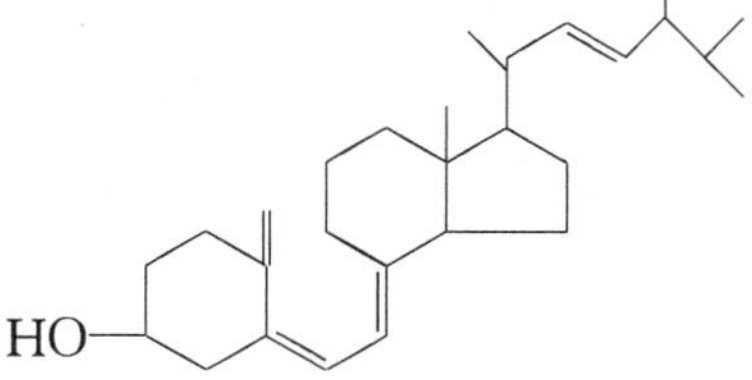


维生素 $D_2$

(3) 胆汁酸

胆汁酸和强心苷都是甾醇的重要衍生物，其生理作用明显。从人和牛的胆汁中分离得到的胆汁酸含三种甾族酸，即胆酸、脱氧胆酸及鹅脱氧胆酸，结构为：

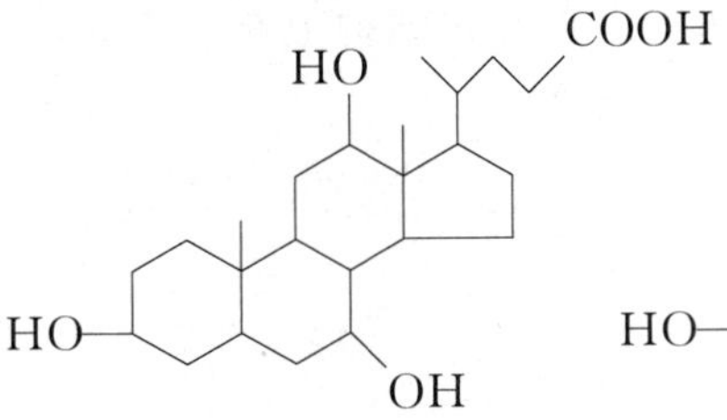


胆酸
(cholic acid)

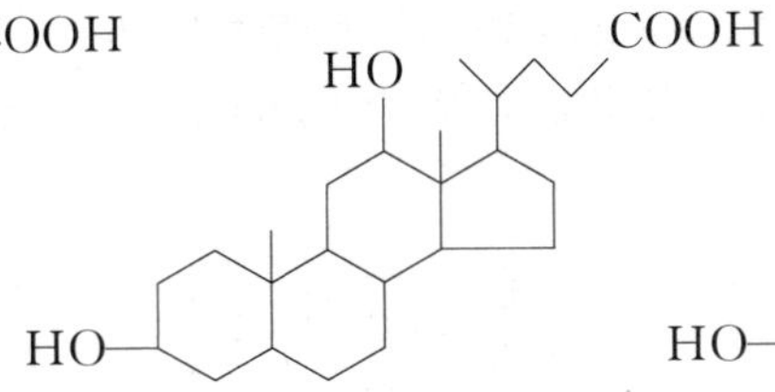


脱氧胆酸
(deoxycholic acid)

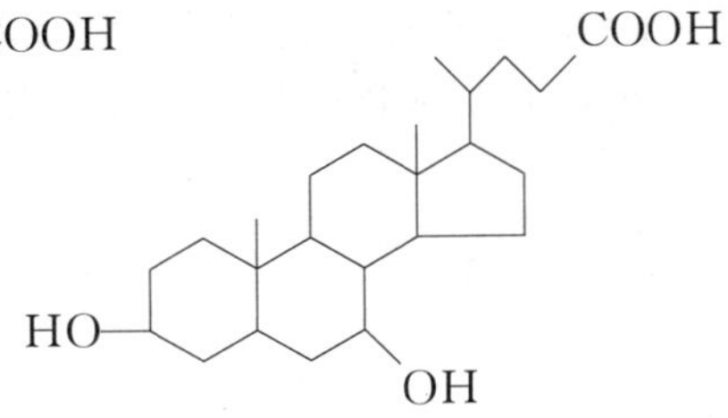


鹅脱氧胆酸
(chenodeoxycholic acid)

这三种酸的羧基可分别与甘氨酸或牛磺酸($H_2NCH_2CH_2SO_3H$)中的氨基形成酰胺键,并与后者形成俗称的胆盐,胆盐是胆苦的主要根源,具有乳化脂肪,利于其在肠内的分解和吸收的功能。

### 22.3.2 甾族激素

(1) 肾上腺皮质激素

肾上腺皮质激素由肾上腺皮质细胞分泌,其功能是调节糖和无机盐代谢,缺乏它会引起机体代谢混乱导致疾病。有的可作药用,如可的松有消炎功能,用于治疗风湿性关节炎、眼鼻炎、皮肤病等。

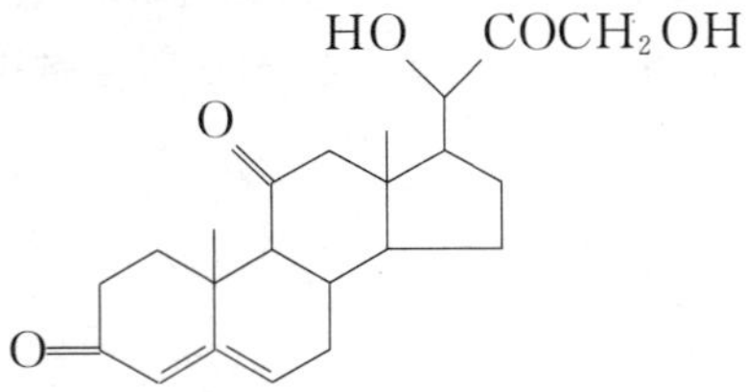


可的松(皮质酮)
(cortisone)

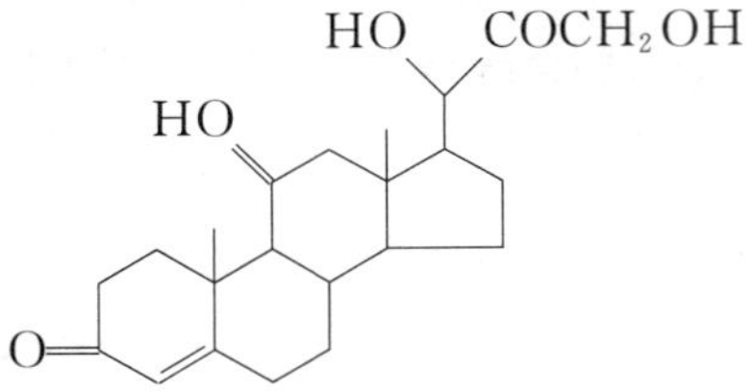


氢化可的松(皮质醇)
(cortisol)

(2) 性激素

性激素分雄性和雌性激素两类。性激素主要存在于动物体中,是性腺(睾丸或卵巢)的分泌物。在某些植物的种子、花蕊中也有分布,如每公斤石榴种子中约含雌性激素11 mg。性激素有很强的生理作用,是促进两性发育成熟和体征区别的关键物质。

睾丸酮为雄性激素,能刺激雄性器官发育,促进精子生长和雄性副性征的显现,维持雄性特征。它是活性最高的雄性激素,其生理活性比雄素酮高十倍以上。雌二醇和孕甾酮是重要的雌性激素。雌二醇又称雌甾酚醇或动情素,能促进女性性器官的发育成熟,引起并维持副性征和生殖周期,其生理活性最强。孕甾酮又称孕酮或黄体酮,能促进子官壁发育,以接收受精卵,有安胎、抑制排卵并刺激乳腺发育等作用,常用作安胎药。

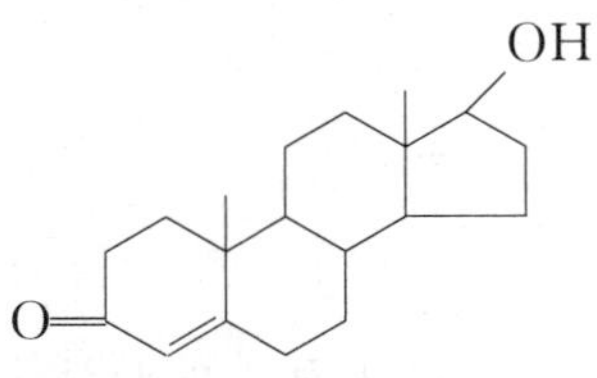


睾丸酮(Ⅰ)
(testosterone)

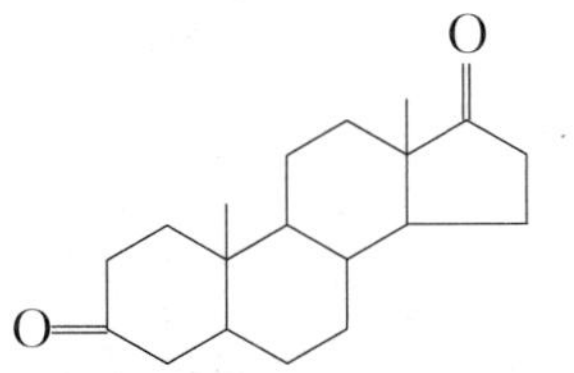


雄素酮(Ⅱ)
(androsterone)

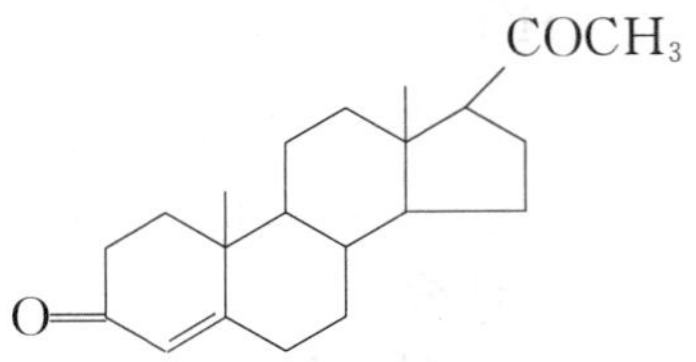


孕甾酮(Ⅲ)
(pestosterone)

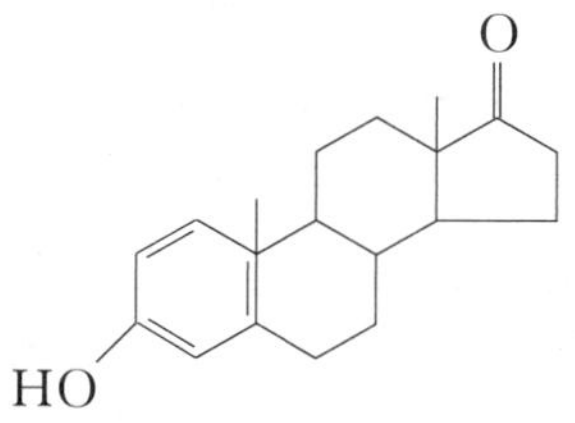

雌素酮(Ⅳ)
(estrone)

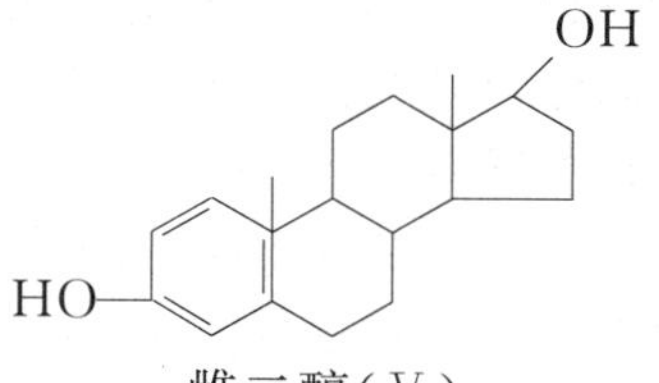

雌二醇(Ⅴ)
(estradiol)

### 22.3.3　其他甾族化合物

重要的甾族化合物数目繁多，下面仅列出几种有代表性和有生理作用的化合物。

(Ⅰ)是一种重要的抑制排卵避孕药；(Ⅱ)是昆虫的蜕皮激素，能使幼虫发生反常的蜕皮，不能正常发育而死亡，可用于防治害虫；(Ⅲ)是人参皂苷的一种，属甾体皂苷。人参是传统的滋补中药，人参皂苷是其主要的有效成分，含量约 4%。

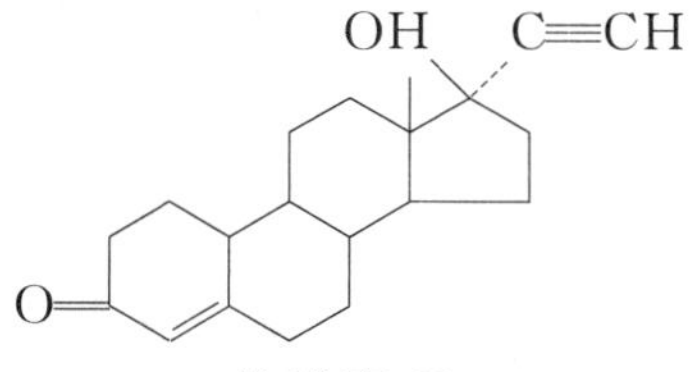

炔诺酮(Ⅰ)
(norethindrone)

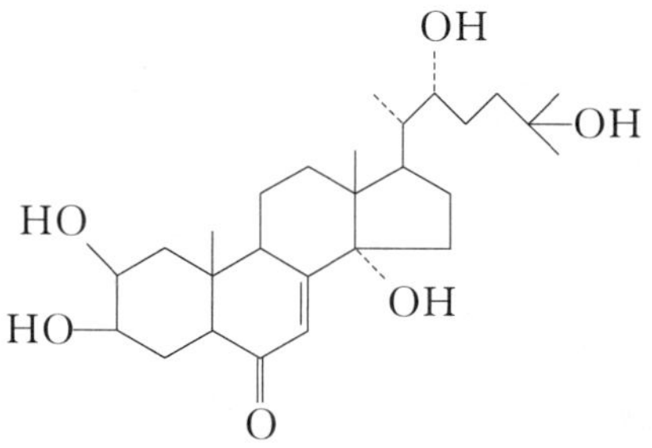

蜕化(皮)素(Ⅱ)
(ecdysone)

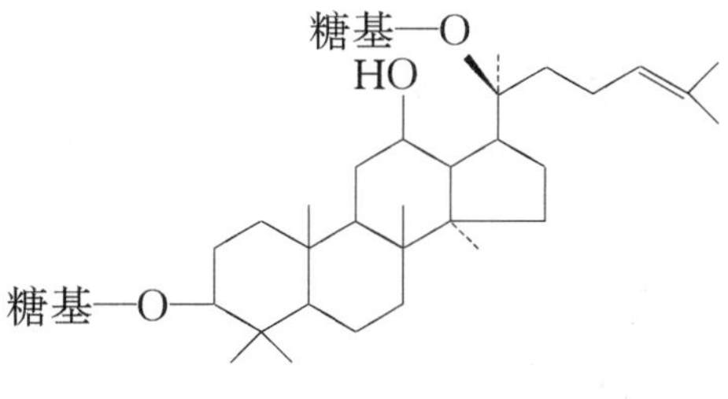

A 型人参皂苷(Ⅲ)

## §22.4　生物碱

生物碱主要是指存在于植物中的碱性含氮有机物，也称为植物碱。生物碱的种类很多，在自然界中的分布也很广。罂粟科、防己科、小檗科、茄科、茜草科等植物中较为多见。生物碱大都具有明显的生理作用，许多中草药的有效成分就是生物碱。

生物碱在植物体内是由氨基酸转化来的，一种植物中可以含有多种生物碱，同一种植物来源的生物碱，其结构通常是相似的。生物碱的结构一般较复杂，具有环状或开链胺的结构，常与无机酸或有机酸结合成盐而存在于植物中，也有的以游离碱、糖苷形式存在。

生物碱多为固体，难溶于水，能溶于氯仿、乙醇、乙醚等有机溶剂。大多具有旋光性，且多为左旋的。许多试剂能与生物碱生成不溶性沉淀，如丹宁、苦味酸、磷钼酸等。硫酸、硝酸、甲醛、氨水等，则能与生物碱产生颜色反应，这些试剂叫生物碱试剂。

生物碱常根据其结构来分类，根据其来源来命名。本节简要介绍几类重要的生物碱。

### 22.4.1 喹啉和异喹啉类生物碱

喹啉和异喹啉类生物碱是数量最大的一类生物碱，它们的结构特征是分子以喹啉、异喹啉或其氢化环系作为基核，并常有不同取代基。

(1) 金鸡纳碱

金鸡纳碱俗称奎宁，是发现和使用最早的喹啉类生物碱之一。奎宁是从金鸡纳树提取的数十种生物碱中最重要的一种，在树皮中含3%。味极苦，有左旋光性。用于预防和治疗疟疾，通常以无机盐的形式使用。其结构为：

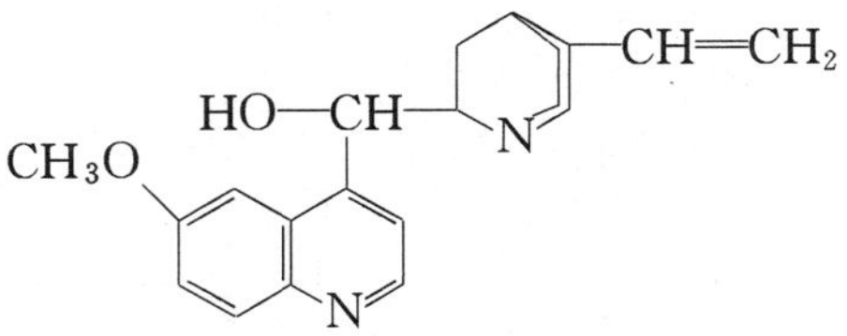


奎宁(Quinine)

(2) 喜树碱

喜树碱是从我国特有植物喜树的皮、干、根、果中分离的一种重要生物碱，熔点264℃～246℃，有抗癌活性，临床上用于治疗胃癌、膀胱癌、白血病等，但有血尿等副作用。

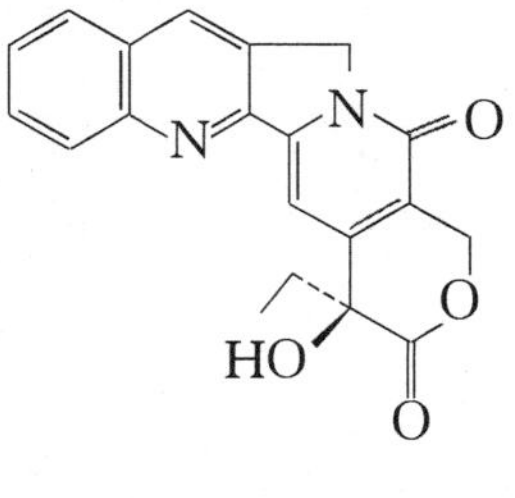


喜树碱(camptothecine)

(3) 吗啡

吗啡属异喹啉类生物碱，是鸦片的主要成分之一。鸦片是罂粟未成熟果实的胶汁的褐色干固物，含有二十多种生物碱，其中含吗啡10%～20%，那可汀4%，可待因2%等。吗啡溶点254℃，$[\alpha]_D$—131°($CH_3OH$)。吗啡的盐酸盐具有镇痛、镇静、镇咳等作用，但成瘾性强和不易禁戒。可待因是吗啡的甲基醚，其磷酸盐用作镇咳剂，其副作用比吗啡小。

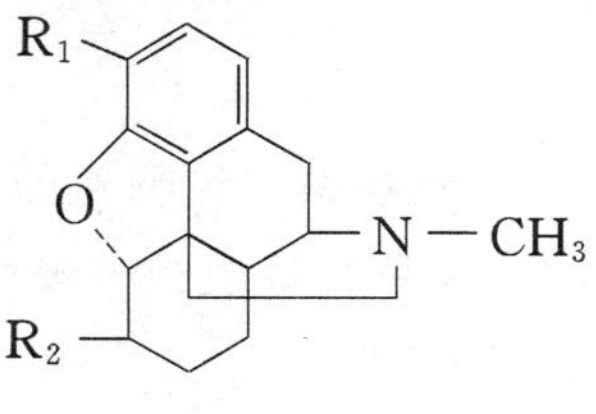


$R_1$=$R_2$=OH，吗啡(morphine)

$R_1$=$OCH_3$，$R_2$=OH，可待因(codeine)

### 22.4.2　吡咯烷类生物碱

含有吡咯烷(pyrolidine,也译成吡咯啶)环的生物碱归入这一类,最具代表性的是颠茄族生物碱,如颠茄碱、古柯碱等广泛存在于许多茄科植物(如颠茄、莨菪等)内。其结构相似,都含有被称为托品烷(tropane)的骨架,可看作是托品烷的衍生物。其结构如下:

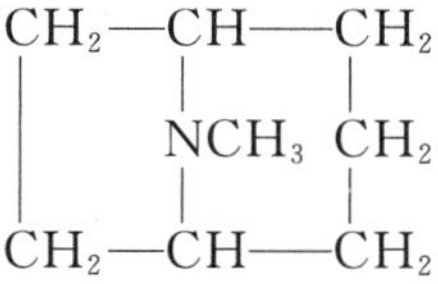

托品烷

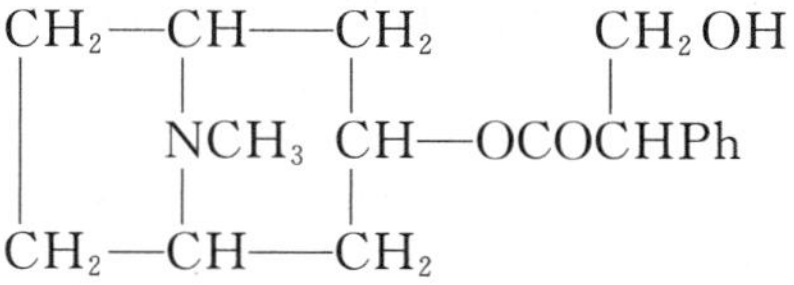

颠茄碱(阿托品)
(atropine)

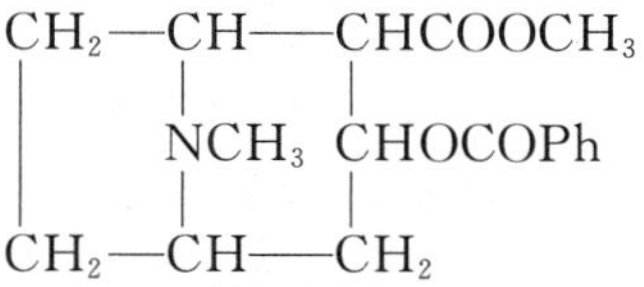

古柯碱(可卡因)
(cocaine)

颠茄碱也称莨菪碱,细针状晶体,熔点 111℃,$[\alpha]_D$—21°。俗称的阿托品实际上是颠茄碱的外消旋体。颠茄碱硫酸盐有镇痛和解痉挛等生理作用,抑制腺体(汗、唾)的分泌,并能扩散瞳孔,用于胃、眼科等诊疗,颠茄碱也是磷毒剂和锑制剂的解毒药。颠茄碱的作用比阿托品约强两倍。

古柯碱又称可卡因,可从古柯及同属植物的叶中分离而得。晶体,熔点 98℃,味苦,其盐酸盐用作局部麻醉剂,但古柯碱毒性大,且易成瘾。

### 22.4.3　喹啉和吲哚类生物碱

利血平是从我国的萝芙木(又名蛇根草)分离的吲哚类生物碱,白色针状结晶,熔点 266℃,$[\alpha]_D=-118°$($CHCl_3$),呈弱碱性。难溶于水、乙醇,易溶于 $CHCl_3$、苯、冰乙酸。利血平是良好的镇静与降血压药物,从萝芙木分离得的混合生物碱(俗称降压灵),是安定药和降压药,降压作用缓和持久,副作用小,主要用于早期高血压症。可大剂量用于精神疾病治疗。

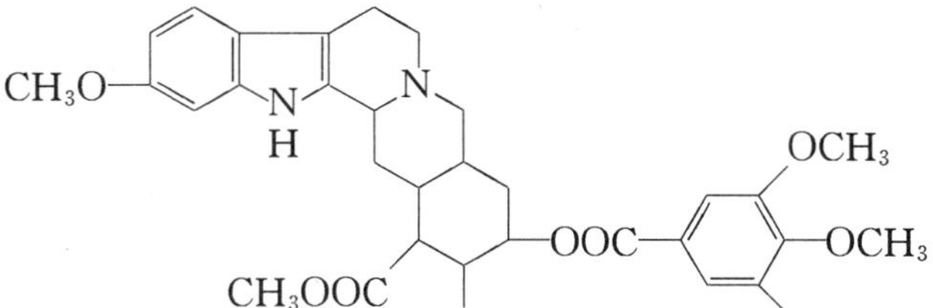

利血平(reserpine)

# 习　题

22-1　叶烯($C_{10}H_{16}$)是从月桂树分离的一种萜烯，吸收 3mol 氢生成 $C_{10}H_{22}$。它经臭氧化及还原水解后产生下列三种产物：$CH_3COCH_3$、$2CH_2O$、$OCH—CH_2CH_2COCHO$，按异戊二烯规则，推测其可能结构。

22-2　下结构的胆甾醇，经硼氢化一氧化反应，生成下式结构的胆甾烷-3,6-二醇立体异构体占 78%，试从立体化学的观点说明其理由。

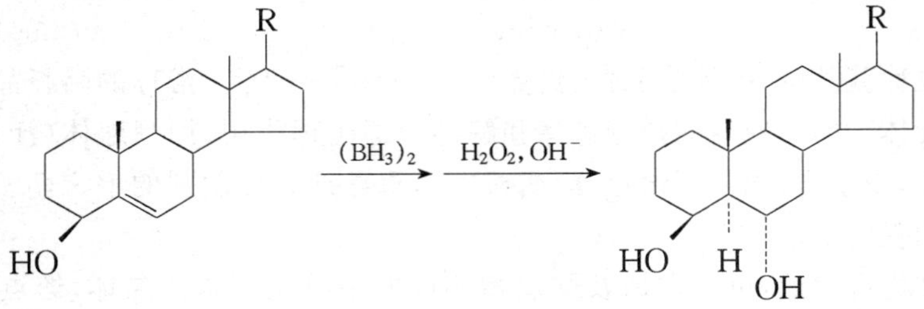

# 习题参考答案

## 第 一 章

1-1　答案略。

1-2　1. $\overset{\mathrm{H-F}}{+\!\!\!\longrightarrow}$　2. $\overset{\mathrm{C-Cl}}{+\!\!\!\longrightarrow}$　3. $\overset{\mathrm{C-O}}{+\!\!\!\longrightarrow}$　4. $\overset{\mathrm{C-N}}{+\!\!\!\longrightarrow}$

## 第 二 章

2-1　1. 2,2,4-三甲基戊烷　2. 2,4,4,5-四甲基庚烷　3. 2-甲基-4,5-二乙基庚烷
4. 2,3-二甲基-3-乙基己烷

2-2　1. 正丁基　2. 异丁基　3. 仲丁基　4. 叔丁基　5. 新戊基　6. 环己基

2-3　1. 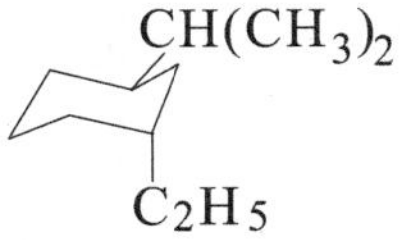

2. 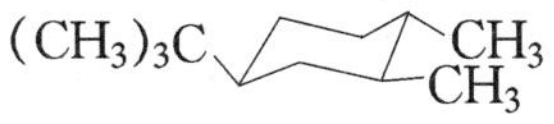

3. 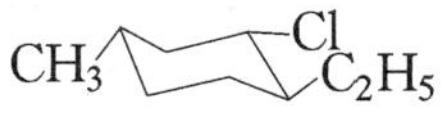


2-4　链引发　$Br_2 \xrightarrow{h\nu} 2Br\cdot$　　(1)

链增长　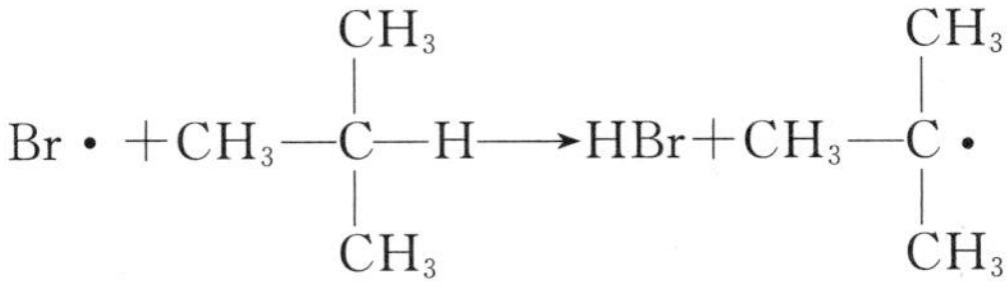　　(2)

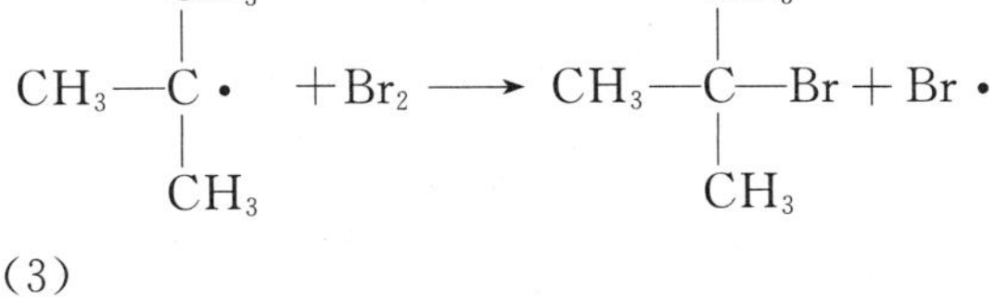　　(3)

重复(2)(3)

链终止(略)

2-5　1. Ni,300℃　2. $h\nu$ 或高温　3. $BrCH_2CH_2CH_2Br$

4. 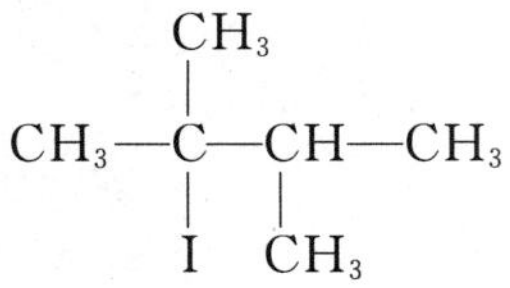　5. 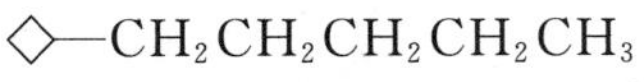

2-6 1. 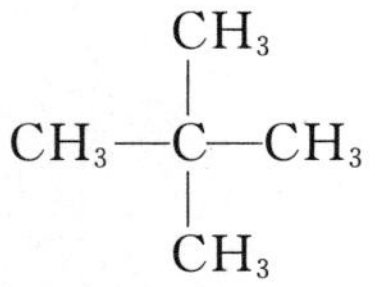　2. $CH_3CH_2CH_2CH_2CH_3$　3. 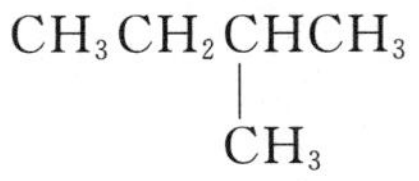

4. 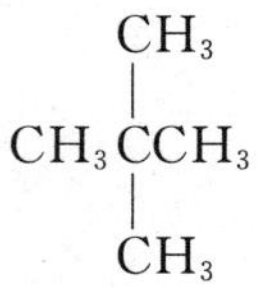

2-7 1. $\frac{1}{82}\times\frac{6}{4}=\frac{3}{164}=\frac{CH_3CH_2CH_2CH_2Br}{CH_3CH_2CHBrCH_3}$　仲溴丁烷是主要产物

2. $\frac{1}{1600}\times\frac{9}{1}=\frac{9}{1600}=\frac{(CH_3)_2CHCH_2Br}{(CH_3)_3CBr}$　叔溴丁烷是主要产物

# 第三章

3-1 1. 相同　2. 对映体　3. 对映体　4. 非对映体　5. 对映体

3-2 1. 有，因为无对称因素，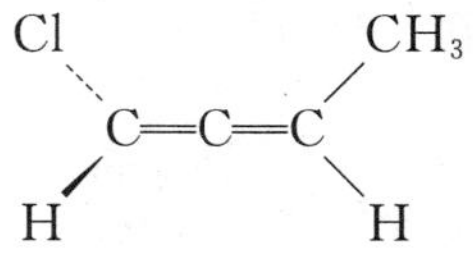　2. 无，有对称面　3. 无，有对称面

4. 有　5. 有，两苯环间单键不能自由旋转

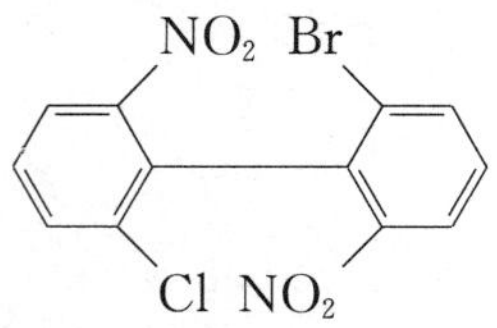

3-3 4 正确，1，2，3，5，6，7 不正确

3-4 （略）

3-5 有四种可能的结构：

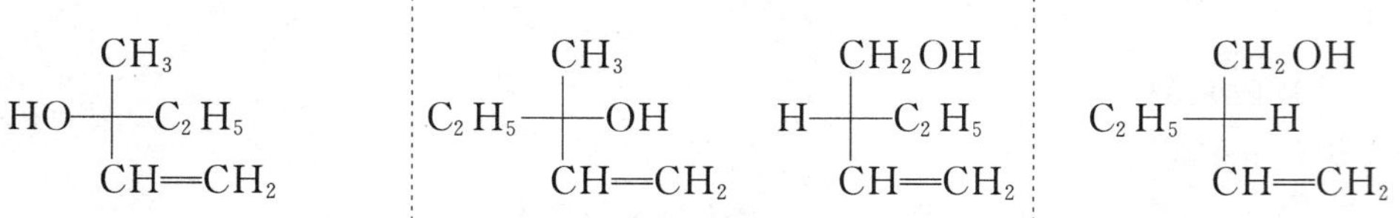

# 第四章

4-1 1. (E)-2,2-二甲基-3-己烯　　2. 2,3-二甲基-4-乙基-3-己烯

3. 1-十三碳烯　　4. 2-异丙基-1-戊烯

5. 3-甲基环己烯　　6. (E)-2-氯-1-溴丙烯

7. 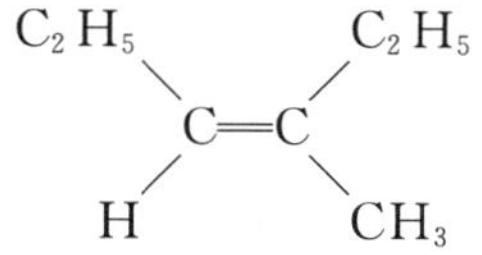　　8. 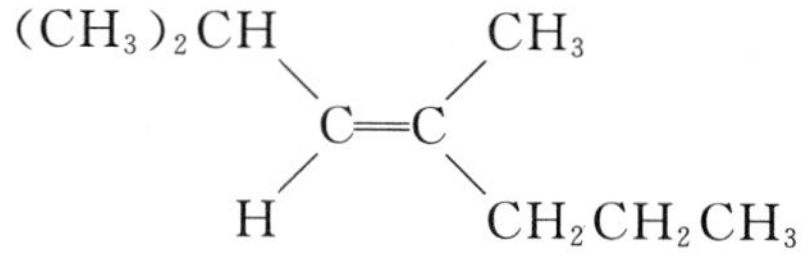

9. 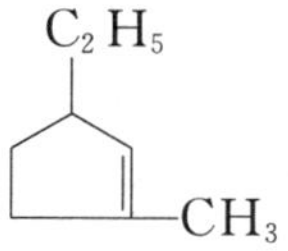　　10. 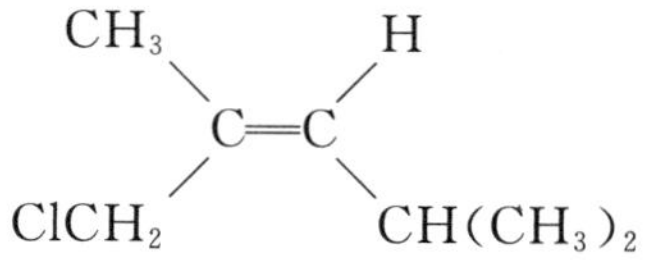

4-2 1. 浓 $H_2SO_4$,170℃或 $Al_2O_3$,△; 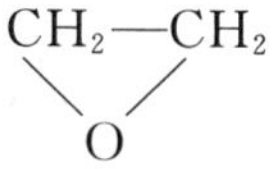

2. $CH_3CH{=}CH_2$;$CH_3CHBrCH_2Br$　　3. $CH_3CHBrCH_3$

4. KOH,乙醇; 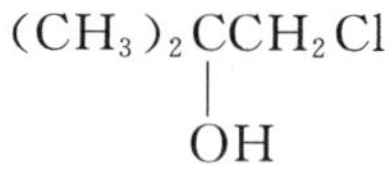

5. 稀、冷、碱性 $KMnO_4$,或(1) $OsO_4$,(2) $H_2O_2$

6. $(CH_3)_3C{-}OSO_3H$; $(CH_3)_3C{-}OH$

7. Zn 或 Mg　　8. HBr,过氧化物

9. $CH_3CH{=}CH_2$; ① $B_2H_6$,② $H_2O_2$,$OH^-$　　10. $(CH_3)_2C{=}O$,$CO_2$

11. 　　12. NBS,$h\nu$　　13. $NH_3$,$O_2$,含铈磷钼酸铋

14. 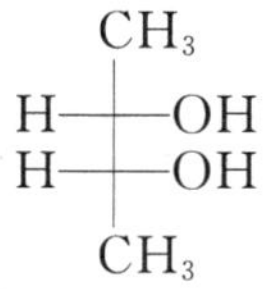　　15. 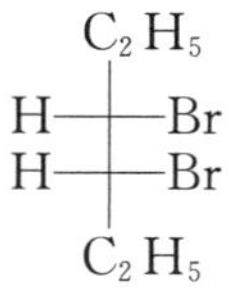　　16. $CH_3CO_3H$,$H_2O$

17. 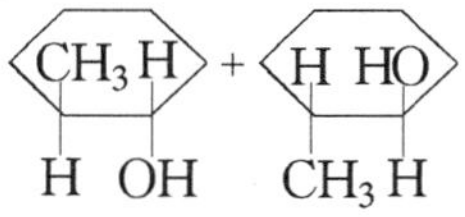　　18. 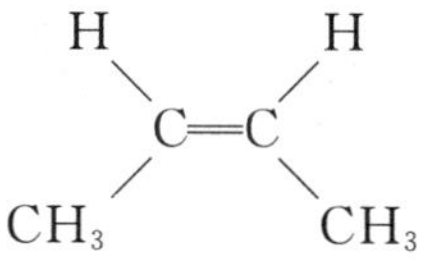,$CH_3CO_3H$

19. 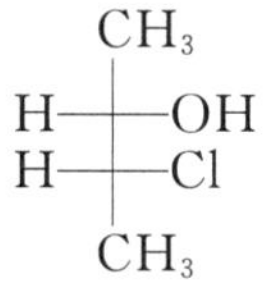

4-3 1. 分别用酸性 $KMnO_4$ 处理，不褪色者为戊烷，有 $CO_2$ 气体放出者为 1-戊烯，另一种为 2-戊烯。

2. 依次用溴水，$KMnO_4$ 溶液处理，不使溴水褪色者为丙烷，其余两化合物中不使 $KMnO_4$ 溶液褪色者为环丙烷。

4-4 乙烯与 $Br_2$ 的加成分两步进行，首先生成溴鎓离子，尔后 $Br^-$ 和 $Cl^-$ 分别与溴鎓离子作用，生成两种不同产物：

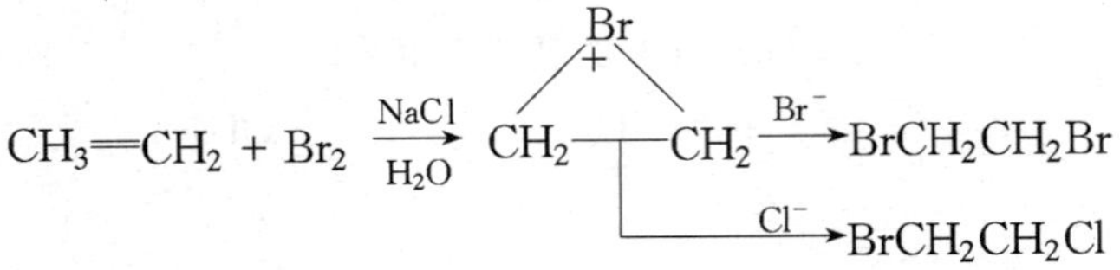

4-5

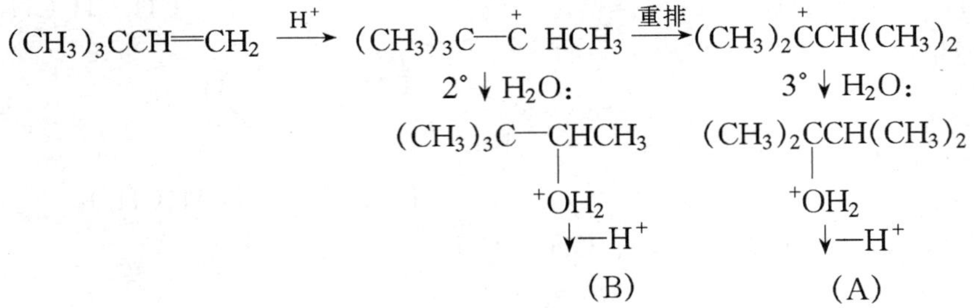

$(CH_3)_3CCH{=}CH_2$ 接受质子后生成 2°碳正离子，重排后生成更稳定的 3°碳正离子。两种碳正离子均可与 $H_2O$ 作用，分别生成 B 和 A。

4-6 1.

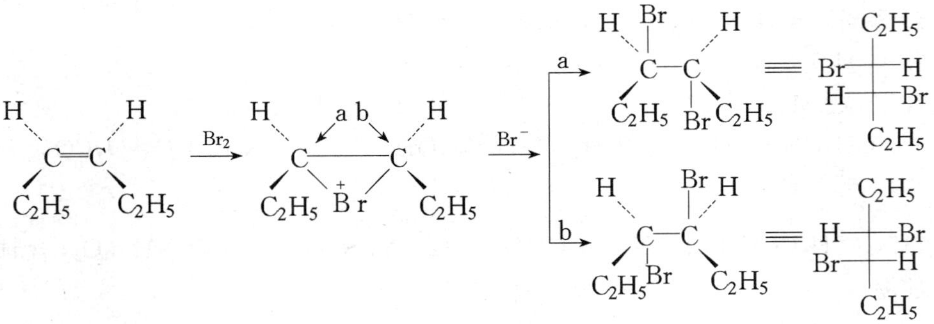

2.

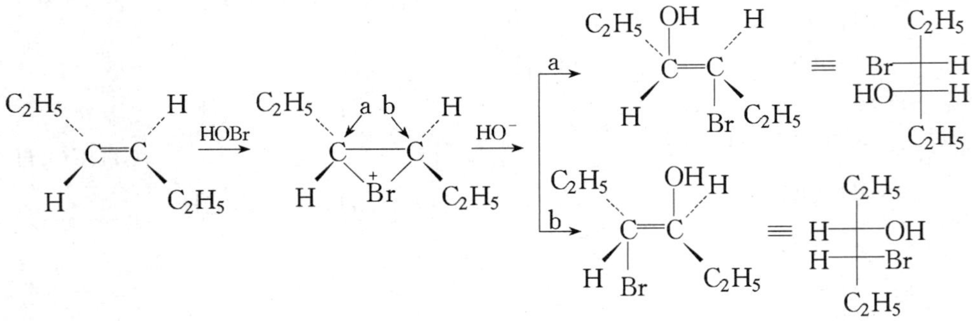

3. $Cl_2 \xrightarrow{h\nu} 2Cl\cdot$

$$CH_3CH_2CH{=}CH_2 + Cl\cdot \longrightarrow CH_3\dot{C}HCH{=}CH_2 + HCl$$

$$CH_3\dot{C}HCH{=}CH_2 + Cl_2 \longrightarrow CH_3CH(Cl)CH{=}CH_2 + Cl\cdot$$

……

4. $$(CH_3)_2CHCH{=}CH_2 + HCl \xrightarrow{-Cl^-} (CH_3)_2CH\overset{+}{C}HCH_3$$

$$\xrightarrow{\sim:H} (CH_3)_2\overset{+}{C}CH_2CH_3 \xrightarrow{Cl^-} (CH_3)_2C(Cl)CH_2CH_3$$

4-7 $$\underset{(A)}{(CH_3)_2CH{-}CH(Cl)CH_3} \xrightarrow[-HCl]{KOH,\text{乙醇}} \underset{(B)}{(CH_3)_2C{=}CHCH_3} \xrightarrow[H^+]{KMnO_4} \underset{(C)}{CH_3\overset{O}{\overset{\|}{C}}CH_3} + \underset{(D)}{CH_3COOH}$$

$$(B) \xrightarrow{HCl} (CH_3)_2C(Cl)CH_2CH_3 \quad (E)$$

4-8 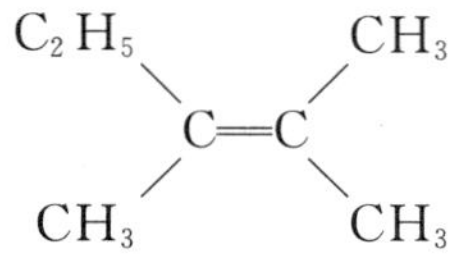

4-9 1. $CH_2{=}CH_2$ 2. $CH_3CH_2CH{=}CH_2$ 3. $(CH_3)_2C{=}CHCH_2CH_3$

4. 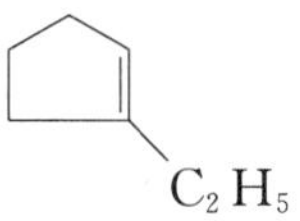 5. 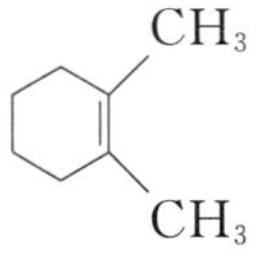

4-10 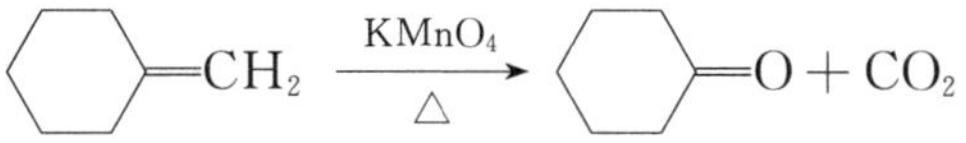

(A)

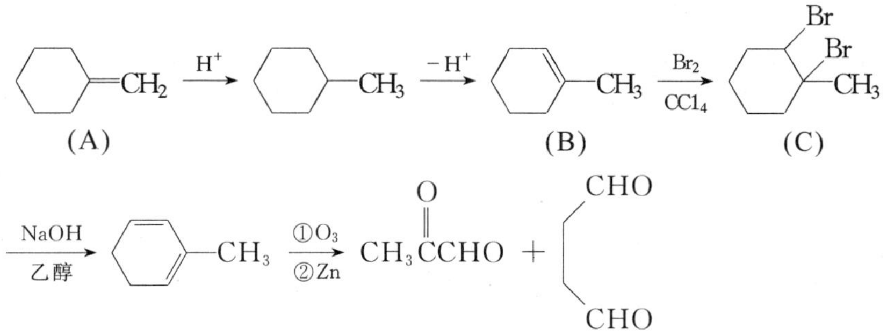

$$(B) \xrightarrow[②Zn]{①O_3} CH_3\overset{O}{\overset{\|}{C}}(CH_2)_4CHO$$

4-11 1. $$CH_3CH_2CH_2OH \xrightarrow[\triangle]{H_2SO_4} CH_3CH{=}CH_2 \xrightarrow[500℃]{Cl_2} ClCH_2CH{=}CH_2 \xrightarrow{Br_2} T.M.$$

2. $(CH_3)_2CHOH \xrightarrow[\triangle]{H_2SO_4} CH_3CH{=}CH_2 \xrightarrow[②H_2O_2,OH^-]{①B_2H_6}$ T. M.

3. $(CH_3)_2CHBr \xrightarrow[\text{乙醇}]{KOH} CH_3CH{=}CH_2 \xrightarrow[500℃]{Cl_2}$ T. M.

4. $(CH_3)_2CHCl \xrightarrow[\text{乙醇}]{KOH} CH_3CH{=}CH_2 \xrightarrow[\text{过氧化物}]{HBr}$ T. M.

5. 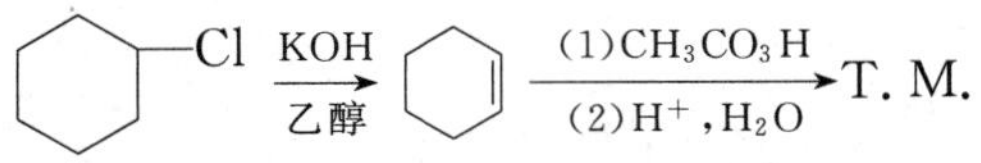

6. $CH_3CH_2CH_2CH_2CH_2OH \xrightarrow[\triangle]{Al_2O_3} CH_3CH_2CH_2CH{=}CH_2 \xrightarrow[H_3PO_4]{H_2O}$ T. M.

7. $C_2H_5CH{=}CH_2 \xrightarrow[(2)H_2O_2,OH^-]{(1)B_2H_6}$ T. M.

8. $(CH_3)_2C{=}CH_2 \xrightarrow{NBS} BrCH_2C(CH_3){=}CH_2 \xrightarrow{CH_3CO_3H}$ T. M.

9. $CH_3CH{=}CH_2 \xrightarrow[500℃]{Cl_2} ClCH_2CH{=}CH_2 \xrightarrow{CH_3CO_3H}$ T. M.

10. 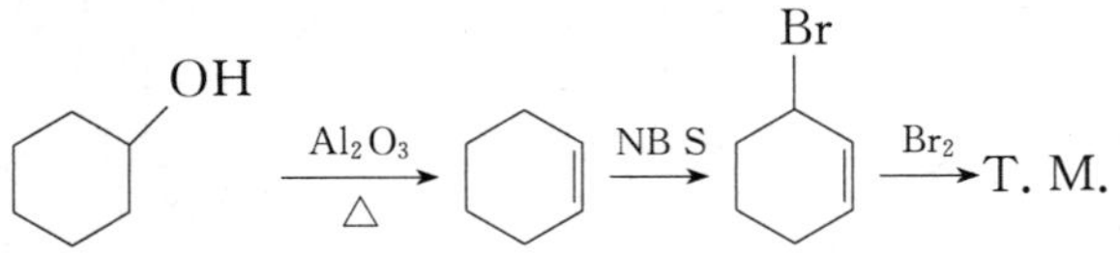

11. 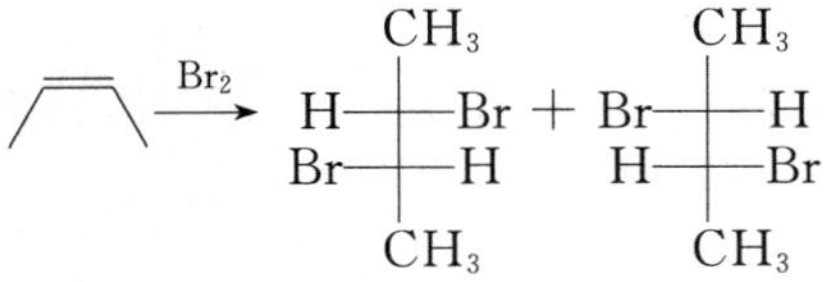
(dl-体)

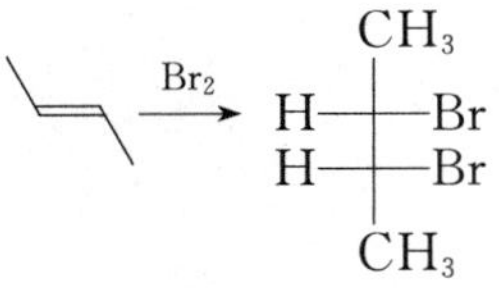
(meso-体)

12. 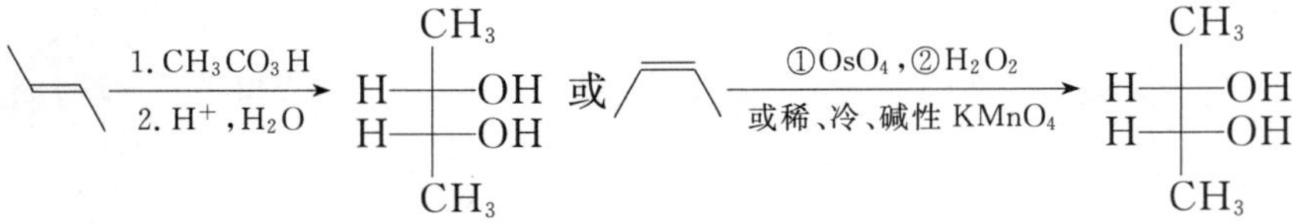

13. 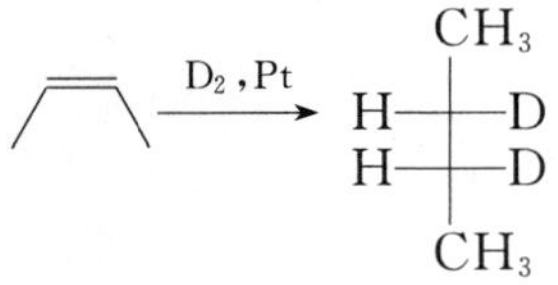
(内消旋体)

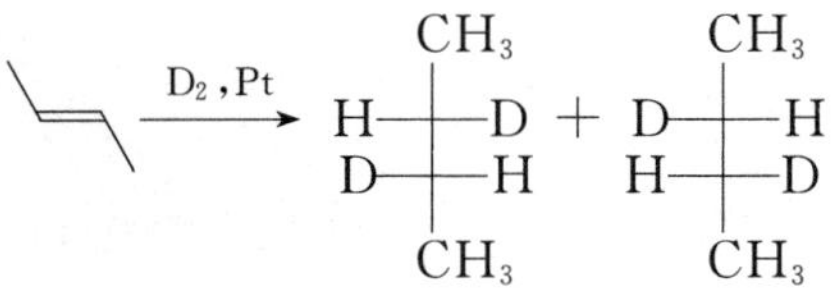
(外消旋体)

# 第五章

5-1 1. 3-戊烯-1-炔 2. 4-甲基-2-戊炔 3. 1-戊烯-4-炔

4. 2,2,5-三甲基-3-己炔 5. 2,2-二甲基-3-己炔 6. 1-丁烯-3-炔

7. 3-异丁基-4-己烯-1-炔 8. (R)-3-溴-1-戊烯-4-炔

9. 1-己烯-5-炔 10. 2-甲基-2-己烯-4-炔 11. $H_2$,Lindlar Pd

12. Na, $NH_3$(液) 13. $CH_2BrCHBrCH_2C{\equiv}CH$ 14. $CH_3C(=O)—CH{=}CH_2$

15. 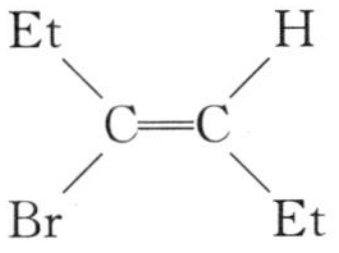

16. $CH_3CH_2COOH+CO_2$ 17. $CH_3COOH$

18. $CH_3CH_2CH_2CH_3$ 19. $CH_3CH_2CH_2CH_3$ 20. $CH_3CH_2CBr_2CHBr_2$

21. $CH_3CBr_2CBr_2CH_3$ 22. 不反应 23. $CH_3CH_2C{\equiv}CAg$

24. $CH_2CH_2CH_2CHO$ 25. $CH_3CH_2COCH_3$ 26. 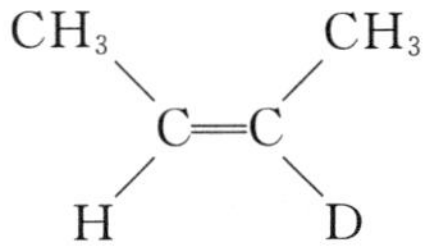

27. 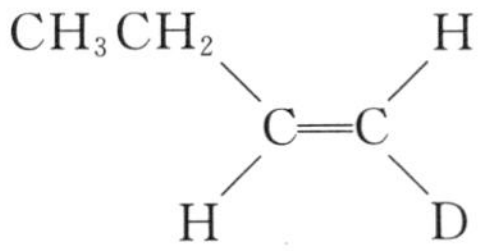

28. $CH_3CH_2COCH_3$ 29. $CH_3CH_2COCH_3$

30. 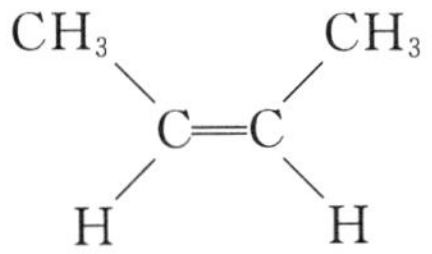

31. $CH_3CH_2CH{=}CH_2$ 32. 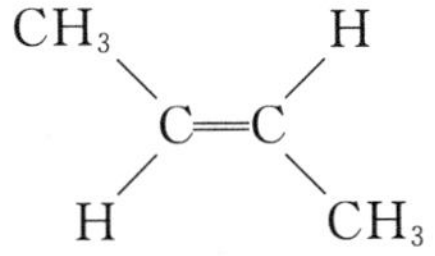

5-2 1. 用 $Ag(NH_3)_2NO_3$ 或 $Cu(NH_3)_2Cl$ 2. 依次用 $Ag(NH_3)_2NO_3$,$Br_2/CCl_4$

3. 依次用 $KMnO_4$,$Ag(NH_3)_2NO_3$ 4. 依次用 $Ag(NH_3)_2NO_3$,$KMnO_4$

5-3 1. 由于炔烃的C≡C含两个 π 键,因此可以打开第一个 π 键加一摩尔卤素生成二卤代烯烃,还能打开第二个 π 键再加一摩尔卤素生成四卤代烷烃。炔烃加卤素比烯烃更困难的原因可从两方面理解:一是 C≡C 的键长(120 pm)比 C=C(134 pm)短,反映出炔烃叁键 p 轨道交盖程度大,π 键牢固难于打开而进行加成;二是从炔烃加 $X^+$ 形成的活性中间体 $—\overset{+}{C}{=}C—X$ 比烯烃形成的活性中间体 $>\overset{+}{C}—C—X$ 稳定性差来考虑。

2. 烯烃的亲电加成比炔烃更容易的原因,参见上题答案。炔烃加 $X_2$ 或 HX 之所以易停留在卤代烯烃阶段,且进一步加成比较困难的原因,可从卤代烯烃进一步加成时形成的活性中间体的稳定性来考虑。因此二者并不矛盾。

3. 主要应从三者失去 $H^+$ 形成的碳负离子(亦称它们的共轭碱)的稳定性来考虑。
其稳定性次序为 $CH\equiv C^- > CH_2{=}CH^- > CH_3CH_2^-$，
故其碱性强弱次序为：$CH_3CH_2^- > CH_2{=}CH^- > CH\equiv C^-$ ，
那么其共轭酸酸性强弱次序为：$CH\equiv CH > CH_2{=}CH_2 > CH_3CH_3$

5-4 1. $HC\equiv CH \xrightarrow{NaNH_2} \xrightarrow{n\text{-}C_8H_{17}Br} \xrightarrow{NaNH_2} \xrightarrow{n\text{-}C_{13}H_{27}Br} \xrightarrow[Lindlar\text{-}Pd]{H_2} T.M.$

2. $HC\equiv CH \xrightarrow{NaNH_2} \xrightarrow{CH_3CH_2Br} \xrightarrow[Lindlar\text{-}Pd]{H_2} \xrightarrow[(2)H_2O_2,OH^-]{(1)B_2H_6} T.M.$

3. $2CH\equiv CH \xrightarrow{CuCl,NH_4Cl} \xrightarrow{H_2,Pt} T.M.$

4. $2CH\equiv CH \xrightarrow{CuCl,NH_4Cl} \xrightarrow[H_2SO_4]{H_2O,HgSO_4} T.M.$

5. $CH\equiv CH + CH_3CH_2CH_2OH \xrightarrow{CH_3CH_2CH_2ONa} T.M.$

6. $CH\equiv CH \xrightarrow{NaNH_2} \xrightarrow{CH_3CH_2Br} \xrightarrow[H_2SO_4]{H_2O,HgSO_4} T.M.$

7. $CH_3C\equiv CH \xrightarrow{B_2H_6} \xrightarrow{H_2O_2,OH^-} T.M.$

8. $CH_3C\equiv CH \xrightarrow{NaNH_2} \xrightarrow{CH_3CH_2CH_2Br} \xrightarrow[NH_3(\text{液})]{Na} T.M.$

9. $CH_3C\equiv CH \xrightarrow[H_2SO_4]{H_2O,HgSO_4} \xrightarrow[KOH,\text{压力}]{CH\equiv CH} \xrightarrow[Lindlar\text{-}Pd]{H_2} \xrightarrow[400℃]{Al_2O_3} T.M.$

10. $HC\equiv CH \xrightarrow{2NaNH_2} \xrightarrow{2CH_3Br} \xrightarrow[NH_3(\text{液})]{Na} \xrightarrow{Br_2} T.M.$

11. $CH_3CH_2CH_2CH_2C\equiv CH \xrightarrow{NaNH_2} \xrightarrow{BrCH_2CH{=}CH_2} \xrightarrow[Lindlar\text{-}Pd]{H_2} T.M.$

12. $CH_3CH_2CH_2CH{=}CH_2 \xrightarrow{Br_2} \xrightarrow{NaNH_2} T.M.$

13. $CH_3CH_2OH \xrightarrow[170℃]{H_2SO_4} CH_2{=}CH_2 \xrightarrow{HBr} CH_3CH_2Br$

$CH_2{=}CH_2 \xrightarrow{Br_2} BrCH_2CH_2Br \xrightarrow{NaNH_2} \xrightarrow{2Na} NaC\equiv CNa \xrightarrow{2CH_3CH_2Br} T.M.$

14. $CH_3CH_2CH_2CH_2OH \xrightarrow[400℃]{Al_2O_3} \xrightarrow[ROOR]{HBr} \xrightarrow{NaC\equiv CH} \xrightarrow[H_2SO_4]{H_2O,HgSO_4} T.M.$

15. $CH_3CH_2CH_2CH_2OH \xrightarrow[400℃]{Al_2O_3} \xrightarrow[ROOR]{HBr} \xrightarrow{NaC\equiv CNa} \xrightarrow[Pt]{H_2} T.M.$

16. $CH_3CH_2CH_2Br \xrightarrow[\text{醇}]{NaOH} \xrightarrow{Br_2} \xrightarrow{NaNH_2} \xrightarrow[\text{加热}]{Na} \xrightarrow{CH_3CH_2CH_2Br} T.M.$

17. $CH_2BrCH_2Br \xrightarrow{NaNH_2} \xrightarrow{2HBr} T.M.$

18. $CH_3CH_2CHCl_2 \xrightarrow{NaNH_2} \xrightarrow[HgCl_2]{2HCl} T.M.$

19. $CH_3CH_2CH_2CH_2OH \xrightarrow[400℃]{Al_2O_3} \xrightarrow{Br_2} \xrightarrow{NaNH_2} \xrightarrow[HgCl_2]{HCl} \xrightarrow{HBr} T.M.$

5-5 1. 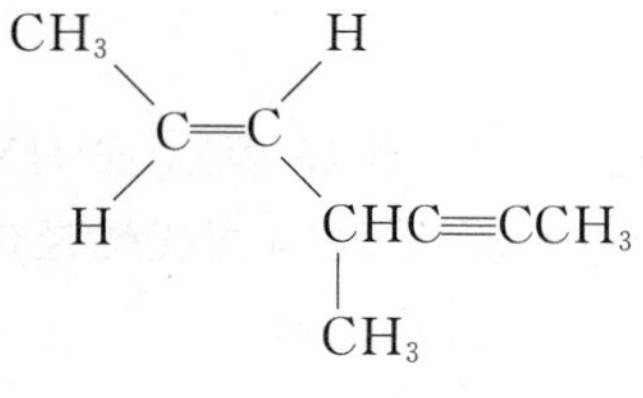

(A) $(CH_3CH_2CH_2)_2CHCH_3$ (B)

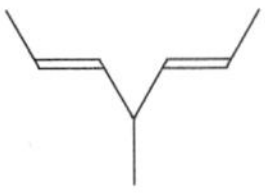 (C) 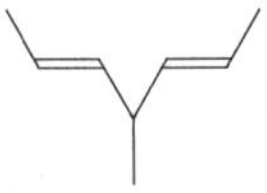 (D)

2. $(CH_3)_2CHC\equiv CH$(A)，$(CH_3)_2CHC\equiv CCH_2CH_2CH_3$(B)，
$(CH_3)_2CHCOOH$(C)，$CH_3CH_2CH_2COOH$(D)，$(CH_3)_2CHCOCH_3$(E)

3. $CH_3CH_2C\equiv CH$(A)，$CH_3C\equiv CCH_3$(B)

# 第六章

6-1 共轭化合物:1,3,4。有顺反异构体的是:1,2,3,5。

1.

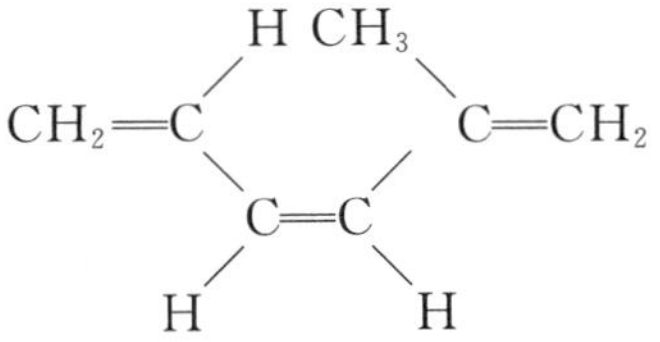

(3Z)-2-甲基-1,3,5-己三烯

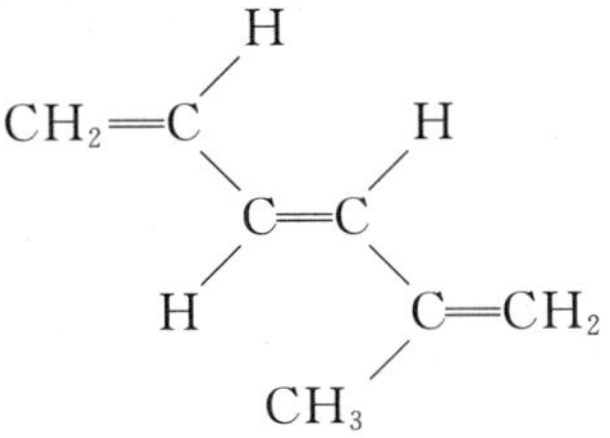

(3Z)-2-甲基-1,3,5-己三烯

2.

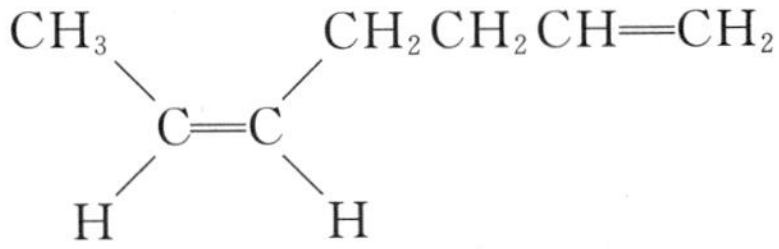

(5Z)-1,5-庚二烯

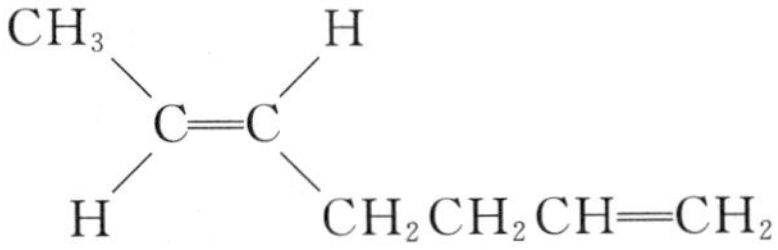

(5E)-2-1,5-庚二烯

3.

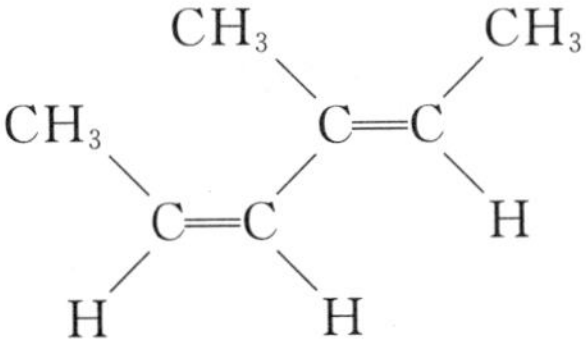

(2E,4Z)-3-甲基-2,4-己二烯

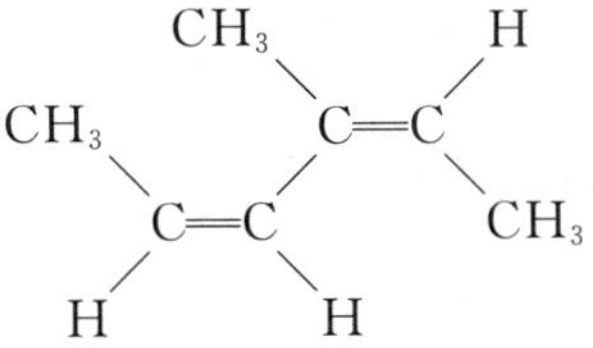

(2Z,4Z)-3-甲基-2,4-己二烯

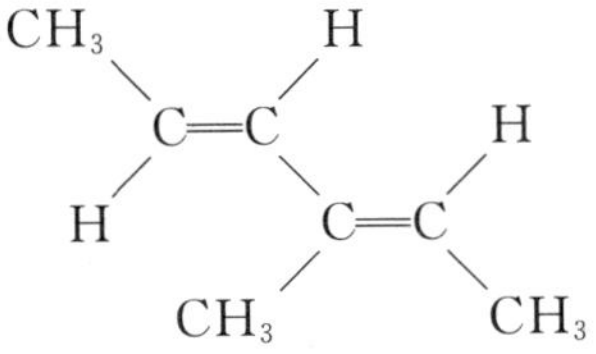

(2E,4E)-3-甲基-2,4-己二烯

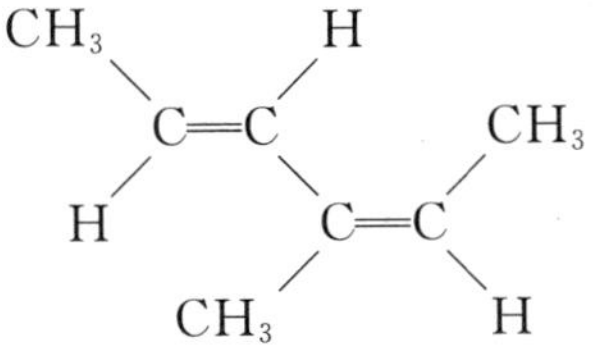

(2Z,4E)-3-甲基-2,4-己二烯

4.

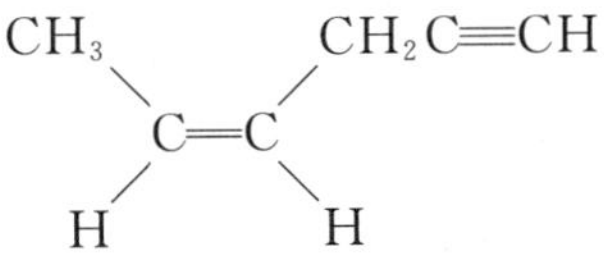

(4Z)-4-己烯-1-炔

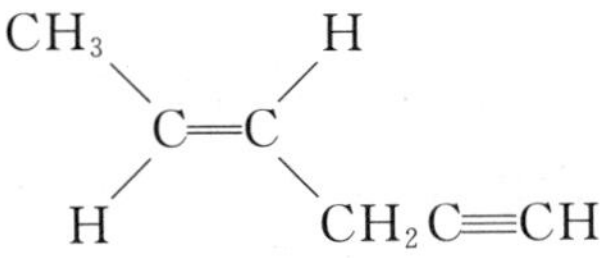

(4E)-4-己烯-1-炔

6-2　1. 　　　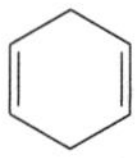

1,3-环己二烯　　　1,4-环己二烯

因 1,3-环己二烯为共轭二烯，所以较非共轭二烯 1,4-环己二烯稳定。

2. $CH_3CH{=}CHCH_2C(CH_2CH_3){=}CHCH_2CH_3$　　　$CH_3CH{=}CHCH{=}C(CH_2CH_3)CH_2CH_2CH_3$

5-乙基-2,5-辛二烯　　　5-乙基-2,4-辛二烯（共轭二烯较稳定）

6-3　1. 否　2. 否　3. 是　4. 是　5. 否

6-4　1. $HC{\equiv}CCH_2CH_2CH_3 \xrightarrow[NH_3(液)]{Na} CH_2{=}CHCH_2CH_2CH_3 \xrightarrow[过氧化物]{NBS}$

$CH_2{=}CHCH(Br)CH_2CH_3 \xrightarrow[醇,\triangle]{NaOH} CH_2{=}CHCH{=}CHCH_3$

2. $2HC{\equiv}CH \xrightarrow{CuCl\text{-}NH_4Cl} HC{\equiv}C{-}CH{=}CH_2 \xrightarrow[或\ P\text{-}2,H_2]{H_2,Lindlar\ Pd}$

$CH_2{=}CHCH{=}CH_2 \xrightarrow[\triangle]{CH_2{=}CHCH_2Cl}$ 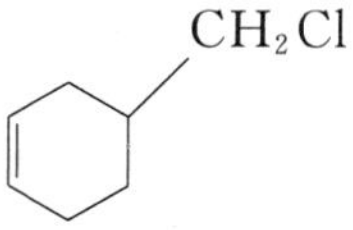

6-5　1. $CH_3{-}C(CH_3){=}CHCH_2Br + CH_3{-}C(CH_3)(Br){-}CH{=}CH_2$

2. 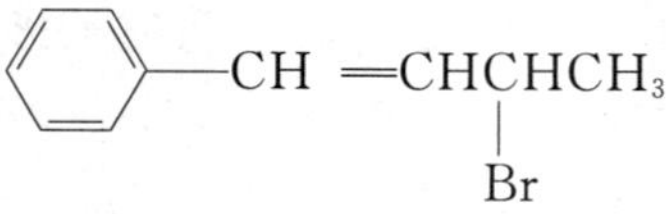　　　3. $(CH_3)_2CHCH{=}CHCH{=}CH_2$

4. $CH_3CHBrCH{=}CHCH_3$　　　5. 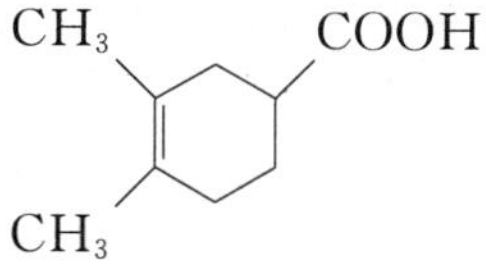

6. 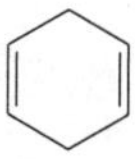　　　7. 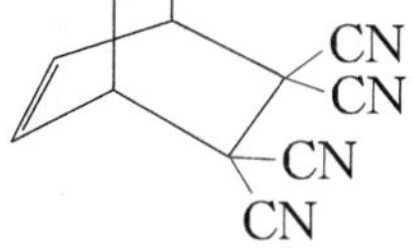

6-6　4>3>2>1

6-7　1. 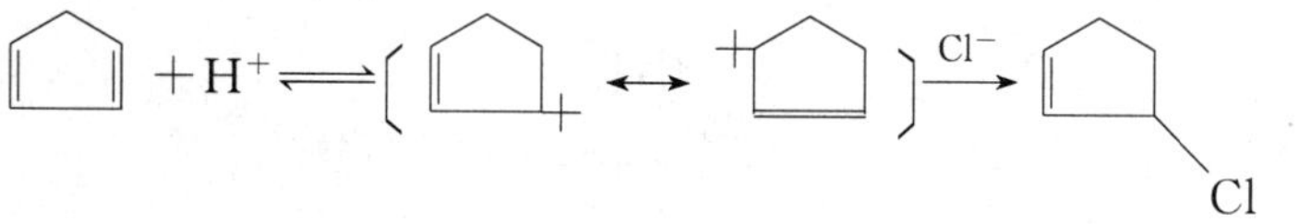

2. $BrCCl_3 \xrightarrow{h\nu} \dot{B}r + \dot{C}Cl_3$　链引发

链增长　$CH_2{=}CHCH{=}CH_2 + \dot{B}r \longrightarrow \dot{C}H_2CH{=}CHCH_2Br$

$\dot{C}H_2CH{=}CH{-}CH_2Br + BrCCl_3 \longrightarrow CH_2(CCl_3)CH{=}CHCH_2Br + \dot{B}r$

……

链终止 $\dot{C}H_2CH=CHCH_2Br+\dot{C}Cl_3 \longrightarrow CH_2(CCl_3)CH=CHCH_2Br$

$\dot{B}r+\dot{C}CCl_3 \longrightarrow BrCCl_3$

……

6-8 $PhCH=CHCH=CHPh \xrightarrow{Br_2} PhCH(Br)CH(Br)CH=CHPh + PhCH(Br)CH=CHCH(Br)Ph$

其中,1,2-加成既是动力学控制产物,又是热力学控制产物。这是因为1,2-加成保留了苯环与双键的共轭,增加了体系的稳定性。

6-9 2>3>1

6-10 1. 

2. 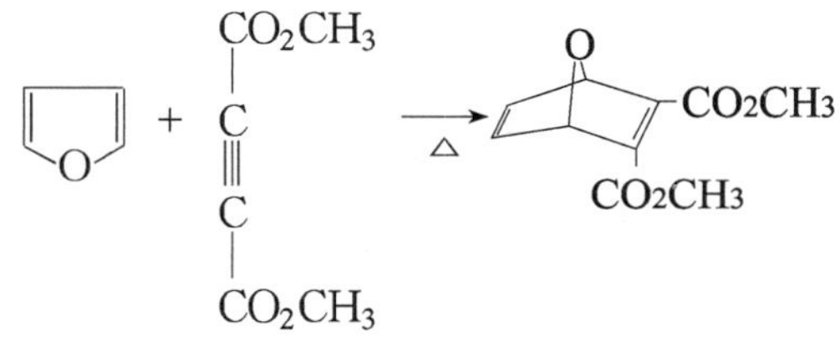

3. 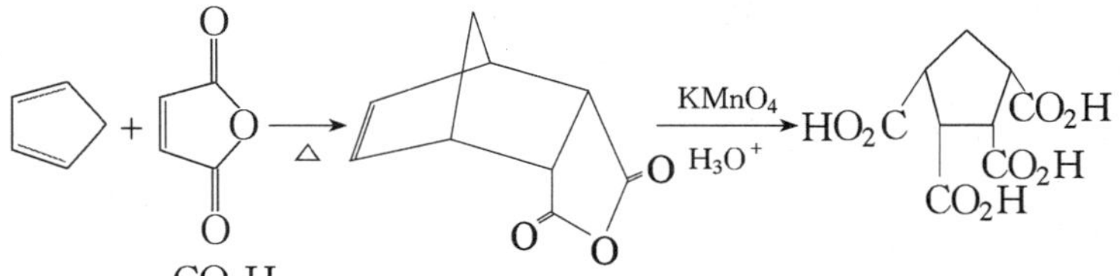

4. 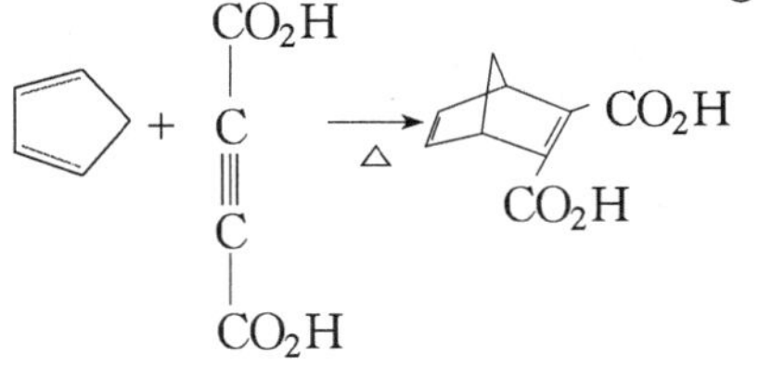

# 第七章

7-1 1. 1,2-二乙烯基苯　2. 对溴甲苯　3. 2-甲基-4-(间氯苯基)丁烷

4. 2,2-二对氯苯基-1,1,1-三氯乙烷　5. 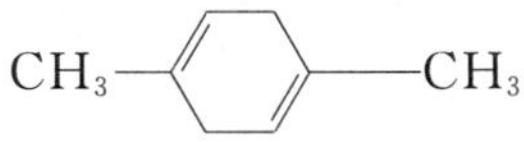

6. 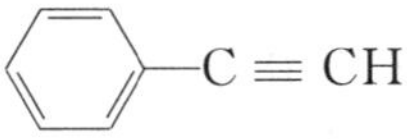　7. 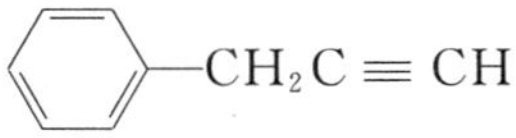

8. 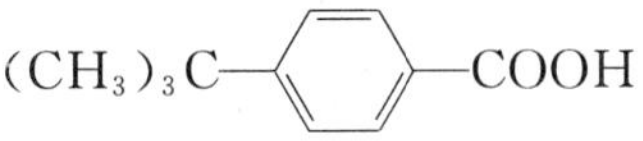　9. 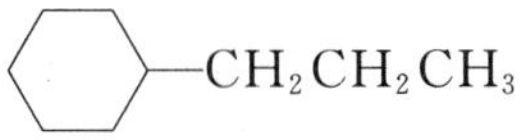

10. 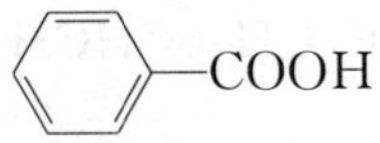

11. 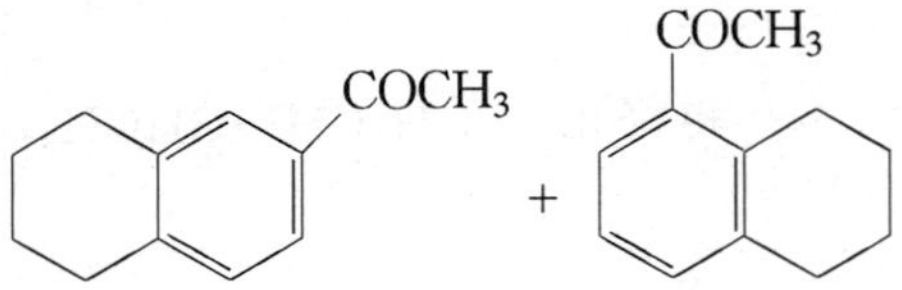

12. 

13. 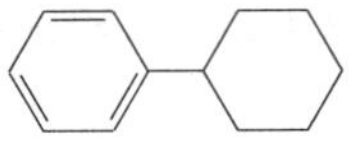

14. 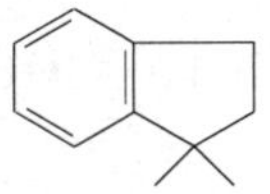

15. 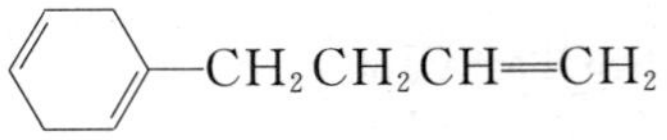

16. 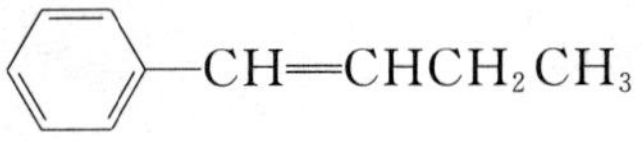

17. 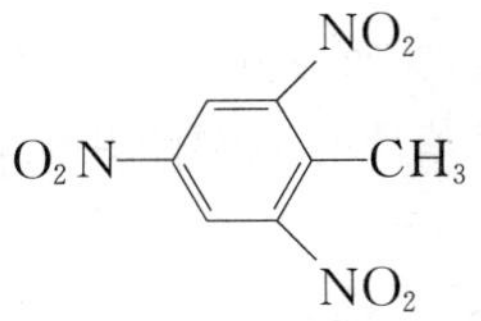

18. 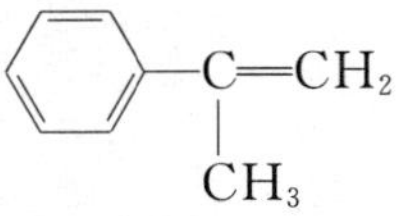

19. 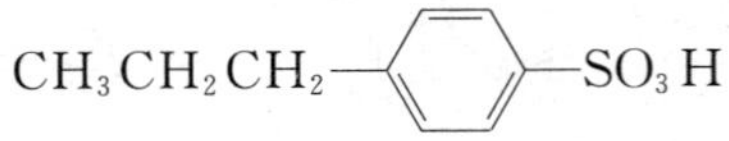

20. 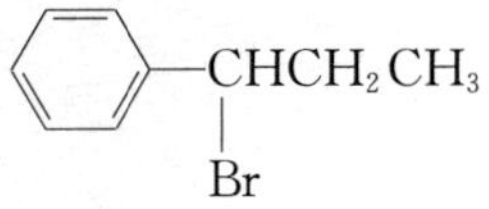

21. 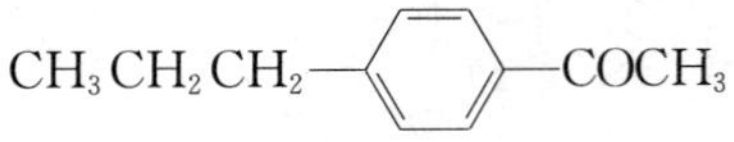

22. 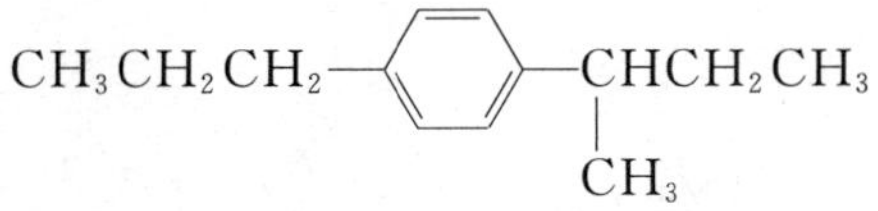

23. 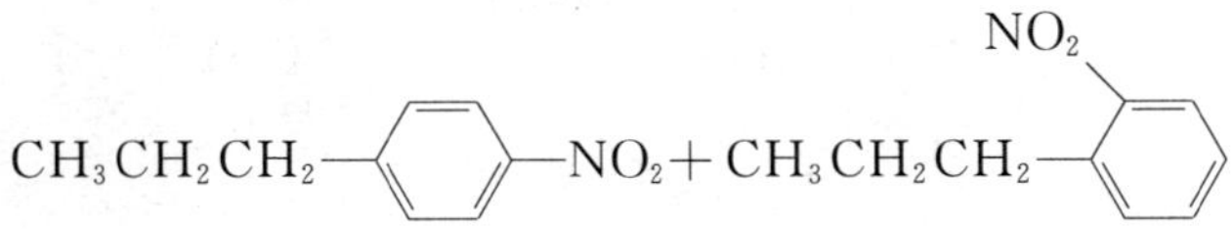

24. 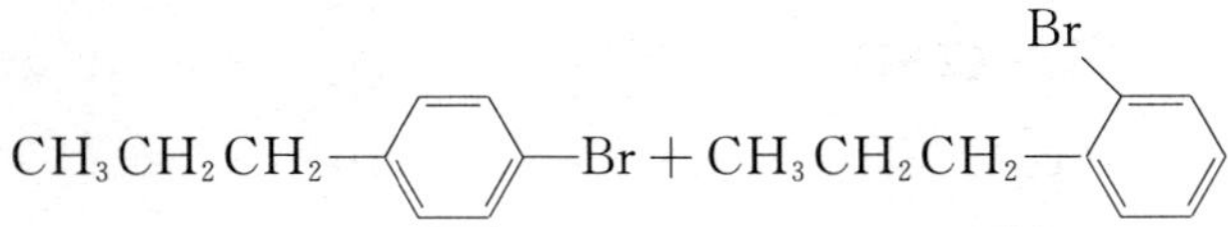

25. 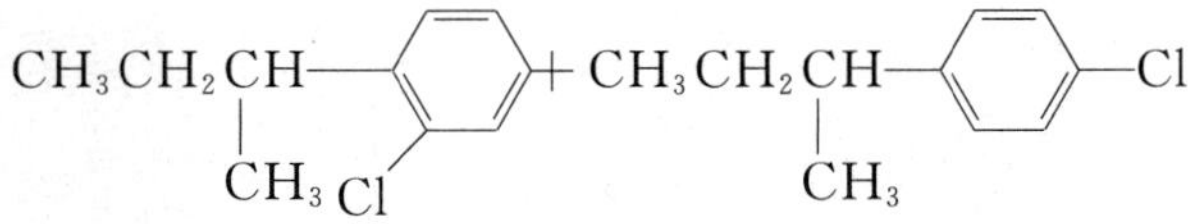

26. 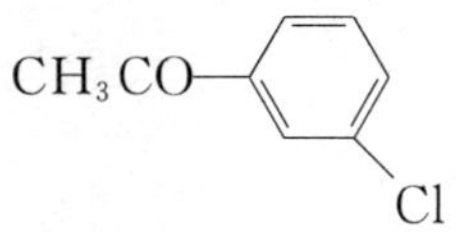

27. 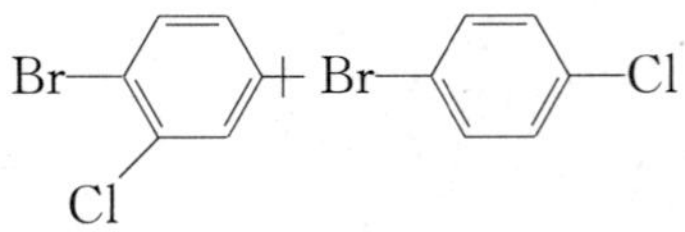

28. 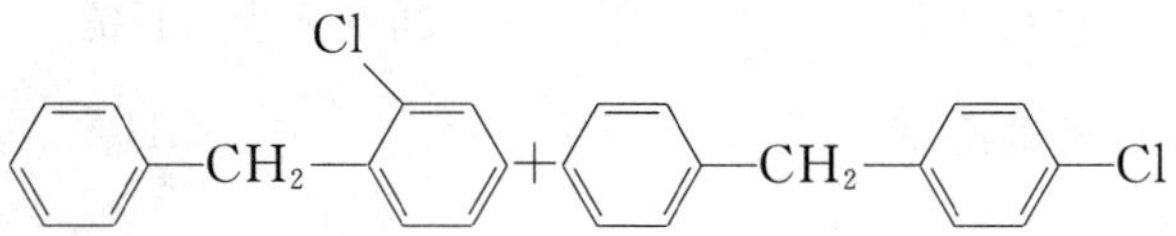

29. 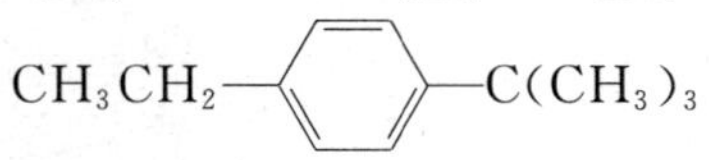

30. 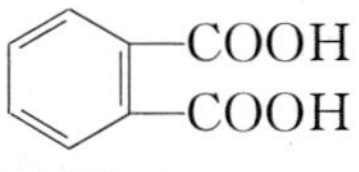

31. 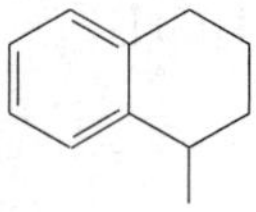

32. 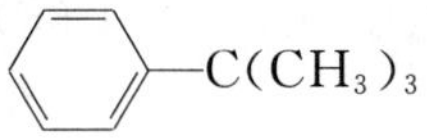

33. 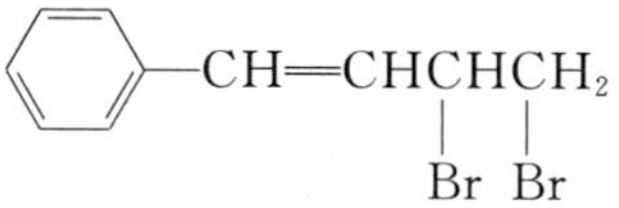


34. 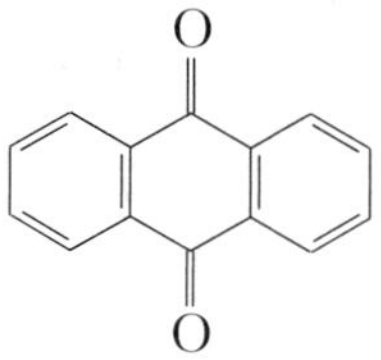


35. 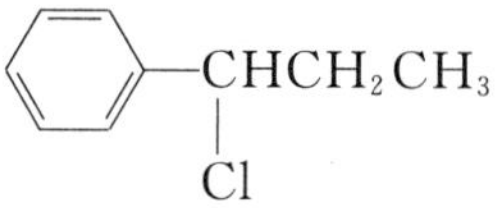


36. 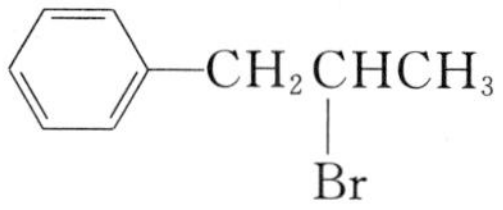


37. 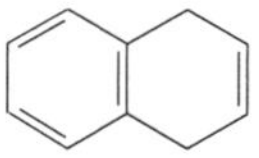

38. 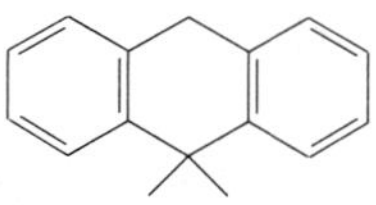

39. 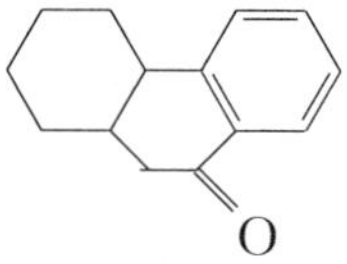


40. 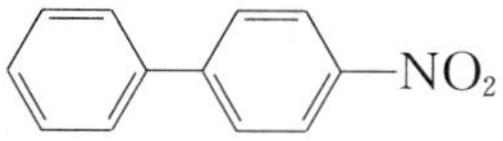


41. 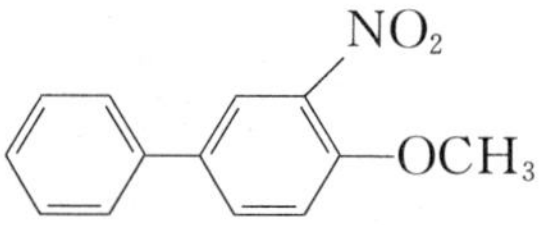


42. 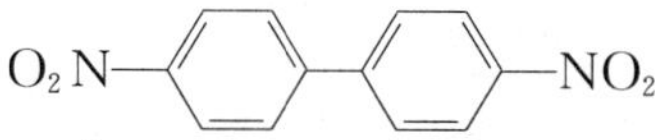


43. 1-苯基萘；　44. 1,4-二甲萘　　45. 3,3′-二甲基-4,4′-二溴联苯

46. 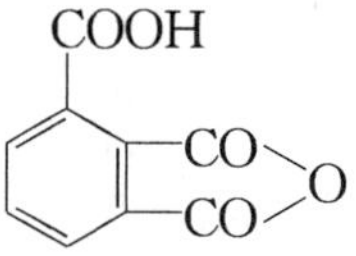


47. 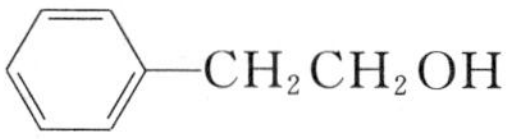


48. 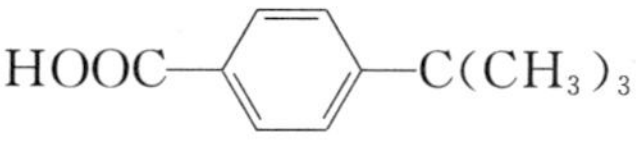


7-2

1. 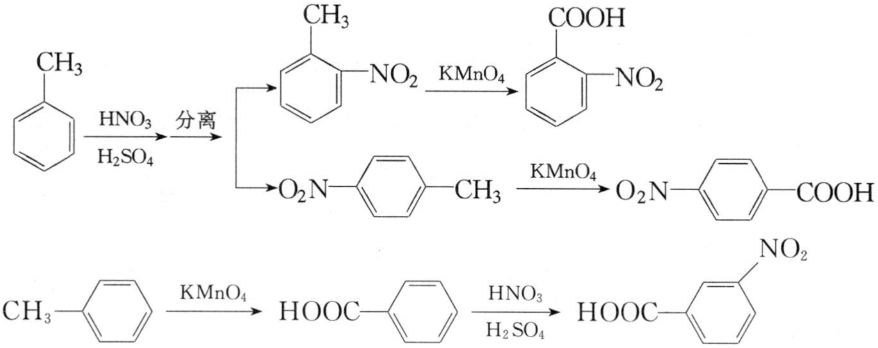


2. 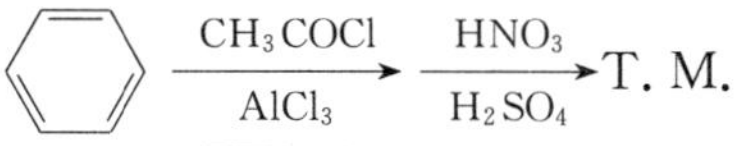


3. 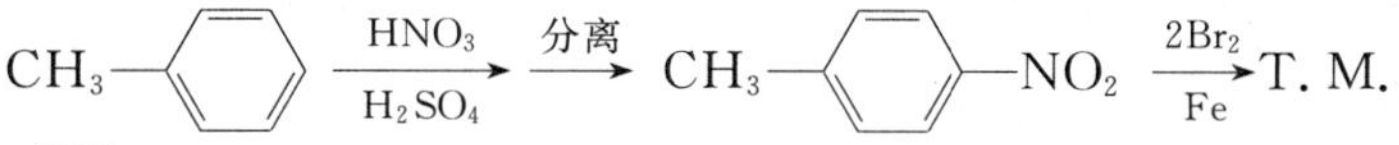


4. 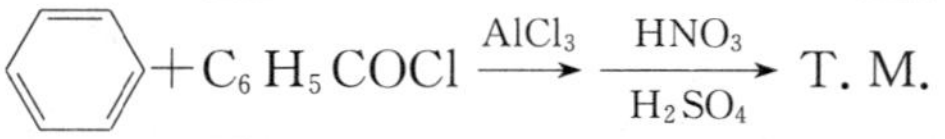


5. 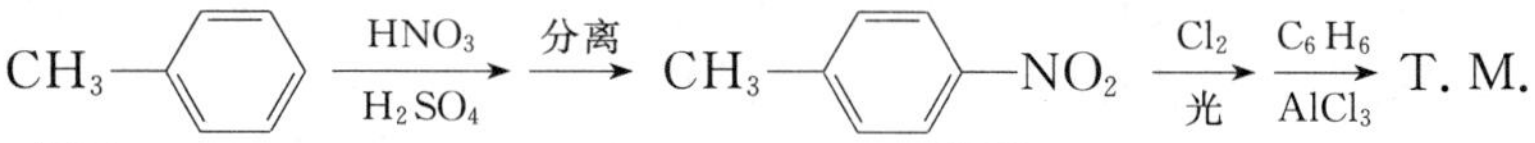


6. 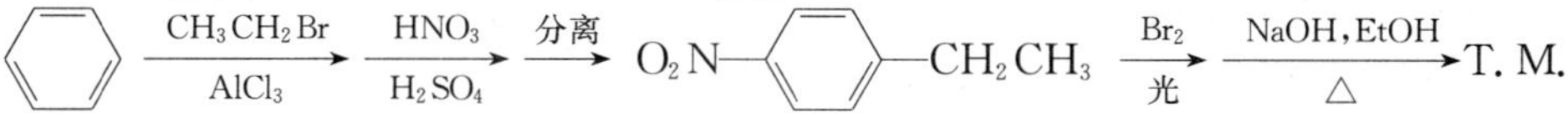

7. 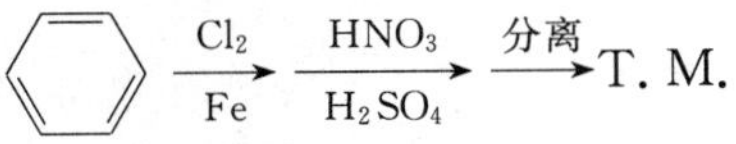 8. 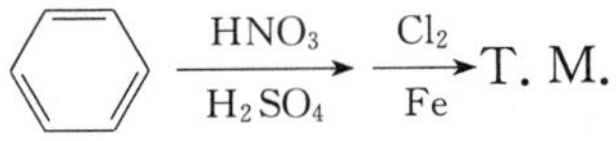

9. 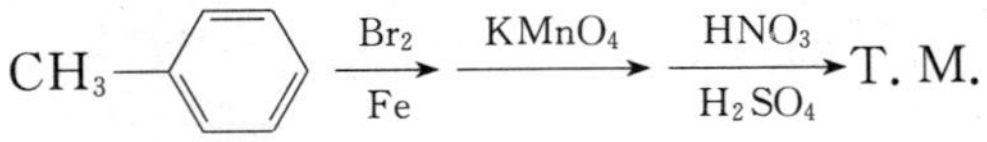

10. 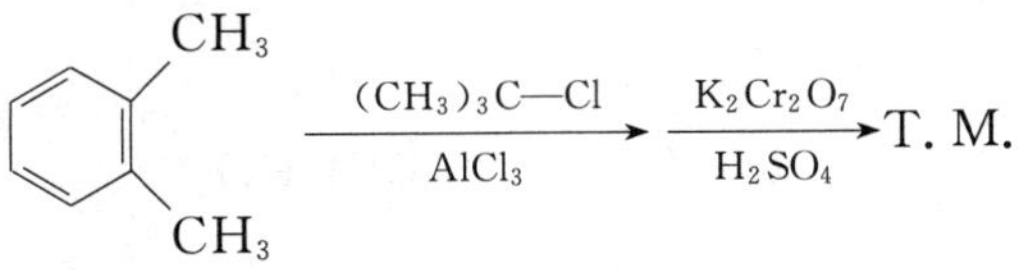

11. 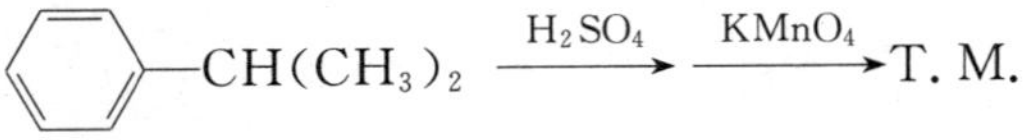

12. 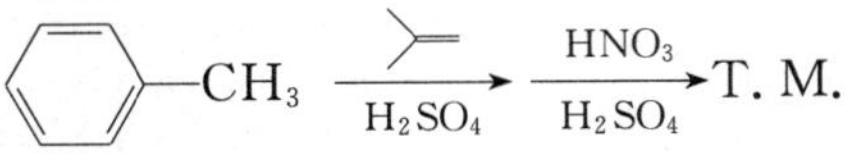

13. 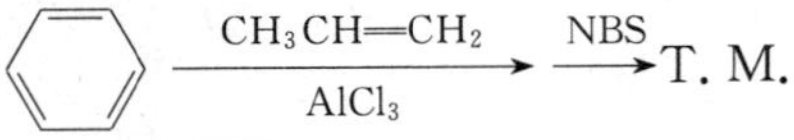

14. 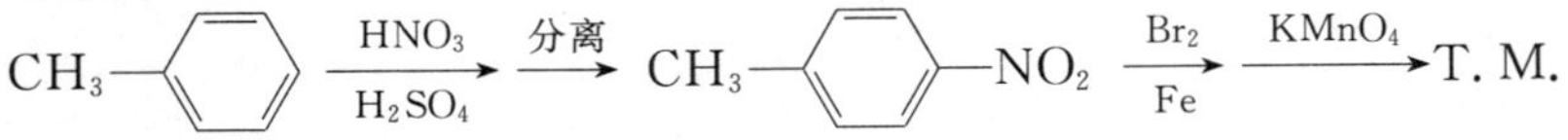

15. 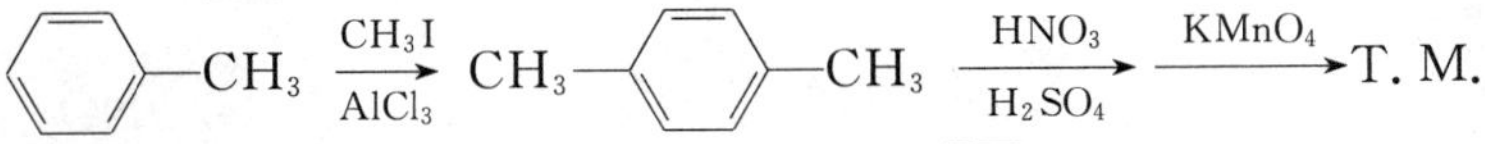

16. 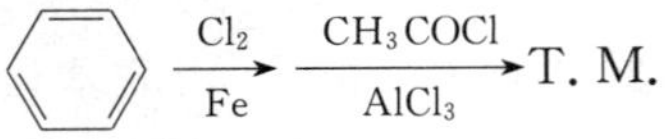 17. 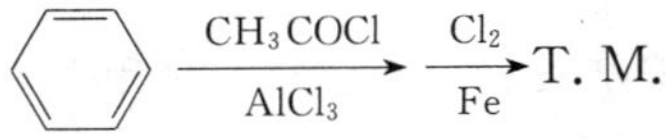

18. (1) 

(2) 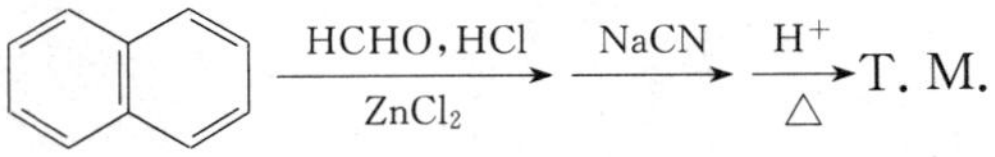

19. 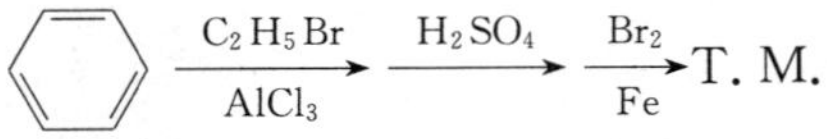

20. 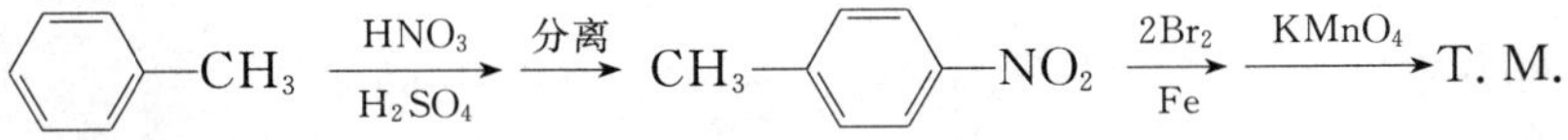

7-3 1. 由于后者反应时形成的活性中间体主要以碳正离子而不是溴鎓离子存在。

2. 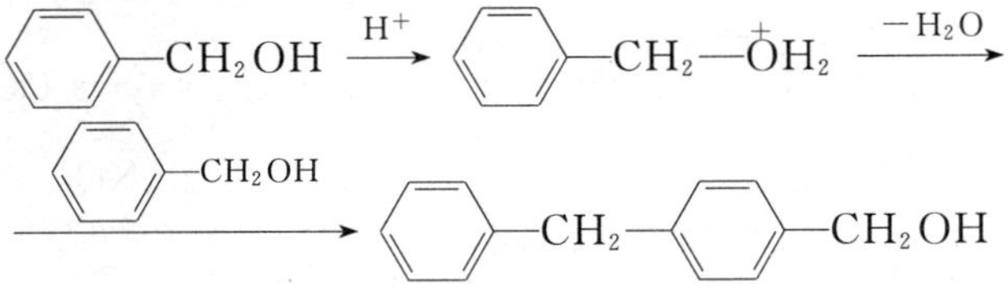 照此方式的反应，即得树脂状物质。

3. 用了双烯合成和脱氢芳构化反应。

4. 依次为间、邻和对二甲苯。

5. 由于苯胺与酸生成 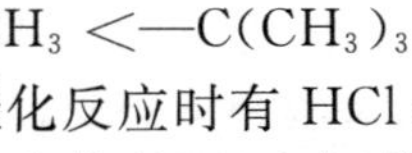。

6. 由于空间位阻$—CH_3 < —C(CH_3)_3$。

7. 由于少量 $AlCl_3$ 催化反应时有 HCl 生成，HCl 与 Al 又可反应生成 $AlCl_3$。

8. 由于苯基是邻对位定位基，且空间位阻较大。

9. $—CH_3$ 是致活苯环的邻对位定位基。$—CH_2Br$、$—CH_2Cl$ 和 $—CH_2F$ 则是致钝苯环的邻对位定位基，且致钝强度依次增大。

10. 由于 $—NO_2$ 、$—CH_2NO_2$ 和 $—CH_2CH_2NO_2$ 的间位定位效应依次减弱，后者为邻对位定位基。

7-4 1. 茚 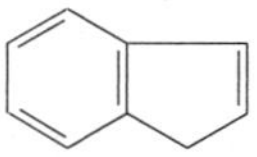 茚满 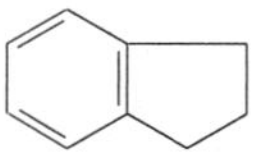

2. A 为 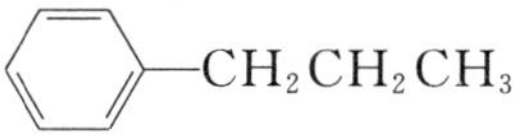 或 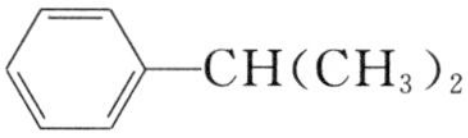

B 为 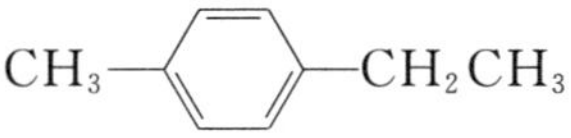 C 为 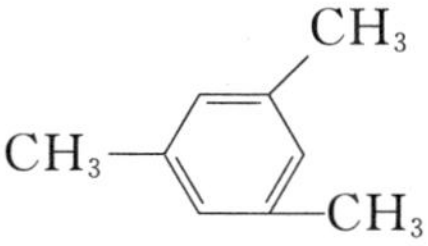

3. A 为 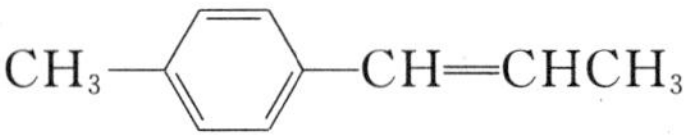 B 为 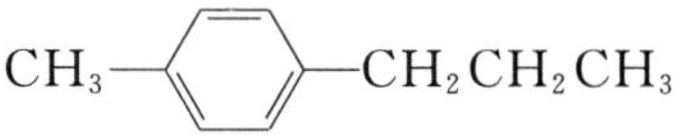

C 为 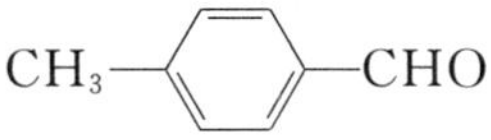 D 为 $CH_3CHO$ E 为 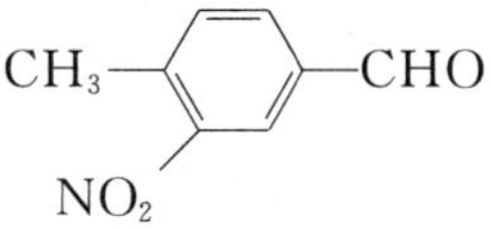

4. 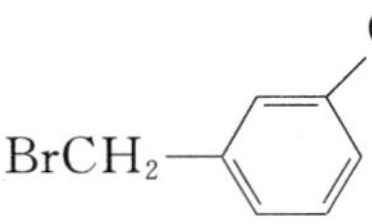 5. A 为 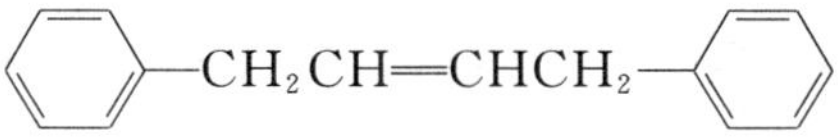 (Z,E)

6. A 为 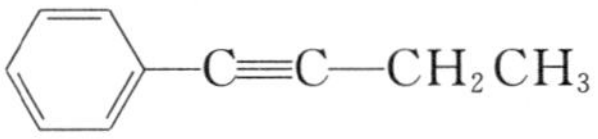 B 为 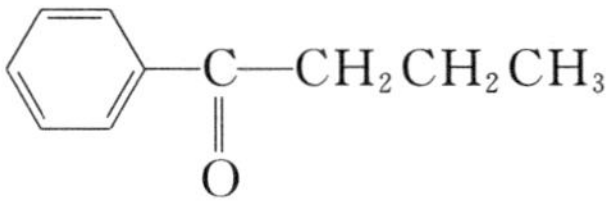

7. A 为 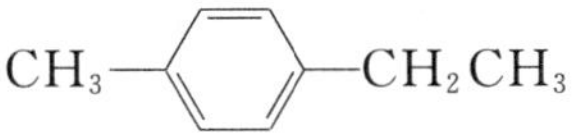

7-5 1. 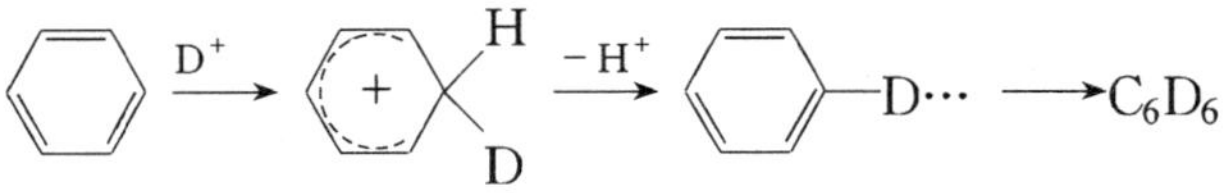

2. $(CH_3)_3CCH_2OH \xrightarrow[-HOBF_3]{BF_3} (CH_3)_3C\overset{+}{C}H_2 \xrightarrow{重排} (CH_3)_2\overset{+}{C}CH_2CH_3$

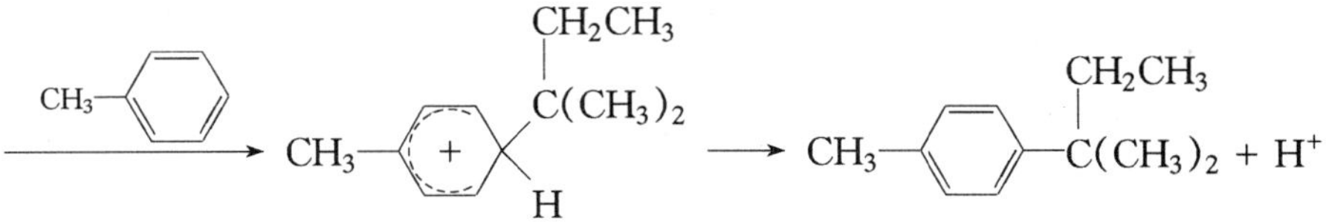

3. 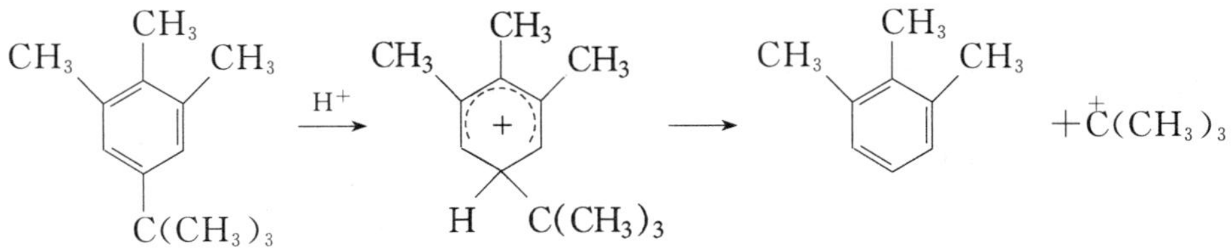

$^{+}C(CH_3)_3 \longrightarrow (CH_3)_2C{=}CH_2 + H^+$

4. $HONO + HCl \longrightarrow H_2O + \overset{+}{N}O + Cl^-$

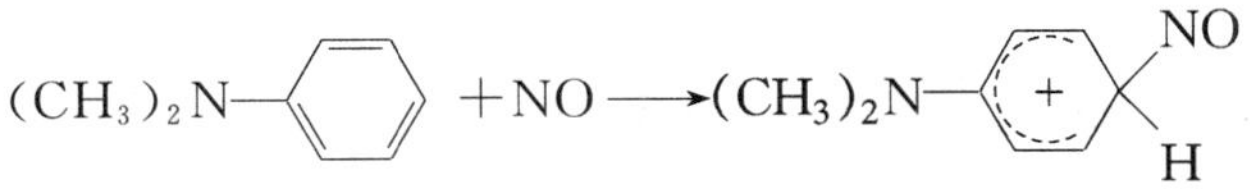

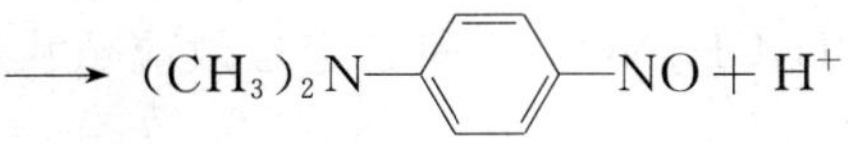

5. $ICl + FeCl_3 \longrightarrow I^+ \cdots FeCl_4^- \longrightarrow I^+ + FeCl_4^-$

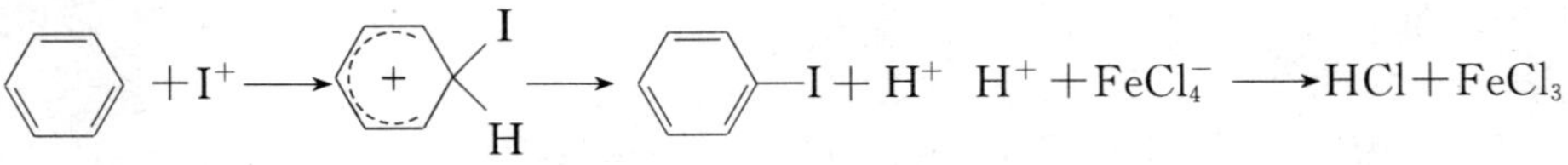

6.

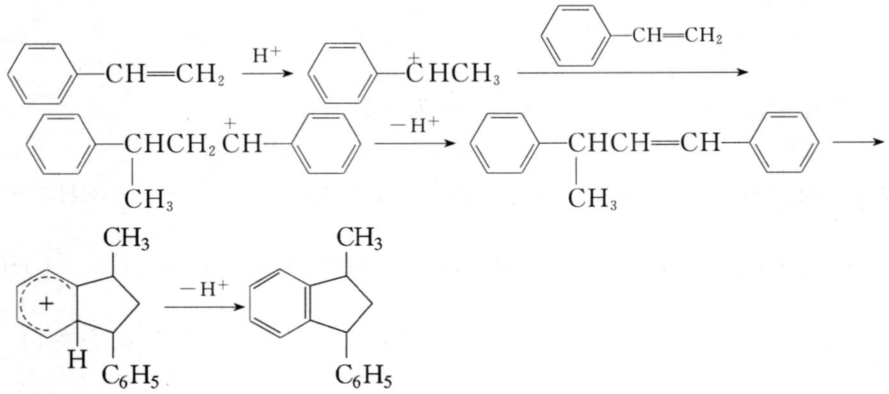

7. $(CH_3)_3CCH_2Cl + AlCl_3 \rightleftharpoons (CH_3)_3C\overset{+}{C}H_2 + AlCl_4^- \longrightarrow (CH_3)_2\overset{+}{C}CH_2CH_3$

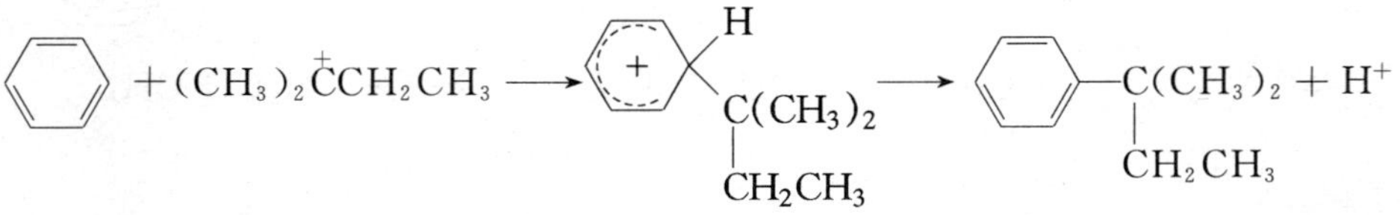

$H^+ + AlCl_4^- \longrightarrow AlCl_3 + HCl$

8. $H_3O^+ \rightleftharpoons H^+ + H_2O$

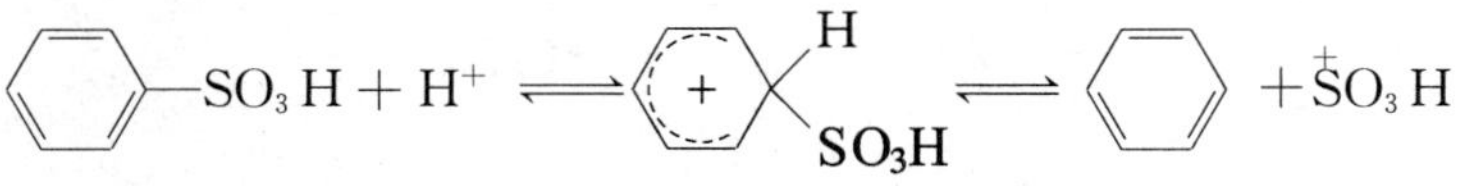

$^+SO_3H + H_2O \longrightarrow H_2SO_4 + H^+$

9.

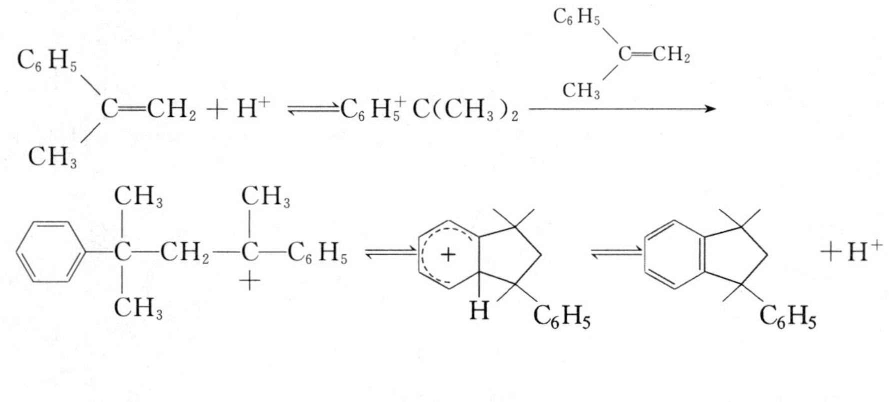

# 第八章

8-1 1. $CH_3CH_2CH_2CH_2OH + HBr \xrightarrow[\triangle]{H_2SO_4} CH_3CH_2CH_2CH_2Br + H_2O$

2. $CH_3CH_2CH_2CH_2OH \xrightarrow[\triangle]{Al_2O_3} CH_3CH_2CH{=}CH_2 \xrightarrow{HBr} T.M.$

3. 由(2)中 $CH_3CH_2CH{=}CH_2 \xrightarrow[CCl_4]{Br_2} T.M.$

4. 由(2)中 $CH_3CH_2CH{=}CH_2 \xrightarrow{NBS} CH_3\underset{\underset{Br}{|}}{C}HCH{=}CH_2 \xrightarrow[\text{过氧化剂}]{HBr} T.M.$

5. 由(4)中 $CH_3\underset{\underset{Br}{|}}{C}HCH{=}CH_2 \xrightarrow[\text{乙醇}\triangle]{NaOH} CH_2{=}CHCH{=}CH_2 \xrightarrow[\triangle]{Br_2} T.M.$

6. 由(4)中 $CH_3\underset{\underset{Br}{|}}{C}HCH{=}CH_2 \xrightarrow[CCl_4]{Br_2} T.M.$

7. 由(3)中 $CH_3CH_2\underset{\underset{Br}{|}}{C}HCH_2Br \xrightarrow{NaNH_2} CH_3CH_2C{\equiv}CH \xrightarrow{2Br_2} T.M.$

8. 由(5)中 $CH_2{=}CH{-}CH{=}CH_2 \xrightarrow{2Br_2} T.M.$

9. 由(2)中 $CH_3CH_2CH{=}CH_2 \xrightarrow{ICl} T.M.$

8-2 1. 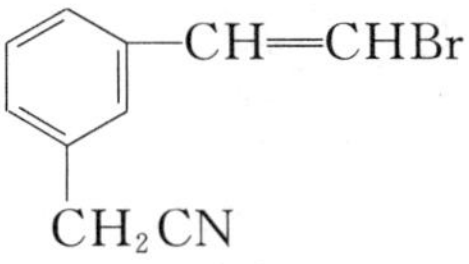


2. 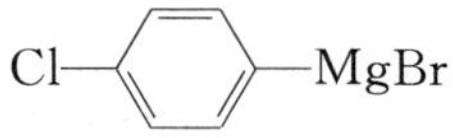


3. $HOCH_2CH_2CH{=}CHBr$

4. 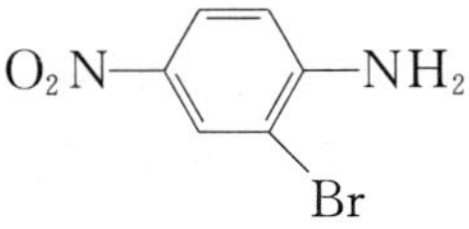


5. 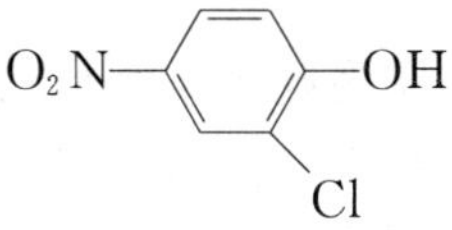


6. 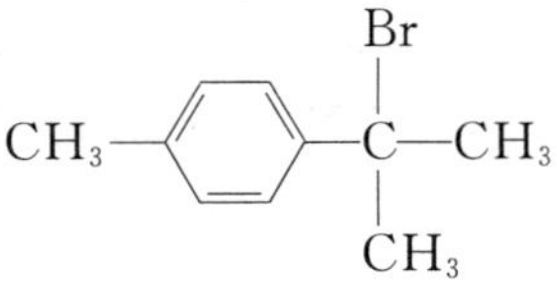


7. 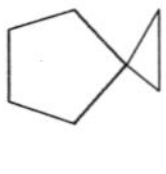

8. 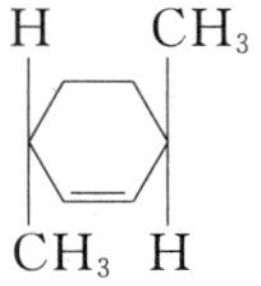


9. 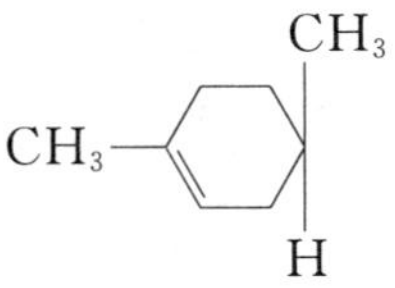


10. 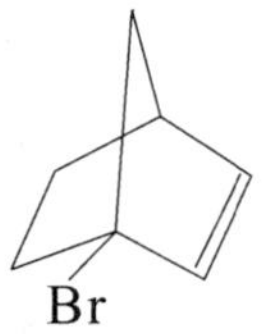


11. 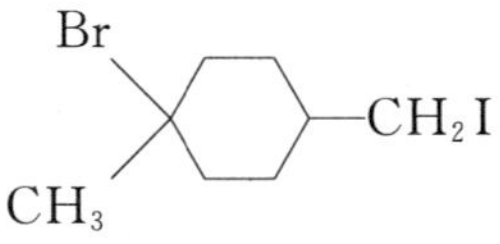


12. $PhCH_2SCN$

13. $CH_3\underset{\underset{CH_3}{|}}{C}{=}CH_2$

14. 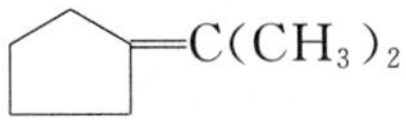


15. $(CH_3)_3C{-}OCH_3$

16. 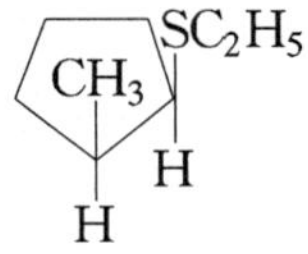


17. 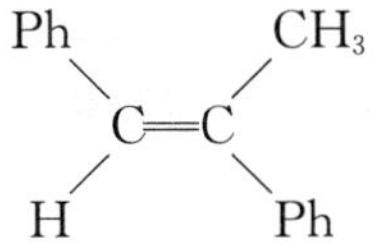

18. 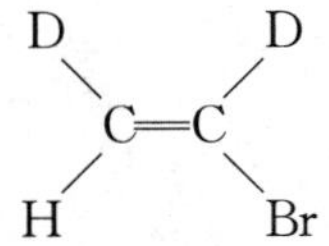　　19. 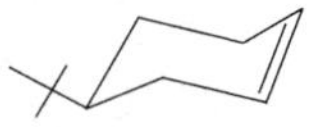　　20. $PhCH_2CH_2CH{=}CH_2$

21. $CH_3CHICl$　　22. $ROCHICH_3$　　23. $(CH_3)_2CHCCl_2I$

8-3　$S_N2$:1,4,6,7　$S_N1$:2,3,5,8

8-4　1>2>3>4>5>6

8-5　4>3>2>1

8-6　1. $CH_3CH_2CH_2CH_2OCH_3$ ($S_N2$)　　2. $CH_3CN$ ($S_N2$)

3. $(CH_3)_2C{=}CH_2$ (E1)　　4. $(CH_3)_2C{=}CH_2$ (E1)

5. $CH_2{=}CH_2$ (E2)　6. $CH_2{=}CHCH_2O\overset{O}{\overset{\|}{C}}CH_3$ $CH_2{=}CHCH_2OOCCH_3$ ($S_N1$)

7. $(CH_3)_2C{=}C(CH_3)_2$ (E1)　　8. $(CH_3)_2C{=}CH_2$ (E1)

9. $CH_3C{\equiv}CH$ (E2)　　10. $CH_3CH_2CH_2SCN$ ($S_N2$)

11. $CH_3CH_2CH_2CH_3$ ($S_N2$)　　12. $CH_3NO_2$ ($S_N2$)

13. $CH_3CH{=}C(CH_3)_2$ (E1)　　14. $CH_3CH_2C{\equiv}CH$ ($S_N2$)

15. $CH_3CH_2NH_2$ ($S_N2$)

8-7　其反应机理是：

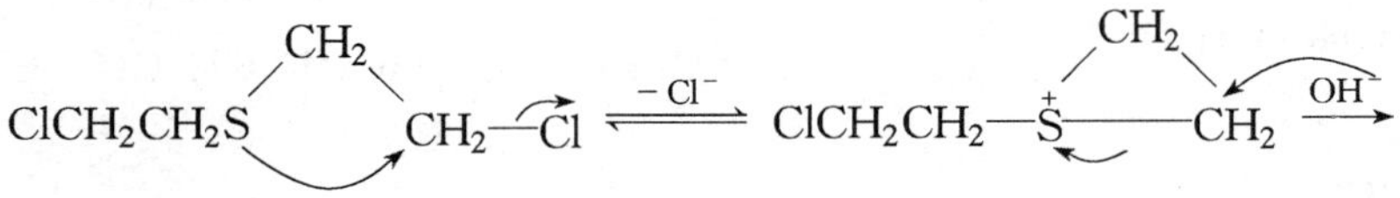

$ClCH_2CH_2SCH_2CH_2OH$

在决定反应速率的步骤中，S作为亲核试剂取代氯；这是个很容易进行的分子内$S_N2$反应，其速率与$OH^-$的浓度无关。在第一步反应中，反应是可逆的，$Cl^-$的浓度增大，使产物返回原料，因而速率下降。

8-8　1. $(CH_3)_3COH + HCl \xrightarrow{[ZnCl_2]} (CH_3)_3CCl \xrightarrow[\text{乙醚}]{Mg} (CH_3)_3CMgCl \xrightarrow[(2)H_3O^+]{(1)CO_2}$ T. M.

2. 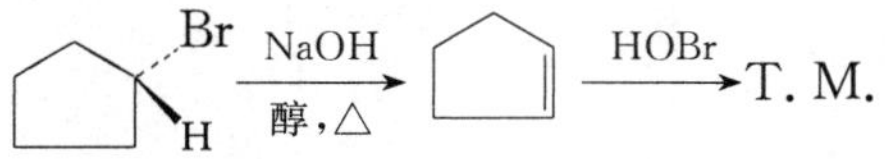

3. 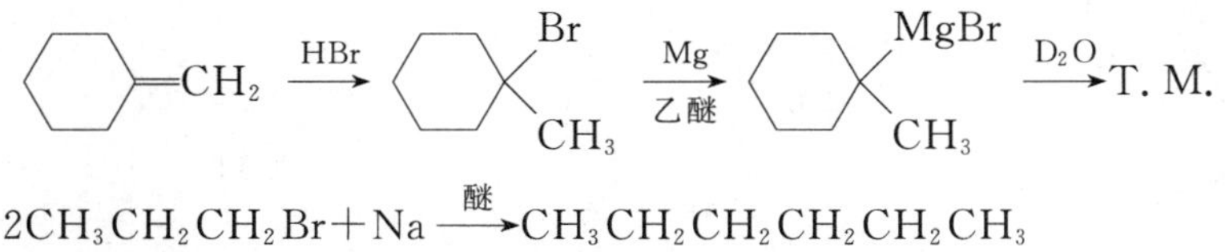

4. $2CH_3CH_2CH_2Br + Na \xrightarrow{\text{醚}} CH_3CH_2CH_2CH_2CH_2CH_3$

5. $(CH_3)_3CCl + Li \longrightarrow (CH_3)_3CLi \xrightarrow{CuI} [(CH_3)_3C]_2CuLi \xrightarrow{CH_3CH_2CH_2Br}$ T. M.

6. 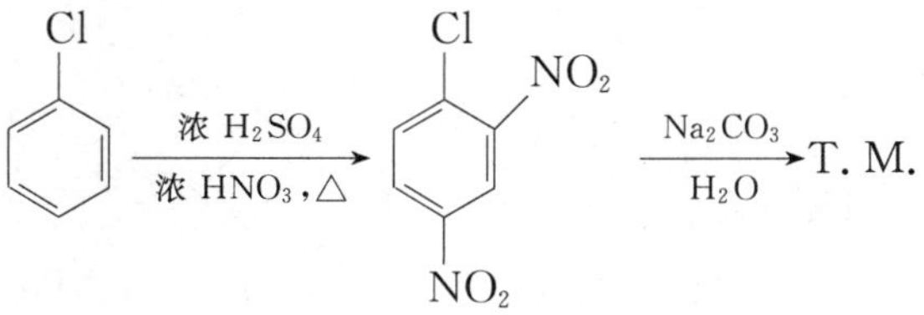

7. 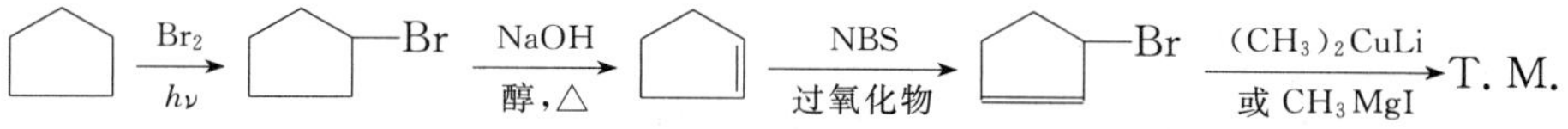

8. 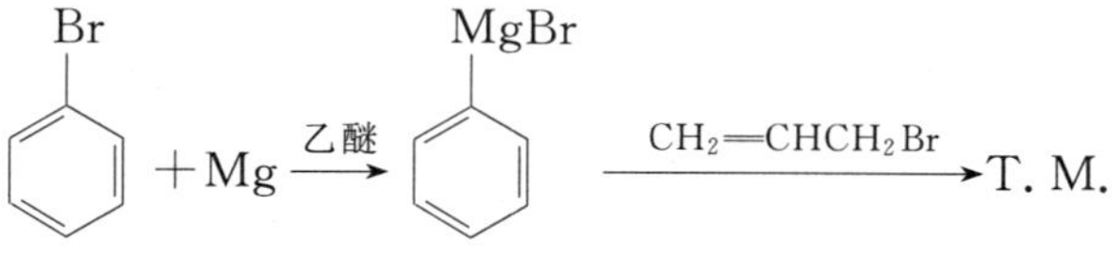

9. 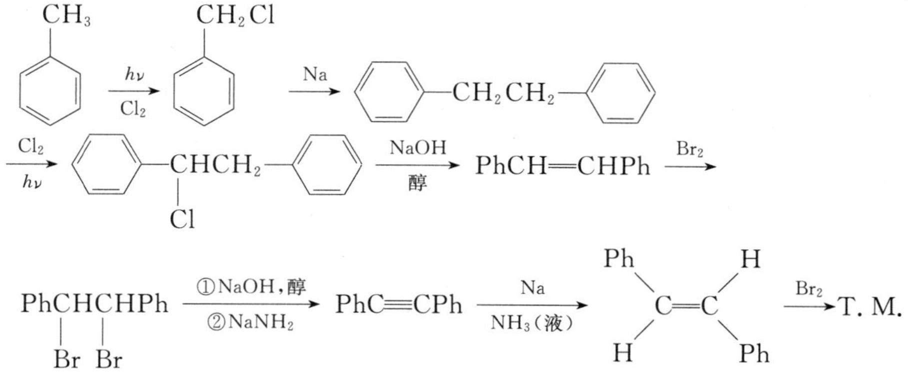

10. 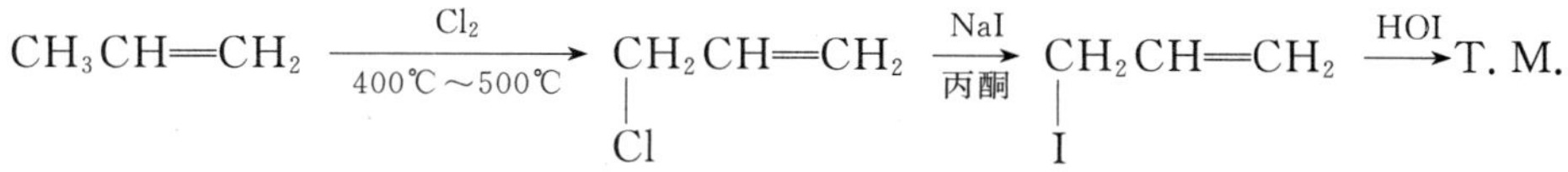

11. 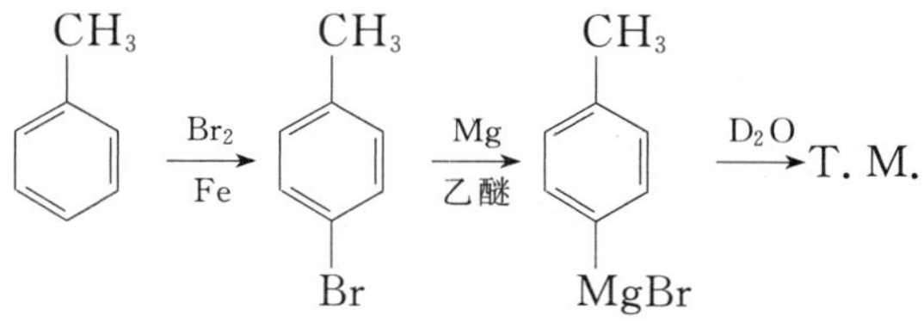

12. 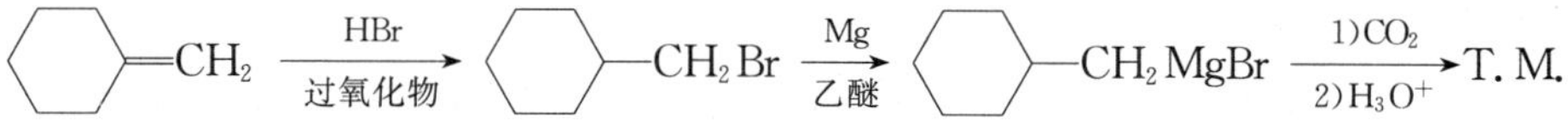

8-9 A: 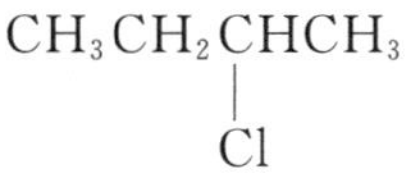 B: 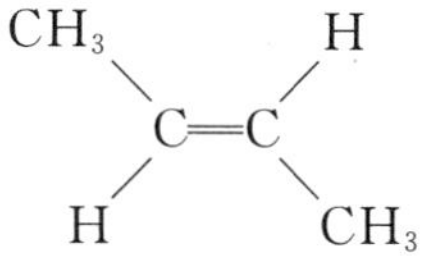 C: 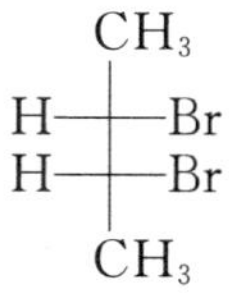

8-10 A: 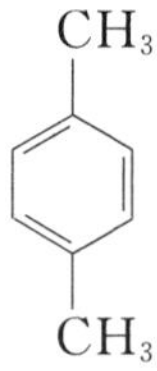 B: 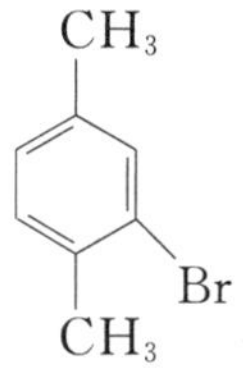 C: 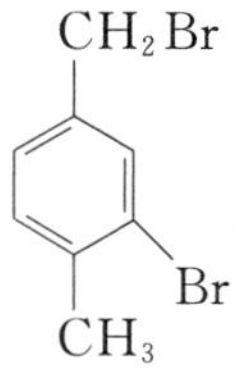 D: 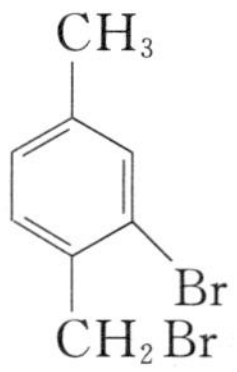

# 第九章

9-1 $\log I/I_0=-\varepsilon cl$　$l=1.0$

$c=2.0\times10^{-4}$ mol/L　$\log I/I_0=\log 0.2=-0.70$

$-0.70=-\varepsilon\times2.0\times10^{-4}\times1.0$　$\varepsilon=3.5\times10^{3}$

9-2 1. $CH_3COCH_2CH_3$　　2. $CH_3CHO$　　3. $CH_3-C(Cl)(CH_2Cl)-CH_2Cl$

4. $CH_3CH(Br)-CH_2CHBr_2$　　5. $CH_3-CCl_2-CH_3$　　6. $ClCH_2CH_2CH_2Cl$

9-3

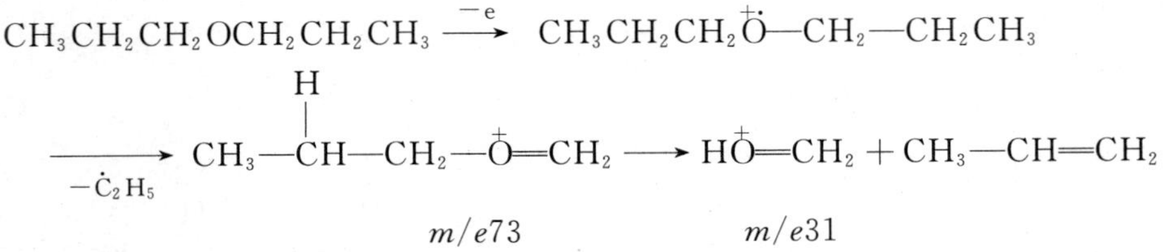

9-4 B。酯 RCOOR′可形成 $R^+$，$RCO^+$，$\overset{+}{O}R'$，$R'^+$ 等离子。

| | $R^+$ | $RC\equiv O^+$ | $\overset{+}{O}R'$ | $R'^+$ | $M^{+\cdot}$ |
|---|---|---|---|---|---|
| A： | 43 | 71 | 45 | 29 | 116 |
| B： | 29 | 57 | 59 | 43 | 116 |
| C： | 43 | 71 | 31 | 15 | 102 |

A 不能生成 m/e57，C 分子离子峰不是 116。因此，只有 B 与这些数据相吻合。

9-5 由元素分析可求得化合物 C，H，O 原子个数比为：

$$C:H:O=\frac{68.8}{12}:\frac{8.6}{1}:\frac{(100-68.8-8.6)}{16}=5.71:8.6:1.43=4:6:1$$

红外光谱 1700 $cm^{-1}$ 强峰显示化合物含有羰基；3010 $cm^{-1}$ 左右显示化合物含碳—碳双键 $-\overset{|}{C}=\overset{|}{C}-H$。2720 $cm^{-1}$ 吸收峰和 $^1$HNMRδ9.3 说明化合物含醛基 CHO。

紫外光谱 $\lambda_{max}=220$，由表 9-4，可能为 R—CH=CH—CHO 或 $CH_2=C(R)-CHO$ 式结构。质谱分子离子峰为 69。

由 C：H：O，分子组成为 $C_4H_6O'$

由 $^1$HNMR 裂分情况，化合物结构为 $\underset{a}{CH_3}-\underset{b}{CH}=\underset{c}{CH}-\underset{d}{C(H)}=O$

Ha 被 Hb 裂分为二重峰，δ=1.9　Hb 被 Ha 和 Hc 裂分为多重峰，δ=6.9

Hc 被 Hd 和 Hb 裂分为四重峰，δ=6.0　Hd 被 Hc 裂分为二重峰 δ=9.4

质谱裂解：

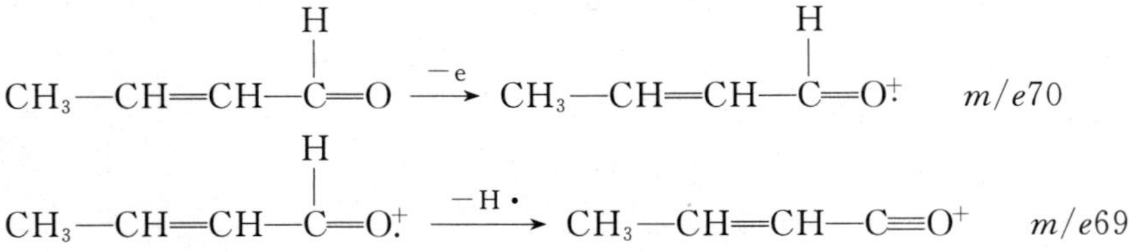

$$CH_3—CH═CH—\overset{H}{\overset{|}{C}}═\dot{O}^+ \xrightarrow{-CH_3—CH═\dot{C}H} H—C≡O^+ \qquad m/e29$$

$$CH_3—CH═CH—C≡O^+ \xrightarrow{-CO} CH_3—CH═CH^+ \qquad m/e41$$

# 第十章

10-1　1. $CH_3CH_2CH_2OCH_2CH_2CH_3$　　2. 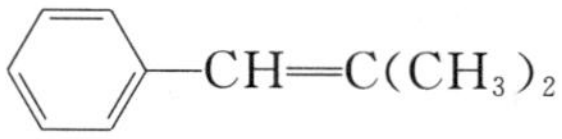

3. 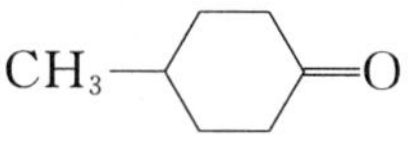　　4. $C_2H_5—\underset{CH_3}{\underset{|}{C}}HCH_2OH$　　5. 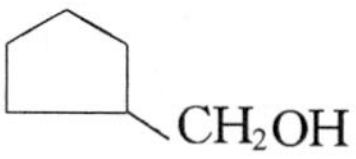

6. (S)-2-溴丁烷　　7. (R)-2-氯丁烷　　8. $Ph_3C—\underset{O}{\underset{\|}{C}}CH_3$

9. $CH_3COCPh_2CH_3$　　10. $CH_3COOH+HOOCCH_2CH_2COOH$

11. 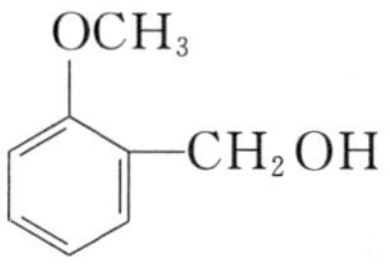　　12. 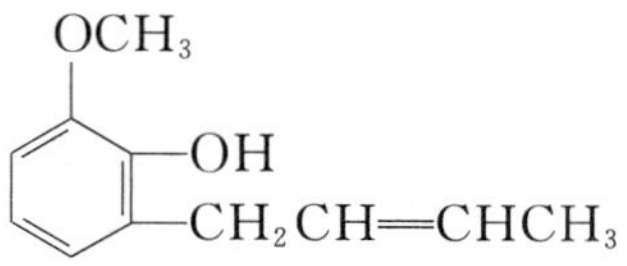

13. 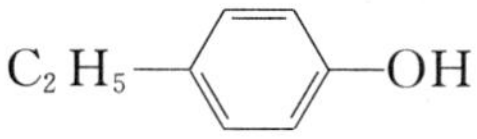　　14. 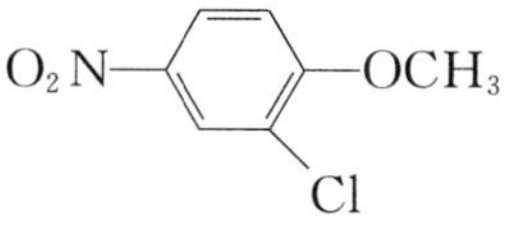

15. 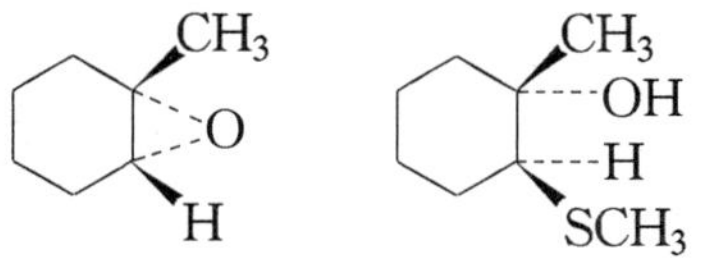　　16. (R)-$CH_3\underset{OH}{\underset{|}{C}}HCH_2CH_3+CH_3I$

17. 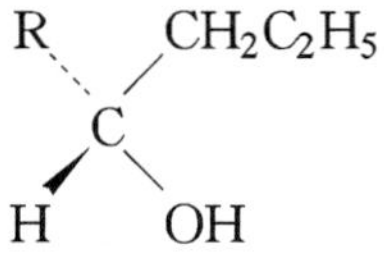　　18. 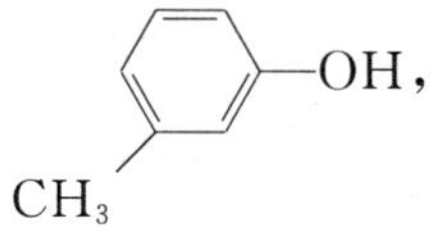，$CH_3I$

19. $BrCH_2CH_2CH_2CH_2Br$　　20. 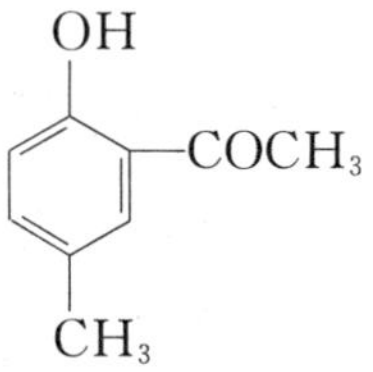

10-2　1. $n\text{-}C_4H_9OH \xrightarrow[H_2SO_4,\triangle]{NaBr} n\text{-}C_4H_9Br$

2. $CH_3CH_2CH_2CH_2OH \xrightarrow[\triangle]{Al_2O_3} CH_3CH_2CH═CH_2$

3. $n\text{-}C_4H_9OH \xrightarrow[H_2SO_4]{CrO_3/吡啶} CH_3CH_2CH_2CHO$

4. $n\text{-}C_4H_9OH \xrightarrow[H_2SO_4,\triangle]{NaBr} n\text{-}C_4H_9Br \xrightarrow[\text{乙醚}]{Na} n\text{-}C_8H_{18}$

5. $n\text{-}C_4H_9OH \xrightarrow[\triangle]{Al_2O_3} CH_3CH_2CH{=}CH_2 \xrightarrow[2.\ H_2O]{1.\ CF_3CO_3H} CH_3CH_2\underset{OH}{\underset{|}{CH}}\underset{OH}{\underset{|}{CH_2}}$

6. $n\text{-}C_4H_9OH \xrightarrow[H_2SO_4,\triangle]{NaBr} n\text{-}C_4H_9Br \xrightarrow[NaOH]{PhOH} PhOC_4H_9\text{-}n$

7. $n\text{-}C_4H_9OH \xrightarrow[\triangle]{Al_2O_3} CH_3CH_2CH{=}CH_2 \xrightarrow{CF_3CO_3H} CH_3CH_2\underbrace{CH{-}CH_2}_{O}$

8. $n\text{-}C_4H_9OH \xrightarrow[H_2SO_4]{NaBr} n\text{-}C_4H_9Br \xrightarrow[\text{乙醚}]{Mg} n\text{-}C_4H_9MgBr$

$\xrightarrow[(2)H_3O^+]{(1)CH_3CH_2CH_2CHO} CH_3CH_2CH_2\underset{OH}{\underset{|}{CH}}(CH_2)_3CH_3$

10-3 1.

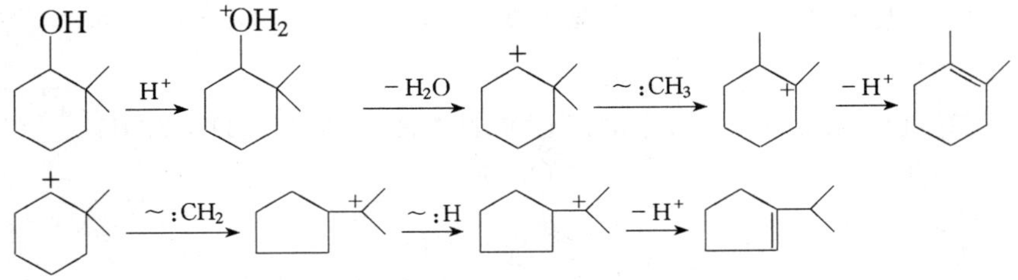

2.

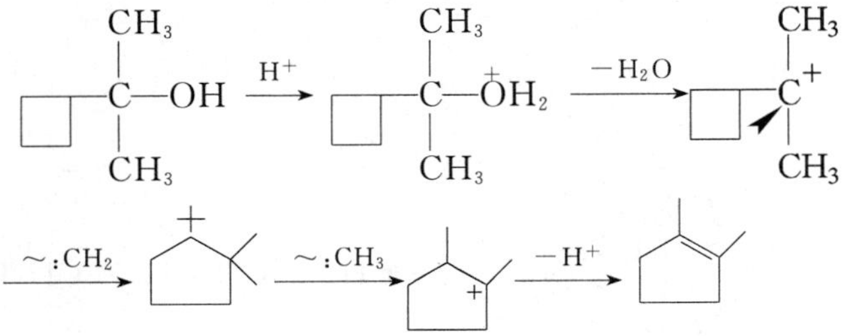

3.

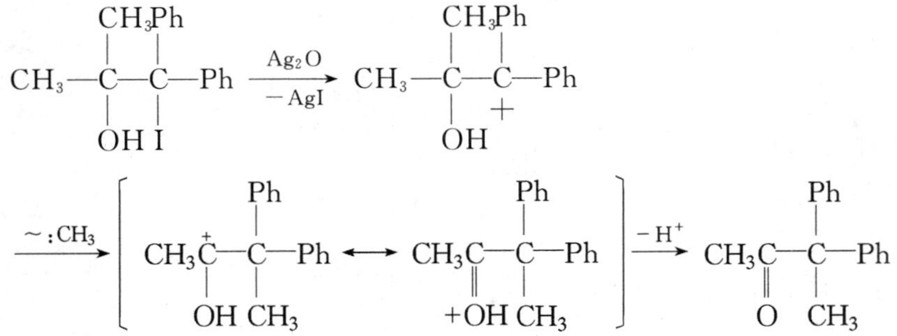

4. $CHCl_3 \xrightarrow[-H_2O]{OH^-} :\bar{C}Cl_3 \xrightarrow{-Cl^-} :CCl_2$

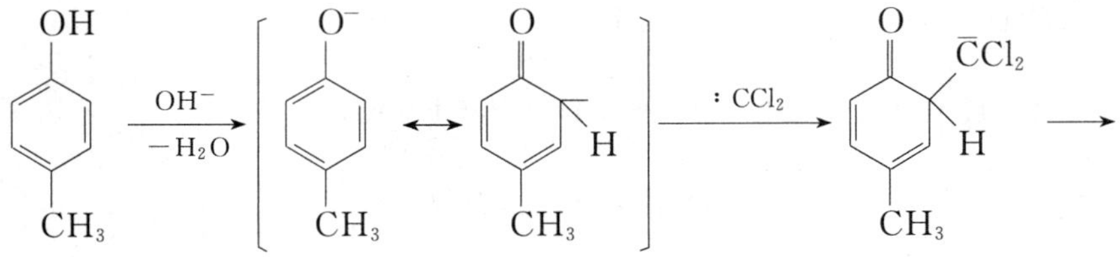

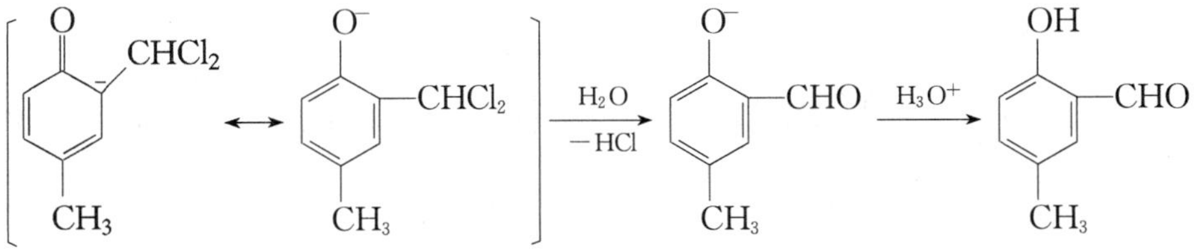

5.

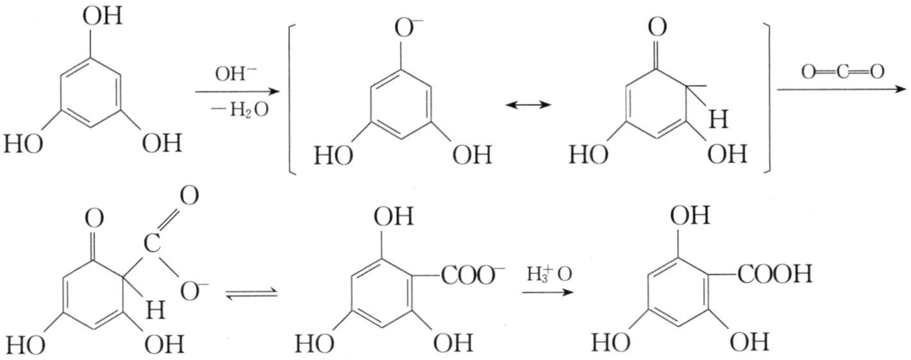

6.

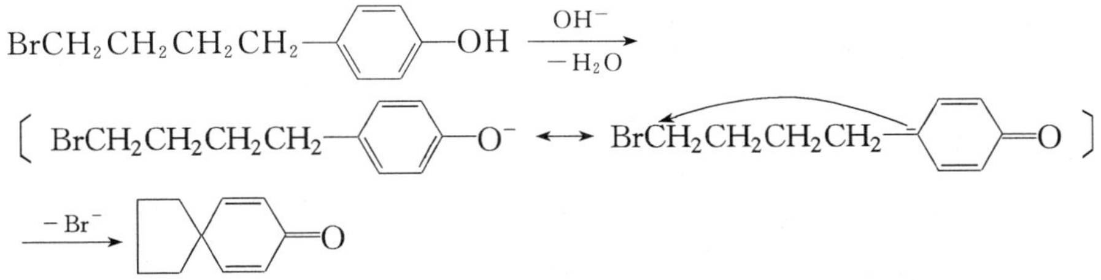

10-4 反式-2-溴环己醇反应快，因为有邻基参与作用。二者都生成外消旋1,2-二溴环己烷，因为它们都生成相同的溴鎓离子中间体。

10-5 1.

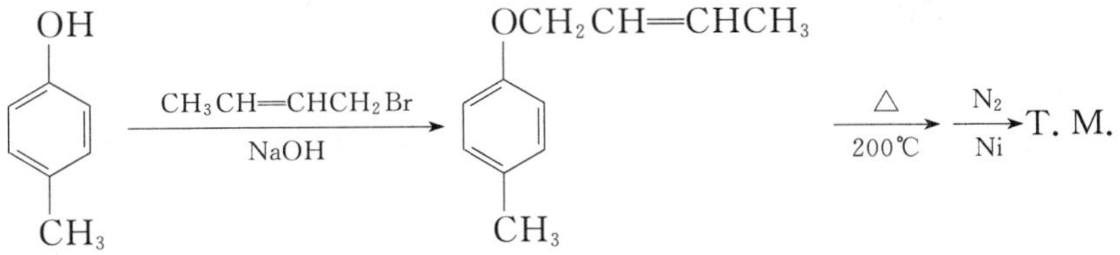

2.

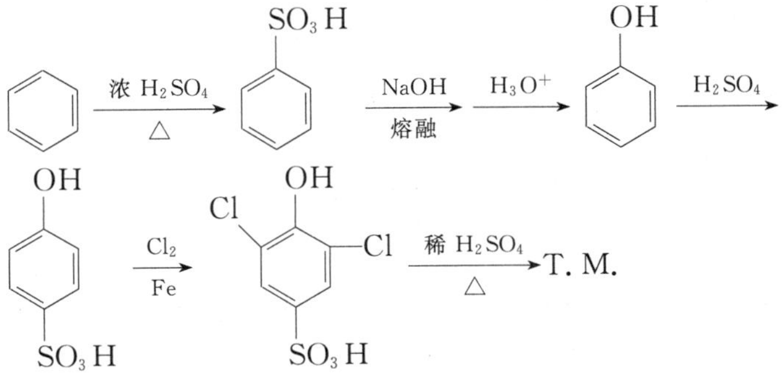

3.

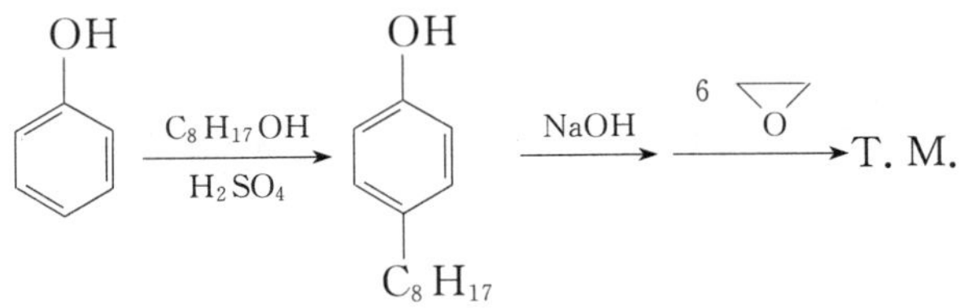

4. 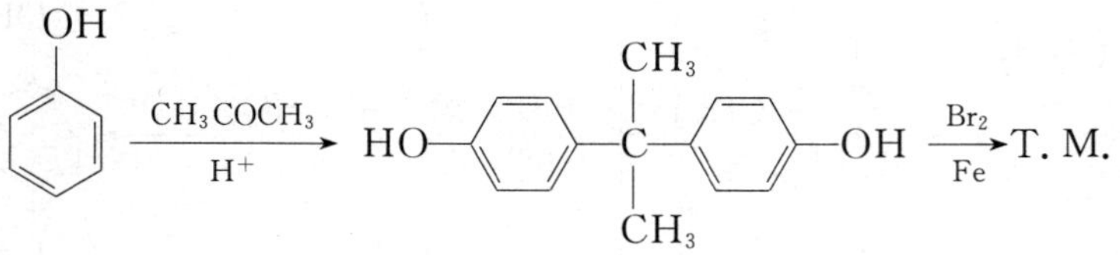

5. 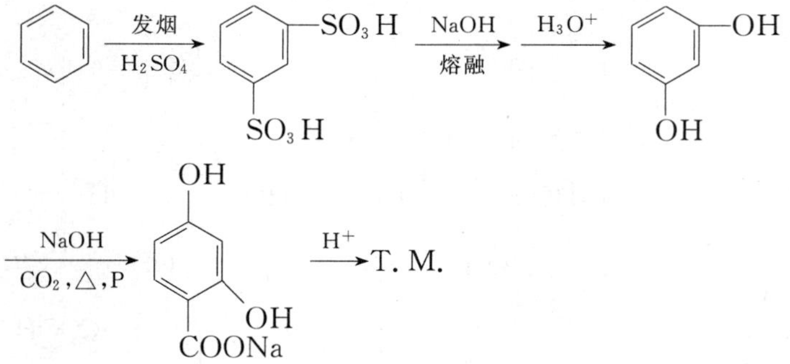

6. 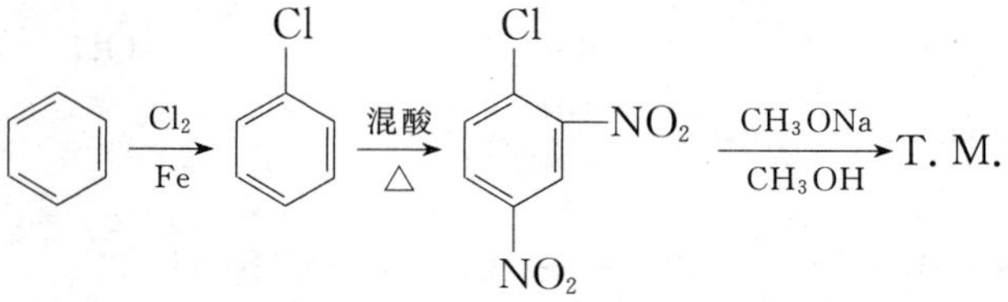

10-6 1. A：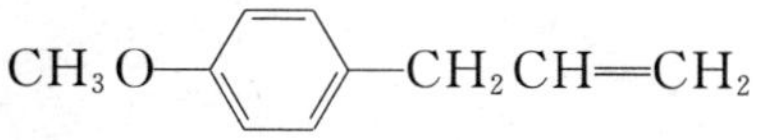 B：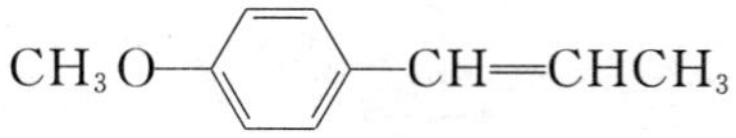

2. 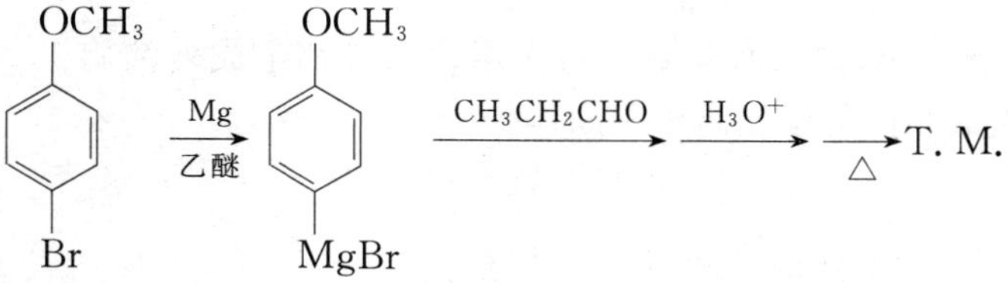

10-7 A. $CH_3CH_2OCH_2CH_3$ B. $(CH_3)_2CHCH_2OH$ C. $CH_3\underset{\displaystyle OH}{\underset{|}{C}H}CH_2CH_3$

10-8 A. 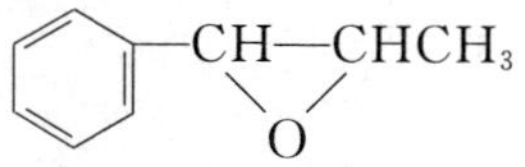 B. 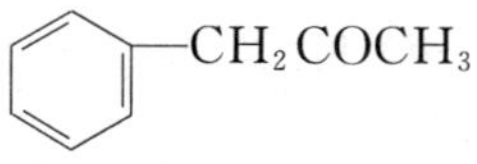

# 第十一章

11-1 1. A. $CH_3COCCl_3>CH_3CH_2COCH_3>CH_3COCH(CH_3)_2$

B. $CF_3CHO>CH_3CHO>CH_3COCH_3>CH_3COCH=CH_2$

C. 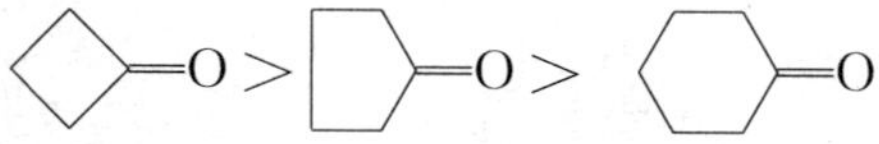

D. $ArCH_2COC_2H_5>C_2H_5COC_2H_5>ArCOC_2H_5>Ar_2CO$

2. a,c,e,f

3. 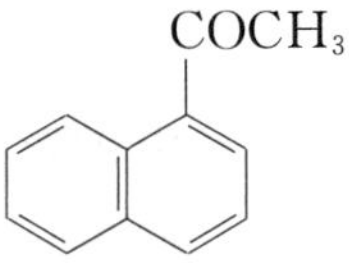　$(CH_3)_2CHCOCH_3$　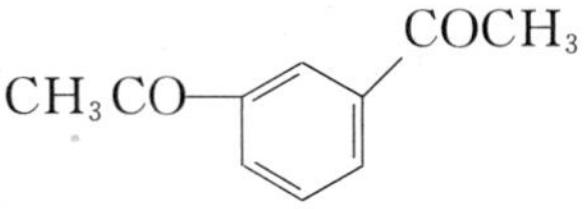

4. a. 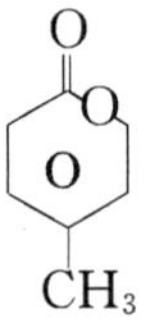　b. $CH_3COOC_6H_5$　c. 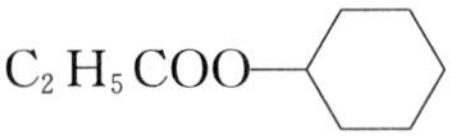

11-2　1. $(CH_3)_2CHCH_2CH{=}NOH$　2. 

3. 　4. 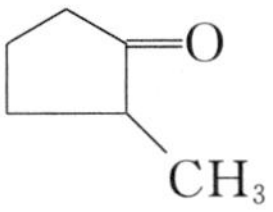

5. 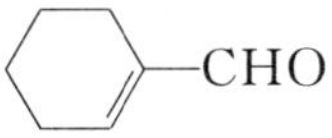　6. 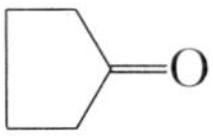，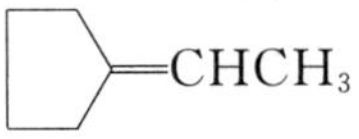

7. $CH_3CH_2CH_2CH{=}C(C_2H_5)CHO$

8. $(CH_3)_2CHCH(OH)CH_3$，$(CH_3)_2CHC(=O)CH_3$

9. $(CH_3)_2C{=}NNHCONH_2$　10. $CH_3COOC(CH_3)_3$

11. 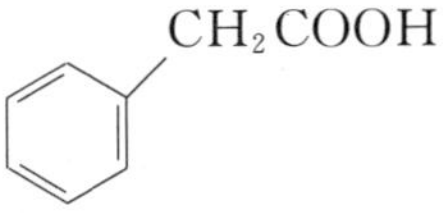　$+CHI_3$　12. 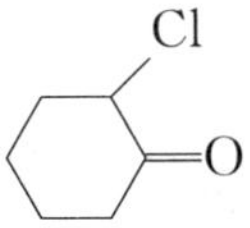，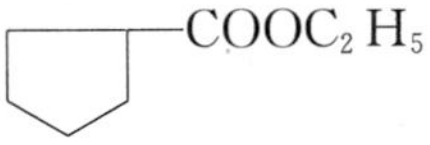

13. 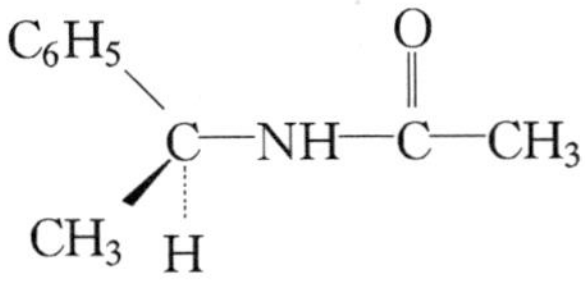　14. 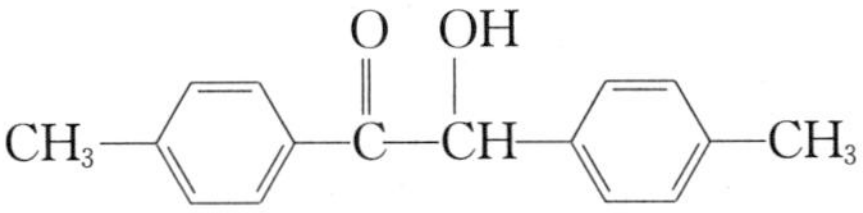

15. $K_2Cr_2O_7/H^+$，Zn—Hg/HCl

16. $PhCH_2C{\equiv}CH$，$PhCH_2COCH_3$，$PhCH_2CH(OH)CH_3$

17. 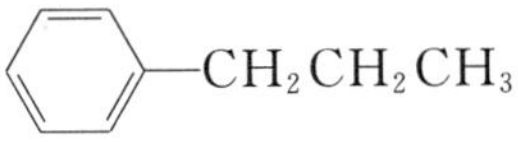　18. $(CH_3)_3CCH_2OH+HCOONa$

19. $C(CH_2OH)_4+HCOO^-$

20. 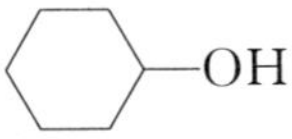，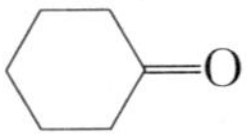，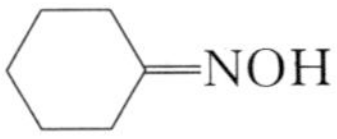，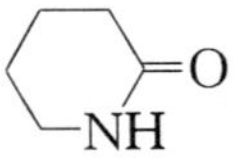

11-3　1. $CH_3CH_2CH_2CHO+HO^- \xrightleftharpoons{-H_2O} CH_3CH_2\overset{-}{C}HCHO \xrightleftharpoons{}$ 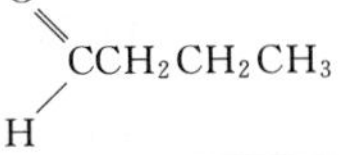

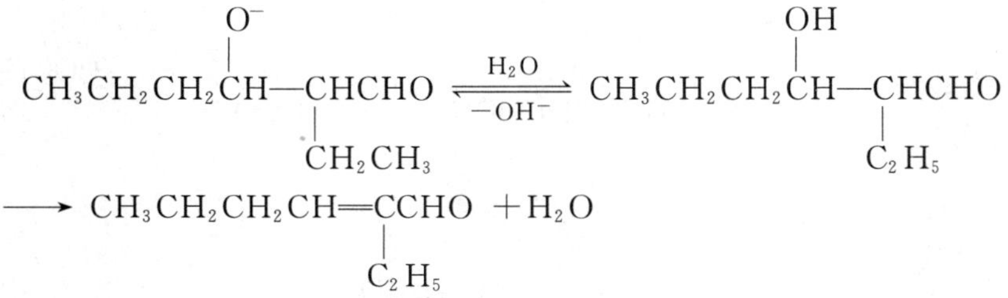

2.

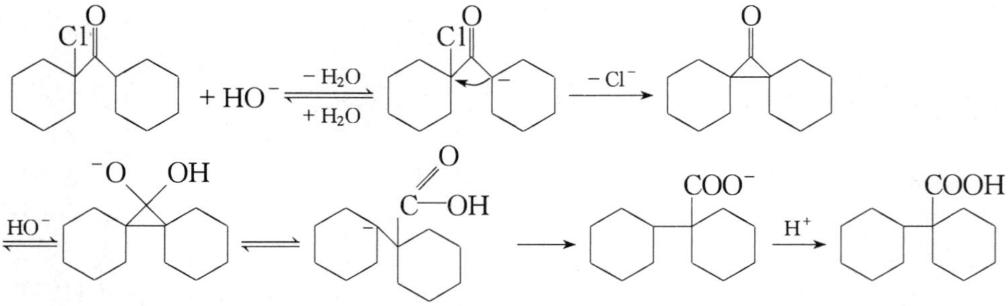

3.

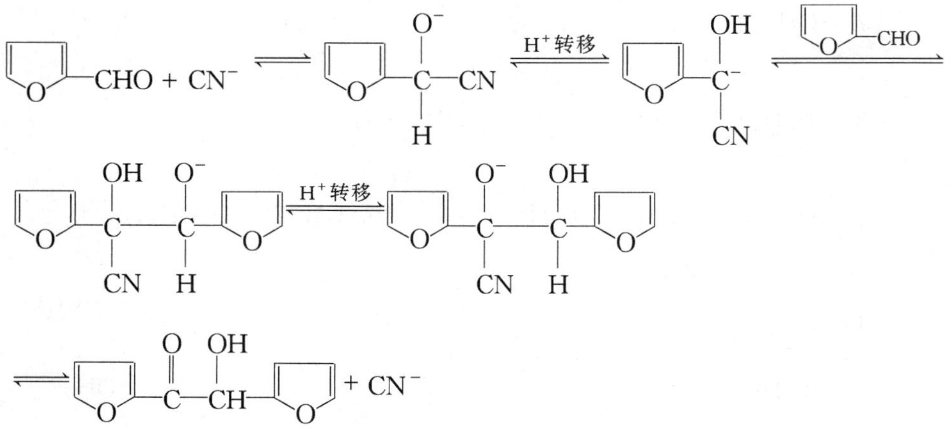

4.

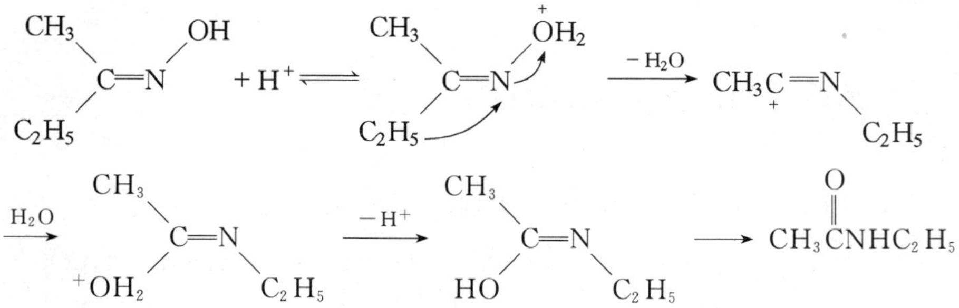

11-4 1. $CH_3CH_2CH_2CH_2CHO \xrightarrow[\text{液 } NH_3]{HC\equiv CNa} \xrightarrow{H_3O^+}$ T. M.

2. $C_6H_5CH{=}CHCHO \xrightarrow[\text{异丙醇}]{\text{异丙醇铝}} C_6H_5CH{=}CHCH_2OH$

$\xrightarrow{SOCl_2} C_6H_5CH{=}CHCH_2Cl \xrightarrow{Br_2}$ T. M.

3. $CH_2{=}CHCHO \xrightarrow[\text{干 } HCl]{C_2H_5OH} CH_2{=}CH{-}CH(OC_2H_5)_2 \xrightarrow[\text{稀、冷}, OH^-]{KMnO_4} \xrightarrow{H^+}$ T. M.

4. $C_6H_5CH_3 \xrightarrow[h\nu]{Cl_2} C_6H_5CH_2Cl \xrightarrow[BuLi]{Ph_3P} C_6H_5CH{=}P(C_6H_5)_3$

$\xrightarrow{C_6H_5CHO} C_6H_5CH{=}CHC_6H_5 \xrightarrow{Br_2} T.M.$

5. $CH_3CHO \xrightarrow{OH^-} CH_3CH(OH)CH_2CHO \xrightarrow[Ni]{H_2} \xrightarrow[\triangle]{Al_2O_3} T.M.$

6. 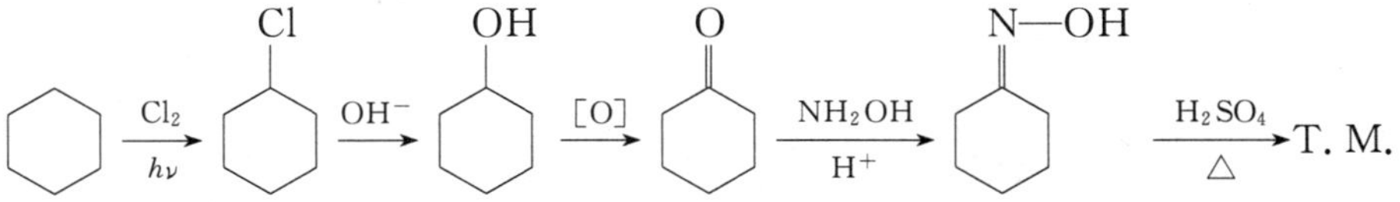


7. 

8. $CH_3CH_2CH_2Br \xrightarrow[BuLi]{Ph_3P} CH_3CH_2CH{=}PPh_3 \xrightarrow{C_6H_5CHO} T.M.$

9. $HC{\equiv}CH \xrightarrow[液\ NH_3]{NaNH_2} NaC{\equiv}CNa \xrightarrow{2CH_3\overset{O}{\overset{\|}{C}}CH_3} \xrightarrow{H_2O}$

$CH_3-\underset{CH_3}{\overset{OH}{C}}-C{\equiv}C-\underset{CH_3}{\overset{OH}{C}}-CH_3 \xrightarrow[稀\ H_2SO_4]{HgSO_4} CH_3\underset{CH_3}{\overset{OH}{C}}-\overset{O}{\overset{\|}{C}}-CH_2-\underset{CH_3}{\overset{OH}{C}}CH_3 \xrightarrow[H_3PO_4]{-H_2O} T.M.$

10. $CH_3CHO + CH_2O(过量) \xrightarrow[\triangle]{OH^-} C(CH_2OH)_4 \xrightarrow{HBr} C(CH_2Br)_4 \xrightarrow[\triangle]{Zn} T.M.$

11-5 A. $(CH_3)_2C{=}\overset{CH_3}{C}CH_2CH_2CHO$ 或 $CH_3\overset{O}{\overset{\|}{C}}CH_2CH_2CH{=}C(CH_3)_2$

B. $CH_3COCH_2CH_2COOH$

11-6 $CH_3CH_2\overset{O}{\overset{\|}{C}}CH_2CH_3$

11-7 A. 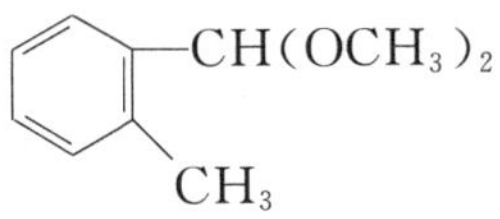


B. 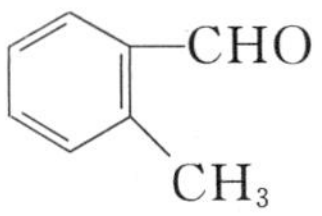


11-8 A. $CH_3COCH_2CH(CH_3)_2$　　B. $CH_3CH(OH)CH_2CH(CH_3)_2$

C. $\begin{matrix} CH_3 & & & OH \\ & \diagdown & & / \\ & & C{=}N & \\ & / & & \\ (CH_3)_2CHCH_2 & & & \end{matrix}$

# 第十二章

12-1 1. 2,2,3-三甲基丁酸　2. 4-甲基-4-氯己酸

3. 3-甲基-2-丁烯酸　4. 二甲基丙二酸

5. 4-甲基-3-戊烯酸　6. $(CH_3)_2CHCH_2CH(CH_3)CO_2H$

7. $(CH_3)_2C(CH_2CO_2H)_2$　8. $HOOCC(CH_3)=C(CH_3)COOH$

9. 2-甲基-3-丁烯酸　10. 环丙基乙酸

11. (E)-3-庚烯酸

12. (1) $(CH_3)_2CHCH_2COOH$　(2) $(CH_3)_2CHCHBrCO_2H$

(3) $(CH_3)_2CHCH_2Br$　(4) $(CH_3)_2CHCH_2CO_2H$

(5) $(CH_3)_2CHCH_2CH_2OH$　(6) $(CH_3)_2CHCH_2CO_2H$

(7) $(CH_3)_2CClCH_2CO_2H$　(8) $(CH_3)_2CHCH_2CO_2C_2H_5$

13. (1) $C_6H_5CO_2Na$　(2) $C_6H_5CO_2H$

(3) $C_6H_5CO_2CH_2CH_3$

14. (1) 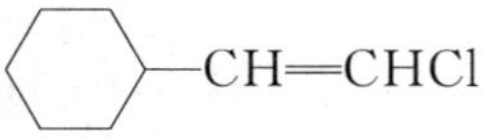　(2) 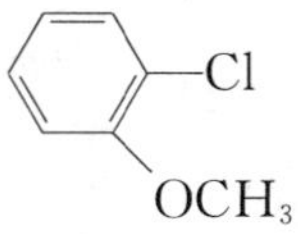

15. $CH_3CHClCO_2H$　16. $CH_3CH_2CHBrCO_2H$

17. $CH_3CH_2OCH_2CO_2H$　18. $CH_3CH(OH)CH_2CO_2H$

19. $ClCH_2CO_2Na+CH_3CO_2H$　20. $CH_3CO_2CH_2CH=CH_2$

12-2 1. 依次 $Ag(NH_3)_2OH$，$KMnO_4$　2. 依次 $Ag(NH_3)_2OH$，$NaOH/I_2$

3. 依次 $KMnO_4$，△　4. 依次 $NaOH/I_2$，$Br_2/H_2O$

5. 依次 $KMnO_4$，$Na_2CO_3/H_2O$，$Br_2/CCl_4$（暗）

12-3 1. $CH_3CH_2CH_2CO_2H \xrightarrow{Br_2,P} \xrightarrow{Na_2CO_3} CH_3CH_2CHBrCO_2Na$

$\xrightarrow{NaCN} \xrightarrow{OH^-,H_2O} \xrightarrow{H^+} CH_3CH_2CH(COOH)_2$

2. $CH_3CH_2COOH \xrightarrow{Ca(OH)_2} \xrightarrow[\triangle]{热解} CH_3CH_2COCH_2CH_3$

$\xrightarrow{H_2,Ni} \xrightarrow{PBr_3} CH_3CH_2CHBrCH_2CH_3$

3. $CH_3CH_2CH_2CH_2OH \xrightarrow{HBr} \xrightarrow{NaCN} \xrightarrow{H_3O^+} CH_3CH_2CH_2CH_2COOH$

$\xrightarrow{Br_2,P} \xrightarrow[\triangle]{OH^-,醇} \xrightarrow{H+} CH_3CH_2CH=CHCOOH$

4. 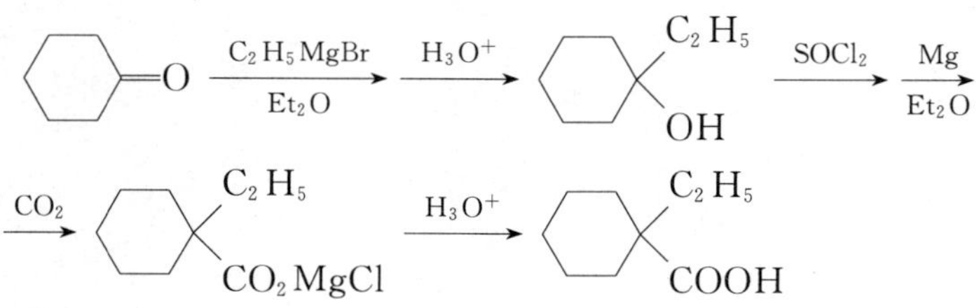

5. $CH_3CH_2CH_2CH_2CH_2CO_2H \xrightarrow[②H_2O]{①LiAlH_4} \xrightarrow[\triangle]{Al_2O_3}$

$CH_3CH_2CH_2CH_2CH{=}CH_2 \xrightarrow[H^+]{KMnO_4}$ T. M.

6. 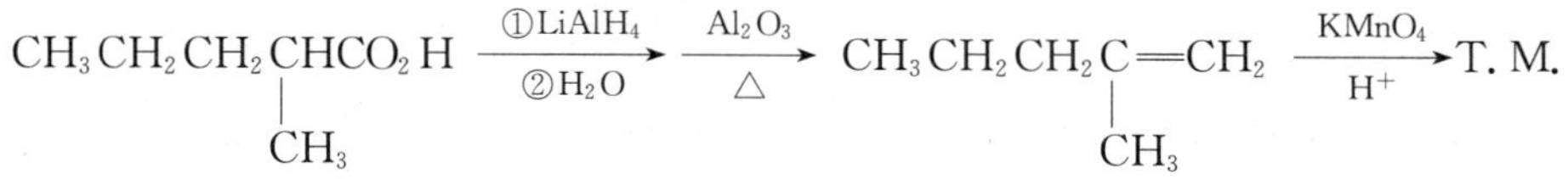

7. $(CH_3)_3C{-}CH_3 \xrightarrow[光]{Br_2} \xrightarrow{NaCN} \xrightarrow[\triangle]{H_3O^+} (CH_3)_3CCH_2COOH \xrightarrow{Br_2,P}$ T. M.

8. $CH_3CH_2CH_2CH_2OH \xrightarrow[吡啶]{CrO_3} CH_3CH_2CH_2CHO \xrightarrow[(2)\triangle]{(1)OH^-,H_2O}$

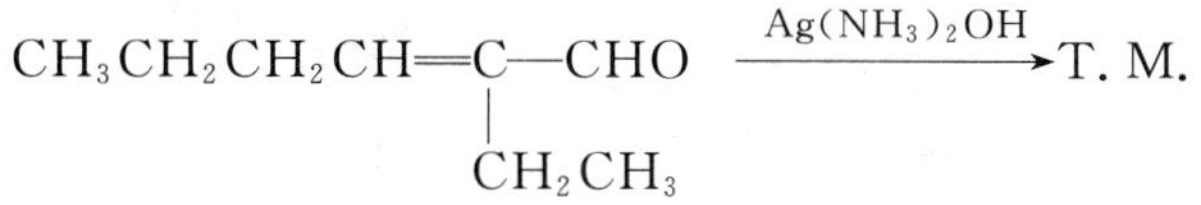

9. $CH_3CH_2COOH \xrightarrow[(2)H_2O]{(1)LiAlH_4} \xrightarrow[(2)Mg,Et_2O]{(1)PBr_3} \xrightarrow[(2)H_3O^+]{(1)\ \text{环氧乙烷}}$

$CH_3CH_2CH_2CH_2CH_2OH \xrightarrow{KMnO_4}$ T. M.

10. $CH_3CH_2CH_2COOH \xrightarrow[(2)H_2O]{(1)LiAlH_4} \xrightarrow[\triangle]{Al_2O_3} CH_3CH_2CH{=}CH_2 \xrightarrow[H^+]{KMnO_4}$ T. M.

11. 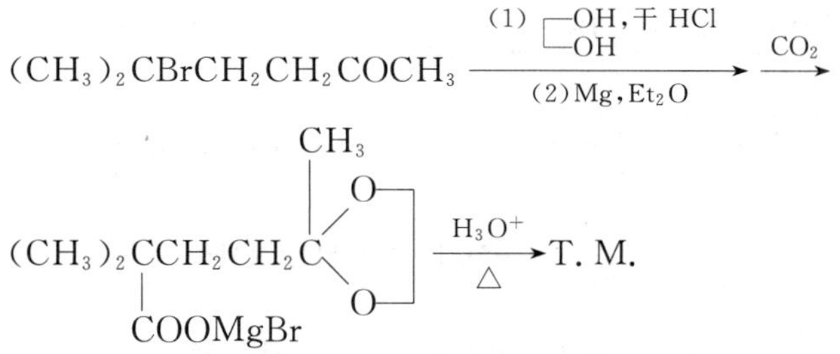

12. $CH_3CH_2COOH \xrightarrow[(2)H_2O]{(1)LiAlH_4} \xrightarrow{HBr} CH_3CH_2CH_2Br \xrightarrow[(2)H_3O^+,\triangle]{(1)NaCN}$ T. M.

13. $(CH_3)_3C{-}Br \xrightarrow[Et_2O]{Mg} \xrightarrow{CO_2} \xrightarrow{H_3O^+}$ T. M.

14. 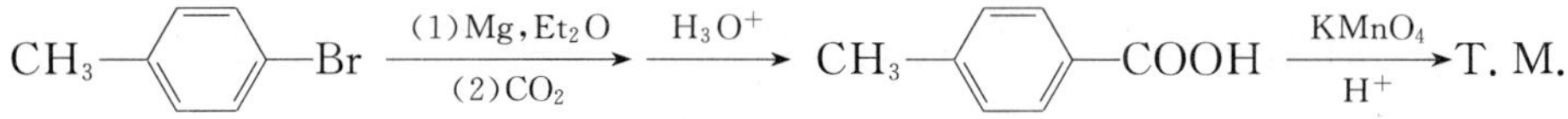

15. 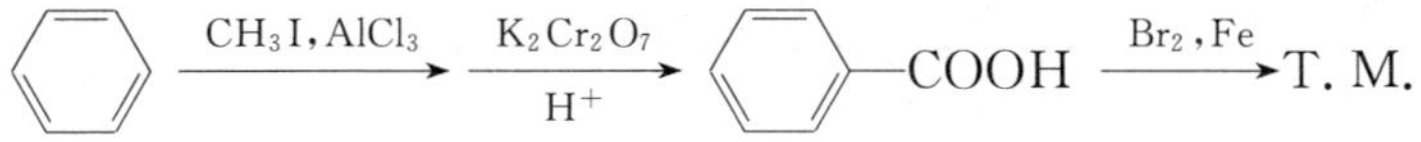

12-4 1. $HOOCCH_2CH_2COOH$ (A), 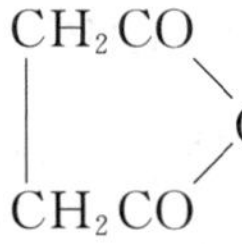 (B),

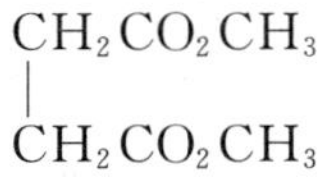 (C), 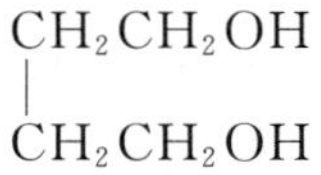 (D)

2. $CH_3CH_2CH_2COOH$ (A)

3. 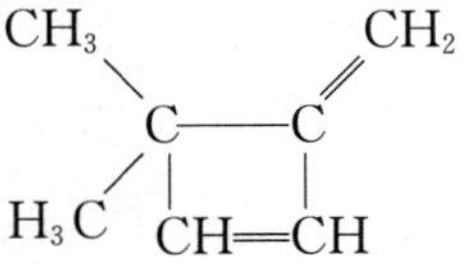 (A)，$(CH_3)_2C(CHO)—CO—CHO$ (B)，$(CH_3)_2C(COOH)—COCOOH$ (C)

4. (1) $CH_2(COOH)_2$ (2) $(CH_3)_2C=CHCOOH$

(3)  (4) 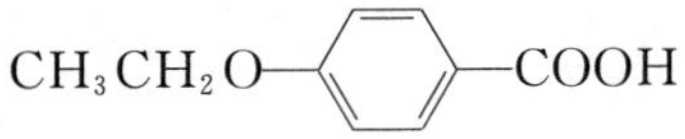

5.

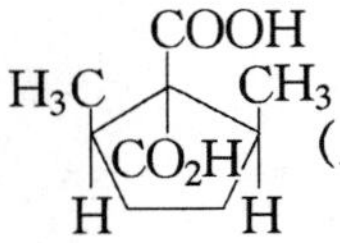 (A) 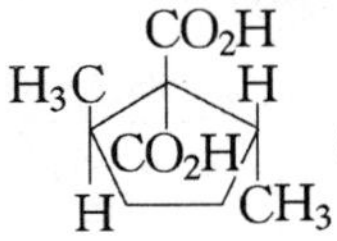 (B) 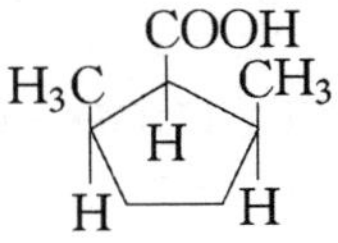 (C)

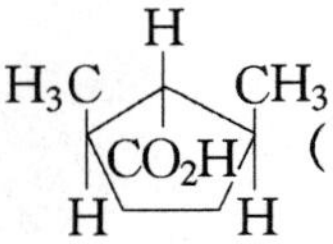 (D) 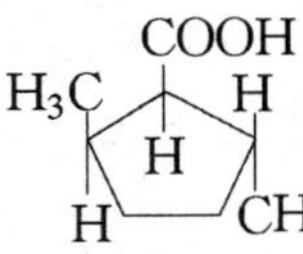 (E) 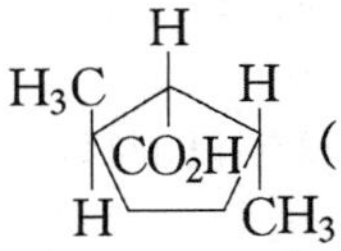 (F)

12-5 1. $CH_3CH_2CH_2OH \xrightarrow{HBr} \xrightarrow{NaCN} \xrightarrow[\triangle]{H_3O^+}$ T. M.

2. 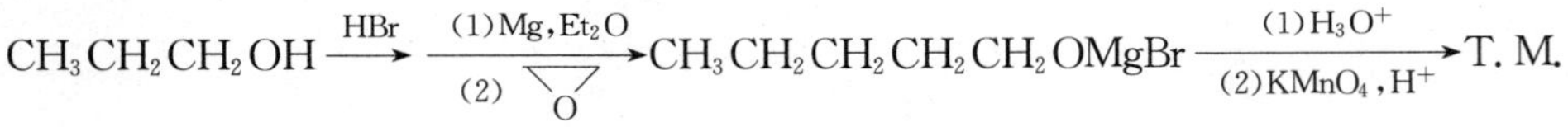

3. $(CH_3)_2CHOH \xrightarrow[(2)Mg, Et_2O]{(1)PBr_3} \xrightarrow[(2)H_3O^+]{(1)CO_2} (CH_3)_2CHCOOH$

$\xrightarrow[(2)Na_2CO_3]{(1)Cl_2, P} \xrightarrow[(2)NaOH, \triangle]{(1)NaCN} (CH_3)_2C(COONa)_2 \xrightarrow{H_3O^+}$ T. M.

4. $C_6H_5CH_3 \xrightarrow[光]{Cl_2} C_6H_5CH_2Cl \xrightarrow[(2)H_3O^+, \triangle]{(1)NaCN}$ T. M.

5. $(CH_3)_2C=O \xrightarrow{HCN} (CH_3)_2C(CN)(OH) \xrightarrow[\triangle]{H_2SO_4, CH_3OH}$ T. M.

6. $CH_3OH \xrightarrow{HBr} \xrightarrow[Et_2O]{Mg} \xrightarrow[(2)H_3O^+]{(1)CH_3CHO} (CH_3)_2CHOH \xrightarrow{Cu, \triangle} (CH_3)_2C=O \xrightarrow[(2)H_3O^+, \triangle]{(1)HCN}$ T. M.

7. $2CH_3CHO \xrightarrow[(2)\triangle]{(1)OH^-} CH_3CH=CHCHO \xrightarrow[(2)HBr]{(1)Ag(NH_3)_2OH}$ T. M.

8. 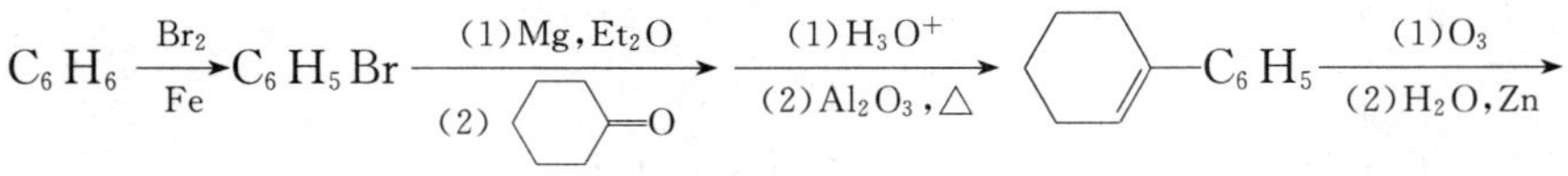

$C_6H_5CO(CH_2)_4CHO \xrightarrow[(2)Zn—Hg, HCl]{(1)Ag(NH_3)_2OH}$ T. M.

9. (1) 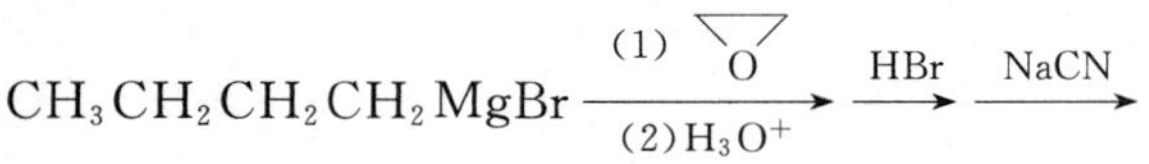

$CH_3CH_2CH_2CH_2CH_2CH_2CN \xrightarrow[\triangle]{H_3O^+} T. M.$

(2) $(CH_3)_2CHCH_2MgBr \xrightarrow[(2)H_3O^+]{(1)CH_3CHO} \xrightarrow{PBr_3} (CH_3)_2CHCH_2CH(CH_3)Br$

$\xrightarrow[Et_2O]{Mg} \xrightarrow[(2)H_3O^+]{(1)CO_2} T. M.$

10\. $CH_3CH{=}CHCH_3 \xrightarrow{O_2, CuCl_2—PdCl_2} CH_3CH_2COCH_3 \xrightarrow[(2)H^+]{(1)I_2, NaOH} T. M.$

11\. $CH_3CH{=}CHCH_3 \xrightarrow[(2)OH^-, 醇]{(1)Br_2} CH_2{=}CH—CH{=}CH_2$

$\xrightarrow[(2)OH^-, H_2O_2]{(1)B_2H_6} HOCH_2CH_2CH_2CH_2OH \xrightarrow{KMnO_4} T. M.$

12\. $CH_3CH_2CH_2CH_2COOH \xrightarrow[(2)H_2O]{(1)LiAlH_4} \xrightarrow{HBr} CH_3CH_2CH_2CH_2CH_2Br \xrightarrow{Na} T. M.$

13\. $CH_3CH_2COOH \xrightarrow[(2)H_2O]{(1)LiAlH_4} \xrightarrow[\triangle]{Al_2O_3} CH_3CH{=}CH_2 \xrightarrow{Ag, O_2, \triangle} T. M.$

14\. $CH_3CH_2CH_2OH \xrightarrow[(2)HBr]{(1)Al_2O_3} (CH_3)_2CHBr \xrightarrow[(2)H_3O^+, \triangle]{(1)NaCN} T. M.$

15\. 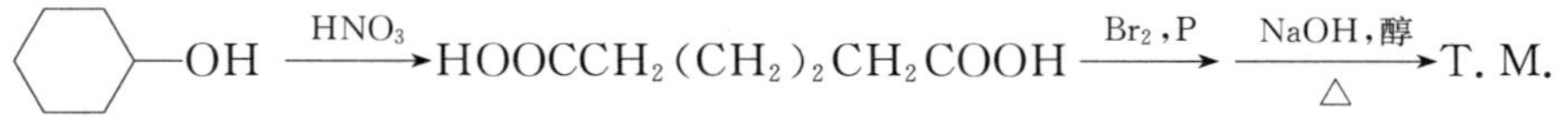

16\. 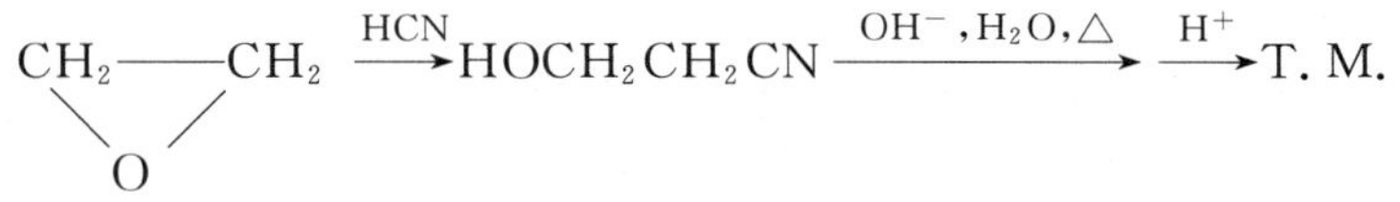

17\. 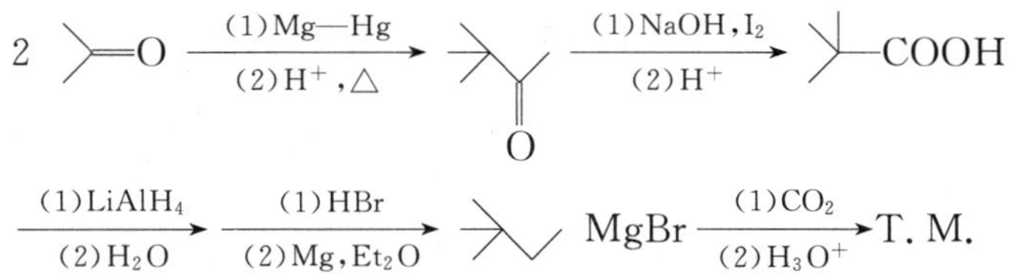

18\. 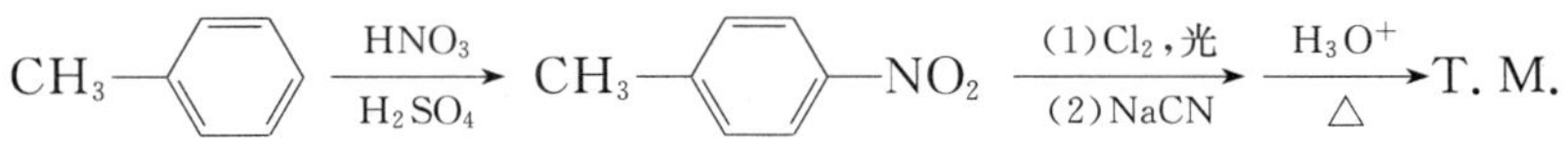

19\. 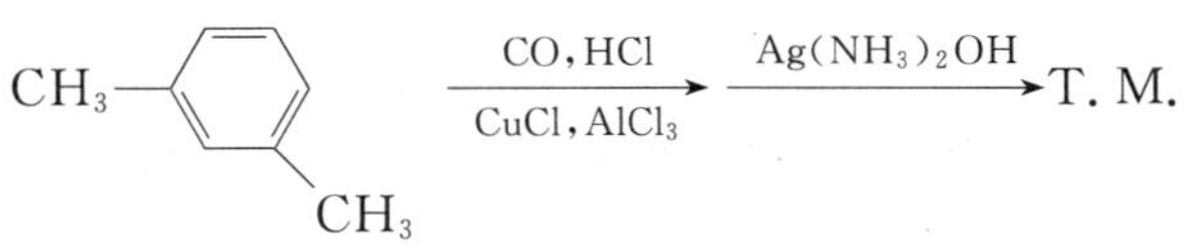

20\. 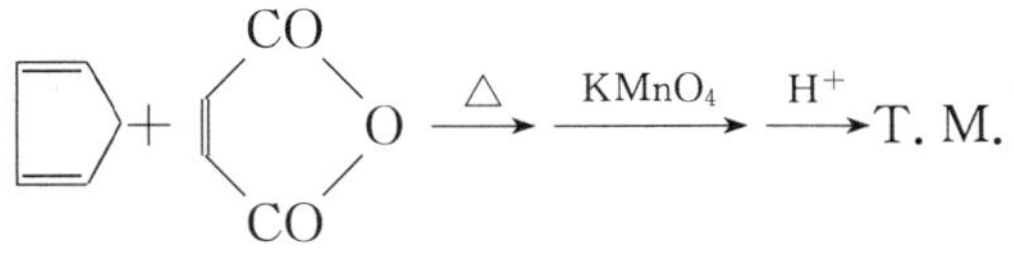

12-6

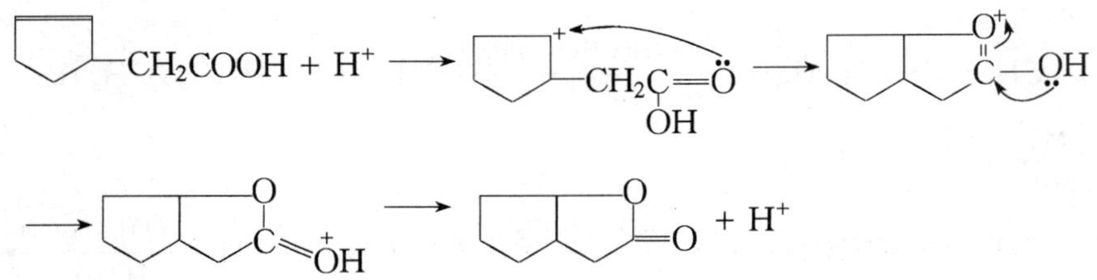

# 第十三章

13-1　1.

$$\mathrm{R\overset{O}{\overset{\|}{C}}—Cl+R'_2Cd \rightleftharpoons R—\underset{R'}{\overset{OCdR'}{C}}—Cl \rightleftharpoons R—\overset{O}{\overset{\|}{C}}—R' + R'CdCl}$$

$$\mathrm{R—\overset{O}{\overset{\|}{C}}—Cl + R'CdCl \rightleftharpoons R—\underset{R'}{\overset{OCdCl}{C}}—Cl \rightleftharpoons R—\overset{O}{\overset{\|}{C}}—R' + CdCl_2}$$

2. $\mathrm{2NaOH + Br_2 \longrightarrow NaOBr + NaBr + H_2O}$

$$\mathrm{CH_3CH_2CONH_2 + NaOBr \longrightarrow CH_3CH_2CON\begin{matrix}H\\Br\end{matrix} + NaOH}$$

$$\mathrm{CH_3CH_2CON\begin{matrix}H\\Br\end{matrix} + NaOH \longrightarrow CH_3CH_2\overset{O}{\overset{\|}{C}}—\ddot{N}: + NaBr + H_2O}$$

$$\mathrm{CH_3CH_2\overset{O}{\overset{\|}{C}}—\ddot{N}: \longrightarrow CH_3CH_2N{=}C{=}O}$$

$$\mathrm{CH_3CH_2N{=}C{=}O \xrightarrow{H_2O} CH_3CH_2NHCOOH \longrightarrow CH_3CH_2NH_2 + CO_2}$$

3.

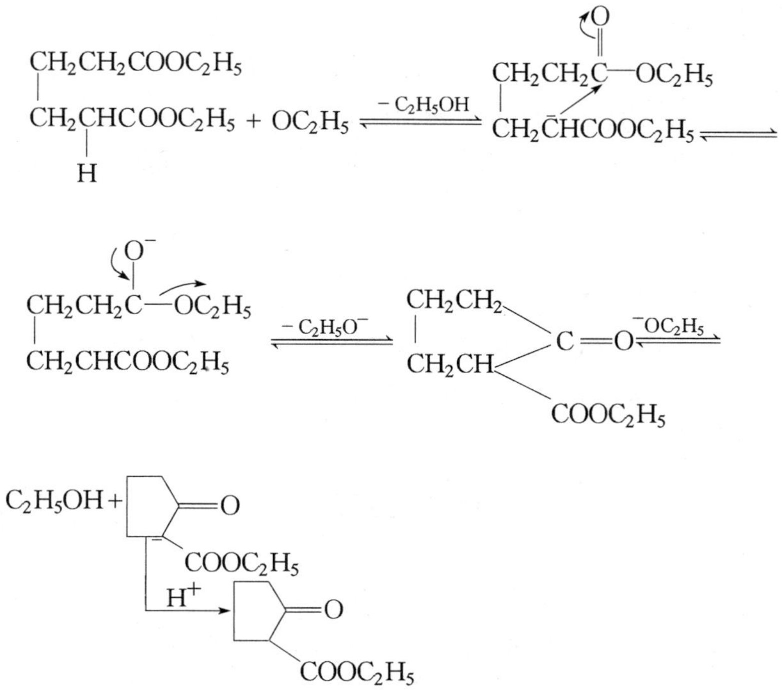

13-2 1. $CH_3COOH \xrightarrow{PCl_3} \xrightarrow{>2CH_3MgI} \xrightarrow{H_3O^+} \text{T. M.}$

2. $CH_3COOH \xrightarrow{PCl_3} \xrightarrow[\text{低温}]{CH_3MgI, FeCl_3} \xrightarrow{CH_3CH_2MgBr} \xrightarrow{H_3O^+} \text{T. M.}$

3. $CH_3CH_2OH \xrightarrow[\triangle]{KMnO_4} \xrightarrow{C_2H_5OH, H^+} \xrightarrow{2CH_3CH_2MgBr} \xrightarrow{H_3O^+} \text{T. M.}$

4. $CH_3OH \xrightarrow{HI} \xrightarrow[Et_2O]{Mg} \xrightarrow{\overset{O}{\triangle}} \xrightarrow{H_3O^+} \xrightarrow{KMnO_4, H^+} \xrightarrow{PCl_3} CH_3CH_2COCl \xrightarrow{HN(CH_3)_2} \text{T. M.}$

5. 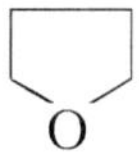 $\xrightarrow{HCl(\text{过量})} Cl(CH_2)_4Cl \xrightarrow{NaCN} \xrightarrow[\triangle]{H_2O, H^+} \xrightarrow{SOCl_2} \text{T. M.}$

6. $CH_3CH_2CH_2COOH \xrightarrow{C_2H_5OH, H^+} \xrightarrow[(2)HOAc]{(1)C_2H_5ONa} \xrightarrow[(2)H^+, \triangle]{(1)\text{稀 } NaOH} \xrightarrow{CH_3MgI} \xrightarrow{H_3O^+} \text{T. M.}$

7. $C_6H_5CH_3 \xrightarrow[\triangle]{KMnO_4, H^+} \xrightarrow{NH_3} \xrightarrow{\triangle} \xrightarrow{Br_2, NaOH} \text{T. M.}$

8. $CH_2=CH_2 \xrightarrow{Br_2} \xrightarrow[Et_2O]{2Mg} \xrightarrow{2\ \underset{O}{\bigtriangledown}} \xrightarrow{H_3O^+} \xrightarrow[\triangle]{K_2Cr_2O_7, H^+} HOOC(CH_2)_4COOH$
$\xrightarrow{2C_2H_5OH, H^+} \xrightarrow{C_2H_5ONa} \xrightarrow{HOAc} \text{T. M.}$

9. $CH_3CH_2OH \xrightarrow{O_2, Ag} \xrightarrow{O_2, Mn(OAc)_2} \xrightarrow{C_2H_5OH, H^+} \xrightarrow{C_2H_5ONa}$
$\xrightarrow{HOAc} CH_3COCH_2COOC_2H_5 \xrightarrow{NaBH_4} \text{T. M.}$

13-3 （略）

13-4 1. A 为 $\begin{array}{l}CH_2COOH\\ |\\ CH_2COOH\end{array}$　　B 为 $CH_3—CH\begin{array}{l}/COOH\\ \backslash COOH\end{array}$　　C 为 $\begin{array}{l}COOCH_3\\ |\\ COOCH_3\end{array}$

2. (1) 3260 $cm^{-1}$ 是 N—H 的吸收，1666 $cm^{-1}$ 是酰胺 C═O 的吸收，NMR 中 5 ppm以上无吸收，说明无双键碳上的氢，必定是一个环状化合物，且无甲基，故为己内酰胺。

(2) 应为 $\begin{array}{l}CH_2COOCH_2CH_3\\ |\\ CH_2COOCH_2CH_3\end{array}$ (3) 应为 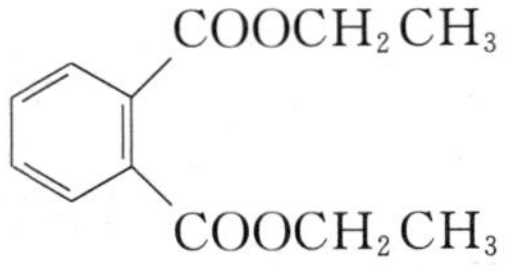

3. A 为 $CH_3COOCH═CH_2$ ，B 为 $CH_2═CHCOOCH_3$ 。

# 第十四章

14-1 1. 生成交酯　2. 脱水生成 α,β-不饱和酸　3. 脱水生成 γ-内酯
4. 脱水生成 δ-内酯　5. 比较稳定　6. 脱羧生成酮
7. 稳定　8. 这是草酸，脱羧成甲酸　9. 脱羧成一元酸
10. 五元环酸酐　11. 六元环酸酐

14-2 1. $\begin{array}{l}C_6H_5C═NNHC_6H_5\\ \quad\ \ |\\ C_6H_5C═NNHC_6H_5\end{array}$　　2. $\begin{array}{l}CH_3(CH_2)_5COCH(CH_2)_5CH_3\\ \qquad\qquad\qquad\ \ |\\ \qquad\qquad\qquad OH\end{array}$

3. $C_6H_5COCH(OH)C_6H_5$　　4. 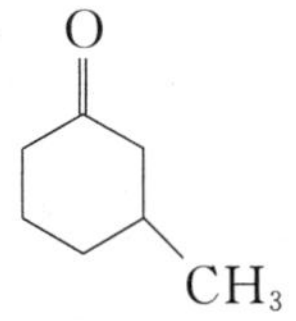

5. 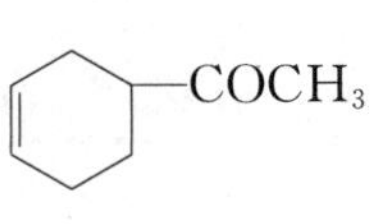　　6. 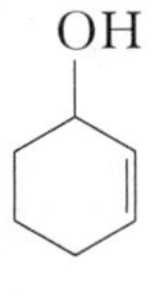　　7. 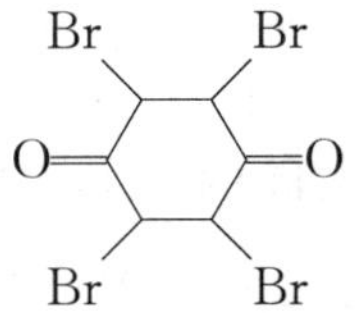

8. 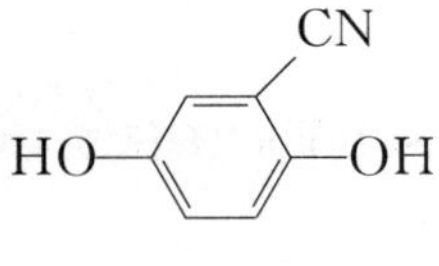　　9. 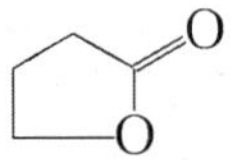

10. $\begin{array}{l}\qquad\ \ OH\qquad CH_3\\ \qquad\ \ |\qquad\quad |\\ C_6H_5CHCH_2C═CHCOOC_2H_5\end{array}$　　11. $CH_2(COOC_2H_5)_2$，$C_2H_5ONa$

12. $CH_3CH_2ONa/C_2H_5OH$　　13. $NCCH_2CN$

14. ①浓 NaOH，② $H_3O^+$　　15. $C_6H_5CH_2Cl$

14-3 1. $2CH_3COCH_3 \xrightarrow{OH^-} (CH_3)_2C{=}CH{-}COCH_3 \xrightarrow{(CH_3)_2CuLi} (CH_3)_3CCH_2COCH_3$

$\xrightarrow[I_2]{NaOH} \xrightarrow{H^+} (CH_3)_3CCH_2COOH + CHI_3$

2. $CH_3CHO \xrightarrow[H^+]{NaCN} CH_3CH(OH)CN \xrightarrow{H_3O^+} CH_3CH(OH)COOH \xrightarrow{\triangle} T.M.$

3. $CH_3CH_2COOH \xrightarrow[H^+]{CH_3OH} CH_3CH_2COOCH_3 \xrightarrow[\text{乙醚}]{Na} \xrightarrow{H^+} C_2H_5CH(OH)COC_2H_5$

$\xrightarrow{LiAlH_4} C_2H_5CH(OH)CH(OH)C_2H_5$

4. 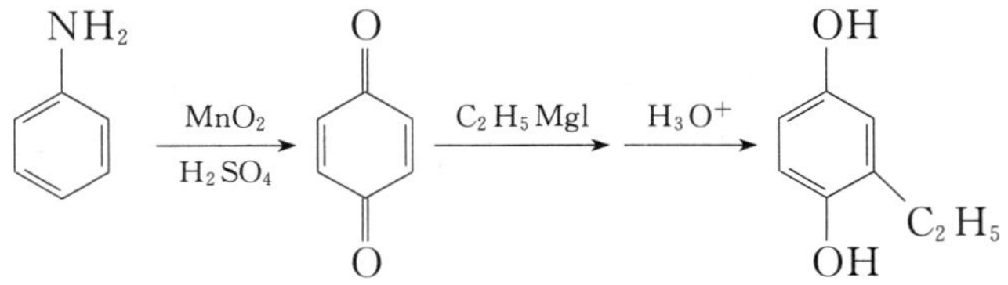

5. 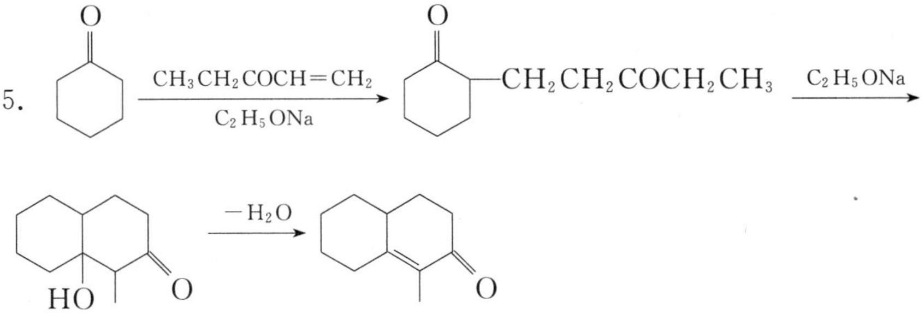

6. 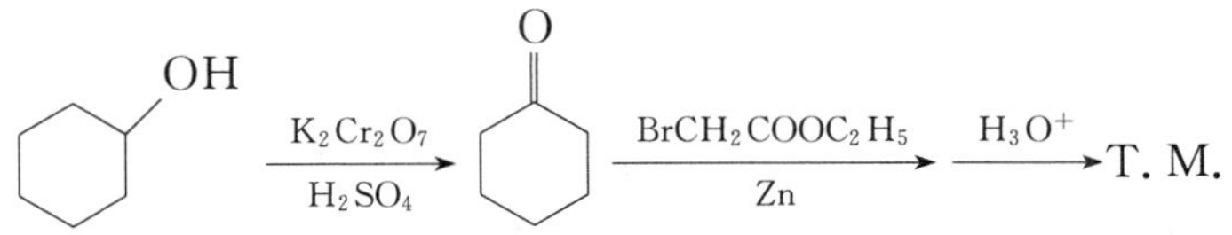

7. $C_6H_5COCH_3 + CH_2(COOC_2H_5)_2 \xrightarrow{\text{六氢吡啶}} C_6H_5C(CH_3){=}C(COOC_2H_5)_2 \xrightarrow[\triangle]{H_3O^+} T.M.$

8. 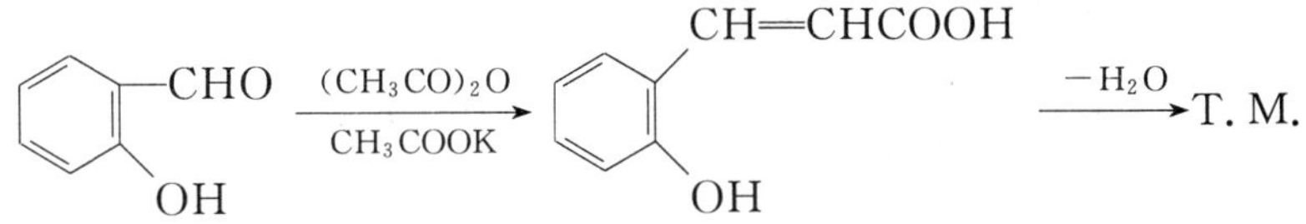

9. 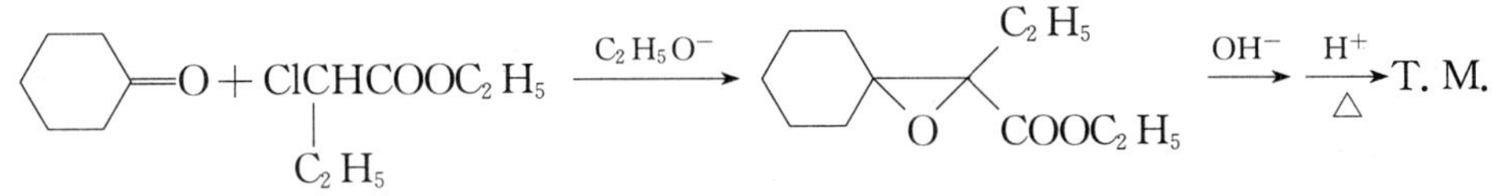

10.

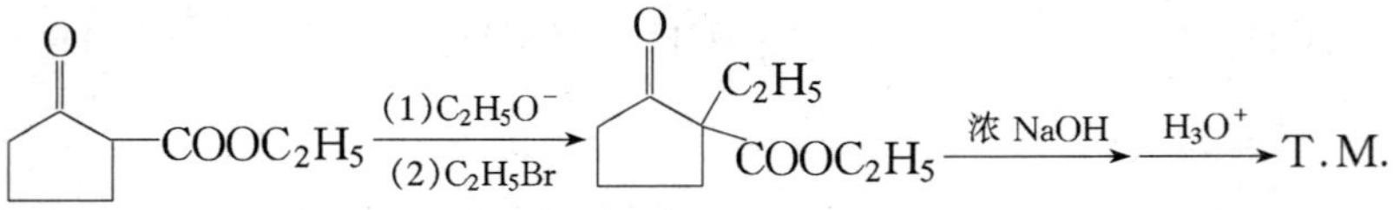

14-4 1.

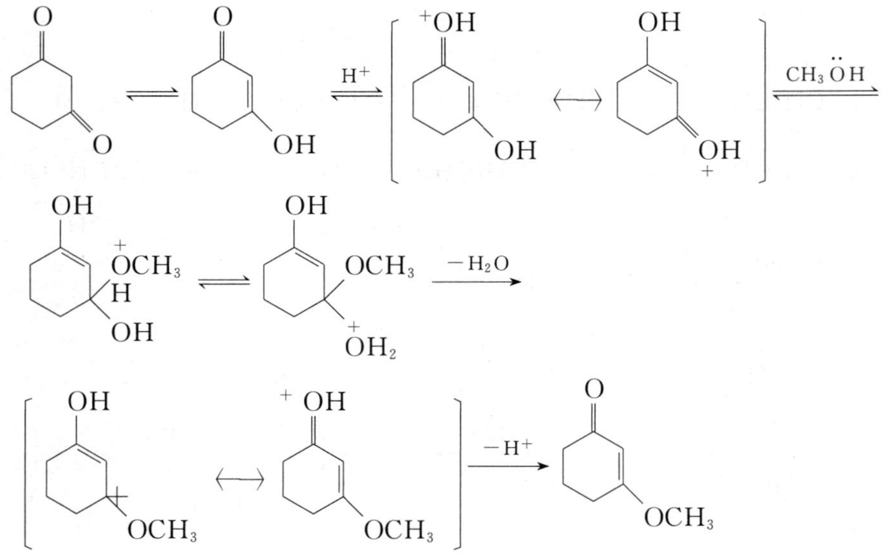

2.

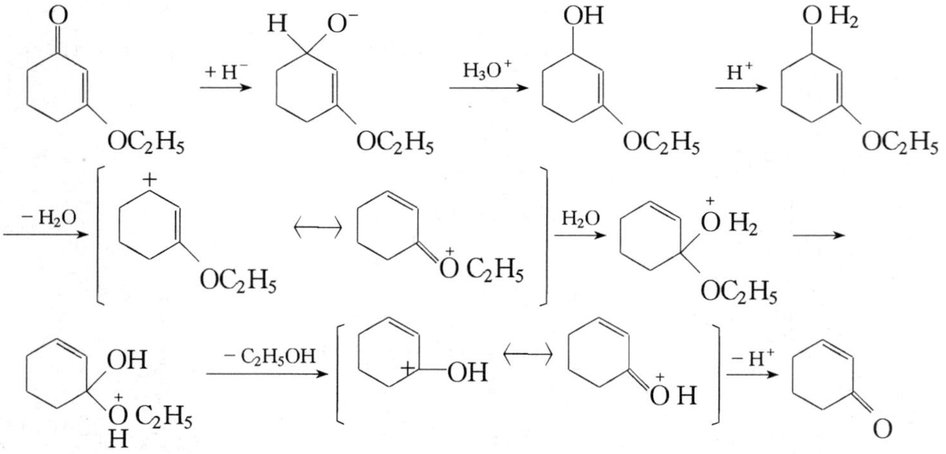

3.

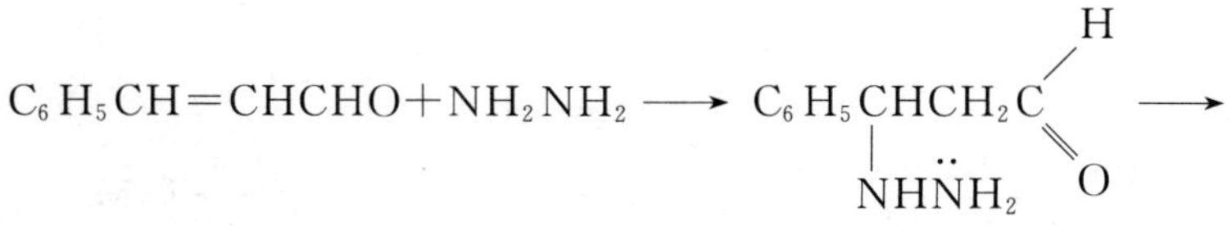

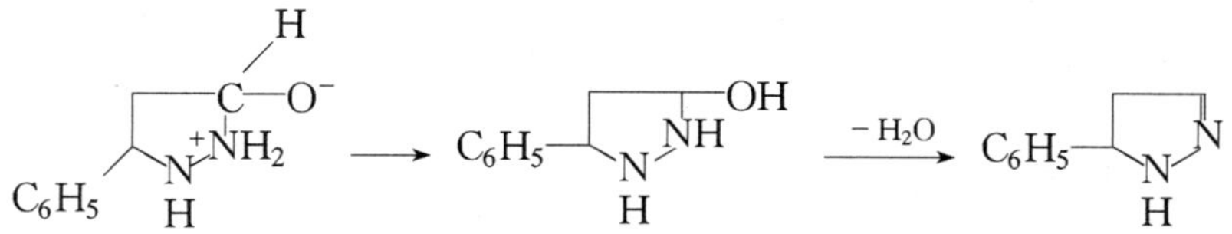

4. $C_6H_5COCH_3 \rightleftharpoons C_6H_5\overset{OH}{\overset{|}{C}}{=}CH_2 \xrightarrow{Cl-Cl}$

$\left[ C_6H_5\overset{OH}{\overset{|}{\underset{+}{C}}}-CH_2Cl \longleftrightarrow C_6H_5\overset{^{+}OH}{\overset{\|}{C}}CH_2Cl \right] \xrightarrow{-H^+} C_6H_5COCH_2Cl$

5. 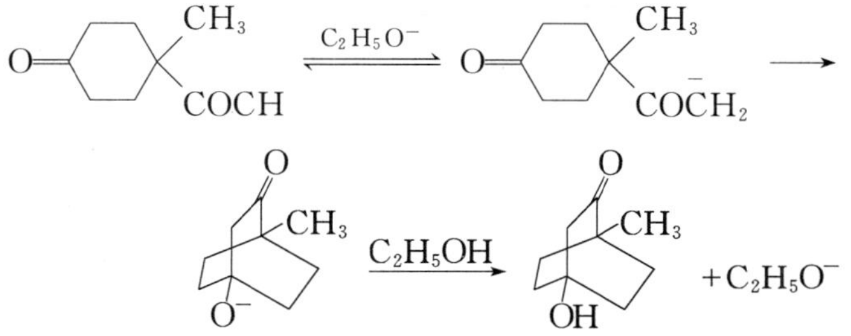

14-5 1. 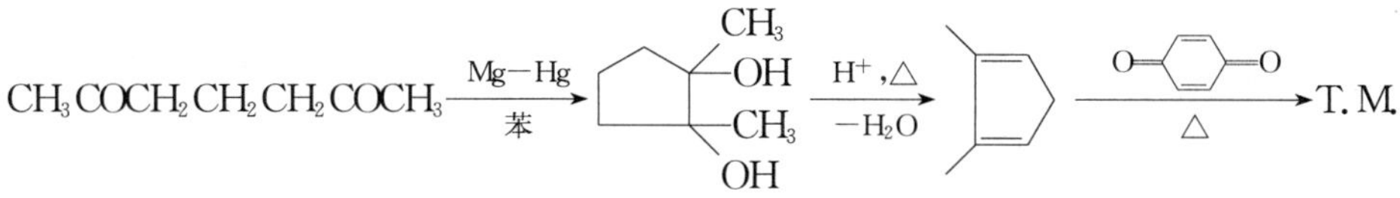

2. $C_6H_5CH{=}CH_2 \xrightarrow{Br_2} C_6H_5CHBrCH_2Br \xrightarrow[\triangle]{KOH, C_2H_5OH} C_6H_5C{\equiv}CH \xrightarrow{NaNH_2}$

$\xrightarrow{CH_3COCl} C_6H_5C{\equiv}CCOCH_3 \xrightarrow[\text{干 } HCl]{HOCH_2CH_2OH} \xrightarrow{Na, NH_3} \xrightarrow{H_2O} T.\,M.$

3. 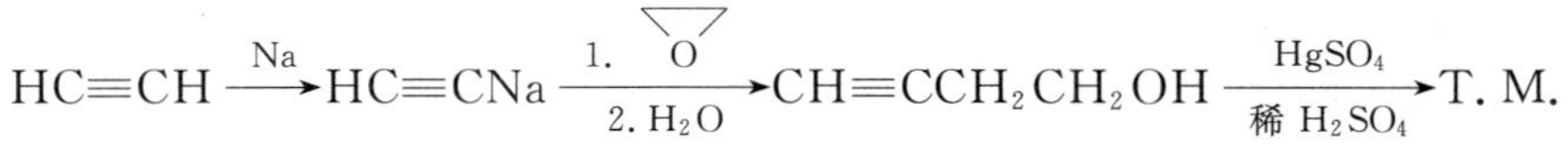

4. $2CH_3CHO \xrightarrow{OH^-} CH_3CH{=}CHCHO \xrightarrow{[O]} CH_3CH{=}CHCOOH \xrightarrow{HCl} T.\,M.$

5. 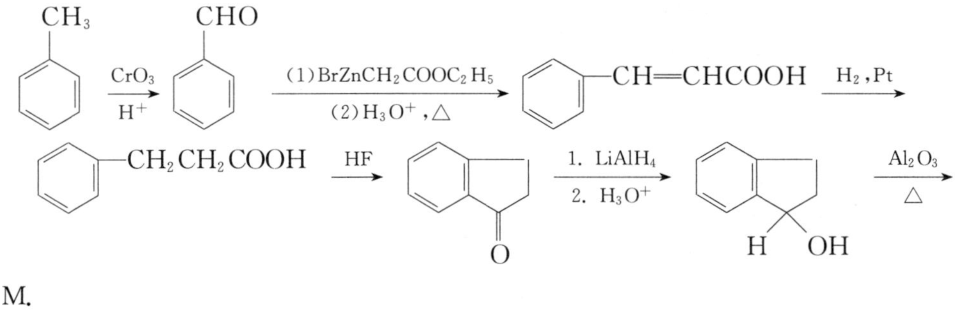

T. M.

6. 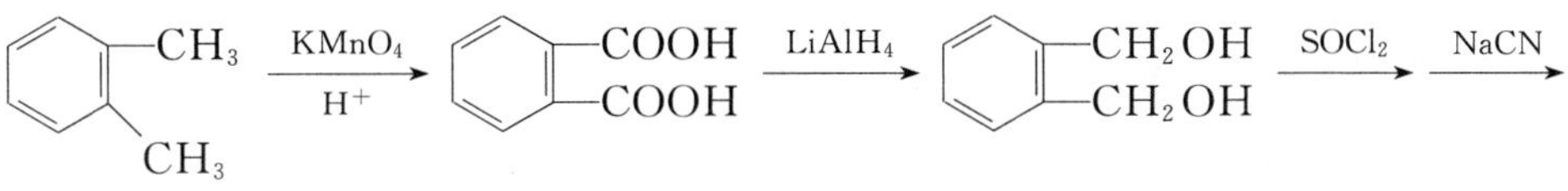

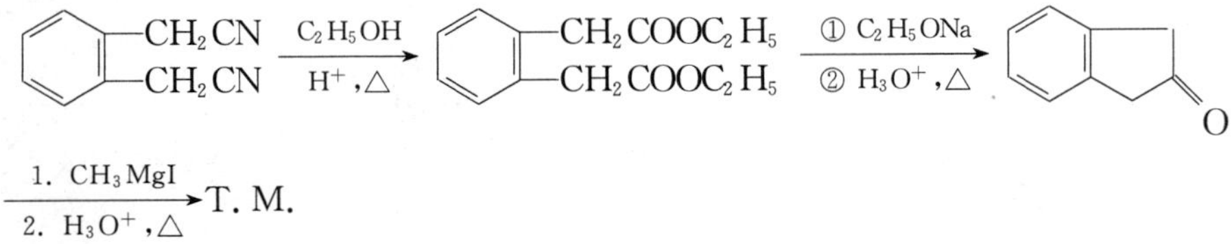


14-6 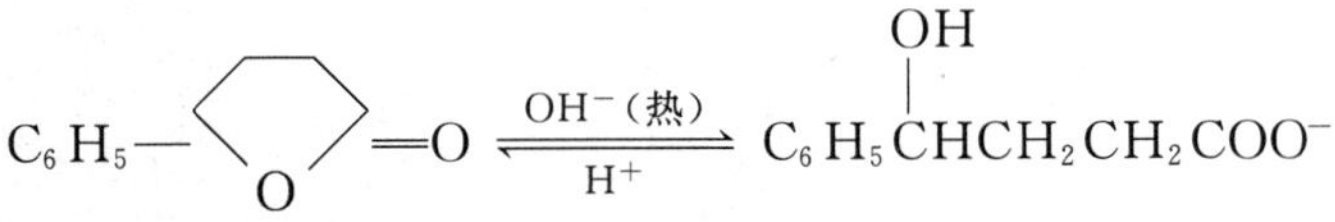


这是由于 γ-羟基酸可形成 γ-内酯的缘故。

# 第十五章

15-1 1. $BrCH_2CH_2COOH$

2. 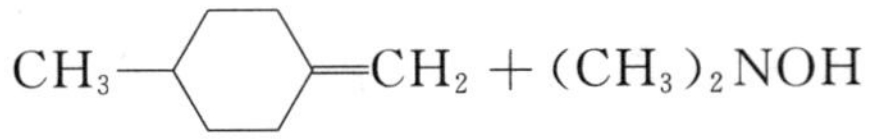


3. 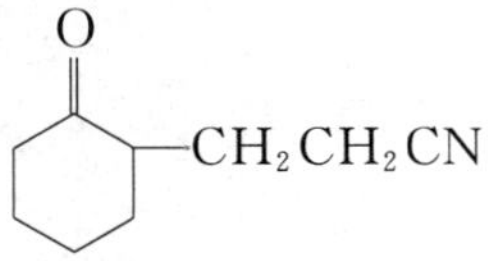


4. $CH_3CH_2N(CH_3)_2$

5. $LiAlH_4$

6. 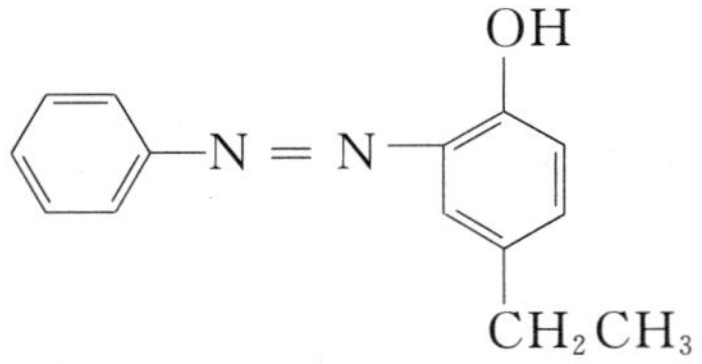


7. 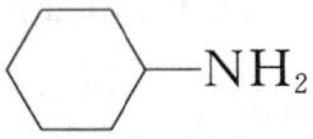


8. $C_6H_5COCH_2CH_2N(CH_3)_2$

9. ① $H_2SO_4$, $Cl_2$ ② NaOH

10. $P_2O_5$,△

11. $CH_3CH_2NC$

12. $Br_2$ + KOH

13. $H_2NCH_2CH_2CH_2CH_2CH_2CH_2NH_2$

14. ① $NaNO_2$, HCl ② CuCl

15. 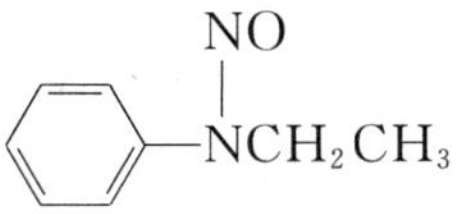


16. 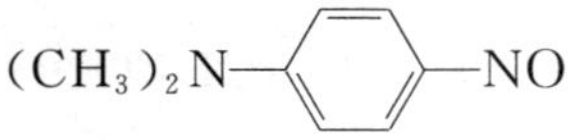


17. $NaNO_2$, HCl; $HBF_4$,△

18. 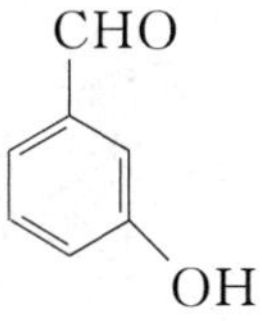


19. 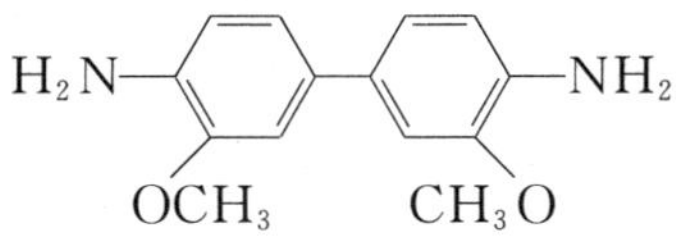


20. 

$+CH_3Cl+N_2$

15-2 1. 先用 pH 试纸试样品酸碱性，酸性者为丁酸，碱性者为丁胺，近于中性者为丁醛和丁腈，再进行银镜反应可鉴别出丁醛。

2. 溶于水中，呈强碱性者为$(C_3H_7)_4\overset{+}{N}OH^-$，加 $NaHCO_3$ 有 $CO_2$ 气体冒出者为$(C_3H_7)_3NHCl$，余者为$(C_3H_7)_4\overset{+\,-}{N}Cl$。

15-3 1. $HO{-}N{=}O + H^+ \rightleftharpoons \overset{+}{N}{=}O + H_2O$

$$CH_3CH_2CH_2NH_2 + \overset{+}{N}{=}O \longrightarrow CH_3CH_2CH_2{-}\underset{H}{\overset{H}{N^+}}{-}N{=}O$$

$$\xrightleftharpoons{-H^+} CH_3CH_2CH_2NH{-}NO \rightleftharpoons CH_3CH_2CH_2N{=}N{-}OH$$

$$\xrightleftharpoons{H^+} CH_3CH_2CH_2N{=}N{-}\overset{+}{O}H_2 \xrightarrow{-H_2O} CH_3CH_2CH_2\overset{+}{N}{\equiv}N$$

$$\xrightarrow{-N_2} CH_3CH_2\overset{+}{C}H_2$$

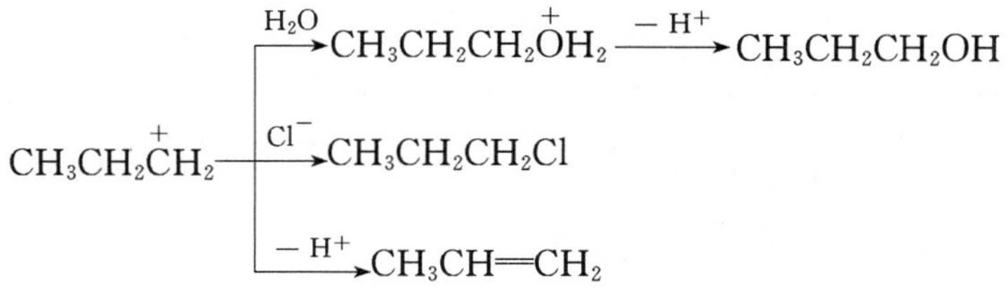

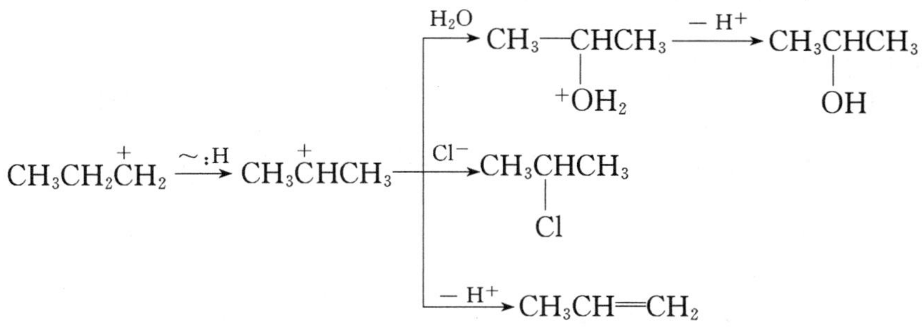

2. 这是 Mannich 反应的一个例子。

$$CH_2O + H_2NCH_2CH_3 \xrightleftharpoons{H^+} H_2O + CH_2{=}NCH_2CH_3$$

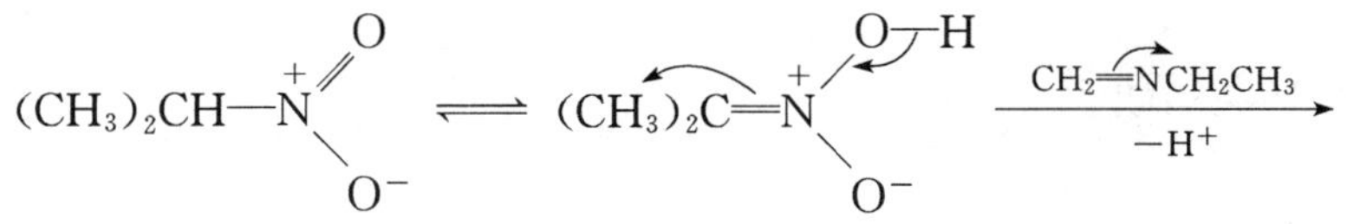

$$(CH_3)_2\overset{NO_2}{\overset{|}{C}}{-}CH_2NHCH_2CH_3$$ （在 HCl 中以 $(CH_3)_2\overset{NO_2}{\overset{|}{C}}{-}CH_2\underset{HCl}{\overset{H}{N}}CH_2CH_3$ 存在）

3.

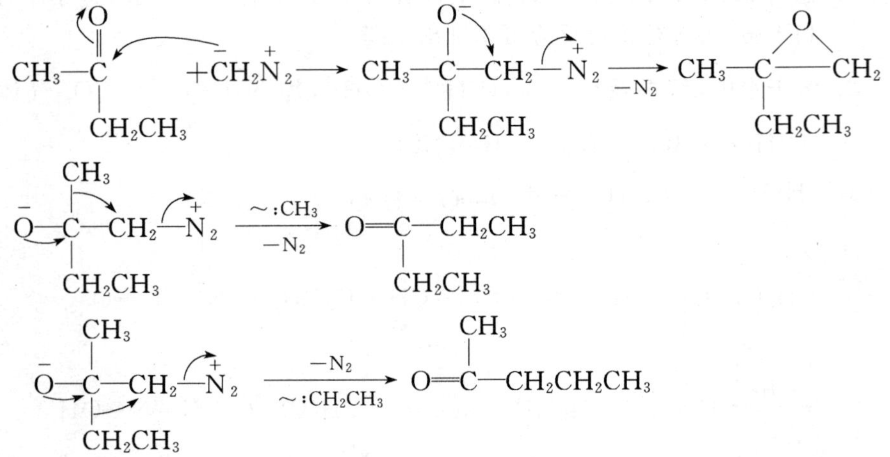

4.

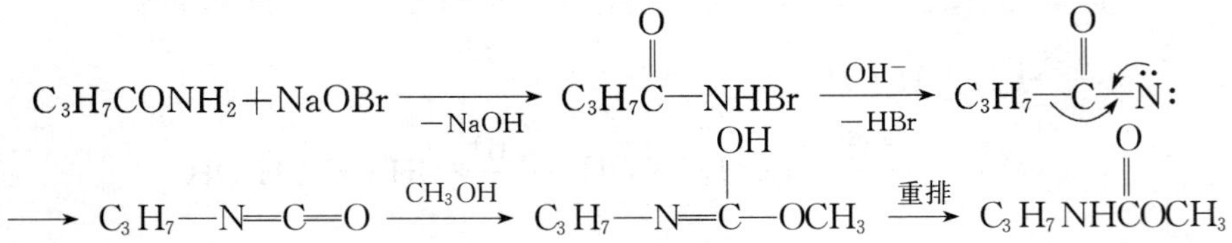

15-4 1. $C_9H_{19}COOH \xrightarrow{SOCl_2} C_9H_{19}COCl \xrightarrow{NH_3} C_9H_{19}CONH_2 \xrightarrow{NaOH, Br_2} C_9H_{19}NH_2$

2. 由上题 $C_9H_{19}CONH_2 \xrightarrow{LiAlH_4} C_{10}H_{21}NH_2$

3. $C_9H_{19}COOH \xrightarrow{LiAlH_4} C_9H_{19}CH_2OH \xrightarrow{PBr_3} C_9H_{19}CH_2Br \xrightarrow{NaCN} C_9H_{19}CH_2CN$

$\xrightarrow{LiAlH_4} C_{11}H_{23}NH_2$

4.

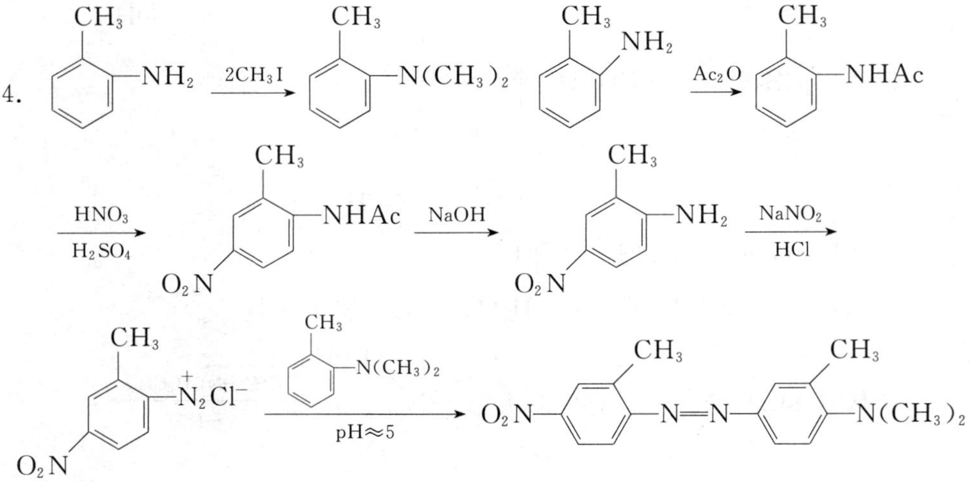

5. a.

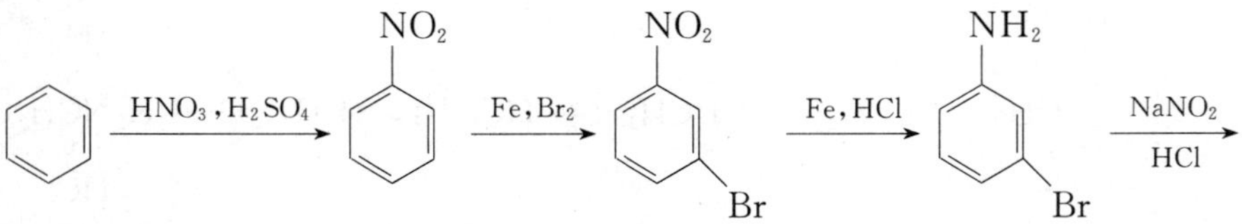

b.

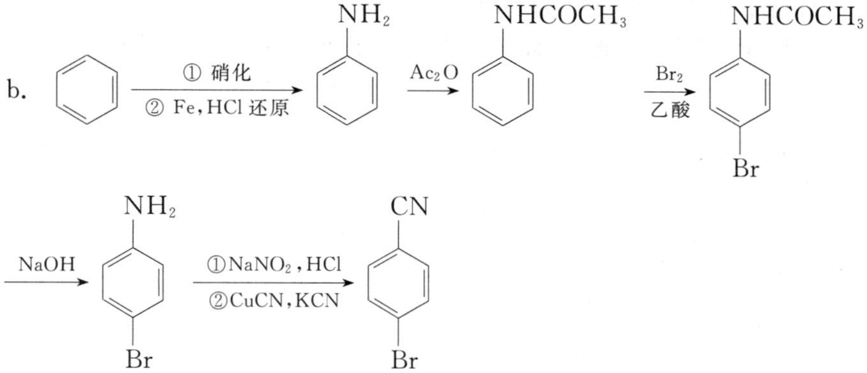

c. 由上题

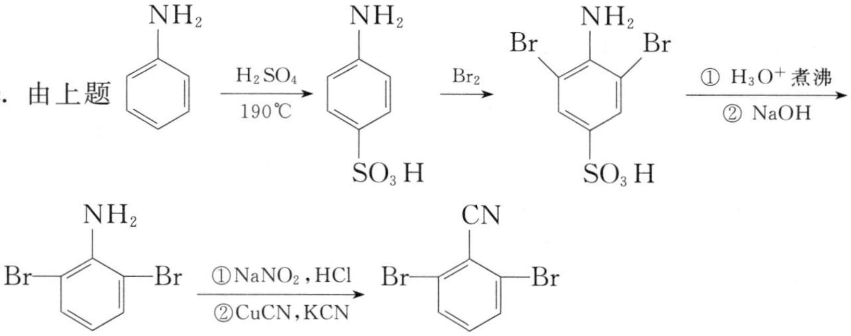

6.

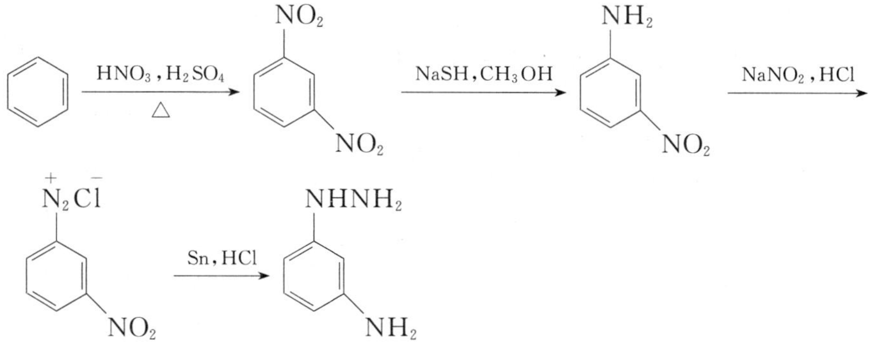

15-5 1. (A) $C_6H_{15}N \xrightarrow[\text{② } Ag_2O]{\text{① } CH_3I} C_8H_{20}\overset{+}{N}\overset{-}{O}H$ (B)

由于(A)甲基化后增加了两个碳原子，因而(A)为仲胺：

$C_6H_{14}NH \xrightarrow[\text{② } Ag_2O]{\text{① } 2CH_3I} C_6H_{14}\overset{+}{N}(CH_3)_2\ \overset{-}{O}H$ (B)

$C_8H_{20}\overset{+}{N}\overset{-}{O}H \xrightarrow{\triangle} H_2O + (CH_3)_2C{=}CH_2 + C_4H_{11}N$ (C)

(C) 为叔胺，包括两个甲基（由甲基化引进的）。所以其结构为 $(CH_3)_2NCH_2CH_3$，即在(A)中的一个烷基为乙基。因此，在(A)中的另一个基为 $C_4H_9$。异构的丁基有三种：$CH_3CH_2CH_2CH_2$，$(CH_3)_2CHCH_2$，$(CH_3)_3C$。

正丁基不能产生异丁烯，但其他两个都能产生异丁烯，因为题中没有给出可以区别这两者的论据，因而(A)的结构可以是以下两种：

$(CH_3)_2CHCH_2NHC_2H_5$或$(CH_3)_3CNHC_2H_5$

2. δ1.2 为 3H，为 $CH_3$，其三重峰是由邻接 $CH_2$ 裂分引起的，即与 $CH_2$ 相连，说明分子中存在 $CH_3CH_2$ 基团；同理，由 δ2.2 为 2H，可知本身为 $CH_2$，而由四重峰可推知与 $CH_3$ 相连，因而也可推出分子中存在 $CH_3CH_2$ 基团。由不饱和度和 δ6.5 处 2H 且为单峰，可知为 $\overset{O}{\overset{\|}{C}}-NH_2$；由此可推知 A 结构式为 $CH_3CH_2\overset{O}{\overset{\|}{C}}-NH_2$。

(A) $CH_3CH_2CONH_2 \xrightarrow{Br_2, NaOH} CH_3CH_2NH_2$ (B)

3. 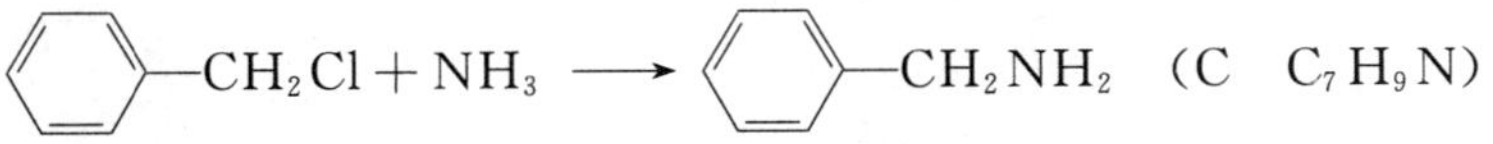

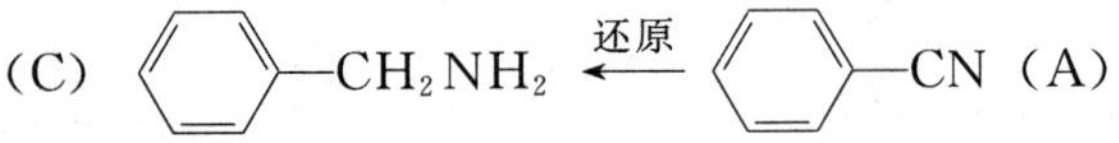

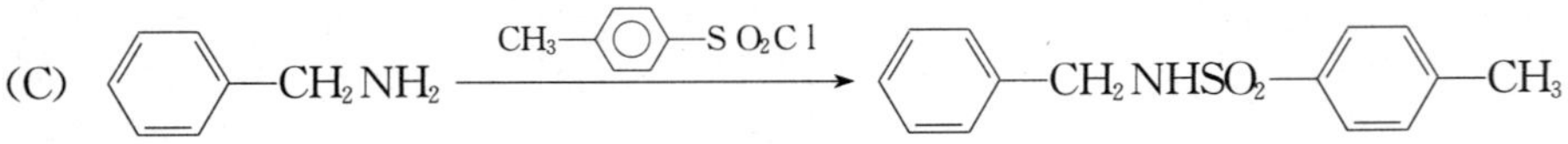

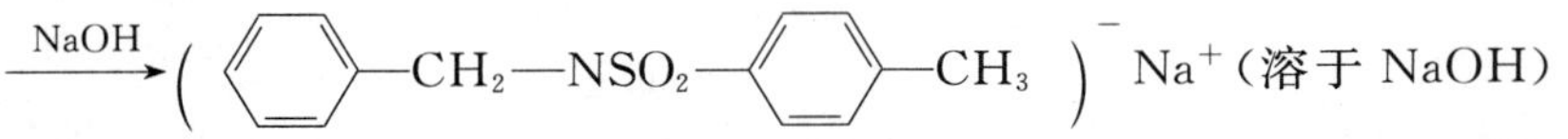

由于仲胺与对-甲苯磺酰氯作用产物不溶液碱，因此可知(D)结构式为

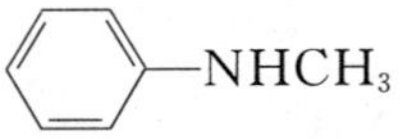，由其可推知(B)结构为 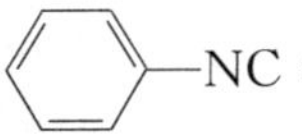。

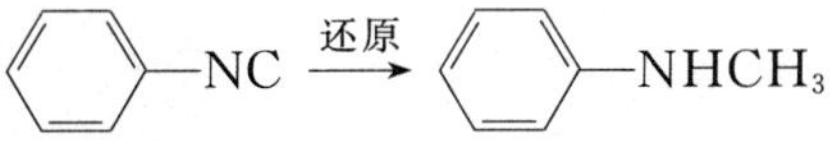

4. 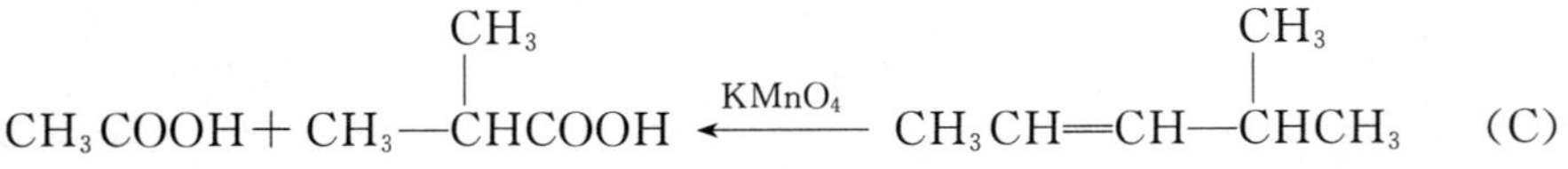

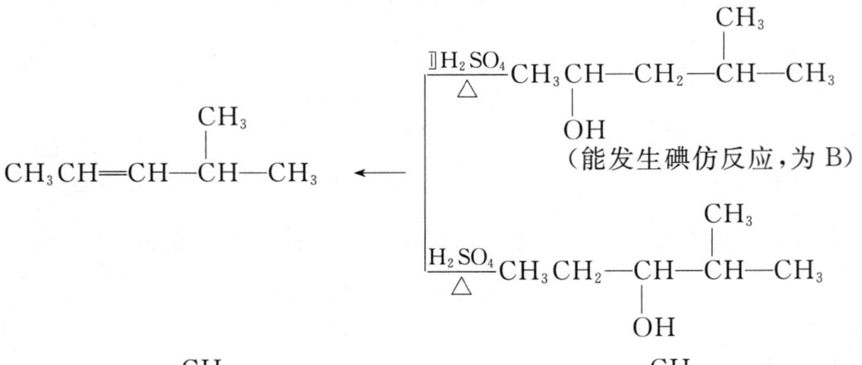

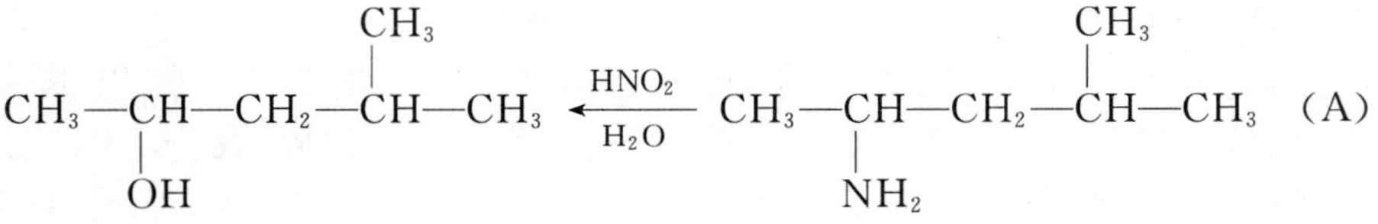

# 第十六章

16-1 1. $CH_3CH_2CH_2\overset{O}{\overset{\|}{S}C}CH_3$　　2. 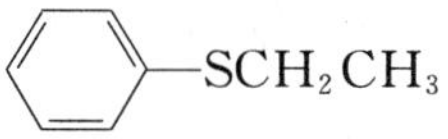

3. 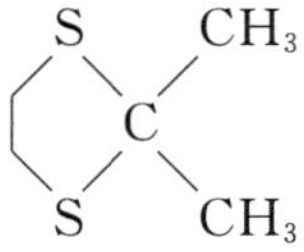　　4. 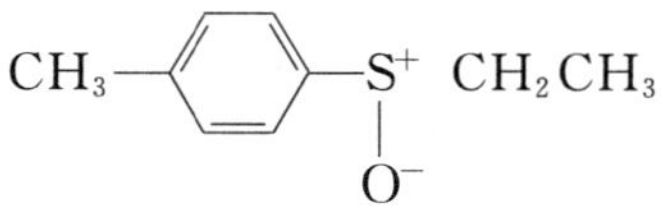

5. 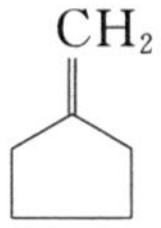

6. $ClCH_2COCH_3$　$Ph_3P{=}CHCOCH_3$　$PhCH{=}CHCOCH_3$

7. $(CH_3CH_2)_3P{=}O + CH_2{=}CH_2$　　8. $CH_3Si(OCH_2CH_2)_3N$

9. $H_2NCH_2CH_2CH_2Si(OCH_2CH_3)_3$　　10. $(CH_3)_3SiOCOCH_3$

11. $(CH_3)_3SiCl+$ 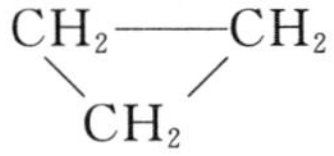　　12. $(CH_3)_3SiCH_2CH_3$

16-2 1. 

$CH_2{=}CH_2 + HBr \longrightarrow CH_3CH_2Br$

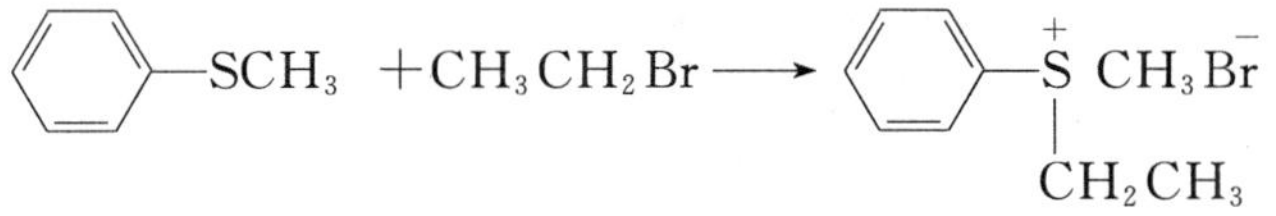

2. 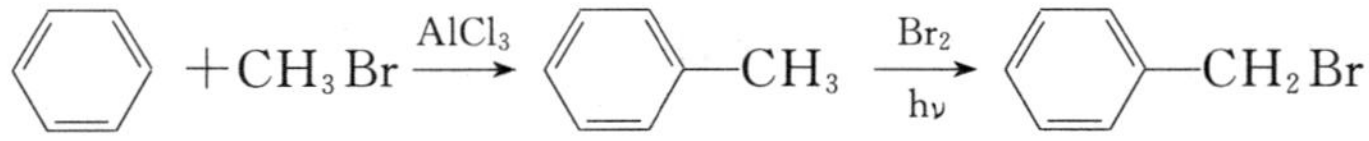

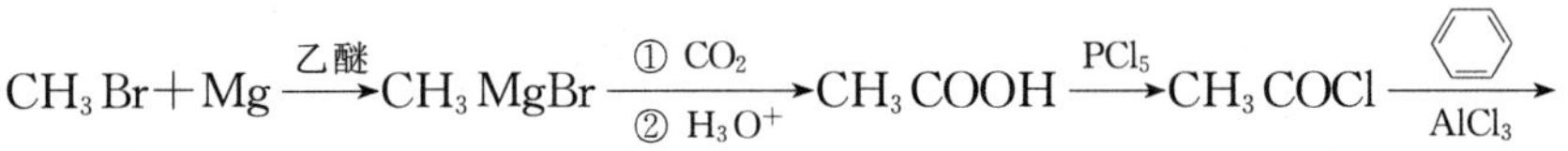

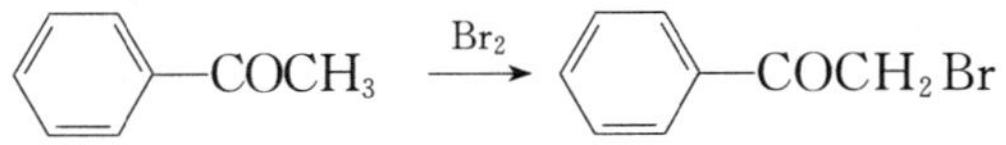

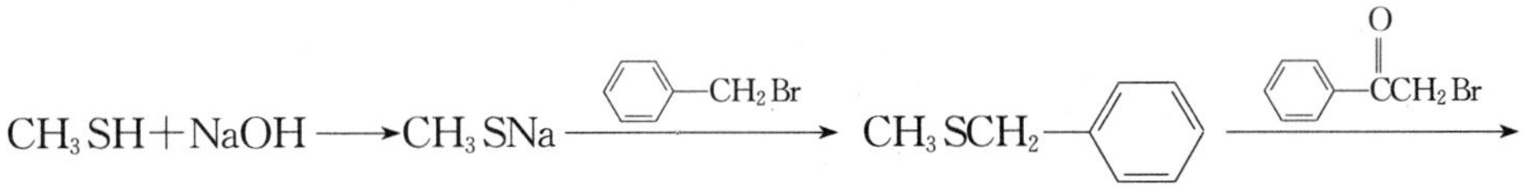

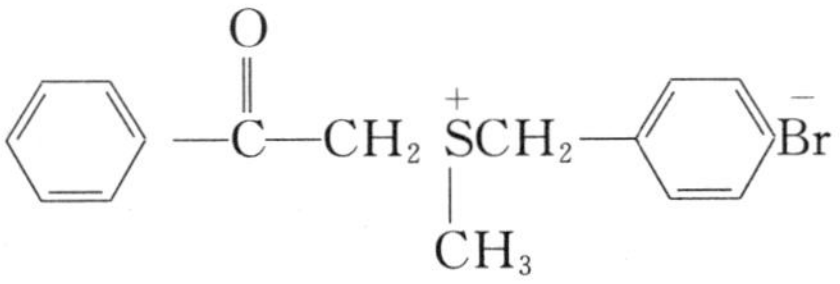

3. 

4. $CH_3CH_2CH_2CH_2OH + HBr \xrightarrow{H_2SO_4} CH_3CH_2CH_2CH_2Br$

$3CH_3CH_2CH_2CH_2OH + PCl_3 \longrightarrow P(OCH_2CH_2CH_2CH_3)_3$

$P(OCH_2CH_2CH_2CH_3)_3 + CH_3CH_2CH_2CH_2Br \xrightarrow{200℃}$

$(CH_3CH_2CH_2CH_2O)_2\overset{\overset{\displaystyle O}{\|}}{P}CH_2CH_2CH_2CH_3$

5. 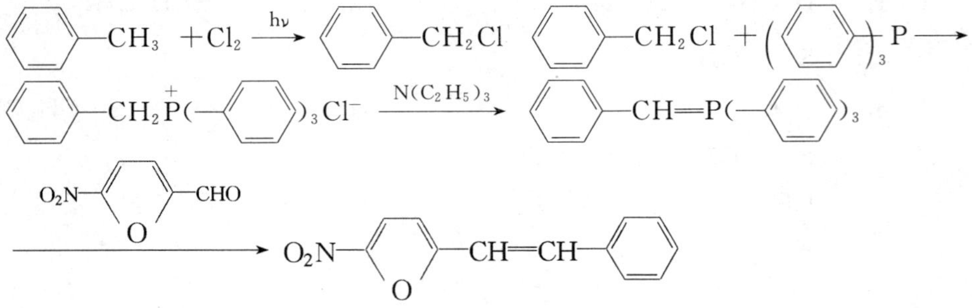

6. $CH_2{=}CHCH_3 + Cl_2 \xrightarrow{450℃} CH_2{=}CHCH_2Cl$

$CH_2{=}CHCH_2Cl + HSiCl_3 \xrightarrow{H_2PtCl_6} ClCH_2CH_2CH_2SiCl_3 \xrightarrow{3HOC_2H_5}$

$ClCH_2CH_2CH_2Si(OC_2H_5)_3 \xrightarrow{H_2NCH_2CH_2NH_2}$

$H_2NCH_2CH_2NH(CH_2)_3Si(OC_2H_5)_3$

7. $2ClCH_2CH_2CH_2Si(OCH_2CH_3)_3 + NH_3 \longrightarrow [(CH_3CH_2O)_3SiCH_2CH_2CH_2]_2NH$

$\xrightarrow[-HOC_2H_5]{2N(CH_2CH_2OH)_3} N(CH_2CH_2O)_3SiCH_2CH_2CH_2NHCH_2CH_2CH_2Si(OCH_2CH_2)_3N$

# 第十七章

17-1 1. $2CH_3COCH_2COOC_2H_5 \xrightarrow[②I_2]{①C_2H_5ONa} \begin{matrix} CH_3CO\underset{|}{C}HCOOC_2H_5 \\ CH_3COCHCOOC_2H_5 \end{matrix}$

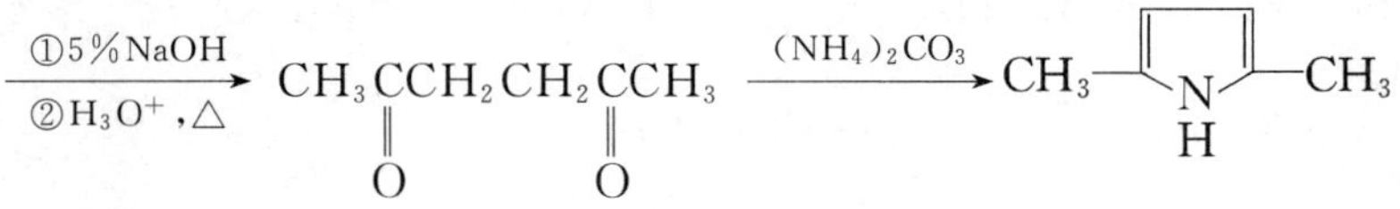

2. $CH_3COCH_2COOC_2H_5 \xrightarrow[(2)\ ClCH_2\overset{\overset{\displaystyle O}{\|}}{C}-Ph]{(1)C_2H_5ONa} CH_3CO\underset{\underset{\displaystyle CH_2\underset{\underset{\displaystyle O}{\|}}{C}Ph}{|}}{C}HCOOC_2H_5$

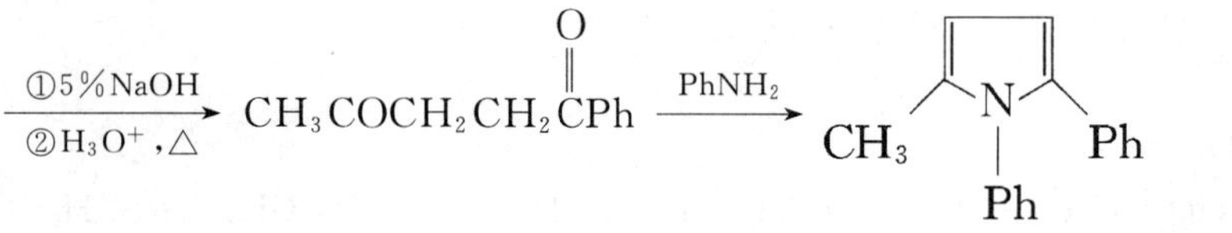

3. 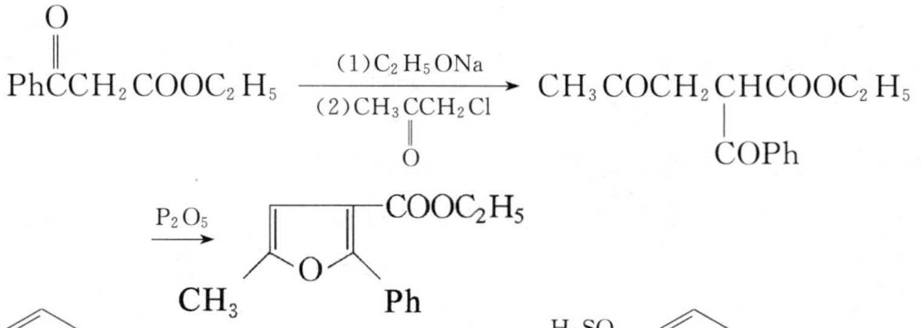

4. 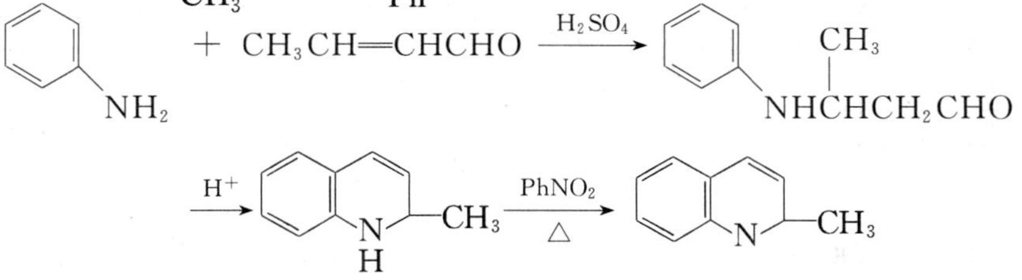

5.

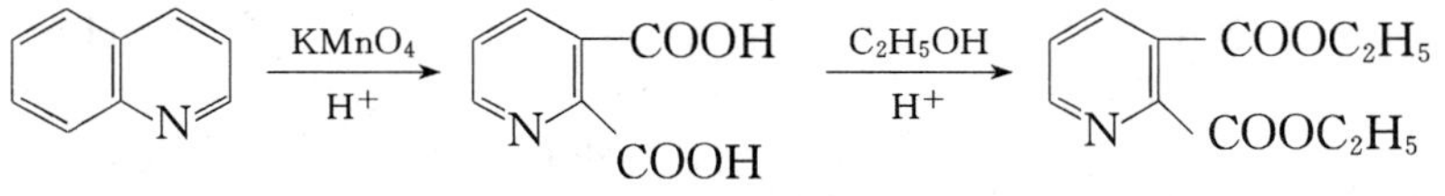

6. 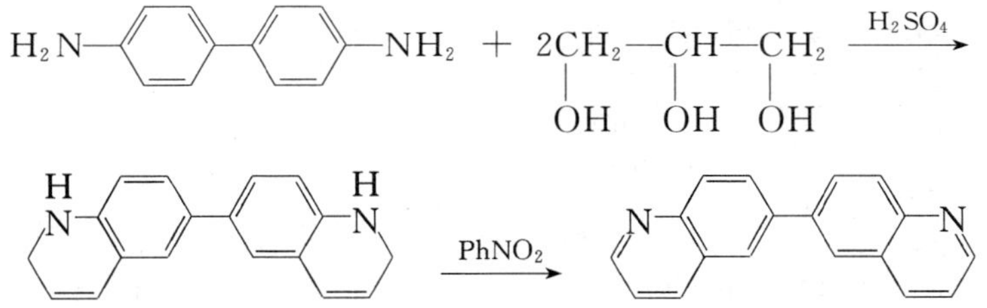

7.

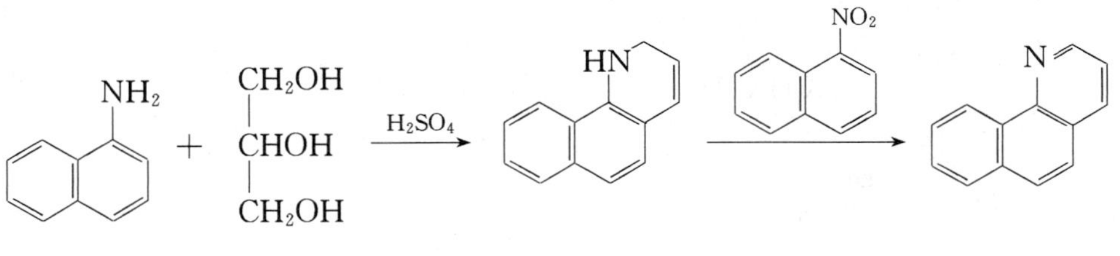

8. 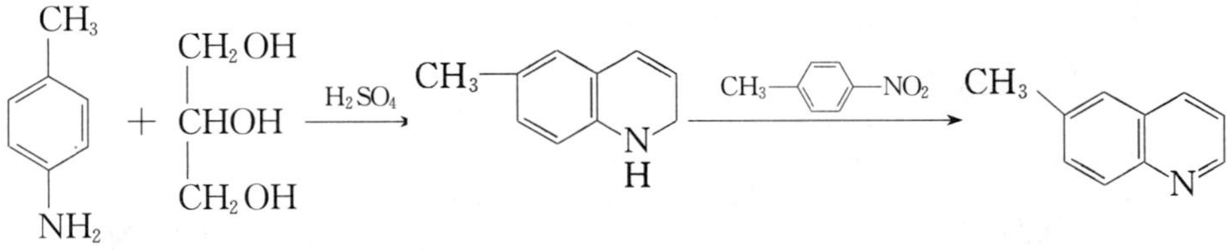

9. 同(1) 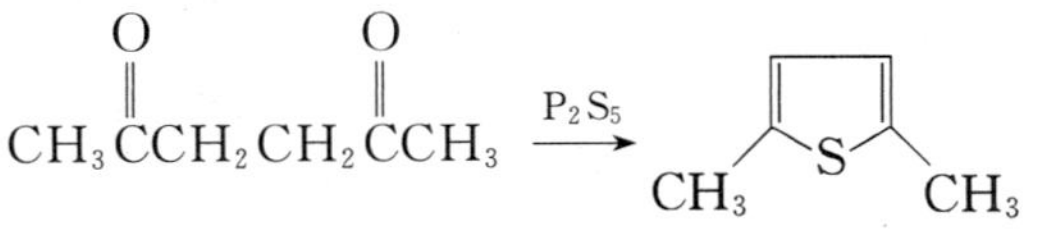

10. 

11. $PhCOCH_3 + PhCOOC_2H_5 \xrightarrow{C_2H_5ONa} PhCOCH_2COPh \xrightarrow[HCl,\triangle]{HONH_2}$ 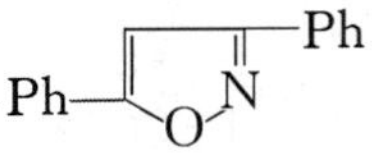

17-2 1. 六氢吡啶＞吡啶＞苯胺＞吡咯 2. 咪唑＞吡唑＞吡咯

提示：根据各氮原子的杂化状态，未共用电子对参与共轭与否分析判断。

17-3 1. 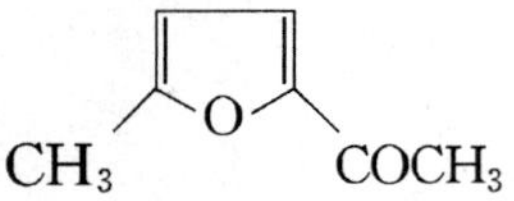 2. 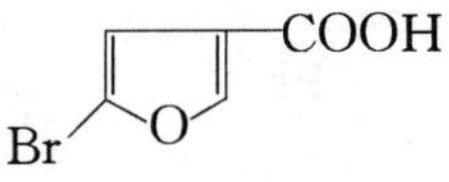 3. 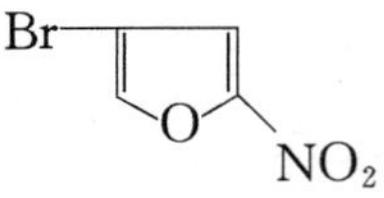

4. 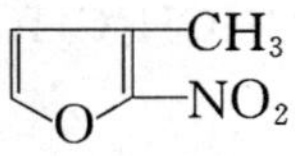 5. 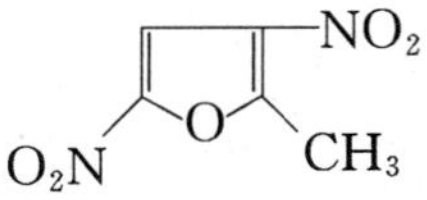 6. 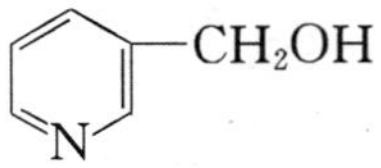

7. 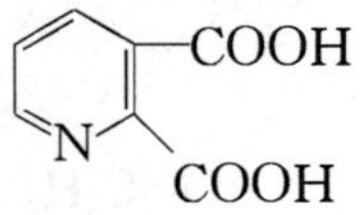 8.  9. 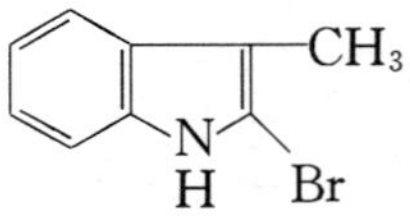

10. 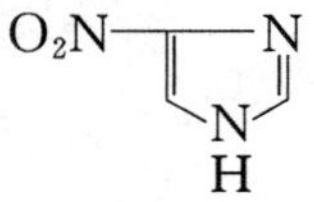 11. 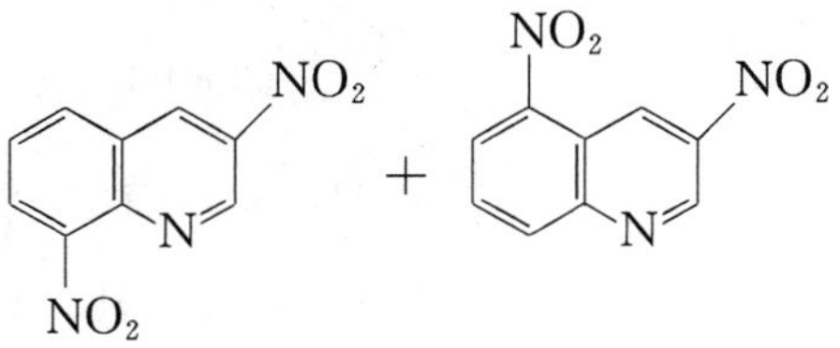

12. 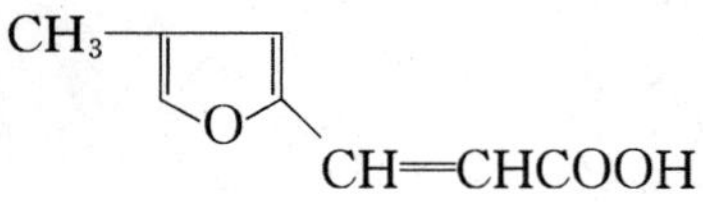 13. 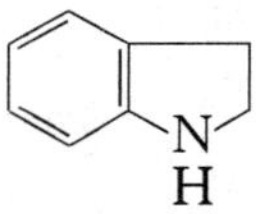 14. 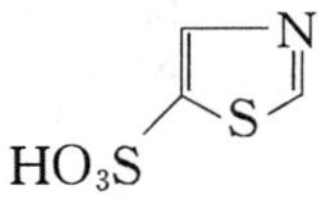

15. 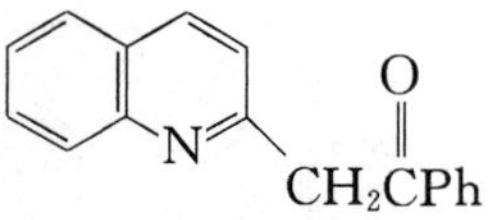 16. 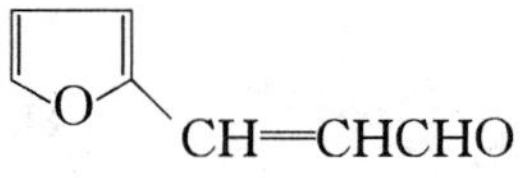 17. 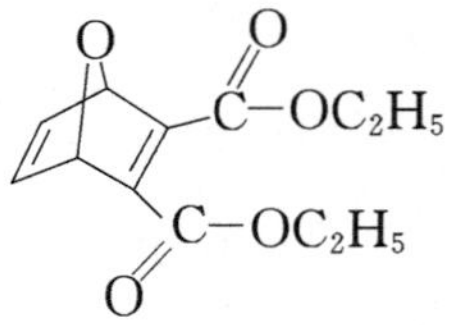

18. 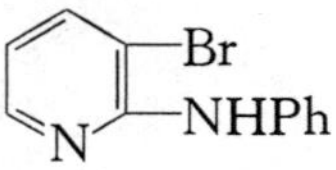

17-4

A. 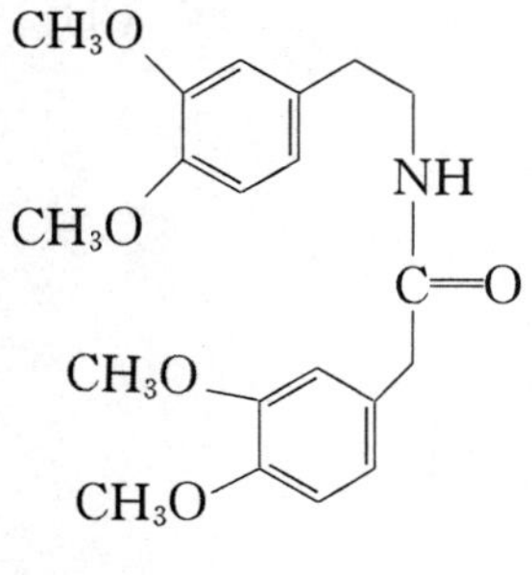

B. 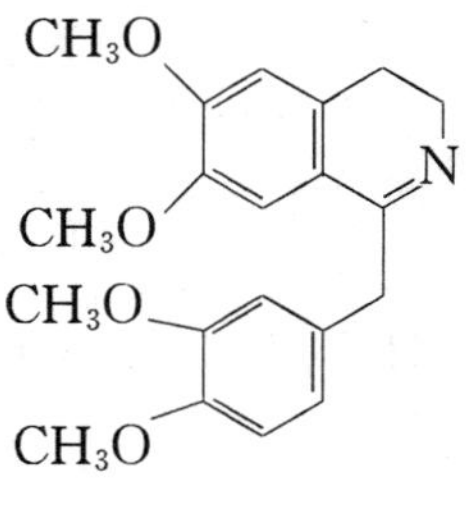

# 第十八章

18-1 1. 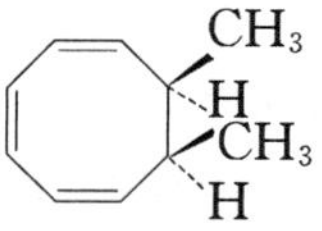 2. 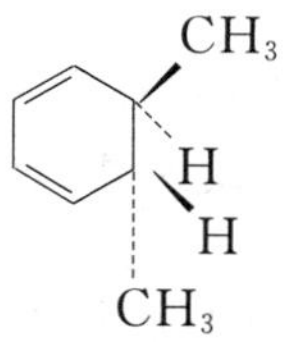 3. 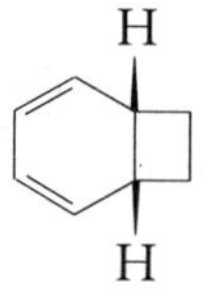

4. 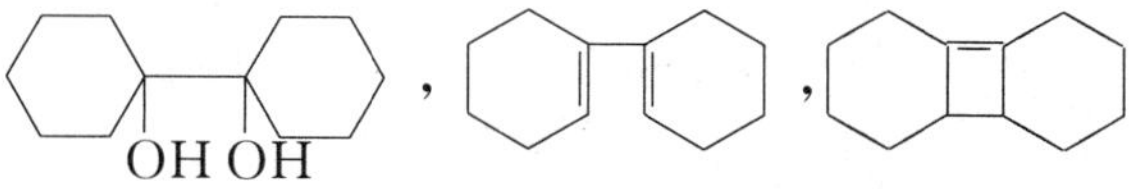

5. 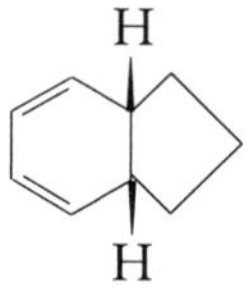 6. 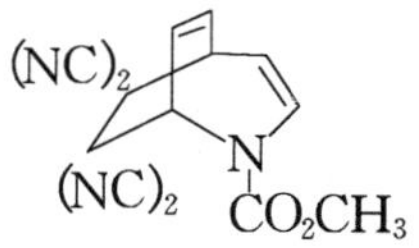 7. 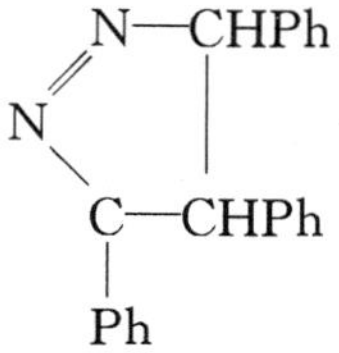 8. 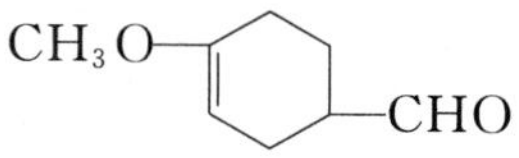

9. 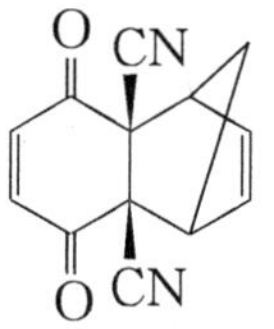 10. 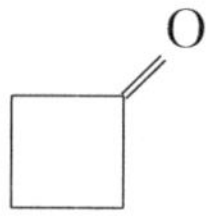 11. 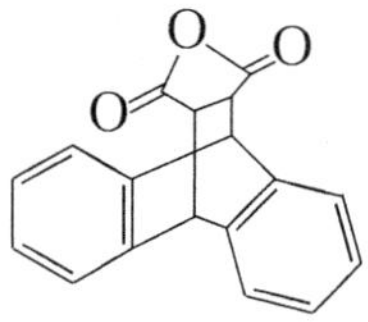 12. 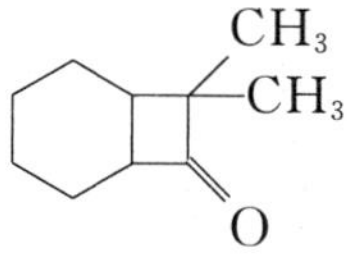

13. 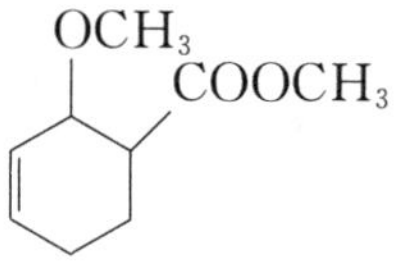 14. 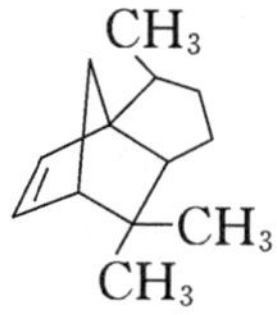 15. 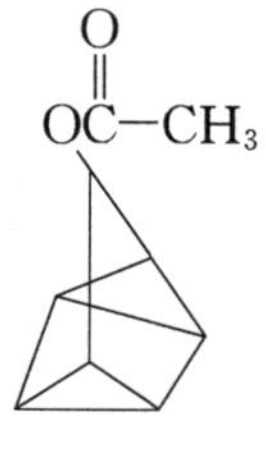 16. 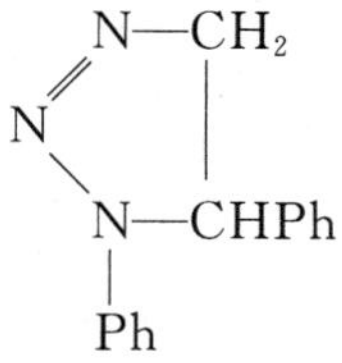

17. 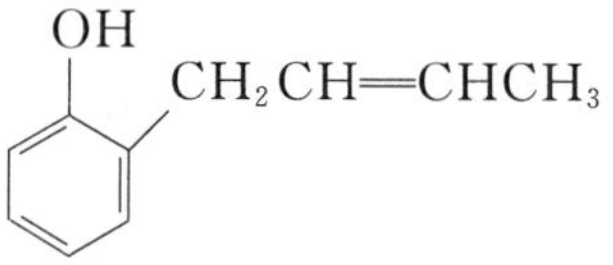 18. 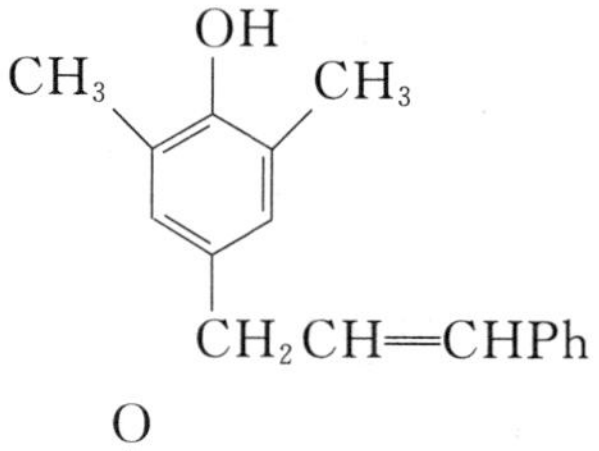

19. 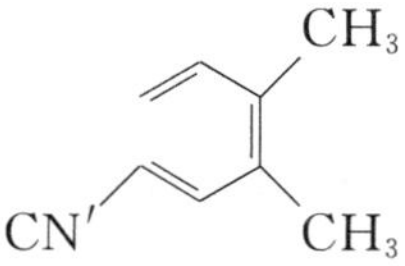 20. $CH_3\overset{\overset{O}{\|}}{C}CH_2CH_2CH{=}CH_2$

18-2 1. 形成(Z,Z)-2,4-己二烯的过渡态,两甲基空间张力大,使反应难以进行。

2. 叔丁基在2-位上时,只有给电子活化双烯的作用,使反应加快。但当处在1-位上时,除活化作用外,由于双烯合成反应双烯必须是S-cis构象:

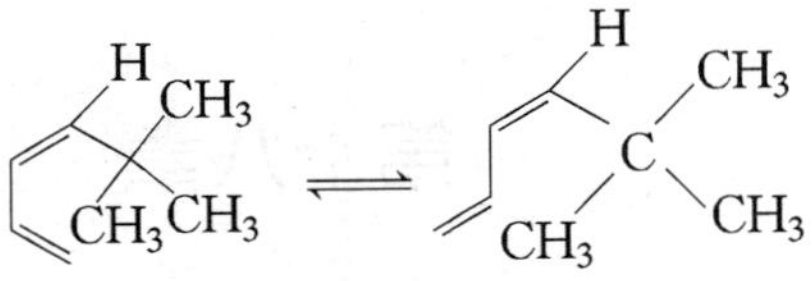

S-cis　　　　S-trans

叔丁基的空间位阻作用使 S-cis 构象难以形成，这样反应进行得就较慢。

3. “次级轨道”相互作用，使内型产物成为动力学控制产物，而外型产物较内型产物稳定，是热力学控制产物。

4. [1,5]同面氢迁移，由环戊二烯基自由基的前线轨道 $\pi_3$ 的对称性决定。

18-3 1.

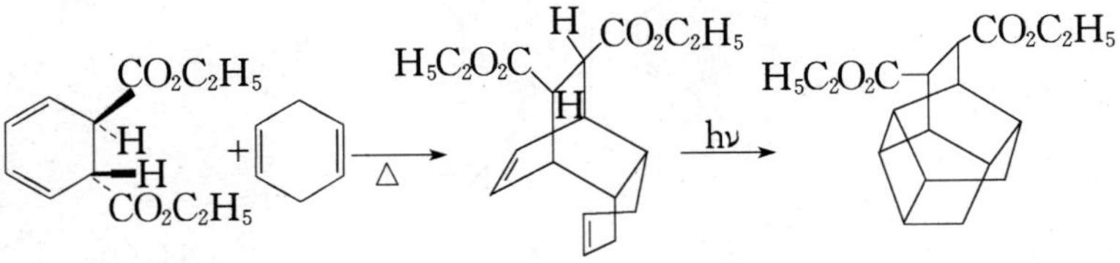

2.

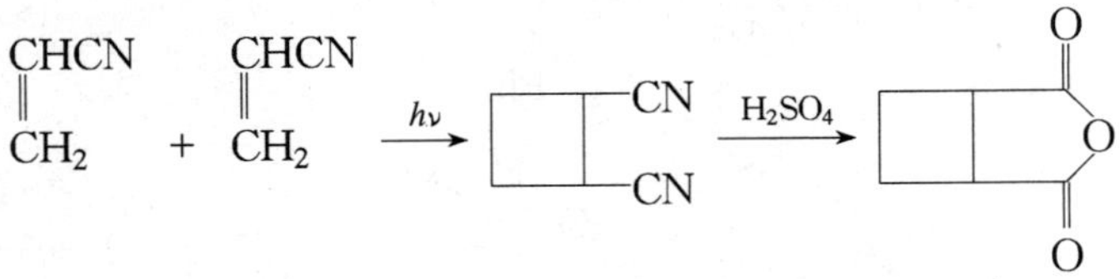

3.

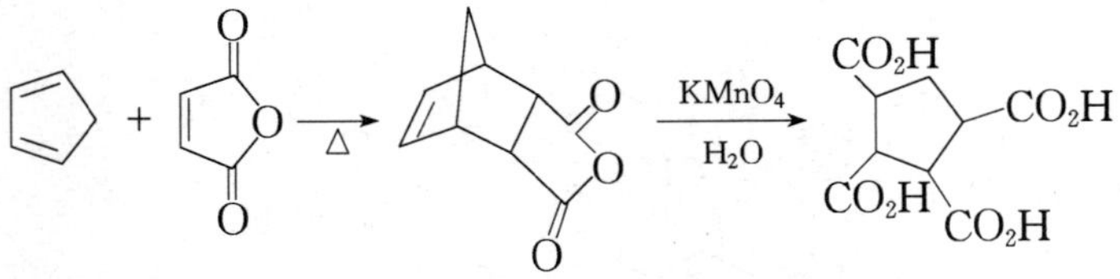

4.

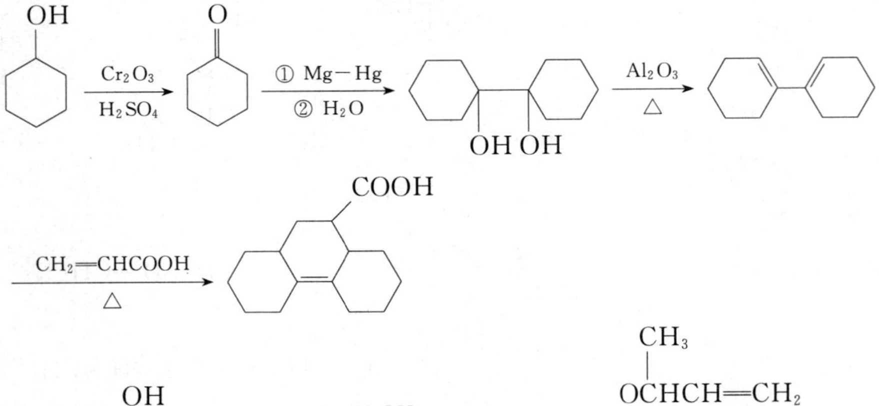

5.

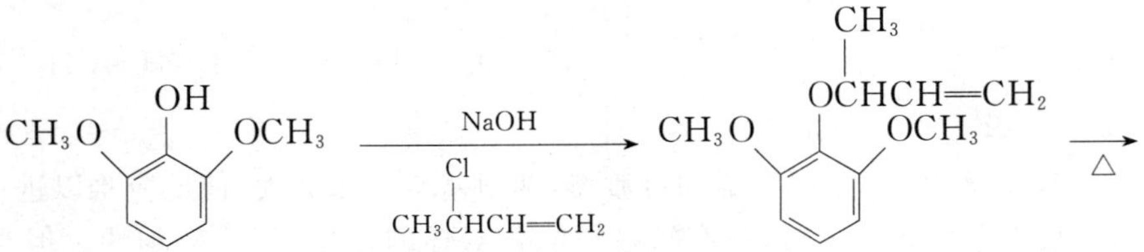

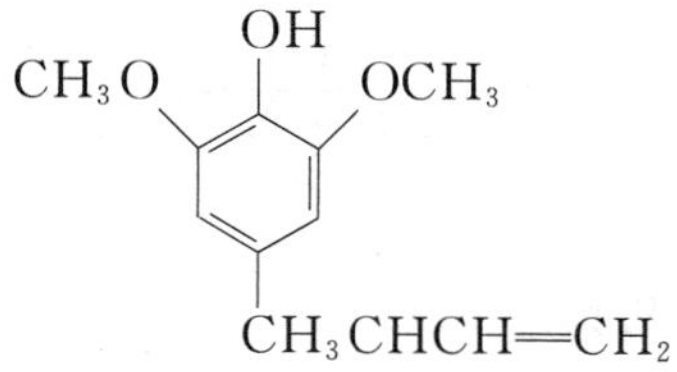


6. 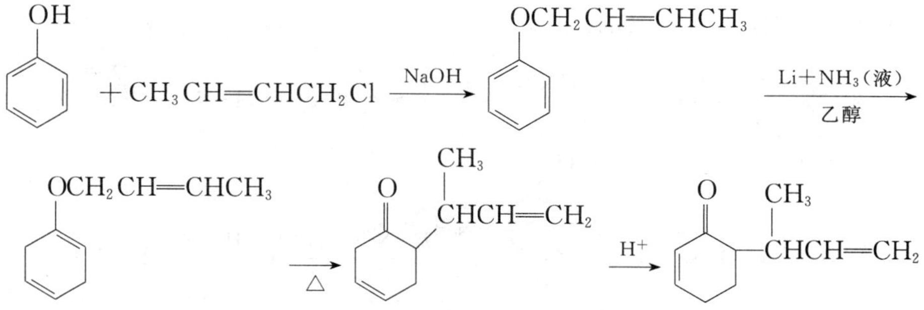


# 第十九章

19-1　1. 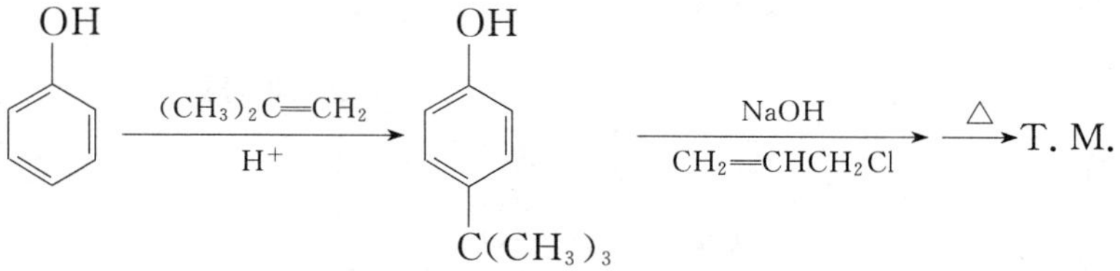


2. 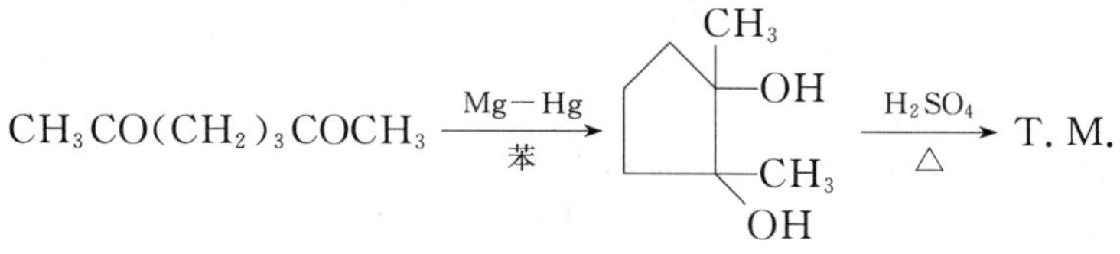


3. 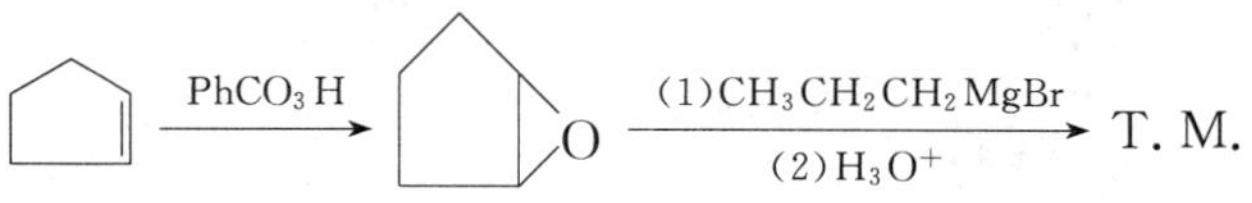


4. $CH_2=CHCOC(CH_3)_3 \xrightarrow[(2)H_3O^+]{(1)CH_2=CHMgBr} CH_2=CHCH_2CH_2COC(CH_3)_3$

$\xrightarrow[CHCl_3]{NaOH} \xrightarrow{H_3O^+}$ T. M.

5. 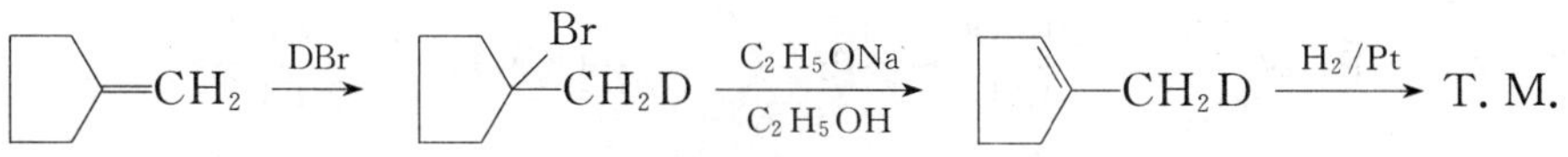


6. 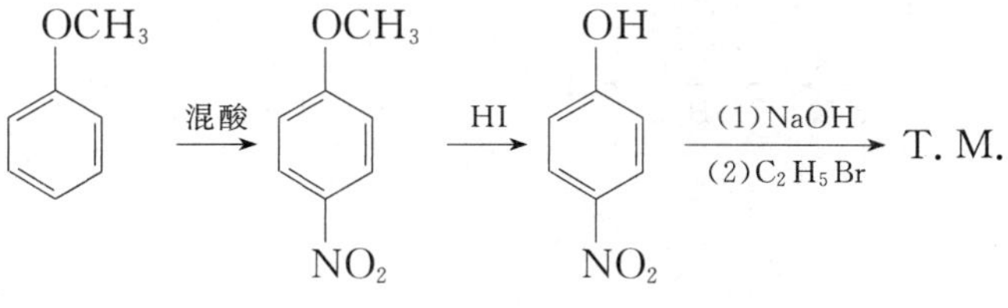

7. 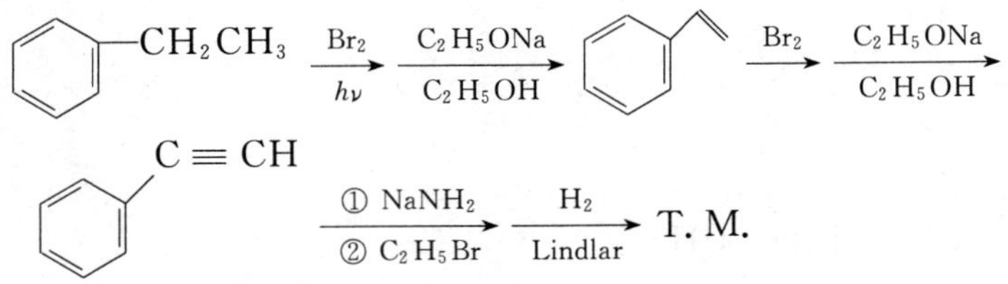

8. 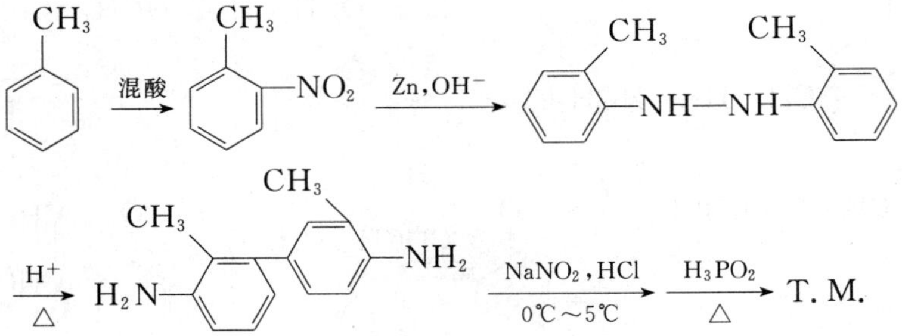

19-2

1. 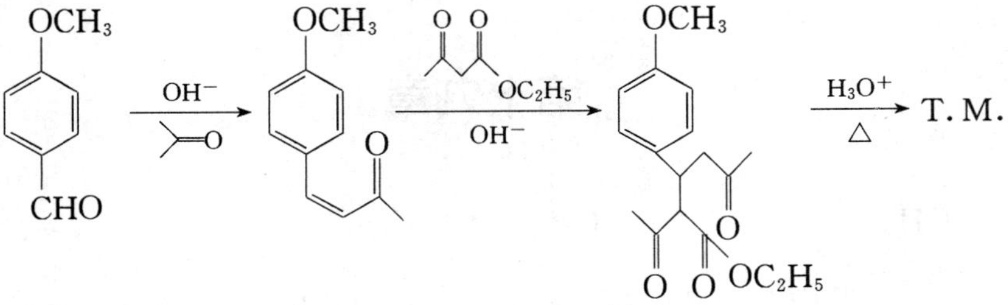

2. 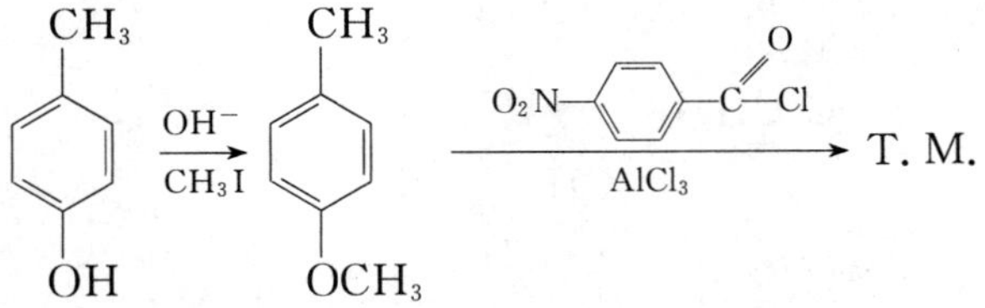

3. 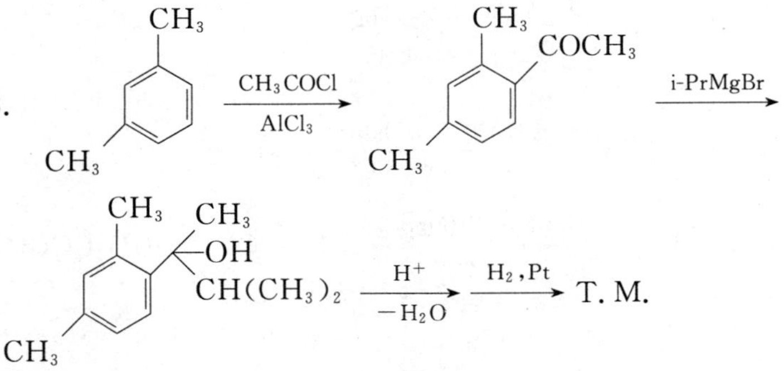

4. 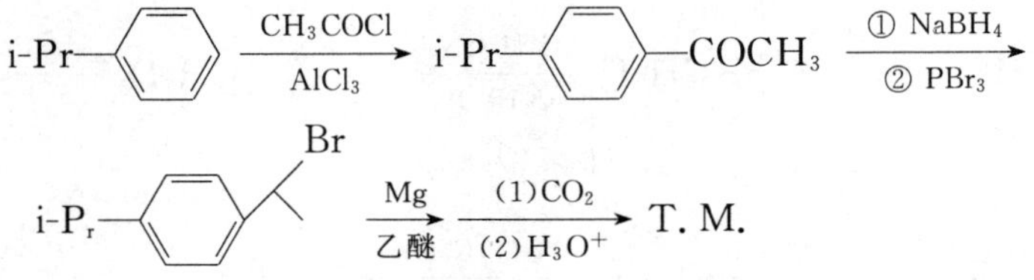

5.

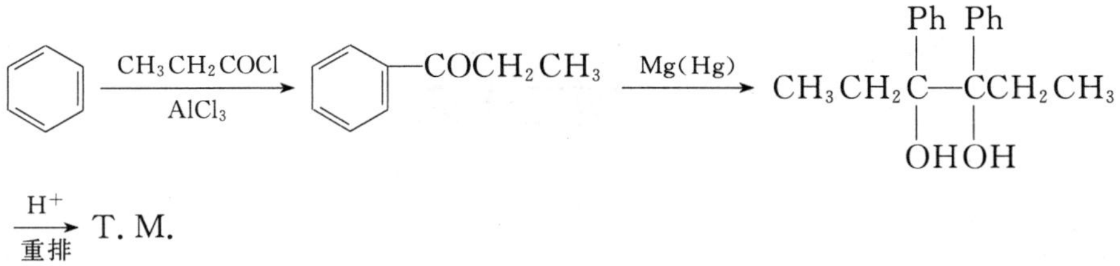
$CH_3CH_2COCl$
$AlCl_3$
$COCH_2CH_3$
Mg(Hg)
Ph Ph
$CH_3CH_2C$—$CCH_2CH_3$
OH OH
$H^+$
重排
T. M.

6.

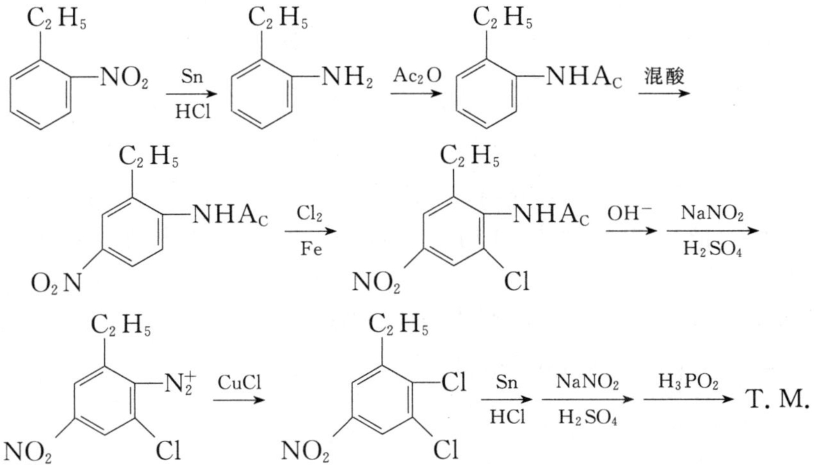
$C_2H_5$
$NO_2$
Sn
HCl
$NH_2$
$Ac_2O$
NHAc
混酸
$O_2N$
$Cl_2$
Fe
$NO_2$
Cl
$OH^-$
$NaNO_2$
$H_2SO_4$
$N_2^+$
CuCl
Sn
HCl
$H_3PO_2$
T. M.

7.

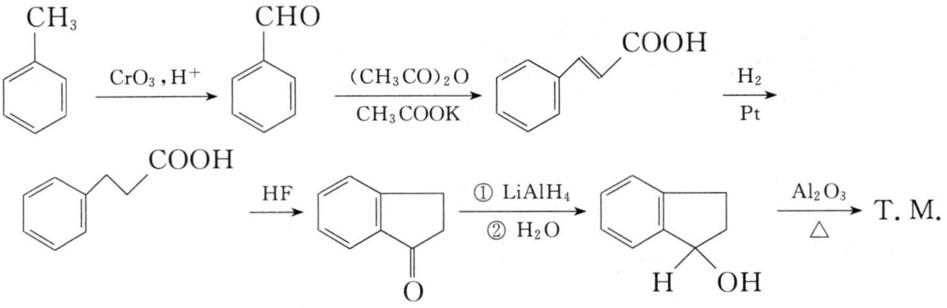
$CH_3$
$CrO_3, H^+$
CHO
$(CH_3CO)_2O$
$CH_3COOK$
COOH
$H_2$
Pt
HF
O
① $LiAlH_4$
② $H_2O$
H OH
$Al_2O_3$
△
T. M.

8.

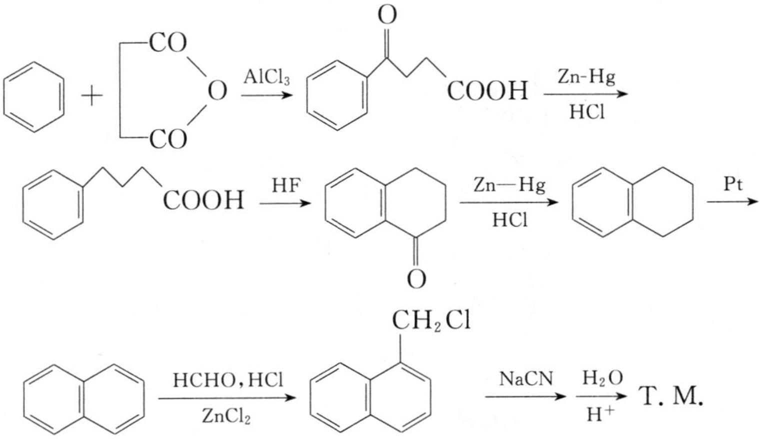
CO
O
CO
$AlCl_3$
COOH
Zn-Hg
HCl
HF
Zn—Hg
Pt
$CH_2Cl$
HCHO, HCl
$ZnCl_2$
NaCN
$H_2O$
$H^+$
T. M.

# 第二十章

20-1 1. 8种

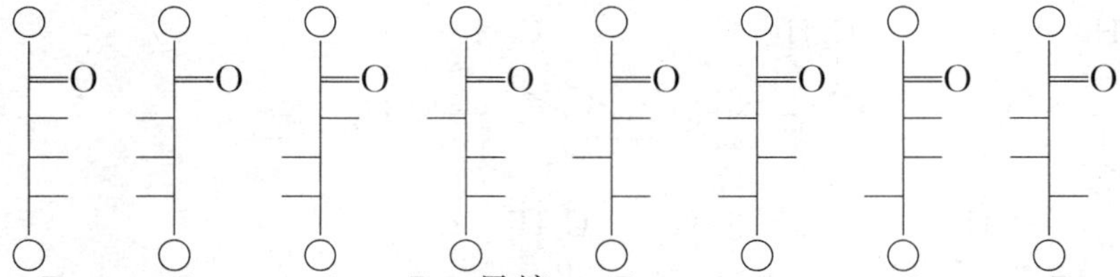

D L L D—果糖 D L L D

2. 在碱性溶液中，D-果糖与D-葡萄糖和D-甘露糖形成平衡混合物。后两者为醛糖。

3. HOOC—CH(OH)—CH(OH)—CH(OH)—CH(OH)—$CH_2OH$

4. 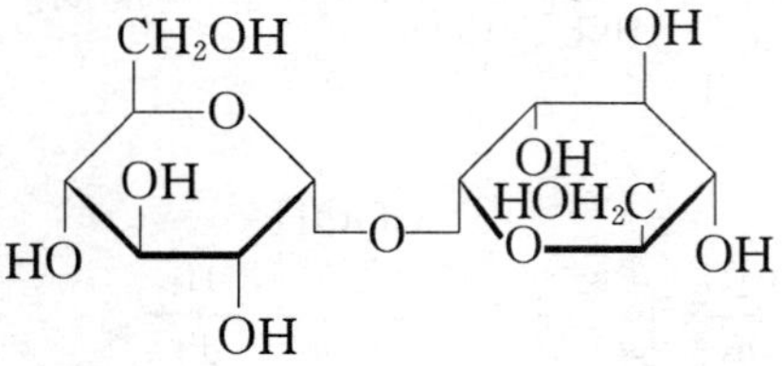

20-2 1. A为  或 　2. 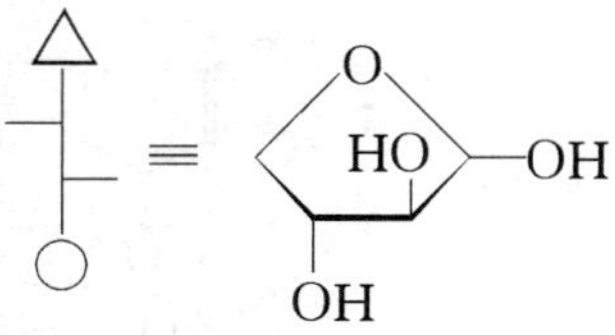 （或 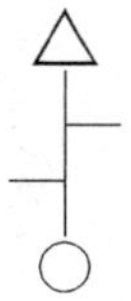 ）

A

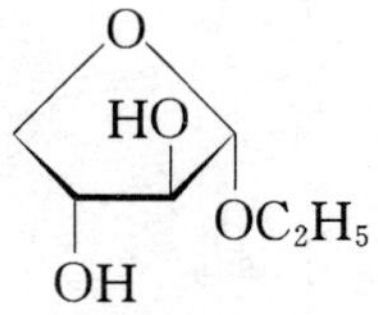

B

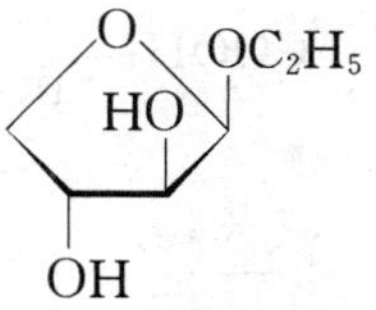

C

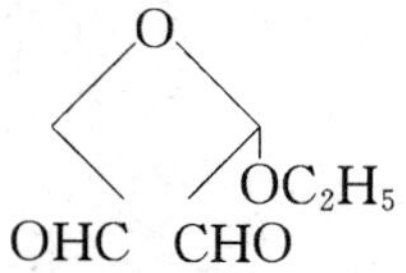

D

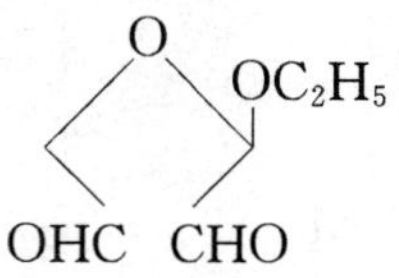

E

F

3. 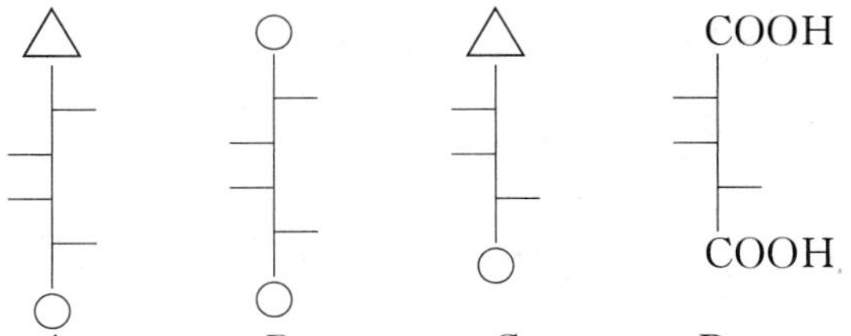

A　　B　　C　　D

4. 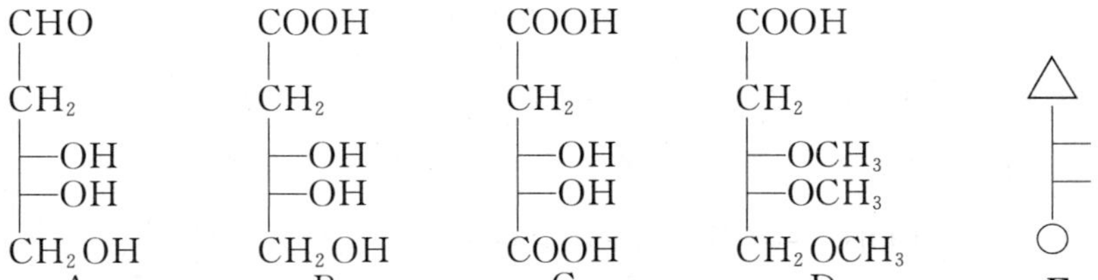

A　　B　　C　　D　　E

5. 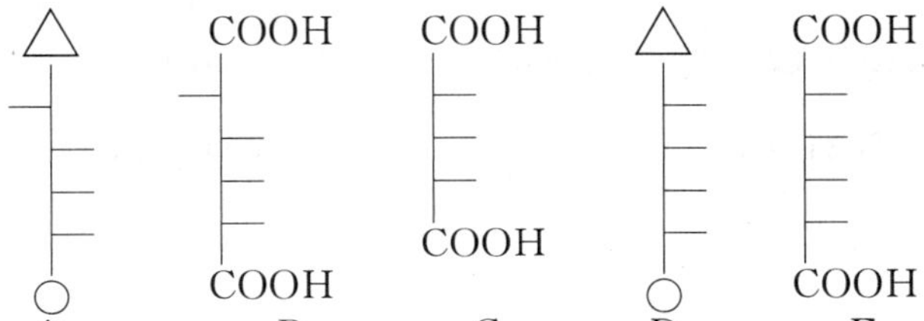

A　　B　　C　　D　　E

（A 或为 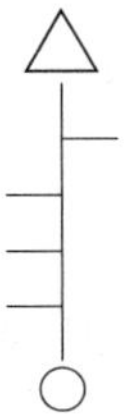 ）

6. 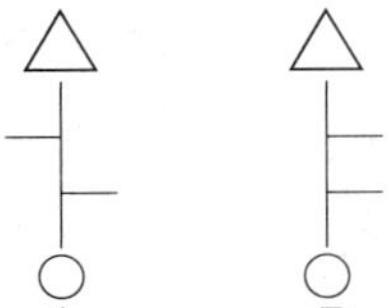

A　　B

20-3　1. 用 Tollens 试剂，后者有银镜生成。

2. 用 Tollens 试剂，前者有银镜生成。

3. 用 $Br_2/H_2O$，前者被氧化使溴水的红棕色褪去；或者用间苯二酚/盐酸，后者呈红色。

4. 用 Tollens 试剂，前者有银镜生成。

5. 用碘溶液，后者遇碘呈蓝色。

# 第二十一章

21-1　小于 7，加酸。在强碱中，$HOCH_2CH(NH_2)COO^-$，在强酸中，$HOCH_2CH(^+NH_3)COOH$，等电点时(IP＝5.68)，$HOCH_2CH(^+NH_3)COO^-$

21-2　1. $PhCH_3 \xrightarrow[h\nu]{Cl_2} PhCH_2Cl$

$$CH_2(CO_2C_2H_5)_2 \xrightarrow[(2)PhCH_2Cl]{(1)C_2H_5ONa} PhCH_2CH(CO_2C_2H_5)_2 \xrightarrow{OH^-}$$

$$\xrightarrow[\triangle]{H_3O^+} PhCH_2CH_2COOH \xrightarrow{Br_2, P} \xrightarrow{NH_3} T.M.$$

2. $C_2H_5OH \xrightarrow{HBr} \xrightarrow{NaCN} C_2H_5CN \xrightarrow{H_3O^+} CH_3CH_2COOH \xrightarrow{P, Br_2} \xrightarrow[H^+]{C_2H_5OH}$

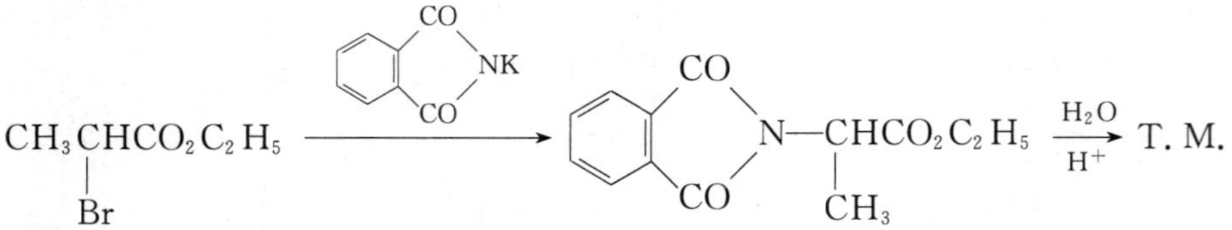

3. $(CH_3)_2CHCH_2OH \xrightarrow{[O]} (CH_3)_2CHCHO \xrightarrow[KCN]{NH_4Cl} (CH_3)_2CHCH(NH_2)CN \xrightarrow{H_2O} T.M.$

4. $C_6H_5OCOCl + H_2NCH(COOH)(CH_2)_3SCH_3 \longrightarrow C_6H_5OCONHCH(COOH)(CH_2)_2SCH_3$

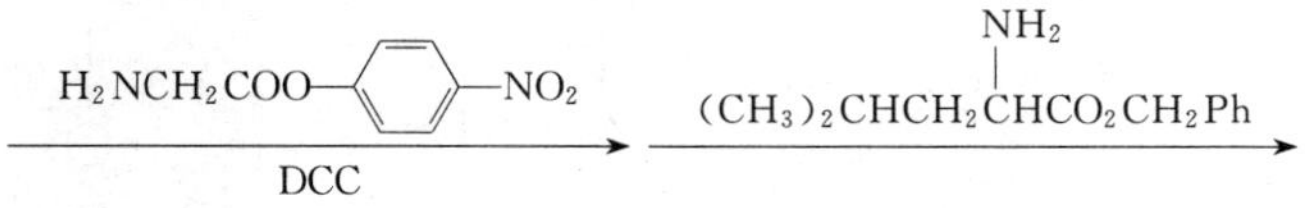

$$C_6H_5OCOCNHCH((CH_2)_2SCH_3)CONHCH_2CONHCH(CH_2CH(CH_3)_2)CO_2CH_2Ph \xrightarrow[H_2]{Pd} T.M.$$

5. $CH_3CH{=}CHCOOH \xrightarrow{HOCl} CH_3CH(OH)CH(Cl)COOH \xrightarrow{NH_3} T.M.$

# 第二十二章

22-1　香叶烯能吸收 3 摩尔氢，表明分子中可能有三个 C=C，这与 $O_3$ 氧化及还原水解的结果一致。产物中有二分子 $CH_2O$，表明分子中含二个端基烯结构。可能有下面三种结构（只列碳骨架）：

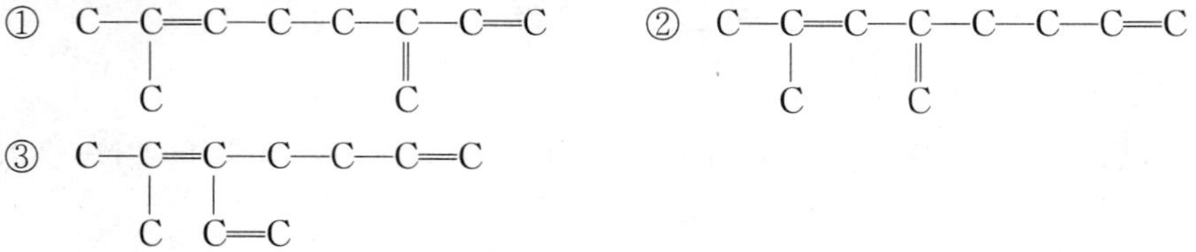

因为②③两种结构均不符合异戊二烯规则，反以香吐烯的可能结构应是①。

22-2　因为 5，6 位 C=C 的硼氢化一氧化是顺式加水反应，由于原料中 3-OH 和 10-$CH_3$ 均在环平面的上方，因此从环平面的下面进行反应的空间阻碍较小，成为主要的反应方向，所以 6-OH 是在环的下面。